# 沉积学与地层学原理

## （第五版）

[美] 萨姆·博格斯 Jr.（Sam Boggs Jr.） 著

魏国齐 杨 威 董才源 刘满仓 李 君 译

石油工业出版社

## 内容提要

本书系统介绍了沉积物的成因与搬运过程，沉积岩的物理性质，沉积岩的组成、分类和成岩作用，沉积环境，以及地层学与盆地分析，是沉积学与地层学的基础性著作。

本书可供从事沉积学、地质学及其他地球科学研究的科研人员与相关院校师生参考使用。

**图书在版编目（CIP）数据**

沉积学与地层学原理：第五版 /（美）萨姆·博格斯 Jr.（Sam Boggs Jr.）著；魏国齐等译 . — 北京：石油工业出版社，2025.1

书名原文：Principles of Sedimentology and Stratigraphy，5th Edition

ISBN 978-7-5183-5732-1

Ⅰ . ①沉… Ⅱ . ①萨… ②魏… Ⅲ . ①沉积学②地层学 Ⅳ . ① P588.2 ② P53

中国国家版本馆 CIP 数据核字（2023）第 101698 号



出版发行：石油工业出版社

（北京安定门外安华里 2 区 1 号　100011）

网　址：www.petropub.com

编辑部：（010）64523746

图书营销中心：（010）64523633

经　　销：全国新华书店

印　　刷：北京中石油彩色印刷有限责任公司

2025 年 1 月第 1 版　2025 年 1 月第 1 次印刷

787×1092 毫米　开本：1/16　印张：34.25

字数：800 千字

定价：350.00 元

（如出现印装质量问题，我社图书营销中心负责调换）

# 前　言

随着时间的推移，作为沉积学和地层学学科基础的基本原理几乎没有改变。然而不时出现的新概念，是我们理解沉积过程和沉积岩的巨大飞跃。几十年前，新思路的经典实例——板块构造和海底扩张概念的出现，极大地影响了我们的思维。虽然这种规模和重要的概念很少出现，但新的研究数据仍在稳步增长，使我们对沉积学和地层学的基本原理有了更深入的了解。因此，尽管对沉积岩的研究可以追溯到 19 世纪，但沉积学和地层学仍然是充满活力、不断发展的学科。

本版本新增的内容：

（1）更新了相关的研究论文参考资料。

（2）提供了沉积学和地层学领域的拓展阅读文献。

（3）新的数据和照片更好地说明了书中讨论的主题，并代表了当前的研究。

（4）在第 14 章新增了“生物地层学的应用”。

此外，全书对原理和新概念的讨论已酌情添加或修改。

我要感谢所有为优化本书提出建议的同事及审稿人，他们是来自马萨诸塞大学洛厄尔分校的 Nelson Eby，肯特州立大学的 Joseph Ortiz，以及伍斯特学院的 Mark A.Wilson。我还要感谢普伦蒂斯·霍尔的编辑们，他们密切关注全书的一致性，并为完善本书提供了有益的建议。最后，我要感谢本书的读者，他们使这一切成为可能。

Sam Boggs Jr.

# 目　录

# 第一部分　沉积物的成因与搬运

Kongakut 辫状河中的沉积物搬运，阿拉斯加北极国家野生动物保护区

沉积岩的形成经历了一系列复杂的过程，该过程始于风化、旧岩石的物理崩解和化学分解，从而产生固体颗粒残留物（抗蚀矿物和岩石碎片）和溶解的化学物质。一些风化的固体产物可能在原地堆积，形成可以保存在地质记录中的土壤（古土壤）。最终，大多数风化残留物通过侵蚀从风化场地移走，随后可能与爆炸性火山作用的碎片产物一起搬运到更远的地方沉积。

硅质碎屑向沉积盆地的搬运可能涉及多种过程。滑塌、碎屑流和泥石流等物质搬运过程是沉积物从风化场地向谷底搬运的初始阶段的重要因素。包括流水、冰川冰和风在内的流体流动过程，将沉积物从谷底移动到低海拔的沉积盆地。当搬运过程不再能够移动沉积物时，沙子、砾石和泥浆的沉积发生在陆上（例如在沙漠沙丘地带）或河流体系、湖泊或边缘海洋的水下环境。沉积在滨岸的沉积物可能会通过浊流或其他搬运过程被再夹带和再搬运到几十米到几万米以外的深水中。沉积在盆地中的沉积物最终被掩埋，并因温度、压力升高和化学活性流体的存在而发生物理和化学变化（成岩作用）。埋藏成岩作用将硅质碎屑沉积物转化为沉积岩：砾岩、砂岩、页岩。

风化过程还会从烃源岩中释放可溶成分，如钙、镁和二氧化硅，这些成分会通过地表水和地下水进入湖泊或海洋。当这些化学元素的浓度足够高时，它们通过化学和生物化学过程从水中析出，形成化学沉积物。这些沉积物随后经历埋藏和成岩蚀变形成了化学沉积岩：石灰岩、燧石、蒸发岩和其他化学 / 生物化学沉积岩。

综上所述，沉积岩的成因包括古老岩石的风化作用，以生成构成沉积岩的物质，风化碎屑和可溶性成分被侵蚀并搬运到沉积盆地，这些物质在大陆（陆源）或海洋环境中沉积，在埋藏过程中经过成岩蚀变最终形成沉积岩。由于风化作用在形成、构成沉积岩的固体颗粒和化学成分方面至关重要，因此，第 1 章重点介绍风化作用的物理和化学过程、风化产物的性质及对土壤的简要讨论。第 2 章继续详细讨论了沉积物颗粒从风化场地搬运到沉积盆地的各种过程。有关沉积岩成因的其他方面，将酌情在后面的章节中介绍和讨论。

# 1 风化和土壤

## 1.1 引言

风化涉及化学、物理和生物过程，尽管化学过程是迄今为止最重要的。本章简要概述了风化过程，以说明风化作用如何破碎和分解裸露岩石而产生颗粒残留物和溶解成分。这些风化产物是土壤和沉积岩的源物质，因此，形成沉积岩的一系列过程的第一步便是风化作用。

了解风化作用如何侵蚀裸露母岩，风化后形成的残余物是什么以及了解如何作为沉积物和溶解成分搬运到沉积盆地，是至关重要的。土壤和陆源沉积物的最终成分与其母岩成分有关。然而，对残积土壤的研究剖面图显示，土壤的矿物组成和化学组成可能与由它们形成的基岩有很大差异。母岩中的某些矿物在风化过程中被完全破坏，而更耐化学腐蚀或更稳定的矿物从分解和破碎的岩石结构中松动，作为残留物积累。在此过程中，母岩分解过程中释放的化学元素可能在原位土壤中形成新矿物，如氧化铁和黏土矿物。因此，土壤由来自母岩的矿物和岩石碎屑及风化场地形成的新矿物组成。土壤成分不仅取决于母岩成分，还取决于风化和土壤形成过程的性质、强度和持续时间。根据这一前提，来自土壤和其他风化物质的陆源沉积岩（如砂岩）的成分也受母岩成分和风化过程的控制。

大多数古老的土壤可能被侵蚀，其成分被搬运以提供形成沉积岩的物质，然而，一些幸存下来的土壤成为地质记录的一部分。这些残积物被称为古土壤。气候条件显著影响风化和土壤的形成过程。地质学家对研究过去的气候非常感兴趣，称之为古气候学，因为古气候也影响着过去的海平面和沉积过程，以及地球上不同时期的生命形式。

本章研究了陆上风化的主要过程，讨论了风化产生的碎屑残留物和溶解成分的性质，并考虑了不太重要但非常有趣的海底风化过程。海底风化既包括海水与沿大洋中脊的热液与岩石的相互作用，也包括从热地壳岩石中滤出大量化学成分的过程，以及海底火山岩和沉积物的低温蚀变。最后，本章将简要介绍土壤和古土壤，并讨论重要的土壤形成过程和影响土壤发育的因素，如气候。

## 1.2 陆上风化作用

### 1.2.1 物理风化作用

物理（机械）风化是通过各种原因将岩石破碎成较小碎屑的过程，但矿物的化学成分没有显著变化。物理风化和化学风化是共同作用的，很难区分它们的影响，除了在极冷或非常干燥的气候条件下。

#### 1.2.1.1 冻融（霜）风化

由于岩石裂缝中水的结冻和解冻产生的应力而导致岩石结构的破坏，是气候中一个重要的物理风化过程。在这种气候中，从结冻到解冻的温度会发生反复的短期变化。当水变成冰时，体积增加约 9%，在岩石裂缝中产生足够的压力，使大多数类型的岩石破裂。水截留（通过冻结密封）在岩体内反复冻结和解冻，岩石因此逐渐崩解，这是非常缓慢的过程。其他过程，如水进入冻结区而不是将水转化为冰，也可能导致裂缝冻融膨胀（Bland 和 Rolls，1998）。

冻融风化通常会产生大的、有棱角的岩块（图 1.1），但也可能导致粗粒岩石（如花岗岩）的颗粒崩解。微裂缝和其他微结构的存在对破碎块体的大小和形状起着重要的控制作用。机械强度脆弱的岩石（如页岩和砂岩）比坚硬、胶结更牢固的岩石（如石英岩和火成岩）更容易崩解（Nicholson 和 Nicholson，2000）。

图 1.1 阿拉斯加北极国家野生动物保护区 Canning 河沿岸裸露的 Canning 组（古新统）薄层砂岩和泥岩由冻融风化形成的大型棱角岩块

#### 1.2.1.2 日晒风化

据称，在太阳（日晒）加热下，岩石表面膨胀，然后随着温度下降而收缩，会削弱颗粒边缘的结合，并导致随后的岩石碎片剥落或矿物颗粒脱落。在被加热的岩石表面和内部之间存在一个热梯度，岩石表面比内部膨胀得更多，从而产生应力。这些应力可能导致形成小裂缝和颗粒崩解（Ollier 和 Pain，1996）。岩石表面的小裂缝受热膨胀，淤泥或沙粒可能会落入裂缝中，并在岩石冷却时阻止裂缝闭合。反复加热和冷却会导致裂缝越来越宽，造成岩石表面的小规模破坏。这些物理变化主要由阳光加热引起，但也可能由火灾引起（Allison 和 Goudie，1994）。Halsey 等人在 1998 年提出气候导致的短期加热和冷却循环可能是日晒风化的一个重要方面。

#### 1.2.1.3 盐风化

沙漠环境中的高温会促进孔隙和裂缝中盐结晶引起的风化（Sperling 和 Cooke，1980；

Watson，1992；Bland 和 Rolls，1998；Wright，2007）。盐溶液进入岩石裂缝和孔隙，水的蒸发浓缩了溶解在盐溶液中的盐。盐晶体的生长产生内部压力（结晶压力），可迫使裂缝分离或导致弱胶结岩石的颗粒崩解。当裂缝中的盐水合（吸水）并膨胀时，也可能产生膨胀压力。盐风化在半干旱地区最为常见，但也可能发生在海岸沿线，那里的盐雾会被吹到悬崖上。

#### 1.2.1.4 干湿交替作用

松软或胶结差的岩石（如页岩）在干湿交替情况下会导致岩石快速的破裂，大多数破裂可能发生在干湿旋回期间。破裂的确切原因尚不清楚，但干燥可能会导致负孔隙压力和随后的拉伸应力（收缩），从而导致岩石破裂。另外，岩石在润湿阶段吸水会产生膨胀压力，将裂缝分开。通过湿润和干燥进行的崩解似乎对暴露良好、陡峭的悬崖面尤其有效，因为在这些悬崖面上，松散的碎屑会脱落并露出新的表面。

#### 1.2.1.5 压力释放风化

由于上覆岩石的重量，埋在地表以下的岩石单元会承受较高的抗压应力。如果部分上覆岩石被侵蚀移除，岩石单元上的压缩应力会降低，岩石单元会向上反弹。岩石向上膨胀会产生拉伸应力（将岩石拉开），导致裂缝的延伸方向几乎与地表平行。这些裂缝将岩石分成一系列的层或薄片，因此，这种裂纹形成的结构通常称为叶理。这些层的厚度随着深度的增加而增加，可能存在于地表以下几十米的地方。叶理在花岗岩等均质岩石中最为明显（图 1.2），但也可能出现在层状岩石中，如块状砂岩。

图 1.2 加利福尼亚州 Yosemite 国家公园花岗岩具明显的叶理

叶理与地貌表面平行

#### 1.2.1.6 其他物理过程

在某些条件下，可能导致物理风化的其他因素，包括黏土矿物或其他矿物吸水（水合作用）引起的体积增加；由黑云母和斜长石等矿物转变为黏土矿物引起的体积变化；植物根系在岩石裂缝中生长；地衣类植物从岩石表面采集矿物颗粒和岩石碎屑，因为它们会因湿润和干燥而膨胀和收缩；蚯蚓或其他生物挖洞并吞食土壤和松动的岩石。

某些物理风化作用可能是两个或多个过程同时进行的结果。剥落，即从露头的风化面剥落大块弯曲岩石薄片或石板，就是一个恰当的多过程同时进行的物理风化作用例子。应力释放可能产生初始裂缝，水进入后，通过冻融或其他过程进一步加宽裂缝。球状风化是指发生在被相交节理切割的大型呈立方岩体的小规模风化，导致层或“表皮”剥落，形成球状岩核（图 1.3）。分离风化壳的裂缝可能因应力释放或可能的热变化而形成（Taylor 和 Eggleton，2001），水进入裂缝会促进冻融或化学过程，产生额外的物理应力。

图 1.3　花岗岩中的球状风化

### 1.2.2　化学风化作用

化学风化可以改变岩石化学和矿物成分。岩石中的矿物受到水和溶解的大气气体（氧气、二氧化碳）的侵蚀，导致矿物的某些成分溶解并在溶液中被滤掉，其他矿物成分在原地重新结合并结晶形成新的矿物相。如前所述，这些化学风化及物理风化引起的变化破坏了岩石的结构，最终产生残余块体和抗蚀颗粒及次生矿物的松散残留物（图 1.4）。水和溶解气体在化学风化的各个方面起着主导作用。由于几乎所有环境中或多或少都存在一些水，因此化学风化过程通常比物理风化过程重要得多，即使在干旱气候中也是如此。在低温环境（小于 30℃），化学风化发生得非常缓慢。表 1.1 列出并简要描述了化学风化过程及风化过程中在原地形成新矿物的例子。

#### 1.2.2.1　主要化学风化过程

1）简单溶解

简单溶解（全溶解）发生在矿物完全进入溶液而不沉淀其他物质时（Birkland，1999）。高可溶性矿物（如方解石、白云石、石膏和石盐）和低可溶性矿物（如石英）的简单溶解，发生在暴露于大气降水（雨水）时。矿物中离子之间的化学键被破坏，形成的离子被释放到地表水和地下水的溶液中。如果雨水中的二氧化碳通过与大气或土壤中的二氧化碳相互作用而溶解（通常在风化环境中），则水的溶解能力会增强。二氧化碳在水中溶解形成碳酸（$H_2CO_3$，这是饮料起泡的原因），随后分解生成 $H^+$ 和 $HCO_3^-$。与 $OH^-$ 相比，$H^+$ 的增加使大气水的酸性更强，从而使溶解剂更具侵蚀性，尤其是对碳酸盐矿物。这类简单溶解是一个重要的风化过程，特别是在中等潮湿的气候条件下，在地表附近或地下水位处存在碳酸盐岩或蒸发岩。

2）水解

水解是一种发生在硅酸盐矿物和酸之间极其重要的化学反应，可导致硅酸盐矿物分解并释放金属阳离子和二氧化硅，但该反应不会导致矿物完全溶解。换句话说，在风化过程中从矿物中吸收到溶液中的离子量与风化矿物的公式不符，这种不完全溶解称为不谐溶。如果在风化过程中发生不一致溶解的矿物中存在铝，则高岭石、伊利石和蒙皂石等黏土矿物可能会作为水解的副产物形成。如表 1.1 中的反应所示，正长石可分解为高岭石或伊利石，钠长石（斜长石）可分解为高岭石或蒙皂石，表 1.1 中所示的 $H^+$ 通常由水中 $CO_2$ 的溶解过程提供。因此，溶解在水中的 $CO_2$ 越多，水解反应越剧烈。水解也可以在含有少量或不含溶解 $CO_2$ 的水中进行，$H^+$ 由阳离子交换点中 $H^+$ 比例较高的黏土矿物或活的植物提供，从而形成酸性环境。水解过程中释放的大部分二氧化硅以硅酸（$H_4SiO_4$）的形式进入溶液。然而，一些 $SiO_2$ 可能分离为胶体或无定形 $SiO_2$，并在风化过程中留下，与铝结合形成黏土矿物。水解是硅酸盐矿物在风化过程中分解的主要过程，Nahon（1991）对此过程进行了更为严格和详细的讨论。

图 1.4　科罗拉多州野牛山山顶派克峰粗粒花岗岩的物理和化学综合风化

花岗岩沿节理和裂缝风化增强，产生残块和细粒风化岩屑

溶液的酸碱度由其 pH 值表示。pH 值定义为近似 $H^+$ 浓度（单位：mol/L）以 10 为底的负对数。pH 值范围从 0 到 14，对应于 1mol/L 到 $10^{-14}$mol/L 的 $H^+$ 浓度。例如，$H^+$ 浓度为 $10^{-1}$mol/L 的溶液的 pH 值为 1，$H^+$ 浓度为 $10^{-7}$mol/L 的溶液的 pH 值为 7，依此类推。pH 值为 7 的溶液被视为中性溶液。酸的 pH 值低于 7，碱的 pH 值大于 7。

**表 1.1 化学风化的主要过程**

| 主要过程 | 例子 | 受影响的主要岩石矿物种类 |
| --- | --- | --- |
| 可溶性矿物在 $H_2O$（直接溶液）或 $H_2O + CO_2$（碳化）中的简单溶液溶解，在溶液中产生阳离子和阴离子 | $SiO_2+2H_2O \longrightarrow H_4SiO_4$（直接溶解）<br>（石英） （硅酸）<br>$CaCO_3+H_2O+CO_2 \longrightarrow Ca^{2+}+2HCO_3^-$（碳化）<br>（方解石） | 高可溶性矿物（如石膏、石盐）、石英<br>碳酸盐岩 |
| 水解（不一致溶解）——水的 $H^+$ 和 $OH^-$ 与硅酸盐矿物离子之间的反应，产生可溶阳离子、硅酸和黏土矿物（如果存在铝） | $2KAlSi_3O_8+2H^++9H_2O \longrightarrow H_4Al_2Si_2O_9+4H_4SiO_4+2K^+$<br>（正长石） （高岭石） （硅酸）<br>$2NaAlSi_3O_8+2H^++9H_2O \longrightarrow H_4Al_2Si_2O_9+4H_4SiO_4+2Na^+$<br>（钠长石） （高岭石） （硅酸） | 硅酸盐矿物 |
| 氧化矿物中元素（通常为 Fe 或 Mn）的电子损失，导致氧化物或氢氧化物的形成（如果存在水） | $2FeS_2+15/2O_2+4H_2O \longrightarrow Fe_2O_3+4SO_4^{2-}+8H^+$<br>（黄铁矿） （赤铁矿）<br>$MnSiO_3+1/2O_2+2H_2O \longrightarrow MnO_2+H_4SiO_4$<br>（蔷薇辉石） （软锰矿） （硅酸） | 含铁和锰硅酸盐矿物、铁硫化物 |
| 水化和脱水从矿物中获得（水化）或失去（脱水）导致新矿物的形成 | $Fe_2O_3+H_2O \longrightarrow 2FeOOH$（水化）<br>$CaSO_4 \cdot 2H_2O \longrightarrow CaSO_4+2H_2O$（脱水）<br>（石膏） （硬石膏） | 氧化铁<br>蒸发岩 |
| 溶液和矿物之间的离子交换，主要是阳离子 | 钾黏土 + 镁离子 ⟶ 镁离子 + 钾离子<br>钙沸石 + 钠离子 ⟶ 钠沸石 + 钙离子 | 黏土矿物和沸石 |
| 金属离子与具有环状结构的有机分子的螯合 | 金属离子（阳离子）+ 螯合剂（如地衣分泌的）⟶ $H^+$ + 螯合物（溶液中的金属离子 / 有机分子） | 硅酸盐矿物 |

3）氧化还原

由溶解在水中的氧引起的硅酸盐矿物（如黑云母和辉石）中的铁、锰的化学蚀变是一个重要的风化过程，因为常见的成岩硅酸盐矿物中富含铁。在氧化过程中，铁失去了一个电子（$Fe^{2+}$ 到 $Fe^{3+}+e^-$，其中 $e^-$ 为电子转移），从而导致晶格中其他阳离子（如 $Si^{4+}$）的损失，以保持电平衡。阳离子损失在晶格中留下空位，导致晶格坍塌或使矿物更容易受到其他风化过程的侵蚀。锰矿物氧化形成氧化物和硅酸或其他可溶产物是一种不太重要但常见的风化过程，另一种在风化过程中被氧化的元素是硫。例如，黄铁矿（$FeS_2$）被氧化形成赤铁矿（$Fe_2O_3$），并释放可溶性硫酸盐离子。在某些条件下，正在经历风化的物质是水饱和的，氧气供应量可能较低，而生物体的需氧量较高。这些条件可以使铁（电子增益）从 $Fe^{3+}$ 还原为 $Fe^{2+}$。$Fe^{2+}$ 比 $Fe^{3+}$ 更易溶解，因此流动性更强，并且可能在溶液中从风化系统内流失。

#### 1.2.2.2 其他化学风化过程

虽然简单的溶解、水解和氧化是最重要的化学风化过程，但在某些条件下有几种其他过程可以促进矿物的化学风化。水合作用是将水分子加入一种矿物中以形成一种新矿物的过程。水合作用的常见例子是赤铁矿加水形成针铁矿，硬石膏加水形成石膏。水合作用伴随着体积变化，可能导致岩石的物理破坏。在某些条件下，水合矿物可能会失去水分，这一过程称为脱水，并转化为无水形式，同时伴随着矿物体积的减少。在风化环境中，有些水是普遍存在，因此脱水相对不常见。

1）离子交换

离子交换是矿物中的离子与溶液中的离子交换的过程，例如钠与钙的交换。大多数离子交换发生在阳离子（带正电离子）之间，但也存在阴离子交换。这种反应使一种矿物转变成另一种（新）矿物，并在这个过程中释放可溶性离子到溶液中。离子交换在一种黏土矿物转变为另一种黏土矿物（如蒙皂石转变为伊利石）时尤为重要。离子交换也在一种沸石向另一种沸石的转化中起作用（如属于钙沸石的黑硅石向钠沸石的转化）。

2）螯合作用

螯合作用涉及金属离子与有机物质的结合，形成具有环状结构的有机分子（Boggs 等，1985）。在风化过程中，螯合作用（有机络合）起着双重作用，即从矿物晶格中去除阳离子，并将阳离子保持在溶液中，直到它们从风化场地中去除。在 pH 值合适的条件下，螯合金属离子将保留在溶液中，浓度通常为非螯合离子沉淀的浓度。铝或铁与络合剂的结合，以及随后从岩石中去除这些元素的过程尤为重要。一个有关自然螯合作用的实例是，地衣通过分泌有机螯合剂，提高岩石表面的化学风化速率。除了发挥螯合剂的作用外，植物还通过保持土壤水分和在腐烂过程中释放二氧化碳、各种类型的有机酸使水酸化来增强化学风化过程。

#### 1.2.2.3 风化速率

确定风化发生的速率是一个困难而复杂的问题。用于评估风化速率的手段包括估计地貌沉降的速率、估计基岩转化为土壤的速率、估计溪流从风化场地搬运的固体碎屑的体积，由此进行化学质量平衡计算，以评估地表水和地下水中可溶物质的去除量（Turkington 和 Paradise，2005）。风化过程以不同的速率进行，这取决于气候、经历风化岩石的矿物成分和粒度。物理风化作用在中等寒冷气候（冻融）或干旱气候（盐风化）中可能非常有效，而化学风化作用在湿热气候中加速。已知平均降雨量是化学风化速率的一个控制因素（Nahon，1991），然而，温度对风化速率的影响难以量化，尽管我们知道温度升高会加速化学反应速率。地表坡度条件也很重要，与陡坡相比，风化在低至中等坡度上更有效。水更可能滞留在低斜坡上，经受风化的物质在被侵蚀清除之前会保留更长的时间。

特定粒度的硅酸盐岩石（如花岗岩和片麻岩）的风化速率可能与普通成岩硅酸盐矿物的相对化学稳定性有关。表 1.2 显示了最重要的镁铁质和长英质矿物风化相对稳定性的顺序，正如 Goldich（1938）通过对土壤剖面中砂粒和粉粒大小颗粒的经验研究所确定的。读者会认识到，这个顺序与鲍文反应系列中矿物结晶的顺序相同。在高温下结晶的矿物（如橄榄石）与表面风化温度的不平衡程度最大，因此比在低温下结晶的矿物（如石英）更不稳定。此外，高温矿物与较弱的离子或离子共价键结合，而石英与较强的共价键结合。Jackson（1968）指出，极细粒径（黏土级粒径）颗粒的稳定性可能与较大颗粒的稳定性有所不同（表 1.2）。White 和 Brantley 于 1995 年详细讨论了硅酸盐矿物的化学风化速率。

风化速率必须考虑到物理和化学过程，它们很可能是基于特定地点的。因此，过度概括风化速率可能是不明智的。特别是对于沉积岩，没有普遍适用的风化敏感性规则。这些岩石的风化速率是矿物、岩石中胶结物的数量和类型，以及气候的函数。例如，石灰岩在潮湿的气候条件下因溶解而迅速风化，而在非常干旱或非常寒冷的气候条件下则要慢得多。在大多数气候条件下富含石英硅质胶结的砂岩变化非常缓慢。最后，风化速率很可能在整个地质时期因气候条件和植被覆盖而变化。在古生代早期陆地植物发育之前，没有植物覆盖来保持土壤水分和提供有机酸，可能减缓了化学风化速率，同时增加了物理侵蚀速率。

#### 1.2.2.4 地表风化产物

地表风化产生三种类型的风化产物，对沉积岩的形成非常重要（表 1.3）:（1）源岩残留物由耐化学腐蚀的矿物和岩石碎屑组成，尤其是来自花岗岩、流纹岩、片麻岩和片岩等硅质岩；(2)通过化学重结晶原位形成的次生矿物，主要是水解和氧化作用的结果；(3)母岩主要通过水解和溶解释放出的可溶性组分。在被侵蚀清除之前，残留物和次生矿物在风化场地堆积，形成由各种成分的颗粒组成的土壤，颗粒大小从黏土级到砾石级不等。颗粒粒度和成分取决于母岩的粒度和成分及风化过程的性质和强度。风化环境特征依次是气候、地形和风化过程持续时间的函数。

**表 1.2　风化条件下常见砂粒级矿物和各种黏土级矿物的相对稳定性**

<table>
<tr><th colspan="2">砂和粉砂级矿物</th><th rowspan="2">黏土级矿物</th></tr>
<tr><th>镁铁质矿物</th><th>长英质矿物</th></tr>
<tr><td>(1)橄榄石；<br>(2)辉石；<br>(3)角闪石；<br>(4)黑云母<br><br>稳定性增加↓</td><td>(1)钙斜长石；<br>(2)钙钠斜长石；<br>(3)钠钙斜长石；<br>(4)钠斜长石；<br>(5)钾长石、白云母、石英</td><td>(1)石膏、岩盐；<br>(2)方解石、白云石、磷灰石；<br>(3)橄榄石、角闪石、磷灰石；<br>(4)黑云母；<br>(5)钠斜长石，钙斜长石，钾长石，火山玻璃；<br>(6)石英；<br>(7)白云母；<br>(8)蛭石(黏土矿物)；<br>(9)蒙皂石(黏土矿物)；<br>(10)次生(土壤)绿泥石；<br>(11)水铝英石(黏土矿物)；<br>(12)高岭石、高岭土(黏土矿物)；<br>(13)三水铝石、水软铝石(黏土矿物)；<br>(14)赤铁矿、针铁矿、磁铁矿；<br>(15)锐钛矿、钛矿、金红石、钛铁矿、锆石</td></tr>
</table>

1)源岩残留物

由火山岩或变质岩发育的年轻或未成熟土壤中的残余颗粒，除岩石碎屑外，还可能包括化学稳定性低的矿物组合，如黑云母、辉石、角闪石和钙斜长石。这些岩石经过较长时间或强烈风化后形成的成熟土壤，通常只含有最稳定的矿物：石英、白云母，可能还有钾长石。由于构成硅质碎屑沉积岩(如砂岩)的硅酸盐矿物在硅质碎屑形成之前已经历了一个风化周期，这些岩石的风化产物往往在易风化矿物中耗尽。因此，即使是在硅质碎屑沉积岩上发育的年轻土壤也可能具有成熟矿物的组合。石灰岩通过溶解风化产生由这些岩石的不溶性细硅酸盐和氧化铁残留物组成的薄土壤。

**表 1.3　陆上风化过程形成的主要类型及最终形成的沉积岩类型**

<table>
<tr><th colspan="2">风化过程</th><th>风化产物</th><th>例子</th><th>最终沉积产物</th></tr>
<tr><td colspan="2">物理风化</td><td>颗粒残留物</td><td>硅酸盐矿物，如石英和长石；<br>所有类型的岩石碎片</td><td>砂岩、砾岩、泥岩</td></tr>
<tr><td rowspan="5">化学风化</td><td>水解</td><td>可溶性成分</td><td>硅酸($H_4SiO_4$)；$K^+$，$Na^+$，$Mg^2$，$Ca^{2+}$ 等</td><td>岩屑、石灰岩等</td></tr>
<tr><td rowspan="2">简单溶解</td><td>次生矿物</td><td>黏土矿物</td><td>泥岩(页岩)</td></tr>
<tr><td>可溶性成分</td><td>硅酸；$K^+$，$Na^+$，$Mg^{2+}$，$Ca^{2+}$，$HCO_3^-$，$SO_4^{2-}$等</td><td>石灰岩、蒸发岩、燧石等</td></tr>
<tr><td rowspan="2">氧化</td><td>次生矿物</td><td>氧化铁($Fe_2OOH$)，锰氧化物($MnO_2$)</td><td>硅质碎屑岩中的次要成分</td></tr>
<tr><td>可溶性成分</td><td>硅酸，$SO_4^{2-}$</td><td>铬性岩、蒸发岩等</td></tr>
</table>

2）次生矿物

次生矿物主要为黏土矿物、氧化铁或氢氧化物及氢氧化铝。常见的次生铁矿物包括针铁矿、褐铁矿和赤铁矿。风化产物反映了风化过程的性质、强度及母岩的成分，仅在中等强度化学风化条件下在未成熟土壤中形成的黏土矿物可能是伊利石或蒙皂石，更长时间和更强烈的浸出条件则会导致高岭石的形成。在极端强烈的化学风化条件下，形成三水铝石和一水硬铝石等，这些黏土矿物都是铝矿石。将未风化硅酸盐岩石的化学成分与这些岩石风化产物的化学成分进行比较，结果表明，除铝和铁外所有主要阳离子的风化都会导致净损失（Krauskopf，1979）。在氧化状态下，铝和三价铁（$Fe^{3+}$）都相对不溶。尽管在风化过程中，大量二氧化硅以可溶性硅酸的形式流失，但镁、钙、钠和钾的流失相对更多。因此，硅酸盐岩石颗粒风化残留物中二氧化硅、铝和铁的相对丰度大于母岩中的相对丰度。

3）可溶物质

通过化学风化过程从母岩中提取的可溶物质，在整个风化过程中或多或少连续地从风化场地的地表水或土壤地下水中去除。最终，这些可溶的产物进入河流并被输送到海洋。河流中最丰富的无机成分，代表风化过程的主要可溶产物，按丰度递减顺序为 $HCO_3^-$（碳酸氢盐）、$Ca^{2+}$、$H_4SiO_4$（硅酸）、$SO_4^{2-}$（硫酸盐）、$Cl^-$、$Na^+$、$Mg^{2+}$ 和 $K^+$（Garrels 和 McKenzie，1971）。这些成分是在海洋中形成石灰岩和燧石等化学和生物化学沉积岩的原料。

## 1.3 海底风化过程和产物

尽管通常认为风化是一种陆上过程，但一种重要的风化也发生在海底。地质学家早就认识到海底的沉积物和岩石是通过与海水的反应而改变的，这一过程称为海解作用或海底风化。海解作用包括一种黏土矿物到另一种黏土矿物的蚀变，如长石和云母形成海绿石，以及火山灰形成菲利普斯岩（一种沸石）和绿柱石（蚀变火山玻璃）。有机体的硅质和钙质溶解试验也可被视为一种海底风化。在 20 世纪 70 年代，海底风化过程没有得到大量的研究，没有认识到它们可能对海洋的整体化学成分产生重大影响。海底风化的重要性自 20 世纪 90 年代以来发生了巨大变化。20 世纪 70 年代中期，因为对海底火山岩和风化过程的研究，玄武岩显示的海底风化作用（尤其是在洋中脊），是一种极其重要的化学现象。由于离子交换过程中海水与玄武岩的反应，这一过程导致玄武岩广泛的水化和淋滤以及海水成分的变化。

海洋岩石的蚀变发生在低温（低于 20℃）和 350℃ 的高温下。当海水通过洋壳上部的裂缝和空隙渗透时，会发生低温蚀变，可能延伸至 2~5km 的深度。玄武岩中的橄榄石和间隙玻璃被蒙皂石取代，进一步蚀变可能导致沸石和绿泥石的形成。由于这些变化，化学元素在岩石和水之间交换，大量海水以含水黏土矿物和沸石的形式固定在洋壳中。

1977 年沿加拉帕戈斯裂谷发现了海底温泉（Corliss 等，1979），这使人们意识到海洋中发生了大规模的热液活动。自那次初步发现以来，科学家们使用潜水器和水取样技术，在太平洋和大西洋的洋中脊及弧后盆地的会聚板块边缘发现了许多温泉，甚至在夏威夷岛链的板块中部的火山上也有发现（Karl 等，1988；Parson 等，1995）。这些温泉源于海水沿着裂缝或其他空隙进入洋壳并与火山热液接触的地方。然后，加热的水通过海底喷出口流入海洋，并与上面的水混合。当热液羽流在喷口区域上方 100~300m 处时，热水上升。此外，也有上升到 1000m 高度的异常羽流的报告（Cann 和 Strens，1989）。

在许多海洋温泉的遗址，调查人员发现了由硫化物、硫酸盐和氧化物沉积物组成的壮观喷口，其高度可达 10m 或更高，排出热液羽流（图 1.5）。如果这些喷出口或烟囱排放的水含有悬浮、细粒的深色矿物，则称为黑烟囱；如果水中不含悬浮的深色矿物，则称为白烟囱（McDonald 等，1980）。从喷口流出的水温可能超过 350℃。当这些热液与环境温度的海水混合时，它们会沉淀各种矿物，特别是黄铁矿（$FeS_2$）和黄铜矿（$CuFeS_2$），在喷口周围形成硫化物沉积。现已在陆地上暴露的古大洋蛇绿岩杂岩体中观察到化石热液系统矿床（Cann 和 Strens，1989）。

图 1.5　Juan de Fuca 洋脊 Endeavour 段 Mothra 热液喷口区多孔黑烟囱

黑烟囱是由从超过 250℃ 的喷口排出的热水中的硫化物和其他矿物质沉淀而成

热玄武岩与海水之间的反应在调节海水的化学成分方面起着重要作用。镁、硫酸盐和钠离子在交换过程中从海水中去除，而钙、铁、锰、硅、钾、锂和锶等许多其他元素在海水中富集（Edmond 等，1982；Palmer 和 Edmond，1989；Von Damm，1990）。整个海洋显

然在 $10^6$~$10^7$a 的时间尺度上通过洋底热液系统循环，对包括二氧化硅在内的几种元素含量产生了重大影响（Kadko 等，1995）。

大洋中脊玄武岩热液蚀变的规模及其对海洋化学环境的影响仍在研究中，不确定性仍然存在。然而，现在看来，在整个地质历史时期，海水通过热液系统的循环已经向海洋中增加了大量的某些离子，并去除了其他离子。因此，海底热液反应和大陆风化过程都向海洋提供离子，这些离子最终可能被提取，形成化学沉积岩，如石灰岩、富铁沉积岩和硅质岩。Stanley 和 Hardie（1999）认为，在发生热液活动的大洋中脊上，扩散速率的变化对整个地质历史时期海水中的钙和镁含量产生了重大控制。高扩散速率导致镁的大量吸附和损失，并伴随钙的增加，从而导致镁钙比（$Mg^{2+}/Ca^{2+}$）降低。较低的扩散速率与增加镁钙比的效果相反。如第 6 章和第 11 章所述，这些变化对海洋中沉积的碳酸钙矿物种类具有重要影响。

## 1.4 土壤

从沉积岩起源的角度考虑，风化产物比引起风化的过程更引人注目。构成沉积岩的物质要么是由于风化作用（在某些情况下是火山爆发作用）从陆地上获得的硅质碎屑颗粒，要么是从海洋或湖水中沉淀出来的矿物。构成这些化学矿物的元素是通过陆地和海洋中的化学风化过程从母岩中释放出来的。因此，硅质碎屑岩和化学 / 生物化学沉积岩的生成都是从风化作用开始的。

地表风化产物最初在风化基岩上形成不同厚度的土壤。在整个地质历史时期，这些土壤中的大多数最终被剥离，并作为沉积物搬运到沉积盆地。然而，一些土壤被保存下来，成为沉积记录的一部分。因此，由于土壤代表了硅质碎屑岩生成的初始阶段，并且有些沉积岩本身就被保存了下来，因此对土壤形成过程及这些过程中产生的各种土壤的讨论具有重要意义。

### 1.4.1 土壤的形成过程

地表风化过程在基岩上方形成土壤帽。该土壤帽的特征和厚度是基岩岩性、气候（降雨量、温度）和基岩表面坡度的函数。这些因素控制着风化的强度，并决定了哪些矿物能够保存下来成为土壤剖面的一部分，在土壤中产生了哪些新矿物，以及土壤物质在被侵蚀和搬运到沉积盆地之前的停留时间。例如，在非常陡峭的斜坡上，风化帽可能会因侵蚀而迅速消失，以至于几乎没有土壤堆积。

除了导致基岩破裂形成土壤的化学和物理风化过程外，随着时间的推移，土壤中还存在一些其他生物和化学过程，以改变其特征（Birkland，1999；Shaetzl 和 Anderson，2005）：

（1）地表附加物：雨水中溶解离子的加入；固体颗粒的流入，如风尘；从地表植被中添加有机物。

（2）转化：土壤中有机物质分解产生有机化合物；原生矿物风化；次生矿物的形成，包括氧化铁。

（3）转移：通过地下水渗滤（淋滤），固体或悬浮物从一个土层向下移动到较低的土层；较低层位中可溶性或悬浮物质的积累（沉积作用）；土壤剖面中水分毛细运动和离子沉淀引起的离子向上迁移。

（4）去除仍处于溶液中的物质，使其成为地下水或地表水中溶解成分的一部分。

（5）动物（如蚂蚁）和植物对土壤进行破坏性的生物扰动。

这一土壤形成过程的列表被高度简化。Buol 等（1997）认识并定义了二十多种土壤的形成过程。这些过程产生不同的土壤层，统称为土壤剖面。有关土壤形成过程的更多详细信息，请参阅本章末尾列出的其他文献。

### 1.4.2 土壤剖面及分类

土壤根据在地堑、坑等中可见的特征水平层或层进行分类。土层的厚度和性质由各种土壤的形成过程决定，可能存在很大差异。土壤剖面大致可分为 5 个主要层：O、A、E、B 和 C。O 层是主要有机质的表层堆积。A 层位于地表或 O 层以下，由正在腐烂并与矿物土壤混合的深色有机物（如落叶）堆积而成。E 层位于 O 层或 A 层下方，是浅色残积层（通过向下运动去除物质的层），其特征是有机质、铁和铝化合物和 / 或黏土比下伏层少。B 层位于 O 层、A 层或 E 层之下，可能含有细粒有机物、黏土等的冲积物（从上一层衍生的添加物质）；大多数原始岩石结构已被土壤的形成过程破坏。位于基岩上方的 C 层为部分蚀变基岩，可发生深度风化，但相对不受土壤形成过程的影响。然而，对土壤剖面的研究表明，土壤层通常比这一简单方案所表明的要复杂得多。前人已经描述了多达 24 种不同类型的土壤层（Birkland，1999）。

目前存在许多更详细的土壤分类系统，如澳大利亚手册分类、美国土壤分类法分类和粮农组织（教科文组织）世界地图分类（Eswaran 等，2003）。在美国使用更为广泛的土壤分类之一出现在《土壤分类学：进行独立土壤调查的基本系统》第 2 版中，该分类识别了 12 个主要的土壤类别或顺序，其名称包括旱成土（干旱地区的土壤）和湿成土（温暖潮湿地区的淋溶土壤）。这些土壤类型根据各种复杂的标准进行区分，如所含有机物质的数量、是否存在黏土层及含氧（富铁）层。

影响土壤形成及土壤类型的因素，包括母岩类型、土壤形成过程的持续时间、气候（如潮湿或干燥）、地形（陡坡或缓坡）和生物（植被覆盖和土壤动物，如蚯蚓）。气候在土壤形成中起着特别重要的作用。

#### 1.4.2.1 古土壤

本书主要关注古代的土壤，称为古土壤，而不是现代土壤。古土壤，有时被称为化石土壤，是过去地质历史时期埋藏的土壤或地层。由于侵蚀作用降低了地形，过去在高地上形成的大多数土壤层最终被破坏。尽管如此，一些土壤（可能主要形成于洼地）逃脱了侵蚀作用，成为地层记录的一部分。在冰川或河流沉积物上形成的第四纪土壤最为常见（Catt，1986）。这种未被掩埋的土壤称为残积土。许多第四纪和更古老的埋藏土壤也是已知的。古土壤出现在主要不整合面的地层记录中，包括前寒武系中的不整合面，它们的存在可能反映了土壤形成、侵蚀地形降低、原有土壤层重组和地下水流量变化的综合过程（Retalack，1990）。古土壤也以夹层的形式存在于沉积序列中，尤其是在冲积序列中，其年龄至少与奥陶纪相同（Reinhardt 和 Sigleo，1988）。地质学家对用古土壤作为古环境和古气候条件的指标越来越感兴趣。

#### 1.4.2.2 古土壤的识别

由于沉积序列中互层的古土壤表面上类似沉积物或沉积岩，许多古土壤毫无疑问在过去没有被识别，只是简单地将其识别为灰色、红色或绿色泥岩。然而，随着人们对古土壤认识的提高，越来越多的古土壤被识别。没有受过土壤科学专门训练的普通地质学家如何识别野外的古土壤？ Retallack（1988，1997）提出了古土壤的 3 种主要判断特征，有助于将其与沉积岩区分：生命遗迹、土壤层位和土壤结构（图 1.6）。

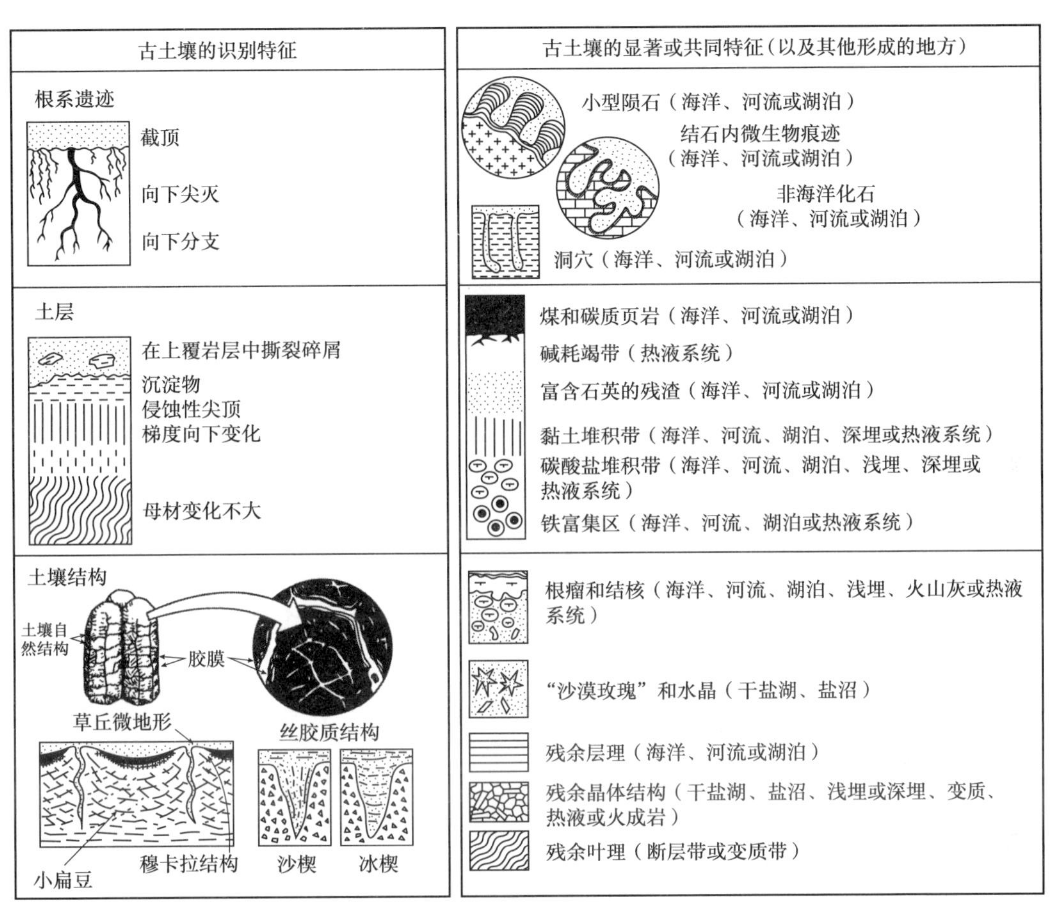


图 1.6　用于识别古土壤的常见特征

根系遗迹是古土壤中保存的最重要的生命遗迹。根系痕迹提供了判断依据，表明岩石暴露于大气中，并被植物定殖从而形成土壤。古土壤的顶部是根迹露出的表面。根系遗迹大多呈锥形，并向下分支（图 1.7），这有助于将其与洞穴区分开。另外，一些根系遗迹横向分布在土壤中的硬质土层上，一些种类的根系向上伸出土壤。当原始有机质被保存下来时，根系遗迹最容易识别，而原始有机质主要存在于低地被水淹没的缺氧环境中形成的古土壤中。红色氧化古土壤中的根系遗迹主要呈管状，填充与周围古土壤基质不同的物质。

土壤层的存在是古土壤的第二个常见特征。古土壤最上层的顶部通常被侵蚀表面急剧截断，但土壤层通常显示出纹理、颜色或矿物含量向下进入源岩的渐变变化。识别土壤层，必须检查粒度、颜色、与弱盐酸的反应（以测试是否存在碳酸盐）及边界性质的差异（Retallack，1988）。同时，与现代土壤层的比较也有助于识别。

图 1.7　古土壤中的根系遗迹

原来的有机物部分被氧化铁取代，俄勒冈州西部下中新统 Molalla 组

植物和动物的生物扰动（破坏）、湿润和干燥及其他土壤形成过程导致古土壤形成特征性土壤结构，从而破坏了母岩中的原始层理和结构。这种特征性土壤结构的一种特点是由不规则平面（称为剖面）组成的网络，周围环绕着称为 PED 的更稳定的土壤物质聚集体，这种结构使土壤看起来很粗糙。PED 的大小和形状各异（图 1.8），它们在野外的识别取决于对束缚它们的切口的识别，这些切口通常在土壤周围形成黏土皮。其他类型的土壤结构包括形成坚硬的钙质、铁质或含铁质团块的特定矿物集合体，称为小颗粒（一般术语包括结节和结块）。更分散、不规则或矿化较弱的集合体称为斑点。

古土壤具有与现代土壤相似的特征，因此，美国土壤分类学名称，如旱成土和湿成土，可用于古土壤（如 Retallack，1992）。由于古土壤的特征反映了其形成的条件，包括气候条件，因此古土壤研究是古环境分析的重要工具。例如，旱成土表明在沙漠条件下形成，而湿成土则反映在温暖潮湿条件下形成。显然，导致沉积颗粒生成和土壤形成的风化过程与气候条件密切相关。地球上的风化作用是在早前寒武纪的某个时期积聚了含有水蒸气和二氧化碳的大气之后才开始的，随后氧气的增加对风化过程也有重要影响。地质学家逐渐地意识到研究地球过去气候（古气候学）的必要性。这篇关于古土壤的简短描述只是为了激起读者对古土壤的兴趣。本章末尾拓展阅读文献中列出的几本书，提供了更为详尽的细节。

| 类型 | 层状 | 棱柱状 | 柱状 | 角块状 | 次棱角块状 | 粒状 | 碎屑状 |
|---|---|---|---|---|---|---|---|
| 简图 | | | | | | | |
| 特征 | 网格状，与地表平行 | 细长的，顶部平直，与地表垂直 | 细长的，顶部呈圆顶状，与表面垂直 | 紧密连接的等边边缘，边缘锋利 | 等边钝化紧密连接的边缘 | 球状，有轻微紧密连接 | 圆球状，但不紧密连接 |
| 常见层位 | E, Bs, K, C | Bt | Bn | Bt | Bt | A | A |
| 主要可能原因 | 残余层理的初始破坏；胶结物的增生 | 干湿膨胀 | 棱柱体，但渗滤水侵蚀作用更明显，黏土膨胀作用更强 | 根部和洞穴周围开裂，湿润和干燥时膨胀和收缩 | 对于棱角块状，则多带有侵蚀和沉积在裂缝中的物质 | 活跃地生物扰动和黏土膜土壤包衣；三氧化铝铁和有机物 | 粪便和残余土壤碎屑 |
| 粒级 | 非常薄，<1 mm | 非常细，<1 cm | 非常细，<1 cm | 非常细，<0.5 cm | 非常细，<0.5 cm | 非常细，<1 mm | 非常细，<1 mm |
| | 薄，1~2mm | 细，1~2cm | 细，1~2cm | 细，0.5~1cm | 细，0.5~1cm | 细，1~2cm | 细，1~2cm |
| | 中等，2~5mm | 中等，2~5mm | 中等，2~5mm | 中等，1~2mm | 中等，1~2mm | 中等，2~5mm | 中等，2~5mm |
| | 厚，5~10mm | 粗，5~10mm | 粗，5~10mm | 粗，2~5cm | 粗，2~5cm | 粗，5~10mm | 尚未发现 |
| | 非常厚，>10 mm | 非常粗，>10 cm | 非常粗，>10 cm | 非常粗，>5 cm | 非常粗，>5 cm | 非常粗，>10 mm | 尚未发现 |

图 1.8　各类土壤 PED 的特征

## 1.5 小结

形成沉积岩的过程可以认为是从风化作用开始的，这一过程受到气候条件的强烈影响。风化作用导致暴露在地势高的地区的古老岩石破裂，产生可溶离子，这些离子以溶液形式输送到海洋，不溶的、耐化学腐蚀的矿物（如石英）可能在风化场地堆积一段时间，形成土壤。土壤的形成和风化作用一样，与气候条件密切相关。一些被称为古土壤的土壤被保存下来，成为沉积记录的一部分。然而，大多数不溶性土壤物质通过侵蚀被带走，并通过重力过程、水、冰川或风搬运到较低海拔的盆地而发生沉积。本书后续章节描述了最终导致形成碎屑岩的沉积物的搬运、沉积和埋藏过程。

### 拓展阅读文献

#### 风化作用


Bland, W., and D. Rolls. 1998. Weathering: An introduction to the scientific principles. New York: Oxford University Press Inc.

Humphris, S. E., et al. (eds.). 1995. Seafloor hydrothermal systems. Geophysical Monograph 91. Washington, D.C.: American Geophysical Union.

Martini, I. P., and W. Chesworth (eds.). 1992. Weathering, soils and paleosols. Amsterdam: Elsevier.

Nahon, D. B. 1991. Introduction to the petrology of soils and chemical weathering. New York: John Wiley & Sons.

Parson, L. M., C. L. Walker, and D. R. Dixon (eds.). 1995. Hydrothermal vents and processes. London: The Geological Society.

Robinson, D. A., and R. B. G. Williams (eds.). 1994. Rock weathering and landform evolution. Chichester: John Wiley & Sons.

Turkington, A. V. 2004. Sandstone weathering: a century of research and innovation. Geomorphology. v. 67. 229–253.

White, A. F., and S. L. Brantley ( eds. ) . 1995. Chemical weathering rates of silicate minerals. Mineralogical Society of America Reviews in Mineralogy. v. 31.

**土壤与古土壤**

Birkland, P. W. 1999. Soils and geomorphology. 3rd ed. New York: Oxford University Press.

Bronger, A., and J. A. Catt ( eds. ) . 1989. Paleopedology: Nature and application of paleosols. Destedt, Germany: Catena Verlag.

Buol, S. W., et al. 1997. Soil genesis and classification. 4th ed. Ames, Iowa: Iowa State University Press.

Meyer, R., 1997. Paleoalterites and paleosols. Rotterdam: A.A. Balkema.

Ollier, C., and C. Pain. 1996. Regolith, soils and landforms. Chichester: John Wiley & Sons.

Paquet, H., and N. Clauer ( eds. ) . 1997. Soils and sediments: Mineralogy and geochemistry. Berlin: Springer-Verlag.

Reinhardt, J., and W. R. Sigleo ( eds. ) . 1988. Paleosols and weathering through geologic time: Principles and applications. Geological Society of America Special Paper 216.

Schaetzl, R., and S. Anderson. 2005. Soils: Genesis and geomorphology. Cambridge: Cambridge University Press.

Retallack, G. J. 1997. A colour guide to paleosols. Chichester: John Wiley & Sons.

Retallack, G. J. 2001. Soils of the past. Oxford: Blackwell Science.

## 参考文献

Allison, R. J., and A. S. Goudie. 1994. The effects of fire on rock weathering: an experimental study. in Robinson, D. A., and R. B. G. Williams ( eds. ) . Rock weathering and landform evolution. Chichester: John Wiley & Sons. 1–56.

Birkland, P.W. 1999. Soils and geomorphology. 3rd ed. New York: Oxford University Press.

Bland, W., and D. Rolls. 1998. Weathering: An introduction to the scientific principles. New York: Oxford University Press.

Boggs, S., Jr., D.G. Livermore, and M.G. Seitz. 1985. Humic macromolecules in natural waters. Jour. Macromolecular Science C25 (4): 599–657.

Buol, S. W., et al. 1997. Soil genesis and classification. 4th ed. Ames, Iowa: Iowa State University Press.

Cann, J. R., and M. R. Strens. 1989. Modeling periodic megaplume emission by black smoker systems: Jour. Geophy. Research 94: 12, 227–12, 237.

Catt, J. A. 1986. Soils and Quaternary geology: A handbook for field scientists. Oxford: Clarendon Press.

Corliss, J. B., et al. 1979. Submarine thermal springs on the Galåpagos Rift. Science 203: 1073–1083.

Edmond, J. M., et al. 1982. Chemistry of hot springs on the East Pacific Rise and their effluent dispersal. Nature 297: 187–191.

Eswaran, H., et al. ( eds. ) . 2003. Soil classification: a global desk reference. Boca Raton: CRC Press.

Garrels, R. M., and F. T. McKenzie. 1971. Evolution of sedimentary rocks. New York: W.W. Norton.

Goldich, S. S. 1938. A study of rock weathering. Jour. Geology 46: 17–58.

Halsey, D. P., D. J. Mitchell, and S. J. Dews. 1998. Influence of climatically induced cycles in physical weathering. Quarterly Journal of Engineering Geology 31: 359–367.

Jackson, M. L. 1968. Weathering of primary and secondary minerals in soils. Transactions, 9th International Congress Soil Science. 4: 281–292.

Kadko, D., J. Baross, and J., Alt. 1995. The magnitude and global implications of hydrothermal flux, in

Humphris, S.E., et al. ( eds. ), Seafloor hydrothermal systems. Geophysical Monograph 91, American Washington, D.C.: Geophysical Union. 446–466.

Karl, D. M., et al. 1988. Loihi Seamount, Hawaii: A mid-plate volcano with a distinctive hydrothermal system. Nature 335: 532–535.

Krauskopf, K. B. 1979. Introduction to geochemistry. 2nd ed. New York: McGraw-Hill.

Macdonald, K. C., K. B. F. N. Spiess, and R. D. Ballard. 1980.

Hydrothermal flux of the "black smoker" vents on the East Pacific Rise. Earth and Planetary Sci. Letters 48: 1–7.

Nahon, D. B. 1991. Introduction to the petrology of soils and chemical weathering. New York: John Wiley & Sons.

Nicholson, D. T., and F. H. Nicholson. 2000. Physical deterioration of sedimentary rocks subjected to experimental freeze-thaw weathering. Earth Surface Processes and Landforms 25: 1295–1307.

Ollier, C., and C. Pain. 1996. Regolith, soils and landforms. New York: John Wiley & Sons.

Palmer, M. R., and J. M. Edmond. 1989. The strontium isotope budget of the modern ocean. Earth and Planetary Science Letters. 92: 11–26.

Parson, L. M., C. L. Walker, and D. R. Dixon ( eds. ) . 1995. Hydrothermal vents and processes. London: The Geol. Society.

Reinhardt, J., and W. R. Sigleo ( eds. ) . 1988, Paleosols and weathering through geologic time: Principles and applications. Geol. Soc. America Spec. Paper 216.

Retallack, G. J. 1990. Soils of the past. Boston: Unwin Hyman. Retallack, G. J., 1992. Paleozoic paleosols, in Martini, I. P., and W. Chesworth ( eds. ) . Weathering, soils and paleosols. Amsterdam: Elsevier. 543–564.

Retallack, G. J. 1997. A colour guide to paleosols. Chichester: John Wiley & Sons.. 1988. Field recognition of paleosols, in Reinhardt, J., and W. R. Sigleo ( eds. ) . Paleosols and weathering through geologic time. Geol. Soc. Amer. Spec. Paper 216. 1–20.

Schaetzl, R., and S. Anderson. 2005. Soils: Genesis and geomorphology. Cambridge: Cambridge University Press.

Soil Survey Staff. 1999. Soil taxonomy: A basic system of soil classification for making independent soil surveys. 2nd ed. Agricultural.

Handbook No. 436. U.S. Department of Agriculture, Natural Resources Conservation Service.

Sperling, C. H. B., and R. U. Cooke. 1980. Salt weathering in an arid environment: Experimental investigations of the relative importance of hydration and recrystallization processes. Papers in Geography 9. London: Bedford College.

Stanley, S. M., and L. A. Hardie. 1999. Hypercalcification: Paleontology links plate tectonics and geochemistry to sedimentology. GSA Today 9: 1–7.

Taylor, G., and R. A. Eggleton. 2001. Regolith geology and geomorphology. Chichester: John Wiley & Sons.

Turkington, A. V., and T. R. Paradise. 2005. Sandstone weathering: A century of research and innovation. Geomorphology 67: 229–253.

Von Damm, K. L. 1990. Seafloor hydrothermal activity: Black smoker chemistry and chimneys. Ann. Rev. Earth and Planetary Sciences. 18: 173–204.

Watson, A. 1992. Desert soils. in Martini, I. P., and W. Chesworth ( eds. ) . Weathering, soils and paleosols. Amsterdam: Elsevier. 225–260.

White, A. F., and S. L. Brantley. 1995. Chemical weathering rates of silicate minerals: An overview. in White, A. F., and S. L. Brantley ( eds. ) . Chemical weathering rates of silicate minerals. Mineralogical Society of America, Reviews in Mineralogy 31: 1–22.

Wright, J. S. 2007. An overview of the role of weathering in the production of quartz silt. Sedimentary Geology. 202: 337–351.

# 2　硅质碎屑沉积物的搬运和沉积

## 2.1　引言

从陆上较老岩石风化的硅酸盐矿物和岩石碎屑，以及火山爆发作用产生的火山碎屑颗粒，是硅质碎屑岩——砾岩、砂岩、页岩的来源。这些物质从高地被侵蚀，并被搬运到海拔较低的沉积盆地，在最终沉积之前，它们可能经历再次搬运。滑坡和崩塌等大规模搬运过程，通常在将沉积物沿陡坡短距离向下移动至其他搬运过程接管的地点时起作用。后续搬运涉及牵引流（如流动的水）或沉积物重力流（如泥石流），其行为类似流体。因此，对沉积物搬运的研究需要对流体流动的原理有一定的了解。

当仅应用于流体流动时，流体动力学的基本定律相当复杂。在沉积物搬运过程中，当水流中携带颗粒时，这些复杂性被放大。沉积物搬运可在多种条件下进行：陆上通过风和某些类型的沉积物重力流，在河流、湖泊和海洋中，通过水流、波浪、潮汐和沉积物重力流进行。

本章首先研究了流体的一些性质及牵引流和沉积物重力流的基本概念，以此来研究沉积物搬运过程，然后考虑携带和搬运颗粒的流体和沉积物重力流的流动过程。本章没有对流体力学进行全面的回顾，仅讨论对理解沉积物搬运和沉积非常重要的流体概念，这些概念以非常简化的形式呈现。许多专业书籍中都有关于流体动力学更为严谨的论述，例如 Middleton 和 Southard（1984）、Leeder（1999）、Rowan 等（2006）的著作。各种沉积环境（如河流体系、湖泊、海洋）特有的沉积物搬运细节，将在后续的章节讨论。

## 2.2　流体流动的基本原理

流体是在自身重力作用下容易改变形状的物质。空气、水和含有不同数量悬浮沉积物的水是沉积物搬运的重要流体。这些流体的基本物理性质是密度和黏度，这些特性的差异显著影响流体侵蚀和搬运沉积物的能力。

流体密度，通常称为 $\rho$（rho），定义为每单位流体体积的质量。密度影响作用于流体内部和底形上的力的大小，以及颗粒在流体中沉降的速度（密度较高的流体速度较慢）。密度尤其会影响重力作用下的流体下坡运动。密度随流体的不同而变化，并随流体温度的降低而增加。水的密度（20°C 时为 0.998g/mL）比空气的密度大 700 倍以上。这种密度差异影响水和空气搬运沉积物的相对能力。

流体黏度是衡量流体流动能力的指标。低黏度流体容易流动，高黏度流体缓慢流动。

例如，空气的黏度很低，冰的黏度很高；水的黏度低，蜂蜜的黏度很高。水在20℃时的黏度几乎是空气的55倍（Blatt等，1980）。和密度一样，黏度随着流体温度的降低而增加。黏度对水紊流有着特别重要的影响，黏度的增加往往会抑制紊流（水分子的随机运动），从而减缓颗粒在水中的沉降速度，这是影响悬浮沉积物搬运的一个重要因素。紊流的减少也降低了流水侵蚀和携带沉积物的能力。

### 2.2.1 分子（动态）黏度

为了更严格地检测黏度，考虑一个简单的实验，其中流体被封闭在两个平行板之间（图2.1）。下板静止，上板以恒定速度（$V$）在其上移动。流体可以被认为是在板块之间形成的平行薄片。当上板在下板上方移动时，中间的流体以从下板处的速度（0）到上板处的速度（$V$）线性变化的速度运动。

施加在移动板上的剪切应力（通过流体传输至静态板）由以下关系式给出：

$$\tau = \mu \frac{\mathrm{d}u}{\mathrm{d}y} \tag{2.1}$$

式中，$\tau$ 为剪切应力；$u$ 为流体速度；$y$ 为距固定板的法向距离；$\mu$ 为分子黏度。剪切应力是在流体中某一点施加在剪切表面上的每单位面积的剪切力，它作用于与流体表面平行的流体。剪切应力是在两种运动流体的边界处产生的，它是缓慢运动的质量阻碍快速运动的质量的延迟程度的函数。因此，当快速移动层在慢速移动层上移动时，剪切应力是相对于高度（d$y$）产生速度（d$u$）变化的力，即速度梯度（图2.1）。

分子（动态）黏度用来测量物质在流动过程中以有限速度发生形状变化的阻力，是将剪切应力与应变率联系起来的比例系数，定义为剪切应力与流体中持续的变形率（d$u$/d$y$）之比：

$$\mu = \frac{\tau}{\mathrm{d}u / \mathrm{d}y} \tag{2.2}$$

产生给定剪切速率或垂直于剪切面的给定速度梯度所需的单位面积剪切力由黏度决定，黏度越大，剪切应力越大。黏度随温度升高而降低，因此，给定流体在较高温度下更容易流动。式（2.1）是牛顿流体的方程式，该类流体的黏度不会随着剪切速率的增加而变化，例如普通水。

由于密度和动态黏度都会强烈影响流体行为，因此流体动力学家通常将两者合并为一个称为运动黏度 $v$ 的单一参数，即动态黏度与密度之比：

$$v = \frac{\mu}{\rho} \tag{2.3}$$

运动黏度是决定流体流动呈现紊流程度的一个重要因素。

图2.1所示关系是两块板之间流体中剪切的特殊情况。在自然系统中，剪切速率和剪切面的方向可能会因点而异。也就是说，速度剖面是弯曲的，而不是线性的。

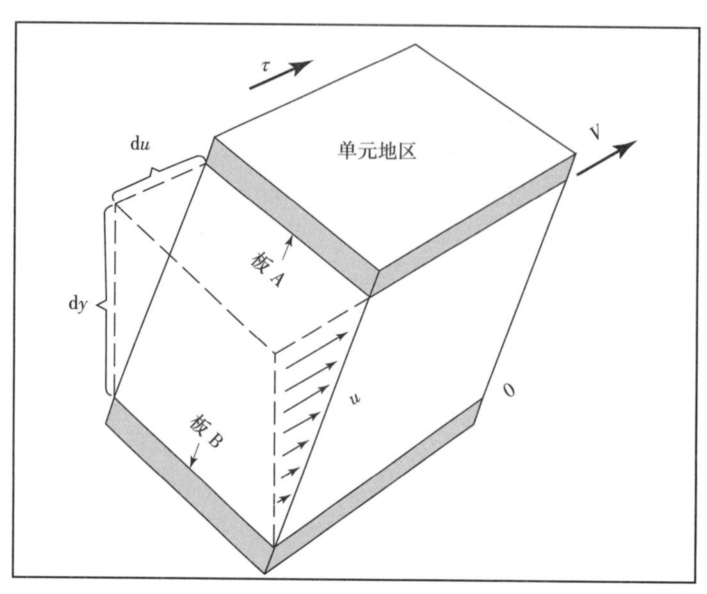


图 2.1 确定流体黏度的因素的几何表示

流体封闭在两个刚性板 A 和 B 之间，板 A 以相对于板 B 的速度（$V$）移动。平行于板的剪切力（$\tau$）产生稳态速度剖面，如斜线所示，其中流体速度（$u$）与箭头的长度成正比

### 2.2.2 层流与紊流

运动中的流体显示两种流动模式，这取决于流速、流体黏度和发生流动的底形的粗糙度。染料的实验表明，注入缓慢移动的单向流体中的薄层染料流，将以几乎恒定宽度的笔直相干流持续存在，这种类型的运动是层流。它可以被视为一系列平行的薄片或细丝，称为流线。通过流线，由于流体分子的不断振动和平移，在分子尺度上发生运动。流线可以在物体上弯曲，但它们从不相互缠绕（图 2.2）。层流只在非常低的流速下在光滑的层面上发生。如果流速增加或流体黏度降低，则染料流不再保持为相干流，而是破裂并变得高度扭曲。它作为一系列不断变化和变形的质量运动，其中有相当大的垂直于平均流动方向的流体搬运，即流线以一种非常复杂的方式交织在一起。由于这些流体的横向运动，这种类型的流动称为紊流（图 2.2）。因此，紊流是流体运动的不规则或随机成分。高度紊流的水团称为漩涡。在自然条件下，大多数水流和气流是紊流的，冰流和泥流（第 2.3 节）基本上是层流。

紊流水团中水分子的向上运动减慢了沉降颗粒的下落速度，从而降低了沉降速度。此外，流体紊流倾向于在侵蚀和携带沉积物底形颗粒方面增加流体质量的有效性。由于紊流在沉积物搬运过程中的重要性，因此更全面地了解这一特性非常重要。在层流中的特定点上，在一段时间内测得的速度是恒定的。相比之下，当在较长时间内测量时，在紊流中某一点测得的速度趋于平均值，但在该平均值附近，它随时间而变化。正如雷诺数的计算变量可以用来预测分离层流和紊流的边界条件。紊流比层流更能抵抗变形，因此，经历紊流的流体似乎比经历层流的相同流体具有更高的黏度。如上所述，这种视黏度随紊流的特性而变化的物理量，称为涡流黏度。涡流黏度是由紊流动量产生的，它反映了相邻水体之间流体质量的交换速率。在处理发生紊流的流体时，有必要重写剪切应力方程，以包含涡流黏度项。因此，对于层流，剪切应力由式(2.1)给出，然而对于紊流，这种关系变得更加复杂：

$$\tau=(\mu+\eta)\frac{\mathrm{d}u}{\mathrm{d}y} \tag{2.4}$$

式中，$\eta$ 为涡流黏度，通常比动态黏度高几个数量级。关于紊流的更严谨的讨论，见 Middleton 和 Wilcock（1994），以及 Williams（1996）。

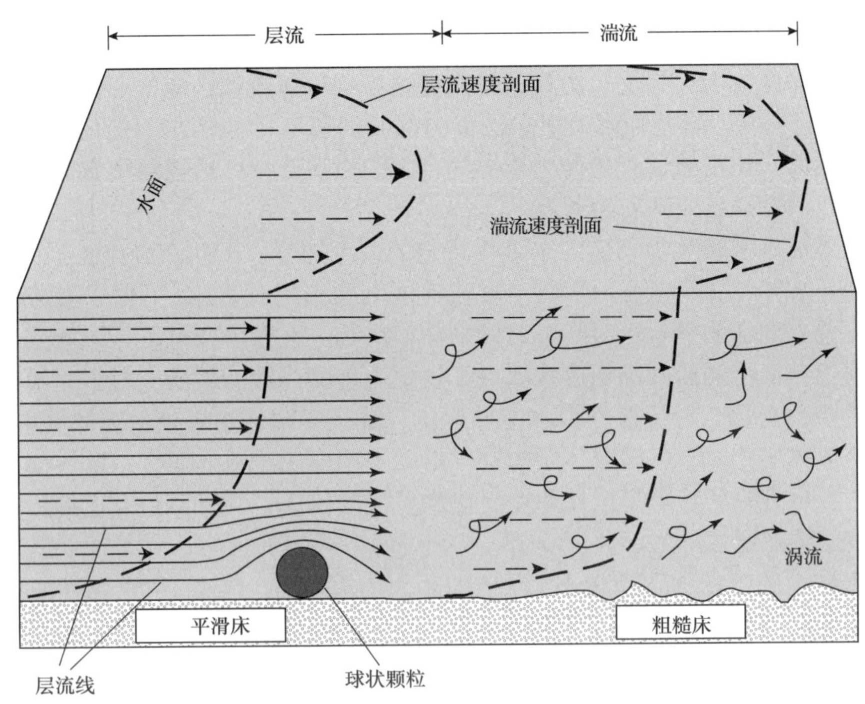


图 2.2 层流和紊流示意图

比较层流条件下的流线流动和紊流条件下的混沌流动。此外，比较层流速度剖面和紊流速度剖面的形状（粗虚线）

## 2.2.3 雷诺数

层流和紊流的根本区别在于惯性力与黏性力的比率。惯性力与流体运动的规模和速度有关，容易引起流体紊流。黏性力随着流体黏度的增加而增加，它抵抗流体的变形，从而抑制紊流。惯性力与黏性力之间的关系可以通过一个称为雷诺数（$Re$）的无量纲值进行数学表示，该值表示为：

$$Re=\frac{UL\rho}{\mu}=\frac{UL}{\nu} \tag{2.5}$$

式中，$U$ 为平均流速；$L$ 为表征流动规模的长度（通常为水深）；$\nu$ 为运动黏度。当黏性力占主导地位时，如在高浓度泥浆流中，雷诺数很小，流动为层流。极低的流速或较浅的深度也会产生较低的雷诺数和层流。当惯性力占主导地位，流速增大时，如在大气中和河流等大多数水流中，雷诺数较大，水流湍急。因此，如上所述，自然条件下的大多数流动是紊流。从式（2.5）中可以看出，黏度的增加与流速或流深的减小具有相同的效果。从层流到紊流的过渡发生在雷诺数临界值以上，雷诺数通常在500~2000之间，这取决于边界条件，如通道深度和几何形状。因此，在一组给定的边界条件下，雷诺数可用于预测流动是层流还是紊流，并得出紊流大小的一些概念。由于雷诺数是无量纲的物理量，因此当用于比较流动系统的缩小模型与自然流动系统时，如在模拟自然系统时，它具有特殊的价值。

### 2.2.4 边界层和速度剖面

当流体流过如床沙之类的固体表面（边界）时，边界附近的流动因边界的摩擦阻力而受阻，这个延滞区称为边界层。边界层是靠近边界的流体流动区域，通过该区域，流体速度从边界（通常为零）渐变到流动中未受影响部分的速度（如图2.2中的速度剖面）。边界层可能相对较薄，也可能一直延伸到流体的自由表面。此外，边界层中有的流动可能是层流或紊流，也可能从层流渐变为紊流。

由于在紊流中需较大剪切应力来维持特定的速度梯度，因此紊流速度剖面（无论在垂直方向上还是在水平方向上）的形状与层流速度剖面不同（图2.2）。由于紊流期间流速的变化，紊流垂直剖面的形状由时间—速度平均值决定。在紊流条件下，层流或近层流仅发生在床底附近。紊流剖面的确切形状取决于发生流动的床沙的性质。对于光滑的床沙，靠近床层边界有一薄层，分子黏性力占主导地位。分子黏附使边界处的流体立即保持静止。连续的上覆流体层相对于下覆流体层滑动，滑动速率取决于流体黏度。这一薄层内的流动趋向于层流，尽管它的特点是运动速度更快和更慢的流体，并且不是真正的层流。该层为黏性亚层或层流亚层。

如果床沙上的沉积物颗粒很小（泥到细砂大小），以至于它们位于黏性亚层内，则近床沙水流主要由黏性力控制，且水流在水力上是平滑的。如果颗粒太大，超过黏性亚层的厚度，从而突出到流动的紊流部分，则流动在水力上是粗糙的。在非常粗糙或不规则的床沙（如粗砂或砾石）上，黏性亚层被破坏，并通过该层延伸到紊流中。因此，边界上的流体流动受边界粗糙度的影响。床沙上的障碍物在流动边界处产生涡流，障碍物越大越丰富，产生的紊流就越多。

大部分沉积物的运移发生在边界层内，紊流边界流比层流能更有效地侵蚀和搬运沉积物。黏性亚层的存在与否可能是引发颗粒运动的一个重要因素。也就是说，完全位于黏性亚层内的极小颗粒可能难以移动。

### 2.2.5 弗劳德数

除了流体黏度和惯性力的影响外，重力也在流体流动中起作用，因为重力影响流体传输表面波的方式。惯性力和重力之间的比率是弗劳德数（$Fr$），表示为

$$Fr = \frac{U}{\sqrt{gL}} \tag{2.6}$$

式中，$g$ 为重力加速度；$U$ 为平均流速；$L$ 为水深（明渠中的水流）。弗劳德数和雷诺数一样，是一个无量纲物理量，因此在建模研究中非常有用。

当弗劳德数小于1时，波动的速度大于流速，波可以向上游传播。也就是说，河流中

的波以与水流相反的方向逆流而上。例如，如果你把一块石头扔进一条流速缓慢且弗劳德数小于 1 的河流中，石头撞击产生的波就会向上游扩散。在这些条件下的流动称为静流、缓流或亚临界流。如果弗劳德数大于 1，波就不能向上游传播，水流被称为急流、喷射流或超临界流。因此，弗劳德数可用于定义水流的临界流速，在该临界流速下，给定深度处的水流从平静变为快速（例如，从缓坡河道中的静流变为渠道变陡时的急流），反之亦然。弗劳德数还与流态有关，流态由特征床形定义，如在沉积物床沙上流体流动期间形成的沙纹。第 4 章将进一步讨论这种关系。

### 2.2.6 边界（床沙）剪切应力

当流体流经床层时，床沙表面存在与流体运动相反的应力。该应力称为边界剪切应力（$\tau_0$），以区别于流体剪切应力（$\tau$），定义为平行于床层的单位面积的力，即单位面积表面的切向力（作用于四周的平均剪应力）。它是流体密度、床沙坡度和水深的函数。边界剪切应力表示为（Allen，1994）：

$$\tau_0 = \rho g h s \tag{2.7}$$

式中，$\rho$ 为密度；$g$ 为重力加速度；$h$ 为流动深度；$s$ 为平行床沙和水面的坡度（梯度）。边界剪切应力也是流速的函数，此处未显示复杂的数学关系。它倾向于随着速度的增加而增加，尽管不是以直接的方式。床层剪切应力随深度和坡度线性增加。

由于边界剪切应力由水流能够施加在沉积物床层上的力确定，并与流速有关，因此它是确定水流下方床沙上沉积物侵蚀和运移的重要变量。式（2.7）表明，边界剪切应力随着流体密度的增大、河道直径和深度的增大及床沙坡度的增大而直接增大。在其他因素相同的情况下，预计水流中的边界剪切应力比气流中的边界剪切应力大，侵蚀和搬运沉积物的能力更强，较大的河道中的边界剪切应力比较小的河道中的边界剪切应力大，高坡度河道中的边界剪切应力比低坡度河道中的边界剪切应力大。

## 2.3 流体颗粒搬运

在流体单独流动的过程中，已经建立了一些流体力学的基本原理，现在可以考虑通过流体流动搬运沉积物更为复杂的过程。沉积物的流体搬运包括两个基本步骤：（1）床沙沉积物的侵蚀和携带；（2）沿床沙或床沙上方的沉积物随后持续地下流或顺风运动。术语“携带”是指将静止的颗粒从床沙上提起或以其他方式使其运动的过程。启动颗粒运动通常需要比携带后保持颗粒运动更多的能量。因此，大量的实验和理论工作被用于研究颗粒携带的必要条件。一旦颗粒从沉积物床被提升到上覆水柱或气柱中，它们落回沉积物床的速度（沉降速度）是决定颗粒在再次停留在沉积物床上之前向下移动多远的一个重要因素。与颗粒携带一样，颗粒的沉降速度也得到了广泛的研究。本节将从影响运动的流体携带沉积物的因素开始，研究流体颗粒搬运的 一些基本问题。

### 2.3.1 水流携带颗粒

随着在沉积物床上移动的流体的速度和剪切应力增加，至达到颗粒开始向下游移动的临界点。通常，较小和较轻的颗粒首先移动。随着剪切应力的增加，较大的颗粒开始运动，直到最后颗粒在床层上到处运动。颗粒运动的临界阈值是多个变量的直接函数，包括边界剪切应力、流体黏度、颗粒大小、形状和密度。间接地，它也是流速的函数，流速随底部上方距离的对数而变化。

为了理解从床沙上提起颗粒并引发运动所涉及的问题，需要考虑当流体在床沙上移动时所起的反作用力。如图 2.3a 所示，重力引起的力向下作用以抵抗运动，并将颗粒固定在床沙上。重力由颗粒的质量产生，并通过颗粒之间的摩擦阻力辅助抵抗颗粒运动。由于这些小颗粒之间的电化学键产生的内聚性，黏土大小的细颗粒增加了运动阻力。流体流动必须产生动力，以克服这些减速因素施加的运动阻力，包括平行于河床层并与边界剪切应力相关的阻力，以及流体流过突出颗粒的伯努利效应产生的举升力。阻力（$F_D$）取决于边界剪切应力（$\tau_0$）和施加在暴露于该应力的每个颗粒上的阻力。被称为伯努利效应的水力升力（$F_L$）是由投射颗粒上的流体流线会聚引起的。伯努利效应是流线在颗粒上会聚的区域内流速增加所致。该速度增加导致颗粒上方的压力降低。然后，来自下方的静水压力倾向于将颗粒从床沙上推到低压区（图 2.3b），这与空气流过飞机弯曲机翼时产生升力的原因相同。阻力和升力共同产生总流体力，由图 2.3a 中的流体力矢量（$F_F$）表示。要使颗粒发生运动，流体力必须足够大，以克服重力和摩擦力。

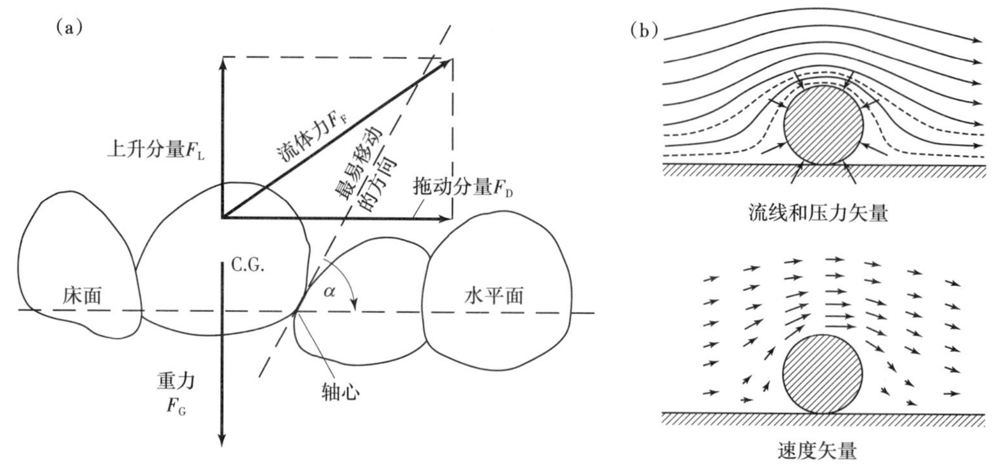


图 2.3　流体的颗粒搬运

（a）流体流动过程中作用在一个由相似颗粒组成的床沙上；（b）流体在颗粒上移动的流动模式，说明由于伯努利效应产生的升力：线和作用在颗粒表面的相对压力大小；速度矢量的方向和相对速度，流线越靠近，速度越高

前面的讨论被大大地简化，许多因素使自然条件下颗粒运动临界阈值的计算复杂化。这些因素包括颗粒形状、大小和颗粒分选的变化、床沙粗糙度、是否存在控制黏性亚层和小颗粒的内聚力。由于这些复杂因素，颗粒携带的临界条件无法计算，必须通过实验确定。最简单的图是 Hjulström 图，该图显示了通过实验得出的颗粒运动起始阈值。

在 Hjulström 图（图 2.4）中，根据平均粒径（粒径）绘制了当床沙上方流速增加时颗粒开始运动的速度。图 2.4 显示了水深为 1m 的平面床沙上石英颗粒运动的临界速度。可以看出，粒径大于 0.5mm 的颗粒的临界卷吸速度随平均粒径的增大而逐渐增大，而粒径小于 0.05mm 的固结黏土和粉土颗粒的卷吸速度随粒径的减小而增大。在较小的颗粒尺寸下，这种看似异常的行为显然主要是由于较细颗粒的内聚力增加，使其比较大的非黏性颗粒更难被侵蚀。此外，非常小的颗粒可能位于黏性亚层中，在黏性亚层中很少发生颗粒运动。

Hjulström 图和 Shields 图中未涵盖的几个复杂因素使预测颗粒运动的开始变得困难。边界剪切应力的瞬时波动可能由局部涡流或叠加在水流上的波浪作用引起，这些波动可能导致一些颗粒在颗粒运动开始之前移动。细泥和粉砂可能不会被侵蚀产生单个颗粒，因为这些黏性物质会以块体或集合体的形式被移走。

计算机可以有效地模拟沉积物携带和搬运的许多过程。与此有关的书《模拟碎屑沉积》(Tetzlaff 和 Harbaugh，1989)，介绍了碎屑沉积物侵蚀、搬运和沉积的计算和推理。该书还提供了用于模拟碎屑沉积的技术和计算机程序的详细说明。有关模拟沉积物搬运的更多信息，请参考 Bitzer 和 Pflug (1990) 及 Slingerland 等 (1994)。

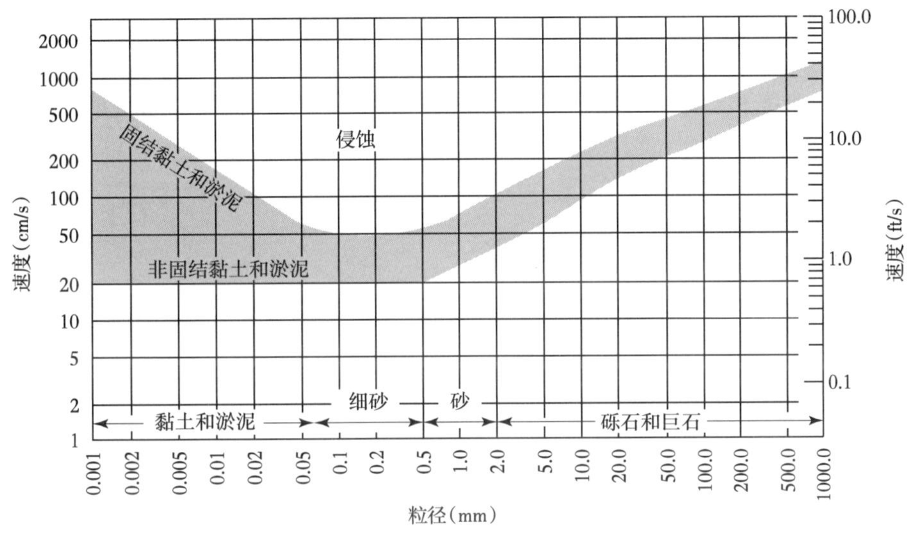


图 2.4 根据 Sundborg 修改的 Hjulström 图

显示了在水深 1m 的平面床沙上移动石英颗粒所需的临界流速。阴影区域表示分散的实验数据，在更细的粒度中，该区域宽度的增加，表明沉积物黏性和固结对沉积物携带所需的临界速度的影响

## 2.3.2 Shields 图

Hjulström 图在应用上有一定的局限性，因为它仅在平坦床沙上 1m 水深处严格有效，并且仅在流体、颗粒密度及动态黏度恒定的水中有效，如在给定季节平均流量的淡水溪流中。Shields 图(图 2.5)也是沉积物颗粒开始运动的阈值图，沉积学家广泛使用该图，并通过实验工作得到很好的证实。它比 Hjulström 图更严格，并且有更广泛的应用。例如，它可以用于风和水，以及水中的各种条件。然而，它比 Hjulström 图更复杂、更难理解，因为它涉及两个无量纲物理量的关系。在图 2.5 中，使用无量纲剪切应力($\theta_t$，一些人称之为$\beta$)代替流速作为临界剪切的度量，Hjulström 图中使用的平均颗粒尺寸参数替换为颗粒雷诺数($Re_g$)，这是另一个无量纲物理量。无量纲床沙剪切应力($\theta_t$)由下式给出：

$$\theta_t = \frac{\tau_0}{(\rho_s - \rho)gD} \tag{2.8}$$

式中，$\tau_0$ 为边界剪切应力；$\rho_s$ 为碎屑颗粒密度；$\rho$ 为流体密度；$g$ 为重力加速度；$D$ 为碎屑颗粒直径。无量纲剪切应力值随床沙剪切应力和流速的增大而增大；随着颗粒密度和尺寸的增加而减小。因此，无量纲剪切应力将剪切应力（速度）、颗粒尺寸、颗粒和流体密度合并为一项，而不是 Hjulström 图中的速度，该项绘制在 Shields 图的垂直轴上。无量纲剪切应力的增加表明流速和剪切应力降低或颗粒粒度或颗粒密度减小。

颗粒雷诺数不同于前面讨论的普通雷诺数。普通雷诺数的长度或水深值（$L$）替换为粒径（$d$），流速（$U$）替换为剪切速度（$U^*$）。颗粒雷诺数是颗粒—流体边界处紊流的度量。因此，颗粒雷诺数被表示为：

$$Re_g = \frac{U^* d}{\nu} \tag{2.9}$$

式中，$\nu$ 为运动黏度。

在 Shields 图的横轴上绘制的颗粒雷诺数显然与平均颗粒大小不同，然而，从图 2.5 可以看出，如果剪切速度和运动黏度保持不变，则颗粒雷诺数随颗粒粒度的增加而增加。因此，颗粒雷诺数的增加意味着颗粒粒度的增加、剪切速度和紊流的增加或运动黏度的降低。

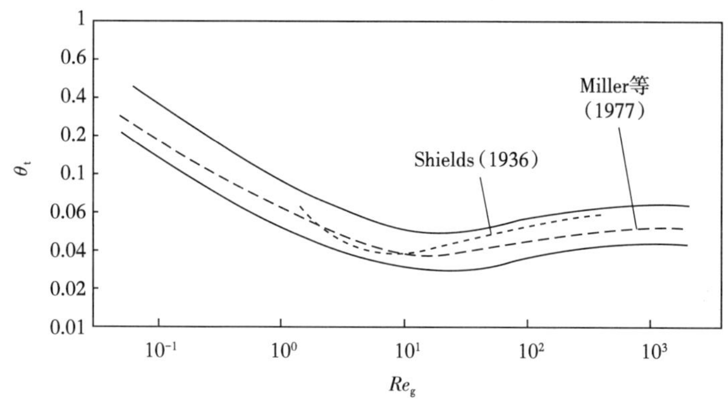


图 2.5 Miller 等修改的 Shields 图

Shields 图不如 Hjulström 图直观，在 Hjulström 图中，流体速度与粒度成反比。并且，阴影区域上方表示床层上的非黏性颗粒完全处于运动状态，下方表示没有运动（图 2.4）。运动的开始由无量纲剪切应力决定，在给定的颗粒密度、流体密度和颗粒粒度条件下，无量纲剪切应力随着床沙剪切应力的增加而增加。因此，启动颗粒运动所需的临界无量纲剪切应力取决于颗粒雷诺数，而雷诺数又是颗粒尺寸、运动黏度和紊流的函数。从图 2.5 中的 Shields 图中可以看出，无量纲床沙剪切应力随着颗粒雷诺数的增加而略微增加，为 5~10，尽管其主要保持在 0.03~0.05 之间。无量纲河床层剪切应力在颗粒雷诺数值较低时稳步增加，最大值为 0.1 或更高。当颗粒雷诺数值较低时，这种较大的增加速率与黏性亚层的存在有关。当河床层由细砂级或更小的小颗粒组成时，会产生光滑的边界和水力平滑的流动。当颗粒完全位于黏性亚层内时，流动基本上是无扰动的，瞬时速度变化小于上覆紊流边界层下部的速度变化。由于黏性亚层非常薄，较粗的颗粒将通过该层进入紊流。

### 2.3.3 颗粒沉降速度在搬运中的作用

在携带过程中，一旦颗粒提升到床沙上方，它们就开始回落到床沙。它们在再次停在床沙上之前顺流移动的距离取决于水流施加的阻力和升力，包括紊流和颗粒的沉降速度。颗粒最初在通过流体时加速，但加速度逐渐减小，直到达到稳定的下降速度，称为最终下降速度。对于小颗粒，很快达到最终下落速度。颗粒达到下降速度后的沉降速度是流体黏度、颗粒大小、形状和密度的函数。沉降速度由流体浮力产生的向上的力和颗粒通过流体下落的黏性阻力（阻力）及重力产生的向下的力的相互作用决定。

流体对下落球形颗粒施加的阻力（$F$）与流体密度（$\rho_f$）、颗粒直径（$d$）和下落速度（$V$）成正比，如关系式所示：

$$F = C_D \pi \frac{d^2 \rho_f V^2}{42} \tag{2.10}$$

式中，$C_D$ 为阻力系数，取决于颗粒雷诺数和颗粒形状。

流体浮力产生的向上力由式（2.11）给出：

$$F_{upward} = \frac{4}{3}\pi\left(\frac{d}{2}\right)^3 \rho_f g \tag{2.11}$$

式中，$\rho_f$ 为流体密度；$g$ 为重力加速度。$4/3\pi\ (d/2)^3$ 是球体的体积。

重力产生的向下的力由式（2.12）给出：

$$F_g = \frac{4}{3}\pi\left(\frac{d}{2}\right)^3 \rho_s g \tag{2.12}$$

式中，$\rho_s$ 为颗粒密度。

当颗粒停止加速并达到下落速度时，液体对下落颗粒的阻力等于重力产生的向下力减去液体浮力产生的向上力，由此可得

$$C_D \pi \frac{d^2}{4} \frac{\rho_f V^2}{2} = \frac{4}{3}\pi\left(\frac{d}{2}\right)^3 \rho_s g - \frac{4}{3}\pi\left(\frac{d}{2}\right)^3 \rho_f g \tag{2.13}$$

重新排列，可以用下落速度（$V$）来解释这种关系：

$$V^2 = \frac{4gd(\rho_s - \rho_f)}{3C_D \rho_f} \tag{2.14}$$

对于低颗粒密度和低颗粒雷诺数值下的缓慢层流，$C_D$ 已确定为等于 $24/Re_g$（Rouse 和 Howe，1953）。将该值替换为 $C_D$：

$$V = \frac{(\rho_s - \rho_f) g d^2}{18\mu} \tag{2.15}$$

这是斯托克斯沉降定律，颗粒大小以厘米为单位。这条定律，由斯托克斯于 1845 年提出，通常被简化为

$$V = CD^2 \tag{2.16}$$

式中，$C$ 为一个常数，数值等于（$\rho_s$–$\rho_f$）$g$/（$18\mu$）；$D$ 为颗粒直径，单位为厘米。$C$ 的值是在普通实验室温度范围内计算的（Galehouse，1971）。因此，沉降速度（$V$）可以快速确定颗粒

直径（$D$）的任何值。注意，雷诺数是颗粒沉降行为的一个区别因素，就像层流和紊流一样。

颗粒下落速度的实验测量表明，斯托克斯定律仅对直径小于 0.2mm 的颗粒，准确预测了颗粒在水中的沉降速度。较大颗粒的下落速度低于斯托克斯定律所预测的速度，这显然是由于这些较大颗粒下落速度增加引起的惯性（紊流）效应。因此，斯托克斯方程不能用于确定砂粒的沉降速度，砂粒是大多数沉积物的重要组成部分。温度降低（增加黏度）、颗粒密度降低和颗粒球度降低（颗粒形状接近球体形状的程度）也会减小下落速度。大多数自然颗粒不是球形，偏离球形会降低下落速度。流体中悬浮沉积物密度的增加（增加了流体的表观黏度和密度）及紊流的存在也会减小下落速度。

### 2.3.4 泥砂载荷和搬运路径

一旦沉积物被侵蚀并进入运动状态，在进一步持续的顺流运动过程中，沉积物的搬运路径是颗粒沉降速度、流速和紊流大小的函数。在给定的一组条件下，沉积物可能完全由极粗颗粒、极细颗粒或粗细颗粒混合物组成。粗粒沉积物（如砂粒和砾石）在搬运过程中在床沙上移动或非常靠近床沙，被视为构成推移质（图 2.6）。在床沙上方的主流中，携带的细粒的物质更多，构成悬浮物。如果剪切速度大于沉降速度，物质将保持悬浮状态。

#### 2.3.4.1 推移质搬运

粒径大于砂粒径的颗粒，通常作为推移质的一部分与床沙基本连续接触进行搬运。这种类型的搬运称为牵引搬运，可能包括大颗粒或细长颗粒的滚动、颗粒相互滑动或跃移及蠕变。蠕变是由于受其他移动颗粒的影响，颗粒沿床沙向下移动一小段距离。跃移是一种推移质搬运，其中的颗粒，特别是砂粒大小的颗粒，倾向于与床沙间歇接触移动。跳跃颗粒通过一系列跳跃或跳行（小于 45°）移动，以陡峭的角度从床沙上升到几个颗粒直径的高度，然后沿约 10° 的斜下方向回落。这种非对称跳跃路径可能会被紊流或与另一种颗粒碰撞而中断（图 2.6）。跃移搬运可被认为是牵引搬运和悬浮搬运之间的中间搬运，但此处将其描述为推移质搬运的一部分，因为大多数跃移颗粒在移动过程中相对靠近床沙。

#### 2.3.4.2 悬移质搬运

随着水流强度的增加，靠近床沙的紊流强度增加。悬移质搬运的颗粒轨迹比跳跃颗粒的轨迹更长、更不规则、离床沙更高。由紊流引起的流体运动的向上分量增加到平衡颗粒向下的重力的程度，使得颗粒悬浮在床沙上的时间远远超过其在非扰动水中的沉降速度所能预测的时间。如果紊流产生的升力不稳定，且不能持续保持这种平衡（细砂至中砂搬运过程中常见的情况），则颗粒可能会不时地落回床沙上。这种行为称为间歇性悬浮（图 2.6）。间歇悬浮与跃移不同，因为悬浮颗粒往往被带到床沙上方更高的位置，并在床沙外停留更长的时间。较小颗粒的沉降速度可能很低，它们保持在几乎连续的悬浮液中，并以与流体流动几乎相同的速度被携带。

#### 2.3.4.3 冲刷负载

持续悬浮搬运的大部分沉积物由沉降速度非常低的细黏土颗粒组成。在河流中，这种沉积物来源于上游源区或河岸侵蚀，而不是水流，被称为冲刷负载。即使流速很低，河流也有能力搬运大量的冲刷负载。由于冲刷负载以与水相同的速度连续悬浮移动，因此可通过河流体系快速搬运。

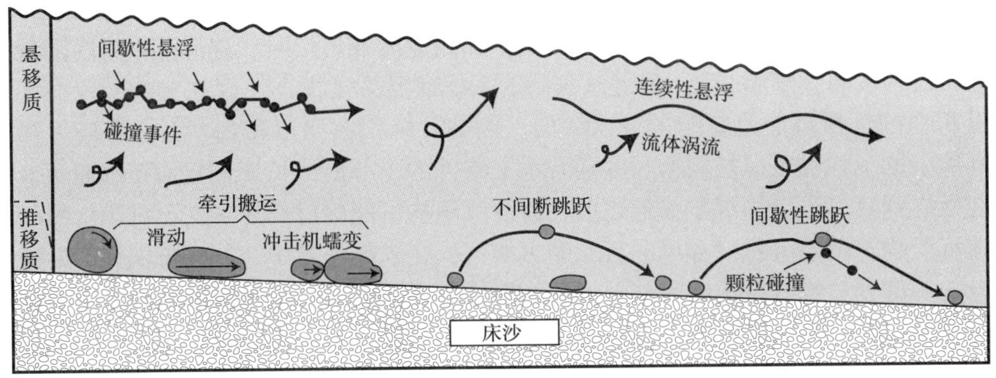


图 2.6　牵引、悬浮和跃移搬运期间的颗粒路径示意图

### 2.3.5　风力搬运

风可以被认为是一种非常低密度、低黏度的流体，能够流动并产生沉积物搬运。风对颗粒的携带和搬运（风成搬运）的原理与水相似，然而，风的低密度和低黏度导致风携带和搬运的阈值大不相同（Nickling，1994）。风对颗粒的携带作用会受到移动颗粒撞击床沙的强烈影响。当风速低于启动颗粒运动所需的临界速度时，颗粒运动可以通过将颗粒抛到床沙上开始并顺风传播，这一过程类似播种。颗粒运动的较低阈值称为冲击阈值。

风通常只搬运细砂大小或更小的颗粒。砂粒级颗粒通过牵引（表面蠕动）和跳跃移动，尘埃级颗粒通过悬浮移动。搬运发生在相对较高的风速下，气流通常为紊流，以不同大小的漩涡以不同的速度和方向移动为特征。风携带的悬浮物称为尘埃。在不断前进的锋面上，不稳定的浮力气团向上扩散，在火山喷发期间会将尘埃云迅速带到数百米甚至数千米的高度。被携带到如此高的地方的物质可能会长期处于悬浮状态，随后会扩散到非常广阔的区域，包括海洋盆地（Prospero，1981）。事实上，深海远洋沉积物中的细粒成分被认为主要来自风。

与水的搬运一样，风的搬运导致层理沉积，其大小从几厘米高的涟漪到几百米高的巨大沙丘不等。第 8 章更详细地讨论了风成搬运和沉积过程。

### 2.3.6　冰川搬运

冰川冰的高黏度使其流动非常缓慢。冰川能够刮削和剥脱下伏基岩和相邻的谷壁，并接受上方崩落到冰川上的落石，从而携带大量的沉积物。当冰层在冰川内发生层流时，各种大小的沉积物随着与床层接触的移动冰一起被带走，并悬浮在冰川底部上方的不同高度。当冰川前缘融化时，沉积物以未分类、分层不好的冰碛形式倾倒。第 8 章详细介绍了冰的沉积物搬运。

### 2.3.7　流体沉积

水和空气通过流体流动承担了大部分沉积物的搬运，而冰可以解释大量沉积物和非常大尺寸颗粒的局部搬运。当局部水文或风场条件发生变化，河床剪切应力降低至不再足以启动和维持颗粒运动时，水流和风停止沉积物携带和搬运，并发生沉积。床沙剪切应力的降低基本上是由流速的降低引起的。由于各种原因，流速和剪切应力可能降低到沉积物搬运所需的临界水平以下。在水搬运的情况下，这些原因包括河床坡度减小、河床粗糙度增加和水量损失。风速的降低也可能是由于河床粗糙度的增加或地表地形和天气条件的变化造成的。当冰川由于积雪率降低或融化率增加而停滞或后退时，冰川沉积就在陆地上发生。冰山流入大海并崩解融化，最终其负载的沉积物沉落海底。

沉积物的沉积可能是暂时的或永久的。例如，沉积在河道和点坝、海滩环境和其他滨岸环境中的沉积物可以被截留，并随着水文条件的季节性或长期变化而持续搬运。事实上，在最终到达海洋中的沉积盆地之前，河流沉积物可能会沉积和多次再沉积。另外，一些河流沉积物、湖泊沉积物和风成沉积物可能沉积在大陆环境中，并被长期保存，成为地质记录的一部分。经过搬运的大部分沉积物最终会进入海盆，沉积在浪基面之下，并或多或少地永久固定，直到被掩埋。

由水或风的流体搬运的沉积物通常具有不同厚度的层或纹层、缺乏垂直粒度分级、粒度分选从差到优（取决于沉积条件）及各种沉积结构的特征（图 2.7）。牵引流沉积的沉积物通常保存着沉积构造，如交错层理、波痕和叠瓦状构造（卵石重叠如屋顶上的瓦），依据这些构造可以确定古流体的流动方向。悬浮沉积的沉积物缺乏这些流动构造，通常以细分层为特征。风只能搬运和沉积沙尘（黏土）大小范围内的颗粒。相比之下，由水沉积的沉积物的粒度可能从黏土大小到鹅卵石或巨石，直径从几十厘米到数百厘米不等。粒度的这些变化反映了自然条件下普遍存在的风和水的各种能量条件，以及风和水启动和维持沉积物搬运的相对能力的变化。由于其高黏度，冰能够搬运巨大尺寸的颗粒及最小尺寸的颗粒。冰川沉积的沉积物特征是分层不好，分选极差，颗粒从米级的巨砾到黏土大小的颗粒不等。

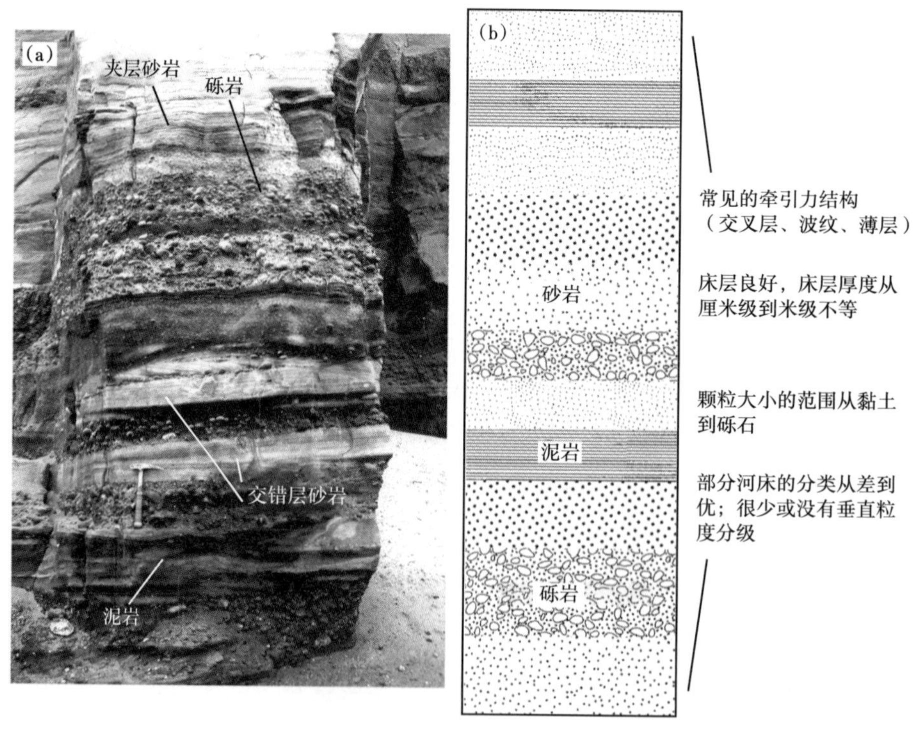


图 2.7　由水或风的流体沉积的沉积物特征

（a）俄勒冈州南部海岸中新世 Blacklock Point 的层状流体流动沉积物；（b）流体流动沉积物的典型特征示意图

本章对流体流动沉积物进行了简要描述，以说明流动过程与沉积物特征之间的关系。第 3 章和第 4 章详细讨论了沉积岩的结构和构造；第 8 章至第 11 章描述了不同沉积环境中流体沉积的特征。

## 2.4 沉积物重力流的颗粒搬运

前一节研究了由流动流体和沉积物相互作用产生的沉积物搬运。在流体流动搬运过程中，流体（水、风、冰）在重力作用下以各种方式移动，沉积物被流体携带。通过直接作用在沉积物上的重力效应，沉积物基本上也可以独立于流体进行搬运。在这种类型的搬运中，流体可能在减少内摩擦和支撑颗粒方面发挥作用，但它们并不是沉积物下坡运动的主要原因。沉积物在重力作用下发生流动，当沉积物沉积时，流动停止。

在陆上和水下环境，沉积物都可以通过重力作用直接进行搬运。海底重力搬运具有更大的沉积学意义。沉积环境中存在一系列重力运动，从沉积物整体移动和流体主要通过润滑颗粒来减少内摩擦的重力运动，到以颗粒为基础的重力运动，以及在搬运过程中流体在支撑沉积物方面起着重要作用的重力运动。重力运动可分为岩崩、滑坡和沉积物重力流（表 2.1）。岩崩是指石块或碎屑从悬崖或陡坡上自由下落。滑坡是由于剪切破坏而产生的岩石或沉积物的整体运动，几乎不会伴随岩体内部变形。沉积物重力流是一种更像“流体”的运动类型，在这种运动中，颗粒堆积发生破裂，沉积物内部变形强烈。

**表 2.1 质量搬运过程的主要类型、机械性能及搬运和沉积物支撑机制**

<table>
<tr><th colspan="3">大规模运输过程</th><th>机械性能</th><th>搬运和沉积物支撑机制</th></tr>
<tr><td colspan="3">落石</td><td rowspan="3">弹性</td><td>自由落体和个别砌块或碎屑沿陡坡滚动</td></tr>
<tr><td colspan="2" rowspan="2">滑坡</td><td>滑行</td><td>内部变形或旋转较小的离散剪切面之间的剪切破坏</td></tr>
<tr><td>下落</td><td>剪切破坏伴随着沿内部变形较小的离散剪切旋转</td></tr>
<tr><td rowspan="6">沉积物重力流</td><td rowspan="3">质量流</td><td>碎屑流</td><td rowspan="3">塑性上限<br>塑性<br>流动上限</td><td rowspan="3">剪切力分布在整个沉积物中；强度主要来自黏土产生的粘聚力；额外的基质支撑可能来自分散压力支撑的无黏性沉积物；惯性（高浓度）或黏性（低浓度）状态下的流动；通常需要陡坡</td></tr>
<tr><td>泥流</td></tr>
<tr><td>颗粒流</td></tr>
<tr><td rowspan="3">流体流</td><td>液化流</td><td rowspan="3">黏性流体</td><td>松散堆积结构坍塌时，由流体向上位移（膨胀）支撑的无黏性沉积物，沉降到更紧密堆积的框架中；所需坡度超过3°</td></tr>
<tr><td>流动化流</td><td>由逸出孔隙流体的强迫向上运动支撑的无黏性沉积物；薄（小于10cm）且短暂</td></tr>
<tr><td>浊流</td><td>由流体湍流支撑</td></tr>
</table>

沉积物重力流特别令人感兴趣，因为它们能够快速搬运大量沉积物，包括非常粗的沉积物，它们甚至能够进入海洋中非常深的水域。从广义上讲，发生在陆上环境中的重力流可被认为包括由雪崩、火山喷发引起的火山碎屑流和基底涌流、沿沙丘滑动面向下的干砂颗粒流及火山和非火山碎屑流和泥石流，其中大颗粒在更细的泥浆状基质中搬运。水下沉

积物重力流还包括颗粒流和泥石流，以及浊流和液化流。

只有当颗粒分离和分散到内摩擦和内聚性充分降低，从而将沉积物质量的强度降低到重力启动运动所需的临界点以下时，才能发生沉积物重力流。已经确定了能够实现这种内部强度降低的四种分散和支撑流动机制的理论类型：紊流、粒间流体向上逃逸、颗粒相互作用（分散压力）和黏性基质支撑（图 2.8）。可以确定与这些理论支持机制相对应的四种可观测到的流动类型：浊流、液化流、颗粒流、泥流 / 泥石流。下面将更详细地描述这四种重力搬运机制，可将其视为沉积物重力流过程的一员。在某些条件下，一种类型可能会转化为另一种类型，例如，当海底泥流在下坡时，海水会进行额外的混合和稀释，因此而变为浊流。

| 流动类型 | 浊流 | 液化流 | 颗粒流 | 泥流/泥石流 |
| --- | --- | --- | --- | --- |
| 支撑机制 | 湍流 | 晶间流体向上逃逸 | 晶粒间的相互作用（分散性压力） | 矩阵强度 |
| 流体类型 | 湍流 | 牛顿流体 | 非牛顿流体 | Bingham塑性体 |

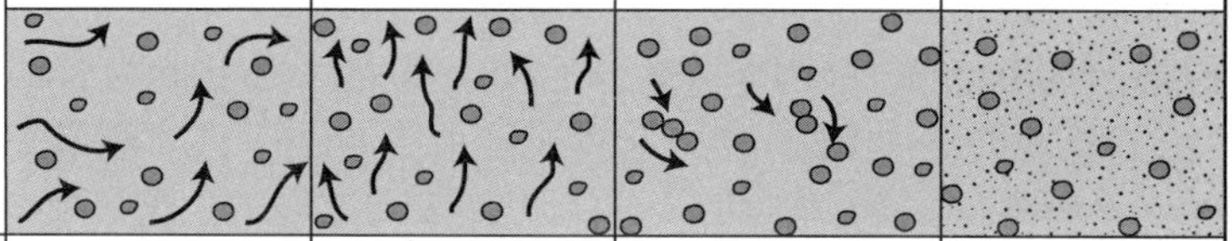

图 2.8　沉积物重力流的流动类型、颗粒支撑机制和流体类型的关系

## 2.4.1　浊流

### 2.4.1.1　流动机制和特征

浊流是一种密度流，沿海洋或湖泊底部向下流动，因为其密度与周围（环境）水形成对比，而周围（环境）水是由紊流导致悬浮在水中的沉积物产生的。浊流可以在实验室中通过实验产生，方法是将浑浊、稠密的水突然释放到充满低密度清水的倾斜水槽的末端。据观察，它们在自然条件下发生在浑浊河水进入湖泊中，并且在整个地质历史时期都发生在大陆边缘的海洋环境中。在这种情况下，它们主要起源于海底峡谷的顶部或附近。

浊流可由多种机制产生，包括沉积物破坏、风暴引发的沙和泥流进入峡谷顶部、河流和冰川融水的推移质流入及空气灰尘喷发期间的流动（Normark 和 Piper，1991）。它们可以作为浪涌或稳定、均匀的水流移动。浪涌或间歇性浊流是由一些短期灾难性事件引起的，如地震引发的大规模沉积物坍塌或作用于大陆架的风暴浪。这类事件在海底上方的水中产生强烈的紊流，导致广泛的侵蚀和沉积物携带，沉积物迅速悬浮。然后，沉积物保持悬浮状态，由紊流支撑在水柱中。这一过程产生了一个稠密、浑浊的云状物，随着速度的增加，云状物向下移动，侵蚀并携带更多的沉积物。浪涌流在远离源头时发展为三个主要部分：头部、主体和尾部。

一些浊流是稳定、均匀的水流，没有紊流源。其流动的速度与浪涌型流体的速度相似。尽管速度对流动发生的坡度敏感，但流动可能发生在低至 1° 的斜坡上（Kersey 和 Hsü，1976）。富含沉积物的河流流入湖中，沿倾斜的湖底观察到稳定、均匀的水流。浊流也可能出现在泥质河流流入的大陆架上。然而，在这种情况下，发生浊流的可能性较小，因为浑浊河水和海水之间的密度差，小于浑浊河水和淡水之间的密度差。

一旦沉积物悬浮在浊流中，浊流在重力和惯性作用下继续流动一段时间。当产生与环境水密度对比的沉积物—水混合物因悬浮物沉降而耗尽时，水流将停止。由于初始事件产生的极强紊流的早期衰减，悬浮液中较粗颗粒的快速沉积似乎发生在浊流源附近区域。随着水流继续向前移动，剩余的较粗颗粒将逐渐集中在水流顶部；必须持续向头部供应密度更高的流体，以替换从头部断开并重新连接流体主体的涡流所损失的流体。由于头部和主体的紊流不同，头部可能是侵蚀区域，而主体正在发生沉积。

理论上，在进一步搬运过程中，在近端区域粗粒物质初始沉积后仍处于悬浮状态的沉积物，可以在自悬浮的动态平衡状态下保持很长时间的悬浮状态（Bagnold，1962；Pantin，1979；Parker，1982）。自悬浮的条件可能会保持，因为由于重力作用，浊流在河床上向下流动，在水流底部继续产生紊流。因此，水流与底部摩擦产生的能量损失由重力能量补偿。浊流在海洋中的传播距离尚不清楚。据推测，1929 年 Nova Scotia 省 Grand Banks 地震引发的浊流似乎以 19m/s 的速度向南推行了 300 多千米，原因是海底电报电缆的切断（Piper，1988）。沉积物在这段距离上的运移表明，自悬浮实际上可能起作用。尽管如此，一些地质学家仍然对自悬浮过程持怀疑态度（Middleton，1993）。

浊流的速度最终会随着峡谷斜坡的变平、水流沿海底通道的漫滩流动或水流在斜坡底部平坦的洋底上的扩散而减小。随着流速变慢，沿水流底部产生的紊流也会减少，由于在浊流头部周围和沿上界面与环境水混合，水流逐渐稀释。头部携带的剩余沉积物最终沉淀，导致头部下沉并消散。浊流的各个部分发生沉积的确切过程尚不完全清楚，尽管从实验结果来看，沉积并不是同时发生在浊流的所有部位。例如，如上所述，头部可能是一个潜在侵蚀区域，同时头部后面的主体正在沉积沉积物。从水流的某些部位（如头部）快速沉积的沉积物，在被迅速掩埋之前，可能会经历很少或没有后续的牵引搬运。另外，在水流的较远部位或头部溢出水道的区域，头部冲刷一段时间后，可能会从主体和尾部缓慢沉积，在此期间，沉积物会发生额外的牵引搬运。尾部的最终沉积可能发生在洋流运动太弱而无法产生牵引搬运之后。

根据浊流中的位置和浊流悬浮的沉积物初始量，浊流可能含有较高或相对较低密度的沉积物。根据悬浮颗粒密度，可以考虑两种主要类型的浊流：低密度流，颗粒含量小于 30%；高密度流，颗粒密度更高（Lowe，1982）。低密度水流主要由黏土、粉砂和细至中等粒度的砂粒组成，这些颗粒完全由紊流悬浮支撑。高密度流可能包括粗砂、卵石大小的碎屑及细粒沉积物。在流动过程中，粗颗粒的支撑是由紊流提供的，紊流由其自身的高含砂量造成的阻碍沉降，以及水和细沉积物的间隙混合物提供举升力（高密度流与泥石流的不同之处在于，泥石流没有紊流，流动性较小）。请注意，浊流的头部可能是高密度流，而尾部可能是稀释的低密度流。

#### 2.4.1.2 浊流流速

涌浪的头部厚度大约是其余部分的两倍，其特点是强烈的紊流。头部进入静水的速度 $U_{\text{head}}$ 为

$$U_{\text{head}} = 0.7\sqrt{\frac{\Delta\rho}{\rho}gh} \tag{2.17}$$

式中，$\Delta\rho$ 为浊流和环境水之间的密度差；$\rho$ 为环境水的密度；$g$ 为重力加速度；$h$ 为头部高度（Middleton 和 Hampton，1976）。头部悬垂，横向分为裂片和裂缝（图 2.9 和图 2.10）。

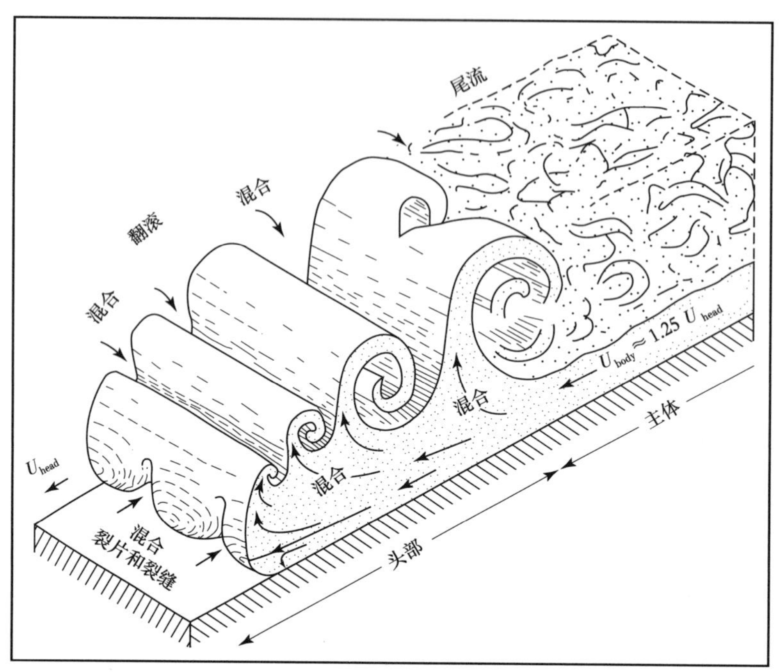


图 2.9　进入深水的浊流头部和主体的假设结构（尾部未显示）

图 2.10　通过实验产生的浊流穿过一个小水槽的底部时产生的头部

注意头部极度颠簸产生的裂片和裂缝

浪涌型浊流体内的流动稳定且均匀，且流动的厚度几乎均匀。主体以一定的速度运动，$U_{body}$ 为

$$U_{\text{body}} = \sqrt{\frac{8g}{f_0 + f_1}\left(\frac{\Delta\rho}{\rho}\right)hs} \tag{2.18}$$

式中，$h$ 为流体的高度或厚度；$s$ 为底部的坡度；$f_0$ 为水流底部的摩擦阻力；$f_1$ 为与上覆环境水层接触的水流上界面的摩擦阻力。这种速度的差异导致主体的前部在与周围的水混合的过程中在头部消耗自身（Allen，1985）。水流的尾部突然变薄，远离主体，变得更加稀薄。

## 2.4.2 浊流沉积

浊流沉积通常被称为浊积岩，有两种基本类型。高含砂量的高密度流沉积的浊积岩倾向于形成含有粗粒砂岩或砾石的厚层浊积岩序列。单个水流单元通常具有相对较差的粒级分配和很少的内部分层，基底冲刷痕迹发育不好或不发育。一些具有厚、粗粒基底单元的浊积岩可能向上分级为细粒沉积物，显示出牵引流构造，如层理和小规模交错层理（图 2.11）。在流动单元的最上部，沉积物可能由从流动尾部沉积的非常细粒、几乎均质的泥组成。低密度浊流的沉积物通常形成薄层浊积岩序列。单个流动单元在底部呈细粒状，显示出良好的垂直粒级分配、发育良好的层理和小型交错层理。床层底部或下部可能存在冲刷痕迹。

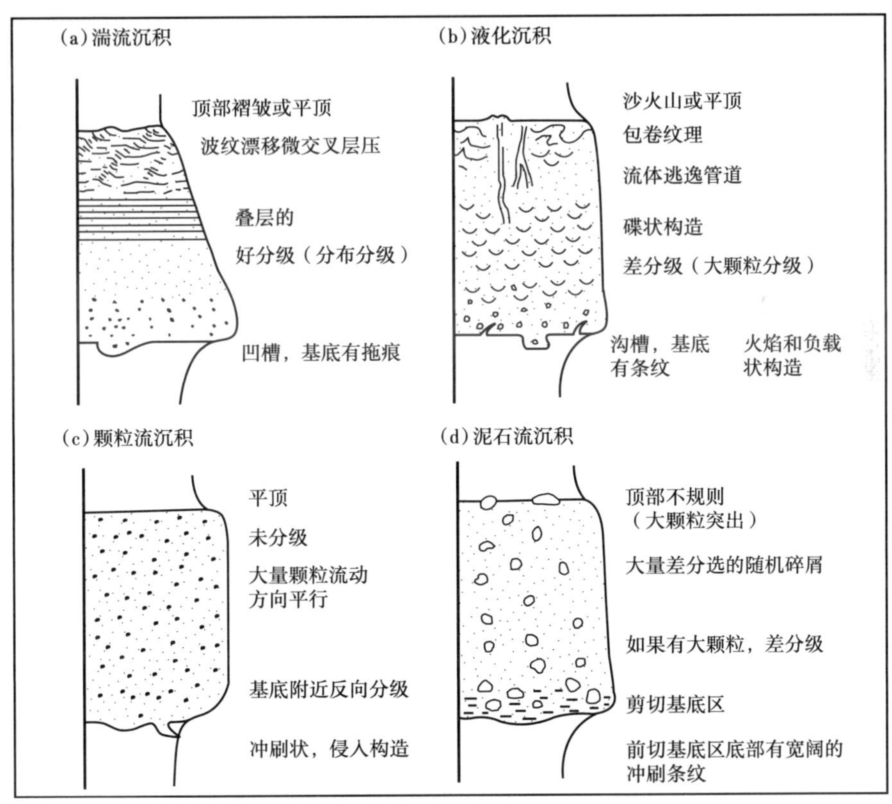


图 2.11　不同类型重力流沉积物的沉积构造对比

Bouma（1962）提出了一个理想的浊积岩层序，现在通常称为鲍马（Bouma）序列。该理想序列由五个结构单元组成（图 2.12a），其中包括两种类型浊积岩的特征。这些构造细分可能记录了浊流的流动强度随时间的衰减，以及随着流速的降低，不同沉积构造和底形的逐渐发育，以适应不同的流态（从上游流态到下游流态）。大多数浊积岩并不包含所有这些结构单元。厚的粗粒浊积岩往往显示出发育良好的单元A和B，但单元C到E通常发育不好或不存在。较细的薄层浊积岩可能显示出发育良好的单元C至E，以及发育不好或缺失的单元A和B。事实上，Hsü（1989）声称鲍马序列单元D很少出现，大多数浊积岩只能分为两个单元：下部水平层理单元（单元A+B，图2.12b和c）和上部交错层理单元（单元C）。单元E是一个问题，因为它可能由缓慢沉积的细粒物质组成，因此它可能不是浊流单元的一部分。

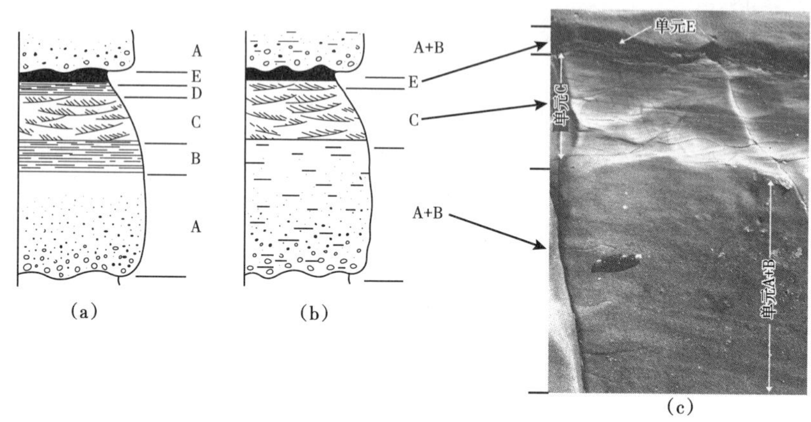


图 2.12 级配层单元中沉积构造的理想序列

（a）鲍马序列；（b）Hsü 理想序列，在 Hsü 的模型中，鲍马序列单元A和B是组合的，而单元D则被省略；（c）一个鲍马序列的照片，与 Hsü 的模型非常相似（白垩系，俄勒冈州南部海岸）

沉积在源头附近的浊积岩，尤其是悬浮沉积物密度较高的主搬运通道内的浊积岩，通常为粗粒、块状或层理较差的类型。一些密度非常高的水流也可能在距离源头相当远的主沟道内沉积粗粒浊积岩。另外，薄层细粒浊积岩也可能沉积在源头附近，浊流从水道两岸溢出，并随着其在海底及距离源头较远的区域扩散而变得更稀。单个浊流的沉积物通常显示水平粒度分级和垂直粒度分级。也就是说，较厚的粗粒沉积物通常从横向分级为较薄的细粒沉积物。浊流的反复出现产生了一系列浊积层（鲍马序列），厚度可能达数百米（图2.13）。关于浊积岩的更全面的描述，见 Mutti（1992），Bouma 和 Stone（2000）。

图 2.13 俄勒冈州南部海岸始新统 Tyee 组韵律层浊积岩

## 2.4.3 液化流

### 2.4.3.1 流动机制

液化流是颗粒的集中分散，其中沉积物由受重力作用向下沉降时从颗粒之间溢出的孔隙水向上流动支撑，或因孔隙水从下方注入而被迫向上流动。由于突然受到冲击或一系列冲击，松散、无黏性的沉积物（如沙子）会暂时液化，导致颗粒失去相互接触，并悬浮在各自的孔隙流体中。如果将流体引入无黏性沉积物块或柱的底部，并继续注入，直到颗粒被推开，且其重量由上升的流体支撑，则也可能会失去颗粒接触，这个过程叫作流态化。一旦无黏性沉积物液化（或流态化），它就会失去强度，表现得像高黏度流体，尽管如此，它仍然可以非常迅速地沿着低至 3° 的斜坡向下流动。

只有在保持颗粒分散的情况下，才会发生液化流动。一旦颗粒从流体中沉降出来并重新建立颗粒间的接触，流动层就会“冻结”并停止移动。“冻结”从流动的底部开始，沉降颗粒的表面由颗粒沉降速度确定分散过程中的上升速度（图 2.14）。对于较厚的细粒流，沉降所需的时间为几个小时（Lowe，1976）。因此，液化流在沉积前可能会移动很短的距离，尽管这可能很重要。当沉积发生时，孔隙水通过沉降颗粒向上运动，导致形成许多流体逃逸构造，例如碟状构造。一些液化水流可能会变得湍急，因为流动的沉积物在重力作用下加速下坡，从而变成浊流。

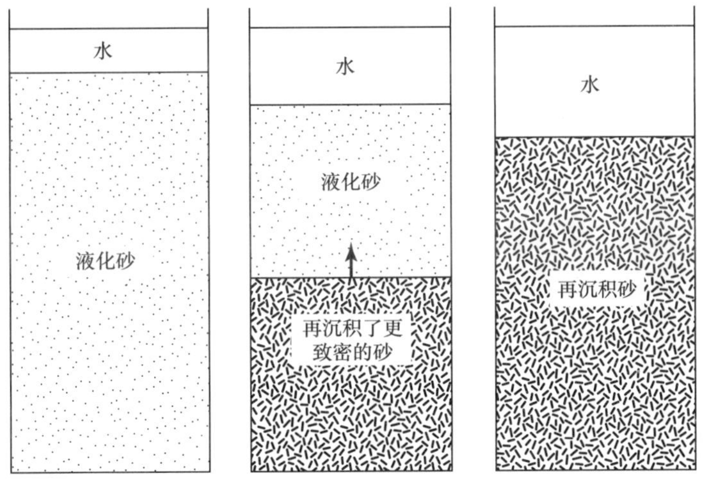

图 2.14　液化水流中沉积物沉积期间颗粒沉降和水排出的示意图

### 2.4.3.2 液化流沉积物

通常是较厚、分选较差的砂单元。其特点是发育流体逃逸构造，如图 2.11b 所示的碟状构造、管道和沙火山。

## 2.4.4 颗粒流

### 2.4.4.1 颗粒流流动机制

颗粒流是无黏性沉积物的分散。由于颗粒间的直接碰撞，沉积物在空气中受到分散压力的支撑，通过碰撞和靠近，沉积物在水中得到支撑。在陆上和水下，沉积物可以快速流动，尤其是在接近沉积物休止角的陡坡上。由于沉积物内部剪切强度的突然丧失，颗粒流导致无黏性沉积物沿着陡坡向下移动。当牵引作用导致无黏性沉积物（通常是沙子）堆积超过临界休止角时，颗粒流开始运动。该角度是颗粒堆积和颗粒形状的函数，在具有低球度颗粒的沉积物中，该角度往往最大。当超过特定沉积物的休止角时，会发生崩塌。当重力产生的内部剪切应力超过沉积物的内部剪切强度时，颗粒流迅速开始运动。在流动过程中，迫使颗粒分离并保持其悬浮所需的分散压力不是由流体提供的，而是由空气中的颗粒间碰撞、颗粒碰撞及沉积物沿斜坡向下移动时在水中的近距离接触提供的。在颗粒相互作用过程中，分散压力是垂直于剪切面的力，该剪切面倾向于在该方向上使颗粒膨胀或分散。Bagnold（1956）提出，作用于颗粒的剪应力（$T$）与分散压力（$P$）之间的关系为：

$$T / P = \tan \alpha \tag{2.19}$$

式中，$\alpha$ 为内摩擦角。

该公式表明，空气中颗粒持续流动的最小坡度约为 30°；在水下，可能需要更大的坡度才能发生。尽管在流动过程中，砂粒的分散或膨胀主要通过颗粒碰撞来实现和维持，但在某些情况下，颗粒沉降时孔隙流体的向上流动，或可能通过致密泥基质的浮力来有助于分散颗粒。颗粒流在许多方面类似液化流，事实上，颗粒流也可以转化为液化流。与液化流相比，颗粒流可以在陆上和水下条件下均发生。

沙丘背风坡上的颗粒流很常见。当无黏性沙流沿着海底峡谷的陡坡向下移动时，也在海洋中进行了观察和拍照（Shepard，1961；Dill，1966；Shepard 和 Dill，1966）。据报道，挪威峡湾下的颗粒流导致海底电话电缆切断。由于启动流体所需较高陡坡，颗粒流的地质意义可能有限。尽管有人认为颗粒流可能伴随着较低陡坡上的浊流，颗粒流在浊流下方移动，但与浊流无关。颗粒流沉积物的沉积通过突然“冻结”快速、整体地发生，主要是由于坡角的减小。

#### 2.4.4.2 颗粒流沉积物

一些工作人员提出，颗粒流起源于非常厚、几乎巨厚的砂岩层。然而，Lowe（1976）得出结论，对于砂粒级的颗粒，任何环境中单个颗粒流的沉积物厚度都不能超过几厘米。反向递变（从细粒度到粗粒度向上的递变，发生在一些砂岩中）归因于颗粒流动过程。假设在颗粒流动期间，较小颗粒在分散状态下通过较大颗粒向下过滤，从而形成反粒序，这一过程称为动力筛选。颗粒流沉积物发育大量层理，很少或没有内部分层和递变，但基底可能出现反向递变（图 2.11c）。单颗粒流的沉积物厚度通常小于 5cm。

### 2.4.5 泥石流和泥流

陆上泥石流在许多气候条件下都会发生，但在干旱和半干旱地区尤其常见，这些地区通常在暴雨后发生泥石流。泥石流在火山地区也很常见，火山碎屑在伴随喷发的暴雨期间或在喷发之间积累在火山锥上的融化冰雪中变得水饱和。泥石流是由高浓度、分选差的沉积物和水的混合物组成的浆状流，其行为方式与流体流动不同。

#### 2.4.5.1 泥石流机制

泥石流表现为宾汉塑性流体，也就是说，它们具有屈服强度，必须在流动开始之前克服。泥石流中的黏性泥基质有足够的强度来支撑大颗粒，但黏性不足以阻止在适当的斜坡上流动。泥石流通常发生在陡坡（大于 10°）上，但在 5° 或更小的缓坡上，泥石流可以流至很远的距离；它们出现在陆上和水下环境中。它们由细砾石、砂或泥基质中分选较差的颗粒混合物组成，颗粒大小可能达到巨石大小。那些主要由泥粒大小的颗粒组成的是泥流，那些泥粒含量较低但体积相当大（按体积百分比计）的是泥质泥石流（Middleton，1991）。这些含泥泥石流中的颗粒由泥和间隙水组成的基质支撑，这些基质具有足够的内聚强度，可以防止较大颗粒沉降，但没有足够的强度来防止流动。基质主要由无黏性砂和砾石组成的泥石流是无泥泥石流（Middleton，1991）。人们对这些无泥泥石流的支撑机制知之甚少。

由于水饱和，泥石流的屈服强度已被克服并开始移动后，泥石流可能会继续在低至1°或2°的斜坡上移动（Curray，1966）。泥石流也发生在水下环境中，可能是水下滑坡下坡端混合的结果。随着水下泥石流迅速下坡，并与更多水混合稀释，其强度降低，并可能进入浊流。整个泥流和泥石流的沉积快速发生。当重力产生的剪切应力不再超过流体底部的屈服强度时，块体“冻结”并停止移动。

#### 2.4.5.2 泥石流沉积

泥石流沉积物是厚而分选差的单元，缺乏内部分层（图2.11d和图2.15）。泥石流沉积物通常由从黏土到巨石大小不等的颗粒混乱堆积而成，其中大颗粒通常没有定向性。泥石流沉积物通常分级很差，但如果存在粒级，则可能是正常或相反的。

图2.15 华盛顿州圣海伦斯市泥石流（1980年）

### 2.4.6 流体类型

根据动态黏度随剪切或应变（变形）速率变化的程度，一般可以定义三种类型的流体。牛顿流体没有强度，并且不会随着剪切速率的增加而发生黏度变化（图2.16）。因此，普通流体是牛顿流体，在搅拌或搅动时不会改变黏度。非牛顿流体没有强度，但随着剪切或应变率的变化，其黏度会发生变化。含有密度大于30%（按体积计）的砂粒分散体，或黏性黏土密度更低的水，表现为非牛顿流体。因此，高饱和度的非压实泥浆可能表现出非牛顿特性。这种泥浆在流速较低时流动缓慢，但在流速较高时流动黏性较小。

一些极其浓缩的沉积物分散体可能表现为塑性物质，其初始强度必须在屈服前克服。如果超过屈服强度后，塑性物质表现为具有恒定黏度的物质，则称为宾汉物质。大卵石或巨砾被填隙流体和细粒沉积物基质支撑的泥石流是表现为宾汉物质的例子。含有分散沉积物的水和其他塑性物质（如冰）在超过屈服强度并开始流动后表现为具有可变黏度的物质，称为假塑性物质。触变物质是一种特殊类型的假塑性物质，在剪切前具有强度。剪切破坏了它们的强度后，这些物质表现得像流体（通常是非牛顿流体），直到被停滞一段时间，然后恢复强度。新沉积的泥浆通常表现出触变行为。例如，地震引起的剪切可能会导致此类泥浆液化和破坏。这种瞬时液化可能会导致沉积物向下移动，否则不会进行搬运。牛顿流体、非牛顿流体和塑性物质在剪切应力下的行为差异如图 2.16 所示。

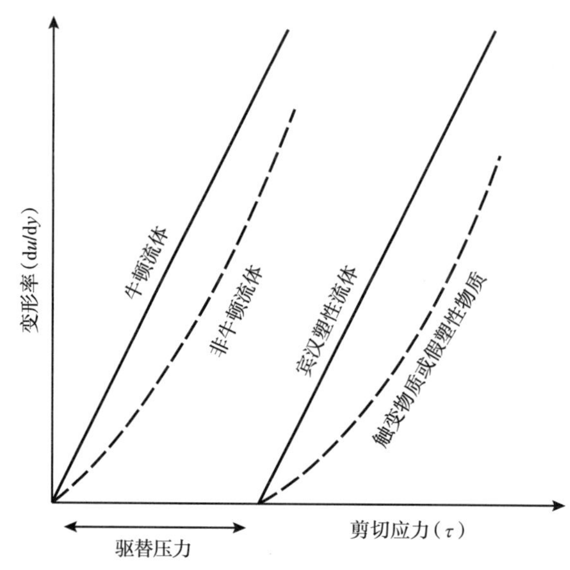


图 2.16　流体和塑性物质的变形率与剪切应力

## 拓展阅读文献

Balson, P. S., and M. B. Collins (eds.). 2007. Coastal and shelf sediment transport. Geological Society Spec. Pub. 274, London: The Geological Society.

Bouma, A. H., and C. G. Stone (eds.). 2000. Fine-grained turbidite systems. Tulsa, OK: American Association of Petroleum Geologists (AAPG) Memoir 72 and the Society for Sedimentary Geology (SEPM) Special Pub. 68.

Gyr, A., and K. Hoyer. 2006. Sediment transport: A geophysical phenomenon. Dordrecht: Springer. Robert, A.. 2003. An introduction to fluvial dynamics. Arnold, London, 214 p.

Rowan, J. S., R. W. Duck, and A. Werritty (eds.), 2006, Sediment dynamics and the hydromorphology of fluvial systems. International Association of Hydrological Sciences Pub. 306. Oxfordshire, UK: Wallingford.

Seminara G., and P. Blondeaux (eds.). 2001. River, coastal, and estuarine morphodynamics. Berlin: Springer.

## 参考文献

Allen, J. R. L. 1985. Loose-boundary hydraulics and fluid mechanics: Selected advances since 1961. in

Brenchley, P. J., and B. P. J. Williams ( eds. ) . Sedimentology: Recent developments and applied aspects. Oxford: Geol. Soc., Blackwell. 7–30.

Allen, J. R. L. 1994. Fundamental properties of fluids and their relation to sediment transport processes. in Pye, K. ( ed. ) . Sediment transport and depositional processes. Oxford: Blackwell Scientific Publ. 25–60.

Bagnold, R. A. 1956. The flow of cohesionless grains in fluids. London: Royal Soc., Philos. Trans., Ser. A. 249: 235–297.

Bagnold, R. A. 1962. Auto–suspension of transported sediment. Turbidity currents. Royal Soc. London Proc. ( A ). 265: 315–319.

Bitzer, K., and R. Pflug. 1990. A three–dimensional model for simulating clastic sedimentation and isostatic compensation in sedimentary basins. in Cross, T. A. ( ed. ) . Quantitative dynamic stratigraphy.Englewood Cliffs, NJ: Prentice Hall. 335–348.

Blatt, H., G. V. Middleton, and R. Murray. 1980. Origin of sedimentary rocks. 2nd ed. Englewood Cliffs, NJ: Prentice–Hall.

Bouma, A. 1962. Sedimentology of some flysch deposits. Amsterdam: Elsevier.

Bouma, A. H., and C. G. Stone. 2000. Fine–grained turbidite systems.AAPG Memoir 72. Tulsa, OK: Amer. Assoc. Pet. Geol.

Curray, R. R. 1966. Observations of alpine mudflows in the Tenmile Range, central Colorado. Geol. Soc. America Bull. 77: 771–776. Dill, D. F. 1966. Sand flows and sand falls. in Fairbridge, R. W. ( ed. ) . Encyclopedia of oceanography. New York: Reinhold. 763–765.

Galehouse, J. S. 1971. Sedimentation analysis. in Carver, R. E. ( ed. ) . Procedures in sedimentary petrology. New York: John Wiley & Sons. 69–94.

Hsü, K. J. 1989. Physical principles of sedimentology. Berlin: Springer–Verlag.

Kersey, D. G., and Hsü, K. J. 1976. Energy relations and density current flows: An experimental investigation. Sedimentology. 23: 761–790.

Leeder, M. 1999. Sedimentology and sedimentary basins. Oxford: Blackwell Science Ltd.

Lowe, D. R. 1976. Subaqueous liquefied and fluidized sediment flows and their deposits. Sedimentology. 23: 285–308.

Lowe, D. R. 1982. Sedimentary gravity flows: Ⅱ. Depositional models with special reference to the deposits of high–density turbidity currents. Jour. Sed. Petrology. 52: 279–297.

Middleton, G. V. 1991. Mechanics of sediment gravity flows ( unpublished manuscript ) .

Middleton, G.V. 1993. Sediment deposition from turbidity currents. Ann. Rev. Earth and Planetary Science 21: 89–114.

Middleton, G.V., and J. B. Southard. 1984. Mechanics of sediment transport. SEPM Short Course 3. 2nd ed. Tulsa, OK: SEPM.

Middleton, G.V., and P. R. Wilcock. 1994. Mechanics in the earth and environmental sciences. Cambridge: Cambridge University Press.

Mutti, E. 1992. Turbidite sandstones. Milan: Agip, Instituto di Geologia, Universitá di Parma.

Nickling, W. G. 1994. Aeolian sediment transport and deposition. In Pye, K. ( ed. ) . Sediment transport and depositional processes. Oxford: Blackwell Scientific Pub. 293–350.

Normark, W. R., and D. J. W. Piper. 1991. Initiation process and flow evolution of turbidity currents: Implications for the depositional record. in Osborne, R. H. ( ed. ) . From shoreline to abyss. Soc. for Sed. Geology Spec. Pub. 46. 207–230.

Pantin, H. M. 1979. Interaction between velocity and effective density in turbidity flow: Phase plane analysis with criteria for autosuspension. Marine Geology 31: 59–99.

Parker, G. 1982. Conditions for the ignition of catastrophic erosive turbidity currents. Marine Geology 46: 307–327.

Piper, D. J. W., A. N. Shor, and J. E. H. Clark. 1988. The 1929 "Grand Banks" earthquake, slump, and turbidity current. in Clifton, H. E. ( ed. ) . Sedimentologic consequences of convulsive geologic events. Geol. Soc. America Spec. Paper 229. 77–92.

Prospero, J. M. 1981. Eolian transport to the world ocean. in Emiliani, C. ( ed. ) . The oceanic lithosphere: The sea. v. 7. New York: John Wiley & Sons. 801–874.

Rouse, H., and J. W. Howe. 1953. Basic mechanics of fluids. New York: John Wiley & Sons.

Rowan, J. S., R. W. Duck, and A. Werritty ( eds. ) . 2006. Sediment dynamics and the hydromorphology of fluvial systems. International Association of Hydrological Sciences Pub. 306. Oxfordshire, UK: Wallingford.

Shepard, F. P. 1961. Deep-sea sand. 21st Internat. Geol. Cong. Rept. 23. 26–42.

Shepard, F.P., and R. F. Dill. 1966. Submarine canyons and other sea valleys. Chicago: Rand McNally.

Slingerland, R., J. W. Harbaugh, and K. P. Furlong. 1994. Simulating clastic sedimentary basins. Englewood Cliffs, NJ: PTR Prentice Hall.

Tetzlaff, D. M., and J. W. Harbaugh. 1989. Simulating clastic sedimentation. New York: Van Nostrand.

Williams, J. 1996. Turbulent flow in rivers. in P. A. Carling and M.R. Dawson ( eds. ), Advances in fluvial dynamics and stratigraphy. Chichester: John Wiley and Sons. 1–32.

# 第二部分　沉积岩的物理性质

侏罗系 Navajo 砂岩中发育的交错层理，犹他州 Zion 国家公园

第 2 章中描述的搬运和沉积过程形成了种类繁多的沉积岩，每一种沉积岩都具有独特的结构和构造特征。沉积结构是指单个沉积物颗粒的大小、形状和定向排列等沉积岩特征。长期以来，地质学家一直认为沉积岩的结构反映了搬运和沉积过程的性质，结构特征有助于分析古环境背景和边界条件，因此发表了大量的文献，涉及沉积结构的各个方面，特别是测量和表示粒度、形状的方法及对粒度、形状数据的解释。硅质碎屑岩的结构主要是由沉积的物理过程形成，包括颗粒大小、形状（球度、圆度和表面结构）和结构（颗粒定向排列和粒间关系）。这些主要的结构特征之间的关系控制着其他衍生的结构特征，如填充度、孔隙度和渗透率。某些非硅质碎屑岩（如石灰岩和蒸发岩）的结构也部分或全部由物理搬运过程形成。其他的结构主要由化学或生物化学沉淀作用形成。

广泛的重结晶作用或其他成岩作用可能破坏非硅质碎屑岩的原始结构，形成以次生成因为主的晶体结构。显然，化学或生物化学成因形成的沉积岩，以及成岩组构较强的沉积岩结构特征，与未蚀变的硅质碎屑岩的结构特征成因意义截然不同。

虽然“结构”一词主要适用于单个沉积物颗粒的特征，而沉积构造，如交错层理和波痕，是颗粒集合体的特征。这些构造是由各种沉积作用形成的，包括流体作用、沉积物重力流、软沉积变形和生物活动等。由于沉积构造反映了沉积时或沉积后不久的环境条件，因此作为解释古沉积环境的工具，地质学家对它们特别感兴趣。可以利用沉积构造来评价古沉积环境的某些方面，如沉积搬运机制、古水流方向、相对水深和相对流速。一些沉积构造也用于识别地层的顶底，从而确定沉积序列是否符合沉积地层层序或是被构造破坏。在粗硅质碎屑岩中沉积构造特别丰富，这些沉积岩由牵引流或浊流搬运形成。它们也存在于非硅质碎屑岩中，如石灰岩和蒸发岩。

# 3 沉积结构

## 3.1 引言

本章主要讨论硅质碎屑岩的物理结构。在第 6 章和第 7 章中讨论了一些特殊的结构特征，这些特征对理解石灰岩和其他非硅质碎屑岩的分类和成因很重要。本章将研究颗粒的大小和形状、颗粒表面结构和颗粒组构等结构性质的特征，并讨论这些性质的成因意义。虽然沉积结构的研究可能不是沉积学中最受关注的方面，但它仍然是一个重要的研究领域。尽管沉积物结构数据的成因解释仍存在许多不确定性，但深入了解沉积结构的性质和意义是解释古沉积环境和搬运条件的基础。关于沉积物结构数据的成因意义，长期以来形成的一些观点现在正受到挑战，同时研究和解释沉积物结构的新思想和技术不断出现。任何一本沉积学教科书，如果不讨论沉积结构及其成因意义都是不完整的。

## 3.2 粒度

粒度是硅质碎屑岩的基本属性，是描述硅质碎屑岩的重要属性之一。特定沉积物的粒度反映了风化和侵蚀过程，这些过程会产生不同大小的颗粒，并随后发生搬运作用。粒度的范围可以从需要用显微镜才能看清的黏土级颗粒到直径几米的巨石。沉积学家从三个方面研究颗粒的大小：（1）测量颗粒大小并将其分类或分级；（2）汇总大量粒度数据，通过统计或制成图表形式对其进行评估；（3）研究这些数据的成因意义（如环境）。以下是对此类问题的研究。

### 3.2.1 粒级

如上所述，沉积物和沉积岩中的颗粒大小从几微米到几米不等。由于颗粒大小的区间广，用对数或几何标度比线性标度更适合表示颗粒的大小。在几何标度中，有一串连续数字组成的数列，数字之间存在固定的比率。沉积学家普遍使用的粒度标度是 Udden-Wentworth 标度，由 Udden 于 1998 年提出，Wentworth 于 1922 年进行了修改和扩展。该标度是一种几何标度，标度中的每一个值都是前一个值的 2 倍或 1 / 2，这取决于粒度大小（表 3.1）。从小于 1/256mm（0.0039mm）到大于 256mm，划分为黏土、粉砂、砂、砾石四大类，并可进一步细分为细砂、中砂、粗砂等。Blair 和 McPherson（1999）认为 Udden-Wentworth 标度（表 3.1）的粗端可以细分，增加块石（4.1~65.5m）、板石（65.5~1.0km）、整石（1.0~33.6 km）和巨石（大于 33.6 km）。

对 Udden-Wentworth 标度的一个有用的修改是对数 $\varphi$ 值，$\varphi$ 值可以等值单位表示粒度数值，以便进行图形绘制和统计计算。$\varphi$ 值是由 Krumbein 在 1934 年提出的，为以下关系：

$$\varphi = -\log_2 d \tag{3.1}$$

式中，$d$ 为以毫米为单位的颗粒直径。例如，直径为 4mm 的颗粒的 $\varphi$ 值为 −2，把以 2 为底的对数取到 4 需要几次方（同 $2^2$）。粒度为 8mm 的颗粒的 $\varphi$ 值 −3（为 $2^3$）。一些等效 $\varphi$ 值和毫米数见表 3.1。注意，$\varphi$ 值同时产生正数和负数。颗粒的实际大小（以毫米为单位）随 $\varphi$ 值的增加而减小，随着 $\varphi$ 值的减少而增大。因为在沉积岩中，砂级颗粒和更小的颗粒是最丰富的。Krumbein 选择了以毫米为单位的粒度的负对数，这样这种颗粒的粒径将具有正的 $\varphi$ 值，避免了不断处理负数的麻烦。这种方法与在绘图中粗粒向左、细粒向右的普遍方法一致。

**表 3.1　沉积物的 Wentworth 粒度标度（表中 Wentworth 粒度分类、$\varphi$ 值和美国标准筛分别对应不同的颗粒直径和 $\varphi$ 值）**

| 美国标准筛 | | | 颗粒直径（mm） | $\varphi$值 | Wentworth粒度分类 |
|---|---|---|---|---|---|
| 砾 | | 4096 | | −12 | 巨砾 |
| | | 1024 | | −10 | |
| | | 256 | 256 | −8 | |
| | | 64 | 64 | −6 | 中砾 |
| | | 16 | | −4 | 砾石 |
| | 5 | 4 | 4 | −2 | |
| | 6 | 3.36 | | −1.75 | 卵石 |
| | 7 | 2.83 | | −1.5 | |
| | 8 | 2.38 | | −1.25 | |
| | 10 | 2.00 | 2 | −1.0 | |
| 砂 | 12 | 1.68 | | −0.75 | 极粗砂 |
| | 14 | 1.41 | | −0.5 | |
| | 16 | 1.19 | | −0.25 | |
| | 18 | 1.00 | 1 | 0.0 | |
| | 20 | 0.84 | | 0.25 | 粗砂 |
| | 25 | 0.71 | | 0.5 | |
| | 30 | 0.59 | | 0.75 | |
| | 35 | 0.50 | ½ | 1.0 | |
| | 40 | 0.42 | | 1.25 | 中砂 |
| | 45 | 0.35 | | 1.5 | |
| | 50 | 0.30 | | 1.75 | |
| | 60 | 0.25 | ¼ | 2.0 | |
| | 70 | 0.210 | | 2.25 | 细砂 |
| | 80 | 0.177 | | 2.5 | |
| | 100 | 0.149 | | 2.75 | |
| | 120 | 0.125 | ⅛ | 3.0 | |
| | 140 | 0.105 | | 3.25 | 极细砂 |
| | 170 | 0.088 | | 3.5 | |
| | 200 | 0.074 | | 3.75 | |
| | 230 | 0.0625 | 1/16 | 4.0 | |
| 泥 粉砂 | 270 | 0.053 | | 4.25 | 粗粉砂 |
| | 325 | 0.044 | | 4.5 | |
| | | 0.037 | | 4.75 | |
| | | 0.031 | 1/32 | 5.0 | |
| | | 0.0156 | 1/64 | 6.0 | 中粉砂 |
| | | 0.0078 | 1/125 | 7.0 | 细粉砂 |
| | | 0.0039 | 1/256 | 8.0 | 极细粉砂 |
| 泥 黏土 | | 0.0020 | | 9.0 | 黏土 |
| | | 0.00098 | | 10.0 | |
| | | 0.00049 | | 11.0 | |
| | | 0.00024 | | 12.0 | |
| | | 0.00012 | | 13.0 | |
| | | 0.00006 | | 14.0 | |

### 3.2.2 粒度测量

硅质碎屑粒度可以用多种方法测量（表 3.2）。方法的选择取决于研究的目的、要测量的粒度范围和沉积物或沉积岩的固结程度。松散沉积物或岩化沉积岩中的大颗粒（砾石、中砾、巨砾）可以用卡尺或人工测量。粒度通常用长尺寸或中间尺寸来表示。松散沉积物或沉积岩中卵石到粉砂级的颗粒，可以被分离，通常通过一套嵌套的金属丝网筛分来测量（图 3.1）。对应于不同毫米和 $\varphi$ 值的美国标准筛的筛号见表 3.1。筛析法测量颗粒的中间尺寸，因为颗粒的中等大小通常决定了颗粒是否可以通过特定的网格。

**表 3.2 沉积物粒度测定方法**

| 样品类型 | 样品粒级 | 分析方法 |
|---|---|---|
| 松散的沉积物和被分解的沉积岩 | 巨砾<br>中砾<br>砾石 | 人工测量单个碎屑颗粒 |
| | 卵石<br>砂<br>粉砂 | 筛析、沉降管分析、图像分析 |
| | 泥 | 移液分析、沉降天平、光度计、偏光仪、激光衍射仪、电阻（如：库尔特计数器） |
| 岩化的沉积岩 | 巨砾<br>中砾<br>砾石 | 手工测量单个碎屑颗粒 |
| | 卵石<br>砂<br>粉砂 | 薄层测量、图像分析 |
| | 泥 | 电子显微镜 |

图 3.1 嵌套筛网安装在振动筛上（转击式筛析试验机）

粒径小、松散的颗粒也可以通过沉降法测定颗粒的沉降速度。在这些技术中，允许颗粒在沉降管中以规定温度通过水柱沉降，并测量颗粒沉降所需的时间。对于较粗的颗粒（卵石、砂、粉砂），颗粒的沉降时间从经验上看与标准粒度分布曲线（校准曲线）相关，以获得等效的毫米或 $\varphi$ 值（Poppe 等，1985）。颗粒的沉降速度受颗粒形状的影响，球形粒子比同等质量的非球形粒子沉降得更快。因此，通过沉降法确定天然非球形颗粒的粒度值可能与通过筛分确定的值不完全相同。

细粉砂和黏土颗粒的粒度可通过 Stokes 定律的沉积方法确定。测量这些小颗粒粒度的标准沉降法是移液管分析法（Galehouse，1971）。由于涉及许多操作，移液管分析是一个费力的过程。为了简化这些程序，现在已经开发了自动记录沉降管，可以更容易、快速地确定砂级和泥级沉积物的大小。其他几种自动粒度分析仪也可选择，每种原理都略有不同。光比重计是一种沉降管，它根据经验将穿过悬浮沉积物柱的光束强度变化与颗粒沉降速度以及颗粒大小联系起来（Jordan 等，1971）。沉降仪通过测量精细准直 X 射线束在沉降悬浮液中随时间和高度的衰减来确定颗粒大小（Stein，1985；Jones 等，1988）。激光衍射粒度分析仪的工作原理是，给定大小的颗粒通过给定角度衍射光，该角度随着粒度的减小而增大（McCave 等，1986）。电阻粒度分析仪（如 Coulter 计数器或 Electrozone 粒子计数器）测量粒度的原理是，通过电解液中维持的电场的粒子将置换其自身体积的电解液，从而引起电场的变化。这些变化被缩放并计为电压脉冲，每个脉冲的大小与颗粒体积成正比（Swift 等，1972；Muerdter 等，1981）。半自动图像分析技术使用电视摄像机捕获和数字化晶粒图像，借助适当的计算机软件，可以计算颗粒直径（Kennedy 和 Mazzullo，1991；Van den Berg 等，2003）。关于这些分析技术的对比，见 Singer 等（1988）的研究。更多信息见 Syvitski（1991）的专著《粒度分析的原理、方法和应用》。

已固结的沉积岩中无法分解的颗粒粒度必须通过筛分或沉积分析以外的技术进行测量。可使用反射光双目显微镜和标准大小比较装置（由安装在卡片上的特定大小的颗粒组成）来估计砂级颗粒和粉砂级颗粒的大小和分类。通过使用装有目测千分尺的透射光岩相显微镜或上述图像分析技术测量岩石薄片中的颗粒，可以进行更精确的粒度测定。显微镜和图像分析技术的颗粒大小一般都小于颗粒的最大直径，因为薄片的平面不能准确地穿过大多数颗粒的中心。通过这些方法测量的粒度通常以某种方式进行数学校正，使其与筛分数据更接近（Burger 和 Skala，1976；Piazzola 和 Cavaroc，1991）。固结岩石中细粉级颗粒和泥级颗粒可通过电子显微镜进行研究，尽管电子显微镜通常不用于粒度测量。

### 3.2.3 粒度数据图解和数学处理

通过所述技术测量粒度会产出大量数据，在使用这些数据之前，必须将其简化为更为精简的形式。不同粒级的质量数据表必须简化，以得各粒级的平均特性，如平均粒径和分选。图形化和数字化数据的还原法都是常用的。图解法很容易构建，可以使粒度分布可视化从而实现直观的理解。另外，数学方法（其中一些方法是基于数据的初始图形处理）产生的统计粒度参数可能在环境的研究中起到一定作用。

#### 3.2.3.1 图解法

图 3.2 介绍表示粒度数据的三种常用图形方法。图 3.2a 为筛析法得到的典型粒度数据。筛出的原始质量首先转换成单组分质量百分比，为每个粒级的质量除以总质量。累计质量百分比可以通过将每个后续的粒级的质量与前面粒级的质量之和相加来计算。图 3.2b

显示了如何将质量百分比作为粒度的函数来绘制，从而得到一个粒度直方图—— 一个柱状图，其中横坐标为颗粒大小，纵坐标为单个粒级的质量百分比。直方图为表示粒度分布提供了一种快速、简单的图示方法，大致的平均粒度和分选（粒度值在平均粒度附近的分布）可以一目了然。然而，直方图的应用有限，因为直方图的形状受到使用的筛分间隔的影响。此外，它们也不能获得用来统计计算的数学参数。

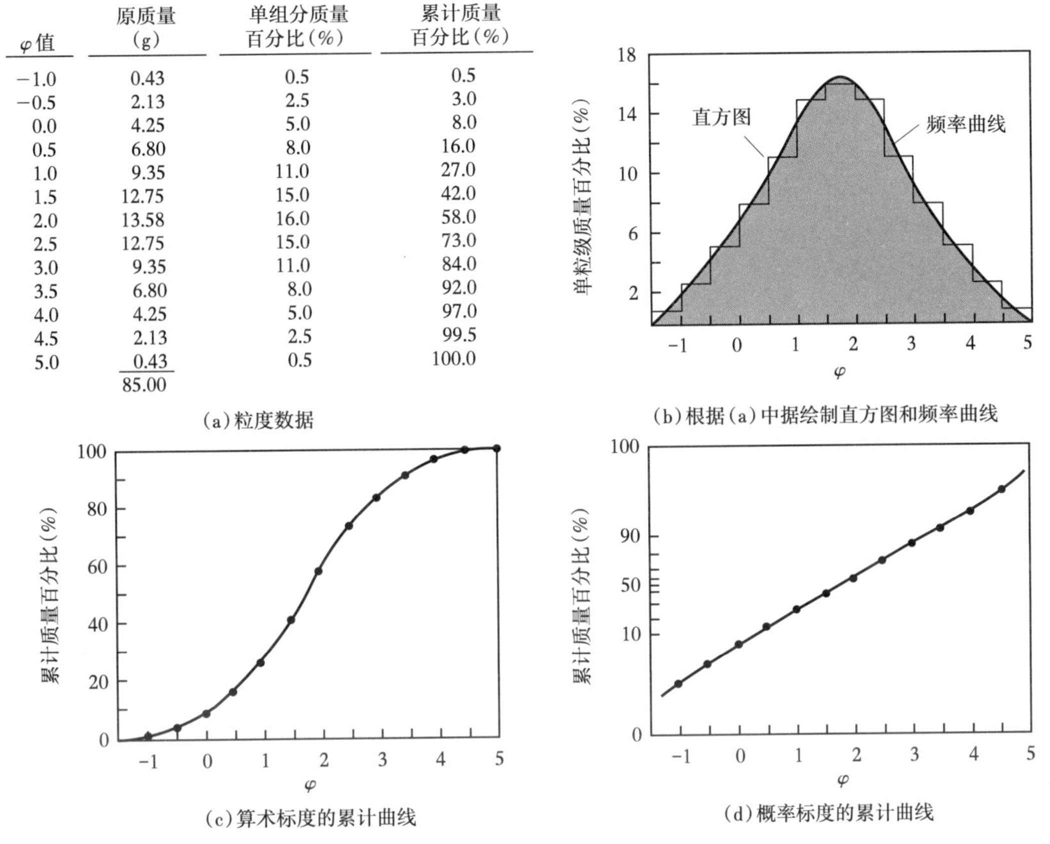

| φ值 | 原质量(g) | 单组分质量百分比(%) | 累计质量百分比(%) |
|---|---|---|---|
| −1.0 | 0.43 | 0.5 | 0.5 |
| −0.5 | 2.13 | 2.5 | 3.0 |
| 0.0 | 4.25 | 5.0 | 8.0 |
| 0.5 | 6.80 | 8.0 | 16.0 |
| 1.0 | 9.35 | 11.0 | 27.0 |
| 1.5 | 12.75 | 15.0 | 42.0 |
| 2.0 | 13.58 | 16.0 | 58.0 |
| 2.5 | 12.75 | 15.0 | 73.0 |
| 3.0 | 9.35 | 11.0 | 84.0 |
| 3.5 | 6.80 | 8.0 | 92.0 |
| 4.0 | 4.25 | 5.0 | 97.0 |
| 4.5 | 2.13 | 2.5 | 99.5 |
| 5.0 | 0.43 | 0.5 | 100.0 |
| | 85.00 | | |



图 3.2 粒度数据的常用可视方法

频率曲线（图 3.2b）本质上是直方图，用平滑曲线代替不连续的柱状图。将直方图中每个粒级的中点用平滑曲线连接起来，可以得到近似的频率曲线。然而，这种频率曲线不能准确地确定曲线上的最高点，这一点对于确定待描述的峰的大小非常重要。根据非常小的筛分间隔获得的数据绘制的粒度直方图会形成近似频率曲线的形状，但这样小的筛分间隔并不实用。通过 Folk（1974）详细描述的特殊图解法，可以从累计曲线中导出精确的频率曲线。

粒度的累计曲线是通过绘制粒度与质量累计百分比频率来生成的。累计曲线是最有用的粒度图。虽然它不能像直方图或频率曲线那样很好地表示粒度分布，但它的形状实际上与所用的筛分间隔无关。此外，从累计曲线得出的数据可以计算几个重要的粒度参数。累计曲线可以绘制在算术纵坐标（图 3.2c）或对数概率坐标上，其中算术纵坐标已经被对数概率纵坐标替代（图 3.2d）。当 φ 值数据绘制在算术坐标上时，累计曲线通常具有图 3.2c 所示的 S 形。该曲线中心部分的斜率反映了粒度的分选，非常陡的坡度表示分选较好，非常平缓的坡度表示分选不好。如果将累计曲线绘制在对数概率纸上，颗粒总体呈正态分布

（如图 3.2d 所示，实际为对数正态分布），则曲线形状将趋向于直线。在正态分布中，这些值是关于平均值的均匀分布或分散分布。在传统的统计中，粒度值的正态分布在绘制成频率曲线时总体呈现出完美的钟形曲线。因此，通过累计曲线与直线的偏差，可以很容易地在对数概率图上看出粒径分布的正态偏差。在硅质碎屑沉积物或沉积岩中，大多数原始颗粒组分不具有正态分布（或对数正态分布），图 3.2b 所示的近正态分布不是典型的原始沉积物。一些研究者认为，对数概率曲线的形状反映了泥砂的运移条件，因此可以作为解释环境的工具。我们随后将继续讨论这一点。

图解法可以对给定样品的粒度特征进行快速、直观的观察，但是当涉及大量的样本时，图解法就变得比较烦琐。此外，平均粒度和粒度分选特征不能通过观察粒度曲线非常准确地确定。为了克服这些缺点，可以通过统计处理粒度数据的数学方法来推导粒度参数。这些统计方法可以用数学方法表示各粒度组分的平均大小和平均分选特征。粒度和分选的数值可用于制作各种曲线图和图表，以便评价粒度数据。

#### 3.2.3.2 数学方法

1）平均粒径

常用三种数学方法测量平均粒径。峰值是颗粒群中最常见的颗粒尺寸。峰值对应于累计曲线上最陡点（拐点）或频率曲线上最高点表示的颗粒直径。硅质碎屑沉积物和沉积岩倾向于具有单峰，但一些沉积物是双峰态的，一个峰值在粒度分布的粗端，另一个峰值在细端，有些甚至是多峰的。中值是粒度分布的中点。按质量计算，一半的颗粒粒径大于中值，一半小于中值。中值对应于累计曲线上的第 50 个百分位直径（图 3.3）。平均粒径是样本中所有粒径的算术平均值。大多数沉积物样本的真实算术平均值是无法确定的，因为无法计算样品中的颗粒总数或测量出每个小颗粒的直径。算术平均值的近似值可以通过从累计曲线中选取选定的百分位值并对这些值进行平均计算来获得。如图 3.3 和表 3.3 所示，第 16、50 和 84 百分位值通常用于该计算。峰值、中值和平均粒径可能相同，也可能不同，如下文对偏度的讨论。

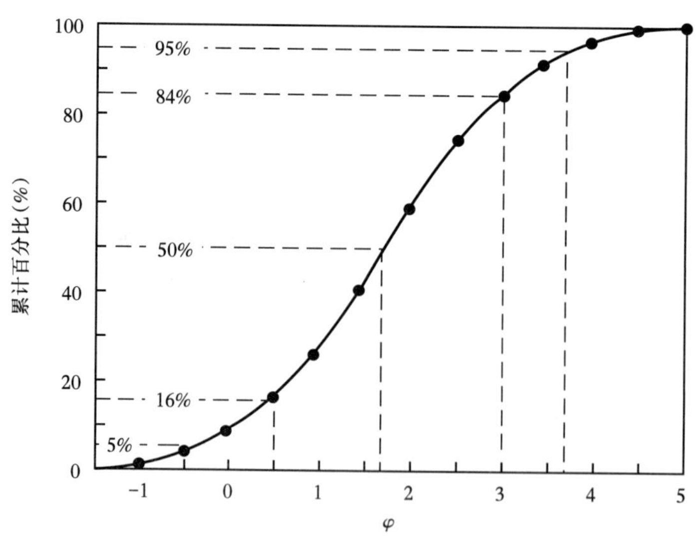


图 3.3　从算术标度累计曲线计算百分位值的方法

2）分选

粒度的分选是对一定范围的粒度和这些粒度在平均粒径附近的分布或分散程度的量度。在现场或实验室中，可以使用放大镜或显微镜对分选进行估计（图 3.4）。更准确地确定分选需要对粒度数据进行数学处理。分选的数学表达式是标准偏差。在传统统计中，标准偏差包含频率曲线下方 68% 的中心区域（图 3.5）。也就是说，68% 的粒度值位于平均粒径的正负标准偏差范围内。用图解法计算标准偏差的公式见表 3.3。请注意，由这个公式计算的标准偏差用 $\varphi$ 值表示，称为 $\varphi$ 标准偏差。符号 $\varphi$ 必须始终附加在标准偏差值上。对不同标准偏差值进行的分选评价见表 3.4（Folk，1974）。

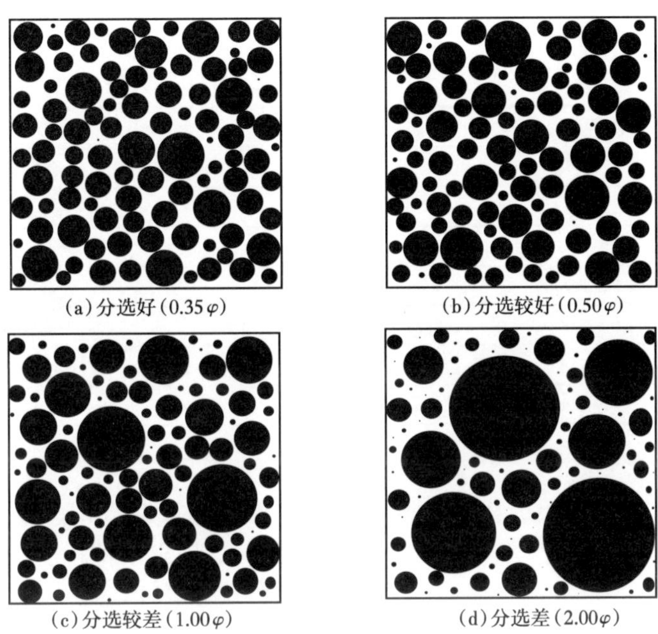


图 3.4　估计粒度分选的视觉图

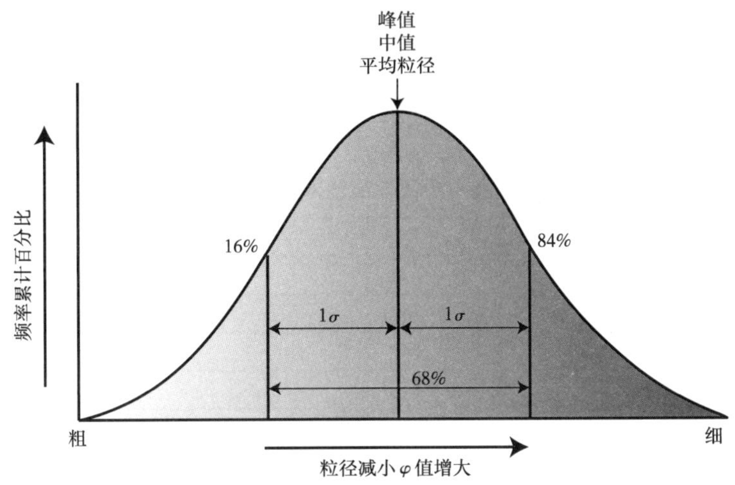


图 3.5　$\varphi$ 值正态分布的粒度频率曲线

显示了标准偏差与平均粒径、峰值和中值粒径的关系；平均粒径两侧的标准偏差占频率曲线下方面积的 68%

**表 3.3　图解法粒度参数公式**

| 参数 | 公式 |
| --- | --- |
| 平均粒径 | $$M_z=\frac{\varphi_{16}+\varphi_{50}+\varphi_{84}}{3} \tag{3.2}$$ |
| 标准偏差 | $$\sigma_i=\frac{\varphi_{84}-\varphi_{16}}{4}+\frac{\varphi_{95}-\varphi_5}{6.6} \tag{3.3}$$ |
| 偏度 | $$SK_t=\frac{(\varphi_{84}+\varphi_{16}-2\varphi_{50})}{2(\varphi_{84}-\varphi_{16})}+\frac{(\varphi_{95}+\varphi_5-2\varphi_{50})}{2(\varphi_{95}-\varphi_5)} \tag{3.4}$$ |
| 峰度 | $$K_G=\frac{(\varphi_{95}-\varphi_5)}{2.44(\varphi_{75}-\varphi_{25})} \tag{3.5}$$ |

**表 3.4　对不同标准偏差值进行的分选评价**

| 标准偏差 | 分选评价 |
| --- | --- |
| ＜ 0.35$\varphi$ | 分选极好 |
| 0.35~0.50$\varphi$ | 分选好 |
| 0.50~0.71$\varphi$ | 分选较好 |
| 0.71~1.00$\varphi$ | 分选中等 |
| 1.00~2.00$\varphi$ | 分选较差 |
| 2.00~4.00$\varphi$ | 分选差 |
| ＞ 4.00$\varphi$ | 分选极差 |

3）偏度和峰度

如上所述，大多数原始沉积物粒度组分不呈现正态或对数正态粒度分布。这种非正态组分的频率曲线不是完美的钟形曲线。相反，它们表现出某种程度的不对称或偏态。如图 3.6 所示，在倾斜的组分中，峰值、平均粒径和中值都是不同的。偏度反映了粒度总体尾部的分选。具有大量细颗粒尾部的组分（图 3.6a）被称为正偏或细偏，即向正 $\varphi$ 值偏斜。具有大量粗颗粒尾部的组分（图 3.6b）为负偏或粗偏。偏度可通过表 3.3 中的式（3.4）计算。偏度与偏度值相关，见表 3.5（Folk，1974）。

粒度频率曲线可以显示不同的尖锐程度或峰值。尖锐的程度称为峰度。计算峰度的公式见表 3.3。虽然峰度通常与其他粒度参数一起计算，但峰度的地质意义未知，而且它在解释粒度研究中几乎没有什么作用。

**表 3.5　不同偏度值的偏度评价**

| 偏度值 | 偏度评价 |
| --- | --- |
| ＞ 0.30 | 很正偏态 |
| 0.10~0.30 | 正偏态 |
| −0.10~0.10 | 近于对称 |
| −0.30~−0.10 | 负偏态 |
| ＜ −0.30 | 很负偏态 |

4）矩法

粒度统计参数可以通过数字矩法直接计算，而无须参考图形（Krumbein 和 Pettijohn，1938）。这种方法直到最近才被广泛使用，因为它涉及复杂的计算，并且在应用于地质问题时，还没有明确证明矩统计比图形统计更有价值。随着现代计算机的出现，冗长的计算不再是问题，矩统计现在被普遍使用。矩统计中的计算包括将质量（质量频率百分比）乘以距离（从每个粒级的中点到横坐标的任意原点）。计算矩统计的公式见表 3.6，使用 1/2$\varphi$ 粒级的样品计算表见表 3.7。毫米值也可以用于计算矩统计，也就是说，粒度数据不需要转换成 $\varphi$ 值。表 3.3 中所示的公式可以很容易地编写到计算机或可编程计算器中，根据筛析数据计算矩统计。

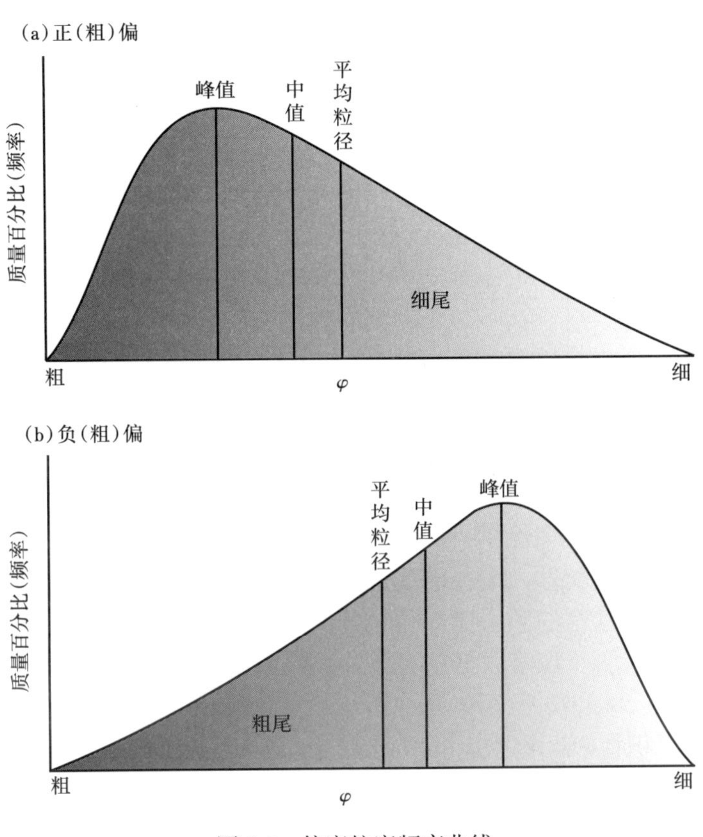


图 3.6　偏度粒度频率曲线

**表 3.6　矩法粒度参数计算公式**

| 参数 | 公式 |
|---|---|
| 平均粒径（一阶矩） | $\bar{x}_\varphi = \dfrac{\sum fm}{n}$　（3.6） |
| 标准偏差（二阶矩） | $\sigma_\varphi = \sqrt{\dfrac{\sum f\left(m - \bar{x}_\varphi\right)^2}{100}}$　（3.7） |
| 偏度（三阶矩） | $SK_\varphi = \dfrac{\sum f\left(m - \bar{x}_\varphi\right)^3}{100\sigma_\varphi^3}$　（3.8） |
| 峰度（四阶矩） | $K_\varphi = \dfrac{\sum f\left(m - \bar{x}_\varphi\right)^4}{100\sigma_\varphi^4}$　（3.9） |

注：$f$ 为各粒级的质量百分比（频率）；$m$ 为各粒级 $\varphi$ 值的中值；$n$ 为样本总数，当 $f$ 是百分数时其值是 100。

表 3.7　以 1/2$\varphi$ 为间隔计算力矩统计的表格

| 粒级间隔（$\varphi$） | 质量中值（$\varphi$） | 质量百分比（%） | 结果 | 偏差 | 偏差的平方 | 结果 | 偏差的立方 | 结果 | 偏差的四次方 | 结果 |
|---|---|---|---|---|---|---|---|---|---|---|
| 0~0.5 | 0.25 | 0.9 | 0.2 | −2.13 | 4.54 | 4.09 | −9.67 | −8.70 | 20.60 | 18.54 |
| 0.5~1.0 | 0.75 | 2.9 | 2.2 | −1.63 | 2.66 | 7.71 | −4.34 | −12.59 | 7.07 | 20.50 |
| 1.0~1.5 | 1.25 | 12.2 | 15.3 | −1.13 | 1.28 | 15.62 | −1.45 | −17.69 | 1.63 | 19.89 |
| 1.5~2.0 | 1.75 | 13.7 | 24.0 | −0.63 | 0.40 | 5.48 | −0.25 | −3.43 | 0.16 | 2.19 |
| 2.0~2.5 | 2.25 | 23.7 | 53.3 | −0.13 | 0.02 | 0.47 | 0.00 | 0.00 | 0.00 | 0.00 |
| 2.5~3.0 | 2.75 | 26.8 | 73.7 | 0.37 | 0.13 | 3.48 | 0.05 | 1.34 | 0.02 | 0.54 |
| 3.0~3.5 | 3.25 | 12.2 | 39.7 | 0.87 | 0.76 | 9.27 | 0.66 | 8.05 | 0.57 | 6.95 |
| 3.5~4.0 | 3.75 | 5.6 | 21.0 | 1.37 | 1.88 | 10.53 | 2.57 | 14.39 | 3.52 | 19.71 |
| ＞4.0 | 4.25 | 2.0 | 8.5 | 1.87 | 3.50 | 7.00 | 6.55 | 13.10 | 12.25 | 24.50 |
| 共计 |  | 100.0 | 237.9 |  |  | 63.65 |  | −5.53 |  | 112.82 |

### 3.2.4　粒度数据的应用及其重要性

粒度是沉积岩的基本物理性质，因此是一种非常有意义的描述性质。因为粒度影响孔隙度和渗透率等相关衍生属性，潜在储集岩的粒度对石油地质学家和水文学家来说相当重要。例如，粗粒、分选良好的砂岩比细粒、分选差的砂岩更适合储油。这种分选好的砂岩也是更好的地下水含水层。粒度数据还有多种其他用途（Syvitski，1991）：

（1）解释海岸地层学和海平面波动；

（2）追踪冰川沉积物搬运和冰川沉积物从陆地到海洋的循环；

（3）通过海洋地球化学家了解自然界中化学元素的流动、循环、数量、来源和沉降；

（4）了解海底沉积物的整体物理（岩土）特性，即这些沉积物可能经历滑塌、滑动或其他程度的变形。

最后，由于沉积物颗粒的大小和分选可能反映沉积机制和沉积条件，因此粒度数据被认为有助于解释古代沉积岩的沉积环境。

正是这种粒度特征反映沉积环境条件的假设激发了人们对粒度分析的兴趣。一个多世纪以来，地质学家一直在研究沉积物和沉积岩的粒度特性。自 20 世纪 50 年代以来，研究工作特别侧重于粒度数据的统计处理。这一段时期的粒度研究已经在地质杂志上发表了数百篇学术论文。因此，合理的假设是到目前为止，粒度特征和沉积环境之间的关系已经稳固确立，但事实并非如此。

尽管目前已经尝试了许多方法用粒度数据解释沉积环境，然而，这些方法的可靠性几乎没有达成一致意见。例如，Friedman（1967，1979）使用双组分粒度变化图，其中一个统计参数相对另一个参数绘制［例如，偏度对标准偏差（分选），或平均粒径对标准偏差］。该方法假定将地域分成主要的环境场所，例如海滩环境和河流环境（图 3.7）。Passega（1964，1977）开发了一种图形方法来解释粒度数据，该方法利用了 C−M 和 L−M

图，其中沉积物（C）中最粗颗粒的粒径相对于平均粒径（M）或小于 0.031mm（L）的百分数绘制。Passega 认为，来自给定环境的大多数样本与这些图表中的特定环境区域相对应。Visher（1969），Sagoe 和 Visher（1977），以及 Glaister 和 Nelson（1974）都提出沉积环境可以根据在对数概率纸上绘制的粒度累计曲线的形状来解释。以这种方式绘制的累计曲线通常显示两条或三条直线段，而不是一条直线（图 3.8；Visher，1969）。曲线的每一段代表不同的颗粒组分，这些组分同时搬运，但搬运方式不同，即悬浮、跳跃和滚动。来自不同环境（沙丘、河流、海滩、潮汐、滨岸、浊积岩）的沉积物可以根据曲线的形状、斜率及截点的位置来区分（Visher，1969）。尽管一些研究者已经报道了这些不同方法的成功，但是所有的方法都因高比率的错误导致的不正确结果而受到质疑（Tucker 和 Vacher，1980；Seminar，1981；Vandenberghe，1975；Reed 等，1975）。

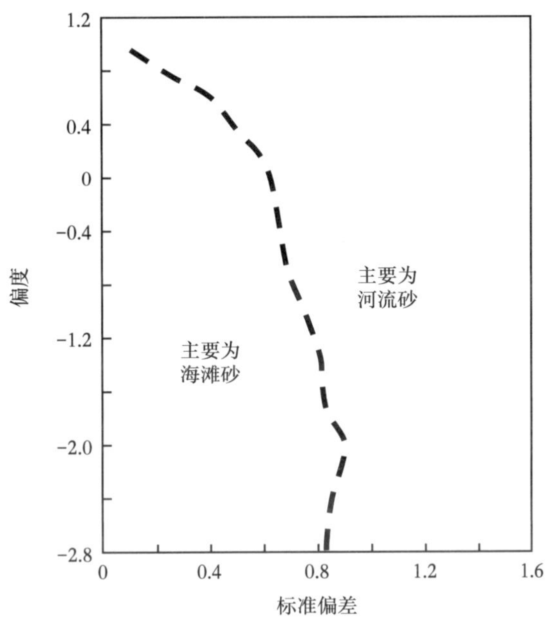


图 3.7　矩偏度与矩标准偏差的粒度二元图，显示了大多数海滩砂和河流砂的区域

部分学者还使用了更复杂的多元统计技术，如因子分析、判别函数分析和对数双曲线分布（Barndorff 等，1982）。这些统计方法中使用的一些假设受到了质疑（Forrest 和 Clark，1989），一些研究者（Wyrwoll 和 Smyth，1985）报告说，对数双曲线分布的结果并不比正态概率函数的结果更好。因此，在对粒度分析的方法和意义进行了几十年的深入研究之后，解释粒度数据的方法似乎开始需要越来越复杂的统计应用软件，但对于它们在环境分析中的可靠性几乎没有共识。这就是科学！

用来识别沉积物沉积环境的粒度方法不一致的原因可能与主要环境背景下沉积条件的变化有关。例如，河流体系内的动力条件和沉积物供应可能因河流而异，甚至在同一河流体系的不同区域也有很大差异。因此，在某些情况下，沉积物的粒度特征在同一环境背景的不同区域可能表现出与不同环境之间同样多的变化。粒度分布反映的是过程，而不是环境，沉积物搬运过程并不是特定环境独有的。无论如何，粒度数据应该是环境解释的可用手段之一，但不能仅依靠此单一手段。

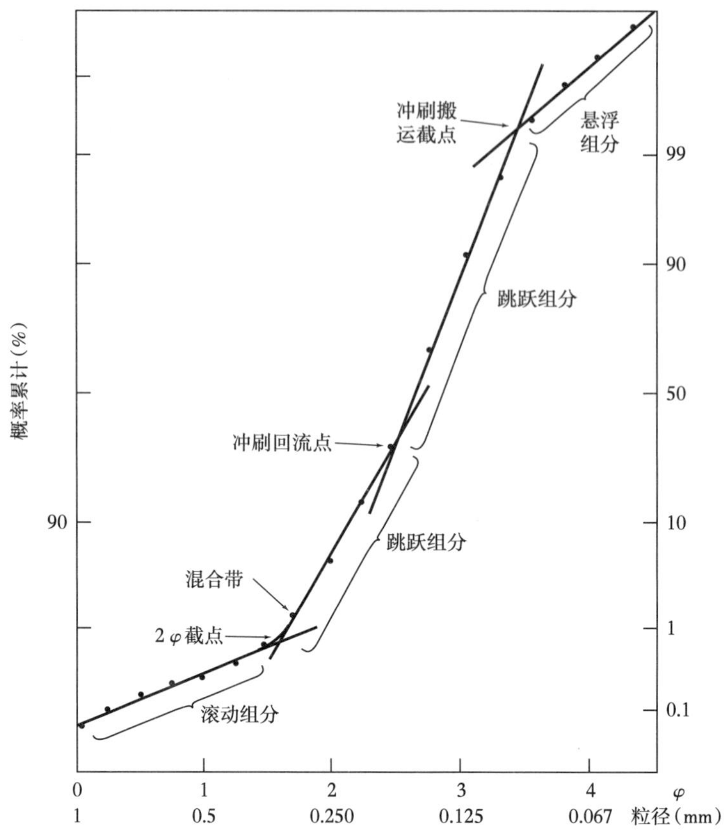


图 3.8　粒度数据绘制在对数概率纸上的累计曲线（以下游冲刷带的 4 个截点对数正常组分为例），显示了沉积搬运动力学与粒度组分和截点之间的关系

## 3.3　颗粒形状

沉积岩中矿物和碎屑（岩石碎屑）的形状由多种因素决定：源岩中矿物颗粒的原始形状；基岩中裂缝的方向和间距，当岩石暴露风化时，裂缝会影响碎屑（岩石碎屑）的形状；沉积物搬运的方式和强度，会磨损颗粒并改变原始形状；沉积物埋藏过程，如压实作用，也可以改变原始形状。因此，沉积颗粒可能表现出多种形状，这取决于它们的成因过程。

颗粒形状由颗粒的三个相关但不同的方面定义。球度是指颗粒的总体结构（轮廓），反映了颗粒比例的变化。一些颗粒的球度类似于球体，其他颗粒可能呈板状（扁平）或棒状（图 3.9a）。不应将球度与圆度混淆，圆度是衡量颗粒棱角的尖锐程度。圆颗粒有光滑的棱角；不圆的颗粒具有尖锐或棱角分明的边缘（图 3.9b）。表面结构是指颗粒表面上小尺度的微地貌特征，如凹坑、划痕和凸起（图 3.9c）。球度、圆度和表面结构是独立的属性，理论上每个属性都可以单独变化而不会影响其他属性。实际上，在沉积物中，球度和圆度往往呈正相关，高球度的颗粒往往是很圆的。表面结构可以改变，但不会显著地改变球度或圆度；而球度或圆度的改变会影响表面结构，因为新的表面会暴露出来。形状的三个方面可以被认为构成了一个层次结构，其中球度是一阶属性，圆度是在球度之上的二阶属性，表面结构是叠加在颗粒的两角之间的表面上的三阶属性（Barrett，1980）。

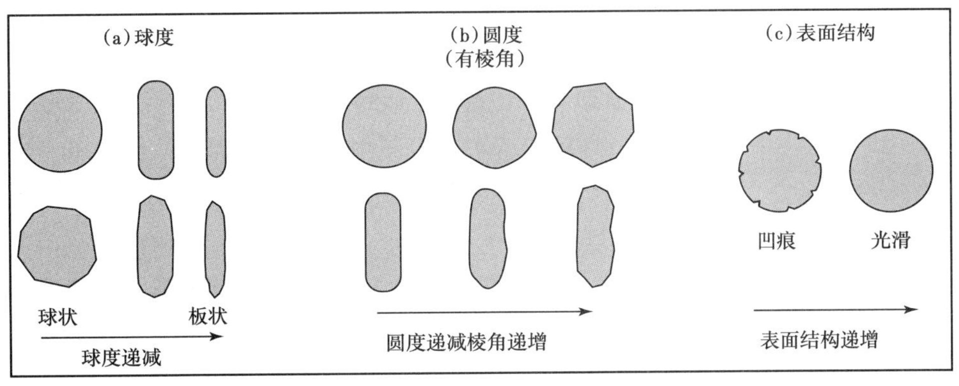


图 3.9 定义颗粒形状主要类型的示意图

球度和圆度是独立的属性。例如，球度高（均匀）的颗粒，其圆度可高可低；圆度高的颗粒，其球度也可高可低

### 3.3.1 颗粒球度

球度反映了颗粒比例的变化，即它们三个主轴（长轴、中轴、短轴）的相对长度。球度这个术语是由 Wadell（1932）提出来表达这种关系的。如果所有三个轴的长度大致相同，则颗粒具有较高的球度。如果轴的长度明显不同，则颗粒的球度较低。Krumbein（1941）提出了一个用数学方法表示这种关系的公式，它给出了一个完美球体的数值 1；不太呈球形的颗粒具有较低的值。

Zingg（1935）采用了略微不同的方法，提出使用两个形状指数 $D_I/D_L$ 和 $D_S/D_I$ 来定义二元图上的四个形域：扁球体、圆球体、长扁球体和椭球体（图 3.10a）。等截距球度线（Krumbein）可以画在 Zingg 形域上（图 3.10b）上，说明形状完全不同的粒子可以具有相同的球度值。

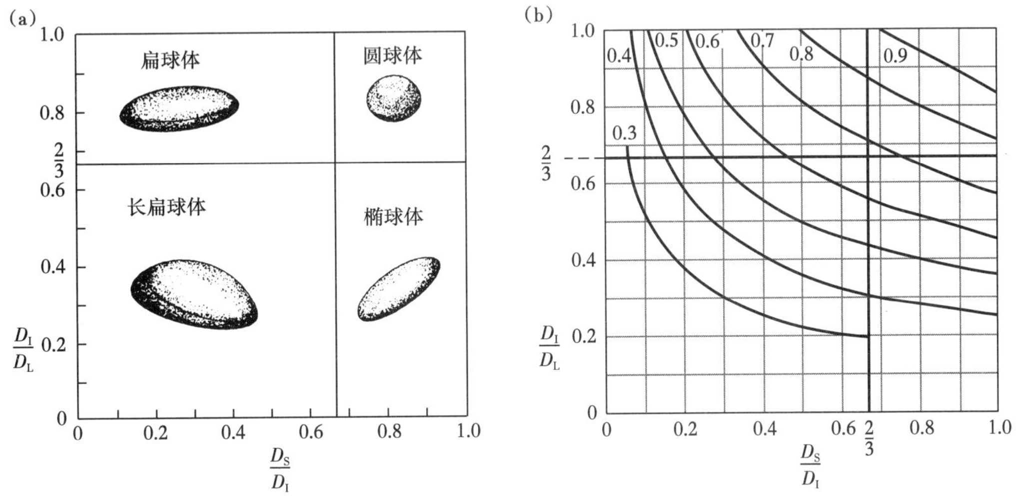


图 3.10 （a）砾石的形状分类（Zingg，1935）;（b）数学球度与 Zingg 形域的关系，曲线为等球度线

## 3.3.2 颗粒圆度

颗粒圆度是指颗粒棱角被磨圆的程度。如果边角相当光滑，颗粒是极圆的(图 3.9b)。如果边角尖锐有棱角，颗粒是不太圆的。Wadell(1932)开发了一个公式，用数学方法表示颗粒的圆度。与球度公式一样，圆度公式对完美圆角的颗粒得出的数值为 1，不太圆的颗粒数值为较小的分值。由于用数学方法测量和表示圆度需要烦琐的过程，大多数工作者喜欢用颗粒圆度标尺来比较和估计圆度(图 3.11)。

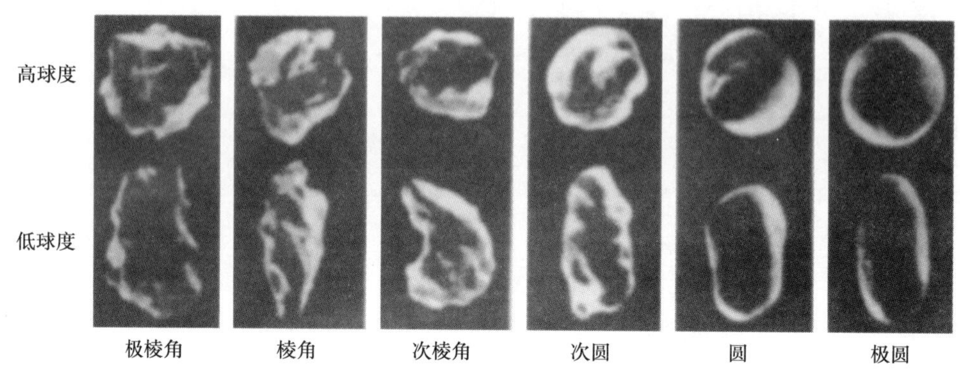


图 3.11 Powers(1953)估算沉积颗粒圆度的照片

## 3.3.3 傅里叶形状分析

球度和圆度是对颗粒形状的一般描述。最近，已经尝试通过使用傅里叶分析方法来更准确地描述颗粒的二维形状，傅里叶分析是一种将周期函数表示为正弦和余弦的无穷级数方法(Ehrlich 和 Weinberg，1970)。如果一个颗粒的轮廓被切割和展开，展开的轮廓是一个类似正弦波形的周期函数。这种展开的颗粒形状可以用一系列被称为谐波的术语来表示。谐波是周期函数(例如正弦波)，由于波的振幅和频率不同，它可以是各种形状。

通过把各种谐波的形状(用图形表示)加在一起(由计算机完成)，可以复制出任何形状的周期函数。该方法将颗粒投影到网格上，并通过人工或自动数字化仪记录颗粒轮廓与网格的截距，从而对颗粒的表面进行数字化。数字化数据经计算机还原得到谐波，并生成颗粒轮廓。据推测，傅里叶分析的结果反映了颗粒的球度和圆度。傅里叶分析已被用于研究沉积颗粒的来源和特定沉积环境的颗粒特征。有关傅里叶粒度技术的更多细节，请参阅 Boggs(2009)。

## 3.3.4 颗粒形状的意义

### 3.3.4.1 球度

沉积颗粒的球度主要是颗粒原始形状的函数，尽管砾级颗粒的形状在一定程度上会因搬运过程中磨损和破碎而改变。球度影响小颗粒(球形颗粒比非球形颗粒沉降快)的沉降速度和砾级颗粒的可搬运性，砾级颗粒通过牵引作用搬运(球形和滚轮状砾石比其他形状的砾石更容易滚动)。

虽然已经知道球度影响颗粒搬运，但尚未证明颗粒的球度可以单独作为解释沉积环境的可靠工具。尽管研究表明不同环境中颗粒的球度存在一些相对差异，但这些差异并没有被证明是足够特别到可以进行环境区分。

#### 3.3.4.2 圆度

沉积颗粒的圆度是颗粒组成、颗粒大小、搬运方式和搬运距离的函数。像石英和锆石这样坚硬的、耐腐蚀的颗粒，在搬运过程中不像长石和辉石那样容易变圆。在搬运过程中，砾级到中砾级的颗粒通常比砂级的颗粒更容易因磨蚀而变圆。粒径小于 0.05~0.1mm 的耐蚀矿物颗粒在任何搬运过程中都不会变圆。由于这些因素，在进行圆度研究时，需要使用具有相同大小和成分的颗粒。

对影响砂粒级石英颗粒搬运的水槽和风洞实验研究表明，在使颗粒磨圆方面，风的搬运比水的搬运效果好 100~1000 倍（Kuenen，1959，1960）。事实上，在长达 100km 的水流搬运中，几乎没有发生磨圆。大多数对河流中细小石英颗粒的圆度研究中都证实了这个结果。例如，Russell 和 Taylor（1937）在伊利诺伊州开罗和墨西哥湾之间的密西西比河中，1775km 的距离内，发现石英颗粒圆度没有增加。海滩的拍岸浪作用使砂级石英颗粒磨圆的有效性还没有被很好地证实。总的来说，拍岸浪过程在使颗粒磨圆方面似乎不如风力搬运有效，但比河流搬运更有效。

石英颗粒一旦被磨圆，其圆度不容易被破坏，可经过多次沉积旋回保存下来。古老砂岩中的圆形石英颗粒可能很好地表明了其经历过一次风力搬运，但很难确定是在最后一次搬运还是之前的某个周期中发生了磨圆。

被搬运的砾石的圆度与砾石的成分和大小密切相关（Boggs，1969）。页岩和石灰岩等软砾石比石英岩或燧石砾石更容易被磨圆，大的砾石和中砾石通常比小砾石更容易磨圆。尽管水流搬运在使小石英颗粒变圆方面相对效果不佳，但砾级颗粒可以通过水流搬运变得很圆。根据成分和大小，砾石可以通过水流搬运变得很圆，距离范围可从石灰岩的 11km 到石英的 300km（Pettijohn，1975）。

古老沉积岩中的圆形砾石通常代表河流搬运，但是不能根据磨圆程度对搬运距离进行可靠地估计。最大的磨圆发生在搬运的早期阶段，通常在最初的几千米内。此外，砾石的圆度不是河流环境的明确指标，因为砾石在海滩和湖岸环境中也可能被磨圆。此外，河流中磨圆的砾石最终可能被搬运到近岸的海洋环境中，在那里它们可能因浊流的重新带入在海洋的更深处重新沉积。

### 3.3.5 表面结构

砾石和矿物颗粒的表面可以是光滑的、粗糙的（像磨砂玻璃一样无光泽的质地），或者各种小规模的特征，如凹坑、划痕、裂缝和凸起。这些表面结构的来源有多种方式，包括沉积搬运过程中的机械磨蚀；变形过程中的构造抛光；在成岩和风化过程中自生矿物颗粒表面的化学侵蚀和自生自长沉淀。用普通双筒望远镜或岩相显微镜可以观察到粗略的表面结构特征，如抛光面和磨砂面，但表面结构的详细研究需要较高的放大倍数。Krinsley（1962）率先使用电子显微镜在高倍镜下研究颗粒的表面结构。

大多数研究沉积颗粒表面结构的研究人员都用石英颗粒来研究，因为石英颗粒的物理硬度和化学稳定性使这些颗粒的表面结构能长时间保存。通过对成千上万个石英颗粒的研究，研究人员现在已经能够从各种现代沉积环境中识别出颗粒上的痕迹。已经确定了超过 25 种不同的表面结构特征，包括贝壳状断裂，平直和弯曲的划痕和条纹，上翘、弯曲的凸起，化学蚀刻的 V 形，机械形成的 V 形和碟形凹坑（Bull，1986）。图 3.12 为显示其中一些痕迹的实例，说明了在高倍镜下可以看到的痕迹种类。在 Krinsley 和 Doornkamp

（1973）的《石英砂表面结构图谱》中可以找到许多其他石英表面的高质量电子显微照片。另见 Mahaney（2002），其中包含了大量关于表面结构的文献。

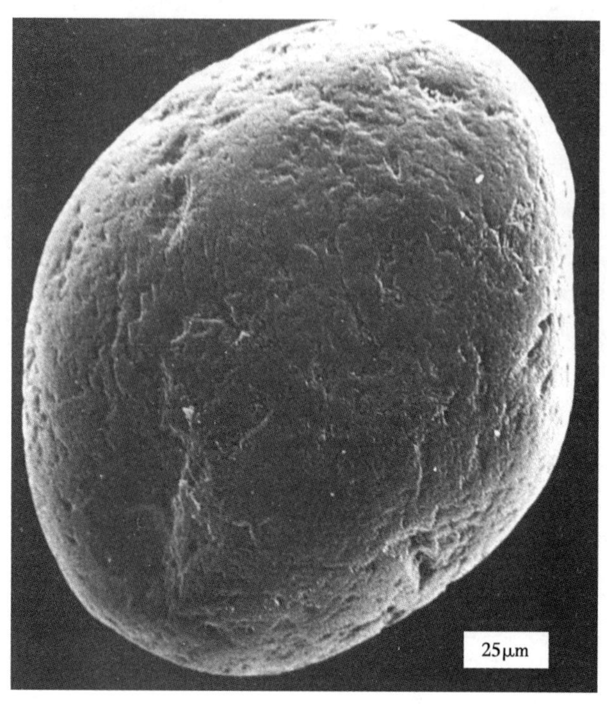


图 3.12 路易斯安那州南部路易斯安那盐丘边缘，上新统—更新统未固结砂中石英颗粒的电子显微照片，显示了表面结构的细节。这些颗粒被风磨蚀得极圆，含有沙丘砂特有的微小“上翻”

与球度和圆度相比，表面结构更容易在沉积物搬运和沉积过程中发生变化。与球度和圆度的显著变化相比，旧表面结构的破坏和新表面结构的形成更容易发生，表面结构更有可能记录沉积物搬运的最后一个周期或最后的沉积环境。因此，地质学家对可以作为古搬运条件和古沉积环境指标的表面结构特征感兴趣。然而，表面结构在环境分析中的用处是有限的，因为相似类型的表面结构可以在不同的环境中形成。此外，颗粒在一个环境中形成的痕迹在搬运到另一个环境中可能会保存。尽管从颗粒上去除表面痕迹所需的磨蚀比改变圆度或球度所需的磨蚀要少，但从先前环境中继承的痕迹可能会在颗粒上保留很长一段时间，直到它们被新环境中形成的不同痕迹消除或取代。例如，北极大陆架上的颗粒可能仍然保留着在冰川搬运到大陆架期间形成的微表面结构特征。

通过精细的统计方法，已经证明可以根据表面结构将石英颗粒与至少三种主要的现代环境区分开：滨海（海滩和近岸）、风成（沙漠）和冰川环境。来自滨海环境的石英颗粒一般具有 V 形撞击痕迹和贝壳状破碎的特征。在风成环境中沉积的颗粒具有表面光滑、磨圆、不规则上翘，以及二氧化硅溶解和沉淀的特征。冰川沉积的颗粒具有贝壳状断裂和平行或半平行条纹。研究现代环境中石英颗粒表面结构的方法也已扩展到古代沉积矿床的研究。对表面结构的古环境解释是复杂的，因为在成岩过程中，表面的微观结构会被胶结物或通过化学侵蚀和溶解而改变。Krinsley 和 Trusty（1986）、Marshall（1987）和 Mahaney（2002）提供了更多细节，并讨论了用扫描电子显微镜（SEM）研究石英颗粒表面结构。

## 3.4 构造

沉积岩的组构是沉积颗粒的定向排列和充填方式，因此是颗粒集合体的性质。定向排列和充填方式反过来又控制着沉积岩的物理性质，如体积密度、孔隙度和渗透性。

### 3.4.1 颗粒定向排列

沉积岩中具有片状(叶片或圆盘)或长条状(杆状或棒状)的颗粒，通常具有一定的方向(图 3.13)。片状颗粒倾向于在大致平行于沉积层理面的平面上排列。长条状颗粒的趋向于长轴大致指向同一方向。这些颗粒的定向性是由搬运和沉积过程引起的，尤其与沉积区的流速和其他水动力条件有关。大多数对定向性的研究表明，流体沉积的砂级颗粒倾向于与水流方向平行(图 3.13a；Parkash 和 Middleton，1970)，虽然可能存在垂直于水流方向的第二种颗粒定向排列结构(图 3.13b)。如果颗粒呈流线状或水滴状，则颗粒的钝端通常指向上游，因为这是水流中最稳定的方向。砂粒也可以呈现出较发育的叠瓦构造，长轴一般呈上倾趋势，角度小于 20°。叠瓦作用是指颗粒的重叠排列，如屋顶上的瓦片(图 3.13c)。由浊流和颗粒流或砂质泥石流沉积的砂质沉积颗粒也倾向于平行流动方向排列，并以超过 20° 的角度向上游重叠(Hiscott 和 Middleton，1980)。但在一些重力流沉积中，沉积方向和叠瓦方向可能是多变的。在静水条件下沉积的颗粒也可能表现出不同的排列方向但缺少叠瓦构造(图 3.13)。组构的不一致性或双向结构主要与悬浮物或砂质泥石流造成的快速沉积有关。

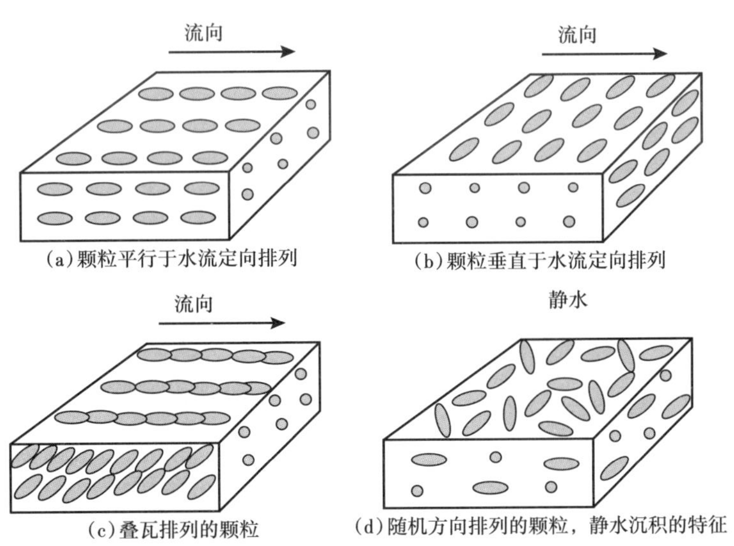


图 3.13　长颗粒相对于水流方向的示意图

许多砾石沉积物和古砾岩中的砾石也显示出一定的方向性和叠瓦状。河流沉积的砾石通常表现为其长轴垂直于流向，并可能呈现出高达 10°~15° 的上游叠瓦构造(图 3.14)。方向也可以平行于流向，甚至是双模态的。水流强度的增强似乎有利于长轴平行于水流方向而不是垂直于水流方向(Johansson，1976)。由浊流或其他重力流过程沉积的砾石也会定向排列，其长轴主要平行于流向，尽管某些沉积物的定向排列可能是随机的。冰碛物中的砾石呈现出平行于流动方向，以及垂直于流向的次要方向。

图 3.14　日本基索河发育良好的卵石叠瓦构造，由从左向右流动的水流产生叠瓦作用（箭头）。地质锤为比例尺

### 3.4.2　颗粒充填、粒间关系和孔隙度

颗粒充填是指沉积岩中颗粒的间距或密度的模式，主要是颗粒大小、形状和沉积物压实程度的函数。充填强度影响岩石的体积、密度、孔隙度和渗透率。充填作用对孔隙度的影响可以通过用均匀粒径球体从最松散的充填方式（立方充填）重新排列到最紧密的充填方式（菱形充填）时孔隙度的变化来表明（图 3.15）。立方体充填的孔隙度为 47.6%，而菱形充填的孔隙度仅为 26.0%。由于大小、形状和分选的不同，原始颗粒的充填作用要复杂得多，而已岩化的沉积岩中，由于压实作用的影响，则更加复杂。

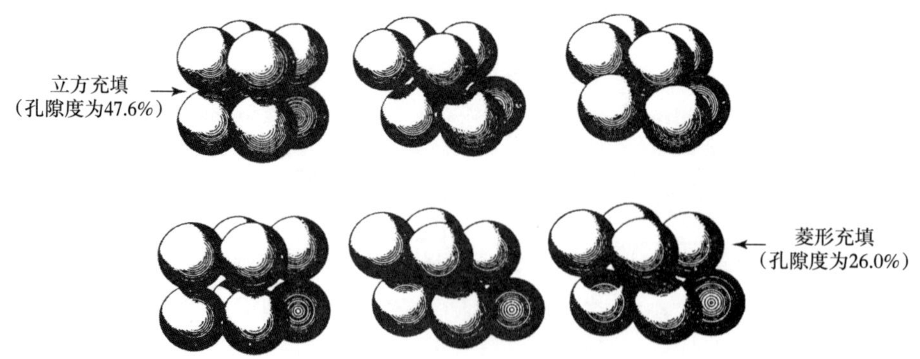


图 3.15　随着填充变得紧密，球体的孔隙度逐渐降低

与分选良好的沉积物相比，分选差的沉积物往往具有更低的孔隙度和渗透率，因为较细的沉积物填充了较大颗粒之间的孔隙空间，从而使颗粒在这些沉积物中的堆积变得更紧

密。石油和地下水地质学家特别关注沉积岩的孔隙度，因为孔隙度决定了特定储层中可容纳的流体（石油、天然气、地下水）的体积。压实使孔隙度大幅度降低，例如，原始孔隙度约为 40% 的砂岩，由于上覆沉积物的重量造成的压实作用，其孔隙度在埋藏过程中可能会减少到 10% 以下。压实作用使颗粒更紧密地接触，并导致颗粒间接触类型发生变化。Taylor（1950）发现了四种可以在薄片上观察到的颗粒间的接触方式：切向接触（点接触）；线接触，在薄片平面上呈直线；凹凸接触，在薄片平面上呈曲线；缝合接触，由两个或多个颗粒的相互缝合穿插引起（图 3.16）。在非常松散的组构中，一些颗粒可能不会与薄片平面上的其他颗粒接触，被称为“漂浮颗粒”，接触类型与颗粒形状和充填有关。点接触只发生在松散充填的沉积物或沉积岩中，而凹凸接触和缝合接触则发生在埋藏过程中受到很大压实作用的岩石中。这些不同类型接触的相对丰度可以用来粗略衡量砂岩的压实率和充填度，从而确定砂岩的埋藏深度。还提出了其他几种表示沉积物充填方式的方法，详见 Boggs（2009）。

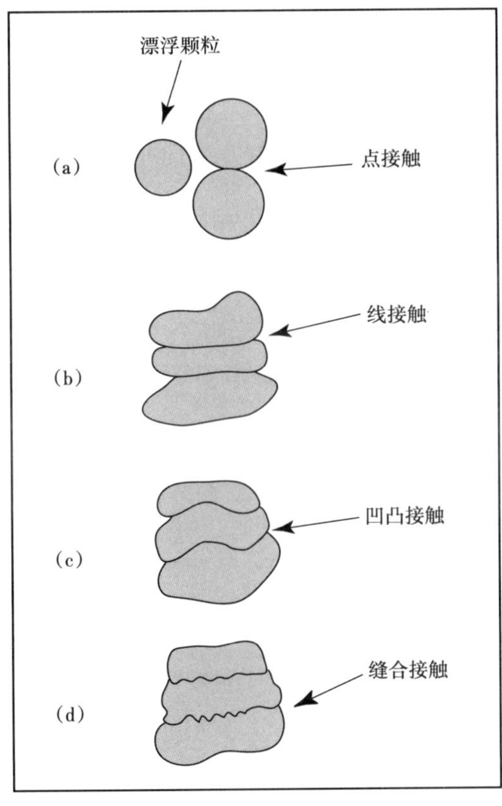


图 3.16　主要的颗粒接触类型示意图

当从三维角度考虑时，砂岩中的砂粒通常是连续的粒间接触，因此，它们形成了一种颗粒支撑的结构。由流体沉积的砾岩通常也具有颗粒支撑的组构。另外，冰川沉积物、泥流沉积物和泥石流沉积物中的砾岩通常具有杂基支撑的结构。在这种类型的组构中，砾石不是粒间接触，而是“漂浮”在泥砂杂基中。杂基支撑的砾岩是在细粒沉积物丰富的条件下沉积的，沉积过程是通过重力搬运或在沉积区很少发生再次搬运的条件下形成的。

## 拓展阅读文献

Bunge，H. J.，et al.（eds.）. 1994. Textures of geological materials.Deutche Gesellschaft fur Materialkunde.

Lewis，D. W. 1984. Practical sedimentology. Stroudsburg，PA：Hutchinson Ross. 58–108.

Mahaney，W. C. 2002. Atlas of sand grain surface textures and applica-tions. New York：Oxford University Press.

Marshall，J. R.（ed.）. 1987. Clastic particles. New York：Van Nostrand Reinhold.

Syvitski，J. P. M. 1991. Principles，methods，and applications of particle size analysis. Cambridge，U.K.：Cambridge University Press.

## 参考文献

Barndorff-Nielsen，O.，et al. 1982. Variation in particle size distribution over a small dune. Sedimentology 29：53–65.

Barrett，P. J. 1980. The shape of rock particles，a critical review.Sedimentology 27：291–303.

Blair，T. C.，and J. G. McPherson. 1999. Grain-size and textural classi-fication of coarse sedimentary particles. Jour. for Sed. Research 69：6–19.

Boggs，S.，Jr. 1969. Relationship of size and composition in pebble counts. Jour. Sed. Petrology 39：1243–1247.

Boggs，S.，Jr. 2009. Petrology of sedimentary rocks. 2nd ed. Chapter 2（Sedimentary textures）. Cambridge，U.K.：Cambridge University Press.（in press）.

Bull，P. A. 1986. Procedures in environmental reconstruction by SEM analysis. in Sieveking，G. De C.，and M. B. Hart（eds.）. The scientific study of flint and chert. Cambridge，U.K.：Cambridge University Press. 221–226.

Burger，H.，and W. Skala. 1976. Comparison of sieve and thin-section techniques by a Monte Carlo model. Computer Geoscience 2：123–139.

Ehrlich，R.，and B. Weinberg. 1970. An exact method for characterization of grain shape：Jour. Sed. Petrology 40：205–212.

Folk，R. L. 1974. Petrology of sedimentary rocks：Austin，TX：Hemphill.

Forrest，J.，and N. R. Clark. 1989. Characterizing grain size distributions：Evaluation of a new approach using multivariate extension of entropy analysis. Sedimentology 36：711–722.

Friedman，G. M. 1967. Dynamic processes and statistical parameters compared for size frequency distribution of beach and river sands. Jour. Sed. Petrology 37：327–354.

Friedman，G. M. 1979. Address of the retiring president of the International Association of Sedimentologists. Differences in size distribution of populations of particles among sands of various origins. Sedimentology 26：3–32.

Friedman，G. M.，and J. E. Sanders. 1978. Principles of sedimentology. New York：John Wiley & Sons.

Galehouse，J. S. 1971. Sedimentation analysis. in Carver，R. E.（ed.）Procedures in sedimentary petrology. New York：John Wiley & Sons. 69–94.

Glaister，R. P.，and H. W. Nelson. 1974. Grain-size distributions，an aid to facies identifications. Canadian Petroleum Geology Bull. 22：203–240.

Hiscott，R. N.，and G. V. Middleton. 1980. Fabric of coarse deep-water sandstones，Tourelle Formation，Quebec，Canada. Jour. Sed. Petrology 50：703–722.

Johansson，E. E. 1976. Structural studies of frictional sediments. Geograf. Annaler 58A：200–300.

Jones，K. P. N.，I. N. McCave，and P. D. Patel. 1988. A computer-interfaced sedigraph for modal size analysis of fine-grained sediment. Sedimentology 35：163–172.

Jordan，C. F.，G. E. Freyer，and E. H. Hemmen. 1971. Size analysis of silt and clay by hydrophotometer. Jour.

Sed. Petrology 41: 489–496.

Kennedy, S. K., and J. Mazzullo. 1991. Image analysis method of grain size measurement. in Syvitski, J. P. M. ( ed. ) . Principles, methods, and applications of particle size analysis. Cambridge, U.K.: Cambridge University Press. 76–87.

Krinsley, D. 1962. Application of electron microscopy to geology. New York Acad. Sci. Trans. 25: 3–22.

Krinsley, D., and J. Doornkamp. 1973. Atlas of quartz sand surface textures. Cambridge, U.K.: Cambridge University Press.

Krinsley, D. H., and P. Trusty. 1986. Sand grain surface textures. In Sieveking, G. De C., and M. B. Hart( eds. ). The scientific study of flint and chert. Cambridge, U.K.: Cambridge University Press. 201–207.

Krumbein, W. C. 1934. Size frequency distribution of sediments. Jour. Sed. Petrology 4: 65–77.

Krumbein, W. C. 1941. Measurement and geological significance of shape and roundness of sedimentary particles. Jour. Sed. Petrology 11: 64–72.

Kuenen, Ph. H. 1959. Experimental abrasion, part 3: Fluviatile action on sand. Am. Jour. Sci. 257: 172–190.

Kuenen, Ph. H. 1960, Experimental abrasion, part 4: Eolian action. Jour. Geology 68: 427–449.

Mahaney, W. C. 2002. Atlas of sand grain surface textures and applications. New York: Oxford University Press.

Marshall, J. R. ( ed. ) . 1987. Clastic particles. New York: Van Nostrand Reinhold.

McCave, I. N., et al. 1986. Evaluation of a laser-diffraction-size analyzer for use with natural sediments. Jour. Sed. Petrology 56: 561–564.

Muerdter, D. R., J. P. Dauphin, and G. Steele. 1981. An interactive computerized system for grain size analysis of silt using electro-resistance. Jour. Sedimentary Petrology 51: 647–650.

Parkash, B., and G. V. Middleton. 1970. Downcurrent textural changes in Ordovician turbidite graywackes. Sedimentology 14: 259–293.

Passega, R. 1964. Grain size representation by CM patterns as a geological tool. Jour. Sed. Petrology 34: 830–847.

Passega, R. 1977. Significance of CM diagrams of sediments deposited by suspension. Sedimentology 24: 723–733.

Pettijohn, F. J. 1975. Sedimentary rocks. 3rd ed. New York: Harper & Row.

Piazzola, J., and V. V. Cavaroc. 1991. Comparison of grain-size-distribution statistics determined by sieving and thin-section analyses. Jour. Geological Education 39: 364–367.

Poppe, L. J., A. H. Eliason, and J. J. Fredricks. 1985. APSAS—An automated particle size analysis system. U.S. Geological Survey Circ. 963.

Reed, W. R., R. LeFever, and G. J. Moir. 1975. Depositional environment interpreted from settling velocity ( psi ) distributions. Geol. Soc. America Bull. 86: 1321–1328.

Russell, R. D., and R. E. Taylor. 1937. Roundness and shape of Mississippi River sands. Jour. Geology 45: 225–267.

Sagoe, K-M. O., and G. S. Visher. 1977. Population breaks in grainsize distributions of sand—A theoretical model. Jour. Sedimentary Petrology 47: 285–310.

Sedimentation Seminar. 1981. Comparison of methods of size analysis for sands of the Amazon-Solimtões rivers, Brazil and Peru. Sedimentology 28: 123–128.

Singer, J. K., et al.1988. An assessment of analytical techniques for size analysis of fine-grained sediments. Jour. Sed. Petrology 58: 534–543.

Stein, R. 1985. Rapid grain-size analyses of clay and silt fraction by Sedigraph 5000D: Comparison with Coulter counter and Atterberg methods. Jour. Sed. Petrology 55: 590–593.

Swift, D. J. P., J. R. Schubel, and R. E. Sheldon. 1972. Size analysis of fine-grained suspended sediments: A review. Jour. Sed. Petrology 42： 122–134.

Syvitski, J. P. M. 1991. Principles, methods, and applications of particle size analysis. Cambridge, U.K.: Cambridge University Press.

Taylor, J. M. 1950. Pore-space reduction in sandstones. Am. Assoc. Petroleum Geologists Bull. 34： 701–716.

Tucker, R. W., and H. L. Vacher. 1980. Effectiveness of discriminating beach, dune, and river sands by moments and cumulative weight percentages. Jour. Sed. Petrology 50： 165–172.

Udden, J. A. 1898. Mechanical composition of wind deposits. Augustana Library Pub. 1.

Vandenberghe, N. 1975. An evaluation of CM patterns for grain-size studies of fine grained sediments. Sedimentology 22： 615–622.

Van den Berg, E. H., V. F. Bense, and W. Schlager. 2003. Assessing textural variation in laminated sands using digital image analysis of thin sections. Jour. Sed. Research 73： 133–143.

Visher, G. S. 1969. Grain size distributions and depositional processes: Jour. Sed. Petrology 39： 1074–1106.

Wadell, H. 1932. Volume, shape and roundness of rock particles: Jour. Geology 40： 443–451.

Wentworth, C. K. 1922. A scale of grade and class terms for clastic sediments. Jour. Geology 30： 377–392.

Wyrwoll, K.-H., and G. K. Smyth. 1985. On using the log-hyperbolic distribution to describe the textural characteristics of eolian sediments. Jour. Sedimentary Petrology 55： 471–478.

Zingg, Th. 1935. Beiträge zur Schotteranalyse: Schweiz. Mineralog. Petrog. Mitt. 15： 39–140.

# 4 沉积构造

## 4.1 引言

沉积构造是沉积岩的宏观特征，如平行层理、交错层理、波痕和泥裂等。它们由各种沉积过程形成，包括流体作用、沉积物重力流、软沉积物变形和生物作用。由于它们反映了沉积时或沉积后的环境条件，因此对地质学家来说，它们是解释古沉积环境的工具，如沉积搬运机制、古水流方向、相对水深和相对流速等。一些沉积构造还可以用来识别地层的顶底，从而确定是正常的沉积层序还是被构造应力破坏。沉积构造在硅质碎屑岩中特别丰富，但也会出现在石灰岩和蒸发岩等非硅质碎屑岩中。

本章描述和讨论了较为重要的沉积构造。讨论很简短，包括对目前关于沉积构造形成机制的想法的总结，并分析了这些构造在环境解释中的有效性和局限性。本章着重介绍与沉积物同时形成的原生沉积构造，因为这种构造在环境分析中具有重要意义。在沉积后一段时间的埋藏成岩作用中形成的沉积构造为次生构造，本章末尾还简短讨论了一些常见的次生构造。

沉积构造在环境解释和古水流分析中有潜在的用途，自 20 世纪 50 年代以来，已发表了大量关于沉积构造的文献。这些出版物包括一些重要的专著，其中包含了一些很好的照片和图示，展示了各种重要的原生沉积构造。本章末尾的拓展阅读文献列出了一些更有用和最新的书籍。

## 4.2 原生沉积构造类型

表 4.1 列出了最常见、最丰富的原生沉积构造。这个列表基本上是描述性的，主要基于可观察的属性。沉积构造可分为三大类：层理构造和底面构造、层面构造和其他构造。层理构造和底面构造又进一步细分为四种类型：层理和纹理、底形、交错层理和不规则层理。原生沉积构造是由四种基本过程形成：(1) 正常沉积 (沉积构造)；(2) 受侵蚀后沉积 (侵蚀构造)；(3) 沉积后软沉积物的物理变形 (变形构造)；(4) 生物成因沉积或非生物成因沉积后被生物改造 (生物构造)。

**表 4.1 原生沉积构造的主要类型**

**层理和底形**

- 平面层理和纹理
  - 沙纹层理[1,2,3]
  - 递变层理[1,12]
  - 块状层理[1,12]
- 底形
  - 沙纹[1,2]
  - 沙丘[1,2]
  - 逆行沙丘[1]
- 交错层理
  - 交错层理[1,2]
  - 沙纹交错纹理[1,2]
  - 脉状层理和透镜状层理[1]
  - 丘状交错层理[1]
- 不规则层理
  - 包卷层理和纹理[7]
  - 火焰状构造[7]
  - 球枕构造[7]
  - 同沉积褶皱和断层[6]
  - 碟状和柱状构造[9]
  - 河道[4]
  - 冲刷—填充构造[4]
  - 斑点状层理[12]
  - 叠层构造[13]

**层面构造**

- 沟模；条纹；弹模、刷模、锥模和滚模[5]
- 槽模[4]
- 剥离线理[1]
- 重荷模[7]
- 足痕、拖痕、穴居痕[12]
- 泥裂和干裂[10]
- 凹坑和小印痕[11]
- 沟痕和冲刷痕[1]

**其他构造**

- 沉积岩床和岩脉[8]

**沉积构造**

1—悬浮沉降、流动和波浪成因的构造
2—风成构造
3—化学和生物成因的构造

**侵蚀构造**

4—冲刷痕
5—工具痕

**变形构造**

6—滑塌构造
7—负载和铸模构造
8—注入（流体）构造
9—泄水构造
10—干化（脱水）构造
11—撞击构造（雨、冰雹、雾）

**生物成因构造**

12—生物扰动构造
13—生物层状构造

# 4.3 层理和底形

## 4.3.1 平面层理和纹理

### 4.3.1.1 平面层理的性质

层理是沉积岩的基本特征。沉积岩的层（bed）为板状或透镜状，其岩性、结构或构造具有统一性，可明显区别于上下层。层的上下表面称为层理面或边界面。Otto（1938）认为层是沉积单元，也就是说，在基本稳定的介质条件下沉积的沉积物，但是个别的沉积单元是无法识别的。按上述标准定义的层可能包含几个真正的沉积单元。厚度超过 1cm 的称为层（McKee 和 Weir，1953）；厚度小于 1cm 的为纹层。用于描述层和纹层厚度的术语如图 4.1 所示。

层（bed）可划分为若干非正式的单元（图 4.2）。单个层可细分出不同的沉积构造组合，如水平纹层或沙纹纹层。也可能存在不同成分、结构、胶结作用或颜色的薄沉积单元，如透镜状砾岩或燧石带。成分相似的两个层之间的明显不连续的面（通常是侵蚀面）被称为合并面，由这种面分开的层被称为合并层。术语“layer（层）”在粗略、非正式的意义上可用于任何层或岩层。这个术语也有更正式的用法，但用法并不一致。例如，Blatt 等（1980）认为，“layer（层）”是比纹层厚的“bed（层）”的一部分，由结构或成分上微小但明显的间断分开。另外，Ricci（1995）在沉积单元的意义上使用了这个术语。因此，根据 Ricci（1995）的说法，一个“layer（层）”可以包含两个或更多的“beds（层）”。

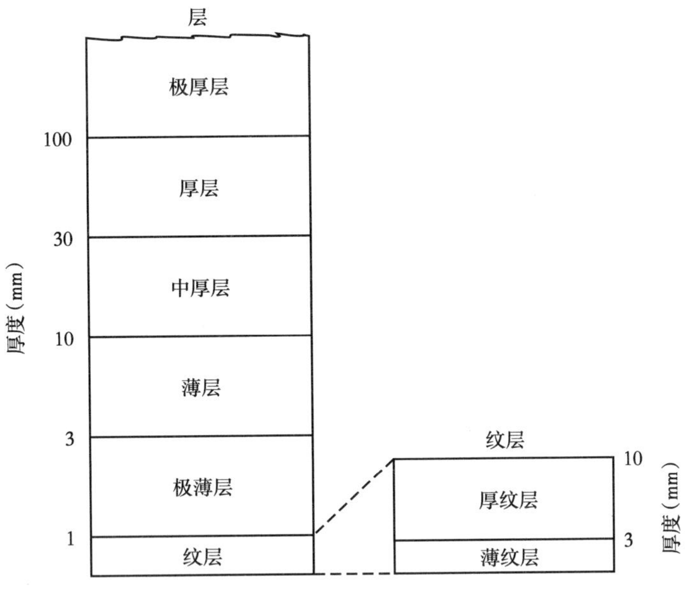


图 4.1　用来描述层和纹层厚度的术语

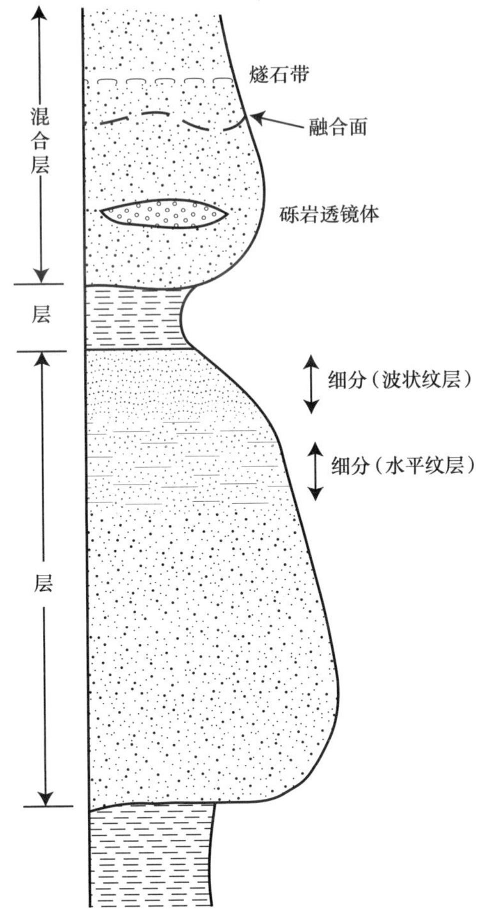


图 4.2　根据内部结构对层的非正式划分

层由层理面分隔开，其中大多数为非沉积面、成分突变面（反映沉积条件的变化）或侵蚀面（Campbell，1967）。某些层理面可能是成岩作用或风化作用形成的沉积后特征。地层总体的几何形状取决于层理面之间的关系。层的顶面和底面通常彼此平行，但有些层理面是不平行的（图 4.3）。层理面可以是均匀的、波状的或弯曲的。根据这些组合特征，层可以具有各种几何形状，如均匀板状、板状—透镜状、弯曲板状、楔状和不规则状。层（bed）的内部（层理面之间的间隔）可以包含基本上平行于层理面的层（layer）和纹层，也就是说，层（bed）的内部可以包含层理或纹理。某些层（bed）内部的层（layer）和纹层，与层的边界面成一定角度沉积，称为交错层理或交错纹理。由交错层理或交错纹理单元组成的层称为交错层。交错层的边界可以是平行的，也可以是不平行的。

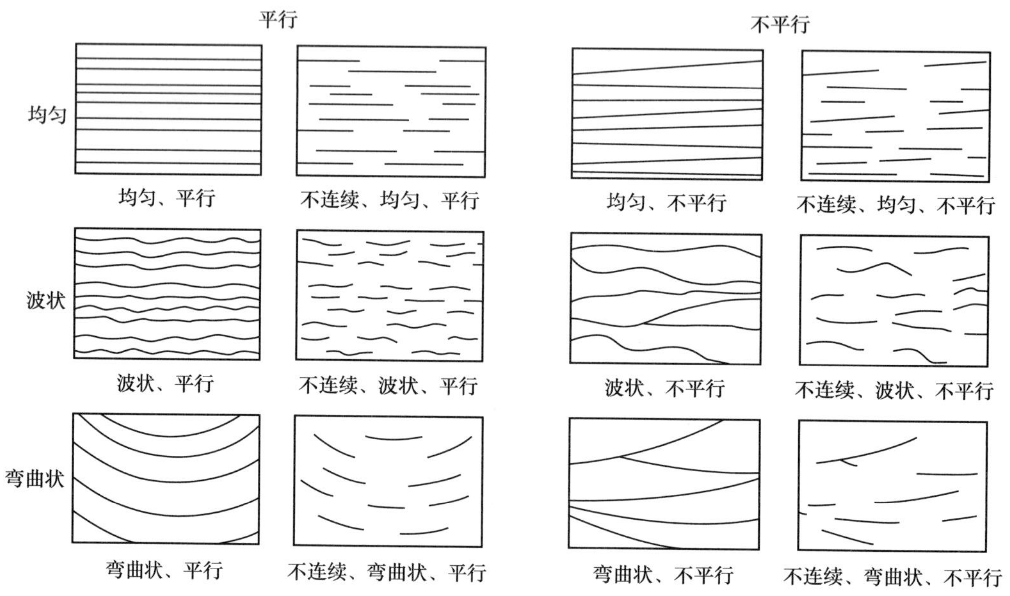


图 4.3　层面结构的描述术语

一组相似的层或交错层称为层系。一个简单的层系由两个或两个以上叠加的层组成，具有相似的成分、结构和内部构造。层系的顶部和底部都有层理面。层系组是指一组在成分、结构和内部构造上不同但成因上有联系的层系，代表了一种常见的连续沉积类型（Reineck 和 Singh，1980）。层系的术语如图 4.4 所示。

许多层在横向上具有连续性，有些层可延至数千米，有些层可能在单个露头上终止。横向上，层终止的类型包括：（1）顶底层面交会（尖灭）与合并；（2）一个层到另一个成分不同的层横向渐变，使得层面边界消失；（3）遇到横切，如河道、断层或不整合面。

在基本稳定的物理、化学或生物条件下会形成单个层。很多层由单一事件迅速形成，比如只持续了几个小时或几天的洪水作用。在某些环境中，甚至会发生可能只持续几秒或几分钟的更快速的沉积，例如砂粒顺着沙丘的斜面滑下而形成的砂层沉积。此外，非常细的黏土的悬浮沉积可能需要数月或数年才能形成一个层。

真正的层理面或层间的边界面代表不发生沉积、侵蚀或沉积条件发生变化的时期。许多层没有保存下来成为地质记录的一部分，而是被随后的侵蚀作用破坏。大规模事件（如特大洪水）沉积的层似乎比小规模事件形成的层有更大的保存潜力。

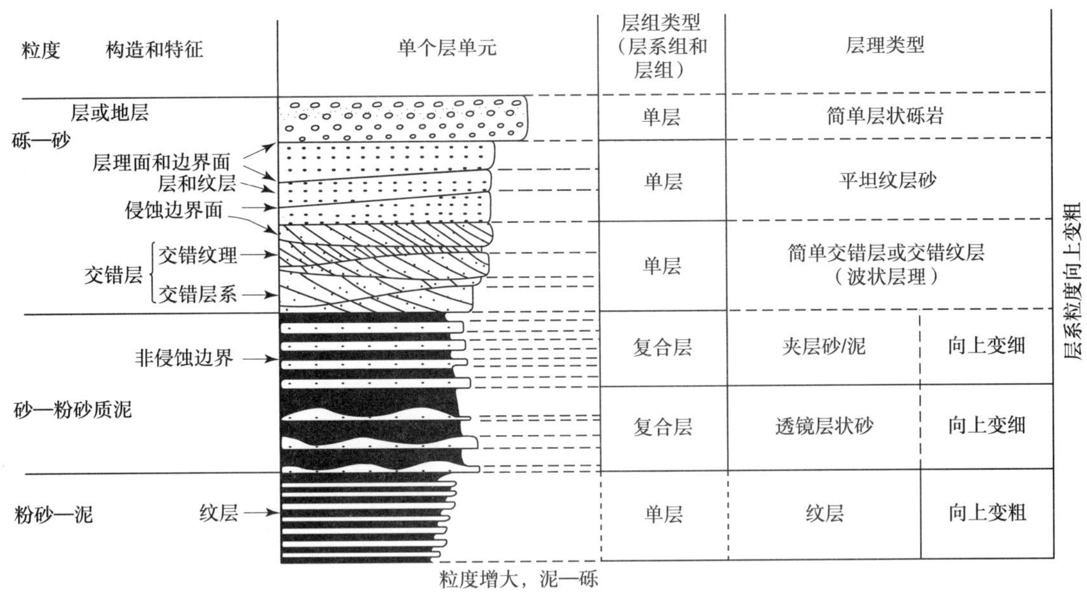


图 4.4　层系术语的描述

#### 4.3.1.2　平面层理的种类

本书用“平面层”这一术语来区分不含内部倾斜纹层（交错纹层）的层，这些层由基本上彼此平行的接近平面的层理面包围（图 4.5）。平面层理可根据内部构造进一步划分为沙纹层理、递变层理和块状层理。内部含有平行或近似平行的纹层为沙纹层理。在垂向上有粒序特征的层理为递变层理。看上去没有内部构造的层理被称为块状层理，尤其是很厚的层。平面层理的厚度可以从 1cm 左右到几米不等。

图 4.5　蒙大拿州冰川国家公园中元古界 Helena 组的平面层理

#### 4.3.1.3 沙纹层理

平行纹层（图 4.6）是在比形成层的沉积条件更轻微的条件或在短时间条件形成的。它们是由沉积条件的变化造成的，这些变化会导致沉积物的粒度、黏土和有机质含量、矿物成分或微化石含量的变化。在某些条件下，它们既可以通过细粒悬浮沉降形成（如湖泊中黏土的缓慢沉降），也可以通过牵引作用搬运水中砂粒形成。牵引作用沉积的例子包括在海滩上冲刷和回流形成的重矿物和轻矿物纹层，以及在高流速河流中搬运的砂（Harms 和 Fahnestock，1965；Allen，1984；Bridge 和 Best，1997）。它们也可以通过风力搬运形成（McKee 等，1971；Hunter，1977），但风形成的平行纹层并不常见。因此，沙纹层理可以在多种环境中发育，其存在并不是唯一的环境指标。

图 4.6　俄勒冈州南部海岸，始新统 Elkton 组细粒砂岩中的平行纹层（箭头）

照片右下角的黑色圆形物体是结核

平行纹层一旦形成，通常会被保存下来，除非沉积在易被生物改造的环境中。在许多环境中，生物的钻穴和觅食活动可以迅速破坏纹层。在生物活动极少的还原环境、有毒环境，纹层具有最大的保存可能性。在这些环境中，生物活动最少或沉积速度极快，以致沉积物在生物破坏层理之前就被埋在活跃的生物改造深度以下。

#### 4.3.1.4 递变层理

递变层理是垂向上有粒序特征的沉积单元。它们的厚度范围一般从几厘米到几米或更厚，底部通常为突变接触。从底部较粗颗粒到顶部较细颗粒的粒序层为正递变层理（图 4.7）。正递变层理可以通过以下过程形成，如陆架上风暴作用形成的悬浮物的沉积作用或大型洪水作用最后阶段的沉积作用，但在地质记录中大多数这种递变层理都是浊流成因。在浊流减弱阶段，不同大小的颗粒悬浮沉降的速率差异可以用来解释递变，但递变过程的确切方式还不清楚。递变的物质可以是泥、砂或者少量砾。如第 2 章所述，一些递变浊积岩单元表现出理想的沉积构造序列，称为鲍马序列（图 2.8），但常见的是该序列在顶部或底部被截断。底部的 A 段可能存在，但上覆段的全部或部分可能不存在，或者 A 段本身可能会消失。通常递变浊积层发育在薄的、重复的层序中，称其为韵律层理。

图 4.7　俄勒冈州中北部白垩系 Hudspeth 组正递变层理，可见四个递变层（箭头）

反递变也可能发生，但比正递变要少得多。反递变主要为两种形成机制：（1）分散压力；（2）动力筛分。分散压力被认为与颗粒大小成正比。在粒度混杂的沉积物中，作用在较大颗粒上的较高分散压力往往迫使它们向上进入最小剪切力的区域。或者反递变可以用动力筛分机制来解释，在搅动的颗粒混合物中，由于颗粒运动打开了大颗粒之间的空间，较小的颗粒可能会穿过其中下落。总的来说，反递变是一种相对罕见的现象，其成因仍知之甚少。

#### 4.3.1.5　块状层理

块状层理一词用于描述看似均匀且缺乏内部结构的层理（图 4.8）。X 射线照相技术（Hamblin，1965）或蚀刻和染色方法的使用，揭示出这种层理并不是真正地缺乏内部构造，而是其中发育非常微小的构造。然而人们偶尔会发现，特别是厚层砂岩的块状层理，即使借助 X 光或染色技术也无法识别其内部构造。这样的块状层理非常罕见，但对我们来说是幸运的，因为它们很难解释。据报道，块状层理包括一些浊积岩中的递变层理单元和某些厚的无递变砂岩（图 4.8），前者可能缺乏除了粒序外的内部构造。图 4.8 中的层在大尺度上看是块状的，但其内部确实还包含一些层。

图 4.8　犹他州绿河沿岸的侏罗系—三叠系厚层砂岩

层理面将剖面下部划分为几个块状层理单元，照片上半部分的垂直条纹是风化痕迹

沉积后不久，由于突然地冲击或其他机制引起的沉积物液化被认为是破坏原始层理产生块状层理的一种方式。此外，假设缺少分层是在没有牵引流搬运的情况下出现的特征，是由沉积重力流期间悬浮导致的快速沉积或非常高浓度的沉积物分散沉积造成的。人们普遍认为，沉积物沉积得非常快，没有随后的侵蚀破坏，形成的块体或多或少是均匀的。然而，Kneller 和 Branney（1995）提出，大型浊积岩也可能是由持续稳定或准稳定的高密度浊流砂逐渐沉积形成的。

## 4.3.2　底形

观察过清澈的浅水砂质河床的人肯定会注意到，河床很少是完全平坦的和均匀的。相反，它通常以沙纹和不同大小的类似底形为标志。这种底形也出现在风成和海底环境中，其大小从几厘米长、几毫米高的小沙纹到巨大的风成沙丘和几十米到几百米长、几米到几十米高不等的海底沙波。如果仔细剖析暴露在干涸河床上的沙纹，揭示其内部构造，几乎总能会发现内部的小尺度交错层理，它们向下游方向倾斜。显然，流体流动机制、沙纹底形和交错层理之间存在着密切的成因关系。

沙纹的保存可能性相对较低，因此，它们在古代沉积岩的层理面上并不是常见的特征。另外，在许多砂岩层序中，交错层理极为普遍。为了更好地理解底形和交错层理的成因，许多研究者转向研究水槽中的泥砂搬运。水槽是长而微斜的，两侧装有玻璃，便于观察。沙子或其他沉积物质被放置在水槽的底部，水以不同的深度和速度流过水槽底部。

大量的水槽实验表明，在单向流体流动条件下，当泥砂达到临界携砂速度时，泥砂中就开始出现小的沙纹。随着速度的增加会形成其他类型的底形，确切的顺序取决于颗粒大小。例如，如果水流经过粒径为 0.25~0.7mm（中粗砂）的沉积层，就会从沙纹开始形成如图 4.9 所示的一系列底形。沙纹是最小的底形，长 5~20cm，高 0.5~3cm。因此，沙纹指数

（沙纹的长度与高度的比值）从粗砂的 8 到细砂的 20 不等。沙纹在沉积物中形成，颗粒大小为从泥（0.06mm）至 0.7mm 的砂。将间距或波长从 1m 以下到 1000m 以上的较大的底形称为沙丘（Ashley，1990）。除了大小不同，沙丘在外观上与沙纹相似。它们在高流速的沉积物中形成，沉积物的粒度从细砂到砾石。沙丘的沙纹指数从细砂的 5 到粗砂的 50 不等。在沙丘稳定区域的下部，沙纹可能叠加在沙丘的背面。

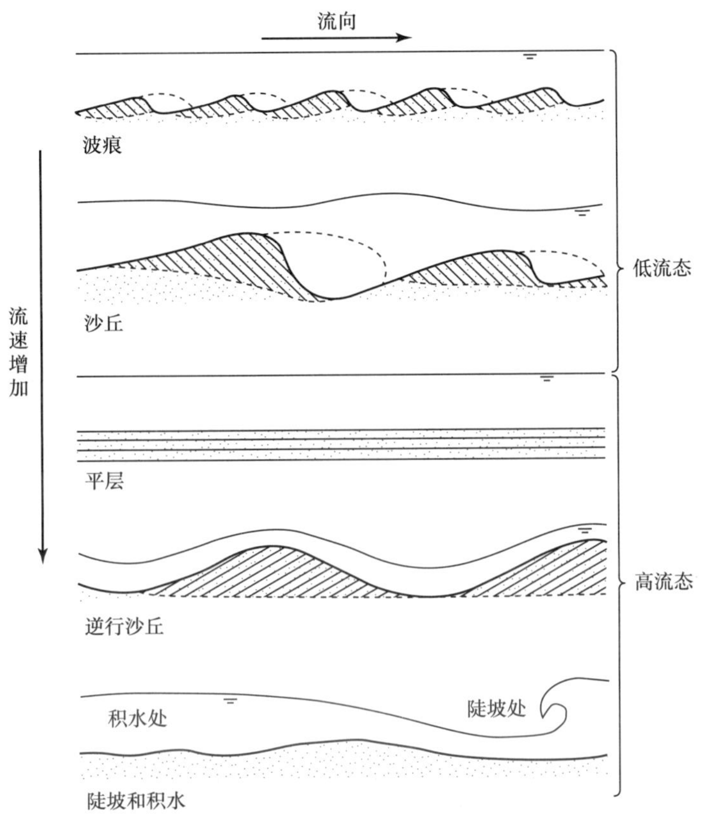


图 4.9　浅水砂质沉积物（0.25 ~ 0.7 mm）单向流动时，随着流速增加而形成的底形序列

形成沙纹和沙丘的水动力条件的弗劳德数小于 1。在这种流动条件下，要么水面扰动很小，要么水波与底形异相，流体处于较低的流态（Simons 和 Richardson，1961）。沙纹和沙丘向下游迁移导致交错层理的形成，交错层理以高达约 30° 的角度向下游倾斜。随着流速的进一步增大，沙丘被破坏并向较高的流态过渡，这一阶段的弗劳德数大于 1。层状水流快速流动，形成与底形同相的层状水波。在所谓的平层流阶段，在最初相对平坦的底形上会产生强烈的泥砂搬运。平层流内部形成平面纹理，单个纹理的厚度范围从几毫米到几厘米。在更高流速下，平层会变成逆行沙丘，这是一种长达 5m 的低而具有起伏的层。逆行沙丘形成于非常快的浅流中，它们在流动过程中向上游迁移，形成面向上游的低角度（小于 10°）交错层理。

表 4.2 总结了单向流动条件下形成的底形特征。二维沙丘一般为直顶沙丘，其形状可以用平行于水流方向的二维平面来描述。三维沙丘以曲面和冲坑为特征，其形状需用三维空间来描述。

**表 4.2 单向流体形成的底形特征**

| 指标 | 波痕 | 二维沙丘 | 三维沙丘 | 下平层 | 上平层 | 逆行沙丘 |
|---|---|---|---|---|---|---|
| 长度（间隔） | 0.1~0.2m | 大约 10cm 到 100m | 大约 10cm 到 10m 或更大 | | | 大约 10cm 到 10m |
| 高度 | 大约几厘米 | 大约几厘米到 10m | 大约 10cm 到几米或更大 | | | 大约几厘米到 10cm |
| 沙纹指数（长度 / 高度） | 相对较低 | 相对较高 | 相对较低 | | | 相对较高 |
| 几何平面 | 很不规则 / 短峰 | 直 / 弯曲 / 长峰 | 很不规则 / 短峰 | | | 长峰和短峰 |
| 典型的流速 | 低 | 低 / 中等 | 中等 / 高 | 低 | 高 | 高 |
| 流体典型的深度 | 大于几厘米 | 大于几分米 | 大于几厘米 | 全部 | 全部 | 浅 |
| 典型的沉积粒度 | 0.03~0.6cm | 大于 0.3cm | 大于 0.2cm | 大于 0.6cm | 全部 | 全部 |

#### 4.3.2.1 粒度和水深对底形发育的影响

实验研究表明，在流体流动的过程中，在一定水深处形成的底形不仅取决于流速，还取决于粒度。因此，图 4.9 中所示的连续底形不会出现在所有粒径的沉积物中。图 4.10 显示了在水深 0.25~0.40m 范围内，底形与流速和粒径的关系。例如，如果水流发生在大于粒径为 0.9mm 的沉积物上，就不会形成沙纹。相反，在沙丘形成之前会形成一个较低的平层相阶段。从图 4.10 中同样可见，粒径在 0.15mm 以下不会形成沙丘。沙纹会突然被上覆的平层相取代。关于这些图的细节及关于底形形态的其他数据，见 Southard 和 Boguchwal（1990）、Boguchwal 和 Southard（1990）。

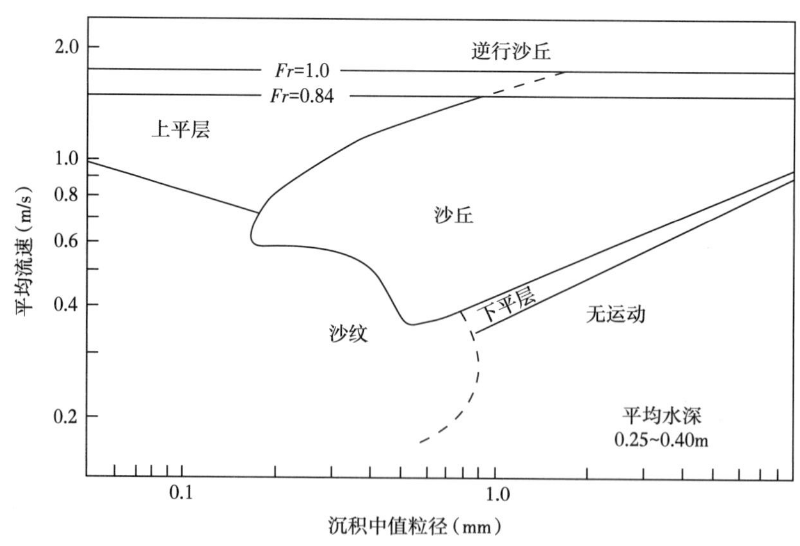


图 4.10 平均流速与中值粒径的关系图（标准为 10°C 水温）

对底形的大多数研究是在实验室水槽或自然环境的浅水条件下进行的。因此，大多数可用的沉积物大小 / 流速数据都与浅水条件下底形的形成有关（水深通常小于 1m）。关于深水条件下底形的发育，人们知之甚少。基于有限的可用信息，Harms 等（1982）提出，小沙纹的性质在深水流和浅水流中大致相同。然而，较大的底形（沙丘）在深水流可以发育得更大。深水的水动力条件与浅水相同，也就是说，沙丘的形成速度比沙纹快，而比下平层和逆行沙丘慢。对于深水流，粒度、流速和底形相态之间的确切关系并没有很好的文献记载，图 4.11 为一个广义的关系。从图 4.11 中可以看出，水深超过几米时，需要极高的速度才能形成逆行沙丘。因此在深水的自然条件下，不太可能出现逆行沙丘，除非在浊流作用下。

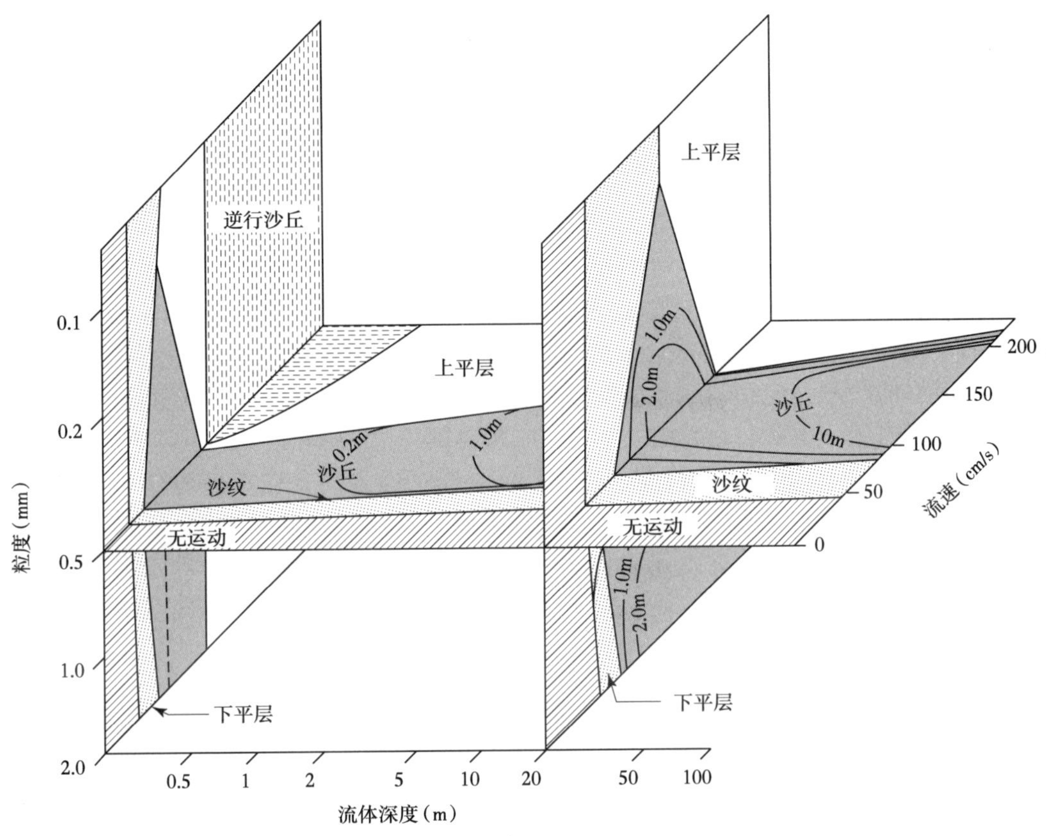


图 4.11　广义三维深度—流速—粒度图，显示了各种流速和深度下层相与粒度之间的关系

基于水槽数据和自然观测的图表

#### 4.3.2.2　底形流动的本质

形成不同底形的泥砂搬运机制非常复杂。一般来说，横向底形的形成与流动分离的现象有关。泥砂以悬浮或牵引的方式从河床底部向上搬运至边缘或顶部。在边缘处流体与河床分离，形成反向循环或回流，产生分离涡流（图 4.12）。由于湍流与主流的混合，回流区和上面的主流区之间存在扩散区。在分离点的下游，在河床高度几倍的距离处，水流重新与底部相连。水流分离导致搬运的泥砂分离成推移组分和悬移组分。推移组分堆积在沙纹顶部，直到背风坡超过休止角，发生崩塌。悬移组分被向下搬运，悬浮组分中较粗的颗粒通过扩散区进入回流区，并沉积在沙纹的背风面。正是这些过程导致了底形的发育和移动。

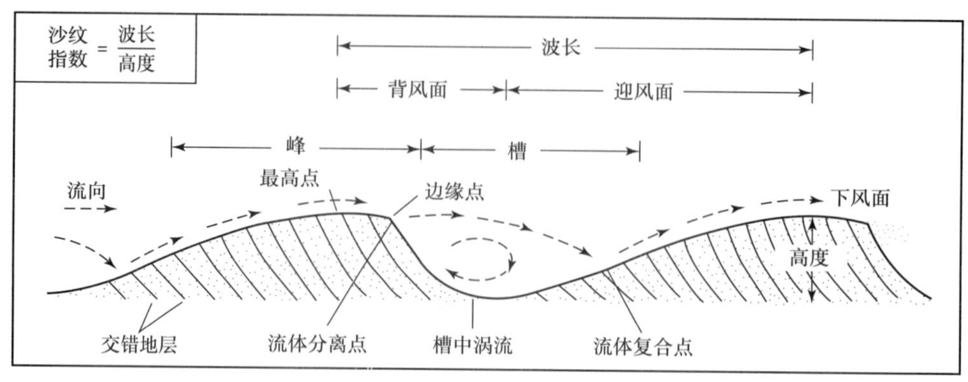


图 4.12　描述不对称沙纹的术语

#### 4.3.2.3　波痕的分类

波痕是现代环境中常见的沉积构造，它们出现在硅质碎屑沉积物和碳酸盐沉积物中，可以通过水和风的搬运形成。在单向水流或波浪作用下，颗粒物质会形成波痕。单向水流作用形成的波痕形状不对称，陡峭面或背风面面向水流的下游方向（图 4.13）。以这种方式形成的不对称波痕称为流水波痕。在自然条件下，它们由河流、溪流、海滩上的冲刷回流，以及沿岸流、潮汐流和深海底流形成。从平面上看，流水波痕和沙丘的波峰有多种形状：直状、弯曲状、链状、舌状和半月状等（图 4.14）。波痕和沙丘的平面形状显然与水深和流速有关（Allen，1968）。然而，控制它们形状的因素尚未被很好地解释。人们在自然条件下观察到，较复杂的形态往往在较浅的水域中以较高的流速发育，随着水深和流速的减小，波痕的变化序列为直状到弯曲状 → 对称舌状 → 不对称舌状；沙丘为直状到弯曲状 → 链状 → 半月状。波浪在震荡作用下形成的波痕称为振荡波痕。振荡波痕在形状上近似对称，并且有相当直的波峰（图 4.15）。

图 4.13　俄勒冈州南部 Rogue 河河坝上形成的不对称流水波痕

水流从左向右流动

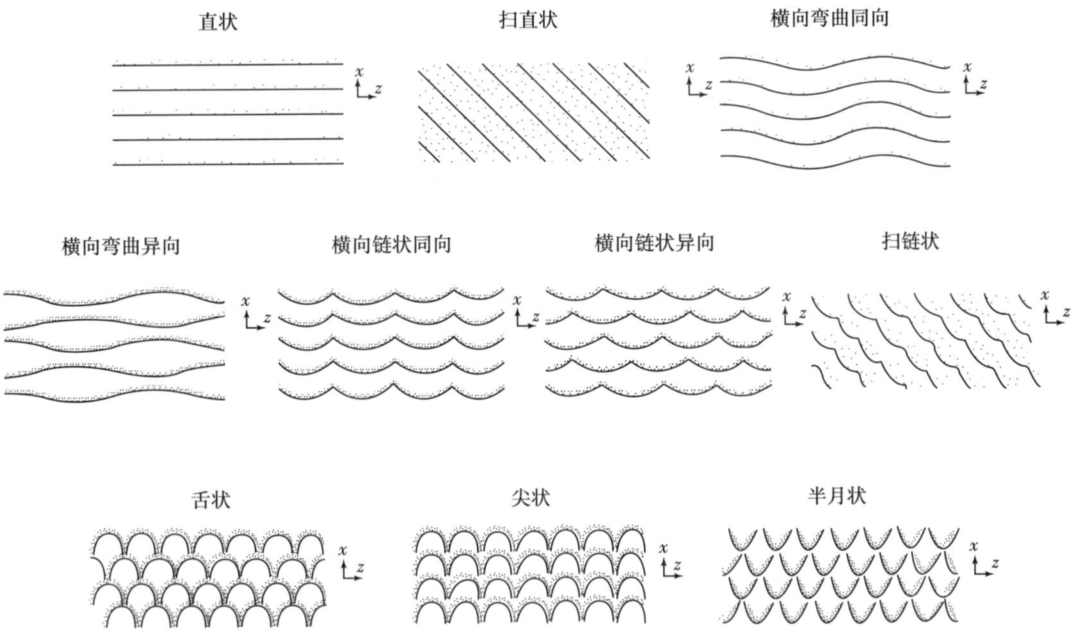


图 4.14　流水波痕和沙丘平面视图形状的理想化分类

每个都是水流从底部到顶部

图 4.15　俄勒冈州南部海岸始新统 Elkton 组粉砂岩，细粒海相砂岩表面的振荡波痕

波痕在浅水环境中最常见。然而，在几千米深处的现代海底也拍到了波痕。波痕的保存可能性相对较低，因为它们在埋藏前容易被水流侵蚀和破坏。因此，图 4.13 所示的现代波痕在古代沉积记录中并不十分丰富，沙丘保存得更少。尽管如此，古沙丘仍可存在于一些厚层砂岩中（图 4.16）。

图 4.16 南俄勒冈海岸山脉，始新统 Tyee 组砂岩层表面的大沙丘，暴露在 Umpqua 河沿岸。沙丘高约 15cm，峰顶长约 70cm

### 4.3.3 交错层理构造

#### 4.3.3.1 交错层理

交错层理主要是由沙纹和沙丘在水中或空气中的迁移形成的。沙纹或沙丘迁移会形成倾斜的前积纹层，这是由于这些底形的背风面上的分离区发生崩塌或悬浮沉降（图 4.12）。如果大部分泥砂太粗而无法悬浮搬运，推移质泥砂会沿波痕的背风面崩塌形成陡而直的纹层。这些倾斜的前积纹层与近乎水平的薄层底积纹层（悬浮沉积）以明显的（非切向）角度接触，这个角度近似休止角。如果背风坡的高度与总流深相比较大，则会是大致相同的效果，悬移组分主要落在背风坡上。如果悬移组分较大，或者背风坡的高度与水流深度相比较小，悬浮组分将在背风坡底部迅速堆积，足以跟上崩塌沉积物的增长。这一过程导致前积纹层的下部向外弯曲并逐渐接近底积纹层（Blatt 等，1980）。因此，可以说交错纹层是切向的。

交错层理的保存可能性远高于底形本身（因为底形的顶部往往被随后的水流或风剥蚀），因此，交错层理是古老沉积岩中很常见的沉积构造类型。冲坑和河道充填、曲流河点坝沉积、海滩和海相沙坝的倾斜面沉积也可形成交错层理。不同环境条件下形成的交错层理在外观上可能非常相似，在野外研究古老沉积岩的交错层理时，很难区分其成因是河流环境、风成环境还是海洋环境。

交错层理通常成组出现（图 4.4）。厚度小于 5cm 的交错层理称为小型交错层理；厚度超过 5cm 的是大型交错层理。由于成因不同，交错层理有很多类型。Allen（1963）提出了一个非常详细的层理分类方法，基于交错层理的分组、规模、层的边界面性质、一组或多组交错地层与边界面的角度关系及不同层理中粒度均匀程度等属性。本书采用了 McKee 和 Weir（1953）更为简单的方案，并经 Potter 和 Pettijohn（1977）修改。根据交错层单元的整体几何形状和边界面的性质，可将交错层理分为两种主要类型，板状交错层理和槽状交错层理（图 4.17）。

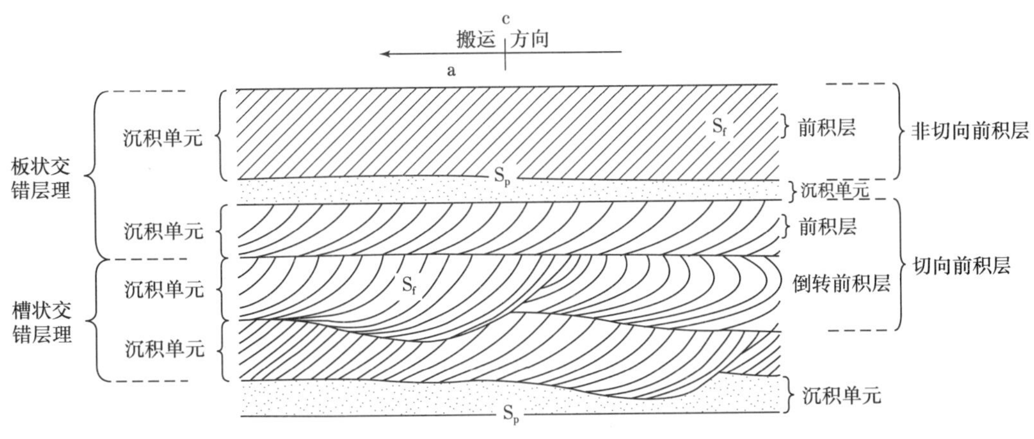


图 4.17 交错层理的术语和定义特征

a—平行于平均沉积搬运方向；c—垂直于 a 和 a 所在的搬运面的方向；$S_p$—主层面或层面；$S_f$—交错层理的前积面

板状交错层理由交错层理单元组成，这些交错层理单元横向相对于厚度较宽，且具有基本平行的边界面（图 4.18）。板状交错层理的前积纹层通常也是平行的，但也有与基面相切关系的弯曲纹层。槽状交错层理由交错层理单元组成，其中一个或两个边界面是弯曲的（图 4.19）。这些单元是槽状层系，由填充弯曲前积层的细长冲刷物组成，这些纹层通常与层系底部呈切线关系。

图 4.18 亚利桑那州 Chelly 峡谷国家纪念碑二叠系砂岩大型板状交错层理，注意交错层理单元的边界面是平的，前积层主要与这些平面形成切向接触

板状交错层理主要由大规模、直线形沙纹和沙丘迁移形成（图 4.20a）；因此它是在较低流速的水流作用下形成的。单个层的厚度范围从几十厘米到 1m 或更大，但是已经观察到层的厚度高达 10m（ Harms 等，1975 ）。槽状交错层理既可以由小型交错层理的小流水

沙纹的迁移形成，也可以由大型槽形沙丘的迁移形成（图 4.20b）。由大尺度沙纹迁移形成的槽状交错层理的厚度通常可达几十厘米，宽度从小于 1m 到 4m 以上。

图 4.19　俄勒冈南部海岸始新统 Coaledo 组小型槽状交错层理，几次冲刷产生了小的侵蚀槽（箭头），这些槽随后被低角度的交错纹层填满

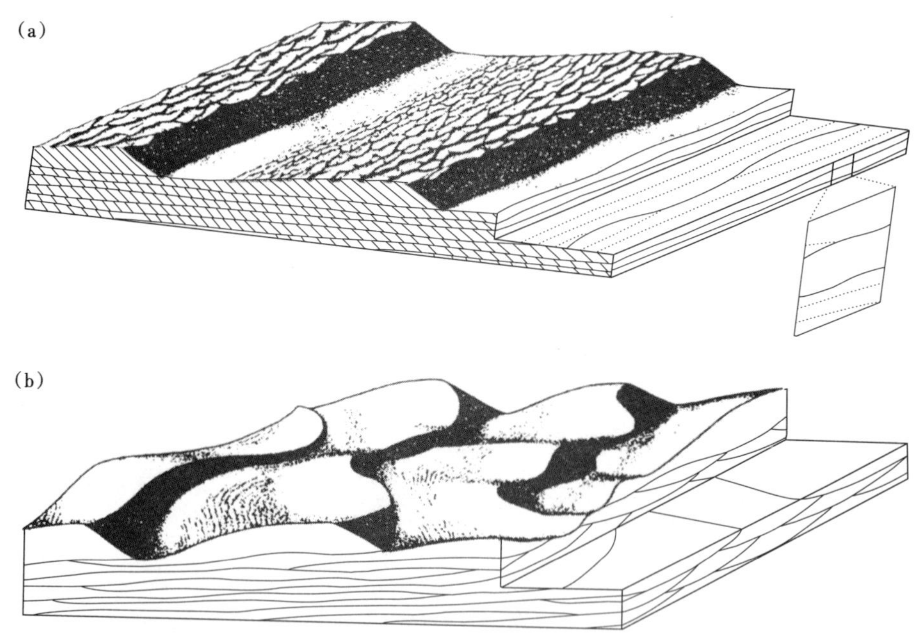


图 4.20　（a）平顶沙丘迁移形成的大规模板状交错层理（表面呈波痕状）；（b）槽状沙丘迁移形成的大规模槽状交错层理。（a）和（b）水流都是从左到右

#### 4.3.3.2　沙纹交错层理

沙纹交错层理（爬升沙纹）在由流水或波浪作用的沙纹迁移过程中迅速沉积形成（McKee，1965；Jopling 和 Walker，1968）。一系列的交错纹层是由迁移的沙纹叠加而成的。一个沙纹在另一个沙纹上爬升，使得垂直连续纹层的波峰异相，看起来像是在向上

坡前进。这一过程导致了在垂直于波峰的露头剖面中具有波痕一样外观的交错层理单元（图 4.21）。在其他方向的剖面中，纹层可能呈现水平状或槽状，这取决于沙纹的方向和形状。

图 4.21 俄勒冈州西南部 Illinois 河洪水沉积物中的沙纹交错层理（圆珠笔下方）

照片底部的平行纹层是在上层流态条件下的平层阶段形成的。随着水流速度减小到较低的流速范围，沙纹交错层理形成于纹层的顶部。后来的洪水作用在沙纹交错层理的顶部沉积了上层流态平层

沙纹交错层理的形成需要大量的沉积物，特别是悬浮沉积物，它能迅速掩埋并保存原始的沙纹层。丰富的悬浮砂供给必须与足够的牵引搬运相结合，才能产生沙纹层，但又不能使沙纹应力侧的纹层完全被侵蚀。一些纹层可能是同相位的（一个沙纹纹层峰位于另一个峰的正上方），表明沙纹纹层没有迁移。在牵引搬运和沉积物供应平衡的条件下，会形成同相位沙纹纹层，因此尽管沉积物表面不断增加，沙纹纹层也不会迁移。沙纹交错层理出现在具有快速沉积特征的沉积环境中，包括河泛平原、点沙坝、周期性洪水作用的河流三角洲和浊积岩沉积环境。图 4.21 为河流在洪退期发育的底形层序。图 4.21 底部的纹层是在高流速的洪水作用下的上层流态搬运的平坦底形阶段形成的。当速度衰减到低流速状态时，在平坦纹层顶部形成了沙纹交错层理。

#### 4.3.3.3 脉状层理和透镜状层理

脉状层理是一种沙纹层理，在交错层理或沙纹层理的砂质或粉砂质沉积物之间形成薄层泥质条带（图 4.22）。泥主要集中在波痕的凹槽中，但也有部分覆盖在波峰上。脉状层理表明其在波动的水动力条件下沉积形成。水流活跃期发生牵引流搬运和沙纹沉积，而静止期则发生泥砂沉积。这种活动的反复作用侵蚀了先前沉积的波峰，使得新的纹层能够掩埋并保存了沟槽中带有泥斑的沙纹层（Reineck 和 Singh，1980）。透镜状层理是一种由泥质夹层和沙纹交错层理形成的构造，其中波痕或砂质透镜体在垂直和水平方向上都是不连续和孤立的（图 4.23）。Reineck 和 Singh（1980）认为，脉状层理是在砂比泥更有利于沉积和保存的环境中形成的，而透镜状层理是在泥比砂更有利于沉积和保存的环境中形成的。脉状层理和透镜状层理主要形成于潮坪和潮下环境中，在这些环境中，当泥砂沉积时，引起泥砂沉积的水流或波浪作用与平潮期静水条件交替发生。它们也可

以在以下环境中形成:(1)海洋三角洲前缘环境，沉积物供给和流速的波动是常见的;(2)小型三角洲前的湖泊环境;(3)浅海大陆架，这是由于风暴将砂搬运到更深的水域。

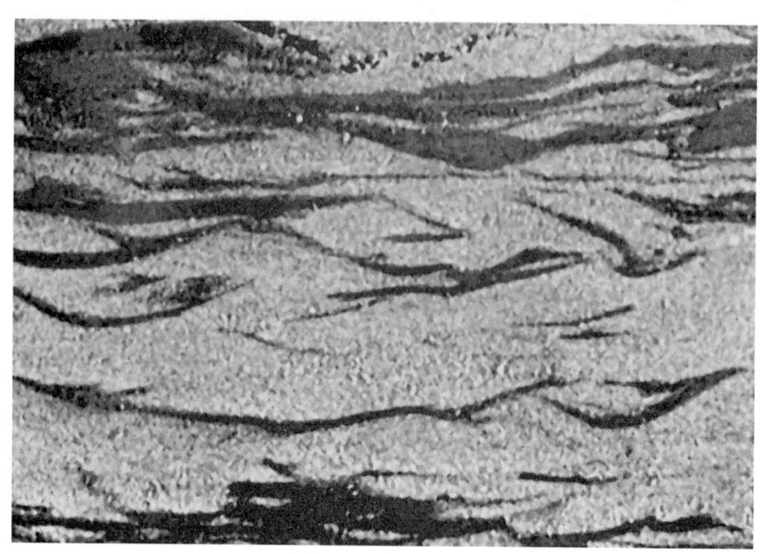

图 4.22　北海潮滩沉积物中的脉状层理

图 4.23　北海潮滩的透镜状层理(砂岩透镜体是浪成波痕)

#### 4.3.3.4 丘状交错层理

丘状交错层理这个名称是由 Harms 等人在 1975 年提出的，尽管早期的工作者已经用不同的名称识别并描述了这种构造。丘状交错层理的特征是起伏的交错纹层系，它们既呈凹状（洼地），又呈凸状（丘地）（图 4.24）。交错层系以弯曲的侵蚀面彼此轻微切割（图 4.25）。丘状交错层理通常出现在 15~50cm 厚的地层中，具有波状侵蚀面和波状生物扰动构造顶面（Harms 等，1975）。小丘和洼地的间距从 50cm 到几米不等。一个丘状单元的下边界面是尖锐的，通常是侵蚀面，底部可能有水流形成的标记。丘状交错层理通常出现在细砂岩到粗粉砂岩中，通常含有丰富的云母和细粒碳质植物碎屑（Dott 和 Bourgeois，1982）。

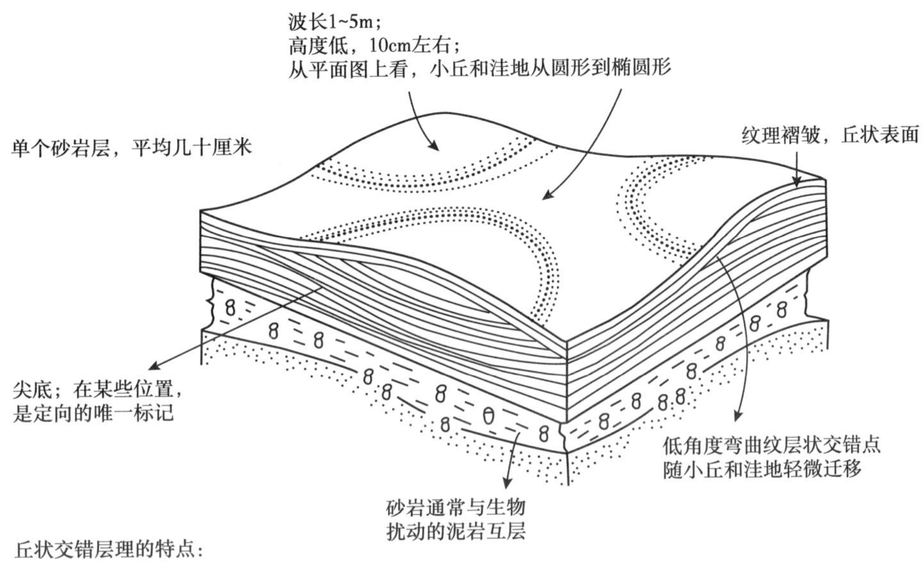


图 4.24　典型的丘状交错层理与生物扰动泥岩互层

图 4.25　俄勒冈西南部始新统 Elkton 组粉砂岩，中—细粒砂岩丘状交错层理

注意界定的侵蚀面，纹层状砂覆盖在侵蚀丘上。所拍摄区域的宽度约 60cm

丘状交错层理尚未在水槽中形成，在现代环境中也未见有关报道，但在许多地方的古地层中已经有过文献记录。Harms 等（1975，1982）认为这种构造是由海洋中相对较大的风暴波产生的不定向的强浪（振荡流）形成的。强烈的风暴浪作用首先将海床侵蚀成低矮的小丘和洼地，没有任何明显的排列方向。然后，这种地形被扫过小丘和洼地的纹层物质覆盖。最近，Duke 等（1991）及 Cheel 和 Leckie（1993）认为，丘状交错层理是由与风暴活动有关的单向流和振荡流共同作用形成的。尽管丘状交错层理通常局限于浅海沉积岩，但 Duke（1985）报道了一些湖相沉积岩中也存在这种结构。

## 4.3.4 不规则层理

### 4.3.4.1 包卷层理和纹理

包卷层理是一种由复杂的褶皱或纹理形成的构造，通常是不规则的、小规模的背斜和向斜。它通常局限于单个沉积单元或沉积层，而该沉积层的上下层可能几乎没有变形的迹象（图 4.26）。包卷层理在细砂或粉砂中最为常见，而纹层通常可以在褶皱中追踪到。一般不会发生断层作用，但包卷可能会被侵蚀面截断，而侵蚀面也可能是包卷形态的。包卷的复杂性和广度从沉积单元下部未受干扰的纹层向上增加，包卷可能在单元顶部消失，或被上部层理面截断。含有包卷层理的岩层厚度通常在 3~25cm 之间（Potter 和 Pettijohn，1977），但在风成和水下沉积物中都报道过几米厚的包卷岩层。

图 4.26　俄勒冈州西南部始新统 Coaledo 组细粒砂岩和页岩中的包卷层理

注意底层没有变形

包卷层理在浊积岩系中最常见。它也出现在潮间带、河流冲积平原、点沙坝及三角洲的沉积物中。包卷层理的成因尚不清楚，可能是由沉积后不久的部分液化沉积物的塑性变形引起的。一些包卷褶皱的轴可以指示方向，该方向通常与古水流方向一致，这表明至少在这些情况下，形成包卷褶皱的过程发生在沉积过程中。沉积物的液化可由如差异负载、地震和破碎的波浪等过程引起。

### 4.3.4.2 火焰状构造

火焰状构造是波浪状或火焰状的泥舌，向上伸入到上覆地层，通常为砂岩（图 4.27）。一些火焰的顶部是弯曲或翻转的，一般来说，翻转的峰都指向同一个方向，但并非总是如此。火焰状构造通常与其他由沉积负荷引起的构造相联系，它们可能主要由饱水泥质层的负荷引起，这些泥质层的密度低于上覆砂岩层，因此被向上挤压到砂岩层中。翻转峰的方向表明，负荷可能伴随着泥层和砂层之间的水平阻力或运动。

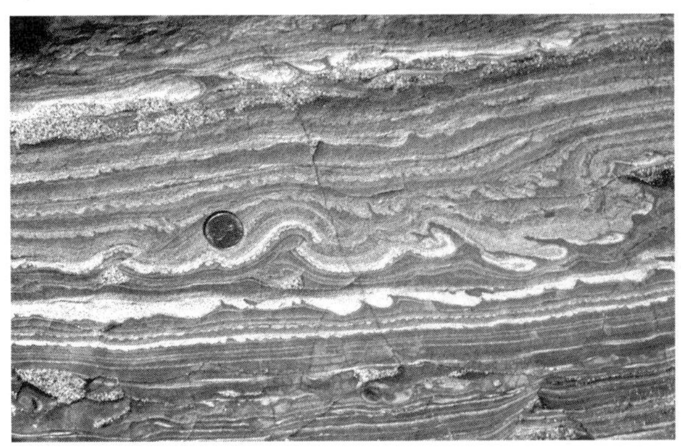

图 4.27 俄勒冈州西南部 Elkton 组粉砂岩中薄层细砂岩的火焰状构造

发育最好的火焰状构造是在硬币正下方的那一层

#### 4.3.4.3 球枕构造

球枕构造见于砂岩层的下部，较少见于页岩上覆的石灰岩层（图 4.28）。它们由半球状或肾状的砂岩或石灰岩组成，显示内部纹理。在某些半球中，纹层可能轻微弯曲或变形，特别是在靠近半球外侧边缘的部位，它们倾向于与边缘形状一致。球枕可以与上覆岩层相连（图 4.28），也可以与岩层完全分离，并被下面的泥质包围。球枕构造是由半固结砂或灰质沉积物的下沉和破碎形成的，由于下伏泥质的部分液化，可能是由震动引起的。泥的液化会导致上覆的砂层或泥质沉积物变形为半球状块体，随后会从砂层上断裂脱落并沉入泥质中。Kuenen（1958）通过对触变性黏土上沉积的砂层施加冲击，实验形成了与天然球枕构造非常相似的构造。

图 4.28 俄勒冈州西南部 Illahe 附近的始新统 Looking glass 组，薄而陡的砂岩层底部的球枕构造（箭头）

#### 4.3.4.4 同沉积褶皱和断层

滑塌构造是指由松散或半固结沉积物主要受重力作用运动和位移引起的准同生变形所形成的构造。Potter 和 Pettijohn（1977）将滑塌构造描述为以下两种情况的产物：（1）被搬运物质的内部运动，形成不同类型的沉积混合物，例如嵌入砂质沉积物中的破碎泥层；（2）一种滑脱类型的运动，其中横向位移集中在底部，从而形成紧密折叠并堆积成推覆构造的岩层（图 4.29）。

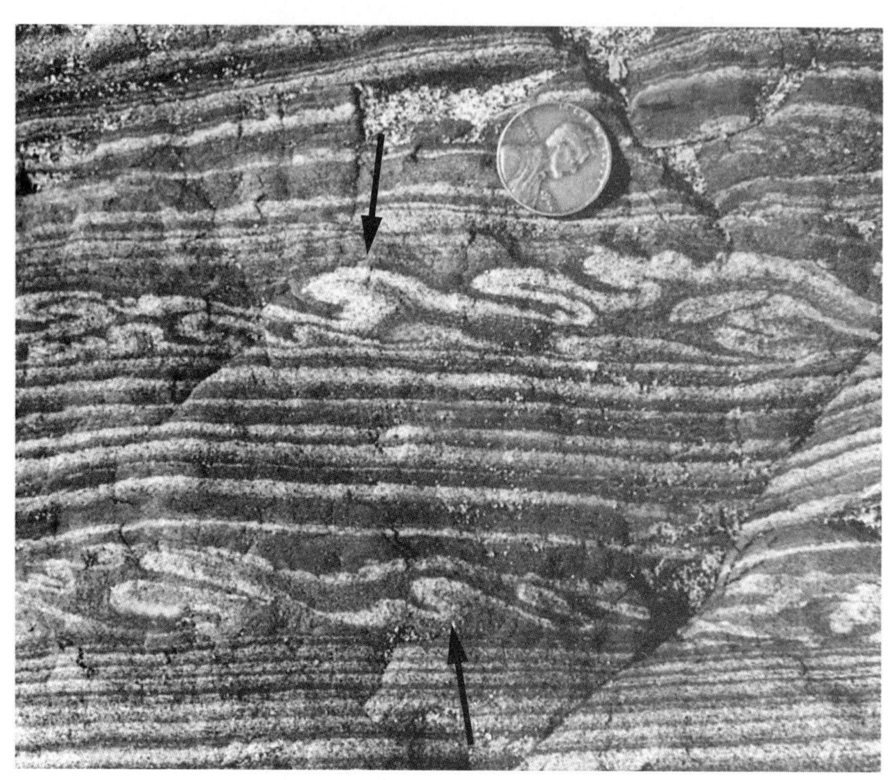

图 4.29　俄勒冈州西南部始新统 Elkton 组粉砂岩中，与页岩互层的细粒砂岩薄层中的小型同沉积褶皱（箭头）

滑塌构造可包括许多沉积单元，通常是断裂的。滑塌单元的厚度从 1m 以下到 50m 以上不等。滑塌单元的上下可能被没有变形迹象的地层所包围。然而，在某些地层序列中，要区分滑塌单元和弱岩层（如在构造褶皱过程中砂岩或石灰岩层之间变形的页岩）可能是困难的。

滑塌构造通常发生在泥岩和砂质页岩中，很少发生在砂岩、石灰岩和蒸发岩中。它们通常是在快速沉积的单元中发现的，并在快速沉积和过陡的斜坡形成的各种不稳定环境中都有报道。它们存在于冰川沉积物、湖泊成因的成层的粉砂和黏土、风成沙丘、浊积岩、三角洲和礁前沉积物、水下沙丘沉积物及海底峡谷头部、大陆架和深海海沟的沉积物中。

#### 4.3.4.5 碟状和柱状构造

碟状构造是薄层、深色、近水平、平坦、向下凹的黏土层状构造（图 4.30），主要出现在砂岩和粉砂岩单元中（Lowe 和 LoPiccolo，1974；Rautman 和 Dott，1977）。这些纹理通常只有几毫米厚，但单个碟子的宽度可能从 1cm 到 50cm 以上。碟状和柱状构造通常发育在厚层中，它们可能是在厚层中唯一可见的构造。它们也发育在厚度小于 0.5m 的岩层中，在那里它们通常横切主要的平面纹理和其他纹理。柱状构造通常与碟状构造一起出现（图 4.30）。柱是垂直或近垂直的，横切的柱和无结构或漩涡状的砂穿过块状或层状砂，通常也包含碟状构造和包卷层理。它们的大小从直径几毫米的管状到直径超过 1m、长几米的大型构造。柱状构造实际上并不是层状构造，本书将柱状构造与碟状构造一起讨论，是因为它们与这些构造密切相关，而且成因机制类似。

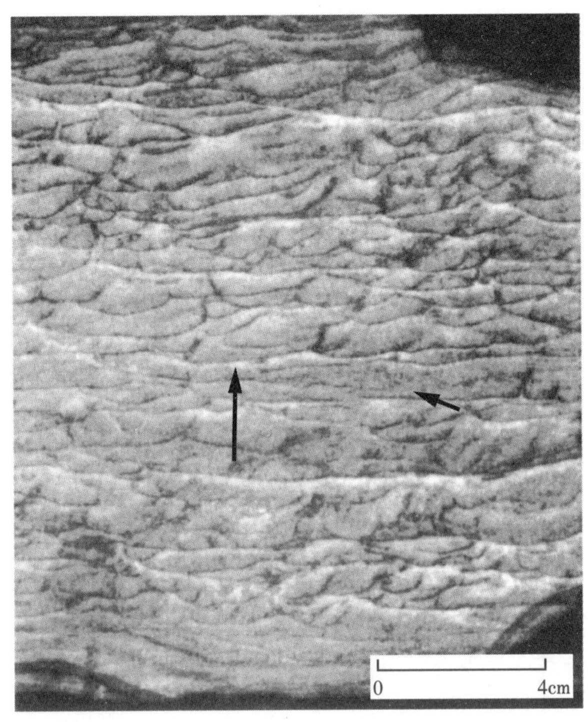


图 4.30　俄克拉何马州东南部宾夕法尼亚亚系 Jackfork 群硅质碎屑沉积物脱水形成的强烈弯曲至接近平坦的碟状构造（大箭头）和柱状构造（小箭头）

碟状和柱状构造首先在重力流沉积（浊流和液化流）中被观察到，并且在这类沉积中最为丰富。然而，现在在三角洲、冲积物、湖泊、浅海沉积物，以及火山灰夹层中也有发现。它们表明沉积物在固结过程中由于水的逸出而迅速沉积形成。在逐渐压实和脱水过程中，半透水的纹层对向上运移的细粒沉积物起到部分屏障的作用。细颗粒被纹层阻滞并加入其中，形成碟状。一些水被压在纹理下，直到找到一个更容易向上逸出的路线。这些向上涌出的水形成柱状。因此，碟状构造和柱状构造都是泄水构造。

#### 4.3.4.6　侵蚀构造

河道是横截面呈 U 形或 V 形的构造，横切早期形成的层理和纹理（图 4.31）。它们是由侵蚀作用形成的，主要是由水流形成，但在某些情况下是由大规模运动形成的。河道可能充填了沉积物，这些沉积物在结构上与它们截断的地层不同。露头上可见的河道的宽度和深度从几厘米到几米不等，甚至更大的河道需要通过测绘或钻探来确定。在露头上追踪它们的长度几乎是不可能的，但它们的延伸距离可能是其宽度的许多倍。河道在河流和潮汐沉积物中常见。在浊积物中，长的水道趋向于与水流方向平行。

图 4.31　切入俄勒冈州—加利福尼亚州边界始新统 Colestin 组的河流、火山碎屑沉积物，河道宽度为 4~5m

冲刷—填充构造与河道类似，但通常较小（图 4.32）。它们由几厘米到几米大小的不对称小槽充填组成，长轴指向顺流方向，通常有一个较陡的逆流斜坡和一个较平缓的顺流斜坡。它们可以被比基体粒度更粗或更细的物质填充。这些构造在砂质沉积物中最为常见，被认为是水流冲刷和流速降低后回填的结果。与河道相反，几个冲刷—充填构造可能紧密地排列在一起。它们主要是河流成因的构造，可以出现在河流、冲积扇或冰川冲积平原环境中。

图 4.32　俄勒冈州南部海岸 Blacklock Point 中新统砂岩中的冲刷—填充构造、一个小洼地被水流冲刷，然后被砾和砂填满

## 4.4　层面构造

### 4.4.1　侵蚀和沉积产生的底痕

许多层面构造出现在层的底部，呈正铸模或不规则痕迹。由于位于底部或层底上，它们通常被称为底痕。在页岩层上的砂岩和其他粗粒沉积岩的底部，底痕保存得特别好。许

多底痕显示出方向特征，这对解释古水流的方向非常有用。

这些所谓的侵蚀底痕实际上是由侵蚀和沉积两个阶段形成的。首先，黏性细粒沉积物底部被某种机制侵蚀，形成沟槽或洼地。由于沉积物的粘结性，洼地可以保存足够长的时间，以便在随后的沉积中被填充和掩埋，通常是由比底泥粒度更粗的沉积物填充和掩埋。这种较粗的沉积物可能是在侵蚀作用形成洼地后不久沉积下来的，在某些情况下可能是由形成洼地的同一股水流沉积的。在埋藏和岩化后，在上覆岩层的基底上留下正铸模特征。如果地层随后经历构造抬升，这些构造可能会因风化和陆上侵蚀而暴露出来（图 4.33）。造成底部洼地的最初侵蚀作用可能以水流冲刷的形式出现，也可能是由水流携带的工具间歇性或连续地与底部接触而形成。这些工具可以是木头、生物壳或任何类似的物体，可以沿着底部滚动或拖动。因此，侵蚀构造可以从成因上分为水流形成的构造和工具形成的构造。

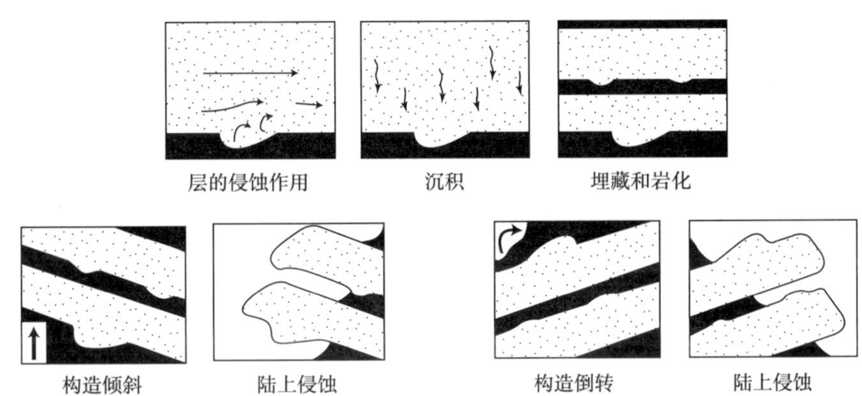


图 4.33　由底泥侵蚀和较粗沉积物沉积而形成的具有唯一标记的假定沉积阶段

经过构造抬升和地面风化作用后，充填层基底上的唯一标志是正凸起特征，这说明了如何用唯一的标记来区分倒转岩层的顶底

侵蚀底痕最常见于浊积砂岩底，但也存在于其他环境的沉积岩中。只要满足侵蚀作用的必要条件，随后发生快速沉积，侵蚀底痕就可以在任何环境中形成。除浊积岩外，在河流沉积和陆架沉积中都有发现。

#### 4.4.1.1　沟模

沟模是细长、几乎笔直的脊，由卵石、贝壳、木头或其他物体在黏性沉积物的表面被拖拽或滚动而产生的侵蚀痕迹，之后被填充而成（图 4.34）。它们的宽度一般从几毫米到几十厘米不等，起伏在几毫米到一两厘米之间，然而更大的沟槽也会形成。与宽度相比，沟模被大大拉长。沟模具有定向特征，平行于形成它们的古水流方向，因此具有古水流意义。同一地层的沟模通常具有大体相同的方向，尽管它们可能会以微小的角度发散，甚至交叉。大多数沟模不能显示出单一流向，也就是说，无法从它们中分辨出是顺流还是逆流。V 形槽是由连续的 V 形凹槽组成的各种沟模，V 形指向下游方向，因此这种类型的沟模可以用来确定真正的水流方向。Dzulynski 和 Walton（1965）认为，工具在沉积物表面上方移动，但不接触表面，导致沟槽两侧起皱，从而形成了 V 形槽。由于浊流底部携带的贝壳碎片、木片或其他物体被拖过底泥，浊积层底部的沟模尤其常见。它们也会出现在浅水环境中沉积的河床底部，如潮滩和洪泛平原，在这些地方漂浮的工具可能会接触底部并留下凹槽。

图 4.34　俄勒冈州海岸山脉始新统 Fluornoy 组浊积砂岩层基底上的大型交错沟模

#### 4.4.1.2　弹模、刷模、锥模、滚模和跳模

小的沟痕是由工具间歇接触底部产生的，形成小的痕迹。刷模和锥模的横截面形状是不对称的，更深、更宽部分的痕迹指向顺流方向。弹模是大致对称的，滚模和跳模是工具上下弹跳或在表面滚动而形成的连续轨迹。这些构造的成因如图 4.35 所示。

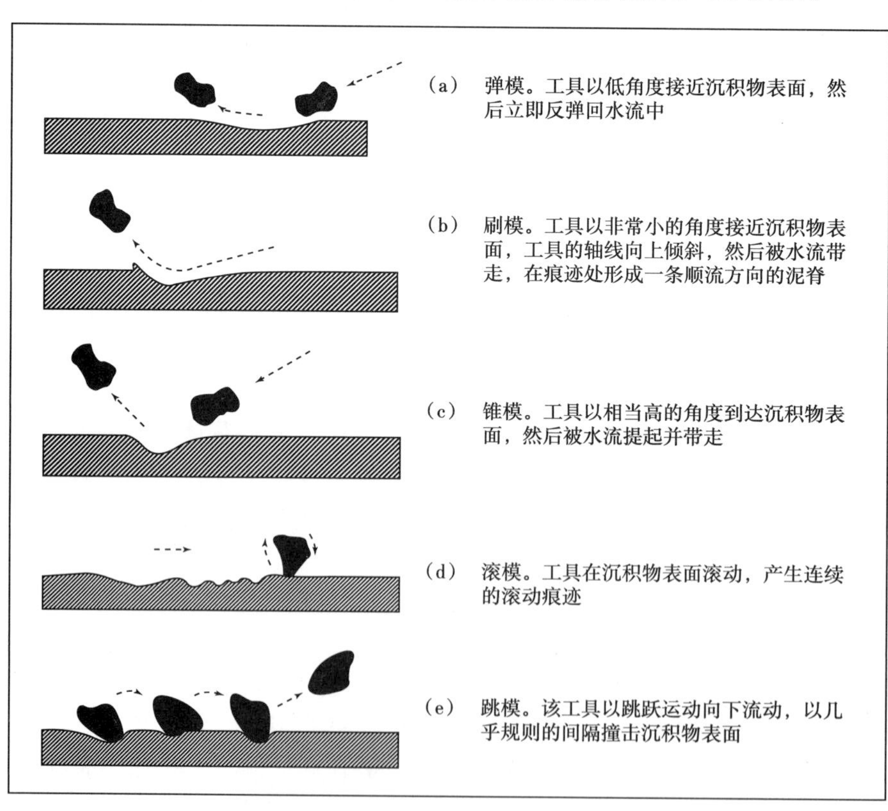


图 4.35　粘结性泥底形成的弹模、刷模、锥模、滚模、跳模

工具形成的凹陷随后被更粗的沉积物填满，从而产生正凸起

#### 4.4.1.3 槽模

槽模一端有鼻状的细长的凹槽或脊，向另一端张开，并逐渐与层面融合（图 4.36）。它们单独或成群地出现，其中所有的槽模都朝向相同的方向。在一个给定的底层上，槽模的大小大致相同。然而，在不同的层上，槽模的宽度可以从 1cm 到 20cm 或更多，高度（凹槽）从几厘米到 10cm 或更多，长度从几厘米到 1m 或更多。槽模的平面形状有近似流线形、左右对称或不规则等，其中一些槽模是高度扭曲的。

图 4.36 在俄勒冈海岸山脉始新统 Fluornoy 组浊积砂岩基底上的槽模

槽模的球状末端表明古水流是从右向左流动的

槽模是通过填充黏性沉积物中的凹槽而形成的，这些凹槽由障碍物后面形成的涡流或偶然的涡流冲刷而成。这种类型的水流冲刷形成不对称凹槽，其中凹槽最陡和最深的部分朝向上游或上坡。当这些凹槽被填充时，形成了一个面向上游的具鼻状起伏的正铸模构造。因此，槽模对古水流有极好的指示作用，因为它们显示了水流的单一方向。槽模在浊积岩层序的底部尤为普遍，但它们也存在于浅海和非海相环境的沉积物中。据报道，它们曾出现在石灰岩层和砂岩层的底部。

### 4.4.2 变形产生的痕：重荷模

Potter 和 Pettijohn（1977）将重荷模描述为“轻微的凸起、深或浅的圆垒、异形瘤状物等疙瘩块或高度不规则的凸起”。它们通常出现在泥岩或页岩上的砂岩层的底部，并往往覆盖整个层理面（图 4.37）。它们的直径和起伏从几厘米到几十厘米不等。重荷模表面上可能与槽模类似，然而，它们与槽模区别在于它们的形状更不规则，并且缺乏明确的逆流端和顺流端。此外，重荷模不会指示关于当前方向的主要方向。

尽管重荷模被称为印模，但它们不是真正的印模，因为它们不是先前存在的模的填充物。由于上覆砂层的不均匀负荷，重荷模由未压实的塑性泥层变形而成。泥质会由于流体孔隙压力过大未被压实，或受外部冲击被液化，从而在上覆砂的重力作用下发生变形，这些砂可能会不均匀地沉入塑性的泥质中。由于砂的重量不等，产生的负荷迫使砂突出到泥中，从而在砂岩层的底部形成正铸模，类似某些侵蚀构造的特征。负荷构造与球枕构造和火焰状构造密切相关。沟模和槽模可能会被负荷改造，使凹槽扩大并破坏其原始形状。

图 4.37　俄勒冈州南部海岸白垩系砂岩疏松层上不规则形状的重荷模

在泄水作用发生前的任何环境中，如果水饱和的泥快速被砂埋藏，就可以形成重荷模。重荷模并不能代表任何特定的环境，尽管它们在浊积岩层序中是最常见的。重荷模出现在某些特定的层底，这似乎反映了下层泥的水塑性状态。它们显然不会形成于沉积在泥上的砂层底部，因为在砂沉积之前，泥已经被压实或脱水。

## 4.4.3　生物成因构造

### 4.4.3.1　痕迹化石

生物的挖洞、钻孔、觅食和移动等活动会在泥或半固结沉积物底部形成各种各样的痕迹、洼地、开放的洞穴和钻孔。用不同类型的沉积物或填充物填充这些洼地和洞穴，形成的构造可能具有正凸起特征，如上覆地层底部的痕迹，也可能是下伏泥层顶部的洞穴或钻孔填充物。洞穴和钻孔通常向下延伸到层内，因此，这些构造不仅仅是层面构造。

由生物在层面或层内形成的足迹、痕迹、洞穴、钻孔和其他构造统称为痕迹化石，也称为遗迹化石。痕迹化石的研究构成了遗迹学的学科，自 20 世纪 50 年代中期以来，遗迹学变得越来越复杂，并发表了大量的文献。请参考列在本章末尾的拓展阅读文献。

### 4.4.3.2　痕迹化石的类型

痕迹化石不是以真正的遗体保存的化石，也就是说，它们不是由骨骼转化为化石而形成的。它们是简单的构造，源于生物的活动。从广义上讲，生物成因构造可考虑包括以下内容：(1) 生物扰动构造（洞穴、足迹、拖迹、根迹）；(2) 生物地层层理构造（藻类叠层石、生物成因的递变层理）；(3) 生物侵蚀构造（钻孔、刮屑、咬痕）；(4) 粪便（粪化石，如粪球或粪印模）。并不是所有的地质学家都将生物地层层理构造视为痕迹化石，这些构造也不常出现在已发表的关于痕迹化石的讨论中。

根据生物的主要行为特征，痕迹化石被分类为遗迹属并命名，如蛇形迹。独特但不太重要的特征被用来鉴别遗迹物种，例如蛇形目。痕迹化石是由螃蟹、比目鱼、蛤、软体动物、蠕虫、虾和鳗鱼等许多海洋生物产生的。在非海洋环境中，昆虫、蜘蛛、蠕虫、千足虫、蜗牛和蜥蜴等生物可以形成各种各样的洞穴和通道；脊椎动物会留下足迹；植物会留下根的痕迹。形成痕迹的生物很少会与痕迹一起保存下来，所以痕迹制造者通常是不为人知的，适用于遗迹属和遗迹种的名称通常不涉及痕迹制造者本身。

#### 4.4.3.3 痕迹化石组合

从沉积学的角度来看，对痕迹化石组合的研究通常比研究单个遗迹属或遗迹种更有用。痕迹化石组合是一个基本的总称，包含在一个岩石单位内的所有痕迹化石。虽然已识别出各种各样的痕迹化石组合，但将痕迹化石划分为不同的遗迹化石相在古环境研究中具有特殊的意义。Seilacher（1964，1967）引入了遗迹相的概念来描述在时间和空间上反复出现的痕迹化石组合，并反映了环境条件，如水深（测深）、盐度及它们形成的基质的性质（如泥底和砂底）。从根本上说，遗迹相是根据痕迹化石确定的沉积相，每个遗迹相可以包括几个遗迹属。

Seilacher（1967）建立了六种遗迹相，并以其特有的遗迹相命名。其中四种（针管迹、二叶石迹、动藻迹和类沙蚕迹）是根据海洋水深解释的（图 4.38；表 4.3）。舌菌迹是出现在坚硬海底表面的痕迹，而斯戈阳迹是非海洋环境的特征。随后，Frey 和 Seilacher（1980）建立了硬底和岩底的锥虫遗迹相；Bromley 等（1984）提出了林地中钻孔的蛀木虫迹；Frey 和 Pemberton（1987）建立了海相—非海相软基螃蟹迹；还有学者提出了几个其他的遗迹相（Bromley，1996），但表 4.3 所示的九种遗迹相是最常用的。沉积学家特别感兴趣的是针管迹、二叶石迹、类沙蚕迹和动藻迹，它们对解释古代海洋环境具有最大的潜力。

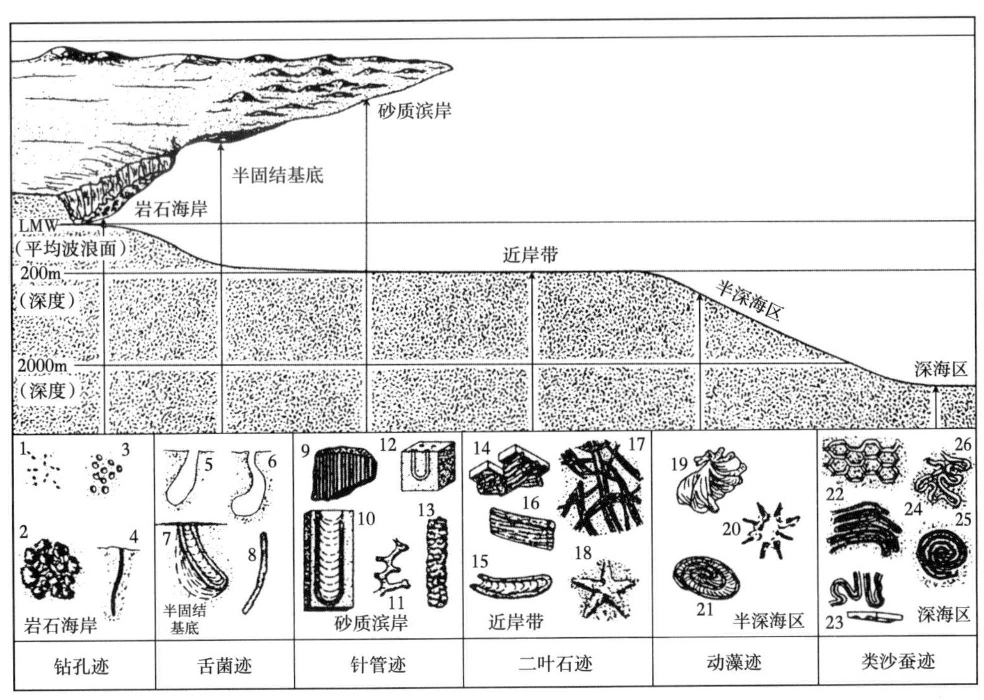


图 4.38 海洋特征痕迹化石与沉积相、深度带关系示意图

1—才女虫迹；2—巷状钻孔迹；3—棘状钻孔迹；4— 钻孔迹；5、6—海笋钻孔迹；7—双杯迹；8—无衬里蟹穴迹；9—针管迹；10—双杯迹；11—海生迹；12—沙躅迹；13—蛇形迹；14—掌状节藻迹；15—根珊瑚迹；16—墙形迹；17— 越足迹；18—似海星迹；19—动藻迹；20—劳伦斯迹；21—动藻迹；22—古网迹；23—类沟蠕虫迹；24—蠕形迹；25—旋线迹；26—丽线迹

表 4.3 主要遗迹相

| 遗迹相 | 基底 | 环境 | 水深 | 水体能量 | 区分特征 |
|---|---|---|---|---|---|
| 蛀木虫迹 | 木基底 | 河口、近岸海洋 | — | — | 棒状、短粗状到拉长状，近圆柱到近平行钻孔 |
| 钻孔迹 | 岩底 | 岩石海岸、礁石、硬底 | — | — | 圆柱状、撕裂状或 U 形、垂直于分支钻孔 |
| 斯戈阳迹 | 硬底 | 淡水、陆地 | — | — | 水平弯曲状或曲状洞穴；蜿蜒爬行迹；垂直的圆柱状到分支轴状；足迹和拖痕 |
| 根珊瑚迹 | 硬底 | 海洋到非海洋 | 多类型 | 多类型 | 垂状、圆柱状、U 形或撕裂状钻孔和密集分支状钻孔 |
| 螃蟹迹 | 软底砂、泥 | 海洋到非海洋 | — | — | J 形、Y 形或 U 形洞穴；竖井和水平通道；足迹、拖迹和根迹 |
| 针管迹 | 软底砂 | 海洋 | 海滩 | 高 | 垂直、圆柱状或 U 形洞穴；几乎没有水平的洞穴；低多样性 |
| 二叶石迹 | 软底砂、泥 | 海洋 | 潟湖、陆架 | 中低 | 垂直、倾斜和水平构造的混合组合；痕迹具有高多样性 |
| 动藻迹 | 软底泥 | 海洋 | 深海斜坡 | 低 | 简单到中等复杂的进食和觅食构造；水平或缓倾斜的觅食或居住构造，精致排列的片状、带状、裂片状或螺旋状 |
| 类沙蚕迹 | 软底砂、泥 | 海洋 | 深海斜坡 | 浊流事件 | 复杂的水平、爬行、觅食迹和有图案的觅食 / 居住迹；低多样性 |

#### 4.4.3.4 重要的遗迹相

1）针管迹相

针管迹相化石组合以垂直、圆柱形或 U 形洞穴（如蛇形迹、双杯迹和针管迹，图 4.39）为特征。总体多样性较低，水平构造较少。该遗迹相主要发育在具有较高能量的波浪或水流的砂质沉积物中。这种环境下的生物会建造较深的洞穴，以在退潮期防止干燥或在不利的温度和盐度变化时逃逸地表（Pemberton 等，1992）。针管迹为典型的砂质海岸环境（图 4.38），可向海渐变为浅海陆架环境。在一些深水环境中也有报道，如深海扇和半深海斜坡。

2）二叶石迹相

二叶石迹相通常出现在风暴浪基面之下或风暴浪基面以上的潮下带（Frey 和 Seilacher，1980），较针管迹相略深的水域（Frey 和 Seilacher，1980），典型的是中陆架和外陆架。它也可能存在于一些近岸环境的沉积物中。它具有混合痕迹组合的特征，可能包括近乎垂直的洞穴，倾斜的 U 型洞穴（根珊瑚迹），或水平构造（二叶石迹），在沉积物表面或附近移动的生物痕迹（海生迹），和其他具有星形状（似海星迹）或 C 形（沙蝎迹）等奇怪的痕迹（图 4.40）。有些作者（Bromley，1996）认为沙蝎迹为一个单独的遗迹相。二叶石迹相通常具有较高的多样性和丰度（图 4.40）。事实上，可能存在大量的洞穴发育在分选较好的粉砂和砂中，但也可能存在于泥质粉砂或粉砂中。

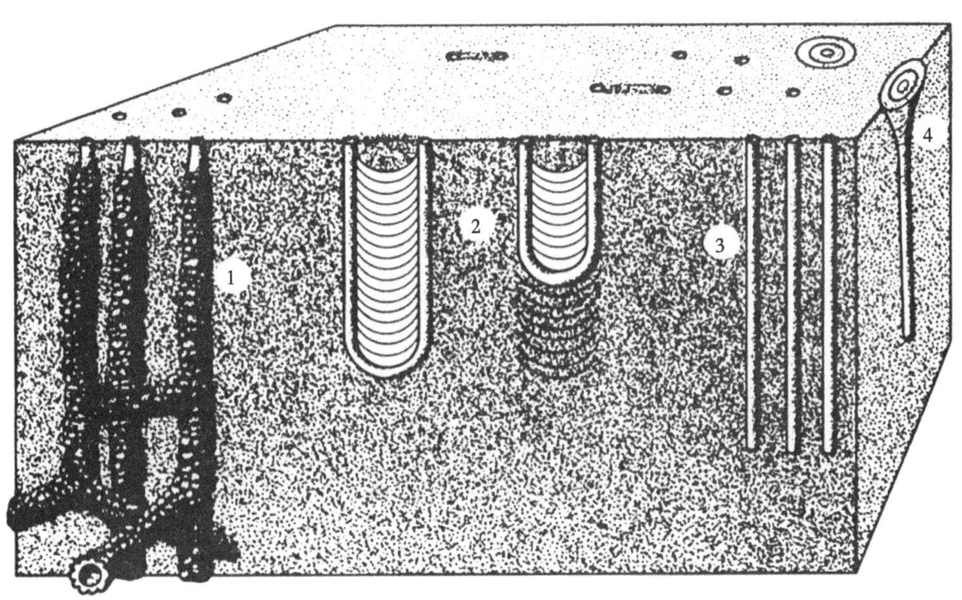


图 4.39　针管迹相的痕迹化石组合特征

1—蛇形迹；2—双杯迹；3—针管迹；4—单杯迹

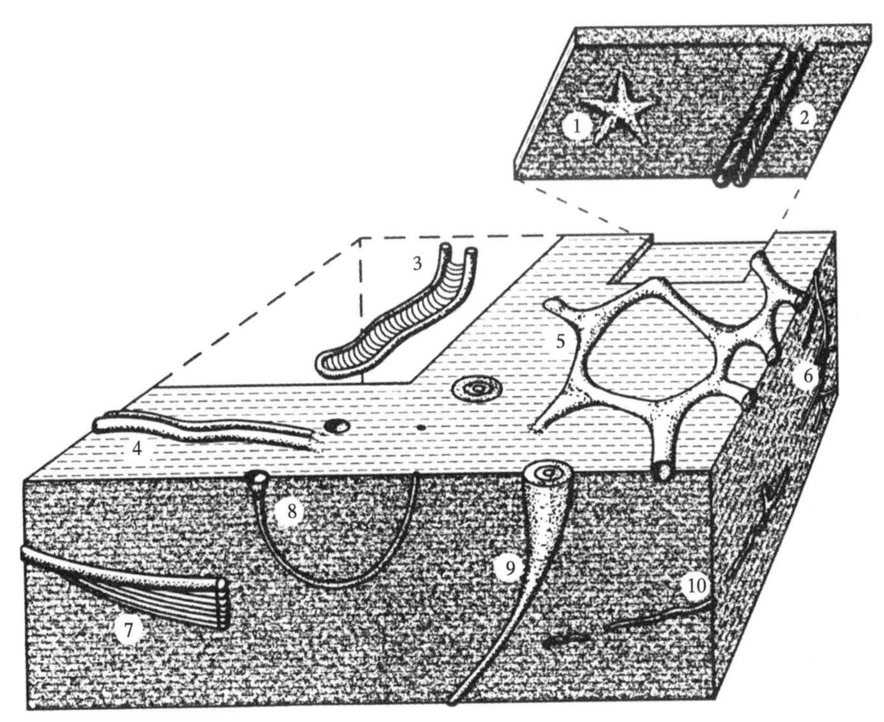


图 4.40　二叶石迹相的痕迹化石组合特征

1—似海星迹；2—二叶石迹；3—根珊瑚迹；4—派克犁沟迹；5—海生迹；6—丛芽迹；
7—墙形迹；8—沙蠋迹；9—罗塞尼迹；10—漫游迹

3）动藻迹相

这种遗迹相指示最典型的静水环境，具有较低的含氧量，出现在淤泥底部和其他底物中。它具有从简单到中等复杂的痕迹特征，如螺藻迹（图 4.41）。个别痕迹可能很丰富，但总体多样性较低。动藻迹相的沉积物可能完全是受生物扰动形成的（Bromley，1996），虽然一般认为它指示较深的水域（图 4.38），但已知它也出现在浅水中。因此，动藻迹相不能指示古水深。与水深相比，动藻迹相的分布与含氧量水平和底泥类型的关系更为密切。

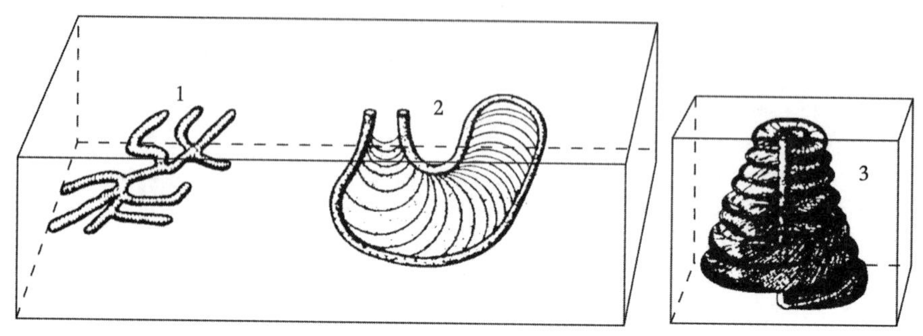


图 4.41 动藻迹相的痕迹化石组合特征

1—旋形迹；2—动藻迹；3—螺藻迹

4）类沙蚕迹相

类沙蚕迹相具有深水特征，明显局限于浊积岩。它的特点是复杂的水平爬行迹和觅食迹，以及有图案的进食 / 居住构造。遗迹相丰富而复杂，如古网迹、旋线迹和类沙蚕迹（图 4.42）。遗迹的总多样性较高，但单个遗迹的丰度较低。类沙蚕迹最初发育于砂质浊积岩基底中，但后来可能在砂质浊积岩顶部的一些远洋泥质沉积物中形成。

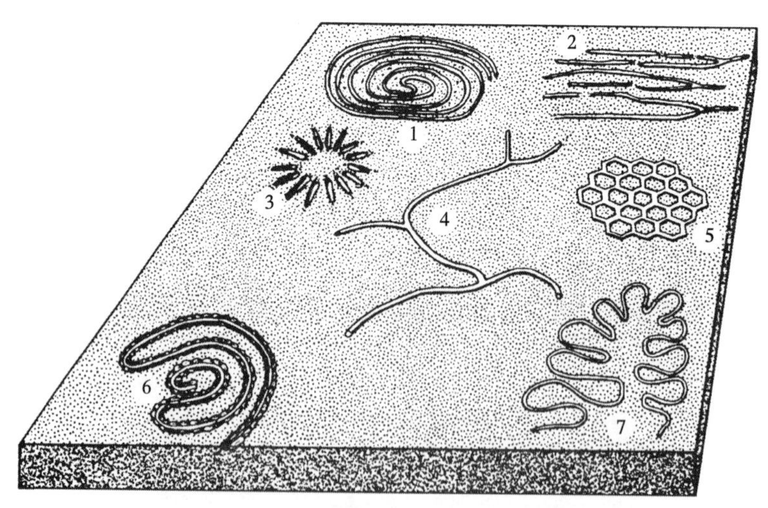


图 4.42 类沙蚕迹相的痕迹化石组合特征

1—旋线迹；2—*Uroheiminthoidea*；3—劳伦斯迹；4—巨画迹；5—古网迹；6—类沙蚕迹；7—丽线迹

5）其他遗迹相

螃蟹迹相（图 4.43）是在非海相至极浅海相或准海相条件下发育的一种软基遗迹相。

它的特征是海洋生物的J形、Y形或U形洞穴；昆虫和四足动物的垂直钻孔和水平洞群；昆虫、爬行动物、鸟类和哺乳动物的遗迹和根的遗迹。表4.3中列出的其他遗迹相以其在坚固但未固结的基底、岩石基底或木质材料中发育而区分。斯戈阳迹相存在于陆生和水生环境中，其特征是各种各样的痕迹，包括小的、水平的、弯曲的或曲折的觅食洞穴，蜿蜒的爬行迹、足迹、拖迹，以及垂直的圆柱形到不规则的竖孔（Haasiotis等，2002）。钻孔迹相发育于完全岩化的海洋基底（滩岩、岩石海岸、硬底和珊瑚礁）。痕迹包括圆柱形、撕裂形或U形钻孔，通常垂直于分支，其中大多数是悬浮摄食生物的穴居构造。在这种遗迹相的其他构造包括由生物觅食所形成的擦痕、刮痕，食肉腹足类动物的钻孔，以及由藻类和真菌所形成的微钻孔。舌菌迹相发育于各种海洋环境中，这些环境是由脱水的黏性泥质组成的坚硬但未岩化的基底。它的特征是垂直的、圆柱形的、U形或泪形的钻孔和悬浮摄食动物或食肉动物（如虾、螃蟹、蠕虫和双壳类动物）密集分支的洞穴（图4.38）。个体数量可能很丰富，但多样性较低。蛀木虫迹相局限于木质基底（林地），通常在河口或非常近岸的环境中，大量的木质可以积聚在底部。足迹由大量的棒状钻孔组成，这些钻孔可能是粗的、细长的或近圆柱形的到近平行的。

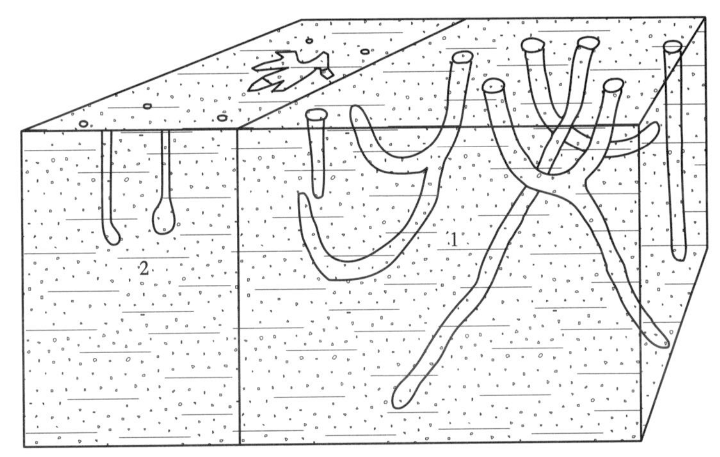


图4.43 螃蟹迹相的遗迹化石组合特征

1—螃蟹迹；2—*Macanopsis*

#### 4.4.3.5 痕迹化石的意义

痕迹化石是重要的古生态指标，但它们并不是绝对可靠的古深度指标。一般来说，沿海或潮间带的生物通过钻洞到沙层中逃生，以适应由高波浪或水流能量、干燥、温度和盐度波动造成的恶劣条件。因此，该区的针管迹相具有垂直和U形的穴居特征，有些洞穴还带有防护内衬。从低潮带延伸至大陆架边缘（水深约200m）的浅海带或潮下带，虽然可能存在侵蚀流，但其环境能量较低。垂直的洞穴和被保护的U形洞穴在这个地带不太常见。洞穴往往更短，甲壳类动物（或古生代早期的三叶虫）等生物在表面留下的痕迹更常见。在浅海带的较深处，有机质变得足够丰富，沉积物摄食者得以建立觅食洞穴。因此，在这些较深的水域，垂直的逃逸或居住洞穴往往让位于水平的觅食洞穴，该带以二叶石迹为特征（图4.38和图4.41）。半深海区和深海区存在于浪基面之下，通常处于低能状态，但由于浊流或深海底流，这些区域可能会发生侵蚀和沉积。复杂的觅食洞穴，如类沙蚕迹

（图 4.38 和图 4.42），在这些区域尤为常见。

尽管每一种海洋遗迹相都具有海洋特定深度带的特征，但单个遗迹化石可以与深度带重叠。没有单一的生物成因构造是深度和环境的可靠指标。对痕迹化石形成的基本控制因素不仅仅是深度，还包括基质的性质、水体能量、沉积速率、水的浑浊度、含氧量和盐度水平、有毒物质和可获取食物的数量（Pemberton 等，1992）。

除了作为环境指标，遗迹化石在其他几个方面也很有意义。例如，它们可以作为相对沉积速率的指标，这是基于一个假设，即快速沉积的沉积物比缓慢沉积的沉积物含有相对较少的痕迹化石。它们还有助于确定沉积过程是连续的还是有侵蚀间断，并且提供了灭绝生物的行为模式记录。它们甚至可以用于古水流分析：生物在栖息状态下可能更倾向于面向水流的方向，这就确定了古水流的流向。一些痕迹化石，如 U 形洞穴，在形成时向上打开，可以用来确定岩层顶底方向。痕迹化石在地层划分对比方面也具有生物地层学和年代地层学意义，可用于识别地层序列之间的边界不连续（Pemberton 等，1992；Frey 和 Pemberton，1985；Frey 和 Wheatcroft，1989）。

#### 4.4.3.6 叠层石

叠层石是有机成因的层状构造，由细粉砂级或黏土级的沉积物组成，更罕见的是，由砂级的沉积物组成。大多数古老的叠层石产于石灰岩中，但叠层石在硅质碎屑沉积物中也有发现。叠层石的层理从几乎为平坦的纹理（可能难以与其他成因的沉积纹理区分）到半球形的纹理（纹理的褶皱或变形程度不同；图 4.44）。这种半球形的纹理从饼干状和卷心菜状到柱状都有。Logan 等（1964）将这些半球形叠层石分为三种基本类型:（1）横向相连的半球；（2）离散的、垂直堆叠的半球；（3）离散的球体或球状构造（图 4.45）。横向相连的半球体和离散的垂直堆叠的半球体可以各种方式结合，形成几种不同类型的复合叠层石。凝块石（Thrombolite）是由 Aitken（1967）提出的，这种沉积岩在外形和大小上类似于叠层石但缺少明显的纹理。叠层石的纹理厚度一般小于 1mm，是由细粒碳酸钙矿物、细粒有机质、碎屑黏土和粉砂的混合物形成的。由石英颗粒组成的叠层石也有报道（Davis，1968）。

图 4.44　蒙大拿州冰川国家公园前寒武系 Helena 组石灰岩中的叠层石

| 类型 | 描述 | 叠层石结构的垂向剖面 |
| --- | --- | --- |
| 横向连接的半球体 | 空间连接的半球体与紧密连接的半球体作为组成纹层中的微构造 |  |
| 离散的、垂直堆叠的半球体 | 小尺度上由紧密相连的纹层状半球形组成的离散的、垂直堆叠的半球体 | 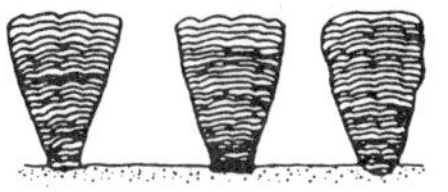 |
| 离散的球状体 | 由倒转的、堆叠的半球组成的球状构造 | 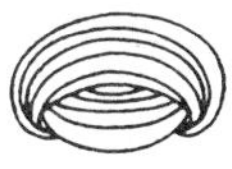 |
| | 由同心堆叠的半球组成的球状构造 |  |
| | 随机堆积的半球组成的球状构造 |  |
| 组合形式 | 最初的空间连接半球体经过离散的、垂直堆叠的半球，构造向上增长 | 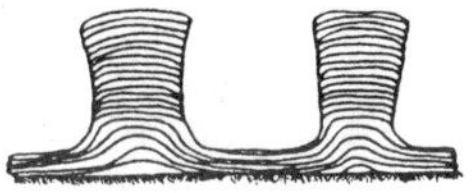 |
| | 最初离散的、垂直堆积的半球体通过向上生长变成紧密相连的半球体 | 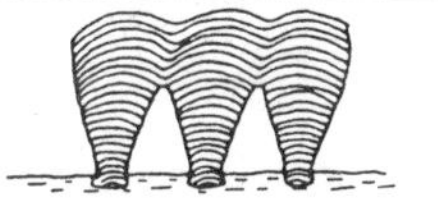 |
| | 由于结构间空间周期性的沉积物填充，离散的、垂直堆积的半球体与空间连接的半球体交替出现 | 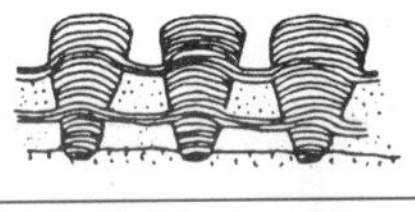 |
| | 最初空间相连的半球体变成离散的、垂直堆叠的半球体；两者都具有紧密相连的半球体的纹层 | 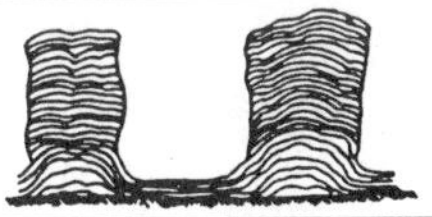 |
| | 最初离散的、垂直堆叠的半球体经过紧密相连的半球体；两者具紧密相连的半球体的纹层 | 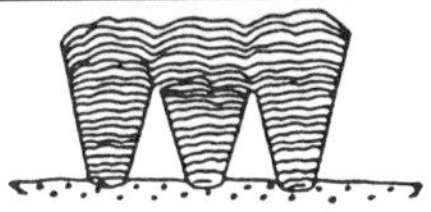 |

图 4.45 半球形叠层石构造，显示了横向连接的半球体、垂直堆叠的半球体和离散的球体

叠层石被早期工作者认为是真正的实体化石，但现在认为叠层石是主要由蓝绿藻的捕获和粘结作用形成的有机沉积构造。如今它们在许多地方形成，主要出现在海洋的浅潮下带、潮间带和潮上带。它们也在湖泊环境中被发现。因为它们与进行光合作用的蓝绿藻的生命活动有关，所以它们被限制在一定水深和有足够光照能进行光合作用的环境中。层状构造的形成是因为细粒沉积物被捕获在非常细的海藻丝微生物席中。一旦一层薄薄的沉积物覆盖住微生物席，海藻丝就会再次生长起来，围绕着沉积物颗粒形成一个新微生物席，将另一层薄薄的沉积物围住。微生物席的连续生长形成了纹层构造。半球的形状与沉积环境中的水体能量和冲刷作用有关。横向相连的半球体倾向于在低能量环境中形成，冲刷作

用最小。在能量更高的环境中，水流的冲刷阻止了叠层石的连接，因此，会有垂直堆叠或离散的半球体。目前，叠层石正在全球海洋中形成，早在 34.5 亿年前的古老岩石中就有叠层石的存在（Hofmann 等，1999）。

### 4.4.4 其他成因的层面构造

现代沉积物中的泥裂是向下逐渐变细的 V 形裂缝，平面上显示出粗糙的多边形图案。裂缝之间的区域通常向上弯曲成凹形。由于干燥，硅质碎屑和碳酸盐泥中可以形成裂缝，随后沉积物在裂缝表面填充并沉积形成泥裂。在古代沉积岩中，泥裂通常保存在层理面上，作为原始裂缝的正凸起充填物（图 4.46）。泥裂出现在河口、潟湖、潮坪、河漫滩、盐湖和其他泥质沉积物间歇性暴露并干燥的环境中。它们可能与雨滴或冰雹印痕、气泡印痕和泡沫印痕、平顶波痕和脊椎动物足迹有关（Plummer 和 Gostin，1981）。

图 4.46　加利福尼亚州死亡谷，一块岩板表面的泥裂

干裂是层理面在水下形成的痕迹，表面上类似于泥裂，但它们是不连续的，形状从多边形到纺锤形或弯曲状（Plummer 和 Gostin，1981）。它们通常以砂岩基底上的正凸起特征或泥岩顶部的负凸起特征出现在与砂岩互层的薄层泥岩中。干裂是黏土沉积物中由于孔隙水的流失而形成的水下收缩裂缝，这些孔隙水来源于快速絮凝的黏土，或者由于周围水的盐度变化而发生膨胀的黏土矿物晶格的收缩。

边缘略凸起的小凹坑通常与泥裂一起出现，被认为是受雨水（雨痕）或冰雹（冰雹印痕）的冲击留下的痕迹。它们通常只有几毫米深，直径小于 1cm，它们可能以分散的凹坑或以非常密集的印痕的形式出现。当它们能被明确识别时，表明地面受到了放射状冲击。然而，由沉积物表面破裂的气泡（气泡印痕）、逸出的气体以及某些类型的有机印痕所形成的小圆形凹陷，可能会与雨痕或冰雹痕相混淆。

细沟痕是小的树枝状通道或沟槽，在退潮时由孔隙水的排出或由小溪流冲刷到沙滩或泥滩上而形成。它们的保存潜力很低，在古代沉积岩中很少发现。冲刷痕是由细粒沉积物和有机碎屑聚集在海滩上形成的非常细的弧形脊。它们由波浪作用引起，标志着波浪向前推进的最远距离。它们同样具有较低的保存潜力，当在古代沉积岩中发现和识别时，指示海滩或湖滨环境。

裂线理，有时也称为流水线理，形成于平行纹层状砂岩的层理面上。它由几毫米宽、几厘米长的近平行的脊和凹槽组成（图 4.47）。脊和凹槽的起伏通常与砂岩颗粒的直径大小有关。砂岩颗粒的长轴方向通常与线理平行。线理与水流平行，因此它在古砂岩中的存在对研究古水流是有用的，尽管它只表明水流与裂线理平行，而不能表明两个完全相反的方向中哪一个才是水流的方向。裂线理出现在海滩和河流环境新沉积的砂中，在薄而均匀的砂岩中最常见。它的成因与水流和晶粒排列方向明显相关，可能是由于在上层流态的平面层上的流动，但裂线理形成的确切机制尚不清楚。

图 4.47　得克萨斯州上石炭统 Haymond 组砂岩层理面的裂线理，古水流与线理平行

## 4.5 其他构造

砂岩岩脉和岩床是块状砂岩的板状体，可以填充于任何类型的母岩裂缝。它们的厚度从几厘米到十多米不等，缺乏内部结构，但定向云母片和其他细长颗粒通常与岩脉壁平行排列。砂岩岩脉是由液化的砂强注入裂缝而形成的，通常发生在上覆岩层中，然而在一些岩石中，可能是向下注入的；砂岩基岩是平行于层理注入形成的类似特征；砂岩岩床是平行于层理注入形成。这些岩床可能很难或不可能与正常沉积的砂岩层区分开来，除非它们能被追踪到砂岩岩脉中，或者追踪到足够远的地方，能显示与其他岩层的横切关系。砂液化的原因可能包括地震或与滑塌、滑坡或重力流快速沉积有关的触发效应。

次生沉积构造是在沉积后的一段时间内，在沉积埋藏过程中形成的构造。这些构造主要为化学成因，由半固结或固结沉积岩孔隙中的矿物质沉淀或化学置换作用形成。结核可能是最常见的一种次生构造。大多数结核由方解石组成，但也有由白云石、赤铁矿、菱铁矿、燧石、黄铁矿和石膏组成的结核。它们是由某种核（如壳碎片）周围的矿物质沉淀形成的，然后逐渐形成球状团块（如图 4.6 中黑色的圆球体），可能会有同心分层，也可能没有同心分层。结核的形状从球状、圆盘状、圆锥状到管状，大小从不到 1cm 到 3m 不等。结核在砂岩和页岩中特别常见，但也可能出现在其他沉积岩中。

缝合线是黏土或其他不溶性物质的缝合状接缝，通常由于压力溶解而出现在石灰岩中（在第 6 章中讨论）。不太常见的次生构造包括砂晶体（方解石、重晶石或石膏大晶体、充填的砂包裹体）和双锥结构（由碳酸盐矿物组成的小型同心锥嵌套组合）。其他次级构造参见 Boggs（1992）的描述。

## 4.6 沉积构造的古水流分析

如前所述，许多沉积构造的方向信息显示了沉积时古水流的方向。前积交错层的倾向，流水波痕波峰的不对称性和方向性，沟模、槽模和流水线理的方向，都是可以从沉积构造中获得定向信息的例子。交错层理是确定古水流方向最有用的沉积构造之一。由于交错层中的前积纹层是由波痕的顺流（背风）侧崩塌形成的，所以前积纹层沿顺流方向倾斜。要通过交错层测古水流方向，需要将它们在三维露头中显示出来。首先确定前积纹层的走向，然后根据倾向与走向成 90° 来判断。如果沉积后的构造抬升使交错层倾斜，则必须对这种倾斜进行校正（Collinson 和 Thompson，1989）。

通过对尽可能多的不同露头和不同地层进行测量，利用布伦顿罗盘在野外确定沉积构造的走向。通过由某一特定地层或地层单位确定定向构造的方位，通常表现出一定的离散性。因此，必须对定向数据进行统计处理，以此确定主要方向和次要方向。例如，曲流河体系不同部位的水流方向不同，古曲流河沉积中，前积交错层的倾向可能在北 20° 西至北 20° 东之间，通过对定向数据进行统计分析可以确定该河流的主要流向大致为正北方向。本例中所有的前积交错层，尽管有一些分散，但水流方向大致相同，所以说水流是单向的。相比之下，海相潮道砂质沉积物中的前积交错层，由于在潮进潮退时都形成了交错层理，因此可能呈现出两个相反的倾向，这种具有回流作用的被称为双向流体。在某些环境中，例如风成环境，在特定的沉积单元沉积期间，沉积流体可能在不同时间向多个方向流动。

从地层单元中收集到的古水流信息可以直接归纳和总结。如果岩石的倾斜较大，就要将倾向复原，从而校正测量方向。一个简单的立体图程序可以用来校正从倾斜地层收集到的方向数据（Collinson 和 Thompson，1989）。在对数据进行必要的重新校正后，数据通常被绘制成圆形的直方图或玫瑰花图（图 4.48）。这些图显示了古水流的主方向及次级方向或三级方向等模式。如果玫瑰花图所示的古水流主要为单一方向，则称古水流矢量为单峰；如果指示出两个主要的水流方向，则为双峰；如果指示出三个或三个以上的水流方向，则称为多峰。

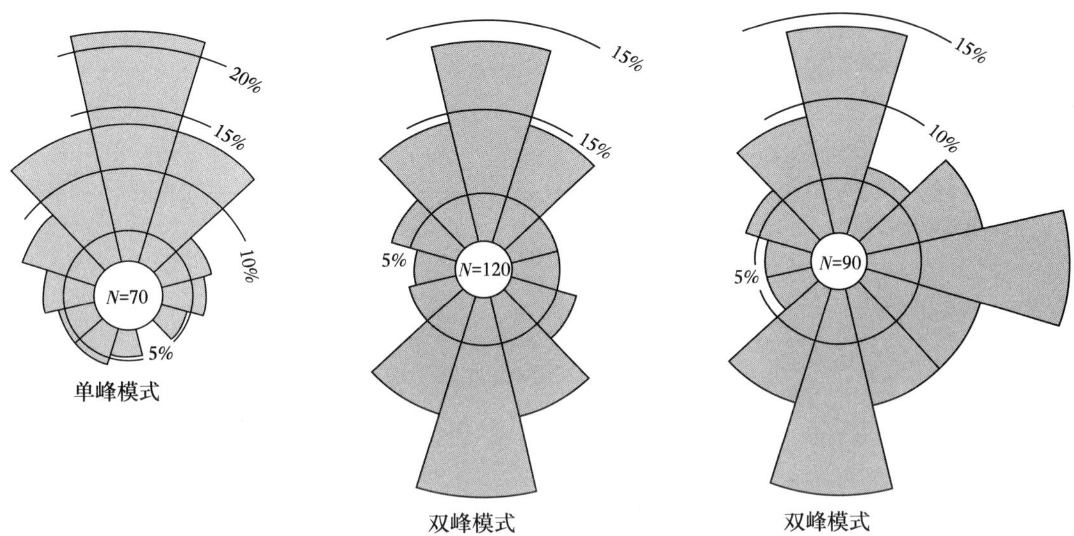


图 4.48　绘制为玫瑰花图的假定古水流数据，显示了古水流方向的单峰、双峰和多峰模式

N = 野外测量的数量（方向）

局部古水流方向可能具有环境意义。例如，来自冲积扇和三角洲环境的沉积物往往具有单峰型的古水流矢量模式，而双峰型在滨岸线和陆架沉积物中更常见。在区域尺度上绘制古水流数据时具有重大意义，可以揭示区域古水流模式（见第 16 章）。

## 拓展阅读文献

Bhattacharyya, A., and C. Chakraborty. 2000. Analysis of sedimentary successions: A field manual. Rotterdam, Netherlands: A. A.Balkama.

Bromley, R. G. 1996. Trace fossils: Biology, taphonomy and applica-tions. London: Chapman and Hall.

Collinson, J. D., Mountney, Nigel, and Thompson, D. B. 2006.Sedimentary structures. Harpenden, Hertfordshire: Terra Pub.

Demicco, R. V. and L. A. Hardie. 1994. Sedimentary structures and early diagenetic features of shallow marine carbonate deposits. SEPM Atlas Series No. 1. Tulsa, OK: Society for Sedimentary Geology.

Donovan, S. K. 1994. The palaeobiology of trace fossils. Baltimore: The Johns Hopkins University Press.

Hasiotis, S. T., and J. C. Van Wagoner, et al. 2002. Continental trace fossils. Short Course No. 51. Tulsa, OK: Society for Sedimentary Geology.

Maples, C. G., and R. R. West (eds.). 1992. Trace fossils. Washington, D.C.: Paleontological Society Short Courses in Paleontology No. 5.

McIlroy, D. 2004. The application of ichnology to paleoenvironmental and stratigraphic analysis. London: Geological Society of London.

Miller. 2006. Trace fossils, problems, prospects. Amsterdam: Elsevier.

Pemberton, S. G., J. A. MacEachern, and R. W. Frey. 1992. Trace fossil facies models: Environmental and allostratigraphic significance, in Walker, R. G., and N. P. James (eds.). Facies models: Response tosea level change. St. John's, Newfoundland: Geological Association of Canada. 47–72.

Ricci-Lucchi, F. 1995. Sedimentographica: A photographic atlas of sedimentary structures. 2nd ed. New York: Columbia University Press.

# 第三部分　沉积岩的组成、分类和成岩作用

犹他州绿河沿岸出露的大量三叠系—侏罗系砂岩（深色垂直条纹是风化痕迹）

颗粒和化学成分是沉积岩的基本属性，使我们能够区分不同类型的沉积岩，并提供有关岩石历史的更多信息。地质学家通常用矿物学这个术语来描述构成岩石的所有颗粒或晶体的特性。例如，砂岩的矿物学成分主要由石英和长石等硅酸盐颗粒组成。类似地，石灰岩主要由碳酸盐矿物——方解石和文石组成。化学成分是沉积岩总体成分的另一个方面，与岩石的矿物学直接相关。一般沉积学家对矿物学比对主体化学更感兴趣，因为他们认为矿物学在描述沉积岩的特征和分类

以及解释其地质历史方面比化学成分更有用。这种看法正在改变，现在看到越来越多已发表的文献在某种程度上与沉积地球化学有关。

接下来的三章讨论硅质碎屑岩（砂岩、砾岩、页岩）的组成；碳酸盐岩（石灰岩和白云石）；其他生物化学 / 化学沉积岩（蒸发岩、硅质岩、富铁沉积岩、磷块岩）和碳质岩（油页岩和煤）。将在这些章节中研究如何利用这些岩石的特征、可观察和可测量的性质将其分类。还研究了矿物学和化学成分用于解释沉积物物源（来源）、沉积过程、沉积环境和成岩作用（埋藏蚀变）的各种方法。许多生物化学 / 化学沉积岩，如白云岩、富铁沉积岩和磷酸盐岩，都是神秘的岩石，其成因至今仍知之甚少。本节讨论有关这些岩石起源的观点，并分析有争议和相互矛盾的假设。研究沉积岩的矿物学通常被称为沉积岩石学。接下来的三章将介绍沉积岩石学。更多细节可在一系列已发表的文献中找到，其中一些已在章节末尾的拓展阅读文献中列出。

# 5 硅质碎屑岩

## 5.1 引言

如第 1 章所述，主要由母岩风化破裂和火山作用产生的由硅酸盐碎屑组成的沉积岩称为硅质碎屑岩。主要由砂岩、砾岩和页岩三类构成。硅质碎屑岩约占地质记录中所有沉积岩的四分之三，它们存在于前寒武系至全新统的沉积序列中。地质学家对它们特别感兴趣，因为它们是地球历史的指示器。第 3 章和第 4 章中讨论的许多纹理和构造在这些岩石中特别发育。这些纹理和构造提供了有关古代沉积物运输和沉积条件的重要信息。此外，硅质碎屑岩中的矿物和岩石碎屑提供了关于消失（风化和侵蚀）的古代山脉的性质和位置的最明确线索，如美国的 Rocky 山脉和 Appalachian 山脉。石油地质学家对砂岩特别感兴趣，因为世界上一半以上的石油和天然气储量都存在于这些岩石中。页岩也同样备受关注，因为页岩中所含的有机物被认为是石油和天然气的来源。

本章将重点介绍砂岩、页岩和砾岩的颗粒组成（矿物和岩石碎屑的种类），并探索利用这些成分对这些岩石进行分类和解释其成因的方法，同时还简要研究了埋藏成岩作用引起的成分和结构变化。

## 5.2 砂岩

砂岩占所有沉积岩总量的 20%~25%。它们是各个时代地质系统中常见的岩石类型，分布在地球的各个大陆。它们出现在厚度从几厘米到几十米的岩层中（图 5.1）。砂岩主要由 0.0625~2mm 大小的硅酸盐颗粒组成，这些颗粒构成了砂岩的骨架部分。砂岩也可能含有不同数量的胶结物和被称为基质的非常细的物质（小于 0.03mm），这些物质存在于骨架颗粒之间的孔隙中。由于砂岩的粒度较粗（相对于页岩中颗粒的大小），通常可以使用标准岩相显微镜或背散射电子显微镜在合理的精度下确定砂岩的骨架矿物学特征（Krinsley 等，1998）。主体化学成分（主量）可以通过测试技术进行测量，如 X 射线荧光和电感耦合氩等离子体发射光谱法（ICP）。单个矿物颗粒的化学成分通常通过使用电子探针微量分析仪或连接在扫描电子显微镜上的能量色散 X 射线探测器（EDX）来确定。

本节研究了砂岩的矿物学特征和化学成分，讨论了基于矿物成分的砂岩分类，并评估了颗粒和化学成分在解释砂岩成因方面的作用。

### 5.2.1 骨架矿物学

如前所述，构成砂岩的颗粒主要是砂粒大小和粗粉粒大小的硅酸盐矿物，以及被称为骨架颗粒的岩石碎屑。只有少数几种常见的主要矿物构成了所有砂岩的主体，常见矿物和岩石碎屑见表 5.1，下文将对其进行更详细的讨论。

图 5.1　犹他州绿河沿岸出露的大量三叠系—侏罗系砂岩

深色垂直条纹是风化痕迹

#### 5.2.1.1　石英

石英（$SiO_2$）是大多数砂岩中的主要矿物，平均占骨架部分的 50%~60%。尽管石英可能与长石混淆，但无论是通过肉眼观察的手标本还是通过薄片岩相鉴定，石英都是一种相对容易识别的矿物。由于其优越的硬度和化学稳定性，石英可以经受多次循环。许多砂岩中的石英颗粒在一次或多次搬运（尤其是风搬运）过程中表现出一定程度的磨圆。

石英可作为单（单晶）颗粒（图 5.2a）或复合（多晶）颗粒（图 5.2b）出现。当使用岩相显微镜在正交偏光显微镜下进行检查时，随着工作台旋转，许多石英颗粒显示出全面的消光模式，这种特性称为波动消光。一些作者（Folk，1974；Basu 等，1975）认为，多晶和波状消光特性可用于区分不同来源的石英。石英一般来自深成岩，特别是长英质深成岩，如花岗岩、变质岩和较老的砂岩。很少有砂粒大小的石英来自火山岩。

#### 5.2.1.2　长石

长石矿物平均占砂岩骨架颗粒的 10%~20%，它们是大多数砂岩中含量第二丰富的矿物。根据化学成分和光学性质的差异，可识别出几种长石。它们分为两大类：碱性长石（钾长石）和斜长石。

### 表 5.1　硅质碎屑岩中常见的矿物和岩屑

**主要矿物**

稳定矿物（最耐化学分解）：

石英约占砂岩骨架颗粒的 65%，占页岩矿物的 30%；

不太稳定的矿物：

长石包括钾长石（正长石、微斜长石、透长石、斜长石）和斜长石（钠长石、奥长石、中长石、拉长石、培长石、钙长石）；在砂岩中平均占骨架颗粒的 10%~15%，在页岩中平均约占 5%；

黏土矿物和细粒云母黏土矿物包括高岭石、伊利石、蒙皂石（蒙皂石为主要品种）和绿泥石组分；细云母主要为绢云母和黑云母；这些在砂岩中含量较小，以基质形式出现，但为普通页岩中的主要矿物组成

**副矿物**

粗云母主要为白云母和黑云母；

重矿物（相对密度大于 2.9）：稳定的不透明矿物锆石、电气石、金红石、锐钛矿；

稳定的不透明矿物：角闪石、辉石、绿泥石、石榴石、磷灰石、十字石、绿帘石、橄榄石、闪石、黝帘石、斜绿泥石、黄玉、独居石，以及其他约 100 种体积较小的矿物；

稳定不透明矿物：赤铁矿、褐铁矿；

亚稳定不透明矿物：磁铁矿、钛铁矿、白钛石

**岩石碎屑**（占普通砂岩中硅质碎屑颗粒的 10%~15%，砾岩中大部分为砾石级颗粒；页岩中含有少量岩石碎屑）：

砾岩中可能存在任何类型的火成岩碎屑，然而，细晶火山岩的碎屑在砂岩中最为常见；

砾岩中可能存在任何类型的沉积岩碎屑；细砂岩、粉砂岩、页岩和燧石碎屑在砂岩中最常见；石灰岩碎屑在砂岩中比较少见

**化学胶结物**

硅酸盐矿物主要为石英；其他可能包括微晶石英（燧石）、蛋白石、长石和沸石；

碳酸盐矿物主要是方解石；较不常见的包括文石、白云石、菱铁矿；

氧化铁矿物包括赤铁矿、褐铁矿、针铁矿；

硫酸盐矿物包括硬石膏、石膏、重晶石

图 5.2　砂岩中骨架碎屑的主要种类

（a）单晶石英，奥陶系，密苏里州；（b）多晶石英，中新统砂岩，日本海；（c）钾长石（微斜长石），始新统 Bateman 组，俄勒冈州；（d）斜长石，始新统 Bateman 组，俄勒冈州；（e）白云母始新统 Bateman 组，俄勒冈州；（f）重矿物（Z= 锆石；M= 磁铁矿；P= 辉石），印度

碱性长石是一组矿物，其化学成分可以从 $KAlSi_3O_8$ 到（K，Na）$AlSi_3O_8$，再到 $NaAlSi_3O_8$ 的完整固溶体系列。由于富钾长石是这一组中非常常见的一种，因此将碱性长石称为钾长石已成为广泛的做法，通常简称为钾长石。钾长石组的常见成员包括正长石、微斜长石（图 5.2c）和透长石。斜长石形成一个复杂的固溶体系列，其成分从 $NaAlSi_3O_8$（钠长石）到 $CaAl_2Si_2O_8$（钙长石）。该系列的通式为（Na，Ca）（Al，Si）$Si_2O_8$。斜长石通常可以通过岩相显微镜的光学性质（如解理）与钾长石进行区分（图 5.2d 和 c）。但一些钾长石（如正长石和钠长石）和一些斜长石未经筛选，因此难以相互区分，也难以与石英区分。一般认为沉积岩中钾长石的含量总体上比斜长石丰富，然而斜长石在来自火山岩的砂岩中更为丰富。

长石的化学稳定性不如石英，在风化和成岩过程中更容易发生化学分解。同时，长石也不如石英耐用，所以在运输过程中更容易被磨圆。由于发育解理，它们似乎更容易发生机械破碎和破裂。长石比石英更不可能在多次循环中存留，尽管如果在中度干旱或寒冷气候中发生风化，长石可以存留一个以上的循环。由于这种再循环的可能性，沉积岩中存在少量长石颗粒并不一定意味着该岩石由直接来自结晶火成岩或变质岩的第一旋回沉积物组成。另外，长石含量高，尤其是含量为 25% 或更高，可能表明直接来自结晶源岩。

#### 5.2.1.3 副矿物

副矿物包括普通云母、白云母和黑云母，以及大量所谓的重矿物，其密度比石英高。

硅质碎屑岩中粗云母的平均丰度小于 0.5%，尽管在某些砂岩中可能有 2%~3%。云母与其他矿物的区别在于其板状或片状的特征（图 5.2e）。白云母在化学性质上比黑云母更稳定，并且在砂岩中通常比黑云母丰富得多。云母主要来源于变质岩及一些深成火成岩。

相对密度大于 2.9 的矿物称为重矿物。这些矿物包括化学稳定和化学不稳定品种。稳定的重矿物，如锆石（图 5.2f）和金红石，可经受多次循环，通常呈圆形，表明最后一个来源为沉积。较不稳定的矿物，如磁铁矿、辉石和角闪石，不太可能在循环利用中存留。它们通常是第一旋回沉积物，反映了近源岩的成分。因此，重矿物是沉积物源岩的有用指标，因为不同类型的源岩产生不同的重矿物组合。重矿物来自各种火成岩、变质岩和沉积岩。

由于重矿物在砂岩中的丰度较低，通常通过使用重液体（如溴或聚钨酸钠）将其从轻矿物部分分离出来，从而将其浓缩以供研究（Lindholm，1987）。在这个分离过程中，分解的沉淀物被搅拌成一种重质液体，该液体装在通风柜内的漏斗中（许多重液体有毒，必须极其小心地处理）。轻矿物漂浮在重液体的表面，但重矿物逐渐沉入漏斗的颈部，在那里它们可以被抽出并与较轻的部分分离。在合适的溶剂中洗去重液体后，可将这些重矿物浓缩物安装在玻璃显微镜载玻片上（图 5.2f），并用岩相显微镜进行研究。

#### 5.2.1.4 岩石碎屑

古代源岩中尚未分解形成单个矿物颗粒的被称为岩石碎屑或碎屑。岩石碎屑约占砂岩骨架颗粒的 15%~20%。然而，砂岩的岩石碎屑含量变化很大，从 0 到 95% 以上不等。砂岩中可出现任何火成岩、变质岩或沉积岩的碎屑（图 5.3）。细粒源岩的碎屑最有可能保存为砂粒大小的碎屑；极粗粒源岩，如花岗岩，通常产生粗砂大小或更大的碎屑（图 5.3a）。然而这种碎屑并不常见，因为花岗岩通常会分解产生单个矿物，而不是碎屑。砂岩中最常见的岩石碎屑是火山岩碎屑（图 5.3b）、火山玻璃（在较年轻的岩石中）和细粒变质岩，如板岩、千枚岩、片岩（图 5.3c）和石英岩（图 5.3d）。硅质胶结粉砂岩、细粒砂岩（图 5.3e）

和页岩的砂级碎屑不太常见。石灰岩或其他碳酸盐岩的碎屑也不常见，部分原因可能是它们无法经受风化和搬运。由非常小的石英晶体（称为微晶石英）组成的复合石英颗粒称为燧石。燧石颗粒实际上是岩石碎屑，由石灰岩中的层状燧石或燧石结核风化而成，在某些砂岩中含量丰富（图 5.3f）。

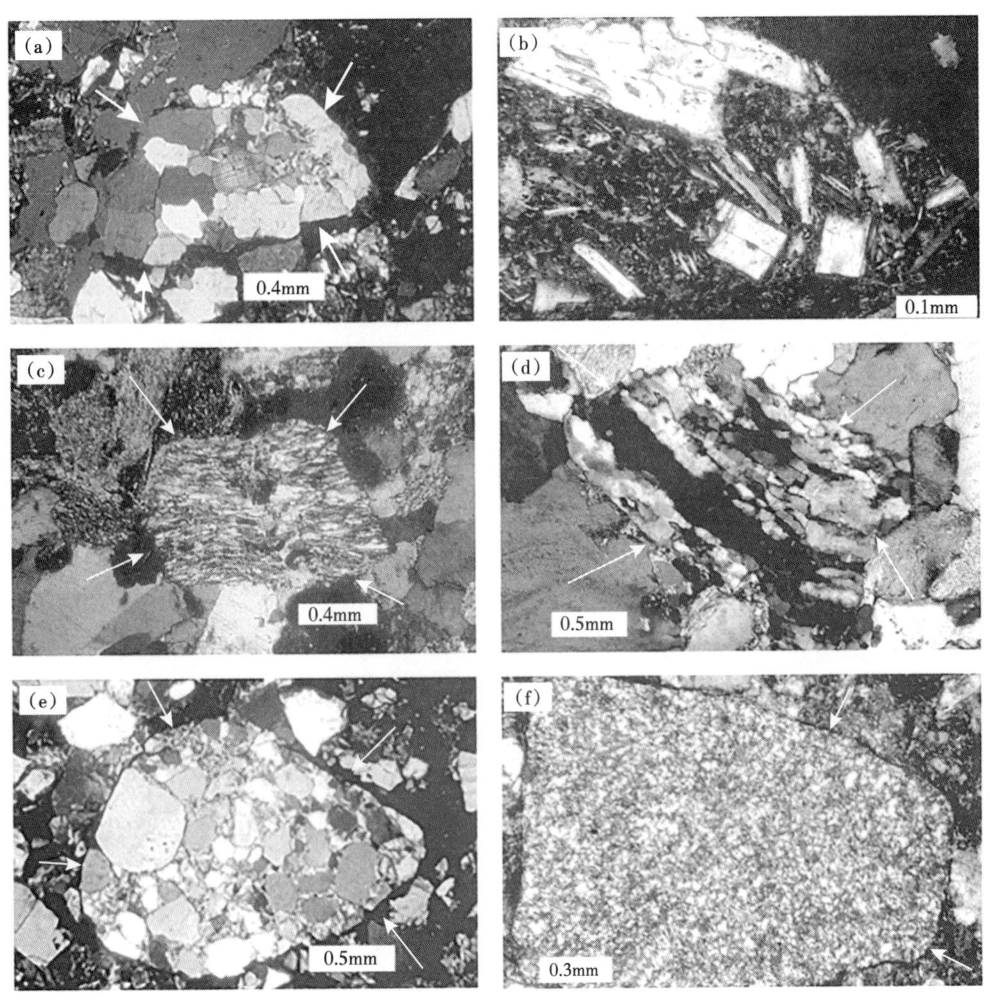


图 5.3 砂岩中常见的岩石碎屑种类

（a）深成岩（花岗岩；箭头），始新统 Bateman 组，俄勒冈州；（b）火山岩，中新统砂岩，日本海；（c）变质岩（片岩；箭头），Pottsville 群，宾夕法尼亚州东部；（d）变质岩（石英岩；箭头）Pottsville 群，宾夕法尼亚州东部；（e）沉积岩（砂岩；箭头；注意该碎屑中的颗粒变圆），始新统 Bateman 组，俄勒冈州；（f）沉积岩（燧石；箭头），侏罗系 Otter Point 组，俄勒冈州

岩石碎屑在沉积物源岩研究中尤为重要。它们比较容易识别，是源岩类型的可靠指标，而不是来自不同类型源岩的单独矿物，如石英或长石。

### 5.2.2 矿物胶结

大多数硅质碎屑岩中的骨架颗粒由某种类型的矿物胶结在一起。这些胶结物可以是硅酸盐矿物，如石英、蛋白石和黏土矿物（Worden 等，2000，2003a），也可以是非硅酸盐矿物，如方解石和白云石。石英是最常见的硅质胶结物，在大多数砂岩中，石英胶结物以化学方式附着在现有石英颗粒的晶格上，形成被称为过度生长的次生加大边（图 5.4a）。这种能够保持晶粒结晶形态连续性的过度生长被认为是共生的。因为共生体系与原始晶粒在光学上是连续的，所以当在偏光显微镜载物台上旋转时，它们与原始晶粒在相同的位置消失。可以通过标记原始颗粒表面的一系列杂质或气泡来识别次生加大边。石英次生加大边在富含石英的砂岩中尤为常见。不太常见的是，石英胶结物以微晶石英的形式存在，微晶石英具有类似燧石的细粒结晶结构。当硅质胶结物以微晶石英的形式沉淀时，它会形成一个非常微小的石英晶体镶嵌体，填充骨架硅酸盐颗粒之间的空隙（图 5.4b）。骨架晶粒旁边的晶体很小，略微拉长，方向垂直于骨架晶粒的表面，这并不罕见。罕见的是，蛋白石（一种各向同性矿物）作为胶结物出现在砂岩中，尤其是富含火山物质的砂岩中。与石英和微晶石英（燧石）一样，蛋白石也由 $SiO_2$ 组成，不同的是，蛋白石含有一些水，缺乏明显的晶体结构，因此，可以说它是无定形的。蛋白石是亚稳定的，并能及时结晶为微晶石英。

碳酸盐矿物是硅质碎屑岩中含量最丰富的非硅酸盐矿物胶结物。方解石是一种特别常见的碳酸盐胶结物。它沉淀在骨架颗粒之间的孔隙中，通常形成较小晶体的镶嵌体（图 5.4c）。这些晶体黏附在较大的骨架颗粒上，并将它们结合在一起。较不常见的碳酸盐胶结物是白云石和菱铁矿（碳酸铁）。砂岩中用作胶结物的其他矿物包括氧化铁矿物赤铁矿和褐铁矿、长石、硬石膏、石膏、重晶石、黏土矿物（图 5.4d）和沸石矿物。沸石是含水的铝硅酸盐矿物，主要以胶结物的形式出现在火山碎屑沉积岩中（在后续章节中讨论）。

所有胶结物都是在沉积后和埋藏期间在砂岩中形成的次生矿物。本章第 5.5 节（成岩作用）有关于胶结过程的详细讨论。

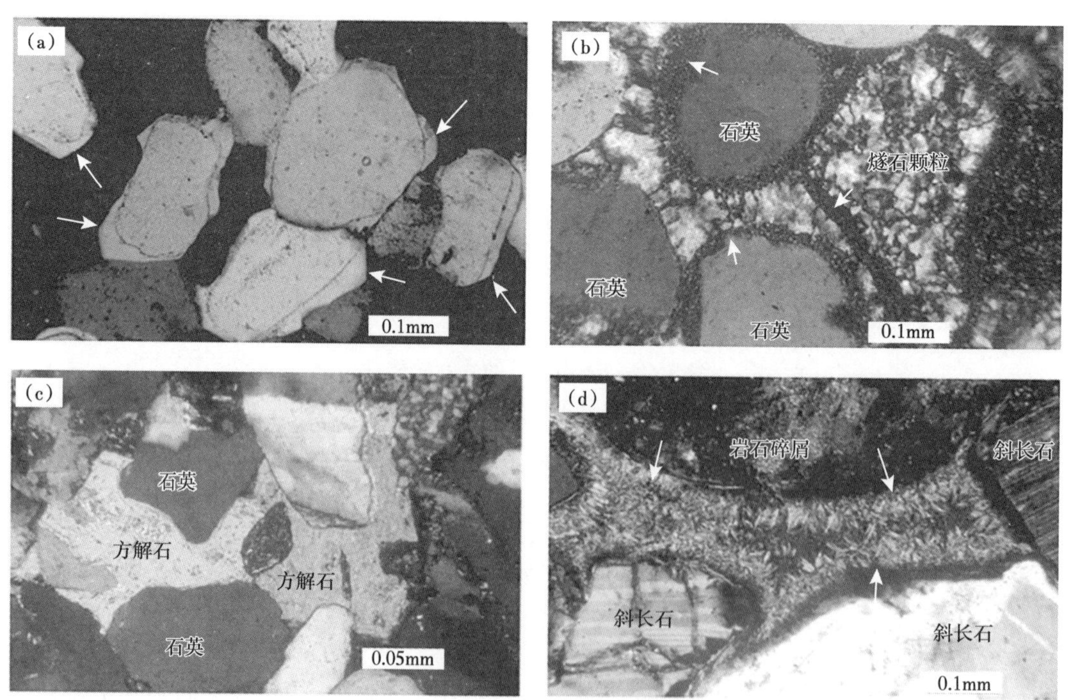


图 5.4　砂岩中常见的胶结物

（a）石英次生加大边，密苏里州寒武系 Lamotte 砂岩；（b）奥陶系胶结石英和燧石颗粒的微石英（燧石），密苏里州；（c）方解石，三叠系 Kayenta 组，犹他州；（d）日本海中新统砂岩中的黏土矿物（箭头所指为绿泥石）

### 5.2.3 基质矿物

在小于 0.03 mm 的砂岩中填充骨架颗粒间空隙的颗粒被称为基质矿物。基质矿物可能包括细粒云母、石英和长石，然而，黏土矿物构成了基质颗粒的大部分。由于黏土矿物体积小，常规岩相显微镜难以识别。它们必须通过 X 射线衍射技术、电子显微镜或其他（非光学）方法进行鉴定。黏土矿物成分多样，它们属于层状硅酸盐矿物，其特征是无限延伸的薄片状排列的二维层状结构。最常见的黏土矿物组为伊利石 [$K_2(Si_6Al_2)Al_4O_{20}(OH)_4$]、蒙脱石 [$(Al,Mg)_8(Si_4O_{10})_3(OH)_{10}\cdot 12H_2O$]、高岭石 [$Al_2Si_2O_5(OH)_4$] 和绿泥石 [$(Mg,Fe_5(Al, Fe^{3+})_2Si_3O_{10}(OH)_8$]。高岭石为双层结构黏土矿物，其他为三层结构黏土矿物。蒙皂石是一种黏土矿物族，蒙脱石是其中的主要种类。黏土矿物主要在地表风化和水解过程中作为次生矿物形成，但也可以在海洋环境和埋藏成岩过程中形成。

### 5.2.4 化学成分

沉积学家对硅质碎屑岩化学成分的研究相对较少，这与研究火成岩和变质岩的地质学家形成了鲜明对比。这种缺乏兴趣的主要原因是人们普遍认为，硅质碎屑岩的化学成分在解释沉积历史和物源方面不如矿物成分有用。此外，这些岩石目前的化学成分可能无法准确反映沉积时的成分，因为沉积物埋藏和成岩作用期间新矿物的结晶可能会改变原始化学成分。以前进行化学分析的高昂成本是另一个阻碍对沉积岩进行广泛化学研究的因素。一些新工具，如电子探针微量分析仪和 X 射线荧光设备，现在能够对岩石成分进行快速且相对便宜的化学分析。这些新工具，以及人们对化学成分重要性的态度的改变，正在促使沉积学家对沉积岩化学产生更深入的兴趣。例如，化学数据，包括单个矿物的整体化学成分和微量元素成分，已应用于物源研究（Arribas 等，2007）。

由于硅质碎屑岩中的大多数颗粒来自各种类型的火成岩、变质岩和沉积岩，因此硅质碎屑岩的矿物学和化学成分显然是母岩成分的函数（与母岩相关）。尽管如此，由于风化和成岩过程中发生的化学变化，沉积岩显示出与母岩明显的化学差异。例如，与母岩相比，它们倾向于富含硅，而铁、镁、钙、钠和钾则相对贫乏。硅的富集是因为硅质矿物抵抗化学风化，因此，相对于更多的可溶性阳离子，二氧化硅集中在风化残留物中。此外，石英和燧石等 $SiO_2$ 矿物优越的化学稳定性导致沉积岩在多次循环过程中逐渐富集这些矿物。因此，总的来说，二氧化硅含量的增加是以不太稳定、富含铁和镁的矿物为代价的。

文献中报告的一些砂岩的平均化学成分如表 5.2 所示。需要强调的是这张表显示了一些砂岩的平均成分。来自其他地层的砂岩样品的化学成分可能与这些平均值相差很大。

**表 5.2 部分北美地层砂岩的平均化学成分（质量百分比）**

| 编号 | (1) | (2) | (3) | (4) | (5) | (6) | (7) | (8) | (9) |
|---|---|---|---|---|---|---|---|---|---|
| 样本数量（个） | 11 | 23 | 30 | 16 | 18 | 12 | 119 | 12 | 59 |
| $SiO_2$ | 86.5 | 67.8 | 65.6 | 56.9 | 56.2 | 68.4 | 70.6 | 37.3 | 50.3 |
| $TiO_2$ | 0.53 | 0.95 | 0.91 | 1.42 | 0.89 | 0.69 | 0.64 | 0.34 | 0.64 |
| $Al_2O_3$ | 5.71 | 15.4 | 15.1 | 12.3 | 15.3 | 13.5 | 12.6 | 7.91 | 14.0 |

续表

| 编号 | （1） | （2） | （3） | （4） | （5） | （6） | （7） | （8） | （9） |
|---|---|---|---|---|---|---|---|---|---|
| 样本数量（个） | 11 | 23 | 30 | 16 | 18 | 12 | 119 | 12 | 59 |
| $Fe_2O_3$（总量） | 2.69 | 6.46 | 6.09 | 6.18 | 6.48 | 5.30 | 4.97 | 3.18 | 6.40 |
| MnO | 0.02 | 0.07 | 0.15 | 0.11 | 0.07 | 0.09 | 0.08 | 0.10 | 0.13 |
| MgO | 0.69 | 1.73 | 1.82 | 4.20 | 2.35 | 1.68 | 1.51 | 1.07 | 3.25 |
| CaO | 0.05 | 0.42 | 1.94 | 5.82 | 5.74 | 2.38 | 1.61 | 26.0 | 9.90 |
| $Na_2O$ | 0.02 | 1.07 | 0.87 | 1.92 | 1.28 | 3.15 | 2.76 | 0.92 | — |
| $K_2O$ | 1.55 | 2.74 | 3.03 | 1.90 | 2.80 | 2.62 | 2.20 | 0.51 | 2.09 |
| $P_2O_5$ | 0.02 | 0.16 | 0.17 | 0.17 | 0.17 | 0.18 | 0.02 | 0.10 | 0.21 |
| V（μg/g） | 51 | 123 | 159 | 100 | 126 | 71 | 79 | 103 | — |
| Cr | 55 | 82 | 88 | 225 | 71 | 55 | 44 | 31 | — |
| Ni | 19 | 231 | 58 | 130 | 49 | 30 | 8 | 5 | 49 |
| Zn | 29 | 52 | 104 | 84 | 114 | 69 | — | 66 | 91 |
| Rb | 60 | 123 | 133 | 72 | 125 | 93 | — | 10 | 79 |
| Sr | 29 | 134 | 113 | 233 | 168 | 310 | 110 | 879 | 267 |
| Y | 17 | 31 | 40 | 21 | 35 | 36 | 37 | 15 | 29 |
| Zr | 417 | 238 | 260 | 191 | 187 | 333 | 413 | 58 | 118 |

注:（1）纽约 Ellenville 附近，Shawangunk 组（石英砂岩）;
（2）纽约 Elmira，Rhinestreet 组 Millport 段（岩屑砂岩 / 杂砂岩）;
（3）纽约 Unadilla，Oneota 组（石质砂岩 / 杂砂岩）;
（4）魁北克，St. Yvon 和 Gros Morne Cloridorme 组（岩屑砂岩 / 杂砂岩）;
（5）纽约 Poughkeepsie，Normanskill 组 Austin Glen 段（石质砂岩 / 杂砂岩）;
（6）纽约 Grafton 附近，Nassou 组 Renessalaer 段（长石砂岩 / 杂砂岩）;
（7）Renesselaer 段，来自 Ondrick 和 Griffiths（1969）的分析平均值（长石砂岩 / 杂砂岩）;
（8）La Tosca，Puerto Rico，Rio Culebrinas 组（含化石火山碎屑岩）;
（9）来自 DSDP 站点 379A 的浊积岩（岩屑砂岩 / 杂砂岩）。

硅（$SiO_2$）是所有类型砂岩中最丰富的化学成分，因为砂岩中含有丰富的石英，所有硅酸盐矿物中都含有硅。铝（$Al_2O_3$）在含有丰富长石的砂岩或含有黏土矿物基质的富含岩石碎屑的砂岩中含量中等。在富含石英的砂岩中含量要少得多，这些砂岩通常没有黏土基质。平均而言，铁、镁、钙、钠和钾在砂岩中的含量都低于铝。这些元素的相对含量随砂粒的矿物学和岩石中基质黏土矿物和成岩胶结物的类型而变化。例如，富含碳酸钙胶结物或碳酸盐化石的砂岩可能具有异常高的钙含量。

### 5.2.5 砂岩分类

砂岩的描述性分类基本上基于骨架矿物学，尽管基质的相对丰度在某些分类中起作用。虽然矿物学是对砂岩进行分类的主要依据，但已证明找到一种适用于所有类型的砂岩并为大多数地质学家所接受的分类是一个难以实现的目标。事实上，已有 50 多种不同的砂岩分类（Friedman 等，1978），但没有一个得到广泛接受。全面的分类往往过于复杂，难以通用，过于简单的分类可能传达的有用信息太少。

#### 5.2.5.1 混合沉积物的结构命名法

松散的硅质碎屑沉积物称为砾石（主要为大于 2 mm 的颗粒）、砂（0.0625~2mm）或泥（小于 0.0625mm），具体取决于颗粒大小。这些沉积物的岩化岩石等价物为砾岩、砂岩和页岩（泥岩）。因为许多硅质碎屑岩是由大小不一的颗粒组成的，所以决定一种岩石应该称为砾岩、砂岩还是泥岩并不容易。例如，可能很难确定由几乎相等比例的砂粒和泥粒组成的沉积岩应称为砂岩还是泥岩。为命名结构上混合的沉积物和沉积岩，设计了各种分类方案，其中大多数利用三角形结构图（图 5.5）。

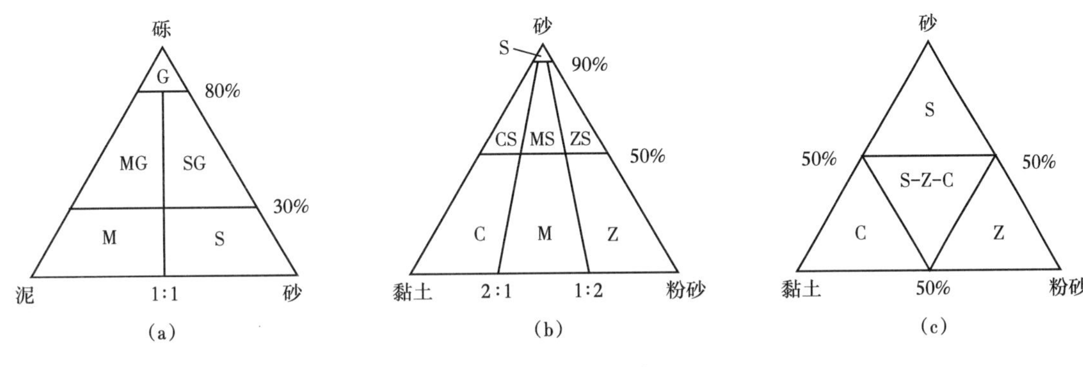


图 5.5　混合沉积物的命名法

（a）和（b）据 Folk（1954）简化；（c）引自 Robinson（1949）。C = 黏土，CS = 黏土质砂，G = 砾石，M = 泥，MG = 泥砾，MS = 泥砂，S = 砂，SG = 砂砾，Z = 粉砂，ZS = 粉砂质细砂

图 5.5a 所示的结构分类包括大小从泥到砾石的颗粒。请注意，此分类方案中的结构边界并非完全对称。理想情况下，可能期望砾石和泥砂之间的边界设置为 50%，然而，情况并非总是如此。因为砾石大小的颗粒通常不如砂粒和泥粒丰富，所以许多地质学家认为含有 30% 砾石大小的碎屑即为砾岩。如果沉积物仅含有砂粒大小和更小的颗粒，则更适合采用结构分类方案（图 5.5b 和 c），使用砂、粉砂和黏土作为分类的最终组成。一旦硅质碎屑沉积物或沉积岩的结构命名法建立，每个结构组内的岩石可根据成分进一步分类。

#### 5.2.5.2 矿物学分类

大多数砂岩由极少数主要骨架成分的混合物组成。石英、长石和岩屑（如燧石和火山碎屑）是唯一通常丰富到足以在砂岩分类中起重要作用的骨架成分。除骨架颗粒外，这些颗粒的间隙中可能存在基质。尽管砂岩的成分非常简单，但地质学家们仍未能就一个可接受的砂岩分类达成一致。已发表的分类范围从具有强烈成因倾向的分类到严格基于可观察的、描述砂岩性质的分类。大多数分类砂岩的作者使用涉及 QFR 或 QFL 图的分类方案。这些图是三角图，石英（Q）、长石（F）和岩屑（R 或 L）作为端元绘制在分类三角形的极点上。有许多可能的方法可以将这样一个三角形细分为亚类，地质学家已经探索了这些可能性的全部范围（Klein，1963；Boggs，1967；Okada，1971；Yanov，1978）。

最简单和最便捷的分类之一是 Gilbert 法（Williams 等，1982），如图 5.6 所示，这是基于 Dott（1964）的早期分类。在该分类中，根据 QFL 组分的相对丰度，无基质（小于 5%）的砂岩被分为石英砂岩、长石砂岩或岩屑砂岩。

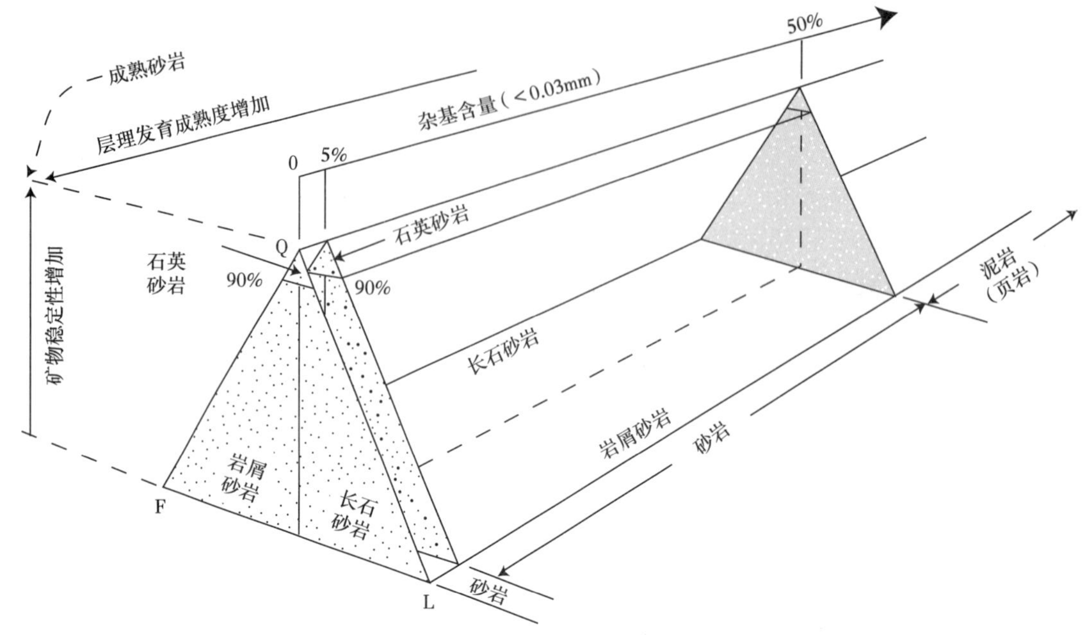


图 5.6　基于三种矿物成分的砂岩分类：燧石、石英岩碎屑、岩屑颗粒（岩石碎屑）

三角形内的点代表 Q、F 和 L 端部成员的相对比例。泥质基质的百分比由向图后部延伸的向量表示。砂岩这一术语仅限于含有少于约 5% 基质的砂岩；含有更多基质的砂岩是杂砂岩

如果可以识别出基质（至少 5%），则使用术语石英杂砂岩、长石杂砂岩和岩屑杂砂岩。Gilbert 分类和 Dott（1964）分类的主要区别在于，Dott 将净砂岩和杂砂岩之间的边界设定为 15% 的杂基，砂岩的类型比 Gilbert 分类多，并且已经被美国地质学家广泛使用，包括 McBride（1963）和 Folk 等（1970）的分类。这些分类不包括杂基作为分类方案的一部分。

地质学家经常非正式地使用长石砂岩这个名称来表示长石含量特别丰富（大于 25%）的任何长石砂岩。另一个常用术语是硬（杂）砂岩。该名称通常用于基质丰富的砂岩，这些砂岩经历了深埋藏，具有绿泥石基质，为深灰色至深绿色，非常坚硬且致密。但这一术语被大量误用，其继续使用存在争议。一些地质学家认为应该完全抛弃这个词，用杂砂岩（砂岩）这个词来代替硬（杂）砂岩。这可能是个好建议，在任何情况下，该名称最好仅限于现场使用，不应用作岩相术语。

## 5.2.6　砂岩成熟度

成熟度这一术语以两种不同的方式应用于砂岩。成分成熟度是指砂岩中稳定和不稳定骨架颗粒的相对丰度。主要由石英组成的砂岩是成分成熟的，而含有大量不稳定矿物（如长石）或不稳定岩屑的砂岩是成分不成熟的。结构成熟度由基质的相对丰度和骨架颗粒的磨圆和分选程度决定（图 5.7）。结构成熟度范围从未成熟（黏土较多，骨架颗粒分选较差且磨圆较差）到超成熟（黏土较少或无黏土，骨架颗粒分选良好且磨圆较好）。结构成熟度反映了沉积物迁移和改造的程度，它也可能受到成岩作用的影响（在埋藏成岩作用期间，黏土矿物可能在孔隙中形成）。

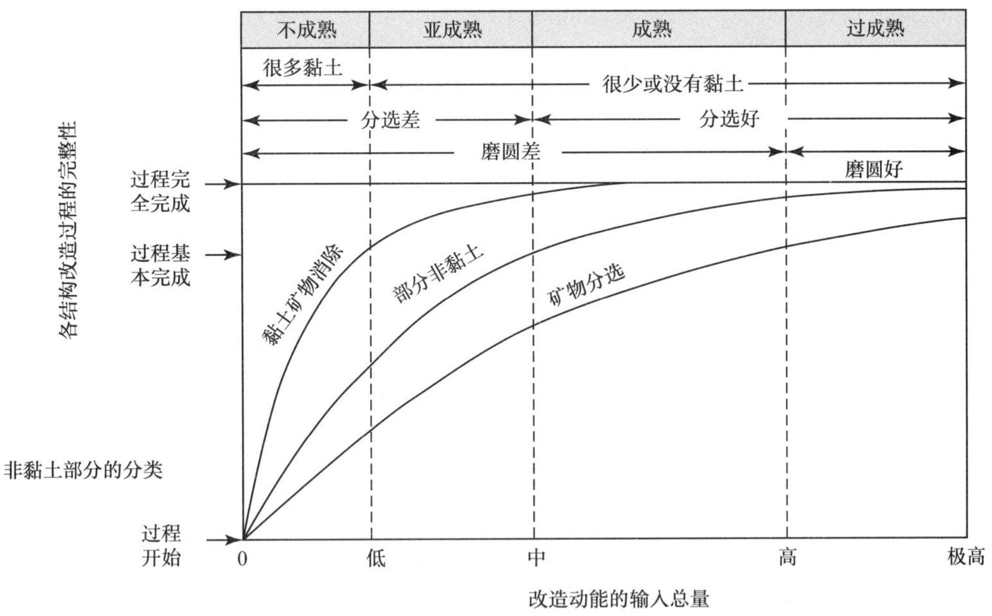


图 5.7　通常的结构成熟度分类

砂土的结构成熟度是动能输入的函数

## 5.2.7　主要砂岩类型的基本特征

前面的讨论表明，根据骨架矿物学，砂岩可分为三大类：石英砂岩、长石砂岩和岩屑砂岩（包括杂砂岩）。下面将讨论这些主要砂岩类型的基本特征。

### 5.2.7.1　石英砂岩

石英砂岩由 90% 以上的硅质碎屑颗粒组成，其中可能包括石英、燧石和石英岩屑（图 5.8a）。它们通常为白色或浅灰色，但可能被氧化铁染成红色、粉红色、黄色或棕色。它们通常成岩化良好，并与硅质或碳酸盐胶结良好，然而，有些是多孔和易碎的。石英砂岩通常与沉积在稳定克拉通环境（如风成、海滩和陆架环境）中的岩石组合有关。因此，它们往往与浅水碳酸盐岩互层，在某些情况下与长石砂岩互层。大多数石英砂岩结构成熟至超成熟（图 5.7）。交错层理是这些砂岩的标志性特征，波痕相当常见。化石很少，可能是由于保存不好或某些石英砂岩为风成成因。此外，在一些浅海石英砂岩中，局部可能有丰富的遗迹化石，如 Skolithos 相的洞穴。石英砂岩在地质记录中很常见，Pettijohn（1963）估计，它们约占所有砂岩的三分之一。

石英砂岩可起源于原生结晶岩或变质岩形成的首次循环沉积，但更可能是源岩中石英颗粒多次再循环的产物。如果它们是首次循环沉积物，则它们一定是在风化、搬运和沉积条件下形成的，化学风化非常强烈，以至于大多数化学稳定性不如石英的颗粒被消除（Johnsson 等，1988）。可以想象，在高温、潮湿、低起伏的风化条件下，大量的化学物质浸出、长时间的风力运输、在冲浪区进行强化改造，或者这些过程的组合可能足以生成首次旋回循环石英砂岩。大多数石英砂岩可能是多沉积旋回的，其历史可能至少包括一次风成运移，尽管在最后一个沉积旋回中并非必要。

石英砂岩是地质记录中非常常见的岩石，特别是在中生界和古生界地层序列中。北美一些著名的石英砂岩例子包括美国大陆中部的奥陶系圣彼得（St.Peter）砂岩，科罗拉多高原的侏罗系纳瓦霍（Navajo）砂岩，内华达州和加利福尼亚州的奥陶系尤里卡（Eureka）石英砂岩，科罗拉多高原和大平原白垩系达科他（Dakota）砂岩的一部分，以及密西西比河上游河谷的许多寒武系—奥陶系砂岩。其他大陆也有许多石英砂岩的例子。Pettijohn 等（1987）列举了来自北美、欧洲和世界其他地区的石英砂岩的其他示例。

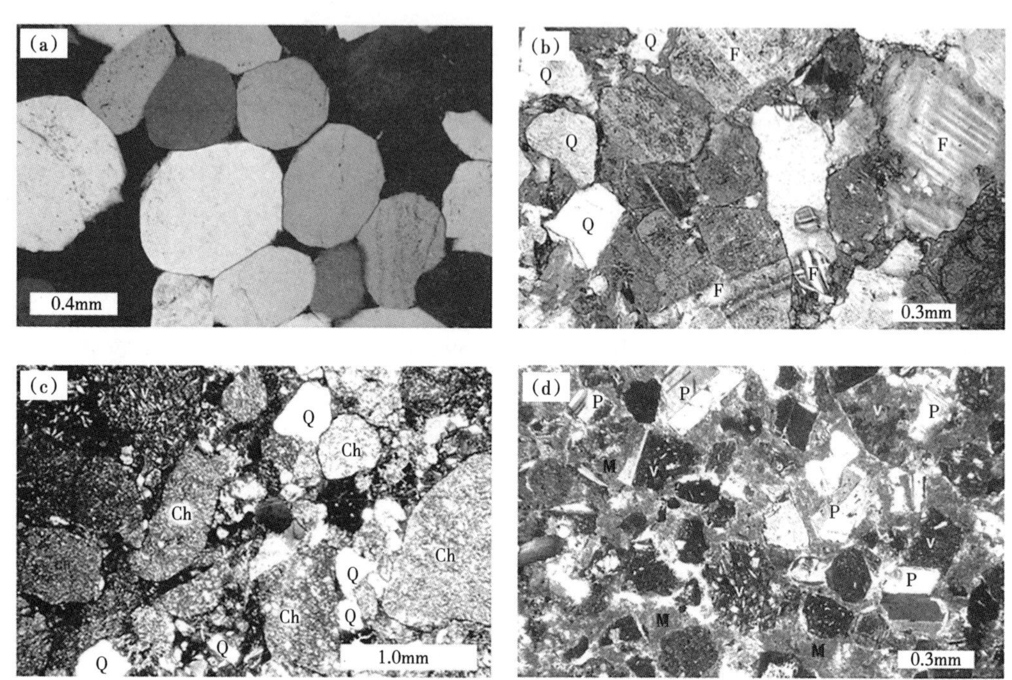


图 5.8　显示主要砂岩类型的代表性显微照片

（a）石英砂岩；（b）长石砂岩；（c）岩屑砂岩；（d）火山碎屑砂岩

### 5.2.7.2　长石砂岩

长石砂岩（图 5.8b）中石英含量低于 90%，长石含量高于不稳定岩石碎屑，以及少量其他矿物，如云母和重矿物。由于钾长石或氧化铁的存在，一些长石砂岩呈粉红色或红色，其他颜色为浅灰色至白色。它们通常为中粗粒，可能含有高百分比的次棱角状到棱角状颗粒；基质含量从微量到 15% 以上；骨架颗粒的分选从中等分选到较差分选。因此，长石砂岩通常在结构上不成熟或亚成熟，也就是说，它们是杂砂岩。

长石砂岩没有任何特定类型的沉积构造，从基本无结构到平行层理或交错层理。可能存在化石，尤其是在海相层中。长石砂岩通常出现在克拉通或稳定陆架环境中，可能与砾岩、浅水石英砂岩或岩屑砂岩、碳酸盐岩或蒸发岩有关。不太典型的是，它们出现在沉积序列中，沉积在不稳定盆地或其他深水活动带环境中。后一种类型的长石砂岩通常富含基质，且由于深埋而硬化良好，通常称为长石硬砂岩。地质记录中长石砂岩的丰度尚未确定。Pettijohn（1963）估计，长石砂岩约占所有砂岩的 15%。如果包括长石杂砂岩，长石砂岩的含量可能超过 15%。

当花岗岩和相关岩石崩解产生一种称为碎屑的粒状沉积物时，一些长石砂岩基本上起源于原地。这些残余长石质物质可能会向下游移动一小段距离，并作为堆积物在扇体或者坝体沉积，通常称为碎屑楔。这些扇体可能延伸到盆地中，成为夹层或互层，具有更好的分层和更好的分选沉积物。其他长石砂岩在沉积之前经过河流或海洋的大量搬运和改造，这些经过重新改造的砂岩通常比残余长石含有更少的长石，它们的分选更好，颗粒更圆。

大多数长石砂岩源自花岗岩型原生结晶岩，如粗花岗岩或含有丰富钾长石的交代岩。长石砂岩所含的长石主要是斜长石，来源于石英闪长岩等侵入岩或火山岩。风化过程中大量长石的保存似乎要求长石砂岩来源于非常寒冷或非常干旱的气候，化学风化过程受到抑制，或温暖的、更潮湿的气候条件下，局部隆起的显著起伏使长石在分解之前被迅速侵蚀搬运。尽管一些长石可能从沉积物源中再循环保存下来，但沉积母岩似乎不可能提供足够的长石来形成长石质砂岩或长石砂岩。

长石砂岩出现在所有年龄的沉积序列中，尽管它们似乎在中生界和古生界中特别丰富。一些常见的例子包括苏格兰的旧红（Old Red）砂岩（石炭系），新泽西地区的三叠系纽瓦克（Newark）砂岩群，科罗拉多前沿山脉的宾夕法尼亚亚系喷泉组和 Lyons 组，以及华盛顿的古新统 Swauk 组。Swauk 地层特别有趣，它是一种斜长石长石砂岩。

#### 5.2.7.3 岩屑砂岩

岩屑砂岩是一组极其多样化的岩石，其特征是不稳定岩石碎屑（如火山岩碎屑和变质岩碎屑）含量普遍较高。然而，岩屑砂岩可能含有一些稳定的碎屑，如燧石（图 5.8c）。它们含有不到 90% 的石英颗粒，并且比长石含有更多不稳定的岩石碎屑。颜色可能从浅灰色、椒盐色到均匀的中灰色到深灰色。许多岩屑砂岩分选较差；但是，排列特征从良好到非常差。石英和许多其他骨架颗粒通常磨圆较差。岩屑砂岩往往含有大量基质，其中大部分可能是次生成因。因此，大多数岩屑砂岩在结构上是未成熟到亚成熟的（岩屑杂砂岩）。岩屑砂岩的范围从不规则层状、横向尖灭、交错分层的河流单元到均匀层状、横向延伸、渐变的海相浊积岩单元。它们可能与河流砾岩和其他河流沉积物有关，或与深水海洋砾岩、远洋页岩、硅质岩和海底玄武岩有关。岩屑砂质岩包括砂岩，许多地质学家继续将其称为杂砂岩。这些岩石与“正常”岩屑砂岩的不同之处在于，它们为深灰色至深绿色，硬化或岩化良好，通常具有由次生绿泥石组成的基质。然而，术语杂砂岩的使用非常随意，因此，如前所述，最好干脆舍弃它。Pettijohn（1963）估计，岩屑砂岩和杂砂岩加起来几乎占所有砂岩的一半。

岩屑砂岩通常是成分不成熟的砂岩，其形成条件有利于大量相对不稳定物质的产生和沉积。这些砂岩中许多岩屑的弱机械特征表明，它们可能来自崎岖不平的高起伏源区。岩屑砂岩可能沉积在近冲积扇或其他河流环境中的非海相环境中。或者，它们可能沉积在褶皱冲断带附近的海相前陆盆地（第 16 章），或者可能被大河从大陆输送到三角洲或浅陆架环境中。沉积在沿海地区的岩屑沉积物可能通过浊流或其他沉积物重力流机制重新输送到深水中。这些深水沉积物可能经历深埋藏和早期变质作用，从而形成通常类似于杂砂岩的特征。

岩屑砂岩的常见例子包括美国东部 Appalachians 山脉中部的古生界砂岩序列（例如，奥陶系 Junita 组、密西西比亚系 Pocono 组、宾夕法尼亚亚系 Pottsville 组）；世界各地与煤系有关的许多砂岩；美国和加拿大落基山脉和美国西海岸的许多侏罗系和白垩系砂岩（例如，加拿大的白垩系 Belly 河砂岩、加利福尼亚州的侏罗系 Franciscan 组）；墨西哥湾沿岸、西海岸和阿尔卑斯山的古近系—新近系砂岩。

火山碎屑砂岩是一种特殊的岩屑砂岩，主要由火山碎屑组成（图 5.8d）。火山碎屑砂岩可能主要由经过搬运和改造的火山碎屑物质组成，也可能包含由较老火山岩风化形成的火山碎屑。尤其是自形长石、浮石碎屑、玻璃碎屑和火山岩碎屑，其石英含量通常非常低。

#### 5.2.7.4 其他砂岩

上面讨论的砂岩主要由先前存在的岩石风化或爆炸性火山作用产生的成分组成。已知少数数量较少的砂岩类型，其成分主要通过化学或生物化学过程在沉积盆地内形成。这些岩石被一些作者称为混合砂岩，包括不常见的砂岩类型，如绿砂岩（海绿石砂岩）、磷酸盐砂岩和钙质砂岩（由砂级碳酸盐颗粒组成）。这些岩石不是真正的砂岩（硅质碎屑岩），而是化学 / 生物化学沉积岩（第 6 章和第 7 章）。

## 5.3 砾岩

术语砾岩在本书中用作沉积岩的一般分类名称，其中含有大量（至少 30%）砾石粒径（大于 2mm）颗粒（图 5.9a）。角砾岩（图 5.9b）由棱角分明、砾石大小的碎屑组成，在接下来的讨论中与砾岩没有区别。砾岩在所有时代的地层序列中都很常见，但按质量计算，砾岩可能占总沉积岩体的不足 1%（Garrels 等，1971）。它们在成因和沉积机制方面与砂岩密切相关，并且包含一些相同类型的沉积构造（例如板状和槽状交错层理、递变层理）。

图 5.9 （a）分选较差的海洋砾岩，俄勒冈州南部海岸更新统阶地沉积；（b）与方解石胶结的大型角砾岩碎屑（深色），内华达州泥盆系石灰岩

### 5.3.1 颗粒组成

砾岩可能含有砾石大小的单个矿物碎屑，如石英。然而，大多数砾石大小的骨架颗粒是岩石碎屑。单个砂或泥大小的矿物颗粒通常以基质形式存在。砾岩中可能存在任何类型的火成岩、变质岩或沉积岩碎屑，具体取决于源岩和沉积条件。一些砾岩仅由最稳定和耐久性的碎屑（石英岩、燧石、脉石英）组成。主要由单一碎屑类型组成的稳定砾岩被 Pettijohn（1975）称为单成分砾岩。大多数单成分胶结物可能来自混合母岩，包括不太稳定的岩石类型。通过几代砾岩中超稳定和不稳定碎屑多周期性循环，最终导致选择性破坏较不稳定的碎屑，并浓缩稳定碎屑。含有多种碎屑的砾岩是复成分砾岩。由大量不稳定或亚稳定碎屑（如玄武岩、石灰岩、页岩和变质千枚岩）混合而成的多晶砾岩通常被称为岩相砾岩（Pettijohn，1975）。在岩相砾岩中，几乎所有这些碎屑类型的组合都是可能的。砾岩基质通常由各种黏土矿物、细云母和 / 或粉砂或砂级大小的石英、长石、岩石碎屑和重矿物组成。基质可以由石英、方解石、赤铁矿、黏土或其他胶结物胶结。

### 5.3.2 分类

砾岩可由几个过程形成，见表 5.3。其中最感兴趣的是表层碎屑砾岩，它是由风化和侵蚀过程中较老的岩石破裂形成的。

表 5.3 砾岩和角砾岩心基本成因类型

| 主要类型 | 亚类型 | 物源 |
|---|---|---|
| 表层碎屑砾岩和角砾岩 | 地层外砾岩和角砾岩 | 通过风化和侵蚀过程分解任何类型的母岩；由流体流（水、冰）和沉积物重力流沉积 |
| | 地层内砾岩和角砾岩 | 弱固结沉积层准同生碎裂；流体流和沉积物重力流沉积 |
| 火山角砾岩 | 火山碎屑角砾岩 | 爆炸性火山喷发，岩浆或潜水（蒸汽）喷发；由气流或火山碎屑流沉积 |
| | 同生角砾岩 | 由于熔岩的持续运动，黏性的、部分凝固的熔岩破裂 |
| | 透明碎屑角砾岩 | 由于与水、雪或水饱和沉积物接触，热的连贯岩浆破碎成玻璃状碎片（淬火破碎） |
| 碎裂角砾岩 | 滑坡滑塌角砾岩 | 在岩体滑动和坍落过程中，由于拉伸应力和冲击导致的岩石破裂 |
| | 构造角砾岩 | 地壳运动（断层、褶皱、挤压）导致脆性岩石破裂 |
| | 塌积角砾岩 | 由于溶解或其他过程形成的开口坍塌而导致脆性岩石破裂 |
| 溶解角砾岩 | | 可溶性物质溶解后残留的不溶性碎片 |
| 陨石撞击角砾岩 | | 陨石撞击造成的岩石破碎 |

富含砾石级骨架颗粒的表层碎屑砾岩被称为碎屑支撑砾岩，砾石级颗粒接触并形成支撑骨架。由泥 / 砂基质中支撑的稀疏砾石组成的贫碎屑砾岩被称为基质支撑砾岩。建议将碎屑支持的砾岩简称为砾岩，将基质支持的砾岩称为杂砾岩。尽管术语“杂砾岩”通常用于分选较差的冰川沉积，但它实际上是一个非成因术语，可用于在泥泞基质中含有任何大小的较大颗粒的未分选或分选较差的硅质碎屑岩。如表 5.4 所示，根据碎屑稳定性，砾岩

和杂砾岩可进一步分为石英(单成分)砾岩/杂砾岩(超稳定碎屑含量大于90%)和岩相砾岩/杂砾岩(超稳定碎屑含量小于90%)。如果需要,可根据碎屑类型(火成岩、变质岩、沉积岩)进行进一步分类(图5.10);然而,在许多情况下,这种分类可能不是必须的。

表5.4 基于碎屑稳定性和组构支撑的砾岩和杂砾岩分类

| 超稳定碎屑的含量 | 砾岩和角砾岩的基本成因类型 | |
|---|---|---|
| | 碎屑支撑 | 杂基支撑 |
| 大于90% | 石英砾岩 | 石英杂砾岩 |
| 小于90% | 岩相砾岩 | 岩相杂砾岩 |

## 5.3.3 砾岩的成因和产状

石英质(单成分)砾岩源自含石英岩层的变质沉积岩、含石英充填矿脉的火成岩和含燧石层的沉积序列,尤其是石灰岩。如前所述,较不稳定的岩石类型已被风化、侵蚀和沉积物搬运破坏,可能通过几次搬运循环,以产生稳定碎屑残留物。

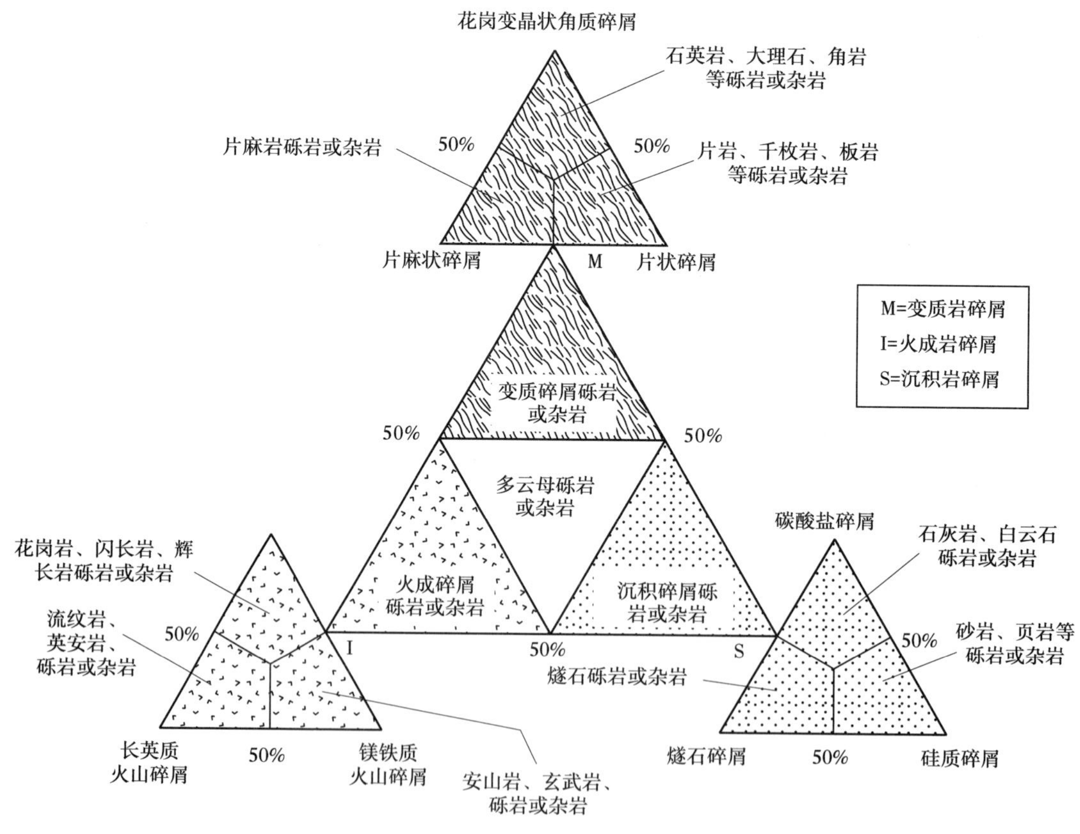


图5.10 基于碎屑岩性和组构支撑的砾岩分类

由于石英岩碎屑仅代表大得多的原始岩体的一小部分,因此石英砾岩的总体积很小。它们往往出现在以砂岩单元为主的薄砾石层或砾石透镜体中。它们可以是碎屑支撑的或基质支撑的。尽管石英砾岩的总体积很小，但在前寒武系至新近系的地质记录中，石英砾岩很常见。大多数石英砾岩似乎是河流成因（第 8 章），可能主要沉积在辫状河中。已知在滨海（海滩）环境中的海洋、波浪作用下沉积石英砾岩。

大多数岩相砾岩是由各种亚稳定碎屑组成的多岩相砾岩。它们可以来自多种深成火成岩、火山岩、变质岩和沉积岩，尽管特定砾岩中的碎屑可能主要是这些岩石类型中的一种或另一种。因此，特定砾岩可能是石灰质砾岩、玄武质砾岩、片岩质砾岩等。组成的砾岩中似乎并不常见深成火成岩碎屑，可能是因为深成岩（如花岗岩）倾向于分解成砂粒大小的碎屑，而不是形成更大的块体。古岩相砾岩的体积远远大于石英砾岩，它们形成了地质记录中真正巨大的砾岩体，厚度可能达到数千米。保存如此厚的砾岩意味着急剧升高的高地或活跃火山活动区域的快速侵蚀。岩相砾岩可能通过流体流动和沉积物重力流机制进行搬运，它们沉积在从河流到浅海再到深海的各种环境中。深海砾岩是通过浊流或其他沉积物重力流过程从近岸地区再次输送的所谓重新沉积的砾岩。大部分厚砾岩体（大于 20m）可能沉积在非海相（冲积扇 / 辫状河）环境或深海扇环境中。

层内砾岩由沉积盆地内形成的沉积物碎屑组成，与沉积盆地外形成的层外砾岩碎屑形成对比。层内砾岩起源于半固结沉积物的准同生变形和相当接近变形现场的碎屑重新沉积。准同生分解沉积物形成碎屑可能发生在陆上，例如通过在潮滩或水下脱水泥岩。潮汐、风暴波或沉积物重力流对半固结泥岩的水下撕裂是可能的原因。在这一过程中，沉淀仅在短时间内中断。在层内砾岩中发现的最常见碎屑类型是硅质碎屑、泥碎屑和石灰碎屑。碎屑通常呈棱角状或次圆状，表明很少被搬运。在一些岩层中，扁平碎屑几乎堆积在边缘，这显然是由于异常强烈的波浪或洋流搅动，形成所谓的边缘砾岩（Pettijohn，1975）。

层内砾岩通常形成几厘米到 1m 厚的薄层，可能横向延伸。尽管其含量远低于层外砾岩，但它们仍存在于许多时代的岩石中。由碳酸盐岩或石灰质粉砂岩碎屑组成的所谓扁平卵石砾岩在北美各地的寒武系岩石中特别常见。它们也出现在 Appalachian 地区的许多其他下古生界石灰岩中。在沉积物重力流过程沉积的沉积序列中，由嵌入砂岩单元底部的页岩撕裂碎屑组成的层内砾岩非常常见。

## 5.4 泥岩和页岩

### 5.4.1 术语

泥岩和页岩为细粒硅质碎屑岩，也就是说，含有 50% 以上碎屑粒级小于 0.062（1/256）mm 的硅质碎屑颗粒。因此，它们主要由泥质粒径（1/16~1/256 mm）和黏土粒径（小于 1/256mm）颗粒组成。页岩是这组岩石的一个历史上公认的类名（Tourelot，1960），相当于砂岩的类名，Potter 等（1980）接受了这一用法。这些作者使用术语“页岩”作为所有细粒硅质碎屑岩的分类名称，但他们根据黏土粒度成分的百分比和层理的存在与否（随后在分类中讨论）将页岩分类，如泥岩和泥页岩。

另外，一些作者更喜欢将所有细粒岩石命名为泥岩，而不是页岩（Blatt 等，1980）。他们将泥岩分为页岩（层状）或泥岩（非层状）。随后，Potter 等（2005）提出，所有细粒泥质沉积岩均应使用泥岩（mudstone，而非 mudrock）的通用名称，页岩的名称仅限于层状细粒泥质岩。因此，这些作者将页岩的使用限制在细粒岩石上，如图 5.11a 所示，这些岩石显示出分层或裂隙性（易于分裂成薄层的能力）。根据这种用法，图 5.11b 所示的细粒非层状岩石是泥岩。显然，细粒泥质岩石的类别（通用）名称存在一些不清楚之处。尽管如此，人们似乎普遍认为细粒、层状泥质岩石是页岩；非层状岩石是泥岩。

图 5.11 （a）内华达州 Schell Creek 山脉寒武系 Lincoln Peak 组层状黑色页岩；（b）加利福尼亚州死亡谷中新统—上新统 Furnace Creek 组湖相泥岩（非层状）

泥岩和页岩在沉积序列中非常丰富，约占地质记录中所有沉积岩的 50%。从历史上看，它们一直是未被研究的岩石群，主要是因为它们的细粒度使其难以用普通岩相显微镜进行研究。然而，随着扫描电子显微镜和电子探针显微分析仪等仪器的开发，这种观点正在发生变化，这些仪器实现了高倍放大研究细颗粒（图 5.12）。

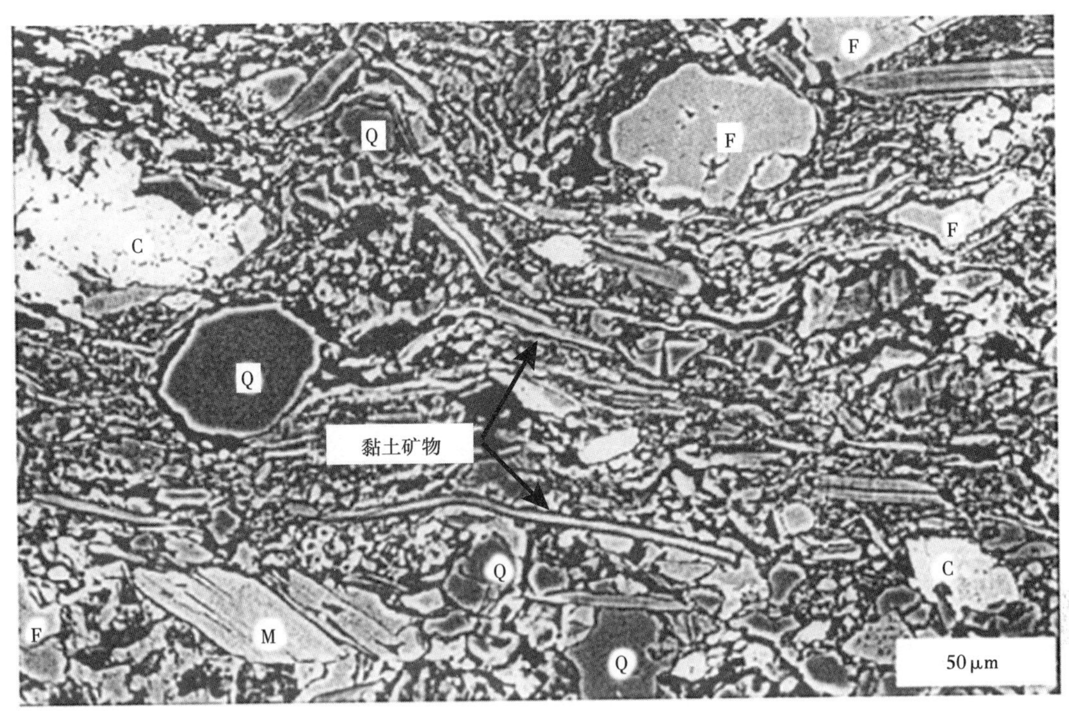


图 5.12　层状页岩的背散射扫描电子显微镜（BSE）照片

细长、板状或片状矿物为黏土矿物（伊利石）和细云母；其他较粗的矿物有石英（Q）、长石（F）、方解石（C）、云母（M）和黄铁矿（非常明亮的矿物）。请注意，黏土矿物和细云母的方向造成了分层。侏罗系 Whitby 泥岩，英国 Yorkshire

## 5.4.2　组成

### 5.4.2.1　矿物学组成

泥岩和页岩主要由黏土矿物和细粒石英和长石组成（表 5.5）。它们还含有不同数量的其他矿物，包括碳酸盐矿物（方解石、白云石、菱铁矿）、硫化物（黄铁矿、白铁矿石）、氧化铁（针铁矿）和重矿物，以及少量有机碳。图 5.12 是使用背散射扫描电子显微镜拍摄的高倍率照片，该照片呈现出该层压页岩的矿物学组成和纹理（Krinsley 等，1998）。表 5.5 中的数据显示了矿物成分随地质年龄的变化。从该表中看，除了长石可能随地质年龄增加而略有减少的趋势外，矿物学组成与地质年龄之间没有明显的关联趋势。影响页岩和泥岩成分的因素很多，包括构造背景和物源、沉积环境、粒度和埋藏成岩作用。一些矿物，如碳酸盐矿物和硫化物，在埋藏过程中以胶结物或替代矿物的形式在页岩中形成。石英、长石和黏土矿物主要是碎屑（陆源）矿物，尽管这些矿物中的某些部分也可能在埋藏成岩过程中形成。特别是，黏土矿物似乎受到成岩作用的强烈影响。如表 5.1 所示，主要黏土矿物组为高岭石、伊利石、蒙皂石和绿泥石。据报道，这些黏土矿物组的相对比例随着埋藏温度和年龄的增加而系统地变化（Worden 等，2003b）。随着时间的推移，尤其是在早于中生代的岩石中，伊利石和绿泥石的比例增加，而高岭石和蒙皂石的比例降低。这些趋势归因于高岭石和蒙皂石的成岩演化形成伊利石和绿泥石。

**表 5.5　不同地质年龄页岩的平均矿物成分百分比**　　　　单位：%

| 年龄 | 分析次数 | 黏土矿物 | 石英 | 钾长石 | 斜长石 | 方解石 | 白云石 | 菱铁矿 | 黄铁矿 | 其他矿物 | 有机碳 |
|---|---|---|---|---|---|---|---|---|---|---|---|
| 第四纪 | 5 | 29.9 | 42.3 | 12.4 | — | 6.6 | 2.4 | — | 5.6 | — | 0.9 |
| 上新世 | 4 | 56.5 | 14.6 | 5.7 | 11.9 | 3.2 | — | 2.9 | 1.8 | ＜1.0 | 2.6 |
| 中新世 | 9 | 25.3 | 34.1 | 7.4 | 11.7 | 14.6 | 1.2 | — | 1.9 | 2.4 | 1.4 |
| 渐新世 | 4 | 33.7 | 53.5 | 3.0 | — | 5.5 | — | — | — | 4.0 | 0.4 |
| 始新世 | 11 | 40.2 | 34.6 | 2.0 | 8.1 | 3.8 | 4.6 | 1.7 | 1.6 | — | 3.5 |
| 白垩纪 | 9 | 27.4 | 52.9 | 3.6 | 1.6 | 2.9 | 7.9 | 0.1 | 1.6 | — | 2.0 |
| 侏罗纪 | 10 | 34.7 | 21.9 | 0.6 | 4.4 | 14.6 | 1.6 | 0.4 | 10.9 | — | 10.9 |
| 三叠纪 | 9 | 29.4 | 45.9 | 10.7 | 0.7 | 3.7 | 4.1 | 5.1 | — | — | 0.3 |
| 二叠纪 | 1 | 17.0 | 28.0 | 4.0 | 8.0 | — | 1.0 | — | — | 42.0 | 0.2 |
| 宾夕法尼亚亚纪 | 7 | 48.9 | 32.6 | 0.8 | 6.2 | 1.4 | 2.1 | 3.4 | 3.5 | — | 1.0 |
| 密西西比亚纪 | 3 | 57.2 | 29.1 | 0.4 | 2.9 | — | — | 0.6 | 5.1 | — | 4.7 |
| 泥盆纪 | 22 | 41.8 | 47.1 | 0.6 | — | 2.0 | 1.3 | 0.3 | 3.3 | — | 3.7 |
| 奥陶纪 | 2 | 44.9 | 32.2 | ＜1.0 | 6.3 | 9.8 | 0.5 | 0.5 | 3.4 | — | 1.5 |
| 其他 | 29 | 47.8 | 33.1 | ＜1.0 | 5.5 | 5.2 | 2.3 | 0.8 | 3.1 | — | 4.5 |

注：每个时代的页岩值调整为 100%。

#### 5.4.2.2　化学成分

页岩（和泥岩）的化学成分是其矿物成分的直接函数。一些北美和俄罗斯页岩的平均成分如表 5.6 所示。$SiO_2$ 是这些页岩中最丰富的化学成分（57%~68%），其次是 $Al_2O_3$（16%~19%）。页岩中的 $SiO_2$ 含量受所有硅酸盐矿物的影响，尤其受石英的影响。因此，页岩的 $SiO_2$ 含量往往低于砂岩，砂岩通常富含石英。$Al_2O_3$ 主要来源于黏土矿物和长石。由于页岩中黏土矿物含量较高，因此页岩和泥岩中的黏土矿物含量高于砂岩中的黏土矿物含量。页岩中的铁由氧化铁矿物（赤铁矿、针铁矿）、黑云母和少量其他矿物（如菱铁矿、铁白云石和蒙皂石）提供。$K_2O$ 和 MgO 的丰度主要与黏土矿物的丰度有关，尽管一些 Mg 可能由白云石提供，而钾存在于一些长石中。钠丰度与黏土矿物（如蒙皂石）和钠长石的存在有关。钙由富含钙的斜长石和碳酸盐矿物（方解石、白云石）提供。

**表 5.6　相关文献中页岩样品的平均化学成分**　　　　单位：%

| 化学成分 | 1 | 2 | 3 | 4 | 5 | 6 | 7 | 8 | 9 | 10 | 11 | 12 | 13 |
|---|---|---|---|---|---|---|---|---|---|---|---|---|---|
| $SiO_2$ | 60.65 | 64.80 | 59.75 | 56.78 | 67.78 | 64.09 | 66.90 | 63.04 | 62.13 | 65.47 | 64.21 | 64.10 | 63.31 |
| $Al_2O_3$ | 17.53 | 16.90 | 17.79 | 16.89 | 16.59 | 16.65 | 16.67 | 18.63 | 18.11 | 16.11 | 17.02 | 17.70 | 17.22 |
| $Fe_2O_3$ | 7.11 | — | — | — | — | — | — | — | — | — | — | 2.70 | 0.82 |
| FeO | — | 5.66 | 5.59 | 6.56 | 4.11 | 6.03 | 5.87 | 7.66 | 7.33 | 5.85 | 6.71 | 4.05 | 5.45 |
| MgO | 2.04 | 2.86 | 4.02 | 4.56 | 3.38 | 2.54 | 2.59 | 2.60 | 3.57 | 2.50 | 2.70 | 2.65 | 3.00 |
| CaO | 0.52 | 3.63 | 6.10 | 8.91 | 3.91 | 5.65 | 0.53 | 1.31 | 2.22 | 4.10 | 3.44 | 1.88 | 3.52 |
| $Na_2O$ | 1.47 | 1.14 | 0.72 | 0.77 | 0.98 | 1.27 | 1.50 | 1.02 | 2.68 | 2.80 | 1.44 | 1.91 | 1.48 |
| $K_2O$ | 3.28 | 3.97 | 4.82 | 4.38 | 2.44 | 2.73 | 4.97 | 4.57 | 2.92 | 2.37 | 3.58 | 3.60 | 3.64 |
| $TiO_2$ | 0.97 | 0.70 | 0.98 | 0.92 | 0.70 | 0.82 | 0.78 | 0.94 | 0.78 | 0.49 | 0.72 | 0.86 | 0.81 |
| $P_2O_5$ | 0.13 | 0.13 | 0.12 | 0.13 | 0.10 | 0.12 | 0.14 | 0.10 | 0.17 | — | — | — | 0.10 |
| MnO | 0.10 | 0.06 |  | 0.08 |  | 0.07 | 0.06 | 0.12 | 1.10 | 0.07 | 0.05 | — | 0.06 |

注：1~12 为不同地区的数据；13 为 1~12 数值的平均值。

### 5.4.3 泥岩和页岩的分类

由于需要特殊的分析技术来确定细粒硅质碎屑岩的矿物成分，且此类技术耗时且昂贵，因此许多地质学家通常不会确定这些岩石的矿物成分。因此，针对泥岩和页岩提出的大多数分类并非基于矿物成分，或至少并非完全基于矿物成分。这些分类（没有一个被广泛接受）通常强调泥质和黏土的相对数量，以及是否存在可裂变性分层（裂变性定义为岩石沿着薄的、紧密间隔的、近似平行的岩层容易分裂的特性）。这种常规分类的例外情况是 Picard（1971）的分类，该分类强调页岩和泥岩中粉粒级颗粒的矿物组成，以及 Lewan（1978）的分类，该分类需要半定量 X 射线衍射分析来确定矿物学。

前人已经提出了一些细粒岩石的更多分类方式（Potter 等，2005），每种分类都使用了一些不同的术语。Potter 等（1980）的分类基于粒度（黏土矿物百分比）和是否存在分层（表 5.7），分类强调了黏土粒度成分和层理厚度的重要性，即层理或纹层（无论是层叠的还是层压的）。根据这些变量，细粒泥质岩可分为泥岩（33%~65% 黏土粒级成分，层状）或泥页岩（33%~65% 黏土粒级成分，叠层状），以及黏土岩（66%~100% 黏土粒级成分，层状）或黏土页岩（66%~100% 黏土粒级成分，叠层状）。细粒硅质碎屑岩的黏土粒度成分小于 33%，为粉砂岩（注意，泥岩一词的双重使用造成了一些混淆，它既指具有特定黏土矿物含量的非层状细粒泥质岩，又指所有非层状细粒泥质岩的统称。如上所述，细粒泥质沉积岩的术语是混乱的）。

表 5.7 页岩和粉砂岩的分类（颗粒直径小于 0.062mm 的占比大于 50%）

<table>
<tr><td rowspan="2">性质</td><td colspan="2">黏土粒度成分含量（%）</td><td>0~32</td><td>33~65</td><td>66~100</td></tr>
<tr><td colspan="2">野外描述</td><td>含砂的</td><td>砂质的</td><td>富含</td></tr>
<tr><td rowspan="2">非固结的</td><td>层理（大于10mm）</td><td></td><td>粉砂</td><td>泥质</td><td>黏土泥</td></tr>
<tr><td>纹层（大于10mm）</td><td></td><td>粉砂</td><td>泥质</td><td>黏土泥</td></tr>
<tr><td rowspan="2">固结的</td><td>层理（大于10mm）</td><td></td><td>粉砂</td><td>泥岩</td><td>黏土岩</td></tr>
<tr><td>纹层（大于10mm）</td><td></td><td>粉砂岩</td><td>泥岩</td><td>黏土岩</td></tr>
<tr><td rowspan="3">变形的</td><td rowspan="3">低<br>变质程度<br>高</td><td></td><td>石英泥板岩</td><td colspan="2">泥板岩</td></tr>
<tr><td></td><td>石英泥板岩</td><td colspan="2">板岩</td></tr>
<tr><td></td><td colspan="3">千枚岩和/或云母片岩</td></tr>
</table>

其他非正式术语可用于该分类，以提供有关页岩性质的进一步信息。这些可能包括表示颜色、胶结类型的术语：钙质或灰质；铁质或富铁；硅质；硬化程度（硬、软）；矿物学组成（例如，石英、长石、云母）；化石含量（例如，含化石的、富含有孔虫的）；有机质含量（例如，碳质、富含干酪根、煤质）；压裂类型（贝壳状、粗糙状、块状）；层理的性质（例如，波浪状、透镜状、平行状）等。

### 5.4.4 泥岩和页岩的成因和产状

泥岩和页岩在细粒沉积物丰富且水能足够低以允许悬浮的细粒粉砂和黏土沉降的任何环境条件下形成。 它们形成于与主要大陆相邻的海洋环境中，其中海底位于风暴浪基面以下，但它们也可以在湖泊和河流的静水部分，以及潟湖、潮滩和三角洲环境中形成。风成的细粒硅质碎屑产物大大超过粗颗粒；因此，许多沉积体系中都有大量的细沉积物。由于细沉积物非常丰富，可以在各种平静的水环境中沉积，泥岩和页岩是迄今为止类型最丰富的沉积岩。它们约占总沉积岩的 50%。它们通常与砂岩或石灰岩互层，厚度从几毫米到几米或几十米不等。数百米厚的几乎纯页岩单元也存在。海相层序中的页岩单元倾向于横向扩展。

一些页岩（和泥岩）因其厚度、广泛的面积范围、地层位置或化石含量而闻名，包括加拿大西部的寒武系 Burgess 页岩，该页岩以其保存完好的软体动物印记而闻名；科罗拉多始新统绿河（油）页岩；北美洲西部的白垩系 Mancos 页岩，形成一个厚的、向东变薄的楔形，从新墨西哥州一直延伸到萨斯喀彻温省和艾伯塔省；泥盆系—密西西比亚系 Chattanooga 页岩和覆盖北美大部分地区的等效地层，其广泛分布范围仍然难以解释；西欧、北非和波斯湾地区的志留系 Gothlandian 页岩，其中包含瓣鳃动物和笔石动物群，以及南非的前寒武系 Figtree 组，以其早期化石研究而闻名。 Potter 等（1980）、Schieber 等（1998）及 Potter 等（2005）详细讨论了页岩和泥岩的起源和分布情况。

## 5.5 硅质碎屑岩的成岩作用

硅质碎屑岩最初形成砾石、砂或泥的松散沉积物。这些沉积物的矿物和化学成分是复杂的条件和过程系统共同作用的，包括源岩岩性、沉积物运移和环境条件（Johnsson，1993）。新沉积的沉积物具有松散堆积、未胶结的结构特征，高孔隙度、间隙含水量高。随着沉降盆地中沉积的继续，较老的沉积物逐渐被较年轻的沉积物埋藏到几十千米的深度。沉积物埋藏伴随着沉积物中发生的物理和化学变化，这些变化是对上覆沉积物重力增加、温度下降和孔隙水成分变化的响应。这些变化共同导致沉积物的压实和岩化，最终将其转化为固结的沉积岩。因此，松散砾石最终被岩化为砾岩，砂被岩化为砂岩，硅质碎屑泥被硬化为泥岩（页岩）。

岩化过程伴随着物理、矿物学和化学变化。松散的颗粒堆积会随着埋藏而变为更致密的沉积物，沉积物的孔隙度大大降低。胶结物沉淀到孔隙中可能会进一步降低孔隙度。在低表面温度和环境孔隙水存在下化学稳定的矿物在较高埋藏温度下发生变化，并改变孔隙水成分。矿物可以完全溶解，也可以被其他矿物部分或完全替代。

因此，在埋藏成岩过程中，孔隙度、矿物学和化学成分都可能发生不同程度的变化。成岩作用是形成砾岩、砂岩和页岩过程的最后阶段，是一个从源岩风化开始的过程，并通过沉积物搬运、沉积和埋藏继续形成。为了正确解释沉积岩的来源、迁移和沉积历史，必须识别和区分沉积时存在的沉积物特征和埋藏蚀变导致的沉积岩特征。成岩作用也具有经济意义，因为它会对硅质碎屑岩储存和传输流体的能力产生不利影响，这是石油和地下水地质学家非常感兴趣的课题（Stonecipher，2000）。本书简要描述了成岩过程以及这些过程的物理和化学效应。

### 5.5.1 成岩作用的阶段和范围

成岩作用发生的温度和压力高于风化环境，但低于产生变质作用的温度和压力。成岩作用和变质作用之间没有明确的界限，然而，通常认为成岩作用发生在低于约 250℃ 的温度（图 5.13）。成岩作用几乎可以在沉积后立即开始，而沉积物仍在海洋或其他盆地底部，并可能通过深埋藏和最终隆起而继续。埋藏使沉积物受到的压力和温度条件与沉积环境中存在的条件明显不同。静地（岩石）压力、静水（流体）压力和温度随深度的增加而变化（图 5.13）。孔隙流体成分也会发生变化，孔隙水的盐度通常随着埋藏深度的增加和孔隙水化学变化而增加（Heydari，1997）。孔隙水化学的变化难以概括，且因盆地而异，但包括 $Si^{4+}$、$Al^{3+}$、$Ca^{2+}$、$K^{+}$、$Mg^{2+}$、$Na^{+}$ 和 $HCO_3^{-}$（碳酸氢盐）等重要的矿物形成离子丰度的变化。随着埋藏深度的增加，其中许多离子的丰度增加，伴随着盐度的增加。有关沉积盆地中流体及其在成岩作用中的影响的详细讨论，请参见 Kyser（2000）的文献。

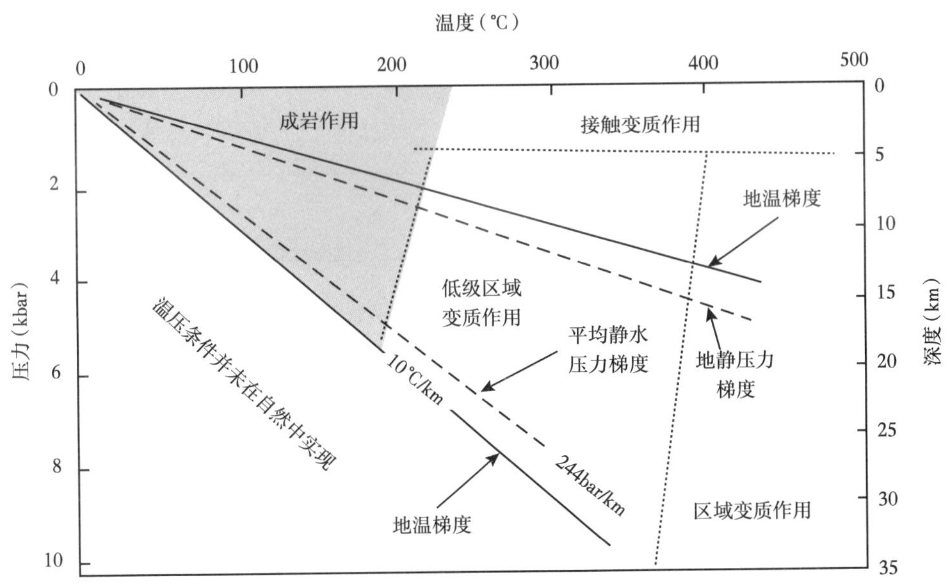


图 5.13 将成岩作用与地壳中的变质机制和典型的压力—温度梯度联系起来的压力—温度图

10°C/km 的地温梯度是典型的稳定克拉通；30°C/km 的地温梯度是裂谷沉积盆地的典型特征

许多作者认为，沉积物经历了 3~6 个成岩阶段。也许被广泛接受的成岩作用阶段是 Choquette 和 Pray（1970）提出的阶段。早成岩作用是指成岩作用的最早阶段，主要发生在沉积环境条件下的极浅深度（几米到几十米）。中成岩作用是在温度和压力升高及孔隙水成分变化的条件下，在更深埋藏过程中发生的成岩作用。晚期成岩作用是指伴随或跟随先前埋藏的沉积物抬升进入大气降水体系的成岩作用。当然，仍然深埋在沉积盆地中的沉积岩并没有经历末期发育。一些作者现在将这些阶段简单地称为初始、中期和晚期（Worden 等，2003；图 5.14）。表 5.8 总结了在每个成岩体系中发生的最重要的成岩过程及这些过程的影响。

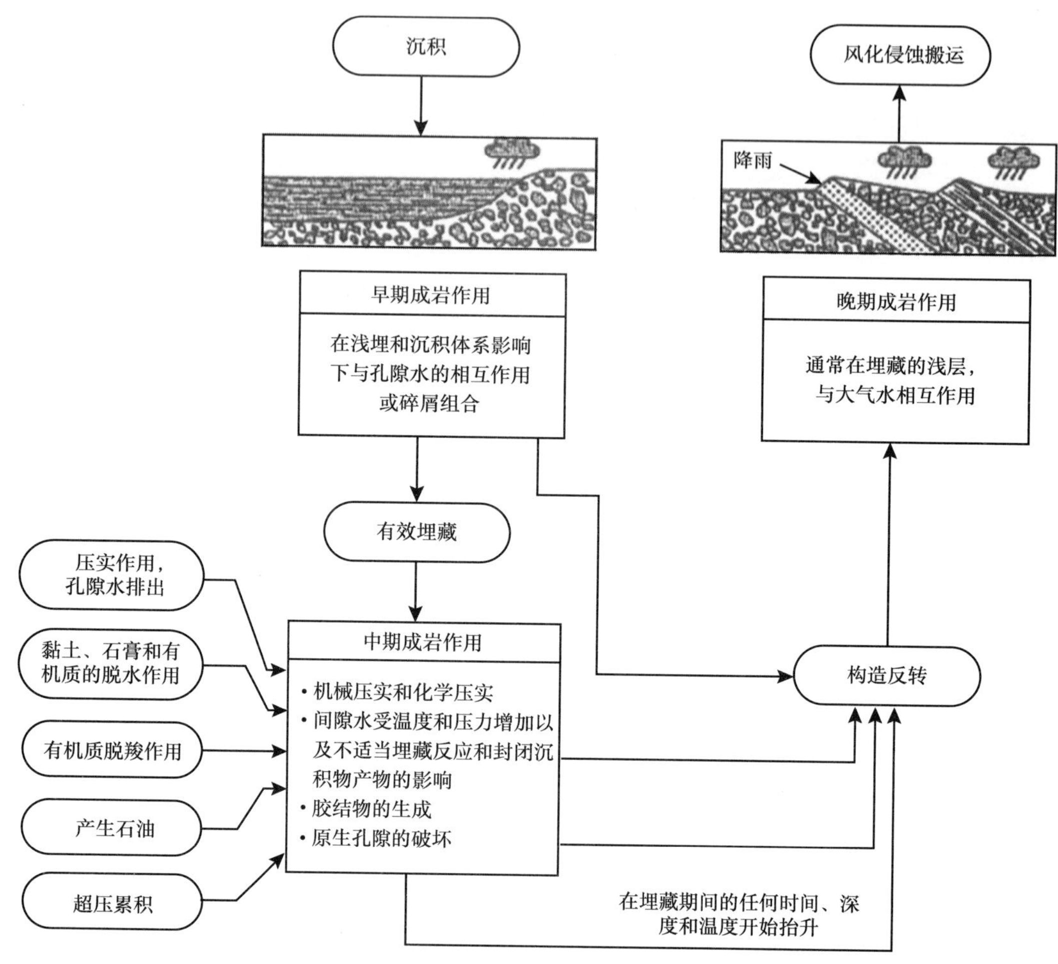


图 5.14　说明成岩作用机制之间联系的流程图

构造反转是指隆起

## 5.5.2　主要成岩作用的过程和影响

### 5.5.2.1　浅埋藏（早成岩阶段）

在古成岩体系中发生的主要成岩变化包括生物对沉积物的改造（生物扰动）、轻微压实、颗粒再充填及矿物学变化。生物体通过各种爬行、挖洞和沉积物摄取活动在沉积界面处或附近对沉积物进行改造。

生物扰动可以破坏原始沉积结构，如层理，并在其位置上产生各种痕迹，可能包括斑驳层理、洞穴、痕迹和足迹。生物改造通常对沉积物的矿物学组成和化学成分影响不大。由于埋藏深度非常浅，沉积物在早期成岩作用期间仅经历非常轻微的压实和颗粒重排。

**表 5.8　硅质碎屑岩埋藏过程中发生的主要成岩过程和变化**

| 埋藏过程 | 成岩阶段 | 成岩过程 | 结果 |
| --- | --- | --- | --- |
| 埋藏 | 早成岩阶段 | 有机质再搬运（生物扰动） | 原生沉积构造被破坏，地层或斑驳层及其他痕迹 |
| | | 胶结作用和交代作用 | 黄铁矿（还原环境）或氧化铁（氧化环境）的形成；石英和长石过度生长、碳酸盐胶结物、高岭石或绿泥石 |
| | 中成岩阶段 | 机械压实 | 颗粒紧密堆积 |
| | | 化学压实（压溶） | 孔隙度降低和地层减薄 |
| | | 胶结作用 | 碳酸盐（方解石）和硅石（石英）胶结物沉淀，伴随孔隙度降低 |
| | | 孔隙流体溶蚀 | 碳酸盐胶结物和硅酸盐骨架颗粒的溶液去除；通过优先破坏不太稳定的矿物而产生新的（次生）孔隙 |
| | | 矿物交代作用 | 部分至完全用新矿物替换某些硅酸盐颗粒和黏土基质（例如，方解石替换） |
| | | 黏土矿物自生 | 一种黏土矿物向另一种黏土矿物的蚀变（例如，混合矿物蚀变到伊利石或绿泥石，高岭石到伊利石） |
| 抬升 | 晚成岩阶段 | 溶解，交代，氧化 | 碳酸盐胶结物的溶解，长石蚀变为黏土矿物，碳酸铁矿物氧化为氧化铁，较不稳定矿物（例如辉石、角闪石）的溶解 |

早期成岩作用确实在硅质碎屑沉积物中带来了一些重要的矿物学变化。这些变化大多涉及新矿物的形成。在还原（低氧）条件普遍存在的海洋环境中，黄铁矿的形成尤为明显。黄铁矿可形成胶结物或替代其他材料，如木屑。其他重要反应包括在含氧孔隙水中形成绿泥石、海绿石（绿色铁硅酸盐颗粒）、伊利石 / 蒙皂石黏土和氧化铁（例如深海海底的红色黏土）；钾长石次生加大边、石英次生加大边（图 5.4a）和碳酸盐胶结物（图 5.4c）的沉淀。在氧化条件普遍存在的非海洋环境中，很少形成黄铁矿。相反，通常会产生氧化铁（针铁矿、赤铁矿），形成红层。高岭石黏土矿物的形成及石英和方解石胶结物的沉淀也可能发生在这种环境中。

#### 5.5.2.2　深埋藏（中成岩阶段）

1）压实

由于埋藏较深而产生的荷载压力使颗粒堆积的紧密性显著增加，同时伴随孔隙度损失（图 5.15a）和岩层变薄。增加的颗粒间接触点压力提高了颗粒在接触点的溶解度，导致颗粒部分溶解，该过程被称为压溶或化学压实（图 5.15b）。化学压实进一步降低孔隙度，导致地层变薄。因此，在物理和化学压实作用的影响下，在胶结作用的辅助下，砂和泥的原生孔隙度在深埋期间显著降低（图 5.16）。压实还会导致云母等柔性颗粒弯曲和岩石碎屑等软颗粒挤压（图 5.17）。Stone 等（1996）报告说，机械压实和压力溶解导致石英砂岩的孔隙度损失，主要是在埋深小于 2km 的地方（图 5.18），因为压实、压力溶解和少量石英胶结的联合作用产生稳定的颗粒堆积排列。根据这些作者的说法，更深处的孔隙度损失主要是石英胶结的结果。Worden 等（2003）认为，压实作用导致的孔隙度损失可能会持续到至少 5km 的深度。

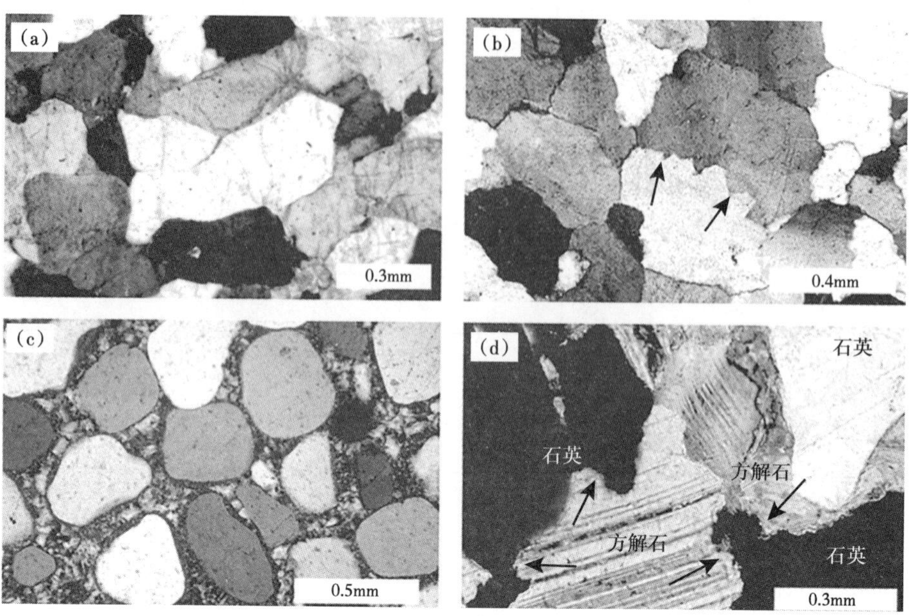


图 5.15　成岩作用形成的砂岩中的组构

(a)物理压实，宾夕法尼亚州 Tuscarora 砂岩(志留系)凹凸长接触的普遍性；(b)压力溶解导致的化学压实(箭头指不规则缝合接触)，宾夕法尼亚州 Oriskany 石英岩(泥盆系)；(c)微晶石英(燧石)胶结，Jefferson City 组(奥陶系)，密苏里州；(d)方解石交代石英，形成“缺口”接触(箭头)，Mauch Chunk 群(密西西比亚系)，宾夕法尼亚州

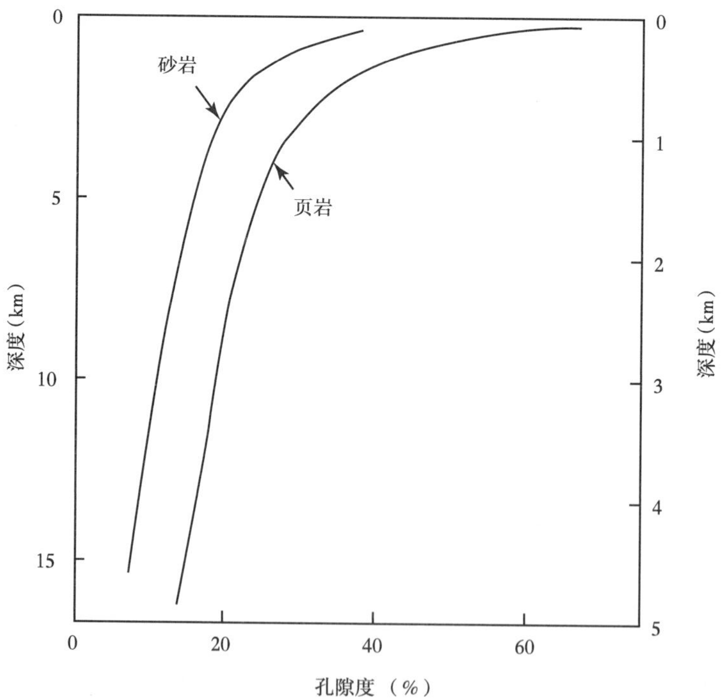


图 5.16　显示在加利福尼亚(砂岩)和路易斯安那(页岩)盆地中，与埋藏压实和胶结相关的沉积物孔隙度变化的近似最佳拟合曲线

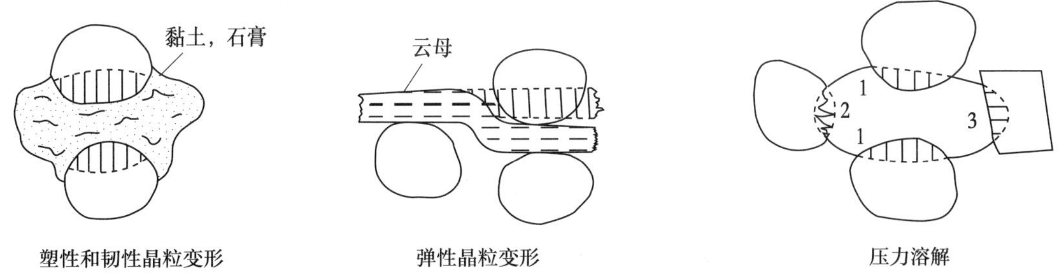


图 5.17　用于估算因压实而造成的砂岩体积损失的结构标准示意图

1—凹凸接触；2—缝合接触；3—长期接触。阴影区域表示颗粒变形和压力溶解造成的岩石体积损失

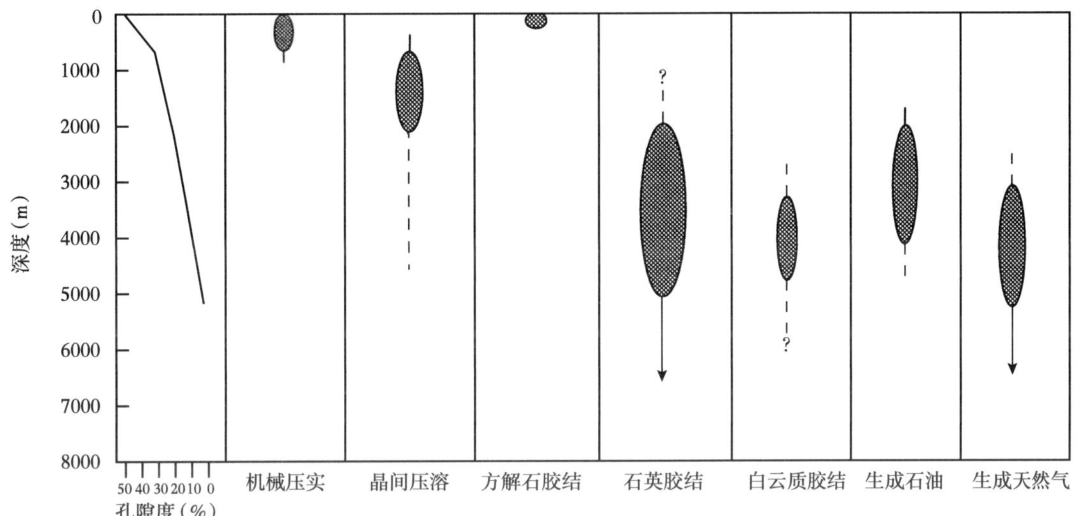


图 5.18　显示机械压实、压力溶解和胶结作用降低石英砂岩孔隙度的深度范围的概要图

孔隙度从地表的约 50% 减少到埋深约 5000m 时几乎为零，还显示了在地下生成石油和天然气的大致深度

2）化学过程和变化

埋藏过程中温度升高 10℃ 会导致化学反应速率增加一倍或三倍。因此，沉积环境中稳定的矿物相在深埋期间可能变得不稳定。温度升高有利于形成密度更高、含水率更低的矿物，也会导致除碳酸盐矿物外的大多数常见矿物的溶解度增加。因此，硅酸盐矿物随着埋藏深度（和温度）的增加而溶解的趋势越来越大，而碳酸盐矿物（如方解石）更容易沉淀。另外，pH 值降低（酸度增加）或孔隙水随深度增加可能导致碳酸盐溶解。例如，有机物质可能在深埋藏成岩作用期间分解释放 $CO_2$。孔隙水 $CO_2$ 含量的增加导致 pH 值降低（酸度增加），从而导致碳酸盐矿物溶解。如上所述，在深埋藏期间压力的增加会导致点接触处矿物溶解度的增加，从而导致矿物的部分溶解。这一过程将二氧化硅释放到孔隙水中，这是提供二氧化硅的一个重要机制，二氧化硅随后可沉淀为新的硅酸盐矿物。在深埋藏期间，硅质碎屑岩中发生了几种类型的化学 / 矿物学成岩作用。这些过程中最重要的是胶结作用、溶解作用、交代作用和黏土矿物自生。

胶结作用是指矿物沉淀到沉积物的孔隙空间，从而降低孔隙度并导致沉积物的岩化。

碳酸盐和硅质胶结物最常见，黏土矿物、长石、氧化铁、黄铁矿、硬石膏、沸石和许多其他矿物也可以形成胶结物。方解石是主要的碳酸盐胶结物（图 5.4c），文石、白云石、菱铁矿和铁白云石不太常见。增加孔隙水中碳酸钙的浓度和增加埋藏温度有利于碳酸盐胶结。孔隙水中 $CO_2$ 含量增加会抑制沉淀，这可能是埋藏期间沉积物中有机物分解的结果。$CO_2$ 水平（分压）升高会导致孔隙水变酸，并对碳酸盐矿物具有腐蚀性。

图 5.4c 所示为方解石胶结物，仅限于砂岩内相对较小的区域。胶结作用的分布可能更广泛，胶结物最终可以填充砂岩中的大部分孔隙。在其他情况下，胶结物可能集中在某些物体周围，例如化石或化石碎屑，它们显然是胶结作用的核心。胶结物可以在这个物体周围堆积起来，形成球状物质（图 5.19）。在极少数情况下，方解石及重晶石和石膏可以结晶（沉淀）为包裹大量砂粒的大晶体，形成所谓的砂晶（图 5.20）。

在现有碎屑石英颗粒周围以次生加大的形式形成的石英（图 5.4a）是最常见的硅质胶结。石英次生加大胶结在许多石英砂岩中特别丰富。不太常见的是，二氧化硅沉淀为微晶石英（燧石）胶结物（图 5.15c）或蛋白石。孔隙水中高浓度的二氧化硅和低温有利于石英胶结。一些硅石是通过加压溶液或硅藻和放射虫等化石有机体的硅质骨架溶解在局部提供的。在与深部盆地矿物脱水或构造活动相关的流体流动期间，二氧化硅也可能从盆地的其他区域输入（Stone 等，1996）。石英胶结作用经常发生在沉积盆地中，其中向下循环的水深入盆地，在较高温度下溶解的二氧化硅向上升并沿盆地边缘冷却。

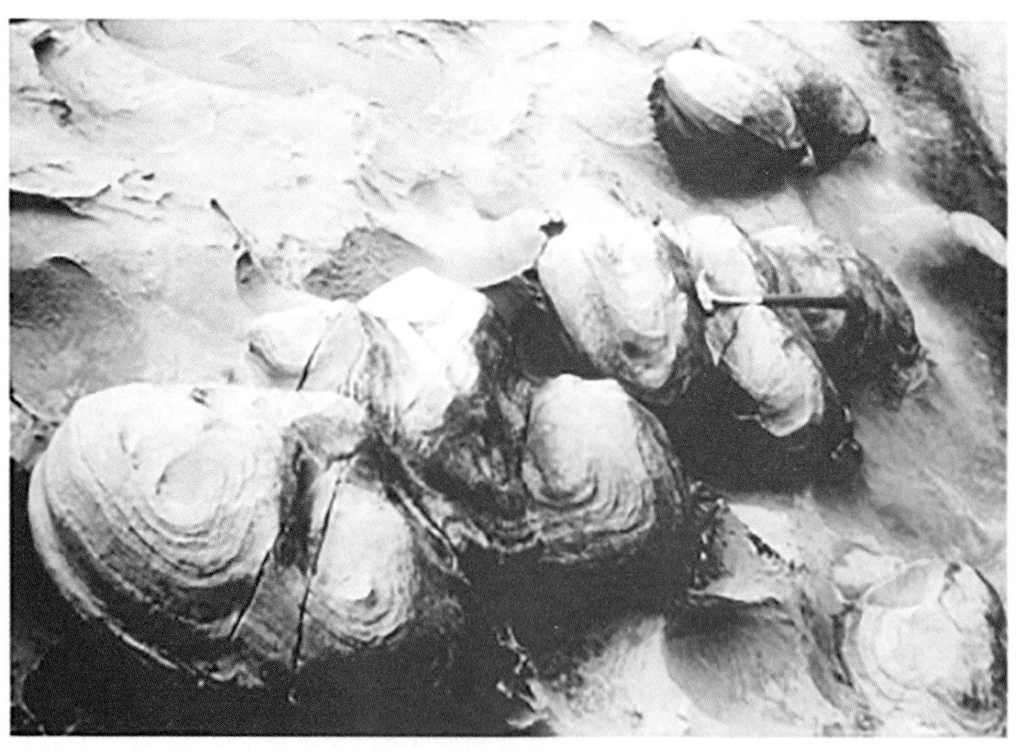

图 5.19　俄勒冈州南部海岸 Coaledo 组（始新统）层状砂岩层表面风化出的大型结核

方解石在某种核周围沉淀，填充砂岩的孔隙空间，逐渐形成球状物质。注意结核中保存的砂岩层理

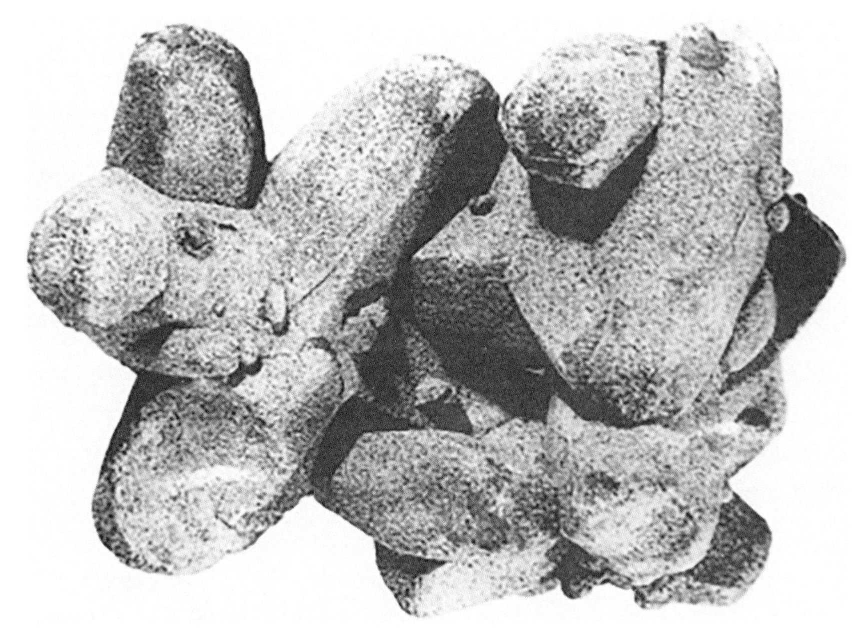

图 5.20　砂晶，中新统砂岩，荒地，南达科他州

标本的长度约为 16cm

硅酸盐骨架颗粒和先前形成的碳酸盐胶结物的溶解可能在深埋过程中发生，其条件基本上与胶结作用所需条件相反。例如，碳酸盐矿物溶解在具有高二氧化碳分压的较冷孔隙水中。岩石碎屑和低稳定性硅酸盐矿物，如斜长石、辉石和角闪石，可能因埋藏温度升高和孔隙水中有机酸的存在而溶解。成岩作用期间，较不稳定的骨架颗粒或部分颗粒的选择性溶解称为层内溶解。骨架颗粒和胶结物的溶解增加了孔隙度，尤其是在砂岩中。对砂岩孔隙度特别感兴趣的石油地质学家现在认为，埋深在 3km 以下的砂岩中的大部分孔隙是次生孔隙，在溶解过程中产生。

矿物交代作用是指一种矿物溶解，另一种矿物在其位置同时沉淀的过程。替换发生时，替换矿物和被替换矿物之间似乎没有任何体积变化。因此，在某些情况下，原始矿物中存在的精致纹理可以忠实地保存在替代矿物中。在硅质岩取代的石化木材和碳酸盐化石中可以找到这种保存下来的纹理的著名实例。

常见的交代作用包括微晶石英（燧石）交代碳酸盐矿物、碳酸盐矿物交代燧石、碳酸盐矿物交代长石和石英（图 5.15d）、黏土矿物交代长石、碳酸盐矿物交代黏土基质、富钠斜长石交代富钙斜长石（钠长石化）、黏土或沸石矿物交代长石和火山岩碎屑。交代范围可能是局部或全部。完全交代破坏了原始矿物或岩石碎屑的特性，从而对岩石的原始矿物学特征产生了影响。孔隙度也可能受到交代作用的影响，尤其是黏土矿物对骨架颗粒的交代作用，这会堵塞孔隙空间并降低孔隙度。砂岩中的大部分黏土基质可能是由不稳定骨架颗粒蚀变为黏土矿物而成岩的。

除了这些常见的交代过程外，一种黏土矿物在成岩过程中可能会发生变化。例如，蒙皂石黏土可能在 55~200℃ 的温度范围内转变为伊利石，同时释放水。这一过程在页岩中尤其常见，称为页岩脱水。蒙皂石也可能在大约相同的温度范围内转变为绿泥石，高岭石通常在 120~150℃ 的温度下转变为伊利石。正是这些成岩过程被认为是黏土矿物相对丰度随年龄变化趋势的原因。

3）成岩古温度估算

由于温度对成岩过程有着特别重要的影响，地质学家对估算特定成岩反应发生时的温度非常感兴趣。为了开发可靠的古温度分析技术，已经进行了大量的研究。用于测定古温度的工具称为地温计。目前用于确定成岩古温度的主要技术包括基于牙形刺颜色变化、镜质组反射率、干酪根中的石墨化程度、黏土矿物组合、沸石矿物组合、流体包裹体和氧同位素比值的方法。这些方法具有不同程度的可靠性，但没有一种方法是绝对可靠的成岩作用古地温估算方法，牙形刺颜色变化和镜质组反射率通常被认为是最有用的方法，基于矿物组合分析的方法往往不那么敏感，也更加模棱两可。例如，沸石矿物的形成取决于压力、沉积物孔隙水的盐度和化学成分及温度。两种或三种不同的方法，通常包括检查牙形刺颜色变化和镜质组反射率，一起用于交叉检查提高可靠性。

#### 5.5.2.3 晚期成岩作用

经历深埋藏成岩作用的沉积岩随后可能因造山活动而抬升，并因侵蚀而脱出。这些过程将矿物组合，包括在中成岩作用过程中形成的新矿物，带入了一个温度和压力较低的环境，其中中成岩作用孔隙水被冲刷并被低盐度的富含氧气的酸性大气水（雨水）所取代。在这些变化的条件下，先前形成的胶结物和骨架颗粒可能会发生溶解（产生次生孔隙）或骨架颗粒转变为黏土矿物，例如钾长石转变为高岭石（降低孔隙度）。或者，根据孔隙水的性质，可以沉淀二氧化硅或碳酸盐胶结物。其他变化可能包括碳酸铁矿物和其他含铁矿物氧化形成氧化铁（针铁矿和赤铁矿），如果孔隙水中存在钙，硫化物（黄铁矿）氧化形成硫酸盐矿物（石膏），以及较少的溶解稳定的矿物，例如辉石和闪石。当沉积岩暴露在地球表面时，晚期成岩过程逐渐演变为陆上风化过程。

## 5.6 矿物成分的物源意义

硅质碎屑岩的硅酸盐矿物学和岩石碎屑组成是这些岩石区别于其他沉积岩的基本特性。矿物学是研究硅质碎屑岩起源的一个特别重要的手段，因为它几乎提供了关于消失的源区（即古代山地系统）性质的唯一可用线索。沉积岩中保存的硅质碎屑矿物和岩石碎屑的种类为源岩的岩性提供了重要证据。岩石碎屑提供了最直接的岩性证据：火山岩碎屑表示火山源岩，变质岩碎屑表示变质岩源岩等。长石和其他矿物也是重要的源岩指标。例如，钾长石表明其主要来源于碱性深成火成岩或变质岩，而钠质斜长石主要来源于碱性火山岩，钙质斜长石主要来源于碱性火山岩。重矿物系列也可用于源岩测定，由磷灰石、黑云母、角闪石、独居石、金红石、榍石、粉红色电气石和锆石组成的一组重矿物表明源岩为碱性火成岩。辉石、铬铁矿、透辉石、超辉石、钛铁矿、磁铁矿和橄榄石的组合表明源自基性火成岩。红柱石、石榴石、十字石、黄玉、蓝晶石和硅线石构成源岩为变质岩的矿物组合，而由重晶石、铁矿石、白钛石、圆形电气石和圆形锆石组成的一组重矿物表明是再沉积的沉积物来源。单个重矿物品种的微量元素组成，如钛铁矿中钛和铁的含量，也可作为物源指标（Darby 等，1987）。见 Morton 和 Hallsworth（1999）对重矿物和物源的详细讨论，以及 Arribas 等（2007）文献中的其他几个例子。

石英还具有作为出处指标的价值。 例如，Basu 等（1975）认为高百分比的波状消光

（消光角大于 5°）石英颗粒，以及高百分比的多晶石英颗粒（每粒含有三个以上晶体单元）是典型的低阶变质源岩。相比之下，非波状消光石英和多晶石英（每粒含少于三个晶体单元）表明其来源于高级变质或深成火成岩源岩。Seyedolali 等（1997）证明，也可以通过扫描电子显微镜（SEM）——阴极发光组构分析确定石英的来源。深成岩、火山岩和变质岩中的石英颗粒在 SEM 中受电子束激发时显示出明显不同的阴极发光模式，这提供了可靠的来源解释（Kwon 等，2002）。

除了提供有关源岩岩性的信息外，某些矿物的相对化学稳定性及风化和蚀变程度可作为解释源岩区气候和地貌的工具（Folk，1974）。例如，砂岩中存在大的、新鲜的、有棱角的长石，这表明其来源于地势高的源区，在那里，颗粒在广泛风化之前被迅速搬运。或者，它们可能来自具有非常干旱或极冷气候的源区，这抑制了化学风化。小的、圆形的、高度风化的长石颗粒表明源区为低地势或化学风化强度适中的温暖潮湿气候。没有长石可能表明风化非常强烈，以至于所有长石都被破坏了，或者源岩中没有长石存在。对矿物成分的此类分析仅提供有关气候和地势的初步结论。此外，由于成岩作用或源岩矿物的破坏，它们也容易受到误判。

地质学家还对源区和相关沉积地点的构造环境感兴趣。随着海底扩张和板块构造理论的发展，这种兴趣集中在从板块构造区域角度解释构造环境（Dickinson 和 Suczek，1979；Dickinson，1982；Dickinson 等，1983）。换句话说，地质学家想知道一个特定的沉积是否来自位于大陆、与俯冲带相关的火山弧或其他构造环境中的源岩。目前已经确定了三种主要类型的构造背景或物源：（1）大陆块体物源；（2）岩浆弧物源；（3）旋回造山带物源（图 5.21）。

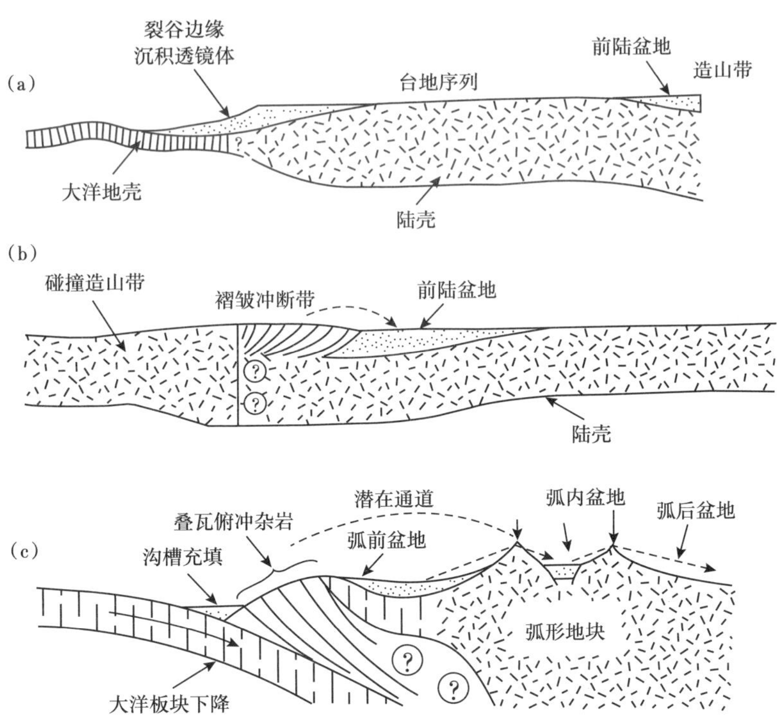


图 5.21　沉积物源区主要构造背景示意图

（a）大陆块物源；（b）再旋回造山带物源；（c）岩浆弧物源。带箭头的虚线表示沉积物搬运路径

大陆块体物源（图 5.21a）位于大陆块内，大陆块一侧与被动大陆边缘接壤，另一侧与造山带或板块会聚带接壤。源岩包括深成火成岩、变质岩和沉积岩，但很少包括火山岩。从这些物源搬运的沉积物通常由石英砂、钾长石与斜长石比例高的长石及变质岩和沉积岩碎屑组成。大陆来源的侵蚀沉积物可能从大陆外运入相邻的边缘海盆，或者沉积在大陆内的局部海盆中。

再旋回造山带物源（图 5.21b）是板块会聚带主要板块的碰撞沿碰撞缝合带形成隆起的物源区。在两个大陆块碰撞的地方，碰撞隆起中的源岩通常是在碰撞之前存在于大陆边缘的沉积岩和变质岩。从这些源岩中剥离的碎屑通常由丰富的变质沉积岩碎屑、中等含量石英和高比例的石英与长石组成。当大陆块体与岩浆弧杂岩碰撞时，隆起的源岩可能包括变形超镁铁质岩、玄武岩和其他海洋岩石，以及各种其他岩石类型，如绿玉（弱变质基性火成岩）、燧石、泥质岩（弱变质页岩）、岩屑砂岩和石灰岩。来自这些来源的沉积物可能包含多种类型的岩石碎屑、石英、长石和燧石。燧石是源自该产地沉积物的一种特别丰富的成分。

岩浆弧物源（图 5.21c）位于板块会聚带，沉积物主要来自由火山高地（未切割弧）组成的火山弧物源侵蚀。从这些高地脱落的火山碎屑主要由火山岩屑和斜长石组成。石英和钾长石通常非常稀少，除非火山覆盖层被侵蚀切割，露出下伏深成岩（切割弧）。从火山高地流出的沉积物可能被输送到相邻的海沟或沉积在弧前和弧后盆地中。

为了区分来自这三个主要构造物源的沉积物，Dickinson 和 Suczek（1979）及 Dickinson 等人（1983）建议使用三角形成分图，显示单晶石英、多晶石英、钾长石和斜长石的骨架比例，以及火山岩和变质沉积岩碎屑。通过对世界各地砂岩成分的研究，绘制了如图 5.22 所示的物源图。为了将这些图表用作确定其他砂岩物源的指南，可以确定砂岩中砂粒大小颗粒的成分，并将其绘制在如图 5.22 所示的一个或两个图表上。大多数点群集中分布的区域（例如克拉通内部、再旋回造山带）是源岩的假定构造环境。

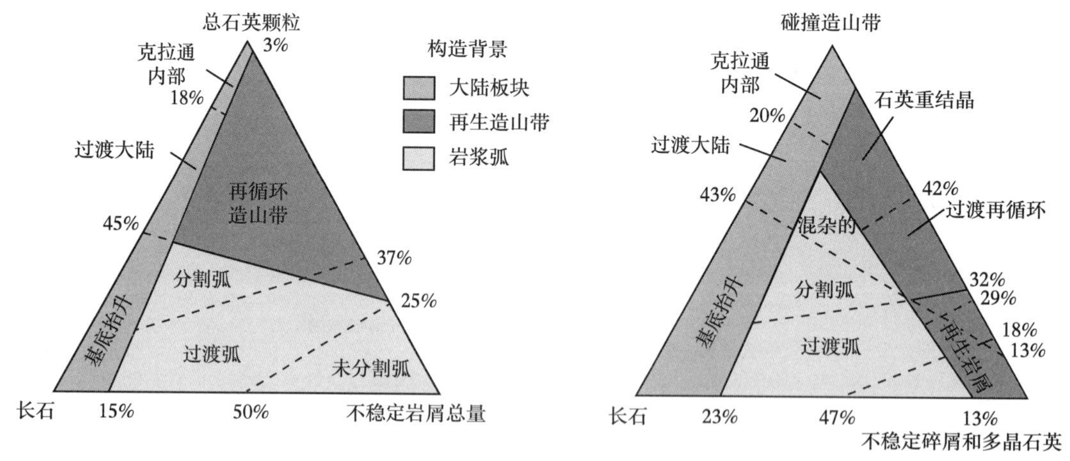


图 5.22　砂岩骨架成分与构造环境的关系

Dickinson 的物源模型受到了批评，因为并不是每个单独的砂或砂岩都应该根据其构造环境进行划分。但是模型对于从各种构造环境的大规模采样中获取的大量数据集的平均值是有效的（Ingersoll，2004）。此外，必须使用所谓的 Gazzi-Dickinson 点计数法生成成分数据（Ingersoll 等，1984）。Marsaglia 和 Ingersoll（1992）根据洋内岩浆弧和大陆边缘岩浆弧之间的对比，修改了 Dickinson 的物源三角，这是对基本物源模型的有益改进。

硅质碎屑岩物源分析的一个较新技术是利用各种辐射测量技术估算磷灰石和锆石等单一矿物颗粒的年龄。确定沉积岩中单个矿物颗粒的年龄提供了这些颗粒产生的源岩的年龄。这种分析使矿物颗粒与已知年龄的特定源区联系成为可能（Bernet 等，2004b），这种评价称为碎屑热年代学。

以上讨论仅对物源解释这一主题做了最简单的介绍。第 16 章进一步探讨了物源研究在盆地分析中的应用。有关这一重要主题的更多信息，包括砾岩和页岩来源的讨论，请参见 Boggs（2009）和本章的拓展阅读文献。

## 拓展阅读文献


**沉积岩的组成**

Adams, A. E., W. S. Mackenzie, and C. Guilford. 1984. Atlas of sedimen tary rocks under the microscope. New York: John Wiley & Sons.

Boggs, S., Jr. 2009. Petrology of sedimentary rocks. 2nd ed. Cambridge: Cambridge University Press.

Johnsson, M. J. 1993. The system controlling the composition of clastic sediments. in Johnsson, M. J., and A. Basu ( eds. ) . Processes controlling the composition of clastic sediments. Geol. Soc. America Spec. Paper 284. 1–19.

Stow, D. A. V. 2005. Sedimentary rocks in the field: A color guide. Burlington, MA: Elsevier Academic Press.

**砂岩与砾岩**

Koster, E. H., and R. H. Steel ( eds. ) . 1984. Sedimentology of gravels and conglomerates. Canadian Soc. of Petroleum Geologists Mem.

Mutti, E.. 1992. Turbidite sandstones. Milan: Agip, Instituto di Geologia, Universitá di Parma.

Pettijohn, F. J., P. E. Potter, and R. Siever. 1987. Sand and sandstone. 2nd ed. New York: Springer–Verlag.

**页岩**

Bennett, R. H., W. R. Bryant, and M. H. Hulbert. 1991. Microstructures of fine–grained sediments. From mud to shale. New York: Springer–Verlag.

Krinsley, D. H., K. Pye, S. Boggs, Jr., and N. K. Tovey. 1998. Backscattered scanning electron microscopy and image analysis of sediments and sedimentary rocks. Cambridge: Cambridge University Press.

O’Brien, N. R., and R. M. Slatt. 1990. Argillaceous rock atlas. New York: Springer–Verlag.

Potter, P. E., J. B. Maynard, and P. J. Depetris. 2005. Mud and mudstone: An introduction and overview. Berlin: Springer–Verlag.

Schieber, J., W. Zimmerle, and P.S. Sethi ( eds. ) . 1998. Shales and mudstone. Stuttgart: E. Schweizerbart’sche Verlagsbuchhandlung. vol. I, vol. II.

**识别**

Burley, S.D., and R.H., Worden. 2003. Sandstone diagenesis: Recent and ancient. Malden, MA: Blackwell Pub.

Crossey, L. J., R. Loucks, and M. W. Totten ( eds. ) . 1996. Siliciclastic diagenesis and fluid flow. SEPM Special Publication No. 55. Tulsa, OK: Society for Sedimentary Geology.

Mackenzie, F. T. ( ed. ) . 2005. Sediments, diagenesis, and sedimentary rocks: Treatise on geochemistry, vol. 7. Amsterdam: Elsevier.

Montañez, I. P., J. M. Gregg, and K. L. Shelton ( eds. ) . 1997. Basinwide diagenetic patterns: integrated petrologic, geochemical, and hydrologic considerations. SEPM Special Publication No. 57. Tulsa, OK: Society for Sedimentary Geology.

Morad, S. ( ed. ) . 1998. Carbonate cementation in sandstones: distribution patterns and geochemical evolution. Malden, MA: Blackwell Science.

Worden, R., and S. Morad ( eds. ) . 2000. Quartz cementation in sandstones. Int. Assn. of Sedimentologists, Spec. Pub. 26. Malden, MA: Blackwell Science.

Worden, R., and S. Morad ( eds. ) . 2002. Clay mineral cements in sandstones. Int. Assn. of Sedimentologists. Spec. Pub. 34. Malden, MA: Blackwell Science.

**物源分析**

Arribas, J., S. Critelli, and M. J. Johnsson ( eds. ) . 2007. Sedimentary provenance and petrogenesis. Perspectives from petrography and geochemistry. Special Paper 420. Boulder, CO: Geol Soc. America.

Bahlburg, H., and P. A. Floyd. 1999. Advanced techniques in provenance analysis of sedimentary rocks: Special issue. Sedimentry Geology vol. 124.

Bernet, M., and C. Spiegel ( eds. ) . 2004. Detrital thermochronology: Provenance analysis, exhumation, and landscape evolution of mountain belts. Geol. Soc. America Special Paper 378. Boulder, CO: Geol. Soc. America.

Götze, J., and W. Zimmerle. 2000. Quartz and silica as guide to provenance in sediments and sedimentary rocks: Contributions to sedimentary geology 21. Stuttgart: E. Schweizerbart' sche Verlagsbuchhandlung.

Johnsson, M. J., and A. Basu ( eds. ) . 1993. Processes controlling the composition of clastic sediments. Geol. Soc. America Spec. Paper 284.

## 参考文献

Arribas, J., S. Critelli, and M. J. Johnsson ( eds. ) . 2007. Sedimentary provenance and petrogenesis: Perspectives from petrography and geochemistry. Special Paper 420. Boulder, CO: Geol Soc. America.

Basu, A., et al. 1975. Reevaluation of the use of undulatory extinction and crystallinity in detrital quartz for provenance interpretation: Jour. Sed. Petrology 45: 873–882.

Bernet, M., and C. Spiegel. ( eds. ) . 2004. Detrital thermochronology: Provenance analysis, exhumation, and landscape evolution of mountain belts. Geol. Soc. America Special Paper 378. Boulder, CO: Geol. Soc. America.

Blatt, H., G. V. Middleton, and R. Murray. 1980. Origin of sedimentary rocks, 2nd ed. Englewood Cliffs, NJ: Prentice-Hall.

Boggs, S., Jr. 1967. A numerical method for sandstone classification: Jour. Sed. Petrology 37: 548–555.

Boggs, S., Jr. 2009. Petrology of sedimentary rocks. 2nd ed.: Cambridge, UK: Cambridge University Press.

Choquette, P. W., and L. C. Pray. 1970. Geologic nomenclature and classification of porosity in sedimentary carbonates. Am. Assoc. Petroleum Geologists Bull. 54: 207–250.

Darby, D. A., and Y. W. Tsang. /1987./ Variation in ilmenite element composition within and among drainage basins: implications for provenance. Jour. Sed. Petrology 57: 831–838.

Dickinson, W. R. 1982. Composition of sandstones in circum-Pacific subduction complexes and fore-arc basins. Am. Assoc. Petroleum Geologists Bull. 66: 121–137.

Dickinson, W. R., et al. 1983. Provenance of North American Phanerozic sandstones in relation to tectonic setting. Geol. Soc. America Bull. 94: 222–235.

Dickinson, W. R., and C. A. Suczek. 1979. Plate tectonics and sandstone composition. Am. Assoc. Petroleum Geologists Bull. 63: 2164–2182.

Dott, R. H., Jr. 1974. The geosynclinal concept. in Dott, R. H., and R. H. Shaver ( eds. ) . Modern and ancient geosynclinal sedimentation. SEPM Spec. Pub. 19. 1–13.

Folk, R. L. 1974. Petrology of sedimentary rocks. Austin, TX: Hemphill.

Folk, R.L., P. B. Andrews, and D. W. Lewis, 1970, Detrital sedimentary rock classification and nomenclature for use in New Zealand. New Zealand Jour. Geol. and Geophysics 13: 937–968.

Friedman, G. M., and J. E. Sanders. 1978. Principles of sedimentology. New York: John Wiley and Sons.

Garrels, R. M., and F. T. McKenzie. 1971. Evolution of sedimentary rocks. New York: W.W. Norton.

Heydari, E. 1997. Hydrotectonic models of burial diagenesis in platform carbonates based on formation water geochemistry in North American sedimentary basins. in Montañez, I. P., J. M. Gregg, and K. L. Shelton (eds.). Basin-wide diagenetic patterns: integrated petrologic, geochemical, and hydrologic considerations. Soc. for Sedimetary Geology Spec. Pub. 57. 53–79.

Ingersoll, R.V., et al. 1984. The effect of grain size on detrital modes: A test of the Gazzi-Dickinson point-counting method. Journal of Sedimentary Petrology 54: 103–116.

Johnsson, M. J. 1993. The system controlling the composition of clastic sediments. in Johnsson, M.J., and A. Basu (eds.). Processes controlling the composition of clastic sediments. Geol. Soc. America Spec. Paper 284. 1–19.

Johnsson, M. J., R. F. Stallard, and R. H. Meade. 1988. First-cycle quartz arenites in the Orinoco River basin, Venezuela and Colombia. Jour. Geology 96: 263–277.

Klein, G. deV. 1963. Analysis and review of sandstone classifications in the North American geological literature, 1940–1960. Geol. Soc. America Bull. 74: 555–576.

Krinsley, D. H., et al. 1998. Backscattered scanning electron microscopy and image analysis of sediments and sedimentary rocks. Cambridge: Cambridge University Press.

Kwon, Y-I., and S. Boggs, Jr. 2002. Provenance interpretation of Tertiary sandstones from the Cheju Basin (NE East China Sea): A comparison of conventional petrographic and scanning cathodoluminescence techniques. Sedimentary Geology 152: 29–43.

Kyser, K. 2000. Fluids and basin evolution. Mineralogical Association of Canada. Short Course Series. vol. 28.

Lewan, M. D. 1978. Laboratory classification of very fine-grained sedimentary rocks. Geology 6: 745–748.

Lindholm, R. 1987. A practical approach to sedimentology. London : Allen and Unwin.

Marsaglia, K. M., et al. 1995. Sedimentation in Western Pacific backarc basins: New Insights from Recent ODP drilling. in Taylor, B., and J. Natland (eds.). Active margins and marginal basins of the Western Pacific. Am. Geophy. Union Geophysical Monograph 88. 291–314.

McBride, E. F. 1963. A classification of common sandstones. Jour. Sed. Petrology 33: 664–669.

Morton, A.C., and C. R. Hallsworth. 1999. Processes controlling the composition of heavy mineral assemblages in sandstones. Sedimentary Geology 124: 3–29.

Okada, H. 1971. Classification of sandstones: Analysis and proposal. Jour. Geology 79: 509–525.

Pettijohn, F. J. 1963. Chemical composition of sandstones-excluding carbonate and volcanic sands. in Data of geochemistry. 6th ed. U.S. Geol. Survey Prof. Paper 440S.

Pettijohn, F.J. 1975. Sedimentary rocks, 3rd ed. New York: Harper and Row.

Picard, M. D. 1971. Classification of fine-grained sedimentary rocks: Jour. Sed. Petrology 41: 179–195.

Potter, P. E., J. B. Maynard, and P. J. Depetris. 2005. Mud and mudstones: Introduction and overview. Berlin: SpringerVerlag.

Pettijohn, F. J., P. E. Potter, and R. Siever. 1987. Sand and sandstone, 2nd ed. New York: Springer-Verlag.

Potter, P. E., J. B. Maynard, and W. A. Pryor. 1980. Sedimentology of shale. New York: Springer-Verlag.

Schieber, J., W. Zimmerle, and P.S. Sethi (eds.) 1998. Shales and mudstones. Stuttgart: E. Schweizerbart' sche Verlagsbuchhandlung. vol Ⅰ., vol Ⅱ.

Seyedolali, A., et al. 1997. Provenance interpretation of quartz by scanning electron microscope–cathodoluminescence fabric analysis. Geology 25: 789–790.

Stone, W. N., and R. Siever. 1996. Quantifying compaction, pressure solution and quartz cementation in moderately- and deeply-buried quartzose sandstones from the greater Green River Basin, Wyoming. in Crossey, L.J., R. Loucks, and M.W. Totten (eds.). Siliciclastic diagenesis and fluid flow. Soc. for Sed. Geology Spec. Pub. 55. 129–150.

Stonecipher, S. A. 2000. Applied sandstone diagenesis—practical petrographic solutions for a variety of common exploration, development, and production problems. SEPM Short Course Notes No. 50. Tulsa, OK: SEPM.

Tourtelot, H. A. 1960. Origin and use of the work "shale." Am. Jour. Sci. Bradley Volume 258-A: 335–343.

Williams, H, F. J. Turner, and C. M. Gilbert. 1982. Petrography. 2nd ed. San Francisco: W. H. Freeman.

Worden, R. H., and S. D. Burley. 2003. Sandstone diagenesis: The evolution of sand to stone. Sandstone diagenesis: Recent and ancient. Malden, MA: Blackwell Publishing. 3–44.

Worden, R. H., and S. Morad (eds.). 2000. Quartz cementation in sandstones. International Association of Sedimentologists Special Publ. 29. Malden, MA: Blackwell Science Ltd.

Worden, R.H., and S. Morad (eds.). 2003a. Clay mineral cements in sandstones. International Association of Sedimentologists Special Publ. 34. Malden, MA: Blackwell Science Ltd.

Worden, R.H., and S. Morad. 2003b. Clay minerals in sandstones: controls on formation, distribution and evolution. International Association of Sedimentologists Special Publ. 34. Malden, MA: Blackwell Science Ltd. 3–41.

Yanov, E. N. 1978. Classification of sandstones and siltstones by composition of grains. Lithology and Mineral Resources 12: 466–472.

# 6 碳酸盐岩

## 6.1 引言

化学 / 生物化学沉积岩是通过各种化学或生物化学过程从水中沉淀矿物而形成的，其化学成分、矿物学组成和结构与硅质碎屑岩不同。根据矿物学组成和化学成分，它们可分为五种基本类型：(1)碳酸盐岩；(2)蒸发岩；(3)硅质岩(燧石)；(4)富铁沉积岩；(5)磷酸盐岩。碳质岩，如煤和油页岩，构成了另一类特殊的岩石，除了含有不同数量的硅质碎屑或化学(如碳酸盐)成分外，还含有丰富的非矿物有机质。

碳酸盐岩是迄今为止种类最丰富的化学 / 生物化学沉积岩，本章对其进行了描述。第7章讨论了其他化学 / 生物化学和碳质岩。碳酸盐岩根据矿物学组成可分为石灰岩和白云岩，石灰岩主要由方解石组成，白云岩主要由白云石组成。碳酸盐岩占地质记录中所有沉积岩的20%~25%。它们出现在厚度可达数百米的良好层理序列中(图6.1)，并且存在于许多前寒武系组合中，以及从寒武系到第四系的所有地质系统中。前寒武系和古生界碳酸盐岩序列包含丰富的白云岩，而中生界—新生界碳酸盐岩主要为石灰岩。石灰岩包含丰富多样的纹理、构造和化石，它们提供了有关古代海洋环境、古生态条件及生命形式(尤其是海洋生物)随时间演化的重要信息。碳酸盐岩具有重要的经济意义，因为石灰岩和白云岩可用于农业和工业用途，它们是很好的建筑材料，最重要的是，它们是世界三分之一

图 6.1　暴露在犹他州圣胡安河 Goosenecks 的 Hermosa 组(宾夕法尼亚亚系)独特的层状石灰岩

以上石油储量的储集岩。由于其环境和经济意义，人们对其进行了广泛的研究，数百篇研究论文对其矿物学组成、化学成分和结构特征进行了描述。碳酸盐岩的特征也在几本书中进行了总结，详见本章末尾的拓展阅读文献。

## 6.2 化学成分和矿物学组成

碳酸盐岩主要由钙离子（$Ca^{2+}$）、镁离子（$Mg^{2+}$）和碳酸根离子（$CO_3^{2-}$）组成。石灰岩和白云岩中都含有钙和镁，然而，镁是白云岩中特别重要的成分。以氧化物表示，CaO、MgO 和 $CO_2$ 占碳酸盐岩平均含量的 90% 以上。碳酸盐岩中存在许多其他少量或微量元素，许多微量元素都包含在非碳酸盐杂质中。硅、铝、钾、钠和铁主要存在于硅酸盐矿物中，如石英、长石和黏土矿物，这些矿物在大多数碳酸盐岩中含量很少。碳酸盐岩中常见的微量元素包括硼、铍、钡、锶、溴、氯、钴、铬、铜、镓、锗和锂。这些微量元素的浓度不仅受岩石矿物学组成的控制，还受岩石中化石骨骼颗粒的类型和相对丰度的控制。许多生物体将微量元素如钡、锶和镁浓缩并结合到其骨骼结构中。

表 6.1 显示了主要碳酸盐矿物的化学成分和结构特征，其中只有少数是石灰岩和白云岩的重要组成部分。Morse 和 Mackenzie（1990），以及 Tucker 和 Wright（1990）对碳酸盐晶体的化学结构进行了更详细的分析。现代碳酸盐沉积物主要由文石组成，但也包括方解石（尤其是深海钙质软泥中的方解石）和白云石。方解石（$CaCO_3$）的分子式中可能含有百分之几的镁，因为镁离子和钙离子的大小和电荷相似，因此镁离子很容易取代方解石晶体菱形晶格中的钙离子。

表 6.1 主要碳酸盐矿物

| 矿物 | 晶系 | 化学式 | 岩石记录 |
| --- | --- | --- | --- |
| 方解石组（方解石） | 三方晶系 | $CaCO_3$ | 组成石灰岩的主要矿物，尤其是在比古近系更古老的岩石中 |
| 菱镁矿 | 三方晶系 | $MgCO_3$ | 在沉积岩中不常见，但在一些蒸发岩沉积物中也存在 |
| 菱锰矿 | 三方晶系 | $MnCO_3$ | 在沉积岩中不常见，可能出现在与铁酸盐和铁硅酸盐有关的富含锰沉积物中 |
| 菱铁矿 | 三方晶系 | $FeCO_3$ | 在页岩和砂岩中以胶结物和混凝土的形式产生，常见于铁矿沉积物中，也存在于被含铁溶液改变的碳酸盐岩中 |
| 菱锌矿 | 三方晶系 | $ZnCO_3$ | 在沉积岩中不常见，与石灰岩中的锌矿有关 |
| 白云石组（白云石） | 三方晶系 | $CaMg(CO_3)_2$ | 白云岩的主要矿物，通常与方解石或蒸发岩矿物有关 |
| 铁白云石 | 三方晶系 | $Ca(Mg, Fe, Mn)(CO_3)_2$ | 远不如白云石常见，出现在富铁沉积物中，呈弥散的颗粒或结核 |
| 文石组（文石） | 斜方晶系 | $CaCO_3$ | 现代碳酸盐沉积物中常见矿物，易变成方解石 |
| 白铅矿 | 斜方晶系 | $PbCO_3$ | 产于表生铅矿中 |
| 锶铁矿 | 斜方晶系 | $SrCO_3$ | 出现在某些石灰岩的矿脉中 |
| 碳酸钡矿 | 斜方晶系 | $BaCO_3$ | 出现在与方铅矿相关的矿脉中 |

因此，认识到低镁方解石（简称方解石）的 $MgCO_3$ 含量约低于 4%，高镁方解石的 $MgCO_3$ 含量高于 4%。尽管镁离子在方解石晶格中随机置换存在的钙离子，但高镁方解石仍保持方解石的晶体结构。在文石的正交晶格更为开放和更大的空间中，镁离子通常不能置换钙离子。与高镁方解石相比，真正的白云石，即所谓的化学计量白云石，是一种完全不同的矿物，其中镁离子占据晶格中阳离子位置的一半，排列在有序的平面上，与碳酸根离子和钙离子的平面交替。白云石存在于少数有限的现代环境中，特别是在某些潮上环境和淡水湖泊中，但在现代碳酸盐环境中，其含量远低于文石和方解石。其他碳酸盐矿物，如菱镁矿、铁白云石和菱铁矿，在现代沉积物中更不常见。

虽然现代海洋中有利于文石的沉淀，在较小程度上还有高镁方解石的沉淀，但文石沉淀的偏好并不总是如此。现在看来，早古生代和中新生代至晚新生代的海洋有利于方解石的沉淀，这可能是因为这些时期海水中镁钙比较低。

碳酸盐沉积物的矿物学和化学性质可能受到沉积物中钙质化石生物组成的强烈影响（Jones 和 Desrocher，1992）。例如，许多软体动物，如斧足类、腹足类、翼足类、甲壳类和头足类，以及钙质绿藻、层孔虫、巩膜珊瑚和环节动物，都构建了文石骨骼。棘类、海百合、底栖有孔虫和珊瑚红藻主要由高镁方解石组成。一些分泌碳酸盐的生物，例如浮游有孔虫、球虫和腕足类，具有低镁方解石壳。

与文石在现代浅水碳酸盐沉积物中的优势形成对比的是，早于白垩纪的古碳酸盐岩中几乎不含文石。文石是亚稳定性多晶型 $CaCO_3$（具有相同的化学成分，但不同的晶体结构），在遇水条件下相当迅速地转化为方解石。因此，在早期（如晚古生代和新生代早期）沉积的文石随后溶解并被方解石取代。在古代碳酸盐岩中，白云石与方解石的比例远大于现代碳酸盐沉积物中白云石与方解石的比例，这可能是因为在埋藏和成岩过程中，$CaCO_3$ 矿物暴露于富含镁的间隙水中，通过交代作用转化为白云石。

碳酸盐岩的稳定同位素组成在古环境研究和年代地层对比中具有重要意义。氧同位素（$^{18}O$ 和 $^{16}O$）在这些方面特别有用，碳、硫和锶同位素也有重要的用途。稳定同位素研究通常涉及比较样品中稳定同位素（例如 $^{18}O/^{16}O$）与标准同位素的比率。第 15 章进一步讨论了此类研究在沉积学和地层学问题上的应用。

## 6.3 石灰岩的结构

如前所述，古代石灰岩主要由方解石组成。方解石至少可以以三种不同的结构形式存在：（1）碳酸盐颗粒，如鲕粒和骨架颗粒，它们是泥晶大小或方解石晶体的较大聚集体；（2）微晶方解石或碳酸盐泥，在结构上类似于硅质碎屑岩中的泥，但由极细的方解石晶体和亮晶方解石组成；（3）亮晶方解石，由更粗的方解石晶体组成，在平面（非极化）光下呈现透明至半透明。

### 6.3.1 碳酸盐颗粒

早期地质学家倾向于将石灰岩视为通常含有化石的简单结晶岩，推测其主要由海水的被动沉淀形成。现在知道，也许大多数碳酸盐岩不是简单的晶体沉淀物，相反，它们是由可能在沉积前经历了机械运输的骨屑颗粒或其他颗粒组成的。Folk（1959）建议对这些碳酸盐颗粒使用通用术语异化粒，以强调它们不是正常的化学沉淀物。碳酸盐颗粒的大小通常从粗粉级（0.02mm）到砂级（高达 2 mm），但也会出现较大的颗粒，如化石贝壳。根据每种类型的特征存在形状、内部结构和起源方式的显著差异，可分为五种基本类型：碳酸盐碎屑、骨骼颗粒、鲕粒、球粒和骨屑颗粒。Schole 和 Ulmer-Schole（2003）提供了一系列出色的彩色显微照片，展示了所有主要类型的碳酸盐颗粒。

#### 6.3.1.1 碳酸盐碎屑（岩屑）

碳酸盐碎屑是由暴露在陆地上的古石灰岩侵蚀或沉积盆地内部分或完全岩化碳酸盐沉积物侵蚀而形成的岩石碎屑。如果碳酸盐碎屑来自沉积盆地外陆源中存在的较老石灰岩，则称为外碎屑。如果它们是通过海底、相邻潮坪或碳酸盐海滩（海滩岩）的半固结碳酸盐沉积物侵蚀而在盆地内形成的，则称为内碎屑。外碎屑和内碎屑的区别对于解释石灰岩的搬运和沉积历史具有重要意义。外碎屑可能具有风化形成的铁染色边缘，可能包含从母岩继承的再结晶矿脉，或者可能显示出区别于内碎屑的其他特性（Boggs，2009）。尽管如此，区分古老的风化石灰岩碎片和准同时代产生的内碎屑通常是困难的。岩屑（或岩屑碎屑）是一个非特异性术语，当无法区分时，可用于碳酸盐碎屑。

岩屑的大小从极细砂到砾石不等，但砂粒大小的碎屑最常见。它们通常表现出一定程度的磨圆（图 6.2a），表明发生了运移，但次棱角状或甚至棱角状碎屑（图 6.2b）并不罕见。一些碎屑显示内部纹理或结构，如分层、较旧的碎屑、硅质碎屑颗粒、化石、鲕粒或颗粒，但其他碎屑内部结构均匀。石灰岩主要由砾石大小的石灰岩碎屑组成，是一种层内砾岩。碎屑不是古石灰岩中最丰富的碳酸盐颗粒类型，但它们在地质记录中出现的频率足够高，表明碎屑的形成机制是一个普遍的过程。

#### 6.3.1.2 骨骼颗粒

骨骼碎片以完整的微化石、完整的较大化石或较大化石碎片的形式出现在石灰岩中。它们是碳酸盐岩中最常见的一种颗粒，而且在一些石灰岩中含量如此丰富，以至于它们构成了大多数岩石。代表钙质海洋无脊椎动物所有主要门类的化石都存在于石灰岩中。骨骼颗粒的具体种类取决于岩石的年代和它们沉积的环境条件。由于化石组合随时间的变化而演化，不同年代的岩石主要由不同种类的化石组成。例如，三叶虫骨骼残骸是古生代早期岩石的特征，但它们并不出现在新生代岩石中，而新生代岩石中通常含有大量的有孔虫。同样，在不同的环境中形成的石灰石具有某些骨骼颗粒的特征。为了说明这一点，群居珊瑚的残骸通常只能沉积在浅水、高能量环境下的石灰岩中，这些地方的水很容易被搅动，氧气含量也很高。群居珊瑚的骨骼结构坚硬，能抵抗海浪的冲击。相比之下，分支型苔藓虫是脆弱的生物，不能承受苛刻的高波能环境。因此，它们的遗骸主要是在平静的水条件下沉积的石灰岩中发现的。

根据古环境条件的不同，石灰岩标本中的骨骼遗骸可能完全或几乎完全由一种生物组成，但通常包括几个物种。图 6.2c 显示了一个骨骼颗粒混合组合的例子。必须学会识别石灰岩中出现的多种化石和化石碎片，因为化石对古环境和古生态解释具有特殊的意义。有些图片图集，能够说明整个化石和化石碎片在显微镜下出现的情况（Adams 和 MacKenzie，1998；Scholle 和 Ulmer-Scholle，2003）。通过使用这些图集，应该能够识别石灰岩中常见的许多种类的化石。

#### 6.3.1.3 鲕粒

“鲕粒”一词的总称是指含有某种核的包覆碳酸盐颗粒——壳碎片、球团或石英等颗粒被一个或多个由细方解石或文石晶体组成的薄层或皮层包围（在某些鲕粒中，核可能太小而不容易被发现)。这些被包覆的颗粒有时也被称为鲕粒。主要由鲕粒形成的碳酸盐岩称为鲕粒灰岩。球状至次球状鲕粒表现出几个内部同心层,总厚度大于核厚度,称为正常鲕粒或成熟鲕粒(图 6.2d)。在强烈的海底水流和搅动的水条件下,以及碳酸氢钙饱和度高的地方会形成鲕粒(见本章第 6.7 节)。现代鲕粒上的包裹层以文石为主,而古代鲕粒上的包裹层以方解石为主。这些古老的鲕粒中,许多原本由文石组成,后来转变为方解石。然而岩石学证据表明,其他古代鲕粒起源于方解石。古钙质鲕粒的沉淀似乎在古生代中期和中生代中期尤为重要(Morse 和 Mackenzie,1990)。鲕粒矿物学的变化似乎与海平面有关。高海拔的海洋显然有利于方解石鲕粒的形成,因为在这一时期,$CO_2$ 水平较高,而镁钙比较低;低浓度的矿石更青睐文石鲕粒,因为 $CO_2$ 含量较低,镁钙比较高(Wilkinson 等,1985)。高镁钙比有利于文石的沉淀,而不是方解石,因为 $Mg^{2+}$ 抑制方解石的结晶。

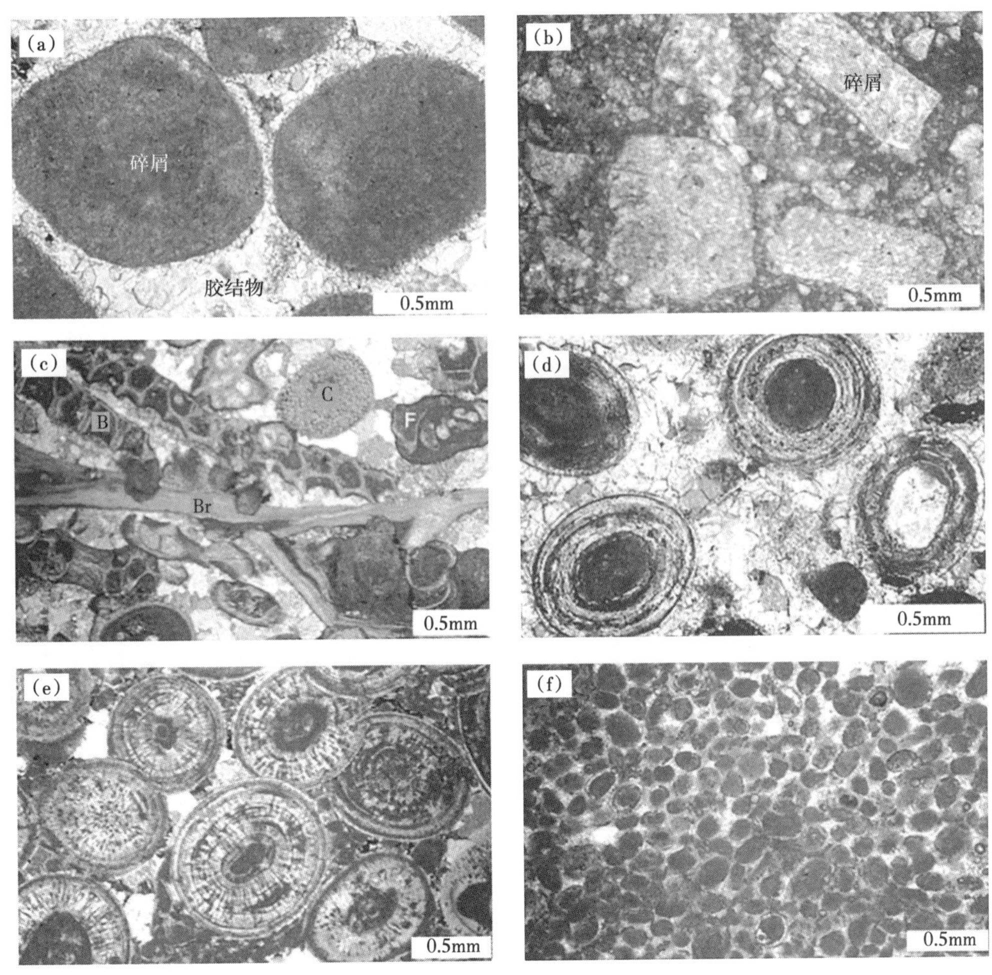


图 6.2 石灰岩中碳酸盐颗粒的基本种类

(a)与亮晶方解石胶结的圆形碎屑,加拿大泥盆系石灰岩;(b)内华达州,Calville 石灰岩(二叠系)泥晶(暗)基质中有棱角状到次棱角状的碎屑;(c)混合骨骼颗粒(B = 苔藓动物,Br = 腕足动物,C = 海鞘类,F = 有孔虫)与亮晶方解石胶结,Salem 组(密西西比亚系);(d)亮晶方解石(白色)胶结的普通鲕粒,迈阿密鲕粒(更新统),佛罗里达州;(e)放射状鲕粒与亮晶方解石(白色)和泥晶(黑色)胶结;注意残留的同心纹层,泥盆系石灰岩,加拿大;(f)与亮晶方解石胶结的颗粒,第四系更新统石灰岩,大巴哈马海岸。正交偏光

虽然大多数鲕粒表现出由同心层组成的内部结构，但也有一些鲕粒表现出放射状的结构（图 6.2e）。放射状鲕粒也显示同心层，可能是由正常鲕粒重结晶形成的，然而放射状鲕粒也可能由原始沉积过程形成。某些鲕粒上的皮层仅由一或两层非常薄的皮层组成，其总厚度小于核的厚度。这样的鲕粒被称为表皮鲕粒或假鲕粒。被包覆的颗粒内部结构与鲕粒相似，但比鲕粒大得多（大于 2mm）的称为豆状粒（由豆状粒组成的岩石就是豆状岩）。豆状粒一般比鲕粒更不呈球形，通常呈细齿状。有些豆状粒可能是藻类起源，由蓝藻（蓝细菌）的捕获和粘结作用形成，与叠层石的形成方式相同。大小超过 1~2cm 的球状叠层石称为核形石。

#### 6.3.1.4 似球粒

似球粒是由微晶或隐晶方解石或文石组成的碳酸盐岩颗粒的非成因术语，其内部结构无明显特征（图 6.2f）。似球粒比鲕粒小，通常为粉砂到细砂级（0.03~0.1mm），尽管有些可能比较大。最常见的似球粒是粪球，由微生物产生，它们摄入碳酸钙泥，并将未消化的泥挤出成球。粪球往往很小，椭圆形或圆形，大小均匀。它们通常含有足够多的有机物，使它们看起来不透明或呈深色。粪球缺乏同心或径向内部结构，可与鲕粒区分。粪球形状均匀、分选好、粒度小，可与圆形内碎屑区分。因为它们是由生物体产生的，所以其大小和形状与流体传输无关，尽管颗粒可能会被流体传输，并在最初沉积后被生物体重新改造沉积。

似球粒也可能由其他过程产生，例如某些生物，特别是钻孔藻类的钻孔活动引起的小鲕粒泥晶化或圆形骨骼碎片。这些钻孔活动将原始颗粒转化为几乎均匀的微晶方解石。一些海洋似球粒可能是在活跃的细菌团块周围沉淀形成的（Chafetz，1986），其他似球粒可能仅仅是非常小的、圆形的内碎屑，由半固结的泥晶或泥晶团聚体重新改造而成。

#### 6.3.1.5 聚合颗粒

聚合颗粒是由两个或更多碳酸盐碎片（球粒、鲕粒、化石碎片）通过富含有机质的碳酸盐—泥质基质结合在一起形成的不规则状碳酸盐颗粒。这种基质通常为深色且富含有机质。在现代碳酸盐沉积环境中，例如巴哈马群岛，聚合颗粒的形态类似于一串葡萄，因此常被称为“葡萄石” (Illing，1954)。另外一些聚合颗粒具有较为光滑的外观，被称为“团块”。根据 Tucker 和 Wright(1990) 提出的观点，团块是颗粒不断胶结和微晶化导致的结果 (图 6.3)。现代碳酸盐环境中的聚合颗粒主要由方解石组成，而在古老的石灰岩中则以方解石为主。现代环境中可以通过其葡萄般的形态和缺乏明显的内部结构来识别聚合颗粒，但在某些情况下它们可能会与内碎屑混淆。实际上，一些地质学家将其视作一种内碎屑类型（Scholle 和 Ulmer-Scholle，2003）。很少有关于古代石灰岩中存在聚合颗粒的报道，这可能是因为在成岩过程中由于压实作用导致它们难以被辨认。

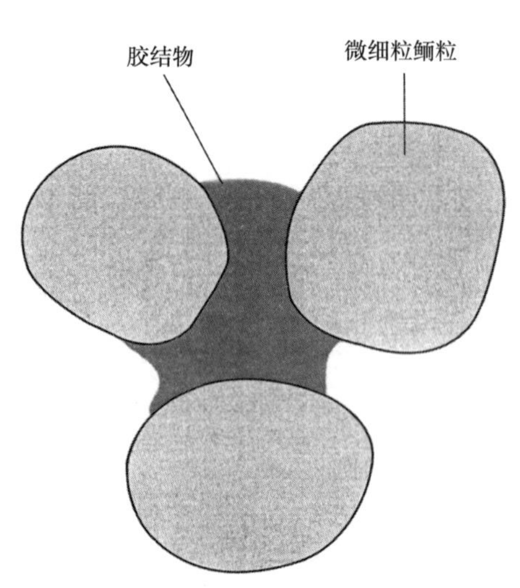


图 6.3　鲕粒泥晶化和胶结作用形成块体的示意图

### 6.3.2 微晶方解石

在许多古代石灰岩中，除了砂级碳酸盐颗粒外，还存在由非常细的方解石晶体组成的碳酸盐泥。碳酸盐泥或灰泥也存在于现代环境中，它们主要由 1~5μm 的针状文石晶体组成。古代石灰岩中的碳酸盐泥是由大小相似的方解石晶体组成的。灰泥还可能含有少量的细粒碎屑矿物，如黏土矿物、石英、长石和细粒有机质。它们在显微镜下呈浅灰色到棕色的亚透光外观（图 6.4），并且由于其极小的晶体，很容易与碳酸盐颗粒和亮晶方解石（下文讨论）区分开来。Folk（1959）提出了微晶方解石的收缩泥晶，这一术语已被普遍用于表示非常细粒的碳酸盐沉积物。

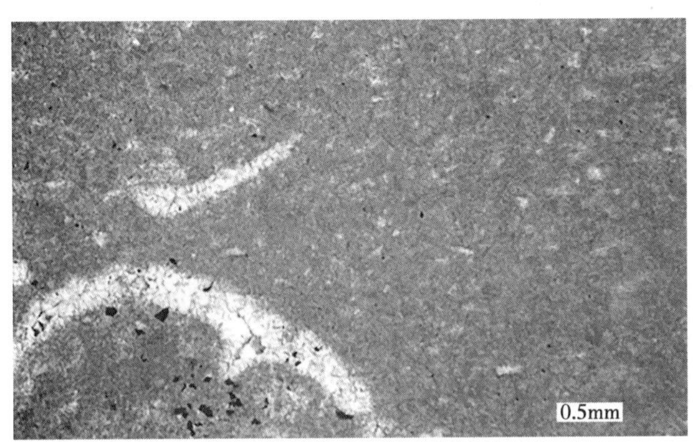


图 6.4　富含泥晶灰岩，骨架颗粒较少

Plattin 石灰岩（奥陶系），密苏里州。正交偏光

泥晶可以作为基质存在于碳酸盐岩颗粒中，也可以构成石灰岩的大部分或全部。主要由泥晶组成的石灰岩在结构上类似于硅屑泥岩或页岩。古石灰岩中泥晶的存在通常被解释为是在静水条件下沉积的，在这种条件下细泥很少发生簸选。相比之下，沉积在海底水流或波浪能强的环境中的碳酸盐沉积物通常是无泥的，因为在这些环境中碳酸盐泥浆被选择性地去除。根据纯化学理论，碳酸氢钙过饱和的地表水经文石无机沉淀后转化为方解石，可以形成碳酸盐泥或泥晶。然而，地质学家不确定现代海洋中有多少文石实际上是由无机过程产生的。许多现代碳酸盐泥浆似乎起源于有机过程，这些过程包括在浅水中分解钙质藻类，产生文石泥，以及在深水中沉积碳酸盐纳米化石（小于 35mm），如颗石藻，产生方解石泥（白垩）。

### 6.3.3 亮晶方解石

许多石灰岩含有大的方解石晶体，通常为 0.02~0.1mm，用放大镜或在偏光显微镜的单偏光下观察时呈透明或白色，这种晶体叫作亮晶方解石。它们与泥晶的区别在于其更大的尺寸和透明度，与碳酸盐颗粒的区别在于它们的晶体形状和缺乏内部结构。显微镜下可见亮晶方解石充填颗粒间的孔隙或作为胶结物充填溶液的孔洞（图 6.5）。晶间孔隙中亮晶方解石胶结物的存在，表明沉积时颗粒骨架孔隙中没有灰泥，也说明是在水的动荡条件下除去细泥的沉积条件。

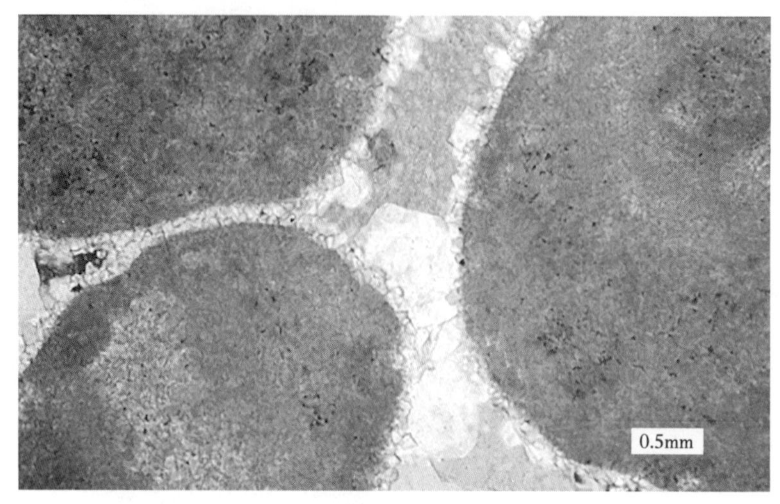


图 6.5　亮晶方解石胶结圆形内碎屑

值得注意的是，胶结物表现出单调的结构：小方解石晶体，其长轴垂直于碎屑表面，从碎屑边缘向外分级为较大的、随机定向的方解石晶体。加拿大泥盆系石灰岩。正交偏光

亮晶方解石也可以在成岩作用中通过原生沉积颗粒和泥晶的再结晶而在古代石灰岩中形成（第 6.8 节）。重结晶形成的亮晶方解石在某些情况下可能很难与亮晶方解石胶结物区分开来。将这两种亮晶方解石错误地识别为亮晶方解石胶结物会导致环境解释和石灰岩分类的错误，因此区分这两种亮晶方解石是很重要的。

## 6.4　白云岩的结构

白云岩主要由白云石［$CaMg(CO_3)_2$］矿物组成。与以颗粒、泥晶和 / 或亮晶胶结物为特征的石灰岩不同，白云石很大程度上为晶体（粒状）结构。根据晶体形状，可识别出两种白云石。平面白云石（或自形白云石；图 6.6a）由菱形、自形（形成良好）到六面体（形成不好）晶体组成。非平面（或异位）白云石（图 6.6b）由非平面的、通常为非自形的

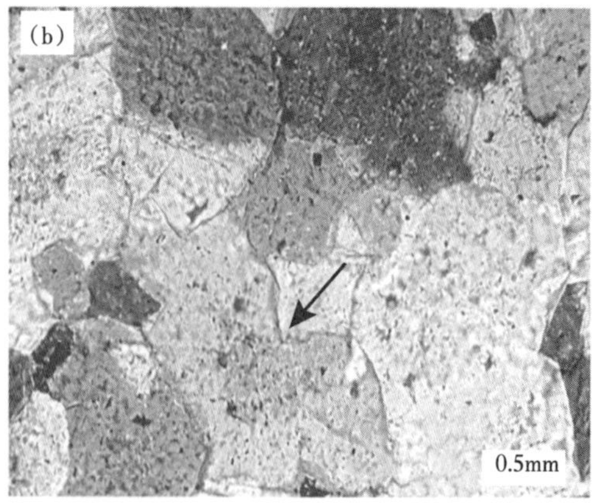


图 6.6　白云石晶体

（a）密苏里州 Bonneterre 组（寒武系）自形晶体平面白云石（箭头）；（b）密苏里州 Davis 组（寒武系）具有弯曲或不规则面的非平面白云石。正交偏光

晶体组成（Sibley 和 Gregg，1987）。如图 6.7 所示，每一种主要的白云石都可以被划分为子类型。许多白云岩是通过交代前期石灰岩而形成的。原始的石灰岩纹理可以不同程度地保存在这些白云岩中，从几乎没有被取代到完全被取代（图 6.7）。也就是说，交代后的白云石可能会将原始纹理保留为“重影”（模仿替换），或者原始纹理可能被完全破坏（非模仿交代）。

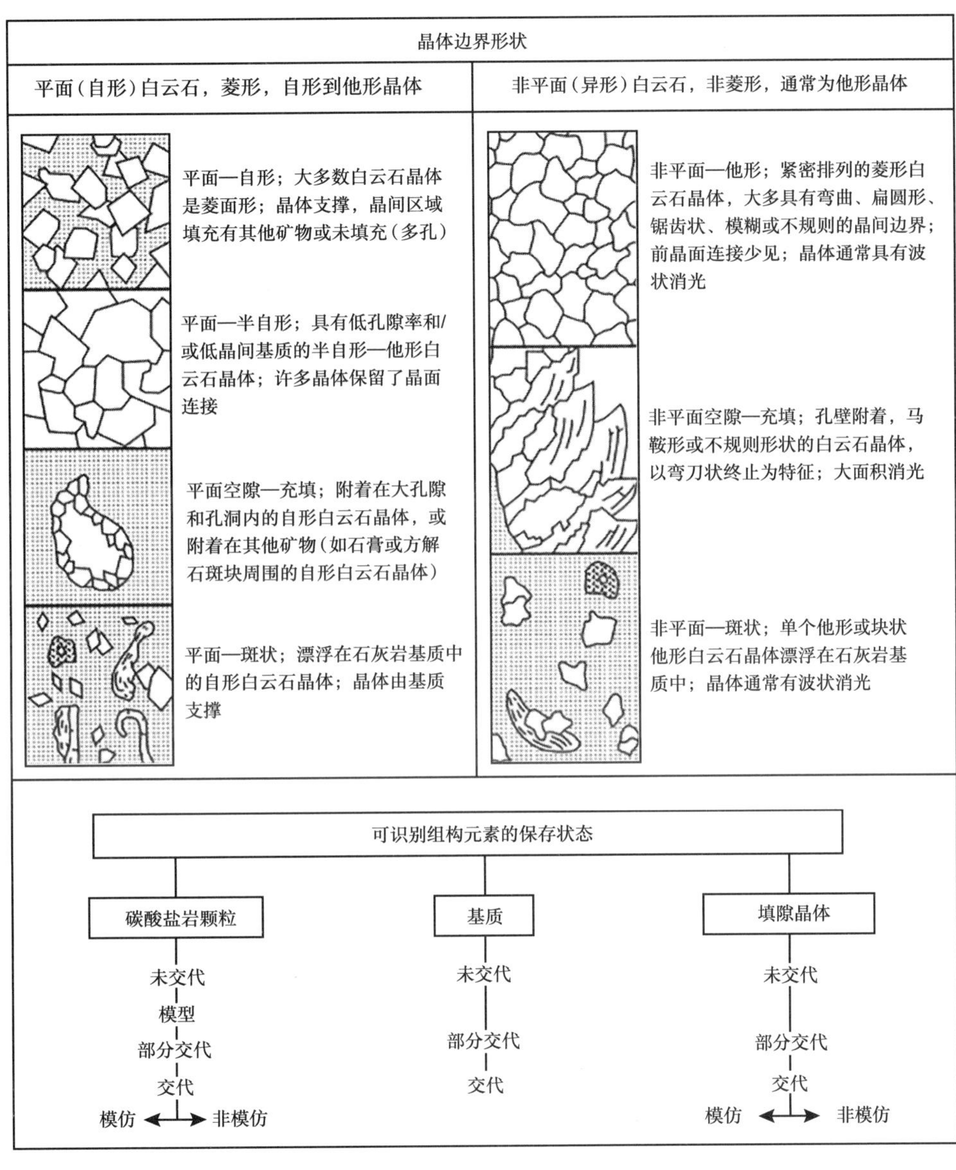


图 6.7　白云石的结构分类

## 6.5　碳酸盐岩的构造

碳酸盐岩含有许多与硅质碎屑岩相同的沉积构造类型（第 4 章）。这些构造包括交错层理、纹层状层理、透镜层理、包卷层理、火焰构造、重荷模、槽痕、槽模和泥裂，以及遗迹化石，如足迹、痕迹和洞穴（Demicco 等，1994）。它们还可能包含叠层石和隐藻构造，以及不太常见的构造，如帐篷状结构（拱形或向上的多边形）、溶洞和叠层构造（不规则形状的亮晶方解石和内部沉积物叠置，形状从细长到球状）。参见 Boggs（2009）对这些构造的进一步讨论。

## 6.6 碳酸盐岩的分类

对碳酸盐岩进行分类的尝试至少可以追溯到 1904 年 Grabeau 关于沉积岩分类的经典教科书的出版。在 20 世纪 30 年代、40 年代和 50 年代，其他学者提出了更多的分类。这些早期的分类基本上都是遗传方案，根据其假定的沉积环境来命名石灰岩，如“礁前岩屑灰岩”或“低能灰岩”（Ham 和 Pray，1962）。这些分类没有认识到碳酸盐颗粒和碳酸盐泥之间的明显区别，也没有利用各种碳酸盐颗粒在鉴别上的差异。1959 年，著述颇丰的 Folk 的《石灰岩实用岩石分类》出版，标志着石灰岩分类现代阶段的开始。在 1962 年，出现了几个额外的分类（Ham，1962），主要是描述性分类。不同于伴随砂岩分类方法激增而出现的混乱，几种描述性石灰岩分类方法的出现似乎在很大程度上具有积极的影响，因为它迫使地质学家更加敏锐地认识到构成石灰岩的各种成分，以及这些成分的环境意义。

矿物学在碳酸盐岩分类中只起很小的作用，因为大多数碳酸盐岩本质上是单矿物的。矿物学主要用于区分白云岩与石灰岩或碳酸盐岩与非碳酸盐岩。碳酸盐分类中使用的主要成分或参数是碳酸盐颗粒或异源物的类型和颗粒 / 泥晶比值。颗粒填隙物或组构的性质在一些分类中也被使用，其中组构是颗粒支撑或泥质支撑。颗粒支撑是指颗粒相互接触，形成完整的颗粒框架，其中的空隙可能被泥晶（基质）填充，也可能不被泥晶（基质）填充。在泥晶支撑的结构中，大多数颗粒不会接触，它们似乎“漂浮”在碳酸盐泥晶中。

Folk（1959，1962）的分类可能是最被广泛接受的石灰岩分类，因为它适用于广泛的碳酸盐岩类型，其术语易于理解和利用。分类依据三种主要成分的相对丰度：（1）碳酸盐颗粒或异源物；（2）微晶碳酸盐泥（泥晶）；（3）亮晶方解石胶结物。如表 6.2 所示，首先确定总异源物与泥晶加亮晶方解石胶结物的相对丰度来进行分类。根据不同类型碳酸盐颗粒的相对丰度（图 6.8），以及与亮晶方解石胶结物相比的泥晶灰岩的相对丰度，进一步细分。这种分类方法得到了一个二分名称，既反映了石灰岩中碳酸盐颗粒的主要类型，又反映了泥晶和亮晶方解石胶结物的相对丰度。因此，鲕粒亮晶灰岩是一种富含鲕粒的岩石，由含少量泥晶的亮晶方解石胶结而成，而鲕粒泥晶灰岩是一种富含鲕粒的石灰岩，其中泥晶丰富，其次是亮晶方解石。可以使用图 6.9 所示的结构成熟度术语添加额外的结构信息。因此，充填的鲕粒岩表示颗粒支撑的鲕粒灰岩，稀疏的鲕粒岩表示具有泥晶支撑组成的鲕粒灰岩。请注意，如果在白云石中仍然可以识别原始岩石的“影子”，则 Folk 的分类也可用于对白云岩进行分类。

Folk（1959，1962）用来区分沉积结构的术语是纯描述性的，同时也具有环境意义。例如，“生物微晶灰岩”一词解释了在静水条件下沉积的原因，在这种条件下，泥晶丰富，而灰泥的簸选作用极小。因此，泥晶与骨骼颗粒一起堆积。另外，“生物亮晶灰岩”一词意味着在波浪搅动的环境中沉积，在这种环境中，泥晶簸散被水流冲走，使无泥碳酸盐颗粒堆积起来。这些颗粒随后在埋藏（成岩作用）期间与亮晶方解石胶结。

**表 6.2 碳酸盐岩的分类**

<table>
<tr><td colspan="5" rowspan="3"></td><td colspan="5">石灰岩，部分白云化石灰岩</td><td colspan="4">交代白云岩</td></tr>
<tr><td colspan="2">异常化学岩（异化粒 > 10%）</td><td colspan="3">微晶灰岩（异化粒 < 10%）</td><td rowspan="2">未受扰动的生物岩</td><td colspan="2" rowspan="2">有异化粒痕迹</td><td rowspan="2">无异化粒痕迹</td></tr>
<tr><td>亮晶方解石胶结物 > 微晶软泥基质<br>亮晶异化岩</td><td>亮晶方解石胶结物 < 微晶软泥基质<br>微晶异化岩</td><td colspan="2">异化粒为 1%~10%</td><td>异化粒 < 1%</td></tr>
<tr><td rowspan="5">异化粒的体积含量</td><td colspan="4">内碎屑（> 25%）</td><td>内碎屑亮晶灰岩</td><td>内碎屑微晶灰岩</td><td rowspan="5">最丰富的异化粒</td><td rowspan="2">内碎屑：含内碎屑微晶灰岩</td><td rowspan="5">泥晶灰岩；若受扰动，则称为扰动微晶灰岩；若为原生白云岩，则称为微晶白云岩</td><td rowspan="5">生物岩</td><td rowspan="5">明显的异化粒</td><td rowspan="2">细晶内碎屑白云岩等</td><td rowspan="5">中晶白云岩、细晶白云岩等</td></tr>
<tr><td rowspan="4">内碎屑（< 25%）</td><td colspan="3">鲕粒（> 25%）</td><td>鲕粒亮晶灰岩</td><td>鲕粒微晶灰岩</td></tr>
<tr><td rowspan="3">鲕粒（< 25%）</td><td rowspan="3">化石与球粒的体积比</td><td>> 3 : 1</td><td>生物亮晶灰岩</td><td>生物微晶灰岩</td><td>鲕粒：含鲕粒微晶灰岩</td><td>粗晶鲕粒白云岩等</td></tr>
<tr><td>3 : 1~1 : 3</td><td>生物球粒亮晶灰岩</td><td>生物球粒微晶灰岩</td><td>化石：含化石微晶灰岩</td><td>隐晶生物白云岩等</td></tr>
<tr><td>< 1 : 3</td><td>球粒亮晶灰岩</td><td>球粒微晶灰岩</td><td>球粒：含球粒微晶灰岩</td><td>极细晶球粒白云岩等</td></tr>
</table>

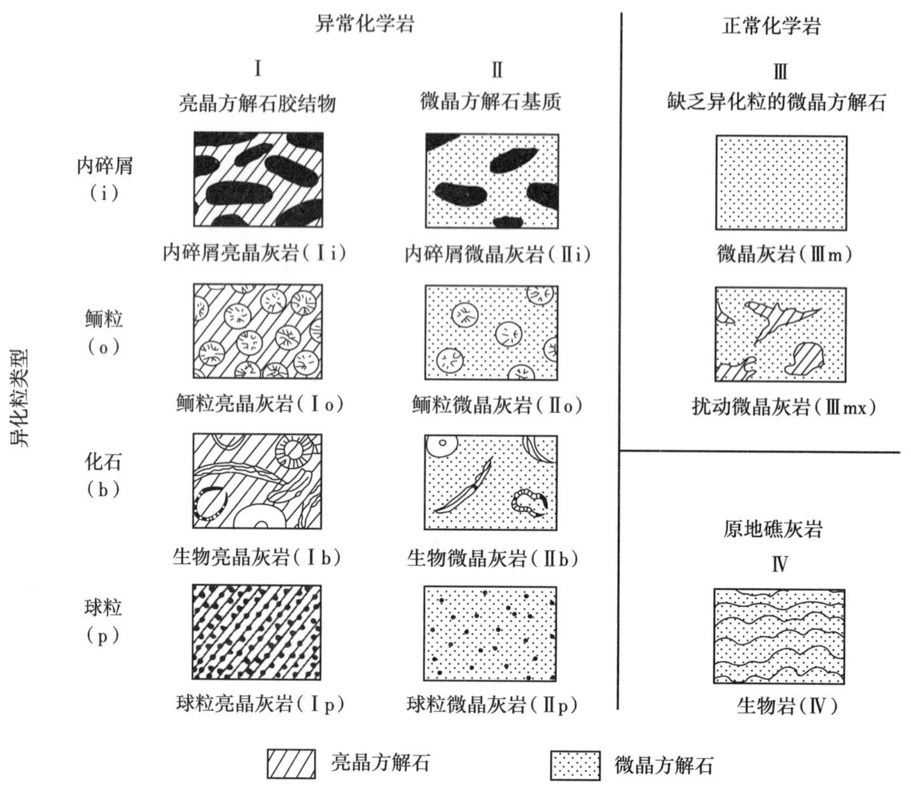


图 6.8　基于 Folk 的碳酸盐岩分类组成部分示意图

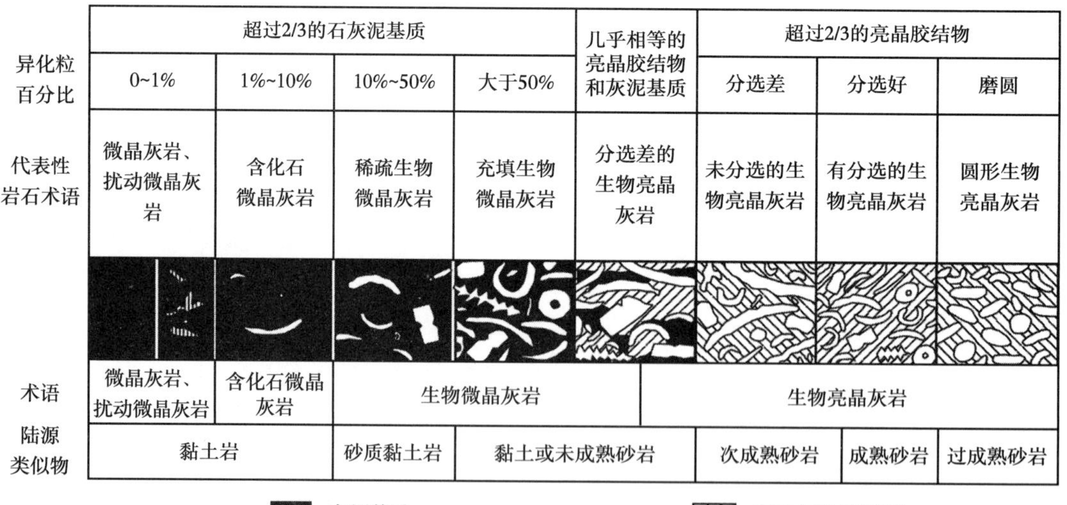


图 6.9　根据灰泥基质和亮晶方解石胶结物的相对丰度，以及碳酸盐颗粒（异化粒）的丰度和分选，建立的碳酸盐沉积物的结构分类

Dunham（1962）有一种稍微不同的分类类型（表 6.3），它强调同种化学和泥晶的相对丰度，但不考虑不同种类碳酸盐颗粒的同一性。Dunham 的分类仅基于沉积结构，并考虑构造的两个方面：颗粒堆积和颗粒与泥晶的相对丰度，以及颗粒的沉积组合。沉积组合是指碳酸盐颗粒是否显示出在沉积时组合在一起的证据，如在群聚礁复合体、叠层石（蓝细菌）或钙质藻席中。Dunham 的分类将沉积时没有组合在一起的成分分为缺乏灰泥的成分和含有灰泥的成分。不含泥晶的岩石显然是颗粒支撑，含有泥晶的岩石可以是颗粒支撑的，也可以是泥晶支撑的。然而，请注意，颗粒支撑程度并不取决于绝对的颗粒—泥比，因为颗粒支撑度也是碳酸盐颗粒形状的函数。片状或细长的颗粒（如双壳）可能在比球状颗粒（如鲕粒）丰富度低得多的情况下形成颗粒支撑。因此，Dunham 划分的颗粒支撑石灰岩和泥质支撑石灰岩并不是基于固定的颗粒—泥晶比。Dunham 的分类被 Embry 和 Klovan（1972）修改，增加了两个新名称（浮石，砾屑灰岩），以更好地反映砾石级（＞2mm）碳酸盐颗粒的存在（表 6.4）。根据推测将沉积物结合在一起的生物种类，这些作者还将 Dunham 的粘结岩分为三种类型（骨架岩、粘结岩、障积岩）。Wright（1992）提出了一种分类方法，其名称主要来自 Embry-Klovan 分类法，但也考虑了成岩过程形成的特征。

**表 6.3　石灰岩的沉积结构分类 1**

<table>
<tr><td colspan="5">可识别的沉积结构</td><td rowspan="2">沉积结构<br>无法识别</td></tr>
<tr><td colspan="4">在沉积过程中，原始组分未结合在一起</td><td rowspan="4">原始组分在沉积过程中结合在一起。如共生的骨骼质、与重力相反的分层或沉积层覆盖的空洞所示，这些空洞被有机物或可疑的有机物覆盖，太大而不能成为空隙<br><br>粘结灰岩</td></tr>
<tr><td colspan="3">含有泥浆（黏土颗粒和细淤泥）</td><td rowspan="3">缺乏泥质，并由颗粒支撑<br><br>粒状灰岩</td><td rowspan="3">结晶碳酸盐岩<br>（根据旨在影响物理结构或成岩作用的分类进行细分）</td></tr>
<tr><td colspan="2">泥质支撑</td><td rowspan="2">颗粒支撑<br>泥粒灰岩</td></tr>
<tr><td>颗粒含量＜10%<br>泥岩</td><td>颗粒含量＞10%<br>粒泥灰岩</td></tr>
</table>

**表 6.4　石灰岩的沉积结构分类 2**

<table>
<tr><td colspan="6">沉积期间未有机结合的异地石灰岩原始组分</td><td colspan="3">原生石灰岩原始组分在沉积过程中有机结合</td></tr>
<tr><td colspan="4">组分（＞2mm）含量小于 10%</td><td colspan="2">组分（＞2mm）含量大于 10%</td><td rowspan="4">通过构建刚性框架的生物体</td><td rowspan="4">通过包裹和结合的生物体</td><td rowspan="4">被充当障碍物的生物体破坏</td></tr>
<tr><td colspan="3">含灰泥（＜0.03mm）</td><td>不含灰泥</td><td rowspan="4">基质支撑</td><td rowspan="4">组分（＞2mm）支撑</td></tr>
<tr><td colspan="2">泥质支撑</td><td colspan="2" rowspan="3">颗粒支撑</td></tr>
<tr><td rowspan="2">颗粒（0.03~2mm）含量小于 10%</td><td rowspan="2">颗粒（0.03~2mm）含量大于 10%</td></tr>
<tr><td colspan="3">生物粘结灰岩</td></tr>
<tr><td>泥岩</td><td>粒泥灰岩</td><td>泥粒灰岩</td><td>颗粒灰岩</td><td>浮石</td><td>砾屑灰岩</td><td>骨架岩</td><td>粘结灰岩</td><td>障积灰岩</td></tr>
</table>

由于 Dunham 的分类没有考虑碳酸盐颗粒的特性，因此可能需要将其与另一种分类（如 Folk 的分类）结合使用。因此，按照 Flok 分类法被鉴定为填充鲕粒灰岩的石灰岩，也

可以根据 Folk 分类法和 Dunham 分类法的结合，被称为鲕粒灰岩。Ham（1962）编辑的专题论文集讨论了更多的石灰岩分类，Mount（1985）和 Zuffa（1980）讨论了碳酸盐和硅屑混合沉积的分类。

贝壳灰岩（coquina）、白垩（chalk）和泥灰岩（marl）这些术语通常是碳酸盐岩的非正式名称。贝壳灰岩是一种机械分选、磨蚀、胶结松散的碳酸盐沉积物，主要由化石碎片组成；贝壳灰岩是压实的同等物。白垩是一种柔软的、土质的、质地细腻的石灰岩，主要由漂浮微生物（如有孔虫）的残骸（方解石）组成。泥灰岩是一个古老的、相当不精确的术语，指的是一种土质的、松散固结的硅酸盐黏土和碳酸钙混合物。

## 6.7 碳酸盐岩的成因

第 1 章中讨论的化学风化过程会从源岩中释放化学离子，这些化学离子最终会溶解在地下水和地表水中，然后进入湖泊和海洋。碳酸氢根离子（$HCO_3^-$）也可以通过水与大气和土壤中二氧化碳的相互作用添加。大多数溶解的离子最终会进入海洋，在那里它们会在海水中溶解数百万年到数亿年。特定化学元素在沉淀之前在海洋溶液中停留的平均时间称为其停留时间。钙离子（$Ca^{2+}$）的停留时间很短（约 $10^6$ 年），而碳酸根离子（$CO_3^{2-}$）的停留时间更短（约 $11\times10^4$ 年）。

通过比较河水中钙离子和碳酸根离子的丰度与海水中钙离子和碳酸根离子的丰度，可以看出停留时间的重要性。碳酸氢根离子和碳酸根离子一起构成了河水中平均溶解总量的近 49%，但不到海水中溶解固体的 1%（Livingston，1963；Mason，1966）。钙离子约占河水中溶解量的 12%，但仅占海水中溶解量的 1%。通过检查地质记录中保存的各种非硅质碎屑岩的相对丰度，可以解释河水和海水中碳酸盐、碳酸氢盐和钙离子相对丰度的这些差异。对不同类型沉积岩的厚度和体积的测量表明，化学和生物化学沉积的沉积岩占所有沉积岩的近四分之一。这些岩石大多是碳酸盐岩，由碳酸钙和碳酸钙镁矿物组成。在整个地质年代中，碳酸根离子、碳酸氢根离子和钙离子优先从海洋中除去，形成碳酸盐岩，因此这些离子在现代海洋中相对丰度较低，停留时间较短。本节将探讨控制溶解离子从海洋中去除以形成碳酸盐岩的化学 / 生物化学过程。

### 6.7.1 石灰岩

#### 6.7.1.1 碳酸钙沉积的化学过程

碳酸钙（$CaCO_3$）矿物方解石和文石的溶解和沉淀主要受 pH 值控制，而 pH 值又主要受水中溶解二氧化碳的分压控制。当二氧化碳溶解在水中时，会发生以下反应：

$$CO_2 + H_2O \rightleftharpoons H_2CO_3 \tag{6.1}$$

$$H_2CO_3 \rightleftharpoons H^+ + HCO_3^- \tag{6.2}$$

$$HCO_3^- \rightleftharpoons H^+ + CO_3^{2-} \tag{6.3}$$

这些反应表明，碳酸解离氢离子和碳酸氢根离子［式（6.2）］，碳酸氢根离子进一步解离氢离子和碳酸根离子［式（6.3）］，释放出游离的氢离子，从而降低溶液的 pH 值。

由式（6.3）所示的反应可知，在水中加入二氧化碳会增加水中$CO_3^{2-}$的含量。式（6.2）的反应生成$H^+$的速度比式（6.3）反应生成碳酸盐离子的速度快得多，然而，加入二氧化碳实际上会通过降低 pH 值（增加酸度）导致碳酸盐离子的溶解。

如果让方解石或文石晶体与碳酸溶液反应，这些矿物很容易溶解。这个反应可以概括为

$$H_2O + CO_2 + CaCO_3 \rightleftharpoons Ca^{2+} + 2HCO_3^- \qquad (6.4)$$

注意这个双箭头的存在说明这个反应是可逆的。如果平衡条件受到二氧化碳损失的干扰，氢离子浓度降低，pH 值增加。反应向左移动，导致固体$CaCO_3$的沉淀。因此，二氧化碳的分压显然对碳酸钙的沉淀起主要控制作用。任何导致二氧化碳流失的东西（表 6.5）理论上都应该引发降水，因为溶解的二氧化碳通过释放$H^+$增加了水的酸度，如前所述，尽管随后将看到，在开阔海的自然条件下，由二氧化碳损失引起的碳酸钙的无机沉淀可能不像式（6.4）所示的那样重要。

造成水中二氧化碳流失的两个主要无机机制是温度升高和水压降低。温度升高导致二氧化碳（和其他气体）在水中溶解度降低。也就是说，温度的升高会降低水溶解和保留二氧化碳的能力，从而导致二氧化碳的逸出。水压的降低也会使二氧化碳逸出。在自然条件下，由于风暴活动或波浪在冲浪带或浅滩上破碎而引起的波浪搅动，气压会降低，更多的二氧化碳会被大气吸收。深层加压的海水到地表的循环同样会释放出二氧化碳，甚至大气压力的降低也会导致海水中二氧化碳的轻微流失。

温度升高除对二氧化碳溶解度有影响外，还会导致碳酸钙矿物溶解度降低，即碳酸钙溶解度产物随温度升高而降低。溶解度的降低意味着一种矿物在一定条件下更容易沉淀。因此，碳酸钙沉积在海洋的热带地区更为常见，那里的表层海水温度可能达到近 30℃，而极地地区仅为 0℃。

化学成分的溶解度也受盐度和水的离子强度的影响（表 6.5）。离子强度是溶液中离子浓度和离子上电荷的函数，因此，离子强度随着盐度的增加而增加。在较低的盐度下，碳酸钙矿物的溶解度显著降低，这是因为离子强度的降低导致$Ca^{2+}$和$CO_3^{2-}$以外的外来离子（如$Mg^{2+}$）浓度的降低。外来离子干扰碳酸钙晶体结构的形成，使方解石或文石矿物更难生长和沉淀。因此，碳酸钙在淡水中的溶解度比在海水中低几个数量级（Degens，1965），这意味着碳酸钙在淡水中比在海水中更容易沉淀。另外，盐度对碳酸钙在开阔海表层水中的溶解度的影响可能很小，因为这些水域的盐度仅为 32‰~36‰。

对碳酸盐溶解度关系的初步讨论只是为了对碳酸盐溶解度和控制碳酸盐矿物沉淀的因素提供一个非常基本的认识。参见 Morse 和 Mackenzie（1990）及 Boggs（2009）对碳酸盐地球化学的更严格的讨论。

**表 6.5　影响海水或淡水中碳酸钙无机沉淀的主要因素**

| 水分条件 | 变化方向 | 定向效应 | 碳酸钙溶解的影响 | 碳酸钙沉淀类型 |
|---|---|---|---|---|
| 温度 | 增加 | 二氧化碳缺失，pH 值增加 | 减少 | 泥晶或鲕粒 |
| 压力 | 减少 | 二氧化碳缺失，pH 值增加 | 减少 | 泥晶或鲕粒 |
| 盐度 | 减少 | “外来”阳离子活性降低 | 减少 | 泥晶或鲕粒 |

#### 6.7.1.2 无机沉淀的重要性

根据式（6.4）所示的理论考虑，任何机制下二氧化碳的大量流失都会导致碳酸钙矿物的沉淀。在今天的开阔海环境中，二氧化碳的损失会导致碳酸钙的沉淀吗？现有数据表明，现代海洋中近地表水的过饱和程度，方解石超过六倍，文石超过四倍（Morse 和 Mackenzie，1990）。这种严重的过饱和表明碳酸钙矿物抗拒沉淀，为什么？碳酸钙矿物在现代海洋中不像式（6.4）所表明的那样容易沉淀，似乎至少有两个原因。

首先，由于海水是一种缓冲良好的溶液，因此，由于二氧化碳的损失，在开阔的海洋中发生的 pH 值变化的幅度相对较小。缓冲作用的发生是因为溶解在海水中的相当一部分二氧化碳形成了未解离的 $H_2CO_3$，而不是如式（6.2）和式（6.3）所预测的那样分解成 $H^+$、$HCO_3^-$ 和 $CO_3^{2-}$。这种缓冲反应是由海水的高碱度引起的，也就是说，海洋地表水中已经存在的高浓度碳酸氢根和碳酸根离子抑制了 $H_2CO_3$ 的分解，从而形成更多的这种离子。因此，无论是二氧化碳的增加还是损失所引起的海水 pH 值的实际变化都比较小，而开阔海中海水的 pH 值很少在 7.8~8.3 的范围之外（Bathurst，1975）。

其次，在海水中发现的 $Mg^{2+}$ 浓度水平已被实验证明能强烈抑制方解石（$CaCO_3$）的沉淀。Berner（1975）的实验表明，$Mg^{2+}$ 很容易吸附在方解石晶体表面，并融入其晶体结构中。这种 $Mg^{2+}$ 与方解石晶体生长的非平衡结合被 Berner 解释为降低了它们的稳定性，从而增加了方解石的溶解度。因此，在海水浓度的 $Mg^{2+}$ 存在的情况下，方解石晶体不容易成核和生长，参见 Mucci 和 Morse（1983）。文石也由 $CaCO_3$ 组成，但与方解石（菱形）有不同的晶体结构（正交）。$Mg^{2+}$ 似乎不太容易吸附文石核和破坏晶体生长。因此，文石受 $Mg^{2+}$ 的影响较小，在 $Mg^{2+}$ 存在的情况下，文石有优先析出方解石的倾向。尽管如此，文石在海水中并不完全自由沉淀，甚至在相对于碳酸钙过饱和的地表水中也是如此，这可能是由于文石种子核上形成了薄薄的有机磷涂层，抑制了它们的生长（Berner 等，1978）。

虽然在现代海洋由于丰富的 $Mg^{2+}$ 的存在方解石沉淀不自由，但越来越多的证据表明，在过去的地质时期（被称为“方解石海”），当海洋中 $Mg^{2+}$ 浓度较低时，方解石比文石更易沉淀（Sandberg，1983；Stanley 和 Hardie，1999）。Stanley 和 Hardie 将这些方解石沉淀的时间与海底扩张的高速率联系起来，后者通过被海底热玄武岩吸收，增加了海水中 $Mg^{2+}$ 的去除量。因此，早寒武世—中密西西比亚纪和中侏罗世—新近纪沉积的骨架碳酸盐和非骨架碳酸盐主要为低镁方解石，而中密西西比亚纪—中侏罗世和新近纪—第四纪沉积的碳酸盐主要为文石和高镁方解石（图 6.10）。优先沉淀文石的海洋被称为“文石海”（Stanley 和 Hardie，1999）。

鲕粒的产生是 $CaCO_3$ 主要发生无机沉淀的一个例子。现代环境中的鲕粒主要由文石组成，而许多古代鲕粒可能以方解石的形式沉淀。鲕粒主要是在含有碳酸钙过饱和的温暖海水中，在高能、搅拌的水条件下形成的。由于潮汐流的作用，海水变暖蒸发到浅滩上，导致海水的过饱和。水流和波浪使颗粒不停地移动，间歇地悬浮，使得碳酸钙或多或少均匀地沉淀在颗粒的各个侧面。大多数鲕粒的形成，似乎需要碳酸盐的过饱和和由于搅动而断断续续地埋藏和再悬浮，尽管已知有些鲕粒是在平静的水中形成的。蓝藻（蓝细菌）或其他微生物可能会影响鲕粒的形成——可能是通过在有机薄膜上捕获碳酸盐颗粒，或通过去除二氧化碳来介导碳酸盐沉淀。有机影响对鲕粒形成数量的重要性还没有得到较好理解（Tucker 和 Wright，1990）。

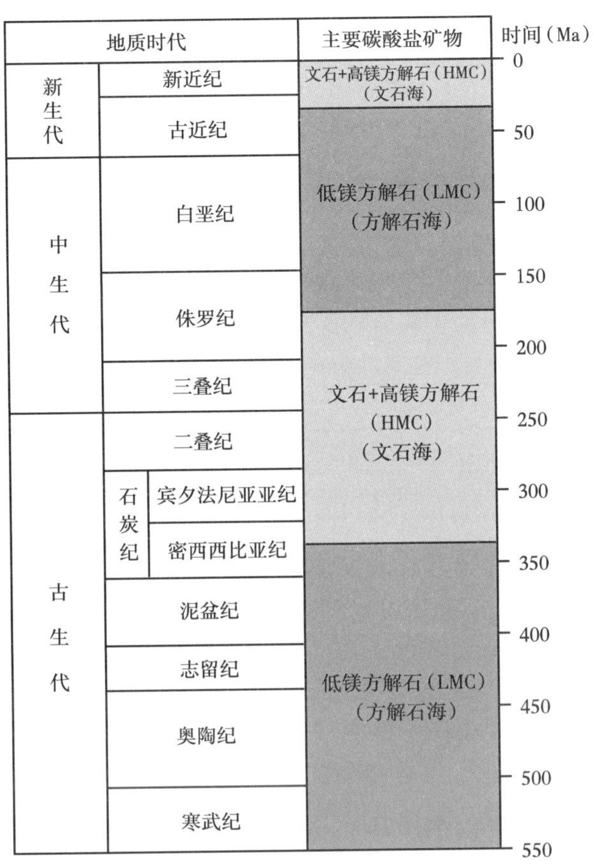


图 6.10　显生宙海洋文石 + 高镁方解石骨架和非骨架碳酸盐、低镁方解石骨架和非骨架碳酸盐沉淀的最有利时期（据 Stanley 等，1999；Sandberg，1983）

主要文石沉淀时期的海洋被称为“文石海”，主要低镁方解石沉淀时期的海洋被称为“方解石海”

#### 6.7.1.3　生物在碳酸钙沉淀中的作用

矿物质从水中沉淀基本上是一个化学过程，然而化学过程可以通过多种方式得到生物的帮助。虽然在正常盐度的海水或淡水中碳酸钙矿物的纯无机沉淀可以发生，但它可能不如以某种方式由有机过程辅助的沉淀常见（表 6.6）。此外，地质证据表明，在显生宙的大部分时间里，生物可能在碳酸盐沉积中发挥了重要作用，一些生物（如细菌）也可能在前寒武纪介导了碳酸盐沉积。下面讨论生物可能影响碳酸盐沉积的各种方式。

1）从水中直接提取 $CaCO_3$ 形成骨架元素

生物在形成碳酸盐沉积物中发挥的最重要作用，可能是直接去除溶解的碳酸盐成分以建立骨骼结构。生物体去除溶解物质来建造外壳或测试的确切机制尚不清楚，但这一过程非常普遍。海洋无脊椎动物可以建立碳酸钙的外壳或其他骨骼结构，从自由漂浮的浮游物种，如有孔虫和翼足类（有翼的海洋蜗牛），到居住在海底的底栖生物，如钙质藻类、珊瑚、软体动物、棘皮动物。它们不仅可以从热带地区饱和碳酸钙的表层水体中去除碳酸钙，还可以从温带和寒冷地区不饱和的水体中去除碳酸钙。例如，贝壳砂和贝壳砾是现代海底高纬度浅水、冷水中的重要沉积物（Farrow 等，1984；James 和 Clarke，1997）。一些生物体的骨骼材料是由低镁方解石构成的，而另一些生物体的骨骼材料是由高镁方解石或文石构成的。大多数显生宇石灰岩含有一些可识别的碳酸钙化石，这一事实证明了生物去除海洋中碳酸钙的重要性。此外，现代海底的大部分区域被钙质软泥所覆盖，这些软泥主要是由有孔虫、单细胞藻类颗石藻和翼足类动物形成。

**表 6.6　有机活性对碳酸钙沉淀的影响**

| 有机活性的种类 | 瞬即效应 | 后效应 |
|---|---|---|
| 从海水或淡水中提取碳酸钙 | 促进骨骼生长：贝壳或介壳 | 有机体死亡时形成淤泥到砾石大小的异化体 |
| | 内部“加强剂” | 有机体死亡后形成微晶（碳酸盐泥） |
| 光合作用 | 去除水中的二氧化碳；pH 值增加 | 促进微晶或鲕粒的沉淀 |
| 软组织腐烂 | 可增加碱度，pH 值增加 | 促进碳酸钙的沉淀 |
| 喂食、摄入沉淀物 | 重塑沉积物 | 生成颗粒 |
| 细菌活动 | 促进碳酸钙沉淀 | 促进微晶沉淀，产生球状体，钙化微生物席状物 |

因为在海洋的某些地方存在大量分泌碳酸钙的生物，它们死后骨骼残骸的解体有可能向海底提供大量大小不一的碳酸盐沉积物。一些骨骼由大型无脊椎生物的壳组成，如重足类、腹足类、腕足类和珊瑚。由于生物活动或物理破坏，这些大贝壳可以破碎成砂粒大小或更小的碎片。一些无脊椎动物（如有孔虫和翼足类）的钙质化石是砂粒大小，而球状体等纳米化石则是细粉粒大小。一些钙质藻类分解形成砂级碳酸盐颗粒（Hillis，1991；Hudson，1985），而其他的则产生泥大小的颗粒。例如，一些红色和绿色的藻类，如 *Halimeda*、*Penicillis* 和 *Udotea*，具有由微小的针状文石晶体组成的钙质骨骼元素，这些晶体沉积在细胞间隙中（Macintyre 和 Reid，1995），并充当软组织的增强剂。当这些有机体死亡时，结合组织的细菌和化学分解会释放骨骼颗粒。这种衰变过程产生细灰泥（泥晶），由细长的文石晶体（长 3~10mm）和非常小的等量晶体（小于 1mm）组成（Macintyre 和 Reid，1992，1995）。

早期对佛罗里达礁区（Stockman 等，1967）和巴哈马群岛（Neumann 和 Land，1975）钙质藻类分解产生文石速率的定量研究得出结论，在最近的地质历史中，沉积在这些地区的大部分或全部文石泥可能是由钙质藻类的骨骼分解提供的。另外，Shinn 等（1989）随后的观察表明，巴哈马只有 10%~20% 的碳酸盐泥是藻类碳酸盐，这一建议得到了 Macintyre 和 Reid（1992）对晶体形状的观察及 Robbins 和 Blackwelder（1992）的生物化学研究的支持。尽管如此，许多工作人员一致认为，钙质藻类的骨骼成分分解成细碎屑是在潟湖、珊瑚礁和礁前斜坡形成碳酸盐沉积物的主要过程（Hillis，1991；Hudson，1985；Multer，1988）。然而目前似乎还无法对整个现代海洋中藻类分解相对于二氧化碳损失导致的碳酸钙沉淀的相对重要性进行定量估计。当考虑地层记录中的古代碳酸盐岩时，这种估计变得更加不准确。

2）光合作用去除水中的二氧化碳

另一种很重要的有机活动是植物通过光合作用去除水中的二氧化碳。如上所述，任何从水中去除二氧化碳的过程都会通过增加酸碱度促进碳酸盐沉淀。水生植物在光合作用过程中从水中去除二氧化碳，如式（6.5）所示：

$$6H_2O + 6CO_2 \longrightarrow C_6H_{12}O_6 + 6O_2 \tag{6.5}$$

蓝绿藻（蓝细菌）、光合作用细菌和小型浮游植物（如硅藻、甲藻和球菌）是海洋领域二氧化碳最重要的利用者。光合作用生物的活动在阳光下最活跃，在黑暗中最不活跃。因此，进行活跃的光合作用的水的二氧化碳含量可以从白天到晚上有可测量的变化。生物通过光合作用去除二氧化碳，从而降低水的酸度（增加碱度）。

3）细菌对降水的调节作用

细菌可能在某些碳酸盐沉积物的沉淀中起间接作用。例如，Chafetz（1986）指出，一些海洋类球粒体起源于活性菌团内部和周围高镁方解石的细粒沉淀物。细菌也可能促进死亡蓝细菌上碳酸钙的沉淀，导致微生物席岩化为叠层石（Buczynski 和 Chafetz，1993；Chafetz，1994）。微生物介导的碳酸钙沉淀与光合作用和通过细胞壁的离子运输有关。钙化作用发生在碱性微环境中的细胞壁外，当 $Ca^{2+}$ 从细胞中输出以吸收 $H^+$ 时发生。钙化作用是由吸收 $CO_2$（微藻）或 $HCO_3^-$（蓝细菌）引起的。细胞壁内多余的无机碳可以从细胞吸收到微碱性环境中，为钙化作用提供额外的碳源（Yates 和 Robbins，2001）。在整个地质历史时期，细菌对生成碳酸盐的整体重要性尚不明确，但一些微生物学家（Castainer 等，1997，1999）认为这可能很重要（Camoin，1999）。

4）死亡生物的腐烂

死亡生物体的腐烂也会影响 pH 值。腐烂的过程中会向水中释放各种有机酸和二氧化碳，导致酸度增加（pH 值降低）。另外，一些腐烂产物可能呈碱性（pH 值升高）。由于细菌通过硫酸盐还原作用使有机物降解，碱度可能会因此增加（Bernasconi，1994），碱度的增加有利于碳酸钙沉淀。

5）颗粒的产生

如第 6.4 节所述，许多碳酸盐球体是粪便颗粒，由海参、软体动物和蠕虫等生物体产生。这些生物摄取碳酸钙泥以获得营养并将残余物挤压成颗粒。这个过程不会产生新的碳酸盐沉积物，它只是将沉积物重塑为几种形式。

#### 6.7.1.4 无机和有机碳酸钙沉淀的相对重要性

毫无疑问，砂和砾大小的骨骼碎屑的有机生成对整个显生宙碳酸盐沉积物的总量作出了重大贡献。然而，最具争议的碳酸盐岩矿床是前寒武纪和显生宙地层记录中存在的大量非化石碳酸盐岩泥（泥晶）。这些厚厚的碳酸盐泥序列是通过无机过程形成的，还是生物以某种方式参与的？

一个可能与这个问题有关的有趣现象是，在巴哈马群岛、波斯湾和死海等温暖水域形成了灰泥。这些白化物是由密集的悬浮文石晶体引起的地表水和近地表水的乳白色斑块，其突然出现被认为是文石晶体在过饱和碳酸钙水中通过自发的、大规模的瞬时物理化学作用成核的结果，即无机沉淀。这一观点受到了其他工作人员的质疑，他们提出，诸如波浪作用下浅海底文石泥的再悬浮、湍流潮汐流、湍流边界流或底栖鱼对泥的搅动等机制是造成文石白化的原因，而不是文石的自发成核和沉淀。然而，Shinn 等（2000）的同位素研究表明，白化很可能不是再悬浮机制的结果，留下了它们究竟如何形成的问题。观点的重心似乎正在转向微生物介导的沉淀，通过光合作用微藻或蓝细菌作为灰泥的可能来源（Robbins 等，1997；Yates 和 Robbins，2001）。

这是否意味着大多数灰泥沉淀是有机介导的？让我们考虑前寒武纪的碳酸盐沉积。从显生宇石灰岩中钙质骨骼碎片和完整化石的丰度来看，至少自古生代早期以来，由于有机活动的某些方面，海水中碳酸钙的去除可能是形成碳酸盐沉积物的重要机制，尽管生物和非生物碳酸盐沉淀的相对重要性可能在这一时期有所不同。更难解释前寒武系石灰岩的形成，前寒武纪的记录包含了令人印象深刻的碳酸盐岩厚度（例如，在蒙大拿和艾伯塔的冰川国家公园，厚度达 1000m），据了解，这些岩石是在广泛出现的分泌碳酸钙的生物之前沉积下来的。因此，根据现有证据，似乎不太可能由有壳生物直接导致大量前寒武系石灰岩的沉积。如果有的话，很少的前寒武纪的生物能够提取碳酸钙来构建骨骼元素。蓝绿藻（蓝细菌）和其他光合细菌可能在碳酸钙的沉淀中发挥了间接作用，通过光合作用去除二氧化碳，捕获和结合细碳酸盐沉积物形成叠层石。蓝细菌似乎在前寒武纪特别丰富，可能是因为以海藻席为食的食草生物数量较少。

Grotzinger 和 James（2000a）的专著《演化中的前寒武纪世界的碳酸盐岩沉积与成岩作用》详细讨论了前寒武系碳酸盐岩的问题。太古宇碳酸盐岩的特点是文石和高镁方解石直接沉淀到海底，形成无机和微生物成因的结壳。碳酸盐相为大型（达到米级）、向上辐散的方解石和白云石的“晶扇”，取代了原始文石和高镁方解石。其他相包括碳酸盐泥、叠层石和鲕粒内碎屑颗粒岩。Grotzinger 和 James（2000b）认为，在太古宙文石和方解石通常直接在海底沉淀，这是因为前寒武纪的表层海水相对于碳酸钙基本为过饱和，远高于现代海洋典型特征值的 2~5 倍。在前寒武纪晚期（元古宙），随着微生物介导沉淀的增加，非生物（无机）沉淀似乎逐渐减少，表明太古宙海水高度过饱和逐渐枯竭。

#### 6.7.1.5 碳酸盐沉积的物理过程

碳酸钙化石、骨骼碎片、鲕粒和其他碳酸盐颗粒在海洋中的物理运输过程与陆源颗粒相同。因此，大多数石灰岩的最终沉积是通过流体流动和沉积物重力流动过程发生的。因此，石灰岩可能表现出许多与陆源沉积岩相同的层理特征和沉积构造。

#### 6.7.1.6 控制碳酸钙生产的深度

当一种矿物相的沉淀量正好等于溶解量时，溶液与固体处于平衡状态，即该矿物相饱和。沉淀矿物的溶液是过饱和的，而溶解矿物的溶液是不饱和的。现代海洋中大部分温暖的表层水都含有碳酸钙。然而，由于镁抑制或其他因素，实际上很少的无机碳酸钙可能沉淀在这些水中。这种过饱和状态随深度迅速变化，表层以下水体碳酸钙饱和度急剧下降，在水深超过几百米的地方，海水是不饱和的。在高纬度较冷的水域，地表水的饱和度也同样降低。

尽管二氧化碳分压的增加是最重要的变量之一，但深水的欠饱和状态是几个因素的共同作用结果。在浅水中，海底生物的呼吸作用使靠近海底的地方产生的二氧化碳增加。海底浅水和深水有机物的氧化也会增加二氧化碳的产生。此外，在深海发现的较冷的水与较暖的表层水相比含有更多的溶解的二氧化碳。温度的降低和静水压力的增加都引起碳酸钙溶解度的增加，从而引起海水的腐蚀性。

由于海水中碳酸钙饱和度随深度降低，碳酸钙的产生主要局限于海洋的极浅水水域和较深海洋的过饱和表层水域。这些水域是大多数分泌碳酸钙的生物生活的地方。碳酸钙的溶解作用普遍存在于较深的不饱和水域。然而，溶解速率并不随深度呈线性增加。将方解石球悬挂在海洋中不同深度的锚泊处进行的实验表明，约 3500m 深度以上的方解石球只受到轻微腐蚀，但在该深度，方解石球的溶解突然增加（Peterson，1966）。因此，碳酸钙的有效溶解只发生在海洋较深处（在某种程度上也发生在非常寒冷的高纬度地表水中）。在任何地方，当碳酸钙的溶解速率与向海底提供碳酸钙的速率相等时，使碳酸钙不发生净积累的特定深度，被称为碳酸钙补偿深度（CCD）。将碳酸钙补偿深度的位置与山脉雪线的位置进行了比较。在现代海洋中生物成因软泥聚集的地方，白色碳酸盐软泥覆盖了 CCD 上方海底的隆起区域，但在其下方让位给棕色或灰色的远洋黏土或硅质软泥。在现代海洋的不同地区，由于地表水中 $CaCO_3$ 生成速率的差异和控制碳酸盐岩饱和度的因素的变化，CCD 的深度范围为 3500~5500m。现今海洋中方解石 CCD 的平均深度约为 4500m；文石 CCD 的深度小于 2000m（James 和 Choquette，1983；现代海洋的平均水深约为 3800m）。

### 6.7.2 白云岩

白云岩由 50% 以上的白云石［$CaMg(CO_3)_2$］矿物组成。白云岩在地质记录中分布广泛，年代从前寒武纪到全新世，但古生代和古生代以前白云岩的数量最多。白云岩与石灰岩紧密结合在一起，在许多地层单元中作为石灰岩的互层出现，它们通常也与蒸发岩有关。

由于白云石在地层记录中反复出现，它们一定是在相对常见的环境条件下形成的，而且这种环境条件在不同的地点反复出现。人们对白云石进行了非常广泛的研究，因此，从理论上讲，应该已经很好地了解了它们的起源。相反，白云岩的成因仍然是沉积地质学中研究得最透彻但却知之甚少的问题之一。尽管从残存的石灰岩结构和构造中可以清楚地看出，许多粗晶白云岩是次生岩石，是由较老的石灰岩成岩置换形成的，许多细晶白云岩缺乏这种交代作用的结构证据，不能证明其是由石灰岩成岩改造而来。正是这些细晶白云岩造成了所谓的白云石问题，自从 200 多年前的 1791 年，法国博物学家 Deodat de Dolomieu 首次发现白云石以来，地质学家一直未能令人满意地解决这个问题（Zenger 等，1994；Warren，2000）。

白云石问题产生于这样一个事实，即科学家尚未在实验室中成功地在地表正常温度（25℃）和压力（1atm）下沉淀出完全有序的白云石。完全有序的白云石 50% 的阳离子位由 $Mg^{2+}$ 填充，50% 的阳离子位由 $Ca^{2+}$ 填充。超过 60℃ 的高温要求在实验室中生产化学计量白云石（Usdowski，1994）。在实验室实验中，在自然环境的正常温度下，只有一种被称为原生白云石的类似白云石的物质形成。原生白云石在其结构中含有过量的 $CaCO_3$，并不是真正的白云石（化学计量），另见 Lumsden 等（1997）的讨论。因此，地球化学家一直无法直接从低温实验工作中确定什么地球化学条件有利于白云石在自然环境中的沉淀。尽管如此，地质证据表明，白云石确实是在近地表或近地表温度下自然形成的。

自 20 世纪 40 年代中期以来，许多地方都报道了少量现代白云石沉积物，包括俄罗斯、南澳大利亚、波斯湾、巴哈马群岛、委内瑞拉大陆附近的博内尔岛、佛罗里达群岛、加那利群岛和荷属安的列斯群岛。这些白云石的年龄是通过放射性碳法估计的，从几年到大约 4000 年不等。大多数白云石不是排列完美的，$MgCO_3$ 的摩尔百分比在 30%~50% 之间，但集中在 40%~46% 之间。在现代环境中发现白云石最初受到一些工作者的欢迎，认为这证明了白云石可以作为原生矿床自然沉淀下来。另一些人认为这些现代白云石是由置换作用形成的，即最初的 $CaCO_3$ 沉淀迅速转变为白云石，这个过程称为白云石化。随后的研究未能确定降水和白云岩置换在这些早期形成，或准同生白云岩起源中的相对重要性。这两种机制仍然可行。

早期形成的白云岩包括所有在地表或地表附近形成的未固结状态的白云岩，而不是成岩白云岩，这些白云岩是在埋藏和抬升过程中由较老的固结石灰岩交代而形成的。现代环境中白云石的体积很小。因此，白云石问题的另一个方面与这个问题有关：早期形成白云石的过程能否解释过去大量的白云石矿床？这个问题仍在争论中，然而，研究一些似乎有利于现代环境中白云石早期形成的条件可能是有用的。

#### 6.7.2.1 白云岩形成的条件

与白云石形成有关的化学反应如下：

$$Ca^{2+}+Mg^{2+}+2CO_3^{2-}=\!=\!=CaMg(CO_3)_2 \tag{6.6}$$

$$2CaCO_3+Mg^{2+}=\!=\!=CaMg(CO_3)_2+Ca^{2+} \tag{6.7}$$

式（6.6）表示白云石从水溶液中直接析出，式（6.7）说明方解石或文石被白云石取代。正如本讨论开始时所指出的，式（6.6）反应的问题是，这种反应需要的温度远远超过正常表面温度。为什么如此高的温度是必要的原因还远未被充分理解，但这个问题肯定与动力学（反应速率）有关。例如，许多研究人员如 Gain（1980）指出，$Mg^{2+}$ 在溶液中与水（水合的）有很强的结合，必须先与附着的水分离，才能将其纳入固体白云石晶格中。在低温下，$Ca^{2+}$ 更容易进入晶格并形成 $CaCO_3$ 矿物，而 $Ca^{2+}$ 与水的结合较弱。在较高的温度下，$Mg^{2+}$ 水合强度较低，因此更容易溶解，使裸露的 $Mg^{2+}$ 进入晶格形成白云石。白云石的高度有序状态在低温下也产生了动力学问题。在碳酸氢钙饱和的溶液中，高度有序的白云石晶格的成核和生长非常缓慢，在 $Ca^{2+}$ 和碳酸盐离子的竞争中，有序的白云石被阻止形成，而形成文石或阳离子无序的高镁方解石等矿物。有关白云石形成动力学的其他讨论，见 Machel 和 Mountjoy（1986）。

#### 6.7.2.2 早期形成白云岩的模型

如前所述，白云石沉淀与白云石化（交代）的相对重要性尚不清楚。尽管如此，许多地质学家清楚地认为，白云石化是形成古白云岩的重要过程。因此，最近和当前对白云岩的许多研究都集中在试图了解白云石化机制的尝试上。理论考虑表明，高 $Mg^{2+}/Ca^{2+}$ 比值、低 $Ca^{2+}/CO_3^{2-}$ 比值和低盐度有利于白云石的形成（Machel 和 Mountjoy，1986）。如前所述，较高的温度也有利于它的形成。事实上，在超过 100℃ 的温度下，大多数动力学作用被抑制，例如 $Mg^{2+}$ 水合作用，变得无效。

通过考察现代环境中白云岩形成的各种条件，提出了三种主要模式，它们以某种方式满足白云岩形成的有利条件，特别是白云石化作用：（1）高盐（盐沼、蒸发、回流）模型；（2）混合水（混合区）模型；（3）海水（浅水—潮下）模型（图 6.11）。模型 1 和模型 3 用在模型 1 中，蒸发浓缩的海水作为白云岩化流体。模型 2 需要海水和淡水（大气）水的混合。

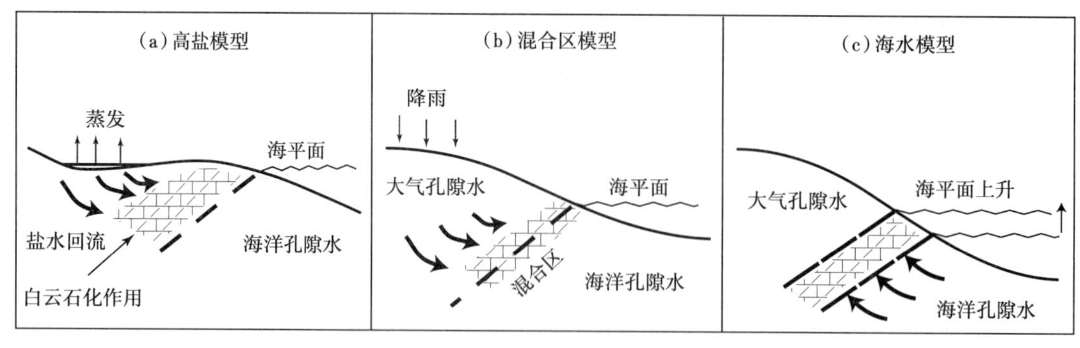


图 6.11 白云石形成模型

（a）强烈蒸发和盐水回流条件；（b）大气和海洋孔隙水的混合条件；（c）通过碳酸盐沉积物泵送或冲洗正常的海水条件

1）高盐模型

许多已知的现代或全新统白云岩产于高盐环境中，如波斯湾的盐沼（以存在蒸发岩为特征的沿海平原）和干旱气候的潮上带（图 6.12）。在强烈蒸发条件下，即蒸发速率超过降水速率，沉积物表面以下的海水因蒸发而浓缩。这一浓缩过程导致文石和石膏的沉淀，优先从水中除去 $Ca^{2+}$，并增加 $Mg^{2+}/Ca^{2+}$ 比值。正常海水中 $Mg^{2+}/Ca^{2+}$ 比值约为 5∶1。当这个比值上升到足够高的水平时，可能超过 10∶1，白云石就形成了。卤水浓缩的机制涉及盐沼沉积物中毛细管水的蒸发。从饱和的地下水带向上流动的水取代了毛细管蒸发损失的水，这个过程称为蒸发泵水。盐水也可以通过水的表面蒸发而集中在湖泊或海湾水面中。这些浓缩盐水比普通海水的密度更高，导致它们下沉。大量富镁卤水通过碳酸钙沉积物向下冲刷，可以假定产生白云石化作用，这一过程称为渗流回流（图 6.11a）。

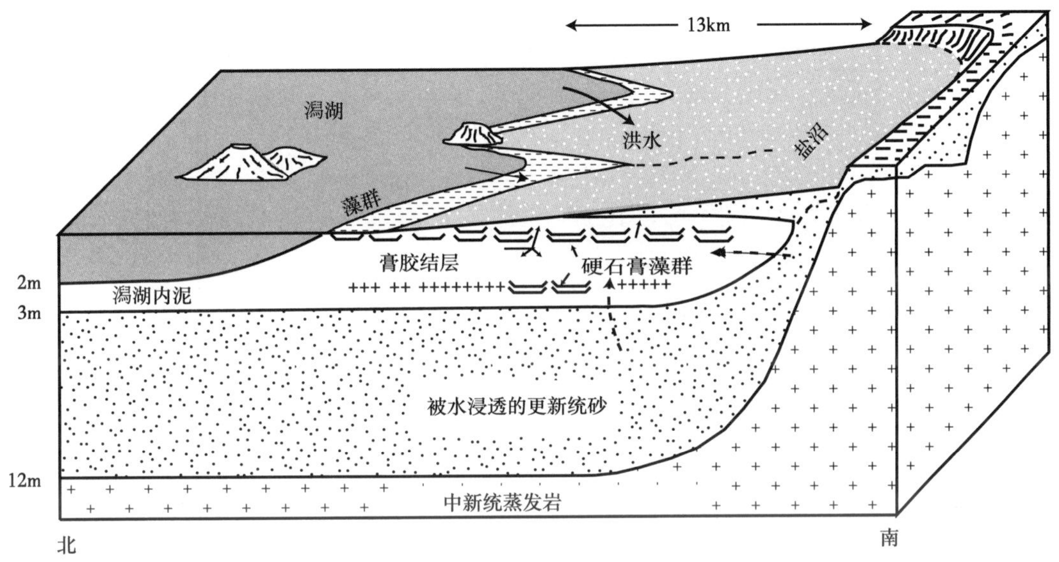


图 6.12 波斯湾阿布扎比盐沼。典型盐沼环境的示意图，其中准同生白云岩的形成，通常与石膏和硬石膏结合，这是由于镁的蒸发浓缩作用

在盐沼环境中形成的白云石的总体积是相对较小的，关于白云石形成的确切机制仍存在相当大的争议。目前尚不清楚它是由文石或高镁方解石（白云石化）取代而形成，还是作为无序原白云石的主要沉淀而形成，据推测该原白云石后来发展得更有序，成为真正的白云石。请参阅 Hardie（1987）和 Purser 等（1994a），以了解关于这个主题的其他讨论。

2）混合区模型

20 世纪 70 年代初以来发表的若干研究（Hanshaw 等，1971；Badiozamani，1973；Folk 和 Land，1975）提出，海水与大气水混合产生的微咸地下水相对于白云石可能会饱和，其 $Mg^{2+}/Ca^{2+}$ 比值远低于高盐条件下所需的值。淡水和盐水混合环境的地下区域等沿海地区大气水接触海水（图 6.11b）溶蚀低矿化度白云石，可以形成 $Mg^{2+}/Ca^{2+}$ 比值从正常海水值约为 5∶1 降至 1∶1（图 6.13）。据推测，与海水相比，这些混合水中的 $Mg^{2+}/Ca^{2+}$ 比值较低，这是因为在盐度较低的水中，其他离子的竞争较小。混合区模型，或其变体，也被称为 Dorag 模型（Badiozamani，1973）和 Schizohaline 模型（Folk 和 Land，1975）。

尽管混合区白云岩模型得到了许多学者的支持，但它也受到了一些相当致命的攻击。

例如，Hardie（1987）指出，Badiozamani（1973）在其最初的模型计算中使用了不易溶解的有序白云石的溶解度值，而他本应使用更易溶解、不易有序、富含钙的白云石（这是在表面温度下实际形成的白云石）的值。Hardie 还坚持认为，没有实际的文献证明在 $Mg^{2+}/Ca^{2+}$ 比值为 1∶1 时可以形成白云石，也没有确凿的证据证明低盐度条件下产生阳离子有序白云石的特殊能力。Machel 和 Mountjoy（1986）进一步指出，现代大多数淡水 / 海水混合带并不形成白云石，即使形成白云石，其体积也很小。Purser 等（1994b）观察到，混合水可能具有白云石化作用。然而，混合带的真正意义可能更多地体现在它在海底地下水中诱导流体运动的作用上。

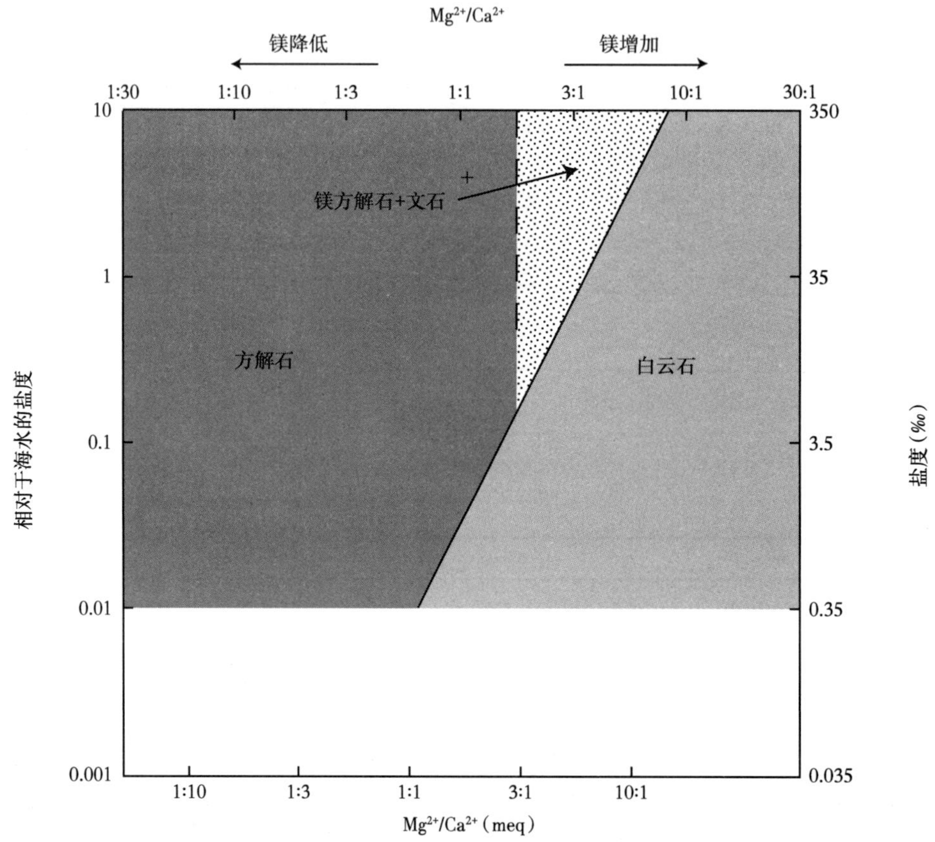


图 6.13　白云石、方解石、镁方解石和文石的优先赋存区域随盐度和 $Mg^{2+}/Ca^{2+}$ 比值图解

值得注意的是，随着盐度的降低，白云石可以在 $Mg^{2+}/Ca^{2+}$ 比值逐渐变小的情况下形成，这是由于在低盐度下，结晶速度较慢，而且相对缺乏外来离子竞争

3）海水（浅潮下带）模型

在高盐模型中，白云石化作用需要经过蒸发过程改变海水条件。一些学者提出，早期白云石化作用也可以发生在正常的、未经改变的海水中。根据该模型所体现的概念，如果足够多的海水被强迫通过沉积物，使沉积物中的每一个孔隙水体不断被新的海水更新，那么在正常海水中就可以发生白云石化作用（Carballo 等，1987；Land，1991）。因此，随着新的 $Mg^{2+}$ 不断供给，取代的 $Ca^{2+}$ 和其他可能阻碍白云石晶体结构的离子被移除。例如，Carballo 等（1987）报告了佛罗里达州 Sugarloaf Key 的一个地区，在海水随大潮涨落的过

程中，海水通过全新世碳酸盐泥被强迫向上和向下移动，他们称之为潮汐泵水。由于该机制驱动大量海水通过沉积物，大量 $Mg^{2+}$ 被输入沉积物，孔隙流体不断被新流体取代。在这些条件下，即使海水很少蒸发或没有蒸发，沉积物中也会形成白云石。Carballo 认为，白云石是通过沉淀形成的泥晶和后来取代先前存在的微晶形成的。随着海洋孔隙水在台地内向陆地移动，海平面上升期间也可能发生白云石化作用（图 6.11c；Tucker，1993）。尽管海水模型存在一些问题，但许多地质学家显然相信，正常海水在过去一直是主要的白云石化作用的介质（Purser 等，1994b）。

#### 6.7.2.3 影响早期白云石化作用的其他因素

Baker 和 Kastner（1981）在 2008 年对白云石形成的实验研究表明，溶解 $SO_4^{2-}$ 的存在抑制了白云石的形成。将实验结果外推到较低的温度，他们认为，开放海洋环境中白云石稀缺的原因是海水中溶解的 $SO_4^{2-}$ 的存在。据称，溶解的 $SO_4^{2-}$ 可以在 $SO_4^{2-}$ 值低至其海水值的 5% 时抑制方解石的白云石化作用。因此，根据这些作者的说法，任何从海水中去除 $SO_4^{2-}$ 的过程（例如，细菌还原 $SO_4^{2-}$；硫酸钙的沉淀）都有利于白云石的形成。Morrow 和 Abercrombie（1994）随后的实验工作证实，浓度为 0.005mol/L 的溶解硫酸盐会延缓但不会阻止方解石在高温下进行白云石化作用。这些作者认为，观察到的白云石化速率可能是由于方解石在高温无硫酸盐环境中以更快的速率溶解，因为其欠饱和程度更大。

在某些条件下，细菌可能在白云石沉淀中起作用（Bernasconi，1994；Gournay 等，1997；Vasconcelos 和 McKenzie，1997；Wright，2000）。例如，Vasconcelos 和 McKenzie（1997）报告了在巴西里约热内卢附近的浅水沿岸潟湖（Lagoa Vermelha）中，在正常地表温度下，白云石沉淀在黑色富含有机物的沉积物中。他们把降水归因于硫酸盐还原厌氧细菌的活动。沉淀显然是由于过量镁和硫酸盐还原的其他副产物的释放而发生的。细胞体周围微环境中亚微米尺度的镁饱和为白云石的优先沉淀创造了有利条件。沉淀物是一种富含钙的白云石，随着时间的推移会经历老化，以增加有序性。除了在 Lagoa Vermelha 进行的观察外，实验室还通过使用从 Lagoa Vermelha 培养的硫酸盐还原菌生产白云石（Vasconcelos 和 McKenzie，1995；Warthmann 等，2000；Van 等，2003）。

#### 6.7.2.4 气候变化与海洋化学

如前文所述，文石海期间海洋中 $Mg^{2+}$ 的浓度高于方解石海，此时海底扩张速率和海平面较低，而方解石海期间大量 $Mg^{2+}$ 被热海底玄武岩吸收。因此，文石海可能有利于白云石沉淀。

此外，海洋温度似乎对白云石沉淀有影响。在海底快速扩散和高海平面期间，由于与海底高速扩散相关的 $CO_2$ 脱气率增加，大气中的 $CO_2$ 水平较高。大气中高浓度的 $CO_2$ 会产生温室效应，因为 $CO_2$ 会阻止地球热量的流失并导致全球变暖。在海底扩张速率较低和海平面较低的情况下，浓度较低，从而产生冰室条件。一些早期的观察家（Givens 和 Wilkinson，1987）报告说，在温室条件下沉积的岩石中，白云石比在冰室条件下沉积的岩石中更常见。Arvidson 等（2000）认为，大气温度的升高导致硅质碎屑岩和碳酸盐岩的陆地风化速度加快，相应地，溶解碳（主要以 $HCO_3^-$ 的形式）向海洋的迁移速度加快。海洋 $HCO_3^-$ 含量的增加，显然使海水白云石的过饱和程度大于方解石。因此，在温暖的温室条件下，白云石沉淀是有利的。

#### 6.7.2.5 地下埋藏白云岩

如上所述，地质记录中的许多白云岩都有残留结构，表明白云岩是由一种前体石灰岩的交代作用（白云石化作用）形成的。这种白云石化作用在地下发生的时间似乎比准同生白云岩的形成时间晚得多（也许要晚几百万到数亿年）。例如，Mountjoy 和 Amthor（1994）报告称，加拿大西部沉积盆地泥盆纪白云岩的 50%~90% 为大量交代白云岩，白云石化作用发生在中间（500~1500m）至深层（1500~3000m）的地下。根据上述海水模型中提出的概念，理解晚期大规模地下白云石化的问题可能主要归结为寻找大量富镁水（正常海水、改性海水、盆地盐水、蒸发岩盐水）深入地下。在地下存在的较高温度下，白云石化作用显然很容易在任何具有足够孔隙度和渗透性以允许大量含镁水循环的埋藏石灰石中发生。大量学者已经提出了几种机制来驱动流体通过盆地中埋藏的石灰岩向下或向上循环，包括由于存在水头而产生的重力驱动流，其大小由地下地层大气补给区的高程决定（Garven 和 Freeze，1984）；盆地下方地热热源产生的热对流（Kohout 等，1977）；沿含盐水混合区的淡水透镜体内的循环引起的浮力循环。由此产生的海岸微咸水排放导致海水在深部补偿流入（Whitaker 和 Smart，1990）。

## 6.8 成岩作用

大多数碳酸盐沉积物是在海洋条件下沉积的，尽管碳酸盐岩也可以在一些非海洋条件下形成（第 11 章）。沉积后，碳酸盐沉积物会经历各种成岩过程，这些过程会导致孔隙度、矿物学成分和化学性质发生变化。碳酸盐矿物通常比大多数硅酸盐矿物更容易溶解、重结晶和置换。因此，碳酸盐沉积物的矿物学成分可能会普遍发生变化。例如，在早期成岩作用或埋藏过程中，原始的文石泥可能完全变成方解石。反过来，方解石可能在以后被白云石完全或几乎完全取代。这种变化也可能破坏或改变原始的沉积结构，例如碳酸盐颗粒和微晶。碳酸盐沉积物的孔隙度可能会因压实和胶结作用而降低，也可能因溶解作用而增强。

### 6.8.1 碳酸盐岩成岩作用机制

碳酸盐沉积物可能经历与硅质碎屑沉积物相同的成岩作用的一般阶段，即浅埋（次生）、深埋（中生）、隆起和剥蚀（终生）。成岩作用发生在三个主要区域或领域（图 6.14）：海洋圈、大气圈和岩石圈。

海洋圈包括海底和非常浅的海洋次表层。这里的成岩环境以海水温度和正常盐度的海水为特征。该环境中的主要成岩过程包括沉积物的生物扰动、钻孔生物对碳酸盐贝壳和其他颗粒的改造，以及温暖水域中颗粒的胶结，尤其是在珊瑚礁、台地边缘沙洲和碳酸盐海滩沉积物（海滩岩）中。

海洋碳酸盐沉积物可以通过两种方式从海洋圈到大气圈：海平面下降和浅层碳酸盐盆地的渐进沉积物填充。较老的碳酸盐岩也可以通过深埋碳酸盐岩杂岩（终生）的后期抬升和去顶而进入大气圈。大气圈的特点是淡水的存在，它包括地下水位以上的非饱和（沉积物孔隙未充满水）渗流带和地下水位以下的潜水带或水饱和带。大气中的水通常富含 $CO_2$，因此，它们具有很强的化学侵蚀性（酸性）。因为文石和高镁方解石比方解石更易溶解，所以它们很容易溶解在这些腐蚀性的水中。另外，文石和高镁方解石的溶解可能使碳酸钙中的水相对于方解石饱和，导致方解石沉淀（这一过程称为方解石化）。这种溶解—再沉淀过程导致较不稳定的文石和高镁方解石被较稳定的方解石取代。方解石也可以作为胶结物沉淀到开阔空间。因此，溶解、文石和高镁方解石向方解石的蚀变，以及方解石的胶结作用是大气圈的主要成岩过程。

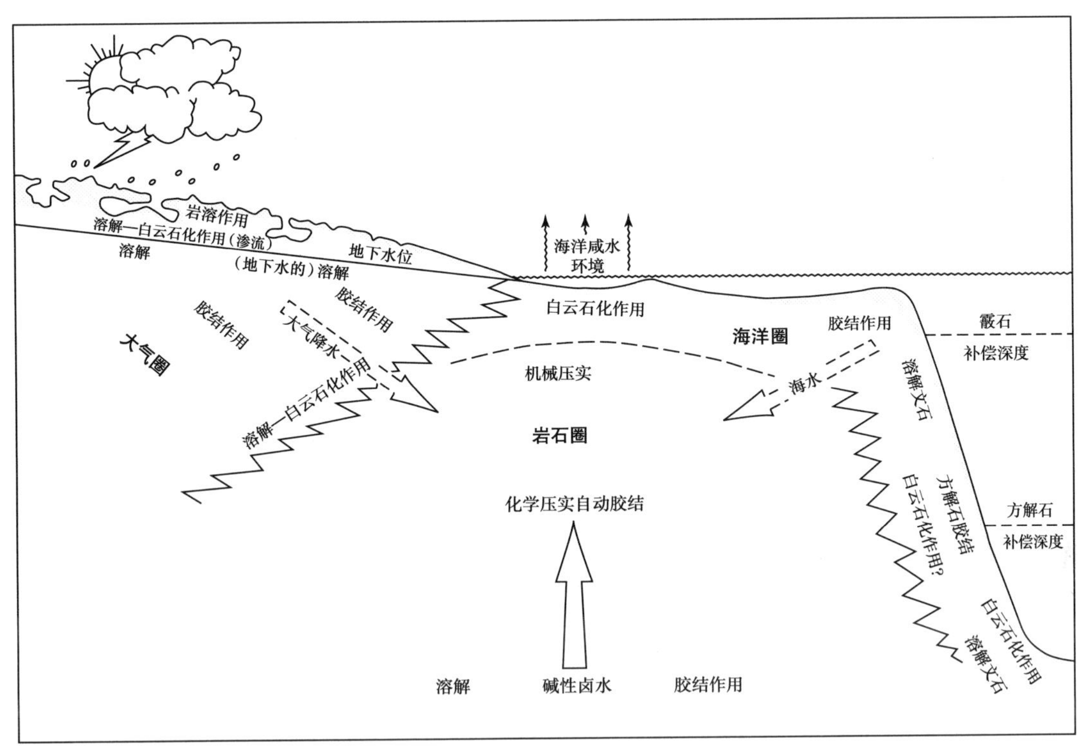


图 6.14　碳酸盐沉积物发生沉积后改造的主要环境，以及发生在各主要成岩区域的主要成岩过程

在海底（也可能在大气圈）经过初期成岩作用后，碳酸盐沉积物逐渐被掩埋，并受到地下区压力升高、温度升高和成分发生变化的孔隙流体的影响。在这些变化的条件下，碳酸盐沉积物可能会发生物理压实、化学压实（颗粒边界的溶蚀）和其他化学或矿物变化，包括溶蚀、胶结、文石到方解石的转变，以及方解石被另一种矿物（如白云石）取代。在深层地下成岩作用中发生的变化的确切性质取决于埋藏环境的具体条件（温度、孔隙流体组成、pH 值）。

## 6.8.2　主要成岩作用过程和变化

### 6.8.2.1　生物迭代

碳酸盐沉积环境中的生物通过钻孔、挖洞和吸收沉积物的活动来改造沉积物，就像它们在硅质碎屑环境中所做的那样。这些活动可能破坏碳酸盐沉积物中的原生沉积结构（Demicco 和 Hardie，1994），并留下斑驳的层理和各种有机痕迹。此外，许多体型较小的生物，如真菌、细菌和藻类，会在骨骼碎片和其他碳酸盐颗粒中产生微球体。然后，细粒（泥晶）文石或高镁方解石可能沉淀到这些孔中。这种钻孔和泥晶沉淀过程在一些温水环境中可能非常强烈，以至于碳酸盐颗粒几乎完全还原成泥晶，这一过程被称为泥晶化。如果钻孔强度较低，则只能在颗粒周围产生薄泥晶边缘或泥晶包膜（图 6.15a）。细菌以多种其他方式影响碳酸盐成岩作用，例如介导碳酸盐胶结物的沉淀和泥晶的成岩作用（Camoin 和 Arnaud，1997）。体型相对较大的生物，如海绵和软体动物，在骨骼颗粒和碳酸盐基质中产生巨孔，其他生物如鱼、海参和腹足动物，可能会以各种方式将碳酸盐颗粒分解成较小的碎片。

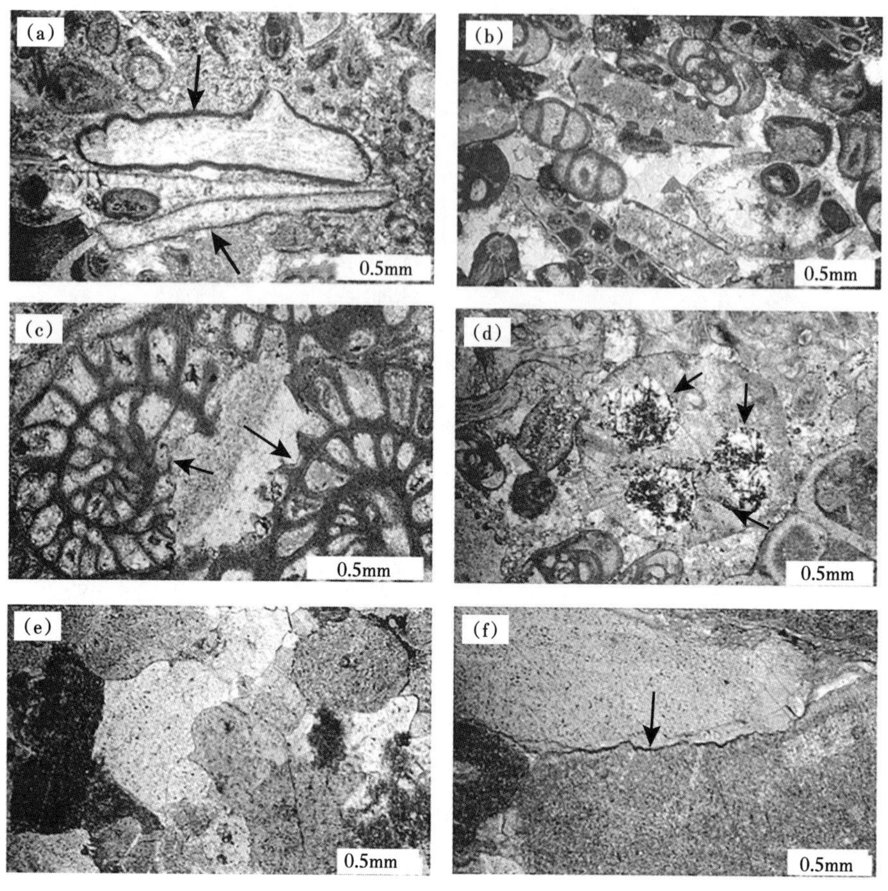


图 6.15　石灰岩的成岩组构

(a)密苏里州，Renault 组(密西西比亚系)，化石碎片周围有暗色的泥晶边缘或包层(箭头)；(b)亮晶方解石(白色)胶结化石和化石碎片，Salem 组(密西西比亚系)，密苏里州；(c)重结晶组构，部分破坏的蜓类有孔虫化石(箭头)，Morgan 组(宾夕法尼亚亚系)，科罗拉多州；(d)密苏里州，Salem 组(密西西比亚系)，化石碎片被燧石(箭头)所替代呈斑片状；(e)密苏里州 Kimswick 石灰岩(奥陶系)，由于棘皮动物(海鞘类)碎片的物理压实而紧密堆积的颗粒组构；(f)俄克拉何马州，密西西比亚系石灰岩，由于压力溶解(化学压实)而形成的两块棘皮动物碎片之间的不规则边界(箭头)

#### 6.8.2.2　胶结作用

胶结作用是成岩作用的一个重要过程。在海底，胶结作用主要发生在暖水区富含颗粒沉积物的孔隙或空洞中。礁体、台地边缘碳酸盐浅滩和碳酸盐海滩砂是早期胶结作用的有利区域。沿着台地边缘，海底沉积物胶结得较好的区域称为硬地。胶结的碳酸盐海滩砂称为海滩岩。海底胶结物一般为文石，较少为高镁方解石。海底胶结物可以采用几种结构形式，如图 6.16 所示。海滩岩可能含有弯月形胶结物，当间隙水在低潮时从海滩排出，水在毛细作用力的作用下形成。因为海滩沉积物不会一直浸泡在水中，所以在含有水滴的颗粒底部的海滩岩中也可能会形成悬垂的胶结物。完全包围颗粒的等厚表皮是在水下条件下形成的，因为在水下条件下，颗粒不断被水包围。文石胶结物也可能以针状网状物或具有葡萄状形式的纤维放射状晶体的形式出现。

在大气圈，溶蚀作用比胶结作用更为重要，尽管胶结作用确实发生。这种胶结物几乎全是方解石。如前所述，形成这种胶结物的碳酸钙是由不稳定的文石和高镁方解石溶解而来的。在（水）不饱和渗流带中，方解石胶结物通常为弯月形胶结物和悬垂胶结物。在水饱和潜水带中，它们是等厚的、块状的或共轴的边缘胶结物。共轴边缘胶结物是由光学连续的方解石在单晶化石棘皮动物碎片周围沉淀形成的，与石英颗粒周围形成胶结物的生长方式大致相同。

方解石胶结作用也可能发生在深埋藏期间，尽管控制深层胶结作用的条件尚不明确。深部碳酸盐胶结作用的有利因素包括不稳定矿物（文石和高镁方解石）的存在；孔隙水在碳酸钙中高度过饱和；高孔隙度和渗透率（使流体能够高速流动）；温度增加；二氧化碳分压降低。深层胶结作用所需的碳酸钙至少部分可通过碳酸盐沉积物的压力溶液提供，其方式与石英颗粒的压力溶液向硅质碎屑沉积物中的孔隙水提供二氧化硅的方式大致相同。粗镶嵌方解石和叶片棱柱方解石（图 6.16）是常见的深埋藏胶结物。

图 6.16 所示的叶片棱柱胶结物和粗镶嵌方解石的组合称为栉壳状胶结物。这些方解石胶结物通常颗粒较粗，外观清澈或呈白色，通常被称为亮晶方解石胶结物。图 6.15b 提供了一个由亮晶石方解石胶结骨骼碎片的例子。

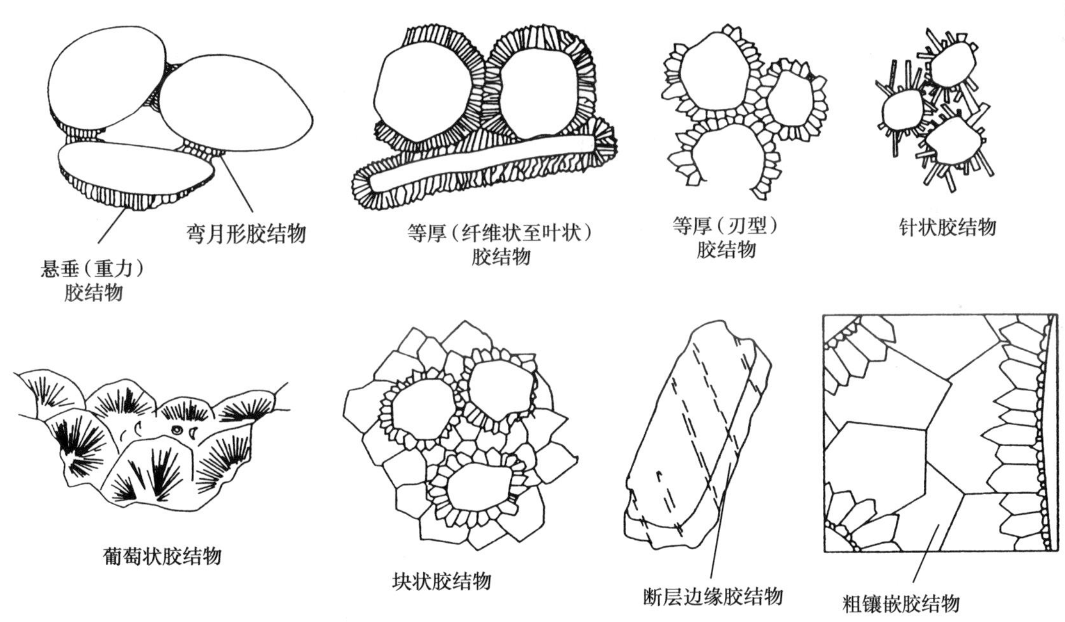


图 6.16　成岩作用中碳酸盐胶结物的主要种类

海底成岩环境的特点是弯月形胶结物、悬垂胶结物（在海滩岩中）、等厚胶结物、针状胶结物和葡萄状胶结物。大气圈胶结物主要由方解石组成，包括包气带中的弯月形胶结物和悬垂胶结物，以及潜流带中的等厚状、块状和共轴边缘胶结物。岩石圈胶结物也以方解石为主，包括共轴边缘胶结物、刃状棱柱胶结物和粗镶嵌胶结物

#### 6.8.2.3　溶解作用

胶结作用是碳酸盐岩中非常常见的成岩过程，溶解作用也是如此。碳酸盐矿物的溶解需要与导致胶结作用基本相反的条件。不稳定的矿物（文石或高镁方解石）的存在、低温和碳酸钙不饱和的低酸碱度（酸性）孔隙水有利于溶解。溶解尤其发生在富含 $CO_2$ 和 / 或有机酸的化学侵蚀性孔隙水中。溶解作用在大气圈尤为普遍，具有化学侵蚀性的大气降水通

过渗流区向下渗透或流入潜水区。文石和高镁方解石在这种环境中广泛溶解，如果孔隙水具有足够的侵蚀性，甚至方解石也可能溶解。溶解往往特别集中在地下水位（包气带和潜水带之间的边界），这是地下水位碳酸盐岩中普遍存在洞穴的原因。深埋（地下）区域的溶解没有大气圈强烈，原因有两个：第一，大多数文石和高镁方解石可能已经在大气圈转化为更稳定的方解石；第二，增加深度会降低所有碳酸盐矿物的溶解度。如果由于有机物的埋藏衰变（脱羧作用）向孔隙水中加入足够的 $CO_2$，以克服温度升高导致的溶解度下降，溶解可能会在一定深度发生。同样，深层地下水的混合可能产生相对方解石不饱和的流体，从而促进碳酸盐胶结物或其他碳酸盐元素的破坏（Morse 等，1997）。隆起后被带回大气降水区的埋藏碳酸盐沉积物，在具有化学侵蚀性、充有 $CO_2$ 的大气降水的影响下，先前形成的胶结物和其他碳酸盐矿物可能发生广泛溶解。

#### 6.8.2.4 新晶作用

新晶作用是 Folk（1965）使用的一个术语，用于涵盖反转（如文石转化为方解石）和重结晶的联合过程。反转是指一种矿物的变形体，如文石变为方解石。严格地说，反转只发生在固体（干）状态下。当水存在时文石向方解石的转化是通过不稳定文石的溶解和较稳定方解石沉淀的几乎同时置换来进行的。如前所述，许多地质学家将这一过程称为钙化。在成岩作用过程中，大多数文石最终被钙化。重结晶表明晶体的大小或形状发生了变化，而化学成分或矿物学变化很少或没有变化。钙化作用和重结晶作用通常同时发生。

新晶作用可能发生在所有三个成岩领域，但在大气和地下成岩环境中尤为重要。新晶可能影响碳酸盐颗粒和泥晶，通常会增加晶体尺寸。这一过程破坏了原始的结构和构造，甚至可能会导致整个岩石再结晶。因此，细粒（泥晶）石灰岩可以转化为粗粒岩。在较小的范围内，重结晶导致形成大的、清晰的方解石晶体，与亮晶方解石胶结物非常相似。事实上，碳酸盐岩微观研究中最困难的问题之一是区分亮晶方解石胶结物和新晶矿物。图 6.15 显示了新晶矿物的一个例子。

#### 6.8.2.5 交代作用

交代作用包括一种矿物的溶解和另一种不同成分矿物的同时沉淀。碳酸钙矿物被其他矿物交代是一种常见的成岩过程。碳酸钙沉积物的白云石化是一种交代作用过程。此外，许多其他种类的非碳酸盐矿物可能在成岩过程中交代碳酸盐矿物，包括微晶石英（燧石；图 6.15d）、黄铁矿（硫化铁）、赤铁矿（氧化铁）、磷灰石（磷酸钙）和硬石膏（硫酸钙）。交代作用可以发生在所有成岩环境中。我们已经讨论过在海底和埋藏环境中白云石对碳酸钙的交代。在碳酸盐岩—蒸发岩层序中，深部硬石膏交代碳酸盐矿物是一个常见的过程。微晶石英（燧石）交代碳酸盐矿物在大气和深埋环境中也很常见。例如，Maliva 和 Siever（1988）报告了埋藏深度在 30~1000m 范围内的燧石对古生代碳酸盐岩的交代作用。燧石对碳酸盐矿物的交代可能是非常有选择性的，燧石优先于泥晶取代化石和其他碳酸盐颗粒，如图 6.15d 所示。

#### 6.8.2.6 物理和化学压实

新沉积的水状碳酸盐沉积物的初始孔隙度为 40%~80%。随着埋藏深入地下，上覆沉积物的压力导致颗粒重新定向和更紧密地堆积（图 6.15e）。与硅质碎屑沉积物一样，压实作用使埋藏较浅的地层孔隙度减少，并使地层变薄。在埋藏较深至约 305m 处，以及在逐渐升高的覆盖层压力下，颗粒也可能通过脆性断裂和塑性或延性挤压而变形。即使埋藏深度为 100m，压实作用也能使碳酸盐沉积物的沉积厚度减少一半，同时孔隙度损失为原始孔隙体积的 50%~60%（Shinn 和 robin，1983）。

在埋藏深度 200~1500m 处，碳酸盐沉积物也开始发生化学压实作用。颗粒间接触处的压力溶解会导致颗粒间的相互穿透或缝合接触（图 6.15f）。在更大的范围内，会形成被称为缝合线的压力接缝。缝合线在碳酸盐岩中特别常见。缝合线的标志是黏土矿物和其他细粒非碳酸盐矿物（通常称为不溶性残留物）的存在，它们随着碳酸盐矿物的溶解而积聚。缝合线的尺寸范围从晶粒间的微缝合线（晶粒间互穿接触的幅度小于 0.25 mm）到幅度超过 1 cm 的缝合线（图 6.17）。压溶作用伴随着缝合线的形成，导致孔隙度的显著损失（可能高达原始孔隙体积的 30%）和地层变薄。

图 6.17　意大利托斯卡纳 Calcare Massicio 白垩系石灰岩中发育良好的缝合线

### 6.8.3　碳酸盐岩成岩作用成果综述

有机成岩作用、物理成岩作用和化学成岩作用的共同作用使碳酸盐岩沉积物的沉积特征发生了显著变化。生物体破坏原生的沉积构造，如层状构造，并通过钻孔和沉积物摄取改变碳酸盐颗粒。上覆岩层压力引起的物理和化学压实作用导致孔隙度大幅度降低，岩层变薄。胶结作用进一步降低了孔隙度。另外，大气区和地下区的溶蚀作用创造了新的孔隙度。甚至以前沉积的胶结物也可能在晚期形成过程中溶解。图 6.18 说明了不同成岩作用结合起来影响碳酸盐沉积物最终孔隙度的各种方式。最后，钙化作用（新晶作用）将大部分文石和高镁方解石转化为方解石，次表面白云石化作用可使碳酸盐矿物普遍被白云石交代。本章提供的显微照片说明了碳酸盐岩的许多常见成岩结构。请参阅 Scholle 和 Ulmer（2003）的研究成果，以获得更多成岩结构的例子。

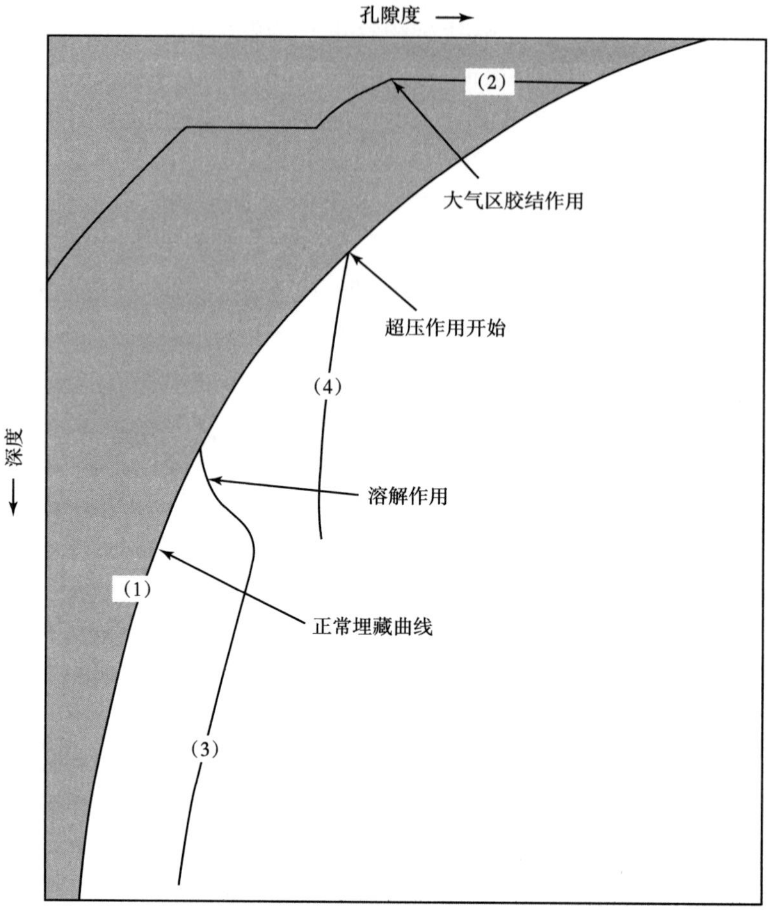

图 6.18　假设孔隙度—深度关系曲线

（1）细粒沉积物与海洋孔隙水的正常孔隙度—深度关系；（2）气候带胶结作用（水平段）与海相孔隙水埋藏交替；（3）深部溶蚀作用使正常孔隙度—深度趋势发生逆转，随后恢复正常埋藏；（4）异常高的孔隙压力抑制孔隙度

## 拓展阅读文献


Adams, A. E., and W. S. MacKenzie. 1998. A color atlas of carbonate sediments and rocks under the microscope. New York: John Wiley and Sons.

Bathurst, R. G. C. 1975. Carbonate sediments and their diagenesis. 2nd ed.: Amsterdam: Elsevier.

Demicco, R. V., and L. A. Hardie. 1994. Sedimentary structures and early diagenetic features of shallow marine carbonate deposits. SEPM Atlas Series No. 1. Tulsa, OK: Society for Sedimentary Geology.

Grotzinger, J. P., and N. P. James (eds.). 2000. Carbonate sedimenta tion and diagenesis in the evolving Precambrian world. SEPM Special Publication No. 67, Tulsa, OK: Society for Sedimentary Geology.

James, N. P., and J. A. D. Clarke (eds.). 1997. Cool-water carbonates. SEPM Special Publication 56. Tulsa, OK: Society for Sedimentary Geology.

Montañez, I. P., J. M. Gregg, and K. L. Shelton (eds.). 1997. Basin wide diagenetic patterns: Integrated petrologic, geochemical, and hydrologic considerations. SEPM Special Publication No. 57. Tulsa, OK:

Society for Sedimentary Geology.
Morse, J. W., and F. T. Mackenzie. 1990. Geochemistry of sedimentary carbonates. Amsterdam: Elsevier.
Purser, B., M. Tucker, and D. Zenger ( eds. ) . 1994. Dolomites: A volume in honor of Dolomieu. International Association of Sedimentologists Special Publication No. 21. Oxford: Blackwell Scientific Publications.
Scholle, P. A., and D. S. Ulmer-Scholle. 2003. A color guide to the petrography of carbonate rocks: Grains, textures, porosity, diagenesis. AAPG Memoir 77. Tulsa, OK: American Association of Petroleum Geologists.
Stanley, S. M., and L. A. Hardie. 1999. Hypercalcification: Paleontology links plate tectonics and geochemistry to sedimentol ogy. GSA Today 9: 1–7.
Tucker, M. E., and V. P. Wright. 1990. Carbonate sedimentology. Oxford: Blackwell Scientific Publications.

## 参考文献

Adams, A. E., and W. S. MacKenzie. 1998, A color atlas of carbonate sediments and rocks under the microscope. New York: John Wiley and Sons.
Arvidson, R.S., F. T. Mackenzie, and M. Guidry. 2000. Ocean atmosphere history and carbonate precipitation rates: A solution to the “dolomite problem.” in Glen, C.R., L. Prévôt-Lucas, and J. Lucas ( eds. ) Marine authigenesis: From global to microbial. SEPM Spec. Pub. 66. 1–5.
Badiozamani, K. 1973. The Dorag dolomitization model-application to the Middle Ordovician of Wisconsin. Jour. Sed. Petrology 43: 965–984.
Baker, P. A., and M. Kastner. 1981. Constraints on the formation of sedimentary dolomite. Science 213: 214–216.
Bathurst, R. G. C. 1975. Carbonate sediments and their diagenesis. 2nd ed. Developments in sedimentology 12. Amsterdam: Elsevier.
Bernasconi, S. M. 1994. Geochemical and microbial controls on dolomite formation in anoxic environments: A case study from the Middle Triassic ( Ticino, Switzerland ) . Contributions to sedimentology 19 Stuttgart: Schweizerbart’ sche Verlagsbuchhandlung.
Berner, R. A. 1975. The role of magnesium in crystal growth of aragonite from sea water. Geochim. et Cosmochim. Acta 39: 489–505.
Berner, R. A., et al. 1978. Inhibition of aragonite precipitation from supersaturated seawater: A laboratory and field study. Am. Jour. Sci 278: 816–837.
Boggs, S., Jr. 2009. Petrology of sedimentary rocks. 2nd ed.: Cambridge, UK: Cambridge University Press.
Camoin, G. F. ( ed. ) . 1999. Microbial mediation of carbonate diagenesis. Sed. Geology vol. 126 ( special issue ) .
Camoin, G. and A. Arnaud-Vanneau, ( convenors ) . 1997. International workshop on microbial mediation in carbonate diagenesis 97. Abstract Book. International Association of Sedimentologists.
Carballo, J. D., L. S. Land, and D. E. Miser. 1987. Holocene dolomitization of supratidal sediments by active tidal pumping, Sugarloaf Key, Florida. Jour. Sed. Petrology 57: 153–165.
Castainer, S., G. Le Métayer-Levrel, and J-P. Perthuisot. 1997. Limestone genesis considered from the microbiologists point of view, \. in Camoin, G. and A. Arnaud-Vanneau, ( convenors ) . International workshop on microbial mediation in carbonate diagenesis 97. Abstract Book. International Association of Sedimentologists. 13–14.
Castainer, S., G. Le Métayer-Levrel, and J-P. Perthuisot.1999. Ca-carbonates precipitation and limestone genesis–the microbiogeologists point of view. Sedimentary Geology 126: 9–23.
Chafetz, H. S. 1994. Bacterially induced precipitation of calcium carbonate and lithification of microbial mats. in Krumbein, W. E., D. M. Paterson, and L. J. Stal ( eds. ) . Biostabilization of sediments. Oldenburg:

Bibliotheks und Informations system der Carl von Ossietzky Universitat Oldenburg. 148–163.

Chafetz, H. S. 1986. Marine peloids: A product of bacterially induced precipitation of calcite. Jour. Sed. Petrology 56: 812–817.

Degens, E.T. 1965. Chemistry of sediments. Englewood Cliffs, NJ: Prentice-Hall.

Demicco, R. V., and L. A. Hardie. 1994. Sedimentary structures and early diagenetic features of shallow marine carbonate deposits. SEPM Atlas Series No. 1. Tulsa, OK: Society for Sedimentary Geology. Dunham, R. J. 1962. Classification of carbonate rocks according to depositional textures. in Ham, W. E. ( ed. ) . Classification of carbonate rocks. Am. Assoc. Petroleum Geologists Mem. 1. 108–121.

Embry, A. F., and J. E. Klovan. 1972. Absolute water depth limits of late Devonian paleoecological zones. Geol. Rundschau. 61: 672–686.

Farrow, G. E., N. H. Allen, and E. B. Akpan. 1984. Bioclastic carbonate sedimentation on a high-latitude, tide-dominated shelf: Northeast Orkney Islands, Scotland. Jour. Sedimentary Petrology 54: 373–393.

Folk, R. L. 1959. Practical petrographic classification of limestones. Am. Assoc. Petroleum Geologists Bull. 43: 1–38.

Folk, R. L. 1962, Spectral subdivision of limestone types. in Ham, W.E. ( ed. ) . Classification of carbonate rocks. Am. Assoc. Petroleum Geologists Mem. 1/ 62–84.

Folk, R. L. 1965. Some aspects of recrystallization in ancient limestones. in Pray, L.C., and R.C. Murray ( eds. ). Dolomitization and limestone diagenesis. Soc. Econ. Paleontologists and Mineralogists Spec. Pub. 13. 14–48.

Folk, R. L. and L. S. Land. 1975. Mg/Ca ratio and salinity: Two controls over crystallization of dolomite. Am. Assoc. Petroleum Geologists Bull. 59: 60–68.

Gains, A.M.. 1980. Dolomitization kinetics: Recent experimental studies. in Zenger, D. H., J. B. Dunham, and R.L. Ethington ( eds. ) . Concepts and models of dolomitization. Soc. Econ. Paleontologists and Mineralogists Spec. Pub. 28. 81–86.

Garven, G., and R. A. Freeze. 1984. Theoretical analysis of the role of groundwater flow in the genesis of stratabound ore deposits. Am. Jour. Science 284: 1085–1174.

Givens, R. K., and B. H. Wilkinson. 1987. Dolomite abundance and stratigraphic age: Constraints on rates and mechanisms of Phanerozoic dolostone formation. Jour. Sedimentary Petrology. 57: 1068–1078.

Gournay, J., R. L. Folk, and B. L. Kirkland. 1997. Evidence for nannobacterially precipitated dolomite in Pennsylvanian carbonates. in Camoin, G. and A. Arnaud-Vanneau, ( convenors ) . International workshop on microbial mediation in carbonate diagenesis 97. Abstract Book. Internat. Assoc. Sedimentologists. 33.

Grabeau, A. W. 1904. On the classification of sedimentary rocks: Amer. Geol. 33: 228–247.

Grotzinger, J.P., and N.P. James ( eds. ) . 2000a. Carbonate sedimentation and diagenesis in the evolving Precambrian world. SEPM Special Publication No. 67. Tulsa, OK: SEPM. 364.

Grotzinger, J.P., and N.P. James. 2000b. Precambrian carbonates: Evolution in understanding, in Carbonate sedimentation and diagenesis in the evolving Precambrian world. SEPM Special Publication No. 67. Tulsa, OK: SEPM. 3–20.

Ham, W. E. ( ed. ) . 1962. Classification of carbonate rocks. Am. Assoc. Petroleum Geologists Mem. 1.

Ham, W. E. and L. C. Pray. 1962. Modern concepts and classifications of carbonate rocks. in Classification of carbonate rocks. Am. Assoc. Petroleum Geologists Mem. 1. 2–19.

Hanshaw, B. B., W. Back, and R. G. Deike. 1971. A geochemical hypothesis for dolomitization by ground water. Econ. Geology. 66: 710–724.

Hardie, L. A. 1987. Dolomitization: A critical view of some current views. Jour. Sed. Petrology 57: 166–183.

Hillis, L. 1991. Recent calcified Halimedacea. in Riding, R. ( ed. ) . Calcareous algae and stromatolites. Berlin: Springer-Verlag. 167–188.

Hudson, J.H. 1985. Growth rate and carbonate production in Halimeda opuntia: Marquesas, Keys, Florida. in D. F. Toomey and M. H. Nitecki ( eds. ) . Paleoalgology. Berlin: Springer-Verlag, 257–263.

Illing, L. V. 1954. Bahaman calcareous sands. Am. Assoc. Petroleum Geologists Bull. 38: 1–95.

James, N. P., and P. W. Choquette. 1983. Limestones—The sea floor diagenetic environment. Diagenesis 6. Geoscience Canada. Geological Association of Canada. 10: 162–179.

James, N. P., and J. A. D. Clarke ( eds. ) . 1997. Cool-water carbonates. SEPM Spec. Pub. 56. Tulsa, OK: Soc. for Sedimentary Geology.

Jones, B., and A. Desrochers. 1992. Shallow platform carbonatres. in Walker R. G., and N.P. James ( eds. ), Facies models: Response to sea level change. Geol. Assoc. Canada. 277–301.

Kohout, F. A., H. R. Henry, and J. E. Banks. 1977. Hydrogeology related to geothermal conditions of the Floridan Plateau. in Smith, K. L., and G. M. Griffin ( eds. ) . The geothermal nature of the Floridan Plateau. Florida Dept. Nat. Resources Bur. Geology Spec. Pub. 21. 1–34.

Land, L. S. 1991. Dolomitization of the Hope Gate Formation ( N. Jamaica ) by seawater: reassessment of mixing-zone model. in Taylor, H. P., J. R. O' Neil, and I. R. Kaplan ( eds. ) . Stable isotope geochemistry: A tribute to Samuel Epstein. Geochem. Soc. Spec. Pub. 3. 121–133.

Livingston, D. A. 1963. Data of geochemistry, Chapter G., Chemical composition of rivers and lakes. U.S. Geol. Survey Prof. Paper 440-G.

Lumsden, D. N., and R. V. Lloyd. 1997. Three dolomites. Jour. Sed. Research 67: 391–396.

Machel, G.-G., and E. W. Mountjoy. 1986. Chemistry and environments of dolomitization—a reappraisal. Earth Science Rev. 23: 175–22.

Macintyre, I. G., and R. P. Reid. 1992. A comment on the origin of aragonite needle mud: a picture is worth a thousand words. Jour. Sed. Petrology 62: 1095–1097.

Macintyre, I. G., and R. P. Reid. 1995. Crystal alteration in a living calcareous alga ( Halimeda ): Implications for studies in skeletal diagenesis. Jour. Sed. Petrology A65: 143–153.

Maliva, R. G., and R. Siever. 1988. Pre-Cenozoic nodular cherts: evidence for opal-CT precursors and direct quartz replacement. Am. Jour. Science 288: 798–809.

Mason, B. 1966. Principles of geochemistry. New York: John Wiley and Sons.

Morrow, D. W., and H. J. Abercrombie. 1994. Rates of dolomitization: the influence of dissolved sulphate. in Purser, B., M. Tucker, and D. Zenger ( eds. ) . Dolomites: A volume in honor of Dolomieu Internat. Assoc. Sedimentologists Spec. Pub. 21. Oxford: Blackwell Scientific Pub. 377–386.

Morse, J. W., J. S. Hanor, and S. He. 1997. The role of mixing and migration of basinal waters in carbonate mineral mass transport. in Montañez, I. P., J. M. Gregg, and K.L. Shelton ( eds. ) . Basin-wide diagenetic patterns: Integrated petrologic, geochemical, and hydrologic considerations. SEPM Spec. Pub. 57. Tulsa, OK: Soc. for Sed. Geology 41–50.

Morse, J. W. and F. T. Mackenzie. 1990. Geochemistry of sedimentary carbonates. Amsterdam: Elsevier.

Mount, J. 1985. Mixed siliciclastic and carbonate sediments: A proposed first-order textural and compositional classification. Sedimentology 32: 435–442.

Mountjoy, E. W. and J. E. Amthor. 1994. Has burial dolomitization come of age? Some answers from the Western Canada Sedimentary Basin. in Purser, B., M. Tucker, and D. Zenger ( eds. ) . Dolomites: A volume in honor of Dolomieu. Internat. Assoc. Sedimentologists, Spec. Pub. 21. Oxford: Blackwell Scientific Pub. 203–229.

Mucci, A., and J. W. Morse. 1983. The incorporation of $Mg^{2+}$ and $Sr^{2+}$ into calcite overgrowths: Influence of growth rates and solution composition. Geochim et Cosmochim. Acta 47: 217–233.

Multer, H. G. 1988. Growth rate, ultrastructure and sediment contribution of Halimeda incrassata and Halimeda monile, Nonsuch and Falmouth Bays, Antigua, W.I. Coral Reefs. 6: 179–186.

Neumann, A. C. and L. S. Land. 1975. Lime mud deposition and calcareous algae in the Bight of Abaco, Bahamas: A budget. Jour. Sed. Petrology 45: 763–786.

Peterson, M. N. A. 1966. Calcite: Rates of dissolution in a vertical profile in the central Pacific. Science 154: 1542–1544.

Purser, B., M. Tucker, and D. Zenger (eds.). 1994a. Dolomites: A volume in honor of Dolomieu. International Assocation of Sedimentologists, Special Publication No. 21. Oxford: Blackwell Scientific Pub.

Purser, B., M. Tucker, and D. Zenger (eds.). 1994b. Problems, progress, and future research concerning dolomites and dolomitization. in

Dolomites: A volume in honor of Dolomieu. Internat. Assoc. Sedimentologists, Spec. Pub. 21. Oxford: Blackwell Scientific Pub. 3–20.

Robbins, L. L., and P. L. Blackwelder. 1992. Biochemical and ultrastructural evidence for the origin of whitings: A biologically induced calcium carbonate precipitation mechanism. Geology 20: 464–468.

Robbins, L. L., Y. Tao, and C. A. Evans. 1997. Temporal and spatial distribution of whitings on Great Bahama Bank and a new lime mud budget. Geology 25: 947–950.

Sandberg, P. A. 1983. An oscillating trend in Phanerozoic non-skeletal carbonate mineralogy. Nature 305: 19–22.

Scholle, P. A., and D. S. Ulmer-Scholle. 2003. A color guide to the petrography of carbonate rocks: grains, textures, porosity, diagenesis. AAPG Memoir 77. Tulsa, OK: American Association of Petroleum Geologists.

Shinn E.A., C.W. Holmes, and M. Marot. 2000. Short-lived isotopes and the investigation of microbially precipitated calcium carbonate: A new approach to the “whiting problem.” Geological Society of America. 2000 Annual Meeting. Abstract with programs 32 (7): 279.

Shinn E.A., and D. M. Robbin. 1983. Mechanical and chemical compaction in fine-grained shallow-water limestones. Jour. Sed. Petrology 53: 595–618.

Shinn E.A., R. P. Steinen, B. H. Lidz, and P. K. Swart. 1989. Whitings, a sedimentologic dilemma. Jour. Sed. Petrology 59: 147–161.

Sibley, D. F., and J. M. Gregg. 1987. Classification of dolomite rock textures. Jour. Sed. Petrology 57: 967–975.

Stanley, S. M., and L. A. Hardie. 1999. Hypercalcification: Paleontology links plate tectonics and geochemistry to sedimentology. GSA Today 9: 1–7.

Stockman, K. W., R. N. Ginsburg, and E. A. Shinn.1967. The production of lime mud by algae in south Florida. Jour. Sed. Petrology 37: 633–648.

Tucker, M. E., and V. P. Wright. 1990. Carbonate sedimentology. Oxford: Blackwell Scientific Pub.

Tucker, M. E. 1993. Carbonate diagenesis and sequence stratigraphy. Sedimentary Reviews 1: 51–72.

Usdowski, E. 1994. Synthesis of dolomite and geochemical implications. in Purser, B., M. Tucker, and D. Zenger (eds.). Dolomites: A volume in honor of Dolomieu. International Assocation of Sedimentologists. Special Publication No. 21. Oxford: Blackwell Scientific Pub. 345–360.

Van Lith, Y., et al. 2003. Microbial fossilization in carbonate sediments: a result of the bacterial surface involvement in dolomite precipitation. Sedimentology 50: 237–245.

Vasconcelos, C., and J. A. McKenzie. 1995. Microbial mediation as a possible mechanism for natural dolomite formation at low temperature. Nature 377: 220–222.

Vasconcelos, C., and J. A. McKenzie. 1997. Microbial mediation of modern dolomite precipitation and diagenesis under anoxic conditions (Lagoa Vermelha, Rio De Janeiro, Brazil). Jour. Sedimentary Research 67: 378–390.

Warren, J. 2000. Dolomite: Occurrence, evolution, and economically important associations: Earth Sciences Reviews 52: 1–81.

Warthmann, Y. van Lith, et al. 2000. Bacterially induced dolomite precipitation in anoxic culture experiments. Geology 28: 1091–1094.

Whitaker, F. F., and P. L. Smart. 1990. Active circulation of saline ground water in carbonate platforms: Evidence from the Great Bahama Bank. Geology 18: 200–203.

Wilkinson, B. H., R. M. Owen, and A. R. Carroll. 1985. Submarine hydrothermal weathering, global eustasy and carbonate polymorphism in Phanerozoic marine oolites. Jour. Sedimentary Petrology 55: 171–183.

Wright, V. P. 1992. A revised classification of limestones. Sed. Geol. 76: 177–185.

Wright, D. T. 2000. Benthic microbial communities and dolomite formation in marine and lacustrine environments—a new dolomite model. in Glen, C.R., L. Prévôt-Lucas, and J. Lucas ( eds. ) . Marine authigenesis: from global to microbial. SEPM Spec. Pub. 66. 7–20.

Yates, D. K., and L..L. Robbins. 2001. Microbial lime-mud production and its relation to climate change. in Gearhard, L. C., W. E. Harrison, and B. M. Hanson ( eds. ) . Geological perspectives of global climate change. AAPG Studies in Geology 47: 267–283.

Zenger, D. H., F. G. Bourrouilh-Le Jan, and A. V. Carozzi. 1994. Dolomieu and the first description of dolomite. in Purser, B., M. Tucker, and D. Zenger ( eds. ) . Dolomites: A volume in honor of Dolomieu. Internat. Assoc. Sedimentologists. Spec. Pub. 21, Oxford: Blackwell Scientific Pub. 21–28.

Zuffa, G. G. 1980. Hybred arenites: Their composition and classification. Jour. Sed. Petrology 50: 21–29.

# 7 其他化学 / 生物化学岩和碳质岩

## 7.1 引言

除了第 6 章讨论的碳酸盐岩外，化学 / 生物化学岩还包括多种岩石，其中一些（蒸发岩和富铁沉积岩）主要通过化学过程形成，另一些（硅质岩和磷质岩）主要通过生物过程形成。尽管这些沉积岩在容积上不如碳酸盐岩重要，但作为经济资源和特定古环境的指示物，它们都极为重要。蒸发岩如石膏、石盐（岩盐）和天然碱（碳酸钠）被开采用于工业和农业用途。富铁沉积岩在世界上是具有巨大经济意义的铁矿，是人类社会大部分铁的来源。沉积磷岩是用于化肥和化学目的的商业磷酸盐的主要来源。即使是硅质岩在半导体工业中也可能有一定的经济价值。

除了它们的经济价值，这些化学 / 生物化学岩本身同样令人倍感兴趣，因为它们指示了在今天的地球上似乎不常见的过去的环境条件，或者也许只是不知道这些古代环境的现代对应指示物。例如，我们知道如今地球上没有一个地方正在形成大量的沉积铁矿，而这种沉积类型在前寒武纪晚期岩石中很常见。我们也不完全了解铁沉积的机制或在富铁沉积岩中存在的大量铁的来源。同样，人们对海水中由低水平的磷浓缩百万倍形成磷矿的机理也只了解一部分。本章将研究这些神秘沉积岩的特征，并讨论它们的起源等一些更有趣的方面。

本章还简要地研究了碳质岩的特征和成因，碳质岩即含有大量（大于 10%）有机碳的岩石。这些富含有机物的岩石（包括煤和油页岩）与石油和天然气均是化石燃料的来源。化石燃料目前提供了世界上大部分的能源需求，因此，开发碳质岩能够带来非常高的商业利益。地质学家对这些岩石的起源，特别是能够保存如此高含量有机物的过程和条件更感兴趣，其他沉积岩的平均有机含量只有 1.5% 左右。

## 7.2 蒸发岩

蒸发岩这个专业术语适用于所有由太阳蒸发浓缩盐溶液沉淀出的矿物组成的沉积岩，例如盐类沉积。由于它们通常具有高溶解度和易变形性，许多蒸发岩在埋藏过程中发生了成岩作用或次生变化。所以，很少会存在年龄超过 25Ma 的“原始”蒸发岩矿床（Warren，1999）。蒸发岩在大部分时代中都存在，包括前寒武纪，但是在寒武纪、二叠纪、侏罗纪和中新世特别常见（Ronovetal，1980）。尽管在地质记录中蒸发岩的总体积远小于碳酸盐岩，但部分单独存在的蒸发岩，如地中海地区的中新统墨西拿阶，厚度可超过 1km。蒸发岩在海洋条件和非海洋条件下都可以形成，然而，海洋蒸发岩往往比非海洋蒸发岩更厚，横向分布更广，具有更大的地质意义。

蒸发岩主要由不同比例的石盐（岩盐）、硬石膏和石膏组成。虽然从蒸发岩沉积中已经发现了大约 80 种矿物（Stewart，1963；Warren，1999），但在这些矿物中，只有十几种是常见的，并可以被认为是重要的蒸发岩形成物质。蒸发岩矿物通常分为海相来源和非海相来源，尽管 Hardie（1991）建议根据其矿物学组成和化学性质来确定蒸发岩的海相或非海相来源可能并不完全合理。如果将大多数不是蒸发岩的碳酸盐矿物排除在外，一般认为最常见的海相蒸发岩特征矿物是硫酸钙、石膏和硬石膏，其次是石盐，再次是岩盐、钾盐、光卤石、无水钾镁矾、杂卤石和钾盐镁矾，以及硫酸镁、硫镁矾（表 7.1）。海相蒸发岩矿物按化学成分可分为氯化物、硫酸盐和碳酸盐。海相蒸发岩通常含有多种矿物的混合物，尽管在大多数层位中主要是石膏（或硬石膏）和石盐。蒸发岩矿床种类繁多，有的几乎完全由硬石膏或石膏构成，有的主要是岩盐。在现代蒸发岩矿床中石膏的含量高于硬石膏，但由于成岩作用使石膏转变为硬石膏，在古代沉积物中硬石膏更为丰富。海相蒸发岩也可能含有各种各样的杂质，如黏土矿物、石英、长石和硫。

**表 7.1　根据矿物组成对海相蒸发岩进行分类**

| 矿物分类 | 矿物名称 | 化学成分 | 岩石名称 |
|---|---|---|---|
| 氯化物 | 岩盐 | $NaCl$ | 石盐岩、岩盐岩 |
| | 钾盐 | $KCl$ | 钾盐岩 |
| | 光卤石 | $KMgCl_3 \cdot 6H_2O$ | |
| 硫酸盐 | 朗贝矿 | $K_2Mg_2(SO_4)_3$ | |
| | 杂卤石 | $K_2Ca_2Mg(SO_4)_4 \cdot H_2O$ | |
| | 钾盐镁矾 | $KMg(SO_4)Cl \cdot 3H_2O$ | |
| | 硬石膏 | $CaSO_4$ | 硬石膏 |
| | 石膏 | $CaSO_4 \cdot 2H_2O$ | 石膏 |
| | 硫酸镁石 | $MgSO_4 \cdot H_2O$ | — |
| 碳酸盐 | 方解石 | $CaCO_3$ | 石灰岩 |
| | 菱镁矿 | $MgCO_3$ | — |
| | 白云石 | $CaMg(CO_3)_2$ | 白云岩 |

非海相蒸发岩以在海相蒸发岩中不常见的蒸发岩矿物组成为特征，因为从非海相蒸发岩中沉淀出来的水通常含有不同于海洋水的化学元素组成比例（例如，含有更多的碳酸氢根和镁，很少或不含氯）。这些非海相矿物可能包括钠镁矾（$Na_2SO_4 \cdot MgSO_4 \cdot 4H_2O$）、硼砂[$Na_2B_4O_5(OH)_4 \cdot 8H_2O$]、泻利盐（$MgSO_4 \cdot 7H_2O$）、单斜钠钙石（$Na_2CO_3 \cdot CaCO_3 \cdot 5H_2O$）、钙芒硝[$Na_2Ca(SO_4)_2$]、麦烃硅钠石[$NaSi_7O_3(OH)_3 \cdot 3H_2O$]、芒硝石（$Na_2SO_4 \cdot 10H_2O$）、无水芒硝（$Na_2SO_4$）和天然碱[$Na_3H(CO_3)_2 \cdot 2H_2O$]。非海相沉积物也可能含有硬石膏、石膏和岩盐，甚至可能主要由这些矿物构成。

根据其化学成分分类，蒸发岩可分为氯化物、硫酸盐或碳酸盐（表 7.1）。然而，岩石的名称很少被用于蒸发岩矿床。主要由矿物盐组成的岩石称为岩盐或盐岩。主要由石膏或硬石膏组成的岩石简称为石膏或硬石膏，尽管有些地质学家将岩石命名为石膏岩或硬石膏岩。除了硫酸钙和岩盐，很少有蒸发层主要由其他矿物组成。虽然钾盐这一术语被非正式地用来指富钾的蒸发岩，但目前还没有为富含其他蒸发岩矿物的岩石提出具体的名称。

蒸发岩可以显示从原始沉积特征到成岩作用特征的结构，这取决于它们的年龄和变形历史。主要特征包括反映化学沉淀过程的各种晶体结构和层理特征（例如，晶体沉降，底部成核）。此外，交叉或渐变层理和波痕等构造可能反映了牵引流或浊流输送的物理过程。如前所述，许多古代（地下）蒸发岩经历了物理和化学成岩改造，改变了初级结构到次级结构，如结核和伪晶。大多数埋藏的石膏和硬石膏矿床为这种成岩蚀变特征提供了很好的例子。

## 7.2.1 蒸发岩类型

### 7.2.1.1 石膏和无水石膏

硫酸钙主要以石膏的形式沉积。石膏可转变为硬石膏，硬石膏在石膏作用后可形成假相，而沉积物仍处于一般沉积环境中。石膏在埋藏到几百米时也会脱水变成硬石膏，这种水分的流失会导致石膏的固体体积减小约 38%。由于这种随埋藏而迅速脱水的现象，大多数古代的硫酸钙沉积物都是由硬石膏组成的。硬石膏在抬升后暴露在低盐度的地表水中，可以水化回石膏，体积随之增加。这些由脱水和水化引起的体积变化会扭曲原始沉积结构和构造，因此，许多硫酸钙沉积的特征是变形面理。石膏矿床在露头中可能呈现块状（无结构），如图 7.1 所示，但更仔细地观察通常会发现一些层理和 / 或扭曲的构造。

图 7.1　Minturn 组（宾夕法尼亚亚系）中出现的大块白色石膏，暴露在科罗拉多州中北部悬崖中

根据纤维结构、层理构造和有无变形，可以识别硬石膏的三个基本结构组：结核状硬石膏、层状硬石膏和块状硬石膏。结节状硬石膏是形状不规则的硬石膏块，它们被盐或碳酸盐基质部分或完全分开（图 7.2）。网状结构用于描述一种特殊类型的结节状硬石膏，它由稍细长、不规则的多边形硬石膏块组成，中间被其他矿物（如碳酸盐或黏土矿物）组成的细而暗的条纹隔开（图 7.3）。

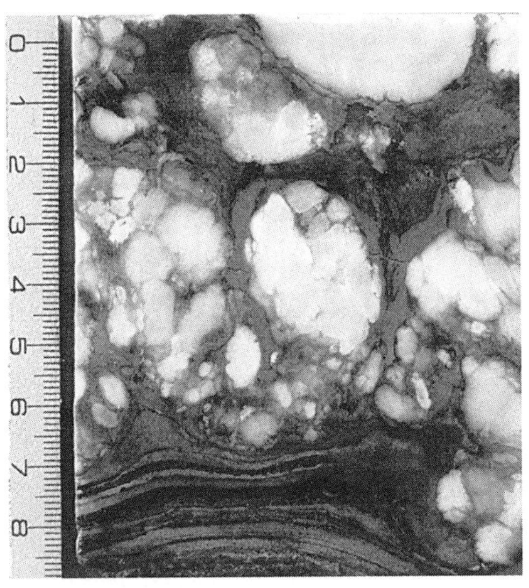


图 7.2　结核状硬石膏具有丰富的钙质（泥晶白云石）基质

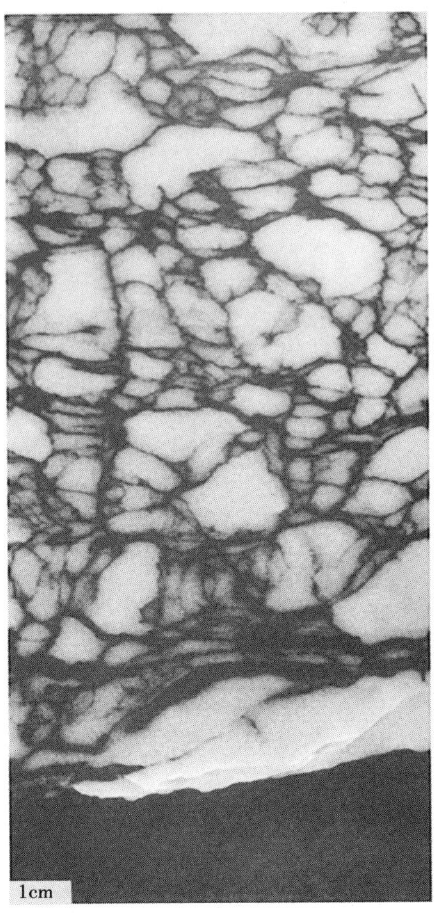


图 7.3　硬石膏中的网状结构

结核状硬石膏的形成是由石膏在碳酸盐或黏土沉积物中的置换生长引起的。石膏晶体随后转变为硬石膏假晶，通过外部的 $Ca^{2+}$ 和 $SO_4^{2-}$ 的加入继续生长变大，最终置换生长成硬石膏结节。网状硬石膏形成时，随着大小的增加，结节最终合并和相互干扰。大多数周围的沉积物被推到一边，剩下的在结节之间形成了细线。

结核状硬石膏发育在许多现代沿海闭塞环境中（图 6.12）。结核状硬石膏也可在深水环境中形成。事实上，形成结核状硬石膏所需要的只是在与高盐度盐水接触的泥中生长晶体，这种情况可以发生在深或浅的静水中，也可以发生在闭塞环境中。

层状硬石膏由薄的、近乎白色的硬石膏或石膏片层与富含白云岩或有机质的深灰色或黑色片层交替组成（图 7.4）。这些纹层通常只有几毫米厚，很少达到 1cm。许多薄层非常均匀，具有明显的平面接触。许多纹层可以横向追踪很长一段距离甚至可以超过 100km（Dean 和 Anderson，1978）。此外，它们可能构成数百米厚的垂直序列，其中可能存在数十万片纹层（例如，新墨西哥州东南部和得克萨斯州西部的二叠系 Castile 组）。成对交替的明暗条纹被认为是由水化学和温度的季节变化引起的常年性的变化，然而，它们同样可以代表周期变化或持续时间较长的扰动。硬石膏的纹层也可与较厚的盐层交替形成层状岩盐。

图 7.4　加拿大泥盆系草原蒸发岩中的层状硬石膏

因为层状蒸发岩表明了大面积均匀的沉积条件的横向延伸发育，所以层状蒸发岩通常被解释为是在浪基面以下平静水域中蒸发沉淀形成的。它们可能形成于浅水区域，以某种方式保存免受强烈的底流和波浪搅动，也可能形成于深水环境中。尽管原始的石膏矿物已经转变为硬石膏，但在诸如二叠系软石膏组等古代沉积序列中的层状硬石膏表明这些矿床在很大程度上没有发生物理变形。

一些层状硬石膏可能是由硬石膏结核合并而成，这些硬石膏结核在横向上继续生长，彼此合并而形成一层。由这一机制形成的层被认为比由降水形成的薄层更厚、更不明显和更连续。在一些现代盐沼沉积中观察到一种特殊类型的扭曲层，是由聚结的结核导致的。在这些矿床中，结核的持续生长产生了对空间的需求。这种需求产生的侧向压力导致地层扭曲，形成绳状层理或肠状构造（图 7.5）。

图 7.5 西班牙南部 Grenada 盆地结核状石膏中的肠状构造

块状硬石膏是缺乏明显内部结构的硬石膏。真正的块状硬石膏似乎比结核状和层状硬石膏少见，关于其形成原因的研究资料很少。据推测，它代表了持续的、均匀的沉积条件。Haney 和 Briggs（1964）认为，大量硬石膏是在 200‰~275‰的盐度下蒸发形成的，这个盐度刚好低于盐开始沉淀的盐度（海水的平均盐度为 35‰）。

#### 7.2.1.2 盐岩

盐岩可能在浅水中形成外壳，也可能在深水中形成极细的、厚度可达 1km 的层状沉积物。层状盐岩通常夹硬石膏碳酸盐纹层。硬石膏和其他矿物如白云石、方解石、石英和黏土矿物也可作为包裹体存在于盐岩中。富含内含物的暗色纹层可与少含或不含内含物的浅色纹层交替存在。早先形成的盐岩晶体可以是 V 形、球锥形或漏斗形，然而，经过重结晶并受到流动（盐流）影响的盐岩也可能变为高渗透性的厘米级晶体。盐岩矿床还可能显示如波痕和交错层理等沉积构造。

### 7.2.2 蒸发岩矿床的成因

#### 7.2.2.1 蒸发序列

当海水在实验室中蒸发时，蒸发岩矿物以一定的顺序沉淀，这是 Usiglio 在 1848 年首次证明的（Clarke，1924）。当海水的原始体积被蒸发减少到大约一半时，少量碳酸盐矿物开始形成。当原始体积减小约 20% 时，石膏出现，当水量达到原始体积的约 10% 时，石盐形成（Kendall 和 Harwood，1996）。如第 6 章所述，石膏的沉淀增加了剩余水中的 $Mg^{2+}$/

$Ca^{2+}$ 比值，这有利于白云石化过程。在许多古代沉积序列及一些现代环境中，白云石与蒸发岩共生。镁盐和钾盐在海水为原始体积的 5% 以下时沉积。自然蒸发岩矿床中也存在相同的蒸发岩矿物一般序列，尽管实验预测的理论序列与岩石记录中实际观察到的序列之间存在许多差异。一般来说，天然沉积物中 $CaSO_4$（石膏和硬石膏）的比例比理论预测的要大，而钠镁硫酸盐的比例则要小（Borchert 和 Muir，1964）。

#### 7.2.2.2 蒸发岩沉积模式

现代蒸发岩在各种陆上和浅水下环境中积累，如图 7.6 所示。陆上环境包括海岸和大陆盐沼，或盐滩，以及沙丘间环境。浅水水下环境主要存在于称为盐水湖的盐碱沿海湖泊中。除了中东死海之外，没有一个深海蒸发盆地的现代例子。然而，地质学家认为，许多厚的、横向分布广泛的古代蒸发岩矿床确实聚集在深水盆地中。

一些古老的蒸发岩矿床，如北海地区的二叠系镁灰岩统，厚度超过 2km，但 1000m 厚的海水蒸发仅产生约 15m 厚的蒸发岩。例如，蒸发地中海中的所有水将产生平均厚度仅为 60m 左右的蒸发岩。显然，需要长时间运行的特殊地质条件才能沉积大厚度系列的天然蒸发岩。海洋蒸发岩沉积的基本要求是相对干燥的气候，蒸发速率超过降水速率，沉积盆地与公海部分隔离。隔离是通过某种类型的屏障来实现的，这种屏障限制了海水进出盆地的自由循环。在这些限制条件下，蒸发形成的卤水无法返回公海，导致它们聚集到蒸发岩矿物沉淀的位置。

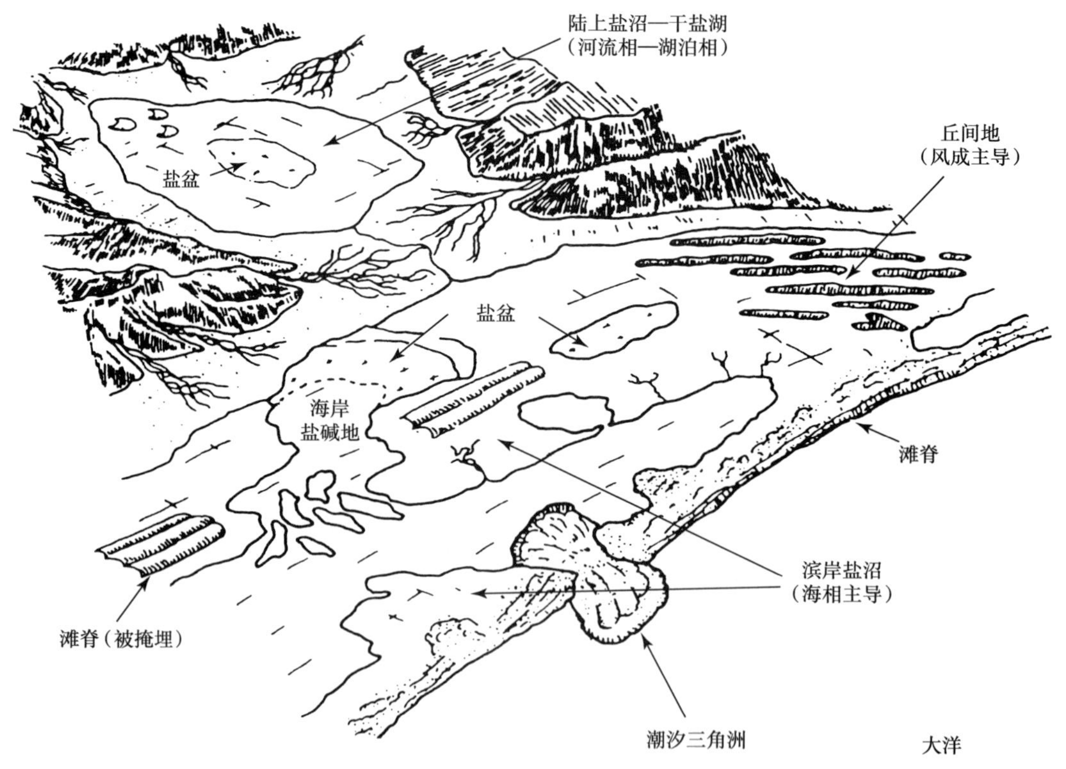


图 7.6 现代蒸发岩矿床聚集的主要环境（据 Kendall，1984）

尽管地质学家同意蒸发岩形成的一般要求，但对于许多古代蒸发岩矿床的深水和浅水沉积机制仍存在相当大的争议。图 7.7 显示了海洋蒸发岩厚序列沉积的三种可能模型。

深水—深盆模型是假设存在一个深盆，该深盆通过某种地形底槛与公海分离。底槛起着屏障的作用，防止盆地中的水与公海中的水自由交换，但它允许足够的水进入盆地，以补充蒸发损失的水。一些卤水向海逸出使得特定浓度的卤水能够长期保持，从而导致某些蒸发岩矿物（如石膏）的厚沉积。浅水—浅盆模型是假设盐水在浅盆中富集，但它允许由于盆底持续下沉而导致蒸发岩的大量聚集。浅水—深盆模型要求将盆内的盐水水位降低到远低于底槛的水位，这一过程称为蒸发降深。只有通过底槛渗透或底槛周期性溢流，才能从公海补给水。这种盆地的底部可能会周期性地发生完全干燥，使蒸发过程得以完成，从而沉积完整的蒸发岩序列，包括镁盐和钾盐。在这些条件下，由于持续沉降，厚蒸发岩沉积物可能会积聚。

将这些模型应用于古蒸发岩矿床是一项具有挑战性的任务，地质学家并不总是同意对古蒸发岩矿床的环境解释。随着时间的推移，蒸发岩沉积的概念已经从深水沉积转变为浅水沉积，然后，它从潮汐盐沼转向中等的水深（Sonnenfeld 和 Kendall，1989）。

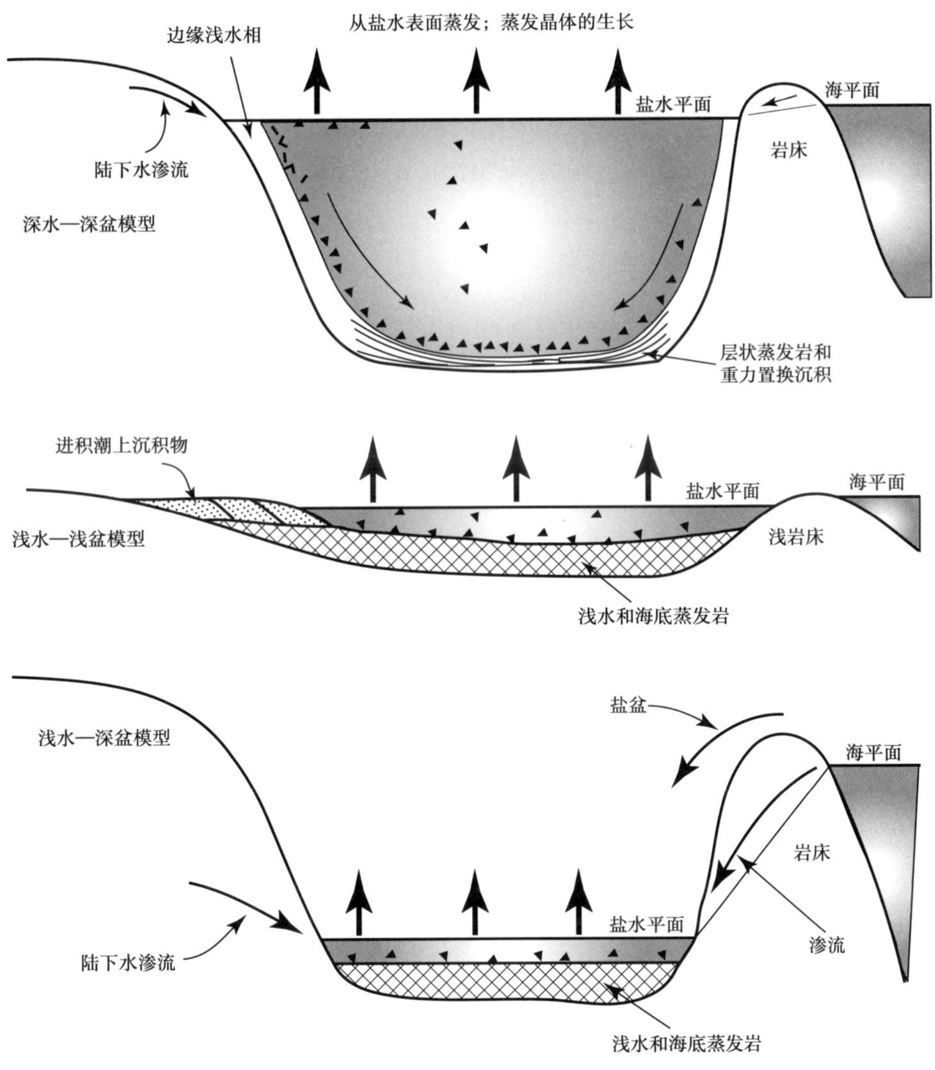


图 7.7　三种海相蒸发岩沉积模型示意图，说明水循环受海底山脊的限制（据 Kendall，1979）

#### 7.2.2.3 蒸发岩沉积的物理过程

尽管我们倾向于认为蒸发岩只是由于蒸发而产生化学沉淀的产物，但许多蒸发岩不仅仅是被动的化学沉淀。事实上，蒸发岩矿物的搬运和改造方式与硅质碎屑和碳酸盐沉积物的成分相同。运输可以通过正常流体流动过程或重力运输过程（如坍落和浊流）进行。浊流运输机制在古代深水蒸发岩沉积中可能特别重要（Schreiber 等，1986）。因此，蒸发岩矿床可能显示碎屑结构，包括正、反粒序及各种类型的沉积结构，如交错层理和波痕。

### 7.2.3 蒸发岩成岩作用

如前所述，大多数埋藏的蒸发岩矿床都经历了 2500 万年以上的成岩蚀变。石膏被埋藏转化为硬石膏，特别是在 60℃ 以上时，体积损失（水分损失）约 38%。如果随后被挖掘而出，硬石膏将水化成石膏，体积随之增大。这些体积的改变是结核和肠状构造形成的部分原因。此外，蒸发岩矿床对埋藏压力和构造压力的反应是塑性变形，这破坏了原始的沉积构造。此外，变形会导致褶皱和底辟作用，从而形成大规模的可以通过沉积物上升超过 5km 的盐底辟（渗透结构）或盐丘（Jackson 等，1996）。在埋藏过程中，蒸发岩还可能发生硫酸盐的溶解、胶结、置换和钙化作用（Schreiber，1988；Warren，2006）。

## 7.3 硅质岩（燧石岩）

硅质岩是一种细粒、致密、非常坚硬的岩石，主要由 $SiO_2$ 矿物如石英、玉髓、蛋白石（蚴岩）组成，含少量硅质碎屑颗粒、成岩矿物等杂质。燧石是硅质岩群的总称。燧石是前寒武系—新近系地质序列中常见的岩石，然而，它们只占所有沉积岩的一小部分。它们在侏罗系—新近系中尤为丰富，在泥盆系和石炭系中较为丰富，在志留系和寒武系中最不丰富（Hein 和 Parrish，1987）。地质学家对硅质岩特别感兴趣，因为它们提供了有关地球历史方面的信息，如古地理、古海洋环流模式和板块构造。燧石也可能具有较小的经济意义。硅被用于半导体和计算机工业，用于制造玻璃和相关产品，如耐火砖，尽管大部分硅可能来自石英砂。此外，硅质矿床与其他重要的经济矿床有关，如前寒武系铁矿，铀矿、锰矿和磷矿，以及石油。

燧石主要由微晶石英组成，有少量玉髓和蛋白石，视年代而定。燧石可分为三种主要的结构类型（Folk，1974）：微粒状石英，由近等轴的石英颗粒组成，平均粒度约为 8~10μm，但部分晶粒粒度可能小于 50μm（Knauth，1994）；玉髓（纤维状二氧化硅），呈束状放射状，极薄的晶体长约 0.1mm；巨石英，由等长的晶粒组成，通常大于 20μm。

图 7.8 显示了微石英和巨石英的结构。用于硅质生物测试的二氧化硅是无定形二氧化硅或蛋白石，通常称为蛋白石-A。由于硅质生物的遗骸有助于燧石的形成，在一些燧石中，特别是古近纪—新近纪和较年轻时期的燧石中存在蛋白石-A。蛋白石-A 是亚稳定的，再到蛋白石-CT（下文讨论）和最后到石英（燧石）时结晶。小蛋白石存在于年龄大于 60Ma 的岩石中（Knauth，1994）。根据矿床的年代和埋藏条件，从近乎纯的蛋白石到近乎纯的石英燧石，硅质矿床中可能存在所有的级别。

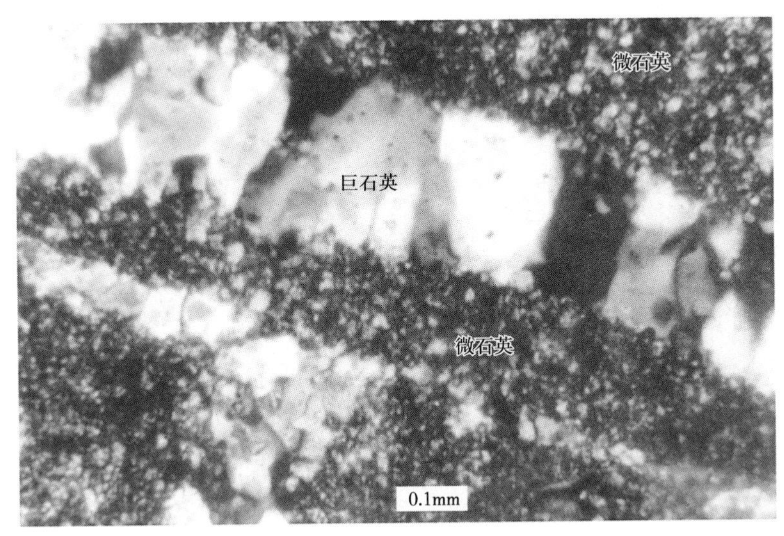


图 7.8　细纹理、近等粒微石英（燧石）被更粗的巨石英脉切割（正交偏光）

燧石主要由 $SiO_2$ 组成，但也可能包括少量的 Al、Fe、Mn、Ca、Na、K、Mg、Ti 和其他一些元素，如稀土元素铈（Ce）、铕（Eu）和镧（La）。许多这些额外的元素包含在杂质中，如自生赤铁矿和黄铁矿、碎屑硅屑矿物和火山碎屑颗粒。少数元素，包括铁、锰、镍和铜，可能从海水或孔隙水中沉淀形成燧石。不同类型的燧石中 $SiO_2$ 的含量差异显著，从非常纯的燧石（如 Arkansas 燧石）中某些球状燧石 $SiO_2$ 含量超过 99% 到低于 65% 不等（Cressman，1962）。Al 通常是燧石中含量第二丰富的元素，其次是 Fe、Mg 或 K、Ca 和 Na。详情请参阅 Jones 和 Murchey（1986）。

## 7.3.1　燧石类型

根据颜色、包裹体和结构，燧石有几种非正式名称。"燧石"是一个术语，它既是燧石的同义词，也可以作为各种燧石的同义词，尤其是产于白垩系白垩中的燧石结核。碧玉是一种嵌布赤铁矿杂质而呈红色的燧石。在前寒武系的含铁地层中，与赤铁矿互层的碧玉称为碧玉铁质岩。均密石英岩是一种非常致密、细粒度、纹理均匀的燧石，主要产于美国中南部阿肯色州、俄克拉何马州和得克萨斯州的中—古生界岩石中。燧石页岩是一个术语，用于描述纹理和断裂类似于无釉瓷器的细粒硅质岩。硅质烧结矿是由温泉和间歇泉的水沉积而成的多孔、低密度、浅色硅质岩石。尽管大多数硅质岩主要由燧石组成，但有些硅质岩含有丰富的碎屑黏土或泥晶岩。这些不纯的燧石分级为硅质页岩或硅质灰岩。

燧石大体形态可分为两种主要类型：层状燧石和结构状燧石。许多层状燧石还可根据其所含各种硅质生物的含量加以区分。

### 7.3.1.1　层状燧石

层状燧石也称为带状燧石，由几厘米厚的几乎纯的燧石层组成，通常与毫米厚的硅质页岩夹层或薄层互层（图 7.9）。矿床可能是均匀一致的，也可能表现出挤压和膨胀。大多数燧石层缺乏内部沉积构造，然而，在某些燧石中已发现了粒序层理、交错层理、波痕和底痕。这些构造表明，这些岩石的沉积与某种机械搬运有关。层状燧石通常与海底火山岩、远洋灰岩、硅质碎屑或碳酸盐浊积岩相结合。

图 7.9　日本本州犬山附近 Mino Belt 组（三叠系）薄层燧石

许多层状燧石主要由硅质生物遗骸组成，硅质生物遗骸通常在一定程度上因溶解和重结晶而发生改变。根据硅质有机成分的类型和丰度，层状燧石可细分为四大类：（1）硅藻土矿床；（2）放射虫矿床；（3）硅质骨针矿床；（4）含有少量或不含硅质骨骼遗迹的层状燧石。

1）硅藻土矿床

硅藻土矿床包括硅藻土和硅藻土燧石。硅藻土是浅色、柔软、易碎的硅质岩石，主要由硅藻的乳白色（蛋白石-A）硅质壳组成，这是一种单细胞水生藻类（图 7.10）。因此，它们是化石硅藻土软泥。硅藻土来源于海洋和湖泊。海洋硅藻土通常与砂岩、火山凝灰岩、泥岩或黏土页岩、黏土石灰岩（泥灰岩）及石膏（不太常见）有关。湖泊硅藻土几乎总是与火山岩有关。硅藻土燧石由硅藻土层和硅藻土透镜体组成，硅藻土层和硅藻土透镜体具有发育良好的硅石胶结物或基质，将硅藻土转化为致密、坚硬的硅藻土。根据沉积层序（如加利福尼亚中新统 Monterey 组；Garrison 等，1981）的报告，海洋硅藻土硅质燧石层由几百米厚的地层组成，出现在白垩系的岩石中（硅藻演化于白垩纪）。据报道，始新统岩石中存在非海相硅藻土矿床（Barron，1987）。当硅藻土矿床在成岩作用期间转化为石英燧石时，硅藻试验通常会因溶解和重结晶而破坏。

2）放射虫矿床

放射虫矿床主要由放射虫遗骸组成（图 7.11），它们是海洋浮游原生动物，具有蛋白石的格子状骨架。放射虫矿床可分为放射虫岩和放射虫硅质岩。放射虫岩是放射虫软泥的相对坚硬、细粒度、燧石状等效物（即硬化放射虫软泥）。放射虫硅质岩是层状良好的微晶放射虫岩，具有发育良好的硅质胶结物或基质。放射虫硅质岩通常与凝灰岩、镁铁质火山岩（如枕状玄武岩、中上层石灰岩）和浊积砂岩有关，表明其起源于深水。这些层状硅质岩，尤其是那些呈现“挤压膨胀”结构的硅质岩，通常称为带状硅质岩。另外，一些放射虫硅质岩与泥晶灰岩和其他岩石有关，这些岩石表明其可能沉积在浅至 200m 的水中（Iijima 等，1979）。放射虫倾向于比硅藻更有效地在硅石成岩作用下存活，因此，它们是许多石英燧石的常见成分（Hein 等，1990）。

图 7.10　硅藻、硅质海绵针状体（棒状）和放射虫的松散堆积组合，硅藻主要为东北太平洋海底全新世沉积物中的 *Coscinodiscus* sp. 和 *Arachnoidiscus* sp.

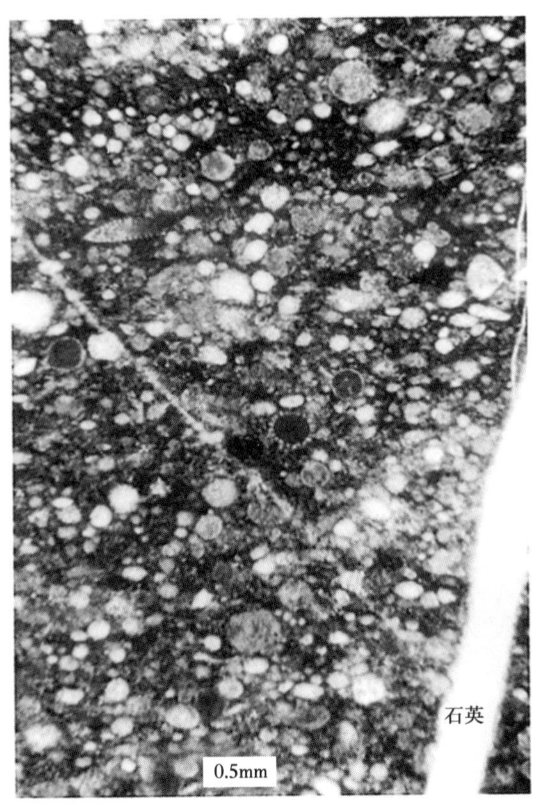


图 7.11　俄勒冈州西南部 Dtter Point 组（侏罗系）放射虫硅质岩（大多数小而圆的颗粒都是放射虫，右下角的裂缝由硅质（石英）胶结物填充，单偏光）

3）硅质骨针矿床

骨针岩（针雏晶）是一种硅质岩石，主要由无脊椎动物有机体，尤其是海绵的硅质针状体组成。骨针岩胶结松散，而针状燧石坚硬致密。针状燧石主要来源于海洋，与海绿石砂岩、黑色页岩、白云石、泥质（黏土质）灰岩和磷矿有关。它们通常与火山岩无关，可能主要沉积在几百米深的相对浅水中。

4）非化石燧石

许多层状燧石矿床中含有很少或没有可识别的硅质生物残留物。据报道，一些化石贫瘠燧石的出现可能只是显微镜检查不充分的结果，仔细检查后，可能会发现硅质生物。这些燧石包括与前寒武系铁矿层有关的大多数燧石，以及一些显生宇燧石。这些燧石的起源仍然知之甚少。

#### 7.3.1.2 结核状燧石

结核状燧石是亚球形的团块、透镜体或不规则的层或体，大小从几厘米到几十厘米不等（图 7.12）。它们通常缺乏内部结构，但一些结核状燧石含有硅化化石或残留结构，如层理。这些燧石的颜色从绿色到棕褐色和黑色不等。结核状燧石通常出现在陆架型碳酸盐岩中，它们往往集中在平行于层理的某些层位。它们也存在于一些砂岩、页岩、深海黏土、湖泊沉积物和蒸发岩中。结核状燧石源于成岩交代作用。在许多结核中，钙质化石或鲕粒的部分或全部硅化残余物的存在清楚地证明了成岩作用的起源。

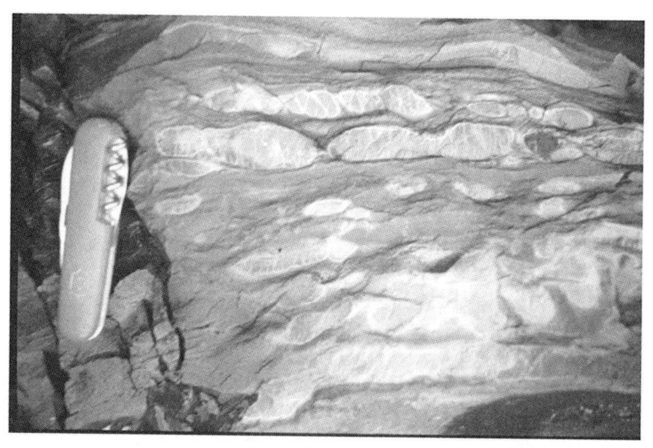

图 7.12 蒙大拿州冰川国家公园 Helena 组（中元古界）石灰岩中的结核状燧石

### 7.3.2 燧石的起源

研究燧石的起源，必须回答两个主要问题：（1）硅的来源是什么？（2）过去是什么机制从水中（主要是海水）提取硅来形成燧石？这些问题的答案在一定程度上是已知的（Carozzi，1993；Hosse，1990；Knauth，1992，1994），然而关于硅质岩的成因，如前寒武系硅质岩的沉积机制等，仍有许多未解之谜。

#### 7.3.2.1 硅的来源

大多数层状燧石见于海相沉积岩中。为研究解燧石的起源，需要对硅的来源有一些了解，并了解从海水中提取硅形成燧石的机理。在一般河水中，作为 $H_4SiO_4$ 的运输中二氧化硅（来自大陆风化部位）的浓度约为 $13\times10^{-6}$mg/L。除了河流输送到海洋中的二氧化硅外，二氧化硅还通过海水与洋中脊热火山岩反应，以及海底的海洋玄武岩和碎屑硅酸盐颗粒的低温蚀变加入海洋中（称为海解作用）。一些二氧化硅也可能从海底深海沉积物富含二氧化硅的孔隙水中逸出。图 7.13 总结了这些二氧化硅的来源，还描述了二氧化硅成岩作用从蛋白石-A 到石英燧石的途径。尽管有不同来源的二氧化硅的供给，但海洋不同部分的二氧化硅浓度范围从地表水中的小于 0.01mg/L 到深度 2km 以下的最大约 11mg/L。海洋中溶解的二氧化硅平均含量仅为百万分之一。显然，二氧化硅是通过某些过程不断被去除的，主要是生物去除，以构建硅藻、放射虫和其他分泌硅的生物，因此在海洋中的停留时间相对较短。

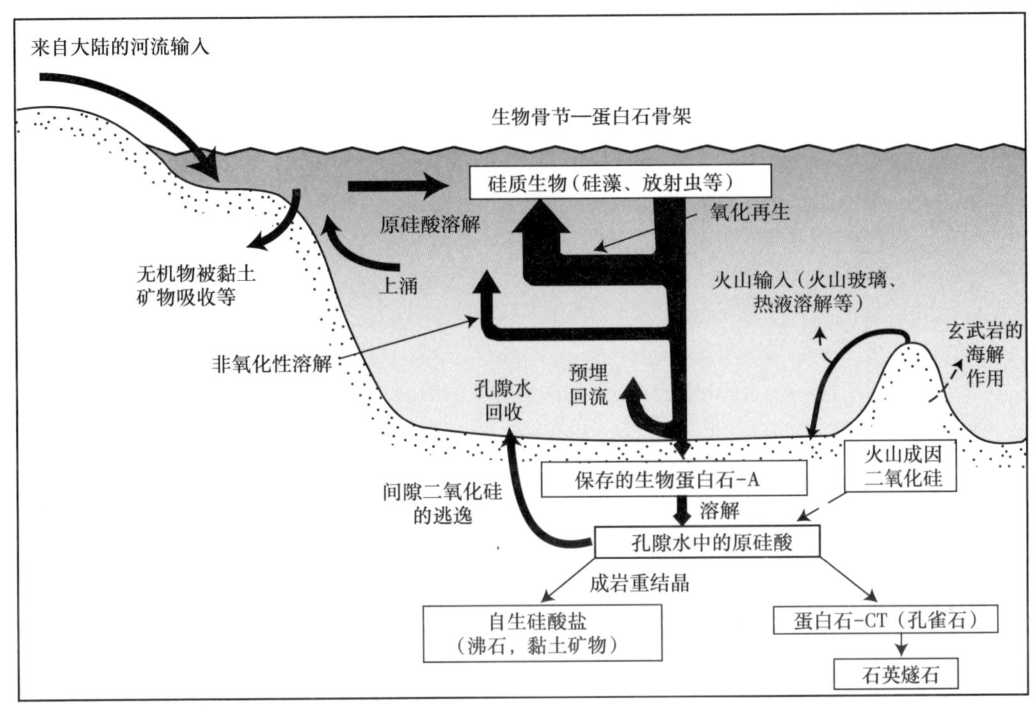


图 7.13　海水中溶解二氧化硅的来源（据 Riech 等，1979）

#### 7.3.2.2　二氧化硅的溶解性

溶解度研究表明，不同硅酸盐矿物对二氧化硅在海水中的溶解度不同。在 25℃ 和正常海洋 pH 值（7.8~8.3）条件下，二氧化硅在石英中的溶解度约为 $11\times10^{-6}$mg/L，在蛋白石等非定形或非晶态二氧化硅中的溶解度约为 $116\times10^{-6}$mg/L（Rimsted，1997；Gunnarsson 和 Amorsson，2000）。因此，平均溶解二氧化硅含量仅为 $1\times10^{-6}$mg/L 的海洋，相对于二氧化硅而言严重不饱和，与大部分表层海洋相对于碳酸钙的饱和状态形成鲜明对比。这一事实提出了一个非常有趣的问题，什么机制能够从高度欠饱和的海水中去除二氧化硅，形成燧石层，并保持海洋中溶解二氧化硅的低浓度？

二氧化硅的溶解度受 pH 值和温度的影响。二氧化硅的溶解度随 pH 值的变化如图 7.14a 所示。pH 值在高于 9 时溶解度急剧增加。溶解度随温度升高而显著增加，在 100℃ 时溶解度几乎是 25℃ 时的 3 倍（图 7.14b）。溶解度也随着压力的增加而增加。显然，在一定条件下，二氧化硅的溶解度越大，它沉淀形成燧石的可能性就越小。Rimstidt（1997）和 Walther（2005）对二氧化硅溶解度进行了更广泛、更严格的讨论。

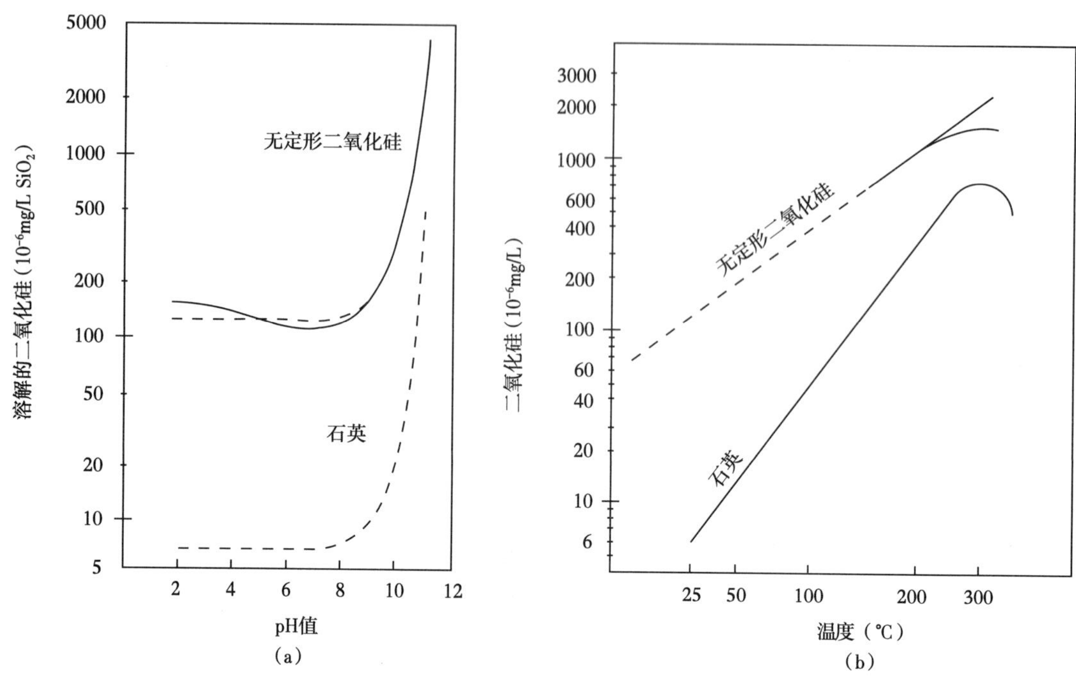


图 7.14　pH 值和温度对二氧化硅溶解度的影响（据 Krauskopf，1979）

（a）中的实线显示了实验测定的无定形二氧化硅溶解度的变化。上面的虚线显示了计算得到的无定形二氧化硅溶解度，其基础是在 pH 值低于 8 的条件下，假设 $120\times10^{-6}$mg/L $SiO_2$ 的恒定溶解度。下面的虚线是根据 $6\times10^{-6}$mg/L $SiO_2$ 在中性和酸性溶液中的近似已知溶解度计算得出的石英溶解度

## 7.3.3　从海水中提取二氧化硅

### 7.3.3.1　化学萃取

Mackenzie 和 Gees（1971）在 20℃ 下进行了为期两年的实验室实验，从含 4.4mg/L 溶解二氧化硅的海水中析出石英，并将其沉积到清洁的石英晶核表面。尽管如此，在海洋中温度和 pH 值的自然条件下，溶液中的二氧化硅显然不容易结晶形成石英，即使是二氧化硅浓度超过石英溶解度（25℃ 时为 11mg/L）的溶液。因此，由微晶石英组成的燧石不太可能通过无机过程从高度欠饱和的海水中沉淀。可能由于火山灰的溶解或与火山作用有关的其他过程（Hesse，1989；Ledesma-Vázquez 等，1997），硅质岩可能在一些局部盆地中沉淀，这些盆地的水被硅饱和。此外，一些二氧化硅可以通过沉淀或吸附到黏土矿物或其他硅酸盐颗粒上从远洋海水中去除，如 Mackenzie 和 Gees（1971）的实验。然而，这种过程可能无法解释地质记录中存在的许多几乎纯硅质岩层状的序列。

### 7.3.3.2　生物萃取

通过分泌二氧化硅的生物体从海水中去除二氧化硅，以构建蛋白石骨架结构，似乎是从欠饱和海水中大规模提取二氧化硅的唯一机制。这种生物过程至少在早古生代就开始运作，以调节海洋中二氧化硅的平衡。放射虫（寒武纪 / 奥陶纪—全新世）、硅藻（白垩纪—全新世）和硅鞭藻（白垩纪—全新世）是建造蛋白石硅石（蛋白石-A）骨架的微型浮游生物。这些硅质微型浮游生物（尤其是硅藻和放射虫）在显生宙的海洋中非常丰富，足以提取通过岩石风化和其他过程输送到海洋中的大部分二氧化硅。硅藻可能是现代海洋和过去 50Ma 大

部分时间里从海水中提取二氧化硅的主要原因（Calvert，1983；Knauth，1994）。然而，放射虫是侏罗纪及更古老时代显生宙海洋中二氧化硅的重要消耗者。Heath（1974）计算出，溶解的二氧化硅在海洋中的停留时间从 200~300 年（用于生物利用）到 11000~16000 年（用于纳入地质记录）。从地质角度来看，这是一个非常短的时间。

### 7.3.4 生物成因硅质岩沉积

图 7.15 中的路径 A 说明了硅质生物的蛋白石转化为燧石的机理。当分泌二氧化硅的生物活着时，它们的硅质（蛋白石-A）骨架在高度不饱和和腐蚀性的海水中几乎不会溶解。细胞壁受到一些物理化学系统的保护，如金属离子的防御，这与其生命活动有关（Lewin，1961）。死亡后，这种保护系统被破坏，开始解体。在硅质生物繁衍的海洋区域，硅质骨架的生成速率可能非常高，以至于它们不能像生成时那样迅速溶解。在这种条件下，足够数量的硅质骨架可能在完全溶解后保存下来，以硅质软泥的形式积聚在海

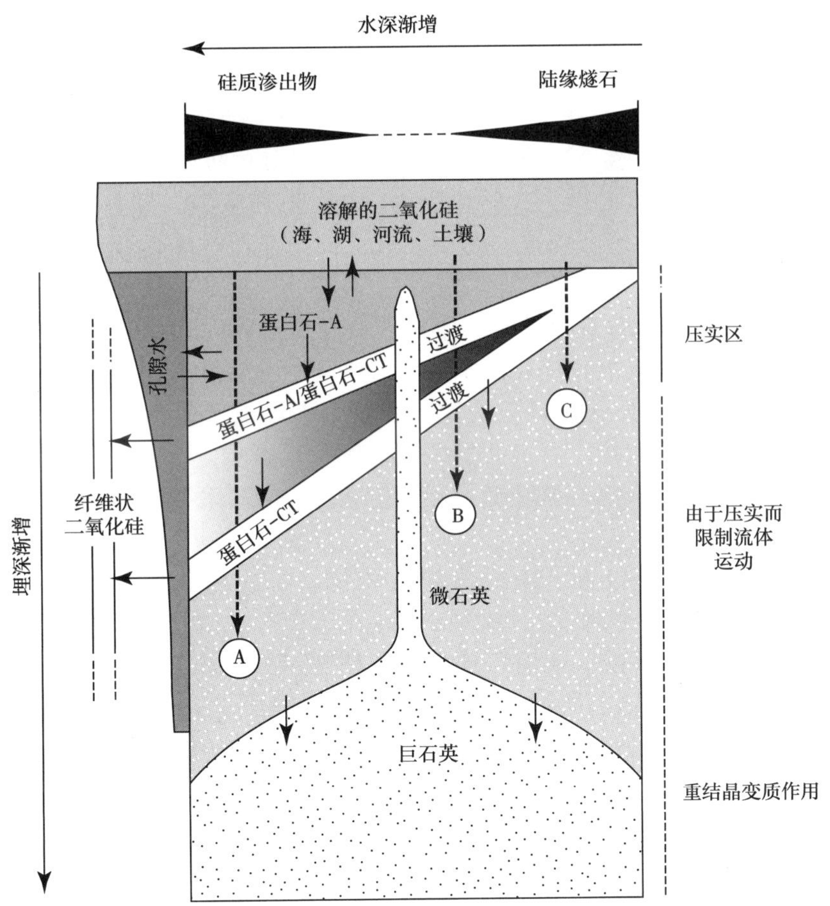


图 7.15　主要硅相及其可能的成岩转变示意图

竖轴代表定性埋藏深度，同时伴随着温度的升高、孔隙度和渗透率的降低；横轴表示初始环境的定性水深。一般来说，深海硅质软泥位于图的左侧，而陆相沉积物则位于图的右侧。成岩路径 A 表示二氧化硅最初沉积为蛋白石-A（硅藻、放射虫），随后通过溶解、再沉淀转化为蛋白石-CT 和微石英。路径 C 为早期成岩硅质岩，微石英形成于浅埋期。路径 B 代表了介于 A 和 C 之间条件下形成燧石的可能路径。在埋藏的任何阶段，通过微石英的变质再结晶或直接生长到空隙（如“尖刺”），形成了巨石英。纤维状二氧化硅可以在所有埋藏深度的溶洞和裂缝中生长

底（沉积物中含有至少 30% 的硅质骨架材料，通常超过 60%）。在被额外的硅质软泥或黏土质沉积物覆盖后，这些蛋白石骨架物质继续经历溶解。然而在掩埋后，大部分溶解的二氧化硅被困在沉积物的孔隙空间中。因此，孔隙水的二氧化硅含量越来越高，最终导致燧石沉淀。

在生物成因蛋白石向燧石转化的过程中，蛋白石-A 可能不会直接转化为石英燧石，即微晶石英，但通常会经历一个中间的亚稳态阶段——蛋白石-CT（图 7.15）。虽然称为蛋白石-CT，这种硅相主要由层间三晶石晶格无序排列的低温方英石组成。方英石和三晶石是亚稳态的石英品种，随时间转变为石英。乳白石可能以叶状球的形式出现在沉积物的开阔空间中，叶状球是叶片状晶体的微晶聚集体。它也可以形成非球晶叶片、边缘胶结物、过度生长和块状的胶结物（Maliva 和 Siever，1988a）。值得注意的是，蛋白石-A 到蛋白石-CT 的转化过程是一个溶液再沉淀过程，即蛋白石-A 溶解生成富硅孔隙水，蛋白石-CT 从中沉淀。反过来，蛋白石-CT 也通过溶液再沉淀的方式转化为微晶石英。最后，随着埋藏温度接近变质温度，微晶石英转变为巨石英。巨石英以及纤维状石英，也可以在较低的温度下形成少量的孔洞和裂缝填充物。

硅石从生物成因蛋白石-A 到蛋白石-CT，最后到石英燧石的成岩演化速率受若干物理化学因素控制。温度通常被认为是一个特别重要的控制因素，温度的升高促进了转化率的提高（Siever，1983）。在沉积和埋藏速率较高（沉积物快速埋藏到高温的深度）或某个区域存在较高的地温梯度的地方，转化最快。在深海环境中，蛋白石 -A 向蛋白石-CT 的转化发生在大约 45°C 的埋藏深度，蛋白石-CT 向微晶石英的转化发生在大约 80°C 的温度。

Kastner 和 Gieskes（1983 年）证明，蛋白石-A 向石英燧石的转化速度也取决于形成蛋白石的原始物质性质和氢氧化镁化合物的存在，氢氧化镁化合物是蛋白石-A 结晶的核心。Williams 等（1985）认为硅质颗粒的比表面积增大增加了蛋白石的溶解度和转化率，这种比表面积随粒径减小而增大。由于这些其他因素也影响了蛋白石-A 向蛋白石-CT 的转变速度，Knauth（1994）认为某些转变可能发生在较浅的埋藏深度和较低的温度（图 7.15 中的路径 B）。

Bohrman 等（1994 年）报告了南极深海沉积物岩心在极浅埋深和低温条件下蛋白石 -CT 结核和层（中柱石）的形成。中柱石仅存在于富含蛋白石-A 的沉积物中，且碎屑矿物含量极低。这一发现表明，没有碎屑杂质，使得蛋白石-A 向蛋白石-CT 的转化速度更快，正如 Isaacs（1982）之前所报道的那样。也有人提出（Williams 等，1985），在某些条件下，蛋白石-A 可能直接转化为石英燧石，而无须经过过渡蛋白石-CT 阶段（图 7.15 中的路径 C）。

Moore（2008）指出，太平洋中相当大比例的燧石矿床出现在基底岩石正上方的沉积柱下部。他假设这些燧石矿床与底层基岩中热水的循环有关。热液从基岩中流出，侵入上覆沉积物下部 100~150m。这些热水最初溶解生物硅，然后在冷却后沉淀为燧石。这一假说表明，热液循环可能是某些燧石矿床沉积的一个重要因素。

### 7.3.5 非化石硅质岩的起源

目前，对于不含硅质有机残留物的燧石的起源知之甚少。据报道，在澳大利亚一些季节性湖泊中有直接无机沉淀的二氧化硅（Peterson 和 von der Borch，1965）。肯尼亚碱性马加迪湖的更新统硅质岩显然也是由硅酸钠前体（如马加迪石）的蚀变（由于大气降水去除钠）无机形成的，残余二氧化硅结晶成石英燧石（Schubel 和 Simonson，1990）。在远洋环境中，没有类似的事件报道，这有助于解释非化石层状燧石矿床的存在。显生宇硅质岩中放射虫和海绵针状体的稀少并不排除这些硅质岩是由硅质生物残留物形成的可能性。它们可能来自硅质软泥，随后几乎完全溶解和再结晶，几乎没有可识别的硅质有机残留物（Weaver 和 Wise，1974）。Murray 等（1992）认为，一些层状燧石—页岩组合可能是通过成岩过程形成的。根据这些作者的说法，页岩中生物成因的二氧化硅溶解，迁移出页岩，然后在页岩附近重新沉淀，形成层状燧石。

Ledesma-Vázquez 等（1997）描述了下加利福尼亚州上新世沉积物中一种厚为 14m 的浅水硅质岩（El Mono 硅质岩），其中不含可识别的化石遗迹。他们认为，富硅地热溶液与上新世沉积物发生反应，以蛋白石 -A 的形式沉积次生二氧化硅时，形成了这种硅质岩。一些报告的非化石硅质岩可能仅仅是检验不充分的结果。用氢氟酸蚀刻可能会在此类燧石中发现硅质生物。

### 7.3.6 前寒武系层状硅质岩

层状硅质岩在前寒武系地层序列中也很常见，与叠层石碳酸盐岩、铁建造、太古宇绿岩和硅质火山序列有关。这些硅质岩不包含明确的产生二氧化硅的有机体残留物，尽管一些地质学家（LaBerge 等，1987）报告称，一些前寒武系硅质岩中可能存在硅质有机残留物。前寒武系硅质岩中也有蓝细菌残留的报道（Fairchild 等，1996）。蓝细菌或其他细菌是否有助于硅胶（蛋白石-A）的沉淀仍有待确定。在证实存在分泌二氧化硅的前寒武纪生物之前，或者在细菌和二氧化硅沉淀之间建立了明确的联系之前，必须假设沉积是通过无机过程发生的，可能沿着图 7.15 中的路径 C。鉴于上述地球化学条件的约束，这些过程是如何运作的尚不明确，也不知道二氧化硅的直接来源。前寒武纪海洋的二氧化硅含量可能高于显生宙海洋，这可能与海洋中更大的热液通量或陆地上的高化学风化率有关（Malivaetal，2005）。或者，它之所以更高，仅仅是因为在没有分泌二氧化硅的生物体的情况下，二氧化硅浓度可能会增加。

一些前寒武系硅质岩似乎是由火山碎屑沉积物、火成碎屑沉积物、陆源砂岩和页岩、生物沉积物（如藻席）和蒸发岩的硅化（置换）形成的（Lowe，1999）。许多前寒武系硅质岩的起源仍然是个谜。

### 7.3.7 结核状燧石和其他置换燧石

除了以层状硅质岩的形式出现外，硅质岩还可以以小结核、透镜体或薄而不连续的岩层的形式出现，如图 7.12 所示。结核状硅质岩在石灰岩中尤其常见，但也可能存在于蒸发岩和硅质碎屑沉积岩中，尤其是页岩中。结核状硅质岩中的残余结构表明，大多数硅质岩是由成岩置换作用形成的。如洞穴和其他沉积构造的保存所示，一些置换燧石在远洋中形成，在那里置换碳酸盐和黏土（Hein 和 Karl，1983）。形成这些所谓深海硅质岩的二氧化硅是由原地硅质生物，尤其是硅藻（新生代矿点）的溶解提供的。结核状硅质岩在浅台地碳酸盐岩中尤其常见。在这种环境中，硅是通过海绵针状物或沉积物堆中其他形式的生物蛋白石-A 的溶解提供的。这种溶解过程导致孔隙水在二氧化硅中相对于蛋白石-CT 和石英变得过饱和。然后发生硅化作用，可能受主体碳酸盐的结晶置换力控制，反过来又受蛋白石-CT和石英晶体生长产生的非静水应力控制，同时导致方解石溶解（Maliva 和 Siever，1989）。二氧化硅也会在孔隙中积聚。从蛋白石-A到石英硅质岩的转变不一定需要中间蛋白石-CT阶段，可以用图7.15中的路径C表示。若需要进一步了解有利于其形成的一些地球化学条件，请参见 Maliva 和 Siever（1988）、Knauth（1994）和 Lowe（1999）。

## 7.4 含铁沉积岩

几乎所有的沉积岩中都含有一些铁。例如，硅质碎屑页岩的平均铁含量为4.8%。砂岩平均含铁2.4%，石灰岩约含铁0.4%（Blatt，1982）。“富铁”一词是指铁含量高得多、总铁含量至少为15%的沉积岩。大多数富铁沉积岩沉积于三个时期：前寒武纪、早古生代和中生代中晚期（侏罗纪—白垩纪）。虽然它们只占总沉积记录的一小部分，但它们作为铁矿石具有重大的经济意义，是以商业目的开采的铁的主要来源。除南极洲外，所有主要大陆上都存在具重要经济意义的铁矿床，这些大陆中均至少有一处沉积铁矿床，其特征是规模非常大，如北美拉布拉多海槽苏必利尔湖地区、南非特兰斯瓦尔·格里夸敦地区、澳大利亚哈默斯利山脉、欧亚大陆的克里沃罗格及南美洲的米纳斯吉拉斯等。

### 7.4.1 各类富铁沉积岩

James（1966）将世界上主要的沉积铁矿床分为两大类：铁建造（主要用于前寒武纪富含硅质铁的沉积物）和铁矿石（主要用于显生宙非富铁沉积物）。Kimberley（1994）认为，铁矿石是任何含铁量大于15%的化学沉积岩，而铁岩层是主要由铁矿石组成的地层单元。因此，根据 Kimberley 的说法，铁质地层可以是硅质或非硅质。与之前的用法更为一致，本书选择保留了“铁矿石”一词，用于主要为非带状、非钙质，通常为鲕状、富铁的沉积岩；“铁建造”一词，用于主要为带状、硅质、富铁的沉积岩。就体积而言，铁矿石远不如铁的形成重要。其他种类的富铁沉积岩不太重要，包括富铁页岩和其他富铁矿床，如沼泽铁矿石和富铁红土（Dimroth，1979）。

#### 7.4.1.1 铁建造

铁建造是富含铁的矿床，其年代从早前寒武纪到泥盆纪，尽管它们主要属于前寒武纪（James 和 Trendall，1982）。它们由明显的带状层序组成（图7.16），厚50~600m，由富含铁的层和富含燧石的层交替组成。带状出现的范围从毫米到几十米不等。硅质铁岩层与白云石、富含石英的砂岩和黑色页岩有关，可局部分级为燧石或白云石。铁质地层可能具有多种类似石灰岩的纹理，可识别泥晶、球粒、内碎屑、似球粒、鲕粒、豆粒和叠层石。Simonson（2003）建议，粒状铁建造（GIF）一词适用于具有（或最初具有）粗粒状纹理的铁建造，条带状铁建造（BIF）一词适用于具有更细纹理的铁建造。据报道，条带状铁建造中的沉积构造包括交错层理、粒序层理、重荷模、波痕、侵蚀沟、收缩裂缝和滑塌构造。这些结构表明，构成铁建造的许多颗粒（尤其是粒状铁建造）都经历了机械运输和沉积。参见 Klein（2005），了解更多关于铁建造特征的说明和讨论。

图 7.16 加拿大安大略省 Algoma 钢铁公司的海伦矿，海伦组（太古宇）带状铁建造

暗色的层是含石英（燧石）的氧化铁；较浅色的层是碳酸铁（铁白云石）

#### 7.4.1.2 铁矿石

铁矿石是主要的显生宙沉积矿床，分布在所有大陆上。它们的发育时期主要为早古生代、侏罗纪—白垩纪和新生代早期，但其地质年代范围从中前寒武纪到全新世（Petránek 和 Van Houten，1997）。它们形成几米到几十米厚的层序（图 7.16），条带状或无带条状，与更厚的、条带状的铁层形成鲜明对比。通常具有鲕状结构（图 7.17），可能含有部分或完全被铁矿物取代的化石。许多铁矿石中存在着交错层理、波痕、冲淤构造、碎屑结构和虫孔等沉积构造，表明这些岩石的成因与颗粒的机械搬运有关。铁矿石通常与碳酸盐互层，尤其是石灰岩、页岩及陆架到浅海成因的细粒砂岩。它们可能局部地分级为硅屑沉积岩单元。

图 7.17 纽芬兰贝尔岛瓦巴纳奥陶系贝尔岛群铁矿石鲕粒

显示的序列还包括砂岩（浅色）、深色页岩和少量碳酸盐岩

#### 7.4.1.3 铁建造和铁矿石的矿物学组成和化学成分

据主要含铁矿物种类的相对丰度，James（1966）提出了富铁沉积岩中的四种不同矿物相：氧化物、硅酸盐、碳酸盐和硫化物。表 7.2 显示了这些矿物类别中的主要矿物。氧化物和硅酸盐通常是最重要的含铁矿物，然而，硫化物矿物可能构成某些薄层中的主要铁矿物。

表 7.2 富铁沉积岩中的主要含铁矿物

| 矿物种类 | 矿物 | 化学式 |
|---|---|---|
| 氧化物 | 针铁矿 | FeOOH |
| | 赤铁矿 | $Fe_2O_3$ |
| | 磁铁矿 | $Fe_3O_4$ |
| 硅酸盐 | 鲕绿泥石 | $3(Fe, Mg)O \cdot (Al, Fe)_2O_3 \cdot 2SiO_2 \cdot nH_2O$ |
| | 铁蛇纹石 | $FeSiO_3 \cdot nH_2O$ |
| | 海绿石 | $KMg(Fe, Al)(SiO_3)_6 \cdot 3H_2O$ |
| | 黑硬绿泥石 | $2(Fe, Mg)O \cdot (Fe, Al)_2O_3 \cdot 5SiO_2 \cdot 3H_2O$ |
| | 铁滑石 | $(OH)_2(Fe, Mg)_3Si_4O_{10}$ |
| 硫化物 | 黄铁矿 | $FeS_2$ |
| | 白铁矿 | $FeS_2$ |
| 碳酸盐 | 菱铁矿 | $FeCO_3$ |
| | 铁白云石 | $Ca(Mg, Fe)(CO_3)_2$ |
| | 白云石 | $CaMg(CO_3)_2$ |
| | 方解石 | $CaCO_3$ |

铁建造主要由 $SiO_2$ 和 Fe 组成，但这些岩石的化学成分变化范围很大，取决于矿床类型。很难建立一个真正具有代表性的一般水平的成分组成。然而，Gole 和 Klein（1981）提出，铁建造通常含有 40%~50% 的 $SiO_2$，Fe 的总量为 29%~32%，MgO 的含量为 3%~6%，CaO 的含量为 2%~7%，$Al_2O_3$ 的含量为 1%~2%，$TiO_2$、MnO、$Na_2O$、$K_2O$、$P_2O_5$、S 和 C 的含量均不到 1%。虽然铁（以 $Fe_2O_3$、FeO 或 FeS 表示）是一些富铁沉积物中的主要化学成分，但许多富铁沉积岩的铁含量通常超过二氧化硅的含量。此外，锰的含量在某些铁建造中可能达到相当大的百分比。铁矿石的平均含铁量与铁建造的平均含铁量相似。然而，铁矿石通常含有较高浓度的铝和磷，而硅的浓度较低。Appel 和 LaBerge（1987）、Melnik（1982）、Trendall 和 Morris（1983）的研究提供了更多细节。

#### 7.4.1.4 富铁页岩

黄铁矿黑色页岩与前寒武系铁建造和显生宇铁矿石同时赋存。它们通常形成薄层，其中硫化物含量可高达 75%。黄铁矿浸染在这些黑色碳质页岩和一些石灰岩中。它也可能以结核、薄层及化石碎片和其他铁矿物替代物的形式存在。在某些石灰岩中也发现过富黄铁矿层。富含菱铁矿的页岩（黏土矿石）主要与其他富铁矿床伴生。它们也存在于英国和美国的煤田中。菱铁矿（碳酸铁）呈浸染状分布在泥岩中，或以扁平结核状和部分呈连续的层状存在。

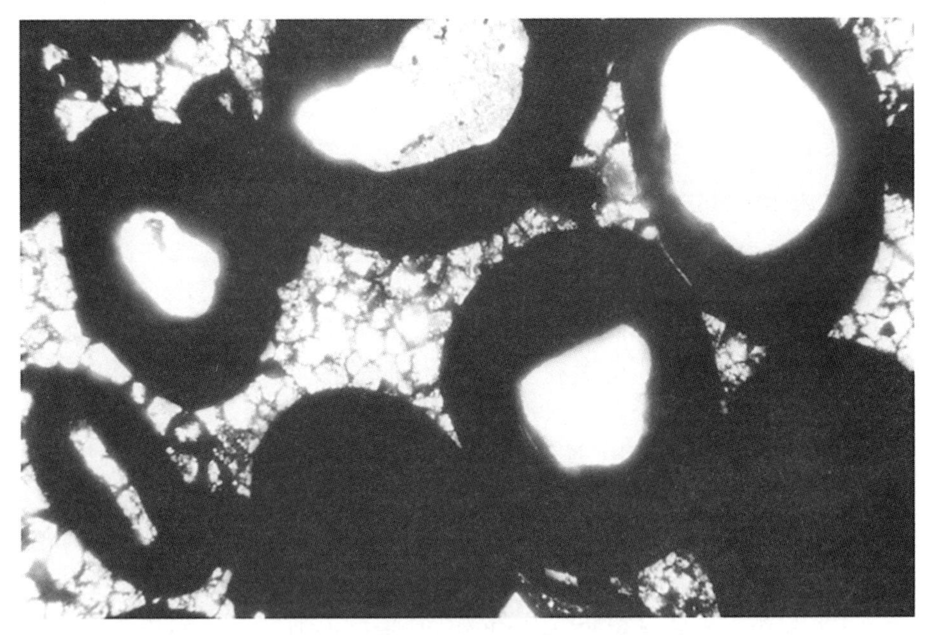

图 7.18 纽约志留系克林顿组含石英核的铁矿石鲕粒

亮晶方解石胶结，单偏光，比例尺：0.5mm

#### 7.4.1.5 杂色富铁沉积物

沼铁矿是富铁沉积物的小型堆积物，尤其出现在高海拔的小型淡水湖泊中，形态从坚硬的、鲕状的、豆状的、凝固的到柔软的、土质的。富铁红土是强烈化学风化的产物，是残余的富铁矿床。它们基本上是高度风化的土壤，富含铁。锰结壳和结核广泛分布在太平洋、大西洋和印度洋沉积速率较低地区的现代海底深处。据报道，它们也来自与红页岩、硅质岩和中上层石灰岩等海洋沉积物有关的古代沉积物。锰结核的品种既有富铁（铁含量为15%~20%），也有贫铁（铁含量小于6%）。这些结核含有不同数量的Cu,Co,Ni,Cr和V，以及锰和氧化铁矿物。由于锰结核中含有这些有价值的金属，人们对从海底开采这些金属的可能性产生了相当大的兴趣。相关开采船已经在计划和设计中，世界主要国家之间关于这些潜在有价值矿床的海底采矿权的政治谈判已经进行了一段时间。然而，在低价的陆地铁资源耗尽之前，它们不太可能被开采。

在一些海洋环境中，特别是在活跃的洋中扩张脊附近发现了富铁的含金属沉积物。它们是由与热玄武岩接触和相互作用而富集的富金属热液沉淀形成的。这些沉积物富集 Fe、Mn、Cu、Pb、Zn、Co、Ni、Cr 和 V。在一些与海底枕状玄武岩和海洋地壳蛇绿岩序列有关的古代沉积中也发现了富金属沉积物。

重矿物砂矿是由相对密度大的矿物颗粒物理富集而形成的沉积矿床，通常在海滩或冲积环境中。磁铁矿、钛铁矿和赤铁矿是砂矿的常见成分，尤其是海滩和海相砂矿。砂矿是一种局部堆积，一般厚度小于 1m，主要分布在更新世—全新世沉积物中。日本九州岛南端的海洋砂矿中含有约 5% 的铁矿石，多年来一直在开采（Mero，1965）。据报道，中国台湾岛东南海岸有含 10% 磁铁矿和钛铁矿的近海砂矿（Boggs，1975）。含钛铁矿的海滩砂矿大约从 1965 年开始在澳大利亚进行商业开采（Hail，1976）。化石砂矿沉积相对少见，但在一些古海滩沉积中常见的是薄的重矿物纹层。Hails（1976）报道白垩纪含钛铁矿和磁铁矿砂矿的露头不连续地暴露在新墨西哥州、科罗拉多州、怀俄明州和蒙大拿州，与落基山脉平行。

## 7.4.2 含铁建造和铁的来源

### 7.4.2.1 现代环境中的铁沉积

古代的环境可能有利于富铁沉积物的广泛沉积，从而形成铁建造和铁石，而现代环境中没有类似的环境。富含铁的鲕粒和似球粒在委内瑞拉河的东北海岸、奥里诺科河三角洲的泥质沉积物和亚马孙河三角洲沿岸都有报告（VanHouten，2000）。然而，总的来说，现代富铁沉积物的例子比较少见，有关利于古铁矿床形成的沉积条件的线索很少。

### 7.4.2.2 古环境中的铁沉积

铁的迁移和沉积受环境的 Eh（氧化还原电位）和 pH 值的影响。Eh–pH 图，如图 7.19a 所示，可以用来预测含铁矿物的稳定性，并说明 Eh 通常比 pH 值在确定将沉积的含铁矿物中更为重要。例如，赤铁矿（$Fe_2O_3$）是在海洋和大多数地表水中常见的 pHs 氧化条件下沉淀的；中度还原性条件下形成菱铁矿（$FeCO_3$）；中等至强还原条件下形成黄铁矿（$FeS_2$）。图 7.19b 显示了某些自然环境中 Eh 和 pH 值的范围。

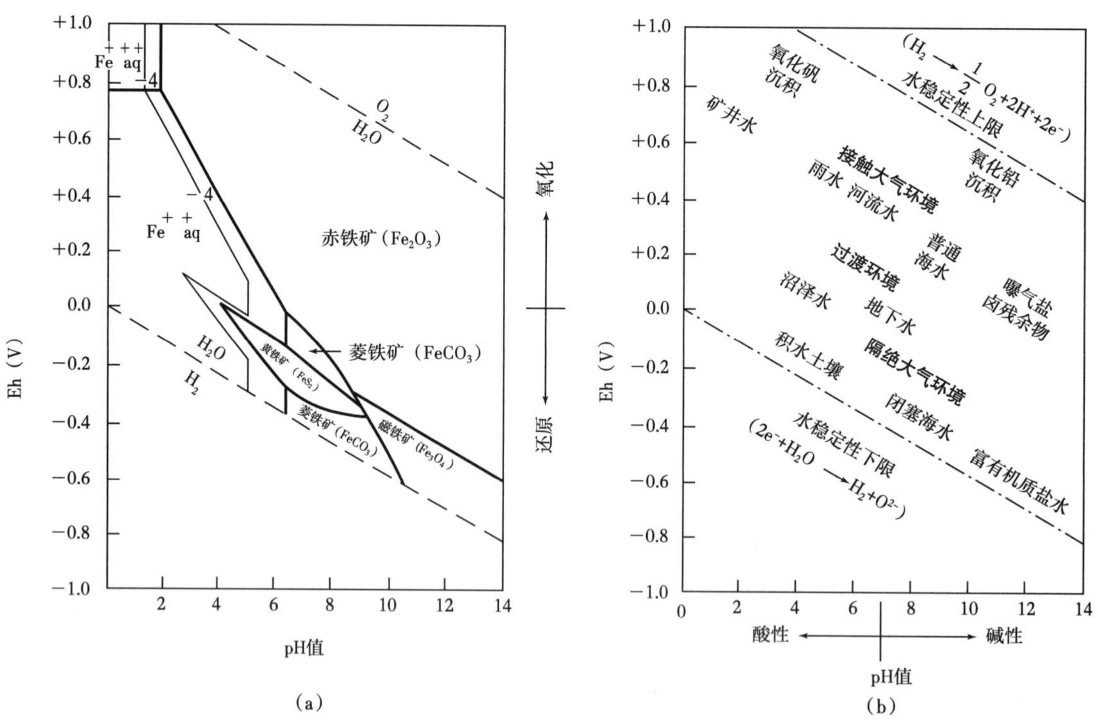


图 7.19 （a）Eh–pH 图，表示 25°C 和 1 atm 总压下水中常见铁矿物、硫化物和碳酸盐的稳定存在域；（b）表示某些自然环境中水的 Eh 和 pH 值（据 Garrels，1965；Blatt，1980）

由于自然系统的铁地球化学条件远比构造 Eh–pH 图所假定的简化条件复杂，因此这些图在解释铁沉积的实际环境方面的作用有限。许多问题都与沉积铁矿床的条件有关，而铁在过去的运输和沉积过程中形成铁建造和铁矿石的机制仍然知之甚少，而且非常有争议。要解释富铁岩石的形成，必须解决三个问题：铁的来源、铁向沉积盆地的运输及在盆地内的沉积问题。现在，大多数研究人员似乎都认同大型铁建造是在大陆架到大陆坡上的海洋环境中沉积的。

许多地质工作者最初认为，铁是由铁硅酸盐矿物在陆上风化作用产生的，然而，在陆地上获取铁源会造成溶液中铁的运输方面存在一个主要问题。处于氧化态或三价铁（$Fe^{3+}$）状态的铁比处于还原态或二价铁（$Fe^{2+}$）状态的铁溶解性差得多（图 7.19）。三价铁只有在 pH 值小于 4 时才可溶解；在自然条件下很少出现这种情况。因此，在风化环境中且在氧化条件下，铁更倾向于沉淀，而不是溶解。那么，在溪流和河流中普遍存在的氧化条件下，如何将大量铁溶解并从陆上风化部位运输出去呢？

铁在氧化条件下的溶解和运输问题促使一些早期地质工作者（Lepp 和 Goldich，1964；Cloud，1973；Lepp，1987）提出假设，在早期前寒武纪期间明显存在的低大气氧浓度允许大量铁以可溶解态从陆地进行运输，在海相盆地转化为还原态（$Fe^{2+}$）。Lepp（1987）指出，这种运输出来的 $Fe^{2+}$ 最初在海盆底部海水中储存了很长一段时间，然后才最终沉淀。然而，这种低氧浓度论点不能用来解释在晚前寒武纪和显生宙时期存在氧化性气候时铁的溶解和运输。一些地质工作者认为，铁可能是通过物理运输而不是在真正的溶液中以胶体的形式运输的，或者铁被吸附到黏土颗粒或有机物质上，并随这些物质一起参与运输。然而，胶体运输等机制似乎不太可能解释铁建造或铁矿石中所需要的大量铁的运输供给（Ewers，1983）。在溶液中运输大量的铁应该需要还原条件，因此，在晚前寒武纪和显生宙时期，通过地表水运输铁比较困难。

为了解决这个难题，最近许多的研究人员提出，铁来源于沉积盆地本身。有些地质工作者，如 Drever（1974）、Button 等（1982）提出陆源硅质碎屑海底沉积物或其他海底岩石中的含铁矿物溶解为海底沉积盆地提供了铁。换句话说，含铁矿物被运输到海洋中，然后三价铁在缺氧（低氧）的海底盆地中发生还原反应，产生的二价铁被溶解。现在还出现了许多关于另外一种铁来源可能性的观点（Gross，1980；Simonson，1985，2003；Kimberley，1994；Isley，1995），即主要的铁建造中所含的铁是由海底岩石“产出”的，虽然并非所有地质学家都同意这一观点（Petránek 和 Van Houten，1997）。来自洋中脊岩浆的喷发和热液活动产生的海底活动为海水提供了铁（见第 1 章），或可能富含铁的溶液也从地壳或地幔内深部的源区喷出，不利于海水对流（Kimberley，1994）。据推测，当时的海洋可分为上层富氧层和中—深层贫氧（缺氧）层（Simonson，2003）。

由于涌升流（Button 等，1982），横向羽状流从高耸的洋中脊扩散（Isley，1995），或爆炸性地通过海洋喷入大气，随后从大气析出通过雨水落到陆架斜坡上（Kimberley，1994），深海、富铁、缺氧的海水沿着大陆架流到海水表面。这些假定运输机制的相对重要性还不清楚。一旦富铁水体进入上斜坡陆架环境，亚铁就会被氧化为三价铁并发生沉淀。氧化可以在氧分子存在的情况下发生，也可以通过阳光紫外线辐射引起的光化学过程发生（Braterman 等，1983；Anbar 和 Holland，1992）。

目前，似乎不可能将一个单一的沉积模式应用于所有年代的所有富铁沉积岩的形成中。尽管人们对铁建造中的铁的主要来源可能位于海洋本身这一观点产生了共识，但部分铁可能来源于陆地，尤其是在早前寒武纪。沉积铁矿床，尤其是条带状铁矿床的形成仍有许多令人费解的方面。例如，为什么燧石和铁在前寒武纪之后没有以带状铁建造的形式沉积在一起？据推测，前寒武纪海水中的二氧化硅浓度远高于如今的海水，甚至可能高达 60mg/L（Siever，1992）。但是二氧化硅是如何沉淀的呢？它是与铁共同沉淀（Ewers，1983）、生物诱导（LaBerge 等，1987），还是由于电解质变化引起的蒸发浓缩和聚集（Morris，1993）？所有这些可能都是有争议的。是什么机制产生了条带状？许多地质工作者提出的可能包括受限盆地中的水蒸发（Garrels，1987），影响下伏富铁海水和上伏贫铁海水之间界面的周期性海平面变化（Simonson 和 Hassler，1996），以及通过海洋中周期性的爆炸性喷发，随后铁通过雨水落在大陆架上（Kimberley，1994）。同样，这些提议也是有争议的。

另外，低等生物如细菌和藻类是否以某种方式催化或引发铁的沉淀？如果是的话，它们是如何引起降水的？这种生物活动有多重要？Misra（2000）认为，虽然前寒武纪晚期光合作用生物的增加通过产生氧气对降水有重要的间接影响，但没有令人信服的证据表明铁和硅的生物成因能够直接导致沉积。另外，一些地质工作者（Brown，2006；Konheuser，2000）认为微生物在铁的沉积中起着重要作用。最后，铁矿中常见的富铁鲕粒是如何形成的（Yyoung，1989）？富铁沉积矿床的起源可能在一段时间内仍会存在争议。

## 7.5 磷块岩

岩石中的磷含量通常用 $P_2O_5$ 的百分数表示。沉积岩的平均 $P_2O_5$ 含量不到 1%，磷含量不到 0.5%。磷块岩是一种磷含量显著高于其他类型岩石的岩石。值得注意的是在这种情况下，磷块岩通常被认为是指它们含有超过 15% 的 $P_2O_5$ 或 6.5% 的磷。这些富含磷的沉积岩，除了磷块岩外，还有许多别的名字——磷矿、磷酸盐岩等。含 $P_2O_5$ 少于 15% 但比一般沉积岩含量高得多的沉积岩称为磷质岩，例如磷质页岩。地质记录中总量较小，然而，像富铁沉积岩一样，磷块岩具有特殊的经济价值。它们贡献了世界磷酸盐产量的 80% 以上，占世界磷矿资源总量的 96% 左右。据估计，全世界包括所有等级和类型沉积磷酸盐岩的总资源约为 $158 \times 10^8$t 吨（Notholt 等，1989）。

沉积磷酸盐出现在从前寒武纪到全新世的所有年龄段的岩石中，但在中亚和东南亚的前寒武纪和寒武纪、北美的二叠纪、东欧的侏罗纪和早白垩世、中东和北非特提斯省的晚白垩世至始新世及北美东南部的中新世，磷矿沉积似乎特别普遍。

磷质结核和磷质沉积物也出现在海岸线附近的浅海海底。它们在秘鲁和智利海岸、非洲西南部、美国东部、南加利福尼亚州、印度大陆边缘及太平洋的一些海山和环礁上尤为常见（Glen 和 Lucas，2000）。这些海底磷酸盐矿点中有许多都比全新世更古老，然而，现代磷酸盐结核存在于少数地方的海底。

### 7.5.1 矿物学组成和化学成分

沉积磷矿由磷酸钙矿物组成，均为磷灰石的变种。主要品种有：氟磷灰石 [$Ca_5(PO_4)_3F$]、氯磷灰石 [$Ca_5(PO_4)_3Cl$] 和羟基磷灰石 [$Ca_5(PO_4)_3OH$]。大多数为碳酸羟基氟磷灰石，其中高达 10 % 的碳酸根离子可以被磷酸根离子取代，得到 $Ca_{10}(PO_4、CO_3)_6F_{2-3}$ 的通式。这些碳酸羟基氟磷灰石通常被称为细晶磷灰石。胶磷矿常被用于表示尚未确定其确切的化学成分的沉积磷灰石。碎屑石英、自生石英（微晶石英）、蛋白石-CT、方解石和白云石也是许多磷块岩中的常见成分。在某些矿床中也可能存在钙芒硝、伊利石、蒙皂石和沸石，有机质含量适中是许多磷矿的组分特征（Nathan，1984）。

磷矿的化学成分主要是磷、硅（存在于磷灰石以外的矿物中）和钙。Slansky（1986）表明，在前寒武纪至全新世的 20 个磷矿中，$P_2O_5$ 的丰度为 22%~39%，$SiO_2$ 的丰度小于 25%，CaO 的丰度为 43%~53%。其他常见成分包括 $Al_2O_3$（小于 5%）、$Fe_2O_3$（小于 4%）、MgO（小于 6%）、$Na_2O$（小于 1%）、$K_2O$（小于 1%）、F（1%~4%）、Cl（小于 1%）、$SO_3$（小于 11%）和有机碳（小于 2%）。许多微量元素，如 Ag、Cd、Mo、Se、Sr、U、Yu 和 Zn，以及稀土元素也可能存在于磷矿中，含量超过其在海水、地壳和一般页岩中的平均成分（Nathan，1984）。

### 7.5.2 显著特征

富含磷酸盐的沉积岩可能出现在从几毫米厚的薄层到几米厚的岩层之间。一些磷酸盐序列，如爱达荷州—怀俄明州的磷矿层，厚度可能达到几百米，尽管这些序列并非完全由富含磷酸盐的岩石组成。磷块岩通常与页岩、硅质岩、石灰岩、白云石及更罕见的砂岩互层。磷质岩通常在区域上分级为同龄的非磷质沉积岩。

磷矿的结构与石灰岩相似。因此，它们可能由似球粒、鲕粒、化石（生物碎屑）和现有磷灰石碎屑组成。一些磷矿缺乏独特的粒状结构，由细粒、泥晶状、无结构的胶磷矿组成。磷酸盐颗粒可能包含有机物、黏土矿物、粉粒级碎屑颗粒和黄铁矿的包裹体。球粒状或球状磷块岩尤其常见；鲕状磷块岩的含量略低。磷化化石或原始磷壳碎片是某些矿床的重要组成部分。尽管可能存在大于 2mm 的颗粒，但大多数磷矿石颗粒为砂粒大小。这些较大的颗粒被称为结核，大小可达几十厘米。

由于磷矿的结构与石灰岩非常相似，一些地质学家建议使用改进的石灰岩分类来区分不同种类的磷矿。例如，Slansky（1986）主张使用某种程度上基于 Folk（1962）石灰岩分类的分类系统，Cook 和 Shergold（1986b）、Trappe（2001）建议将 Dunham 1962 年的碳酸盐岩分类用于描述磷矿（Embry 和 Klovan，1971）。因此，使用这些经过改进的分类方法，就产生了如粒泥磷灰岩（Cook 和 Shergold，1986b）和磷屑粒泥灰岩（Trappe，2001）等名称。

### 7.5.3 磷矿的主要类型

可识别出四种磷矿床：层状、结核状、球层状和鸟粪沉积物。主要磷块岩矿床主要为层状海相矿床。层状磷块岩形成不同厚度的岩层，通常与碳质泥岩、燧石和碳酸盐岩互层并相互交织。层状矿床中的磷矿以似球粒、似鲕粒、似豆粒、磷酸化腕足动物和其他骨骼碎片、泥晶状磷灰石泥和胶结物的形式出现。层状磷酸盐矿床的最佳研究实例可能是二叠纪磷矿建造（图 7.20）。该地层的总厚度为 420m，在爱达荷州—怀俄明州地区的面积约为 $35\times10^4km^2$（McKelvey 等，1959；Sheldon，1989；Herring，1995；Knudson 和 Gunter，2002）。在澳大利亚的前寒武系和寒武系岩石、北非的白垩系—新近系岩石及世界许多其他地方，层状海洋磷块岩也很常见（Cook 和 Shergold，1986a；Notholt 等，1989；Burnett 和 Riggs，1990；Soudry，1992）。

生物碎屑磷矿是一种特殊类型的层状磷酸盐矿床，主要由脊椎动物骨骼碎片组成，如鱼骨、鲨鱼牙齿、鱼鳞和粪化石。英格兰西部的 Rhaetic 骨层（上三叠统）（Greensmith，1989）就是一个例子。沉积物主要由无脊椎动物化石遗骸组成，如磷酸化腕足动物壳。这些含磷酸盐的有机物质通常在成岩作用期间在 $P_2O_5$ 中进一步富集，并可能被磷酸盐矿物胶结。

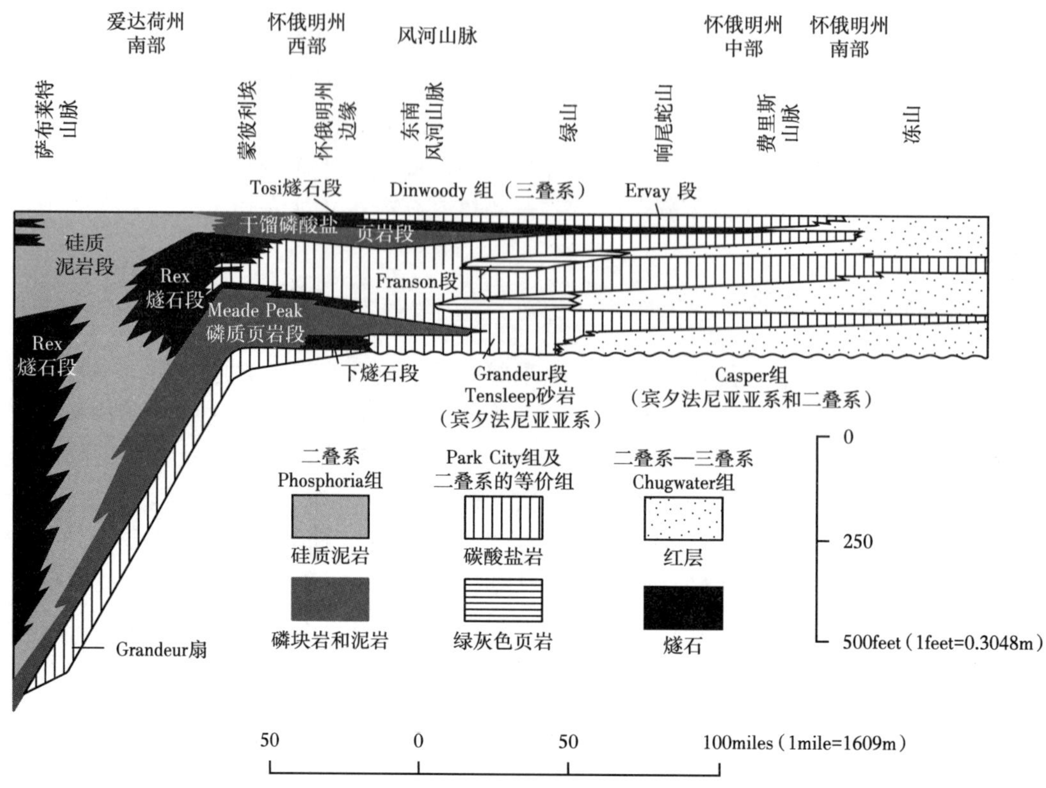


图 7.20　爱达荷州和怀俄明州 Phosphoria 组（二叠系）、Park City 组（二叠系）和 Chugwater 组（三叠系）地层关系（据 Sheldon，1986）

结核状磷矿呈褐色到黑色，球形到不规则形状的结核，大小从几厘米到一米或更多。磷化结核的内部结构从均匀（无结构）到层状或同心带状不等。磷化颗粒、碎屑颗粒、鲨鱼牙齿和其他化石可能出现在结核内。结核状磷矿在世界上许多新近纪至全新世磷矿中尤为常见（Burnett 和 Riggs，1990）。磷酸盐结核现如今也在海洋上升流区形成，例如在秘鲁大陆边缘（Burnett 和 Froelich，1988）。许多古老的球状磷矿可能在海洋上升流条件下有相似的成因，然而，一些古老的磷矿结核可能是成岩作用成因的。

球层状磷矿由磷化结核、磷化灰岩碎块或磷化化石组成，这些磷化化石是通过对早期形成的磷矿床进行再改造而机械地集中起来的。佛罗里达州的中新世和第四纪河卵石和陆卵石矿床（Cathcart，1989）为这类矿床提供了一个很好的例子。

鸟粪沉积物是由鸟类和蝙蝠的排泄物经过过滤后形成一种不溶性的磷酸钙残留物。现今，鸟粪出现在东太平洋和西印度群岛的小海洋岛屿上。鸟粪沉积在地质记录中并不重要。

## 7.5.4　磷矿成因

### 7.5.4.1　化学 / 生物化学过程

如前所述，沉积岩中主要的磷矿物是各种磷灰石，其中碳酸盐磷灰石 [$Ca_{10}CO_3(PO_4)_6$] 尤为重要。据推测，在整个地质历史时期，陆地上含磷岩石的风化作用是通过河流径流向海洋提供磷的主要过程。河水中磷的平均浓度为 20μg/L，而海洋中磷的平均浓度为 70μg/L（Gulbrandsen 和 Robertson，1973）。假设古代海洋中磷的平均含量大致与现代海洋中相同，那么古代海洋中平均 70μg/L 的磷含量如何升级为广泛分布的碳酸盐磷灰石沉积物，其中 $P_2O_5$ 含量高达 40%，富集量高达 200 万倍？

虽然地质学家已经考虑了从海水中提取磷的各种无机机制，但生物利用磷酸盐来构建软体组织似乎为解决沉积物中磷酸盐浓度问题提供了最可行的答案。现代的磷酸盐结核是在海洋上升流的地区形成的，在那里，从深海大型储集层带来的稳定的磷酸盐供应，使大量生物持续生长。死后，没有被食腐动物吃掉的生物和有机碎片在减少腐烂的条件下堆积在海底。这些有机物质包括浮游植物和浮游动物的残骸、粪化石（粪便）及鱼的骨和鳞片，它们都含有磷。例如，按干重计算，浮游植物磷含量约为 0.4%（Gross，1982）。在海底的还原条件下，一些软体组织因此被保存了足够长的时间，以便被埋藏并融入累积的沉积物中。也许上升流区初级生产力中总磷的 1%~2% 最终以这种方式融入沉积物中（Baturin，1982）。

埋藏后身体组织的缓慢衰变将磷释放到沉积物的间隙水中。对正在形成现代磷酸盐结核的沉积物和在还原条件下积累富含有机物沉积物的海底其他区域的间隙水化学的研究表明，磷浓度在 1400~7500μg/L 之间（Bentor，1980；Froelich 等，1988）。在如此高的磷浓度下，间隙水相对于磷酸钙过饱和。因此，磷酸盐开始在硅质生物、碳酸盐颗粒、有机物颗粒、鱼鳞和骨骼、硅质碎屑颗粒或旧磷酸盐颗粒的表面沉淀（Baturin，1982）。磷酸盐也可以取代骨架颗粒和碳酸盐颗粒，这一过程称为磷化。因此，富含有机质的沉积物与其富含磷酸盐的间隙水之间的成岩反应在沉积物中形成了磷矿颗粒。对秘鲁大陆架上磷块岩的研究表明，一些磷块岩在几厘米富含有机质的沉积物下形成薄（2~3cm）的结壳（Burnett 等，2000）。后来的挖掘可能会在沉积物表面暴露这些结壳，在那里它们会被物理过程重新改造。

为了使沉积物中发生磷酸盐沉淀，镁离子（抑制磷酸盐沉淀，正如它们在碳酸盐沉淀过程中的作用）可以从孔隙水中去除，这是由于缺氧的海洋沉积物中的黏土矿物中镁置换铁（Drever，1971）。另外，据报道磷酸盐矿物会从一些镁浓度约为海水浓度的沉积物中析出（Froelich 等，1988）。在这些条件下，磷酸盐是如何沉淀的还不太清楚。这可能在某种程度上与孔隙水中丝状细菌（蓝细菌）和某些有机化合物的存在有关（Glenn 和 Arthur，1988；Schwennicke 等，2000；Sisodia 和 Chauhan，1990）。

#### 7.5.4.2 物理过程

在许多古代磷矿矿床中，碎屑结构和原生沉积构造的存在似乎与成岩富集机制不一致。因此，Kolodny（1980）认为古磷矿的形成可分为两个阶段。在第一阶段，磷灰石在还原性盆地中发生成岩作用，其作用方式是将磷聚集到间隙水中，与现代磷矿的形成方式相同。第二阶段是在氧化条件下，通过机械浓缩过程对这些成岩形成的磷矿颗粒进行改造和富集。浓缩大概发生在高能量环境中，也可能发生在海平面较低的地区。在这一阶段，磷矿颗粒可能被搬运到与它们形成时不同的沉积环境中。磷矿形成的最后阶段，原始成岩形成的磷矿沉积物在浅水条件下被机械改造，从而形成了许多古磷矿的碎屑结构和原始沉积构造。

### 7.5.5 磷矿沉积过程概述

总而言之，大多数磷矿研究者认为，海洋深处富磷水域的上升流和软组织中磷酸盐的生物利用是形成磷矿矿床的重要因素。磷以有机碎屑的形式沉积在海底，并与累积的沉积物一起掩埋。在含磷软体生物和其他有机碎屑缓慢衰变期间，磷酸盐集中在沉积物的孔隙水中。碳酸盐磷灰石通过一些尚未完全了解的过程从这些富含磷酸盐的孔隙水中成岩沉淀，形成磷酸盐颗粒和胶结物。磷灰石也可以代替骨架颗粒或其他碳酸盐颗粒。随后，这些成岩沉积物被机械改造，可能是由于海平面降低，使得磷质沉积物最终通过波浪和洋流浓缩和沉积。这些过程如图 7.21 所示。

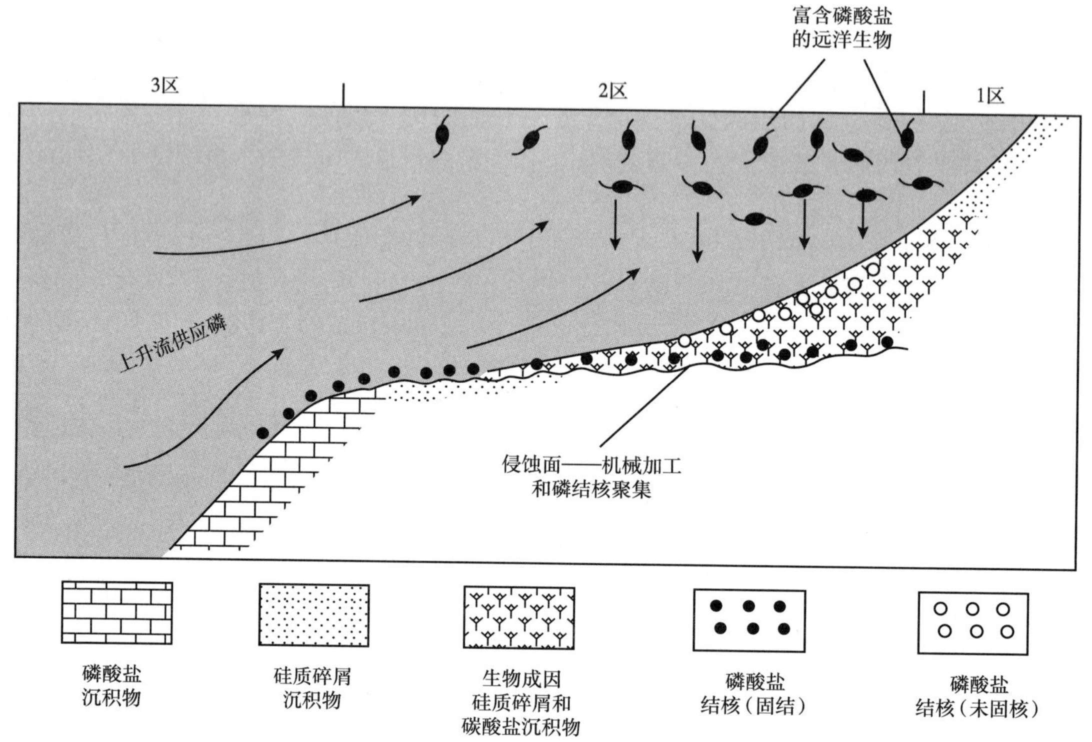


图 7.21　开放海陆架上升流区磷矿形成示意图（据 Baturin，1982）

1 区形成近滨浅水硅质碎屑沉积。2 区是由于中上层生物受水冲刷而在沉积物中积累了大量富磷生物碎屑的区域。磷矿结核是由成岩作用形成的，其次是在海平面下降期间对富磷矿沉积物的改造。3 区为较深水碳酸盐岩沉积带，局部有磷酸盐结核

这种假定的磷矿矿床形成的多阶段过程有一些局限性。例如，它并不能解释为什么磷矿在过去的地质时期比现在积累的规模要大得多。这种现象的一个可能解释是，磷矿沉积的主要阶段与气候和海平面变化有关。例如，一段时间的冰川作用可能会产生大量营养丰富的冷水，在长时间停留后，这些冷水最终会在海平面上升（海侵）期间循环到较浅的区域。这样的事件将在浅层区域产生大量有机活动（Cook 和 Shergold，1986b），导致磷矿沉积增加。Parrish（1990）针对气候对古环流模式（如上升流）和磷矿沉积的可能影响进行了补充讨论。关于磷矿的特征和起源的进一步讨论，另见 Glenn 等（2000）发表的大量论文。

对磷生成的上升流（生物利用）假说的唯一严峻挑战是 Kimberley（1994）提出的，正如他对富铁沉积岩成因的见解。Kimberley 认为，磷矿石的沉积是由高浓度溶液的沉淀引起的，高浓度溶液通过大陆块边缘深处含磷矿物的高温溶解而获得磷含量。因此，根据 Kimberley 的说法，磷是通过呼出过程而不是通过风化和随后的生物吸收进入海洋的。

## 7.6 碳质岩：煤、油页岩、沥青

大多数沉积岩，甚至一些前寒武纪的沉积岩，至少含有少量有机物，这些有机物由保存下来的植物或动物组织残留物组成。当生物体的组织腐烂时，尤其是在缺氧的环境中，有机物的降解可能不完全，纤维素、脂肪、树脂和蜡等耐腐性更强的有机物不会立即分解。如果沉积盆地恰好是缺氧环境，例如受限盆地、停滞沼泽或沼泽，或者如果有机物的供应量非常大，以至于完全消耗了所有可用的氧化剂，那么耐腐有机物可能会被保存足够长的时间，以并入累积的沉积物中。一旦被掩埋，它可能会被保存数亿年。

沉积岩中有机质的平均含量在泥岩中为 2.1%，在石灰岩中为 0.29%，在砂岩中为 0.05%（Degens，1965）。所有沉积岩的平均含量约为 1.5%。有机物中碳含量为 50%~60%，因此，沉积岩平均含有约 1%（按质量计）的有机碳。一些特殊类型的沉积岩所含的有机物明显多于这些普通岩石。黑色页岩通常含有 3%~10% 的有机质。油页岩或干酪根页岩的含量甚至更高，约 25% 或更多，煤可能由 70% 以上的有机质组成。某些固体烃类聚集物，如由石油氧化和挥发性物质损失形成的沥青，便是构成富含有机碳的沉积矿床的一个例子。

### 7.6.1 沉积岩中有机质的类型

目前条件下，在陆地和水下环境中有三种基本的有机质富集：腐殖质、泥炭和腐泥质。土壤腐殖质是植物有机质在土壤中积累，形成腐殖质酸和黄腐酸（复杂的高分子量有机酸）等多种腐烂产物。大多数土壤腐殖质最终被氧化和破坏，很少保存在沉积岩中。泥炭也由腐殖质有机质组成，但泥炭积聚在淡水或咸水沼泽和沼泽中，在这些地方，停滞的厌氧条件会阻止全面氧化和细菌腐烂。因此，在这些还原条件下积累的一些腐殖质可以保存在沉积物中。腐泥质指的是积聚在湖泊、潟湖或海洋盆地中的细小有机物，这些地方由于水循环不良而含氧量较低，或者有机物的供应量高到足以降低氧气浓度。腐泥质由浮游植物、浮游动物的残骸，以及高等植物的孢子和碎片组成。浮游植物是一种微小的植物，如藻类。由于水流，藻类在上层水体中漂移。浮游动物是小型的漂流动物，如有孔虫。

在古代沉积物中发现的有机物之间通常很难准确区分。然而，腐殖质和腐泥质类型都是公认的。腐殖质是大多数煤的主要成分，但也有一些是由腐泥质形成的。油页岩和其他碳质泥岩和石灰岩中的有机质来源于腐泥质，但受浸染和蚀变非常严重，难以识别。这种有机物被称为干酪根。

### 7.6.2 碳质岩的分类

碳质沉积物的主要有机成分是腐殖质和腐泥质。非有机组分主要为硅质碎屑颗粒或碳酸盐。根据非有机组分的相对丰度和组成有机组分的有机质类型（腐殖质与腐泥质），碳质沉积物可以分为三种基本的富有机质岩石类型：煤、油页岩和沥青（图 7.22）。每一种类型的岩石都含有至少 10%~20% 的有机成分。

#### 7.6.2.1 煤

煤是最著名的碳质沉积物。它们主要由可燃有机物组成，但含有大量的杂质（灰分），这些杂质主要是硅质碎屑物质。仍能命名为煤的物质中所含灰分的多少并不是精确固定的。一些非常不纯的煤（骨煤）可能含有70%~80%的灰分，但多数煤按质量计算灰分低于50%。大多数煤是腐殖煤，但也有少数是腐泥煤，主要由孢子、藻类和细小植物碎屑组成。烛煤和沼煤为腐泥煤。煤有多种定义，但普遍接受的定义是Schopf（1956）的定义：煤是一种易燃烧的岩石，含50%以上（按质量计）和70%以上（按体积计）的含碳物质，由各种蚀变植物的压实或硬化形成，与泥炭沉积物类似。植物种类（类型）、变质程度（等级）和杂质范围（等级）的差异是煤炭品种的特征参数。

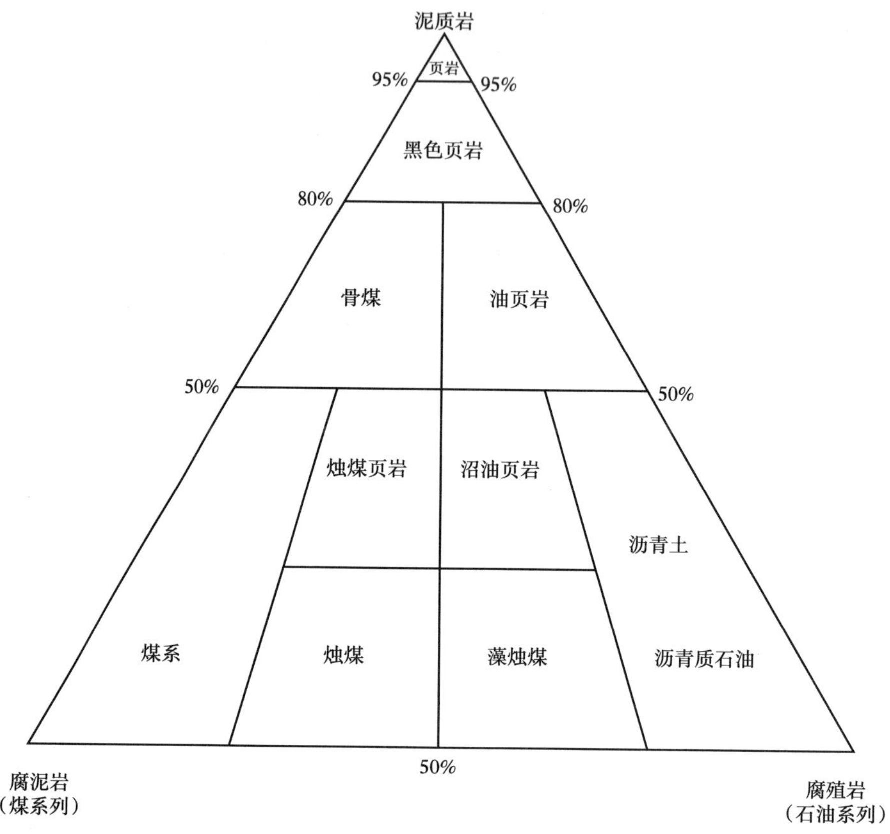


图7.22　根据腐殖质有机组分（腐殖岩）、腐泥质有机组分（腐泥岩）和细粒陆源组分（泥质岩）的相对丰度对碳质沉积物进行分类和命名（据Pettijohn，1957）

1）特征和分类

煤炭分类的一种常用方法是按煤级划分，这是基于特定煤炭由于埋藏和变质作用而达到的煤化或碳化程度（有机碳含量的增加；表7.3）。泥炭包含在表7.3中，但实际上不是真正的煤。泥炭由疏松的、半碳化的植物残体组成，水分含量很高。褐煤是级别最低的煤，颜色由棕色到棕黑色，含水量高，通常保留原始木本植物碎片的许多结构，主要发育在白垩系或古近系—新近系。烟煤是坚硬的黑煤，比褐煤含有更少的挥发物和更少的水分，碳含量更高。它们通常显示由交替的亮带和暗带组成的薄层（图7.23）。次烟煤的组成含量介于褐煤和烟煤之间。无烟煤是一种坚硬、黑色、密度高的煤，通常含有90%以上的碳。它是一种明亮、有光泽的岩石，破碎时呈贝壳状断裂，就像碎玻璃中的裂痕一样。烛煤和无烟煤主要产于密西西比亚系和宾夕法尼亚亚系（石炭系）。烛煤和沼煤为无条状、无光泽的黑色煤，也有贝壳状断裂，然而，它们具有沥青级和比无烟煤高得多的挥发分含量。烛煤主要由孢子组成。沼煤主要由非孢子藻类遗骸组成。骨煤是一种非常不纯、灰分高的煤。

表 7.3 煤的等级分类

| 分类 | 固定碳限值 /% | 挥发性物质 /% | 热值限值 / (Btu/lb) |
|---|---|---|---|
| 无烟煤 | 86~98 | 2~14 | — |
| 沥青 | 69~86 | 大于 22 | 10500~14000 |
| 亚烟煤 | 小于 69 | 大于 31 | 8300-10500 |
| 褐煤 | 小于 69 | 大于 31 | 6300~8300 |
| 泥煤 | 低 | 高 | 低 |

煤也根据宏观结构外观和可识别的岩相或微观成分进行分类。Stopes (1919) 根据宏观外观识别出四种类型的煤，现在称为有机宏观组分。可识别出四种岩石类型：镜质岩、克拉林煤、暗煤和丝炭。这些岩石类型包括毫米厚的腐殖煤带或层(图 7.24)。

图 7.23 层状和带状烟煤，雪松林煤层(宾夕法尼亚亚系)，西弗吉尼亚州。煤层厚度约为 2.3m

在显微镜下，可以看到煤由几种有机体组成，它们是植物碎片的单个组分，或者在某些情况下，由一种以上的植物组织组成的组分。Stopes (1935) 提出将这些有机体称为显微组分，与无机岩石成分的矿物质一词相对应。显微组分的原始材料有木质组织、树皮、真菌、孢子等，然而，这些物质并不总是能在煤中识别出来。显微组分分为三大类：镜质组、惰质组和壳质组(表 7.4)。

图 7.24 显示了三种不同岩石类型示例的烟煤（据 Bustin，1985）

V—镜煤；C—亮煤；D—暗煤。比例尺上的小刻度等于 1cm

**表 7.4 主要煤岩类型及显微组分**

<table>
<tr><th colspan="3">类型</th><th>特征</th></tr>
<tr><td colspan="2" rowspan="4">煤岩</td><td>镜煤</td><td>明亮，有光泽，玻璃状，黑色，条带厚为 3~5mm；贝壳状断裂；触摸光滑</td></tr>
<tr><td>克拉林煤</td><td>断面光滑，具有明显的光泽；暗夹层或条纹；在层内的小尺度分层使表面具有丝般光泽；腐殖煤中最常见的宏观组分</td></tr>
<tr><td>暗煤</td><td>以几厘米厚的带状出现；质地坚硬，有少量颗粒状；破碎表面有细小的块状或无光泽纹理；缺乏光泽，灰色到棕黑色及泥土状外观</td></tr>
<tr><td>丝炭</td><td>柔软，黑色；类似普通木炭；主要以不规则楔形出现；如果未矿化，则易碎且多孔</td></tr>
<tr><td rowspan="11">有机显微组分</td><td rowspan="2">镜质组（起源于木材或树皮；亮煤的主要腐殖质成分）</td><td>凝胶镜质体</td><td>无结构或几乎无结构；通常作为基质或其他显微组分碎片的浸渍物质出现</td></tr>
<tr><td>结构凝胶镜质体</td><td>源自树皮和木材的细胞壁材料，保留了一些细胞结构</td></tr>
<tr><td rowspan="5">惰质组（由木本组织、真菌残骸或来源不明的细有机碎屑组成；碳含量相对较高）</td><td>丝质体</td><td>由碳化或氧化的细胞壁和中空的内腔（由器官壁包围的空间）组成的细胞结构，通常由矿物填充；具有丝炭的特征</td></tr>
<tr><td>半丝质体</td><td>丝质组和镜质组之间的过渡状态</td></tr>
<tr><td>菌类体</td><td>由真菌 Schlerotia（管状细丝或螺纹的硬化体）或蚀变树脂的残余物组成；以椭圆形和不同大小为特点</td></tr>
<tr><td>微型（小于 10μm）和巨型惰质体（10~100μm）</td><td>来自细粒有机碎屑的无结构、不透明、粒状显微组分</td></tr>
<tr><td>碎屑惰质体</td><td>细粒、无结构、碎屑状的惰质岩，其中各种惰质岩显微组分的碎片以分散颗粒的形式出现</td></tr>
<tr><td rowspan="4">壳质组（源自孢子、角质层、树脂和藻类；可以从形状和结构中识别，除非原始成分被压实和挤压）</td><td>孢子体</td><td>由黄色半透明体（孢子外壁）的残余物组成，通常与层理平行</td></tr>
<tr><td>角质体</td><td>由浸渍的角质层碎片（覆盖植物表皮细胞外壁的层）形成</td></tr>
<tr><td>脂类体</td><td>植物树脂和蜡的残留物；以孤立的球体到椭球体或纺锤体、略带红色的半透明体出现，或以弥漫性浸渍或细胞腔中的填充物出现</td></tr>
<tr><td>结构藻</td><td>由藻体的残骸组成；锯齿状，椭圆形；具烟煤的特性</td></tr>
</table>

煤显微组分的识别基于以下几个特征：(1)反射率——它们反射光线的强度；(2)岩相显微镜下观察到的各向异性程度(显微组分内不同方向反射率的差异)；(3)紫外线照射试样时有无荧光；(4)形态(形状)；(5)凸起；(6)尺寸。显微组分研究被称为煤岩学。

2) 起源和分布

煤产于从前寒武系(藻煤)到新近系的岩石中，煤的泥炭类似物存在于第四纪沉积物中。煤起源于有利于保存有机质的沉积条件下促进植物生长的气候。尽管从赤道到极地地区的所有纬度都有古代煤的堆积，但大多数都是在中纬度地区沉积的(McCabe，1984；Cobb 和 Cecil，1993)。为了保存煤炭，由于微生物和化学过程，有机物的积累速度必须超过分解速度。累积的有机质最有可能保存在沉积环境中，由于快速掩埋，有机质的氧化受到抑制，例如在地下水位接近泥炭表面的沼泽地区。要形成厚煤层，这些条件必须在地质历史上持续很长一段时间。尽管到泥盆纪时，陆生植物已适度发育，但足以形成主要煤矿的沼泽环境仅在石炭纪(密西西比亚纪和宾夕法尼亚亚纪)后才存在。从那时起，只有三叠纪似乎是成煤过程处于最低水平的时期。在美国，煤最常见于宾夕法尼亚亚系、白垩系和古近系—新近系的岩石中。世界上主要的煤炭资源分布在中国、美国、俄罗斯、德国、印度、澳大利亚、南非和波兰。

伴随深埋的压实和挥发物的损失使煤层变薄，比例可达 30∶1(Ryer 和 Langer，1980)，也就是说，30m 厚的原始泥炭只能产生 1m 厚的煤炭。由于温度随深度增加，因此煤的级别随深度增加。例如，无烟煤的形成需要超过 200℃ 的温度(Daniels，1990)。煤主要赋存在硅质碎屑沉积序列中，尽管某些煤可与薄层石灰岩相结合。

#### 7.6.2.2 油页岩(干酪根页岩)

油页岩是一种细粒沉积岩，通过加热可获得大量石油。也就是说，产生足够的石油所需的能量大于最初产生石油所需的能量(Hutton，1995)。油页岩一词实际上用词不当，因为这些岩石中的游离油相对较少，尽管可能存在沥青的小气泡、小囊或矿脉。油页岩特别令人感兴趣，因为它们在足够高的温度下提炼成燃料时有可能产生石油。世界上至少有 50 个国家拥有油页岩储量，这些储量有可能在未来被开发为燃料资源。油页岩中 80% 以上的有机物以干酪根的形式存在，当加热到约 350℃ 时，干酪根会产生油。油页岩的主要成分如图 7.25 所示。有机成分通常不超过岩石的 25%。干酪根是不溶于非氧化性酸、碱或有机溶剂的分散有机物(Durand，1980；Horsfield，1997)。它由大量几乎完全浸渍(通过生物化学或化学过程分解)的有机碎片组成。根据岩相特征，该有机质主要由壳质组显微组分组成(表 7.4)。镜质组和惰质组通常仅少量存在(Hutton，1995)。油页岩中的有机质有三个主要来源：陆生植物、湖藻和甲藻等海洋生物。陆地植物中的有机物通常不如湖泊藻类和海洋生物中的有机物重要。

并非所有所谓的油页岩实际上都是页岩。有些是富含有机物的粉砂岩、石灰岩和不纯煤。富含碳酸盐的油页岩是指主要非干酪根成分为方解石、白云石、铁白云石、菱铁矿和不同数量硅质碎屑的油页岩。富硅油页岩是指除干酪根外，主要成分为细粒石英、长石和黏土矿物的页岩。它们也可能含有燧石、蛋白石和磷酸盐结核。硅质油页岩通常为深棕色或黑色。烛煤页岩是一种油页岩，主要由完全包裹其他矿物颗粒的有机物组成。烛煤页岩有时被归类为不纯的烛煤。许多油页岩的特征是由毫米厚的有机层与硅质碎屑层或碳酸盐层交替形成的明显层理。

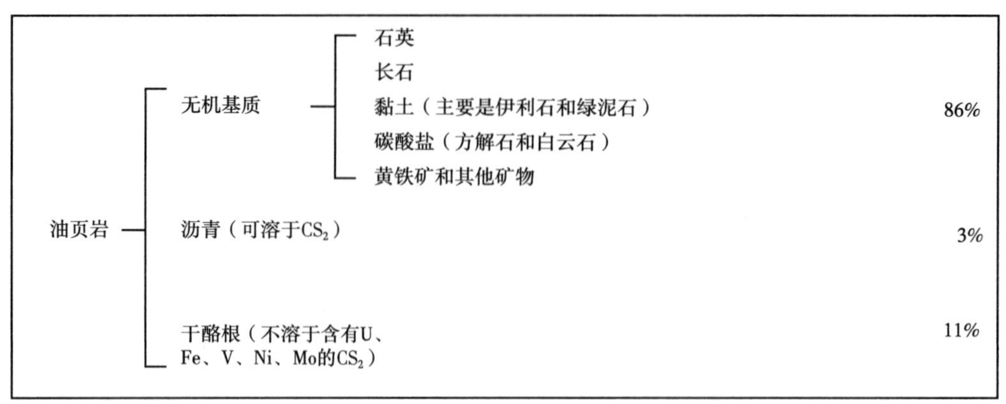


图 7.25　油页岩的主要成分

通过加热和干馏从油页岩中提取的油量为25~200L/t。全球油页岩的潜在石油供应量估计为$2.9\times10^{12}$bbl（Dyni，2006）。另外，油页岩的开采、提取和精炼存在许多技术问题。油页岩目前正在由几个国家进行商业加工，包括中国、俄罗斯、英国、德国和爱沙尼亚，然而，它在经济上无法与石油竞争。

油页岩形成于有机质丰富的环境中，厌氧或还原条件可防止氧化和细菌分解。它们同时沉积在满足上述条件的湖泊和海洋环境中。三个主要环境是大型湖泊，水循环受到限制且存在还原或弱氧化条件的区域内的浅海或大陆平台和大陆架，以及与产煤沼泽相关的小型湖泊、沼泽和潟湖。湖泊或沼泽中形成的油页岩可能与不纯的触煤或沼泽型煤、凝灰岩和其他火山岩，甚至蒸发岩有关。沉积在大型湖泊中的许多油页岩属于碳酸盐岩类型，并且往往具有较高的产油量，这显然是由于湖泊环境中有机物质的保存潜力增强。沉积在海洋环境中的油页岩具有富硅的特征，并且具有较低的石油产量，尽管一些古近纪—新近纪和中生代硅质油页岩具有丰富的石油产量。油页岩分布在广阔的地理区域，通常与石灰岩、燧石、砂岩和磷酸盐矿床有关。

#### 7.6.2.3　石油和天然沥青

1）石油

石油不是沉积岩，而是一种富含碳的有机物质，主要在砂岩和碳酸盐岩中以液体和气体聚集的形式出现。由于这个原因，它包括碳质岩。石油是由植物和动物的有机质在埋藏过程中通过复杂的成熟过程形成的，包括最初的微生物变化和随后的热变质，形成一种称为干酪根的复杂有机物。干酪根随后会在埋深超过1000m、温度为50~120℃的条件下发生热降解（开裂），形成液态石油，这一过程称为热降解作用（Hunt，1996；Tissot 和 Welte，1984）。随后，液态石油可在150~200℃的温度范围内裂解，形成天然气（例如甲烷）。

最终转化为石油的有机质的源物质主要包含在富含有机质的页岩和碳酸盐岩中。当石油从这些细粒烃源岩中的有机物质中形成后，在相当深的埋藏深度，它会从烃源岩中运移到更粗粒、多孔、可渗透的砂岩或碳酸盐岩中（这一过程称为初次运移）。然后通过这些岩石中的充水孔隙（二次运移）运移到构造较高的位置，最终在背斜等圈闭中聚集（图 7.26）。在这些圈闭中聚集石油的岩石，称为储集岩，主要是多孔砂岩、石灰石和白云石。

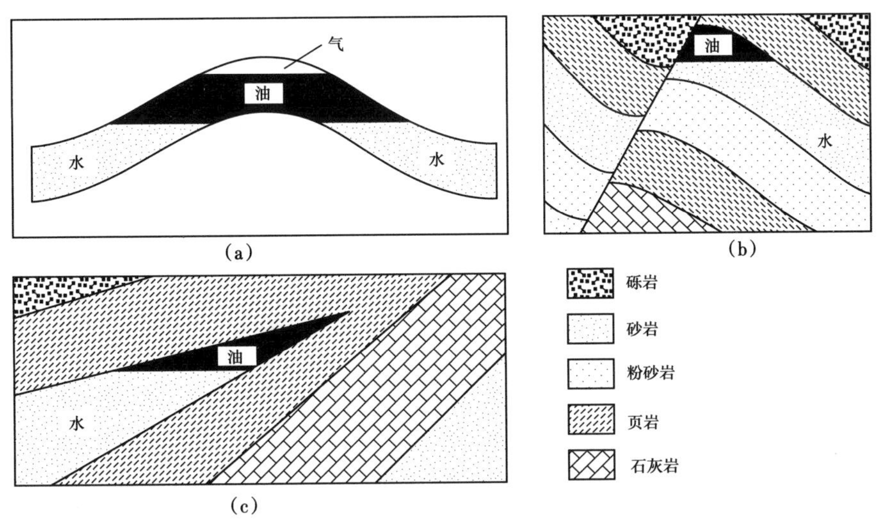

(a)　(b)　(c)

图 7.26　三种石油圈闭示意图

(a)背斜圈闭;(b)断层圈闭，沿断层有不透水的断层泥或矿物封层;(c)地层(尖灭)圈闭

石油主要由碳(85%，质量分数)和氢(13%)组成，还有约 2% 的硫、氮和氧(Hunt，1996)。尽管石油的元素化学组成很简单，但它的分子结构却极其复杂。石油中的分子包括从相对分子质量为 16 的简单甲烷($CH_4$)气体分子到数千的分子。在天然原油中已经记录了几百种不同的碳氢化合物，所有的碳氢化合物都可以分为几个具有共同分子结构形式的基本类或系列。这些构造形式较为复杂，在此不做详细说明，但主要的油气系列如下：

(1)链烷烃——碳原子间具有单共价键的开链分子(图 7.27)。

$CH_3(CH_2)_2CH_3$　　$CH_3(CH_2)_3CH_3$

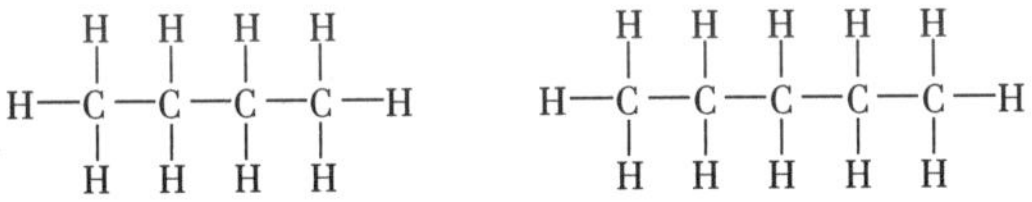

(a)丁烷，$C_4H_{10}$　　(b)戊烷，$C_5H_{12}$

图 7.27　通式为 $C_nH_{2n+2}$ 的石蜡烃结构示意图，其中 $n$ 指碳原子或氢原子的数量

(2)环烷烃——碳原子间具有单共价键的封闭环分子(图 7.28)。

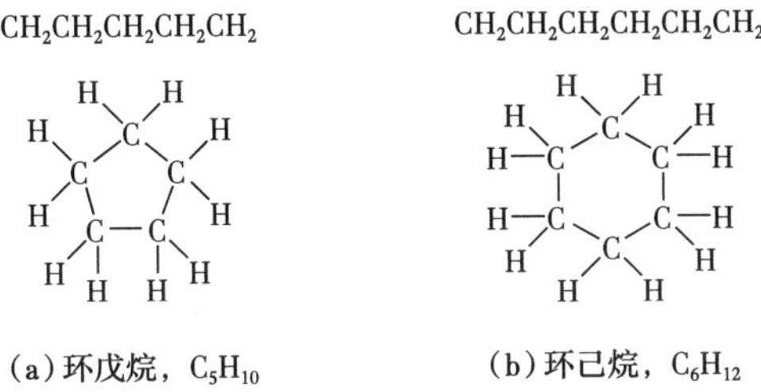

(a)环戊烷，$C_5H_{10}$　　(b)环己烷，$C_6H_{12}$

图 7.28　通式为 $C_nH_{2n}$ 的环烷烃结构示意图

(3)芳烃——一个或多个苯环结构，某些碳原子之间具有双共价键(图 7.29)。

大多数天然气和许多液态石油都属于碳氢化合物的石蜡系。大多数环烷烃是液态石油，但有两种在常温下以气体形式存在。这种因其强烈的芳香气味而得名的芳烃是液体石油，它们通常只占天然原油中石油的一小部分。

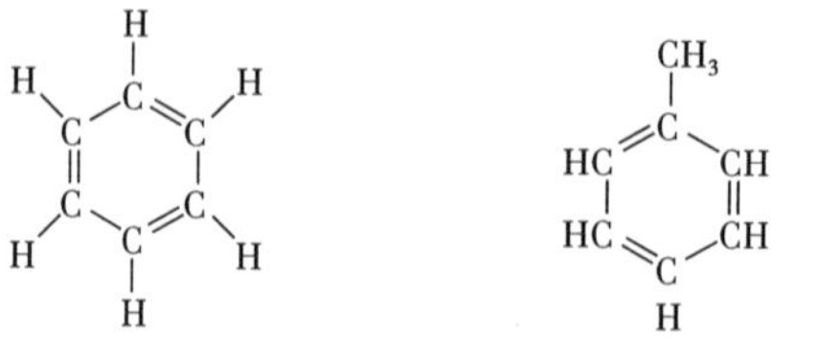

(a)苯，$C_6H_6$　　(b)甲苯，$C_6H_5CH_3$

图 7.29 通式为 $C_nH_{2n-6}$ 的芳烃结构示意图

2）天然沥青

天然沥青和矿物蜡等以半固态或固态存在。大多数天然沥青可能是由液态石油渗漏至地表后经过挥发、氧化和生物降解作用形成的，另一些可能从未以轻质原油的形式存在过。天然沥青以渗漏、地表堆积、填充砂岩或其他沉积岩孔隙（例如加拿大白垩纪 Athabasca 沥青砂）的形式出现，并在岩脉和岩墙中存在。它们通常呈黑色或深棕色，具有沥青或石蜡的特有气味。

与液态石油相比，天然沥青的元素化学组成基本相同，但碳和氢含量略低，硫、氮和氧的含量略高。根据在有机溶剂二硫化碳（$CS_2$）中的溶解性将其分为两类（图 7.30）：可溶性天然沥青和焦沥青。根据其易熔性或熔化程度，可溶性天然沥青进一步分为三类：矿物蜡、天然沥青和沥青矿。

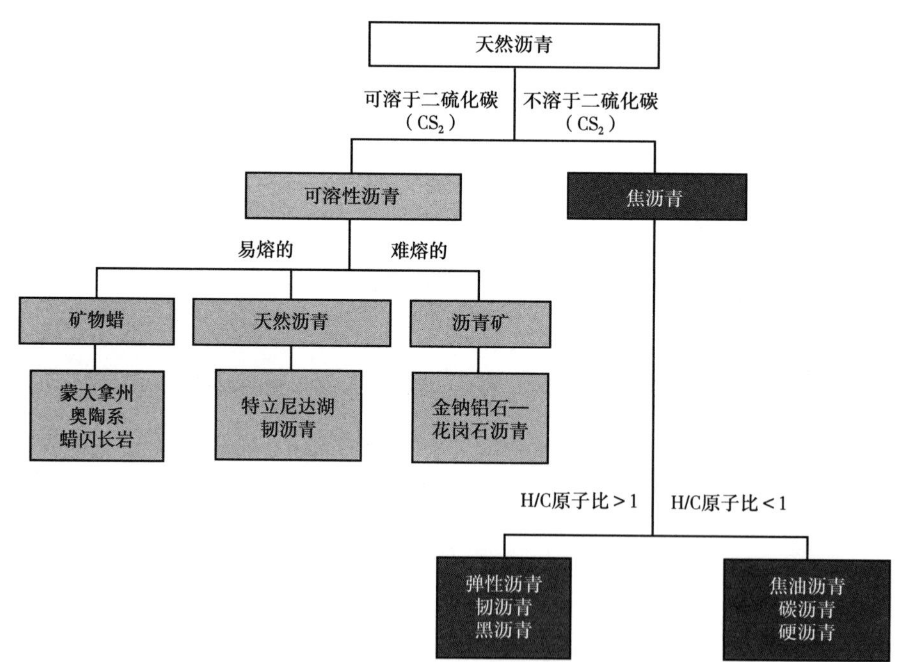


图 7.30 天然固体碳氢化合物主要种类的术语

矿物蜡是固体蜡质浅色物质，主要由高分子量的链烷族烃组成。大多数是暴露在地表的高蜡油残留物。最重要的天然矿物蜡是石蜡，它由绿色或棕色蜡的脉状沉积物组成。褐煤蜡是某些褐煤中的提取物。

天然沥青是一种软的、半固态的沥青，以渗漏、表面淤积或黏性浸渍的方式在沉淀物（油砂）中出现。天然沥青色深、质硬、易熔，并溶于二硫化碳。来自不同地区的沥青的品种名称如图 7.30 所示。沥青常与活性原油渗漏有关。

沥青矿主要出现在切割沉积层的岩脉中。它们比沥青更硬、密度更大，在更高的温度下会熔化。沥青矿主要溶于二硫化碳，根据密度、熔融性和溶解性分为硬沥青、辉沥青和脆沥青。

焦沥青和沥青一样，存在于岩墙和岩脉中，但大部分不溶于二硫化碳。已识别出几种焦沥青，可根据 H/C 原子比将其分为两个一般类别（图 7.30）。H/C 原子比大于 1 的包括弹性沥青（类似于印度橡胶的软弹性物质）和韧沥青（也是一种较软的形式）等。更硬化的形式是黑沥青，为一种黑色的固体沥青，具有明亮的喷流状光泽和贝壳状裂缝。变质焦沥青、焦油沥青、碳沥青和硬沥青都是硬化形态，H/C 原子比小于 1。

## 拓展阅读文献


**蒸发岩**

Busson，G.，and Schreiber，B. C.（eds.）. 1997. Sedimentary deposition in rift and foreland basins in France and Spain. New York：Columbia University Press.

Melvin，J. L.（ed.）.1991. Evaporites，petroleum and mineral resources. Amsterdam：Elsevier.

Warren，J. K. 1999. Evaporites：Their evolution and economics. Oxford：Blackwell Sciences.

Warren，J.K.2006 Evaporites：Sediments，resources，and hydrocarbons. Berlin：Springer-Verlag.

**硅质岩**

Heaney，P. J.，C. T. Prewitt，and G. V. Gibbs（eds.）. 1994. Silica：Physical behavior，geochemistry and materials applications. Mineralogical Society of America Reviews in Mineralogy vol. 29.

Hein，J. R.（ed.）. 1987. Siliceous sedimentary rock-hosted ores and petroleum. New York：Van Nostrand Reinhold.

Hein，J. R.，and J. Obradovic´（eds.）. 1989. Siliceous deposits of the Tethys and Pacific regions New York：Springer-Verlag.

Iijima，A.，J. R. Hein，and R. Siever（eds.）. 1983. Siliceous deposits in the Pacific region. Amsterdam：Elsevier.

Lowe，D. R.，and G. R. Byerly（eds.）. 1999. Geologic evolution of the Barberton Greenstone Belt，South Africa. Geol. Soc. America Spec. Paper 329. Boulder，CO：Geological Society of America. Contains several papers dealing with chert.

**富铁沉积岩**

Appel，P. W. U.，and G. L. LaBerge. 1987. Precambrian ironformations.Athens，Greece：Theophrastus，S.A.

Kesler，S. E.，and H. Ohmoto（eds.）. 2006. Evolution of early Earth' s atmosphere，hydrosphere，and biosphere—constraints from ore deposits. Memoir 198. Boulder，CO：Geol. Soc. of America. Contains several papers dealing with ironrich sedimentary rocks.

Misra，K. C. 2000. Understanding mineral deposits. Dordrecht：Kluwer Academic Publishers. 660-697. See Chapter 15— Precambrian iron-formations.

Petránek，J. and F. B. Van Houten. 1997. Phanerozoic ooidal ironstones. Czech Geological Survey Special Papers 7. Prague：Czech Geological Survey.

Trendall，A. F. and R. C. Morris（eds.）. 1983. Iron-formation facts and problems：Developments in

Precambrian Geology 6. Amsterdam: Elsevier.

Van Houten, F. B., and D. P. Bhattacharyya. 1982. Phanerozoic oolitic ironstone: Geologic record and facies models. Ann. Rev. Earth and Planet. Sci. 10: 441–457.

Young, T. P., and W. E. G. Taylor (eds.). 1989. Phanerozoic ironstones. Geol. Soc. Spec. Pub. 46. London: The Geological Society.

**磷块岩**

Baturin, G. N. 1982. Phosphorites on the sea floor: Origin, composition and distribution. Developments in Sedimentology 33. Amsterdam: Elsevier. (Translated from the Russian by Dorothy B. Vitaliano.)

Bentor, Y. K. (ed.). 1980. Marine phosphorites - Geochemistry, occurrence, genesis: Soc. of Econ. Paleontologists and Mineralogists Special Publication No. 29, Tulsa, OK.

Burnett, W.C. and S.R. Riggs (eds.). 1990, Phosphate deposits of the world: V. 3 Neogene to modern phosphorites: Cambridge University Press, Cambridge.

Cook, P. J., and J. H. Shergold (eds.). 1986. Phosphate deposits of the world: V.1: Proterozoic and Cambrian phosphorites: Cambridge University Press, Cambridge.

Glen, C.R., L. Prévôt-Lucas, and J. Lucas (eds.). 2000. Marine authigenesis: From global to microbial: Society for Sedimentary Geol., Tulsa, Ok., Spec. Pub. 66, 536 Includes numerous papers dealing with phosphorites.

Kohn, M. J., J. Rakovan, and J. M. Hughes (eds.). Phosphates—Geochemical, geobiological, and materials importance. Reviews in mineralogy and geochemistry vol. 48. Washington, D.C.: Mineralogical Society of America.

Northolt, A. J. G., and I. Jarvis (eds.). 1990. Phosphorite research and development. The Geological Society Special Publication 52. Bath, U.K.: Geological Society.

Notholt, A. J. G., R. P. Sheldon, and D. F. Davidson (eds.). 1989. Phosphate deposits of the world. Vol. 2: Phosphate rock resources. Cambridge: Cambridge University Press.

**煤、油页岩和沥青**

Bustin, R. M., et al. 1985. Coal petrology, its principles, methods, and application. Geol. Assoc. Canada Short Course Notes. vol. 3.

Chilingarian, G. V., and T. F. Yen. 1978. Bitumins, asphalts and tar sands. New York: Elsevier.

Cobb, J.C., and C. B. Cecil (eds.). 1993. Modern and ancient coalforming environments. GSA Special Paper 286.

Crelling, J. C., and R. R. Dutcher. 1980. Principles and applications of coal petrology. Short Course Notes No. 8. Tulsa, OK: Soc. Econ. Paleontologists and Mineralogists.

Dissel, C. F. 1992. Coal-bearing depositional systems. Berlin: Springer-Verlag.

Dyni, J. R. 2006. Geology and resources of some world oil-shale deposits. U. S. Geological Survey Scientific Investigations Report. 2005–5294.

Hunt, J. M. 1996. Petroleum geochemistry and geology. 2nd ed. New York: W.H. Freeman.

Meyer, R. F. (ed.). 1987. Exploration for heavy crude oil and natural bitumens. AAPG Studies in Geology 25. Tulsa, OK: Amer. Assoc. Petroleum Geologists.

Pashin, J. C., and R. A. Gastaldo (eds.). 2004. Sequence stratigraphy, paleoclimate, and tectonics of coal-bearing strata. Studies in Geology #51. Tulsa, OK: Amer. Assoc. Petrol. Geol.

Russell, P. L. 1990. Oil shales of the world: Their origin, occurrence and exploitation. Oxford: Pergamon Press.

Snape, C. (ed.). 1995. Composition, geochemistry and conversion of oil shales. Netherlands: Kluwer Academic Publishers.

Stach, E., et al. 1982. Handbook of coal petrology. 3rd ed. Berlin-Stuttgart: Gebrüder Borntraeger.

Thomas, L. 1992. Handbook of practical coal geology. Chichester, U.K.: John Wiley and Sons.

Tissot, B. P., and D. H. Welte. 1984. Petroleum formation and occurrence. 2nd ed. Berlin: Springer–Verlag.

Ward, C. R. ( ed. ) . 1984. Coal geology and coal technology. Melbourne, Australia: Blackwell.

Warwick, P. D. ( ed. ) . 2005. Coal Systems Analysis. Special Paper 387. Boulder, CO: Geological Society of America.

Wignall, P. B. 1994. Black shales. New York: Oxford University Press.

Yen, T. F., and G. V. Chilingarian ( eds. ) . 1976. Oil shales. New York: Elsevier.

## 参考文献

Anbar, A. D., and H. D. Holland. 1992. The photochemistry of manganese and the origin of banded iron formations. Geochimica et Cosmochimica Acta 56: 2595–2603.

Appel, P. W. U., and G. L. LaBerge. 1987. Precambrian iron–formations. Athens, Greece: Theophrastus Pub., S. A.

Barron, J. A. 1987. Diatomite: Environmental and geologic factors affecting its distribution. in Hein, J.R. ( ed. ). Siliceous sedimentary rock–hosted ores and petroleum: New York: Van Nostrand Reinhold. 164–178.

Baturin, G. N. 1982. Phosphorites on the sea floor: Origin, composition, and distribution. Developments in Sedimentology 33. Amsterdam: Elsevier.

Blatt, H. 1982. Sedimentary petrology. San Francisco: W.H. Freeman.

Boggs, S., Jr. 1975. Seabed resources of the Taiwan continental shelf. Acta Oceanographica Taiwanica 5: 1–18.

Bohrman, G., et al. 1994. Pure siliceous ooze, a diagenetic environment for early chert formation. Geology 22: 207–210.

Borchert, H., and R. O. Muir. 1964. Salt deposits: The origin, metamorphism, and deformation of evaporites. London: Van Nostrand.

Braterman, P. S., A. G. Cairns–Smith, and R. W. Sloper. 1983. Photooxidation of hydrated $Fe^{2+}$—Significance for banded iron formations. Nature 303: 163–164.

Brown, D. A. 2006. Microbial mediation of iron mobilization and deposition in iron formations since the early Precambrian. in Kessler, S. E., and H. Ohmoto ( eds. ) . Evolution of Early Earth's atmosphere, hydrosphere, and biosphere—Constraints from ore deposits. Geol. Soc. of America Memoir 198. 239–256.

Burnett, W. C., and S. R. Riggs ( eds. ) . 1990. Phosphate deposits of the world. Vol. 3: Neogene to Modern Phosphorites. Cambridge: Cambridge University Press.

Busson, G., and Schreiber, B. C. ( eds. ) . 1997. Sedimentary deposition in rift and foreland basins in France and Spain. New York: Columbia University Press.

Bustin, R. M., et al. 1985. Coal petrology, its principles, methods, and applications. Geol. Assoc. Canada Short Course Notes Vol. 3.

Button, A., et al.1982. Sedimentary iron deposits, evaporites, and phosphorites. in Holland, H. D., and M. Schidlowski ( eds. ) . Mineral deposits and evolution of the biosphere. New York: Springer–Verlag. 259–273.

Calvert, S. E. 1983. Sedimentary geochemistry of silicon. in Aston, R. R. ( ed. ) . Silicon geochemistry and biogeochemistry. London: Academic Press. 143–186.

Carozzi, A. V. 1993. Sedimentary petrography. Upper Saddle River, NJ: Prentice Hall.

Cathcart, J. B. 1989. The phosphate deposits of Florida with a note on the deposits in Georgia and South Carolina, USA. in Nothold, A. J. G., R. P. Sheldon, and D. F. Davidson ( eds. ) . Phosphate deposits of the world. Vol. 2: Phosphate rock resources. Cambridge: Cambridge University Press. 62–70.

Clarke, F. W. 1924. The data of geochemistry. U.S. Geol. Survey Bull. Vol. 770.

Cloud, P. E. 1973. Paleoecological significance of banded iron formations. Econ. Geology 68: 1135–1143.

Cobb, J. C., and C. B. Cecil ( eds. ) . 1993. Modern and Ancient coalforming environments. GSA Special Paper 286.

Cook, P. J., and J. H. Shergold. 1986a. Proterozoic and Cambrian phosphorites—an introduction. in Phosphate deposits of the world. Vol. 1: Proterozoic and Cambrian phosphorites. Cambridge: Cambridge University Press. 1–8. nature and origin. in Phosphate deposits of the world. Vol. 1: Proterozoic and Cambrian phosphorites. Cambridge: Cambridge University Press. 369–386.

Cornelius, C.D. 1987. Classification of natural bitumens—a physical and chemical approach. in Meyers, R. F. ( ed. ) . Exploration for heavy crude oil and natural bitumen. Amer. Assoc. Petroleum Geol. Studies in Geology 25. 165–174.

Cressman, E. R. 1962. Nondetrital siliceous sediments. U.S. Geol. Survey Prof. Paper 440-T.

Daniels, E. J., et al. 1990. Hydrothermal alteration in anthracite in eastern Pennsylvania: Implications for the mechanisms of anthracite formation. Geology 18: 247–250.

Dean, W. E., and R. Y. Anderson. 1978. Salinity cycles: evidence for subaqueous deposition of Castile Formation and lower part of Salado Formation, Delaware Basin, Texas and New Mexico. in Austin, G.S., ( comp. ) . Geology and mineral deposits of Ochoan rocks in Delaware Basin and adjacent areas. New Mexico Bureau Mines Min. Res. Circ. 159: 15–20.

Degens, E.T. 1965. Chemistry of sediments. Prentice-Hall, Englewood Cliffs, N.J., 342 p.

Dimroth, E. 1979. Models of physical sedimentation of iron formations. in Walker, R. G. ( ed. ) . Facies models. Geoscience Canada Reprint Ser. 1. 159–174.

Drever, J. L. 1974. Geochemical model for the origin of Precambrian banded iron formations: Geol. Soc. America Bull. 85: 1099–1106.

Durand, B. ( ed. ) . 1980. Kerogen: Insoluble organic matter from sedimentary rocks. Paris: Editions Technip.

Dyni, J. R. 2006. Geology and resources of some world oil-shale deposits. U. S. Geological Survey Scientific Investigations Report. 2005–5294.

Embry, A. F., and J. E. Klovan. 1971. A Late Devonian reef tract on the northeastern Banks Island, N.W.T. Canadian Petroleum Geology Bull. 19: 730–781.

Ewers, W. E. 1983. Chemical factors in the deposition and diagenesis of banded iron-formation. in Trendall, A.F., and Forris, R.C. ( eds. ) . Iron-formations: Facts and problems. Amsterdam: Elsevier. 491–512.

Fairchild, T. R., et al. 1996. Recent discoveries of Proterozoic microfossils in south-central Brazil. Precambrian Research 80n: 125–152.

Folk, R. L. 1962. Spectral subdivision of limestone types. in Ham, W.E. ( ed. ) . Classification of carbonate rocks. Am. Assoc. Petroleum Geologists Mem. 1. 62–84.

Folk, R. L. 1974. Petrology of sedimentary rocks. Austin, TX: Hemphill.

Garrison, R. E., et al. ( eds. ) . 1981. The Monterey Formation and related siliceous rocks of Calfornia. Los Angeles: Soc. Econ. Paleontologists and Mineralogists, Pacific Section.

Glen, C. R., L. Prévôt-Lucas, and J. Lucas ( eds. ) . 2000. Marine authigenesis: From global to microbial. Spec. Pub. 66. Tulsa, OK: Society for Sedimentary Geol.

Greensmith, J. T. 1989. Petrology of the sedimentary rocks. 7th ed. London: Unwin Hyman.

Gross, G. A. 1980. A classification of iron formations based on depositional environments. Canadian Mineralogist 18: 215–222.

Gross, M. G. 1982. Oceanography. 3rd ed. Englewood Cliffs, NJ: Prentice-Hall.

Gulbrandsen, R. A., and C. E. Roberson. 1973. Inorganic phospbhorites in seawater: Environmental phosphorus handbook. New York: John Wiley and Sons. 117–140.

Gunnarsson, I., and S. Amórsson. 2000. Amorphous silica solubility and the thermodynamic properties of

H4SiO4 in the range of 0° to 350°C at Psat. Geochimica et Cosmochimica Acta 64: 2295–2307.

Hails, J. R. 1976. Placer deposits. in Wolf, K.H. ( ed. ) . Handbook of strata-bound and stratiform ore deposits. New York: Elsevier. 3: 213–244.

Haney, W. D., and L. I. Briggs. 1964. Cyclicity of textures in evaporite rocks of the Lucas Formation. in Merriam, D. F. ( ed. ) . Symposium on cyclic sedimentation. Kansas Geol. Survey. 191–197.

Hardie, L. A. 1991. On the significance of evaporites. Ann. Rev. Earth and Planetary Sciences 19: 131–168.

Heath, G. R. 1974. Dissolved silica and deep-sea sediments. in Hay, W. W. ( ed. ) . Studies in paleoceanography. Soc. Econ. Paleontologists and Mineralogists Spec. Pub. 20. 77–94.

Hein, J. R., and J. T. Parrish. 1987. Distribution of siliceous deposits in space and time. in Hein, J. R. ( ed. ) . Siliceous sedimentary rock-hosted ores and petroleum. New York: Van Nostrand Reinhold. 10–57.

Hein, J. R., H.-W. Yeh, and J. A. Barron. 1990. Eocene diatom chert from Adak Island, Alaska. Jour. Sed. Petrology 60: 250–257.

Herring, J. R. 1995. Permian phosphorites: A paradox of phosphogenesis. in Scholle, P. A., T. M. Peryt, and D. S. Ulmer-Scholle ( eds. ) . The Permian of northern Pangea: Sedimentary basins and economic resources. Berlin: Springer-Verlag. 292–312.

Hesse, R. 1989. Silica diagenesis: Origin of inorganic and replacement cherts. Earth-Science Review 26: 253–284.

Hesse, R. 1990. Origin of chert and silica diagenesis. in McIlreath I.A., and D.W. Morrow ( eds. ) . Diagenesis. Geol. Assoc. Canada Reprint Ser. 4. 227–275.

Horsfield, B. 1997. The bulk composition of first-formed petroleum in source rocks. in Welte, D. H., B. Horsfield, and D. R. Baker ( eds. ) . Petroleum and basin evolution: Insights from petroleum geochemistry, geology, and basin modeling. Berlin: Springer-Verlag. 337–402.

Hunt, J. M. 1996. Petroleum geochemistry and geology. 2nd ed. New York: W.H. Freeman.

Hutton, A. C. 1995. Organic petrography of oil shales. in Snape, C. ( ed. ) . Composition, geochemistry and conversion of oil shales. Netherlands: Kluwer Academic Publishers. 17–33.

Iijima, A., H. Inagaki, and Y. Kakuwa. 1979. Nature and origin of the Paleogene cherts in the Setogawa Terrain, Shizuoka, Central Japan. University of Tokyo: Jour. Fac. Sci. 20: 1–30.

Isaacs, C. M. 1982. Influence of rock composition on kinetics of silica phase changes in the Monterey Formation, Santa Barbara area, California. Geology 10: 304–308.

Isley, A. E. 1995. Hydrothermal plumes and the delivery of iron to banded iron formations. Journal of Geology 103: 169–185.

Jackson, M. P. A., D. G. Roberts, and S. Snelson. 1996. Salt tectonics: A global perspective. AAPG Mem. 65. Tulsa, OK: Am. Assoc. Petroleum Geologists.

James, H. L. 1966. Chemistry of the iron-rich sedimentary rocks. Data of Geochemistry. 6th ed. U.S. Geol. Survey Prof. Paper 440-W.

James, H. L., and A. F. Trendall. 1982. Banded iron formation: Distribution in time and paleoenvironmental significance. in Holland, H. D., and M. Schidlowski ( eds. ) . Mineral deposits and the evolution of the biosphere. Berlin: Springer-Verlag. 199–218.

Jones, D. L., and B. Murchey. 1986. Geologic significance of Paleozoic and Mesozoic radiolarian chert. Ann. Rev. Earth and Planetary Science Letters 14: 455–492.

Kastner, M., and J. M. Gieskes. 1983. Opal-A to opal-CT transformation: A kinetic study. in Iijima, A., J. R. Hein, and R. Siever ( eds. ) . Siliceous deposits in the Pacific region: Developments in Sedimentology 36. Amsterdam: Elsevier. 211–228.

Kendall, A. C., and G. M. Harwood. 1996. Marine evaporite: Arid shorelines and basins. in Reading, H. G. ( ed. ).

Sedimentary environments: Processes, facies and stratigraphy. Oxford: Blackwell Science Ltd. 281–324.

Kimberley, M. M. 1994. Debate about ironstone: has solute supply been surficial weathering, hydrothermal convection, or exhalation of deep fluids? Terra Nova 6: 116–132.

Klein, C. 2005. Some Precambrian iron formations ( BIFs ) from around the world: Their age, geologic setting, mineralogy, metamorphism, geochemistry, and origin. American Mineralogist 90: 1473–1499.

Knauth, L. P. 1994. Petrogenesis of chert. in Heaney, P. J., C. T. Prewitt, and G. V. Gibbs ( eds. ) . Silica: Physical behavior, geochemistry and materials applications. Mineralogical Society of America, Reviews in Mineralogy 29: 233–258.

Knudson, A. C., and Gunter, M. E. 2002. Sedimentary phosphorites—An example: Phosphoria Formation, Southeastern Idaho, U.S.A. in Kohn, M. J. et al ( eds. ) . Phosphates—geochemical, geobiological, and materials importance. Washington, D.C.: Mineralogical Society of America. Reviews in mineralogy and geochemistry 48: 363–389.

Konhauser, K. O. 2000. Hydrothermal bacterial biomineralization: Potential modern-day analogues for banded iron-formations. in Glenn, C. R., L. Prévôt-Lucas, and J. Prévôt-Lucas ( eds. ) . Marine authigenesis: From global to microbial. Soc. for Sed. Geol. Spec. Publ. 66. 133–145.

Krauskopf, K. B. 1979. Introduction to geochemistry. 2nd ed., New York: McGraw-Hill.

LaBerge, G. L., E. I. Robbins, and T.-M. Han. 1987. A model for the biological precipitation of Precambrian iron-formation—A: Geologic evidence. in Appel, P. W. U., and G. L. LaBerge ( eds. ) . Precambrian iron-formations. Athens, Greece: Theophrastus Pub., S.A. 69–96.

Ledesma-Vázquez, J., et al. 1997. El Mono chert: A shallow-water chert from the Pliocene Infierno Formation, Baja California Sur, Mexico. in Johnson, M.E., and J. Ledesma-Vázquez ( eds. ) . Pliocene carbonates and related facies flanking the Gulf of California, Baja California, Mexico. Geol. Soc. America Spec. Paper 318. 73–81.

Lepp, H. and S. S. Goldich. 1964. Origin of Pecambrian iron formation. Econ. Geology 58: 1025–1061.

Lepp, H. 1987. Chemistry and origin of Precambrian iron formations. in Appel, P. W. U., and G.L. LaBerge ( eds. ) . Precambrian ironformations. Athens, Greece: Theophrastus Pub., S. A. 3–30.

Lewin, J. C. 1961. The dissolution of silica from diatom walls. Geochimica et Cosmochimica Acta 21: 182–198.

Lowe, D. R. 1999. Petrology and sedimentology of cherts and related silicified sedimentary rocks in the Swaziland Supergroup. in Lowe, D. R., and Byerly, G. R. ( eds. ) . Geologic evolution of the Barberton Greenstone Belt, South Africa. Spec. Paper 329. Boulder, CO: Geol. Soc. of America. 83–114.

Mackenzie, F. T., and R. Gees. 1971. Quartz synthesis at Earth-surface conditions. Science 172: 533–535.

Maliva, R. G., A. H. Knoll, and B. M. Simonson. 2005. Secular changes in the Precambrian silica cycle: Insights from chert petrology. Boulder, CO: Geol. Soc. America. 117: 835–845.

Maliva, R. G., and R. Siever. 1988. Diagenetic replacement controlled by force of crystallization. Geology 16: 688–691.

Maliva, R. G., and R. Siever. 1989. Chertification histories of some Late Mesozoic and Middle Paleozoic platform carbonates. Sedimentology 36: 907–926.

McCabe, P. J. 1984. Depositional environments of coal and coalbearing strata. in Rahmani, R. A., and R. M. Flores ( eds. ) . Sedimentology of coal and coal-bearing sequences. International Assoc. Sedimentologists Spec. Pub. 7. 13–42.

McClellan, G. H. and S. J. Van Kauwenbergh. 1990. Mineralogy of sedimentary apatites. in Northolt, A. J. G., and I. Jarvis ( eds ) . Phosphorite research and development. Special Publication 52. Bath, U.K. The Geological Society. 23–31.

McKelvey, V. E., et al. 1959. The Phosphoria, Park City and Shedhorn formations in the Western Phosphate

Field. U.S. Geol. Survey Prof. Paper 313–A.
Melnik, Y. P. 1982. Precambrian banded iron–formations. Developments in Precambrian Geology 5. Amsterdam: Elsevier.
Melvin, J. L. ( ed. ) . 1991. Evaporites, petroleum and mineral resources. Amsterdam: Elsevier.
Mero, J. L. 1965. The mineral resources of the sea: New York: Elsevier.
Meyer, R. F. ( ed. ) . 1987. Exploration for heavy crude oil and natural bitumens. AAPG Studies in Geology 25. Tulsa, OK: Amer. Assoc. Petroleum Geologists.
Meyer, R. F., and W. De Witt, Jr. 1990. Definition and world resources of natural bitumens. U.S. Geol. Survey Bull. 1944.
Moore, T. C., Jr. 2008. Chert in the Pacific: Biogenic silica and hydrothermal circulation. Paleogeography, Paleocclimatology, Paleoecology 261: 87–99.
Morris, R. C. 1993. Genetic modeling for banded iron formation of the Hamersley Group, Pibara Craton, Western Australia. Precambrian Research 60: 243–286.
Murray, R. W., D. L. Jones, and M. R. Bucholtz ten Brink. 1992. Diagenetic formation of bedded chert: Evidence from chemistry of chert–shale couplet. Geology 20: 271–274.
Nathan, Y. 1984. The mineralogy and geochemistry of phosphorites. in Nriagu, J.O., and P.B. Moore ( eds. ) . Phosphate minerals. Berlin: Springer–Verlag. 275–291.
Notholt, A. J. G., R. P. Sheldon, and D. F. Davidson ( eds. ) . 1989. Phosphate deposits of the world. Vol. 2. Phosphate rock resources.Cambridge: Cambridge University Press.
Parrish, J. T. 1990. Paleooceanographic and paleoclimatic setting of the Miocene phosphogenic episode, in Burnett, W. C., and S. R. Riggs ( eds. ) . Phosphate deposits of the world. Vol. 3. Neogene to Modern Phosphorites. Cambridge: Cambridge University Press. 223–240.
Peterson, M. N., and C. C. von der Borch. 1965. Chert: Modern inorganic deposition in a carbonate–precipitating locality. Science 149: 1501–1503.
Petránek, J., and F. B. Van Houten. 1997. Phanerozoic ooidal ironstones. Czech Geological Survey Special Paper 7. Prague: Czech Geological Survey.
Rimstidt, J. D. 1997. Quartz solubility at low temperatures. Geochemica et Cosmochimica Acta 61: 2553–2558.
Ronov, A. B., et al. 1980. Quantitative analysis of Phanerozoic sedimentation. Sed. Geology 25: 311–325.
Schopf, J. M. 1956. A definition of coal. Econ. Geology 51: 521–527.
Schreiber, B. C. 1988/ Subaqueous evaporite deposition. in Evaporites and hydrocarbons. New York: Columbia University Press. 182–255.
Schreiber, B. C., M. E. Tucker, and R. Till. 1986. Arid shorelines and evaporites. in Reading, H. G. ( ed. ) . Sedimentary environments and facies. Oxford: Blackwell. 189–228.
Schubel, K. A., and B. M. Simonson. 1990. Petrography and diagenesis of cherts from Lake Magadi, Kenya. Jour. Sed. Petrology 60: 761–776.
Sheldon, R. P. 1989. Phosphorite deposits of the Phosphoria Formation, western United States. in Nothold, A. J. G., R. P. Sheldon, and D. F. Davidson ( eds. ) . Phosphate deposits of the world. Vol. 2. Phosphate rock resources. Cambridge: Cambridge University Press. 53–61.
Siever, R. 1983. Evolution of chert at active and passive continental margins. in Iijima, A., J. R. Hein, and R. Siever ( eds. ) . Siliceous deposits in the Pacific region: Developments in Sedimentology 36. Amsterdam: Elsevier. 7–24.
Siever, R. 1992. The silica cycle in the Precambrian. Geochimica et Cosmochimica Acta 56: 3265–3272.
Simonson, B. M. 1985. Sedimentological constraints on the origins of Precambrian iron–formations. Geol. Soc. America Bull. 96: 244–252.

Simonson, B. M. 2003. Origin and evolution of large Precambrian iron formations. in Chan M.A., and A. W. Archer (eds.). Extreme depositional environments: Mega end members in geologic time. Geological Society of America Special Paper 370. 231–244.

Slansky, M. 1986. Geology of sedimentary phosphates. Essex, U.K.: North Oxford Academic Pub.

Sonnenfeld, P., and G. C.St. C. Kendall, (convenors). 1989. Marine evaporites: Genesis, alteration, and associated deposits. Penrose Conference Report. Geology 17: 573–574.

Soudry, D. 1992. Primary bedded phosphorites in the Campanian Mishash Formation, Negev, southern Israel. Sedimentary Geology 80: 77–88.

Stewart, F. H. 1963. Marine evaporites. in Fleischer, M. (ed.). Data of geochemistry. U.S. Geol. Survey Prof. Paper 440-Y.

Stopes, M. C. 1935. On the petrology of banded bituminous coal: Fuel. London. 14: 4–13.

Ting, F. T. C. 1982. Coal macerals. in Meyers, R. A. (ed.). Coal structure. Academic Press, Inc. 8–49.

Tissot, B. P., and D. H. Welte. 1984. Petroleum formation and occurrence. 2nd ed. Berlin: Springer-Verlag.

Trappe, J. 2001. A nomenclature system for granular phosphate rock according to depositional texture. Sed. Geology 145: 135–150.

Trendall, A. F. 1983. Introduction. in Trendall, A. F. and R. C. Morris (eds.). Iron-formation facts and problems: Developments in Precambrian Geology 6. Amsterdam: Elsevier. 1–12.

Trendall, A. F, and R.C. Morris (eds.). 1983. Iron-formation facts and problems: Developments in Precambrian Geology 6. Amsterdam: Elsevier.

Van Houten, F.B. 2000. Ironstone ooids and phosphorites—A comparison from a statigrapher' s view. in Glen, C.R., L. Prévôt-Lucas, and J. Lucas (eds.). Marine authigenesis: from global to microbial. SEPM Spec. Pub. 66. 127–132.

Walker, S. 2000. Major coalfields of the world. IEA Coal Research: The Clean Coal Centre, London. Fig. 1, 8; reproduced by permission.

Walther, J. V. 2005. Essentials of geochemistry. Boston: Jones and Bartlett Publishers. Ward, C. R. (ed.). 1984. Coal geology and coal technology. Melbourne, Australia: Blackwell.

Warren, J. K. 1989. Evaporite sedimentology. Englewood Cliffs, NJ: Prentice-Hall.

Warren, J. K. 1999. Evaporites: Their evolution and economics. Oxford: Blackwell Sciences Ltd.

Warren, J. K. 2006. Evaporites: Sediments, resources, and hydrocarbons: Berlin: Springer-Verlag.

Warren, J. K., and G. C. St.C. Kendall. 1985. Comparison of marine sabkhas (subaerial) and salina (subaqueous) evaporites: Modern and ancient. Am. Assoc. Petroleum Geologists Bull. 69: 843–858.

Weaver, M., and S. W. Wise, Jr. 1974. Opaline sediments of the southeastern coastal plain and Horizon A.: Biogenic origin. Science 184: 899–901.

Williams, L. A., G. A. Parks, and D. A. Crerar. 1985. Silica diagenesis, solubility controls. Jour. Sed. Petrology 55: 301–311.

Young, T. P. 1989. Phanerozoic ironstones: An introduction and review. in Young, T. P., and W. E. G. Taylor (eds.). Phanerozoic ironstones. Geol. Soc. London Spec. Pub. 46. ix–xxv.

# 第四部分　沉积环境

日落湾，美国俄勒冈州南部海岸

沉积岩的特征是由构成沉积旋回的各种物理、化学和生物过程的共同作用而产生的。风化、侵蚀、沉积物搬运、沉积和成岩作用都在某种程度上给最终的沉积岩产物留下了印记。沉积过程和沉积条件共同构成沉积环境，在决定沉积岩的结构、构造、层理特征和地层特征方面起着主要作用。沉积过程与岩石性质之间密切的成因关系为解释古代沉积环境提供了潜在的有力工具。环境和相之间相互联系的反应通常被称为过程和响应。

如果地质学家能够找到将特定的岩石属性与特定的沉积过程和条件联系起来的方法，他们就可以反过来推断出创造这些特定岩石属性的古代沉积过程和环境条件。

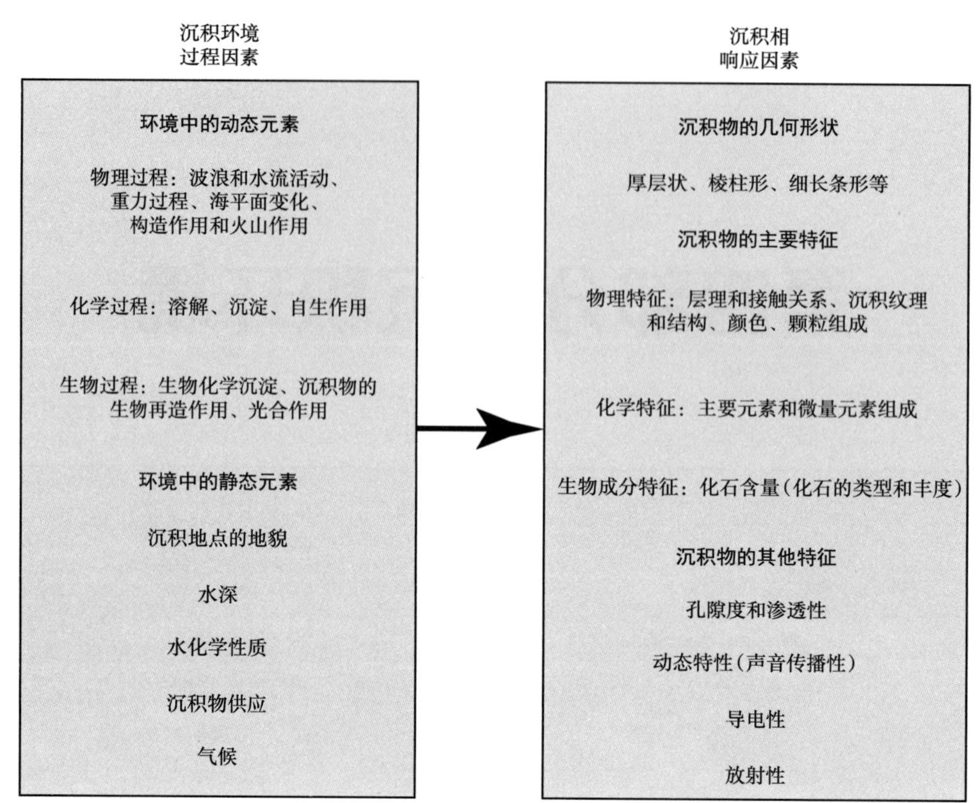


说明沉积环境与沉积相关系的过程—响应模型图

因此，环境分析包括识别具有环境意义的响应要素或特性。这些特性包括沉积结构和构造（反映沉积过程，如水流和颗粒悬浮沉降）、沉积相组合（如粒度向上变粗或变细的沉积相序列，表明环境条件的变化）和化石（这是古代海洋盐度、温度、水深、水体能量及浊度的有用指标）。这些性质可用于构建每个主要沉积环境的相模式（Walker 和 James，1992；Posamentier 和 Walker，2006）。相模式是对某一沉积体系特征的概括，这种总结模型可作为比较和解释目的的一种规范。它们提供了在特定环境中沉积的岩石性质的一种“心理图像”。很少有人有足够的野外经验，读过足够的著作和论文，或者有足够好的记忆在脑海中勾勒出每一个重要的沉积环境。尽管如此，我们可以借鉴许多地质学家的经验，通过他们发表的数据和思想来构建相模式，这些模型将为解释古代沉积环境提供参考框架。

随着时间的推移，沉积岩主要在三种沉积环境中沉积：陆地、海洋边缘（海陆之间的边界）和海洋。每个第一级沉积环境被划分为几个主要环境，这些环境又被划分为亚环境。第 8 章～第 11 章将讨论陆地、海洋边缘和海洋环境中的主要环境。虽然没有特别注明，但在这些章节中使用了各种相模式来总结在这些主要沉积环境中形成的主要沉积相的显著特征。

**古代沉积环境的简单分类表**

| 初级沉积环境 | 主要沉积环境 | 亚环境 |
| --- | --- | --- |
| 大陆 | 河流 | 冲积扇、辫状河、曲流河 |
| | 沙漠、湖泊、冰川 | |
| | 三角洲 | 三角洲平原、三角洲前缘、前三角洲 |
| 海洋边缘 | 海滩 / 障壁岛、海湾 / 潟湖、湖坪 | |
| | 浅海 | 大陆架、生物礁 |
| 海洋 | 深海 | 大陆斜坡、深海底 |

## 参 考 文 献


Posamentier，H. W.，and R. G. Walker，eds. 2006. Facies models revisited［electronic resource］. Tulsa，OK：Soc. for Sed. Geol.（SEPM）. Special Publication 84.［CD + booklet］.

Walker，R. G.，and N. P. James. 1992. Facies models：Response to sea level change. St. John’s，Newfoundland：Geol. Assn. of Canada.

# 8 大陆（陆地）环境

## 8.1 引言

本章分析大陆（陆地）沉积体系。地质学家识别出四种主要的大陆环境：河流、沙漠、湖泊和冰川。尽管在本书中被视为独立的沉积体系，但类似的沉积物可以在不止一种环境中生成。例如，风成（风蚀）沉积物既可以在沙漠环境中聚集，也可以在冰川环境的某些部分沉积。湖泊沉积物形成于任何环境的湖泊中，包括沙漠和冰川环境。河流沉积物主要沉积在潮湿地区的河流系统中，但也在沙漠地区和冰川环境中生成。

在大陆环境中沉积的主要是硅质碎屑沉积物，其特征是普遍缺乏化石，甚至完全没有海相化石。非硅质碎屑沉积物，如淡水石灰岩和蒸发岩，也出现在大陆环境中，但它们的分布明显少于硅质碎屑沉积物。总体而言，陆相沉积岩不如海相和边缘海相沉积岩丰富，但它们在某些地区的地质记录中仍占有重要地位。美国落基山脉—大平原地区的古近纪—新近纪河流沉积物、科罗拉多高原的侏罗纪风成砂岩、怀俄明州和科罗拉多州的古近纪—新近纪湖泊沉积物（绿河组），南非晚古生代冰川沉积和古冈瓦纳大陆的其他部分都是大陆沉积的例子。一些陆地沉积物还具有经济意义，它们可能含有大量的天然气和石油、煤炭、油页岩和铀。接下来依次研究每一种主要的大陆环境。

## 8.2 河流体系

河流沉积，也称为冲积沉积，包括河流、水流和相关重力流活动过程中产生的各种沉积物。目前，这种沉积物在各种气候条件下，以及从沙漠地区到潮湿和冰川地区的各种大陆环境中均可以出现。虽然冲积环境可以通过多种方式进行分类（Collinson，1996），并且可以识别河流系统的许多亚相环境，但大多数古代冲积沉积物可以划分为两大环境之一：冲积扇和河流。这些环境可能相互关联，相互重叠。

### 8.2.1 冲积扇

#### 8.2.1.1 定义和沉积环境

冲积扇是一种堆积物，其总体形状近似于一个圆锥体，并呈现出一个向上凸的横截面轮廓（图 8.1），并且许多冲积扇都形成在相当陡峭的沉积斜坡。冲积扇上的沉积物通常分选较差，包含大量砾石大小的碎屑。现代冲积扇在地势较高的地区尤其常见，通常位于山脉底部，那里有丰富的沉积物供应。在许多情况下，它们主要发育在断层崖形成的下坡。它们发生在植被稀疏的干旱或半干旱地区，在这些地区，沉积物运输很少发生，但在突发性暴雨期间沉积物运输非常剧烈；也可发生在降雨强烈的较潮湿地区。在干旱或半干旱环境中，冲积扇可能通过下坡进入具有内部排水的沙漠地面环境，包括干盐湖环境。在潮湿地区，它们可能与冲积平原或三角洲平原、海滩或潮滩叠置，甚至可能形成湖泊或海洋。形成常驻水体的扇体称为扇三角洲（第 9 章）。沿着山前地带，在相邻排水系统中发育的冲积扇可能横向合并，形成一个广阔的山前地带，称为山麓冲积平原。

图 8.1　加利福尼亚州死亡谷陡峭东壁峡谷口由泥石流主导的冲积扇鸟瞰图

根据沉积过程，冲积扇可分为泥石流主导扇和河川径流主导扇（图 8.2）。尽管现代冲积扇很常见，但冲积扇沉积的特征及将其与其他河流沉积区分开的特征仍存在争议。一些作者（Blair 和 McPherson，1994a）认为冲积扇是相对小规模的地貌，坡度较陡（1.5°~25°），主要由沉积物重力流（特别是泥石流）和高流态流体流动沉积。根据这一定义，许多原先被认为是冲积扇的河流沉积并不是真正的冲积扇，它们被称为分流河道系统或辫状三角洲（Miall，1996）。Stanistreet 和 McCarthy（1993）提出了更广泛的扇体分类，包括具有明确河道的大型扇体，如印度的巨大科西扇体和非洲博茨瓦纳的巨大奥卡万戈扇体（图 8.3），以及阿拉斯加州的亚纳扇体（图 8.4）。

#### 8.2.1.2　冲积扇上的沉积过程

当水流从山前的狭窄通道流入冲积扇时，它们会自由扩散，水可能会渗入冲积扇。因此，水动力降低，引起沉积。包括泥石流和泥流在内的沉积物重力流是干旱半—干旱地区和潮湿环境中许多扇体上的主要运输和沉积过程。泥石流沉积物（图 2.11）的特征是分选差，缺乏沉积构造，但其下部可能存在反粒序层理。它们可能包含各种大小的块体，包括巨砾，由于其基质中泥质含量高，它们通常是不渗透且无孔的。富碎屑泥石流和贫碎屑泥石流都可以区分。泥石流通常会“冻结”，并在相对较短的运输距离后停止流动。然而，据报道，一些泥石流的移动距离可达 24km（Sharp 和 Nobles，1953）。泥流与泥石流相似，但主要由砂粒大小和更细的沉积物组成。滑坡通常与泥石流有关，在许多情况下，滑坡沉积物是泥石流的沉积物来源。以泥石流为主的扇体表面较陡峭，植被很少（图 8.1）。

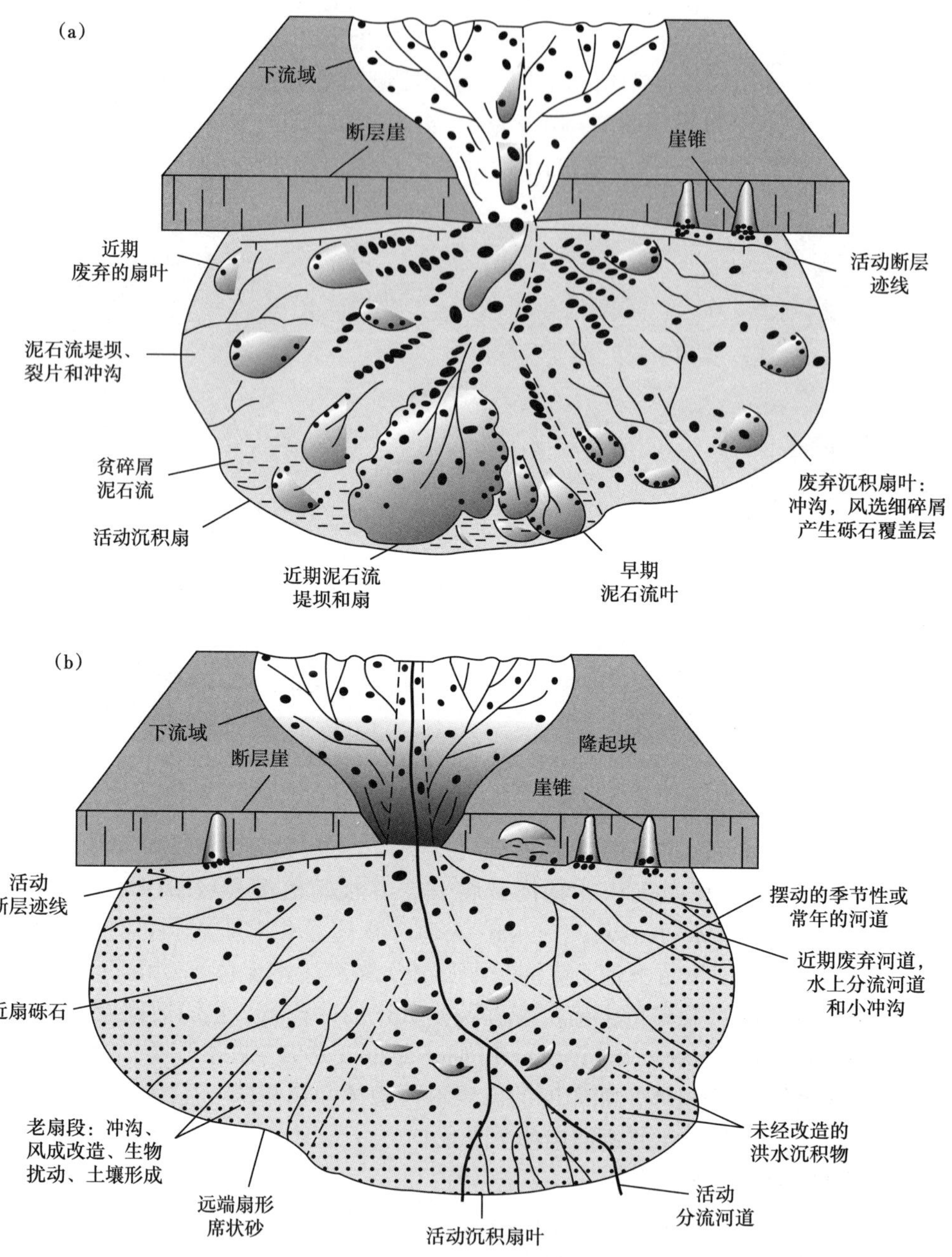


图 8.2 （a）泥石流和（b）活动正断层附近以河流为主的冲积扇沉积特征示意图
（据 Blair 和 McPherson，1994a，1994b）

所有类型的冲积扇上都发生河川径流（流体流动）过程，是径流型主导扇的主要输运机制。有两种类型的水流过程是有效的：漫流和切槽流（Blair 和 McPherson，1994b）。漫流是一种广泛的无约束、含砂径流，通常由地质性灾变产生。水流中的泥砂浓度通常约为 20%；含砂量在 20%~45% 之间的水流称为高含砂水流。切槽流通过 1~4m 高的切槽流入上部扇体。这些河道有助于沉积物重力流和河川径流向下移动。泥石流或溪流沉积后，可通过降雨或融雪、风成活动和动植物的生物扰动进行后续地表改造。

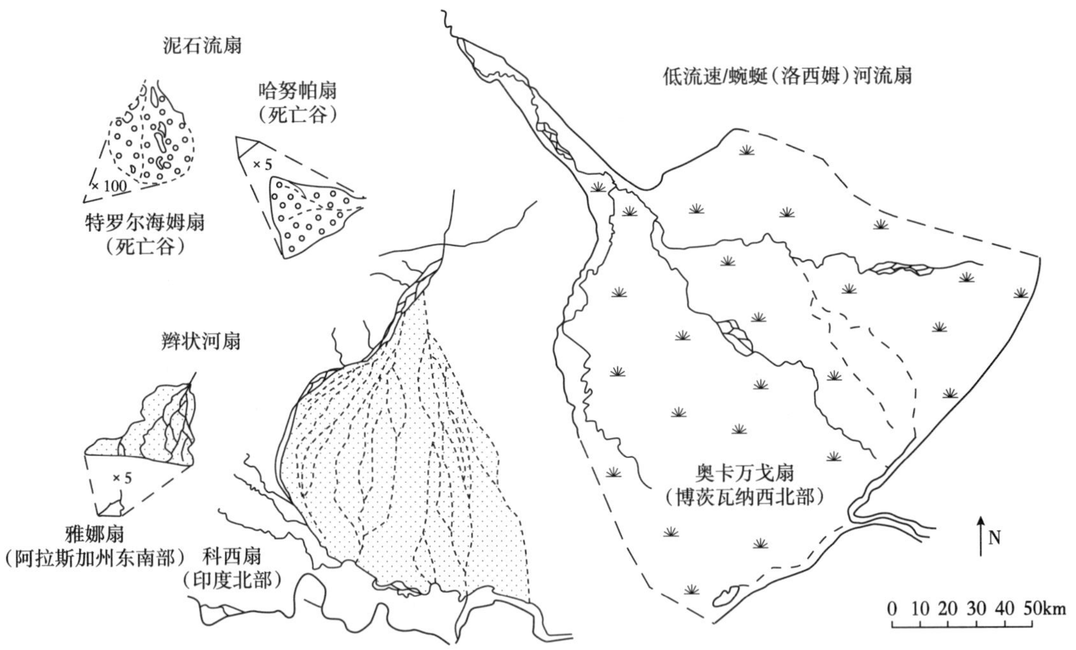


图 8.3 近期陆上冲积扇系统的示意图（据 Stanistreet 和 McCarthy，1993）

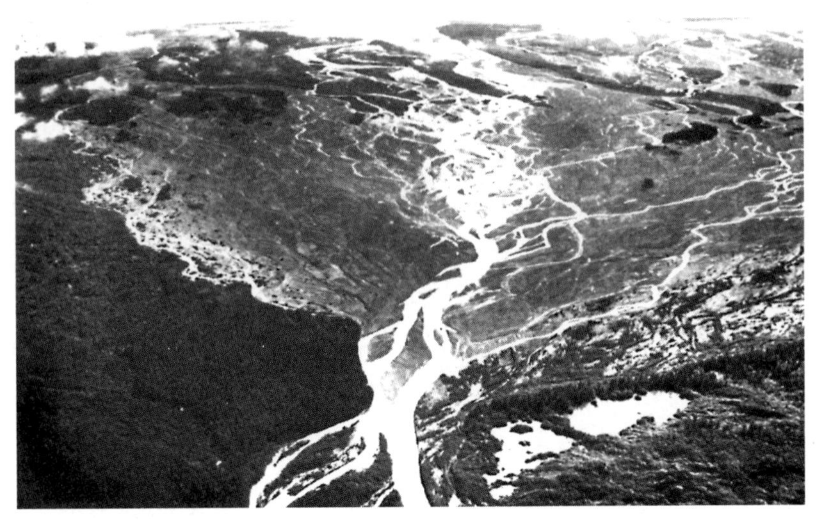

图 8.4 阿拉斯加州东南部丘加奇山脉的亚纳冰水扇鸟瞰图

#### 8.2.1.3 冲积扇的显著特征

冲积扇在平面上呈圆锥状至弧形，在冲积扇上有分支形的分流河道网络（图 8.1 和图 8.2）。从扇头到扇尾的长剖面通常向下凹，最大坡度出现在扇体顶部，并沿扇体向下减小。横向或横向扇体剖面通常向上凸出。冲积扇沉积物以砾质沉积为主，通常表现为下扇粒度和床层厚度减小，沉积物分选性增强。以碎屑流为主的扇体特征是分选不好的粗粒沉积物，通常含有泥质基质。河流沉积物由砾石、砂和粉砂组成，它们可能是中等分选的、交错层状的、层状的或几乎没有结构的。

Hooke（1967）提出，上部扇粗沉积物中的径流可能渗透到地下，并迅速沉积成一个砾质朵体的筛状沉积物。据推测，产生的高渗透性砾石沉积物允许水通过而不是越过沉积物，只保留了较粗的物质。筛状沉积（筛积）长期以来被认为是冲积扇的显著特征，但 Blair 和 McPherson（1994b）质疑筛积概念的有效性，他们认为大多数所谓的筛积实际上是泥石流沉积。Roger Hooke（2004）认为没有理由改变他对筛积概念的看法，并认为这个概念仍然是有效和有用的。

冲积扇中的许多单个层可能显示不出可预测的垂直粒度趋势，然而，其他的可能向上变得更细或更粗。总的来说，冲积扇沉积的特点是强烈发展的增厚和向上变粗的沉积序列，这是由活跃的扇体进积或外积引起的。尽管如此，一些扇体显示出变薄和变细的向上演替，这表明沉积过程或扇体退积（后退）相对不活跃（Nilsen，1982）。这些向上变细或变粗的序列的厚度可以是数百米甚至数千米。例如，加利福尼亚州南部达纳点附近的 San Onofre 角砾岩的中新世冲积扇沉积，以及挪威 Hornelen 盆地北缘的泥盆纪冲积扇沉积。冲积扇沉积物横向分为非冲积扇沉积物，如河流平原沉积物、风成沉积物或湖泊沉积物。

#### 8.2.1.4 古冲积扇沉积

冲积扇在前寒武纪和早古生代陆地植物出现之前可能特别重要，陆地植物可以提供足够的植被覆盖以抑制侵蚀，然而，根据许多其他时代的地层序列报告了冲积扇矿床，包括挪威 Hornelen 盆地的泥盆系、加拿大加斯佩半岛的泥盆系—石炭系、英格兰的石炭系—二叠系、马萨诸塞州的古近系—新近系 Toby 山砾岩和新墨西哥州的侏罗系 Todos Santos 组，以及世界其他国家和地区的古近系—新近系例子（Blair 和 McPherson，1994a）。另请参见 Harvey 等（2005）对众多古近系—新近系和第四纪冲积扇的讨论。

加拿大加斯佩半岛的 Cannes de Roche 组（石炭系）就是一个古生代的例子（Rust，1981）。该地层的沉积模式示意图如图 8.5 所示。地层下段被解释为冲积扇沉积，由红色粗角砾岩组成，夹杂着粉砂岩和泥岩。角砾岩碎屑主要为硅质石灰岩。这些粗角砾岩单元因分选不好和缺乏分层而被解释为泥石流沉积。下段和中段呈互层、水平分层和交叉分层的红色

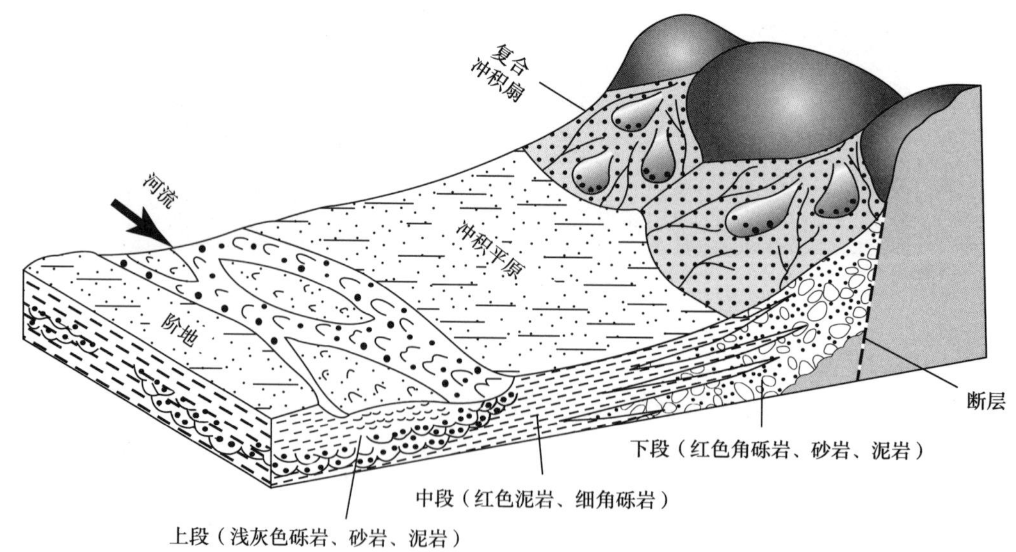


图 8.5 加拿大加斯佩半岛 Cannes de Roche 组（石炭系）冲积扇沉积模型（据 Rust，1981）

角砾岩、砂岩和泥岩被认为是由水流过程形成的。中段是较细的下扇，相当于下段较粗的近端沉积物。地层上段由圆形粗砾岩、砂质和泥质的浅灰色砾岩组成，其中含有丰富的植物碎片。该段被认为是附近河流的沉积物，该河流流经冲积平原。

### 8.2.2 河流体系

随着时间的推移，河流系统作为沉积物向湖泊和海洋的运输管道，比作为沉积场所更为重要。尽管如此，部分河流沉积物在特定条件下被保存下来，成为古代沉积记录的一部分。为了认识和理解古代河流系统的沉积物，研究现代河流的河道形状、泥砂运输过程和泥砂特征非常有用。

#### 8.2.2.1 河道形态

根据 Leeder（1999），河流的河道形态可以用河道偏离直线程度（弯曲度）、河道数量（单个或多个）、河道被大河床（沙坝）和心滩分割的程度来描述，河道围绕这些河滩分岔和会聚（交织），以及更持久的分布性河道被分割成固定的小河道（被洪泛区分开），每个河道都包含自己的河道和点沙坝（网状）。根据 Makaske（2001）的研究，一条网状河流由两条或两条以上相互连接的河道组成，这些河道包围着洪水流域。其中一些特征，如沙坝的大小和形状，随着河流水位的变化而变化。也就是说，它们在枯水期的表现可能不同于洪水期。

过去常是根据河道形态将河流分为三种主要类型：曲流河（单河道；图 8.6）、辫状河（多河道；图 8.7）和网状河（图 8.8）。一些地质学家现在认为，这种严格的分类过于简单，因为不同类别的河道类型并不相互排斥（例如，许多河流在不同河段表现出曲流河和网状河的组合），而且不同的参数用于定义不同的模式（Bridge，2003；Leeder，1999）。即便如此，地质学家仍继续使用这些名称来指代河流。

图 8.6　1949 年怀俄明州 Albany 县 Laramie 曲流河

图 8.7　阿拉斯加州东北部北极国家野生动物保护区 Kongakut 辫状河下游

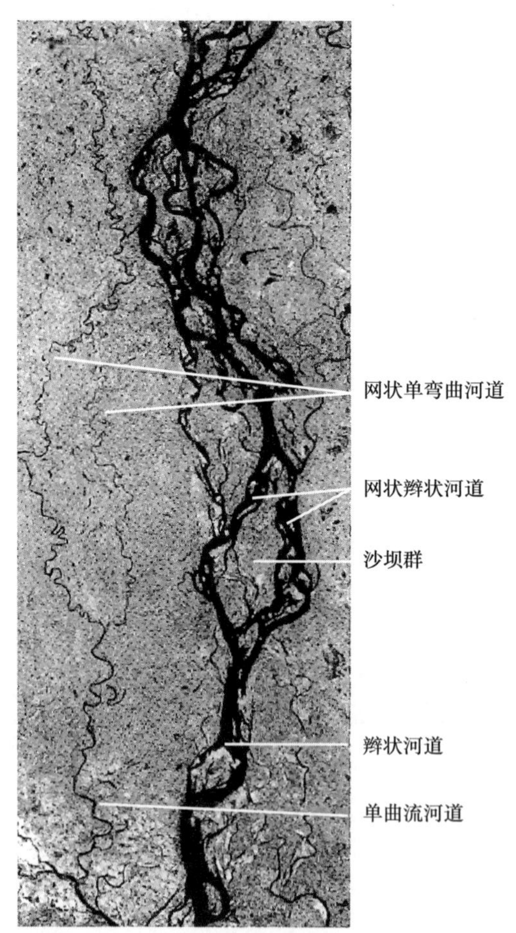


图 8.8　贾木纳河[❶]与恒河汇合处北部的陆地卫星照片，显示了网状河道、单河道和辫状河道模式（据 Bridge，1993）

❶ 发源于中国西藏西南部喜马拉雅山北麓的杰马央宗冰川，在中国境内称为雅鲁藏布江；流经印度改称布拉马普特拉河；进入孟加拉国以后称为贾木纳河，在其境内与恒河相汇，最后流入印度洋的孟加拉湾。

#### 8.2.2.2 不同形态的成因

已提出影响河道弯曲度和辫状结构的因素，包括河流流量的大小和可变性、河道坡度、泥砂粒径、河床粗糙度、泥砂量和种类（推移质与悬移质），以及河道两岸的稳定性。这些因素是复杂的、相互关联的，并且没有得到充分理解。曲流和网状的确切成因仍不清楚。

Bridge（2003）认为，冲积河流的几何形状主要是由流量和沉积过程控制的，这些过程在流量最大的季节洪水期间起作用。输砂粒度大小与河道坡度成正比。反过来，颗粒粒度影响河道粗糙度，河道粗糙度随着颗粒粒度和水动力的增大而增大。在给定的坡面和河床泥砂粒度下，或者在给定的水流量和河床泥砂粒度下，坡面增加，网状发育的程度明显增加。随着河床颗粒粒度的减小，在较低的斜坡和/或排出处出现辫状结构。流量变化也被认为促进了网状发育，但流量变化实际上可能不是一个关键因素。许多流量恒定的河流，沿水流方向也能表现出河道形态的变化。

对于低水动力单河道水流，河道弯曲度随宽度/深度增加而增加，但对于多河道河流，河道弯曲度随宽度/深度减小。对于具有给定流量和坡度的单河道河流，单河道河流的弯曲度也随着河床颗粒粒度的减小而增大。

也有人认为，相对于悬移质，输送大量（粗）推移质的河流往往与易侵蚀的砂或砾石河岸有关，这些河流具有较大的河道坡度和水动力。这类河流被认为是横向不稳定的，因此容易形成辫状结构。相比之下，大悬移荷载被认为是高曲度单河道河流的特征。据称，这类河流与稳定、内积的泥质河岸、较低的水流坡度和水流功率有关。这些概括性在许多情况下都不适用。例如，Bridge（2003）报告称，许多辫状河都是砂质和粉质的（例如，孟加拉国的贾木纳河、中国的黄河、内布拉斯加州的 Platte 河），许多单河道、蜿蜒的河流都是砂质和砾质的（蒙大拿州的 Madison 河、苏格兰的南 Esk 河、阿拉斯加州的 Yukon 河）。Bridge 还认为，只要洪水能够侵蚀河岸和输送泥砂，那些不易被侵蚀、被植被或早期胶结作用稳定的河岸可能不会对平衡河道格局产生重要影响。

#### 8.2.2.3 河流悬砂运输过程

1）河道运输

在坡度较高的河流近端河段，泥砂运输（和侵蚀）主要发生在河道内。河道弯曲处的下游水流导致水流螺旋式旋转，上面流向地表，下面流向河道。这些河道的特点是有沙坝。点沙坝（也称为侧沙坝）连接至河岸。弯道周围水动力导致弯道外部的侵蚀和沙坝上的沉积。螺旋流将被切割河岸侵蚀的沉积物沿底部穿过河流，并通过侧向堆积在点沙坝上沉积。由此产生的点沙坝沉积物具有交错层理和向上、向坝顶变细的特征（图 8.9）。在辫状河中，辫状河沙坝（也称为河道、中间坝、纵向坝和横向坝，以及沙坪）位于河道中部位置（图 8.7）。这些交织条可以被认为是双面点条。当水流围绕沙坝上游端分裂时，螺旋流会在沙坝两侧产生横向沉积。由于辫状河沙坝可以自由移动，与点沙坝相比，冲刷和随后的三角洲沉积发生在坝的下游端。因此，辫状河沙坝可以向下游移动。另外，一些辫状河沙坝保持稳定的时间足够长，可以被植被占据，从而形成岛屿。

2）漫滩沉积

漫滩是河流附近的狭长地带，通常在季节性洪水期间被淹没。漫滩可以沿辫状河和曲流河分布，它们在单河道河流中特别常见。当河流泛滥并漫过河岸时，细泥砂沉积在天然堤坝、相邻的洪水流域和牛轭湖上（图 8.9）。来自漫滩水域的沉积导致沉积物表面隆起，因此被称为垂向沉积，与发生在点沙坝上的侧向沉积形成对比。天然堤岸沉积物主要形成于紧挨着河道的弯曲河道的凹岸或陡峭的河岸一侧，这是由于水动力突然降低的结果，它们通常包含由薄泥层覆盖的水平层状细砂。洪泛平原沉积物是一种细粒沉积物，是由进入洪泛盆地的洪水带来的悬浮物沉淀下来的，洪泛盆地可能是一个广阔的、低起伏的平原、沼泽，甚至是一个浅湖。这些薄而细的沉积物通常含有大量的植物碎屑，并可能受到陆生生物或植物根的生物扰动。决口扇沉积物也可能发生在泛滥平原上，在那里上升的洪水冲破了天然堤坝（图 8.9）。由于含有粗粒推移质泥砂和悬浮泥砂的水突然流入平原，因此在决口后，牵引和悬浮泥砂的沉降会迅速发生，从而形成可能类似于浊积岩鲍马序列的级配沉积物（Walker 和 Cant，1979）。河流也可能会放弃河道，相对突然地移动到漫滩上的另一个位置，这个过程被称为河道冲裂。

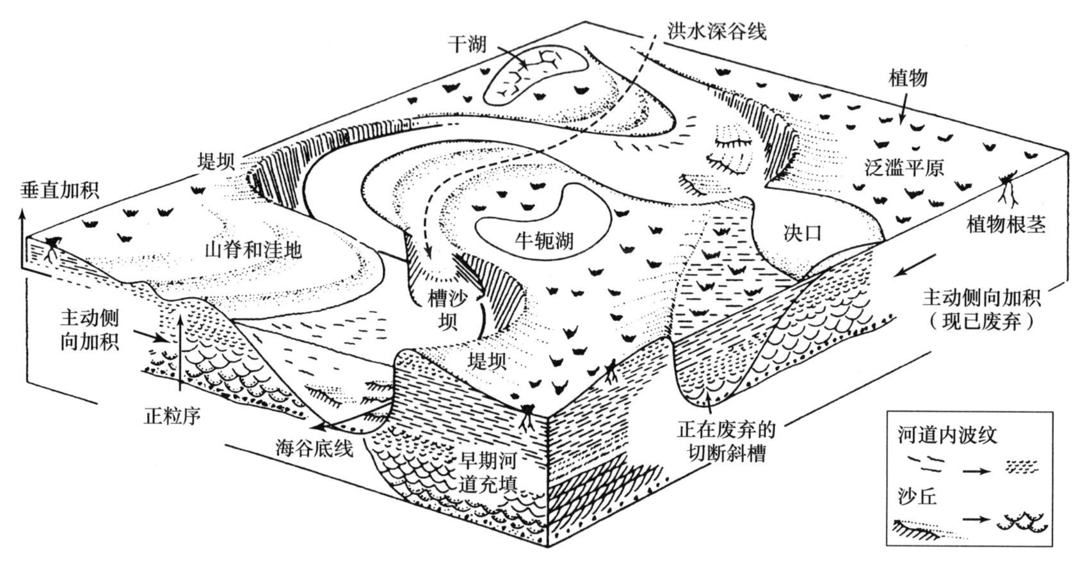


图 8.9　曲流河系统的形态要素（据 Walker 和 Cant，1984）

#### 8.2.2.4　河流沉积特征

从前面的讨论中可以清楚地看出，沉积物可以沉积在河流系统内的各种亚环境中：曲流河的点沙坝和河道，辫状河的辫状河沙坝，以及漫滩的天然堤坝、泛滥漫滩和牛轭湖。因此，很难概括河流沉积物的特征。然而，河流沉积物有一些共同的特性。大多数河流沉积物由砂和砾石组成，尽管淤泥可能常见于蜿蜒河流的漫滩沉积物中。一些辫状河道也可能在漫滩上的泥质沉积物中形成，泥质可能是以砂粒大小的颗粒运输的（Bridge，2003）。大多数河流沉积物的分选范围从中等到较差。由于沙坝上沉积物输送的螺旋性质，点沙坝和辫状河沙坝的沉积物通常显示出向上变细的粒度。曲流的迁移也会产生一个向上逐渐变细的序列，因为河道滞后沉积物被向上逐渐变细的点沙坝沉积物覆盖，反过来又被粉质和泥质漫滩沉积物覆盖。辫状河中多次发生河道迁移和沙坝迁移，导致沙坝沉积物垂直堆积，可能被薄泥层隔开（图 8.10a）。曲流迁移的多个阶段在曲流河沉积物中产生向上变细序列的垂向叠加（图 8.10b）。河流沉积物垂直剖面的其他示例见 Miall（1996）。

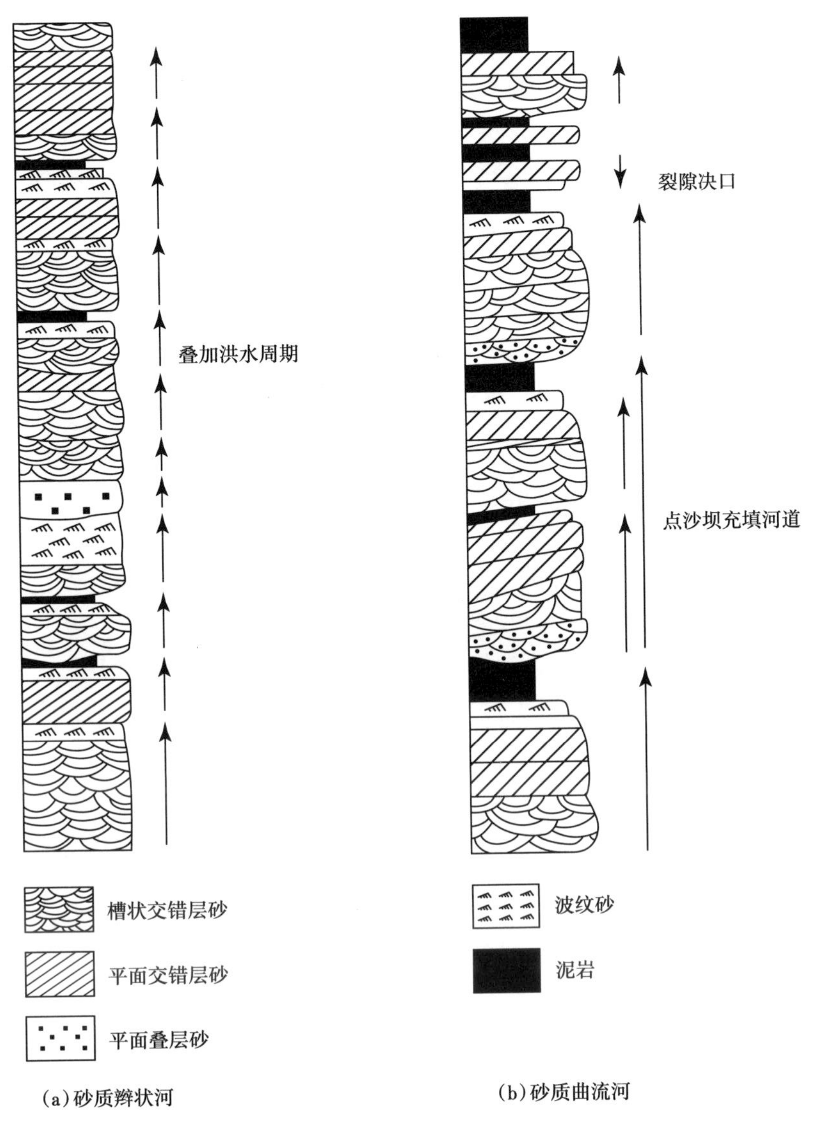


图 8.10　砂质辫状河和砂质曲流河沉积物的岩相和垂直剖面示例（据 Miall，1996）

河流沉积通常显示丰富的牵引构造，包括板状和槽状交错层理、高流态板状层理和波痕。沉积构造指向是单向的、下游的古水流方向，在曲流河沉积中比在辫状河沉积中变化更大。河流沉积物可能包含陆生动物的各种化石，以及动物和植物产生的遗迹化石（Bridge，2003）。

#### 8.2.2.5　河流体系结构

辫状河的横向迁移会形成水道和坝复合体的片状或楔形沉积物（Cant，1982）。横向迁移与沉积作用相结合，导致片状砂岩或砾岩沉积，这些砂岩或砾岩将非常薄、不坚固的页岩包裹在较粗的沉积物中。曲流河的迁移被限制在河流漫滩狭窄的砂质弯曲带内，产生了平行于河道的线性带状砂体。这些带状的砂体被粒度更细的漫滩沉积物包围。随着时间的推移，周期性的河流冲裂可能会产生新的河道，导致在一个主要河谷内形成多个线性砂体。

河流（冲积）结构（Allen，1978）一词指沉积盆地中各种类型冲积沉积物的三维几何形状、比例和空间分布，如图 8.11 和图 8.12 所示。河流结构涉及长时间、大规模的冲积侵蚀和沉积。三维河流结构的研究需要大量暴露地层（露头）或近距离沉积物岩心和地震数据（第 13 章），以及准确地测年。河流结构受构造、气候、基准面和河道类型的影响，这些因素控制着沉降速率、坡度变化、河道切割和沉积、河道迁移和冲裂等过程（Leeder，1993）。

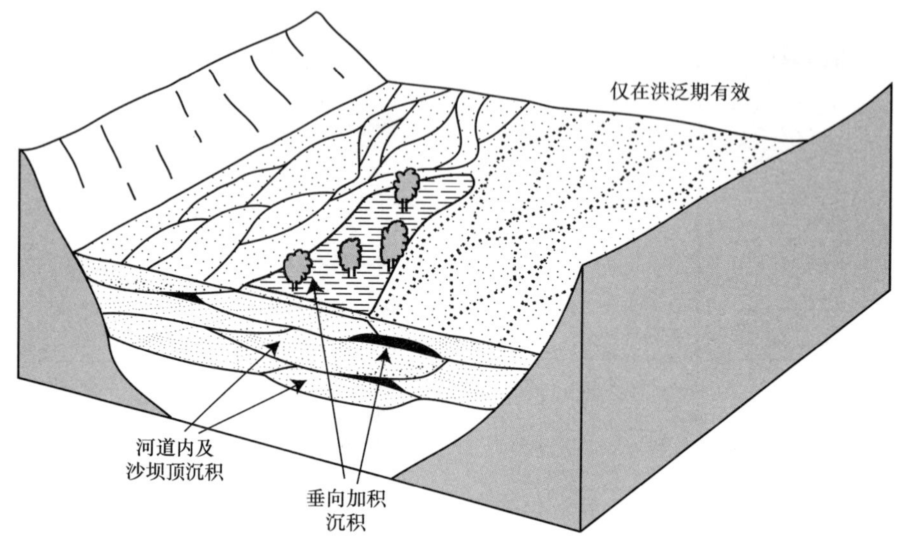


图 8.11　辫状河沉积的河流结构示意图（据 Walker 和 Cant，1984）

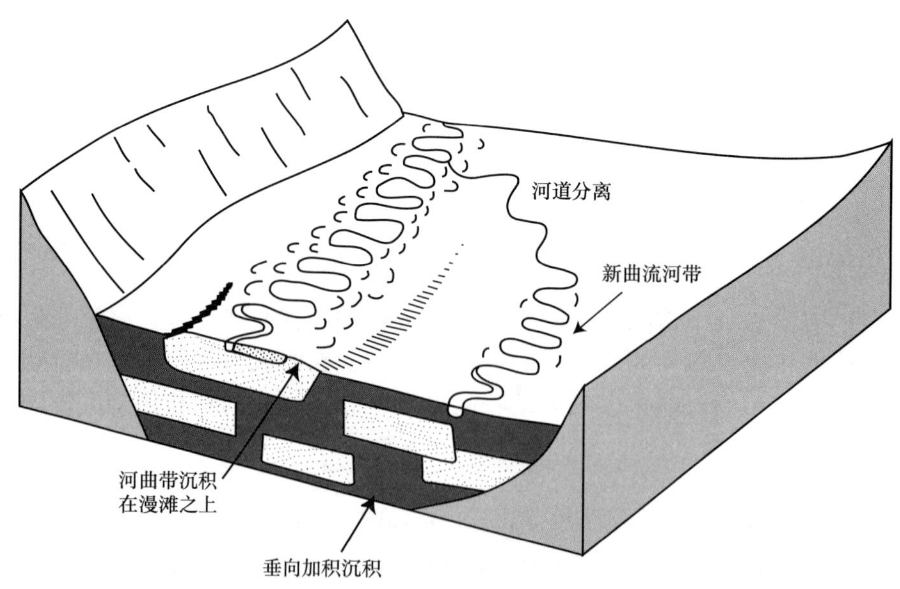


图 8.12　曲流河沉积的河流结构示意图（据 Walker 和 Cant，1984）

#### 8.2.2.6　古河流沉积物

文献中引用了许多古河流沉积的例子，其年代从前寒武纪到全新世不等，具体参见本章末尾的拓展阅读文献。这些已发表的研究讨论了广泛的河流沉积物，如曲流河、辫状河、决口扇、冲裂和漫滩沉积物，以及河流结构。西班牙东部伊比利亚山脉西南部的三叠系斑砂岩统河流相是古代河流系统的一个例子，该系统包括辫状河和曲流河沉积（López-Gómez 和 Arche，1993）。伊比利亚山脉的斑砂岩统由三个大陆性红层组成（图 8.13）。从整体上看，斑砂岩统显示出从粗粒砾岩辫状河沉积（Boniches 组）到被漫滩泥（Alcotas 组）包围的多层曲流河砂体，再到沉积在辫状河系统（Cañizar 组）中的多层砂层的渐变。河流系统向东南流经西班牙中部的不对称地堑（伊比利亚盆地）。

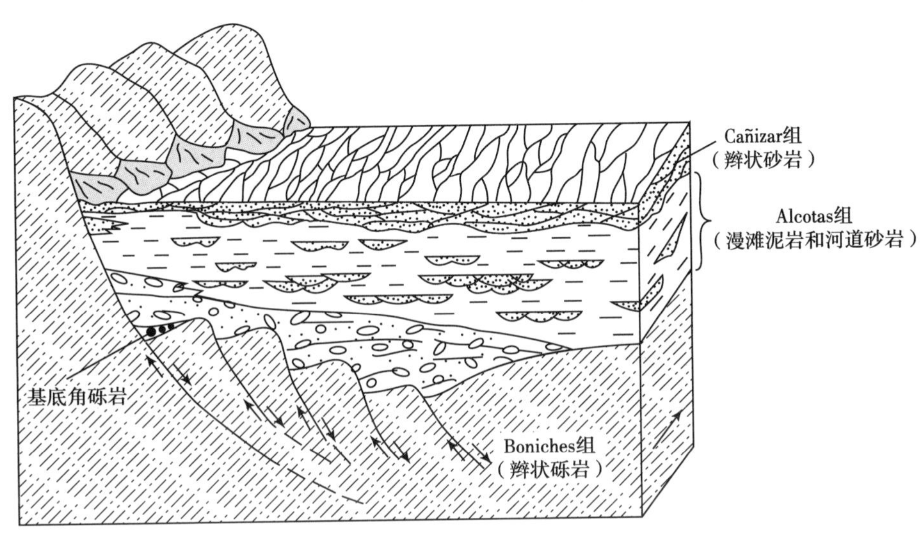


图 8.13　西班牙东部伊比利亚山脉东南部斑砂岩统河流相（三叠系）沉积模型示意图
（据 López-Gómez 和 Arche，1993）

## 8.3　风成沙漠体系

沙漠覆盖了当今世界的广大地区，尤其是在赤道以北和以南 10°~30° 的纬度带内，在那里，干燥、下降的空气团形成了向赤道方向移动的盛行风系统。沙漠也存在于大陆内部和大山脉的雨影中，在那里它们与海洋的湿气隔绝。今天，寒冷气候、受冰川影响的地区也存在有利于生成风成沉积物的条件（Mountney 和 Russell，2004）。沙漠是潜在蒸发率大大超过降水率的地区，它们覆盖了目前陆地表面积的 20%~25%。

由于其降雨量通常较低，通常小于 25cm/a，因此倾向于将沙漠视为以风活动为主、被沙子覆盖的极端干燥地区。实际上，沙漠中存在着各种亚环境，比如冲积扇；因偶尔下雨而断断续续流动的短暂溪流；短暂的盐湖，也被称为干盐湖或内陆盐沼；沙丘田，被沉积物、裸露岩石或风蚀岩层覆盖的沙丘间区域；沙漠边缘地区的风沙（黄土）堆积区。沙漠环境的大片区域的确可能被风吹或风蚀的沙子覆盖着，这些面积超过 125km$^2$ 的区域被称为沙海或沙漠（图 8.14），较小的区域称为沙丘。砂质沙漠和沙丘地覆盖了现代沙漠表面积的 20% 左右，或全球陆地表面积的 6% 左右。其余的沙漠地区被侵蚀的山脉、岩石地区和沙漠平原所覆盖。撒哈拉沙漠（700×10$^4$km$^2$）是世界上最大的沙漠，它包含多个呈带状分布的砂质沙漠，最大的地带覆盖面积达 50×10$^4$km$^2$。

图 8.14 非洲南部西海岸广阔的纳米布沙海的部分卫星雷达图像

### 8.3.1 沙漠的迁移和沉积过程

大多数沙漠的特点是季节性温度和风的极端波动。如上所述，降雨量很小，而且降雨区域非常分散，植被通常非常稀疏。当降雨来临时，由于缺乏植被，它们往往会造成山洪暴发。雨水通常流向沙漠盆地的中心，在那里，干盐湖或内陆盐沼可能会发育并成为碳酸盐和蒸发岩矿物的沉积地。由于周期性降雨会产生短暂的溪流或暴发山洪，并引发泥石流和泥流，因此它们是沙漠中泥砂运移的极其重要的因素。尽管如此，在大多数情况下，水在沙漠的泥砂输移中所起的作用相对较小。在大多数情况下，风是泥砂输移和沉积的主导因素。作为侵蚀源，风的作用远不如水，但它是松散沙和更细沉积物的极其有效的运输媒介。风不仅是沙漠中大量硅质碎屑岩运输的原因，也是冰川环境、河漫滩和许多沿海地区沉积物运输的原因，在这些地区，碳酸盐岩和硅质碎屑岩都可能向内陆运输。与沙漠地区的沙海相比，后一种环境中的风蚀沉积物非常小。风暴或沙尘暴也可能把泥和黏土带到远离其来源的地方，并将大部分中上层沉积物输送到深海盆地。

风输送泥砂的方式与水输送泥砂的方式大致相同，分为三类：牵引、跃移和悬浮。当风力上升到流体临界值时，以及当在静止表面上以高于临界值的速度吹过的风遇到松散、可移动颗粒沉积物的前缘时，便开始通过风进行颗粒运输。风的直接移动也可能在颗粒运输中发挥作用（Anderson，1991）。当那些最容易发生直接移动的颗粒与不太容易发生移动的颗粒碰撞（顺风）并受到干扰时，颗粒运动似乎会迅速连续传递。移动的速度取决于颗粒大小、形状、类型和填充情况。在分散的位置，几乎是随机的近层湍流导致气流中散布着低能喷射的颗粒。这些颗粒中的一部分以不同的速度顺风移动，在移动的过程中带动其他颗粒。因此，一次风暴往往会导致一系列位移的平移和分散。在经历临界风流的特定区域，许多这样的移动序列可能被叠加，以产生整体夹带和输送。

风能有效地将小于 0.05mm 的细泥砂从粗泥砂中分离出来，并将这些细泥砂以悬浮的方式长距离运输。除了在异常高的风速下，较粗的沉积物通过牵引和靠近地面的跃移而移动。跃移是一种特别重要的风力运输方式，由于跃移颗粒撞击河床的影响，有助于颗粒沿下坡塑流。风似乎对中细砂和更细沉积物的运输特别有效，但粗颗粒（最大 2mm 或稍大）也可能在高速风下通过滚动和表面塑流进行运输。风的输送和分选作用往往会产生三种沉积物：灰尘（粉砂）沉积物，有时被称为黄土，通常在远离源头的地方堆积；砂层，通常分选良好；滞后沉积物，由砾石大小的颗粒组成，这些颗粒太大，无法被风吹走，形成了风蚀层。

风的运输和沉积产生了许多与水的运输相同的底形和沉积结构，如沙波纹、沙丘和交错层理。在风的运输过程中形成底形从 0.01m 长、几毫米高的波纹到 500~600m 长、100m 高的沙丘不等。不太常见的是，被称为沙山的巨大底形也可能通过风的运输形成，其波长可能以千米（高达 5.5km）为单位，高度可能高达 400m（Wilson，1972；McKee，1982）。风沙底形的波长随风速的增大而增大，波高随粒径的增大而增大。在给定的粒度和风速条件下，沙波纹、沙丘和沙山可以共存。因此，沙丘存在于沙山的背面，而沙波纹则产生于沙丘的背面。

Bagnold（1954）关于风沙物理的研究仍然是风成沉积物运输和沉积领域的经典研究，最近工作人员仍在继续调查这一问题（Barndorff-Nielsen 和 Willets，1991；McEwan 和 Willets，1993；Gilette，1999）。一个有趣的研究趋势是使用计算机建模和模拟生成数据，这些数据可以与现场和风洞中的试验观测进行比较（McEwan 和 Willets，1993）。

### 8.3.2 现代沙漠沉积

风成沉积物在沙漠甚至海岸线环境中的各种小规模环境中积累，然而，主要的堆积区域是砂质沙漠（沙海）。砂质沙漠是在盛行风系统下形成的，主要是在干旱地区，那里有大量细泥砂。今天值得注意的砂质沙漠包括北非的撒哈拉沙漠和阿拉伯沙漠、非洲南部的纳米布沙漠（图 8.14）、北美西南部的莫哈韦沙漠和索诺兰沙漠，以及澳大利亚中部的澳大利亚沙漠。沉积物供应、可用性和风能在决定砂质沙漠地貌方面发挥着重要作用。沙海中的沙丘模式是促进不同形态沙丘形成风势的区域变化的产物，以及沙供应、可用性和流动性的时间变化的产物，这些变化导致沙丘形成的多个阶段（Lancaster，1999）。

沙漠的各种环境可分为三个主要亚环境：沙丘、丘间洼地和沙地（Ahlbrandt 和 Fryberger，1982；图 8.15）。沙丘环境主要是风运输和砂粒沉积的场所，砂粒以各种沙丘形式堆积，许多沙丘具有陡峭的滑动面或滑塌面。丘间洼地区域既可以接受风蚀沉积物，也可以接受由河流漫滩或干盐湖中的季节性河流运输和沉积的沉积物。沙丘周围存在席状砂环境。该环境的沉积物形成沙丘和丘间洼地沉积物与其他环境沉积物之间的过渡相。

#### 8.3.2.1 沙丘

许多类型的沙丘出现在现代沙漠的沙海和沙丘区，从没有滑动面的沙丘到有三个或更多滑动面的沙丘（图 8.16）。风成沙床的规模从小波纹到高达 100m 的横向和纵向沙丘，再到称为沙山的复杂沙丘，高度为 20~450m（图 8.17）。沙丘形态取决于砂粒的可用性、风力强度和风向的可变性（Lancaster，1999；Pye 和 Tsoar，1990）。

沙丘沉积物通常由结构成熟的砂粒组成，分选良好，磨圆良好，有时候会出现很大的纹理变化。它们通常也富含石英，尽管许多沿海沙丘沉积物含有高浓度的重矿物和不稳定的岩石碎片。一些热带地区的海岸沙丘可能主要由鲕粒、骨骼碎片或其他碳酸盐岩颗粒组成，由石膏构成的沙丘出现在一些沙漠地区，比如新墨西哥州的白沙。参见 Abegg 等（2001）对碳酸盐岩风成岩的进一步讨论。风成沙丘的显著特征是大型交错层理（图 8.20）。

还可能存在几种小规模内部结构，如水平纹层、波纹状纹层、前积交错纹层、爬升纹层、颗粒球纹层和砂流交错纹层（Hunter，1977）。沙丘的迁移产生了沙相的垂直序列，可能显示出许多这样的结构（图 8.15）。

由于不同风力条件下可能形成多种多样的沙丘类型，从风成交错层数据得出的局部古水流矢量可能从单峰到多峰不等。因此，古砂流数据可能显示出高度的分散性，从而使古代盛行沉积物运输方向的计算复杂化。在区域尺度上，据报道，风成古砂流模式在高压风系统周围影响数百英里。

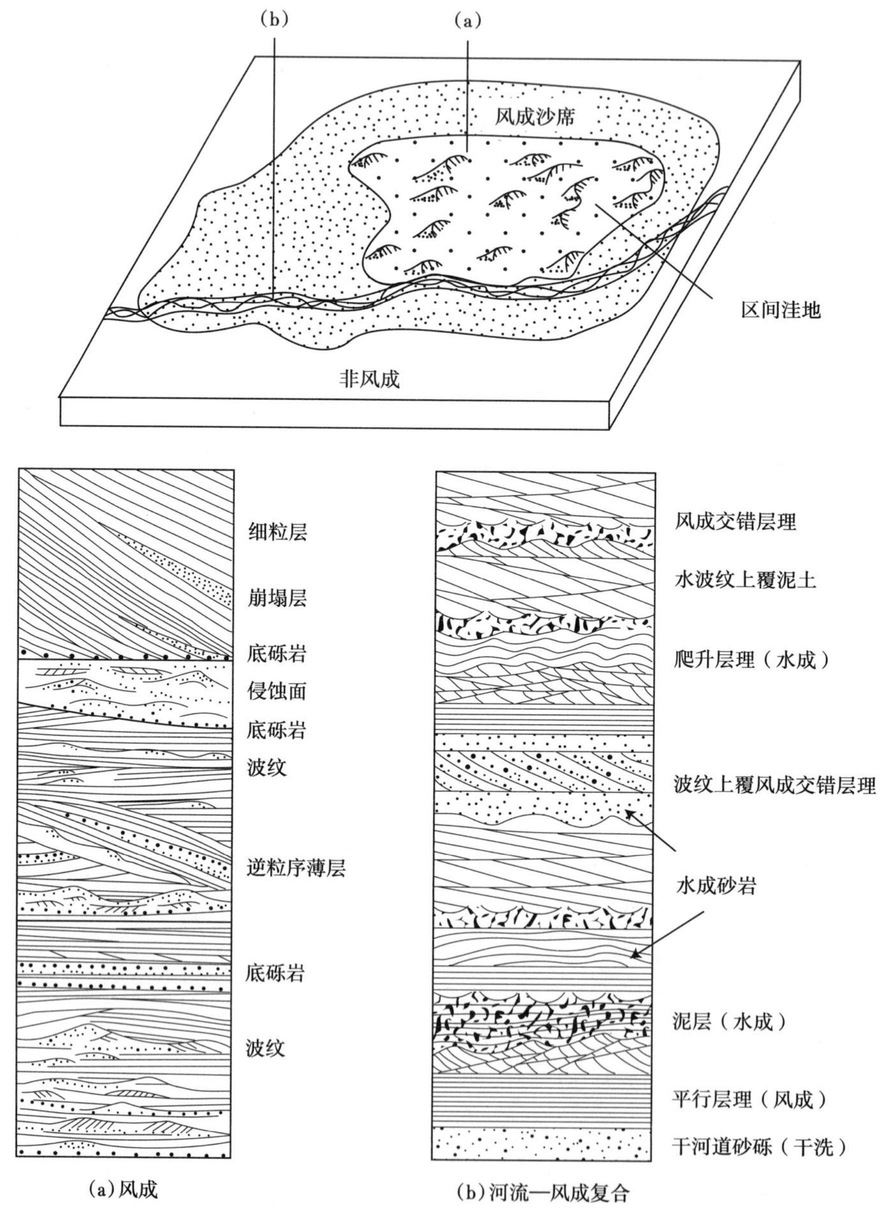


图 8.15 席状砂和风成沙丘砂的面积分布和地层关系。(a)显示了沙丘环境中沉积的风成序列中的交错层理和其他典型层理特征，包括侵蚀表面上的滞留砾石；(b)描绘了在风成沙席环境中形成的河流—风成沙序列（据 Fryberger 等，1979）

| 滑动面数量 | | | |
| --- | --- | --- | --- |
| 0 | 沙层（大型特征） | 沙阶（大型特征） | 穹顶沙丘 |
| 1个 | 角峰 风 新月形沙丘 | 新月形脊沙丘 | 横脊沙丘 |
| 1个或更多 | 植物 喷发沙丘 | 沙脊 抛物线形沙丘 | |
| 2个 | 逆风 反向沙丘 | 整年 前滑面残积 | 一年中有两个风向 对称脊 线形沙丘 |
| 3个或更多 | 星形沙丘 | 一年中有多个风向 | 基本风成形态<br>复合沙丘是指类似沙丘重叠的沙丘，例如，大沙丘上的小沙丘<br>复杂沙丘是指不同沙丘叠加在一起的沙丘，如线形沙丘顶部的星形沙丘 |

图 8.16　以滑动面数量为依据的基本风成沙丘形态分类（据 Ahlbrandt 和 Fryberger，1982）

图 8.17　纳米比亚（非洲西南部）纳米布沙漠西北部的部分星形沙丘沉积

#### 8.3.2.2 丘间洼地

丘间洼地位于沙丘之间，并以沙丘或其他风成沉积物（如沙席）为边界。丘间洼地可能是通缩（侵蚀）或沉积形成的。除了粗糙的、颗粒大小的滞后沉积物外，大多数通缩丘间洼地沉积的沉积物非常少，这些沉积物可能显示出波纹和反粒序。通缩丘间洼地作为一个不整合面保存在岩石记录中，覆盖着薄的、不连续的、筛过的滞后沉积物。丘间洼地的沉积物可包括水下或陆上沉积物，这具体取决于它们是沉积在湿丘间洼地、干丘间洼地还是蒸发丘间洼地（Ahlbrandt 和 Fryberger，1981）。尽管由于破坏分层的次级过程（主要是生物扰动），许多沉积物可能几乎没有结构。但所有丘间洼地沉积物都以低角度分层（小于 10°）为特征，因为它们是由沙丘迁移以外的过程形成的。

干燥的丘间洼地或偶尔湿润的丘间洼地最常见。干燥丘间洼地的沉积物是由与波纹相关的风运输过程、沙丘背风面风影中的颗粒球或相邻沙丘的沙流（沙崩）产生的。沉积物往往比较粗糙，呈双峰状，分选较差，具有缓倾斜、层压较差的层。它们通常也受到动植物的广泛生物干扰。

湿丘间洼地区域是湖泊或池塘的所在地，泥砂和黏土被半永久性的静止水体保留，而不是被放出和排出。这些沉积物可能含有淡水生物物种，如腹足类、皮足类、硅藻和介形类。它们也通常受到生物扰动，可能含有脊椎动物的脚印。由于沙丘沉积物的负载，一些湿丘间洼地沉积物变得扭曲。

蒸发岩丘间洼地或内陆盐沼，发生在浅层短暂湖泊干燥或潮湿表面蒸发导致碳酸盐矿物、石膏或硬石膏沉淀的地方。砂质沉积物中碳酸盐矿物或石膏的生长往往会破坏和改变主要沉积特征。泥裂、雨痕、蒸发岩层和假晶可能是这些沉积物的特征（Lancaster 和 Teller，1988）。

#### 8.3.2.3 席状砂

席状砂是通常围绕沙丘区域的平坦到轻微起伏的砂体。它们的典型特征是低至中度倾斜（0°~20°）地交错成层，并且可能在某些部分与季节性河流沉积物互层（图 8.15）。片状砂层也可能包含几米长的缓倾斜、弯曲或不规则侵蚀表面；昆虫和植物形成的大量生物扰动痕迹；小型侵蚀充填结构；由相邻颗粒球沉积形成的缓倾斜、层压不好的层；不连续的薄层粗砂夹细砂；偶尔出现高角度风成沉积物夹层。

### 8.3.3 风成体系类型

沙漠系统可以被描述为湿的、干的或稳定的（Kocurek 和 Havholm，1993；Kocurek，1996）。干燥系统是指地下水位及其毛管水上升边缘位于沉积表面以下深度的系统。因此，地下水位对地表和近地表沉积物没有稳定作用。沉积物表面的空气动力学结构或形状（例如沙丘形状）单独决定沉积物是沉积还是简单地在表面上移动（路过），或者之前沉积的沉积物是否发生侵蚀。在湿系统中，地下水位或其毛管水上升边缘位于沉积表面或附近。因此，沿基底的沉积、路过和侵蚀由基底的含水量及其空气动力类型控制。稳定系统是指植被、表面胶结或泥帘等因素发挥重要稳定作用，从而影响沉积表面行为的系统。撒哈拉沙漠等主要风成环境可能显示出这三种风成系统的完整范围（Kocurek，1996）。

风成沉积物被保存成地质记录的一部分的程度受到其聚集系统类型的强烈影响。沉积物堆积的垂直空间称为堆积空间。然而，只有位于侵蚀基线以下的沉积物才得以保存（保存空间）。该基线主要受沉降（由构造作用、荷载和压实作用引起）和地下水位位置的影响。并不是所有堆积在干燥风成系统中的沉积物都能保存下来。如果沉降使沉积物低于侵蚀基准面，地下水位通过干堆积上升，或发生多种因素的组合，则可能发生保存（Kocurek，1999；图 8.18）。在湿系统中，由于地下水位接近地表，堆积空间本质上也是保存空间。在一个稳定的系统中，一些保存可能发生在区域侵蚀基线之上。然而，随着沙丘迁移，沙丘床形本身（沙丘的形状）不会被保留下来。迁移沙丘留下的沉积记录主要是较低的前积。

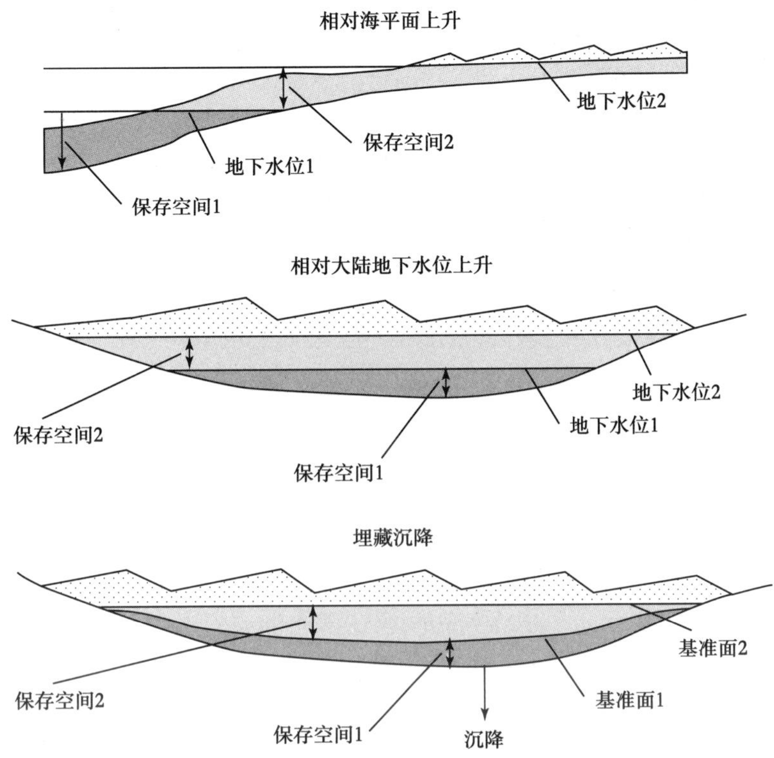


图 8.18　由于地下水位上升或随埋藏而下沉，风成堆积物保存的基本模式（据 Kucerek，1999）

## 8.3.4　古代沙漠沉积

### 8.3.4.1　纳瓦霍（Navajo）/ 纳古特（Nugget）砂岩

美国西南部的侏罗系纳瓦霍组是世界上最厚、分布最广、暴露最好的古风成沉积体系之一（Kocurek，2003）。纳瓦霍砂岩及其横向等效的纳古特砂岩厚度接近 700m，在五个州的部分地区延伸超过 265000km$^2$。纳瓦霍沙海的原始范围大约是目前露头的 2.5 倍（Marzolf，1988）。

过去有人认为纳瓦霍砂岩是海洋沉积物，但今天很少有地质学家怀疑它的风成成因。在岩石学方面，它由细到中等大小的石英颗粒组成，这些石英颗粒通常磨圆度较好。纳瓦霍组最显著的特征是发育巨大的板状交错层理，显示出广泛的前积（图 8.19）。前积体的倾角通常超过 20°，单个交叉层组的厚度范围为 1~35m。据报道，纳瓦霍组含有淡水无脊椎动物化石（介形类和甲壳类），恐龙和翼足类足迹，以及两足恐龙和早期哺乳动物的骨骼。据报道，现代湿沙丘的滑塌结构如扭曲层理也很常见。

图 8.19　犹他州锡安国家公园的纳瓦霍砂岩（侏罗系）

如前所述，由于地下水位上升、盆地沉降或两者兼而有之，沙丘迁移穿过沙漠期间沉积的沉积物可能会部分保留下来，通常是前积的下部。随后，穿过沉降盆地的连续迁移导致风成岩相垂直叠加，由沙丘间边界面和超表面分隔。在沙丘的边缘，风成和其他（如河流或海洋）环境之间的边界可能会来回移动，形成一系列垂直相，其中风成和非风成沉积物互层。例如，图 8.15 显示了风成序列和间风期河流形成的序列。

纳瓦霍砂岩为这一原理提供了一个真实的例子，如亚利桑那州东北部纳瓦霍的丘间洼地风成沉积和卡耶塔组的河流沉积（图 8.20）。图 8.20 显示了三期河流—风成向上干燥的循环序列，每个循环代表纳瓦霍砂质沙漠穿过卡耶塔冲积平原前积层，可能是对日益干旱的气候的响应。返回到更湿润的条件终止了砂质沙漠的推进，从而使卡耶塔的河流沉积物依次在侵蚀性纳瓦霍表面推进。因此，在该序列中，具有交错层理的纳瓦霍风成沙丘沉积物和丘间洼地泛滥沉积物与卡耶塔组的漫滩和其他河流沉积物垂直互层。

#### 8.3.4.2　其他古代沙漠沉积物

年代早于前寒武纪的被解释为风蚀沉积的古砂岩，在世界许多地方的沉积序列中都有记录。美国西部内陆晚古生代和中生代的风成记录是研究得最广泛和最深入的记录之一（Blakey 等，1988）。除上述纳瓦霍砂岩外，从蒙大拿州到亚利桑那州的风成岩矿床分布广泛，包括宾夕法尼亚亚系（如 Weber 组和 Tensleep 组）、二叠系（如 Cedar Mesa 组和 Coconino 组）、三叠系（如 Jelm 组和 Wingate 组）和侏罗系（Entrada 组）。这一令人印象深刻的风成体系由厚而广泛的组合组成，代表了不同类型沙丘和风成复合体的沉积，以及风成、河流、海洋和湖泊环境之间的相互作用。

来自其他大陆的例子包括：欧洲西北部的二叠系罗特列根砂岩、巴西巴拉那盆地的侏罗系—白垩系博图卡图组、英国的下二叠统邦特砂岩、苏格兰的二叠系—三叠系霍普曼砂岩、苏格兰的二叠系科里砂岩、印度和非洲西北部的元古宇（前寒武系）。对罗特列根体系的研究尤其深入（Glennie，1986），其在一系列断陷盆地中以风成、河流、湖泊、干盐湖（蒸发岩）沉积成互层的形式聚集，再次说明了风成体系与非风成体系之间复杂的相互作用。其他古代风成沉积物的例子可以在本章末尾的拓展阅读文献中找到。

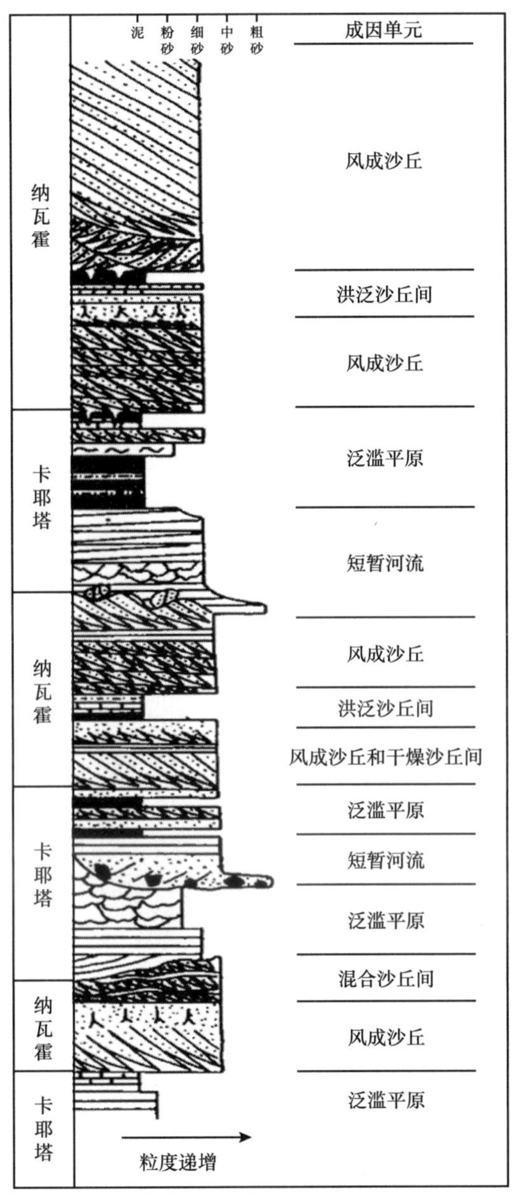


图 8.20　亚利桑那州东北部具有代表性交错相变的侏罗系风成沉积（纳瓦霍）和河流相（卡耶塔），总厚度约为 100m。注意三个主要的断流期，指示纳瓦霍沙漠的前进和后退（据 Herries，1993）

## 8.4　湖泊体系

湖泊占地球表面积的 1%~2%。由于世界各大洲目前的出露状态高于显生宙大部分时期的典型出露状态，因此湖泊沉积在今天比过去大部分地质时期更为普遍。事实上，尽管古湖泊沉积物在前寒武系到全新统的地层序列中均有发育，但它们在总体地层记录中的重要性似乎很小。尽管在地质记录中并不丰富，但湖泊沉积物仍然很重要。湖泊的化学条件对气候条件敏感，使湖泊沉积物成为过去气候的有用指标。例如，几项研究表明，可以根据湖泊沉积物的化学成分和矿物学组成来解读古代干湿气候。此外，一些湖泊沉积物中含有大量的油页岩、蒸发岩矿物、煤、铀或铁。许多湖泊沉积物还含有丰富的细粒有机物，这些有机物在埋藏后可能作为石油的来源（Katz，1990）。

### 8.4.1 湖泊的起源和规模

湖成盆地或洼地可以通过多种机制形成，包括断层和裂谷等构造运动。此外，还包括冰川过程，如冰冲刷、冰筑坝和冰碛筑坝；滑坡或其他大规模运动；火山活动，如熔岩筑坝或火山口爆炸和坍塌；风蚀造成的通缩或风沙筑坝；河流活动，如牛轭湖和堤坝湖的形成。许多现有湖泊似乎直接或间接起源于冰川作用（Picard 和 High，1981），因此可能不是主要由构造作用形成的古代湖泊的典型。另外，一些大型现代湖泊也是由构造作用（例如东非裂谷系的坦噶尼喀湖、西伯利亚贝加尔裂谷系的贝加尔湖）和火山作用（例如俄勒冈州的火山口湖）形成的。如今按表面积计算的 25 个最大湖泊中，有 10 个来自冰川，7 个位于克拉通洼地，4 个位于裂谷（Smith，1990）。

现代湖泊的面积从几十平方米到数万平方千米不等。最大的现代湖泊是里海的内陆咸水湖，其表面积为 436000km$^2$（Van der Leeden，1975）。其他面积在 $5\times10^4$~$10\times10^4$km$^2$ 之间的大型湖泊包括北美的苏必利尔湖、休伦湖和密歇根湖；位于非洲中东部乌干达和肯尼亚之间的维多利亚湖；里海以东的咸海。现代湖泊的水深范围从小型的几米到世界最深湖泊西伯利亚贝加尔湖的 1700m。水深和表面积不一定相关，因此，一些最大的湖泊深度非常浅，反之亦然。例如，维多利亚湖的表面积为 68000km$^2$，但最大深度仅为 79m，而俄勒冈州火山口湖（图 8.21）的表面积约为 52km$^2$，最大深度约为 580m。

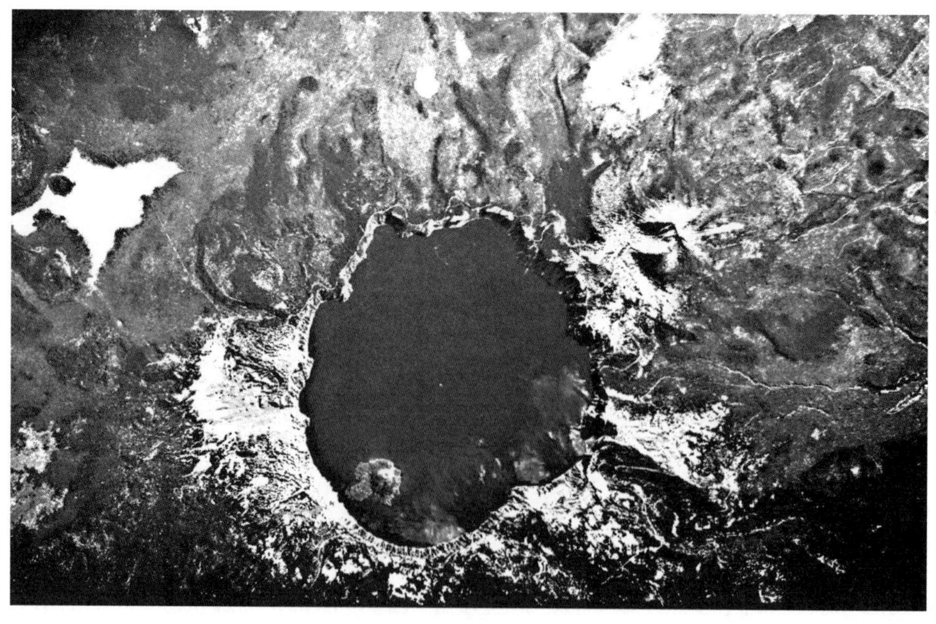

图 8.21　美国俄勒冈州火山口湖为休眠火山中的封闭湖泊

保存下来的湖泊沉积物表明，古代湖泊的大小从小型池塘到超过 $10km^2$ 的大型水体不等。已知的三个最大的古湖泊是怀俄明州和犹他州的晚三叠世波波阿吉湖，根据保存的沉积物记录，其最小面积为 $13\times10^4km^2$（Picard 和 High，1981）；科罗拉多高原东部的侏罗纪 T'oo'dichi'湖，面积为 $15\times10^4km^2$（Turner 和 Fishman，1991）；始新世绿河流域，面积约 $10\times10^4km^2$（Eugster 和 Hardie，1978）。根据 Bohacs 等（2003）的说法，南大西洋和中国东部白垩系和中国西部二叠系中的古湖泊地层延伸至 $30\times10^4km^2$。据报道，保存下来的古湖泊沉积物厚度从小于 20m 到高达 9000m 不等（例如，加利福尼亚州上新世脊盆地群；Link 和 Osborne，1978）。湖泊大小和特征是四个主要变量的复杂函数：盆地底部深度、底床高度、供水和沉积物供应（Bohacs 等，2003）。

### 8.4.2 湖泊环境和主要湖泊类型

现代湖泊存在于各种环境中，包括冰川化内陆平原和山谷、非冰川化内陆平原和山区、沙漠和沿海平原。它们存在于一系列气候条件下，从极热到极冷，从高度干旱到非常潮湿。大多数湖泊都充满了淡水，但其他湖泊，如里海和干旱地区的许多湖泊（如犹他州的大盐湖）的含盐量很高。许多湖泊与其他类型的沉积体系有关，尤其是冰川、河流、风成和三角洲体系。湖泊中发生的沉积过程既受气候条件的影响，也受各种物理、化学和生物因素的影响，这些因素包括其水域的化学成分、海岸线的波动和硅质碎屑沉积物的供应。湖泊沉积环境的某些属性与海洋环境相似，然而在盆地大小、水化学、物理过程（例如，湖泊中没有潮汐）和生物过程（Gierlowski-Kordesch 等，1994b）等因素方面存在重大差异。

开放湖泊是指有流出水和相对稳定（固定）的海岸线的湖泊，其中流入和降水通过流出和蒸发大致平衡。硅质碎屑沉积通常在开阔湖泊中占主导地位，但化学沉积可能发生在碎屑沉积物供应量较少的开放湖泊中。海岸线起伏，封闭湖泊没有大流量流出；蒸发和渗透通常会超过流入量。这些条件导致湖水中离子浓度升高，化学沉积占主导地位，尽管硅质碎屑沉积物也可能累积。

### 8.4.3 湖泊沉积的控制因素

湖泊沉积物的种类是物理、化学和生物过程之间复杂平衡的结果（图 8.22）。气候因素以多种方式影响湖泊沉积。例如，湖泊的全球分布反映了全球气候模式。湖泊的水位是通过蒸发和降水之间的平衡来维持的。气候可以决定一个湖泊是被填满溢出（开放）还是作为一个内部流域（封闭）。湖泊中的化学沉积强烈反映了气候条件。例如，干旱地区湖泊中的化学沉积主要是石膏、石盐和其他各种盐的沉淀；但在潮湿气候中，化学沉积主要是碳酸盐沉积。湖泊沉积物输入受湖泊流域植被覆盖的影响，在植被覆盖较低的干旱地区，沉积物输入量最大。在寒冷的气候条件下，季节性温度下降会导致湖泊冻结，导致沉积物输入减少，波浪活动停止，在这些静水条件下允许细粒悬浮沉积物沉积。气候和湖泊的地形也反映了当地湖面上的天气。带有强风的局部严重风暴会在短时间内造成相当大的海岸侵蚀，并伴随泥砂运输和沉积。

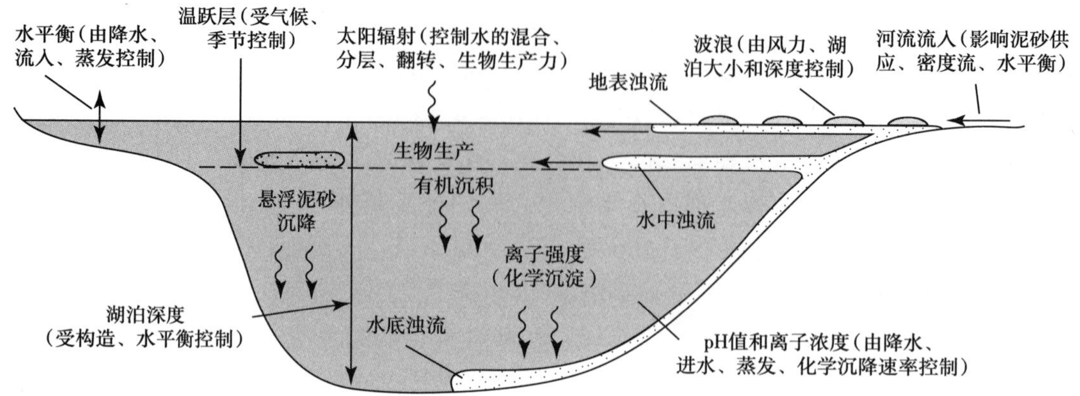


图 8.22　湖泊中的沉积过程，涉及河流的碎屑输入、波浪和波浪产生的水流对碎屑的离岸和沿岸重新分布、作为浑浊的水流输送细碎屑、浊流对细碎屑和粗碎屑的下坡运动，以及生物和化学沉积物的原位产生之间的平衡。温跃层是指温暖、低密度的地表水和较冷、高密度的深水之间的边界

#### 8.4.3.1　物理过程

湖泊中相互作用导致沉积物运输和沉积的物理过程包括风、河流流入和大气加热。风的过程非常重要，因为风会产生波浪和洋流。河流流入可能会产生细泥砂羽流，这些细泥砂羽流在地表水中延伸至湖泊（图 8.22），也可能会产生密度底流或浊流，将泥砂沿底部带向盆地中心。河流流入也会产生沿着湖泊边缘流动的水流。其他水流可能是由沿着湖底流向湖泊排放点的水流产生的。大气加热是气候的一种功能，是造成湖水密度差异的原因。这些差异一方面会导致水分层（地表水加热），或者在某些情况下，会产生密度流（通过冷却地表水），从而产生混合和湖泊倾覆；另一方面可能会导致湖面水交替冻结和融化，从而影响湖内的沉积物运输。

因此，湖泊中存在各种泥砂输移和沉积机制。由于波浪和水流活动，悬浮在水体中的细颗粒沉降，或含沙水流排入湖泊时产生的浊流，可能会导致硅质碎屑沉积物沉积在湖泊较平静、较深的部分。由于风力产生的牵引流或沿湖边偏转的河流流入流，也可能沿湖泊的滨岸带发生沉积。湖泊沉积过程的一种类型：纹泥似乎是寒冷气候湖泊的一个特色特征，即形成非常薄的浅色和深色交替沉积层。较厚、浅色、粗粒度的纹层在夏季条件下通过细泥砂的快速悬浮沉降而累积。冬季湖泊结冰时，悬浮液缓慢沉降，形成更薄、更细粒度、富含有机物的深色薄层。

#### 8.4.3.2　化学过程

化学成因的沉积物在封闭湖泊中尤其常见。湖水的化学成分因湖而异，但主要是钙、镁、钠、钾、碳酸盐、硫酸盐和氯离子。因此，潮湿地区湖泊中最常见的化学沉积物是碳酸盐，尽管有些湖泊中存在磷酸盐、硫化物、燧石及铁和锰氧化物。在蒸发率高的干旱地区，化学湖沉积物主要由碳酸盐、硫酸盐和氯化物组成。湖泊的蒸发岩矿床包括许多常见的海洋蒸发岩矿物，如石膏、硬石膏、石盐和钾盐，但也包括几种在海洋蒸发岩中不常见的矿物，如天然碱、硼砂、泻利盐和白钠镁矾。湖水的 pH 值通常在 6~9 之间，然而，在一些火山湖中，它的范围从小于 2（强酸性）到在一些封闭的沙漠湖泊中高达 12（强碱性）。虽然化学沉积过程在封闭湖泊中最为重要，但在一些碎屑沉积物供应量较低的开放湖泊中，化学沉积过程也可能占主导地位。

#### 8.4.3.3 生物过程

生物体在湖泊沉积中发挥着重要作用；通过从湖水中提取化学元素来生成贝壳，并随后沉积；在光合作用过程中提取二氧化碳（从而帮助 $CaCO_3$ 沉淀）；使植物遗骸形成植物沉积物；沉积物的生物扰动，许多种类的生物生活在湖泊中，并将其骨骼和非骨骼遗骸贡献给湖泊沉积物。分布广泛的硅藻值得注意。硅藻进行光合作用，是湖泊中唯一重要的硅质生物。它们的残骸在许多更新世湖泊中形成了重要的硅藻土矿床（Moyle 和 Dolley，2003）。斧足类、腹足类、钙质藻类和介形类也大量存在于许多湖泊中，是碳酸钙沉积物的重要贡献者。蓝绿藻（蓝细菌）进行光合作用，并捕获细沉积物形成叠层石。湖泊中生活着许多不同种类的高等植物。在某些湖泊中存在的还原条件和高沉积速率下，高等植物的残骸可能会部分保存下来，最终形成泥炭和煤。考虑到许多湖泊的面积较小，而且与公海相比，它们的碱度和缓冲能力通常较低，植物在光合作用过程中吸收二氧化碳是控制湖泊 pH 值的一个比海洋重要得多的因素。因此，光合作用去除二氧化碳引起的 pH 值升高可能是促进湖泊碳酸盐沉积的主要控制因素。最后，如斧足类、淡水虾和蠕虫等生物可能会挖洞和再加工湖泊沉积物，破坏层理和其他原生沉积结构。

### 8.4.4 湖泊沉积特征

Bohacs 等（2000）提出，根据填充特征，湖泊可分为三种类型：过度填充、平衡填充和欠填充。过度填充湖盆具有持续开放的水文条件、淡水湖化学特征、进积海岸线结构和常见的河流沉积夹层。当沉积物和水的供给率持续超过可容纳空间（沉积物可积聚的可用空间）时，就会发生这种情况。平衡充填湖盆具有间歇性开放的水文条件、波动的湖水化学特征、热和化学分层、混合的进积和加积结构，以及不同的碎屑和碳酸盐地层互层。这种湖盆类型发生在沉积速率加上供水和可容纳空间大致平衡的情况下。欠填充湖盆具有持续封闭的水文条件、特征性的化学分层、湖水的高溶质含量、广泛的干燥特征、高度对比的岩性、与蒸发岩沉积物的共同联系及加积海岸线结构。这种盆地类型发生在可容纳量持续超过可用水和沉积物供应量的情况下，从而形成封闭的盆地，其中有短暂的湖泊，散布着海滩或盐池，或两者兼而有之。

大多数开放湖泊的沉积物以硅质碎屑沉积物为主，主要来自河流，但可能包括风蚀、冰碛和火山碎屑。这些沉积物大多沉积在湖岸，尤其是在河口附近。砾石沉积物可能存在于延伸至湖边或湖中的冲积扇或扇三角洲的湖岸中。同样，泥砂主要沿着湖岸堆积在三角洲、海滩、沙嘴或沙坝中。泥砂也可能被浊流带入湖中（图 8.22），然而，湖的较深部分尤其以细粉砂和黏土的存在为特征。一些泥质沉积物通过地表溢流被运输到更深的水域。在密度分层的湖泊中，泥质沉积物也可能以浊流的形式在寒冷、密度更高的湖水上方携带。这种浊流中较粗的颗粒沉降得相当快，并以淤泥层的形式积聚。更细的颗粒沉降更慢，形成黏土层。因此，开阔湖泊的硅质碎屑沉积物可能由三角洲砂和泥（可能还有冲积扇砾石）、浊积砂和粉砂及均质层状泥组成。

在碎屑沉积物供应量较低的开放湖泊中，化学和生物化学过程占主导地位，导致化学沉积物大量沉积。主要的无机碳酸盐沉淀（由植物光合作用造成的二氧化碳损失或水温升高或水团混合引起）和碳酸钙或硅化生物产生的贝壳是沉积的主要原因。湖泊沉积物中主要的无脊椎动物包括双壳类、介形类、腹足类、硅藻、轮藻和其他藻类。化学湖沉积物主要由碳酸盐砂和碳酸盐泥（不太常见的硅藻沉积物）组成。蓝绿藻产生的叠层石在一些湖泊沉积物中也很常见。可能存在不同数量的非碳酸盐有机物和一些硅质碎屑沉积物。湖泊边缘附近的浅水中通常有丰富的植物，在湖泊填充的后期，植物沉积物可能变得很重要。碳酸盐沉积物可能沿湖边与硅质碎屑三角洲或冲积沉积物相交。图 8.23 显示了具有低硅质碎屑沉积物输入量的开放湖泊中的典型相。

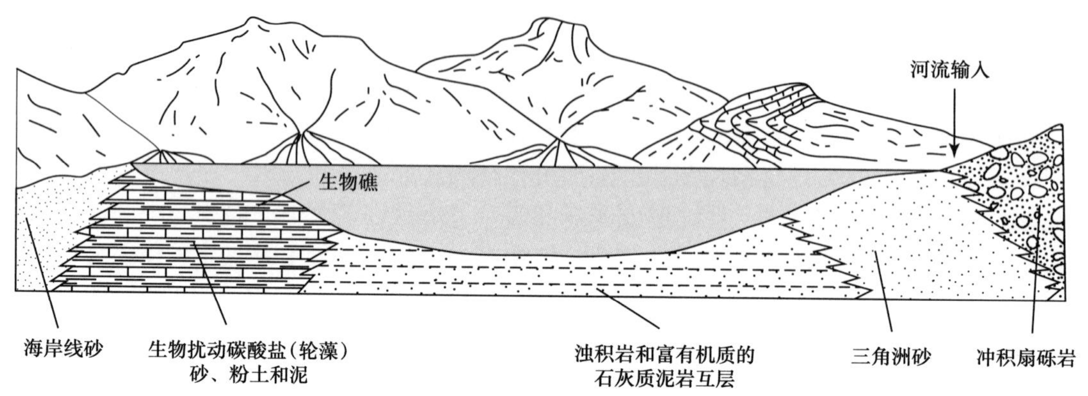


图 8.23　以低硅质碎屑沉积物输入量为特征的开放湖泊沉积物类型，包括化学 / 生物化学沉积物和硅质碎屑沉积物。相比之下，具有高碎屑输入量的开放湖泊沉积物主要由硅质碎屑沉积物组成（据 Eugster 和 Kelts，1983）

闭流湖出现在内部排水区域，由于季节性洪水，湖泊水位可能会经历相当大的波动。冲积扇通常存在于此类湖泊的边界周围，此类扇的席状砂可能会延伸到湖泊中。在高水位期间，这些沙滩的边缘可能会被波浪作用改造，导致波浪起伏的砂质沉积物沿着湖边重新沉积。封闭湖泊中的大多数沉淀是通过化学 / 生物化学过程在高蒸发率的盐水中进行的。有两种闭流湖类型，永久性盆地接收至少一条多年生河流的流入。它们通常不会年复一年地完全干涸，尽管有些可能偶尔干涸。大多数多年生湖泊都是咸水，但也有一些是稀释的。永久性湖泊的沉积物包括碳酸盐泥、粉砂和砂，通常与蒸发岩矿物共生，还可能包括叠层石（图 8.24）。湖中可能存在层状蒸发岩。暂时性盐盆由小型的径流、泉水和地下水补给，通常在大部分时间都是干涸的。暂时性盐盆沉积物也可能含有碳酸盐沉积物，如春季钙华或凝灰岩，但层状盐层沉积物更为重要。盐碱沉积与盐田边缘周围的硅质碎屑砂坪沉积相互交错分布。

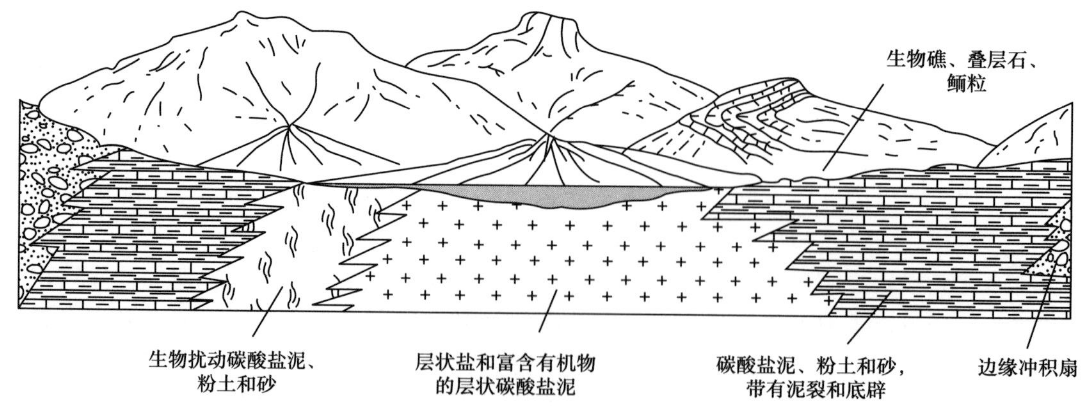


图 8.24　永久性闭流盐湖盆地的沉积亚环境和沉积物类型（据 Eugster 和 Kelts，1983）

湖泊沉积物中存在多种沉积构造，包括层状层理、纹泥、叠层石、交错层理、波纹、波痕、裂线理、粒序层理、沟槽铸型、荷载铸型、软沉积物变形构造、洞穴和蠕虫踪迹、冰痕、泥裂、雨痕，还有脊椎动物的足迹。纹泥是湖泊沉积物更具代表性的特征之一，但在非湖泊沉积物（例如，一些层状海洋沉积物）中也有类似纹泥的浅色和深色纹层的报道。湖泊沉积物的另一个显著特征是，与相关河流沉积物相比，单个湖床往往较薄且横向连续（尽管湖泊沉积物总量可能非常厚）。否则，湖泊沉积物中不会出现独特的标志结构。湖泊沉积物的许多沉积结构与浅海沉积物的沉积结构相似。

由于湖泊的沉积速率很高，而且就沉积物运输而言，它们基本上是封闭系统，因此所有湖泊都具短暂性的特征。湖盆最终会被沉积物填满，大部分被河流系统充填，变成河流平原。因此，湖泊充填通常被视为一个退积过程。也就是说，较粗的近岸沉积物被认为会逐渐侵蚀较细的湖盆沉积物，并被河流沉积物覆盖。理论上，这种假定的充填过程会使湖相向上变浅和变粗。尽管湖泊的最终填充及进积河流或其他粗粒沉积物对湖泊的侵蚀可能会产生一种总体向上粗化的相模式，但湖泊沉积物的理想向上粗化序列可能很少出现，除非可能在一些非常小的湖泊中（Picard 和 High，1981）。

### 8.4.5 古湖泊沉积

湖泊沉积物保存在各种构造环境中，包括伸展裂谷、走滑盆地、前陆盆地和克拉通盆地。世界上许多地方都发现古湖泊沉积物的沉积序列，其年代从前寒武纪到全新世不等（Gierlowski 等，1994a）。

北美一些更知名的湖泊沉积包括斯内克河平原的上新统 Glenn Ferry 组；犹他州、科罗拉多州和怀俄明州的始新统绿河组，以油页岩矿床而闻名；科罗拉多高原侏罗系 Morrison 组的大部分，因其恐龙遗迹而闻名；怀俄明州三叠系 Chugwater 群的一部分；北美东部三叠系超裂谷盆地群；魁北克南部泥盆系 Escuminac 组；新斯科舍省的石炭系 Strathlorne 组。世界其他地区的一些著名湖泊沉积包括东非新生代裂谷盆地沉积；巴西白垩纪裂谷盆地沉积（巴西大部分石油的烃源岩；Abrahão 和 Warme，1990）；南威尔士三叠系库珀泥灰岩中的碎屑岩、蒸发岩和碳酸盐岩；南非纳塔尔卡鲁盆地东部的二叠系—三叠系 Beaufort 地层；德国西南部和东部的部分下二叠统 Rotliegend 矿床；苏格兰东北部奥卡迪亚盆地旧红色砂岩中的中泥盆统沉积物。世界各地的许多湖泊沉积物都包括富含有机质的厚层页岩，它们是重要的烃源岩（Katz，1990）。Gierlowski 等（2000）的专著《穿越时空的湖泊盆地》总结了 60 个从石炭纪到第四纪的古湖泊的特征。

由于湖泊的大小和水文特征（如开放和封闭）差异很大，湖泊沉积物也相应不同，因此不可能选择一个单一的例子来说明一个典型的古湖泊。绿河组（始新统）在怀俄明州、科罗拉多州和犹他州的面积超过 $10\times10^4km^2$，它提供了一个在波动的水文和气候条件下形成的大型、经过充分研究的湖泊沉积物的例子。该地层厚度超过 2km，拥有巨大的油页岩和碳酸钠天然碱储量。它沉积在两个始新世湖泊，尤因塔湖和戈希尤特湖。尤因塔湖延伸至犹他州的尤因塔盆地和科罗拉多州的皮西恩斯盆地（Ryder，1976），是一个常年性的中等深度湖泊，沉积了油页岩和碳酸盐岩。戈希尤特湖位于怀俄明州绿河流域，是一个浅湖、短暂的干盐湖，似乎记录了从早期的雨（湿）气候条件到干旱，然后再回到雨季的变化。

图 8.25 显示了绿河盆地（戈希尤特湖）绿河组的主要沉积物（Roehler，1992）。在其早期（始新世早期），当 Luman Tongue 和 Tipton 页岩段沉积时，戈希尤特湖是一个淡水湖，富含

碳酸钙和细有机物。这些条件有利于油页岩、白云质泥岩、泥岩、砂岩、凝灰岩和石灰岩的沉积（如第 7 章所述，油页岩是深色页岩，含有大量干酪根，可通过加热转化为油）。在始新世早期至中期 Wilkins Peak 段沉积期间，干旱条件盛行，湖泊变得高盐。蒸发岩层（天然碱和石盐）厚达 10m，与白云质泥岩、油页岩、砂岩和藻灰岩一起沉积。蒸发岩沉积横向为泥滩、滩砂和冲积扇沉积。始新世中期，潮湿条件恢复，导致从蒸发沉积转变为淡水油页岩、泥岩、粉砂岩和藻灰岩的沉积，这些组成了 Laney 段。绿河组的湖相沉积作为一个整体，与其他同等年龄的河流沉积（Wasatch 组、Battle Springs 组、Bridger 组）横向相交。

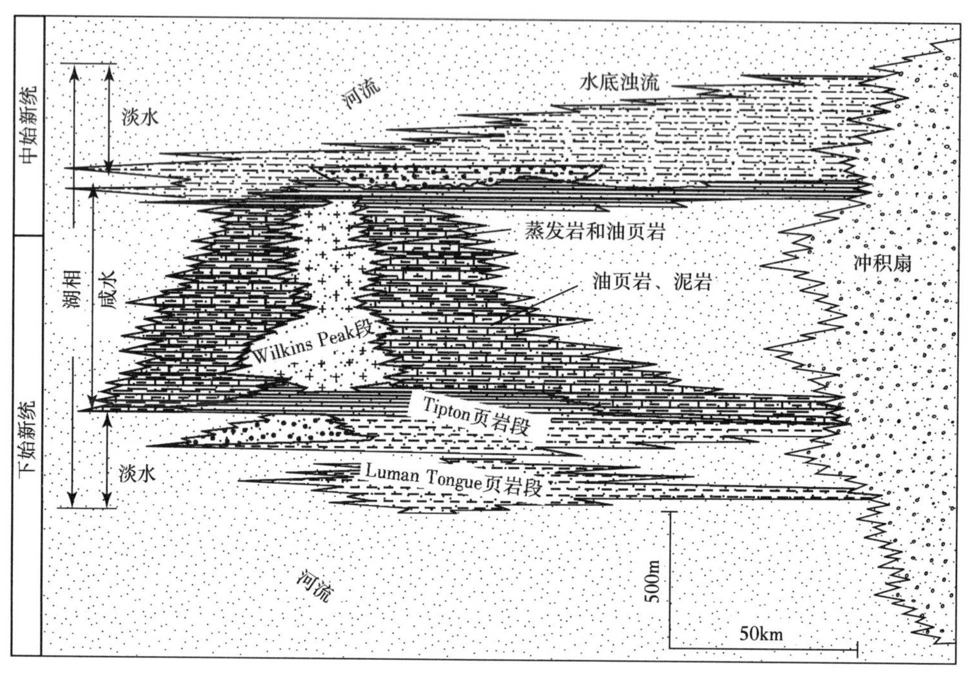


图 8.25　怀俄明州绿河盆地绿河组的湖泊沉积（据 Roehler，1992）

## 8.5　冰川体系

在关于大陆环境的讨论中，本书把冰川系统放在最后，因为从广义上讲，冰川环境是一个复合环境，包括河流、风成和湖泊环境。它也可能包括部分浅海环境。尽管在地质历史上的某些时期，特别是在晚前寒武纪、晚奥陶纪、石炭纪、二叠纪和更新世期间，冰川作用在局部地区很重要，但冰川沉积物在整个岩石记录中只占相对较小的一部分（Eyles，1992）。目前，冰川覆盖了地球表面积的 10%，主要分布在高纬度地区。它们主要以大型冰块的形式存在于南极洲（约占世界冰川面积的 86%）和格陵兰岛（约占世界冰川面积的 11%），以及冰岛、巴芬岛和斯匹次卑尔根。小型山地冰川分布在世界所有纬度的高海拔地区。世界上大约 80% 的淡水被冰川冰所保存，其中大部分在南极洲（Hambrey，1994）。与目前的分布相反，在更新世冰川最大扩张期间，冰盖覆盖了地球约 30% 的面积，并延伸到比目前受大陆冰川影响的纬度和海拔低得多的地方。

冰川环境特别限制发育在那些或多或少存在永久性冰雪堆积的地区。这种环境存在于所有海拔高度的高纬度地区（大陆冰川）和雪线以上的低纬度地区（山地或山谷冰川），而雪线以上的海拔高度在夏季雪不会融化。雪线上方的高山冰川是由积雪堆积形成的。只有当雪线以上的雪的积累速度超过雪线以下的冰的融化速度时，它们才会向下坡移动。影响冰川运动的因素和冰流机制（Menzies，1995；Martini 等，2001）在这里并不重要，重要的是与冰川运动和融化有关的沉积物运输和沉积过程，以及冰川沉积的沉积物。

### 8.5.1 环境背景

冰川环境本身是指所有与冰川直接接触的区域，它被分为以下区域：

（1）受与河床接触影响的基底或冰下带；

（2）冰上带，即冰川的上表面；

（3）冰川边缘的冰接触带；

（4）冰川内部的冰间带。

冰川边缘的沉积环境受融化冰的影响，但不与冰直接接触。这些环境构成了前冰期环境，包括冰川河流、冰川湖和冰川海（冰川延伸到海洋中）环境（图 8.26）。超出前冰期环境并与之重叠的区域是冰缘环境。

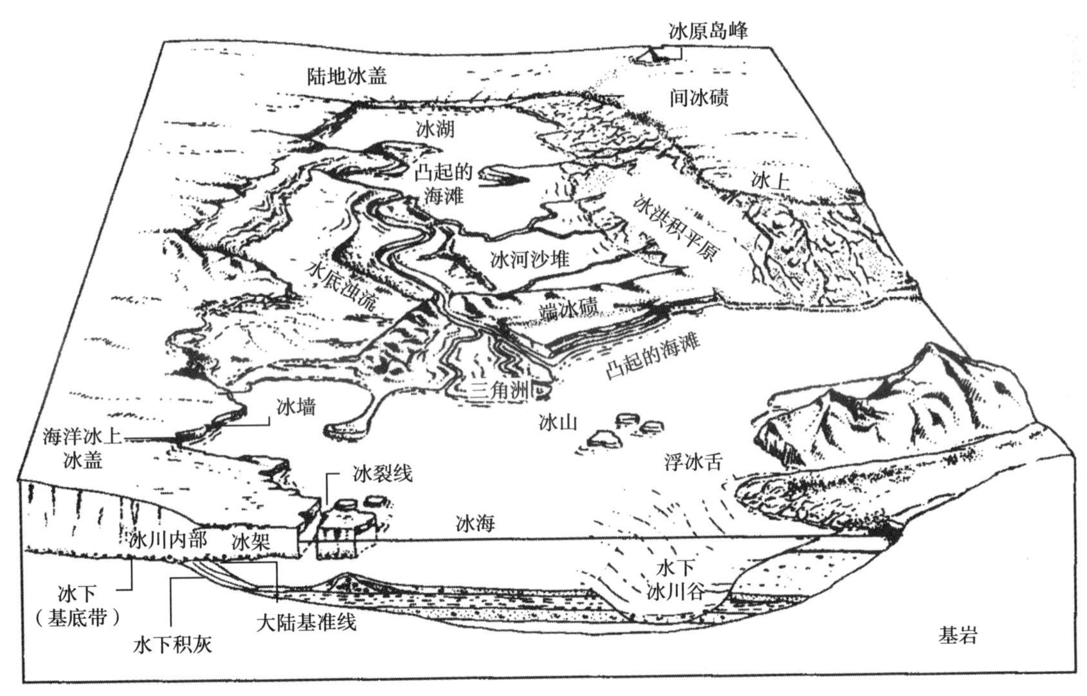


图 8.26　冰川和相关前冰川环境（据 Edwards，1986）

冰川基底带的特征是下伏河床的侵蚀和剥蚀。因侵蚀而排出的碎屑被并入冰川底部，当冰川移动时，这些碎屑会增加与河床的摩擦，从而有助于河床的磨损和侵蚀。冰上带和冰接触带是冰川融化或消融的区域，冰川携带的冰屑在冰川融化时聚集。冰川洪积环境位于冰川前缘的下坡，其特征是波动的冰融水流和大量可用于河流运输的粗冰川碎屑。冰洪环境是辫状河发育的特征环境之一。沿冰外冰川边缘也可能存在广泛的冰外平原或沉积扇。湖泊是非常常见的前冰期地貌，由冰坝或冰川沉积的沉积物筑坝而成。流入这些湖泊的融水流可能会沿着湖泊边缘形成大型粗粒三角洲，而较细的沉积物则通过悬浮物或密度底流在湖泊中向外输送（图 8.22）。延伸到海洋的冰川创造了一个重要的冰川海洋沉积环境，在这里，沉积物通过与海洋接触的冰川融化而沉积在靠近海岸的地方，或通过冰块或冰山融化而沉积在更远的大陆架或斜坡上。

冰川环境的大小可能从非常小到非常大。山谷冰川是相对较小的冰块，局限在山的谷壁内。山前冰川是在山前底部形成的较大冰块或冰片，山前冰川从多个山谷中流出并汇合在一起。冰原或大陆冰川是分布在大片大陆或高原上的巨大冰层。

### 8.5.2 冰川环境中的搬运和沉积

冰对沉积物的运输是一种流体流动输送，尽管冰作为高黏度、非牛顿假塑性流体，其流动非常缓慢。在零星涌浪期间，冰川的流速可达每天 80m。然而，典型的流速为每天几厘米（Martini，2001）。Mark Twain 在《海外流浪汉》一书中描述了他（虚构）的失望，当时他在阿尔卑斯冰川上露营，希望能搭便车沿着山谷顺流而下，却发现营地的景色日复一日地保持不变。如果冰川上游（顶部）积雪的积累速度超过下游（底部）冰川消融（融化）的速度，冰川就会前进。堆积和融化之间的平衡如图 8.27 所示。冰必须从冰川的顶部向内部流动，以取代因冰川口融化而失去的冰。冰的流动是层流的，在冰川顶部和中心附近流速最大。速度向冰壁和冰面方向减小，但不一定为零。如果融化速度超过积累速度，冰川就会后退。尽管冰的内部运动仍在继续，但当融化和积累的速度相等时，它们会达到平衡状态，既不后退也不前进。

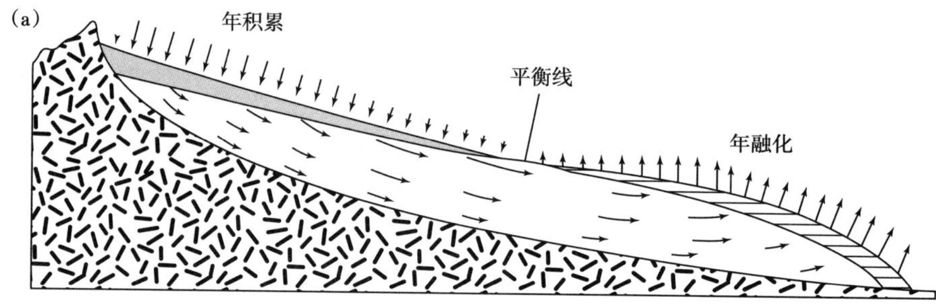


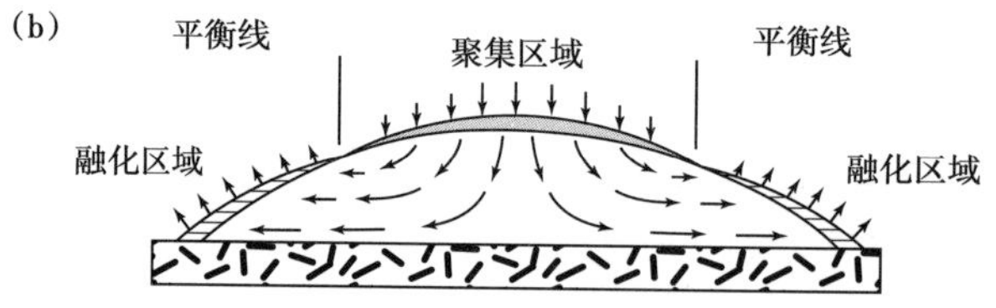


图 8.27　冰川堆积和融化与冰川内冰运动之间平衡的二维图解（据 Sharp，1988）

冰川侵蚀河床时，由于采石和冰的磨损，以及沉积物从山壁上掉落或滑动，沉积物被冰川带走。其中一些沉积物在运输过程中与谷壁和谷底接触，造成了大部分磨损。剩余荷载的一部分由冰川上表面承担，另一部分由冰川内部承担。内部荷载来自两个或多个山谷的冰流连接，或来自表面的沉积物被冲刷或落入裂缝（图 8.28a）。如图 8.28b 所示，冰川输送的大部分沉积物沿着底部和侧面移动。夹带的泥砂包括大块和小块岩石，以及被称为岩粉的极细沉积物，这些沉积物是由基岩上布满岩石的冰川基底研磨而成。因此，冰川沉积物负载通常由极其不均匀的颗粒组成，从黏土级的颗粒到米级的巨石。冰川上的碎片永远不会超载到无法移动的程度。然而，随着冰川的融化，沉积物量下降，形成各种冰川冰碛。

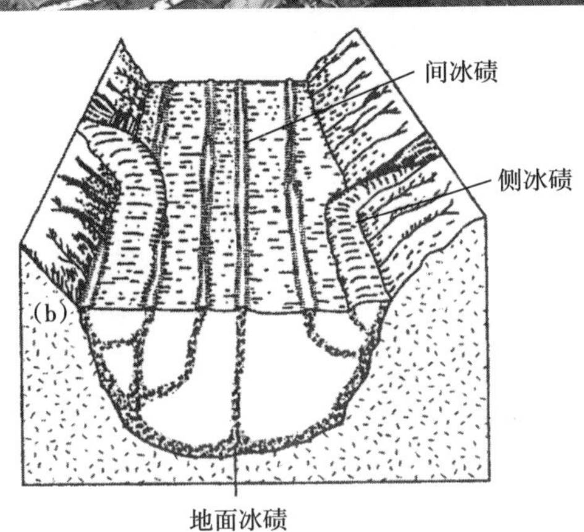


图 8.28 （a）阿拉斯加州东阿拉斯加山脉苏西特纳冰川；（b）冰川和各种冰碛内沉积物运输路径的示意图（据 Sharp，1988）

当冰川在雪线以下向下移动时，它们最终会到达一个海拔高度，冰川前部的融化速率等于或超过雪线以上新雪堆积的速率。如果融化速度大约等于堆积速度，冰川就会达到一种既不前进也不后退的平衡状态。在这样一个平衡的冰川中，冰的内部运动继续携带着岩石负载，并向冰川的融化口提供岩石碎屑。这一过程导致未分类的沉积物脊（称为末端冰碛或冰川终碛）在冰川前方堆积。侧向冰碛或边缘冰碛，可以通过沿冰川边缘堆积的碎屑堆积而成，冰与谷壁接触。两个冰川的外侧冰碛连接处可能会形成中间冰碛（图 8.28）。当冰川口处的融化速度超过雪线上方新积雪的积累速度时，冰川会退回山谷。如果冰川稳定后退，它会将其岩石碎片的负荷降低为侧向冰碛、中间冰碛和部分均匀分布的地面冰碛。如果冰川以脉冲方式后退，就会留下一系列末端冰碛，称为衰退冰碛。

当冰川在陆地上融化时，大量的水沿着冰川边缘、下方和前部流出，形成融水流。这类溪流流量大，但流量随季节和每日温度的变化而变化。在冰川前缘附近，融水很快被悬浮沉积物和松散的推移质砂和砾石堵塞，导致形成分支和网状的辫状河道。流入冰川湖泊的河流倾向于在湖泊中形成进积三角洲系统，这些湖泊具有陡峭的前积层，向下倾斜至缓倾斜的底积床。从溪流排入湖中的任何细泥砂都可能被风浪或洋流以悬浮状态向盆地方向分散。如果悬浮液中的沉积物浓度足够大，从而在水中产生密度差，就会形成密度底流或浊流，从而将沉积物沿着湖底输送到盆地中部。在冰川或冰盖上吹过的强风会从裸露、干燥的外积平原上收集细砂，并将其顺风沉积在附近地区，形成沙丘。被风卷起的细粉尘可以保持悬浮状态，并在冰缘环境中沉积为黄土或海洋中进行长距离输送沉积为远洋沉积物。

当冰川延伸到河谷口之外进入海洋时，它们的沉积物被倾倒至海洋中，形成冰川海洋沉积物。

在这些情况下，沉积可能以四种不同的方式发生：

（1）冰川末端下方的融化允许大量冰川碎屑释放到海底，几乎不需要再改造（图 8.29）；

（2）大块冰块从冰川前部崩落，像冰山一样漂走，这些冰山逐渐融化，使其沉积物落在海底，或者落在大陆架上，或者落在更深的水中；

（3）含有细沉积物的新鲜冰川融水可以上升到表面，在密度更高的盐水上方形成低密度溢流，淤泥和絮凝黏土随后逐渐从这股淡水羽流的悬浮物中沉淀出来；

（4）新鲜融水和海水的混合可能会产生高密度底流，将砂粒大小的沉积物带向大海。

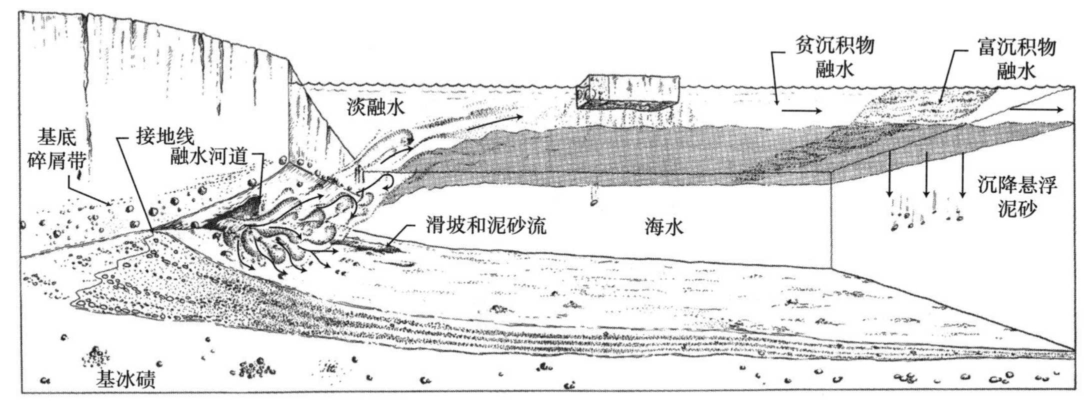


图 8.29　湿润条件下冰川入海前的冰川海洋沉积模型（据 Edwards，1986）

### 8.5.3　冰川相

由于广泛的冰川环境包括前冰期和冰周环境，以及冰川环境本身，为避免混淆，有必要区分直接从冰川沉积的冰川相和由冰川边缘以外的通过过程搬运和改造的冰川相。此外，有必要区分陆地上沉积的冰川相和海底沉积的冰川相。表 8.1 显示了在某种程度上受冰川作用影响的沉积相范围。其中许多相是沉积在河流、湖泊、风成、浅海和深海环境中的相的子类型，本书其他地方对这些相进行了论述。因此，此处的讨论主要集中在陆地冰相和近海冰川相。

**表 8.1　冰川环境相**

| 分类 | 分类 |
|---|---|
| 陆相冰川环境相 | 寒冷气候冰缘相 |
| 接地冰相 | 冰川海洋环境相 |
| 冰川河流相 | 近端相 |
| 冰川湖相 | 大陆架相 |
| 前冰湖相 | 深水相 |
| 冰缘湖相 | |

直接从陆地冰川沉积下来的沉积物称为冰碛。包括基底融化冰碛、消融冰碛（冰上融化冰碛）和沉积在滑动冰川下的沉积冰碛（Martini，2001）等。从湖泊或海洋中的冰川融化的冰川沉积物被称为水底冰碛。如果无法证明冰川直接沉积，则术语“混积物”用于分类分选不好、未固结的冰川沉积；术语“混积岩”用于其固结沉积物。

## 8.5.4 大陆冰川相

### 8.5.4.1 陆地冰相

1）非成层的混杂堆积体

直接从陆地冰上沉积的冰碛由未分层、未分选的中砾、粗砾和巨砾（图 8.30）组成，其中含有砂土、泥质和黏土质的填隙基质。因此，它们具有双峰粒度分布的特征，其中粗粒级中以中砾为主，粗砾和巨砾散布在各处（Easterbrook，1982）。有些卵石是圆形的，表明它们可能是被冰夹带的河流中砾。由于冰川磨损，其他的卵石可能是有刻面的、有沟痕的或抛光的。细长的中砾和粗砾通常可以指向流向，通常其长轴与冰川前进方向平行。它们也可能是粗糙的叠瓦状，长轴向上游倾斜。中砾成分可能具有高度多样性，可能包括来自数百公里远基岩的岩石类型。砂和粉砂通常呈棱角状或次棱角状。冰川沉积物中的大部分泥砂是由冰川磨损和研磨产生的。

图 8.30 华盛顿州雷尼尔山国家公园内厚且分选不良的冰川碎屑

2）成层的混杂堆积体

除了直接从融化的冰中沉积外，冰川沉积物还可以从冰川上、冰川内、冰川下或冰川边缘的融水中沉积。这些融水的沉积物形成于冰上、冰内或冰下，因此通常被称为冰接触沉积物。它们在一定程度上被融水重新分配，因此呈现出一定的分层。它们也比直接从冰中沉积的沉积物分选更好，通常缺乏直接沉积物的粒度上的双峰分布特征，可能含有因融水运输而磨圆的中砾。这些层状沉积物可以堆积在河道中，或作为土堆或山脊，称为冰碛阜、冰砾阶地或冰砾沙丘。冰碛阜是在冰中形成的小土丘状的砂或砾石堆积物。冰砾阶地是沿着山谷冰川边缘作为阶地沉积的类似堆积物。冰砾沙丘是一种狭窄、蜿蜒的沉积脊，方向与冰川前进方向平行。它们是可能流经冰川隧道的融水流的沉积物。冰融化后，沉积物被排放到冰下表面。层状杂岩通常具有坍落或冰塌特征，包括扭曲层理和小型重力断层。层状冰川相可包括砾石、砂和粉砂，其中一些具有良好的分层，如图 8.31 所示。

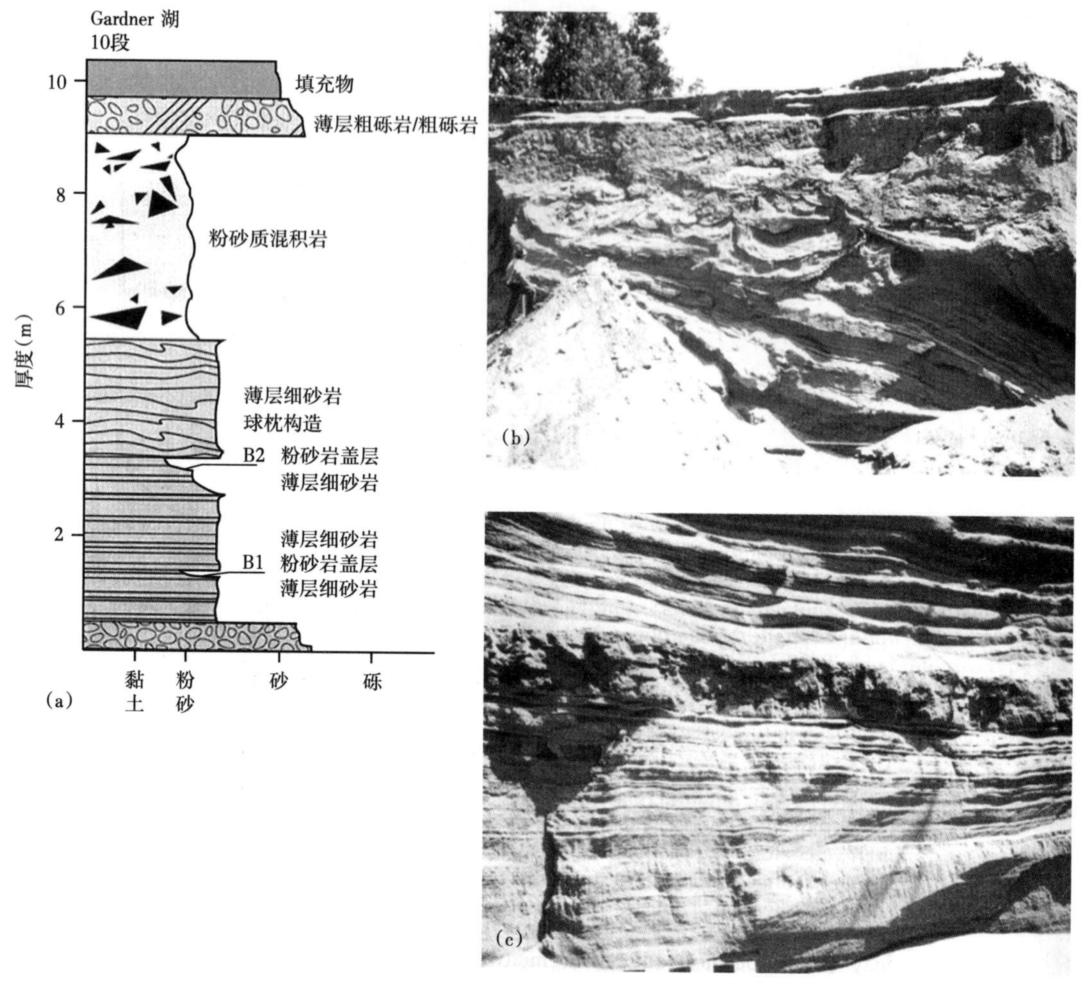


图 8.31 （a）蛇形丘体系中的冰川沉积物的垂向地层剖面。环境被解释为冰洞砾石被薄板状海底扇砂岩和混积岩覆盖。B1 和 B2 为测量地表扇倾角的层理面。（b）薄层砂岩被细砂岩覆盖，细砂岩变形成球枕构造，而细砂岩又被巨大的混积岩覆盖（图 a 中 5.5~9m 处），这被解释为扇面上的泥石流。（c）薄混积岩夹层内层状砂岩的特写。图中标尺增量为 5cm

#### 8.5.4.2 冰前和冰缘相

如前所述，从冰川流出的融水将大量冰川碎屑向下输送，并将其沉积为辫状河中的冰川洪积沉积物，或者在冰坝或冰碛坝形成的冰川湖泊中的冰川水沉积物。这些运输和再分配的沉积物具有其沉积环境的典型特征。然而，它们可能会保留一些特征，将其识别为冰川衍生物质。例如，每日至季节融水流量大的波动可能反映在融水溪流或湖泊三角洲的沉积物的颗粒大小的突然变化上。沉积在靠近冰川前缘的溪流或湖泊中的沉积物也可能表现出由承重冰融化引起的各种坍落变形结构。正如在关于湖泊的讨论中所提到的，冰川湖泊的特性之一是存在各种各样的冰川湖，冰川湖是根据融水流量的季节变化而形成的。

沙子可以被风从冰外平原吹走，并以沙丘的形式沉积在靠近冰川的冰缘地区，然而，许多冰缘环境中的原始风沉积物是粉砂。来自外积平原和冲积平原的岩粉和其他细沉积物的吹蚀提供了大量粉砂大小的沉积物，这些沉积物被风运输，并沉积为广泛分布的细的、分选良好的风成黄土。由于颗粒大小均匀，其通常缺乏明确的分层。它主要由角状石英颗粒组成，也可能含有一些黏土。

## 8.5.5 海洋冰川相

### 8.5.5.1 近岸相

在海水与冰川边缘直接接触的环境中（图 8.32），大量的沉积物从融水沟或河道直接沉积到水下扇中，另外的沉积物由融化的漂流冰提供。由于沉积物受重力向下移动，磨圆差的粗砾和砂砾堆积在沉积扇面顶部，而砂石则堆积在河道内。泥砂是由冰融化和悬浮沉积物的“雨洗”造成的。沉积物的某些改造作用是由下坡的沉积物重力流和水流的间歇性牵引活动引起的。因此，近端冰川海洋沉积物可能从类似陆地沉积的分选差、分层差的区域到具有泥质、砂质基质的粗粒层状区域不等，这些层状区域可能显示出水流产生的构造。埋藏冰体的融化会引起地表沉降和沉积物的变形和断裂。

图 8.32 流向阿拉斯加州冰川湾国家公园和保护区的潮冰川（右下）（据 Sargent，1926）

### 8.5.5.2 远端相

远离冰川与海水直接接触的近端环境，冰川沉积物由浮冰提供，沉积主要由海洋过程控制。冰山的融化通过“雨洗”或沉积物向海底提供细粒沉积物和粗碎屑（图 8.29）。沉积在大陆架上的浮冰碎片可能会在一定程度上受到海浪和洋流（可能还有浊流）的改造，并可能受到冰山搁浅（冰山触底）的影响。在大陆架的深水中，浮冰产生的碎屑沉积物可能会也可能不会被浊流重新输送到深水中。沉积到深海海底的浮冰碎屑除了形成半远洋沉积或远洋沉积之外，可能很少受到进一步沉积过程的影响。一般来说，冰川—海洋沉积物通过发育某些层理与地面冰川沉积相区别，而通过海洋化石和坠石的存在与所有陆地冰川沉积相区别。坠石是从融化的冰块或冰山上掉落到海底的分散的粗砾或巨砾。特别表明冰川海洋起源的化石证据包括作为整体外壳保存在生长位置的化石（被沉降沉积物掩埋的化石）；附着在冰面砾石上的海洋软体动物或藤壶；贝壳上保存的精致纹理；基质中存在有孔虫和硅藻（Easterbrook，1982）。

## 8.5.6 垂直相序

山谷冰川和冰盖的连续前进和后退产生了复杂的垂直相序列，因为在冰川前进期间，冰逐渐覆盖进冰期环境，反之，当冰川后退时，直接冰沉积和冰接触沉积在进冰期环境中被改造。这些岩相太过多样和复杂，无法在这里进行描述。图 8.33 显示了在冰川前进和后退的单一阶段，可能在冰川环境的不同区域形成一些典型垂直相剖面。

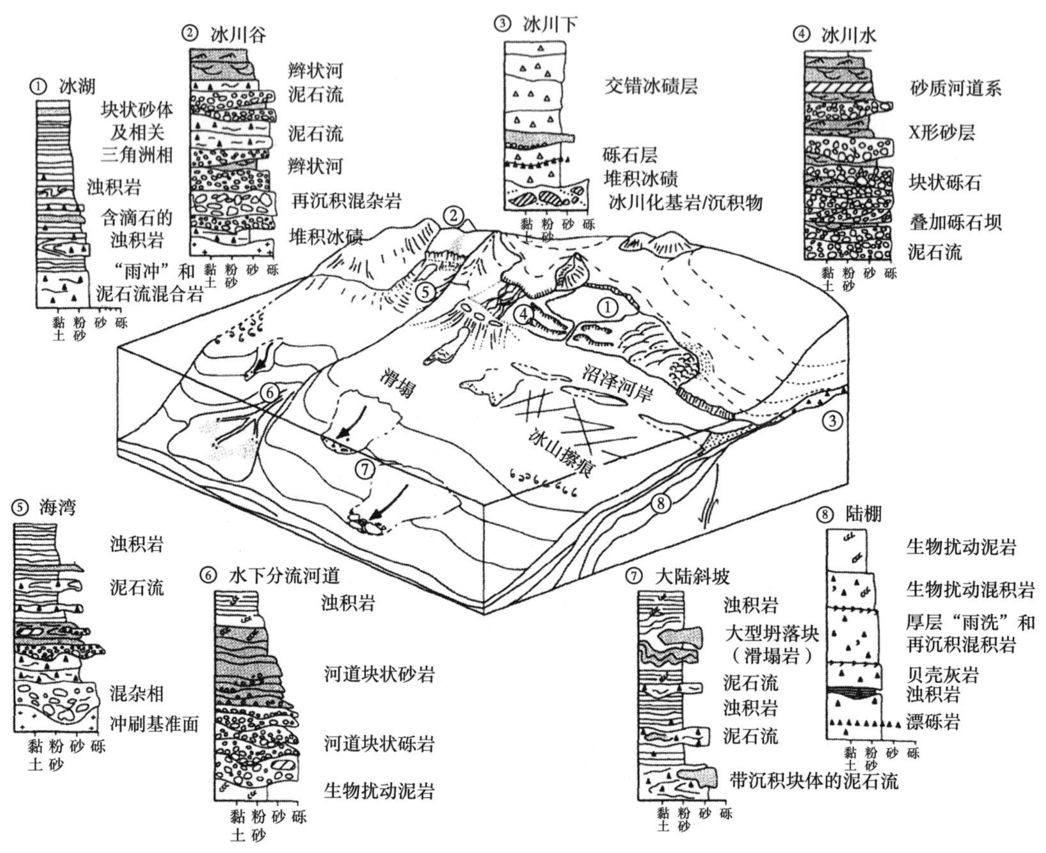


图 8.33 陆相和海相环境中不同部位单期冰川进退沉积的典型相垂向剖面（据 Eyles 等，1992）

## 8.5.7 古冰川沉积物

冰川沉积的规模从山谷冰川沉积的小个体到覆盖数千平方千米的大陆冰川沉积的冰盖。陆相冰碛或陆源冰相的最典型特征是分选性极差，且缺乏分层。冰川河、冰川湖和冰川海环境的相往往具有更好的分层和分类。由于这些前冰期沉积物的特征反映了它们沉积的环境，因此在古代地层序列中，很难将前冰期沉积物与其他类型的大陆沉积物区分开来。例如，冰川洪积沉积物可能看起来与其他河流沉积物几乎相同。然而，这些沉积物的一些特征可能揭示了它们与冰川环境的关系。如前所述，纹泥的存在可能是冰川湖泊的标志，与可变融水流量有关的沉积物粒度的突然变化可能暗示了总体上的前冰期沉积。古冰川海相沉积物与其他类型的冰川沉积物的区别在于海洋化石的存在，与其他海洋沉积物的区别可能在于它们通常具有较差的分选和层理发育。它们往往在碎屑类型上表现出极大的差异，反映了多种来源。此外，坠石的存在可能会使沉积结构变形，例如当坠石落入软沉积物中时，层状结构可能会变形，这表明它们是由漂流冰沉积而成的。

古冰川沉积物最著名的实例是更新世的沉积单元，这些沉积单元在世界上许多地方都有发育。在更新世期间，至少发生过四次主要的大陆冰川作用脉冲，外加无数次较小的脉冲。广泛的大陆冰川作用在晚前寒武纪和早元古代、晚奥陶世和晚古生代也起重要作用。石炭纪到二叠纪的冰川沉积物分布在南美洲、非洲南部、南极洲、印度和澳大利亚。在南美洲、非洲的部分地区，发现了晚奥陶世的冰川沉积。除南极洲外，所有大陆都发现了晚前寒武纪的冰川沉积，早元古代的冰川沉积在北美从怀俄明州到魁北克省的区带中也有记录。

## 拓展阅读文献


**河流体系**

Best, J. L., and C. S. Bristow (eds.). 1993. Braided Rivers. Bristol: Geol. Soc. London, Spec. Publ. 75.

Blum, M. D., S. B. Marriott, and S. F. Leclair (eds.). 2005. Fluvial Sedimentology VII. International Assoc. Sedimentologists Spec. Pub. 35. Boston, MA: Blackwell Publishing.

Bridge, J. S. 2003. Rivers and Floodplains. Oxford: Blackwell Science Ltd.

Fielding, C. R. (ed.). 1993. Current research in fluvial sedimentology. Special Issue of Sedimentary Geology. v. 85.

Harvey, A. M., A. E. Mather, and M. Stokes (eds.). 2005. Alluvial fans: Geomorphology, Sedimentology, Dynamics. Spec. Pub. 251. London: The Geological Society.

Marzo, M., and C. Puigdefábregas (eds.). 1993. Alluvial Sedimentation. International Association of Sedimentologists Special Publication No. 17. Oxford: Blackwell Science.

Miall, A. D. 1996. The Geology of Fluvial Deposits. New York: Springer-Verlag.

North C. P., and D. J. Prosser (eds.). 1993. Characterization of Fluvial and Aeolian Reservoirs. Geological Society Special Publication 73. London: Geological Society.

Posamentier, H. W., and R. G. Walker (eds.). 2006. Facies Models Revisited. Spec. Pub. 84, Tulsa: Soc. for Sed. Geol., electronic resource.

Rachocki, A. H., and M. Church (eds.). 1990. Alluvial Fans. Chichester and New York: John Wiley & Sons.

Rowan, J. S., R. W. Duck, and A. Werritty (eds.). 2006. Sediment Dynamics and the Hydromorphology of Fluvial Systems. International Assoc. of Hydrological Sciences Pub. 306. Oxfordshire, U.K.

Smith, N.D., and J. Rogers. 1999. Fluvial Sedimentology VI, International Association of Sedimentologists Special Publication No. 28. Oxford: Blackwell Science, Oxford.

**风成体系**

Barndorff-Nielsen, O. E., and B. B. Willets (eds.). 1991. Aeolian Grain Transport-1 Mechanics. New York: Springer-Verlag.

Goudie, A. S., I. Livingstone, and S. Stokes (eds.). 1999. Aeolian environments, Sediments, and Landforms. Chichester: John Wiley & Sons, Ltd..

Hesp, P. A (ed.). 1998. Eolian environments. Special issue of Geomorphology. v. 22. 111–204.

Kocurek, G. 1991. Interpretation of ancient eolian sand dunes. Ann. Rev. Earth and Planetary Sciences. v. 19. 43–75.

Pye, K., and N. Lancaster (eds.). 1993. Aeolian Sediments: Ancient and Modern. International Association of Sedimentologists Special Publication 16: Oxford: Blackwell Scientific Publications.

**湖泊体系**

Anadón, P., L., I. Cabrera, and K. Kelts (eds.). 1991. Lacustrine Facies Analysis. Internat. Assoc.

Sedimentologists Spec. Pub. 13. Oxford: Blackwell.

Gierlowski-Kordesch, E., and K. Kelts (eds.). 1994. Global Geological Record of Lake Basins. v. 1. Cambridge: Cambridge University Press.

Gierlowski-Kordesch, E. H., and K. R. Kelts (eds.). 2000. Lake Basins through Space and Time. AAPG Studies in Geology No. 46.

Lerman, A., D. Imboden, and J. Gat (eds.). 1995. Physics and Chemistry of Lakes. 2nd ed. Berlin: Springer-Verlag.

Noe-Nygaard, N (ed.). 1998. Limno-geology—Research and methods in ancient and modern lacustrine basins. Special issue of Palaeogeography, Palaeoclimatology, Palaeoecology. v. 140, 1-478.

Renaut, R. W., and G. M. Ashley (eds.). 2002. Sedimentation in Continental Rifts. Soc. for Sed. Geol. Spec. Publ. 73.

Renaut, R. W., and W. M. Last. 1994. Sedimentology and Geochemistry of Modern and Ancient Saline Lakes. Spec. Publ. 50. Tulsa, OK: Society for Sedimentary Geology.

Verrecchia, E. P. 2007. Lacustrine and palustrine sediments. in D. J. Nash and S. J. McLaren (eds.). Geochemical Sediments and Landscapes. Malden, MA: Blackwell Publishing. 298–329.

**冰川体系**

Anderson, J. B., and G. M. Ashley (eds.). 1991. Glacial Marine Sedimentation: Paleoclimatic Significance. Geol. Soc. America Spec. Paper 261.

Brodzikowski, K., and A. J. van Loon. 1991. Glacigenic Sediments. Amsterdam: Elsevier.

Cecil, L. D., J. R. Green, and L. G. Thompson (eds.). 2004. Earth Paleoenvironments: Records Preserved in Mid- and Low-Latitude Glaciers. Boston: Kluwer Academic Pubs.

Dowdeswell, J. D., and J. D. Scourse (eds.). 1990. Glaciomarine Environments: Processes and Sediments. Geol. Soc. London Spec. Pub. 53.

Hooke, R. L. 2005. Principles of Glacier Mechanics. Cambridge: Cambridge University Press.

Martini, I. P., M. E. Brookfield, and S. Sadura. 2001. Principles of Glacial Geomorphology and Geology. Upper Saddle River, NJ: Prentice Hall.

Menzies, J. (ed.). 1995. Modern Glacial Environments: Processes, Dynamics and Sediments. Oxford: Butterworth-Heinemann.

Menzies, J. (ed.). 1996. Past Glacial Environments. Oxford: Butterworth-Heinemann.

Mickleson, D. M., and J. W. Attig (eds.). 1999. Glacial Processes Past and Present. Geol. Soc. America Spec. Paper 337.

# 参考文献

Abegg, F. E., P. M. Harris, and D. B. Loope (eds.). 2001. Modern and Ancient Carbonate Eolianites: Sedimentology, Sequence Stratigraphy, and Diagenesis. Tulsa, OK: Society for Sedimentary Geology. Special Pub. 71.

Abrahão, D., and J. E. Warme. 1990. Lacustrine and associated deposits in a rifted continental margin-Lower Cretaceous Lagoa Feia Formation, Campos Basin, offshore Brazil. In Katz, B. J. (ed.). Lacustrine Basin Exploration. Am. Assoc. Petroleum Geologists Mem. 50. 287–305.

Ahlbrandt, T. S., and S. G. Fryberger. 1981. Sedimentary features and significance of interdune deposits. In F. G. Ethridge and R. O.Flores (eds.). Recent and Ancient Nonmarine Depositional Environments: Models for Exploration. Soc. Econ. Paleontologists and Mineralogists Spec. Pub. 31. 293–314.

Ahlbrandt, T. S., and S. G. Fryberger. 1982. Introduction to eolian deposits. In Scholle, P. A., and D. Spearing (eds.). Sandstone Depositional Environments. Am. Assoc. Petroleum Geologists Mem. 31. 11–47.

Allen, J.R.L. 1978. Studies in fluviatile sedimentation: An exploratory quantitative model for architecture of avulsion-controlled alluvial suites. Sedimentary Geology. v. 21. 129–147.

Anderson, R. S., M. Sorensen, and B. B. Willets. 1991. A review of recent progress in our understanding of aeolian sediment transport. Acta Mechanica Supplementum 1. New York: Springer-Verlag. 1–19.

Bagnold, R. A. 1954. The Physics of Blown Sand and Desert Dunes. London: Methuen.

Barndorff-Nielsen, O. E., and B. B. Willets (eds.). 1991. Aeolian Grain Transport 1—Mechanics. New York: Springer-Verlag.

Blair, T. C., and J. G. McPherson. 1994a. Alluvial fans and their natural distinction from rivers based on morphology, hydraulic processes, sedimentary processes, and facies assemblages. Jour. for Sed. Research. v. A64. 450–489.

Blair, T.C., and J.G. McPherson. 1994b. Alluvial fan processes and forms. In Abrahams, A.D., and A. J. Parsons (eds.). Geomorphology of Desert Environments. London: Chapman and Hall. 354–402.

Blakey, R. C., F. Peterson, and G. Kocurek. 1988. Synthesis of late Paleozoic and Mesozoic eolian deposits of the Western Interior of the United States. Sed. Geol. v. 56. 3–125.

Bohacs, K.M., et al.. 2000. Lake-basin type, source potential, and hydrocarbon character: an integrated sequence-stratigraphicgeochemical framework. In Gierlowski-Kordesch, E.H., and K. R.Kelts (eds.). Lake Basin through Space and Time. AAPG Studies in Geology 46. 3–34.

Bohacs, K. M., A. R. Carroll, and J. E. Neal. 2003. Lessons from large lake systems—Thresholds, nonlinearity, and strange attractors. In Chan, M. A., and A. W. Archer (eds). Extreme Depositional Environments: Mega End Members in Geologic Time. Geol. Soc. Amer. Special paper 370. 75–90.

Bridge, J. S. 2003. Rivers and Floodplains. Oxford: Blackwell Science Ltd.

Cant, D.J. 1982. Fluvial facies models and their application. In Scholle, P. A., and D. Spearing (eds.). Sandstone Depositional Environments. Amer Assoc. Petroleum Geologists Mem. 31. 115–138.

Collinson, J. D. 1996. Alluvial sediments. in Reading, H. G. (ed.). Sedimentary Environments: Processes, Facies and Stratigraphy. Oxford: Blackwell Science Ltd. 37–82.

Easterbrook, D. J. 1982. Characteristic features of glacial sediments. In Scholle, P A., and D. Spearing (eds.). Sandstone Depositional Environments. Am. Assoc. Petroleum Geologists Mem. 31. 1–10.

Eugster, H. P., and L. A. Hardie. 1978. Saline lakes. In Lerman, A. (ed.). Lakes, Chemistry, Geology, Physics. New York: Springer-Verlag. 237–293.

Eyles, N., and C. H. Eyles. 1992. Glacial depositional systems. In Walker, R. G., and N. P. James (eds.). Facies Models: Response to Sea Level Changes. Geol. Assoc. Canada. 73–100.

Gierlowski-Kordesch, E. H., and K. R. Kelts (eds.). 2000. Lake Basins through Space and Time. AAPG Studies in Geology No. 46. Gierlowski-Kordesch, E., and E. Kelts (eds.). 1994. Global Geological Record of Lake Basins. v. 1. Cambridge: Cambridge University Press.

Gierlowski-Kordesch, E., and E. Kelts. 1994. Introduction. In Gierlowski-Kordesch, E., and E. Kelts (eds.). Global Geological Record of Lake Basins. v. 1. Cambridge: Cambridge University Press. xvii–xxxiii.

Gilette, D.A. 1999. Physics of aeolian movement emphasising changing of the aerodynamic roughness height by saltating grains (the Owen effect). in Goudie, A.S., I. Livingston, and S. Stokes (eds.) Aeolian environments, sediments and landforms. New York: John Wiley & Sons, Ltd. 129–142.

Glennie, K. W. 1986. Early Permian Rotliegend. In K.W. Glennie (ed.). Introduction to the Petroleum Geology of the North Sea. Oxford: Blackwell. 63–85.

Hambrey, M. 1994. Glacial Environments. London: UCL Press Ltd. Harvey, A. M., A. E. Mather, and M. Stokes (eds.). 2005. Alluvial Fans: Geomorphology, Sedimentology, Dynamics. London: The Geological Society. Spec. Pub. 251.

Hooke, R. LeB. 1967. Processes on arid-region alluvial fans. Journal of Geology. v. 75. 438–60.

Hunter, R. E. 1977. Basic types of stratification in small eolian dunes. Sedimentology. v. 24. 361–387.

Katz, B. J. ( ed. ) . 1990. Lacustrine Basin Exploration. Am. Assoc. Petroleum Geologists Mem. 50.

Kocurek, G. A. 1996. Desert aeolian systems. In Reading, H. G. ( ed. ) . Sedimentary Environments: Processes, Facies and Stratigraphy. 3rd ed. Oxford: Blackwell Science. 125–153.

Kocurek, G. 1999. The aeolian rock record. In Goudie, A.S., I. Livingston, and S. Stokes ( eds. ) . New York: John Wiley & Sons, Ltd. 239–259.

Kocurek, G. 2003. Limits on extreme eolian systems: Sahara of Mauitania and Jurassic Navajo Sandstone examples. In Chan, M. A., and A. W. Archer ( eds. ) . Extreme Depositional Environments: Mega End Members in Geologic Time. Geol Soc. Amer. Special Paper 370. 43–52.

Kocurek, G., and K. G. Havholm. 1993. Eolian sequence stratigraphy— A conceptual framework. In Weimer, P., and H. W. Posaamentier ( eds. ) . Siliciclastic Sequence Stratigraphy: Recent Developments and Applications. Am. Assoc. Petroleum Geologists Mem. 58. 393–400.

Lancaster, N. 1999. Geomorphology of desert sand seas. In Goudie, A.S., I. Livingstone, and S. Stokes ( eds. ) . Aeolian Environments, Sediments and Landforms. New York: John Wiley & Sons, Ltd. 49–69.

Lancaster, N., and J.T. Teller. 1988. Interdune deposits of the Namib sand sea. Sedimentary Geology. v. 55. 91–107.

Leeder, M. R. 1993. Tectonic controls upon drainage basin development, river channel migration and alluvial architecture: implications for hydrocarbon reservoir development and characterization. Special Publication of the Geological Society of London. v. 73. 7–22.

Leeder, M. 1999. Sedimentology and Sedimentary Basins. Oxford: Blackwell Science Ltd.

Link, M. H. and R. H. Osborne. 1978. Lacustrine facies in the Pliocene Ridge Basin Group. Ridge Basin, California. In Matter, A., and M. E. Tucker ( eds. ) . Modern and Ancient Lake Sediments. International Association Sedimentologists Special Publication 2. Oxford: Blackwell. 169–187.

López-Gómez, J., and A. Arche. 1993. Architecture of the Cañizar fluvial sheet sandstones, Early Triassic, Iberian ranges, eastern Spain. In Marzo and Puigdefábregas ( eds. ) . Alluvial Sedimentation. International Association of Sedimentologists Special Publ. No. 17. London: Blackwell Scientific Publ. 363–381.

Makaske, B. 2001. Anastomosing rivers: a review of their classification, origin and sedimentary products. Elsevier Science B. V. Earth Science Reviews. v. 53. 149–196.

Martini, I. P., M.E. Brookfield, and S. Sadura. 2001. Principles of Glacial Geomorphology and Geology. Upper Saddle River, NJ: Prentice Hall. Marzolf, J. E. 1988. Controls on late Paleozoic and early Mesozoic eolian deposition of the western United States. Sedimentary Geology. v. 56. 167–191.

McEwan, I. K., and B. B. Willets. 1993. Sand transport by wind: a review of the current conceptual model. In Pye, K. ( ed. ) . The Dynamics and Environmental Context of Aeolian Sedimentary Systems. Geological Society Spec. Publ. 72. 7–16.

McKee, E. D. 1982. Sedimentary Structures in Dunes of the Namib Desert, Southwest Africa. Geol. Soc. America Spec. Paper 188.

Menzies, J. 1995. The dynamics of ice flow. In Menzies, J. ( ed. ) . Modern glacial environments: Processes, Dynamics and Sediments. Oxford: Butterworth-Heinemann. 101–196.

Miall, A. D. 1996. The Geology of Fluvial Deposits. Berlin: Springer-Verlag.

Mountney, N.P., and A. Russell. 2004. Sedimentology of cold-climate aeolian sandsheet deposits in the Askja region of northeast Iceland. Sedimentary Geology. v. 166. 223–244.

Moyle, P. R., and T. P. Dolley. 2003. With or without salt—a comparison of marine and continental-lacustrine diatomite deposits. U.S. Geological Survey Bull. 2209-D. Contributions to Industrial- Minerals Research ( Internet resource ) .

Nilsen, T. H. 1982. Alluvial fan deposits. In Scholle, P.A., and D. Spearing ( eds. ) . Sandstone Depositional

Environments. Am. Assoc. Petroleum Geologists Mem. 31. 49–86.

Picard, M. D. 1971. Classification of fine-grained sedimentary rocks. Jour. Sed. Petrology. v. 41, 179–195.

Posamentier, H. W., and R. G. Walker ( eds. ) . 2006. Facies models revisited ( electronic resource ) . Tulsa, OK: Soc. for Sed. Geol ( SEPM ) . Special Publication 84. ( CD + booklet, cited in part Ⅳ ) .

Pye, K., and H. Tsoar. 1990. Aeolian Sand and Sand Dunes. London: Unwin Hyman.

Roehler, H.W. 1992. Correlation, composition, areal distribution, and thickness of Eocene stratigraphic units, greater Green River Basin, Wyoming, Utah, and Colorado. U.S. Geological Survey Professional Paper 1506-E.

Rust, B.R. 1981. Alluvial deposits and tectonic style: Devonian and Carboniferous successions in eastern Gaspé. In Miall, A.D. ( ed. ) . Sedimentation and Tectonics in Alluvial Basins. Geological Association of Canada Special Paper 23. 49–76.

Ryder, R. T., T. D. Fouch, and J. H. Elison. 1976. Early Tertiary Sedimentation in the Western Uinta Basin, Utah. Geological Society of America Bull. v. 87. 496–512.

Sharp, R. F., and L. H. Nobles. 1953. Mudflow of 1941 at Wrightwood, Southern California: Geol. Soc. America Bull. v. 64. 547–560.

Smith, M. A. 1990. Lacustrine oil shale in the geologic record. In Katz, B. J. ( ed. ) . Lacustrine Basin Exploration. Am. Assoc. Petroleum Geologists Mem. 50. 43-60.

Stanistreet, I. G., and T. S. Mccarthy. 1993. The Okavango Fan and the classification of subaerial fan systems. Sedimentary Geology. v. 85. 115–133.

Turner, C. E., and N. S. Fishman. 1991. Jurassic Lake T' oo' dichi': A Large Alkaline, Saline Lake, Morrison Formation, Eastern Colorado Plateau. Geol. Soc. America Bull. v. 103. 538–558.

Van der Leeden, F. 1975. Water Resources of the World—Selected Statistics. Point Washington, NY: Water Information Centre.

Walker, R. G., and D. J. Cant. 1979. Facies models 3: Sandy fluvial systems. In Walker, R. G. ( ed. ) . Facies Models. Geoscience Canada Reprint Ser. 1. 23–31.

Wilson, I. G. 1972. Aeolian bedforms—Their development and origins. Sedimentology. v. 19. 173–210.

# 9 边缘海洋环境

## 9.1 引言

边缘海洋环境位于大陆沉积和海洋沉积区域之间的边界上。它是一个以河流、波浪和潮汐过程为主的狭窄地带。根据河流流量和气候条件，盐度可能在该沉积体系的不同部分发生变化，从淡水到微咸水再到高盐度海水。水下—暴露的间歇性是边缘海洋环境的特征。其他区域则不断被浅水覆盖。许多边缘海洋环境的其他特征是高波浪能和流体能，尽管一些潟湖和河口环境主要是静水条件。

由于在整个地质时期，河流向沿海带输送了大量的碎屑沉积物，因此地质记录中保存的边缘海洋沉积物的数量非常可观。边缘海洋沉积物的主要沉积环境是三角洲、海滩、滨海平原和障壁坝、河口、潟湖和潮汐滩（图 9.1）。河口和潟湖具有越界海岸的特征；三角洲

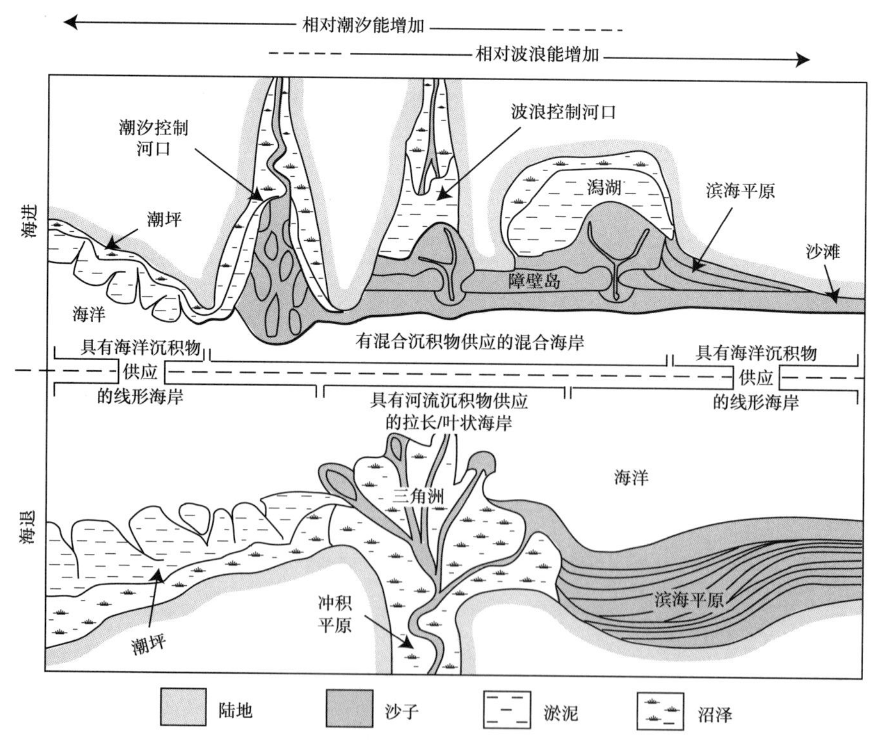


图 9.1 边缘海洋沉积环境的主要海岸环境

图片显示了潮汐能量（向左增加）和波浪能量（向右增加）对每个环境的相对影响。值得注意的是，三角洲是渐进式（退化）海岸的特征，而河口和潟湖则是越界海岸的特别特征

具有逐渐前积（向海推进）海岸的特征。各种沉积岩类型包括砾岩、砂岩、页岩、碳酸盐岩和蒸发岩，可以在这些不同的边缘海洋环境中堆积。首先通过三角洲来分析这些环境，继而介绍海滩和障壁岛体系、河口和潟湖。

## 9.2 三角洲体系

“三角洲”一词是在公元前 490 年希腊哲学家希罗多德使用的。描述由尼罗河支流的沉积物在尼罗河河口形成的三角形冲积平原。大多数现代三角洲比尼罗河三角洲的三角形更不规则（图 9.2）。尽管如此，“冲积三角洲”这个词仍然适用于任何沉积物，无论是陆上的还是水下的，都是由河流沉积物形成的，形成了一个固定的水体环境。三角洲是离散的海岸线凸起，形成于河流进入海洋、半封闭海洋、湖泊或潟湖的地方，供应沉积物比基底重新分配过程的速度更快（Elliott，1986）。因此，三角洲可以在湖泊、内海和海洋中形成，但它们在开阔海洋中的形成是最重要的。在整个地质时期，许多运输到沿海地区的碎屑沉积物都沉积在三角洲中。

图 9.2 墨西哥湾密西西比河三角洲

在许多地质年代的地层序列中已发现了古代三角洲沉积，并且已知三角洲是石油、天然气、煤和某些矿物（如铀矿）的重要赋存环境。虽然古代三角洲沉积物在岩石记录中很常见，但对三角洲体系的了解大多来自对现代三角洲的研究。三角洲在现代海洋中特别常见，这是由于更新世后海平面上升及许多河流所携带的大量沉积物导致的。高海平面增加了三角洲的沉积速率，因为沉积物被上升的水困住，抑制了水流再次冲走沉积物。一些现代三角洲的位置、规模和流量特征见表 9.1。

表 9.1 部分现代三角洲的特征（据 Orton 和 Reading，1993）

| 三角洲名称 | 位置 | 三角洲平原面积（$km^2$） | 年水流量（$m^3/s$） | 年输砂量（$10^6t$） |
|---|---|---|---|---|
| 阿尔塔河 | 挪威阿尔塔湾 | 10 | ? | ? |
| 伯德金河 | 昆士兰，澳大利亚—太平洋 | 2112 | 475 | ? |
| 科珀河 | 美国—阿拉斯加湾 | 1920 | 1236 | 70 |
| 恒河—雅鲁藏布江 | 印度和巴基斯坦—孟加拉湾 | 105641 | 30769 | 1670 |
| 伊洛瓦底江 | 缅甸—马尔塔班湾 | 20571 | 13562 | 265 |
| 麦肯齐河 | 西北地区，加拿大—波弗特海 | 13000 | 9100 | 126 |
| 马哈坎河 | 印度尼西亚—马卡萨海峡 | 5000 | ? | 16 |
| 密西西比河 | 美国—墨西哥湾 | 28568 | 15631 | 349 |
| 尼日尔河 | 尼日利亚—几内亚湾 | 19135 | 8769 | 40 |
| 奥德河 | 西澳大利亚—帝汶海 | 3896 | 163 | 22 |
| 蓬塔戈尔达河 | 伯利兹—洪都拉斯湾 | 0.4 | ? | ? |
| 圣弗朗西斯科河 | 巴西—大西洋 | 734 | 3420 | 6 |
| 斯基达拉·桑杜尔河 | 冰岛—北大西洋 | 600 | 400 | ? |
| 雅拉斯河 | 牙买加—加勒比海 | 10.5 | 17.5 | ? |

现代三角洲在所有大陆上都有，可能南极洲除外（在南极洲的威德尔海大陆边缘，存在着受冰川影响的海底扇，但可能不是真正的三角洲）。三角洲形成于大型的、沉重负荷的排水系统的末端。在如亚洲和美洲东海岸等构造活动较弱的后缘或被动海岸上，这些区域特别容易形成发育三角洲的相关条件。不到 10% 的主要现代三角洲发生在碰撞海岸，那里的构造活动强，排水口靠近大海（Inman 和 Nordstrom，1971；Wright，1978）。在这种情况下，不能发展大型排水系统来供应沉重的泥砂负荷。自 20 世纪 50 年代以来，它们作为赋存油气藏的潜在重要性引起了人们对三角洲沉积的极大兴趣。因此，关于三角洲和三角洲沉积的文献是海量的。详见本章拓展阅读文献。

### 9.2.1 三角洲的分类与沉积过程

三角洲的分布和特征受一系列相互关联的河流、海洋 / 湖泊作用和环境条件的控制。这些因素包括气候、水和泥砂排放、河口过程、近岸波浪能量、潮汐、近岸流和风。影响三角洲形成的其他因素包括陆架的坡度、沉积地点的沉降速率和其他构造活动，以及沉积盆地的几何形状。在这些变量中，河流（泥砂）输入、波浪能通量和潮汐通量是控制三角洲进积框架、砂体几何形状、趋势和内部特征的最重要过程。

大多数地质学家似乎更青睐基于三角洲前缘状态的分类（Galloway，1975）。三角洲被划分为河控（河流控制）三角洲、潮控（潮汐控制）三角洲和浪控（波浪控制）三角洲（图 9.3）。每一类三角洲都可以根据沉积物的主要粒度进一步区分（Orton 和 Reading，1993），即根据泥 / 粉砂、细砂、砾质砂或砾石划分。图 9.3 显示了以现代实例为代表的三角洲。这些三角洲的位置、面积和流量特征见表 9.1。

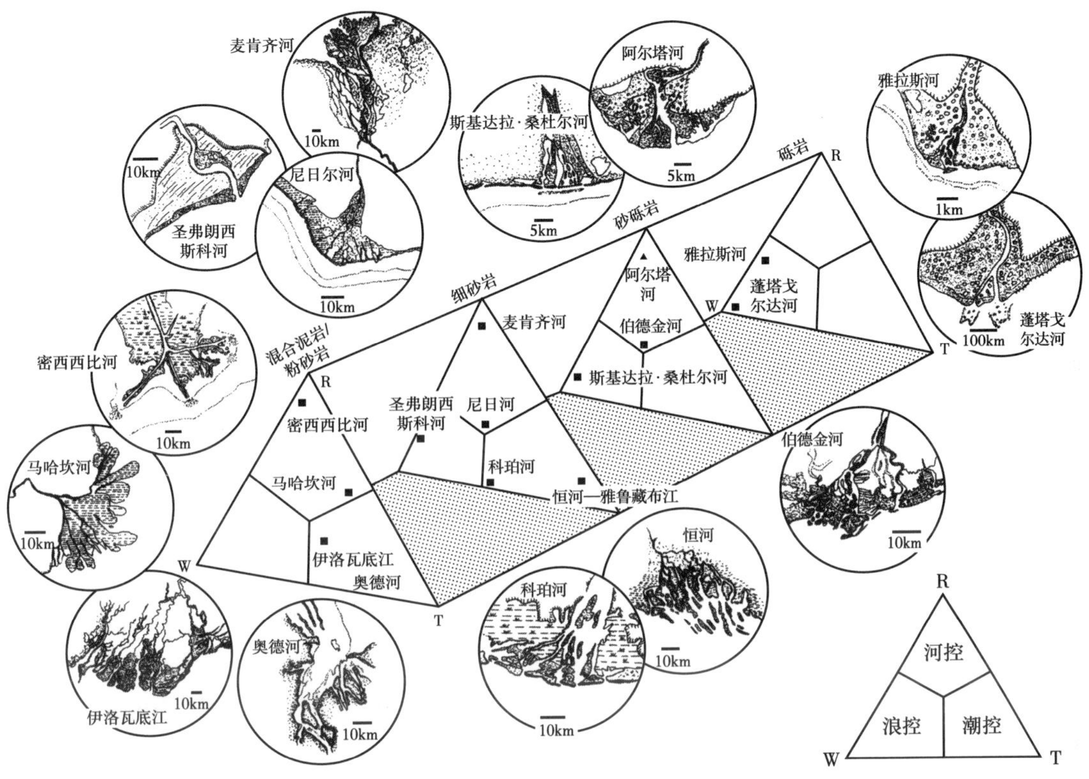


图 9.3 根据三角洲前缘沉积物扩散的主导过程和输往前缘沉积物的主要粒度对三角洲进行分类。扩散过程：R—河流；W—波浪；T—潮汐。插图说明了在分类图中绘制选定的现代三角洲的形状；它们的位置见表 9.1

#### 9.2.1.1 河控三角洲

河控三角洲将河流的水和沉积物排放到湖泊或海洋中，这就是所谓的射流。Bates（1953）对比了含有泥砂的河水在密度相等、密度较高和密度较低的盆地水中的行为。以几乎相等密度进入盆地的河水，Bates 称之为等密度流，导致大量泥砂快速地彻底混合和突然沉积。这种类型射流的流出在粗粒度河流的河口处特别常见，可能会导致吉尔伯特型（Gilbert-type）三角洲的形成，这种三角洲显示出顶积层、前积层和底积层的层序排列，这是随着沉积物沉积位置向盆地推进而形成的（图 9.4）。比盆地水密度更高的河流在盆地水下面流动，通常在洪水期间，产生垂直方向的平面喷射流，称为高密度流。这种类型的射流作为密度流沿着底部移动，沿着三角洲前缘较平缓的斜坡沉积其负载，形成浊积岩。如果河流流出水比流域水的密度小，就像流入密度较大的海水或盐湖的河流一样，它会在流域水的顶部向外流动，形成一种水平方向的平面射流，称为低密度流。

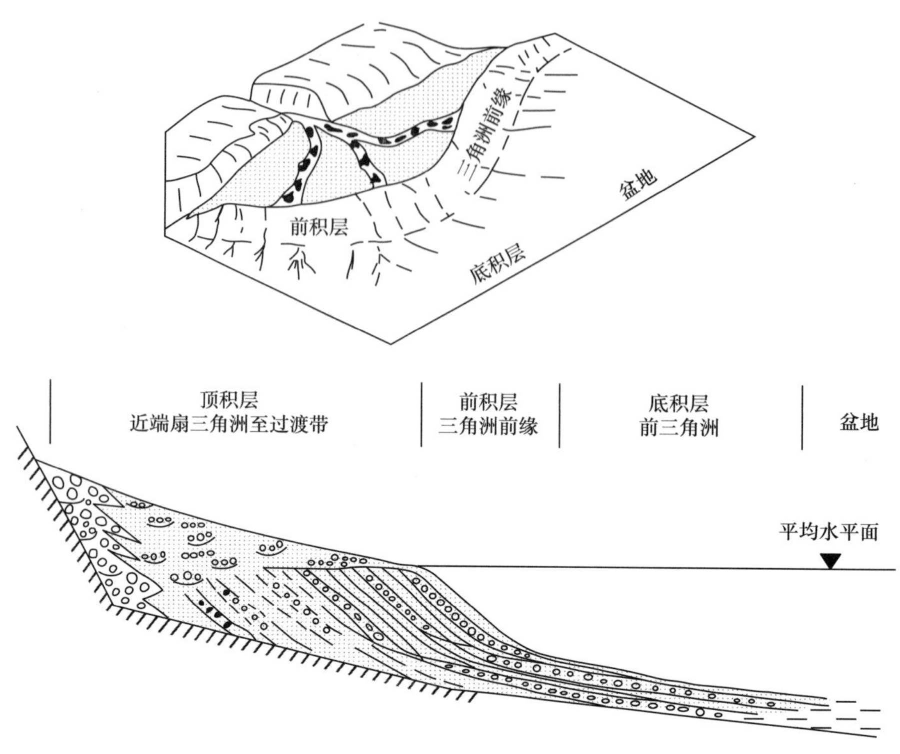


图 9.4　吉尔伯特型三角洲的示意图

因此，在细粒泥砂絮凝沉淀之前，它可以以悬浮的形式从河口向外输送一段距离（由于海水中带有正电荷的离子中和了黏土颗粒上的负电荷，所以絮凝作用将细小的沉淀物聚集成小块）。低密度流倾向于形成一个大的、活跃的三角洲前缘区域，通常倾角为 1° 或更小，而大多数吉尔伯特型三角洲的倾角为 10°~20°（Miall，1984）。低密度流可能是海相盆地中最重要的河流流出类型。

Wright（1977）提出，在低潮差、低波能的沿海地区，河控三角洲沉积物的特征取决于出流惯性（速度）、河口向海的紊流层摩擦和出流浮力的相对优势。例如，惯性力支配的流出物产生了吉尔伯特型狭窄的河口沙坝。由湍流摩擦控制的流出物会形成三角形的“中间地带”——沙洲和河道分叉；有浮力的流出物会形成带有平行河岸的细长支流，称为水下堤坝；几个通道分岔；狭窄的分流河口沙坝，向海方向分级为细粒远端沙坝沉积和前三角洲黏土。沙坝或指状沙坝是这种三角洲组合的典型组成部分。

通过进一步表明流出过程和河口的性质不能被视为独立的输砂量和混合行为，Orton 和 Reading（1993）扩展了 Wright 的工作，包括不同河口的悬移质、混合负载、非常粗粒度碎屑通道类型、砾石质河床和以块状流为主的洪积体系。Bates（1953）、Wright（1977）及 Orton 和 Reading（1993）的概念在图 9.5 中得到了结合，该图描述了输砂类型和主要流出物类型之间的关系。

浮力主导的河口（图 9.5a）形成，入流以羽流（低气压流）的形式延伸到相对较深的水域，通常为海洋。水流从河床上脱离，因此无法将河床上的负荷移动到脱离点以外（Reading 和 Collinson，1996）。河口附近的湍流混合强烈，粗粒悬浮质和滚动泥砂大量沉积，而细粒泥砂在沉积前被输送到盆地较深处。从图 9.5a 中可以看出堤坝和沙坝的位置，以及指状砂的存在。以摩擦为主的河口（图 9.5b）出现在河流入水很浅、入流只能沿水平方向扩展的地方。由于来流和泥砂表面之间存在着大量的摩擦，射流侧向扩展、减速，并在河口形成一个三角形的“中间地带”——沙坝，导致河道分叉。惯性主导的河口（图 9.5c）在斜坡足够陡峭的地方形成，允许流入水流在水平和垂直方向上扩张。这种膨胀通常发生在高速河流进入淡水和 / 或携带大量粗沉积物的地方。轴向射流（均相流）的彻底混合可能导致滚动组分的快速沉积，导致吉尔伯特型前积层的形成。然而，下部流体（超密度流）可以在轴向射流的侧面发展，以质量流的形式输送泥砂。

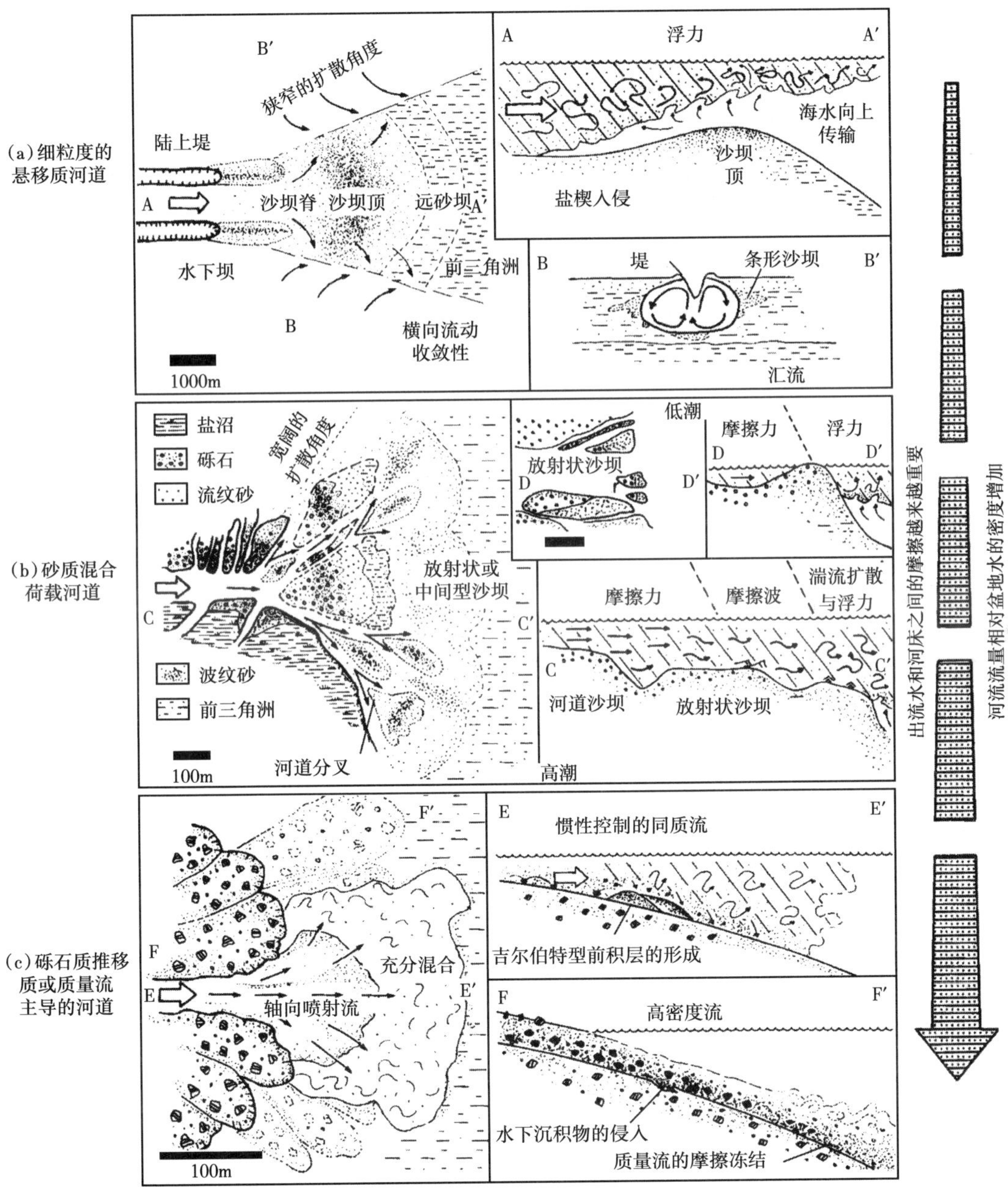

图 9.5 沉积物粒度、出流惯性（流速）、出流与河床的摩擦、出流浮力及其对三角洲形成的影响等复杂关系示意图

现代密西西比河三角洲就是一个典型的由浮力主导的鸟脚型三角洲。它是世界上除亚洲以外最大的三角洲之一（表 9.1）。密西西比河三角洲由 7 个明显的沉积叶状体组成（图 9.2），这些叶状体在过去的 5000~6000 年间一直活跃着，这表明周期性的河道或分流废弃是一个常见的过程。密西西比河三角洲体系的广义特征如图 9.6 所示。该图显示了密西西比河三角洲典型的鸟脚分流体系，其河口处发育有条指状砂体。密西西比河三角洲常见的沉积相包括沼泽和天然堤、三角洲前缘粉砂和砂及前三角洲黏土沉积。其他以河流为主导的现代三角洲包括麦肯齐河三角洲（加拿大，波弗特海）和阿尔塔河三角洲（挪威，阿尔塔湾），如图 9.3 所示。

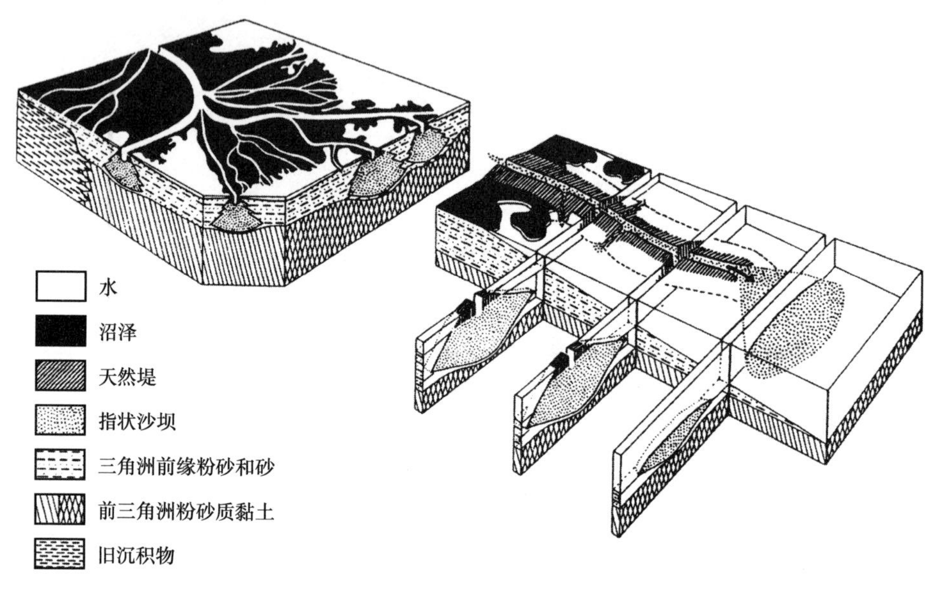


图 9.6　河流主导的密西西比河三角洲体系

#### 9.2.1.2　潮控三角洲

潮汐控制的三角洲在高潮差或高波能的条件下，上述的过程和沉积物可能被显著地改变。如果潮汐流比河流流出的水流强，这些双向流可以重新分配河口沉积物，产生充满沙子的漏斗状分流。分流河口坝可能被改造成一系列线性潮脊，取代河口坝，并从河口向外延伸至水下三角洲前缘地带。

现代的恒河—雅鲁藏布江三角洲就是一个关于潮控三角洲的著名例子（Michels 等，1998；Goodbred 和 Kuehl，2000；图 9.7）。其面积是密西西比河三角洲的三倍多。它的平均河流流量大约是密西西比河的两倍，在季风季节，极端洪水泛滥时有极高的流量。平均潮差大，约 4m，潮流速度可达 3.8m/s（Michels 等，1998），该区域波浪能量相对较低。在季风季节，存在强烈的砂输送，导致了类似辫状河的砂体沉积。该三角洲的特点是具有潮坪环境、天然堤坝和由悬浮泥砂沉积而成的洪水盆地组成。强烈的潮汐影响表现为大致平行于潮流方向的潮流沙洲和水道网（图 9.7）。各种类型的沉积物在恒河—雅鲁藏布江三角洲堆积，如潮坪或潮脊沙、辫状水道充填砂和天然堤、潮坪、洪水盆地泥。澳大利亚帝汶海的奥德河三角洲、墨西哥的科罗拉多河三角洲、中国的长江三角洲及伊拉克—伊朗的底格里斯河—幼发拉底河三角洲都提供了更多关于现代潮控三角洲的例子（Wiuis，2005）。

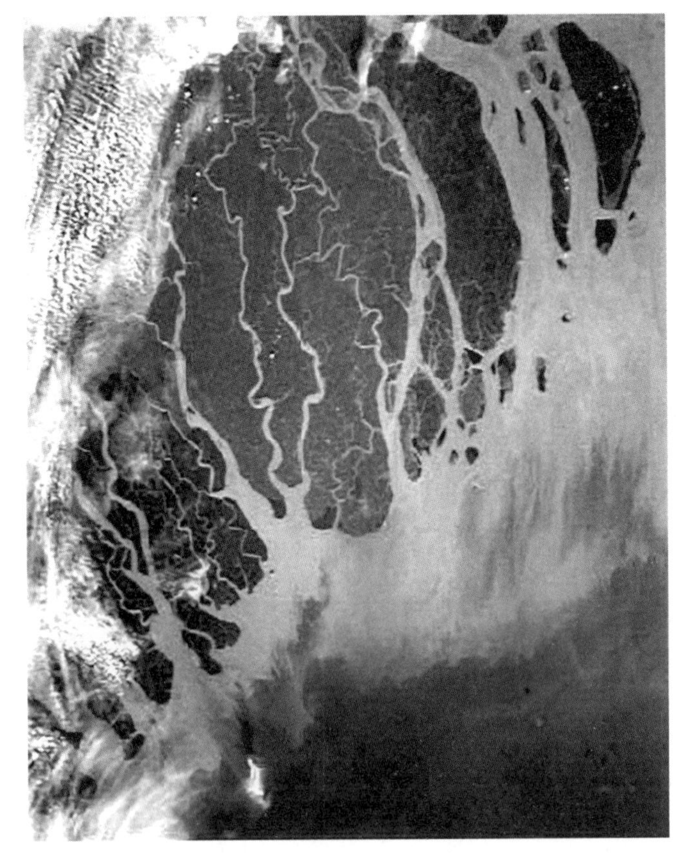

图 9.7　恒河—雅鲁藏布江三角洲，一个由潮汐主导的现代三角洲

#### 9.2.1.3　浪控三角洲

浪控三角洲受强烈的波浪作用，使河流流体迅速扩散和减速，并使河口收缩或偏转。分流口沉积物被波浪改造，并被沿岸水流沿三角洲前缘重新分布，形成以波浪改造为主的岸线特征，如海滩、堰坝和岬。最终可能形成一个由发育良好的、合并的海滩脊组成的光滑三角洲前缘。巴西的南帕拉伊巴河三角洲（图 9.8）显示了浪控三角洲的许多特征。里约帕拉伊巴滨海平原由更新世和全新世滨海沉积物、全新世河流和潟湖沉积物组成（Martin 等，1987）。三角洲上的潮差适中（中潮），波浪能非常高。南帕拉伊巴河的输砂量较高，河口常有沙洲。沉积物从西向东以很高的速度穿过河口，形成了混合的砂质海滩脊（Bhattacharya 和 Giosan，2003）。由于这种极端的波浪能，帕拉伊巴河三角洲被高能环境所控制，在这种环境中发生了沙尘沉积。淤泥在局部潟湖中堆积，但缺少密西西比河三角洲特有的分流间海湾淤泥沉积。帕拉伊巴河三角洲沉积物主要由海滩—山脊障壁砂构成，覆盖了三角洲邻近海洋的大部分表面。现代波浪主导三角洲的其他例子包括：斯基达拉·桑杜尔河三角洲（冰岛，北大西洋）；蓬塔戈尔达河三角洲（伯利兹，洪都拉斯湾），如图 9.3 所示；曾文溪三角洲（中国台湾岛西南部；Liu 等，2003）；圣弗朗西斯科河（巴西；Dominguez 等，1987；Dominguez，1996）。Bhattacharya 和 Giosan（2003），以及 Giosan 和 Bhattacharya（2005）讨论了来自黑海、墨西哥湾、地中海、南大西洋、孟加拉湾和第勒尼安海的其他几个例子。

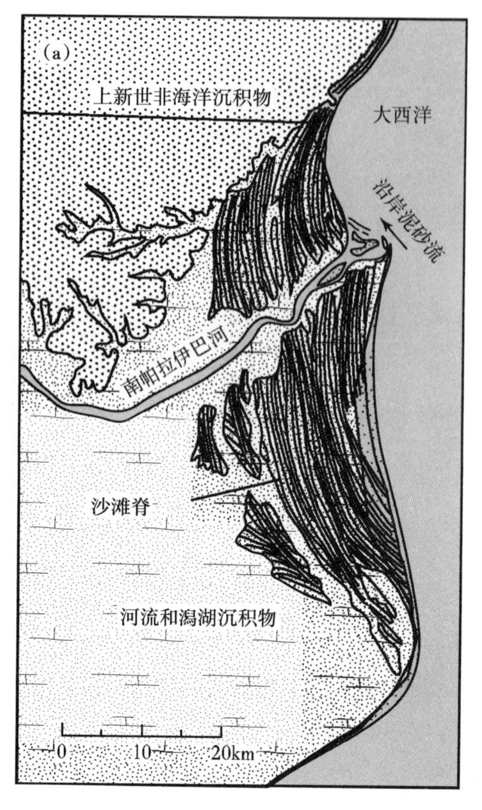


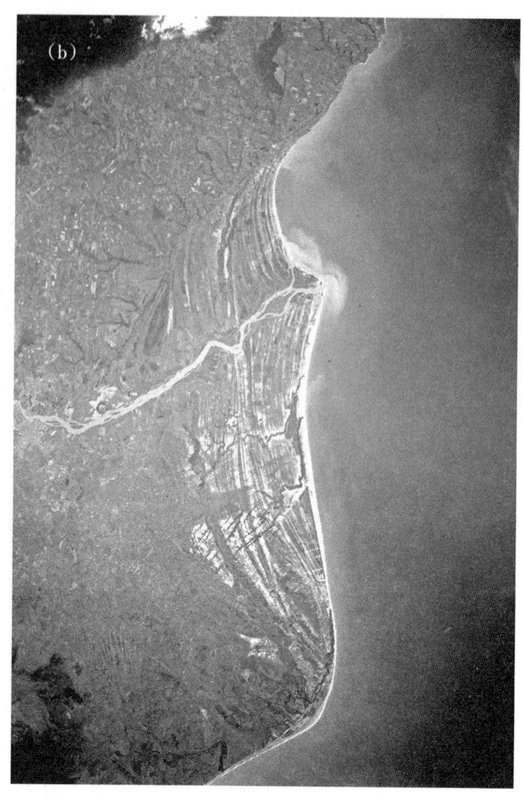


图 9.8　巴西南帕拉伊巴河三角洲，其特征是大致平行于海岸线的沙滩脊

（a）南帕拉伊巴海岸平原；（b）三角洲和海岸平原的空间图像

#### 9.2.1.4　混合控制三角洲

前文讨论的例子说明了主要由河流、潮汐或波浪作用形成的现代三角洲在特征上的一些差异。许多三角洲具有这些“端成员”类型之间的过渡特征。现代三角洲受到潮汐和风（波浪）的强烈影响，包括铜河三角洲（阿拉斯加湾）、伊洛瓦底江三角洲（缅甸）和尼日尔河三角洲（尼日利亚）。印度尼西亚的马哈坎河三角洲（图 9.9）被认为是潮汐—河流混合控制的三角洲体系的典型例子（Storms 等，2005；Roberts 和 Sydow，2003）。根据 Storms 等的研究，三角洲前缘带是一个潮汐过程和河流过程持续相互作用的区域，这导致了从与河流相关的沙洲到与潮汐相关的泥质复杂沉积模式的变化。波浪能对三角洲的影响非常小。

#### 9.2.1.5　扇三角洲

扇三角洲的概念是由 Holmes（1965）提出的。由 Holmes 定义，Nemec 和 Steel（1988a）稍做修改的扇三角洲是由冲积扇体系产生的沉积物组成的海岸棱镜体，在活动扇和静止水体之间的界面，主要或完全在水下沉积（图 9.10）。扇三角洲最早是在现代环境中被发现的，但扇三角洲沉积在许多古代沉积序列中都有报道（Nemec 和 Steel，1988b；Chough 和 Orton，1995）。构成扇三角洲陆上部分的冲积扇与水下三角洲的关系如图 9.11 所示。冲积扇可以包括第 8 章中讨论的任何类型的扇体，可以在冰川、潮湿和干旱的环境中形成。与其他三角洲一样，扇三角洲的水下部分可能以河流、波浪或潮汐为主。沉积物通过滑坡和泥石流、浊流和惯性流（超重流）等过程在扇三角洲水下部分的坡下沉积，特别是在洪水阶段，河流荷载达到足够的密度来克服河口处的浮力和摩擦效应，甚至可以将砂砾和粗砂运到坡下（Prior 和 Bornhold，1990）。

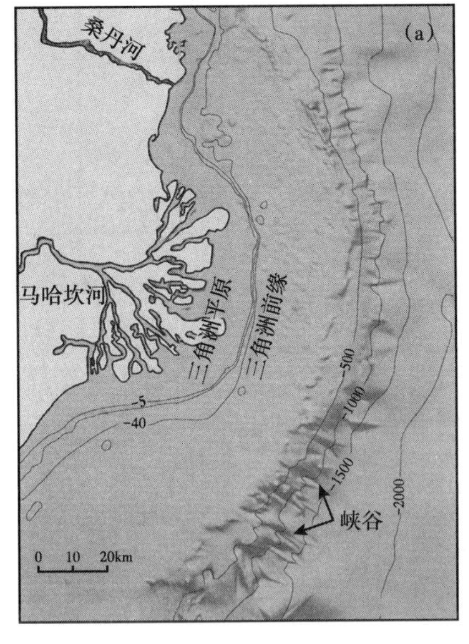


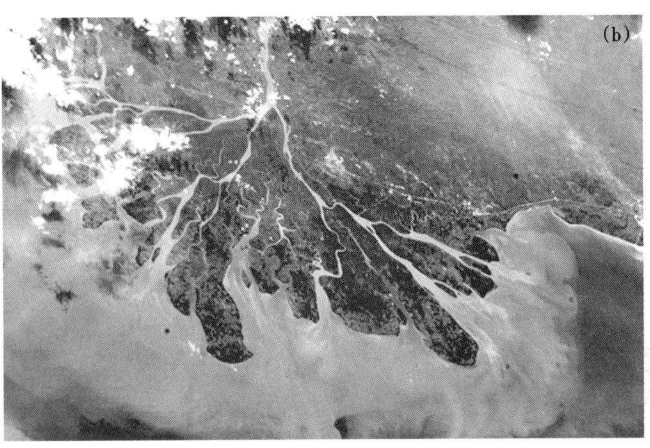


图 9.9 （a）印度尼西亚马哈坎三角洲向海的陆架和斜坡的阴影地形图，等高线的单位是 m；（b）三角洲卫星图像（图片由美国宇航局约翰逊航天中心图像科学与分析实验室提供）

图 9.10 位于日本中部海域富山湾的黑河河口的大扇三角洲——黑河扇

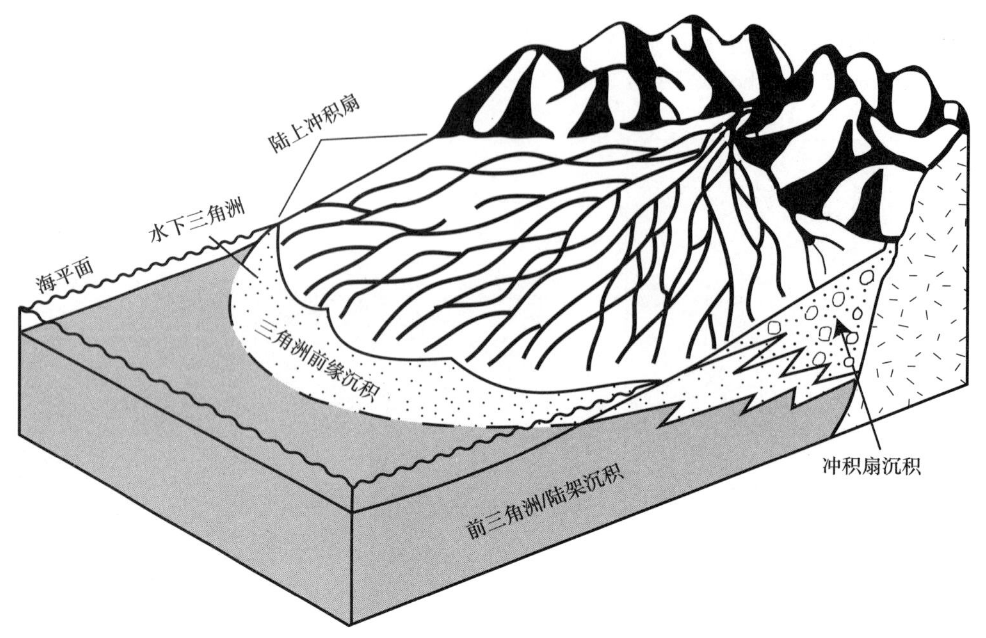


图 9.11　扇三角洲示意图，分为陆上冲积扇和水下三角洲

## 9.2.2　三角洲地貌及沉积特征

泥砂输入、流出速度及波浪和水流能量的变化导致三角洲的沉积特征从一个三角洲到另一个三角洲表现出高度的变异性。然而，所有三角洲均可以分为陆上和水下部分，每一部分都可以进一步细分（图 9.12）。三角洲的陆上组成部分，称为三角洲平原，通常大于水下组成部分。它被划分为上三角洲平原和下三角洲平原，上三角洲平原主要位于高水位线之上，下三角洲平原位于低潮线和潮汐影响上限之间。上三角洲平原通常是三角洲最古老的部分，主要受河流作用的影响。下三角洲平原低潮时裸露，涨潮时被水覆盖。因此，它既受河流作用又受海洋作用。

上三角洲平原主要受河流作用的影响。沉积作用主要由分流河道迁移和相关的河流沉积过程构成，如河道和点坝沉积、溢岸洪水扇和决口扇进入湖盆（第 8 章）。主要的沉积环境包括辫状河道、曲流河道、河漫滩沼泽及泛滥平原（如沼泽、湿地和淡水湖）。因此，上三角洲平原的沉积物主要是与湖泊、沼泽和湿地沉积物密切相关的河流砂、砾石和泥浆。下三角洲平原的宽度在潮汐幅度较大的三角洲中最大。该平原包括三角洲活动分流河道系统和废弃分流河道充填沉积，其两侧可能有边缘盆地或海湾充填沉积。分流河道数量众多，但河道间环境在下游三角洲平原中所占的比例最大。这些环境包括活跃的潮汐通道、天然堤坝、分流间海湾、海湾填充物（裂缝的分叉）、湿地和沼泽（Coleman 和 Prior，1982）。

水下三角洲平原位于低潮线以下的下三角洲平原向海方向。水下三角洲的最前部位于水深约 10m 的地方，通常被称为三角洲前缘。水下三角洲向海的剩余部分称为前三角洲，或前三角洲斜坡。水下三角洲可向外延伸数千米至数万米，前三角洲可延伸至水深 200~300m 处。在河流主导的三角洲中，沉积通常由河口附近的部分砂和可能的砾石组成，形成分流河口坝沉积，如密西西比河三角洲（图 9.6）。另外，三角洲前缘可能是由高能海洋流过程控制的，包括波浪、沿岸流和潮汐。在波浪和潮汐主导的三角洲中，沉积物在这些过程中被重新加工和筛选，形成了分选良好的三角洲前缘席状砂，呈现出各种规模的交错层理。最细的粉砂和黏土被输送到更远的海域，沉积在水下三角洲最外缘的前三角洲上。在重力驱动的山体滑坡、崩塌、浊流和泥石流等块体运动过程中，以前的沉积物可能被再次携带、搬运并再沉积到水下三角洲的下坡更深处。

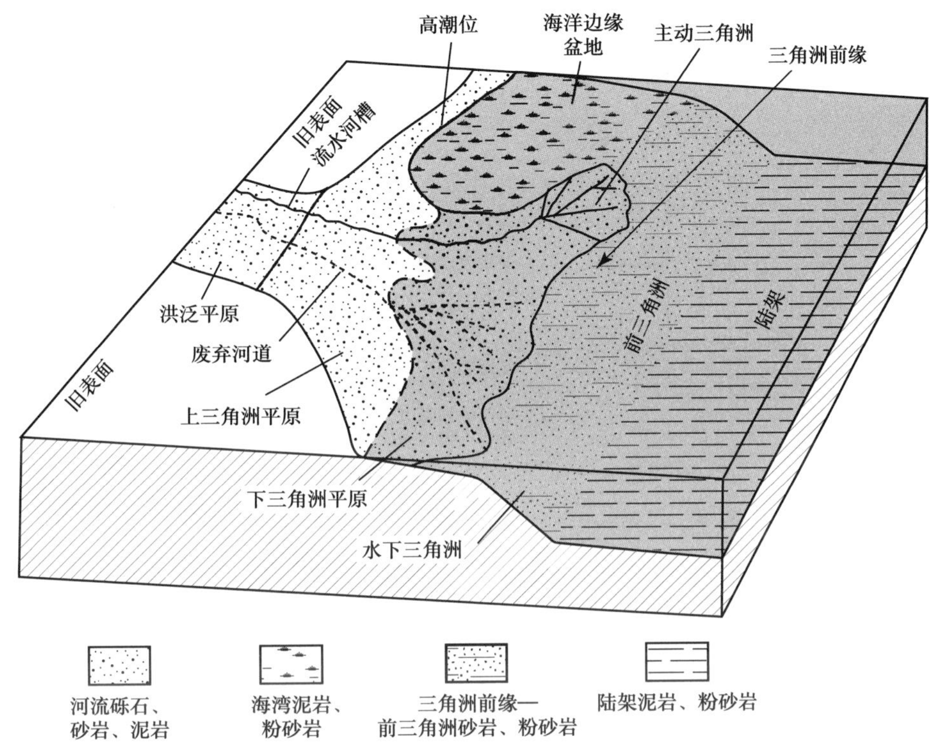


图 9.12 河流控制的三角洲体系的主要组成部分（据 Coleman 和 Prior，1982）

潮控三角洲和浪控三角洲的地理分区相似，然而在三角洲前缘和最下层的三角洲平原上的沉积物被潮汐和波浪作用所改造

### 9.2.3 三角洲旋回

在三角洲建设阶段，三角洲沉积向海推移，三角洲前缘砂体在前三角洲粉砂体和黏土上向海进积，形成了一个向上粗化的垂直相序列。以河流为主导的密西西比河三角洲的进积叶上的沉积序列就是一个很好的例子（图 9.13）。构造运动、气候变化、河流改道或海平面变化等引起的水文和沉积状况的重大变化，可能会中断活跃的三角洲建设。较小尺度的变化可能是三角洲叶状体、支流或潮汐水道转换等过程造成的。特别是，重大的变化可能导致海平面的相对上升，这可能会使进积三角洲的生长停止，并随着海岸线向陆地方向推进而导致一期海侵沉积阶段。因此，三角洲的增长往往是周期性的。在活动进积阶段，前三角洲细粉砂岩和黏土逐渐被三角洲前缘粉砂岩和砂岩、分流河口砂体所覆盖，最后被沼泽、河流和可能的风成沉积所掩盖，形成向上变粗的海退序列。三角洲废弃或海侵所造成的进积中断，会带来一个以侵蚀和河口沉积物重新分布为主的破坏

性阶段。随后的分流河道迁移或退积可能导致另一阶段的交替进积。组成一个完整的三角洲旋回的沉积物厚度可能在 50~150m 之间。代表单个支流进积的小尺度旋回范围仅为 2~15m（Miall，1984）。

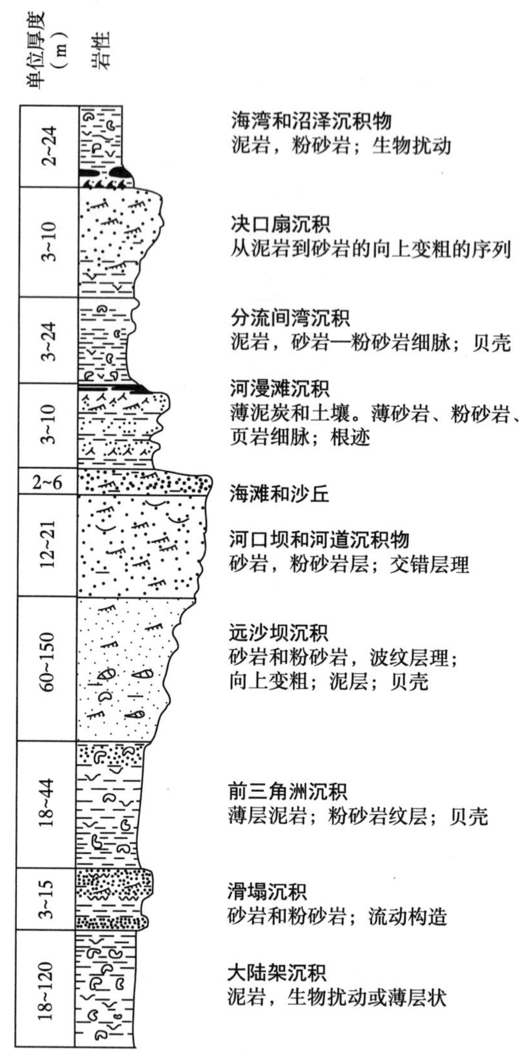


图 9.13 河流主导的（密西西比河）三角洲相的理想垂直序列。请注意列中显示的单个单元的厚度

## 9.2.4 古代三角洲体系

古老的三角洲沉积在大多数年代的地层序列中都有报道，但在石炭系和古近系—新近系的岩石中尤为常见。据报道，河控三角洲沉积的例子包括不列颠群岛的石炭系（Martinsen，1990；Pulham，1989），得克萨斯州的 Wilcox 群（始新统）（Fisher 和 McGowan，1967），以及加拿大的 Dunvegan 组（白垩系）（Bhattacharyya 和 Walker，1991）。Horne 等（1978）提供了一个例子，他们描述了肯塔基石炭纪的河流三角洲沉积（图 9.14）。图 9.14 所示的沉积为侧向分级为泥质充填海湾的分流河口坝砂岩。砂体宽 1.5~5km，厚 15~25m。它们在底部最宽，并且有渐变的上下接触。颗粒大小依次向上，并且向中心增大。在沙洲

的侧翼上，常见的是向上递变、变细的岩层，以及振荡和流体产生波纹的表面。在河道沉积物的底部存在着含砂砾岩。通过与图 9.6 的对比，可以注意到这些以古河流为主导的三角洲沉积物在几何形状和沉积特征上与现代密西西比河三角洲非常相似。

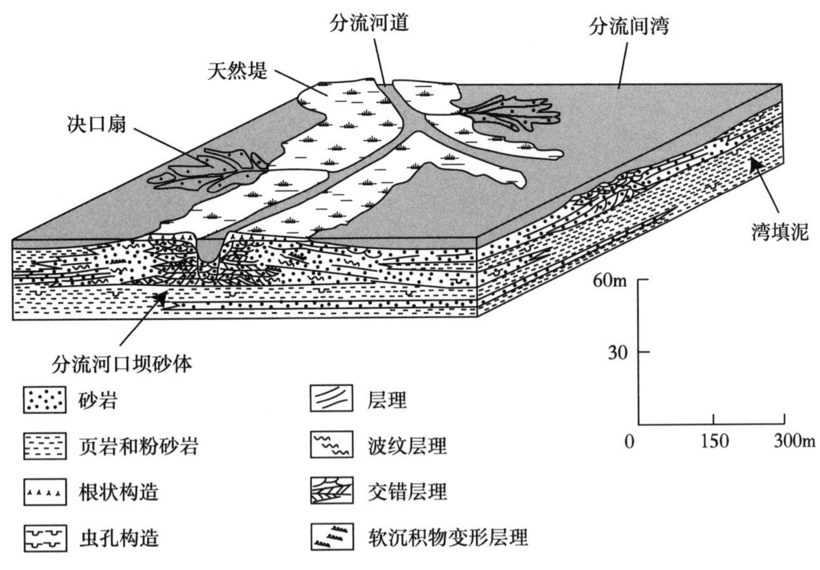


图 9.14　肯塔基东部河控三角洲的三维沉积模型

Weise（1980）描述了得克萨斯州地下 San Miguel 组的上白垩统沉积物，根据岩心和测井信息，这些沉积物被解释为波浪主导的三角洲沉积物。Weise 绘制了 10 个砂质三角洲叶状体的厚度（等厚图），这些叶状体的砂体形状从河流主导沉积（反映海洋影响最小）到波浪主导三角洲的特征（图 9.15）。在高泥砂输入量和低海平面上升速率的时期，波浪对沉积物的重新分配作用很小，形成了叶状三角洲。在低泥砂输入量和高海平面上升速率的时期，沉积物被波浪作用广泛地改造，形成走向排列的细长砂岩体，如图 9.15 所示。Bhattacharya 和 Giosan（2003）、Elliott（1986a）、Leckie 和 Walker（1982）及 Liu 等（2003）描述了其他古老的浪控三角洲。Howell 和 Flint（2003）认为犹他州 Book Cliffs 的白垩系与巴西帕拉伊巴三角洲的沉积物类似，如图 9.8 所示。

委内瑞拉马拉开波盆地始新统 Misoa 组是一个巨大的冲积—三角洲—浅海沉积复合体，自其源区向东北延伸约 250km，具有明显的潮控三角洲特征。Maguregui 和 Tyler（1991）对该复合体的一小部分（64km$^2$）进行了重建，如图 9.16 所示。一个潮汐三角洲平原被狭窄的、高度弯曲的潮汐水道一分为二，形成地势低的高地，分隔着笔直的河湾（河口）分流河道。分流河道间区域含砂量较低。河口分流系统在河口末端输送和释放沉积物，潮汐流在那里重新分配这些沉积物，形成潮汐改造的分流—河口—沙坝沉积复合体。分流区内的潮道与沉积物分流系统不相连，仅在低潮时露出潮坪。砂体在河口河道中堆积，形成河口分流河道复合体（图 9.16a）。向海方向，河口分流河道在该最大潮流能量区向外分流并汇入潮汐改造的分流河口坝区（图 9.16b）。潮汐沙脊也形成向上变粗、高度生物扰动的砂体（图 9.16c 和 d），这是由在低能泥岩上的高能沙洲脊（砂）横向迁移而形成的。注意这些脊的方向，从右到左横贯整个区域，平行于河口，垂直于海岸线。Dalrymple 等（2003）、Mellere 和 Steel（1996）、Roberts 和 Sydow（2003）及 Willis 等（1999）讨论了古代潮汐主控三角洲的其他例子。

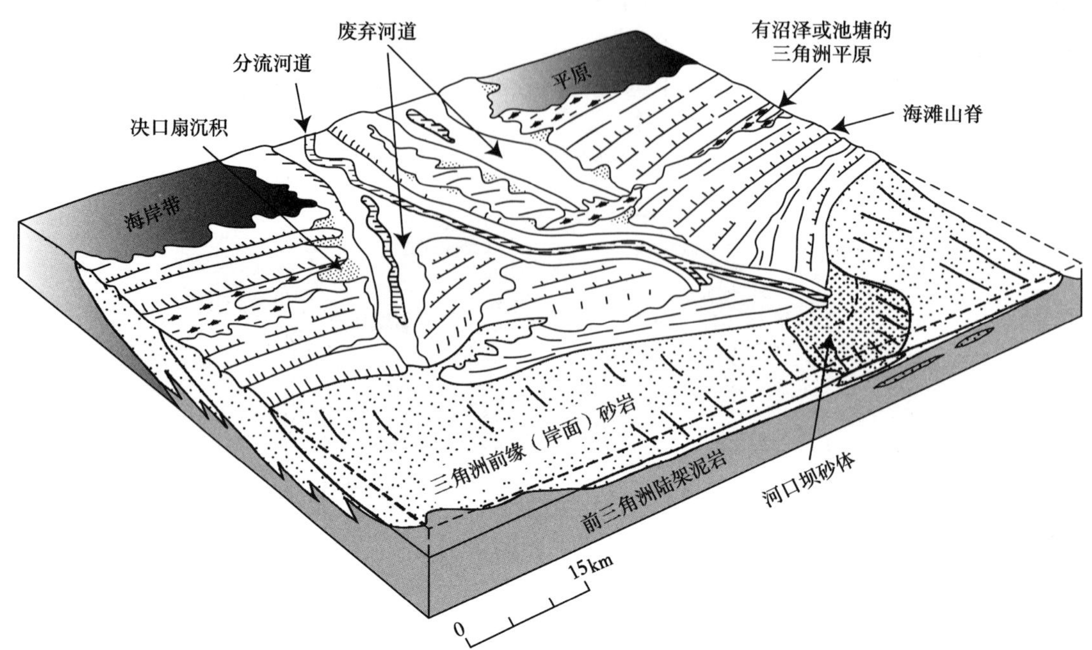


图 9.15　得克萨斯州南部白垩系 San Miguel 组浪控三角洲体系砂体形态及沉积相三维模型

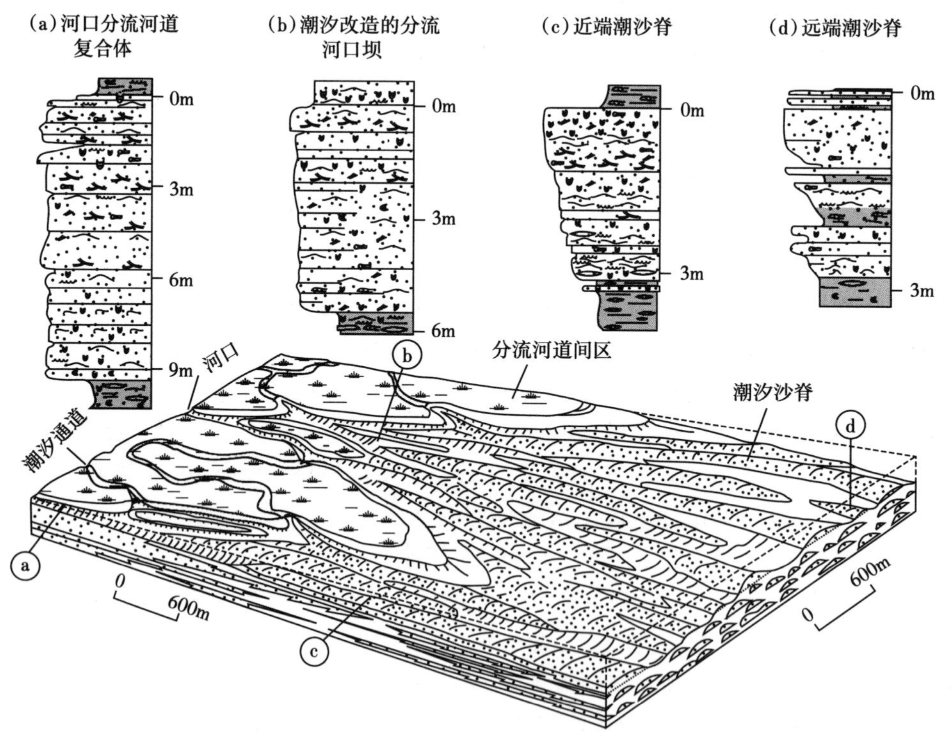


图 9.16　委内瑞拉马拉开波盆地 Misoa 组（始新统）潮控三角洲、三角洲前缘及下三角洲平原三维模型。（a）为典型的河口分流复合体。（b）为向海方向较远的过渡岩相，浅海环境的影响较大，潮汐流的改造程度较高，对典型的河口分流河道复合体进行了改造。近端潮沙脊相（c）出现在河口末端附近的高输砂区。远端潮沙脊相（d）位于离河口较远的地方。在沉积物供应有限和潮流较弱的地方。请注意，砂岩相（点状）和泥岩相（暗影）都受到了广泛的生物扰动

斯匹次卑尔根群岛西部上石炭统—二叠系 Reinodden 组为古扇三角洲沉积体系的研究提供了一个例子（Kleinspehn 等，1984）。在这个区域有几个扇形序列，其中一个如图 9.17 所示。图 9.17 中的地层序列始于沉积在前三角洲环境中的碳酸盐和硅质碎屑泥。这些细粒前三角洲沉积是由阻挡层 / 沙嘴和远端口沙坝在三角洲前缘的浊流等作用下形成的部分交错层状沉积。砂质沉积物被平面或交错层状砾石覆盖，这些砾石形成于扇三角洲平原上的河道中。由波浪作用改造而成的一薄层砾石覆盖着演替层序，代表着海侵的一个小阶段。图 9.17 中的小图显示了该扇在三角洲前缘和前三角洲环境上的演化过程，形成了向上逐渐变粗的相序。

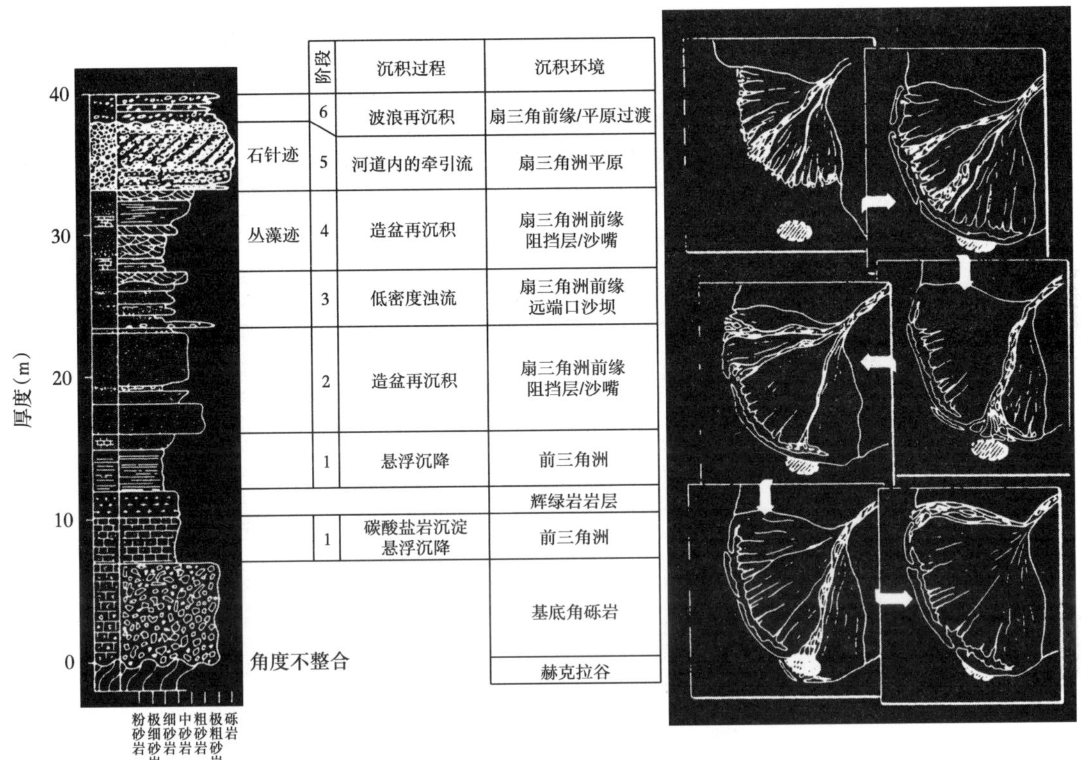


图 9.17 垂向相序

在斯匹次卑尔根群岛西部石炭系—二叠系扇三角洲沉积中，受不同阶段扇体进积作用的影响而发育；地层柱中的 1~6 阶段对应平面图中的 1~6 阶段；以条纹椭圆形区域为代表的沉积场所在空间上保持固定，而扇三角洲的几何形状相对于该区域发生了变化

## 9.3 海滩和障壁岛体系

大陆海滩是狭长的砂粒堆积，与海岸线平行排列，并附在陆地上（图 9.18）。海滩砂体通常被岬角和海崖、河口、河流三角洲、潮汐湾、海湾和潟湖横切。障壁岛海滩与大陆海滩相似，但被浅水潟湖、河口或沼泽与陆地隔开（图 9.19）。它们也通常被潮汐水道或入海口切开。海滩可以在三角洲体系内，沿着三角洲的沉积走向形成，也可以在与三角洲没有联系的其他海洋甚至湖泊环境中形成。它们是所有沉积环境中最动态的，并且受季节和长

期变化的影响，使它们处于几乎恒定的流动状态。与三角洲同时受河流和海洋作用的影响不同，海滩和障壁岛体系主要受海洋作用的影响，风成沙的作用程度也较低。

图 9.18　俄勒冈州南部海岸，从塞巴斯蒂安角向南延伸的狭长海滩

图 9.19　南卡罗来纳州 Edingsville 海滩的障壁岛体系

请注意跨越屏障的大型潮汐入口和屏障后方（左侧）低能量潟湖中的较小河道

现代和全新世海滩可能因其娱乐用途、可接触性，作为沙金、铂和各种矿物来源的经济潜力，以及它们作为海洋和陆地之间的侵蚀缓冲的重要性而比其他沉积环境得到更广泛的研究。许多关于现代海滩的研究是由海岸工程师、地理学家和地貌学家进行的。地质学家对海滩也有浓厚的科学兴趣，因为它们提供了对古代沉积过程和环境的洞察条件。古海滩沉积物也被广泛研究过；除了作为古代近岸过程和条件的指示物外，古海滩和障壁岛沉积物作为石油和天然气的储层和铀的寄主具有相当重要的经济意义。尽管大多数海滩由碎屑沉积物组成，但一些位于碳酸盐岩陆架上的现代海滩主要由骨骼碎片、鲕粒、团粒和其他颗粒组成的碳酸盐岩格架。碳酸盐岩海滩沉积也可以从地质记录中得知（Inden 和 Moore，1983）。

### 9.3.1 沉积环境

海滩和障壁岛复合体最适合在波浪主导的海岸发展，潮汐程度小到中等。海岸按潮差划分为3组（图9.20）：小潮（0~2m），中潮（2~4m），大潮（大于4m）。Hayes（1975）指出，障壁岛及其相关环境优先出现在小潮海岸，在微潮海岸发育良好且几乎连续。这些不是中潮汐海岸的特征，当障壁存在时，通常较短或发育不良，在潮汐入海口常见。大潮海岸一般不存在障壁，极端的潮差使波浪能在宽阔的海岸带上分散和消失，因此不能有效地形成障壁。

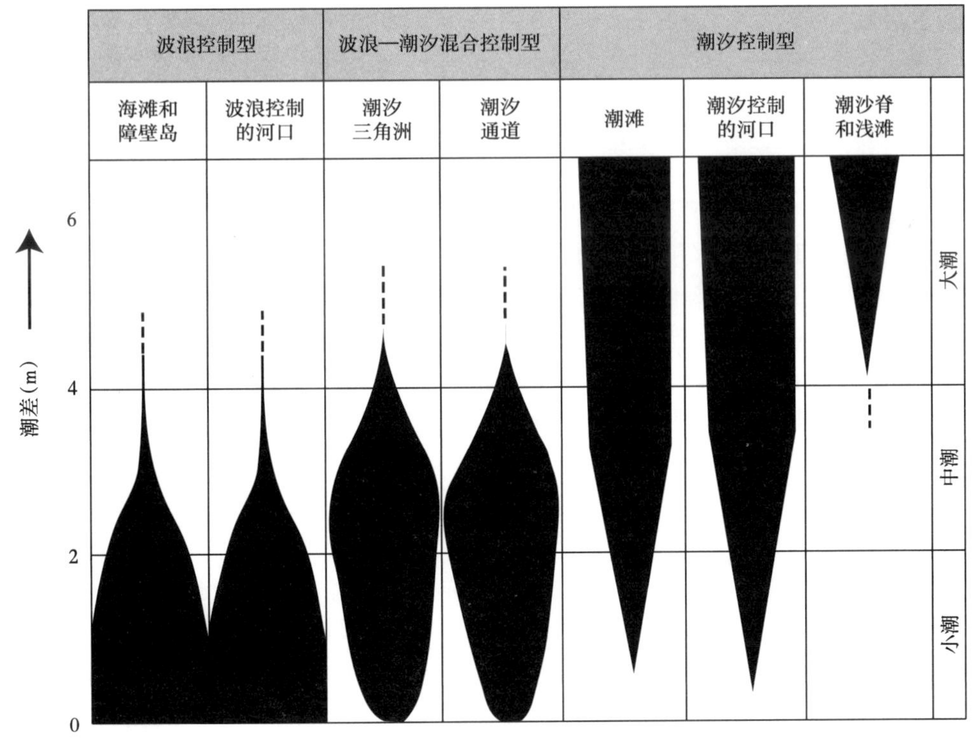

图 9.20　按潮差划分的海岸线类型，可分为波浪控制型、潮汐控制型和波浪—潮汐混合控制型

海滩和障壁岛可能发生：（1）单个海滩叠加到大陆。（2）一个更广泛的滩脊系统构成一个滨海平原，由多个并行滩脊和并行的沼泽组成，但通常缺乏完整的潟湖或沼泽；沙脊沿岸平原由沿海岸延伸的沙脊组成，被海岸的泥滩沉积物分开的一种海岸平原，称为

滩脊型潮滩平原。(3)被潟湖或沼泽完全或部分地与大陆隔开的障壁岛。

## 9.3.2 海滩

### 9.3.2.1 地貌

海滩环境形态可划分为以下几个区域：后滨，即从高潮线的海滩边向陆地延伸的区域，通常包括后滩沙丘沉积区；前滨，主要包括低潮线和高潮线之间的潮间带；外滨又称近滨，从低潮线向滩与陆棚沉积物的过渡地带延伸(图 9.21)，即向水深 10~15m 的正常浪基面延伸。图 9.21 还说明了浅滩和碎浪的近似区域，以及浪涌区和浪冲区的位置，这些将在后面的章节中讨论。

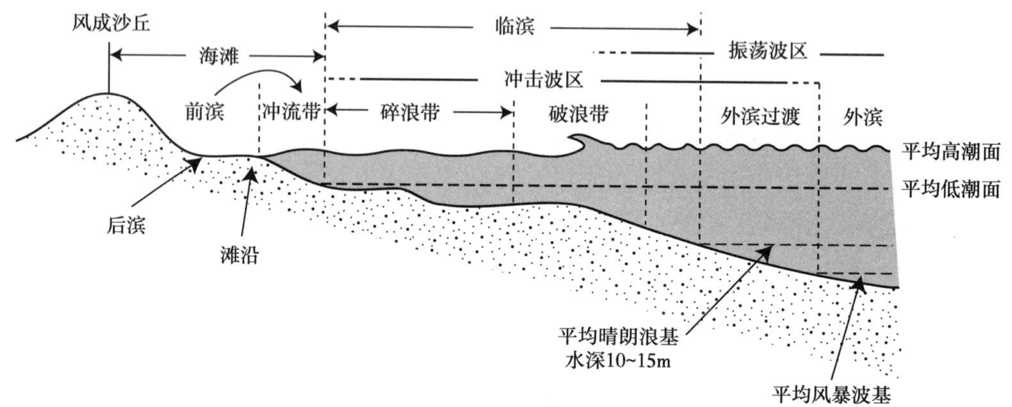


图 9.21 海滩和近岸带的一般剖面，也显示了波浪活动的主要区域

### 9.3.2.2 沉积过程

对近海过程感兴趣的工程师和地质学家对滨海的侵蚀、泥砂输送和沉积过程进行了广泛的研究。发表的工程研究结果往往用数学术语表示，而一般地质学家可能不太感兴趣。在为地质学家所写的关于海滩过程的描述中，也许最详尽、数学上最严谨的要数 Komar(1998)和 Hardisty(1990)。这里只对这些过程做一个非常简短的描述。如前所述，海滩最适合在波浪占主导地位的海岸发育，因为潮汐幅度较小。海滩主要是由波浪相关过程构成的，其中包括波浪冲刷、风暴和近岸流(沿岸流和撕裂流)。风在海滩上的泥砂输送中也起着重要作用。

1)波浪过程

波浪下的水在深水中移动被限制在轨道(圆形)路径上(将在第 10 章中讨论)。这些轨道的直径在水体中向下减小。当深水轨道波接近浅水时，浅水的深度约为波长的一半，水的轨道运动受到与底部相互作用的阻碍。轨道逐渐变得越来越椭圆，最终，在接近底部的地方，发展出一种近乎水平的来回运动，可以让沉积物来回移动。这种往复运动在产生波纹河床形态和产生一些净泥砂输送方面是重要的。随着波浪向更近岸的浅滩区推进(图 9.21)，波浪前进速度减慢，波长减小，波高增加。当轨道速度超过波速时，波浪最终会变陡，波浪就会破碎，形成破浪带。破碎的波浪产生湍流，将沉积物抛入悬浮状态，也带来了波浪运动的转变，形成了碎浪带。在这一区域，一个高速的平移波(一种被打断成水流的波)，或称涌潮，被涌射到上层的海岸，导致推移质泥砂向陆地输送，并形成一个短时间的泥砂“悬浮云”。在海岸线上，碎浪带让位给冲流带，在冲流带中，一股快速的、非常浅的冲浪流带着部分悬浮的泥砂向海滩上移动，紧接着是一股反冲流沿海滩而下。反冲流开始时速度很低，但加速很快（如果悬浮沉积物中存在重矿物，它们会迅速沉降，形成一层薄薄的重矿物层）。碎浪带和冲流带的宽度由滨岸和前滨的坡度决定。非常陡峭的海岸可能完全没有浪区，波浪在靠近海岸的地方破裂，而温和的海岸通常有非常宽的浪区。

海滩上的泥砂输移对浅滩带向陆地的作用尤为重要。在高能破碎带中，粗粒沉积物沿一系列平行于海岸的椭圆路径跳跃移动，而细粒沉积物则被抛入悬浮状态。所谓的平移波，实际上是一种洋流，它将沉积物通过海浪和冲刷带带到海滩表面。如果波浪斜向海岸线（一种很常见的现象），泥砂就会以曲折的方式沿海岸输送，这是因为上冲流以一定的角度穿过海滩，而反冲流则垂直于海滩面。因此，中等到低能的正常波浪往往在建设性沉积体系中产生向陆地和沿岸的沉积物净输送，在这个体系中，海滩由于沉积作用而形成。在海滩地区，沉积物的反复沉积和再夹带往往会过滤和去除最细的沉积物，产生一般分选良好、正向倾斜的沉积物。风暴产生的高能量条件会产生陡峭的、长周期的风暴波，这会对海滩地区造成相当大的侵蚀，并导致沉积物向海洋方向的净位移。在风暴期间，大量的沉积物被冲浪带的水流抛起，使内海滩上的沙洲被冲平，并向大海迁移相当远的距离。因此，在现代海滩上观察到明显的季节变化是很常见的，这些海滩在低能量的夏季经常向陆地方向建造，但在冬季风暴条件下被侵蚀和缩小。

2）波生流

当海浪和风把水堆积到海滩上时，它们不仅产生了在冲浪区上下移动的双向平移波，而且还产生了两种不同类型的单向流：沿岸流和离岸流。当波浪以折角接近海岸时，就会产生沿岸流，而平移波的一部分横向偏转平行于海岸。这些洋流沿着沿岸槽平行移动，沿岸槽是在冲浪区较低部分平行于海岸线的浅槽。这种在浅滩脊之间平行的沿岸槽系统被称为脊和渠系统。沿岸流的流速与波浪高度和波浪接近海岸的角度有关。随着波浪不断地向海岸移动，水在浅滩和海岸线之间堆积起来，无法回到它来时的方向，水必须另寻其他路径返回大海。因此，它作为沿岸流与海岸平行移动，直到它在沙洲之间找到一个低处，在那里与流向相反的水流汇合（图 9.22），并作为一个狭窄的近地表流向海方向移动。

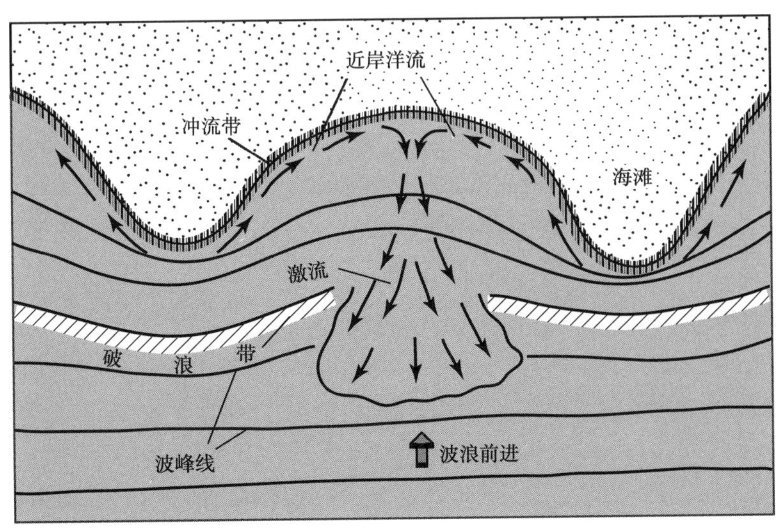


图 9.22　沿相反方向局部移动的沿岸海流示意图，这是由于波浪的波峰在不规则海底移动时发生弯曲（折射）而产生的，这导致了通过破浪带向海方向流动的离岸流的形成

这些汇聚的、向海洋移动的洋流称为离岸流。沿岸流在泥砂输送和海滩沉积中起着非常重要的作用，因为它们的速度大到足以输送沙子。它们与冲沙带的输运过程一起，是沿滨沙运动的主要因素。离岸流主要是表面现象，因此在近河床泥砂输移方面不如沿岸流重要。尽管如此，它们还是可以携带大量的沉积物（也许偶尔会有漂浮物），并将其穿过碎浪带进入浅水区。

3）风

风除了在产生正常波浪、风暴波浪和沿岸流中所起的间接作用外，风还在海滩上的泥砂输送中起着直接作用。海滩的地面部分，当高于高潮水平时，或多或少地受到风的影响。大量的沙子可能被风吹向海岸，大部分是在陆地上（海风往往从凉爽的海水吹向温暖的陆地表面）。在低潮期间，随着沙子变干，风也可能在较低的海岸面上移动沙子。

### 9.3.3 障壁岛体系

障壁岛环境不是一个单一的环境，而是三个独立环境的组合（图 9.23）：砂质障壁—岛链本身（潮下至陆上障壁—海滩复合体）；封闭的潟湖、河口或其后面的沼泽（后障，潮下—潮间带）；以及穿过障壁并将障壁后潟湖连接到开放海的水道（潮下—潮间带三角洲和入海口—水道复合体）。识别和解释古障壁岛复合体需要识别潟湖相、河口相和潮坪相之间的密切联系。障壁岛体系并非简单的障壁海滩综合体。障壁滩的泥砂输移和沉积过程与陆地滩相似，然而，其他的过程发生在潮道、潮坪、沼泽和潟湖的障壁复合体。这些过程将在本章的后续章节中讨论。全新世（现代）的障壁岛体系沿着世界海洋的许多地区的海岸线发育良好。有关这些障壁岛的精彩讨论，请参阅 Davis（1994）、Davis 和 Fitzgerald（2004）。

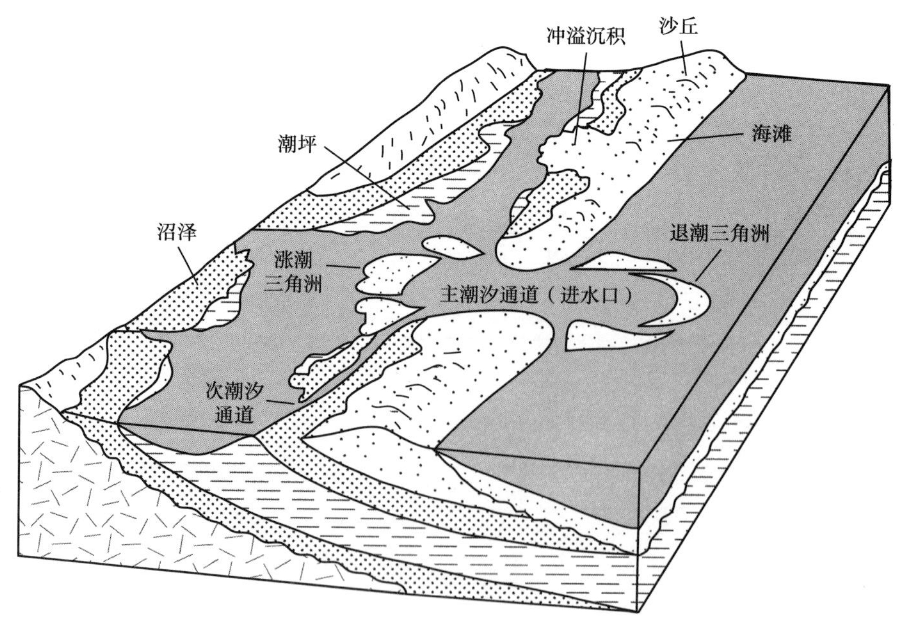


图 9.23 海进障壁岛体系各亚环境的广义模型

关于障壁岛复合体的起源存在着相当大的意见分歧。提出的成因机制包括（1）浅滩和滨岸沙洲加积，即向上形成并最终形成外滨沙洲；（2）平行于海岸的沙洲被冲断和剥离而分割；（3）与海岸相连的海滩被淹没和下沉而吞没沙脊；（4）全新世沙丘、海滩和前滨砂的焊接或拼合，进入或没过前全新世的地形高地；（5）海岸砂在海侵过程中的横向移动，形成障壁岛。机制（2）、（3）和（5）似乎是最可行的，可能能够建立复合体的起源模式。旧障壁体系的起源仍未得到解决，因为与起源有关的大多数证据已被随后的改造所销毁，然而，通过对历史时期形成的障壁的观察表明，这些障碍主要是由机制（1），通过波浪作用形成浅滩（Davis，1997）。

### 9.3.4 现代海滩—障壁岛体系特征

大陆—海滩和障壁岛体系作为一个整体，产生一个狭窄的沉积体，沿着沉积走向或海岸线延伸（图 9.18 和图 9.19）。这一沉积体主要由外滨沙滩、前滨和后滨产生的砂体组成，通常有数十至数百米宽，数百千米长，10~20m 厚（Reineck 和 Singh，1980）。沿着它的走向，它可能在许多地方被三角洲、河口、海湾和其他沉积物打断，这些特征贯穿于海滩（图 9.1）。在障壁岛出现的地方，障壁滩级的砂粒向陆地方向转化为障壁后沉积物，其中可能包括冲刷砂、潮汐三角洲砂泥、潟湖粉砂和淤泥，以及砂质、泥质潮坪和沼泽沉积物（图 9.23）。

在陆滩或前滨形成滩沉积，此处是平均低潮面至平均高潮面的潮间带，对应于波浪冲蚀带（图 9.21）。前滨的沉积物主要由细砂至中砂组成，但也可能包括分散的卵石和砾石透镜体或层。沉积构造主要为平行纹层，形成于逆冲—反冲流过程中，向海平缓倾斜（2°~3°）。薄而重的矿物纹层普遍存在，与石英砂层交替出现。也可能存在一组低角度、向陆地倾斜的薄层，可能是反冲过程中反向沙丘迁移形成的。部分前滨砂因前滨脊迁移而呈现出向陆地倾斜的高角度交错层。前滨与后滨之间是由风暴潮抛起的砂粒在坡顶形成的坡折分开的。后滨仅在风暴期间被淹没，是一个以间歇性风暴潮沉积和风成沙输送沉积为主的区域。微弱的、向陆地倾斜的、近水平的纹层，局部被甲壳纲动物的洞穴打断，记录了风暴波的沉积。这些纹层可能被中小型风成槽状交错纹层覆盖，常受到陆生生物根系生长和洞穴的干扰。

外滨沉积物形成于从海滩上的平均低潮面一直延伸到正常浪基面下限的环境中。浪基面深度是指正常波浪不与底部反应的深度。岸线上的浪基面深度通常在 10~15m，但在风暴期间，这一深度可以显著变深。滨岸可分为上、中、下临滨，大致对应于碎浪带、破浪带和外浅滩带，每一种都由具体特征相区分（图 9.24）。

上临滨带（冲浪区）沉积物形成于以强烈的双向平移波浪和沿岸流主导的环境中。该带的矿床主要由多向槽状交错纹层组组成。像石栖动物这样的痕迹化石很常见，但数量并不多。中临滨带（破碎带）沉积物是在高能条件下形成的，这是由于碎浪和相关的沿岸流和离岸流。沉积物以细砂至中砂为主，含少量粉砂和贝壳物质，可能呈现向陆和向海倾斜的槽状交错层理，以及近水平层理。由垂直洞穴组成的痕迹化石，如石兽和蛇形动物是常见的。下临滨带（外浅滩带）沉积是在能量相对较低的条件下形成的，向海过渡为开放陆架沉积。它们主要由细砂到极细砂组成，但可能含有薄的、夹层状的粉砂和淤泥。发育的沉积构造包括小尺度交错层理；水平、近水平层理；丘状交错层理（由于风暴事件）。痕迹化石，如 *Thalassinoides* 可能是常见的。

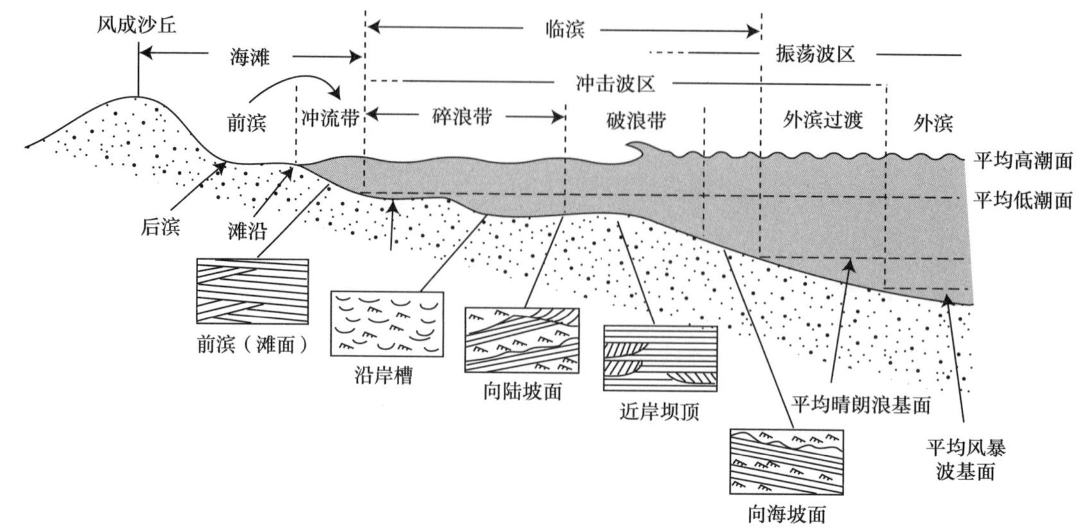


图 9.24　海滩带和近岸带形成的典型沉积构造（剖面同图 9.21）

障壁后沉积形成于障壁滩向陆的若干亚环境中。冲刷沉积发生在风暴驱动的波浪穿过并覆盖障壁的区域，将沙滩沉积物碎屑冲刷到后障壁潟湖中（图 9.23）。冲沙沉积以细砂至中砂为主，表现为近水平、水平层理和小至中等规模的向陆倾前积层理。当潮汐水道穿过障壁进入内潟湖时，沉积物会沉积在许多与潮汐有关的环境中，包括潮汐水道、潮汐三角洲和潮汐滩（图 9.23）。潮道沉积物主要由砂体组成，沉积物通常具有以粗大的滞后砂体和砾石为标志的侵蚀基底。沉积构造可包括双向大尺度层理和槽状交错层理，其结构一般呈向上变细的趋势。潮汐三角洲沉积在障壁潟湖侧（涨潮三角洲）和障壁向海侧（退潮三角洲）形成。它们主要是数十米厚的砂质沉积物，大体呈抛物线形状或其他几何形状。它们的特征是具有高度变化的平行和槽状交错层理，它们可能向陆地或向海倾斜。潮坪沉积物沿着大陆海岸的边缘和障壁的后面形成。从潮坪下部的细粒至中粒纹层状砂层，到潮坪中部的片状和荚状细砂和泥层，再到潮坪上部的层状泥层。潟湖和沼泽沉积物在低能的后障壁潟湖中堆积，并横向过渡为高能量的潮汐水道、三角洲和冲刷碎屑的砂质沉积物。它们主要由互层和指状交错的细砂、粉砂、淤泥和泥炭沉积物组成，其特色是具有浸染的植物残骸、咸水无脊椎动物化石（如牡蛎），以及水平到近水平层理。

## 9.3.5　古海滩—障壁岛沉积

海岸线可能随着时间的推移而改变，以响应海平面和沉积物供应的变化等因素。海岸线向陆地方向的迁移（例如，在海平面上升期间）称为海侵；向海方向迁移（例如，在海平面下降期间）称为海退。由于在一个环境中沉积的沉积物被邻近环境中沉积的沉积物叠置，海进或海退形成了一个垂直的相序列（岩石类型）。海退期形成的垂向相剖面与海侵期形成的垂向相剖面不同。大陆海滩环境的后退（海岸线进积）导致海滩环境中沉积的沉积物叠加在更多的近海沉积物之上，形成如图 9.25 所示的垂向剖面。海侵产生的垂向剖面基本上是相反的，更多的近海沉积物堆积在近岸沉积物的顶部。

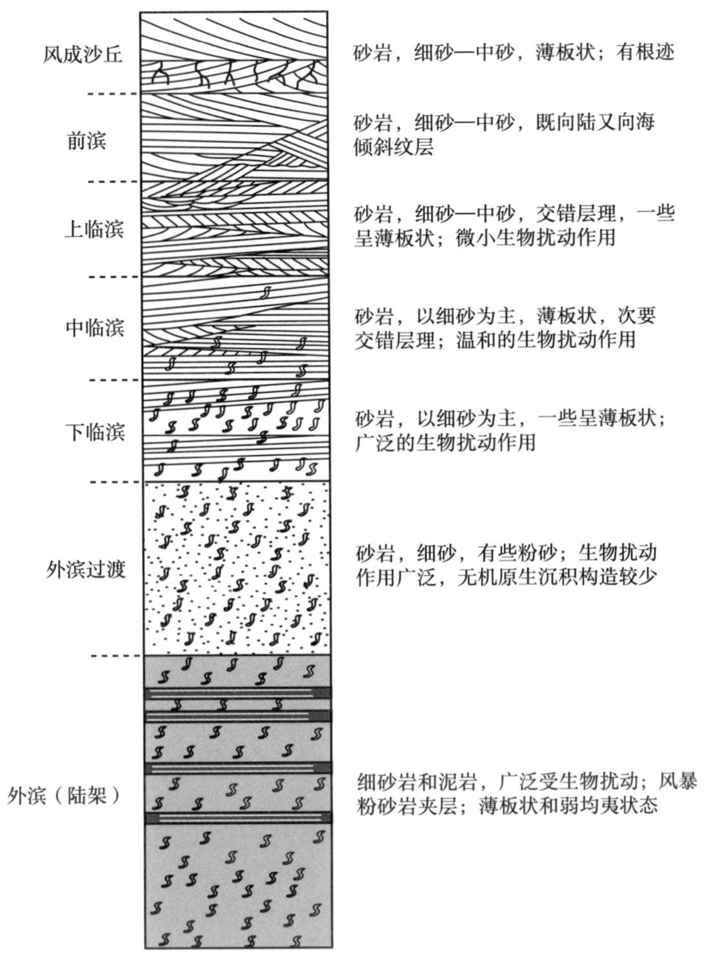


图 9.25　全新世低能量进积海滩沉积物的理想序列

由于障壁岛的环境包括后障壁环境和海滩环境，障壁复合体形成的垂直剖面较陆滩更为复杂。当海岸线向陆地方向移动时，海侵导致障壁滩沉积在障壁后潟湖和沼泽沉积之上。随着岸线的推进，海退导致潟湖和沼泽沉积在障壁滩—海滩复合体的砂质沉积物之上。海侵海滩和障壁岛沉积的形成有两种不同的机制：岸线因海平面侵蚀向陆地推进，这可能发生在海平面缓慢上升的过程中，而岸线在海平面迅速上升的过程中相对突然地上升“跳跃”。这些替代机制如图 9.26 所示。

在海岸线后退（海侵）过程中，海滩和上临滨带沉积物可能被侵蚀并被搬运到下临滨带或近海，作为风暴层，或被冲刷沉积到潟湖（图 9.26a）。海侵过程中海洋改造和侵蚀所产生的面称为沟壑面。在海平面快速上升过程中，由于淹没而造成的就地沉没可能会导致一个被水覆盖的障壁，导致波浪带向陆地移动，直到在潟湖内侧形成一个新的障壁（图 9.26b）。在沉积物供给相对海平面变化较大的条件下，障壁岛可以进积（海退），形成海退的障壁岛相。在这些条件下，障壁倾向于转变为滨滩平原，主要形成砂岩相，其中海滩（后滨和前滨）沉积覆盖前滨沉积。得克萨斯州加尔维斯顿岛（图 9.26c）就是这种进积矿床的一个例子。

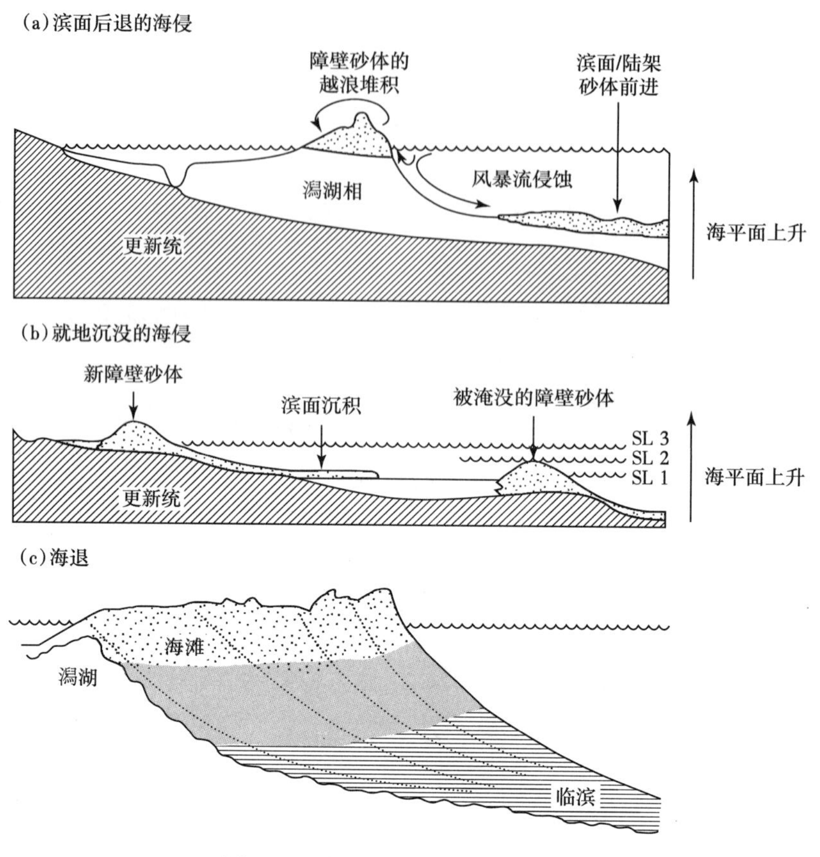


图 9.26 海进海退形成的障壁岛相

(a)在海平面逐渐上升期间，由于滨岸后退而造成的海侵；(b)海平面迅速上升的影响，造成就地沉没（SL = 海平面）；(c)相是在相对于海平面变化的大量沉积物供应条件下的前积作用形成的

许多古海滩和障壁沉积的例子已为人所知。例如，新墨西哥州西北部的白垩系 Gallup 砂岩被认为是一个前积（海退）的障壁沉积序列（McCubbin，1982），而新墨西哥州西北部圣胡安盆地的白垩系 Cliff House 砂岩被解释为一个海侵的障壁复合体（Donselaar，1989；McCubbin，1982）。其他被鉴定为海滩和障壁岛复合体的碎屑沉积序列存在于北美不同年代的岩石中。在肯塔基州、弗吉尼亚州、西弗吉尼亚州和田纳西州的阿巴拉契亚盆地的宾夕法尼亚亚系；怀俄明州和蒙大拿州下白垩统泥质砂岩；得克萨斯州东部的始新统 Wilcox 群；加利福尼亚州的第四系中已经报道了这种地层的演替（Davis，1992）。一些古代碳酸盐岩沉积也被解释为海滩复合体。得克萨斯州西部的下白垩统 Edwards 组、得克萨斯州中部的下白垩统 Cow Creek 组、肯塔基州东部的密西西比亚系 Newman 组和蒙大拿地区威利斯顿盆地的密西西比亚系 Mission Canyon 组都是含有碳酸盐滩沉积的古地层单元的例子。

## 9.4 河口体系

相对较小、部分封闭的海岸入海口被宽泛地称为滨岸海湾。滨岸海湾有两大类：河口和潟湖。河口（该术语源于拉丁语“*aestus*”，意为“潮汐”；形容词“*aestuarium*”，意为“潮汐的”）通常被认为是入海河流的下游（图 9.27）。Dalrymple 等（1992）和 Boyd 等（2006）提出，为了区分河口和三角洲，有必要使用来自河口外的沉积物向陆地净运移的概念。因此，他们将河口定义为“淹没河谷体系向海的部分，接收来自河流和海洋的沉积物，并包含受潮汐、波浪和河流影响的相”。河口被认为是从潮汐相上部的向陆边界延伸到滨岸相入海口的向海边界。根据 Dalrymple 等的观点，河口只有在海平面相对上升（海侵）的情况下才会形成。进积作用往往会充填和破坏河口，使它们变成三角洲。

图 9.27　加州北部海岸克拉马斯河以波浪为主的河口。注意这个大的、向北突出（照片底部）的沙嘴，它堵住了部分河口

## 9.4.1　河口的自然地理、水文和沉积特征

根据相对地形的地貌特征和河口阻塞程度，可以识别出几种类型的河口（图 9.28；Fairbridge，1980；Perillo，1995a，1995b）。河口也可以根据主要的水文特征和沉积在河口的沉积体种类来描述。因此，河口可以被定义为波浪主导、潮汐主导、波浪和潮汐混合主导（Dalrymple 等，1992）。

波浪为主导的河口的特点是存在一个跨越河口的堰洲，并部分或完全阻断了河口。海沙可能被冲过这个屏障，或通过狭窄的入海口，并被带进离河口不远的地方，形成一个所谓的洪水—潮汐三角洲。现代波浪主导的河口包括美国的圣安东尼奥湾、加拿大的米拉米奇河及澳大利亚的霍克斯伯里河口。相比之下，潮汐主导的河口的特征是存在纵向延伸到河口的沙洲，但并不完全堵塞河口。因此，海沙可能被来袭的潮流运到相当远的地方进入河口。潮汐主导的河口包括阿拉斯加州的库克湾河口、澳大利亚的奥德河口、法国的吉伦特河口及英国的塞文河口。

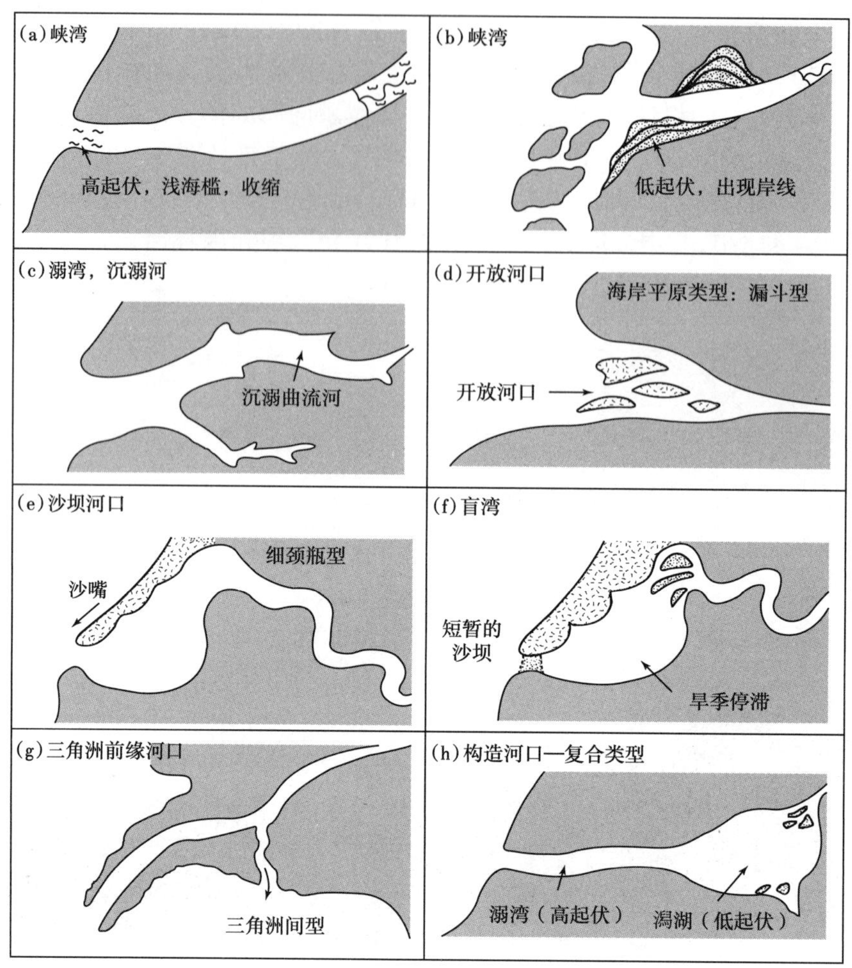


图 9.28　基于地貌特征的主要河口类型

波浪—潮汐混合型河口具有介于波浪型河口和潮汐型河口之间的特征。例如，随着潮汐能相对波浪能的增加，波浪主导的河口的障壁体系逐渐被潮汐口切割，在先前被障壁占据的位置形成细长的沙洲。混合型河口的例子包括加拿大的圣劳伦斯河口、美国的威利帕湾河口及荷兰的奥斯特塞尔德河口。

## 9.4.2　古河口相

河口和潟湖都具短暂的特征。由于河口和潟湖沉积物在地质上较短的时间内容易被沉积物充填，因此它们的保存潜力一般较高。然而，从地质记录来看，河口沉积的报道相对较少，这可能是因为它们还没有被广泛认识并与相关的河流沉积、三角洲沉积、潟湖沉积或浅海沉积相区分。

河口沉积物往往具有有限的动物群组合，其中包括微咸水物种，其特征可能是反映微咸水至咸水条件的微量化石组合（Reinson，1992），但这些沉积并没有独特的物理特征标准。根据河口的位置不同，河口沉积物可能几乎完全由交错层状砂、层状或生物扰动泥或砂泥的混合物组成。垂向剖面底部河道砂层、剖面中部河流相—海相混合泥层和剖面顶部的海相（潮汐）砂层的组合表明该地区为海侵河口沉积。然而，河口发育的确切的垂直相序取决于河口的类型（波浪或潮汐占主导地位）和在河口内的位置。河口附近和河流—潮汐河道以交错层理和生物扰动砂为主，而河口中上游非河道处则以生物扰动层状泥为主。随着时间的推移，许多河口都受到侵蚀。海侵使环境向陆地移动，导致河口砂在河口中部泥质和 / 或河潮水道砂上垂直叠加。相反，海退导致河口淤塞和破坏，并向海进积，使其变成三角洲。

图 9.29 显示了英格兰南部下白垩统 Woburn 砂岩中潮汐主导的海侵河口砂复合体的沉积相发育情况（Johnson 和 Levell，1995）。Johnson 和 Levell 认为，橙色和杂色砂岩沉积于内河口环境的退潮、涨潮通道及其间的潮坪中。银色和红色砂岩沉积在能量更高的河口外缘，那里的水深较大，可以形成大规模的河床。

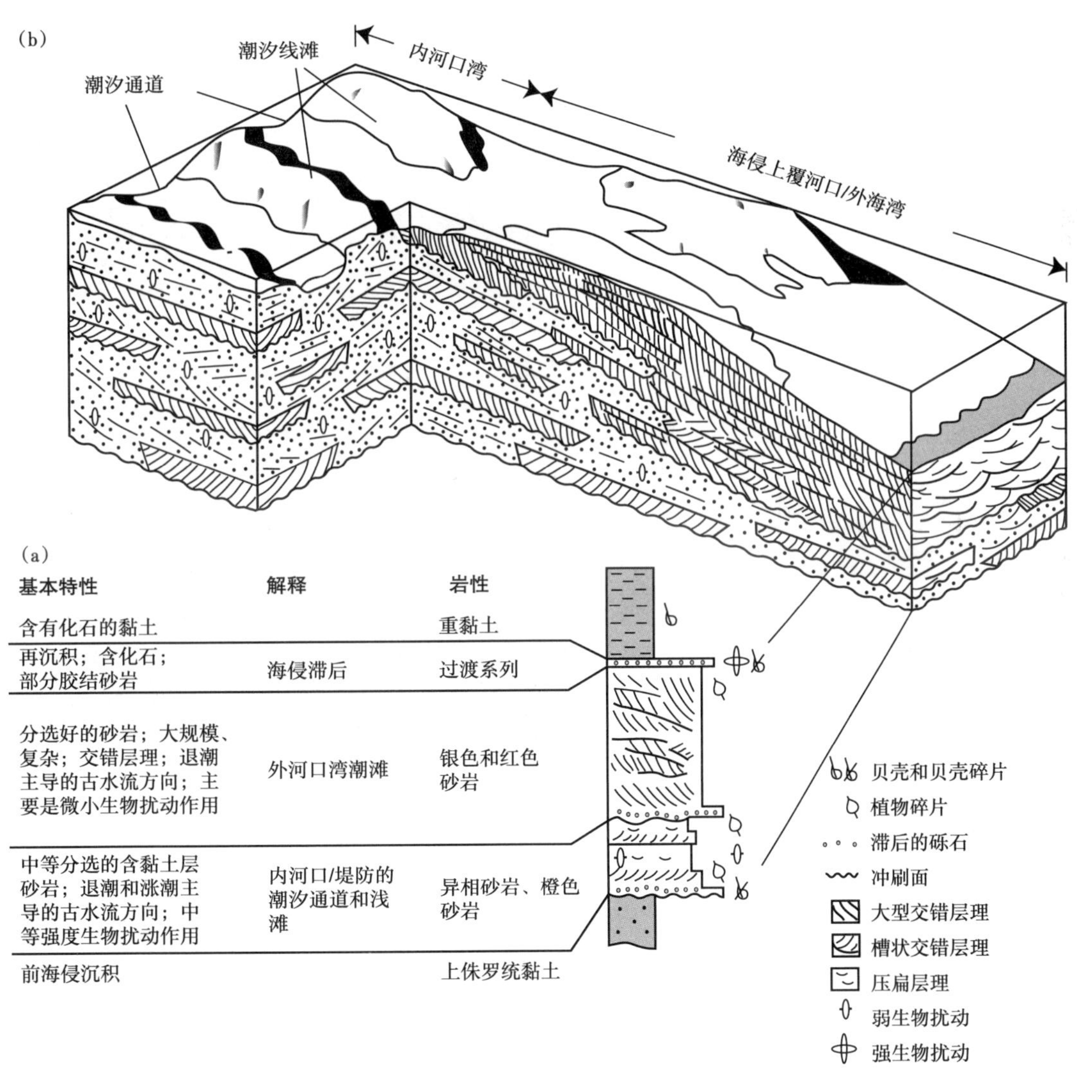


图 9.29　英格兰南部下白垩统 Woburn 砂岩潮控海侵河口—海湾沉积体系模型

（a）理想的垂直剖面，显示河口向海部分的沉积相；（b）显示内外河口湾砂体特征的结构图

## 9.5 潟湖体系

### 9.5.1 一般特征

海岸潟湖被定义为一段浅水水域，如河道、海湾或咸水湖，靠近大海或与大海相通，并被一个低的、狭窄的狭长条状陆地部分或完全隔开，如珊瑚礁、障壁岛、沙洲或岬角（Bates 和 Jackson，1980），如图 9.30 所示。大多数现代潟湖形成于岬角或某种类型的近海障壁之后，因此是平行于海岸的细长体，与开阔的海洋有狭窄的连接。潟湖也形成在堡礁和环礁后面。潟湖通常平行于海岸延伸的方向，而河口则近似垂直于海岸。许多潟湖没有明显的淡水径流。然而，一些在其他方面满足潟湖一般定义的沿海海湾确实接收了河流注入。潟湖可能与河流三角洲、障壁岛和潮坪密切相关。

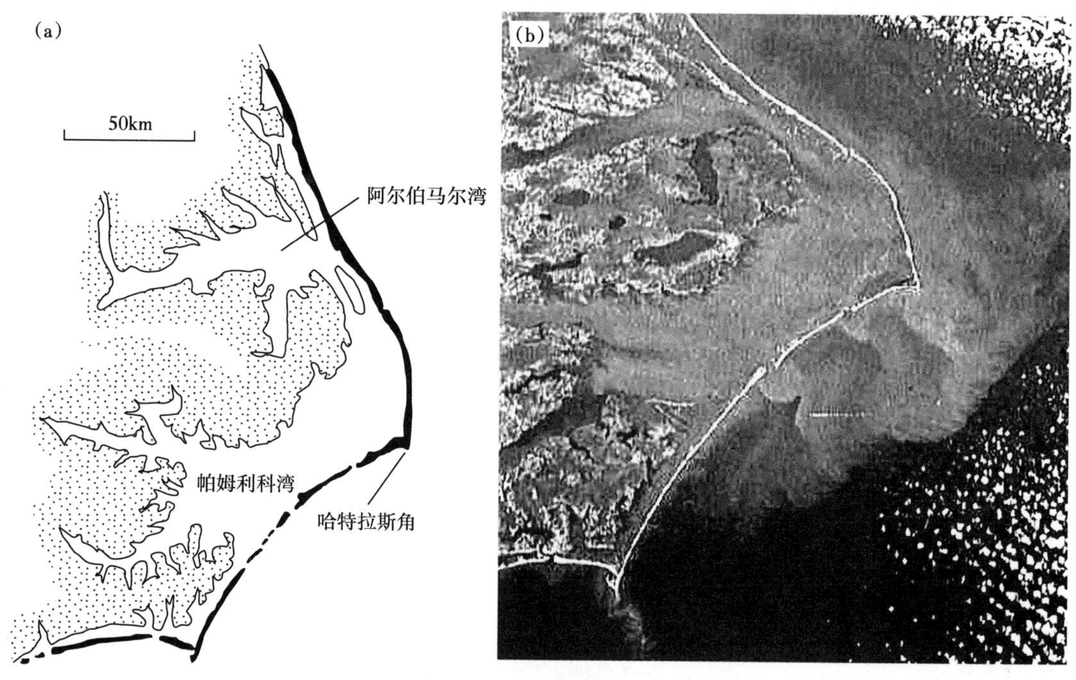


图 9.30 南卡罗来纳州的哈特拉斯角，潟湖被障壁岛链包围

（a）障壁岛链和潟湖示意图；（b）从阿波罗 9 号上看到的哈特拉斯角，帕姆利科海湾部分被云层遮蔽

许多因素影响潟湖中的水流、水混合和泥砂输送，如潮汐、风浪、淡水径流、偶发的风暴、密度梯度、海平面变化及气候和温度的变化。即使如此，潟湖的水循环模式受淡水流入的影响要比河口小得多，而且许多潟湖没有淡水流入。此外，与开放海的环流也受到障壁的限制。因此，潟湖内水的主要运动形式是潮汐流（通过障壁之间狭窄的入口进出）和风浪。

根据地貌和与沿海海洋的水交换性质，Kjerfve 和 Magill（1989）确定了三种类型的潟湖：闭塞潟湖、受限潟湖和渗漏潟湖（图 9.31）。闭塞潟湖出现在具有高波浪能和沿岸漂移显著的海岸（如澳大利亚南部的 Coorong 湖）。它们的特点是有一个或多个狭长的入口通道；水在潟湖中长时间停留；主要的水运动由风促动。强烈的太阳辐射加上入流事件会引起间歇的垂直分层。受限潟湖通常有两个或更多的入口通道，有明确的潮汐循环，受风的强烈影响，通常是垂直混合的（例如路易斯安那州的庞恰特雷恩湖）。渗漏潟湖通常发生在海岸沿线，在那里，潮流比风浪在泥砂输送中起着更重要的作用（例如伯利兹潟湖）。它们可能沿着海岸延伸 100 多千米，但宽度通常不超过几千米。它们的特点是潮汐通道宽阔，能够与海洋进行有效的水体交换；强潮流；急剧切变的盐度和浑浊度。

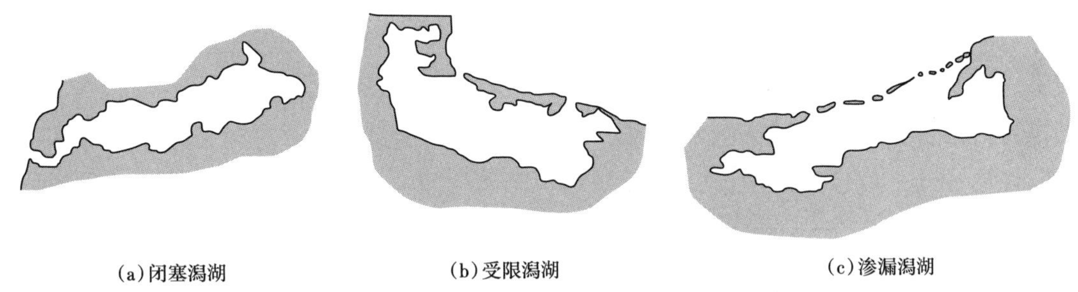


图 9.31　根据与邻近沿海海洋的水交换程度，海岸潟湖的主要分类

除了延伸到潟湖的潮汐水道之外，潟湖主要地区的水是低能量的。潮汐三角洲通常发育在这些潮汐进口的末端，既在潟湖内，也在海洋两侧，砂质沉积物也可能沉积在潟湖的高能潮汐通道内。除此之外，潟湖内主要是粉砂岩和淤泥的沉积，尽管风暴期间偶尔出现的高波浪活动会导致泥砂从障壁上冲刷下来。

潟湖内的盐度可以从高盐到基本上是淡水，这取决于水文条件和气候。在干旱或半干旱的沿海地区形成的潟湖，淡水流入很少，通常是高盐的，盐度远高于正常海水。较潮湿地区的潟湖可能以咸水为特征。潟湖内的盐度可能随季节降雨和蒸发速率而变化。此外，在一个特定的时间，整个潟湖的盐度可能不一致。接收大量淡水流入的潟湖通常显示出明显的横向盐度带。

沉积在潟湖中的沉积物可以来自几个物源（取决于潟湖的性质），包括河流、海洋、海岸和障壁。沉积物也可以通过内部的有机生产、化学沉淀和前沉积物的侵蚀而得到（Nichols 和 Boon，1994）。潟湖的沉积物可能与河口的沉积物在几个方面不同。由于许多潟湖不接受来自河流的淡水流入，这些潟湖中的大部分或所有沉积物都来自海洋。潟湖是典型的低能量环境，尽管潮汐流通过障壁之间的入口进入潟湖，风沿着海岸线产生一些波浪作用，风暴偶尔会产生高能量的波浪，冲刷障壁进入潟湖，盛行风或多或少会不断地将少量沉积物从障壁吹到潟湖中。由于潟湖以低能环境为主，潟湖沉积物主要由细粒沉积物组成。砂质沉积物主要分布在潮汐入口处的潮汐三角洲，一些延伸到潟湖的潮汐通道、障壁后面的溢流朵叶体及潟湖岸线的部分区域（潟湖海滩）。少量从障壁岛吹来的砂质沉积物也可能散布在整个潟湖中。潮道中的砂质沉积物具有由水流形成的波状层理和内部小尺度交错层理，这些层理可能向陆地或向海洋倾斜。大多数潟湖底部被粉砂质或泥质沉积物覆盖，通常普遍发育生物扰动构造，其中可能夹杂着风暴带入或风吹入的薄砂层，通常呈水平层理，但也可能显示出波状交错层理。

根据潟湖的盐度条件，栖息在潟湖的动物群落变化很大，但它们通常具有低的多样性特征。盐度正常的潟湖显示出与开放海洋相似的动物群落，而河口前的潟湖则主要是咸水动物。高盐潟湖通常很少有生物，因为很少有物种能适应如此高的盐度。

在碎屑沉积物较少且气候条件有利的地区，潟湖沉积以化学沉积和生物化学沉积为主。在非常干旱的条件下，潟湖沉积以蒸发岩为主，蒸发岩主要是石膏，但也可能包括一些岩盐和少量白云岩（例如波斯湾的潟湖）。在盐度较低的条件下，发育碳酸盐沉积，特别是在堡礁后面发育的潟湖中（如澳大利亚）。这些潟湖中的沉积物可能主要由碳酸盐泥晶和相关的骨骼碎屑组成，尽管在潟湖较动荡的部分可能会形成鲕粒。藻席一般发育于潮上带和浅层潮间带，可能会捕获细晶碳酸盐或陆源碎屑泥形成叠层石。潮上带的藻席一般表现为边缘卷曲的泥裂缝。

### 9.5.2 古代潟湖沉积

潟湖沉积物可以在许多环境中形成，包括部分障壁岛复合体。可用于区分古代潟湖沉积物、河口沉积物和其他沉积物的标准包括限制循环的证据，如存在蒸发岩或缺氧相（如黑色页岩）、细粒沉积物占主导地位（表明在低能条件下沉积）、动物群多样性低及广泛的生物扰动（Davis，1983）。然而，正如 Reineck 和 Singh（1980）所指出的那样，地质记录中已建立的潟湖沉积物的例子相当少。

## 9.6 潮坪体系

潮坪主要形成于中潮和大潮海岸，这些地方没有强烈的波浪活动。它们要么沿着地势较低和波浪能量相对较低的开放海岸形成，要么在高能海岸的障壁后面发育，屏障岛、岬角、珊瑚礁和其他结构类似的区域提供了对海浪的保护。因此，它们出现在河口、海湾、障壁岛复合体的后海岸、三角洲及开阔的海岸。它们在欧洲、非洲、亚洲南部、亚洲东北部、澳大利亚、新西兰、太平洋大岛及美国西部和东部沿海的现代海洋中尤为常见（Eisma 等，1998）。

潮坪是沼泽和由泥到砂的区域，潮涨潮落交替被淹没和暴露。它们构成了几乎毫无特色的平原，在退潮时被大量暴露在水面上的潮道和潮汐所分割（图 9.32）。随着潮位

图 9.32 南卡罗来纳州查尔斯顿南部约 70km 的阿什岛地区的潮坪在退潮时暴露出来

注意滩涂上的潮汐水道和浅水覆盖的地方（暗斑）。美国国家海洋和大气管理局（NOAA）照片

上升，涨潮的水流入河道，直到涨潮时，河道被淹没，水蔓延并淹没邻近的浅滩。退潮时又露出河道和中间的浅滩。在温带地区，盐沼通常覆盖在潮坪的上部，粉砂和淤泥在高水位附近堆积。与此同时，潮坪中部砂泥混合沉积，潮坪下部和河道积砂。在干旱至半干旱地区，潮坪可能变得干燥，并以泥裂缝和泥中形成的石膏和岩盐晶体为标志。亚北极地区的潮坪表面可能有表面疤痕，这是由浮冰和被冰挤压的卵石及由冰漂流的砾石和鹅卵石造成的。现代潮坪主要是陆源碎屑沉积的场所，然而，碳酸盐岩沉积物和少数地区的蒸发岩也在一些现代的潮坪上堆积，如巴哈马群岛、波斯湾、佛罗里达湾和澳大利亚西海岸的潮坪。

我们对古代潮坪沉积物的了解大多来自对现代潮坪的研究。自 20 世纪 50 年代以来，世界上许多地方对现代潮坪进行了深入的研究，特别是在德国、荷兰、英国的北海海岸线、新斯科舍的芬迪湾和加利福尼亚湾。Eisma 等（1998）描述和讨论了世界上许多主要的潮坪。在陆源碎屑岩和碳酸盐岩潮坪相中均发现了油气，在一些砂质潮坪相中还发现了铀。因此，潮汐沉积具有重要的经济意义和普遍的科学价值。

## 9.6.1 沉积背景

虽然潮汐流可以在2000~2500m深的海洋中活动，但潮坪环境仅限于海洋的浅海边缘。在大多数现代潮汐环境中，高潮面和低潮面之间的垂直距离通常在 1~4m（中潮海岸），这取决于所处位置，尽管在一些地方，潮汐范围为 10~15m 或更大（大潮海岸），如芬迪湾。潮坪的总宽度从几千米到 25km 不等。除潮汐通道外，潮坪内的地形起伏一般较小，而潮坪的斜坡虽然通常不规则，但很平缓。

潮坪环境分为三个区：潮下带、潮间带和潮上带（图 9.33）。潮下带包括通常低于平均低潮面的潮坪部分。它大部分时间被水淹没，通常受到最高潮流速度的影响。潮汐对这部分环境的影响在潮汐水道内特别重要，因为潮汐水道以滚动组分输送和沉积为主，

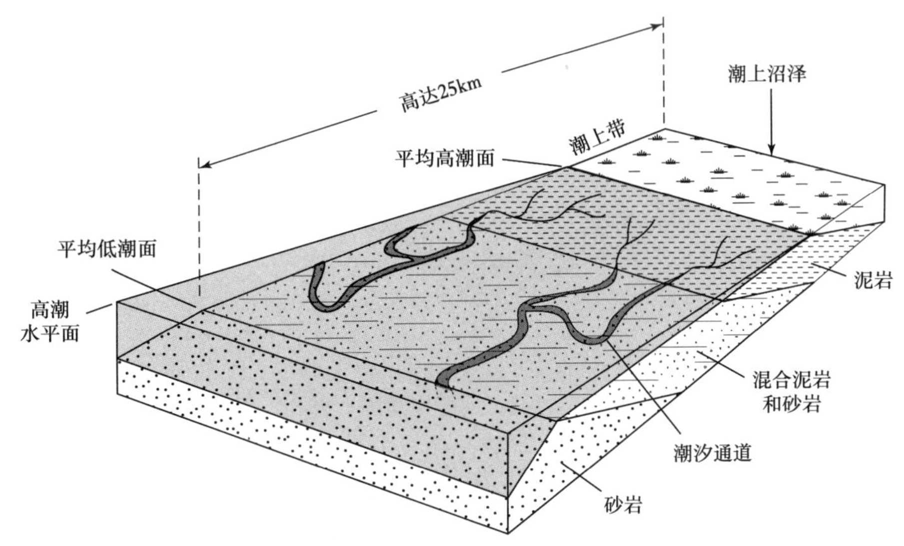


图 9.33　潮坪环境潮下带、潮间带、潮上带关系示意图

潮间带上部以泥质沉积为主，潮间带下部以泥、砂混合沉积为主，潮下带和潮汐通道内以砂质沉积为主。潮上带的特征是泥质沼泽沉积

尽管这一区域也在一定程度上受到波浪的影响。潮间带位于平均高潮面和低潮面之间。根据当地的风和潮汐情况，它每天暴露在地面上一到两次，但通常不支持显著的植被覆盖。该区域既有滚动组分沉积，也有悬移物质沉积。潮上带高于正常的涨潮线，但被潮汐通道切割，并被极端的潮汐淹没。这部分的潮坪大部分时间暴露在陆地上，但可能每月两次被大潮淹没，或不定期被风暴潮水淹没。沉淀主要来自悬浮物质。在一些潮坪上，潮上带是被潮道切割的盐沼环境。在干旱或半干旱气候下，它通常是一个蒸发沉积的环境，通常被称为盐沼。

### 9.6.2 潮坪沉积过程及沉积特征

碎屑潮坪上的物理沉积是对潮汐过程和波浪的响应，在潮坪的不同部位产生具有特征粒度和结构性质的沉积物（图 9.34）。潮坪河道的沉积是由潮汐流主导的，但风驱动的波浪和由这些波浪产生的水流也在河道之间的浅滩沉积中发挥着重要作用（Ridderinkhof, 1998）。涨潮时，潮流沿潮坪缓坡向上移动，退潮时，潮流沿缓坡向下移动。逆潮时的潮汐速度通常是不对称的，涨潮速度可能与退潮速度有很大的不同。河道内的潮流速度可达 1.5m/s 或以上，平原上的潮流速度可达 0.3~0.5m/s（Reineck 和 Singh，1980）。这些速度足以导致砂质沉积物的搬运，并产生波状层理和沙丘层理、交错层理和水平层理。因此，浅层潮下带、下潮间带和河道以砂质沉积为主。

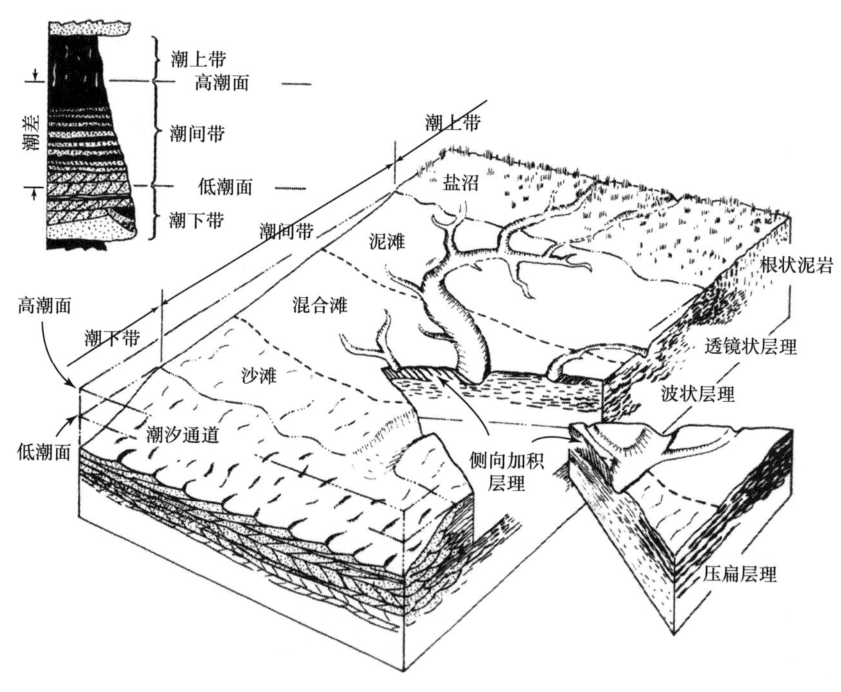


图 9.34 典型的碎屑潮坪示意图

潮滩向涨潮面逐渐变细，从沙滩、混合滩，逐渐过渡到泥滩和盐沼。左上角显示了一个由潮坪进积作用产生的向上变细演化的例子

河道砂体具有波状层理和内部交错层理的特征，它们可能显示由潮汐倒转而形成的前积层倾角的双峰方向。砂层因此呈现“人”字形交错层理，即涨潮时沉积的交错层状沉积物与落潮时几乎紧随其后形成的交错层状沉积物方向相反（图 9.35）。非对称潮汐周期的潮汐逆转也会导致下一个潮汐周期的波峰被侵蚀，形成再生面（图 9.36）。

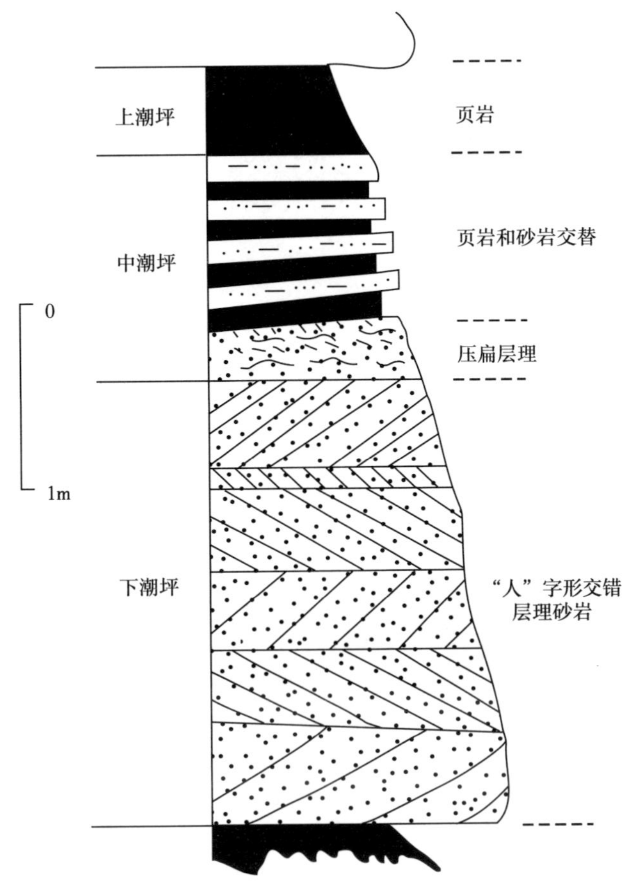


图 9.35 内华达州 Wood Canyon 组中段（前寒武系上部—寒武系）潮坪沉积的进积序列

上潮坪以悬浮输砂为主，中潮坪以滚动和悬浮输砂交替，下潮坪以滚动输砂为主

虽然大部分潮坪为碎屑沉积，但也有部分潮坪以碳酸盐沉积为主。因此，这些潮坪的沉积具有化学和生物作用以及物理作用的特点。潮下带内产生的灰质泥晶和砂粒大小的骨骼碎片可能被波浪和水流输送到潮间带和潮上带。在干旱和半干旱气候下，由于强烈的蒸发作用，石膏、硬石膏和白云石可能在潮上带和潮间带上部发生化学沉淀。重足类、甲壳类、多毛虫、有孔虫、硅藻和蓝藻等生物栖息在潮坪，并产生粪球，引起沉积物的广泛生物扰动，并产生属于石针迹遗迹相的洞穴（第 4 章）。在潮上带和潮间带，蓝细菌是一种特别重要的物质，它能捕获和粘结细小的沉积物，从而形成叠层石。

海进和海退使侧向相邻的潮坪环境沉积发生叠加，形成垂向相序列。进积作用形成了一个广义的向上变细演化，开始于潮下带和下潮间带的交错层状砂层，接着是潮间带中部的砂泥混合层，最后是潮间带上部和潮上带的泥炭层。图 9.35 所示为碎屑潮坪上发育的一个典型的垂向海退（进积）演化序列。海侵可能产生一个向上变粗的演变序列，该演变序列显示相同的一般沉积相，但顺序相反。然而，海侵可能会改造和破坏潮间带沉积物。类似的潮下带、潮间带和潮上带碳酸盐岩相模式可以预测在以碳酸盐潮坪为特征的海岸上的发育（Hardie 和 Shinn，1986）。在局部尺度上，侧向河道迁移也可能产生小规模的向上变粗的垂直序列。

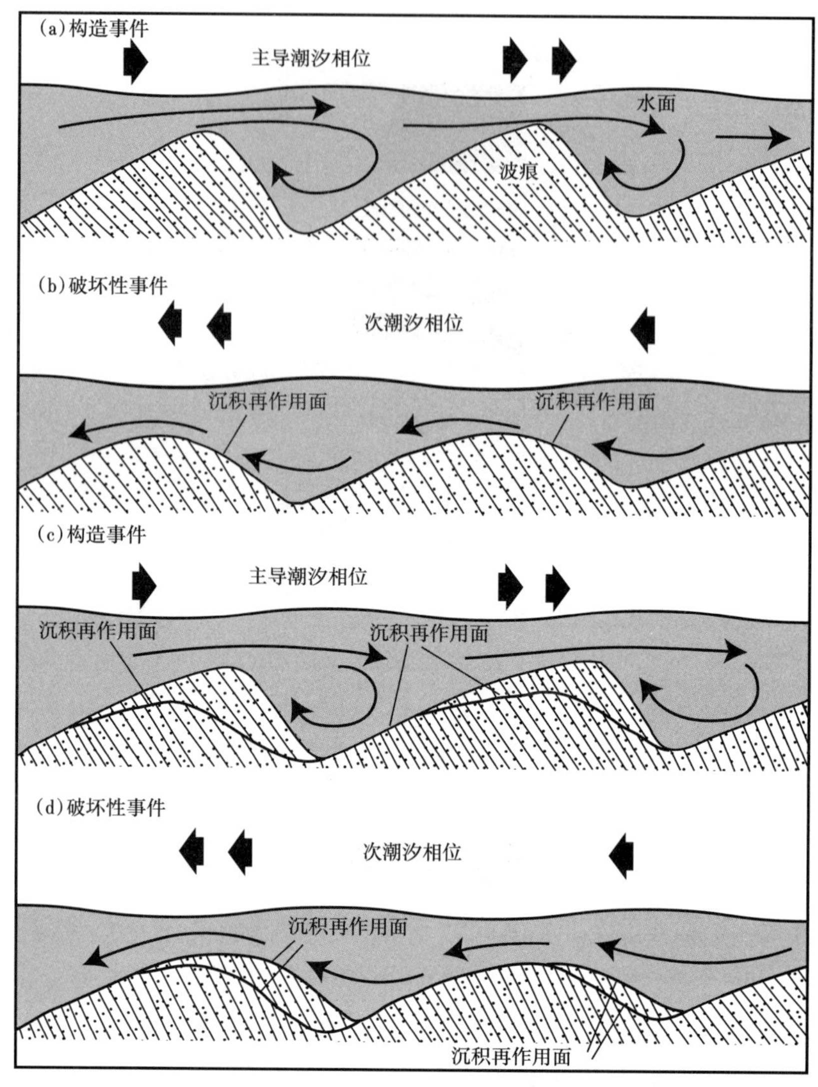


图 9.36 由于主导潮相（构造事件）与次要潮相（破坏性事件）交替而形成的再生面示意图

### 9.6.3 古代潮坪沉积

潮坪沉积物有几个显著的特征，有助于将它们与大多数其他环境的沉积物区分，但其总体特征与河口沉积相似。通常认为，识别古潮坪沉积的最重要的标准包括（1）潮汐流反向形成的双向交错层理；（2）沉积物的出现反映了沉积物输运条件的重复、小尺度变化（潮汐韵律或潮汐岩；Klein，1998），以及大尺度（河道）和小尺度（沙坪、泥滩）构造单元在叠加或并列中的联合赋存；（3）丰富的再活化面和压扁层理；（4）侵蚀接触频率高，沉积相突变。其他支持的标准包括上面讨论的典型的相垂直序列，许多潮坪沉积物的强烈生物扰动，泥裂叠层石的存在，以及其他地表暴露的证据，如雨痕、冰雹痕和动物或鸟类足迹。

受潮汐作用影响的沉积物出现在已经讨论过的几种环境中（例如三角洲、障壁岛体系、河口、潟湖），也会在潮汐作用主导的浅层大陆架上形成（待讨论）。从前寒武纪到全新世的几乎所有年代的地层单位中，已经报道了许多这种潮汐沉积的例子。很少有专门在潮滩环境中形成的古代潮汐沉积物的例子被报道过，但这样的沉积物肯定是存在的，正如 Alexander 等（1998）所描述的。Alam（1995）描述了孟加拉国孟加拉湾盆地 Baraichari 组（中新统上部—上新统）上段的层序，该层序具有许多典型的潮坪沉积特征（图 9.37）。此旋回层序包含重复向上的细砂岩单元，上覆灰色页岩，通常包含砂岩或粉砂岩的薄层和条纹。波状层理、片状层理和波纹层理是许多砂岩层的特征。砂岩单元可解释为下潮间带沉积，页岩可解释为上潮间带沉积。砂泥单元的叠加发生在重复的进积（海退）旋回中，上潮间带沉积物在下潮间带沉积物上推进。

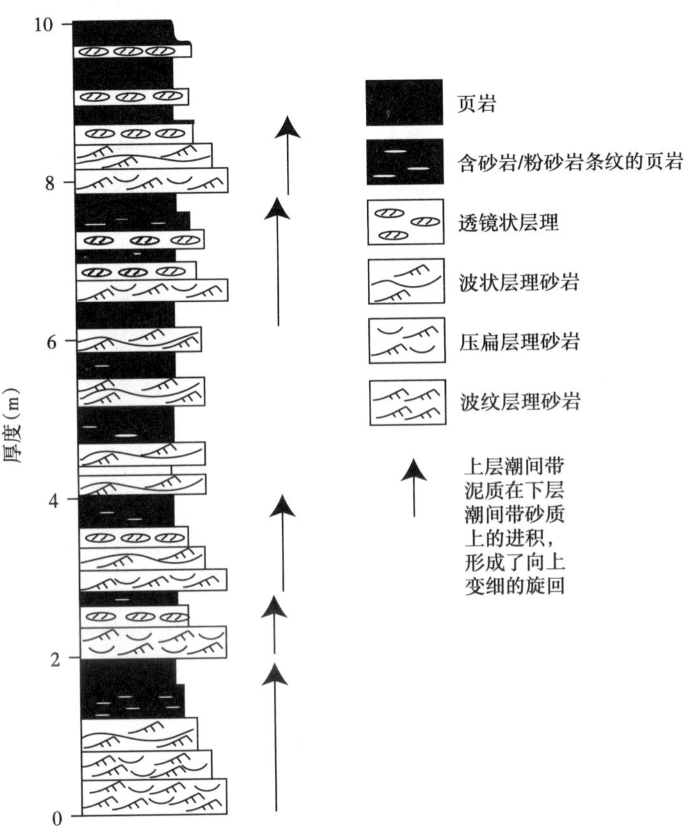


图 9.37　孟加拉国孟加拉湾盆地上中新统—上新统 Baraichari 组上段代表性岩石地层柱状图，可解释为一个进积潮坪沉积旋回序列

## 拓展阅读文献

### 三角洲体系


Chough，S. K.，and G. Orton（eds.）. 1995. Fan deltas：Depositionalstyles and controls. Sedimentary Geology（Special Issue）98：292.

Colella，A.，and D. B. Prior（eds.）. 1990. Coarse-grained deltas.Internat. Assoc. Sedimentologists Spec. Pub. 10. Oxford：Blackwell.

Giosan，L.，and J. P. Bhattacharya.（eds.）. 2005. River deltas—concepts，models，and examples. SEPM Spec. Pub. 83. Tulsa，OK：SEPM.

Nemec，W.，and R. J. Steel（eds.）. 1988. Fan deltas：Sedimentology andtectonic settings. Glasgow and

London: Blackie.

Sidi, F.H., et al.(eds.). 2003. Tropical deltas of southeastAsia—sedimentology, stratigraphy, and petroleum geology. SEPM Spec.Publ. 76. Tulsa, OK: Society for Sedimentary Geology.

**海滩和障壁岛体系**

Davis, R. A., Jr.(ed.). 1994. Geology of Holocene barrier island systems. Berlin: Springer-Verlag.

Davis, R. A., and D. M. FitzGerald. 2004. Beaches and coasts. Malden, MA: Blackwell Pub.

Hardisty, J. 1990. Beaches—form and process London: Unwin Hyman.

Komar, P. D. 1998. Beach processes and sedimentation. 2nd ed. UpperSaddle River, NJ: Prentice Hall.

Pilkey, O. H., and M. E. Fraser. 2003. A celebration of the world's barrier islands. New York: Columbia University Press.

**河口和潟湖体系**

Kjerfve, B.(ed.). 1994. Coastal lagoon processes. Amsterdam: Elsevier.

Nordstrom, K.F., and C.T. Roman eds. 1996. Estuarine shores.Chichester: John Wiley and Sons.

Perillo, G. M. E.(ed.). 1995. Geomorphology and sedimentology of estuaries.Developments in Sedimentology 53. Amsterdam: ElsevierScience B.V.

Prandle, D. 2009. Estuaries: dynamics, mixing, sedimentation andmorphology.Cambridge: Cambridge University Press.

**潮坪体系**

Alexander, C. R., R. A. Davis, and V. J. Henry(eds.).1998. Tidalites: Processes and products. SEPM Special Publication No. 61.

Black, K. S., D. M. Paterson, and A. Cramp (eds.). 1998. Sedimentaryprocesses in the intertidal zone. Geological Society Spec. Publ. 139.London: The Geological Society.

Eisma, D., et al. 1998. Intertidal deposits: River mouths, tidal flats, andcoastal lagoons. Boca Raton, FL: CRC Press.

Flemming, B. W., and A. Bartholomä (eds.). 1995. Tidal signatures inmodern and ancient sediments. International Association ofSedimentologists Spec. Pub. 24. Oxford: Blackwell Science.

Smith, D. G., et al.(eds.). 1991. Clastic tidal sedimentology. CanadianSoc. Petroleum Geologists Mem. 16.

## 参考文献

Alam, M. M. 1995. Tide-dominated sedimentation in the upper Tertiarysuccession of the Sitapahar anticline, Bangladesh. inFlemming, B.W., and A. Bartholomä (eds.). Tidal signatures in modern and ancient sediments, Internat. Assoc. of Sedimentologists Spec. Pub. 24.Oxford: Blackwell Science. 329–341.

Alexander, C. R., R. A. Davis, and V. J. Henry(eds.). 1998. Tidalites: Processes and Products. SEPM Special Publication No. 61.

Bates, C. C. 1953/ Rational theory of delta formation/ Am. Assoc.Petroleum Geologists Bull. 37: 2119–2161.

Bates, R. L., and J. A. Jackson, (comps.). 1980. Glossary of geology.2nd ed. Falls Church, VA: American Geol. Institute.

Bhattacharya, J.P., and L. Giosan. 2003. Wave-influenced deltas: Geomorphological implications for facies reconstruction.Sedimentology 50: 187–210.

Bhattacharya, J.P., and R.G. Walker. 1991. River- and wave-dominated depositionalsystems of the Upper Cretaceous Dunvegan Formation, northwestern Alberta. Canadian Petroleum Geology Bull. 39: 165–191.

Boyd, R., R. W. Dalrymple, and B. A.Zaitlin. 2006. Estuarine and in-cised-valley facies models. inPosamentier, H. W., and R. G. Walker (eds.). Facies models revisited. Soc. for Sedimentary Geology Spec.Pub. 84. 171–235.

Chough, S. K., and G. J. Orton ( eds. ) . 1995. Fan deltas: Depositionalstyles and controls. Sed. Geology vol. 98.

Coleman, J. M., and D. B. Prior. 1982. Deltaic environments of deposition. InScholle, P. A., and D. Spearing ( eds. ) . Sandstone depositional environments. Am. Assoc. Petroleum Geologists Mem. 31.139–178.

Dalrymple, R. W. et al. 2003. Sedimentology and stratigraphy of a tide-dominated foreland-basin delta ( Fly River, Papua New Guinea ) . inSidi, F. H., et al. ( eds. ) . Tropic deltas of Southeast Asia—sedimentology, stratigraphy, and petroleum geology. SEPM Special Publ.No. 76. 147–173.

Dalrymple, R. W., B. A. Zaitlin, and R. Boyd. 1992. Estuarine faciesmodels: Conceptual basin and stratigraphic implications. Jour. Sed.Petrology 62: 1130–1146.

Davis, R. A., Jr. 1983. Depositional systems: A genetic approach tosedimentary geology. Englewood Cliffs, NJ: Prentice-Hall.

Davis, R. A. 1992. Depositional systems. 2nd ed.: Englewood Cliffs, NJ: Prentice-Hall.

Davis, R. A. ( ed. ) . 1994. Geology of Holocene barrier island systems. Berlin: Springer-Verlag.

Davis, R. A. 1997. The evolving coast. New York: Scientific AmericanLibrary.

Davis, R. A. and D. M. FitzGerald. 2004. Beaches and coasts. Malden, MA: Blackwell Pub.

Dominguez, J. M. L. 1996. The São Francisco strandplain: a paradigmfor wave-dominated deltas? in De Batist, M., and P. Jacobs ( eds. ) .Geology of siliciclastic shelf seas. Geological Society SpecialPublication No. 117. 217–231.

Dominguez, J. M. L., L. Martin, and A. C. S. P. Bittencourt. 1987. Sealevel history and Quaternary evolution of river mouth-associatedbeach-ridge plains along the east-southeast Brazilian Coast: a summary. inNummedal, D., O. H. Pilkey, and J. D. Howard ( eds. ) . Sealevel fluctuations and coastal evolution. Soc. Econ. Paleontologistsand Mineralogists, Spec. Pub. 41. 115–127.

Donselaar, M. E. 1989. The Cliff House Sandstone, San Juan Basin, New Mexico: Model for the stacking of 'transgressive' barrier complexes. Jour. Sedi. Petrology 59: 13–27.

Eisma, D., et al. 1998. Intertidal deposits: River mouths, tidal flats, andcoastal lagoons. Boca Raton, FL: CRC Press.

Elliott, T. 1986. Deltas, in Reading, H. G. ( ed. ) . Sedimentary environments and facies. 2nd ed. Oxford: Blackwell Scientific Pub.113–154.

Fairbridge, R. W. 1980. The estuary: Its definition and geodydnamiccycle. in Olausson, E., and I. Cato ( eds. ) . Chemistry and biochemistry of estuaries. New York: John Wiley and Sons. 1–35.

Fisher, W. L., and J. H. McGowan. 1967. Depositional systems in theWilcox Group of Texas and their relationship to occurrences of oiland gas. Gulf Coast Assoc. Geol. Soc. Trans. 17: 105–125.

Giosan, L., and J. P. Bhattacharya. ( eds. ) . 2005. River deltas—concepts, models, and examples. SEPM Spec. Pub. 83. Tulsa, OK: SEPM.

Goodbred, S.L., Jr., and S.A. Kuehl. 2000. The significance of largesediment supply, active tectonism, and eustasy on margin sequence developmenmt: Late Quaternary stratigraphy and evolution of the Ganges-Brahmaputra delta. Sedimentary Geology133: 227–248.

Hardisty, J. 1990. Beaches—form and process. London: UnwinHyman.

Hardie, L. A., and E. A. Shinn. 1986. Carbonate depositional environments modern and ancient. Part 3: Tidal flats. Colorado School ofMines Quarterly. 81 ( 1 ) .

Hayes, M. O. 1975. Morphology of sand accumulations in estuaries. InCronin, L.E. ( ed. ). Estuarine research. v. 2. Geology and engineering. New York: Academic Press. 3–22.

Holmes, A. 1965. Principles of physical geology. 2nd ed. London: Thomas Nelson.

Horne, J. C., et al. 1978. Depositional models in coal exploration andmine planning in Appalachian Region. Amer. Assoc. PetroleumGeol. Bull. 62: 2379–2411.

Howell, J. A., and S. S. Flint. 2003. Tectonic setting, stratigraphy andsedimentology of the Book Cliffs. in Coe, A. L. ( ed. ) . The sedimentary record of sea-level change. Cambridge: Cambridge UniversityPress. 135–157.

Inden, R. F., and C. H. Moore. 1983. Beach. inScholle, P.A., D. G.Bebout, and C. H. Moore ( eds. ) . Carbonate depositional environments. Am. Assoc. Petroleum Geologists Mem. 33. 211–266.

Inman, D. L., and C. E. Nordstrom. 1971. On the tectonic and morphologic classification of coasts. Jour. Geology 79: 1–21.

Johnson, H. D. K., and B. K. Levell. 1995. Sedimentology of a transgressive, estuarine sand complex: The Lower Cretaceous WoburnSands ( Lower Greensand ), southern England. inPlint, A. G. ( ed. ) .Sedimentary facies analysis: A tribute to the research and teaching of Harold G. Reading. Internat. Assoc. Sedimentologists Spec. Pub. 22. Oxford: Blackwell Science.

Kjerfve, B., and K. E. Magill. 1989. Geographic and hydrodynamiccharacteristics of shallow coastal lagoons. Marine Geology88: 187–199.

Klein, G. D. 1998. Clastic tidalites—A partial retrospective view. InAlexander, C. R., R. A. Davis, and V. J. Henry ( eds. ) . 1998.Tidalites: Processes and Products. SEPM Special PublicationNo. 61. 5–14.

Kleinspehn, K. L., et al. 1984. Conglomeratic fan-delta sequences, LateCarboniferous-Early Permian, Western Spitsbergen. inKoster, E.H., and R. J. Steel ( eds. ) . Sedimentology of gravels and conglomerates. Canadian Soc. Petroleum Geologists Mem. 10. 279–294.

Komar, P. D. 1998. Beach processes and sedimentation. 2nd ed. UpperSaddle River, NJ: Prentice Hall.

Leckie, D. A., and R. G. Walker. 1982. Storm-and tide-dominatedshorelines in Cretaceous Moosebar—Lower Gates inverval—outcrop equivalents of deep basin gas trap in western Canada.Amer. Assoc. Petroleum Geologists Bull. 66: 138–157.

Liu, J. T., R. T. Hsu, J-S. Huang, and S-Y. Chao. 2003. Sediment dispersal pattern off an eroding delta on the west coast of Taiwan. InSidi, F.H., et al. ( eds. ) . Tropic deltas of southeast Asia—Sedimentology, stratigraphy, and petroleum geology. SEPM Spec.Publ. 76. Tulsa, OK: Society for Sedimentary Geology 45–70.

Maguregui, J., and N. Tyler. 1991. Evolution of Middle Eocene tidedominated deltaic sandstones, Lagunillas Field, Maracaibo Basin, Western Venezuela. inMiall, A. D., and N. Tyler ( eds. ) . Threedimensionalfacies architecture of terrigenous clastic sediments andits implications for hydrocarbon discovery and recovery: Conceptsin sedimentology and paleontology 3. Tulsa, OK: Soc. ForSedimetary Geology. 233–244.

Martinsen, O. J. 1990. Fluvial, inertia-dominated deltaic deposition inthe Namurian ( Carboniferous ) of northern England. Sedimentology37: 1099–1113.

McCubbin, D. J. 1982. Barrier-island and strand-plain facies. InScholle, P. A., and D. Spearing ( eds. ) . Sandstone depositionalenvironments. Am. Assoc. Petroleum Geologists Mem. 31. 247–279.

Mellere, D., and R. J. Steel. 1996. Tidal sedimentation in InnerHebrides half grabens, Scotland: the Mid-Jurassic B earreraigSandstone Formation. in De Batist, M. and P. Jacobs. ( eds. ) .Geology of siliciclastic shelf seas. Geological Society SpecialPublication No. 117. 49–79.

Miall, A. D. 1984. Deltas. in Walker, R. G. ( ed. ) . Facies models, 2nd ed. Geoscience Canada Reprint Ser. 1. 105–118.

Michels, K. H., et al., 1998. The submarine delta of the GangesBrahmaputra: Cyclone-dominated sedimentation patterns. MarineGeology 149: 133–154.

Nemec, W. 1990. Deltas—remarks on terminology and classification.inColella, A., and D.B. Prior ( eds. ) . Coarse-grained deltas.International Association of Sedimentologists Special Pub. 10.Oxford: Blackwell Scientific Publications. 3–12.

Nemec, W., and R. J. Steel ( eds. ) . 1988a. What is a fan delta and how do werecognize it. in Fan deltas: Sedimentology and tectonic settings.Glasgow and London: Blackie. 3–13.

Nemec, W., and R. J. Steel ( eds. ) . 1988b. Fan deltas: Sedimentology and tectonicsettings. Glasgow and London: Blackie.

Nichols, M. N., and J. D. Boon. 1994. Sediment transport processes incoastal lagoons. inKjerfve, B. ( ed. ) . 1994. Coastal lagoon processes.Amsterdam: Elsevier. 157–219.

Orton, G. J., 1988. A spectrum of Middle Ordovician fan deltas and braidplain deltas, North Wales: A consequence of varying fluvial clasticinput. inNemec, W., and R. J. Steel ( eds. ), Fan deltas: Sedimentologyand tectonic setting. Glasgow and London: Blackie. 23–49.

Orton, G. J., and H. G. Reading. 1993. Variability of deltaic processes interms of sediment supply, with particular emphasis on grain size.Sedimentology 40: 475–512.

Perillo, G. M. E. 1995a. Definitions and geomorphic classification of estuaries.Geomorphology and sedimentology of estuaries. Developmentsin Sedimentology 53. Amsterdam: Elsevier Science B.V. 17–47.

Perillo, G. M. E. 1995b. Geomorphology and sedimentology of estuaries.Developments in Sedimentology 53. Amsterdam: Elsevier Science B.V.

Prior, D. B., and B. D. Bornhold. 1990. The underwater development ofHolocene fan deltas. inColella, A., and D. B. Prior ( eds. ) . Coarsegrained deltas. International Assoc. Sedimentologists Spec. Pub.10. Blackwell Scientific Pub. 75–90.

Pulham, A. J. 1989. Controls on internal structure and architecture ofsandstone bodies within Upper Carboniferous fluvial-dominateddeltas, County Clare, western Ireland. inWhateley, M. K. G., and K.T. Pickering ( eds. ) . Deltas: sites and traps for fossil fuels. Geol. Soc.Spec. Pub. 41. 179–203. Blackwell Scientific Pub., Oxford.

Reineck, H. E., and I. B. Singh. 1980. Depositional sedimentary environments. 2nd ed. Berlin: Springer-Verlag.

Reinson, G. E. 1992. Transgressive barrier island and estuarine systems. in Walker, R. G., and N. P. James ( eds. ). Facies models. Geol.Assoc. Canada. 179–194.

Ridderinkhof, H. 1998. Sediment transport in intertidal areas. inEisma, D., et al. ( eds. ) . Intertidal deposits: River mouths, tidal flats, andcoastal lagoons. Boca Raton, FL: CRC Press. 363–381.

Roberts, H. H. and J. Sydow. 2003. Late Quaternary stratigraphy andsedimentology of the offshore Mahakam Delta, East Kalimantan ( Indonesia ) . inSidi, E. H., et al. ( eds. ) . Tropical deltas of southeastAsia—sedimentology, stratigraphy, and petroleum geology. SEPMSpec. Pub. 76. 125–145.

Storms, J. E. A, et al. 2005. Late-Holocene evolution of the MahakamDelta, East Kalimantan, Indonesia. Sedimentary Geology180: 149–166.

Weise, B. R. 1980. Wave-dominated deltaic systems of the UpperCretaceous San Miguel Formation, Maverick Basin, South Texas.Texas Bureau of Economic Geology Report of Investigations 107.

Willis, B. J. 2005. Deposits of tide-influenced river deltas. in. Giosan, L., and J. P. Bhatacharya ( eds. ) . River deltas—concepts, models, and examples. SEPM Spec. Pub. 83. Tulsa, OK: SEPM. 87–129.

Willis, B. J. 1999. Architecture of a tide-influenced river delta in theFrontier Formation of central Wyoming, USA. Sedimentology46: 667–688.

Wright, L. D. 1977. Sediment transport and deposition at river mouths: A synthesis. Geol. Soc. America Bull. 88: 857–868.

Wright, L. D. 1978. River deltas. in Davis, R.A., Jr. ( ed. ) . Coastal sedimentary environments. New York: Springer-Verlag. 5–68.

# 10 硅质碎屑海洋环境

## 10.1 引言

海洋环境位于大洋环境中向海一侧的部分，其主要受到海岸线作用的影响。海洋环境水深范围从数米到 10000m 以上。开阔海的海水盐度平均值约为 35‰，在一些局部封闭的水体，盐度会高于或者低于该值。海洋生物呈现出多样性和数量极大的特点，其中大部分生物只能适应正常盐度的海水环境。相比于浅海大陆架区域，靠近海底的水体能量普遍较低。浅海大陆架的水体受潮汐作用、风暴波浪作用的影响，在一些更深处的海底部位还容易受海底流的影响。

海相环境主要分为大陆边缘（continental margin）和大洋盆地（ocean basin），具体可进一步划分为图 10.1 中的多个次级环境。其中，大陆架（continental shelf）为海岸线向海一侧的缓斜坡带。斜度明显增加处（倾角约 1°）为陆架坡折（shelf break）。在现代大洋环境中，陆架坡折距海岸线的平均距离约为 75km，其范围在数十米到一千多千米范围内变化。大陆坡折处的平均水深约为 130m。大陆斜坡（continental slope）从陆架坡折到深海海底开始以约 4° 的斜度逐渐变深。在被动或者离散大陆边缘，大陆斜坡底部与大陆隆起（continental rise）的交会处，为由斜坡底部复合海底扇形成的缓斜坡面，在大陆隆起与洋盆底部逐渐合并。部分深部大洋洋底几乎为水平的区域，为深海平原（abyssal plains），一般覆盖有深海沉积物。洋底的一些部位发育有高度从数百米到一千多米高的海底火山。全球主要大洋盆地的中心部位一般都发现了巨大的大洋中脊（mid-ocean ridge），距海底高度可达 2.5km 以上。在活动或会聚大陆边缘，大陆斜坡可逐渐变深发展为深海海沟（deep sea trench），大洋隆

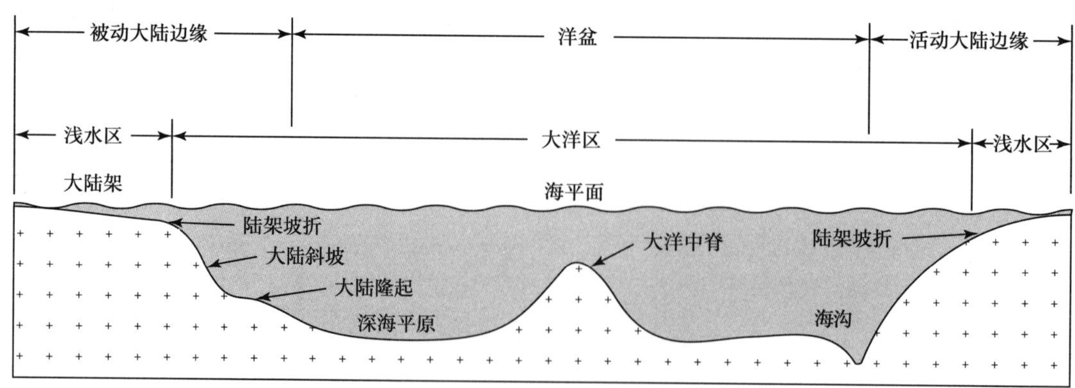


图 10.1 海相环境横截面示意图

起逐渐消失。根据水深，大洋可分划分两个主要区域：浅海区（neritic zone）和大洋区（oceanic zone）。浅海区范围从海岸线到陆架坡折，大洋区范围从一侧的陆架坡折到大洋对面另一侧的陆架坡折，包含大洋深层部位。

## 10.2 大陆架环境

浅海区包含陆架坡折向海岸一侧水体较浅的部位。尽管在现代海洋大陆架环境中陆架坡折的平均深度为 130m，但一些陆架坡折的海水水深范围为 18~915m（Bouma 等，1982）。在现代海洋环境中，浅海环境主要包括大陆边缘的大陆架区域，称之为陆缘区（pericontinental zone）或陆缘海。在地质历史时期，广阔的浅水内陆海 / 陆表海（epicontinental sea）包含大陆内部的大面积海域（图 10.2），类似现代北美北极地区的哈德逊湾地区。下面讨论的浅海环境的论述主要为大陆架环境，因为其能与现代大陆架环境做对比。然后，读者应该知悉，许多地质历史时期保存的浅海沉积物可能沉积在广阔的陆缘海中，其中有可能找不到现代的类似环境与之比对，尽管一些大陆架范围很广（如北海，黄海，Timor-Arafura 海的大陆架）。可以设想在大陆架和内陆海存在着类似的沉积过程。但事实上，发生在这两种环境的沉积是存在差异的。例如，陆表海可从四周的物源区接受沉积物，而位于大陆架的陆缘只能从靠近海岸线的一侧接受沉积。另外，陆表海与陆源海波浪和水流流态有所不同。除此之外，现代大陆架环境可能不能很好地与古代边缘海环境类比，因为在更新世冰期后，海平面的快速上升阶段使大陆架深部地区沉积较多的粗粒沉积物，进而造成沉积物和水体在沉积过程中的不均衡。因此，现代大陆架的部分地区沉积物粒度分布并不与其水深、水体能量和沉积过程严格对应。

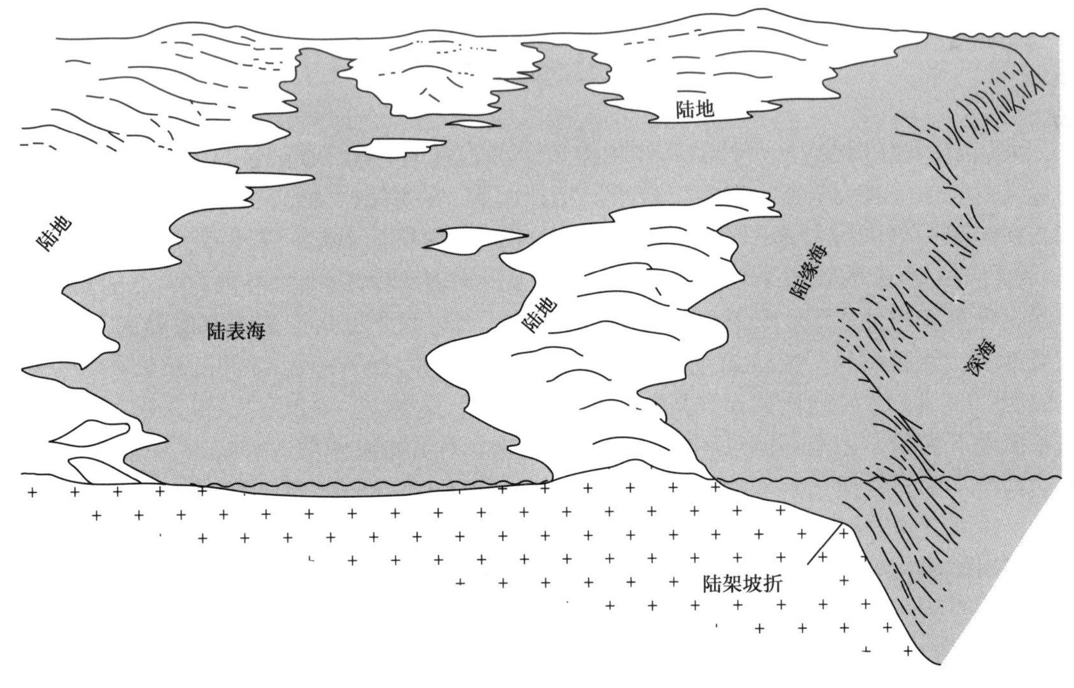


图 10.2 陆表海和陆缘海环境差异示意图

陆源碎屑和碳酸盐沉积物都能在海相大陆架环境中沉积，尽管大部分现代海洋大陆架都沉积陆源碎屑沉积物（第 11 章）。碳酸盐沉积物主要但不局限于分布在一些热带地区的大陆架。

### 10.2.1 地貌和沉积环境

陆源碎屑大陆架环境以向陆一侧的海岸环境和向海一侧的大陆斜坡环境为界限。其可以进一步划分为以潮汐、风和风暴为动力的浅水内陆架，中陆架和深水外陆架（图 10.3）。Wright（1995）研究认为内陆架向海岸延伸至水深约为 30 m。然而，内陆架、中陆架和外陆架的边界并不能很好地区分，而且他们的位置会随着海平面的变化而发生变化。实际上，在海平面明显下降的时候，正常情况下内陆架和中陆架会暴露出水面，同时外陆架可能会露出水面或水深很浅。

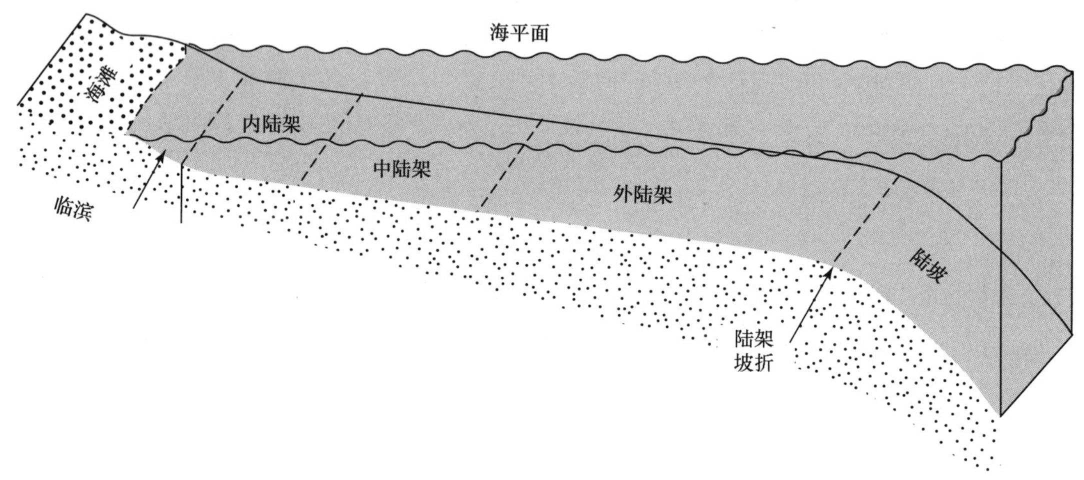


图 10.3　大陆架细分图

大陆架的宽度根据其所处的具体的构造运动背景而有所不同（Eisma，1988）。会聚大陆边缘弧前地区的大陆架一般宽度较小。相比而言，在离散大陆边缘、大陆边缘的后缘地带、在向海一侧的克拉通凹陷中或者会聚大陆边缘的弧后盆地一般发育宽度较大的陆架和 / 或台地。由于大陆边缘受多种构造运动成因，作为浅海陆架到陡坡分界点的陆架坡折凸起，也具有多种成因（图 10.4）。这种陆架坡折凸起可能最初形成于基底隆起、褶皱带、断裂地块、生物礁体、火山脊或底辟构造（盐底辟或泥底辟）。后续的沉积物将会充填于凸起后的凹陷，并可能覆盖在陆架断裂带上的斜坡上。在这一过程中，陆架沉积物不断向浪基面之下加积，而浪基面以下的沉积物迁移基本不受波浪作用的影响。一旦沉积地层高度达到浪基面，陆架达到一种近平衡状态不再接受沉积，除非发生进一步的沉降或海平面上升。这就意味着，在这种平衡状态下沉积物在大陆架发生沉积过路现象，不再发生进一步的沉积作用，沉积物往陆坡方向继续迁移。这种在大陆架的沉积过路现象将会在下一章节进一步介绍。尽管大陆架本质上是一个低幅度的台地，但陆架表面起伏变化较大，其可能具有光滑的表面或发育大大小小的海底床型，也可能在靠近海岸处发育有堤岸，岛屿和浅滩。

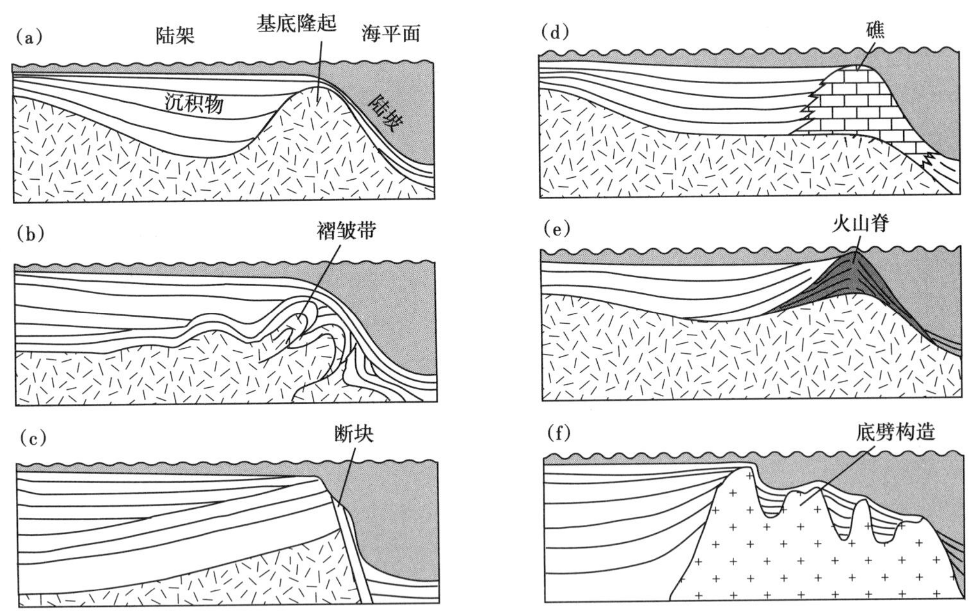

图 10.4　陆架坡折凸起的构造成因类型

## 10.2.2　陆架沉积物的搬运和沉积

从开阔海深水区到大陆架，再到靠近海岸的地区，海洋波浪持续运动，最终在滨岸地带发生破碎形成碎浪和沿岸流。考虑到通过大陆架的波浪运动主要朝向海岸线，那为何沉积物是明显通过大陆架朝深海方向迁移呢？Johnson（1919）提出了“大陆架粒序沉积”的概念，即沉积物受到水体能量由海至陆逐渐降低，粒径从海岸线到大陆架边缘呈现由粗到细逐渐变化的特点。这种陆架粒序沉积的概念在 20 世纪 30 年代到 60 年代期间现代大陆架的研究中受到质疑。在此期间的研究发现，现代大陆架沉积物粒序的分布是参差不齐和不规则的。“大陆架残留（relict shelf）沉积”用被用来解释这种不规则的沉积物分布类型的成因，如深水区出现的粗砂和角砾沉积。残留沉积物是与现代的水动力控制沉积物分布的情形明显不同，它们是海平面较低时通过河流和冰川作用沉积在大陆架的沉积物。残留沉积物最初被认为是在大陆架底面没有经过海平面上升，未经海水淹没再改造的沉积物。随后的研究发现，通过海平面上升经过一定程度改造的沉积物也可以是残留沉积物。这种再改造作用导致沉积物部分或全部发育在现代陆架沉积环境中。这种经过再改造的沉积物拥有部分残留沉积或现代大陆架沉积物的特点，称之为“变余（palimpsest）沉积”（Swift 等，1971）。

自 1960 年以来的大陆架沉积研究表明，完全的残留沉积可能比以前的认识更加少见。因此 Johnson 关于陆架粒序沉积的观点仍有可取之处（Johnson 和 Baldwin，1996）。此外，许多古老的陆架沉积物没有被明显降低的海平面所影响。因此从借古论今的角度，有必要考虑在高水位体系域沉积物通过大陆架到深海的搬运机制。现代大陆架沉积陆架边缘受波浪、风暴潮汐流、主要的洋流和可能的密度流影响。通常将大陆架沉积划分为两种类型：第一类为波浪和风暴主导型，即受到气候影响的一类；第二类为潮汐主导型，尽管通常情况下大部分陆架沉积受到以上两种类型的混合影响。以上两种类型的成因类型在现代陆架沉积中，波浪和风暴主导型占比约 80%，潮汐型占比约 17%（Swift 等，1986）。约 3% 的陆架沉积主要受洋流影响，而密度流只在陆架沉积搬运中发挥极小的作用。

### 10.2.3 波浪和风暴主导的陆架沉积

波浪和风暴主导的陆架沉积物搬运过程十分复杂，包括正常波浪和涌浪、风暴浪、风力驱动的洋面流、河流入海形成的柱状流和密度流（图 10.5）。晴朗天气下风力在陆架形成的局部波浪从深水区到浅水内陆架运动。如第 9 章中波浪在滨海的变化过程，波浪以振荡运动的特点引起水体呈现近圆形轨道运动。一段波浪后，水体向波浪的波峰运动，然后向下运动，最终在波谷反转并向上运动。因此，单一水体的运动不是和波浪一起向前运动，而是按照椭圆轨道逐渐向前运动（图 10.6a）。

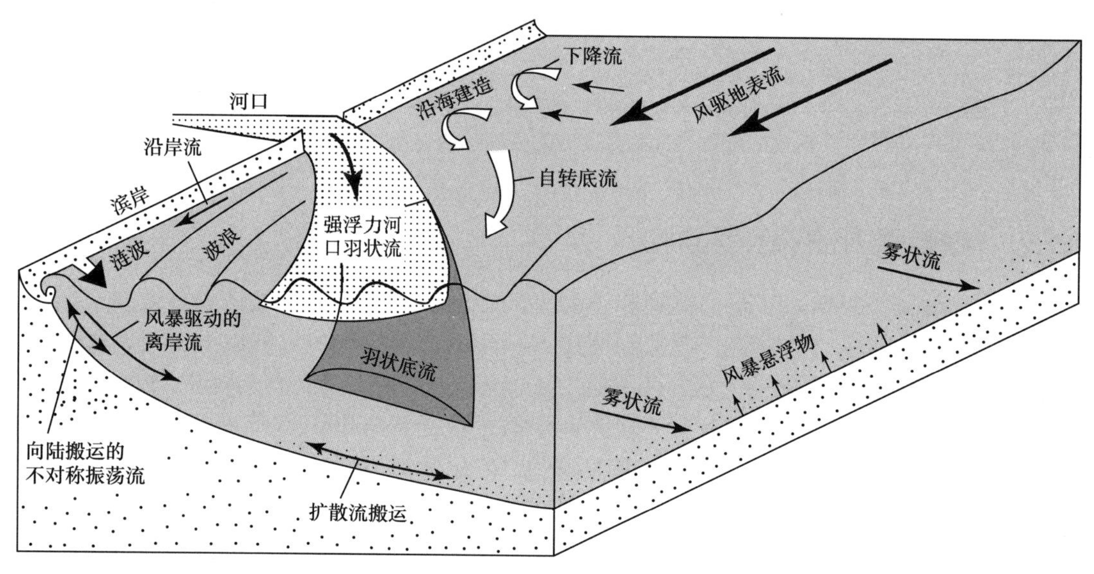


图 10.5　大陆架沉积物搬运的物理过程示意图（据 Nittrouer 和 Wright，1994；Swift 等，1986；Swift 和 Thorne，1991；Vincent，1986）

#### 10.2.3.1 正常波浪

这种晴朗天气（正常）波浪海水的轨迹运动在水深等于轨迹波长（波峰之间的距离）一半处向下消失。这一深度称之为浪基面（图 9.21）。正常天气下浪基面深度范围为 10~15m。较深水区域波浪运动轨迹为近圆形，由于波浪水体运动不受海底面的影响。当波浪朝着 0.5 倍的波长水深的浅水区域运动时，水体的运动轨迹开始受到海底的影响而发生改变。当波浪抵达小于 1/20 波长水深的超浅水区域时，水体运动轨迹受到海底的强烈影响逐渐变为椭圆形（图 10.6a）。紧接着水体轨迹向下逐渐变得扁平直到与海底面近似平行的程度，形成一种在滨海海底面地区来回冲刷的海浪。这种类型海浪是一种沿着底面双向运动的波浪。底流的速度即为水体运动速度，因为这种底流的速度直接与水体运动轨迹直径的大小有关，间接与波周期有关（通过一个完整波长所需要的时间）。

波浪在一个方向的轨道速度通常大于另一个垂直方向的速度。当更强的速度流超过碎屑开始被搬运的所需最小速度时，这种速度差异变得很重要，能使碎屑颗粒开始在一个方向上被搬运（图 10.6b）。由于正常浪基面较浅，其搬运的沉积物最主要来自靠岸一侧的陆架上，并以向陆上方向搬运为主。波浪在浅水区最终破裂会产生水流（波浪冲刷流），这些水流向海岸方向移动，形成沿海岸的沿岸流（第 9 章）。在正常浪基面以上的近岸区，水的整体向岸移动形成了沿海能量坝（Swift 和 Thorne，1991），将沉积物滞留沉积在近岸区。对于从陆地搬运到陆架上沉积物，如果要通过这种能量坝，就需要通过如河口过路冲刷机制通过沿海能量坝将沉积物搬运出来。这种机制发生在洪水阶段，即从河口注入富含沉积物的流体（图 10.5）或离岸流进入滨浅海。

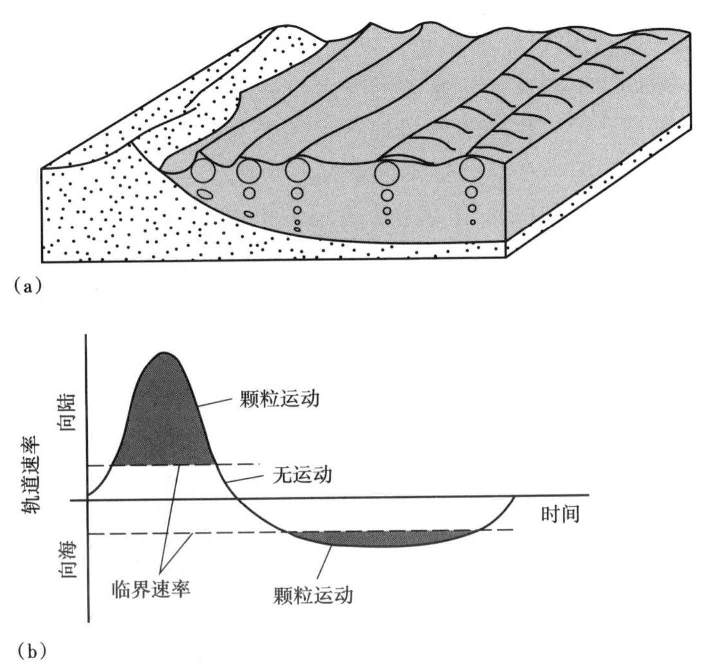


图 10.6　浅水区波浪振荡特征

（a）波浪进入小于 1.5 倍波长水深后波形轨道逐渐变扁平；（b）浅水波浪底流的时间—速度记录。波浪向陆运动时在波峰处速度最大，其携带的沉积物比向海的波谷携带得更多

### 10.2.3.2　涌浪、风暴浪和风成流

涌浪是可能起源于远海的、由风暴产生的低起伏、长周期、长波长的波浪。当海浪移动到大陆架时，形成的浪基面比正常浪基面更深。经过陆架的风暴（季节性风暴、台风、飓风）对陆架沉积物的搬运和沉积的影响更大。伴随着风暴引起的更高潮水海岸带的高能量风暴波，对海滩面和上岸面沉积物进行强烈侵蚀。在这种强风暴期间，海滩沉积物被冲向大海，同时受到以下因素的共同作用：受风暴增强的沿岸流和由受风驱动形成的下涌流。

风成流是由风切变应力产生的单向流。在风吹过洋面，逐渐推动深部的水层运动搬运沉积物。更深的水层被浅水层的科里奥利力（Coriolis force）偏转带动，因此它们的运动方向与表层水流的运动方向不同。科里奥利力是地球自转产生的，这种力使在北半球的物体向右偏转，使南半球的物体向左偏转。如果风的速度和持续时间足够大，水体的运动可能会足以延伸到海床进行沉积物输送。强风通常会产生平行于海岸流动的风力流，因此不会产生更强烈的近海沉积物搬运过程。但是，如果沿海岸线移动的洋流由于科里奥利力而向陆地方向发生偏转，则会发生水体向陆上搬运（例如，冬季的俄勒冈州海岸）。沿岸上涨的水会造成水面的高度增加 1~2m，这种沿海机制显然在非常低的大气压力下会增强。沿海和近海的水位不同，形成海底静水压差，导致海底流向大洋中心移动（下沉流）。随着底流向大洋中心运动，它横向偏转形成地转流（geostrophic current）。该洋流最初向近海一侧侧向移动，但随后受到科里奥利力而转向，呈现大致平行于等深线方向，即大致平行于海岸线。

这些地转流可以在 10~20m 的水深达到 60 cm/s 的速度（Walker 和 Plint，1992）。这种规模的流量可能无法运输大量砂质沉积物，除非伴随发生在海底面上方的振荡流运动。水体的振荡波运动可以提供将颗粒抬离底部所需的剪切应力，从而使这些颗粒被地转流搬运（Snedden 等，1988）。单向流和振荡流同时发生称之为组合流。在吹向海岸的强风背景下，热带风暴和飓风可以产生比季节性风暴产生的更高的沿海波浪环境，从而产生更强大的向海流动的洋流。据报道，在某些热带风暴期间，陆架上的水流流速高达 2m/s（Morton，1988），流速达到 2m/s 沿海底峡谷流下的洋流也被报道过（Hubbard，1992）。沉积物离岸斜向移动，一些砂质沉积物从滨岸环境被移动到离岸环境中。然而需要注意的是，地转洋流搬运沉积物方向往往与等深线平行，而不是直接向海搬运。因此，沉积物可能不会被地转洋流运送到很远的距离，如被搬运到外陆架上。

风暴浪还会影响中陆架和外陆架深水中的沉积物搬运过程。由于风暴浪较长的波长和周期，穿过陆架的风暴浪可侵蚀海底深度达 200m 厚的深海沉积物。这些风暴浪轨迹速度可能几乎相等，因此不会发生沉积物向海的净迁移，然而，海浪使底泥重新悬浮，并倾向于在海底周围扩散并沉积下来。另外，向海或向陆方向的沉积物净输送过程也可能发生。

#### 10.2.3.3 沉积羽流

从河口排放到海洋中的沉积物可能会以浮力（低密度）羽流或底流（底部羽流）的形式被携带到陆架上，如图 10.5 所示。从河流和河口流出的低盐度水流在高盐度海水之上，通常会形成浮力羽流。由于科里奥利力，在与海岸平行之前，这些羽流通常不会运移到比内陆架或中陆架更远的距离（Nittrouer 和 Wright，1994）。在那里悬浮的细泥砂（较粗的泥砂在河口附近沉降）逐渐沉降到陆架较深处。底部浊流（超重流）是在河口携带异常高的悬浮沉积物负荷时产生的，这种流入的富含悬浮沉积物的河水比海水密度更大。事实上，此类流体正是第 2 章中讨论的稳定浊流。许多底流可能会很快被破坏，导致大部分沉积物沉积在河口附近。然而，有些浊流可能被带到内陆架上更远的距离，而且不被海底峡谷所限制（Seymour，1990）。

#### 10.2.3.4 散射流

散射流是悬浮沉积物的混浊体，其高度可达海底数百米。Ewing 和 Thorndike（1965）通过使用光学浊度计测量水柱中不同强度的散射光时，首次发现了这种搬运流体，并将之命名为散射流。散射流比周围水体密度更大，但其密度不足以使沉积物快速下沉。因此，沉积物可能会长时间悬浮在这样的浑浊体中。散射层的大部分沉积物由非常细的黏土颗粒组成，其中一些碎屑可能已经穿透散射流，通过悬浮羽流水柱而沉淀下来。这些沉积物大部分可能是受到风暴浪对海床的侵蚀作用，从海底重新悬浮的细小沉积物（图 10.5），或是通过海浪、浊流或其他机制注入水体的细粒物质。由于其非常低的沉降速度，细小的沉积物可能会在最低 15m 处中的散射层水柱体中悬浮的时间从几天到几周不等，在 100m 以上处悬浮几周到几个月不等（Kennett，1982）。这种混浊的散射层是一种向海缓慢平流（横向流动）的密度流，在将细小的沉积物完全移动到陆架上之前，可能会发生多次沉积和再悬浮过程。

#### 10.2.3.5 风暴作用主导陆架的沉积特征

如前所述，风暴作用主导的大陆架沉积物是世界大部分海岸沉积物的主要成因类型。这类沉积物的特点是低搬运速度（通常小于 25cm/s），正常浪基面通常较浅（据海平面约 10m）。由于这些特点，这些大陆架沉积物在强烈风暴期时几乎没有发生粗泥砂搬运。现代风暴主导的大陆架沉积物包括美国东海岸的大西洋大陆架、俄勒冈州和华盛顿州的太平洋大陆架及白令海的沉积物。

风暴作用主导的陆架沉积物的沉积模式可能相当复杂，部分取决于陆架被残余沉积物或现代沉积物覆盖的程度。具有丰富残余沉积物的陆架，如大西洋，其特点是出现大量砂体。就其成因而言，最具争议的砂体是陆架沙脊（shelf sand ridges）。现代陆架沙脊是位于海岸至陆架比水下沙丘大的细长砂体（第 4 章），其长度约为 10km，高度超过水深的 20%（Sneden 和 Dallymple，1999）。这些沙脊也出现在潮汐主导的大陆架上。Snedden 和 Dalrymple 认为陆架沙脊经历了三个发展阶段：海岸或陆架沉积过程形成初始不规则体（脊核）；风暴或潮汐驱动的近岸 / 陆架洋流与脊核的相互作用，导致初始海脊向上生长和向下迁移；在持续的海流作用下不断演变的海脊。陆架沙脊最有可能在海侵期间形成。因此，大多数陆架沙脊可能覆盖在海侵侵蚀沟壑表面之上。

与大西洋型陆架相比，大陆架沉积物中现代沉积物与残余沉积物组成比例更大，如俄勒冈州和华盛顿州附近的太平洋陆架，其典型特征是沉积体起伏较小，细粒沉积物（泥质）的比例更大。虽然这些陆架沉淀物可能显示出向海变细的总体趋势，残余砂或砾石在不连续的现代淤泥沉积物覆盖层中间歇性出现。此外，在某些地区可能会发生残余砂和现代泥的混合沉积。在这类沉积物中，泥质沉积物通常受到的较大程度的生物扰动。

粗粒风暴层和丘状交错层理是风暴作用主导的陆架沉积物的特征沉积结构。风暴层通常是由较粗颗粒集中组成的薄层，在较细颗粒的泥质沉积物之间出现或嵌入这些细粒层（图 10.7）。较粗的沉积物通常由粗粉砂、细砂、贝壳碎片或较不常见的砾石组成。这些地层具有垂向上粒度分级的特点。这些地层粒序的成因存在争议。然而，Cheel 和 Leckie（1992）认为，它们是通过两个阶段的过程形成的：通过向海的、风暴形成的组合流（地转流）从海滩向海搬运沉积物，然后通过浅水涌浪向岸传播产生的不对称振荡流对海底沉积物进行改造和选择性分选形成（图 10.7）。风暴层（风暴岩）由 Aigner（1985）详细描述。它们在内陆架上沉积较好，但在距离海岸 40km 处也发现了风暴层沉积物（Reineck 和 Singh，1980）。

在少数现代陆架沉积物中发现了丘状交错层理，丘状交错层理也在前寒武纪到更新世的许多古陆架沉积物中都有报道，它被认为是陆架沉积物的专属沉积结构，尽管其在滨海（海滩）环境和一些湖泊沉积物中也有描述。如第 4 章所述，它由弯曲、缓倾斜的薄层组成，既有向上凸（小丘），也有向下凹以低角度相交的低洼部分（图 10.7）。丘状交错层理通常与生物扰动泥岩互层。多数学者认为，丘状交错层理是由于风暴浪以某种方式作用于正常浪基面以下而形成的。然而，其形成的确切机制仍然存在争议（Duke 等，1991）。

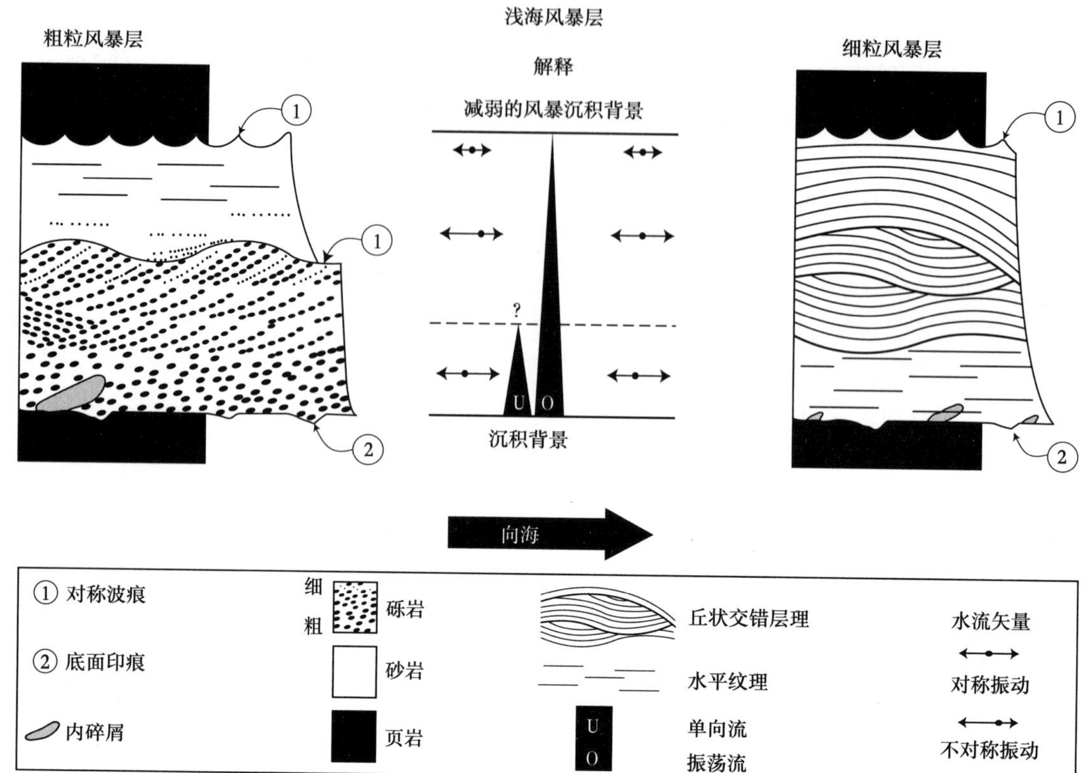


图 10.7 风暴作用下理想粗粒风暴层和细粒丘状交错层理风暴层的比较示意图

波长与在固定方向上水流的强度成正比，而不是水流持续的时间

## 10.2.4 潮汐作用主导的大陆架

### 10.2.4.1 潮汐

潮汐是由月球和太阳对地球的引力以及地球的自转产生的。潮汐在沿海地区都表现为每天的潮水涨落，在开阔的海岸潮汐引发的潮差平均范围为 1~4m，但在某些封闭盆地（例如，新斯科舍省，芬迪湾），潮差可能超过 15m。一些地方（例如，美国大西洋沿岸）经历半日潮（semidiurnal tides），其特点是每天有两个高度大致相等的高潮和低潮。由于盆地的结构和海岸线的复杂性，其他一些地区（例如，墨西哥湾沿岸的部分地区）具有昼夜潮汐（diurnal tides），以每天一高一低为特征。还有一些混合潮汐（例如，美国太平洋沿岸），以每天两个等高的高潮点和低潮点为特征。太阳和月亮（新月或满月）的对齐会引起比正常情况高出约 20% 的大潮（潮汛；spring tides）。当太阳和月亮与地球成直角时，会产生比正常情况低 20% 的小潮（neap tides）。大陆架上的潮汐流在深海盆地中增大为大浪或大潮汐（Fox，1983）。在主要的海洋盆地，这个大型潮汐围绕着一个没有水流运动的中心点旋转，这个中心点被称为两栖点（amphidromic point）。潮汐波沿着一条椭圆形的路径移动，在开阔的海洋中几乎是圆形的。在更闭塞的区域，椭圆被强烈拉长，直至形成狭窄的直线。

### 10.2.4.2 潮汐过程

正如第 9 章所讨论的，潮汐过程会影响潮坪、河口和三角洲的沉积。它们还强烈影响某些大陆架上的沉积。伴随着水流体的水平运动，潮汐垂直上升和下降的特点，我们称之为潮汐流。潮汐在大陆架上产生的水流是双向的，但速度不对称。也就是说，涨潮和退潮的速度通常是不同的。不对称的水流可能会导致在较强水流方向上的净沉积物输送。如果退潮和涨潮阶段都能够运输沉积碎屑，可能形成“人”字形交叉层理和再改造面。此外，某些环境中的潮汐上升和下降会产生沙泥韵律层，这是由静水期沉积在砂质上的泥质造成的。这些韵律层的叠加会产生潮汐沉积层，称为潮汐韵律（tidal rythmites）或潮汐岩（tidalites；Dalrymple 等，1991；Smith 等，1991；Alexander 等，1998）。这种沉积层可能会表现出厚度的周期性变化，可能代表着小潮—大潮潮汐流速度的变化。

潮汐流速度随水深而减小。因此，在浅水中潮汐的沉积物搬运最为重要。在某些封闭盆地（例如芬迪湾）中测量到的潮汐流速度高达约 2m/s。一些大陆架上的潮汐流速度可能超过 1.5m/s，例如不列颠群岛周围大陆架的潮汐流。然而，大多数大陆架上的潮汐速度都小于 1m/s。即便如此，在靠近海床的地方，许多潮汐流的强度足以对大量的砂和可能的砾石进行搬运和再改造。另外，某些陆架上的潮汐流速度非常低，以至于它们低于将沉积物托起和搬运所需的最低速度。当潮汐受到波浪作用的叠加时，潮汐作用下大部分沉积物开始运动。海浪的轨迹运动可能足以将碎屑颗粒从海底托起，然后通过水流将其运送一定的距离，直至水流速度低于沉积碎屑被搬运所需的最低速度。以强潮汐流为主的现代大陆架的一个显著例子是北海大陆架，它位于英国、丹麦和挪威海岸之间。

#### 10.2.4.3 潮汐控制的陆架沉积物

如前所述，潮汐占主导地位的陆架环境特点在于其存在流速为 50~150cm/s 的潮汐流。现代的例子包括北海、黄海的朝鲜湾、印度坎贝湾、不列颠群岛周围的大陆架、缅因湾外围的乔治海岸，以及澳大利亚北部大陆架。以潮汐为主的大陆架以各种类型和尺寸的砂体为显著特征。在面积为 15000km$^2$ 或以上的区域，通常出现高几米至 20m 以上、波长数十米至数百米的大型沙波（沙丘）。如果潮汐流具有相同落潮和涨潮速度，产生的沙波可能具有对称的横截面形状。然而，由于涨落速度不均而导致的不对称形状更为常见（Belderson 等，1982）。潮汐沙脊与波浪和风暴主导的陆架上出现的陆架沙脊相似，也很常见。例如，据报告，北海陆架上的此类海脊覆盖面积达 5000km$^2$（Swift，1975）。除了沙波和陆架沙脊外，潮汐主导的陆架沉积物还包括沙席、沙块和砾石层，所有这些都出现在小规模潮道沉积中，以及在海潮和波浪无法涉及的闭塞区域内的生物扰动泥质沉积中（Stride 等，1982）。

由于大陆架的大部分部位持续被水覆盖，沙波、现代大陆架上的沙脊和其他海底形态只能通过间接方法进行研究。如用潜水员或遥控摄像机可以观察和拍摄小型沉积结构、通过底部声呐和侧扫声呐技术对较大的海底沉积构造和剖面进行研究（Belderson 等，1982）。小规模的内部沉积构造可以通过海底沉积物的岩心中进行研究，也可以用来研究一些大比例尺的特征，如层理。以上这些方法都不能用于对现代陆架沉积结构进行详细研究。在理想的受潮汐作用影响的大陆架上，泥砂搬运过程形成的海底沉积结构如图 10.8 所示。在大约 150 cm/s 的高潮汐速度下，海底可能被侵蚀，留下侵蚀沟壑和砾石。随着搬运距离的增加，下游潮汐速度逐渐减小，侵蚀沉积物逐渐形成平行流动的沙带、大沙丘、小沙丘、波纹状沙丘沙层，最后形成沙斑。如果有足够的砂质沉积物输入，沙丘带可能会形成沙脊。

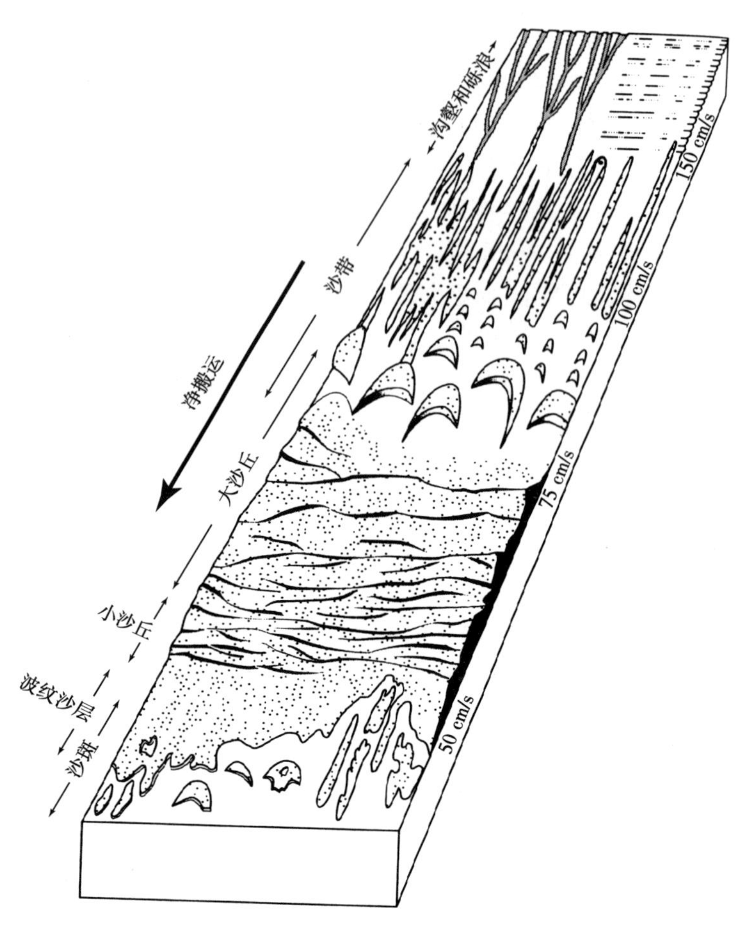


图 10.8　潮控陆架上沿潮汐搬运方向底形的理想沉积序列

每类底形与最大潮流速度（图边）相关。如果有足够的沙，沙丘带可能会形成沙脊

大多数陆架潮汐作用形成的砂体以交错层理为特征。由波纹和小沙丘的迁移形成小型交错层理和波纹交错层理，另外大规模沙丘和沙脊迁移产生交错层理也很常见。交错层理的前向倾斜方向可能是双向的或单向的，具体取决于潮汐影响。在某些上部流态影响下，也会形成平面的层理。因此，潮汐陆架砂体多为物理作用形成的沉积结构，与泥质陆架沉积物相比，通常生物扰动构造更少。

## 10.2.5　受入侵洋流影响的大陆架

地球上主要的表面洋流在地球周围盛行的季风系统的推动下，像巨大的河流一样流经世界各大海洋。这些盛行的季风加上大陆的结构和地球自转产生的科里奥利力，将洋流驱动成巨大的环流圈或旋回，在北半球（北太平洋和北大西洋）顺时针旋转，在南半球（南太平洋、南大西洋、印度洋）逆时针旋转。美国东南海岸和东海岸附近的墨西哥湾流系统、亚洲沿海的黑潮暖流（Kuroshio Current）和非洲东南端的厄加勒斯海流是突出的例子。

这些半永久性洋流以足够的底部速度进入某些大陆架，以输送砂质沉积物。洋流在外大陆架上运行是最有效的，大约 3% 的现代大陆架沉积物的形成由这些洋流控制。这类大陆架的现代例子如墨西哥湾西北部，它受到墨西哥湾流体系的影响。巴拿马和北赤道洋流席卷南美洲东北海岸的大陆架；中国台湾岛和中国大陆之间的台湾海峡，被从菲律宾向北流动的黑潮暖流的分支侵入；非洲南部的外大陆架，它被西印度洋向南流动的阿古拉斯洋流（Agulhas Current）所穿过。这些洋流通常对陆架沉积几乎不会带来新的沉积物贡献，但它们能够沿陆架输送大量细粒沉积物。有些洋流的海底流速足以输送砂质沉积物，产生沙波和其他海底沉积构造，例如黑潮暖流（Boggs 等，1979）和阿古拉斯流（Fleming，1980）。

被侵入洋流冲刷的此类陆架上的沉积物大部分是残留沉积物，这类沉积物被侵入的洋流改造，形成沙波（沙丘）、沙带及粗砂和砾石滞留沉积物。如南非东南部的大陆架，它被印度洋的厄加勒斯海流侵入（Fleming，1980），高达 17m、波长达 700m 的沙波形成在 10km 宽、20km 长的沙波场中（图 10.9）。中国台湾岛和中国大陆之间的台湾海峡是另一个被洋流侵入的广阔大陆架环境，发育了广阔的沙波场（Boggs，1974）。

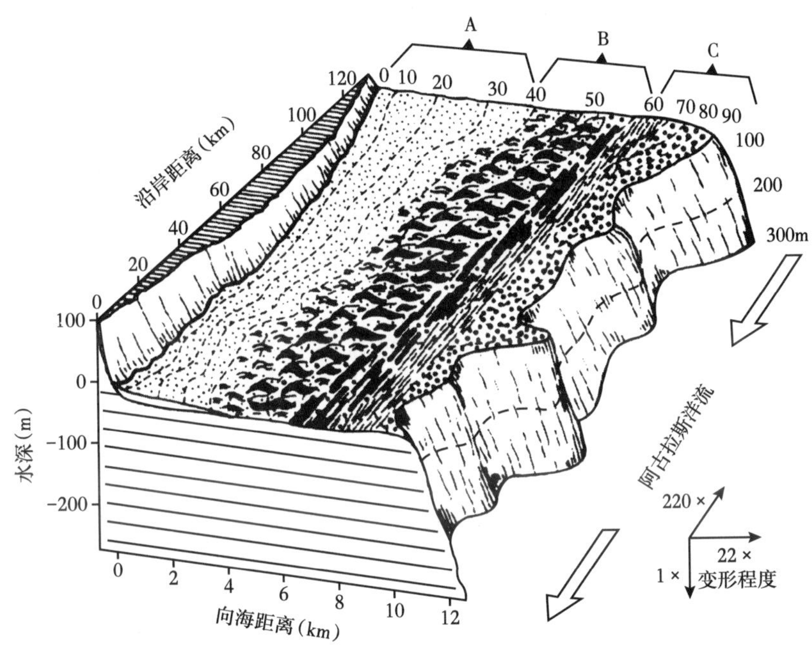


图 10.9 非洲东南端阿古拉斯洋流对沉积物的搬运

近岸沉积楔（A）以波浪作用为主。水流控制的中央陆架（B）上的砂在阿古拉斯洋流的影响下迁移，沙波场长 20km，宽 10km，单个沙波高达 17m。黑色条纹表示沙带。点状图符表明在砂枯竭的外陆架（C）上有粗粒滞留沉积

### 10.2.6 大陆架上的密度流搬运

密度流是由水团内的密度差异产生的。浮力羽流和底流，以及散射流，都是由悬浮沉积物引起的密度差异驱动的密度流。在干旱气候中，过度的近岸蒸发可能会产生浓度较大的盐水，它们作为底流沿着底部向海流动。可以想象，这种底流也可以发生在寒冷的地表水下沉并向海流动的大陆架上。由于温度或盐度变化而产生的密度流并不能作为陆架沉积物运输的主要因素，现代陆架沉积中也没有较多地受到这种密度流的影响。

### 10.2.7 海平面变化对陆架沉积物搬运的影响

在海平面波动较大时，由于大陆架的地理环境迅速变化并改变其沉积物形式，因此海

平面变化构成了大陆架上重要且敏感的沉积变量。海平面变化可以影响侵蚀和沉积过程，从而影响沉积在大陆架上的沉积物种类。此外，海平面变化是确定陆架沉积物地层结构的重要因素，详情见第 13 章。另见 Walker 和 James（1992），以及 Reading 和 Levell（1996）的具体研究。

### 10.2.8 陆架上的生物活动

现代大陆架是生物活动最密集的环境之一，地质记录表明古代海洋表面也有大量生物体活动。大陆架海底是众多无脊椎动物的栖息地，例如软体动物、棘皮动物、珊瑚、海绵、蠕虫和节肢动物，包含了海底动物群、迁移性和固生动物群。大陆架的低能量区，生物体种类和密度最为丰富，最大的种群出现在浪基面以下的内大陆架上。

以陆源碎屑沉积为主的大陆架，生物扰动的作用特别重要。生物扰动构造的结构类型和丰度因沉积物类型和水体深度而异。正如第 4 章所讨论的，近岸高能区的许多洞穴都是以垂直为主的逃生结构。洞穴样式随着水深的增加变为倾斜或水平结构。一般来说，陆架泥质沉积物比砂质沉积物受到的生物扰动程度更高，从泥质到砂质沉积物中，其中的物理沉积结构可能受到生物扰动影响，而在砂质沉积物中最终完全消失。相比之下，只有少数几种生物可以在能量非常高的近岸陆架环境和近岸区生存。因此，海陆过渡带的砂质沉积物以交错层理等物理构造为主，而不是生物扰动构造。尽管如此，如果有生物逃生改造的存在，砂质沉积物可能会存在一些生物扰动构造。沉积在大陆架较深水的砂质层上部可能受到一定程度的生物扰动。除了生物扰动的影响，一些生物会在沉积物中产生粪便颗粒。这些颗粒可能会足够坚硬和粘连，最终变得与砂粒特征类似。生物的贝壳或其他可石化的坚硬部分也可作为遗骸保存下来，成为沉积记录的一部分。

### 10.2.9 古陆架硅质碎屑沉积

尽管对现代大陆架的研究有助于识别古代大陆架沉积物，但现代大陆架不一定是古代大陆架的良好对比参照物。例如，现代大陆架上普遍的残留沉积物可能是非典型的。相反，一些被认为是古代陆架沉积物的结构，特别是风暴产生的丘状交错层理结构，这种沉积结构显然在现代陆架环境中没有得到认可。一般而言，古陆架沉积物似乎具有以下特征：（1）块状结构；（2）较大横向尺寸（数千平方千米）和较大的厚度（数百米）；（3）砂岩成分成熟度适中，其中石英比长石和岩屑占主导地位；（4）通常发育良好的、均匀的平行层理（图 10.10）；（5）一些陆架沉积物中存在风暴层结构；（6）具有多样的正常海洋生物化石；（7）与生物相关的痕迹或遗迹化石。

古代陆源碎屑沉积更具体的特征与潮汐主导或风暴主导条件下的沉积有关。古代潮汐主导的陆架沉积物以发育交错层理的砂岩为特征。古洋流主要是单向的，显然是因为古代相关区域沉积物在单一方向的净搬运，尽管局部存在双向交叉（Dalrymple，1992）。后期表面沉积的再改造构造丰富。与潮汐主导的沉积物相比，古老的风暴主导的陆架沉积物可能含有更大比例的泥质沉积物，并且具有常见的丘状交错层理和风暴层理（但在现代沉积物中不存在）。

因此，在陆架沉积物中可能会产生几种不同的垂向沉积序列，这取决于沉积过程是在海进还是海退期间发生，以及取决于沉积过程中的陆架类型。很难很好地概括这些层序特征，除了可以归纳出：海侵过程倾向于产生向上逐渐变细的粒序，而海退过程产生向上变粗的粒序，这些层序可能以底部的粗滞留沉积物开始。在不同的沉积条件下产生的一些理想化大陆架垂向沉积序列，如图 10.11 所示。这些沉积层序仅为经验模型。实际的海侵和海退沉积序列可能与这些理想化的剖面细节有显著差异。

图 10.10　科罗拉多州中部宾夕法尼亚亚系 Minturn 组层理清晰的海相陆架砂泥岩

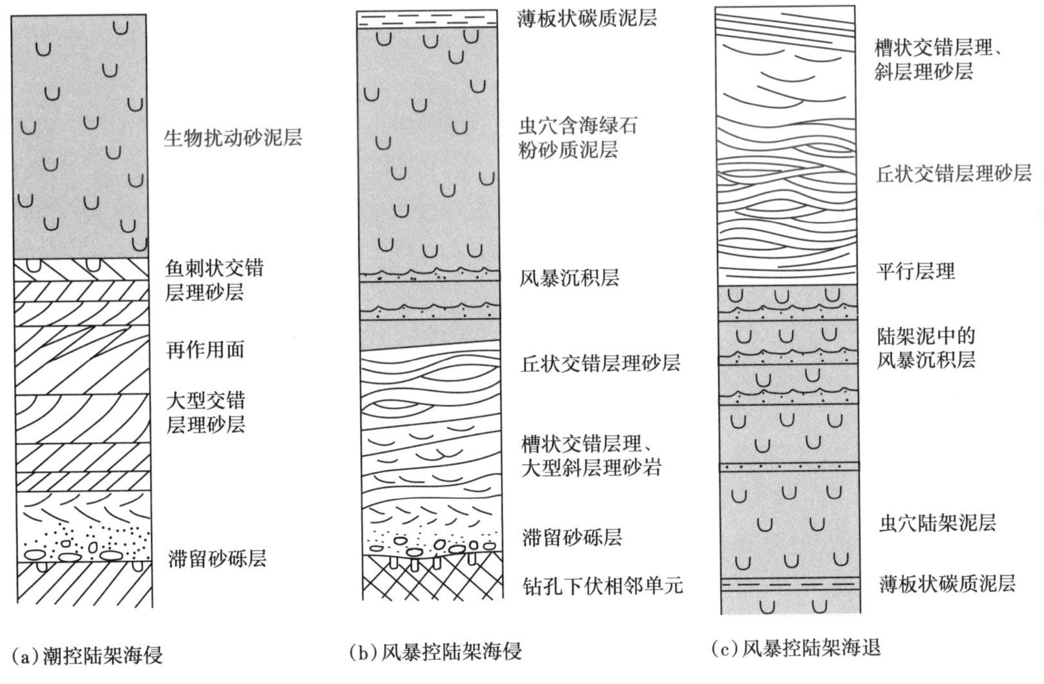


图 10.11　典型沉积和模式图

古大陆架沉积物可从所有地质时代的大陆架沉积地层中找到，它们可能是地质记录中最为广泛保存的沉积岩。特定大陆架沉积，如关于北美西部内陆海道的古陆架白垩系沉积，参见文献 Leeder（1999）。这些沉积物的特征，来源于 Bergman 和 Snedden（1999）对从科罗拉多到艾伯塔大陆架沉积的研究。

## 10.3 海洋（深水）环境

在对沉积环境的讨论中，陆相、边缘海相和浅海相是主要的关注点，因为大部分保存下来的沉积记录发生在这些环境中。然而，就以上这几种沉积环境的规模而言，这些非海洋和浅水海洋环境实际上比地球上深水环境的表面积要小得多。到目前为止，大部分地球表面处于深度超过 200m 的大陆架深水区域中。地球表面大约 65% 的区域为大陆坡、大陆隆起、深海海沟和深海海底。即便如此，大多数讨论海洋沉积环境的文献通常较少对海洋深水环境有过多阐述。这可能是因为，海洋环境中深水沉积岩比浅水沉积岩少得多。深水沉积物不具有如浅水沉积物大量出露的岩石记录，因为在较深的水中沉积物总体沉积速度较慢，因此沉积物更薄。有一个例外是位于斜坡底部附近的深水海底扇环境，其中浊流的沉积速率可以超过 10m/1000a，可达到数千米的厚度（Bouma 等，1985）。此外，部分深海海底沉积物可能被海沟向地壳内部的俯冲过程破坏，而那些逃脱俯冲的深水沉积物需要经历大规模的断层和隆起才能出露到海平面以上。另外，对浊积岩以外的深水沉积物的研究不如浅水沉积物全面，部分原因可能是深水沉积物的油气潜力较小。然而，由于海底扩张和全球板块构造理论的出现，深海海底沉积物的研究对地质学家来说具有巨大的意义。因此，自 19 世纪 60 年代初以来，关于大陆边缘和深海海底沉积的研究大量出现。此外，人类对化石燃料不断增加的需求，正在推动油气勘探进入越来越深的水域。同时，从海底开采锰结核和含金属泥质沉积物的可能性，也引起了人们对深海领域研究的兴趣。

深海钻探计划（DSDP）的实施大大促进了深海领域的相关研究。该计划始于 1968 年，并于 1984 年转变为大洋钻探计划（ODP）。自这些计划启动以来，DSDP 和 ODP 团队的研究遍布世界各地的大洋盆地。其研究涉及了海底以下平均深度约为 300m、最大深度超过 1000 m 的沉积记录。除了 DSDP 和 ODP 的深海取心外，世界主要海洋学研究机构的海洋地质学家还从整个海洋的海底收集了数千个浅层井筒岩心。此外，数十万千米的地震测线（第 13 章）已在海底以纵横交错的方式采集，以试图解开海洋底部的地层结构。尽管这项研究的主要目的是根据板块构造观点阐明海洋盆地的起源和演化历史，理解大洋盆地更大尺度上的特征。在这个过程中，还收集了许多关于沉积相和沉积环境的数据。研究海底洋流和沉积物的海洋学家还提供了许多关于海洋环流和沉积物搬运系统的新信息。因此，自 19 世纪 50 年代以来，人们对洋盆和深海海底的了解显著增加。将集中讨论大陆坡和深海海底沉积物搬运和沉积的基本过程，以及在这些环境中发育的主要沉积相类型。

### 10.3.1 沉积背景

#### 10.3.1.1 大陆斜坡

大陆斜坡是从现代海洋平均深度约 130m 的陆架坡折延伸至深海海底的区域（图 10.12）。大陆坡的下边界通常位于 1500~4000m 的水深范围内，但在局部深海沟中，它可能延伸到超过 10000m 的深度。大陆斜坡相对较窄（10~100km），它们向海倾斜的倾角比大陆架大得多。现代大陆坡的平均倾角约为 4°，尽管坡度范围可能在多数三角洲（小于

2°）到一些珊瑚岛的（大于 45°）范围中显著变化。

大陆坡的起源和内部结构不是本书主要讨论的内容。然而，对被动大陆边缘（大西洋型）和主动大陆边缘（太平洋型）大陆坡特征差异的简要描述与以下讨论有关。如图 10.4 所示，大陆架与大陆坡的边界由各种障壁结构构成。被动大陆边缘的主要种类包括硅质沉积物覆盖在基底隆起、褶皱或断层的边缘（图 10.4a 和 c）、碳酸盐滩或台地（图 10.4d）或火山脊（图 10.4e）的大陆边缘，和以盐构造为主（盐的流动产生盐丘和底辟；图 10.4f）的大陆边缘。某些区域内可能存在多种被动边缘类型。活动大陆边缘的特征是仅存在弧前区或同时存在弧前区和弧后区，例如日本海大陆边缘（图 10.13）。弧后和弧前盆地、弧后和弧前斜坡及弧前海沟中都可以发生沉积过程。

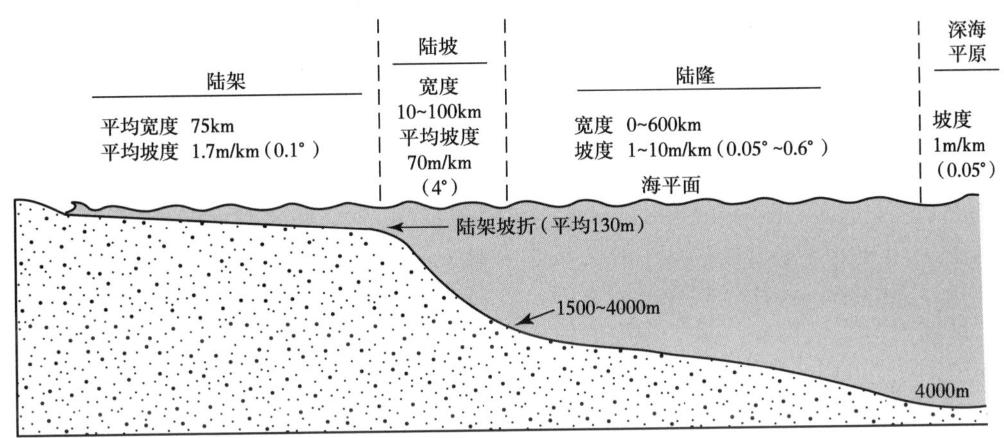


图 10.12 大陆边缘主要单元

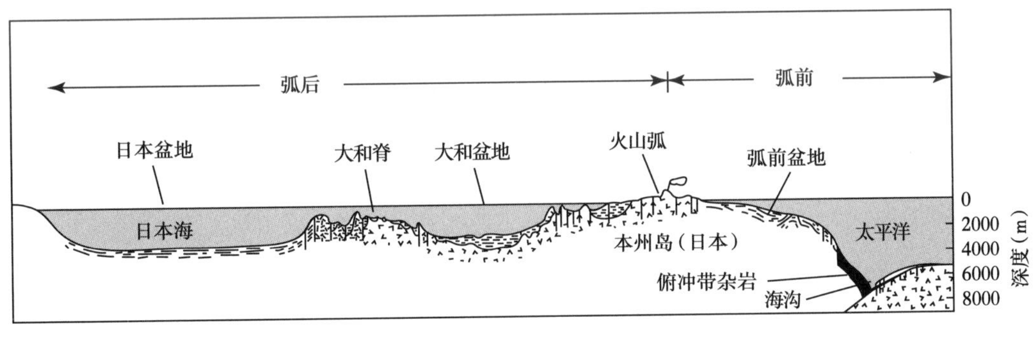


图 10.13 日本活动大陆边缘的示意图，显示了大陆边缘弧前和弧后的特征

大陆斜坡具有光滑、略微凸出的表面形态，例如在陆源碎屑沉积的被动大陆边缘（图 10.4a），或者在很小到非常大的尺度上呈现不规则表面形态。活动大陆边缘斜坡形态往往特别不规则。例如，位于日本近海的太平洋斜坡下降至日本海沟约 7000m 深度处的活动大陆边缘，具有贴边背斜的构造阶地、盆地及断层脊，呈现大致平行于日本海岸的阶梯状排列（Boggs，1984）。这些山脊和褶皱形成了突出构造的“坝体”，沉积物在其后发生沉积。一般来说，斜坡上高度不规则的构造障碍体可以阻碍底部沉积物经过斜坡过路搬运，从而形成沉积盆地。

现代大陆斜坡通常发育有众多大致垂直于大陆架坡折的海底峡谷，这些峡谷为穿过斜坡的浊流提供了通道。大多数海底峡谷开始发育于靠近斜坡的断裂处，但范围不超过大陆架。然而，现代大陆架上的一些主要海底峡谷延伸到大陆架上，并且可到达非常靠近海岸的位置。一些大峡谷还向海底延伸到斜坡底部甚至更远的位置，形成深海通道，其范围可在平坦的海底蜿蜒数百公里。例如，日本海的富山深海水道（Toyama Deep Sea Channel），从富山海槽（Toyama Trough）口蜿蜒穿过海底约 500km，然后并入日本海深海平原。

自 20 世纪初以来，海底峡谷的成因一直存在争议（Pickering 等，1989）。尽管在海平面下降期间延伸穿过陆架的河流，在下切过程可在陆架上形成一些峡谷，但浊流被认为是在斜坡和更深海底切割形成峡谷的主要因素。峡谷的发展可能是由局部斜坡破坏（坍塌）开始的，然后浊流侵蚀坍塌破裂处逐渐向前发育。浊流在初始阶段对海床具有侵蚀性，随着时间的推移，初期的峡谷逐渐加深和延长，通过斜坡上部的进一步坍塌继续发育。一些海底峡谷的位置和形状可能受到断层和褶皱的影响（Green 等，1991）。

#### 10.3.1.2 大陆隆起和深海盆地

大陆隆起和深海盆地包括位于大陆坡底部以下的那部分海洋环境，它们加起来约占海洋海底总面积的 80%。大陆坡向海的较深部分可分为两个主要地貌组成部分：深海海底（ocean floor）和洋脊（oceanic ridges）。深海海底的特征是存在深海平原、深海丘陵（火山丘高度小于 1km）和海山（火山峰高度大于 1km）。在被动大陆边缘之外，斜坡底部存在大陆隆起。大陆隆起具有缓慢倾斜的表面，逐渐通向深海海底。大陆隆起部分由从斜坡底部向海延伸的海底扇构成。除了由海底峡谷和突出的海山，大陆隆起通常没有其他突出地势。在发生俯冲的会聚或活动大陆边缘，例如太平洋边缘的大部分地区，通常不存在大陆隆起。在这种类型的大陆边缘，大陆坡底部通常有一条长长的弧形深海海沟，没有隆起。较不活跃的俯冲带中的海沟，例如俄勒冈州—华盛顿州海岸沿线，可能充满了沉积物。深海平原是广阔的、近乎平坦的地区，海山不时穿插其中。如前所述，一些深海平原也被深海水道切断。大洋中脊横跨现代海洋约 60000km，总体面积约占海洋面积的 30%~35%。大洋中脊在大西洋尤为突出，它们比两侧的深海平原高约 2.5km。这些大洋中脊的岩性主要是火山岩。山脊被许多横向断裂带切割，沿这些断裂带可能会出现明显的横向错断。大洋中脊在海底扩张过程中起着至关重要的作用，但它们并不是特别活跃的沉积区。可以肯定的是，大洋中脊确实对海洋中海底洋流的环流有非常重要的影响，因此其对深海的沉积过程有间接影响。

### 10.3.2 深水中的沉积物搬运和沉积过程

除了风成沉积物，大多数在深水中的沉积物起源于陆架，且必须穿过陆架（图 10.5 和图 10.14）才能到达更深的水环境。跨陆架沉积物搬运过程包括通过浊流搬运较粗的沉积物，以及通过羽流和放射流将细沉积物向深海搬运。多种作用能够向深海中输送沉积物并最终沉积下来，例如来自大陆的风力搬运、海盆内外爆炸性火山作用产生的火山碎屑颗粒的空降和海底沉降、沉积物放射流、浮冰、密度流过程、各种底流、地表流和远洋沉降过程（Stow，1994）。以上各种过程在深海环境中发生作用的位置如图 10.15 所示。

### 10.3.3 羽状流、风、冰漂流和散射流沉积物的搬运

在大陆架狭窄的地方，来自大陆地表的淡水羽流携带细小的沉积物穿过大陆架可以移动很远的距离进入更深的水域（图 10.5）。在混合和絮凝导致黏土颗粒发生沉降之前，这

种羽流的搬运距离可达100km（Reineck 和 Singh，1980）。来自大陆特别是沙漠地区的风也可以将细小的悬浮粉尘颗粒向海方向搬运移动。风搬运的沉积物可在离海岸数百千米的海洋洋面落下并开始沉积。事实上，风的搬运作用可能是黏土颗粒大小的陆源碎屑被搬运到深海远端的主要机制。

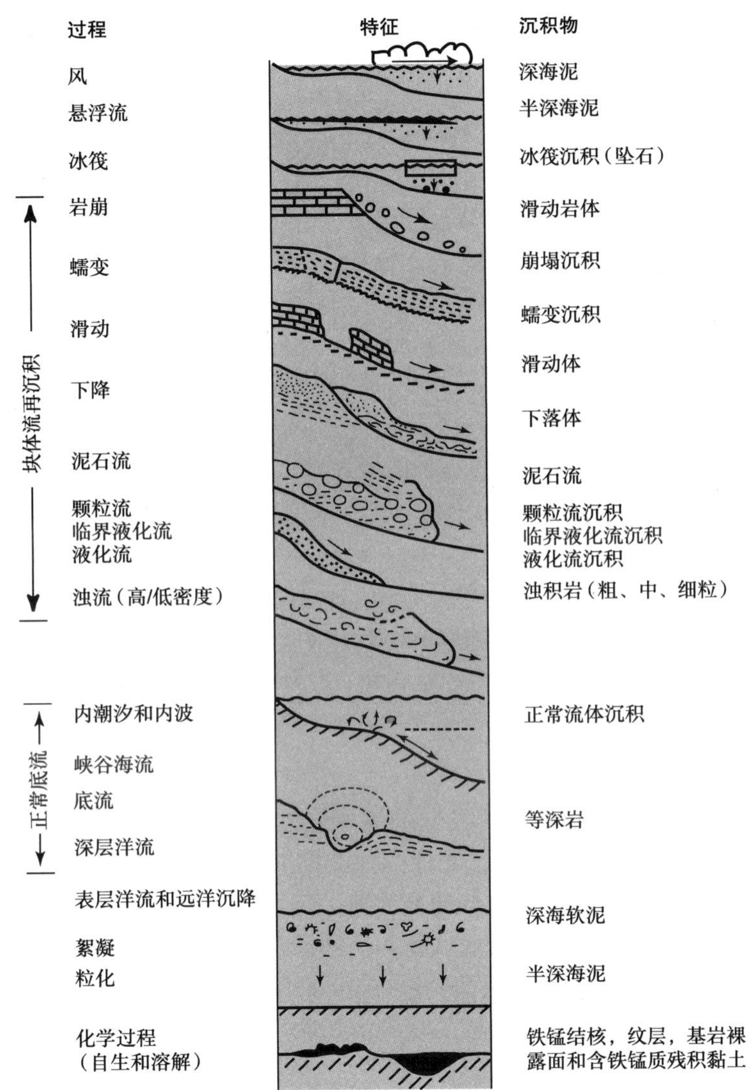

图 10.14　深海中沉积物搬运和沉积的各种过程

在更新世的冰川期，海平面较低的许多陆地区域被冰覆盖，冰川携带各种大小的沉积物漂流到海洋深水区，这是沉积物的一个重要的搬运过程。今天，冰对沉积物的搬运过程仍在北极和南极地区的高纬度地区小规模发生。浮冰融化释放将大小不一的沉积物运输到陆架和深海海底，通常称为冰川—海洋沉积物（第9章）。地质历史时期的冰山迁移到深水的过程，对区域沉积物的整体搬运作用可能并不显著，但在局部区域和某段时期可能很重要。

在外陆架上受到风暴影响而重新悬浮的细小沉积物，可以在靠近海底的散射状悬浮体通过陆架并沿着大陆斜坡向下移动。密度较低的悬浮物可能会沿着密度界面向海移动，因为中等密度的悬浮体会逐渐沉入底部（图 10.15）。细小的沉积物也可能被沿斜坡向下移动的浊流融为一体。据报道，散射流向海延伸数百千米，并延伸至深度达 6000 m 或以上的水体。深海底流（待讨论）可能有助于将沉积物重新悬浮到散射层中。

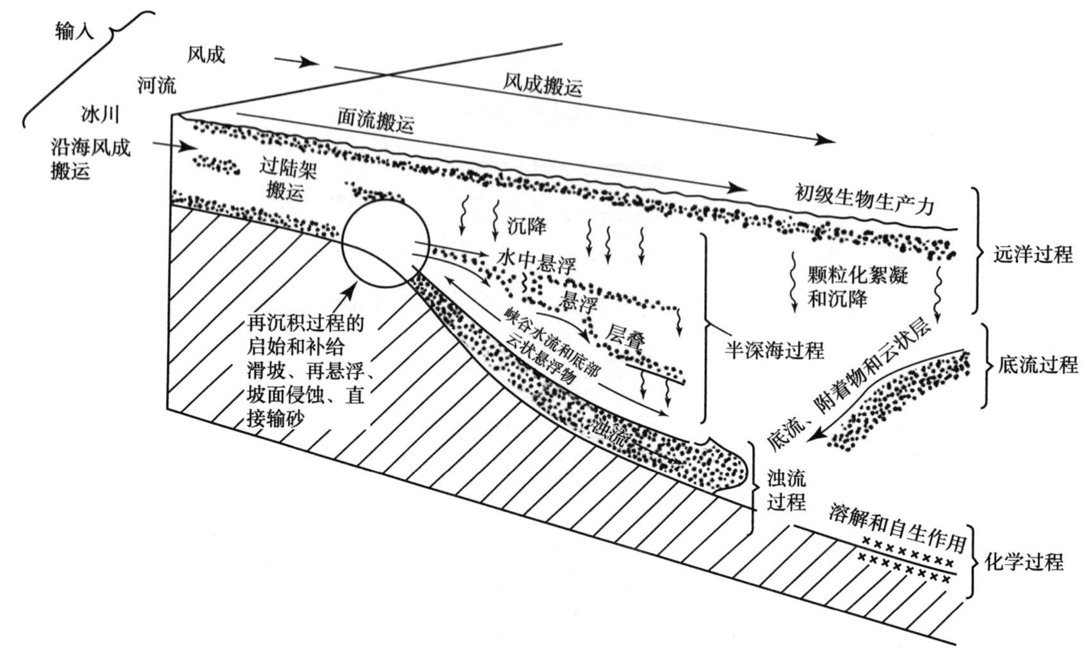


图 10.15　控制沉积物向深海搬运和沉积的主要过程示意图

以上大多数过程会搬运和沉积细小的沉积物。然而，冰川（浮冰）、浊流和再沉积过程可以搬运和沉积粗粒和细粒沉积物。化学过程是指本质上主要是化学作用的微小过程

#### 10.3.3.1　海底峡谷流

在深度超过 1000m 的海底峡谷中发现的潮汐流也可输送淤泥和细砂（Shepard，1979；Pickering 等，1989）。在海底峡谷中已发现两种类型的水流：速度很少超过 50cm/s、响应潮汐逆转并且在峡谷上下交替流动的普通潮汐流，以及偶尔涌出的、速度高达 100cm/s 的强下行流。Shepard（1979）将这类涌流解释为低速浊流。几乎没有数据支持潮汐流在的峡谷中对沉积物净搬运的重要作用。然而，Shepard 检测到的涌流肯定能够将细小的沉积物向海输送。总之，这些洋流可能有助于从峡谷沉积物中筛选出细小的沉积物。

#### 10.3.3.2　等深流

由温度或盐度变化引起的表层海水密度差异造成海洋中水团的垂直环流，通常称为温跃层环流（thermohaline circulation）。环流主要在高纬度地区开始形成，因为冷的洋面水体向底部下沉，形成沿洋底流动的深水团底流。这些底部洋流的路径受洋脊和海洋隆起的位置及其他地形的影响，例如断裂带的狭窄通道。由于海水的密度分层，与大陆边缘相邻的底流往往平行于等深线或沿等深线流动，因此通常称为等深流。这些洋流的运动也受到科里奥利力的影响，科里奥利力使它们偏转（在南半球偏向左侧和在北半球偏向右侧），且沿着平行于深度等值线的路径。因此，它们有时也被称为地转等深流。

在现代海洋中，南极海底水体沿着大陆坡向下流动，在南极大陆向东循环几次，然后向北流入大西洋、印度洋和太平洋（Stow，1994）。在北大西洋，深水团流从挪威格陵兰

海、拉布拉多海和北大西洋的其他部分向南流出。这些深水团流相互作用形成了一个高度复杂的海洋环流系统。

因为等深流在地形陡峭的地区较为发育，其底部地形影响到极大厚度的分层水体（Kennett，1982），所以它们在大陆坡和隆起环境中尤为重要。深海海底的照片显示，一些地区存在海流扩散波纹，另一些地区存在沉积物悬浮体和海底侵蚀特征。这两者都表明，一些等深流在海底或海底附近速度较大，足以侵蚀海底并搬运沉积物。现有证据表明这些底流的速度在海洋的某些地区可能会加速到 40cm/s，这可能是由于海洋表面极大范围的风力驱动环流引起的（Hollister 和 Nowell，1991）。即海洋表面的涡流动能可以传递到深海海底。当科里奥利力导致深水流在大洋盆地西缘的大陆坡上加强时，深水流无法克服重力向上移动，从而受到限制并在大陆坡环境中逐渐强化（Stow，1994）。在底流加强的地方，底流在海底附近剧烈运动，最终形成“深海风暴”或“底栖风暴”（Hollister 和 Nowell，1991），大量细小的沉积物被这类能量极强的脉冲搅动和搬运。等深流被认为在塑造和改变大陆隆起方面发挥了特别重要的作用，例如北美东海岸附近的隆起。

#### 10.3.3.3 远洋生物沉降

海洋中生活的钙质和硅质有壳浮游生物死亡时，通过水体沉降进入海底，这一过程称海洋的中上层生物沉降。这些生物在海洋中的地理分布受营养物质和普遍存在的洋流影响。当这些微小的贝壳类生物遗体落在海底后，它们可能会被浊流或等深流重新搬运。这些骨骼物质可以在现代海底的某些区域形成广泛分布的生物矿床或者软泥。他们也是古代深海沉积物的重要贡献者，尤其是侏罗纪和较年轻海相岩石中的沉积物，其中有大量白垩、放射虫硅质岩和硅藻土（第6章和第7章）。细粒陆源碎屑颗粒（例如黏土矿物、石英、长石）通过地表羽流、风或浮冰从陆地上运输至半深海，可能与有机残留物一起沉降，形成混合生物成因和陆源碎屑的半深海沉积（图 10.15）。

#### 10.3.3.4 火山爆发

海洋盆地内部和边缘的火山活动可能为大陆架和更深的水域，特别是火山弧附近的水域贡献大量的沉积物。火山灰、火山砾和火山弹可以在空中和水下喷射。从空中喷出的粗物质多通过喷发柱喷发，并在喷口四周附近的空中降落并沉积下来。如果在喷发期间盛行强风，细粒火山灰会在沉降之前被风带到很远的距离。在海底喷射的火山碎屑颗粒及空中落下的颗粒碎屑可以通过各种搬运过程更广泛地分散在海盆内。多气孔的火山成因浮石甚至可以通过漂浮在海面上分散沉积下来。

#### 10.3.3.5 浊流和其他物质的搬运过程

如图 10.14 所示，深海中可能发生各种沉积物的搬运过程。陆架或上陆坡上产生的浪涌型高速浊流可能是通过海底峡谷将砂和砾石输送至深水区域的最重要的机制（Normark 和 Piper，1991）。在被动边缘和弧后盆地，这些携带沉积物的流体从峡谷口扩散到深海海底并沉积下来，形成深海扇（图 10.16），这种沉积过程在一定程度上有助于大陆隆起的形成。在活动边缘的弧前区域，海底峡谷将浊积岩搬运到斜坡上的弧前盆地或深海海沟中，这些浊积岩可能沿着峡谷轴线分布。在风暴和海底泥石流期间，下行的海滩砂质颗粒流冲入近岸海底峡谷的顶部，也可能对局部地区造成影响。在某些情况下，海底泥石流可能向下陆坡转化为浊流（Piper 等，1999）。除这些过程外，还有其他物质的搬运过程。例如，蠕变、滑动和坍塌似乎是造成大陆斜坡和山脊斜坡上大规模沉积物重新搬运的原因。其中一些坍塌体的最大尺寸可达 300m 厚和 100km 长（Stow 等，1996）。此外，海脊和海山上通过远洋生物沉降或火山作用聚集的沉积物也可以重新被搬运并再次沉积下来。

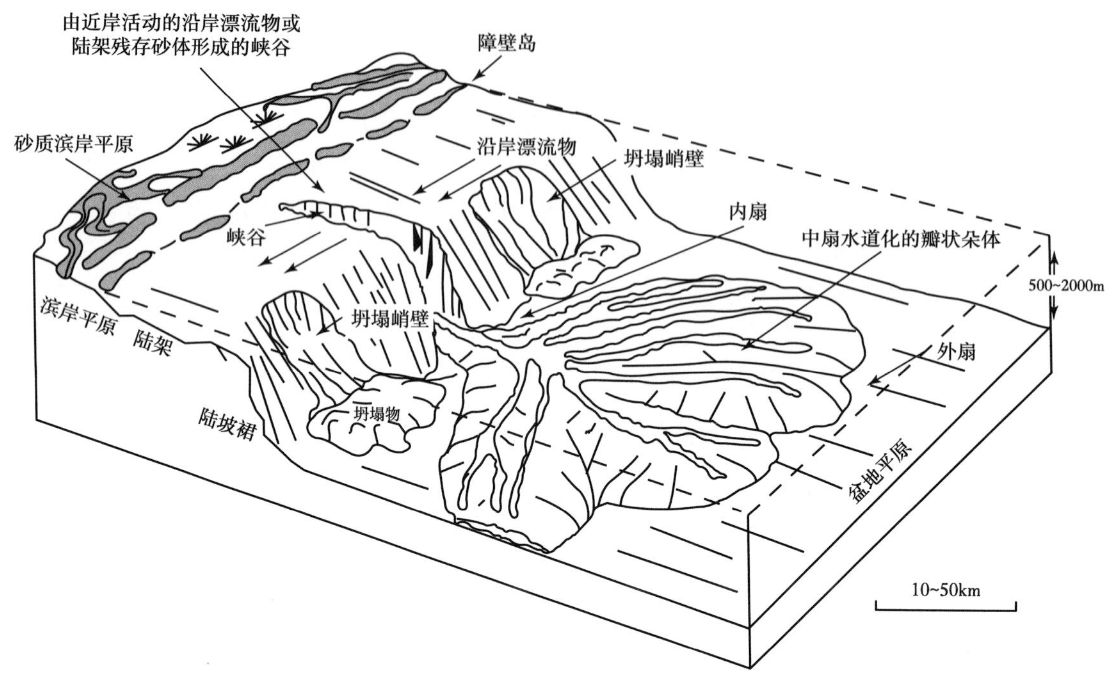


图 10.16 点源富砂海底扇沉积模式

### 10.3.4 现代深海沉积物的主要类型

关于深海沉积物的分类，几乎没有一致意见。建议的分类范围从主要以成因分类为主（Shepard，1973；Berger，1974）到以描述性为主的分类（Dean 等，1985；Pickering 等，1989）。目前，没有充分考虑各种深海沉积物的成因和描述性质的令人满意的方案。两大类深海沉积物——陆源和远洋沉积物经常被提及。然而，这两个术语很难精确定义。陆源沉积物包括来自陆地的砾石、砂质和泥质，并通过各种过程（例如浊流、等深流、冰漂流）在类似的深海区域搬运沉积。一些远洋沉积物（黏土）也来自陆地，但在海洋较远部位缓慢沉降而沉积下来；其他的则是从海洋表面沉降的远洋生物遗迹。第三个次要类别的深水沉积物，是从大陆架重新转运至深水的浅水区形成的碳酸盐沉积物。表 10.1 总结了深海沉积物的主要类型。

#### 10.3.4.1 陆源沉积物

该部分内容包括种类繁多的深海陆源碎屑沉积物，包括半远洋泥岩、浊积岩和其他重力流沉积物、等深岩、冰川—海洋沉积物及塌陷和滑坡沉积物，如表 10.1 所示。这些沉积物均主要由陆源碎屑物质组成，粒度由大到小为从砾级到黏土级。一些岩石层位发育良好的层理，可能显示出垂向粒度分级特点。其他沉积岩具有杂乱结构、层理极不发育的特点。为便于讨论，这些陆源沉积物按其主要搬运和沉积方式的成因分组如下。

1）半远洋泥

半远洋沉积难以准确定义。根据 Stow 和 Piper（1984a）的观点，它们是含有超过 5%

的生物碎屑和超过 40% 的陆源成分的泥质沉积物，尽管一些地质学家可能会发现这个定义过于严格。它们是在非常低的水体流速下沉积的（例如，通过悬浮沉降），它们可能是主要沉积在大陆斜坡和斜坡前弧盆地中的沉积物。由 Stow 和 Piper（1984b）编写的有关细粒沉积物、深水过程和深水相的文献专门讨论了半远洋沉积物。

**表 10.1　深海沉积物的主要种类**

| 类别 | 解　释 |
|---|---|
| 陆源碎屑沉积物 | 半远洋泥：陆源泥质和生物遗骸的混合物，由散射羽流、悬浮沉降和远洋生物沉降沉积而成；<br>浊积岩：分级砾石 / 砂 / 泥，由浊流沉积形成；<br>等深流沉积：由等深流沉积和 / 或重新改造的砂质或泥质沉积而成；<br>冰川—海洋沉积物：通过冰川漂流搬运并沉积的砾石、砂质和泥质沉积而成；<br>坍塌和滑动沉积物：陆源或远洋沉积物通过块状体的移动过程，沿着斜坡向下移动 |
| 远洋沉积物 | 远洋黏土：2/3 的成分为陆源碎屑黏土，通过悬浮沉降和自生形成沉积黏土矿物；<br>软泥：2/3 的成分为浮游生物遗骸，由远洋生物沉降沉积。其中钙质软泥主要是 $CaCO_3$ 生物遗骸，硅质软泥主要是 $SiO_2$ 生物遗骸 |
| 异地深海碳酸盐岩 | 浅水碳酸盐岩在风暴或沉积物重力流作用下沿着斜坡形成 |

半远洋泥的颜色为灰色到绿色，红棕色较为少见。质地从黏土到粉质、砂质黏土不等。半远洋泥的成分除了生物遗骸外，其矿物类型通常包括细小的陆源石英、长石、云母、黏土矿物和 / 或火山沉积物（如火山灰、细浮石和火山玻璃）。火山灰或火山玻璃可能与其他半远洋沉积物混合或浓缩成不同的火山灰层（tephra），其厚度范围从小于 1cm 到大于 25cm（Boggs，1984）。火山浮石的颗粒和卵石可能以碎屑、包卷与不同层半远洋泥混合的形式出现。半远洋泥可能含有硅质生物（尤其是硅藻）和钙质生物（如有孔虫和纳米化石）的残骸，以及从碳酸盐台地冲刷到更深水中的细粒灰泥。

半远洋泥通常是弱成层到块状，通常受到中度至较高程度的生物扰动。一般来说，半远洋泥沉积的位置比远洋泥岩更靠近海岸。半远洋泥它们广泛分布在火山弧的大陆坡上，例如西太平洋的火山弧。它们也出现在弧后盆地、海沟内壁和一些隆起的顶部。半远洋泥岩可能主要沉积于散射层和羽流层。在某些情况下，浮游生物的参与可能会有利于沉积，这些生物将细小的沉积物聚集成能快速沉降的粪便颗粒。

2）浊积岩

浊积岩的一般特征已在第 4 章中描述。浊积岩可能出现在海底峡谷的下游和更远的深海峡谷中，但大多数沉积在宽阔的浊积扇中。这些浊流扇或海底扇从峡谷口向外扩散到海底。在海底峡谷紧挨着斜坡的地方，斜坡底部的海底扇可能会合并形成一个宽阔的、坡度较缓的大隆起。在发育海沟的活动大陆边缘，由于浊流纵向流过海沟而逐渐接受沉积，浊积岩通常出现在海沟的沟底上。大多数浊积岩由夹有远洋黏土的砂、粉砂或含砾砂组成。它们通常以正粒序为特征，可能会显示完整的鲍马序列（图 2.8）。图 10.17 是浊积岩的岩心记录。如第 2 章所讨论的，许多浊积岩既没有鲍马序列的底部结构（A 单元），也没有上层结构（D~E 单元），或者两者都没有。底部标志如槽模、沟模和重荷模，在许多浊积岩层序中很常见。除了砂质浊积岩外，现代海底的许多地方还存在泥质浊积岩。这些浊积岩由正常分级的粉砂和黏土组成，可以是层状或块状的，通常缺乏普遍发育的生物扰动。Bouma 和 Stone（2000）详细描述了产生细粒浊积岩的沉积过程及这些沉积物的特征。Bouma（2000）对富泥和富砂浊积岩的特征进行了比较。浊积岩广泛分布于现代海洋的被动大陆边缘，以及活动大陆边缘的弧后和弧前区域。

图 10.17　日本海弧后盆地中新世沉积物大洋钻探计划 127 号孔标记有鲍马序列的火山碎屑浊积岩岩心（图片由得克萨斯州理工大学大洋钻探项目提供）

由于浊积岩的主要沉积环境为海底扇，且现代浊积岩多形成于此类扇体中。地质学家对研究海底扇沉积模型表现出极大的兴趣。Reading 和 Richards（1994）指出，海底扇系统可能来源于单一物源或线性物源，沉积物可能包括富含砾石，富砂、富泥 / 富砂和富泥体系的沉积物。他们认为，富砂体系的特征是由于存在辫状河道和河道化的沉积物分支（图 10.16）。富含砾石的体系具有沟槽，但缺乏明显的沉积物分支（图 10.18）。富泥 / 富砂体系的特点是具有河道堤坝和明显的沉积物分支（图 10.19）。富泥体系除具备河道堤坝和分支外，可能包括一些片状沉积物。线性源海底扇体系不同于图 10.16 所示的点源海底扇模型（图 10.16、图 10.18 和图 10.19），它们沿斜坡底部形成沿尾部合并的沉积分支。Miall（2000）和 Galloway（1998）进一步讨论了扇体、其他斜坡及斜坡沉积体系的根部沉积。

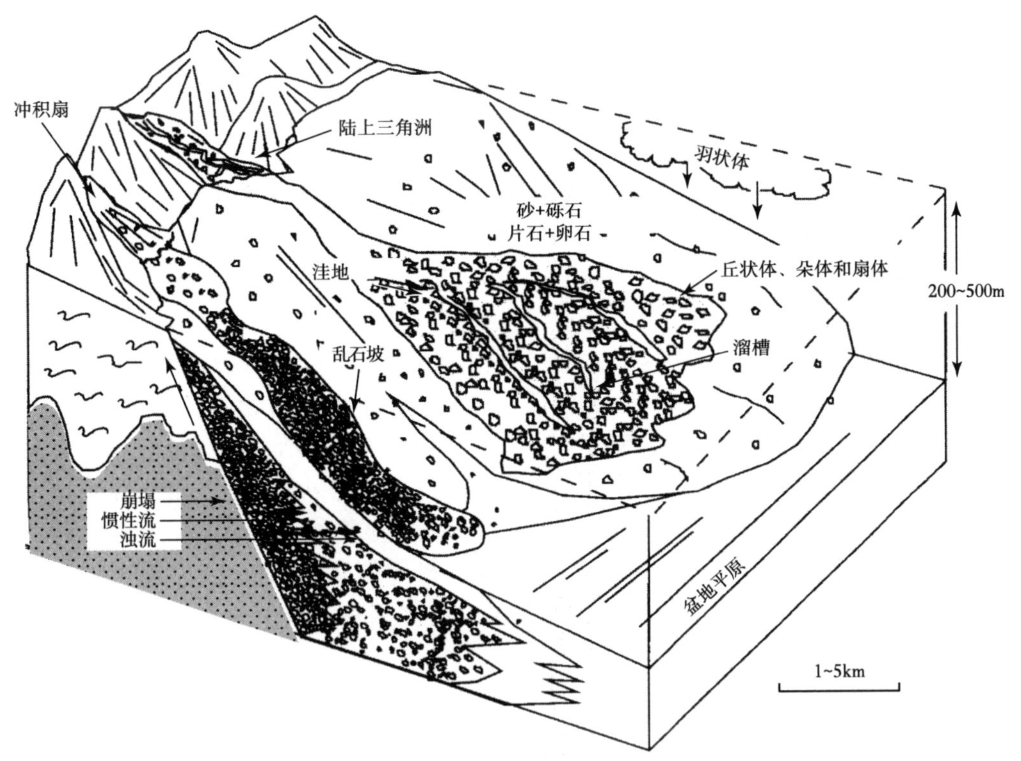


图 10.18　点源富砾石海底扇沉积模式

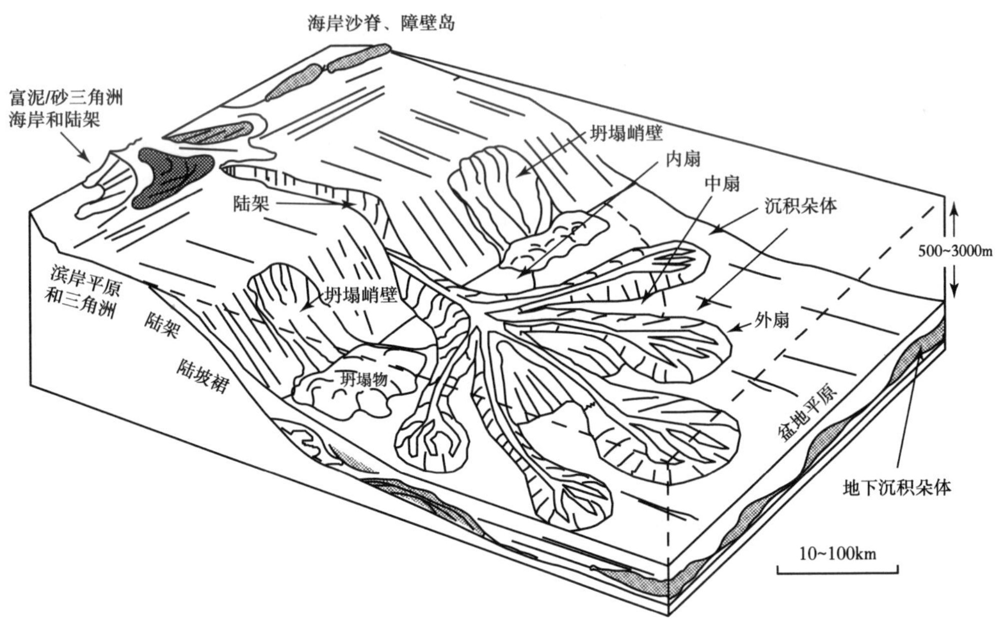


图 10.19　点源富泥 / 砂海底扇沉积模式

现代海底扇在世界海洋的许多地方发育。这些海底扇中最大的包括南大西洋的亚马孙扇（表面积为 330000km$^2$；Manley 和 Flood，1988）、地中海的罗纳扇（70000km$^2$；Droz 和 Bellaiche，1985）、巴基斯坦和印度海岸附近的印度河扇（1100000km$^2$；Kolla 和 Coumes，

1985)、Grand Banks 附近的劳伦斯扇(300000km$^2$; Piper 等, 1984)和墨西哥湾的密西西比扇(300000km$^2$; Weimer, 1989)。其他的海底扇在 Pickering 等(1995)研究中有提到。

将现代海底扇的特征与古代浊流体系对比后发现存在许多问题,如规模(现代扇上的许多特征比古代扇系统中的相应特征大得多)和其自身的特点(如现代海底扇河道堤的复杂性和缺少沉积分支)。古代浊积岩中向上变厚和变薄的沉积序列通常分别归因于扇叶的进积和逐渐充填、废弃的河道,但这种解释很难与现代海底扇中缺少河道的特性相一致(Walker, 1992)。

3)等深流沉积

大陆隆起沉积物的取心结果表明,除了浊积岩外,大陆隆起沉积物还包括等深流沉积物。已识别出几种不同的等深流相,如泥质、粉砂质、砂质和富含砾石的等深流相(Stow 等, 1998)。等深流沉积相综合模型如图 10.20 所示。模型显示,等深流岩相包括从泥质到粉砂质再到砂质的整体反粒序(向上变粗),然后是从粉砂质到泥质的正粒序(向上变细)。泥质等深流沉积岩往往是均质的、层理发育差且生物扰动程度高。粉砂质等深流沉积也受生物扰动的影响,通常呈现出斑驳的外观。砂质等深流沉积呈现出较薄的、不规则层序,并且通常也受到生物扰动,尽管可保留一些水平层理和交错层理。等深流沉积可

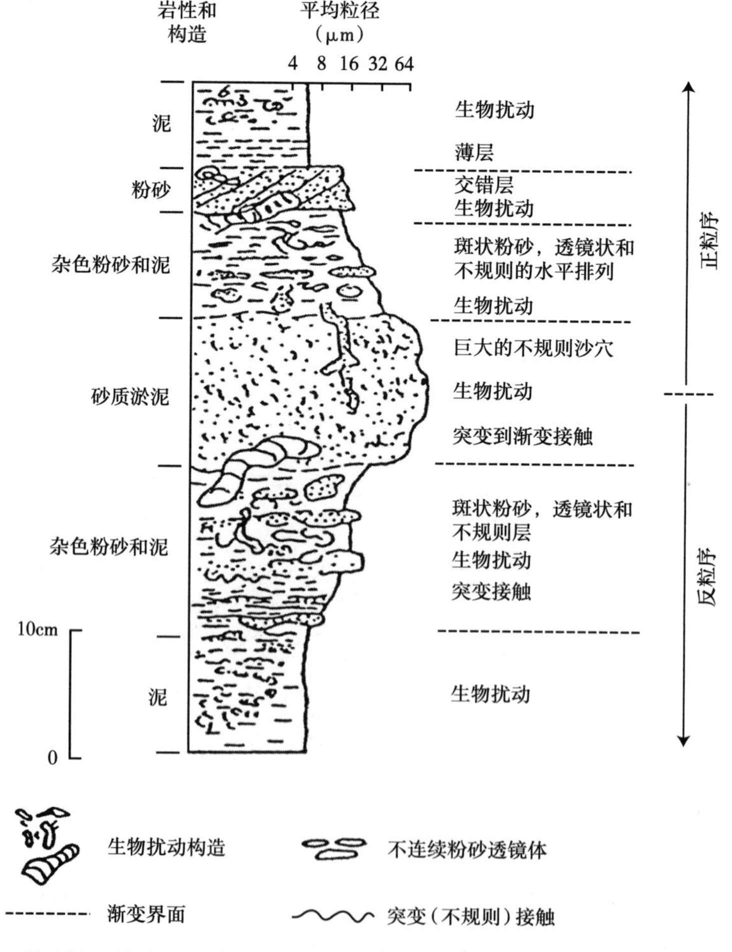


图 10.20 通过泥—粉砂—砂等深岩序列显示复合等深岩相模型的粒度变化和沉积构造

能有突变的或渐变的层面接触。等深流沉积岩的组成可以包括一些陆源成分和生物成分。Stow 等（1996）和 Stow 等（1998）对等深流沉积进行了进一步的讨论。

4）冰川—海洋搬运沉积

通过冰川漂流搬运到深水的沉积物通常是分选不好的含砾砂岩或含砾泥岩，具有从粗略的到发育较好的分层。粗粒组分可包括菱角状、多面状和条纹状砾石。现代高纬度海洋洋底的许多区域被这些冰川—海洋搬运沉积物覆盖，特别是次极地北大西洋、环南极、北冰洋的某些部分、北太平洋和挪威海。

5）坍塌和滑塌沉积物

这些沉积物由先前沉积的远洋或陆源沉积物组成，由于沉积物沿斜坡向下移动而发生再沉积。在这种沉积物坍塌的二次运输过程中，塌落体的原有沉积结构受到干扰，导致层理和内部结构发生断层、扭曲、混乱。使用侧扫声呐和底部、亚底部声学和地震剖面方法对大洋底部的研究表明，坍塌和滑塌沉积物在沉积速率高的大陆坡上特别常见，例如密西西比河三角洲和罗纳河三角洲，以及在有冰川的斜坡上（Schwab 等，1993）。这些沉积物包括发生弹性破坏的滑坡，和仅发生地层微小内部变形及塑性侵位的各种破坏体，其特征在于发育有不同程度的内部变形。在一些大陆斜坡下部，通过这种沉积物搬运和改造似乎是主要的运输和再沉积的过程。

#### 10.3.4.2 远洋沉积物

远洋沉积物有多种定义，但通常被认为是指在远离陆地的海洋环境中沉积的、由悬浮在水体中的颗粒缓慢沉降而沉积的沉积物。远洋沉积物可能主要由陆源或火山成因黏土级颗粒组成，或者是可能含有大量粉砂级的浮游生物尸体。深海黏土（pelagic clays）含有黏土矿物、沸石、氧化铁和风成的尘或灰。它们通常是呈现出红色到红棕色，因为其在沉积速度非常缓慢的地区被含氧的深水氧化。这些黏土覆盖了 4500m 以下海洋深处的大片区域。含有大量生物遗迹的远洋沉积物称为软泥。关于鉴定软泥沉积物所需的具体生物遗骸数量，现有研究几乎没有一致的看法。在表 10.1 中，笔者认为软泥中应该具有三分之二以上的生物成因成分。由 $CaCO_3$ 组成的软泥是钙质软泥，主要由硅质成分组成的是硅质软泥。钙质软泥中的生物组分包括有孔虫和微小化石。球粒也可含有一些较大的化石，例如浮游软体动物的石足类。钙质软泥广泛存在于深度小于 4500m 的现代深海环境中，尤其是在大西洋，这一深度界限为 $CaCO_3$ 补偿深度（第 6 章）。在太平洋的深海盆地，它们可能出现在山脊和隆起顶部较浅的位置。钙质的成岩沉积软泥被称为白垩（石灰岩）。

硅质软泥在高纬度的、横跨大洋的 200 多千米宽的现代海洋中特别丰富。硅质软泥也沉积在一些营养丰富且硅质生物生产力高的赤道上升流地区。硅质软泥主要由硅藻和放射虫的残骸组成，但可能包括其他硅质生物，如硅质鞭毛虫和海绵骨针。硅藻软泥主要发生在高纬度地区和一些大陆边缘，而放射虫软泥则更多地出现在赤道地区。硅质软泥在埋藏过程中被成岩改造并转化为层状燧石。

沉积在陡坡上的浮游沉积物，例如海山和海脊的沉积物，可能会被浊流或坍塌和滑动作用重新搬运到相邻的盆地。Stow 等（1996）对远洋环境和沉积物进行了详细的讨论。

#### 10.3.4.3 化学沉积

海洋中的化学过程可以改变通过其他过程沉积的沉积物，例如钙质软泥的溶解。同时，化学过程也可能形成一些新的沉积物。比如，自生化学过程会生成少量黏土矿物、沸石、铁锰结核及磷酸盐。

### 10.3.5 古代深海沉积物

如前所述，在岩石记录中，除浊积岩以外的深海沉积物不像浅水沉积物那样丰富，因为在海平面以上保存和抬升这些沉积物的可能性要小得多。尽管如此，深海沉积物在大部分地质历史时期沉积的地层单元中均被发现。通常，深海沉积岩主要由陆源碎屑浊积砂岩、页岩和砾岩组成。远洋和半远洋页岩，可能与硅质软泥、白垩和泥灰岩（成岩的黏土质远洋钙质软泥）、石灰角砾岩（斜坡沉积物）、碳酸盐浊积岩再结晶形成的层状燧石有关。除了非常粗粒的浊积岩和碳酸盐角砾岩，深海沉积物一般具有细粒度特征。除浊积岩外，大多数深海沉积物不显示以任何固定顺序向上变化的垂向岩相序列。古代深海沉积物中的物理沉积结构主要由薄的水平层理组成，但波纹层理和递变层理在浊积岩中很常见，并且在一些等深流沉积岩中发育交错层理。许多深海沉积岩的层理发育良好、均匀且横向较稳定。

深海沉积物的颜色通常为深灰色至黑色，红色远洋泥岩较为少见。深水泥岩可能受到良好的生物扰动或基本上不受生物扰动。它们的共同特点是具有独特的深水微化石组合。细粒深水沉积物的特征还在于存在比浅水沉积物中更为丰富的浮游生物。这些生物包括硅藻、放射虫、有孔虫，以及存在于较老的岩石中的笔石和菊石。深水沉积岩出现在可能覆盖在洋壳的板状或席状沉积物中，如海底玄武岩和蛇绿岩组合，包括蛇纹岩化橄榄岩、纯橄榄岩、辉长岩、片状岩脉和枕状熔岩。

到目前为止，浊积岩似乎是最丰富最常见的古代深海沉积岩。浊积岩通常显示出重复的、良好层状的薄层粒序沉积单元，这些单元通常被称为韵律，这种序列也称为复理石相。图 10.21 是一个相当典型的韵律层状浊积岩的例子。该露头显示的沉积物由泥岩和细砂岩组成，许多砂岩层显示粒序层理（鲍马序列）。古代和现代浊积岩的其他讨论可以参考 Mutti（1992）、Pickering 等（1995）及 Bouma 和 Stone（2000）的研究成果。

图 10.21　北俄勒冈州海岸山脉 Tyee 组（始新统）中的韵律层状浊积岩

## 拓展阅读文献


**硅质大陆架沉积**

Bergman, K. M., and J. W. Snedden. ( eds. ) . 1999. Isolated shallow marine sand bodies: Sequence stratigraphic analysisandsedimentologic interpretation. SEPM Special Publication No. 64.13–28.

De Batist, M. D., and P. Jacobs ( eds. ) . 1996. Geology of siliciclastic shelf seas. Geol. Society London Spec. Publ. 117. Bath, UK: Geol. Soc. Publ. House.

Reading, H. G. ( ed. ) . 1996. Sedimentary environments: Processes, facies and stratigraphy. 3rd ed. Oxford: Blackwell Science Ltd.

Wright, L. D., 1995. Morphodynamics of inner continental shelves. Boca Raton, FL: CRC Press.

**大陆斜坡和深海系统**

Pickering, K. T., et al. ( eds. ) . 1995. Atlas of deep water environments: architectural style on turbidite systems. London: Chapmanand Hall.

Siebold, E., and W. H. Berger. 1996. The sea floor: An introduction to marine geology. 3rd ed. Berlin: Springer–Verlag.

Stow, D. A.V., and J–C. Faugères ( eds. ) . 1998. Contourites, turbiditesand process interaction. Sedimentary Geology. v. 115. Special Issue.


## 参考文献


Aigner, T. 1985. Storm depositional systems. Berlin: Springer–Verlag.

Alexander, C. R., R. A. Davis, and V. J. Henry ( eds. ) . 1998. Tidalites: Processes and Products. SEPM Special Publication No. 61.

Belderson, R. H., M. A. Johnson, and N. H. Kenyon. 1982. Bedforms. In Stride, A. H. ( ed. ) . Offshore Tidal Sands. London: Chapman and Hall. 27–57.

Berger, W. H. 1974. Deep–sea sedimentation. In Burk, C.A., and C.L. Drake ( eds. ) . The Geology of Continental Margins. New York: Springer–Verlag. 213–241.

Bergman, K.M., and J. W. Snedden ( eds. ) . 1999. Isolated shallow marine sand bodies: Sequence stratigraphic analysis and sedimentologicinterpretation. Special Publication No. 64. Tulsa, OK: SEPM.13–28.

Boggs, S., Jr. 1974. Sand–wave fields in Taiwan Strait. Geology. v.2. 251–253.

Boggs, S., Jr. 1984. Quaternary sedimentation in the Japan arc–trench system. Geol. Soc. America Bull. v. 95. 669–685.

Boggs, S., Jr., W.C. Wang, and F.S. Lewis. 1979. Sediment properties and water characteristics of the Taiwan shelf and slope. ActaOceanographicaTaiwanica. v. 10. 10–49.

Bouma, A. H., et al.. 1982. Continental shelf and epicontinental seaways. In Scholle, P. A., and D. Spearing ( eds. ) . Sandstone Depositional Environments. Am. Assoc. Petroleum Geologists Mem. 31. 281–327.

Bouma, A. H., W. R. Normark, and N. E. Barnes ( eds. ) . 1985. Submarine Fans and Related TurbiditeSystems. New York: Springer–Verlag.

Dalrymple, R. W. 1992. Tidal depositional systems. In Walker, R. G., and N.P. James ( eds. ) . Facies Models. Geol. Assoc. Canada. 195–238.

Dalrymple, R. W., Y. Makino, and B. A. Zaitlin. 1991. Temporal and spatial patterns of rythmite deposition on mudflats in the macrotidal, Cobequid Bay–Salmon River estuary, Bay of Fundy. In Smith, D. G., et al. ( eds. ). Clastic Tidal Sedimentology. Canadian Soc. Petrology Geology Mem. 16. Calgary. 137–160.

Dean, W. E., M. Leinen, and D. A. V. Stow. 1985. Classification of deepsea, fine–grained sediments. Jour. Sed. Petrology. v. 55. 250–256.

Droz, L., and Bellaiche, G. 1985. Rhone deep-sea fan: morphostructureand growth pattern. Am. Assoc. of Petroleum Geologists Bull. v. 69. 460–479.

Duke, W. L., R. W. C. Arnott, and R.J. Cheel. 1991. Shelf sandstones and hummocky cross-stratification: New insights on a stormy debate. Geology. v. 19. 625–628.

Eisma, D. 1988. An introduction to the geology of continental shelves. In Postma, H., and J. J. Zijlstra. Continental Shelves, Ecosystems of the World 27. Amsterdam: Elsevier. 39–91.

Emery, K. O. 1968. Relict sediments on continental shelves of the world. Am. Asscc. Petroleum Geologists Bull. v. 52. 445–464.

Ewing, M., and E. M. Thorndike. 1965. Suspended matter in deepoceanwater. Science. v. 147. 1291–1294.

Fleming, B. W. 1980. Sand transport and bedform patterns on the continental shelf between Durban and Port Elizabeth ( southeast Africa continental margin ) . Sed. Geology. v. 26. 179–205.

Fox, W. T. 1983. Chapter 4, Tides. At the Sea' s Edge. Englewood Cliffs, NJ: Prentice-Hall. 93-124.

Galloway, W. E. 1998. Siliciclastic slope and base-of-slope depositional systems: Component facies, stratigraphic architecture, and classification. Am. Assoc. Petroleum Geologists Bull. v. 82. 569–595.

Green, H. G., S. H. Clarke, Jr., and M. P. Kennedy. 1991. Tectonic evolution of submarine canyons along the California continental margin. In Osborne, R. H. ( ed. ) . From Shoreline to Abyss. Soc. For Sedimentary Geology Spec. Pub. 46. 231–248.

Hollister, D. D., and A. R. M. Nowell. 1991. HEBBLE epilogue. Marine Geology. v. 99. 445–460.

Hubbard, D. K. 1992. Hurricane-induced sediment transport in openshelftropical systems—An example from St. Croix, U.S. Virgin Islands. Jour. Sedimentary Petrology. v. 62. 946–960.

Johnson, D. W. 1919. Shore Processes and Shoreline Development. New York: John Wiley & Sons.

Johnson, H. D., and C. T. Baldwin. 1996. Shallow clastic seas. In Reading, H. G. ( ed. ) . Sedimentary Environments: Processes, Faciesand Stratigraphy. 3rd ed. Oxford: Blackwell Science Ltd. 232–280.

Kennett, J. P. 1982. Marine Geology. Englewood Cliffs, NJ: Prentice-Hall.

Kolla, V., and F. Coumes. 1985. Indus Fan, Indian Ocean. In Bouma, A. H., W. R. Normark, and N. E. Barnes ( eds. ) . Submarine Fans and Related Turbidite Systems. New York: Springer-Verlag. 129–136.

Leeder, M. 1999. Sedimentology and Sedimentary Basins. Oxford: Blackwell Science Ltd.

Manley, P. L., and R. D. Flood. 1988. Cyclic sediment deposition withinAmazon deep-sea fan: Am. Assoc. Petroleum Geologists Bull. v. 72. 912–925.

Miall, A. D. 2000. Principles of Sedimentary Basin Analysis. 3rd ed. Berlin: Springer-Verlag. Morton, R. A. 1988. Nearshore responses to great storms. In Clifton, H. E. ( ed. ) . SedimentologicConsequences of Convulsive Geologic Events. Geological Society of America Special Paper 229. 7–22.

Mutti, E. 1992. Turbidite Sandstone. Milan: Agip, Instituto di Geologia, Universitá di Parma.

Nittrouer, A. A., and L. D. Wright. 1994. Transport of particles across continental shelves. Rev. Geophysics. v. 32. 85–113.

Normark, W. R., and D. J. W. Piper. 1991. Initiation process and flow evolution of turbidity currents: Implications for the depositional record. In Osborne, R. H. ( ed. ) . From Shoreline to Abyss. Soc. ForSed. Geology Spec. Pub. 46. 207–230.

Pickering, K. T., R. N. Hiscott, and F. J. Hein. 1989. Deep marine environments: Clastic sedimentation and tectonics. London: Unwin-Hyman. Pickering, K. T., et al. ( eds. ) . 1995. Atlas of deep water environments: architectural style in turbidite systems. London: Chapman and Hall.

Piper, D. J. W., P. Cochonat, and M. L. Morrison. 1999. The sequence of events around the epicenter of the 1929 Grand Banks earthquake: Inititation of debris flows and turbidity currents inferred from sidescansonar. Sedimentology. v. 46. 79–97.

Piper, D. J. W., D. A. V. Stow, and W. R. Normark. 1984. The Laurentian Fan; Sohm Abyssal Plain. Geo-

Marine Letters. v. 3. 141–146.
Reading, H. G., and B. K. Levell. 1996. Controls on the sedimentary rock record. In Reading, H. G. ( ed. ) . Sedimentary Environments: Processes, Facies, and Stratigraphy. Oxford: Blackwell Science. 5–36.
Reading, H. G., and M. Richards. 1994. Turbidite systems in deepwaterbasin margins classified by grain size and feeder systems. Am. Assoc. Petroleum Geologists Bull. v. 78. 792–822.
Reineck, H. E., and I. B. Singh. 1980. Depositional Sedimentary Environments. 2nd ed. Berlin: Springer-Verlag.
Schwab, W. C., H. J. Lee, and D. C. Twichell. 1993. Submarine landslides: Selected studies of the U.S. Exclusive Economic Zone. USGS Bull. v. 2002. US Govt. Print. Office.
Seymour, R. J. 1990. Autosuspending turbidity flows. In LeMéhauté, B., and D. M. Hanes ( eds. ). The Sea. v. 9. Ocean Engineering Science. New York: John Wiley & Sons. 919–940.
Shepard, F. P. 1932. Sediments on the continental shelves. Geol. Soc. America Bull. v. 43. 1017–1039.
Shepard, F. P. 1973. Submarine geology. 3rd ed. New York: Harper &Row.
Shepard, F. P. 1979. Currents in submarine canyons and other types of sea valleys. In Doyle, L. J., and O. H. Pilkey ( eds. ) . Geology of Continental Slopes. Soc. Econ. Paleontologists and Mineralogists Spec. Pub. 27. 85–94.
Smith, D. G., et al. ( eds. ) . 1991. Clastic tidal sedimentology. Canadian Soc. Petroleum Geologists Mem. 16.
Snedden, J.W., and R. W. Dalrymple. 1999. Modern shelf sand ridges: from historical perspective to a unified hydrodynamic and evolutionary model. In Bergman, K.M., and J. W. Snedden ( eds. ) . Isolated Shallow Marine Sand Bodies: Sequence Stratigraphic Analysis and Sedimentologic Interpretation. SEPM Special Publication No. 64. 13–28.
Snedden, J. W., D. Nummedal, and A. F. Amos. 1988. Storm-and fairweathercombined flow on the central Texas continental shelf. Jour. Sedimentary Petrology. v. 58. 580–595.
Stow, D. A. V. 1994. Deep sea processes of sediment transport and deposition. In Pye, K. ( ed. ) . Sediment Transport and Depositional Processes. Oxford: Blackwell Scientific Pub. 257–291.
Stow, D. A. V., et al.. 1998. Fossil contourites: a critical review. Sedimentary Geology. v. 115. 3–31.
Stow, D. A. V., and D. J. W. Piper. 1984a. Deep-water fine-grained sediments: Facies models. In Stow, D A. V., and D. J. W. Piper ( eds. ) . Fine-grained sediments: Deep-water Processes and Facies. Oxford: The Geological Society, Blackwell. 611–646.
Stow, D. A. V., and D. J. W. Piper ( eds. ) . 1984b. Fine-Grained Sediments: Deep-Water Processes and Facies. Geol. Soc. Spec.Pub. 15. Oxford: Blackwell.
Stow, D. A. V., H. G. Reading, and J. D. Collinson. 1996. Deep seas. In Reading, H.G. ( ed. ) . Sedimentary Environments: Processes, Faciesand Stratigraphy. Oxford: Blackwell Science Ltd. 395–453.
Stride, A. H., et al.. 1982. Offshore tidal deposits: Sand sheet and sand bank facies. In Stride, A. H. ( ed. ) . Offshore Tidal Sands: Processsand Deposits. London: Chapman and Hall. 95–125.
Swift, D. J. P. 1975. Tidal sand ridges and shoal retreat massifs. Marine Geology. v. 18. 105–134.
Swift, D. J. P., G. Han, and C. E. Vincent. 1986. Fluid processes and seafloor response on a modern storm-dominated shelf: middle Atlantic shelf of North America. Part I: The storm-dominated regime. In Knight, R.J., and J.R. McLean ( eds. ) . Shelf Sands and Sandstones. Canadian Soc. Petroleum Geologists Mem. 11. 99–119.
Swift, D. J. P., D. J. Stanley, and J. R. Curray. 1971. Relict sediments on continental shelves: A recommendation. Jour. Geology. v. 79. 322–346.
Swift, D. J. P. and J. A. Thorne. 1991. Sedimentation on continental margins, I: a general model for shelf sedimentation. In Swift, D. J. P., et al. ( eds. ) . Shelf Sand and Sandstone Bodies: Geometry, Facies and Sequence Stratigraphy. Internat. Assoc. Sedimentologists Spec. Pub. 14. Oxford: Blackwell ScientificPub. 3–31.

Vincent, C. E. 1986. Processes affecting sand transport on a stormdominatedshelf. In Knight, R. J., and J. R. McLean ( eds. ) . Shelf Sands and Sandstones. Canadian Soc. Petroleum Geologists Mem. 11. 121–132.

Walker, R. G. 1992. Facies, facies models, and modern stratigraphic concepts. In Walker, R. G. and N.P. James ( eds. ) . Facies Models—Response to Sea Level Change. Geol. Assoc. Canada. 1–14.

Walker, R. G., and N. P. James ( eds. ) . 1992. Facies Models—Response to Sea Level Changes. Geol. Assoc. of Canada.

Walker, R. G., and A. G. Plint. 1992. Wave- and storm-dominated shallow marine systems. InWalker, R. G., and N. P. James ( eds. ) . FaciesModels—Response to Sea Level Changes. Geol. Assoc. Canada. 219–238.

Weimer, P. 1989. Sequence Stratigraphy, Facies Geometries, and Depositional History of the Mississippi Fan, Gulf of Mexico. Am. Assoc. of Petroleum Geologists Bull. v. 74. 425–453.

Wright, L. D. 1995. Morphodynamics of Inner Continental Shelves. Boca Raton, FL: CRC Press.

# 11 碳酸盐岩和蒸发岩环境

## 11.1 引言

第 6 章和第 7 章表述了碳酸盐岩和蒸发岩具有不同的物理、化学和生物特征，并讨论了一些影响其沉积作用的因素。本章将研究这些沉积物形成的沉积环境。在地质历史中，碳酸盐岩约占沉积岩的四分之一。由于它们提供了关于地球历史和环境的信息，并因赋存石油和一些金属元素而具有重要的经济意义，因此，它们是一组非常重要的岩石类型。虽然蒸发岩最多只占沉积岩的不到百分之几，但它们仍然非常重要。岩石记录为我们了解过去的地球气候提供了重要依据，它们同样具有相当重要的经济意义。

### 11.1.1 碳酸盐岩

虽然大多数现代大陆架被陆源碎屑沉积物覆盖，但少数大陆架上的沉积覆盖以碳酸盐沉积为主。

现代碳酸盐岩陆架主要位于低纬度、浅海、热带至亚热带海域，很少有陆源碎屑输入。这些产于热带的碳酸盐岩陆架，如佛罗里达湾和澳大利亚西部，大多与大陆相连。一些较小的陆架被海岛环绕，例如巴哈马台地和太平洋环礁周缘狭窄的大陆架（Vacher 和 Quinn，1997）。碳酸盐沉积物也在一些高纬度（30°~60°）的冷水大陆架上形成，在那里它们主要由贝壳残骸组成（James 和 Clarke，1997；Pedley 和 Carannante，2006）。现代海洋中存在若干温带（冷水）碳酸盐环境，包括南纬 32°~40° 之间的澳大利亚南部大陆架、欧洲西北部大陆架的部分地区和苏格兰东北部的奥克尼陆架。

少数碳酸盐岩形成于非海洋环境——湖泊、溪流、洞穴、土壤和沙丘。这些碳酸盐岩具有指示古环境的价值，但在地史记录中的占比很小，故本章不予进一步研究。Boggs（2009）给出了陆相（非海相）碳酸盐岩的概述。

现代碳酸盐岩沉积的重要性相对较低，与过去许多地质时期明显不同，那时碳酸盐岩分布广泛，以数百至数千千米宽的开阔陆缘海沉积为特征。例如，在中古生代，常见碳酸盐岩覆盖在北美大陆大部分内陆地区的浅海。尽管现代陆架碳酸盐岩沉积环境面积小，但以碳酸盐岩为主的陆架为研究其沉积机理提供了得天独厚的天然实验室。一方面，我们对碳酸盐结构和碳酸盐沉积的基本过程的大部分了解都来自对现代碳酸盐环境的研究。另一方面，必须借助岩石记录以了解碳酸盐岩主导的陆缘海的典型环境条件。

### 11.1.2 蒸发岩

蒸发岩可以在陆相和海相环境中形成，且海相蒸发岩通常具有重要的地质意义。类似于碳酸盐岩，海相蒸发岩分布在现代海洋中相对局限的区域。海相蒸发岩形成于蒸发速率超过海水补偿速率的地方，主要是分布在全球气候温暖的地区。现今的海相蒸发岩仅局限分布于沿海潮上环境和海水能渗流到的洼地和小型盆地，包括地中海、黑海、红海、澳大利亚南部和西部海岸的沿海盐碱地（盐池、湖泊），以及盐沼（海洋到大陆的盐滩），这在波斯湾尤为常见。一些规模较小的古蒸发岩形成于类似环境。然而，与现代沉积相比，许多古代的蒸发岩沉积规模巨大。现代没有这些巨型沉积的类似物，而且它们似乎是在与现代蒸发岩截然不同的条件下形成的。

## 11.2 碳酸盐岩陆架（非礁）环境

### 11.2.1 沉积环境

如前所述，海相碳酸盐沉积物主要沉积在浅海陆架台地上，包括过去地质上被浅水覆盖的开阔陆架台地（Ahr 等，2003；Lukasik 和 Simo，2008）。碳酸盐岩台地可形成于克拉通地块边缘、克拉通内盆地、离岸岛礁的顶部及开阔陆架上局部的凸起上。碳酸盐岩环境也可能发育在边缘海环境的某些地带，如海滩、潟湖和潮滩。根据台地边缘的性质，在现代海洋中可以识别出四种基本类型的碳酸盐岩台地或陆架（图 11.1）：（1）镶边碳酸盐岩台地；（2）无镶边（开阔陆架）碳酸盐岩台地；（3）碳酸盐岩缓坡；（4）孤立碳酸盐岩台地（James 和 Kendall，1992；Wright 和 Burchette，1996）。当考虑古代沉积环境时，必须在这个分类表上加上陆表海台地（图 11.1）。

镶边碳酸盐岩陆架是一种浅水台地，在其外缘（边缘）有明显的向深水倾斜的断裂。它们在台地边缘有一个几乎连续的边缘或障壁，该障壁由珊瑚礁堆积或遗骸 / 鲕粒沙洲组成，能抵挡波浪并可能限制海水循环流动而形成低能陆架环境，有时称为陆架边缘障壁向陆方向的潟湖。潟湖通常促进陆地形成低能潮坪环境，而不是高能的海岸带。

无镶边台地没有明显的边缘障壁。现今无镶边台地出现在大的热带滩的背风一侧和所有的冷水碳酸盐环境中（James 和 Kendall，1992）。缓坡是一种平缓（坡度小于 1°）的无镶边台地，浅水沉积物沿斜坡向下搬运，在斜坡上有轻微的断裂进入深水相。斜坡上的坡面断裂不具有明显的礁状趋势，但在水体能量较高的陆架边缘可能存在不连续的浅沙滩。跨过无镶边台地的水循环可能足以使中高能的海滩沿海岸呈带状发育，沿陆架边缘形成骨骼残骸或鲕粒的浅沙滩。因此，无镶边碳酸盐岩台地受到与硅质碎屑陆架大致相同物理过程的影响。

孤立台地（巴哈马式）是浅水台地，宽数十至数百千米，通常位于近海浅水陆架，被数百米至几千米深的深水包围。台地类似镶边陆架，可发育略倾斜的坡状边缘，或者更为陡峭的边缘。这种孤立台地基本上不发育碎屑沉积物。虽然巴哈马群岛可能是现代研究最好的一个例子，但在现代库克群岛中也存在许多其他的“碳酸盐岛屿”，目前那里沉积更新世以来的碳酸盐沉积物（Vacher 和 Quinn，1997）。

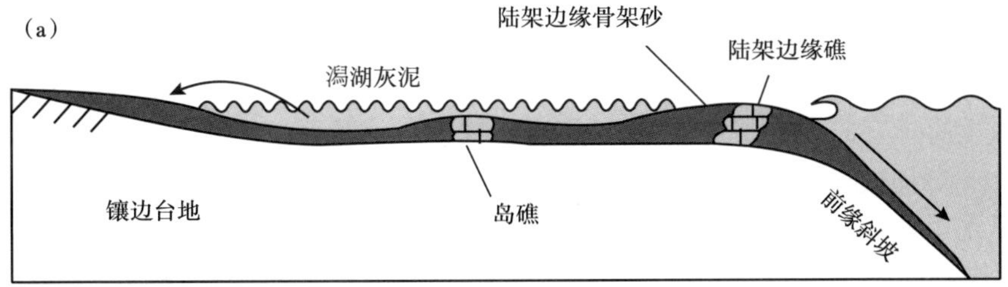


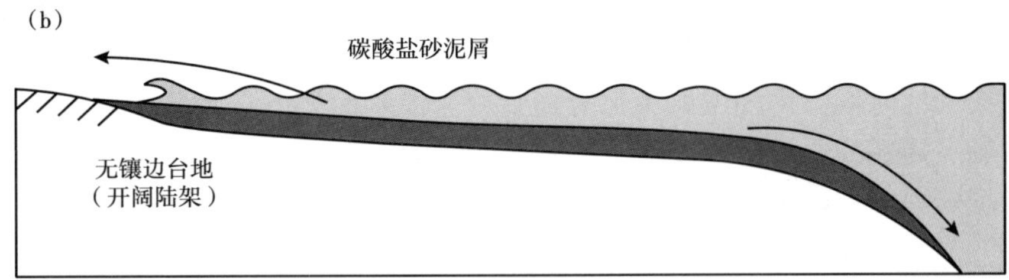


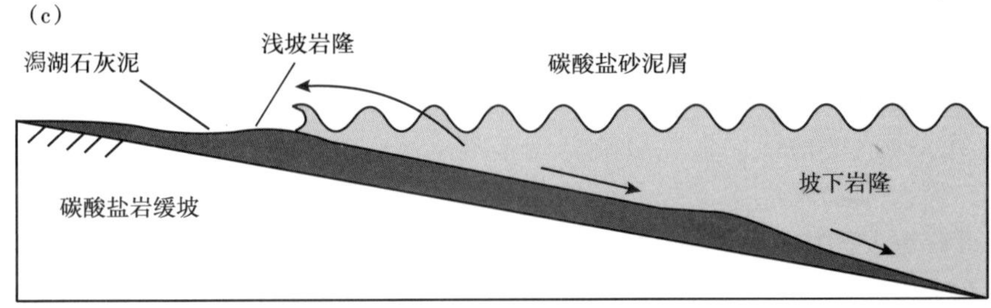


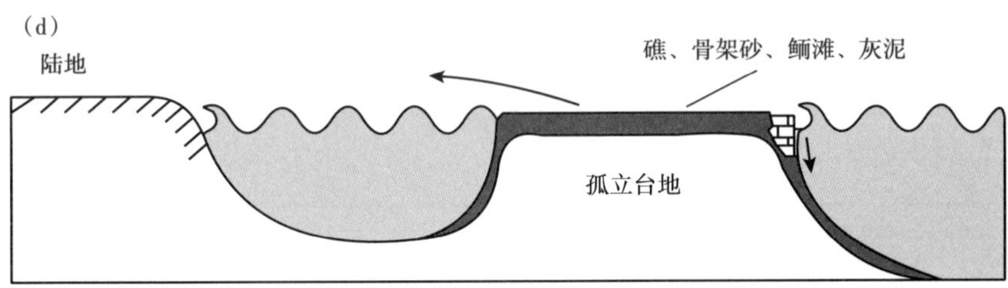


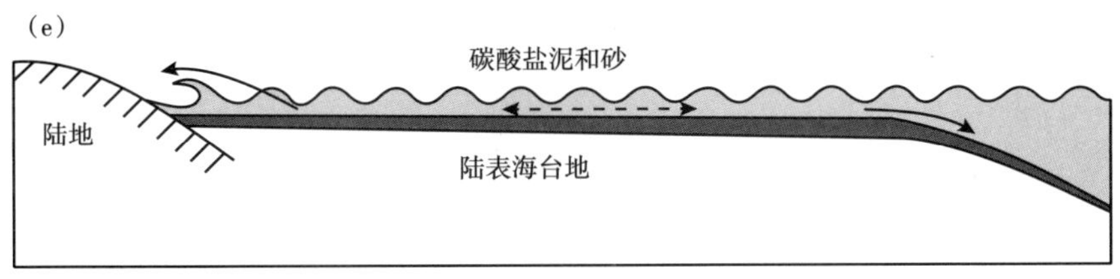


图 11.1　主要碳酸盐岩台地类型截面示意图（据 James 和 Kendall，1992；Wright 和 Burchette，1996）

箭头表示沉积物运移方向

现代没有碳酸盐岩陆表海台地的实例。然而，这样的台地在地质历史中很常见，特别是在古生代和中生代的个别时期。有些台地直径达数百或数千千米，覆盖了数百万平方千米（Wright 和 Burchette，1996）。我们只能猜想在如此广阔的大陆架上发生的水文过程。它们可能与开阔海有关，风暴和风可能强烈影响了海水循环，潮汐活动可能也很重要。在陆表海台地以碳酸盐沉积为主的时期，陆源碎屑的注入量一定是最少的。

与大多数硅质碎屑陆架相比，许多现代碳酸盐岩台地，特别是镶边台地，其特征是在外陆架的边缘形成某种地形堆积。这种堆积可能是由有机生物礁或岸礁、灰砂浅滩或小岛屿造成的，它们对来袭的海浪形成了屏障。这一外部屏障通常被网状潮汐水道分割开来，高速潮流可以借助它流到陆架上。这种地形上的水深可能只有几米，但在中陆架上，水深可能会增加到几十米（例如，图 11.1 所示的镶边台地）。外陆架是这些陆架中能量最高的地区。正常天气的时候，中陆架的大部分通常位于浪基面之下。大多数中陆架上水能都很低，除了斑礁、局部的原地礁或浅滩，以及一些沿岸的碳酸盐岩缓坡台地。

陆架边缘碳酸盐岩障壁的高度和横向连续性控制着整个陆架的海水循环。它和陆架宽度对水循环的影响，强烈地制约了陆架上发育的碳酸盐岩沉积相类型及其分布。如果存在一个发育良好的障壁，或者陆架够宽，陆架上的水循环可能会受到一定程度的限制，因为水能在与海底的摩擦中有所消耗，导致水循环不畅。另外，地质记录并不一定表明开阔陆架上的水循环受到强烈的限制。受限的水循环导致盐度的演化偏离正常水平（约 35‰）。在干旱或半干旱气候下，蒸发率高，盐度可能远远高于正常水平，达到蒸发岩沉积的程度；在接收大量淡水径流的地区，盐度可能低于正常水平。盐度的变化会影响陆架上生物的多样性和数量；这些生物反过来又强烈影响碳酸盐岩的沉积，因为它们在碳酸盐岩的沉积过程中发挥了极其重要的作用（第 6 章）。陆架最内侧地区可能具有特别受限条件的特点。

虽然碳酸盐岩的沉积环境从潮上带延伸到陆架下深海盆地，但构成中陆架和外陆架的浅水台地盆地是碳酸盐岩的主要形成地带。James（1984a）将这个台地称为潮下碳酸盐工厂（图 11.2）。碳酸盐工厂产生的沉积物主要沉积在陆架上，然而，一些沉积物最终被搬运至滨岸潮滩和海滩，并进入潮下环境。其他的则从大陆架向海搬运到斜坡上并进入更深的海盆。除了近岸水域有分泌碳酸钙的浮游生物沉降物外，在陆架以外的深水盆地环境中，碳酸盐岩沉积较少。

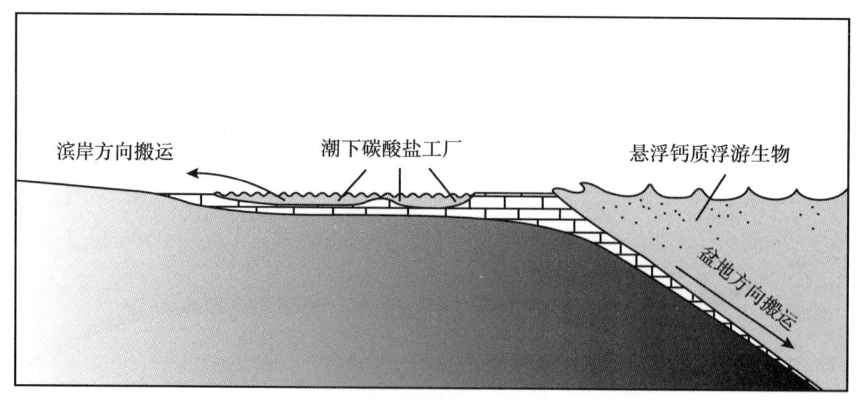


图 11.2　海相碳酸盐岩形成的主要区域

大多数碳酸盐在不到 30m 水深的地方聚集，这就是潮下碳酸盐工厂。图中所示实例描述了在边缘台地上产生碳酸盐岩的过程，类似的生产也发生在图 11.1 所示的其他台地上

## 11.2.2 沉积过程

### 11.2.2.1 化学与生物化学过程

第 6 章讨论了控制碳酸盐沉积的主要化学、生物及生物化学因素，这里仅简要回顾一下。$CaCO_3$ 的溶解度受控于海水的 pH 值、温度和 $CO_2$ 含量。由于温度升高、压力降低或植物光合作用造成的 $CO_2$ 损失对 $CaCO_3$ 的沉淀起主要控制作用。尽管如此，与 $CaCO_3$ 的有机生产相比，$CaCO_3$ 在现代和古代海洋中的化学（无机）沉淀的相对重要性尚不明确。在现代海洋中，能够从海水中提取 $CaCO_3$ 来建造其外壳或骨骼结构的生物所带来的碳酸盐沉积，可能比纯无机过程更为重要。这种生物成因过程可能在整个前寒武纪都很重要，其中一些可能在前寒武纪的碳酸盐岩沉积中发挥了作用。

生物的觅食和生物扰动活动也有助于碳酸盐沉积物的形成，导致骨骼碎片和其他碳酸盐物质的分解，并产生各种各样的痕迹化石。在现代海洋中，主要产生碳酸盐的生物不一定和那些过去的生物一样。图 11.3 显示了显生宙（前寒武纪之后）一些主要生物类群作为碳酸盐岩形成物的相对重要性。值得注意的是，主要的碳酸盐生成物随时间有所变化。例如，古生代的海百合类、苔藓虫类和腕足类比新生代更重要，而颗石类、浮游有孔虫类、珊瑚藻和绿藻是新生代重要的碳酸盐形成生物。除了图 11.3 所示的化石类群外，其他类群的生物，如海绵和层孔虫，有时也是重要的沉积物形成者。

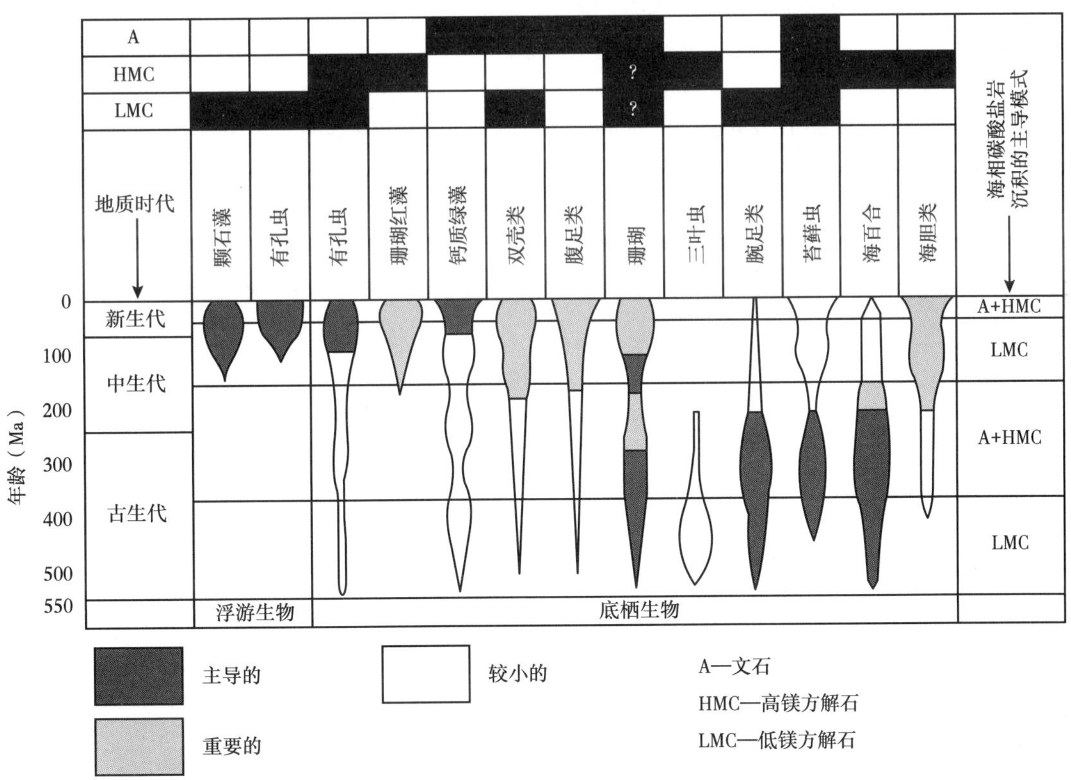


图 11.3 不同时期钙质海洋生物作为沉积物生产者的相对重要性。这张图也表明在某些情况下，随着海洋化学成分从方解石海逐渐变成文石海，这些生物骨骼的矿物组成也发生了变化。方解石海有利于低镁骨骼结构的沉淀，而文石海有利于文石和高镁方解石的沉淀，尽管并非所有生物都对这种海洋化学变化有反应（据 Wilkinson，1979；Jones 和 Deroschers，1992；James，1997；Stanley 和 Hardie，1999）

从图 11.3 中还可以看出，不同的生物体分泌不同的碳酸盐矿物来构建它们的骨骼结构。如颗石藻和有孔虫由低镁方解石组成，海百合和棘皮类由高镁方解石组成，钙质绿藻和腹足类由文石组成。图 11.3 还显示了显生宙是海洋主要沉淀低镁方解石的时期（方解石海），以及碳酸盐沉淀偏向文石和高镁方解石的时期（文石海），见第 6 章。一些生物群落，例如珊瑚，在其不同历史时期分泌不同的矿物，以响应海洋化学条件的变化，主要是镁钙比的变化（Stanley 和 Hardie，1998，1999）。在古生代的大部分时间里，珊瑚形成了方解石（低镁或高镁？）骨骼，当时被称为方解石海；但更年轻的一些的珊瑚，尤其是生活在新生代晚期的珊瑚，分泌了文石骨骼。尽管许多生物类群的骨骼矿物学似乎与方解石海或文石海时期形成的无机沉淀物相似，但其他一些生物，如甲壳类、海鞘类和腕足类，尽管海洋的化学条件发生了变化，其在整个历史中都分泌同样的骨骼矿物。文石组成的骨架结构其化学稳定性较方解石差，因此在成岩作用中更容易发生溶解和破坏。

#### 11.2.2.2 物理过程

物理过程主要在大陆架上碳酸盐的改造和搬运中起重要作用，但也有助于碳酸盐沉积物的生成。

水在大陆架上的循环带来了有机生长所必需的新鲜营养，这些营养来自更深的水域。海浪冲击到大陆架外的珊瑚礁屏障，通过与大气的相互作用，增加了水中的氧气含量，同时由于水压力的降低，减少了二氧化碳的含量。因此，现代珊瑚礁在波浪搅动区发育得最好，而碳酸盐沉积物的生物生成一般受强烈的水运动的刺激。另外，强烈的海浪撞击礁前，使礁岩破碎，产生砂和砾石大小的生物碎屑，这些碎屑随后从礁上向海和陆地搬运。

搅动的水对鲕粒的形成很重要，而水流通过海底的增生和胶结作用，有助于生成和保存葡萄石和硬化的粪球。波浪和洋流也会从较粗的沉积物中筛出细小的碳酸盐泥浆，并将这些泥浆从大陆架平台上运送到受保护的大陆架区域。根据水的能量，粗粒沉积物本身可以作为被簸扬的滞后沉积物，形成砂或砾石覆盖的平原，也可以被搬运和沉积，形成波浪状的沙洲和浅滩、海滩、河口或潮汐三角洲和沙洲。沿陆架台地外缘（水能最高的地方），波浪和水流搬运、簸滤的碳酸盐岩砂层尤为常见。在沉积物的再悬浮和运输过程中，风暴在碳酸盐岩大陆架上的作用与在陆源碎屑沉积的大陆架上的作用一样重要。例如，风暴将大多数沉积物从潮下大陆架输送到潮间带（潮坪）环境。大陆架上没有波浪和洋流活动，导致环流停滞，从而偏离正常的盐度，并可能处于缺氧状态。这种受限制的环境对许多正常的海洋生物构成不利的栖息地。

### 11.2.3 碳酸盐岩沉积的骨架和沉积特征

碳酸盐倾向于在中等浅的温暖水域沉积，具有较低的陆源碎屑输入。尽管碳酸盐主要形成于温水环境，但如前所述，它们也可以在一些冷水、高纬度环境中积累。在这些冷水环境中，碳酸盐沉积物几乎完全由生物体的骨骼残骸组成。有机遗迹的冷水组合通常被称为有孔虫组合（Lees 和 Buller，1972；Jones 和 Desrocher，1992），以有孔虫和软体动物的优势命名。它们由底栖有孔虫、软体动物、藤壶、苔藓动物和钙质红藻组成。相比之下，温水（大于 20°C）的生物体组合称为氯虫组合（以绿藻门和虫珊瑚命名），除有孔虫组分外，主要由雌雄同体珊瑚（主要生活在透光带的珊瑚）和钙质绿藻组成。James（1997）认为，与有孔虫组合相比，异养生物组合（以通过异养方式进食的生物体命名）是一个更合适的术语。他建议用光生动物组合来代替氯虫组合，以强调主要生物成分的光依赖性。

在任何情况下，冷水碳酸盐岩对某些现代大陆架的沉积都有重要贡献（James 和 Clarke，1997；Pedley 和 Kalanant，2006）。这些冷水大陆架的范围从冷水流侵入的中—低纬度地区到巴伦支海的斯匹次卑尔根海岸等高纬度地区。在包括北美、澳大利亚和欧洲在内的几个大陆上，从寒武系到古近系中也有冷水碳酸盐岩陆架沉积的报告（James 和 Clarke，1997；Anastas 等，1998）。

温水碳酸盐岩除了骨骼残骸外，还可能含有大量的鲕粒、骨屑颗粒、球粒和灰泥（示例如图 6.2）。表 11.1 提供了现代温水和冷水生物及其古代对应物的更完整信息，该表还显示了这些生物对碳酸盐沉积物组成的贡献方式。请注意，生物体在碳酸盐沉积物的形成中起着极其重要的作用。现代的温水碳酸盐岩，尤其是珊瑚礁碳酸盐岩，积累的速度比冷水碳酸盐岩快得多。另外，现代冷水碳酸盐岩的堆积速度似乎与大多数古代碳酸盐岩的堆积速度大致相同（James，1997）。人们对许多古代碳酸盐岩缓慢堆积的原因知之甚少。

**表 11.1　现代温水和冷水海洋生物及其化石记录中的对应物**

| 现代温水 | 现代冷水 | 古代对应物 | 沉积相 |
| --- | --- | --- | --- |
| 珊瑚 | 缺失 | 珊瑚、层孔虫、叠层石、珊瑚海绵、红藻双壳类 | 珊瑚礁和生物丘的大型组成部分 |
| 双壳类、红藻、棘皮动物 | 双壳类、红藻、腕足类、棘皮动物、藤壶 | 红藻、腕足类、头足类、三叶虫 | 保持完整或分裂成几块，形成砂粒和砾石大小的颗粒 |
| 腹足类、底栖有孔虫 | 腹足类、底栖有孔虫 | 腹足类、底栖有孔虫 | 形成砂和砾石大小颗粒的整个骨架粒 |
| 绿藻、红藻 | 红藻、苔藓虫 | 叶状藻类、海百合和其他棘皮动物、苔藓虫 | 死亡后会自发分解，形成许多砂粒大小的颗粒 |
| 鲕粒、球粒 | 缺失 | 鲕粒、球粒 | 同心叠层或混晶砂粒 |
| 浮游有孔虫、球石、翼足类 | 浮游有孔虫、球虫、翼足类 | 浮游有孔虫、球粒类（侏罗纪后）、柱状类 | 盆地沉积物中的中等粒度和较小颗粒 |
| 结壳有孔虫、红藻、苔藓虫 | 包壳有孔虫、红藻、苔藓虫、蛇形虫 | 浮游有孔虫、球粒类（侏罗纪后）、柱状类 | 在坚硬的基底上或内部结垢；堆积厚厚的沉积物或死亡后脱落形成砂粒 |
| 蓝细菌 | 缺失 | 蓝细菌 | 死后自然分解形成灰泥 |
| 蓝细菌和其他钙质微生物 | 蓝细菌和其他钙质微生物 | 蓝细菌和其他钙质微生物（尤其是前奥陶纪） | 捕获、粘结和沉淀细粒沉积物以形成微生物席和叠层石或凝块石 |

如上所述，碳酸盐沉积物主要沉积在浅水环境中（图 11.2）。外陆架通常是陆架中水能量最高的环境。其特点是发育灰砂或砾石层和浅滩。中陆架是一个水能量普遍较低的区域，尤其是在边缘陆架上。中陆架上的沉积物通常分选较差，泥晶与生物骨架碎片和其他碳酸盐颗粒的比例较高。大多数碳酸盐岩环境中的内陆架也是典型的低能潮坪环境，其中主要是细粒潮坪沉积物堆积。然而，在一些斜坡台地上，可能存在一个能量更高的近岸带，在那里发育碳酸盐海滩或灰砂浅滩，这些海滩或浅滩由骨架碎片、鲕粒、颗粒和可能的内碎屑组成。在许多情况下，碳酸盐海滩砂被风重新搬运和改造，形成所谓的风成岩。已有许多第四系风成岩的实例（Abegg 等，2001），然而碳酸盐风成岩在前第四系的记录很少。

一些碳酸盐沉积物沉积在陆架边缘以外的深水中。大多数沉积在深水中的碳酸盐沉积物是由钙质浮游生物（图 11.2）的沉降造成的——有孔虫、绿藻（球粒）和小型腹足类。这些浮游钙质生物主要在侏罗纪和后侏罗纪演化，因此，在较老的岩石中，深水中上层碳酸盐岩并不重要。除远洋碳酸盐岩外，一些浅水碳酸盐岩可能会被风暴波从碳酸盐岩台地冲入深水，或通过沉积物重力流过程（例如浊流）输送。

### 11.2.4 现代碳酸盐岩台地实例

现代碳酸盐岩陆架包括缓坡、无镶边台地（开阔陆架）、镶边台地和孤立台地。热带未被覆盖大陆架或碳酸盐岩缓坡的例子包括佛罗里达海岸外的墨西哥湾东部、墨西哥湾南部的尤卡坦大陆架、波斯湾的特鲁西亚海岸。如前所述，大多数冷水碳酸盐岩积聚在无镶边（开放）的陆架上。边缘大陆架的例子包括佛罗里达湾、巴哈马台地（一个孤立的台地）、危地马拉附近西加勒比的伯利兹大陆架及澳大利亚的大堡礁地区。澳大利亚水域中的其他重要碳酸盐沉积物分布在西海岸。Jones 和 Desrocher（1992）、Wright 和 Burchette（1996）总结了其中几个现代台地的特点。另见 Ahr 等（2003）及 Lukasik 和 Simo（2008）的研究。

下面给出了三个著名的现代碳酸盐岩陆架的沉积相图，以显示这些陆架类型上的一些相分布模式。图 11.4 显示了一个开阔的大陆架或碳酸盐岩缓坡，即西佛罗里达大陆架。富含软体动物的陆源碎屑（石英）砂在内部岩缓坡上占主导地位，向下延伸至约 60m 深，岩缓坡上逐渐变为珊瑚藻碳酸盐砂；80~100m 之间主要为残余鲕粒砂，含中上层和底栖有孔虫，深水中常见浮游有孔虫软泥。南佛罗里达湾（图 11.5）是边缘大陆架的一个很好的例子。内陆架边缘以佛罗里达群岛为标志，这是一个新兴的更新世礁滩复合体。佛罗里达湾位于基斯岛的内侧，其北缘和大沼泽地的海岸沼泽接壤。佛罗里达湾充满了富含软体动物和有孔虫的碳酸盐泥和泥质碳酸盐砂。位于礁岛群和外礁区之间的泥质碳酸盐砂带主要由钙质藻类（*Halimeda*）和软体动物组成。外礁区内的碳酸盐砂由盐藻和珊瑚藻组成，也有珊瑚。

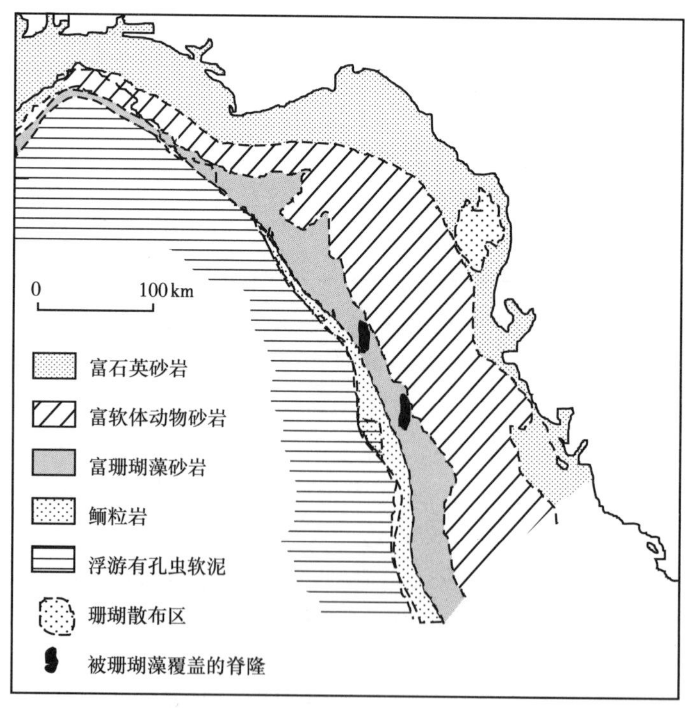


图 11.4 墨西哥湾东部西佛罗里达大陆架，一个开阔大陆架或碳酸盐岩缓坡的例子

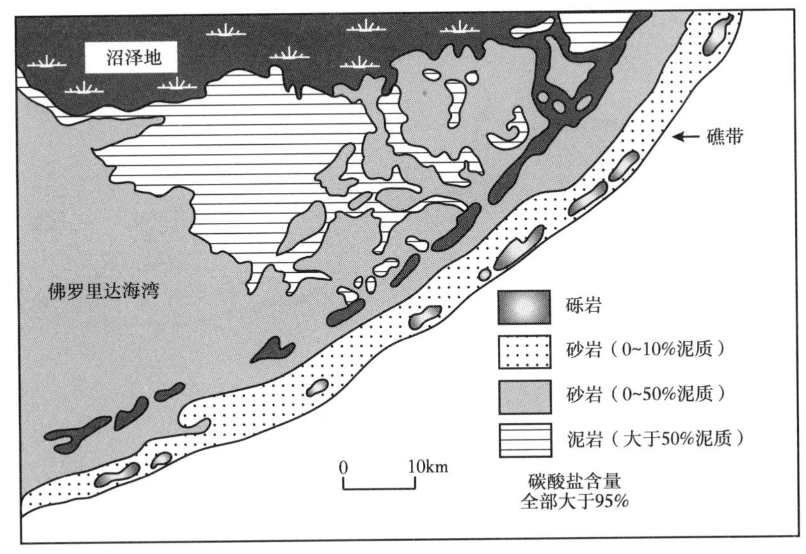


图 11.5 南佛罗里达海湾地区沉积图，一个现代边缘型碳酸盐岩陆架的例子，显示了陆架台地碳酸盐沉积物的粒度分布

现代孤立台地的最佳研究实例是巴哈马台地，它也有边缘（图 11.6）。在受波浪湍流和潮流影响的区域，台地边缘存在珊瑚砂和鲕粒，迎风（东）边缘存在不连续珊瑚礁。鲕粒在深度小于 3m 的水中最为发育，以沙波和水下沙丘场的形式出现，最长可达 50km（图 11.7）。石墨岩相覆盖了台地内部 9~10m 深处的大片区域，几乎不含碳酸盐泥。它们被蓝细菌席、钙质藻类和海草所固定。颗粒泥相和泥相聚集在台地内部能量最低的部分，通常在水深小于 4m 的地方。沉积物由高度生物扰动的文石泥组成，在某些地区富含粪便颗粒。

巴哈马台地上的现代碳酸盐沉积物位于上新统和更新统碳酸盐岩之下，已经通过取心进行了研究（Ginsburg，2001）。岩心揭示河岸背风边缘的向海进积，整体变浅。上新统—更新统沉积物的类型从底部的骨架颗粒灰岩和泥粒灰岩向上到礁体和珊瑚状沉积物，这些沉积物又被非颗粒灰岩覆盖，类似于巴哈马河岸内部的现代沉积物（Manfrino 和 Ginsburg，2001）。

注意边缘陆架（图 11.5 和图 11.6）上岩相的总体展布，从高能外陆架上的礁堆积和陆架边缘砂到低能中陆架和内陆架上的碳酸盐泥和泥质碳酸盐砂。相比之下，图 11.4 中的大部分露天陆架碳酸盐岩缓坡被厚度小于约 100m 的碳酸盐砂覆盖，在该陆架上与一些陆源石英砂混合。

## 11.2.5 古代碳酸盐岩陆架层序实例

### 11.2.5.1 孤立台地

已发表的文献中报告了可能在古代环境中形成碳酸盐沉积物的例子，类似图 11.1 所示的所有台地类型。例如，意大利北部白云石阿尔卑斯山下三叠统至中三叠统碳酸盐岩被认为代表了孤立台地上的沉积，类似现代巴哈马河岸（Bosellini，1991）。这些古老的碳酸盐岩由厚达 800m 的呈水平的垂向序列组成，由米级旋回状潮间带碳酸盐岩组成，并具有三角洲结构。这些沉积物可能形成于孤立碳酸盐岩台地的内部，处于中等低能、开放的受限浅潮条件下。台地内部沉积物以向海方向沉积为主，一般分布在高能台地边缘，主要为球状骨架颗粒灰岩 / 泥粒灰岩和带海绵的藻灰岩。

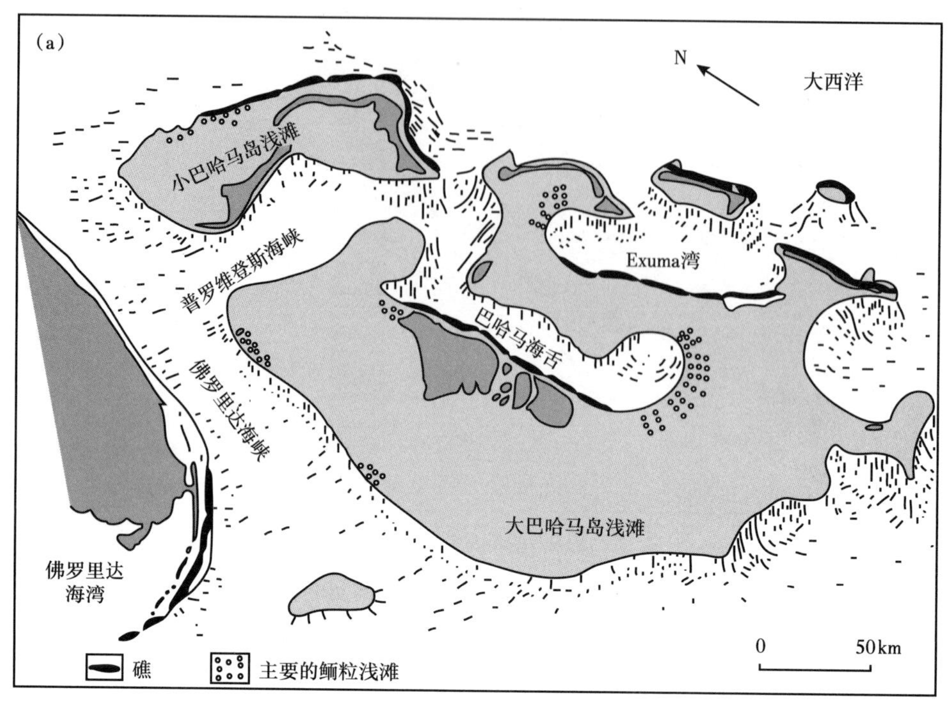


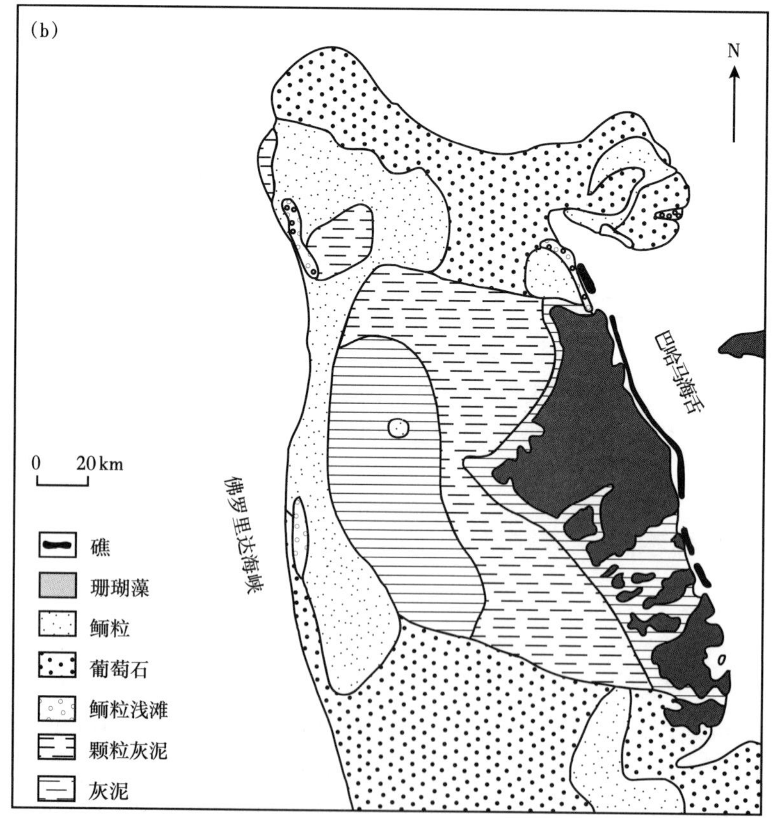


图 11.6　大巴哈马浅滩孤立碳酸盐岩台地上碳酸盐沉积物的分布

图 11.7 大巴哈马群岛的浅水鲕滩［由美国国家海洋和大气管理局（NOAA）提供］

#### 11.2.5.2 边缘大陆架

得克萨斯州西部和新墨西哥州南部的特拉华盆地二叠系瓜德卢普统碳酸盐岩经常被认为是古边缘陆架沉积的典型实例（Saller 等，1999）。这些沉积遍布约 100000km$^2$ 的区域，完全被礁缘、Capitan 礁（图 11.8）和 Goat Seep 礁包围。外陆架沉积物组成了一条宽 10~15km 的带，主要由向上变浅的潟湖泥岩和角砾岩旋回构成，顶部为层状硬石膏。外陆架带突然变为宽约 40km 的内潟湖—边缘海岸海滩相，由夹层白云质泥岩和粉砂岩组成，蒸发岩单元厚达 7m。在礁和陆架潟湖沉积物之间是一条宽 800~3000m 的碳酸盐砂体带，由一系列向上变粗的具交错层理至无结构的细粒碳酸盐颗粒灰岩组成。

图 11.8 得克萨斯州卡伯森县二叠系碳酸盐岩台地边缘巨厚层 Capitan 石灰岩（暗礁）构成的悬崖峭壁

#### 11.2.5.3 斜坡

英国西南部的石炭系石灰岩提供了一个古代碳酸盐岩缓坡沉积的例子(Burchette 等,1990)。沿缓坡序列形成一个楔状体,从外缓坡泥晶碳酸盐岩和生物碎屑灰岩开始,含有丰富的海百合和腕足类化石,外缓坡处还形成了海拔高达 200m 的礁丘。外缓坡沉积物向岸方向让位给中缓坡的生物碎屑砂体,最后在近岸区域形成浅滩或海滩的鲕状砂体。

#### 11.2.5.4 陆表海台地

在整个地质时期形成的大部分碳酸盐沉积物可能沉积在陆表海台地上(图 11.1)。这种台地在不同时期广泛存在,如晚前寒武纪(如中国)、寒武纪—奥陶纪(如北美、中东)、密西西比亚纪、三叠纪—侏罗纪(如西欧)、二叠纪和古近纪—新近纪(如中东)(Wright 和 Burchette,1996;Tucker 和 Wright,1990)。风暴和飓风可能在这些广阔大陆架上起主导作用,然而潮汐过程也可能很重要。陆棚碳酸盐岩相的特征是主要为正常海洋生物的独特组合,且通常具有泥质的碳酸盐岩结构,岩相类型从石灰质泥岩、泥灰岩、颗粒灰岩和泥晶灰岩到叠层石和点礁灰岩。陆棚碳酸盐岩的层理类型多变,常见透镜状或楔状层理,尽管一些陆棚碳酸盐岩层理可能是均匀层理且横向延伸(图 11.9)。碳酸盐岩通常与薄页岩层互层。沉积构造包括石灰砂单元中的交错层理、广泛的生物扰动构造和虫穴,以及脉状和结核状层理。

图 11.9 犹他州圣胡安河鹅颈式转折处出露层次分明的石灰岩

许多陆表海沉积似乎以向上变浅的旋回序列为主,厚度从几十米到几百米不等。许多层序开始于高能碳酸盐砂岩或砾岩单元,随后依次向上沉积低能潮下开阔海洋陆架中的沉积物;潮间带、潮上带及可能的非海洋环境沉积物。一些沉积旋回似乎随着蒸发岩的沉积而结束。这种演化基本上是退积(进积)的,然而由于碳酸盐沉积的速率通常超过盆地沉降或海平面上升的速率，沉积物也会朝向海平面向上堆积。因此，随着沉积物向海方向逐渐增加，沉积物在逐渐变浅的水中沉积，产生向上变浅的序列。台地内盆地通常水深小于200m，可在陆表海台地内形成。在海平面高水位期间，这些盆地内的水在顶部可能是含氧分层的，但在底部可能是亚缺氧的。海平面低水位可能导致盆地孤立，并开始形成蒸发条件（Wright 和 Burchette，1996）。

大规模向上变浅的重复地层序列，在很大程度上可能是海平面快速上升、淹没碳酸盐岩台地、向上变浅序列形成的停滞期的重复结果。Osleger 和 Read（1991）认为米级旋回性是米兰科维奇强迫海平面振荡的结果（见第 12 章中的地层旋回讨论），旋回性周期为20000~40000a。Alsharhan 和 Scott（2000）、Zempolich 和 Cook（2002）、Ahr 等（2003）及Lukasik 和 Simo（2008）讨论了古碳酸盐岩台地沉积的其他几个例子。

## 11.3 斜坡 / 盆地碳酸盐岩

尽管我们倾向于将碳酸盐沉积物视为严格意义上的浅水沉积物，如上所述，但在现代海洋的几个区域，如巴哈马台地周围的斜坡和相邻的盆地底部，已经发现了深水碳酸盐沉积物。许多显生宇的地层序列也有报道。如图 11.2 所示，碳酸盐沉积物主要在大陆架上发育。深水中不存在碳酸盐沉积物的重要来源，除了中上层石灰质生物的沉降提供的来源。因此，除钙质软泥外，深水中的碳酸盐沉积物是通过包括风暴波、浊流、碎屑和颗粒流、崩塌、滑动和落石在内的运输过程从陆架中衍生出来的。通过这些过程沉积在斜坡和盆地上的碳酸盐沉积物通常由生物碎屑和石灰岩块组成，这些碎屑和石灰岩块来自礁石前缘的斜坡碎屑。此外，沉积物可能会从台地边缘的碳酸盐浅砂滩或灰泥沉积物向下输送。据报道，巴哈马群岛—佛罗里达州北部地区、伯利兹、牙买加、大开曼群岛、澳大利亚东北部海岸，以及太平洋和印度洋的几个环礁岛都有碳酸盐岩斜坡的现代例子（Conigilio 和Dix，1992）。现代斜坡碳酸盐岩主要由纯碳酸盐岩组成，与许多古代斜坡沉积形成对比，后者含有大量陆源碎屑岩。

碳酸盐岩斜坡有三种类型（图 11.10）：侵蚀斜坡（陡坡角）、过路斜坡（中等坡角）和增生斜坡（低坡角）。只有增生斜坡是碳酸盐沉积显著的地点，尽管少量沉积物可能沉积在过路斜坡上。侵蚀斜坡和过路斜坡主要充当碳酸盐沉积物从浅水区向深水区运移的通道。斜坡上可以沉积几种碳酸盐沉积物。台地周缘软泥由从大陆架上携带的细粒沉积物组成，其中混有从水体沉淀下来的有孔虫和颗石藻。砾屑和岩屑源自浅水的碳酸盐角砾岩和砾岩。碳酸盐浊积岩类似于陆源碎屑浊积岩。

有两种增生碳酸盐岩斜坡的基本模型：坡裙和海底扇（图 11.11）。碳酸盐岩坡裙以具有一个或多个线源，通过紧密排列的冲沟向海输送沉积物形成楔形体为特征。镶边台地和无镶边台地的斜坡上都可能形成坡裙。假定沿着坡度小于 4° 的边缘台地发育，坡裙从盆地一直延伸到浅水边缘。目前这种坡裙在现代海洋环境中尚未发现，但古代的实例已有报道。开阔台地斜坡与坡裙相似，但其在无镶边台地上发育。在 4°~15° 之间较陡的坡度范围，从台地坡折带沿边缘台地下坡形成坡裙（图 11.11a）。泥砂过路上斜坡，通过众多的冲沟搬运到坡脚。坡裙最上部的近端沉积物由滑塌砾石、岩屑、厚浊积岩和台地周缘软泥组成，远端沉积物主要由细粒浊积岩组成。

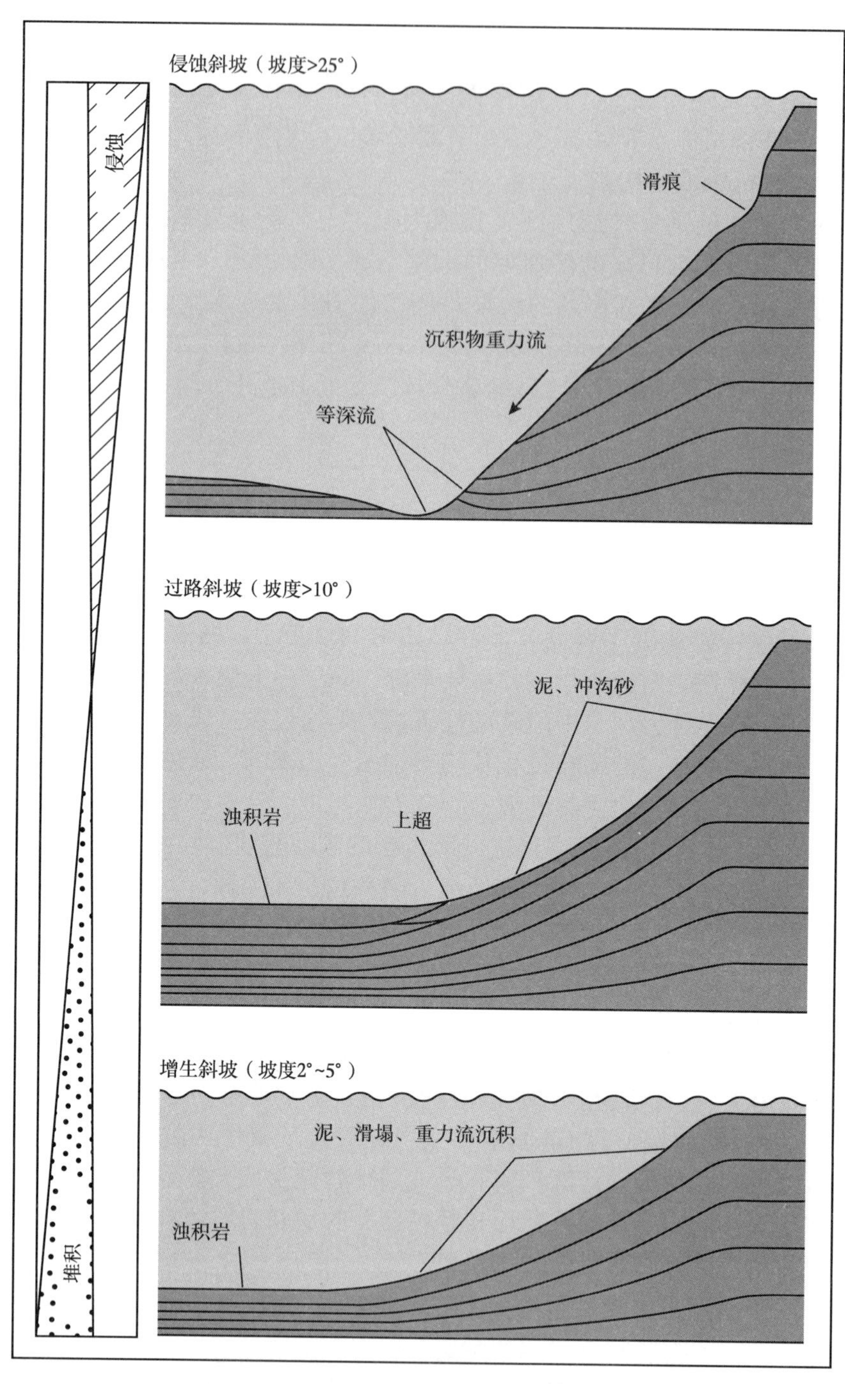


图 11.10　基于巴哈马地台实例的主要碳酸盐岩斜坡类型

碳酸盐岩海底扇（图 11.11b）的形式与第 10 章中描述的陆源碎屑海底扇相似。沉积物通过主河道从单点源供应给扇体，主河道可能在其下游分叉，形成不同的沉积朵体。通常，最粗的沉积物沉积在上扇，而沉积物在扇的较远部位变得更细。没有现代碳酸盐岩海底扇的报道，但有一些古代海底扇的报道（Tucker 和 Wright，1990；Coniglio 和 Dix，1992）。

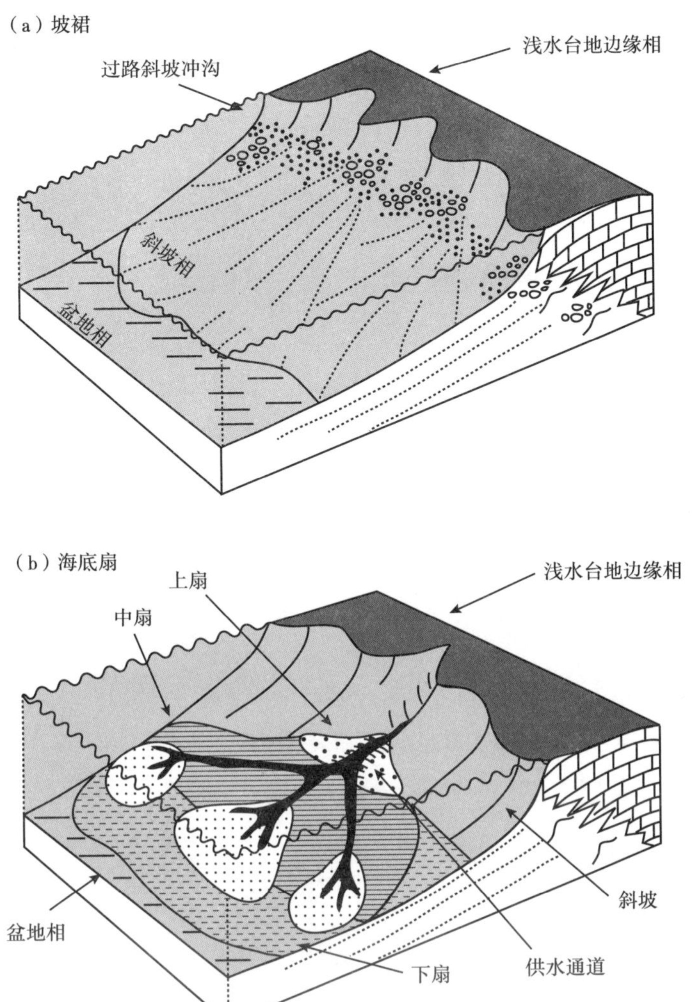


图 11.11　两种基本碳酸盐斜坡模型的示意图：坡裙和海底扇

（a）显示了沿边缘台地发育的一种坡裙，其坡度范围在 4°~15° 之间；（b）显示了一个理想化的碳酸盐岩海底扇

## 11.4　生物礁环境

如前所述，许多边缘台地的外大陆架的特点是存在几乎连续的碳酸盐岩礁，这些礁构成了横穿大陆架遮挡波浪运动的有效屏障。珊瑚礁也可能沿海岸线发展为边缘块体，或在内陆架内发展为孤立的岛礁。珊瑚礁构成了一种独特的沉积环境，与大陆架其他部分的环境有很大不同。多年来，人们对它们进行了深入研究。然而，关于珊瑚礁的讨论长期以来一直被“珊瑚礁”一词的确切含义所困扰，碳酸盐岩研究者无法就是否将“礁”一词的使用限制在具有刚性有机骨架或核心、由殖民生物建造的碳酸盐岩建造或生物礁上达成一致意见，也无法将定义扩展到包括其他类型的不具有刚性骨架核心的碳酸盐岩建造。“生物礁”这个词是一个非特定的术语，用于描述封闭在不同岩性或特征的岩石中的有机成因的透镜体，生物礁可能有也可能没有坚硬的内部有机骨架。该术语不包含透镜体的内部结构或

成分。相比之下，生物礁是一种板状的碳酸盐岩体，通常形成于非基准台地环境。Wilson（1975）使用术语“碳酸盐岩堆积”来描述局部形成的、横向受限的碳酸盐沉积物，这些沉积物具有地形起伏，而不考虑堆积的内部组成。本书遵循了 Longman（1981）的用法，将珊瑚礁定义为“任何受生物影响的碳酸盐沉积物堆积，这些沉积物影响了邻近区域的沉积（因此在某种程度上不同于周围的沉积物），并且沉积期间在地形上高于周围的沉积物。”以这种方式定义的大多数珊瑚礁是由能够在具有水动力的环境中茁壮成长的大型生物建造的。

### 11.4.1 现代珊瑚礁和珊瑚礁环境

#### 11.4.1.1 沉积环境

大多数现代生物礁（图 11.12）形成于浅水中。最引人注目的是位于台地边缘的线状礁，通常称为障壁礁。这些礁石或多或少是横向连续的，礁石走向可能延伸数百千米，例如澳大利亚的大堡礁，沿澳大利亚东部大陆架延伸约 1900km（图 11.13）。在一些大陆架非常狭窄的现代地区，线性珊瑚礁紧靠海岸线，没有中间的潟湖，因此被称为边缘珊瑚礁。孤

图 11.12 现代珊瑚礁

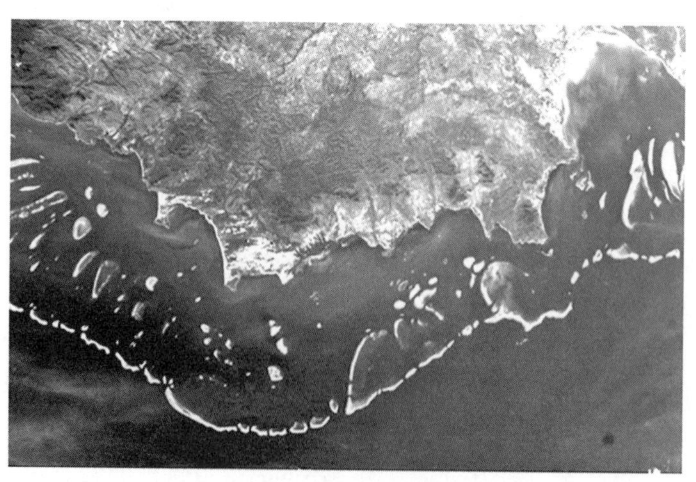

图 11.13 澳大利亚昆士兰海岸外的大堡礁

立的、甜甜圈状的珊瑚礁称为环礁，出现在一些太平洋海山顶部周围，这些海山从深水中升起。这些珊瑚礁形成了一个外围的抗浪屏障，包围了一个浅礁湖。法罗暗礁是环状（环礁状）结构，形成于潟湖或环礁边缘。小而孤立的礁体通常被称为斑礁、尖顶礁或台地礁，它们沿着一些陆架边缘出现或分散在中间的陆架上。平顶台礁也可能在深水中形成（图 11.14）。

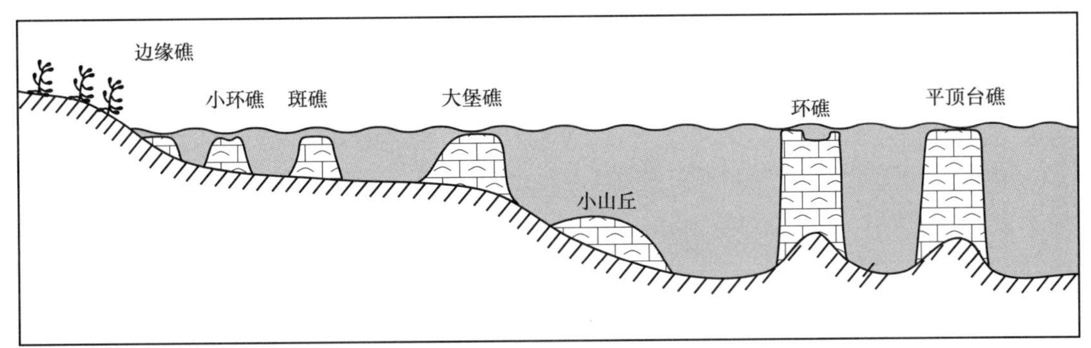


图 11.14　主要珊瑚礁类型示意图

丘是由较小的、通常脆弱的和 / 或孤立的有机体在平静的浅水或深水环境中建造的结构，可能借助无机过程。微生物丘由叠层石 / 凝块石和钙质微生物（能够调节碳酸盐沉淀的微生物）构成。骨骼丘由造礁生物加上钙质藻类、珊瑚虫、海绵、热型六珊瑚及一些腕足类和双壳类组成。泥丘是由灰泥形成的，堆积着各种数量的化石。丘的大小从小型规模（1~5m 高）到可能达到 100m 高的巨型规模（Wendt 等，1997）。

#### 11.4.1.2　造礁生物

我们倾向于认为所有礁都是珊瑚礁（图 11.12），然而，除了珊瑚之外，许多生物也能促进珊瑚礁的形成。这些生物包括蓝绿藻（蓝细菌）、珊瑚红藻、绿藻、结壳有孔虫、结壳苔藓虫、海绵和软体动物（图 11.15）。在过去的地质学中，造礁生物还包括一些现已灭绝的类群，如古细菌、层孔虫、蕨类苔藓虫和蛤蜊。

尽管如此，珊瑚一定是现代珊瑚礁的主要组成部分，并且有两种类型的珊瑚得到认可。浅水珊瑚礁中的主要珊瑚是造礁珊瑚。造礁珊瑚与几种单细胞生物（主要是藻类，统称为虫黄藻）为共生关系。这些藻类生活在珊瑚的活细胞中或活细胞之间，通过光合产物来帮助它们获得能量。它们还可以通过光合作用从组织中移除 $CO_2$ 来促进 $CaCO_3$ 的分泌。因为虫黄藻需要透光的水域，造礁珊瑚只能生活在非常浅的水域。无共生模式珊瑚缺乏共生关系（或不需要共生关系），并且不局限于浅水区（Willison 等，2001）。一些珊瑚物种显然具有从虫黄菌属两性型至偶氮虫黄菌属两性型的生活模式（Best，2001）。它们是如今在深水中形成碳酸盐堆积的主要生物之一。它们的分布范围从浅水到超过 2000m 的深水。Hatcher（2001）探讨了浅水和深水珊瑚属性的差异。

一些造礁生物，如珊瑚和层孔虫是重要的骨架建造者（图 11.15），它们建造了抗波浪的珊瑚礁核心。其他如海百合和科迪亚藻（如 *Halimeda*），其骨骼成分可能分解成更小的碎片，是重要的沉积物提供者。障壁生物是像海草这样的生物，它们提供了一个保护性的障壁来阻挡水流，从而产生了一个局部的、低能量的环境，细小的沉积物可以在其中堆积。黏合剂（如蓝细菌形成叠层石）捕获并黏合沉积物，而沉淀剂主要是微生物，帮助调节碳酸盐泥的沉淀。图 11.15 说明了一些常见生物作为骨架建造者、沉积物贡献者、障碍物、黏合剂和沉淀者的相对重要性。

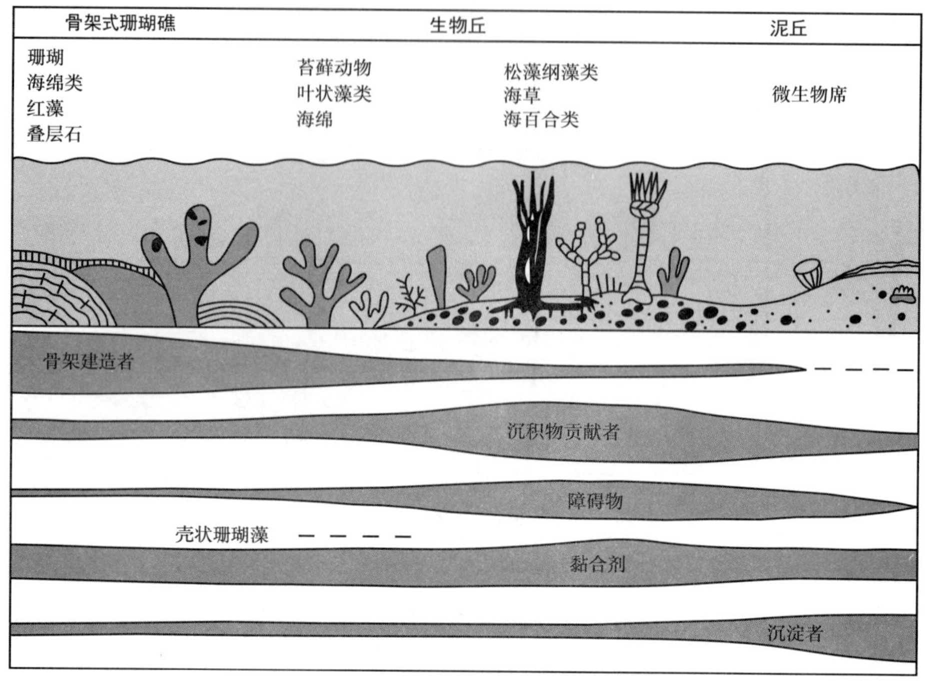


图 11.15　一些常见的生物，在生物礁和生物丘中作为骨架建造者、沉积物贡献者、障碍物、黏合剂和沉淀者

水平条的粗细表示相对重要性

造礁生物的生长形式可能从纤细的分枝形式到球状或块状结构不等（图 11.16a）。生物的形态与礁石上的水能量密切相关，因此不同部分的礁石有所不同（图 11.16b）。生活在暗礁低能量部分的生物往往具有精致的分支或盘状形态。那些生活在较高能量区域的珊瑚礁形成了半球形、壳状或板状形态，能够更好地抵御强大的波浪作用。

### 11.4.1.3　珊瑚礁沉积

本书没有讨论所有类型的现代生物礁和礁相，然而核实了高能台地边缘生物礁的分带和相发育，以此作为高能生物礁环境的一般模型。图 11.17 示意性地说明了台地边缘礁主要相的细分。请注意，珊瑚礁由一个中央核心——珊瑚礁骨架和一个称为前礁碎屑的松散堆积体组成，珊瑚礁骨架向海倾斜成礁坡。接近平坦的礁体最上部、最浅的部分称为礁坪，向陆方向逐渐分为后礁骨架（珊瑚）砂和潮下潟湖沉积。珊瑚礁在地貌上分为前礁区、礁前区、礁顶区、礁坪区和后礁区（图 11.16b）。

图 11.17 还显示了在珊瑚礁的不同区域形成的典型碳酸盐物质的类型。图 11.17 中的砾屑灰岩、障积岩、粘结岩和骨架岩是 Embry 和 Klovan（1971）对 Dunham（1962）的石灰岩分类（表 6.3）的修改。浮石和砾屑灰岩是未接触的碳酸盐岩颗粒，其中 10% 以上的颗粒尺寸大于 2mm。浮石由泥质支撑，砾屑灰岩由颗粒支撑。障积岩是沉积时由有柄生物结合在一起的碳酸盐岩，这些生物通过充当挡板来截留沉积物。粘结岩在沉积过程中被结壳和黏合生物体（如结壳的有孔虫和苔藓虫）所黏合，骨架岩被珊瑚等生物体所黏合，它们构建了一个刚性的骨架结构。

| 增长形式 | | 环境 | |
|---|---|---|---|
| | | 波能 | 沉积 |
| | 细，分支状 | 低 | 高 |
| | 薄，细，似片状 | 低 | 低 |
| | 球状，球根状，柱状 | 中 | 高 |
| | 坚固，树状，分支状 | 中—高 | 中 |
| | 半球状，圆顶状,不规则状，大型 | 中—高 | 低 |
| | 结壳状 | 强烈 | 低 |
| | 扁平状 | 中 | 低 |

(a) 主要的生长形式及其与水能的关系

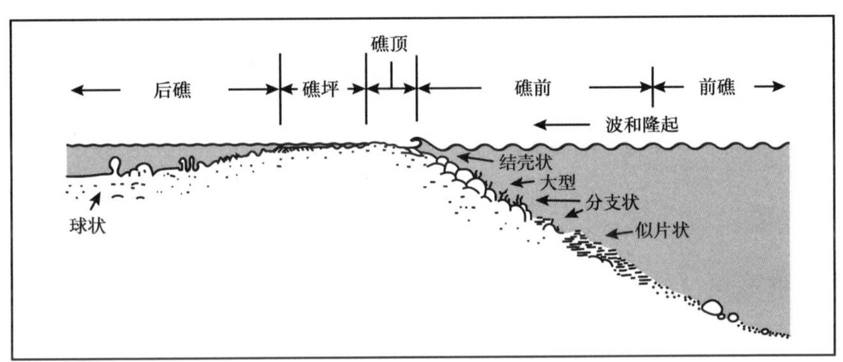


(b) 典型珊瑚礁的生长形态分布

图 11.16　造礁生物的生长形式

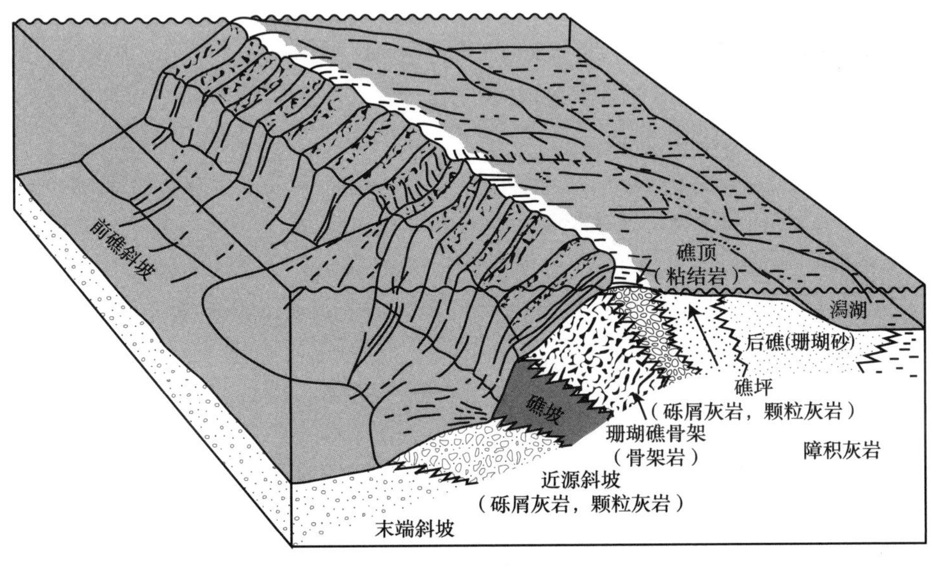


图 11.17　典型现代完整珊瑚礁中的理想化沉积相，具有发育良好的珊瑚礁骨架

这些不同的碳酸盐岩相代表了不同的水能量、主要的沉积过程和每个礁带的生物类型。水能量在礁顶最高，礁顶也含有最高百分比的骨架成分（骨架岩）。随着水能量向前礁和后礁减少，骨架成分的百分比也减少。请注意，总体而言，生物礁的骨架成分通常比非骨架成分的体积小得多。Longman（1981）将珊瑚礁的结构比作苹果，苹果有一个中心核或骨架，周围是更大的可食用果肉。珊瑚礁的非骨架部分由棘皮动物、绿藻和软体动物等生物组成，它们不构建骨架结构，有由波浪活动从珊瑚礁中分离出来的生物碎屑，以及在珊瑚礁低能区的一些灰泥。前礁坡岩屑和后礁珊瑚砂带完全由非骨架成分组成，主要由礁源生物碎屑组成。相对较少的生物生活在这些区域。

#### 11.4.1.4　低能礁相

现代高能台地边缘型生物礁相基本上由珊瑚和珊瑚藻构成的中央骨架核心组成；剖面向海延伸，穿过礁石堆石前的一个碎石带，延伸至深水灰泥或页岩，并向陆延伸，穿过礁石珊瑚砂，延伸至粒度更细的潟湖沉积物。这种模型对于在大多数环境中发育的高能生物礁相当适用，然而，一些珊瑚礁是在低能量条件下形成的。低能礁不发育高能礁的特征分带，在平面图上倾向圆形到椭圆形。生长在这种礁石上的生物以更细的分支形式为主（图 11.16a）。一些低能礁不包含上述典型的礁结构，而是由与礁型生物成分非常相似的生物建造的简单碳酸盐砂和泥构成（James，1984c）。其他低能生物主要由非礁型生物组成。它们由富含骨骼生物和少量有机粘结石的丘状骨骼碎片或生物碎屑灰泥组成。如上所述，这些结构被称为礁丘或简称为丘。

### 11.4.2　古生物礁

#### 11.4.2.1　珊瑚礁沉积

出现在地层记录中的生物礁在一些重要方面不同于现代生物礁。首先，通常只在垂直方向上看到古老的珊瑚礁。我们观察到一个由不同时期形成的不同成分组成的二维石灰岩体。因此，我们可能无法探测到现代生物礁显示的所有相带。露头中暴露的侧面和礁间相的性质明显不同，这取决于垂直暴露是否穿过礁体（从前礁到后礁以暴露的横截面或平行于礁顶的纵剖面）。在许多情况下，只有巨大的礁核清楚地暴露出来才能得出结论，如图 11.18 所示。礁相的礁结构和性质也取决于礁的种类（如堡礁、岸礁、斑礁）。另一个可能使识别古礁相变得更加复杂的因素是成岩作用，成岩作用可能导致选择性白云石化或溶解，从而消除或破坏部分礁复合体。

根据年代的不同，古代的礁和丘在构成这些结构的优势生物方面也可能与现代的礁明显不同。主宰现代珊瑚礁的造礁生物珊瑚最早出现在中生代，因此不是更古老珊瑚礁的组成部分。较老的珊瑚礁和丘主要由其他种类的生物组成，如管藻（可能来自和藻类有关的微结构）、海绵、苔藓虫和微生物（如蓝细菌；图 11.19）。参见 Kiessling 等（1999，2002）关于珊瑚礁生物和珊瑚礁生态系统随时间演变的更多信息。

由于在沉积记录中存在多种不同造礁生物的古生物礁，因此很难概括古生物礁的组成和结构。尽管如此，这方面还需要一些工作。图 11.20 是一个高度概括的模式图，描绘了一个被非生物礁沉积物包围的理想古生物礁。核心骨架由骨架粘结岩和砾屑灰岩组成。骨架成分的具体种类取决于珊瑚礁的年龄。这些核心沉积物向海逐渐进入前礁相，包括大部分由波浪作用从骨架上断裂的砾屑灰岩和浮石。礁核向陆地逐渐演变成一个高能的骨架砂

图 11.18 被侧面沉积物包围的块状苔藓虫礁核心

堆积厚度约为 15m，格陵兰岛北部

裙，也主要由从礁核脱落的物质组成。反过来，骨架砂逐渐变成在平静的水环境下沉积的后礁相。这种岩相可能含有骨架砂和泥、颗粒泥和泥晶灰岩，在叠层石可能很常见。蒸发岩也可能出现在一些后礁相中，反映了后礁环境中受限的水循环。由于礁石被淹没，或者在某些情况下被硅质碎屑泥掩埋，礁石的生长会终止。如图 11.20 所示，在较新沉积物的覆盖下，古老珊瑚礁的地形通常是可见的。

#### 11.4.2.2 古生物礁的分布

大多数显生宇碳酸盐岩中都存在某种类型的生物礁（Kiessling 等，2002）。尽管分泌碳酸盐的生物在前寒武纪时并不存在，但在北美、欧洲、非洲和澳大利亚的许多地方都报道过由叠层石组成的前寒武系碳酸盐堆积。显生宇包含由分泌碳酸钙的生物组成的礁石。许多这些珊瑚礁是由具有骨架结构或外壳的生物建造的。然而，在整个地质时期，珊瑚礁的发育并不一致，在岩石记录的某些部分，珊瑚礁比其他部分丰富得多。如前所述，图 11.19 以图表的形式描绘了生物礁和生物丘随时间的分布，同时也显示了在不同时期负责造礁的主要生物种类。图 11.19 基于 Kiessling 等（1999）编制的 2470 个珊瑚礁的数据库。这些文献还显示了不同时代的珊瑚礁的地理分布，并讨论了珊瑚礁的类型、规模和环境背景。关于这些数据的更新，见 Kiesling（2002）的研究成果。随着时间的推移，珊瑚礁的分布和丰度的变化反映了珊瑚礁碳酸盐生产繁盛时期和珊瑚礁处于危机和碳酸盐发育的衰退时期（Flügel 和 Kiessling，2002）。

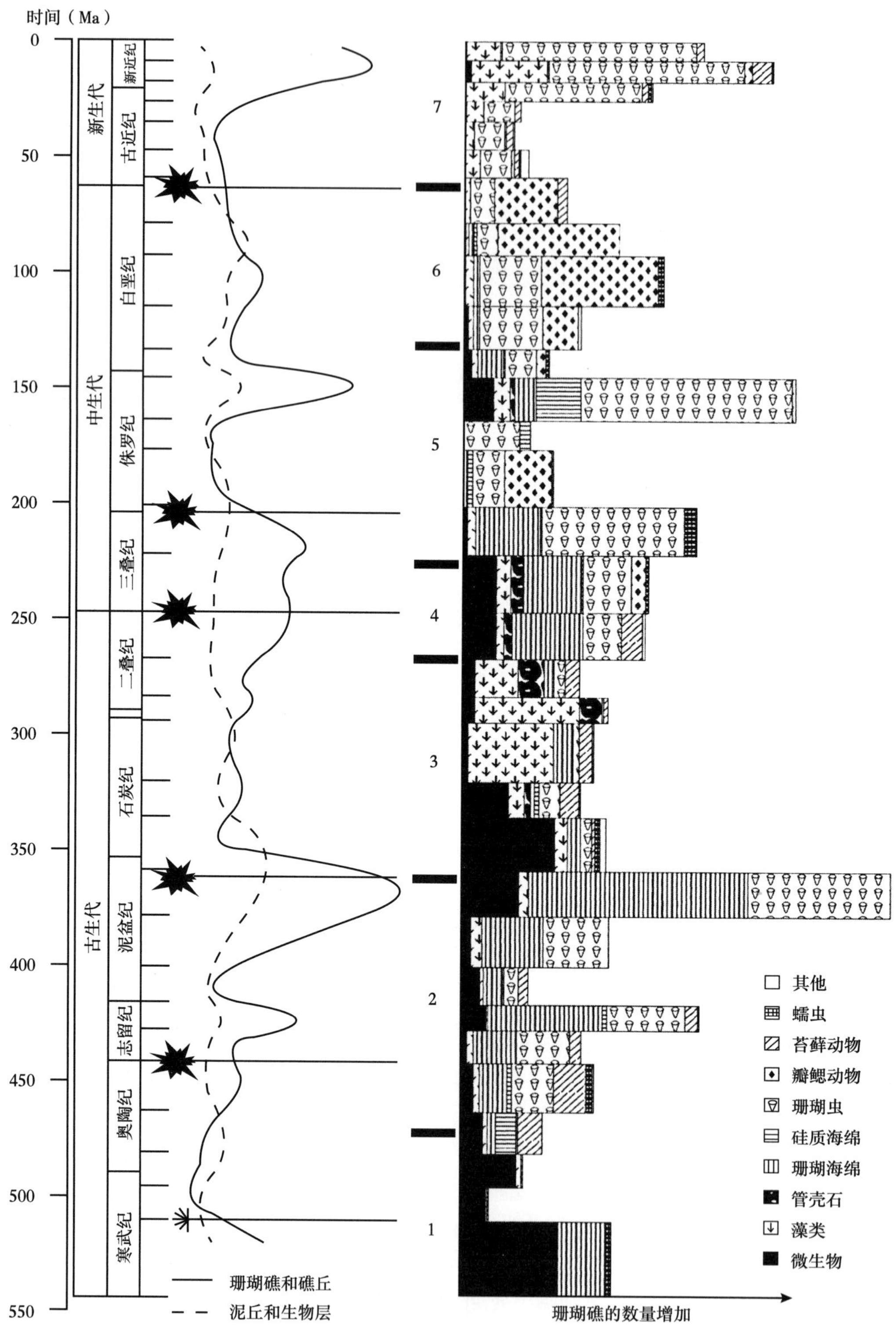


图 11.19　显生宙时期的珊瑚礁分布，显示了珊瑚礁和泥丘，以及构成珊瑚礁和泥丘的优势生物

“其他”是指腕足动物、骨盆带动物和有孔虫；数字 1~7 代表显生宙造礁的 7 个主要周期；带星号的线表示大灭绝的时间；左边的曲线显示了每个时间间隔内礁和丘的积累数量趋势，右边的横条显示了特定化石群占优势的礁的积累数量趋势

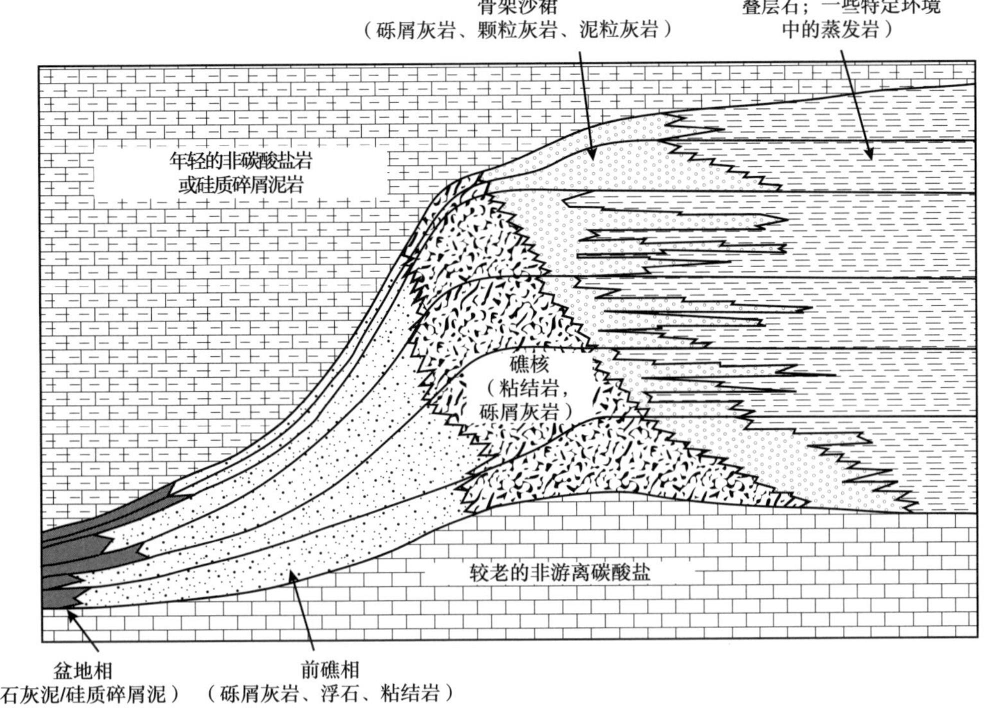


图 11.20　古代堡礁沉积的理想化模式图，展示了典型的前礁相和后礁相。部分基于加拿大艾伯塔省中部上泥盆统天鹅山礁建造（据 Viau，1983）

## 11.5　碳酸盐岩—硅质碎屑岩混合体系

为了避免可能的混淆，在讨论前面章节中描述的碳酸盐沉积环境时，假设只有碳酸盐沉积物形成在这些体系中。事实上，碳酸盐和硅质碎屑的混合沉积物存在于许多地层序列中。这种沉积物被称为碳酸盐岩—硅质碎屑岩混合体系或碳酸盐岩—碎屑岩过渡系列。由于产生碳酸盐和碎屑沉积物横向交错的横向相混合（环境的空间变化），碳酸盐和陆源碎屑沉积物可以混合。海平面变化或沉积物供应的变化也可能导致混合，从而导致沉积相地层序列的垂直变化，称为时间变异性（Budd 和 Harris，1990）。因此，陆源碎屑岩相可能与碳酸盐岩相呈横向交错关系（第 12 章），或者作为碳酸盐岩层序中的不同夹层出现。众所周知，碳酸盐岩—陆源碎屑岩过渡存在于各种环境中，包括海岸和内陆架、中陆架和外陆架（包括礁）及斜坡到盆地环境（Lomando 和 Harris，1991）。它们可能出现在温带和热带大陆架环境中（Haywick 等，1992）。

## 11.6　蒸发岩环境

如第 7 章所述，蒸发岩主要由石盐（NaCl）和硫酸盐矿物石膏（$CaSO_4 \cdot 2H_2O$）和硬石膏（$CaSO_4$）组成。蒸发岩是在蒸发量超过降水量（雨和雪）的气候条件下沉积的，形成于非海洋和海洋环境。然而，与许多巨大的古代蒸发岩盆地相比，现代蒸发岩沉积地点的面积非常有限。举例来说，一组较大的现代蒸发岩出现在西澳大利亚的 Macleod 湖，其大小约为 100km×50km，含有厚达 9m 的全新世蒸发岩。相比之下，墨西拿阶（中新统）地中海盆地的面积约为 2400km×600km，蒸发岩充填厚度达 2km（Kendall 和 Harwood，1996；Warren，2006）。虽然这些巨大的蒸发岩盆地没有现代类似物存在，但仍然可以通过研究现代环境获得对古代蒸发岩环境的重要认识。

## 11.6.1 现代蒸发岩环境

### 11.6.1.1 非海洋环境

图 7.6 说明了如今蒸发岩形成的主要环境。它们存在于各种小规模的大陆环境中，如泉水、沙漠沼泽和土壤。然而，它们通常在以干盐湖（大陆盐湖）为特征的封闭盆地中形成，并且最为重要，该盆地包含一个暂时湖或盐田，通常被盐碱泥滩包围。当短暂的水蒸发时，蒸发岩矿物沉积在盐田中，并发生位移，在邻近的泥滩沉积物中形成胶结物。在一些山间盆地由常年河流补给的大陆环境中，可能存在常年盐湖（如犹他州的大盐湖）。非海相蒸发岩可能含有在海相沉积物中不常见的矿物，如硼砂、泻盐和天然碱（见第 7 章）。石膏、硬石膏和石盐往往在非海相沉积中占主导地位，就像在海相沉积中一样。

### 11.6.1.2 浅海环境

现代海相蒸发岩主要形成于两种环境：滨岸盐湖和盐沼（Warren，2006；Babel，2007）。海洋盐沼是滨岸潮上泥滩（图 11.21a）。蒸发岩矿物不是从积水中沉淀出来的，而是在盐沼沉积物中置换形成的，这些沉积物由碳酸盐岩和 / 或硅质碎屑沉积物组成，位于地下咸水位上方的毛细管带中。蒸发损失的水被风暴驱动的海水向下渗透或被来自大陆的地下水混合补充。如图 11.21a 所示，在盐沼沉积物中结晶的蒸发岩矿物主要是石膏和硬石膏。叠层石通常形成于相关的潮间带至潮上带。

其他现代浅海蒸发岩形成于一些被称为盐湖的海岸潟湖和盐田。盐湖出现在盐沼的洼地、海岸沙丘之间、三角洲或海岸障壁后的构造下沉带。现代盐湖在澳大利亚南部和西部特别常见（图 11.21b），但它们也存在于地中海、黑海和红海的边缘。盐湖不同于盐沼，因为蒸发岩主要是从地表卤水中沉淀出来的，而不是在沉积物中。石膏是盐湖沉积中最常见的矿物，然而一些盐湖（如澳大利亚 Macleod 湖）中，含有丰富的石盐。

### 11.6.1.3 深水环境

大多数现代盐湖的水深都很浅，最多只有几米。位于以色列和约旦之间的死海提供了一个现代深水蒸发环境的例子。死海由约旦河注入，宽 15~20km，长约 80km。死海的南部盆地很浅，但北部盆地的盐水深度超过 200m。盆地沉积物主要为黏土质粉砂，然而石膏、岩盐和文石等蒸发岩矿物也在形成。虽然死海被称为海，但它实际上是一个巨大的、封闭的多年生盐湖，位于海平面以下约 400m 深的裂谷中，其盐水的成分显著不同于海水（Kendall 和 Harwood，1996）。因此，尽管死海是一个深水蒸发盆地，但它并不是一个现代大型中央盆地的类似物，在地质历史上形成海相蒸发岩。

## 11.6.2 古蒸发岩环境

### 11.6.2.1 非海洋环境

因为现代大陆蒸发岩沉积的区域总的来说相当小，地质学家通常认为古代非海相沉积也相当小。Hardie（1984）反对这种普遍的看法。他坚持认为，非海相蒸发岩可以和海相蒸发岩一样大或一样厚，并引用了加利福尼亚州和内华达州古近系—新近系非海相盐的几个例子来支持他的观点，这些非海相蒸发岩层厚 200~600m。尽管如此，已知的大型古代正常蒸发岩很少，与假定的古代海相蒸发岩相比，任何规模的非海相沉积报道相对较少。

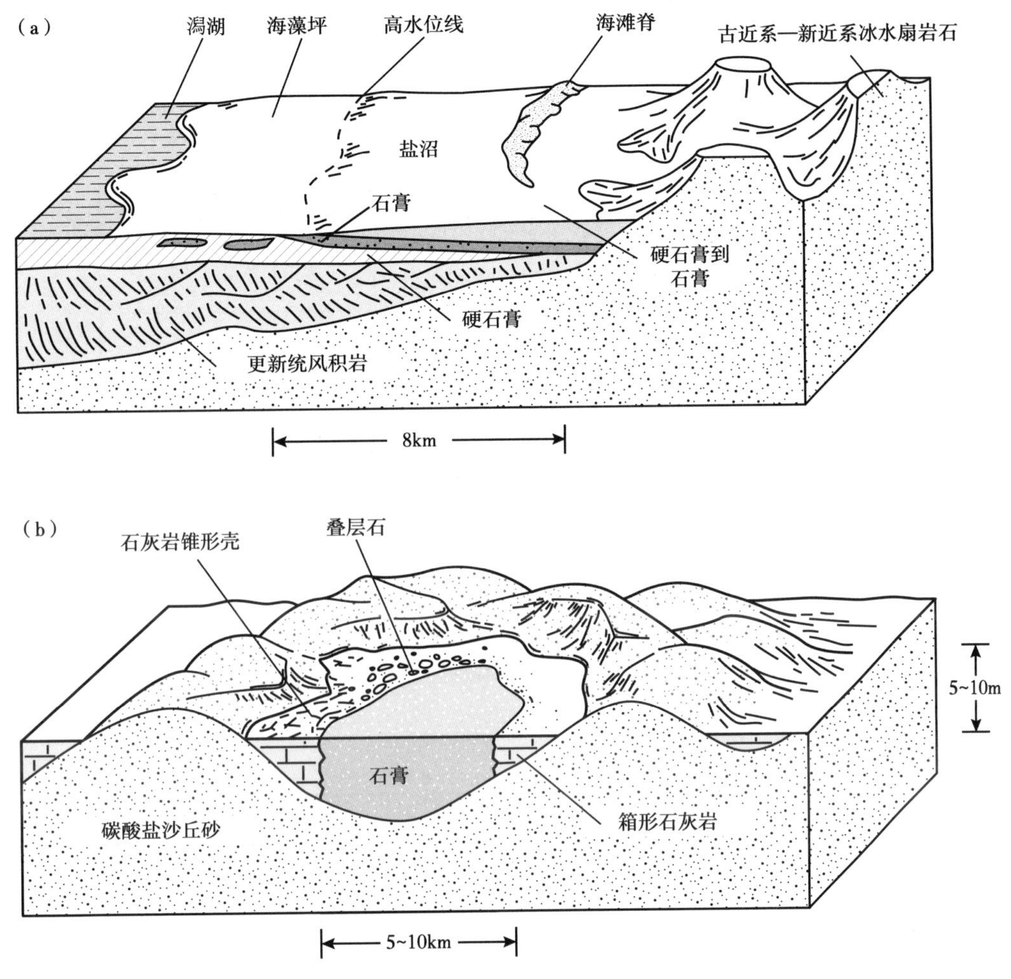

图 11.21　盐沼（a）和盐湖（b）的沉积环境模式图

古蒸发岩的陆相还是海相成因主要是根据化石的种类和相关非蒸发岩相的沉积学特征来确定的。例如，非海相蒸发岩可能与大陆红层、冲积扇沉积物或沙漠沙丘沉积物有关。怀俄明州绿河组（始新统）的 Wilkins Peak 段就是这种相关联的一个例子。矿物学也可能为非海相成因提供线索，因为某些蒸发岩矿物似乎只在非海相条件下形成（第 7 章）。其他假定的古代非海相蒸发岩沉积物包括西班牙 Tajo 盆地（中新世）的沉积物，其中充满了超过 1500 m 的陆源碎屑沉积物和相关蒸发岩；美国东北部 Newark 盆地（三叠纪—侏罗纪）和欧洲二叠纪 Rotliegendes 组的部分与河流和湖泊陆源碎屑沉积物有关的蒸发岩（Smoot 和 Lowenstein，1991）。

#### 11.6.2.2　海洋环境

大量的古代蒸发岩和真正大规模的蒸发岩似乎都来自海洋。一些古老的海相蒸发岩可能是在类似现代沿海盐湖和盐沼的环境中沉积的。另外，许多古代蒸发岩似乎是在广阔的陆架环境或海洋盆地中形成的，没有很好的现代相似沉积物。因此，这些古代环境的性质必须从岩石本身的记录推断。故而对这些环境的性质产生了相当大的争议，深水和浅水成因的问题尤其难以统一。无论如何，现在看来，古代海相蒸发岩可能是在三种环境中堆积的：类似现代盐湖和盐沼的小型沿海环境、宽阔的盆地边缘陆架或台地（图 11.22a）和广阔的盆地中心（图 11.22b）。

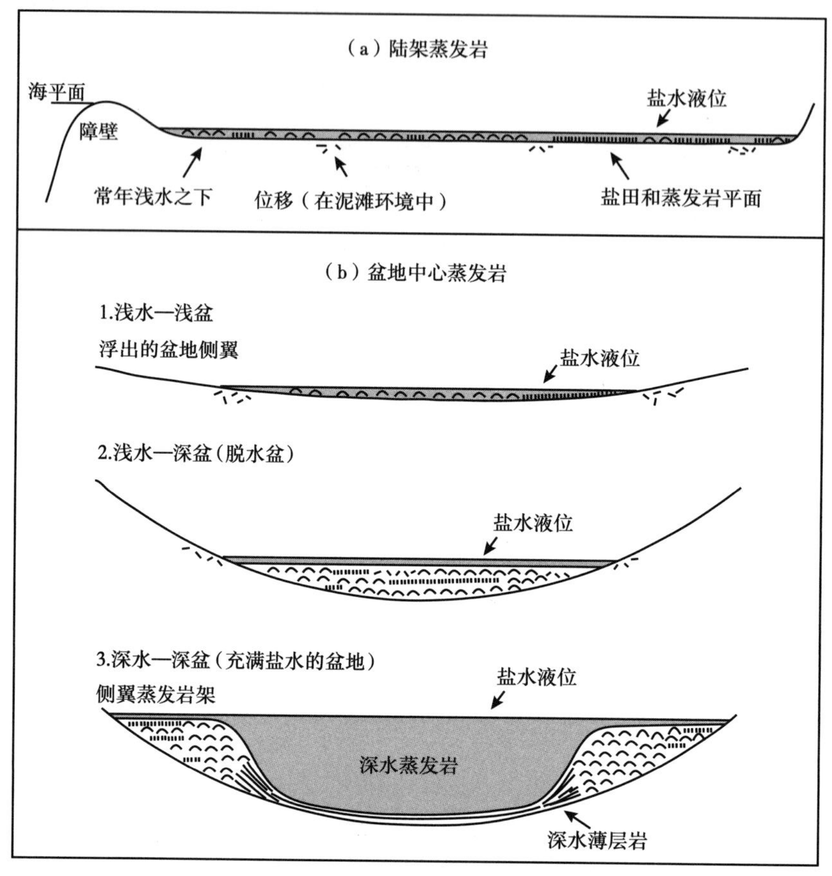


图 11.22 古代海相蒸发岩环境的主要类型（不包括小规模沿海盐丘和盐沼）

盆地边缘蒸发岩可能形成于广阔的蒸发岩潟湖和泥滩，延伸几十到几千千米，整个区域的盐水深度不超过几米（Kendall 和 Harwood，1996）。蒸发岩由硬石膏（最初为石膏）或石盐组成，可能与碳酸盐和陆源碎屑沉积物互层。微生物席可能出现在含盐量较少的环境中。得克萨斯州 Palo Dura 盆地的二叠系 San Andreas 组提供了一个古盆地边缘蒸发岩沉积的例子。它包含 20 多个由硬石膏和泥岩组成的旋回，上覆一系列海退碳酸盐岩、硬石膏和层状石盐。这些旋回的厚度从 1m 到 100m 以上不等，可追踪的面积超过 10000km$^2$，厚度和岩相变化很小（Hovorka，1987）。

盆地中心蒸发岩堆积在沉降盆地中，其跨度从几十千米到几千千米不等（图 11.22b）。一些盆地起伏很小，蒸发岩从浅层盐水体或含盐泥滩中沉积（浅水—浅盆模型；图 11.22b）。类似的浅水蒸发岩可以由盆地中浅层的盐水体形成，这些盆地具有更大的起伏，受到大量蒸发降雨的影响（浅水—深盆模型；图 11.22b）。最后，深水蒸发岩形成于具有明显起伏

（几十到几百米）的盆地中，这些盆地大部分充满了盐水（深水—深盆模型；图 11.22b）。深水蒸发岩似乎具有特别精细、均匀并广泛分布的层状结构。它们也可能包括重力置换沉积。得克萨斯州和新墨西哥州的二叠系 Castille 组是一个典型的层状深水蒸发岩，其中约 2 mm 厚的单个薄层可追溯到 113 km 的距离（Dean 和 Anderson，1978）。

如第 7 章所述，蒸发盆地和开阔海洋之间必须存在某种屏障，以限制部分海水循环进入盆地。这些盆地中的盐水水位会随着海水流入、流出和蒸发速率的变化而波动。因此，深盆可以在深水蒸发岩沉积和浅水 / 泥滩蒸发岩沉积之间交替。此外，深盆最终会被蒸发岩填满，并转化为浅盆。

两个最令人印象深刻的古代海相蒸发岩是二叠系镁灰岩统蒸发岩和中新统墨西拿阶蒸发岩。北海地区的 Zechstein 蒸发岩沉积在一个巨大的克拉通间盆地中，该盆地从不列颠群岛延伸到波兰和立陶宛东部。超过 2km 的碳酸盐岩、蒸发岩和陆源碎屑岩是在 5Ma 期间沉积的（Menning 等，1988）。蒸发岩包括碳酸盐、硬石膏、石盐和钾盐，沉积发生在不同时期，从水深 200m 到浅水盐沼。

地中海地区的中新统墨西拿阶蒸发岩覆盖了西西里岛和亚平宁山脉东部约 2400km× 600km 的面积。蒸发岩由碳酸盐、石膏 / 硬石膏、石盐和钾盐组成，厚度范围从盆地边缘的几米到盆地中心的 2km 以上。蒸发岩层序的下部和上部是深水海相沉积物，表明整个地中海盆地十分干燥（Kendall 和 Harwood，1996）。一些蒸发岩似乎是盐沼沉积物，然而，大多数显然是在浅水环境中形成的，而少数含有均匀的层理，表明水较深。参见 Schreibe 等（2007）关于不同时期的古代蒸发岩的其他例子。

## 拓展阅读文献


**碳酸盐岩**

Abegg，F. E.，P. M. Harris，and D. B. Loope（eds.）. 2001. Modern and ancient carbonate eolianites：Sedimentology，sequence stratigraphy，and diagnesis. SEPM Special Publication No. 71.

Ahr，W. M.，et al. 2003. Permo-Carboniferous carbonate platforms and reefs. Soc. for Sed. Geology Spec. Pub. 78 and Amer. Assoc. Petroleum Geol. Memoir 83.

Alsharhan，A. S.，and R. W. Scott（eds.）. 2000. Middle east models of Jurassic/Cetaceous carbonate systems. SEPM Special Publication No. 69.

Camoin，G. F.，and P. J. Davies. 1998. Reefs and carbonate platforms in the Pacific and Indian Oceans. International Association of Sedimentologists Spec. Publ. No. 25. Oxford：Blackwell Science Ltd.

James，N. P.，and J. A. D. Clarke. 1997. Cool-water carbonates. SEPM Special Publication No. 56，Tulsa，OK：Society for Sedimentary Geology.

Kiessling，W.，E. Flügel，and J. Golonka（eds.）. 2002. Phanerozoic Reef Patterns. SEPM Special Publication No. 72. Tulsa，OK：Society for Sedimentary Geology.

Lukasik，J. and J. A. Simo（eds.）. 2008. Controls on carbonate platform and reef development. SEPM Special Pub. 89. Tulsa，OK：Society for Sedimentary Geology.

Zempolich，W.C. and H. E. Cook（eds.）.2002. Paleozoic Carbonates of the Commonwealth of Independent States（CIS）：Subsurface reservoirs and outcrop analogs. SEPM Special Publication No. 74. Tulsa，OK：Society for Sedimentary Geology.

**蒸发岩**

Busson，G.，and Schreiber，B. C.（eds.）. 1997. Sedimentary deposition in rift and foreland basins in France and Spain. New York: Columbia University Press. ( A volume devoted entirely to evaporite deposits ) .

Melvin, J. L. ( ed. ) . 1991. Evaporites, petroleum, and mineral resources. Amsterdam: Elsevier.

Schreiber, B. C., S. Lugli, and M. Babel ( eds. ) . 2007. Evaporites through Space and Time. London: Geological Society. Special Pub. 285.

Warren, J. K. 2006. Evaporites: Sediments, resources and hydrocarbons. Berlin: Springer.

## 参考文献

Abegg, F.E., P.M. Harris, and D. B. Loope ( eds. ) . 2001. Modern and ancient carbonate eolianites: Sedimentology, sequence stratigraphy, and diagnesis. SEPM Special Publication No. 71.

Ahr, W. M., et al. ( eds. ) . 2003. Permo-carboniferous carbonate platforms and reefs. Tulsa, OK: Society for Sedimentary Geology. SEPM Spec. Publ. 78 and AAPG Memoir 83.

Alsharhan, A. S., and R. W. Scott ( eds. ) . 2000. Middle east models of Jurassic/Cetaceous carbonate systems. SEPM Special Publication 69.

Anastas, A. S., et al. 1998. Deposition and textural evolution of coolwater limestones: Outcrop analog for reservoir potential in crossbedded calcitic reservoirs. Am. Assoc. Petroleum Geologists Bull. v.82. 160–180.

Babel, M. 2007. Depositional environments of a salina-type evaporite basin recorded in the Badenian gypsum facies in the northern Carpathian foredeep, in Schreiber et al. ( eds. ), Evaporites through Space and Time. Geol Soc. Special Pub. 285. 107–142.

Boggs, S., Jr. 2009. Petrology of sedimentary rocks. 2nd ed. Cambridge: Cambridge University Press.

Bosellini, A. 1991. Geology of the Dolomites—an introduction. Dolomieu Conference on Carbonate Platforms and Dolomitization. Ortisei, Italy: Tourist Office. September 1991.

Budd, D. A., and P. M. Harris ( eds. ) . 1990. Carbonate-siliciclastic Mixtures. Society for Sedimentary Geology Reprint Series No. 14.

Burchette, T. P., V. P. Wright, and T. J. Faulkner. 1990. Oolitic sandbody depositional models and geometries, Mississippian of southwest Britain: Implications for petroleum exploration in carbonate ramp settings. Sed. Geology, v. 68, 87–115.

Conigilio, M., and G. R. Dix. 1992. Carbonate slopes. In R. G. Walker, and N.P. James ( eds. ) . Facies models: Response to sea level change. Geol. Assoc. Canada. 349–373.

Dunham, R. J. 1962. Classification of carbonate rocks according to depositional textures. In Ham, W. E. ( ed. ) . Classification of carbonate rocks. Am. Assoc. Petroleum Geologists Mem. 1, 108–121.

Embry, A. F., and J. E. Klovan. 1971. A Late Devonian reef tract on the northeastern Banks Island, N.W.T. Canadian Petroleum Geology Bull. v. 19. 730–781.

Flügel, E., and W. Kiessling. 2002. Patterns of Phanerozoic reef crisis. In Kiessling, W., E. Flügel, and J. Golonka ( eds. ) . Phanerozoic reef patterns. SEPM Special Publication No. 72, 691–733.

Ginsburg, R. N. ( ed. ) . 2001. Subsurface Geology of a Prograding carbonate platform margin, Great Bahama Bank: Results of the Bahamas Drilling project. SEPM Special Publication No. 70.

Hardie, L. A. 1984. Evaporites: marine or non-marine. Am. Jour. Science. v. 284. 193-249.

Hatcher, B. G. 2001. What determines whether deep-water corals build reefs: Do shallow reef models apply? In Willison, J. H. M., et al. ( eds. ) . 2001. Proceedings of the First International Symposium on Deep-Sea Corals: Ecology Action Centre and Nova Scotia Museum, Halifax, Nova Scotia. 6–18.

Haywick, D. W., R. M. Carter, and R. A. Henderson. 1992. Sedimentology of 40, 000 year Milankovich-controlled cyclothems from central Hawke' s Bay, New Zealand. Sedimentology. v. 39. 675–696.

Hovorka, S. 1987. Depositional environments of marine-dominated bedded halite, Permian San Andres Formation, Texas. Sedimentology. v. 34. 1029–1054.

James, N. P. 1984a. Introduction to carbonate facies models. In Walker, R. G. ( ed. ) . Facies models. Geoscience Canada Reprint Ser. 1. 209–212.

James, N. P. 1984b. Shallowing-upward sequences in carbonates. In Walker, R. G. ( ed. ) . Facies models. Geoscience Canada Reprint Ser. 1. 213–228.

James, N. P. 1984c. Reefs. In Walker, R. G. ( ed. ) . Facies models. Geoscience Canada Reprint Ser. 1. 229–244.

James, N. P. 1997. The cool-water carbonate depositional realm. In James, N. P., and J. A. D. Clarke. 1997. Cool-water carbonates. SEPM Spec. Publ. 56. Tulsa, OK: Soc. for Sedimentary Geology. 1–20.

James, N. P. and J. A. D. Clarke ( eds. ) . 1997. Cool-water carbonates. SEPM Spec. Pub. 56. Tulsa, OK. Soc. for Sedimentary Geology.

James, N. P., and A. C. Kendall. 1992. Introduction to carbonate and evaporite facies models. In Walker, R. G., and N. P. James ( eds. ) . Facies models—Response to sea level change. Geol. Assoc. Canada. 265–276.

Jones, B., and A. Desrochers. 1992. Shallow platform carbonatres. In Walker, R. G., and N.P. James ( eds. ) . Facies models: Response to sea level change. Geol. Assoc. Canada. 277–301.

Kendall, A. C., and G. M. Harwood. 1996. Marine evapaorites: Arid shorelines and basins. In Reading, H. G. ( ed. ) . Sedimentary environments: Processes, facies and stratigraphy. Oxford: Blackwell Science Ltd. 281–324.

Kiessling, W. 2002. Secular variations in the Phanerozoic reef ecosystem. In Kiessling, W., E. Flügel, and J. Golonka ( eds. ) . Phanerozoic Reef Patterns. SEPM Special Publication No. 72. 625–690.

Kiessling, W., E. Flügel, and J. Golonka. 1999. Paleoreef Maps: Evaluation of a comprehensive database on Phanerozoic reefs. Am. Assoc. Petroleum Geologists Bull. v. 83. 1552–1587.

Kiessling, W., E. Flügel, and J. Golonka ( eds. ) . 2002. Phanerozoic reef patterns: SEPM Special Publication No. 72.

Lees, A., and A. T. Buller. 1972. Possible influences of salinity and temperature on modern shelf carbonate sedimentation. Marine Geology. v. 13. 1767–1773.

Lomando, A. J., and P. M. Harris ( eds. ) . 1991. Mixed carbonate-siliciclastic sequences. Soc. Econ. Paleontologists and Mineralogists Core Workshop No. 15.

Longman, M. W. 1981. A process approach to recognizing facies of reef complexes. In Toomey, D. F. ( ed. ) . European fossil reef Models. Soc. Econ. Paleontologists and Mineralogists Spec. Pub. 30. 9–40.

Lukasik, J., and J. A. T. Simo ( eds. ) . 2008. Controls on carbonate platform and reef development. SEPM Spec. Publ. 89.

Menning, M., G. Katzung, and H. Lutzner. 1988. Magnetostratigraphic investigations in the Rotliegendes ( 300–252 Ma ) of central Europe. Z. geol. Wiss. v. 16. 81–102.

Nelson, C. S. 1988. An introductory perspective on non-tropical carbonates. Sed. Geology. v. 60. 3–12.

Osleger, D., and J. F. Read. 1991. Relation of eustasy to stacking patterns of meter-scale carbonate cycles, Late Cambrian, U.S.A. Jour. Sedimentary Petrology. v. 61. 1225–1252.

Pedley, H. M., and G. Carannante ( eds. ) . 2006. Cool-water carbonates: Depositional systems and paleoenvironmental controls. London: The Geological Society.Saller, A. H., et al. ( eds. ) . 1999. Geologic Framework of the Capitan Reef. SEPM Special Publication No. 65.

Schreiber, B. C., S. Lugli, and M. Babel ( eds. ) . 2007. Evaporites through Space and Time. London: Geological Society. Special Pub. 285.

Stanley, S. M., and L. A. Hardie. 1998. Secular oscillations in the carbonate mineralogy of reef-building and sediment-producing organisms driven by tectonically forced shifts in seawater chemistry. Palaeogeography, Palaeoclimatology, Palaeoecology. v. 144. 3–19.

Stanley, S. M., and L. A. Hardie. 1999. Hypercalcification: Paleontology links plate tectonics and geochemistry to sedimentology. GSA Today. v. 9. 1–7.

Tucker, M. E., and V. P. Wright. 1990. Carbonate Sedimentology: Oxford: Blackwell Scientific Pub.

Vacher, H. L., and T. M. Quinn. ( eds. ) . 1997. Geology and hydrology of carbonate islands. Amsterdam: Elsevier Science B.V.

Viau, C. 1983. Devonian sequences, facies and evolution of the Upper Devonian Swan Hills Reef buildup, central Alberta, Canada. In Harris, P. M, . ( ed. ) . Carbonate buildups—A core workshop: SEPM Core Workshop 4. Tulsa, OK: Soc. Econ. Paleontologists and Mineralogists. 112–143.

Warren, J. K. 2006. Evaporites: Sediments, resources and hydrocarbons: Berlin: Springer.

Wendt, J. Z. Belka, et al. 1997. The world' s most spectacular carbonate mud mounds ( Middle Devonian, Algerian Sahara ) . Jour. Sed. Research. v. 67. 424–436.

Wilkinson, B. R. 1979. Biomineralization, paleooceanography, and evolution of calcareous marine organisms. Geology. v. 7. 524–527.

Willison, J. H. M., et al. ( eds. ) . 2001. Proceedings of the First International Symposium on Deep-Sea Corals: Ecology Action Centre and Nova Scotia Museum, Halifax, Nova Scotia.

Wilson, J. L. 1975. Carbonate facies in geologic history. Berlin: Springer-Verlag.

Whalen, M. T. 1995. Barred basins: A model for eastern ocean basin carbonate platforms. Geology. v. 23. 625–628.

Wright, V. P. and T. P. Burchette. 1996. Shallow-water carbonate environments. In Reading, H. G. ( ed. ) . Sedimentary environments: Processes, facies and stratigraphy. 3rd ed. Oxford: Blackwell Science Ltd. 325–394.

# 第五部分　地层学与盆地分析

湖相泥岩（非层状），Furnace Greek 组（中新统—上新统），加利福尼亚州死亡谷

本书的前四部分论述沉积学的基本原理，即沉积过程，这些过程发生的环境，以及在这些环境中生成的沉积岩的性质。本书的第五部分着重于构成地层学学科的沉积岩单元之间更大规模的纵向和横向关系。地层学提供了系统研究沉积物的框架。它使地质学家能够将沉积物组分、结构、构造和其他特征的细节整合到环境和时间的合成中，从而可以解释更广泛的地球历史。

沉积岩的地层学研究传统上根据地层岩性（岩石地层学）、化石含量（生物地层学）和地层年龄（年代地层学）分为三个基本分支。自 20 世纪 60 年代初以来，利用遥感技术研究沉积岩和其他岩石的新概念和新方法催生了地层学的几个新分支。例如，自 20 世纪 70 年代末以来，沉积层序（由不整合面为界的地层组成）的概念尤其突出。

这个概念现在变得如此重要，以至于把对层序的研究称为层序地层学。地震地层学和磁性地层学是地层学的两个新分支，对理解地下地层和海洋沉积物的物理地层关系、年龄和环境意义有特别重要的贡献。地震地层学是根据地震数据解释的地层和沉积相的研究，而磁性地层学沉积岩和层状火山岩的磁性处理地层关系。此外，还有其他地层学的分支，如事件地层学（基于标志层或事件层的沉积单元对比）、旋回地层学（研究地层记录中的短周期、高频沉积旋回，特别是利用氧同位素数据手段）和化学地层学（基于稳定同位素如氧、碳和锶等的对比）。这些新概念和新技术的应用使地层层序划分为相对较小的单元成为可能。这种精细尺度的地层分辨率现在通常被称为高分辨率地层学。

接下来的第12~16章中将探讨所有这些地层学概念。本书的第16章将介绍盆地分析，盆地分析是整合和应用本书中介绍的所有沉积学和地层学原理的综合应用。盆地分析与基本构造概念相结合，使地质学家们能够了解沉积盆地中的岩石，从而解释其地质历史并评估其经济意义。

# 12　岩石地层学

## 12.1　引言

地层学是开展沉积岩层（地层）的研究或科学。以沉积岩岩性为基础的地层学研究是岩石地层学。地质学家以两种不同但相关的方式使用“岩性”一词。严格地说，它指的是对岩石物理特性的研究和描述，特别是在手标本和露头方面（Bates 和 Jackson，1980）。它也用来指这些物理特征：岩石类型、颜色、矿物组成和颗粒大小，这些都是岩性特征。例如，可以把一个特定地层单元的岩性称为砂岩、页岩、石灰岩等。因此，岩石地层单元是根据岩石的物理性质来定义或圈定的岩石单元，而岩石地层学研究的是在岩性的基础上可识别的地层之间的关系。

本章首先简要讨论岩石地层单元的性质，探讨这些单元之间的各种接触类型，然后介绍沉积相和沉积层序的重要概念。下面讨论地层命名和分类的要点，因为它们适用于岩石地层单元。最后，对岩石地层单元的对比进行说明，并介绍各种对比方法。

## 12.2　岩性地层单元类型

岩石地层单元是根据岩性特征区分的沉积岩、喷出火成岩、变质沉积岩或变质火山岩体。岩石地层单元一般符合地层层序定律，即在任何自沉积以来未被扰动或倒转的地层序列中，较年轻的岩石位于较老的岩石之上。岩石地层单元通常呈层状和板状。它们是根据可观测的岩石特征来识别和定义的。不同单元之间的边界可置于明确可识别或可区分的接触点上，也可在一个等级范围内任意划定。岩石地层单元的定义是基于层型（一种指定的类型单位）或类型剖面，由通过自然露头、挖掘、矿山或钻孔中尽可能容易获得的岩石组成。岩石地层单元是根据实际岩石的描述所确定的岩石标准来严格定义的。它们没有年龄的含义。它们不能根据古生物学的标准来定义，也与时间概念无关。它们可以在地下剖面和暴露在地表的岩石单元中建立，但必须根据岩石特征而不是地球物理性质或其他标准来建立。第 13 章中描述的地球物理标准可以用来帮助确定地下岩石地层单元的边界，但这些单元不能完全基于遥感物理性质来定义。

岩石地层的基本单位是组。组是一种岩性独特的地层单元，其规模大到足以在地表可测绘或在地下可追踪。它可以由单一的岩性组成，也可以由两种或两种以上不同的岩性组成。有些层可以划分为更小的地层单元，称为段，而层段又可以划分为更小的、独特的单元，称为层。层是最小的正式岩石地层单位。具有某种地层统一性的组可以组合成群，而群又可以组合成超群。所有正式的岩石地层单元的名称都是根据所研究地区的某些地理特征来命名的。

将厚地层单元划分为更小的岩石地层单元，如地层单元，对于露头和地下地层的示踪和对比是必不可少的。这些正式的地层单元将在本章快结束时作做一步的讨论。首先探讨地层单元间接触的性质，以及地层的横向和垂向的关系。

## 12.3 地层关系

不同的岩性单元被接触面分开，接触面是不同类型岩石之间的平面或不规则表面。垂向叠加的地层，根据沉积的连续性，称为整合地层或不整合地层。整合地层的特征是不存在沉积间断的沉积组合，通常是平行沉积的，在这些沉积组合中，地层是通过或多或少不间断的沉积而形成的。划分整合地层的面是一个整合面，即分离年轻地层和古老岩石的面，但沿该面没有不沉积的物理证据。一个可形成的接触面表明沉积过程中没有发生明显的破坏或间断。间断是地质记录连续性的中断或间断，它代表没有沉积物或地层的地质时期（或短或长）。

岩层之间的接触不是按直接的年代顺序在下面的岩石上形成的，或与岩石之间的接触不是作为一个连续整体的一部分结合在一起的，这些岩层之间的接触面称为不整合面。因此，不整合面是侵蚀面或不沉积面，将新地层与老地层分开，代表一个显著的间断。不整合面表明沉积缺乏连续性，对应的是在新地层沉积之前的不沉积、风化或侵蚀时期，无论是陆上的还是水下的。因此，不整合面代表了地质记录中的一个实质性的间断，它可能对应于持续数百万年甚至数亿年的侵蚀或不沉积时期。

侧向相邻的岩石地层单元之间也存在接触。由于沉积环境条件的不同，这些接触是在具有不同岩性的等效年代岩石单元之间形成的。由沉积后断裂作用而产生的侧向相邻体之间的接触不在这里讨论。侧向相邻体之间的接触可能是渐变的，其中一种岩石类型逐渐转变为另一种，或者它们可能是舌状互相穿插的，即在另一个地层中插入或楔出（图 12.1 至图 12.4）。

### 12.3.1 整合地层接触

整合地层之间的接触可能是突变的，也可能是渐变的。突变接触可以直接将岩性明显不同的岩层分开（图 12.1 和图 12.2）。如第 4 章所述，大多数突变接触面与由于局部沉积条件变化而形成的原始沉积层理面相吻合，因此，接触通常是非常急剧的变化。一般来说，层理面代表沉积条件的轻微中断。这种较小的沉积间断，只涉及在沉积恢复之前很少或没有侵蚀作用的短时期的沉积间断，称为地层间断。突变接触也可能由于地层的后沉积作用的化学变化，由于氧化或还原含铁矿物而产生的颜色的变化，由于重结晶或白云岩化作用而导致颗粒大小的变化，或由于胶结二氧化硅或碳酸盐矿物而导致抗风化能力的变化。

如果从一种岩性到另一种岩性的变化不如突变接触明显，反映了沉积条件随时间的渐变，则整合接触被称为渐变接触（图 12.1）。渐变接触可以是渐进式，也可以是层间式。渐进式渐变接触是指一种岩性在粒度、矿物组成或其他物理特征上是递进的、或多或少均匀的变化而逐渐转变为另一种岩性。例如，砂岩单元向上逐渐变细，直到变成泥岩，或者富含石英的砂岩单元向上逐渐富含岩屑，直到变成岩屑砂砾岩。层间式渐变接触是由于该剖面向上出现的另一种岩性的薄互层数量不断增加而形成的（图 12.1 和图 12.3）。

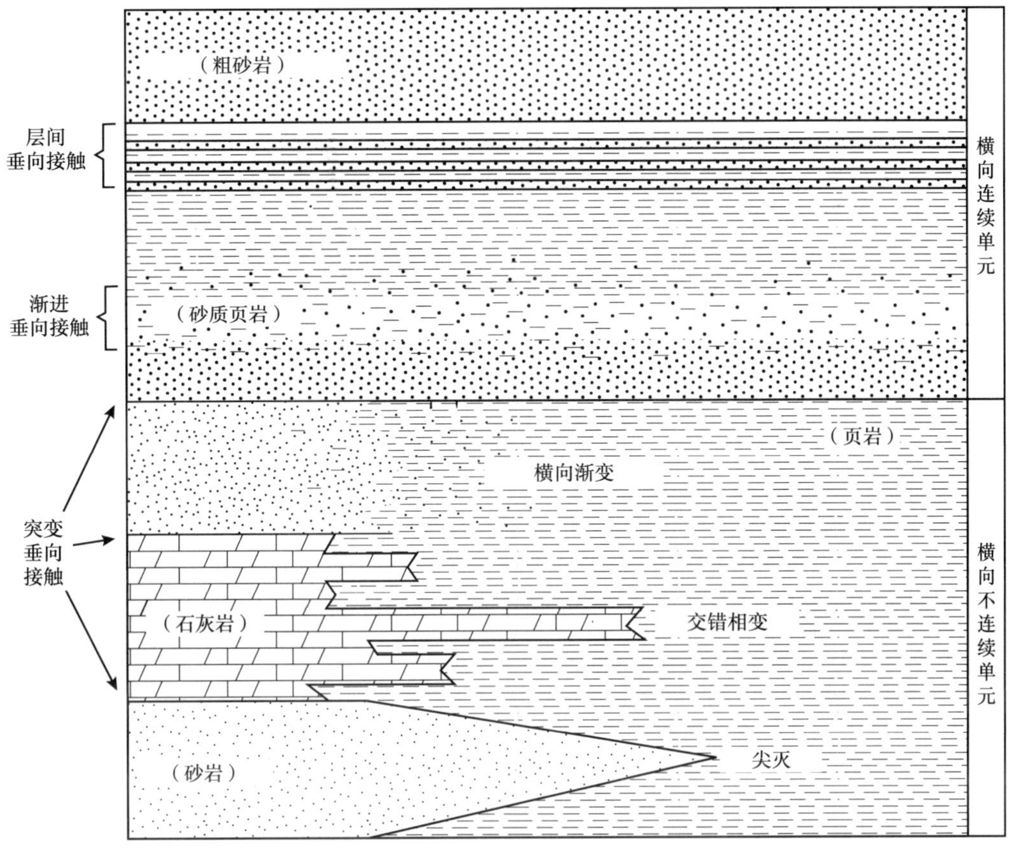


图 12.1　岩性单元间垂向和横向主要接触类型示意图

垂向接触包括突变垂向接触、渐进垂向接触和层间垂向接触。岩性单元可以横向连续，也可以通过尖灭、交错相变或横向渐变而发生横向变化。图 12.2 至图 12.4 为接触类型的实例

图 12.2　下方块状层状砂岩与上方细砾岩的突变接触（箭头）

俄勒冈州西南海岸 Black lock Point 附近的中新统

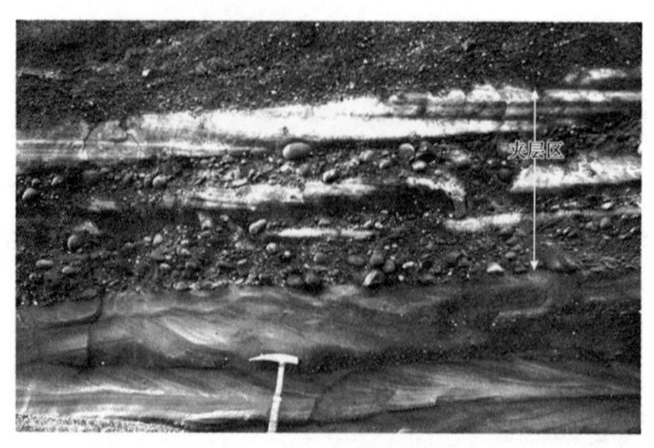


图 12.3　从下部砂岩穿过薄砾岩和砂岩（浅色）夹层到剖面顶部砾岩的渐变

俄勒冈州西南海岸 Blacklock Point 附近的中新统

### 12.3.2　相邻岩石地层单元侧向接触

地层单元除了由接触面圈定的垂直边界外，还具有有限的侧向边界。它们不会横向无限延伸，但最终因侵蚀而突然终止，或因岩性的变化而逐渐终止。有些沉积单元在横向上是不连续的，因为岩性的横向变化可能发生在单个露头或至少在一个局部地区。许多陆相沉积，如冲积扇沉积，表现出这种横向不连续面。横向变化可伴有地层单元逐渐变薄至尖灭（图 12.1 和图 12.4）。将一个岩性单元横向分裂成许多薄单元，这些薄单元独立地交错沉积，或渐进的横向渐变，类似渐进的垂向渐变。不在单个露头或局部区域内终止的沉积单元为横向连续单元（图 12.1）。当然，如果追踪到足够远的地方，这些单元最终也必须终止。许多海相地层，如陆架砂岩、石灰岩和盆地中部蒸发岩，具有横向连续性。

图 12.4　尖灭

注意砂岩层（浅色）是如何突然向右插入，然后消失在砾岩中。白垩系，俄勒冈州南部近阿什兰

### 12.3.3　不整合接触

如前所述，不是按年代顺序垂直地在岩石下面形成的地层之间的接触称为不整合面。可以识别出四种类型的不整合接触：角度不整合接触、假整合接触、平行不整合接触、非整合接触（图 12.5）。不整合面可以通过地层之间的角度关系（角度不整合面）、分隔这些地层的明显侵蚀面（例如假整合面）、在不整合面上方和下方的岩石年龄的显著差异（例如

平行不整合面)，以及不整合面下的岩石的性质(假整合面)来识别。前三种不整合面发生在沉积岩体之间；沉积岩与变质岩或火成岩之间存在假整合面。

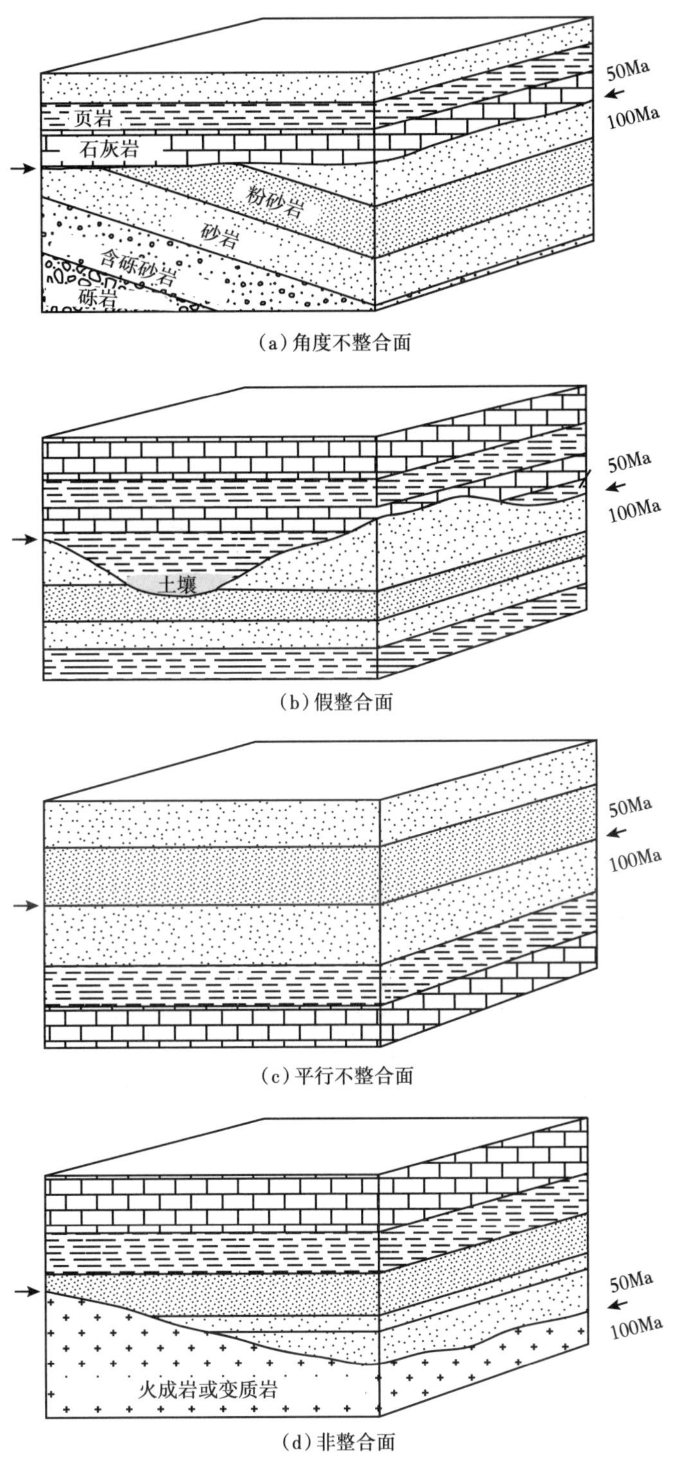


(a)角度不整合面



(b)假整合面



(c)平行不整合面



(d)非整合面

图 12.5 四种不整合面的示意图

箭头表示不整合面。出于演示目的，本图(假设的)不整合面以下最年轻的地层年龄为 100Ma，不整合面之上最老的地层年龄为 50Ma，表明每种情况下中断 50Ma

#### 12.3.3.1 角度不整合面

在角度不整合中，年轻的沉积物停留在倾斜或褶皱的老岩石的侵蚀表面上，也就是说，较老岩石与较新岩石的倾角不同，较老岩石通常更陡（图 12.5a）。不整合面基本上可以是平面的，也可以是明显不规则的。角度不整合可能局限在有限的地理区域（局部不整合；图 12.6）或延伸数十千米甚至数百千米（区域不整合；图 12.7）。在单个露头中可以看到许多角度不整合面，但极低倾角地层单元之间的区域不整合在单个露头中可能不明显，可能需要在进行详细的大面积测绘才能识别。

图 12.6　平缓的更新统与陡倾的古近系砂岩和石灰岩之间的局部角度不整合（箭头），俄勒冈州的南部海岸

图 12.7　大峡谷群（前寒武系）倾斜沉积岩与上覆的 Tapeats 砂岩（寒武系）之间主要为角度不整合（箭头），较年轻的古生界出露在 Tapeats 砂岩之上

亚利桑那州大峡谷东南缘沙漠远眺照片

#### 12.3.3.2 假整合面

在层理面上面和下面的不整合面基本上是平行的，年轻层和较老层之间的接触被可见的、不规则的或不均匀的侵蚀面标记为假整合面（图 12.5b）。假整合面最容易靠这种侵蚀面识别出来，侵蚀面可能形成沟道，起伏可达数十米。假整合面及角度不整合面，也可以为化石土壤带（古土壤）或可能包括在不整合面之上的滞后砾石沉积，其中包含与下伏单元岩性相同的卵石。据推测，假整合面的形成是经过了一段重要时期侵蚀作用的结果，在此期间，较老的岩石在几乎垂直方向的抬升和随后的下降过程中基本上保持水平。

#### 12.3.3.3 平行不整合面

平行不整合面是一种模糊的不整合面，其特征是不整合接触面的上下地层是平行的，在这种不整合接触面上找不到侵蚀面或其他不整合面的物理证据。不整合接触面甚至可能表现为一个简单的层理面（图 12.5c）。平行不整合面不容易识别，必须根据岩石记录中的空白（因为没有沉积或侵蚀）来识别，这是根据古生物学证据，如动物区系的缺失或动物区系的突然变化来确定的。换句话说，根据化石或其他证据，某个特定年代的岩石消失了。

#### 12.3.3.4 非整合面

沉积岩与较老的火成岩或块状变质岩之间形成的不整合面，在被沉积物覆盖之前已暴露在侵蚀之下，即为非整合面（图 12.5d）。非整合面可能代表了一段较长的侵蚀时期。

#### 12.3.3.5 不整合面的意义

不整合面的存在在沉积学研究中具有重要意义。许多地层序列以不整合面为界，表明这些序列是过去沉积作用的不完整记录。不整合面不仅表明地层记录的某些部分丢失了，而且还表明在不整合面所代表的时期（间断期）发生过一次重要的地质事件，这是一段隆起和侵蚀的时期，或者（可能性较小的）是一段延长的不沉积期。

## 12.4 地层的垂向和横向序列

### 12.4.1 垂向连续序列

整合面和不整合面把沉积岩在垂向上分成若干层，每一层都有其特定的岩性特征。不同类型的层在垂直方向上可以多种方式相互接替，以岩性均匀性、岩性非均质性和旋回序列为特征的岩石单元之间可以区分开来。具有完全均匀性的岩石单元是罕见的，尽管许多岩层可能在颜色、粒度、成分或抗风化性上表现出高度的均匀性。最可能是均匀的河床是细粒沉积物在基本一致的条件下在较深水中缓慢沉积，或是较粗的沉积物通过某类物质输送机制（如颗粒流）迅速沉积。相比之下，沉积地层的非均质体具有内部性质变化或不规则性的特征。非均质单元可能包括地层，如分选极差的泥石流沉积，以及内部被以颗粒大小或层理差异为特征的较薄层所破碎的厚层单元。

### 12.4.2 旋回演替

许多地层序列显示地层的重复，这些重复反映了一系列以相同顺序重复的相关沉积过程和条件，这种重复的事件称为沉积旋回或韵律沉积。沉积旋回作用导致垂向沉积层序列的形成，这些沉积层重复有序排列。沉积旋回这一术语被广泛地用来描述重复的地层，包括在冰川、湖泊中推测的每年沉积的小尺度地层特征，以及沉积环境长期循环迁移引起的大尺度沉积旋回。重复沉积的其他常见例子包括韵律层状浊积岩、层状蒸发岩、石灰岩—页岩韵律层序、煤旋回（包括煤沉积的重复旋回）、黑色页岩沉积和硅质岩沉积。基本上在每个地层系统中，所有大陆上都存在旋回序列。它们是由地理范围和持续时间不等的过程产生的，从非常局部的短期事件（如产生大变化的季节性气候变化）到可能涉及整个地质时期的全球海平面变化。

根据旋回沉积的形成机制，可识别出两种旋回演替：自旋回和他旋回。自旋回序列受盆地内部发生的过程控制，其层位仅显示有限的地层连续性。例如非周期性风暴床和浊积岩。他旋回序列主要是由沉积盆地以外的变化引起的。从根本上说，这些变化是由气候变化和构造运动引起的。例如，气候可以影响海平面、大陆冰川的盈亏，以及诸如蒸发岩的沉积等沉积过程。构造运动影响海平面和水深。他旋回序列可以延伸很长的距离，甚至可以从一个盆地延伸到另一个盆地（Einsele 等，1991a）。

已经假设了几种他旋回序列的尺度，所有这些尺度都以各种方式与气候、海平面和构造运动的变化有关（图 12.8）。Vail 等（1977b）将耗时 200~500Ma 的海面升降旋回（全球海平面上升和下降）称为一级旋回❶（表 12.1）。这些旋回尺度太大，在正常的露头中无法看到，必须从大尺度野外暴露的研究或从深井或地震数据中获得的地下信息来推断（第 13 章）。它们不是直接通过岩性资料来识别的，而是通过应用第 13 章所述的海平面分析技术来识别的。它们被认为是由超大陆（如泛大陆）的组合和海底扩张及随后的分裂和扩散而形成的。当超级大陆聚集时，海平面会下降，而当大陆裂陷时，海底迅速扩张时，海平面会上升。两个一级旋回或超大陆旋回似乎发生在显生宙（图 12.9）。

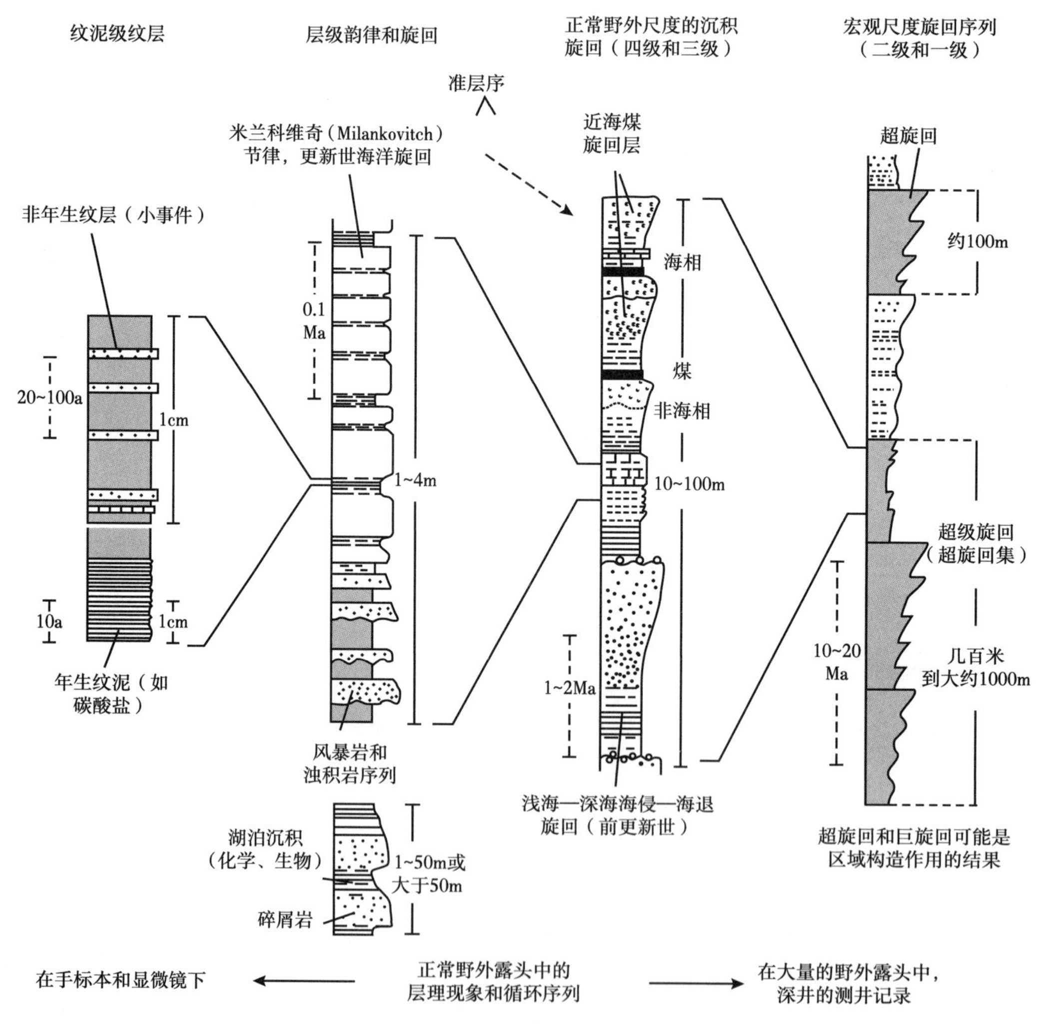


图 12.8　地层记录中旋回沉积规模示意图

❶ Miall（1997）建议不使用旋回的层次分类作为一级、二级等，然而这种做法现在已经在文献中根深蒂固，并被广泛遵循。

表 12.1　地层旋回及其假定的原因（据 Vail 等，1977b；Miall，1990）

| 类型 | 其他术语 | 持续时间（Ma） | 可能原因 |
|---|---|---|---|
| 一级旋回 | — | 200~400 | 由超级大陆的形成和分裂引起的重大海平面升降旋回 |
| 二级旋回 | 超旋回（Vail 等，1977b）；层序（Sloss，1963） | 10~100 | 全球洋中脊扩张系统体积变化引起的海平面升降旋回 |
| 三级旋回 | 他旋回（Ramsbottom，1979）；大旋回层（Heckel，1986） | 1~10 | 可能是由山脊的变化和大陆冰的生长和衰变产生的 |
| 四级旋回 | 旋回层（Wanless 和 Weller，1932）；主要旋回（Heckel，1986） | 0.2~0.5 | 米兰科维奇冰期旋回 |
| 五级旋回 | 小旋回（Heckel，1986） | 0.01~0.2 | 米兰科维奇冰期旋回 |

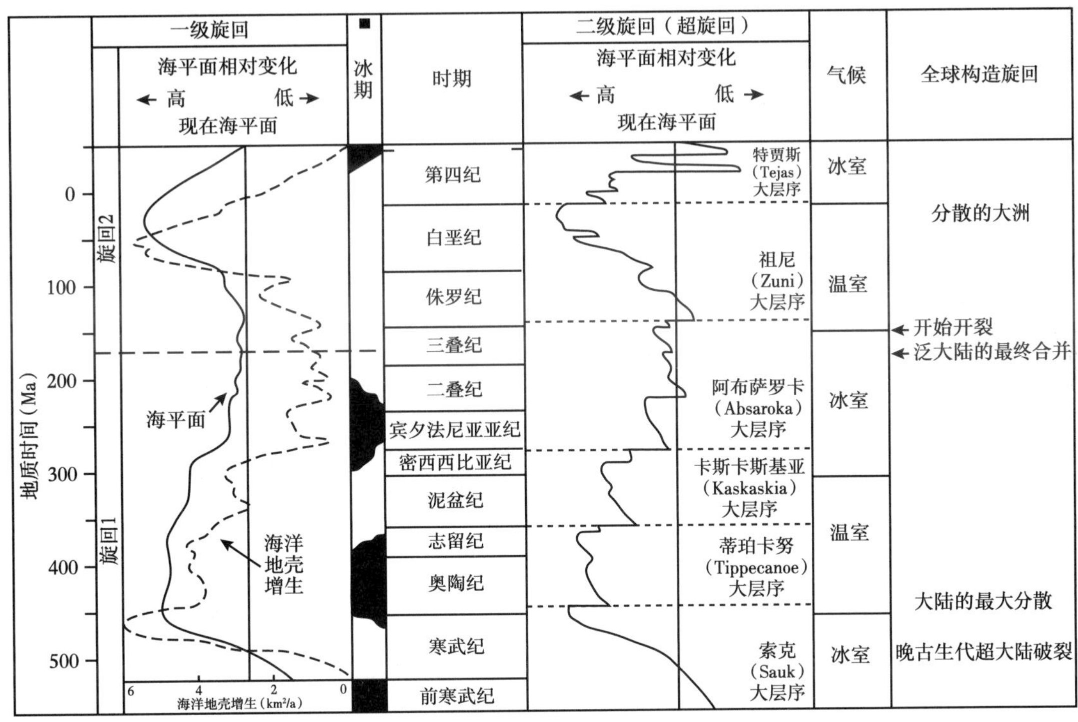


图 12.9　全球一级和二级海平面旋回模式图

一级旋回反映了与大陆形成和破裂有关的新海洋地壳产生的变化（$km^2/a$），这些变化引起了海平面的主要的长期变化；二级旋回与海洋扩张中心的体积变化有关

Fischer（1984）将地球上寒冷时期的气候状态称为冰室状态，而将温室气体（如 $CO_2$）丰富的温暖时期的气候状态称为温室状态。Fischer（1984）和 Frakes 等（1992）认为地球在前寒武纪晚期和显生宙时期存在三期冰室状态和两期温室状态（图 12.10）。从图 12.10 中可

以看出，古代海平面的波动往往是随着古代温度的变化而变化的。温度也会影响水分状况。最潮湿的时期似乎是石炭纪到二叠纪早期和古近纪早期的寒冷时期；最干燥的时期明显在三叠纪—侏罗纪和泥盆纪的温暖时期。评估地球气候从温暖到寒冷再回到温暖的确切原因充满了困难，然而，这些变化以一种复杂的方式与地球轨道参数的变化、海平面的变化、火山喷发导致的大气中 $CO_2$ 含量的增加，以及硅酸盐岩石风化对大气中 $CO_2$ 的消耗有关。例如，在海底迅速扩张和地壳岩石增生的时期（第 13 章），海平面上升和火山排放的 $CO_2$ 急剧增加，$CO_2$ 含量的增加会导致温室效应。因此，在较高的海平面和较温暖的气候之间似乎存在一种相当好的，但不完美的相关性（图 12.10）。

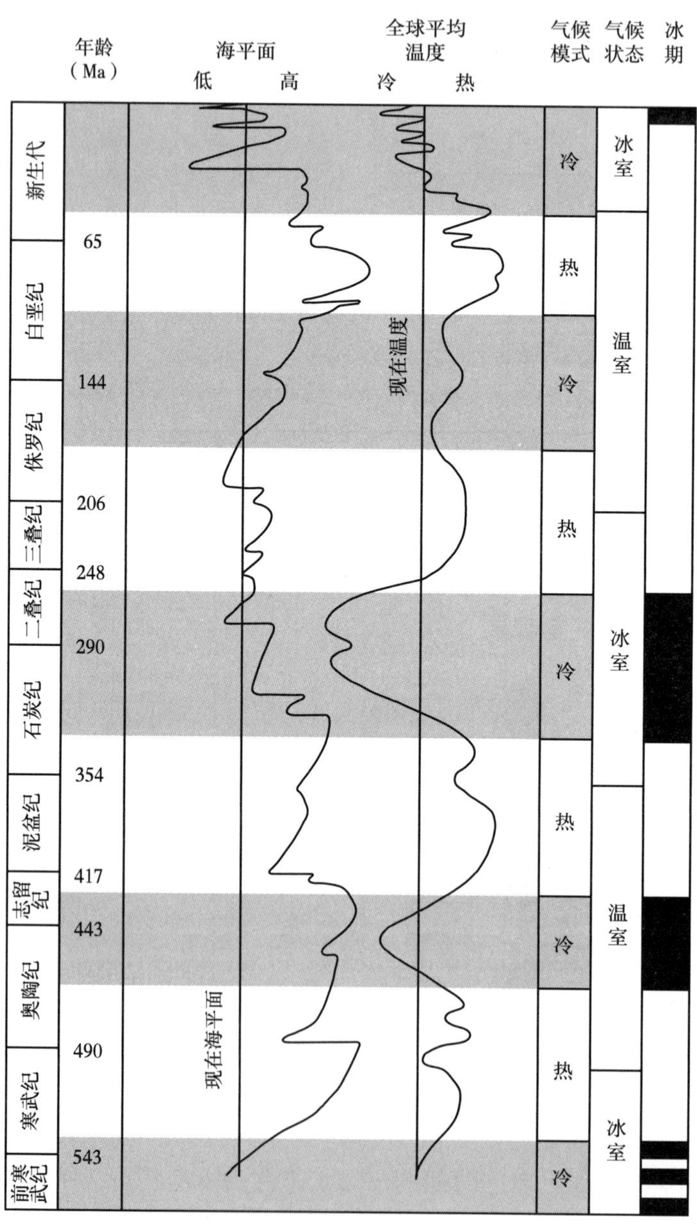

图 12.10　显生代时期估计的全球平均温度曲线和相应的气候模式

二级旋回的持续时间在几千万到几亿年之间。像一级旋回一样，这些宏观尺度的旋回太大了，无法在正常的野外剖面中进行研究。产生这些旋回的主要原因是海洋扩张中心的体积变化：在快速扩张过程中，扩张脊的体积增加（由于温度的增加），海平面上升；在缓慢扩张期间，扩张脊的体积减小，海平面下降。广泛的区域性基底隆起旋回（地壳挠曲）是对收敛、发散和穿越板块运动的响应，也可能导致二级旋回（Miall，1997）。Sloss（1963）在北美大陆上定义了六个主要的地层旋回，他称之为层序，并给这些层序起了印第安名字。这些层序的年龄范围从古近纪到晚前寒武纪，属于二级旋回，可以与其他大陆上的类似旋回识别并进行对比（Sloss，1979）。这些周期是由全球海平面变化产生的，代表了较短周期脉冲叠加在较长周期的一级旋回上，也是由全球海平面变化引起的。

三级旋回的周期在 1~10Ma 之间。这些旋回可以在正常的野外露头中识别，也可以在地下井记录和地震反射剖面中识别。它们被归因于海平面升降的波动（见第 13 章），这是由于扩张的山脊和 / 或大陆冰生长和衰变的变化造成的，但它们的起源尚未完全确定，仍然存在争议。此外，还没有明确证明这些周期可以在全球范围内相互关联。如果它们是严格的区域性的而不是全球性的，那么它们的起源可能更多地与构造机制有关，而不是与全球性海平面变化有关。

现在已经发现了许多比三级旋回规模小的旋回。这些周期，通常被非正式地称为层级或米级周期，持续时间少于 1Ma。周期在 0.2~0.5Ma 之间的称为四级旋回，周期在 0.0001~0.2Ma 之间的称为五级旋回。现在看来，大多数这些周期与地球轨道参数的变化有关（图 12.11）。地球的旋转轴进动（自转极的位置摆动）在两个主要时期平均为 19000 年和 23000 年。地轴也会改变倾角，从 21.5° 到 24.4°，周期约为 41000 年。此外，它的轨道由近圆变为椭圆形（偏心率），有两个主周期，一个周期为 106000 年，另一个周期为 410000 年（Perlmutter 和 Filho，2005）。这些轨道变化造成入射的太阳辐射强度和季节分布的周期性变化。由于这种变化，入射的太阳辐射有时会减少到足以阻止夏季对冬季积雪的完全融化，最终导致积雪堆积和随后的大陆冰川的发展，从而从海洋中移走大量的水（海平面降低）。

地球轨道行为的这些变化产生周期性的气候变化，称为米兰科维奇旋回（Milankovitch cycles），反过来影响海平面、沉积模式和相（de Boer 和 Smith，1994；Gale，1998；Schwarzacher，1993；Weedon，2003）。米兰科维奇是一位塞尔维亚的数学家，他第一次准确地计算出了轨道的变化，并展示了这些变化如何影响到达地球的太阳辐射量。他认为，这些轨道循环导致了气候变化，导致了冰河时代，从而影响了海平面。这种轨道周期、气候和海平面之间假定的联系有时被称为轨道驱动（de Boer，1991；House 和 Gale，1995）。在第四纪地层中，发育米兰科维奇旋回的频率特别高，并建立了以 21000 年岁差为单位的高分辨率轨道时间尺度，可追溯到中新世初期。米兰科维奇旋回也可能反映较老沉积序列的特征，然而，它们的频率更难识别（Gale，1998）。米兰科维奇旋回存在于多种岩石类型中，包括石灰石—泥灰岩（泥质碳酸盐岩）层、石灰岩—页岩层、石灰岩—页岩—煤层（旋回层）、硅质岩—页岩层、蒸发岩矿床和由亮暗交替层（富有机质层）组成的泥页岩层。对短周期、高频旋回的研究通常称为旋回地层学（Gale，1998；House 和 Gale，1995；Weedon，2003）。

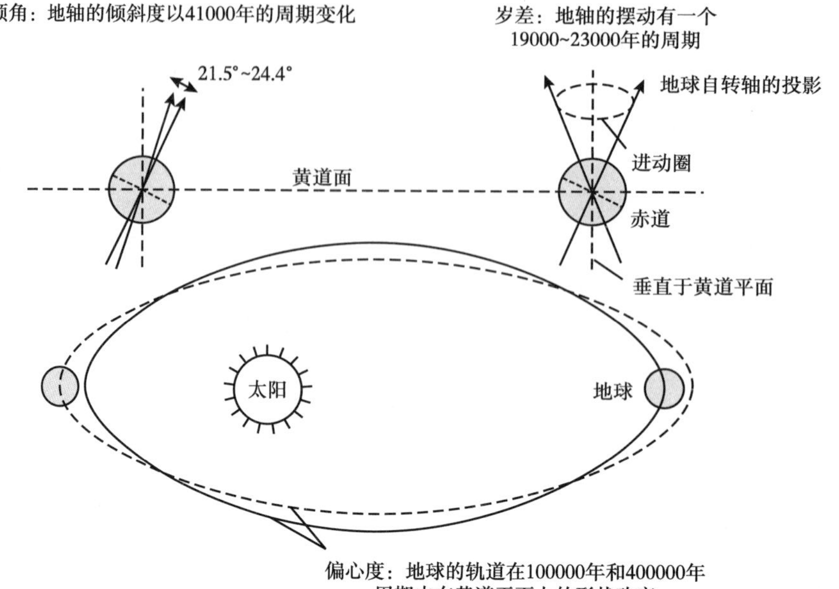


图 12.11 地球—月球—太阳系统图，说明了产生到达地球的太阳辐射量振荡变化的原因。这些振荡可能反过来导致地球气候的轨道强迫变化，从而形成沉积记录（例如旋回）

从图 12.8 中可以看出，年变化构成的周期比米兰科维奇周期的规模小。地层旋回将在第 13 章的“海平面分析”中进一步讨论。参见 Anderson 和 Goodwin（1990）、de Boer 和 Smith（1994）、Einsele 等（1991b）、Gale（1998）、House 和 Gale（1995）、Mabesoone 和 Neumann（2005）的研究成果。

### 12.4.3 沉积相

一种类型的沉积物在横向上可分为不同类型的沉积物，它们沉积在给定沉积环境中横向相邻的部分中。例如，海滩岸面的砂质沉积物可能向海方向过渡为浅水内陆架的泥质沉积物；三角洲前缘砂体和粉砂体一般向海变为前三角洲泥质；陆架边缘的骨架或鲕状碳酸盐砂层向开放陆架颗粒状碳酸盐泥层渐变。这种横向上同时期沉积的沉积物，它们具有明显的特征——相。因此，按沉积的特征可分为页岩相、砂岩相、石灰岩相等。相的概念在地层学中如此重要，因此在这一点上有必要对相的含义和意义进行更详细的解释。

相一词是由 Nicolas Steno 于 1669 年引入地质文献的（Teichert，1958），然而，这个词在现代科学上的使用要归功于瑞士地质学家 Amanz Gressly。1838 年，Amanz Gressly 在描述侏罗山脉索罗图恩地区的上侏罗统时，使用了这个词，报告了这些地层的岩性和古生物学的显著变化。关于 Gressly 对地层学的贡献的讨论见 Cross 和 Homewood（1997）。Krumbein 和 Sloss（1963）认为，Gressly 意图将该术语的使用限制在地层单元内的横向变化，如图 12.12 所示。其他研究者也将 Gressly 的用法解释为岩石单元特性的垂向变化（Teichert，1958）。后来，这个词被用来表示许多意思，其中许多与 Gressly 最初的意思几乎没有相似之处。Moore（1949）、Teichert（1958）、Weller（1958）、Markevich（1960）、Walker（1992）、Pirrie（1998）等对这些不同的含义进行了总结和讨论。相的引申含义包括将某一特定类型的所有地层称为某一特定的相，如将所有红层称为“红层相”，甚至在非地层学上还可用于“变质相”“火成岩相”和“构造相”。由于这些术语的松散和不一致的用法，导致相的含义变得相当模糊。

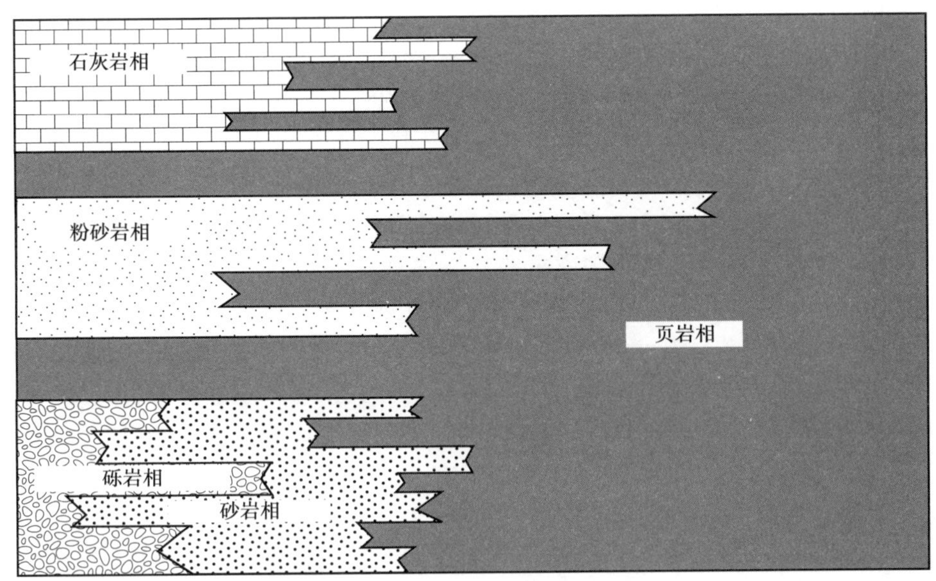


图 12.12　岩相示意图

一种相可能在横向或纵向上转变成另一种相，这种关系在单个露头中很少见到

Moore（1949）将相描述为“指定地层单元中任何受到区域限制的部分，其表现出与该单元其他部分显著不同的特征”。相包括“一种或多种不同类型的沉积物，它们的年代或完全相同，并且并排出现或在某种程度上相邻出现”。根据 Moore 的定义，相在面积上受到限制，但在同一地层单元的不同层位上可以发现相同的相。相的另一种用法更接近 Gressly 的用法，也更接近许多欧洲地质学家的用法，那就是把相简单地看作是地层单位，通过在油田中发现的岩性、构造和有机方面来区分。与 Moore 所要求的有限区域的分布相比，这样指定的相的区域分布可能并不为人所熟知（Blatt 等，1980），参见 Walker（1992）的讨论。无论相的定义如何，现在普遍的做法是，根据岩性特征确定的相为岩相，而根据古生物特征（化石含量）确定的相为生物相，而不考虑岩性特征。一个相可分为亚相，例如，厚交错层状砂岩相可分为槽状交错层状亚相和板状交错层状亚相。可以在显微镜薄片或岩石抛光薄片中识别出的非常小的岩相称为微相（Flügel，1982）。

相研究的一个重要目标是最终从相做出环境解释。因此，有些地质学家根据假定的沉积环境来划分相，称之为“陆相”“河流相”“三角洲相”等。这种通用用法涉及的主观判断可能并不总是合理的。最好是使相的使用具有纯粹的描述性和客观性，然后在这些描述性相的基础上对环境做出主观的解释（Hallam，1981）。

## 12.4.4　瓦尔特相律（Walther's Law）

### 12.4.4.1　横向与纵向相关系

相的概念隐含着不同的相代表不同的沉积条件和环境。由于在一个给定区域中，横向相连的环境随着时间的推移而随着海岸线或其他地质条件的变化而变化，相边界也随之变化，最终一个环境的沉积物可能位于另一个环境的沉积物之上。这个看似简单的概念体现了地层学中一个最重要的概念，即横向相与垂向堆叠或叠加的地层之间存在着直接的环境关系。这一概念最早由 Johannes Walther 于 1894 年正式提出，现在被称为相的相关（或继承性）定律，或简称瓦尔特相律。这一规律常被错误地表述为“同一相序在横向上被看作是在纵向上反映”。Middleton（1973）翻译的相律的正确表述是“同一相区的各种沉积物，同样，不同相区岩石的总和在空间上是彼此相邻形成的，尽管在横切面上可以看到它们彼此重叠……这是一个具有深远意义的基本说明，即只有那些相和相区才能主要叠加在一起，而这些相和相区目前只能在一起观察”。

Walther 认为，与现代环境的比较总是可以为解释古沉积相提供重要线索。Middleton（1973）谨慎地指出，该相律并不是说垂向地层序列总是复制环境的横向地层序列，而只是说只有那些相可以叠加，现在可以看到他们的并列分布。例如，在第 9 章中讨论的海滩和障壁岛环境背景可以包括几个侧向邻近的环境，如海滩、障壁后潟湖、沼泽、潮坪、潮道和潮汐三角洲。根据这些横向环境随时间变化的方式，在特定的障壁岛环境中沉积产生的垂向序列可能只包括被潟湖泥覆盖的海滩砂和被沼泽泥炭覆盖的海滩砂。在相邻环境中形成的沉积物的整个横向演替可能不能保存下来。

#### 12.4.4.2 海侵和海退

瓦尔特相律所体现的原则可以从海侵和海退的沉积演替中得到很好的说明。正如在第 9 章和第 10 章所讨论的，海侵指的是海岸线向陆地方向的移动，也称为退积。海岸线向海方向的移动称为海退或进积。考虑图 12.13 所示的增量增长，当三角洲向海方向形成时，粗粒的三角洲沉积物沉积在细粒的前三角洲泥岩之上。其结果是由侧向相邻沉积环境的进积所形成的向上变粗的垂向相序列。值得注意的是，沉积面（沉积物—水界面）代表了一条时间线，表明在任何给定的时间，前三角洲泥岩是与粗粒三角洲沉积物同时沉积的。三角洲环境的向海迁移（海退）使三角洲沉积在前三角洲泥岩的顶部，形成了向上变粗的垂向演替。

海侵发生在海平面相对上升期间，此时陆源沉积物的流入量低到足以使较深层的海洋沉积物向陆地侵入近岸沉积物（海侵）。在海平面上升的过程中，如果陆源沉积物的流入高到海岸线的外围构造，海侵就不会发生；相反，会发生海退。也就是说，在海平面相对上升时或在海平面静止时，如果陆源碎屑大量涌入，则可能发生海退。在海平面的相对下降期间也可能发生海退。总而言之，海侵只发生在海平面上升期间。如果陆源碎屑大量涌入，海平面上升期间或海平面下降期间都可能发生海退。

海退之后的海进倾向于形成楔状沉积物，在楔状沉积物的底部，较深水沉积物沉积在浅水沉积物的顶部，而在楔状沉积物的顶部，较浅水沉积物沉积在较深水沉积物的顶部（图 12.14）。注意图 12.14 中标记的海岸上超。海侵序列底部的初始沉积面通常为不整合面。如果海平面下降并伴有侵蚀作用，则海退序列底部的边界面也可能是不整合面。

通过气候和海平面对沉积模式的影响的讨论表明，陆源碎屑沉积物的注入速度和相对海平面的变化对沿海地区和大陆架的沉积模式都有影响。反过来，陆源注入本身也受到构造运动和气候条件的影响（Church 和 Coe，2003）。构造作用使沉积物源区的高程发生变化，从而影响侵蚀速率，侵蚀速率通常随着陆地高程的增加而增加。此外，与低海拔地区相比，高海拔和陡坡的源区往往脱落更粗的沉积物。气候通过控制风化和侵蚀的速率、泥砂输送条件和沉积机制来调节泥砂的输入。例如，在某一特定地理区域，与干旱时期相比，在大雨时期（例如冬季雨季），侵蚀速度加快，河流运输能力增加，陆源输入将显著增加。在较短的时间尺度上，一次异常大的、高速的洪水可能会侵蚀和搬运更多的泥砂和更粗的泥砂，这种洪水每一百年才发生一次，比之前一百年发生的所有较小洪水的侵蚀量和搬运量都要多。有关讨论见 Clifton（1988）和 Ager（1993a）对大型、罕见的重大地质事件沉积学后果的文献。因此，沉积物输入的速率和从大陆输送到沿海地区的沉积物的粒度在整个地质时期都随构造作用和气候的变化而变化。

#### 12.4.4.3 海平面的变化也影响沿海地区的沉积模式

如前所述，世界范围内的海平面变化，并且基本上同时影响所有大陆的海平面变化，称为全球性海平面变化。仅影响局部地区的海平面变化称为相对海平面变化。相对海平面的变化可能涉及一些全球性的海平面升降变化，但也受盆地底部局部构造隆升或下沉和沉积物堆积的影响。局部构造和沉积速率对世界范围内的海平面几乎没有影响。

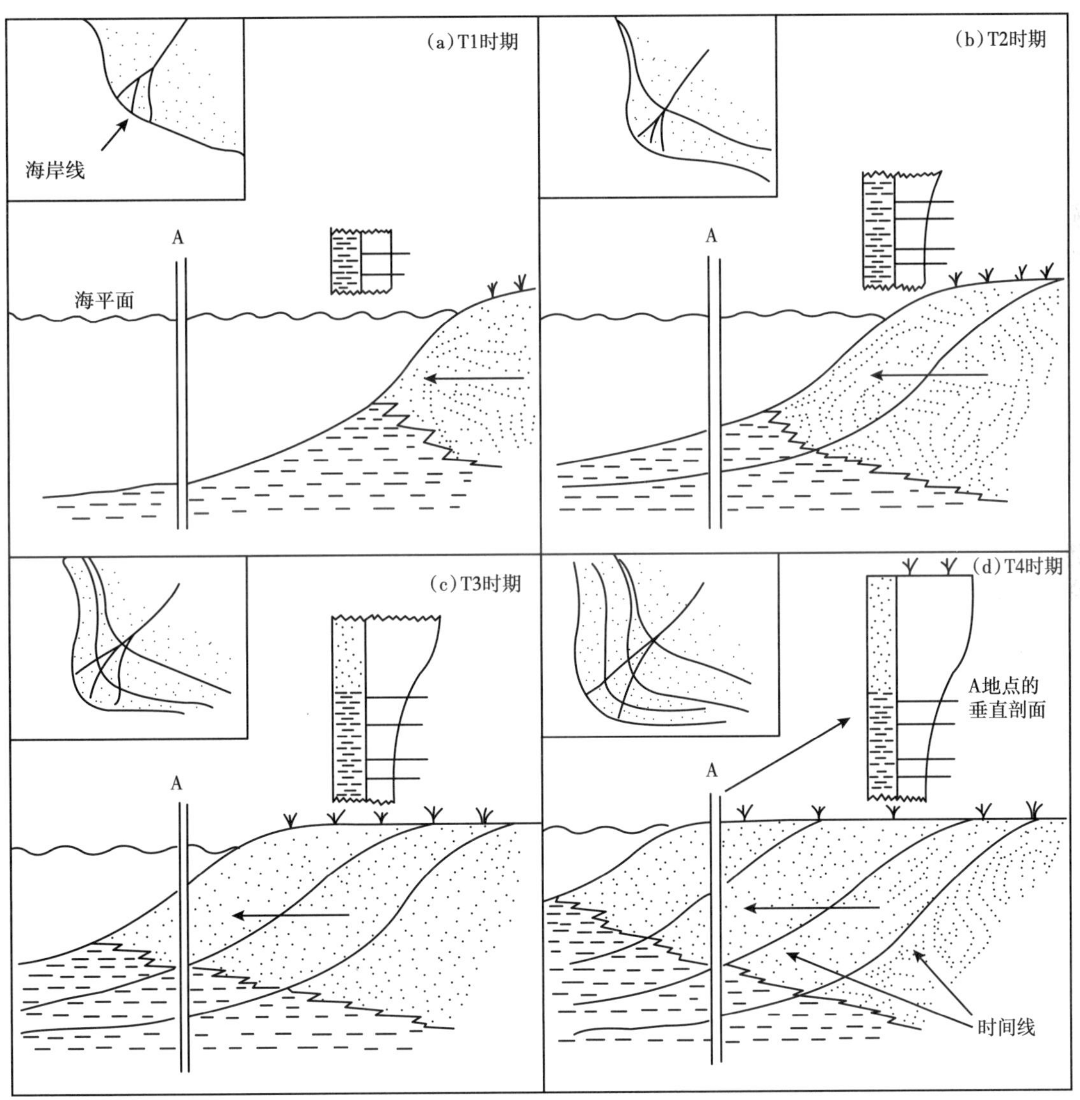


图 12.13　由随时间变化的三角洲的发育过程解释瓦尔特相律

注意在四个不同时期（T1—T4）的三角洲的连续外围构造。随着时间的推移，海岸线由右向左推移，因此在一个单一的位置（A），呈现出一个由前三角洲泥质逐渐过渡到三角洲粗粒沉积的过程，形成一个向上变粗的序列

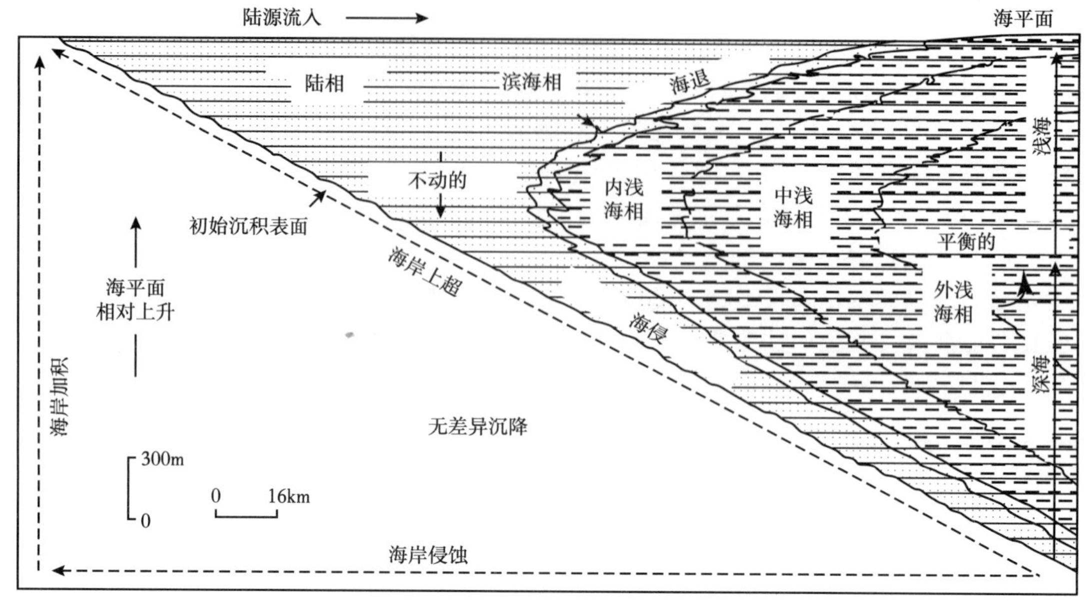


图 12.14 海侵和海退引起的海岸超覆

在海平面相对上升期间，滨岸相可以是海侵的、稳定的或海退的。陆棚相可能是加深的、浅海的、或补偿性的（保持一个给定的深度）。请注意在一个海侵—海退循环中形成的沉积物楔形物

全球性海平面变化有多种原因，所有这些原因都可归结为水体积变化和海洋盆地体积变化（表 12.2）。水体积最重要的变化与大陆冰川作用有关。在冰川时期，当海水以冰的形式被锁在陆地上时，海平面会下降；在间冰期，随着大陆冰盖的融化，海平面会上升。水也可能被陆地上的湖泊、水库和地下蓄水层吸收。最后，海洋温度的波动（表 12.2）可能引起海平面的微小变化。海洋盆地体积的变化可能由各种原因引起，例如，海洋盆地的沉积物填充会导致海平面上升，洋中脊系统体积的变化可能是另一个原因。大洋中脊体积的变化是海底扩张速度变化的结果。海底扩张速率的增加导致洋中脊体积的增加，从而导致海平面的上升，而扩张速率的降低则导致洋中脊体积的减少，从而引起全球海平面的下降。例如，Pitman（1978）提出，在现代海洋中，海底扩张速度从 2cm/a 长到 6cm/a 的变化可能在 70Ma 的时间里导致海平面上升超过 100m。相应地，在接下来的 70cm/a 里，如果扩张速度回落到 2cm/a，将导致海平面下降 100 多米。其他可能改变海洋盆地体积的方法包括冰川均衡反弹、海底的上翘或下沉和大陆碰撞（表 12.2）。冰川作用后的均衡反弹是由于冰被融化而质量减少引起陆地表面逐渐上升。

海平面的变化及地层学家根据地层记录确定海平面变化幅度的方法将在第 13 章的“层序地层学”中进一步讨论。海平面变化对沉积岩地层特征的影响将在本章中详细讨论。

**表 12.2 海平面变化的假设机制（据 Revelle，1990）**

| 机制 | | 时间尺度（a） | 数量级（m） |
|---|---|---|---|
| 海洋空间（温度）体积变化 | 浅（0~500m） | 0.1~100 | 0~1 |
| | 深（500~4000m） | 10~10000 | 0.01~10 |

续表

| 机制 | | 时间尺度（a） | 数量级（m） |
|---|---|---|---|
| 冰川的增生和损耗 | 高山冰川 | 10~100 | 0.1~1 |
| | 格陵兰冰盖 | 100~100000 | 0.1~10 |
| | 南极东部冰盖 | 1000~100000 | 10~100 |
| | 南极西部冰盖 | 100~10000 | 1~10 |
| 陆地上的液态水 | 地下水含水层 | 100~100000 | 0.1~10 |
| | 湖泊和水库 | 100~100000 | 0.01~0.1 |
| 地壳变动 | 岩石圈形成与俯冲 | $1\times10^5$~$1\times10^8$ | 1~100 |
| | 冰川均衡反弹 | $1\times10^2$~$1\times10^4$ | 0.1~10 |
| | 大陆碰撞 | $1\times10^5$~$1\times10^8$ | 10~100 |
| | 海底和大陆的造陆作用 | $1\times10^5$~$1\times10^8$ | 10~100 |
| | 沉积作用 | $1\times10^4$~$1\times10^8$ | 1~100 |

## 12.5 岩石地层单元的命名和分类

为了使地层井井有条，并最大限度地了解这些地层中记录的地质历史，有必要有一个正式的系统来定义、分类和命名地质单元。这种地层学方法有助于对沉积地层的物性和演替关系进行系统的研究，同时对于解释沉积环境和地球历史的其他方面都是必不可少的。对地层进行系统组织的需要早在 18 世纪 50 年代就得到了欧洲科学家的重视，如 Johann Gottlob Lehman、Giovanni Arduino 和 Georg Christian Füchsel，他们在相对年龄的基础上进行了早期的地层组织尝试（Krumbein 和 Sloss，1963）。这些组织和分类地层的尝试在 18 世纪和 19 世纪不断改进，最终形成了国际通用的地质时期和地层柱状图（第 14 章和第 15 章）。这一进化过程是地层学研究历史上最引人入胜的篇章之一。Weller（1960）、Krumbein 和 Sloss（1963）及 Dunbar 和 Rogers（1957）对这些早期的地层分类进行了简明的总结。

### 12.5.1 地层规范的发展

局部研究地层需要将地层柱划分为更小的单元，并根据其固有性质和属性进行系统排列。因此，地层分类的目的是促进对岩体的几何学和继承性的认识。为了确保地层命名和分类的统一使用，几十年来地质学家们一直在尝试采用一套地层命名规范，阐述对地层划分原则和实践的看法，旨在促进岩石物质的标准化分类和正式命名。在美国，这些规范是由 1933 年的地层命名委员会及其后的美国地层命名委员会（1961）和北美地层命名委员会（1983，2005）起草的。1961 年美国地层命名委员会出版了《地层学命名规范》，于 1970 年略作修订，规范了当时美国地层学中使用的术语和规则，并被北美地质学家广泛接受。新的概念和技术，尤其是全球板块构造的概念，在过去的几十年中已经发展起来。这些发展使地球科学发生了革命性的变化，因此有必要修订 1961 年的规范。为了纳入新的概念和技术，北美地层命名委员会于 1983 年 5 月出版了新的《北美地层规范》，并于 2005 年修订。

国际地层分类小组委员会于 1994 年出版的《国际地层指南》（Salvador，1994）从国际角度全面地整理了地层分类、术语和划分程序（Whittaker 等，1991）。本书涉及《北美地层规范》的内容使用了 2005 年《北美地层规范》中的术语。

### 12.5.2 主要地层单位类型

表 12.3 概述了 2005 年《北美地层规范》所认可的各种地层单位类型。请注意，有些地层单元（如岩石地层单元和生物地层单元）是基于岩石的可观测特征。这些单元是根据物理或生物特性在野外识别的，这些特性可以被测量（如粒度），被仪器感知（如磁极），或被描述（如沉积构造、化石种类）。另一些则与岩石的地质年代有关。具有时间意义的地层单位可以是在特定时间间隔内形成的实际岩石单元（例如年代地层单元），也可以是简单的时间划分单元（例如地质年代单元），而不是实际的岩石单元。

**表 12.3　2005 年《北美地层规范》所定义的地层单元类别**

| |
|---|
| **基于内容或物理限制的物质类别（组成、纹理、结构、构造、颜色、化石含量）：**<br>岩石地层单元——符合叠加规律，根据岩石特征和岩石地层位置进行划分；<br>岩层单元——主要由侵入性、高度变质或强烈变形的岩石组成，通常不符合叠加规律；<br>磁极单元——由残余磁极确定的岩石体；<br>生物地层单元——以其化石含量确定和表征的岩体；<br>土壤地层单元——由一个或多个土壤（土壤）层组成，它们发育在一个或多个岩石单元中，现在被一个或多个正式定义的岩石地层或异位地层单元所掩埋；<br>异位地层单元——可映射的层状体（以层的形式）在边界不连续面的基础上定义和识别 |
| **表示地质年代或与地质年代有关的范畴：**<br>定义时间跨度的物质类别（作为识别和隔离某一特定时代标准实物的地层单元）：<br>年代地层单元——作为同一时间跨度内所有岩石的标准实物而建立的岩石体；<br>极性—年代地层单元——在极性—年代地层单位中体现的磁极性记录的基础上划分的地质年代<br>时间（非物质）范畴（不是物质单元，而是概念单元，即时间的划分）：<br>年代学单元——年代地层单位所表示的岩石记录的时间划分；<br>极性—年代学单元——以极性—年代地层单位中所体现的磁极记录为基础划分的地质年代；<br>历时单元——由一个或多个特定的历时岩体所代表的不相等的时间跨度组成，这些岩体有一个或两个边界面，它们不是与时间同步的，因此“越过”了时间；<br>地球计时单元——等时单位（持续时间相等的单位），以年表示的直接划分的地质时间 |

2005 年《北美地层规范》所界定的所有地层单元的类别及级别见表 12.4。《北美地层规范》详列了界定正式地层单元的程序和规定，这些程序包括选择名称、指定层型或类型剖面、描述单位、指明单位间边界，并在公认的科学媒体上发布了适当的单元描述。这里我们最关心的是岩石地层单元的细分和命名，其他类型的地层单元将在下文中描述。

**表 12.4　北美地层命名委员会注释 63 种定义的地层单位的类别和等级**

**（据 Ferrusquia-Villafranca 等，2001）**

| Ⅰ. 基于含量和物理限制的类型 | | | | | |
|---|---|---|---|---|---|
| 岩石地层 | 岩体 | 磁极性 | 生物地层 | 土壤地层学 | 异体地层 |
| 超群 | 超岩套 | | | | |
| 群 | 岩套 | 超极性带 | | | 异体群 |
| 组 | 岩体 | 极性带 | 生物带（间隔带、组合带、富集带） | 埋藏土 | 异体组 |
| 段 | | 亚极性带 | 亚生物带 | | 异体段 |
| 层 | | | | | |
| Ⅱa. 用于定义时间跨度的类型 | | Ⅱb. 与地质年龄相关的类型 | | | |
| 年代地层 | 极性年代地层 | 地质学 | 极性年代学 | 地球纪年 | 年代学 |
| 宇 | 极性 | 时带超时代 | 极性带 | | 时带 |
| 界 | | 时代（超时期） | | | 时代（超时期） |
| 系 | 极性时带 | 时期（亚时期） | 极性年代 | 期次 | 时期（亚时期） |
| 统 | 世 | | 时期 | 世代 | |
| 阶 | 亚时带 | 极性带（亚时代） | 跨度（亚年代） | 时期 | 亚时期 |
| 时带 | | 年代 | | 渐变带 | 年代 |

### 12.5.3　正规岩石地层单位

地层和其他正式岩石地层单位的概念在第 12.2 节中做了简要介绍。岩石地层单元由大到小依次为超群、群、组、段、层（表 12.5）。组虽然不是最大的岩石地层单元，但却是岩石地层分类的基本单元。其他所有岩石地层单元的定义要么是组的组合，要么是组的细分。从表 12.5 中可以看出，组是根据岩性严格定义的。可以根据单一岩石类型、两种或更多岩石类型的重复或极端岩石非均质性（当岩石单元与相邻单元相比较时，这种非均质性构成了一种统一的形式）来定义组。例如，一个组可能完全由页岩、砂岩或由于混合岩性而与众不同的砂岩和页岩的致密混合物组成。与所有的岩石地层单元一样，组的边界位于岩石变化的位置。因此，不同组之间的边界可能在纵向和横向上出现。也就是说，一个组可以位于另一个组的上方或下方，或者在发生横向相变化的地方，侧向靠近另一个组。组必须具有足够的面积和厚度，以按照其发生地区常用的制图比例尺进行制图。

表 12.5　岩石地层单元层次结构表

| 岩石地层单元层次结构 |
| --- |
| 超群——相关或叠置的群或群和组的正式组合 |
| 群——由组的组合组成，但不需要完全由已命名的组组成 |
| 组——一种岩石特征和地层位置可识别的岩体，通常但不一定是板状的，可在地球表面绘制，在地下可追踪。必须有足够的区域范围，以其发生地区常用的测绘比例尺进行测绘。将基本岩石地层单元组分组形成高阶岩石地层单元，再划分成低阶岩石地层单元 |
| 段——在组之下的正式地层单元，通常是某个组的一部分。一个组不需要完全分成几个段。一个段可以横向地从一个组延伸到另一个组 |
| 透镜体（或扁豆）——在地理上受限制的段，在一个组的所有边终止<br>舌状体—— 一种楔状的形态，延伸到一个组的主边界之外，或者在另一个组中楔出或尖灭 |
| 层——群特有的分区；沉积岩的最小形式的岩石地层单元。段通常不完全能分成层 |
| 岩流层——火山岩最小的正式岩石地层单元 |

正式的岩石地层单元是由地理名称与适当的等级（地层、成员等）或适当的岩石术语（如石灰岩）组合而成的名称，或两者兼有。因此，构词名称由地理名称和构词人名或岩石名称组成。例如，一个特定的地层可能被称为 Otter Point 组（地理名称）或尤里卡石英岩组（地理名称加上岩石名称）。段的名称包括地理名称和数字段，或者名称可能有一个中间的岩石名称，如 Eau Claire 砂岩段。组名将地理名称与单词组合在一起，如 Arbuckle 组。岩石地层单元的正式名称中所有单词的首字母都大写。

2005 年的《北美地层规范》认识到，一些岩石地层体的顶部和底部被不连续性（不整合面或地层系）限制，这种可映射的沉积岩层状体的名称称为异位地层单元，这些层状体是根据边界和横向可追溯的不连续面而不是根据岩性变化来定义的。《国际地层指南》把不整合边界单元称为综合单元（Salvador，1994）。

当没有足够的需要、不充分的信息或不适当的依据来证明将岩石地层单元指定为正式单元时，可以使用非正式名称（Hedberg，1976）。非正式名称可用于油砂、煤层、矿化带、采石场和关键层或标志层等单元。在英文中，非正式的名称不大写。

## 12.6　岩石地层单元对比

如前所述，岩石地层学研究的一个主要应用是根据岩性性质对沉积单元进行识别和划分。岩石地层的基本单位是组，组可以组合成群，或细分成段，再细分成层。岩石地层学的第二个主要应用是在岩性的基础上进行地层单元的对比。

从最简单的意义上说，地层对比是地层单元等效性的表现。对比是地层学的一个基本部分，地层学家创造正式地层单元的大部分努力，都是为了寻找实用、可靠的方法，把这些单位从一个地区对比到另一个地区。如果没有对比关系，就不可能从纯粹局部的角度来研究地层学。

对比的概念可以追溯到地层学的根源。对比的基本原理在许多早期的地质学和地层学教科书中都有阐述，Dunbar 和 Rodgers（1957）、Weller（1960）及 Krumbein 和 Sloss（1963）

对这些一般原理进行了特别有趣的评论。对相关性的浓厚兴趣表现在出版了几本有关相关性的书籍和文章，特别是有关统计方法（Agterberg，1990）。

地层对比的基本概念在 20 世纪 50—60 年代就已牢固确立。这些基本原则在今天仍然很重要，然而，新概念和更先进的分析工具的出现，在一定程度上改变了对相关性的认识，并增加了新的相关性方法。例如，自 20 世纪 50 年代末以来，磁性地层学领域的发展（第 13 章）为基于磁极事件的全球时间地层对比提供了一个极其重要的新工具。此外，计算机技术和可用性的迅速发展，以及计算机辅助统计方法在地层问题上的应用，为地层对比领域增加了一个新的定量维度。本节将试图论述这些新的发展，并讨论地层对比的更“经典”的概念。

### 12.6.1 对比的定义

尽管对比的概念可以追溯到地层学的早期历史，但对这个术语的确切含义一直存在分歧。历史上，有两种观点占了上风。一种观点严格地将对比的意义限制在时间等效性的证明上，即证明两个岩石体是在同一时期沉积的（Dunbar 和 Rodgers，1957；Rodgers，1959）。从这个角度来看，在岩性相似的基础上建立两个岩性地层单元的等效性并不构成对比。对对比的更广泛的解释允许用岩性、古生物或年代术语来表示等效性（Krumbein 和 Sloss，1963）。换句话说，两个岩石体可以被对比为属于相同的岩石地层单元或生物地层单元，即使这些单元可能属于不同的时代。很明显，从实用主义的角度来看，今天大多数地质学家接受了更广泛的对比观点。例如，石油地质学家通常根据地层的岩性、仪器测井记录的地层内部的“特征”或地震记录仪上的反射特征来对比地下地层。2005 年《北美地层规范》确认了三种主要的对比：

（1）岩性对比，将相似岩性和地层位置的单元联系起来；

（2）生物对比，表示化石含量和生物地层位置的相似性；

（3）年代对比，表示年龄和年代地层位置的对应关系。

在一个区域内追踪地层（岩性单元）相当于进行岩性对比，如图 12.15 所示。由岩性定义的单位的对比也可能在局部尺度上产生年代地层（时间）对比，但当对区域进行追踪时，许多岩石地层单元都会越过时间边界。主要海侵和海退时期沉积的地层单元具有明显的年代穿时性。也许北美最著名的年代海侵地层的例子是大峡谷地区的寒武系 Tapeats 砂岩。如图 12.15 所示，在 Canyon 地区可以连续追踪到 Tapeats 砂岩。该砂岩为峡谷西端的下寒武统沉积和东端的中寒武统沉积（图 12.16）。因此，Tapeats 砂岩从峡谷的一端到另一端作为岩石地层单元而不是年代地层单元进行对比。这里要强调的重点是，建立地层单元时间对比的标准所定义的边界可能与建立岩性对比的标准所定义的边界不同。因此，不同的对比方法（岩性对比、生物对比和时间对比）应用于同一层序时，可能会产生不同的结果。

另一个需要澄清的问题是地层单元的匹配和这些单元之间对比的区别。匹配被简单地定义为不考虑地层单元数据序列的对应（Schwarzacher，1975；Shaw，1982）。例如，在不同地点的地层剖面中确定的两个岩性基本相同的岩石单元（例如，两个黑色页岩）可以根据岩性进行匹配。然而，这些单元可能既不具有时间等效性，也不具有岩石地层等效性。在地点之间对单位的物理示踪可以表明一个单元在地层上高于另一个单元。在这种特殊情况下，证明根据岩性特征进行匹配并不构成等效性。Shaw（1982）指出，对比的过程是对岩石、化石或地质数据序列之间的几何关系的展示，以解释和包含在相模型、古生物重建或构造模型中。对比的目的是在地理上将分开的地质单元之间建立地层单元的等效性。在这个定义中隐含的概念是地层单元之间的对比，即岩石地层单元、生物地层单元或年代地层单元。关联和匹配的区别如图 12.17 所示。图 12.17a 显示了两个看来完全匹配的地层剖面，而实际的岩性对比如图 12.17b 所示。图 12.17a 中的联络线不构成对比，因为它们不包含等效的岩石地层单位。

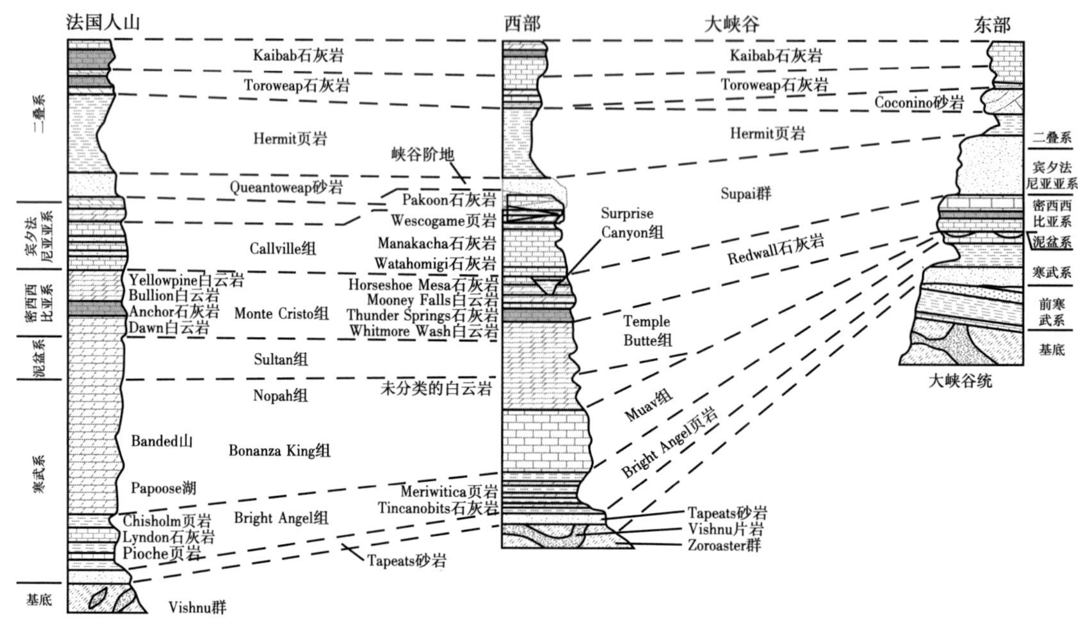


图 12.15　美国亚利桑那州北部和内华达州南部的古生代地层柱状图

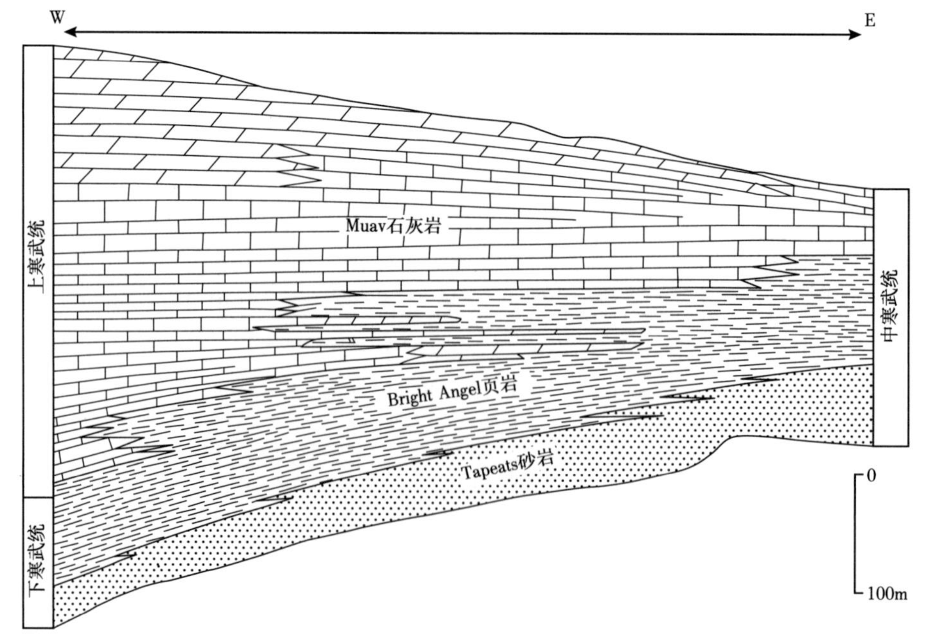


图 12.16　跨越大峡谷地区的寒武系底部 Tapeats 砂岩的年龄变化

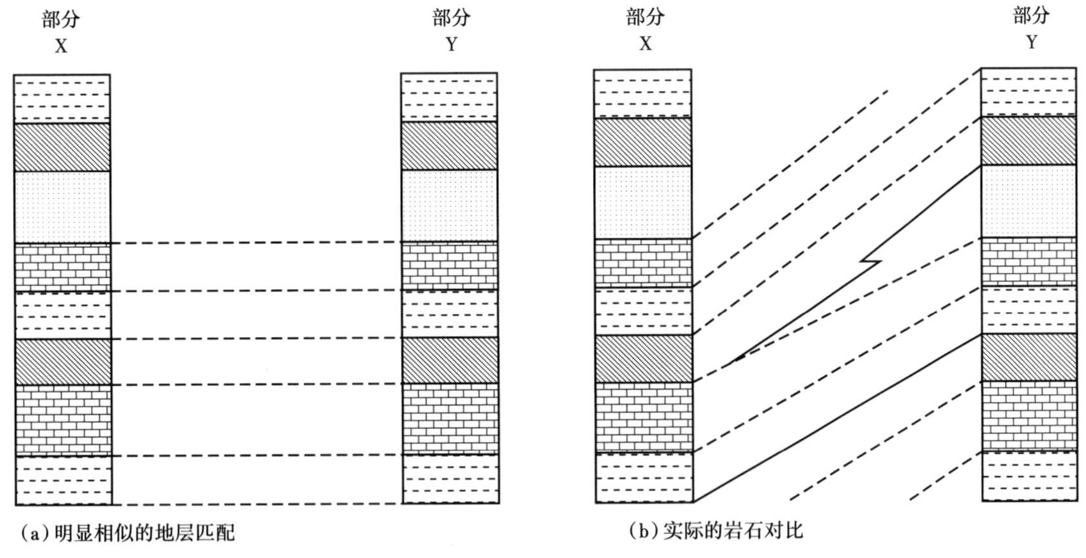


(a)明显相似的地层匹配

(b)实际的岩石对比

图 12.17 匹配与关联的区别示意图

对比可以被认为是直接的(正式的)或间接的(非正式的)(Shaw，1982)。直接对比可以在物理上明确地建立起来。连续地层单位的物理示踪是显示一个地区的岩石单元与另一个地区的岩石单元对应关系的唯一明确的方法。间接对比可以通过多种方法建立，如仪器测井、极性反转记录或化石组合的目视比较，然而，这种比较具有不同程度的可靠性，并不能完全明确。

## 12.6.2 岩性对比

本小节讨论根据岩性对比地层的方法，生物相关和时间相关的方法将在第 14 章和第 15 章相关章节中讨论。岩相相关通常比图 12.17b 中所示的简单例子要复杂得多，它通常需要应用一种以上的技术，如下所述。

### 12.6.2.1 岩石地层单元的连续横向追踪

直接并连续地把一个岩石地层单元从一个地方追踪到另一个地方，是能够确定这种单元等效性的唯一对比方法。这种对比方法只适用于连续出露或几乎连续出露的地层。横向追踪岩石地层单元的最直接的方法是走出地层。如果一个地质学家沿着某一地层的顶部，从一个地方连续地追溯到另一个地方，他就可以很有把握地认为已经建立了对比关系。因此，野外靴的应用和一点体力劳动产生了实现几乎毫不含糊的相关性的满足感。另一种有用的，但多少有点模棱两可的横向地层单位示踪方法是在航空照片上跟踪地层。在地表出露丰富且能见度不受土壤或植被覆盖影响的地区，可以迅速而有效地在航空照片上对厚而独特的地层单元进行横向追踪。这种方法仅限于追踪厚度足以在适当比例的照片上显示的特殊地层(图 12.18)。

虽然层的物理追踪是唯一明确的对比方法，但它也不是没有局限性。其中最严重的一个事实是，在大多数地区，地质学家在遇到被土壤或植被覆盖的地区、结构复杂的地区(断层)或侵蚀终端之前，无法在很短的距离内连续地追踪地层。事实上，在某个地层单元因上述原因而丢失之前，要将其追踪到几百米以上通常是不可能的。如果在横向上发现的地层尖灭或与其他地层合并，就会产生另一个问题，这在陆相地层中是很常见的现象。在这种情况下，对单个层或层面的描摹是不可能的。因此，在实践中，地质学家通常追踪由具有相似特征的层组成的总的岩石地层单元（例如，一个段或一个组），而不是试图追踪单个层。

图 12.18　犹他州圣胡安河的 Goosenecks 层，几乎是平的宾夕法尼亚亚系—二叠系，可以连续追踪相当长的地层

#### 12.6.2.2　岩性相似性与地层位置

1）岩性相似性

在不能直接横向示踪地层的地区工作的地质学家，必须依靠在岩性相似和地层位置的基础上把一个地区的地层与另一个地区的地层匹配起来的方法，来进行岩性地层单元的对比。由于地层匹配并不一定表明相关性，因此岩性相似度相关性具有不同程度的可靠性。这种对比的成功与否取决于用于对比的岩性属性的特殊性、地层序列的性质及从一个地区到另一个地区的岩性变化是否存在。所研究的两个地区间岩石地层单元的相变化使岩性对比问题明显复杂化。

岩性相似性可以根据不同的岩石性质建立。这些性质包括总体岩性（如砂岩、页岩或石灰岩）、颜色、重矿物组合或其他独特的矿物组合、原始沉积构造（如层理和交错纹理），甚至厚度和风化特征。可用于在地层之间建立匹配的属性数量越多，可靠匹配的可能性就越大。在一个给定的地层单元内，颜色或厚度等单一性质可能会发生横向变化，但一套独特的岩性性质不太可能发生变化。需要注意的是，以岩性为基础的地层匹配并不能保证已经建立了对比，具有非常相似的岩性特征的地层可以在时间或空间上相隔甚远的相似沉积环境中形成。例如，在一个纯净、分选良好、发育交错层理的三叠系风成砂岩单元和一个岩性几乎完全相同的侏罗系砂岩单元之间，很有可能获得极好的岩性匹配，但这些砂岩既不作为岩石地层单元也不作为年代地层单元相互关联。在同一岩性的基础上进行旋回演替之间的对比特别困难，例如美国大陆中部地区的宾夕法尼亚旋回。由于相似的环境条件在一个地区反复出现的海侵—海退沉积旋回中会一次又一次地出现，因此在地层剖面中可以反复出现非常相似的单元序列。

最可靠的岩性对比是进行匹配几个独特单元的一系列对比。例如，美国西部科罗拉多高原的三叠系和侏罗系由一组非常独特的非海相红绿粉砂岩和泥岩单元（Moenkopi 组、Chinle 组、Kayenta 组、Summerville 组、Morrison 组）组成，其中发育红白相间、交错层状风成砂岩

（Wingate 组、Navajo 组、Entrada 组），如图 12.19 所示。这种地层序列是如此独特，以至于在科罗拉多高原的广大区域内，可以相当准确地识别并进行岩性对比（图 12.20）。在某些情况下，可以通过应用统计和计算机辅助技术来提高相关性的可靠性。这些定量方法可以提供一种概率度量，以确定所提出的相关性是有效的还是无效的（Agterberg，1990）。

图 12.19　暴露良好的、独特的三叠系，可在犹他州和科罗拉多州的广泛地区进行关联

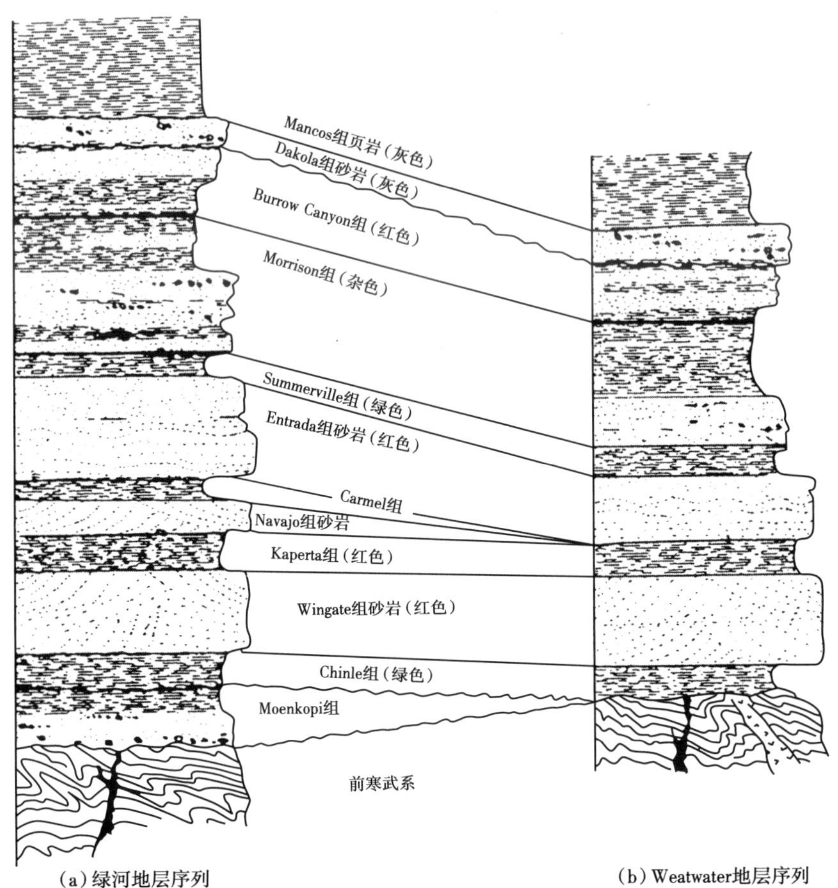


图 12.20　科罗拉多高原不同地层单元岩性相似的两个地点地层对比

2）在一个序列中的地层位置

前面的例子说明了用岩性一致性对比单元时，地层序列中位置的重要性。科罗拉多高原的一些地层岩性相似，但由于它们所处的地层序列非常独特，可以从一个地区对比到另一个地区，因此也可以通过它们在这个序列中的位置来对比单个的地层。确定地层序列中位置的另一种重要方法是通过与一些高度独特且易于对比的单元建立地层对比关系，这种独特的层作为上下其他地层对比的控制单元。例如，在某一特定区域内可能存在薄的火山灰单元或膨润土沉积，并且很容易识别。如果它是该地区地层序列中唯一的层，因而不能与任何其他层相混淆，那么它就可以作为与其他地层相关联的关键层或标志层。该控制单元的上下地层可与其他地区与控制单元地层位置相似的地层进行合理可信的对比。如果连续出现两个或两个以上的标记层，则标记层之间单元的相关性会更可靠。显然，随着控制单元上下地层间隔的增加，对比变得更加不确定。

3）利用测井资料对比

测井曲线是根据井中测量得到的数据在纸上画出的简单曲线。这些轨迹记录了岩石性质的变化，如电阻率、声波时差，或钻孔周围岩石对放射源的吸附和发射。这些变化反映了地下地层的总体岩性、矿物学组成、流体含量和孔隙度等特征的变化。因此，测井对比并不完全基于岩性。尽管如此，测井测量的大部分岩石性质与岩性密切相关。

测井曲线由以下程序获得。石油公司钻完探井后，在作为石油或天然气生产井完井或作为干井废弃之前进行测井。首先将探测仪下放到井底（图 12.21），该探测仪可用于测量岩石单元的电阻率、该单元发出的自然或诱导伽马辐射、穿过岩石的声波速度或其他岩石性质。通过一连串的地层单元，探头慢慢退出钻孔，它不断衡量岩石的特定属性，分析设计，并且将这些信息传输到一个数字磁带和位于测井车表面的显示装置。

一种常见的测井类型是电测井或电阻率测井，它记录的是当探测仪通过与井壁接触的井眼时岩石单元的电阻率。电阻率受岩石单元的岩性及岩石中孔隙流体的数量和性质的影响。例如，与充满石油或天然气的多孔砂岩或石灰岩相比，孔隙空间充满盐水的海相页岩的电阻率要低得多（电导率更高）。根据特定地质领域的经验，石油地质学家可以识别出测井曲线上的痕迹所代表的特定特征，并将这些特征与特定类型的岩石地层单元或特定地层联系起来。岩性不能直接从这些测井曲线中读出，但测井曲线的特征反映了岩性和流体含量。通常，在钻井过程中从井眼中获得的岩心和岩屑的岩性可以被识别，并根据这些信息编制岩性柱状图。然后，该岩性录井曲线可以与仪器测井曲线相匹配，以帮助从仪器测井曲线中解释岩性。

石油公司通常使用各种其他类型的测井工具。伽马射线测井从岩石单元中测量自然伽马辐射。声波测井测量声音信号通过岩石单元的速度。除了在对比中有用外，声波测井还可以用来确定地下地层的孔隙度，因为声波在岩石中通过时，由于充满流体的孔隙的存在，速度会变慢。地层密度测井可以提供孔隙度和岩性信息。非常专业的测井包括地球化学测井、地层微扫描仪和磁化率测井。所有的测井都有一个共同的特征，即它们由电生成的特征或痕迹组成，这些特征或痕迹代表着地下岩石地层单元的某些特定性质，这些性质在某种程度上与岩性、流体含量、地层厚度或其他性质有关。

一种常见的测井数据显示包括两种不同类型的轨迹，分别代表井筒中心柱的两侧。这个中间的柱子以英尺（或米）为单位校准，以显示地表以下的深度。图 12.22 显示了声波曲线与伽马曲线测井剖面。由特定的岩石地层单元生成的曲线形状并不独特，但经过训练、经验丰富的测井分析人员可以识别特定地层或地层序列的特征，并将一个地区的测井特征与附近井的测井特征进行匹配。

相邻井的测井曲线特征非常相似，但距离越远的井相似度越小。然而，通过对一系列紧密间隔的井进行研究，地质学家可以对整个沉积盆地进行对比，即使是在尖灭或发生相变化的情况下。事实上，石油地质学家发现测井对比在石油勘探中如此有用的原因之一是，通过对比可以识别出可能的油气圈闭的尖灭点和相变化。图 12.23 是东爱尔兰海盆地（位于爱尔兰、威尔士、苏格兰和英格兰）部分地区的伽马射线和声波测井曲线的对比。这些井所穿透的地层剖面主要由岩盐、泥岩和少量硬石膏、白云岩和砂岩组成。地质学家经常将从岩心或岩屑中获得的岩性信息添加到测井曲线中。然而，测井曲线的对比并不一定完全基于岩性特征，因为曲线的形状可以代表各种岩石性质，如孔隙度和流体含量。然而，要注意的是，测井曲线的形状与岩性之间通常有很好的一致性。测井曲线的对比实际上更多的是基于测井曲线上所代表的一系列单元中每个单元的位置，而不是曲线上所反映的任何单个单元的特征。因此，测井曲线的对比是地表剖面在连续地层中按位置对比的近似量。

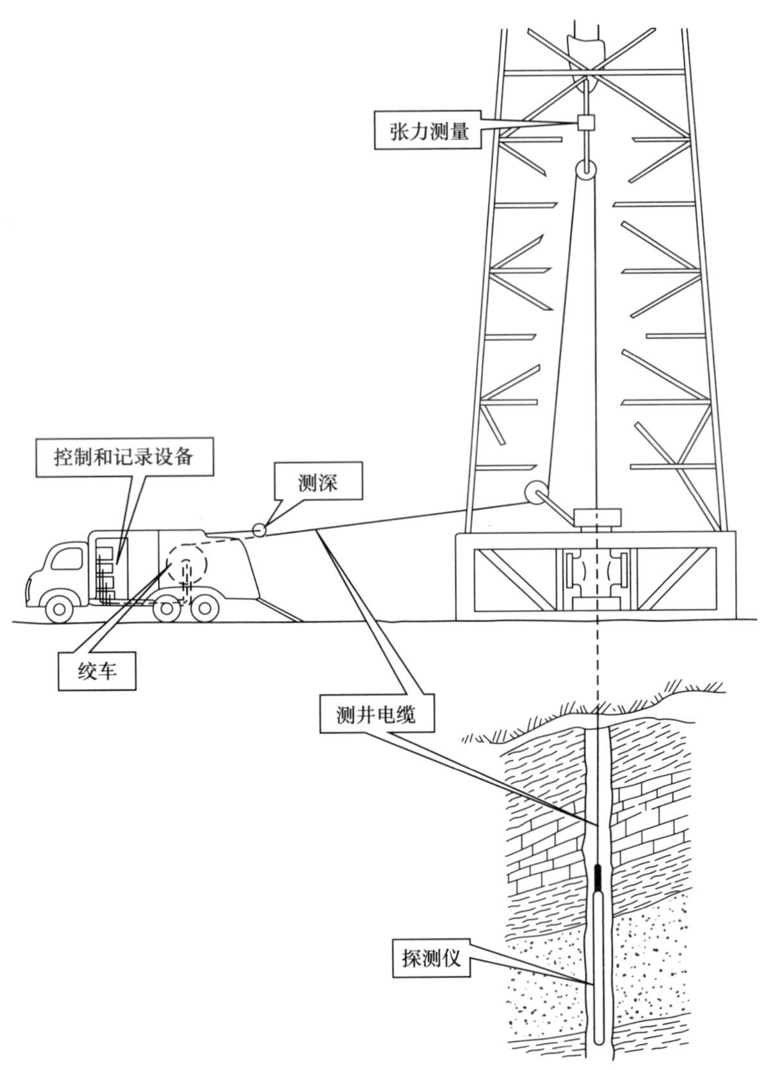


图 12.21　在井筒中使用仪器获得测井曲线的图示

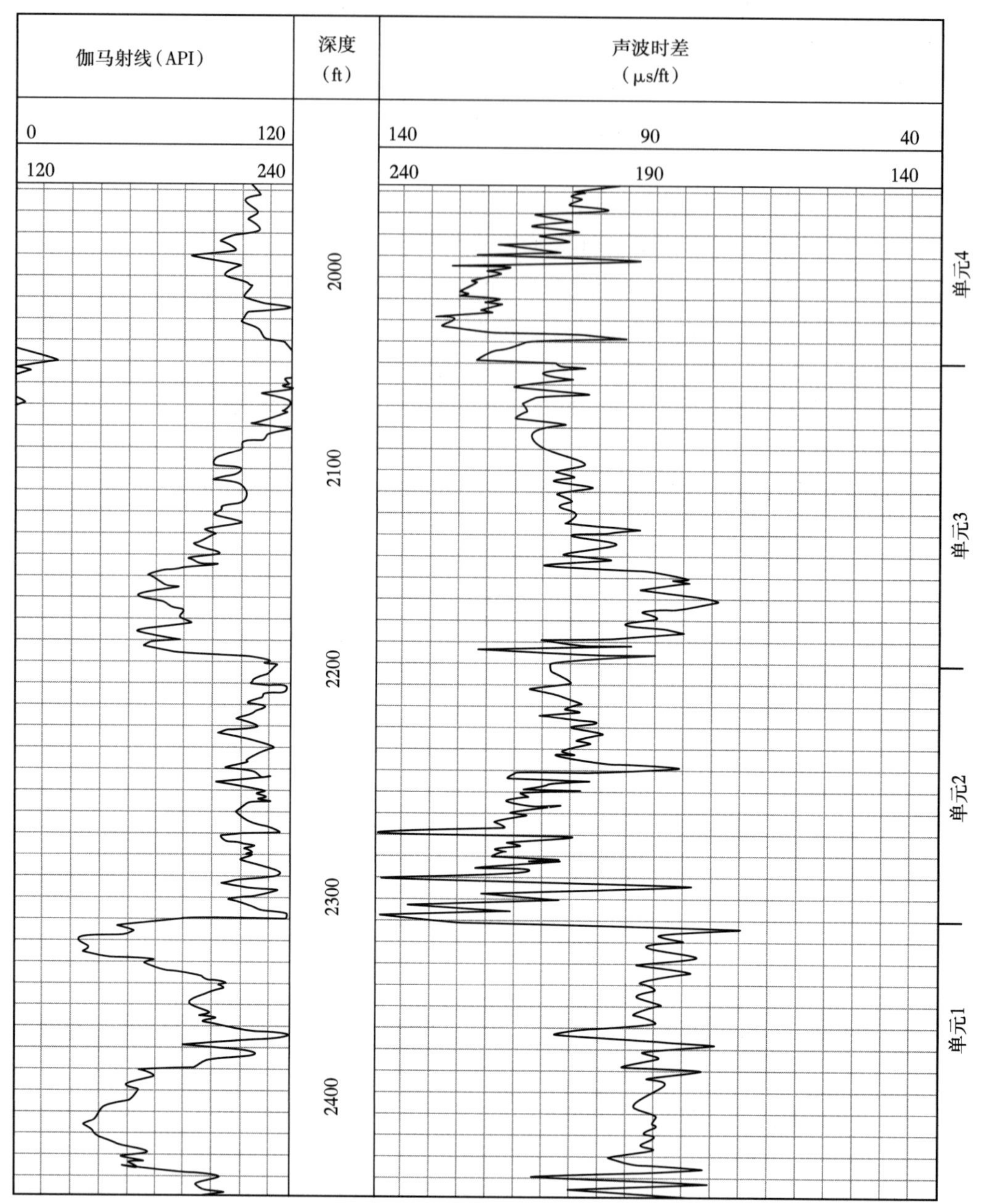


图 12.22　伽马—声波测井剖面

伽马射线曲线如左图所示；声波测井（间隔穿越时间测井）如右图所示；地表以下的深度显示在中间的圆柱上。识别出 4 个不同的相关单元

利用测井资料进行对比是一个涉及大量测井资料的费力过程。由于测井地层剖面不同部分的测井曲线或轨迹具有相似性，这也具有相当大的主观性。地层单元之间的差异可能只能通过数字图中非常细微的差异来表现，并且很难从视觉上辨别出来。由于计算机和复杂统计技术的普及，现在可以将自动化方法应用于测井地层对比，从而消除了对比中的一些主观性。这些方法包括使用数字磁带来分割日志，以便在计算系统中使用。然后，这些系统为对比目的层提供统计匹配。

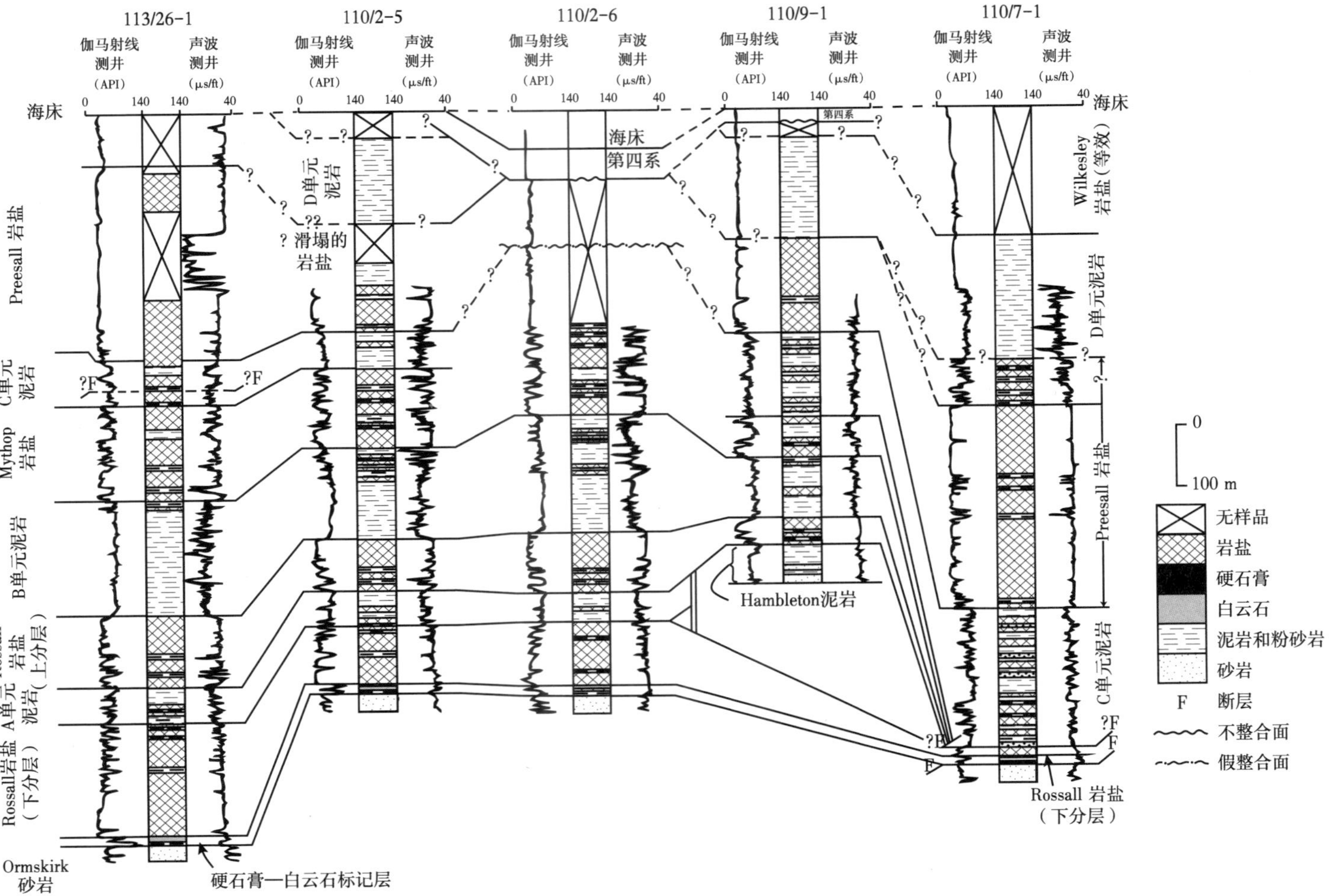


图 12.23 利用测井曲线进行对比的图解

每口井的测井曲线包括伽马射线测井曲线和声波测井曲线。测井资料中加入了岩性信息，以帮助对比。然而，对比主要是基于测井曲线的特征。来自东爱尔兰海盆地三叠系Mercia组泥岩的井眼

# 拓展阅读文献

Ager, D. V. 1993. The nature of the stratigraphical record. 3rd ed. Chichester: John Wiley & Sons Ltd..

Agterberg, F. P. 1990. Automated stratigraphic correlation. Amsterdam: Elsevier.

Coe, A. L. (ed.). 2003. The sedimentary record of sea-level change. Cambridge: Cambridge University Press. The Open University.

Doyle, P. and M. R. Bennett (eds.). 1998. Unlocking the stratigraphicalrecord: Advances in modern stratigraphy. Chichester: John Wiley and Sons, Ltd.

Einsele, G., W. Ricken, and A. Seilacher (eds.). 1991. Cycles and events in stratigraphy. Berlin: Springer-Verlag.

Hailwood, E. A., and R. B. Kidd (eds.). 1993. High resolution stratigraphy. Geological Society London Spec. Pub. 70.

House, M. R., and A. S. Gale (eds.). 1995. Orbital forcing timescales and cyclostratigraphy. Geological Society Special Publication 85.

Mabesoone, J. M. and V. H. Neumann (eds.). 2005. Cyclic development of sedimentary basins. Developments in Sedimentology 57. Amsterdam: Elsevier.

Perlmutter, M. A., and N. C. D. A. Filho. 2005. Cyclostratigraphy, in E. A. M. Koutsoukos (ed.). Applied Stratigraphy. Dordrecht: Springer.

Salvador, A. (ed.). 1994. International stratigraphic guide: A guide to stratigraphic classification, terminology, and procedure. Trondheim, Norway: International Union of Geological Sciences and Geological Society of America, Inc.

Scwarzacher, W. 1993. Cyclostratigraphy and the Milankovitch Theory. Amsterdam: Elsevier.

Weedon, G. 2003. Time-stratigraphic Analysis and cyclostratigraphy: Cambridge: Cambridge University Press.

# 参考文献

Anderson, E. J., and P. W. Goodwin. 1990. The significance of metrescaleallocycles in the quest for a fundamental stratigraphic unit. Journal of the Geological Society. v. 147. 507–518.

Bates, R. L., and J. A. Jackson, (comps.). 1980. Glossary of geology. 2nd ed. Falls Church, VA: American Geol. Institute.

Blatt, H., G. V. Middleton, and R. Murray. 1980. Origin of sedimentary Rocks. 2nd ed. Englewood Cliffs, NJ: Prentice-Hall.

Cross, T. A., and P. W. Homewood. 1997. AmanzGressly's role in founding modern stratigraphy: Geol. Soc. America Bull. v. 109. 1617–1630.

de Boer, P. L. 1991. Pelagic black shale-carbonate rhythms: Orbital forcing and oceanographic response. In Einsele, G., W. Ricken, and A. Seilacher (eds.). Cycles and events in stratigraphy. Berlin: Springer-Verlag. 63–78.

de Boer, P. L., and D. G. Smith (eds.). 1994. Orbital forcing and cyclic Sequences. Internat. Assoc. Sedimentologists Spec. Pub. 19. Oxford: Blackwell Scientific Pub.

Einsele, G., W. Ricken, and A. Seilacher. 1991a. Cycles and events in stratigraphy—basic concepts and terms. In Einsele, G., W. Ricken, and A. Seilacher (eds.), Cycles and events in stratigraphy. Berlin: Springer-Verlag. 1–19.

Einsele, G., W. Ricken, and A. Seilacher (eds.). 1991b. Cycles and events in stratigraphy. Berlin: Springer-Verlag.

Fischer, A. G. 1984. The two Phanerozoic supercycles. In Berggren, W. A., and J. A. Van Couvering (eds.),

Catastrophes in earth history. Princeton, NJ: Princeton University Press. 129–150.
Flügel, E. 1982. Microfacies analysis of limestones. Berlin SpringerVerlag.
Frakes, L. A., J. E. Francis, and J. I. Syktus. 1992. Climate modes of thePhanerozoic. Cambridge: Cambridge University Press.
Gale, A. S. 1998. Cyclostratigraphy. In Doyle, P., and M. R. Bennett (eds.). Unlocking the stratigraphical record. Chichester: John Wiley & Sons, Ltd. 195–220.
Heckel, P. H. 1986. Sea-level curve for Pennsylvanian eustatic marine transgressive-regressive depositional cycles along midcontinent outcrop belt, North America. Geology. v. 14, 330–334.
House, M. R., and A. S. Gale (eds.). 1995. Orbital forcing timescales and Cyclostratigraphy. Geol. Soc. Spec. Pub. 85.
Krumbein, W. C., and L. L. Sloss. 1963. Stratigraphy and sedimentation. 2nd ed. San Francisco: W.H. Freeman.
Mabesoone, J. M., and V. H. Neumann (eds.). Cyclic development of sedimentary basins: Development in sedimentology 57. Amsterdam: Elsevier.
Markevich, V. P. 1960. The concept of facies. Internat. Geol. Rev. v. 2. 376–379, 498–507, 582–604.
Miall, A. D. 1997. The geology of stratigraphic sequences. Berlin: Springer-Verlag.
Moore, R. C. 1949. Meaning of facies. Geol. Soc. America Mem. 39. 1–34.
Perlmutter, M. A., and N. C. De AzambujaFilho. 2005. Cyclostratigraphy, in E. A. M. Koutsoukos (ed.). Applied stratigraphy. Dordrecht: Springer. 301–338.
Pirrie, D. 1998. Interpreting the record: Facies analysis. In Doyle, P., and M. R. Bennett (eds.). Unlocking the Stratigraphical Record: Advances in Modern Stratigraphy. Chichester: John Wiley & Sons Ltd. 395–420.
Ramsbottom, W. H. C. 1979. Rates of transgression and regression in Carboniferous of NW Europe: Jour. Geological Society. v. 136. 147–153.
Schwarzacher, W. 1993. Cyclostratigraphy and the Milankovich Theory. Amsterdam: Elsevier.
Sloss, L. L. 1963. Sequences in the cratonic interior of North America. Geol. Soc. America Bull. v. 74. 93–114.
Sloss, L. L. 1979. Global sea level changes: a view from the craton. In Watkins, J. S., L. Montadert, and W. Dickerson (eds.). Geological and Geophysical Investigation of Continental Margins. American Association Petroleum Geologists Memoir 29. 461–468.
Teichert, C. 1958. Concepts of facies. Am. Assoc. Petroleum Geologists Bull. v. 42. 2718–2744.
Vail, P. R., R. M. Mitchum, Jr., and S. Thompson, Ⅲ. 1997a. Seismic stratigraphy and global change of sea level. Part 3: Relative changes of sea level from coastal onlap. In Payton, C. E. (ed.). Seismic Stratigraphy—Applications to Hydrocarbon Exploration. Am. Assoc. Petroleum Geologists Mem. 26. 63–81.
Vail, P. R., R. M. Mitchum, Jr., and S. Thompson, Ⅲ. 1997b. Seismic stratigraphy and global change of sea level. Part 4: Global cycles of relative changes of sea level. In Payton, C. E. (ed.). Seismic Stratigraphy—Applications to Hydrocarbon Exploration. Am. Assoc. Petroleum Geologists Mem. 26. 83–97.
Wanless, H. R., and J. M. Weller. 1932. Correlation and extent of Pennsylvanian cyclothems. Geol. Soc. America Bull. v. 43. 1003–1016.
Weedon, G. P. 2003. Time-series Analysis and Cyclostratigraphy: Examining Stratigraphic Records of Environmental Cycles. Cambridge: Cambridge University Press.
Walker, R. G. 1992. Facies, facies models and modern stratigraphic concepts. In Walker, R. G., and N.P. James (eds.). Facies models— Response to sea level change. St. John's, Newfoundland: Geol. Assoc. Canada. 1–14.
Weller, J. M. 1958. Stratigraphic facies differentiation and nomenclature Am. Assoc. Petroleum Geologists Bull, v. 42. 609–639.

# 13 地震地层学、层序地层学和磁性地层学

## 13.1 引言

地震学是根据地震波的特征研究地震和地球结构的学科。虽然地震学的普遍性主题不在本书讨论的范围之内，但地震学的某些方面在地层学中有着非常重要的应用。本章的重点是通常所说的勘探地震学，更具体地说，是勘探地震学技术在地层研究中的应用。勘探地震学研究利用人工产生的地震波获取有关地质构造、地层特征和岩石类型分布的信息。勘探地震学技术最初是为了确定石油油藏的构造圈闭而发展起来的，现在仍然广泛用于这一目的，然而，地震方法也可以应用于地层问题。

因此，地震地层学是为了提取地层信息而对地震数据进行的研究。地震地层学是一门相对较新的科学，诞生于 20 世纪 60 年代。由于其广泛适用于陆地和海洋的地下研究，而其他类型的地层数据很少，因此它与更传统的地层学分支一起取得了重要地位。

层序地层学是地震地层学的产物，尽管层序地层学的实践并不局限于地震记录的研究。层序地层学概念也适用于露头和油井数据。沉积层序是由相对整合的成因相关地层序列组成的地层单元，其顶部和底部以不整合面及其相应整合面为界（Mitchum 等，1977）。层序代表以非海相侵蚀为边界的一个沉积旋回，沉积在基准面下降和上升的一个重要旋回中。由于海相盆地的基准面受海平面控制，因此层序是海平面升降周期的产物。层序概念在地层学思维中起着重要作用，本书将层序概念的应用称为层序地层学。

磁性地层学也是地层学中一个相对较新的分支。它的原理是含铁矿物如磁铁矿在岩浆或熔岩流中结晶时被磁化。被磁化的矿物获得与地球磁极性一致的磁极性（北极和南极排列），这一特性称为剩磁。地质学家在 20 世纪 60 年代发现，一些火山岩的剩磁显示出相反的极性，这表明地球磁场在过去的地质时期会发生逆转。沉积岩也会发生磁极化，因为小的含铁矿物在水中沉淀时会与地球磁场机械地对齐。古沉积岩中的磁反转模式构成了对这些岩石进行地层划分的有力工具，可应用于各种地质问题，如地层对比、地质年代学（与地球历史相关的时间研究）和古气候学。

## 13.2 地震地层学

### 13.2.1 地震方法的早期发展

使用地震方法获取有关地下岩石和相关构造的信息涉及地震（弹性）波的自然或人工传播。这些波向下进入地下，直到遇到不连续面并反射回地表，在地表可以被探测器探测

到。地震波的传播速度从小于 2km/s 到大于 8km/s（超镁铁质岩石），这取决于它们所经过的岩石类型及其在地表以下的深度。如果知道地震波通过某种特定岩石的速度，也能够确定它们向下通过反射层并返回地表的时间，那么就可以计算出反射层的深度。这一原则构成了将地震方法应用于地质研究的基础。

地震学理论的基础为弹性理论和地震波通过岩石材料的传播理论，大部分是在 19 世纪早期发展起来的。英国地震学家 Robert Mallet 是第一位测量地下物质中地震波速度的科学家。1848 年，他通过测量地震波通过相对近地表物质的速度，开创了实验地震学。他用黑火药作为动力在岩石中制造扰动，并用一碗水银作为到达的地震波的探测器。1898 年一位名叫 Milne 的科学家首次提出了利用地震技术确定地下岩石特征的可能性。在 20 世纪早期，对地震学原理的另外两个有趣的应用进行了试验：一种是在 1912 年泰坦尼克号被冰山击沉后探测冰山的方法；另一种为第一次世界大战期间使用机械地震仪探测敌人大炮的位置。

## 13.2.2 地震反射方法原理

### 13.2.2.1 陆地测量

第一次世界大战结束后，美国和欧洲，特别是德国和英国，立即开始将地震学应用于岩石构造的探测。最早的应用是在德国和美国海湾沿岸地区的石油勘探，特别是与盐丘相关的石油圈闭的勘探。这些早期的勘探工作使用折射地震法来确定地下地层的构造。该方法基于以下原理，即人工生成的地震波（早期勘探为运用炸药产生的地震波）在不连续面向下传播时会发生折射或弯曲。继而，地震波沿着这些不连续面传播，然后被折射回表面，在那里，它们的到达被放置在离爆炸（爆炸）点不同距离处的探测器探测到。地震波向下到达不连续面并返回到表面过程中经过的时间用于计算不连续面的深度。

尽管在地震勘探的早期，通过折射法在盐丘中发现了几处浅层油藏，但由于炮点和探测器之间的距离过大，这种方法对较深的构造不起作用。因此，反射地震法很快就在石油勘探中被大量应用。在反射法中，爆炸产生的波直接从地下岩石界面反射回地表，而不会折射并沿不连续面横向传播。因此，探测器可位于距炮点相对较短的距离处，反射地震技术可用于描绘非常深的构造。大约在 1930 年引入反射法后，它很快成为石油工业中寻找地下背斜和其他构造圈闭的主要工具。

本文对反射地震学的基本原理作了简要概述。反射法所依据的物理原理的更多细节可以在标准的地震学教科书中找到。如上所述，描述地下岩石单元构造的反射地震法基于弹性波或地震波以已知速度穿过岩石材料的原理。这些速度因岩石类型而异（典型平均速度：页岩 =3.6km/s；砂岩 =4.2km/s；石灰岩 =5.0km/s；Christie–Blick 等，1990）。如果从钻孔信息中相对较好地了解了地下岩性，则可以准确计算地震信号从地表传播到给定深度，然后反射回地表所需的时间。

反射技术涉及首先在点源的表面产生弹性波，最初称为炮点，因为爆炸物首先用于产生地震波。位于地表的非爆炸性能量现在也被广泛使用。这些非爆炸性能量包括在地面产生连续振动的振动装置或将重物落在地面金属板上的装置。地震检波器（称为检波器）从炮点向外排列。地震检波器从地下不连续处拾取地震波，并以电子方式将其反馈给地下记录设备。反射地震波的主要不连续面是层面和不整合面。通过将传播速度乘以从弹性波在点源处开始传播到到达探测器所经过的传播时间的一半，地球物理学家可以精确计算到不连续面的深度。因此，该程序允许确定不连续性的地下位置。然后，以这种方式获得的数据可以显示为地震剖面或其他剖面，这些剖面描述了主要岩石单元在横截面上的结构。或者，数据可用于在特定反射层顶部绘制构造等高线图（见第 16 章）。

陆地反射地震放炮的一般原理如 Nettleton 于 1940 年在石油地球物理勘探中有趣的旧图（图 13.1）所示。自 20 世纪 40 年代以来，用于测量位置、拍摄、记录和处理地震数据的设备和技术发生了变化，并有了显著改进，但图中所示的基本原则仍然适用。当地震波从点能量源向下和向外通过地下地层时，它们会从连续较深的地层反射回地面，并在那里被电子探测器获取。然后，来自探测器的信号被放大、过滤以去除多余的噪声，经过数字化后传送到录音车，并记录在磁带或磁盘上。

磁带或磁盘上记录的数据必须以可视形式呈现，以供监测和解释。在使用磁带或磁盘录制之前，地震波形记录通常是通过机械方式产生的（图 13.1）。目前，摄影或干纸记录方法被用于可视显示，并且有多种显示到达时间与地震波振幅关系的模式。一种常见的显示模式称为变密度模式显示，通过在胶片或纸张上产生明暗交替的区域来改变光强度展现波幅的差异（即波峰高度的一半），从而突出特定反射表面的波的振幅。例如，所有振幅大于给定值的波形轨迹会被涂成黑色，而振幅较低者则不会。因此，在记录中强烈反射事件将呈现为黑线条，正如图 13.2 所示。

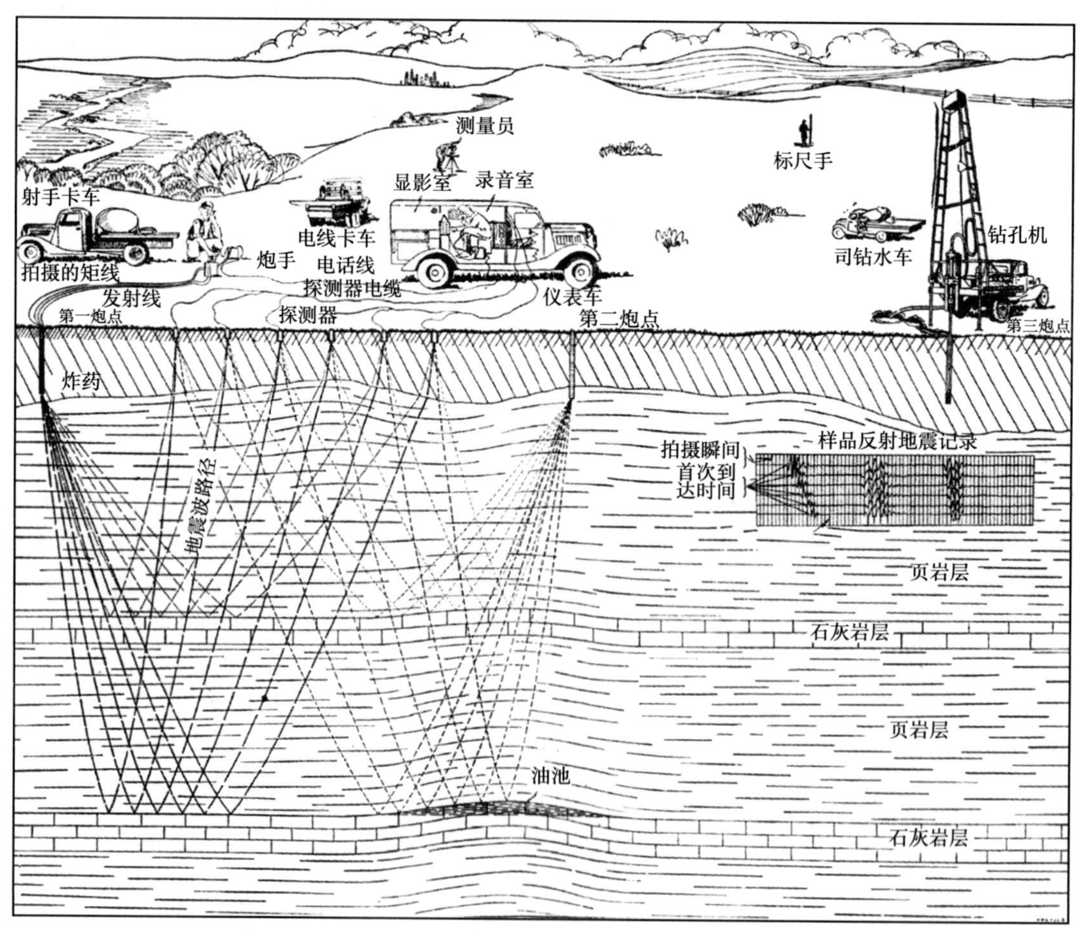


图 13.1 图解说明了 20 世纪 40 年代地震勘探中使用的设备和步骤

#### 13.2.2.2 海洋地震测量

早期的地震调查是在陆地上进行的，然而反射地震方法也可以用于海洋和湖泊。一些非常浅的水域的海上作业开始于 20 世纪 20 年代末，但是大规模的海洋地震调查直到 20 世纪 40 年代中期才开始。海洋地震作业采用与陆地地震作业相同的原理，但它们发生的速度及拍摄和探测过程的具体细节不同。声源和探测器被拖在测量船的后面，测量船可以连续 24h 以 6 节或更高的速度运行。在海上作业的早期，有大量连续不断的 TNT 被抛到船边，以提供连续的地震记录。这种方法有潜在的危险，对鱼类和其他海洋生物有害。现在，它已经被气枪等声源技术所取代，气枪通过释放高度压缩的空气来产生震源。

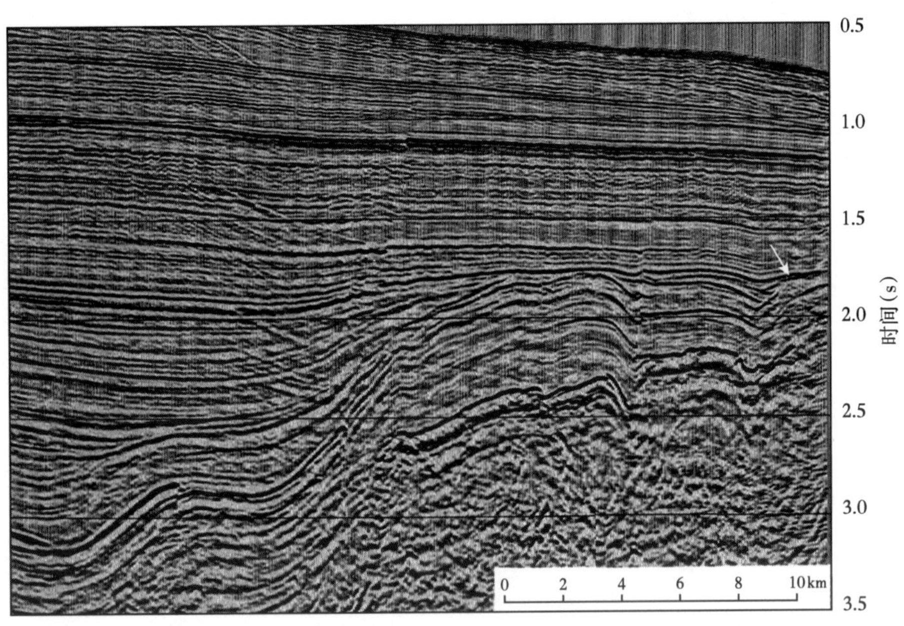


图 13.2 使用可变密度打印方法显示的地震记录示例（据 Brown 等，1995）

垂直刻度是双向地震波传播时间注意不整合（箭头）的存在，深度位置约 1.7s，将下方的褶皱地层与上方几乎水平的地层分开

早期的海上作业受到精确定位发射点和探测器位置问题的严重阻碍，作业必须在陆地可视范围内进行，以便通过陆地测量方法确定位置。大约在 1949 年或 1950 年，无线电导航方法的发展使远离陆地的海上作业成为可能。随后发展的卫星导航方法［全球定位系统（GPS）］依靠轨道卫星定位，以确定海上船只的位置（或陆地上的位置），现在可以准确和连续地确定远洋测量船的位置。第二次世界大战带来的重大发展是浮动拖缆电缆的发明，它允许探测器（称为水听器）被拖在船后的浮动电缆中。拖缆可能长达几千米。这些技术进步使得海洋地震测量方法在接下来的几年里有可能取得快速进展。海洋地震勘测的一般原理如图 13.3 所示。

随后在海洋和陆地地震勘测技术方面取得的进展改进了能量源，设计了不需要炸药的震源，开发了新的探测设备和程序，并改进了地震数据的处理和分析方法。特别是，地震数据的计算机分析使得在过滤和增强地震信号及显示和解释地震数据的方法方面有了巨大的飞跃。

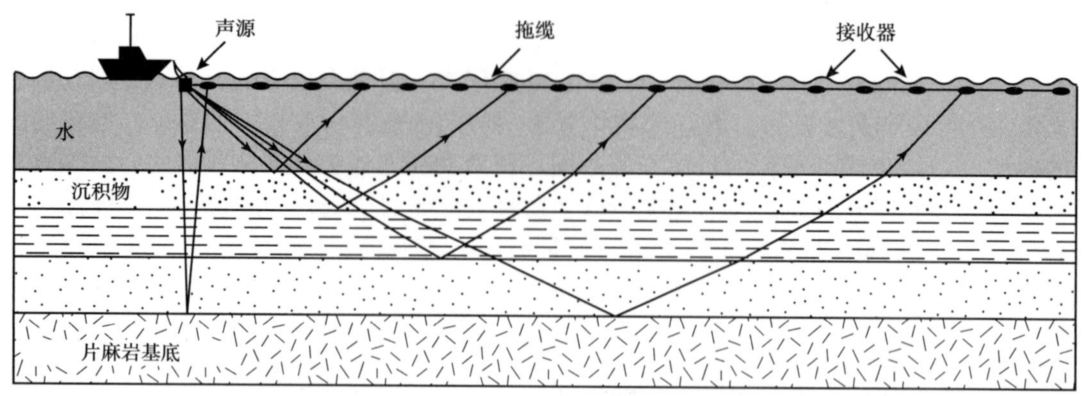

图 13.3 海洋地震勘测原理示意图，显示了地震波传播的几种可能路径（据 Kennett，1982）

### 13.2.3 反射地震方法在地层分析中的应用

地震地层学主要是由石油公司发展起来的，这是出于实用的需要，目的是在陆地和近海未勘探的深部盆地中寻找油藏。地质学家尚未发现一种成功的地球化学方法来直接探测深层地下地层中的石油或天然气，尽管在通过地震方法直接探测碳氢化合物方面取得了一些进展。因此，成功寻找石油仍然需要勘探人员定位和钻探石油圈闭，如背斜和盐丘。由于大多数浅层石油圈闭很久以前就在石油勘探的早期阶段被发现和开采，石油公司被迫将勘探工作扩展到更深的地层和边界盆地，这些盆地是陆地和海上未钻探或钻探稀少的盆地。由于成功的石油发现依赖于地层关系和结构异常的知识，并且由于勘探程度低的盆地缺乏足够的地层分析井控，因此必须开发新技术，以便从地震数据中提取地层信息。因此，地震地层学诞生于 20 世纪 60 年代，它是一种使地层学概念与地球物理数据相结合成为可能的工具，也就是说，它是一种对地震数据进行地层解释的地质方法（Payton，1977；Berg 和 Wolverton，1985；Vail，1987；Cross 和 Lessenger，1988；Whittaker，1998；Avseth 等，2005；Veeken，2007）。

地震反射是由地下岩石的物理表面产生的。在地震数据的常规构造应用中，地震反射用于识别和绘制地下沉积层的构造样式。相比之下，地震地层学使用地震反射模式来识别沉积序列，通过解释沉积过程和沉积环境来预测地震相的岩性，并分析沿海地区地层记录中记录的海平面的相对变化。因此，地震地层学使得多种类型的地层解释成为可能，例如地质时间对比、沉积成因单元的定义及成因单元的厚度和沉积环境。

#### 13.2.3.1 地震地层解释中使用的参数

为了实现从地震数据解释地层和沉积相的目标，地质学家必须确定地震反射记录（地震图）的特征，并将这些特征与引起反射的地质因素联系起来。因此，理解产生地震反射的因素对于地震地层学的整个概念至关重要。从根本上说，主要地震反射的发生是对不整合面或层理面上密度—速度显著变化的响应。反射是在不整合处产生的，因为不整合将具有不同构造形态或物理性质的岩石分开，特别是不同的岩性。如果不整合面下方的岩石已经被风化作用改变，则沿着不整合面的密度—速度对比可能进一步增强。由于岩性或结构差异，一些沉积层之间存在密度—速度对比，因此在层理表面会产生反射，然而并不是每个层面都会产生地震反射，此外，地震记录上确定的给定反射事件不一定是由单个表面的反射引起的，但它可能表示多个层理表面（尤其是层理较薄时）分阶段反射的总和或平均值。

不整合或层面的主要反射产生的地震记录具有与沉积特征相关的独特性，如岩性、地层厚度和间距及连续性。具有地层意义的两个特别重要的地震参数是反射结构和反射连续性（表 13.1）。

#### 13.2.3.2 反射结构

反射结构是指地震记录上确定的总体分层模式。如图 13.4 所示，平行、发散和进积模式可根据原始沉积条件或特征进行解释（图 13.2 的上半部分进一步说明了平行反射体）。杂乱反射结构是软沉积物变形或其他类型变形的结果，这些变形会导致反射面排列紊乱。无反射模式不显示可识别的地层反射，反射看起来只是随机的“噪声”。

表 13.1 地震地层学中常用的地震反射参数及其地质意义

| 地震相参数 | 地震解释 |
| --- | --- |
| 反射结构 | 层状形态 |
| | 沉积过程 |
| | 剥蚀和古地形 |
| | 流体接触 |
| 反射连续性 | 层连续性 |
| | 沉积过程 |
| 反射振幅 | 密度—速度对比度 |
| | 层间距 |
| | 流体含量 |
| 反射频率 | 层厚度 |
| | 流体含量 |
| 层速度 | 岩性估计 |
| | 孔隙度的估算 |
| | 流体含量 |
| 地震相单元的外部形态和区域组合 | 总体沉积环境 |
| | 沉积物源 |
| | 地质背景 |

请注意，进积层称为斜坡形态的倾斜表面。Rich（1951）引入了浪蚀底地形、斜坡地形和洋底地形等术语来描述与浪基面相关的沉积环境（图 13.5）。浪蚀底地形是存在于波浪底部之上水环境中的部分平坦的地形表面，其中底部沉积物被波浪和水流移动或搅动，特别是在风暴期间。从波浪底部向下延伸到通常平坦的水体底部的倾斜表面，称为斜坡地形。由于斜坡带的沉积而具有初始倾角的层理称为斜层理。沉积在三角洲前缘的倾斜地层构成了斜层理的一个例子，如图 13.5b 中的地震记录所示。

#### 13.2.3.3 反射连续性

反射连续性取决于沿层面或不整合面的密度—速度对比的连续性。它与地层的连续性密切相关，并提供有关沉积过程和环境的信息。连续反射，例如图 13.2 上部延伸超过 20km 的反射，特征性地表明大面积连续的层状沉积。与连续反射相反，显示反射终止的反射模式（例如，图 13.2 左下部分的一些反射）表明了地层关系，如上超、底超和顶超，它们发生在沿海地区，以响应海侵和海退。

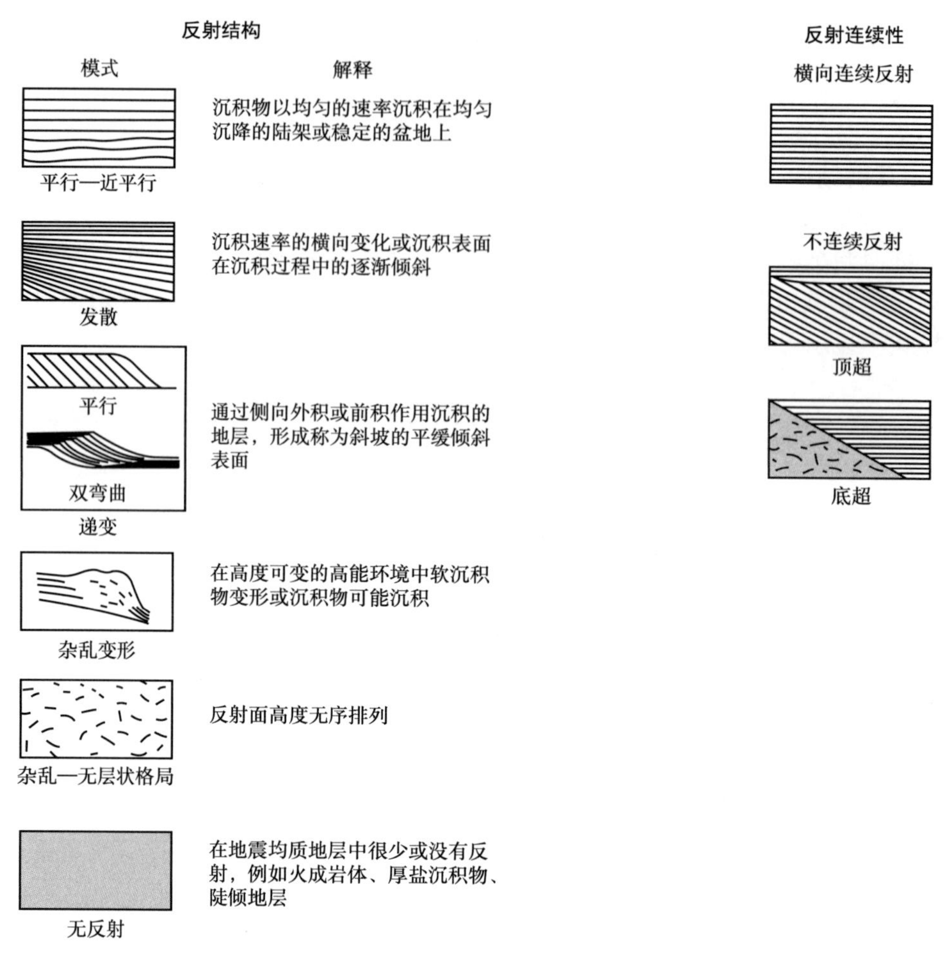


图 13.4　地震反射结构和反射连续性示意图

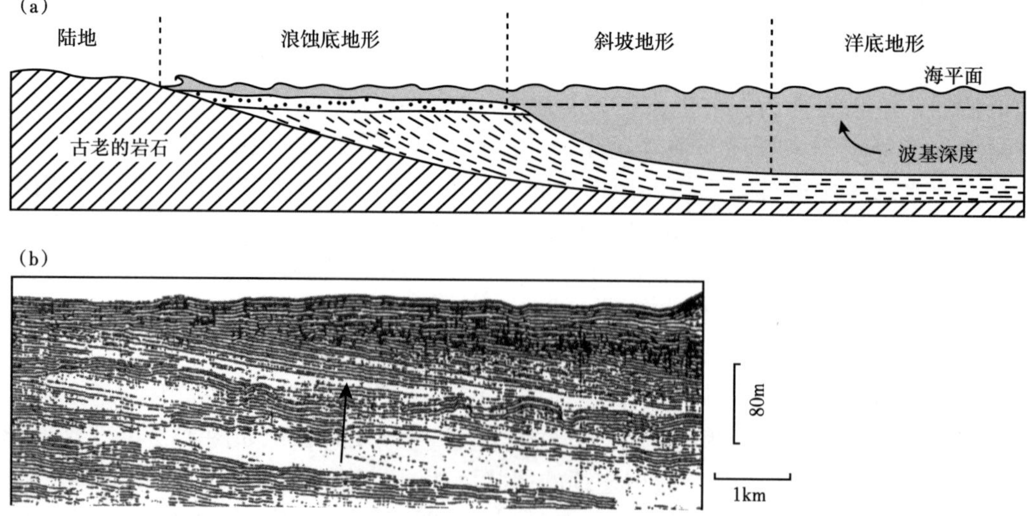


图 13.5　(a) 说明 Rich (1951) 使用的术语“浪蚀底地形”“斜坡地形”和“洋底地形”的示意图；(b) 法国东南部罗纳河三角洲 (Rhone Delta) 地震记录中的斜层理实例

#### 13.2.3.4 其他反射参数

其他在地震地层解释中有一定意义的反射参数见表 13.1。地震图上显示的地震波振幅，是地层厚度和间距的指示（振幅等于相邻槽上方波浪高度的一半）。例如，如果层厚度小于地震波的波长，则来自河床顶部和底部的反射波波长的四分之一可以一起确定地震相，以产生异常大的振幅。另外，当岩层非常厚（通常大于 50m）时，来自岩层顶部和底部的反射完全分开，波的振幅可能很小（Sheriff，1980）。如果附近与厚度大于 1 波长的层有接触，对波振幅的分析可以让地球物理学家通过计算地层的厚度进行校准（Christie-Blick 等，1990）。

反射地震波的振幅也可能受到沉积层中流体含量或地层中气体聚集的影响。岩层中碳氢化合物的存在会使波的振幅显著增加，这在地震记录中显示为所谓的“亮点”，这些亮点实际上比周围的事件显得更黑，这意味着它们在地震记录上很明显（是一个特别强的信号）。亮点分析在 20 世纪 70 年代初被引入石油工业，现在被用作直接探测碳氢化合物沉积的方法。

反射频率是指每秒钟地震波的振动或振荡次数。它在数值上等于波速除以波长。地震波的频率通常用赫兹（Hz）或千赫（kHz）来表示。赫兹是频率单位，等于每秒一个周期；千赫兹是 1000Hz。地震波的频率既影响波穿透地下的深度，也影响地震记录的分辨率，即地震记录细节的清晰度。频率越低，穿透深度越大，但分辨率越低。地震波的频率是由用来产生波的特定能量声源引起的。当波向下穿过地下地层并被反射回地表时，初始感应频率随控制反射体间距的地层厚度衰减。因此，地震波初始诱发频率的衰减与层理特征有关。频率还受地层流体含量的横向变化（例如，存在油气聚集）和地层横向厚度变化的影响。

层速度是指反射体之间地震波的平均速度。地震波速度受多种因素影响，尤其是孔隙度、密度、外部压力和孔隙（流体）压力。孔隙度对速度有特别显著的影响，速度随着孔隙度的降低而增加。因此，孔隙度通常随着深度增加而降低，导致速度随着深度的增加而增加。速度也随着岩石密度和覆盖层压力的增加而增加。例如，典型砂岩的速度从地表的约 4km/s 增加到 5000m 深度的 5km/s 以上。速度随着间隙流体压力的增加而降低，岩石孔隙中低饱和度气体的存在也会导致速度降低。地震速度是特别令人感兴趣的，因为以不同密度、孔隙度、孔隙流体压力和其他性质为特征的不同岩石类型有可能根据地震速度进行区分。

产生地震反射的地层体的外部形式或几何形状可以从地震数据中解释出来。因此，这些数据可用于识别地震相，这可根据这些地震相的岩性类似物的沉积环境来解释。从地震数据解释地层（包括外部形式的程序）是地震相分析过程的一部分，地震相分析过程还提供了关于沉积物来源和地质背景的信息，包括主要的相变化。地震相分析是地震地层学的一个极其重要的方面，将在以下段落中详细讨论。

#### 13.2.3.5 地震地层分析程序

地震地层学方法对研究地下沉积岩的意义在于，它允许地质学家和地球物理学家解释地层关系和沉积过程，以及使用地震数据进行常规构造填图。解释是一个主观的过程，但当以逻辑的方式进行地震地层分析，并且解释基于与其他类型研究建立的地层和沉积模型的类比时，地震地层分析成为一种极有价值的工具。因此，地震地层学可以提供对以下地层和沉积因素的洞察：岩相变化、不整合面的起伏和地形、古测深（深度关系和古海洋地形）、地质时间对比、沉积历史及沉降和倾斜历史（埋藏史）。从地震数据解释地层学的程序包括三个主要阶段：地震层序分析、地震相分析及沉积环境和岩相解释。地震地层学分析也用于解释古代海平面的变化。

#### 13.2.3.6 地震层序分析

地质学家经常非正式地使用“层序”一词来指地层的任何分组或序列。层序在更严格的意义上用于识别通常以不整合面为界的单独地层单位。Sloss（1963）认为层序是区域范围的主要岩石地层单位，由区域间不整合面分隔。他识别并命名了北美克拉通上的六个主要层序，每个层序由可证明的区域不整合面分隔，这些区域不整合面可追溯至北美西部的科迪勒兰地区和东部的阿巴拉契亚盆地。每个序列或层序代表一个主要的海侵和海退旋回，即海岸线的前进和后退。层序识别基于岩石单元之间的物理关系，尽管 Sloss 表明层序也具有时间—地层意义。

随后，Mitchum 等（1977）对层序概念进行了扩展和重新定义，这些作者将沉积层序定义为“由相对一致的成因相关地层序列组成的地层单元，其顶部和底部以不整合面及其相应整合面为界。”这样定义的层序不同于 Sloss 层序，因为它们可能是更小的岩石单元（几十米到 1000m；Wilson，1992）。此外，由于它们以区域间不整合面及其等效整合面为界，因此可以在海洋盆地的主要区域及大陆上追踪到它们。Mitchum 等（1977）将相互叠加的不同相关沉积层序群指定为超层序。这些超层序与 Sloss 的原始层序具有相同的一般数量级。沉积层序的基本概念如图 13.6 所示。由于层序是根据地层的物理关系定义的，即在顶部和底部以不整合面或其相关的一致性为界，因此层序的识别主要不依赖于确定岩石类型、化石或沉积过程。

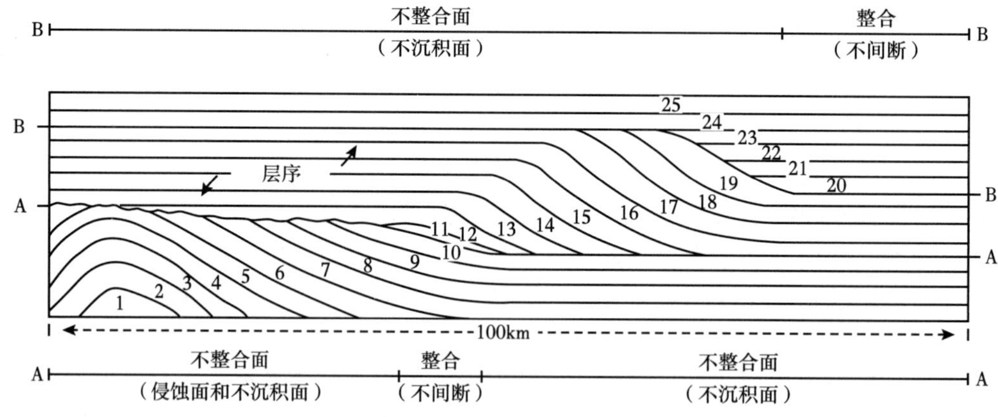


图 13.6 沉积层序概念图解

沉积层序由相对整合的、成因相关的地层组成，其底部（A）和顶部（B）由横向穿过相关整合的不整合面界定

1）内部关系

构成沉积层序的地层可能是一致的，即基本上平行于层序边界，也可能是不一致的，缺乏与层序边界的平行性。协调关系可出现在层序的上边界或下边界，并可表示为与初始水平、倾斜或不平坦表面平行（图 13.7）。不一致性是确定层序边界最重要的物理标准。地层可能与上覆岩层不一致（顶部不协调）或与下伏岩层不一致（底部不协调），如图 13.8 所示。

侵蚀削截是地层的侧向终止，因为侵蚀使地层脱离其原始的沉积界限。削截发生在层序的上边界，可以是局部的或区域性的。顶超（图 13.7a 和图 13.8b）是沉积层序上边界的垂向加积（地层在其原始沉积界限处对边界的侧向终结），例如，三角洲复合体前积层的侧向终结上倾。顶超层是非沉积间断的证据，Mitchum 等（1977）表明，顶超形成于一种沉积基准面，如海平面过低时，不允许地层进一步向上倾斜延伸，从而允许沉积旁路和可能的轻微侵蚀发生在基准面以上，而进积地层沉积在基准面以下。

底超出现在沉积层序的下边界，其本身可能有两种类型。上超（图 13.7b 和图 13.8c）是指初始水平或倾斜地层终止于更大倾斜度表面的堆积。下超（图 13.7b 和图 13.8d）是一种底部倾斜，其中最初倾斜的地层终止于最初水平或倾斜的表面向下倾斜。顶积层和底积层表示沉积中的非沉积间断，而不是侵蚀性削截。

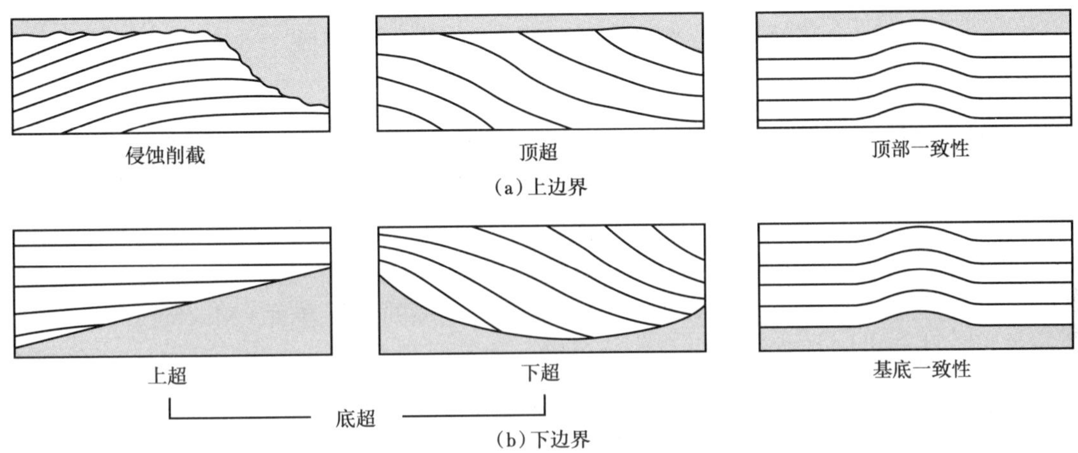


图 13.7　地层与沉积层序上边界和下边界的关系

侵蚀削截：主要由于侵蚀作用，地层终止于上边界；顶超：最初倾斜的地层终止于主要由于非沉积而形成的上边界（例如，终止于未发生侵蚀或沉积的上覆表面的前积地层）；顶部一致性：层序顶部的地层不以上边界终止；上倾：岩层在倾斜表面上止于上倾；下倾：初始倾斜地层在初始水平或倾斜表面上逐渐下倾；基底一致性：层序底部的地层不终止于下边界

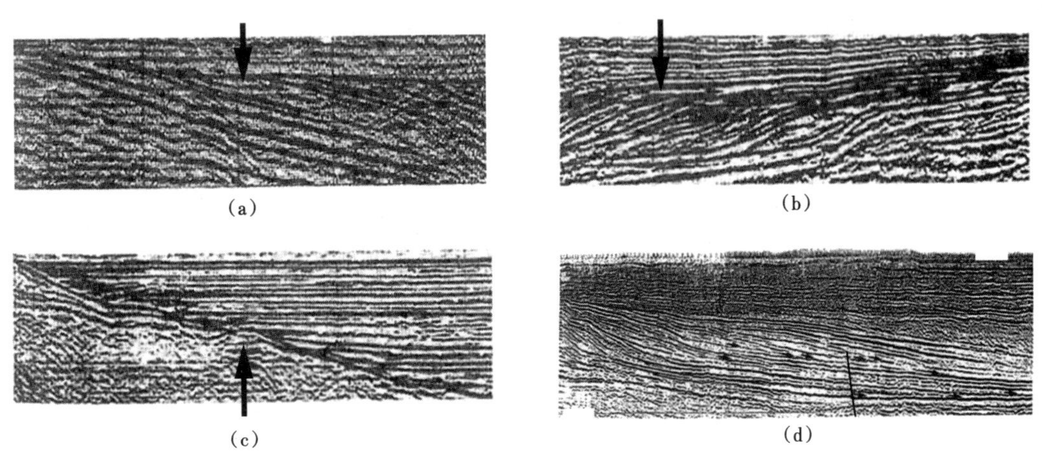


图 13.8　顶部不协调地震反射模式：（a）侵蚀削截（箭头）；（b）顶超（箭头）。
底部不整合地震反射模式：（c）上超（箭头）；（d）下超

沉积层序中地层的顶面和底面关系不应与交错层理的前积层理混淆，后者构成地层的一部分，而不是层序。图 13.9 说明了区域环境中沉积层序地层与层序边界的关系。

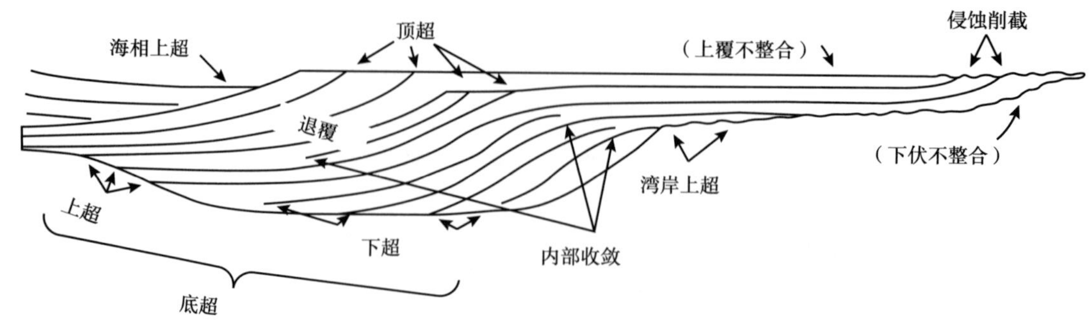


图 13.9　定义沉积层序不整合边界关系的术语

2）沉积层序识别

通过寻找不整合面（侵蚀面、地层削截、地层缺失），可以在露头剖面和地下剖面中识别沉积层序。地下识别在很大程度上取决于测井曲线的使用，如测量岩石单元电阻率的电阻率测井（第 12 章）和地震数据，以定位和追踪不整合面、削截和地层超覆关系（Van Wagoner 等，1990）。事实上，Vail 和他在 Exxon 的同事构想的层序概念最初是从地震数据发展而来的。

由于层序被定义为由不整合面及相应整合面分隔的地层单元（Mitchum 等，1977），因此不整合面的识别是地震层序分析的关键。地震序列分析旨在通过识别不连续面来识别主要反射“包”。通常将不连续面视为不整合面，即代表主要间断的侵蚀或非沉积表面，本节确定了四种不同类型的不整合面（图 12.5）。然而，在地震地层分析中，可识别出两种不连续性：

（1）由于陆上或水下的侵蚀削截而代表明显间断的侵蚀不整合面；

（2）不整合面称为下超覆面，这是代表间断的海平面，但没有侵蚀的证据。

不连续面通常是很好的反射面，而且至少在区域尺度上，通常也是具有不同倾角的独立岩石单元。因此，可以通过解释沿不连续面反射端点的系统模式来识别不连续面。在不连续面上出现两种形态：上超和下超。在不连续面（Vail，1987）以下出现三种模式：削截、顶积和视削截（图 13.10）。

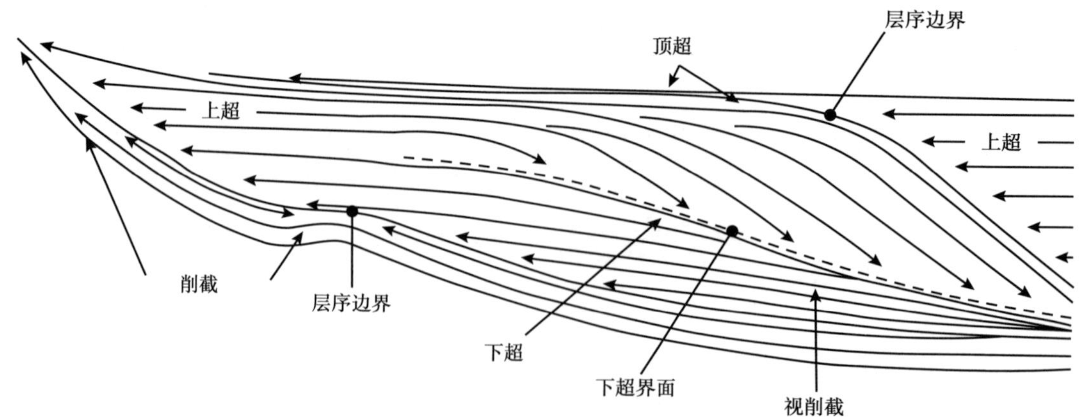


图 13.10　层序边界（不整合面）、下超（最大海泛面）面和各种反射端点图

视削截是指沉积变薄而终止

地震分辨率一般不足以圈定规模较小的沉积层序，因为实际的垂直分辨率在 10~50m 左右。但可识别出主要的沉积单元或沉积体系，如进积三角洲—斜坡体系、碳酸盐岩陆架边缘体系、海相超覆体系等。一旦沉积层序在盆地范围内进行了对比，这些层序就提供了一级地层格架，在格架内可以更详细地研究地震相。图 13.11 是纽芬兰近海的地震剖面，提供了由不整合面圈定层序的例子，这些不整合面将不同的沉积单元分开。

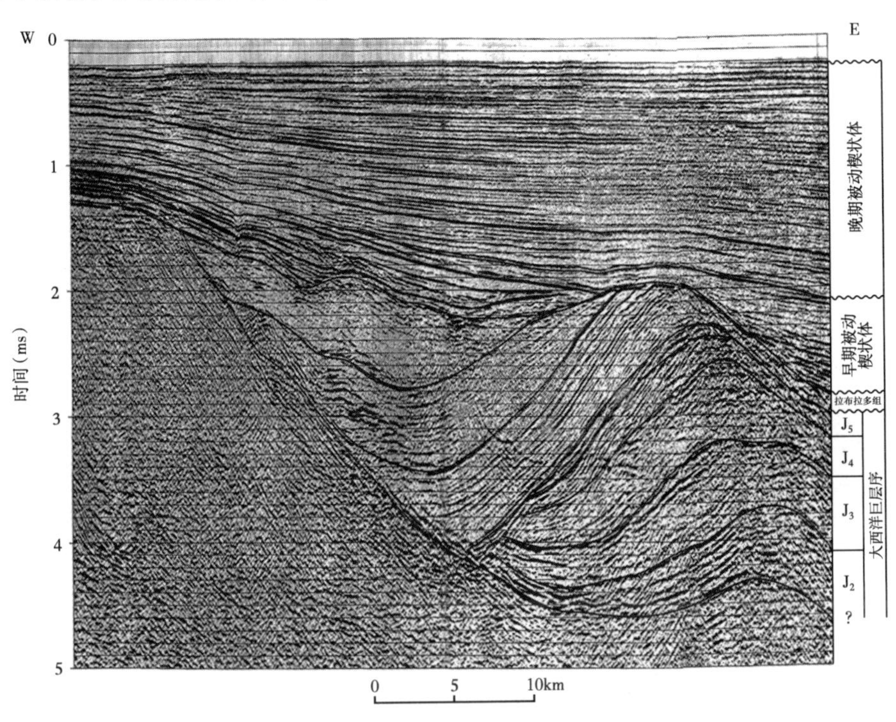


图 13.11 根据地震记录定义的沉积层序

在这个纽芬兰近海的例子中，地震层序边界用黑色实线表示；该记录上的垂直刻度以地震波双向传播时间而非深度表示

因此，进行地震层序分析包括以下几个步骤：

（1）在给定区域通过识别沿其表面的反射端点来确定不整合面；

（2）将这些边界扩展或外推到整个部分，包括反射器一致的区域，以完全定义层序；

（3）在盆地或其他地区的地震记录上重复圈定层序边界，并将这些层序在整个地震网格中进行对比，生成由不整合面及其相应整合面分隔的连续层状地震层序的三维格架；

（4）根据厚度、几何形状、方向或其他特征识别层序单元，以查看每个层序与相邻层序之间的关系。

有关地震层序成图及其在地质问题中应用的更多详细信息，请参见 Catuneanu（2006）和 Vail 等（1991）。层序概念在地层学研究中如此重要，以至于它承担了地层学中一个称为“层序地层学”的专门分支的作用。第 13.3 节进一步讨论了层序地层学。

#### 13.2.3.7 地震相分析

地震相分析通过检查层序内岩相地震响应的较小反射单元，使解释过程比地震层序分析更进一步。在地震相分析中，用于区分一个地震相与另一个地震相的最常见反射特征是反射的几何形状或反射终止点，这与层序边界的两个不整合面有关，即相的外部几何形状，以及反射的内部结构和特征。地震相单元是由特征反射元素不同于相邻单元的地震反射组成的可映射、区域可定义的三维单元，代表或表达了产生反射的沉积单元的总体岩性和分层特征。构成地震相的一些更为重要的地震反射模式包括断层、海底上覆、海底丘、河道 / 漫滩复合体、滑塌、斜坡前缘填充、爬升上超和褶皱（图 13.12）。

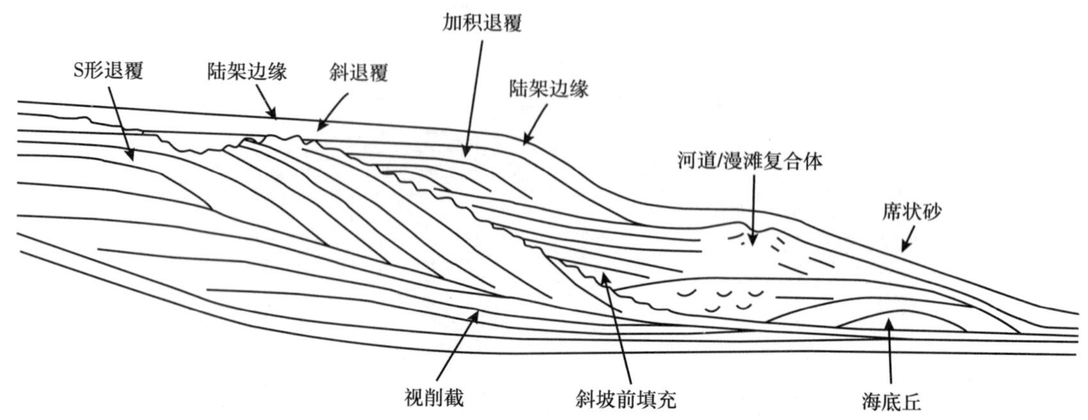


图 13.12　模拟地震剖面图，显示了可从地震记录中识别的一些常见地震相模式

#### 13.2.3.8　地震相解释的步骤

地震相分析的目的是对岩性、沉积环境和地质历史进行区域解释。解释过程分为几个不同的步骤（Vail，1987）。

第一步是识别和描绘被测区域所有地震剖面上每个层序内的地震相单元。地震相分析中最有用的地震参数如下：

（1）反射的几何形状（图 13.12）和反射端点；

（2）反射结构（如平行、发散）；

（3）三维形态（图 13.13）。

可以从二维地震剖面直观地分析反射终止和结构。外部三维几何形状必须通过基于许多不同地震剖面的映射来确定。每个地震相单元根据这些参数与相邻单元区分开来。

在反射单元的分布（几何形状）和厚度成图之后，地震相分析的下一步是将此信息与任何其他特殊的地震信息（例如层速度）和任何可用的非地震数据（例如井和露头数据，揭示了区域地质）结合。Vail 等（1991）提供了对这些步骤的深入论述。

#### 13.2.3.9　岩相和沉积环境的解释

一旦完成了地震序列和相的划分，最终目标是根据岩相、沉积环境和估测古水深来解释相。例如，显示前积反射特征的地震相通常表明三角洲沉积。显示横向相邻的浪蚀地形（浪基面之上）、斜坡沉积（向海倾斜）和洋底地形（平坦的盆底）的反射层的存在表明水深从陆架到斜坡到深盆地的变化。延伸到大面积的平行反射层表明稳定盆地中的陆架沉积物或可能更深水的沉积物。

地震相的环境解释在很大程度上是一个排除过程。由于与现有数据明显不一致或由于个人对所研究的盆地或区域的了解，解释者可能能够立即排除某些岩相或沉积环境。涉及研究与其他单元的关系、反射特征和其他属性的附加分析通常允许进一步减少剩余选项，直到只有一个或两个沉积或岩相模型适合可用数据。在解释过程中必须特别注意侧向相当量，解释者必须具有丰富系统知识，即岩相组成、几何形状和空间关系。即便如此，可能并不总是有可能得出最终的、独特的解释，并且解释者可能不得不接受可以与现有数据一致的最佳结论。

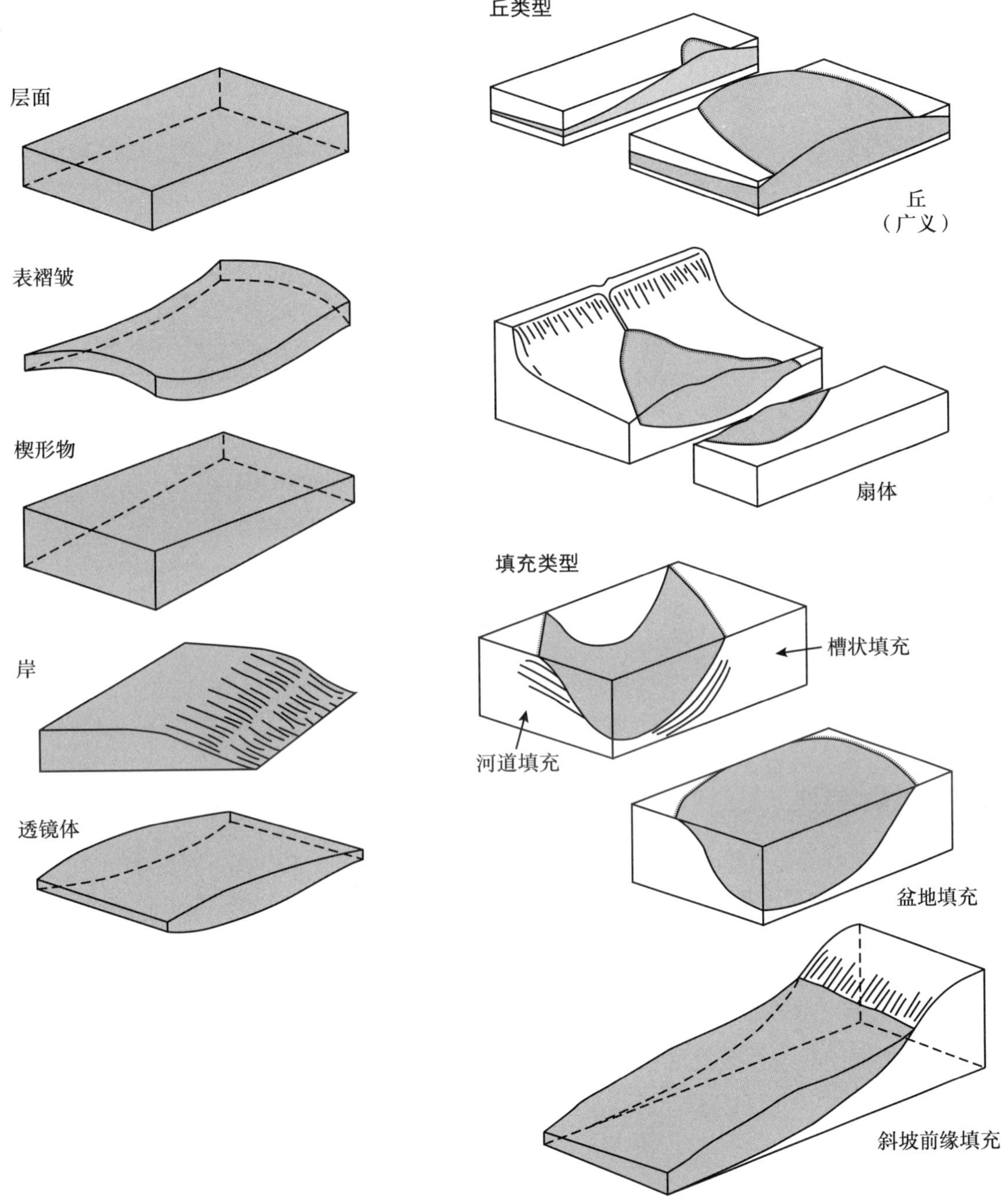


图 13.13　从地震相单元解释的一些地层体的外部形态

图 13.14 通过显示图 13.12 中描绘的地震反射模式如何根据岩相和环境设置来进行地震相解释的过程。进行此类解释的第一步是从油井和露头控制中尽可能多地了解区域地质。这种非地震数据通常可以显示沉积剖面是由碳酸盐岩（和 / 或蒸发岩）、硅质碎屑岩还

是混合碳酸盐岩和硅质碎屑岩组成。然后可以解释地震相模式。例如，图 13.12 中位于层序边界正上方的沉积单元（即波浪线所示的不整合面）被解释为主要为硅质碎屑；河道/河岸复合体由海相淤泥和黏土（泥岩）充填；海底丘由深水砂岩组成。位于层序边界正下方的沉积单元由碳酸盐岩组成，它们是陆棚相、斜坡相或盆地相碳酸盐岩，这取决于它们与重叠模式的关系（Vail，1987）。

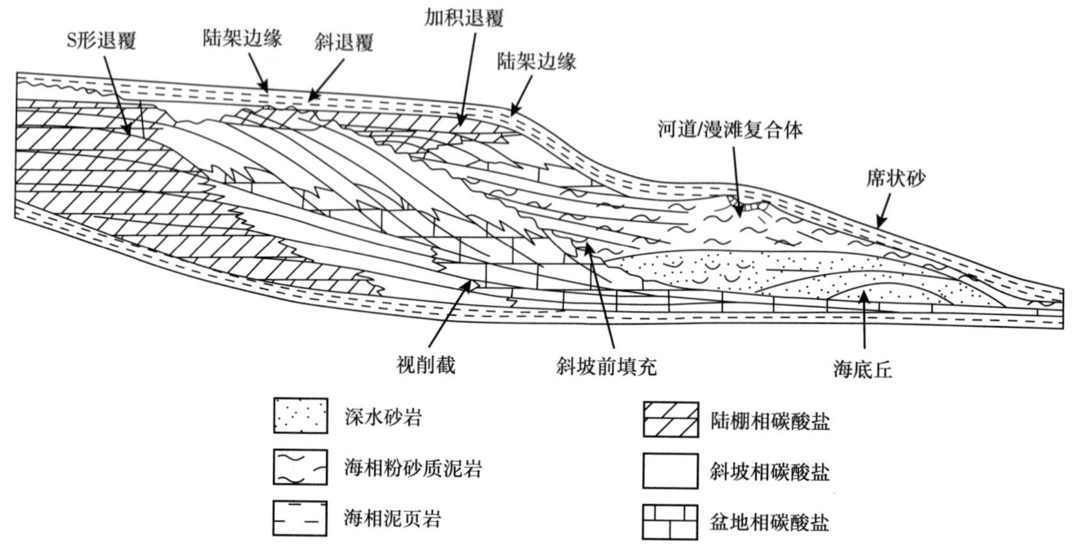


图 13.14　基于图 13.12 所示模拟地震相模式的岩性和环境解释示意图

## 13.3　层序地层学

### 13.3.1　基本原理

应用层序地层学原理的前提是，沉积层序可以被划分为含不整合边界的单元（层序），这些单元是在海平面变化的单个主要旋回中形成的（Catuneau，2006；Emery 和 Meyers，1996）。层序可以被划分成更小的单元，这些单元在成因上相互联系，在单个海平面旋回的不同阶段形成（表 13.2）。层序界面内的整个三维岩相组合称为沉积体系。沉积体系又由更小的地层单元组成：体系域和准层序（它们又组成准层序组）。层序地层学通过展示这些地层单元的生成与可容纳空间的关系，将其置于一个可预测的年代地层框架中（Vincent 等，1998）。

表 13.2　层序地层单位的层次

| 沉积层序：由侵蚀面或不沉积面或其相关整合面的沉积层序成因相关地层 |
| --- |
| 层序内的地层单位包括：<br>沉积体系——有成因联系的，代表活动（现代）或推断（古代）过程和环境（如河流、三角洲、障壁岛）的三维岩相组合<br>体系域——沉积体系的细分。主要有四种类型：高位体系域（高海平面沉积的沉积物）、下降阶段体系域（海平面从高到低下降时沉积的沉积物）、低位体系域（低海平面和海平面早期上升时沉积的沉积物）和海侵体系域（海平面上升时沉积的沉积物）<br>准层序组—— 一系列遗传相关的副层序，形成独特的叠加模式，在许多情况下，主要由海泛面及其相关面限定<br>准层序——由海相洪泛面或其相关面界定的成因相关层或床组（在准层序组内）的相对一致的序列<br>海泛面——将较年轻地层与较老地层分开的表面。有证据表明，穿过该表面时，水深突然增加 |

可容纳空间是沉积物可以积聚的任何时间点的可用空间（Jervey，1988）。从根本上说，这是一个概念上的平衡面之间的空间，将侵蚀和沉积分开，潜在的沉积物可以在其中积累。在海洋领域，这个被称为基准面的平衡面就是海平面。海洋环境中的调节受海平面升降（海平面上升和下降）和构造作用（沉降 / 抬升）控制（图 13.15）。海平面的相对上升或海底的沉降导致了更多的沉积空间。海平面的下降或海底的抬升会减少可容纳空间。这些调节变量和沉积物供给速率以几种方式控制着水深，从而控制着海侵和海退（Emery 和 Meyers，1996）。如果在可容纳性保持不变（例如，静态海平面和无沉降）的情况下添加沉积物，或者沉积物供应速率大于相对海平面上升的速率，水深将减少（海退型沉积相带）。如果沉积物供给速率小于相对海平面上升的速率，水深将增加（海侵型沉积相带）。如果沉积物的供应量足够大，以至于它填满了与海平面的空间，那么由于海平面的下降或海底的抬升而引起的相对海平面的下降会导致沉积物被侵蚀。

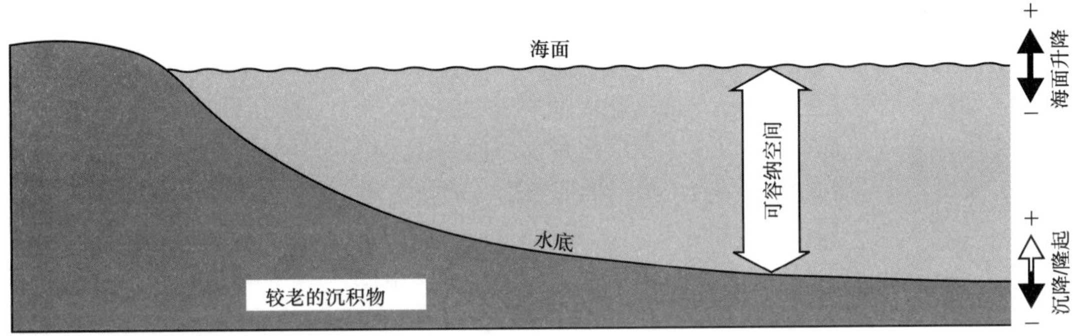


图 13.15　海相可容纳空间，即沉积物可堆积的空间（据 Posamentier 等，1988）

## 13.3.2　层序地层学的基本单元

### 13.3.2.1　准层序和准层序组

准层序是沉积层序的最小相单元，厚度范围为 10~100m。准层序是由海泛面（将较新地层与较老地层分隔开来的表面）界定的小规模层或层组序列，有证据表明，在海泛面之上，水深突然增加。它们通常在沿海环境中形成，在那里，可容纳空间的增加速度小于沉积物供应速度。在这些条件下，进入海洋的沉积物将首先填充近岸区域，然后向海（前进）移动到更远的区域。结果是岩相向上变浅，粒度通常向上变粗，形成垂向序列。如果这一阶段之后可容纳空间增加（由于海平面上升或沉积物供应率下降），则会在演替过程中发生海侵，从而有效地终止向上变浅的沉积。

由于海平面升降或沉积物供应速率增加，可容纳空间随后减少，可能导致新的准层序沉积。沉积物供给率的短期变化可导致每个后续准层序在不同点开始进积。由于相对海平面的这些变化，准层序的垂向叠加形成了准层序组（图 13.16）。在这里描述的准层序形成的情况下，每个后续的准层序都将向海方向推进，形成一个进积准层序组。在相对海平面上升和下降的不同条件下，准层序可能向陆地方向推进，形成退积准层序组或垂向叠加，以生成加积准层序组（Coe 和 Church，2003）。例如，碳酸盐岩准层序通常是加积的，向上变浅。

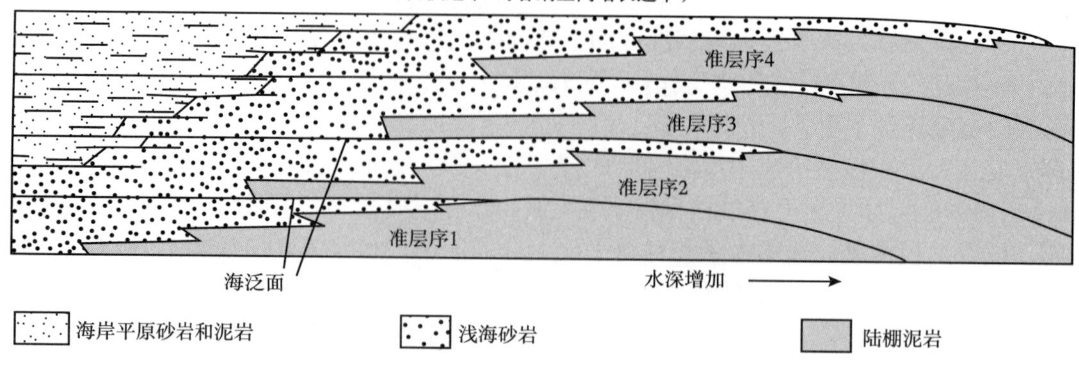


图 13.16　在进积条件下形成的分流水道和准层序组的图解

#### 13.3.2.2　体系域

如表 13.2 所示，构成沉积层序的地层统称为沉积体系。沉积体系是指在从高海平面到低海平面再回到高海平面的整个海平面变化周期中沉积的沉积物。在该旋回特定部分沉积的沉积物被称为体系域，而体系域又由准层序组成。因此，体系域轨迹可以位于层序边界的上方或下方，或者位于层序的中间部分。根据形成体系域的海平面条件，可识别出四种体系域。

高位体系域位于层序边界的正下方。它们形成于海平面上升的后期、海平面静止或海平面下降的早期（图 13.17a）。它们是在允许退积到加积的条件下形成的。冲积物和海岸平原沉积物是高位体系域的后期特征，向海划分为浅海（可能包括三角洲沉积物）和近海海相沉积物。高位体系域由于下一次海平面上升所产生的不整合面而终止。

下降阶段体系域（图 13.17b），被一些作者称为早期低位体系域，是海平面从高水位位置下降时形成的。海平面的下降，要么由于海平面上升的速度超过了构造沉降的速度，要么由于海平面上升的速度小于构造抬升的速度，导致强制海退（Hunt 和 Gawthorpe，2000）。在强制海退过程中，随着海岸线向海方向（前进）移动，可容纳空间减小，同时也沿沉积剖面向下移动。因此，海岸平原不是沉积场地，而是过路沉积，形成不整合面。也就是说，被河流切割侵蚀到陆上的沉积物将通过海岸平原，沉积在更向海的位置。下降阶段体系域沉积物包括浅海沉积物、近海沉积物和海底扇沉积物。

低位体系域（图 13.17c）在相对海平面降至最低并开始上升后形成，形成少量的可容纳空间。随着海平面继续上升，海洋沉积物沉积，河流体系停止侵蚀。因此，低位体系域是沉积在最低相对海平面（可容纳空间减少）和随后可容纳空间显著增加之间的沉积物组合。沉积物由前积—加积准层序组组成，可包含冲积物和沿海平原沉积物、浅海沉积物（包括可形成和填充先前侵蚀河谷的三角洲沉积物）、近海海相沉积物和海底扇沉积物（Coe 和 Church，2003）。

海平面的持续上升创造了条件，使得可容纳空间的形成速度大于沉积物供应速度，从而导致海侵。沉积位置向陆地方向移动，产生退积准层序或准层序组。海侵面可能以海相沉积物覆盖非海相沉积物为标志。在这些条件下沉积的沉积物形成海侵体系域（图 13.17d）。海侵体系域沉积物可能包含冲积和沿海平原沉积物、浅海沉积物和近海沉积物，但它们通常不包括海底沉积物。

当海平面接近其最高位时，沉积速率最终超过海平面上升速率，强进积的加积产生新的高位体系域（图 13.17e）。在这一阶段，沿海平原和三角洲沉积占主导地位，这些相可能在下伏低位沉积之上向前推进。

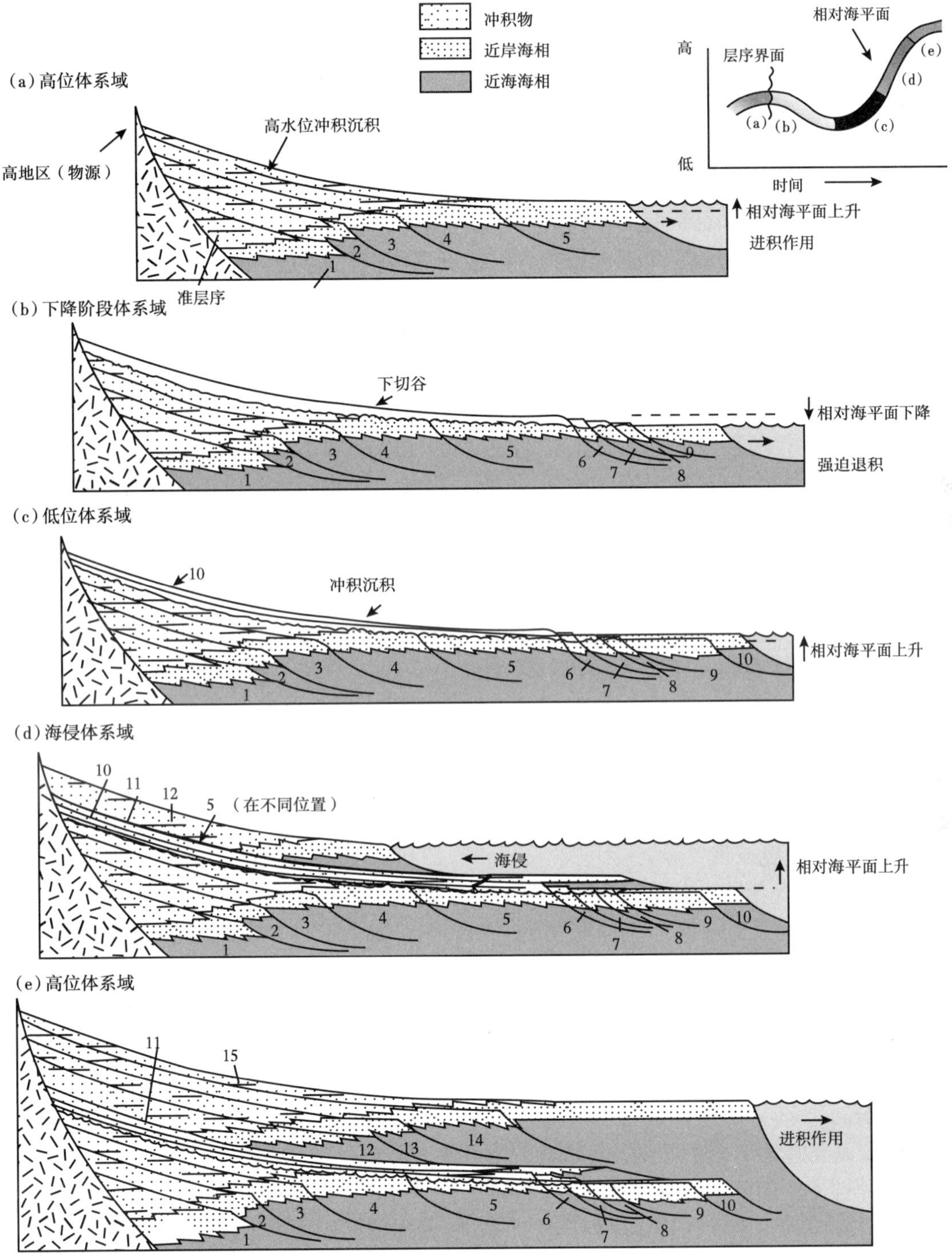


图 13.17　静止海平面从高位海平面到低位海平面再到返回，海平面变化周期中不同阶段形成的体系域示意图。注意，每个体系域包括几个小规模海退—海侵旋回（即准层序）。在准层序内正常海岸线回归的每个阶段，都会产生河流调节并发生沉积，但在下降阶段发生侵蚀

上述讨论仅介绍了层序地层学的基本要素。有关更多详细信息，感兴趣的读者可参阅 Coe 和 Church（2003）、Posamentier 和 Allen（1999）或沉积地质学会维护的优秀层序地层学网站（http：//strata.geol.sc.edu/）。

### 13.3.3 层序地层学方法及应用

#### 13.3.3.1 方法

前面的讨论表明，层序地层学中涉及的概念相当复杂。在这一点上，学生们可以合理地提出以下问题：层序地层学相对于其他地层学方法有什么优势，值得对这些概念进行理解。层序地层学的基本目标是为进行相分析提供高分辨率年代地层（时间地层）框架。垂直相分析必须在一致的地层单元内进行，以准确关联同代（等效年龄）沿单个沉积表面的横向相关系。多年来，其他研究人员通过利用地层的海侵和海退旋回进行时间和相的区域对比，实现了这一目标。层序地层学的支持者认为层序地层学是一种更好的方法（Van Wagoner 等，1990）。层序地层学的一个基本方面是认识到沉积岩由层级单元组成，包括纹层、层、层组（第 4 章）、准层序、准层序组和体系域。除纹层外，这些单元中的每一个都是由具有年代地层意义的表面界定的具有成因相关性的地层序列。这些面或边界之上的相与下面的相没有物理或时间（时间）关系。因此，这些面的相关性为相分析提供了高分辨率的年代地层框架。

层序地层学的实践要求地层学家能够识别准层序、准层序组、体系域和层序的地层表达。早期的工作主要依赖于地震层序和地震相分析，例如，通过基于地层终止的层序边界识别。地震地层学本身并不能提供识别和分析较小规模沉积单元所需的精度，因此，测井、岩心和露头信息也用于分析层序。识别向上变浅单元可以识别准层序。可以观察到一组准层序叠加成退积、进积和加积模式，形成准层序组，大致对应于一个体系域（Van Wagoner 等，1990）。体系域通过层序内岩相和位置的不同组合进行识别。因此，利用地震数据、测井、岩心和露头信息的适当组合，可以生成仅由地层关系定义的层序和准层序边界的高分辨率年代地层框架。

#### 13.3.3.2 沉积环境应用

层序地层学概念最初主要用于分析沿大陆边缘沉积的硅质碎屑沉积物，因为这些硅质碎屑环境特别容易受到相对海平面变化旋回的影响。如图 13.17 所示，当海平面从高位向低位摆动时，会形成一系列体系域。随后，许多学者尝试将层序地层学的概念扩展到碳酸盐岩和蒸发岩环境、深海环境、陆表（克拉通）海环境，甚至河流系统（Emery 和 Meyers，1996；Witzke 等，1996；Vincent 等，1998；Coe，2003）。尽管将层序地层学技术推广到这些环境中显然是可能的，但这些环境中的沉积模式与硅质碎屑海洋陆架斜坡环境之间存在着重大差异。

例如，碳酸盐岩环境中碳酸盐沉积物的生成速率通常远高于硅质碎屑环境中硅质碎屑沉积物的积累速率。因此，碳酸盐生成速率通常超过了可容空间的增加速率，导致盆地填充至海平面，并形成向上变浅的岩相序列（第 11 章）。碳酸盐沉积物中体系域的模式可能与硅质碎屑层序中的模式不完全相同。同时，在碳酸盐岩层序中，层序界面通常比在硅质碎屑沉积物中更难区分。此外，碳酸盐岩台地的陆上暴露影响取决于气候。潮湿气候导致碳酸盐广泛溶解和再沉淀；干旱气候将导致较少的碳酸盐成岩作用，但倾向于促进蒸发岩的沉淀。

与陆架环境相比，几百米相对海平面的变化对深海环境的影响要小得多。尽管如此，海平面变化确实会影响深海盆地的沉积，特别是海底扇系统中浊积岩的沉积。尽管在海平面高位期间可能会形成海底扇，但在海平面低位期间，浊流似乎比在高位期间更有可能将沉积物从陆架环境运移到深海盆地（图 13.17）。深海浊积岩系统的分析似乎是层序地层学方法在深海环境中的主要应用（Emery 和 Meyers，1996）。

尽管层序地层学概念已应用于克拉通环境（Witzke 等，1996），但由于克拉通地区的沉降速率较低，此类应用出现了问题。Sloss（1996）指出，克拉通地台的广大区域似乎在一段时期和一段时间跨度内以 5m/Ma 或更小的速率沉降。在这种条件下，除非在特殊情况下，否则斜坡地形、削截面、低位体系域和陆架断陷盆地的其他特征很难达到所需要的水深地貌。Sloss 认为，强迫克拉通地层学遵循为不同条件而制定的原则、定义和实践，会抑制有意义的进展。

层序地层学在河流体系中的应用呈现出特殊的问题，因为河流沉积的基准面和可容空间比海洋系统的基准面更难确定。定义河流体系可容纳空间上限的概念，其中平衡面通常被视为河流的分级剖面或平衡剖面（分级剖面是指分级河流的纵剖面，或其每一点的坡度刚好足以输送可移动沉积物的河流的纵剖面）。河流最终可以达到的水位称为海湾线，这是河流流入海洋的有效海平面。 河流坡度纵断面的变化可以增加或减少可容纳空间。这些变化可能包括流量、泥砂供应、河道形状和隆起的变化，以及海湾线（海平面）的位置。目前正在积极研究层序地层学概念在非海相体系中的应用，但仍存在争议。一般认为，河流体系的下游（100~150km）最有可能受到基准面变化的严重影响，地层记录中最有可能保存的就是这部分河流系统（Shanley 和 McCabe，1994；Vincent 等，1998）。

#### 13.3.3.3 全球海平面分析

层序地层学概念最具争议的应用之一是分析古海平面。正如本书所讨论的，海平面的变化对沉积模式有重要影响。海平面变化研究与地层记录中旋回序列的分析具有特殊相关性。休斯敦 Exxon 研究实验室的 Vail 及其同事，使用地震数据和地表露头数据，将沿海超覆、海洋（深水）超覆、底超和顶超的发生整合到一个涉及相对海平面不对称周期振荡的模型中（Vail 等，1977a，1977b；Haq 等，1988）。

Vail 和他的小组通过参考海岸上超图推断出相对海平面的变化。这些图表是通过地震剖面估计海平面上升的幅度，通过海岸加积（在海平面上升期间沉积的海岸沉积物的厚度）来测量的。海平面下降量是通过测量海岸上超的下降幅度来确定的，即在最高海平面处达到的最大海岸上超点与最大海平面下降点之间的高程（垂直）差，这是根据地震记录确定的下一个（较年轻的）上超单元位于海平面下降期间产生在不整合面之上的位置（Vail 等，1977a；Vail 等，1984）。图 13.18 显示了从海岸和海洋层序构建相对海岸线上超图的步骤。

第一步是对图 13.18a 中 A 到 E 的层序进行分析。层序边界、面积分布及海岸上覆和上超的存在与否是通过地震剖面上的反射波追踪来确定的。利用井资料中可用的年龄控制来确定每个层序的地质时间范围。根据地震和其他资料进行环境分析，以区分海岸相和海相。第二步是构建层序的年代地层图，这一步骤首先由 Wheeler（1958）提出。地层界限和不整合面都能提供地层时间信息。由于地层界限为沉积面，故将地震对地层界限的响应假定为年代地层反射面。

此外，由于地震反射层是等时的（在任何地方都具有相同的年龄），因此它们可以跨越岩性边界。也就是说，来自给定表面的地震反射可能横向延伸至各种岩相。地震反射器可连续追踪，例如，通过陆架系统，在陆架边缘上方，向下通过等效坡度系统。不整合面不是等时面，不整合面下方的地层比不整合面上方的地层更古老。因此，不整合面之间的地层构成时间地层单位。在根据井控或其他信息确定沉积层序的年龄后，工作人员根据地质时间绘制地层信息，以构建年代地层对比图（图 13.18b），这样的图表称为 Wheeler 图。这个过程的最后一步是识别每个地震序列中相对海岸上超周期，估算由海平面相对上升和下降引起的海岸上移和向海下移的幅度，并绘制这些变化和海平面静止与地质时间的关

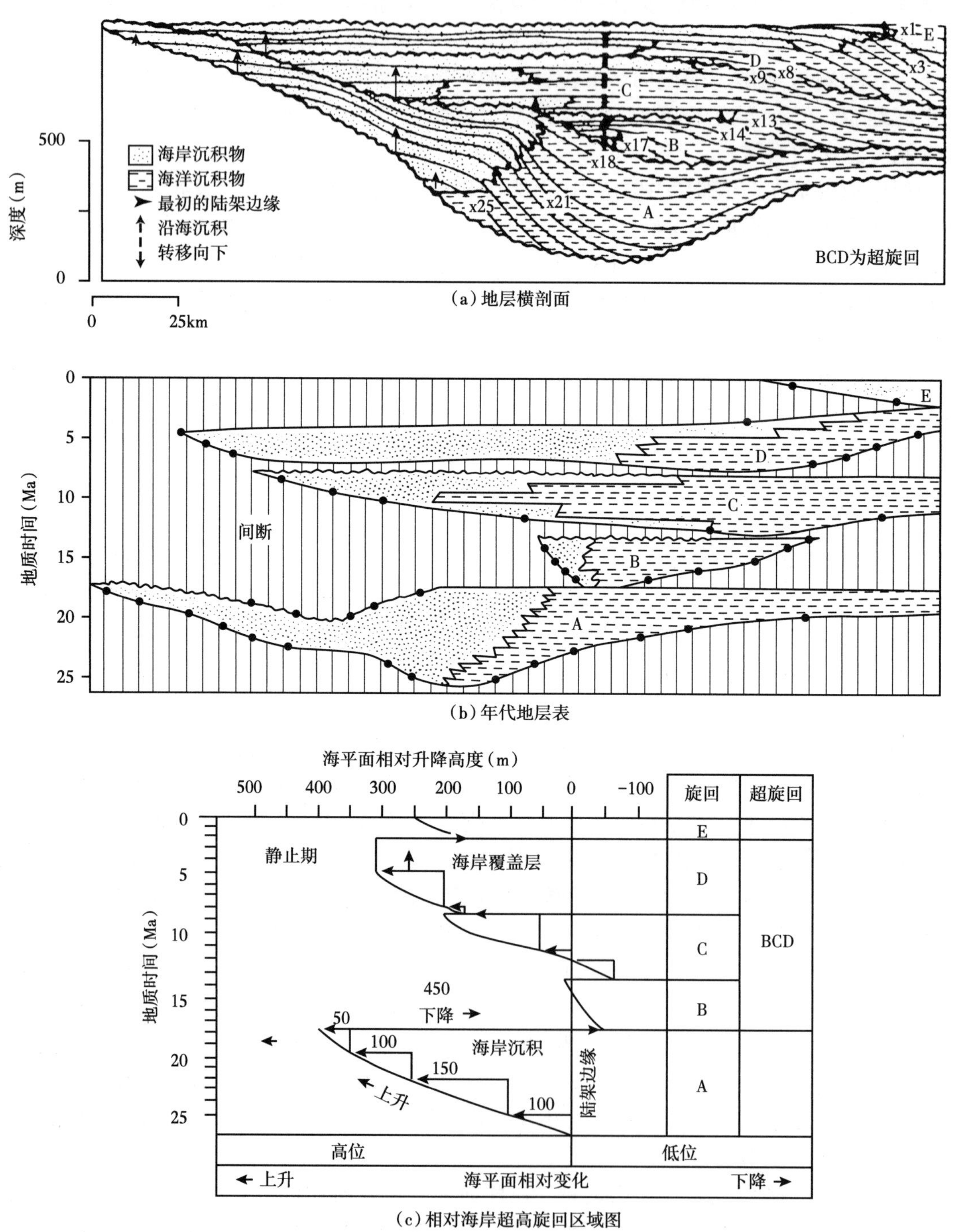


图 13.18 Exxon 地质学家用于构建区域相对海岸超覆旋回的步骤示意图（据 Vail 等，1977）

系图，如图 13.18c 所示。因此，海岸加积的大小是衡量海平面相对上升幅度的一个指标；相对静止表示海岸顶超，海岸上超向海偏移表明海平面的相对下降。对每个层序（图 13.18c 的 A~E 旋回）重复绘制相对海岸上超图，以完成相对海岸上超曲线图。最后，利用相对海岸超覆的变化作为推断相对海平面变化的依据。为简单起见，假设边缘没有沉降，并考虑深埋作用下压实作用对层厚的减薄效应（恢复原始厚度）。

海平面相对上升和下降所占据的时间间隔，由图 13.17c 所示的沿海超覆图解释，构成了一个区域内相对海平面变化的周期。Vail 等（1977b）对区域旋回进行了对比，并利用这些信息构建了全球相对海平面变化旋回的复合图。他们认为这些周期是全球性的，显然受海平面绝对变化或海平面升降的控制。图 13.19 是 Vail 等（1977b）发表的图件，Hallam（1984）绘制的与大陆洪水汇编图略有不同的图表也被展示出来以作比较。Exxon 海岸上超图和从这些图中推断出的相对海平面曲线一经发表，立即在地质学界中引起了热烈的兴趣、讨论和争论。

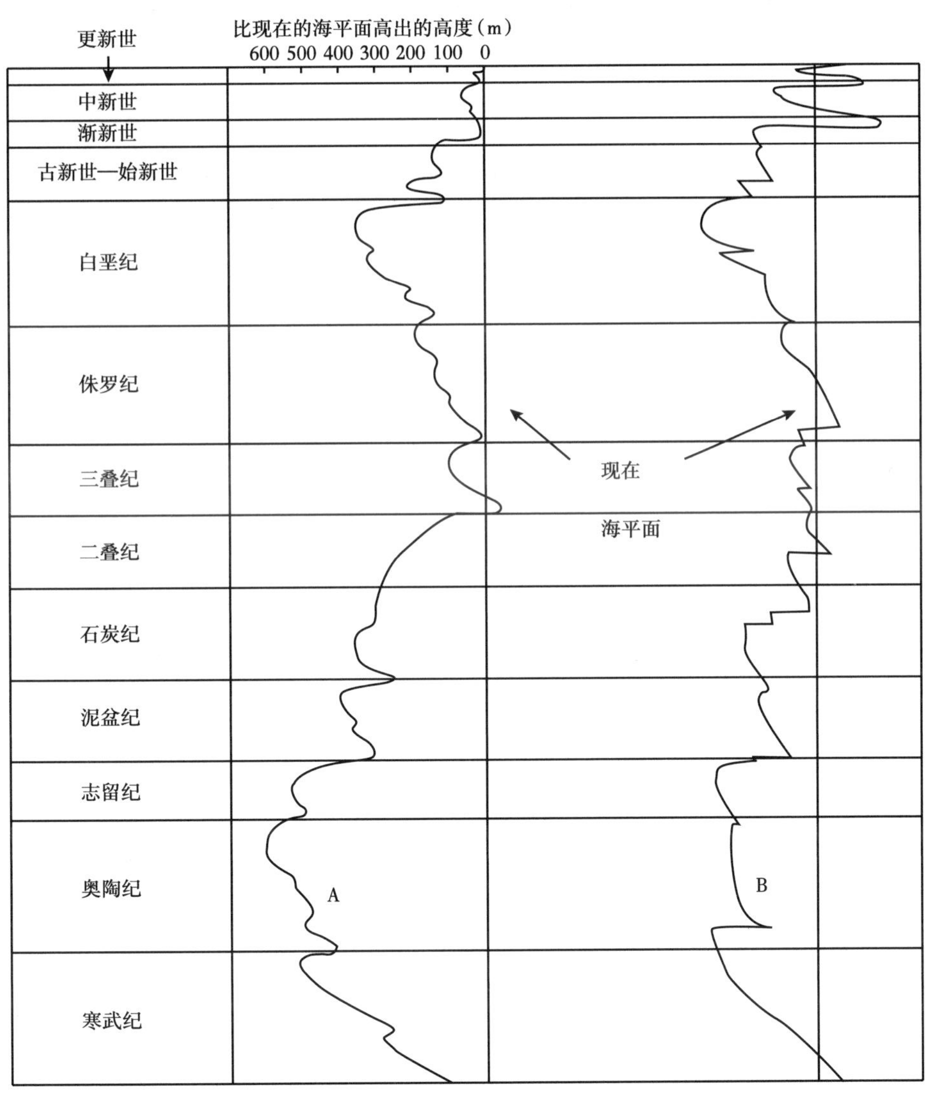

图 13.19 显生宙海平面升降曲线（据 Hallam，1984；Vail 等，1977b）

从层序地层资料分析海平面的可靠性。在 Vail 等（1977b）的沿海上覆曲线发表之后，一些相关工作者（Brown 和 Fisher，1980；Kerr，1984；Miall，1986）挑战了 Vail 团队的基本前提，即这些曲线主要反映海平面的升降变化，并指出构造运动（盆地沉降）和沉积物供应速率也会影响这些曲线。尽管如此，地质界对海平面分析的兴趣仍然很高。1988 年出版的由 Wilgus 等人编辑的 SEPM 特别出版物《海平面变化：综合方法》就表明了这种兴趣。本卷包括几篇关于海平面变化分析的文献，以及讨论海平面变化和层序地层学的文献。其中 Haq 等（1988）提出一个新的中生代和新生代海岸上超曲线和相应的海平面升降曲线，一直受到相当大的后续讨论和争议（Christie-Blick 等，1990；Hallam，1998；Miall，1991，1992，1994，1997；Walker，1990）。Haq 等（1988）指出，这些新的曲线是基于测井、露头数据及地震数据得出的，比仅从地震数据获得的曲线具有更高的分辨率。这些非常详细的曲线在本书没有完整再现，然而，图 13.20 显示了新近纪和第四纪曲线的一个简化部分，以说明海岸上超图，并显示根据该图解释二级和三级海平面旋回的性质。图 13.21 显示了古近纪—新近纪旋回图的更完整但仍然简化的部分。

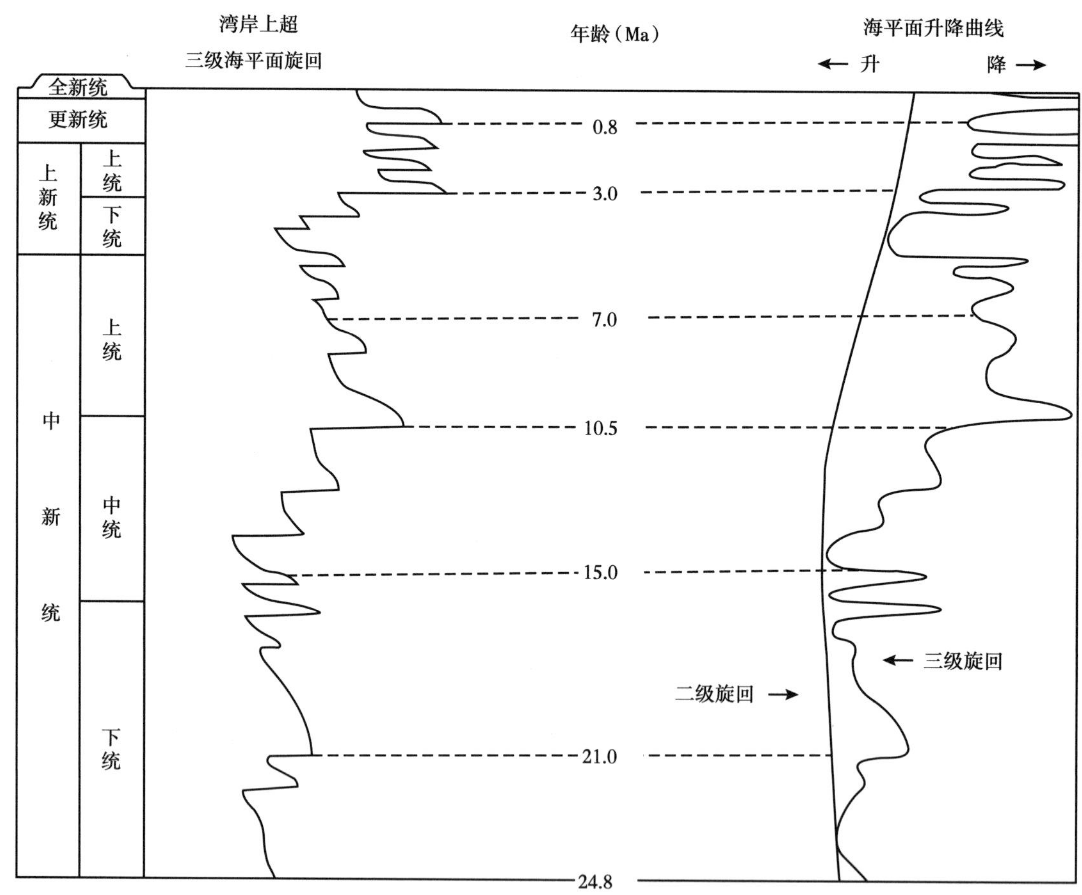


图 13.20 Haq 等（1988）确定的新近纪和第四纪的海岸上超及长期（二级）和短期（三级）海平面曲线

Christie-Blick 等（1990）对地震地层学及其在海平面分析和地层记录解释中的作用提出了全面的批评。对于 Haq 等（1988）的曲线，Christtie-Blick 等人特别关注的是他们所谓的对所有二级和三级层序边界不加批判的解释，这些解释是由海平面升降变化引起的。他们认为，海平面升降的幅度不能仅从地震地层数据推断出来，因为海岸加积（上超的垂直分量）主要是盆地沉降的结果，而不是海平面上升的结果。此外，上超的向下移动只反映了海平面下降的速率与盆地沉降速率的关系。

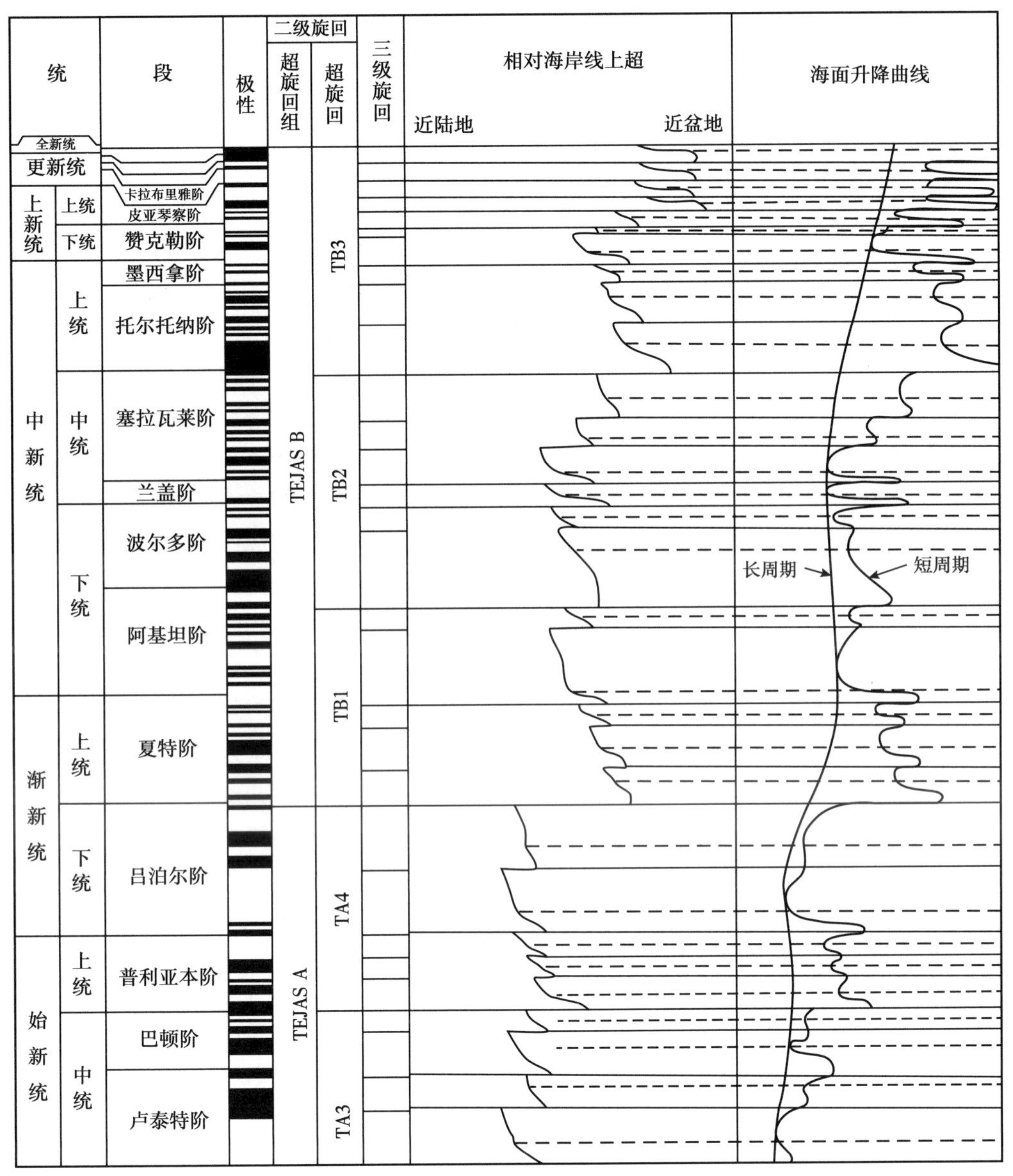


图 13.21 部分古近系—新近系和第四系的简化全球层序图

极性列显示地磁时间刻度

他们认为，要获得较小的海平面升降信号，不能轻易或客观地去除盆地沉降的大分量。Christie-Blick 等人进一步指出，全球上超图的另一个主要局限性是地质时间尺度上许多边界的校准存在不确定性。解释中的另一个潜在问题源于自旋回的控制（第 12 章），例如三角洲转换，它可以产生小规模的旋回。Miall（1991，1992，1994，1997）也认为 Haq 等（1988）中新生代全球旋回图的隐含精度是不合理的。他坚持认为，该图表并不是一个经过独立试验和测试的全球标准，其隐含的精度是不可支持的，因为它比可用的最佳年代地层技术（例如用于构造全球标准时间比例尺的技术）的精度要高（第 15 章）。

尽管有这些批评，对海平面分析和层序地层学的兴趣总体上仍然很高。引用 Plint 等（1992）的话，“Exxon 的海平面曲线将继续存在，尽管随着更多的数据收集和更好的年代地层控制，它可能会经历逐步的演变和完善。”在接下来的几年里，世界各地的地质学家肯定会关注海平面分析争议的结果。Hallam（1998）指出，相对海平面可以通过使用相分析的替代方法来研究。从根本上说，这种方法包括通过研究碳酸盐岩和硅质碎屑岩向上逐渐变浅的序列来估计相对海平面的变化。

### 13.3.4 简要说明

层序概念在 20 世纪 80 年代和 90 年代初引起了地层学的一场革命，并产生了“层序地层学”一词，定义为在重复层序的年代地层（时间地层）框架内研究岩石关系，研究以侵蚀或非沉积界面或其相关一致性界定的重复的、成因相关的地层（Van Wagoner 等，1988）。许多地质学家已经接受了层序地层学的概念，目前它被广泛应用于各种地层层序，特别是在石油工业中。自从最初的概念被提出以来，许多关于层序地层学的论文已经在科学会议上发表，并在地质文献中发表。然而，正如前面提到的，这一概念并非没有批评者。除其他外，它被批评为基本上是理论性的，没有具体的、现成的例子；对规模问题重视不够；过分强调海平面升降周期，而没有充分考虑当地构造运动和沉积物供应的影响。此外，很难将层序概念应用于非海相和深海沉积物，因为这些沉积物可能无法细分为定义明确的不整合边界单元。

尽管如此，层序地层学的概念现在已经被广泛接受，恢复了对地层学的兴趣，并产生了许多新的想法。层序地层学中处理全球海平面升降的方面一直是该理论中受到最严厉批评的部分。如前所述，许多地质学家根本不相信可靠的全球海平面图可以由层序地层数据构建。另外，大多数地质学家同意，相对海平面变化确实会影响沉积在大陆边缘和沉积盆地内的沉积物的几何形状和相分布。通过在层序地层格架内使用露头和地下数据，可以有效地研究和解释此类岩相。因此，层序地层学似乎是地层分析的有用工具，即使 Exxon 公司绘制的海平面曲线的整体性无法证明。

Galloway（1989）提出了另一种定义层序的方法，该方法以重复的进积概念为基础，以沉积表面的海侵和洪泛期为间隔。Galloway 层序以最大海泛期形成的特征为边界，而 Exxon 层序以最大剥蚀期形成的特征为边界。在这个时候，Exxon 公司定义层序的方案似乎得到了广泛理解和使用。

## 13.4 磁性地层学

### 13.4.1 一般准则

磁性地层学是地层学中一个较新的分支，主要是在 20 世纪 60 年代中期左右发展起来的。磁性地层学原理最初被应用于研究 5Ma 以来的火山岩和沉积物。现在，磁性地层学技术已经应用于更古老的岩石，详细的磁极时间序列已经扩展到侏罗纪和部分更古老的记录。磁性地层学的产生是由于发现火成岩和沉积岩中的磁性富铁矿物能保持岩石形成时地球磁场的方向。在熔融岩石冷却的过程中，当它们冷却到一个临界温度为500~600℃（铁矿物）的磁居里点时，含铁矿物随着地球磁场的变化而被磁化。当它们接近这个温度时，磁场的影响就会产生，矿物晶体晶格内原子尺度的磁场开始平行排列，并与围绕地球的磁力线方向平行。随着进一步冷却，这些原子被锁定在这个方向上，每一种矿物本质上就变成了一个小磁铁，其极性与地球磁场一致。这些磁性在地质上可以保留很长一段时间，除非岩石再次加热到居里点附近。因此，这种剩余磁性被称为剩磁，或热剩磁（TRM）。

在沉积物沉积过程中，微小的磁性矿物颗粒能够在沉积物表面松散沉积物中旋转，从而机械地与地球磁场对齐。沉积岩中磁性矿物的这种择优取向（统计上）赋予了岩石整体的磁性，称为沉积剩磁或碎屑剩磁。由于沉积物颗粒会受到生物扰动或埋藏成岩过程中的物理和化学过程的干扰，沉积岩的磁化强度比火山熔岩的磁化强度更弱、更不稳定。通过不同年代岩石的剩磁，以确定过去地质时期地球磁场的强度和方向的研究，称为古地磁学。

剩磁是用磁力计来测量的。早期的磁力计只能在火成岩和高磁化含铁红色沉积物中进行古地磁测量。现代超导磁力计可以测量磁性较弱的沉积物的磁性，包括碳酸盐岩。剩磁是复杂的，可以包括由地球当前磁场的长期影响或由一种磁性矿物转变为另一种磁性矿物所引起的化学变化所引起的二次磁性。在实验室中，可以采用退磁技术来破坏这种二次磁效应，从而可以测量一次磁化。正是这种主要的磁性成分记录了火山岩或沉积岩形成时的地球磁场，这在地层学研究中是有意义的。

原始剩磁对地层研究的重要性源于这样一个事实：地球磁场在整个地质历史中并不是保持不变的，而是经常发生逆转（Coe 和 Glen，2004；Jacobs，1984）。地磁场是由地核外部的高导电性镍铁流体运动产生的，人们对其了解甚少。这种运动被认为是由热对流和由地球自转产生的科里奥利力控制的，构成了所谓的自激发电机（Butler，1992；Merrill 等，1996）。对火成岩和沉积岩中剩余磁性的研究表明，地球磁场的偶极（主要）成分自前寒武纪以来以不规则的间隔倒转其极性，这显然是由于外核对流的不稳定性（Merrill 等，1996）。当地球的磁场具有当前的方向时，它具有正极性；当这个方向改变180° 时，它的极性发生颠倒。

图 13.22 显示了在正极性和反极性时期围绕地球的磁力线。请注意，在正极性时期，磁力线似乎在地理南极“流出”地球，绕地球弯曲，然后在地理北极重新进入。因此，垂直铰接（上下摆动）的罗盘指针将向下指向北极（指向地球）和向上指向南极（指向地球外）。磁力线的流动方向，和指南针的方向，会在极性反转期间发生逆转。

地球磁场的倒转在沉积物和火成岩中是通过正常和倒转的剩磁模式记录下来的。岩石的磁化方向是由其向北磁化决定的。如果岩石向北的磁化指向地球目前的磁北极，那么岩石就被认为具有正极性磁化。如果向北的磁化指向今天的南磁极，那么岩石就发生了反极性磁化，或反极性。因此，沉积岩和火成岩显示出与地球当前磁场具有相同磁极性的地球整体剩余磁性具有正常的极性，而那些具有相反磁场方向的地球具有相反的极性。

这些地磁倒转是同时发生的世界性现象。因此，它们在火成岩和沉积岩中提供了独特的地层标志。这种逆转过程被认为发生在1000~10000年之间（Clement 等，1982）。磁场强度下降60% 到80% 发生在逆转之前的大约10000年的时间里。实际的逆转需要大约1000~2000年的时间，然后在接下来的10000年里强度增强（Cox，1969）。磁场最后一次毫无疑问的逆转发生在大约 70 万年前，尽管磁场的短暂逆转或偏移可能发生在大约 2 万年前。

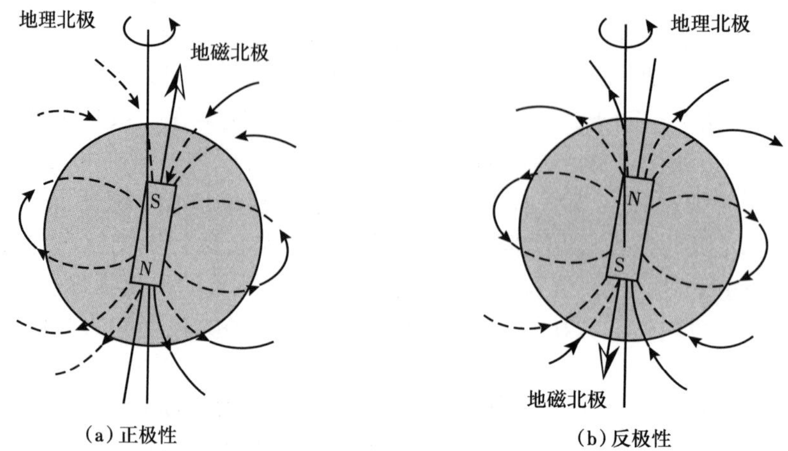


图 13.22　正极性和反极性期间地球磁场的示意图（据 Wylie，1976）

地球磁场的强度在过去的几个世纪里一直在下降。在过去的 300 年里，它减少了 10%，而且下降的速度还在增加。下一个 1000 年，磁场可能会降至接近 0，这使得科学家们推测另一个磁极反转正在形成中（Nova，2003）。想想这对指南针的方向会有什么影响！

在古地磁研究的早期，逆转或正常极性持续 10 万年或以上的时间间隔称为时代，持续时间在 1 万 ~10 万年的称为事件。现在已知地磁极性倒转发生在一个更广泛的时间范围内，范围从小于 1 万年到大于 1 千万年。磁性地层学是以沉积物或火山岩中记录的极性变化为基础，这些极性变化产生可识别的交替极性地层单元模式，可用于岩石年代和地层对比目的。

## 13.4.2　采样、测量和剩磁显示

为了确定沉积岩中的剩磁，地质学家通常从现场取出样品进行后续实验室分析（McElhinny 和 McFadden，2000；Tauxe，2002），尽管已开发出测量井筒中剩磁的技术（Bouisset 和 Augustin，1993）。可采集三种样品：

（1）使用便携式钻机取心的样品。采用这种方法采集的岩心直径通常为 2.5cm，长度为 6~12cm。在从露头岩石中取出岩心之前，必须确定岩心的方向并在样品上标记。通过使用磁罗盘和 / 或太阳罗盘确定岩心轴的倾斜度（倾角），并测量岩心轴的方位角（与地理北极的偏差）。

（2）定向块（手动）样品。这些样品是用锤子从露头上敲碎的，比岩心样品更容易获得，但在实验室仪器中后期定向更困难。

（3）湖底或海底样品的岩心。通常通过活塞取心装置获得的沉积物岩心假定垂直穿透沉积物，但在方位上不定向。

在实验室里，用磁强计测量岩石样品的剩磁（Hailwood，1989；Butler，1992）。通常测量磁性的三个正交分量，然后将这三个分量组合起来，给出试样磁矢量的方向和强度。

由于大多数岩石可以在不同时间获得的不同磁化成分，因此必须去除二次磁性的特征以揭示一次剩磁。二次磁性可通过渐进退磁方法去除，如交变磁场退磁、热退磁和化学退磁。

古地磁中的矢量方向如图 13.23 所示：

（1）倾角（相对于取样点水平层）；

（2）偏角（相对于地理北极）。

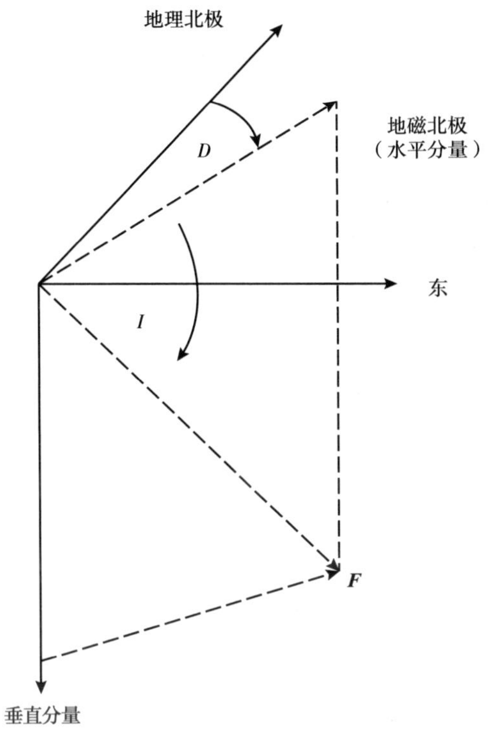


图 13.23 地磁场方向的描述

总磁场矢量 ***F*** 可以分为垂直分量和水平分量；角度 *D* 是磁偏角，即地磁北极和地理北极之间的方位角；角度 *I* 是倾角，水平分量与 ***F*** 之间的角度

如果向下指，则称为正倾角，如果向上指，则称为负倾角。北半球的正倾角表示正常的极性；负倾角意味着极性相反。倾斜方向与南半球的极性相反。倾角和偏角共同定义了地磁场矢量（图 13.23 中的 ***F***）。倾角是岩石标本形成的纬度的函数，偏角表明古代古磁极与地理极的偏差。极性数据通常以图形方式显示在极性反转地层序列中，方法是用黑色绘制正极性的间隔，用白色绘制极性反转的间隔（图 13.24）。通过辐射测量和生物年代学方法确定极性间隔的时间构成了磁极性时间尺度的基础。数据也可以绘制为虚拟地磁极（VGP）纬度。VGP 表示根据倾角和磁偏角信息计算的有效地磁北极的位置（Hailwood，1989）。

### 13.4.3 地磁极性时间序列

剩磁的概念为今天的地质学学生所熟知。然而，在 20 世纪 60 年代以前，对岩石磁性的研究很少。磁性地层学的基本原理是由两组科学家在 20 世纪 60 年代早期和中期在极短的时间内（大约 5 年）独立而有竞争力地工作而发展起来的：一组在加利福尼亚州北部，一组在澳大利亚。Cox（1973）、Glen（1982）、McDougall（1977）和 Watkins（1972）

总结了这些科学家的磁极序列的最初成果。这些科学家很快认识到地磁倒转的地质研究潜力。如果能够确定倒转现象的绝对年龄，就可以建立一个倒转现象的定量时间序列，这对地层对比和其他研究目的将是非常有用的。

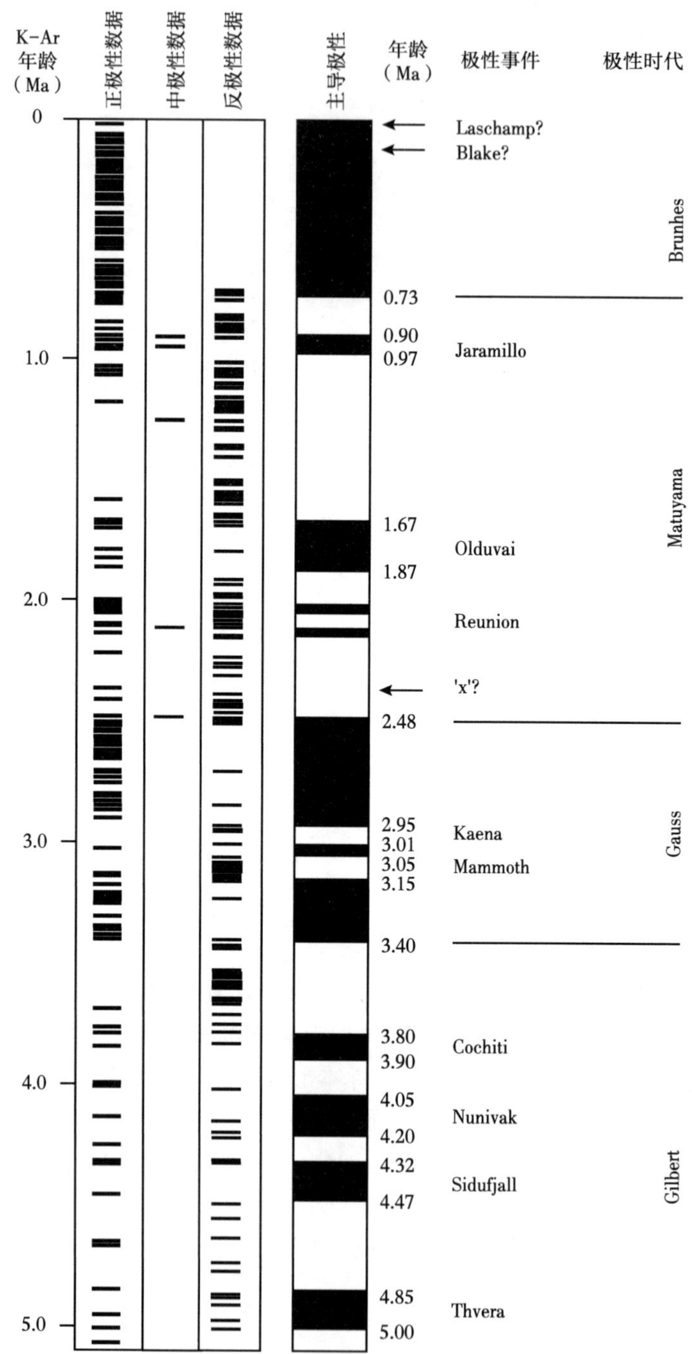

图 13.24 晚新生代（上新世—更新世）地磁极性年表（据 Maniken 和 Dalrymple，1979）

柱中的每条水平线都标明了正极性、中极性或反极性，它们代表了一个既确定了 K-Ar 年龄又确定了地磁极性的火成岩。此外，还利用了海洋磁异常剖面和深海岩心古地磁的辅助资料。主极性柱上黑色图案表示正极性；白色表示极性相反。箭头表示有争议的短极性间隔或地磁偏移；极性列右侧的数字表示极性边界的解释年龄

通过使用钾氩（K–Ar）技术测量陆地上年轻火山岩的年龄和磁极性，以估计约5Ma年以下岩石的年龄，首次实现了这种磁极性刻画（Cox等，1963）。在20世纪60年代，随着新数据点的增加和年龄估计的完善，地磁年表经历了许多版本的演变（McDougall，1979）。图13.24显示了1979年出现的时间序列版本。从图13.24可以看出，这个极性时间序列被细分为极性时代，每个时代都以一位杰出的科学家命名，这位科学家对地磁领域的发展做出了贡献。较短的事件是指对特定岩石群的古地磁特征进行了明确研究的地方，通常是首次对岩石进行取样的地方。现在了解到，极性时代和极性事件之间没有根本区别，极性间隔的持续时间范围很广是可能的（Butler，1992）。除了研究陆地上火山岩的极性外，洋底火山岩中发现的线性异常模式提供了关于磁反转序列的第二个非常重要的信息来源，特别是沿大洋中脊发现的线性异常模式，最初由Vine和Matthews（1963）解释（磁异常是在局部或区域范围内与地球磁背景的显著偏差）。这些正、反极性磁性岩石的线性条纹（图13.25）大致平行于山脊波峰，通常宽5~50km，长数百千米。这些异常现象是由于连续的熔岩流沿着山脊顶部喷发并冷却到居里点以下时，地球磁场发生逆转而产生的。当新的火山岩形成并被磁化时，先前磁化的火山岩被推离或拉离山脊。Vine和Matthews（1963）假设，海底的线性磁异常模式与陆地上建立的地磁尺度中的正极性和反极性间隔相关，从而可以估计异常的年龄。事实上，磁异常大致对称于扩张脊，这是发展海底扩张概念时使用的一个至关重要的证据。

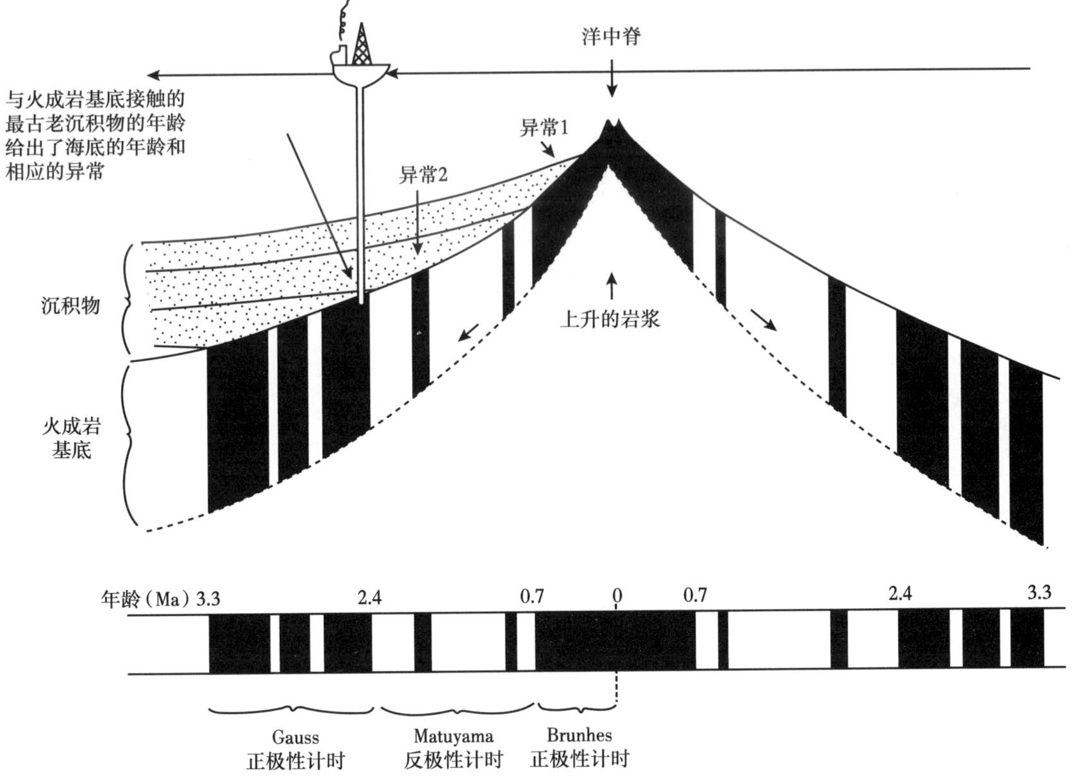


图13.25　火成岩基底上沉积物的生物地层年龄（通过深海钻探确定）可用于确定特定海洋磁异常时间原理的示意图（据Hailwood，1989）

海洋记录的主要问题是很难直接确定年代。在深海钻探（DSDP）或海洋钻探（ODP）钻孔已达到基底的地方，可以获得海洋磁异常上最古老沉积物的古生物年龄，但这些年龄测定往往存在很大的不确定性。图 13.25 显示了利用古生物资料测定海底磁异常年代的方法。通过利用海底磁记录的数据，现在已经建立了一个追溯到侏罗纪的详细的古地磁年表（图 13.26）。

一个比侏罗纪更古老的岩石的详细磁极时间序列更加难以建立，因为连续的海洋地磁时间尺度不能外推到最古老的海洋地壳的年龄（160~170m/a；更老的海洋地壳在俯冲带被破坏）。然而，地磁倒转现象在地球上的岩石中至少有 15 亿年的历史（Conde，1982）。虽然对世界各地陆地地层剖面的研究已经提供了许多关于早中生代和陆地上较老岩石的古地磁特征的数据，但对这些岩石的极性时间序列的认识远不如对较新岩石的认识精细。图 13.27 和 13.28 为晚中生代和古生代的广义极性反转模式，但并非所有这些反转模式都得到了肯定的验证（Ogg，1995；Gradstein 等，1995；Chanell 等，2004）。

### 13.4.4　磁性地层学术语

由于磁性地层极性单位是地层学的主要研究对象，这些单位根据持续时间正式细分为超极性带、极性带和亚极性带（表 13.3）。同等的地质年代学时间单位称为时期或超时期。这一术语是由 IUGS 国际地层命名小组委员会和 IUGS/IAGA 磁极时间标度小组委员会推荐的（Salvador，1994）。极性带是地层剖面划分的基本极性单元。极性带可以由在整个地层中具有单一极化方向的地层组成，也可以由正极性和反极性单元的重复交替组成，也可以主要是正极性或反极性，但具有较小的反极性细分。超极性带由两个或两个以上的极性带组成，亚极性带是极性带的细分。北美地层委员会遵循与 IUGS 提议的命名方案大致相同的命名方案。现在使用的主要极性区域名称是已经确立的名称，如 Brunhes、Matuyama、Gauss、Gilbert，它们用于最近 5Ma 的地球历史。历史上，这些单位被称为“时代”（图 13.24），然而现在建议将其称为 Brunhes、Matuyama、Gauss、Gilbert 极性带，或者 Brunhes、Matuyama、Gauss、Gilbert 极性年表（如果是指时间的话）。所谓的“事件”，如 Jaramillo、Olduvai 和 Reunion，现在应该被称为 Jaramillo、Olduvai 和 Reunion 亚极性带（在岩石中）或亚带（在时间上）。

**表 13.3　磁性地层极性单位命名法**

| 磁性地层极性单位 | 描述 | 地质年代（时间）当量 | 年代地层当量 | 举例 | |
|---|---|---|---|---|---|
| | | | | 新名称 | 旧名称 |
| 超极性带（持续 $10^6$~$10^7$ 年） | 由两个或多个极性带组成的磁性地层单位 | 时期（或超时期） | 时带（或超长时带） | | |
| 极性带（持续 $10^5$~$10^6$ 年） | 磁性地层单位，以单一方向的磁极化或正极性和修正极性的明显交替区分 | 时期 | 时带 | Brunhes 正极性区或 Brunhes 正极性计时 | Brunhes 正常期 |
| 亚极性带（持续 $10^4$~$10^5$ 年） | 极性带的细分 | 时期（或亚时期） | 时带（或亚长时带） | Jaramillo 极性亚区或 Jaramillo 极性亚时 | Jaramillo 事件 |

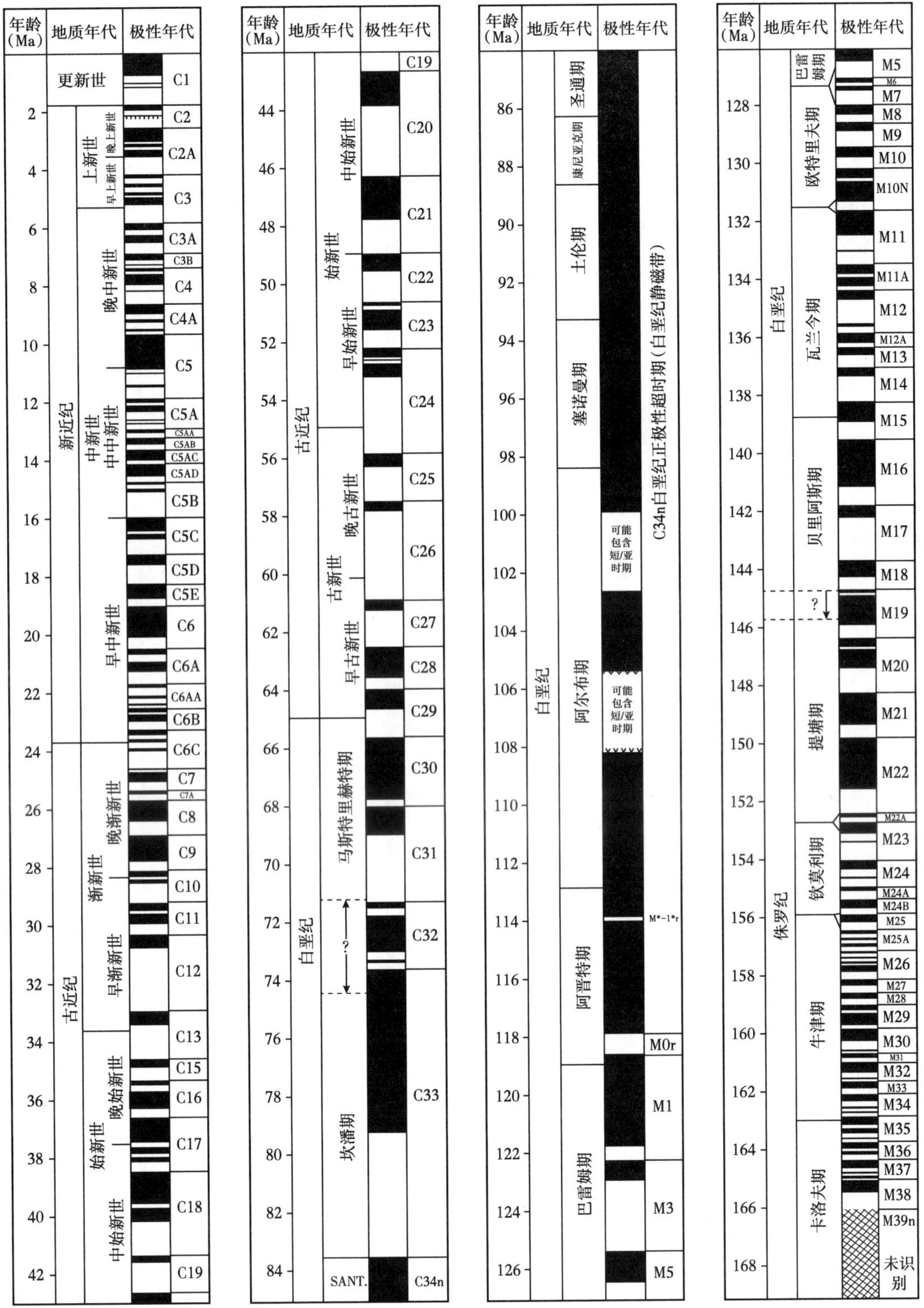


图 13.26 新生代—晚中生代磁性地层年表

正极性区间用黑色表示，反极性区间用白色表示。缺乏磁地层学研究或有效性不确定的层位被交叉划分（据 Ogg, 1995）

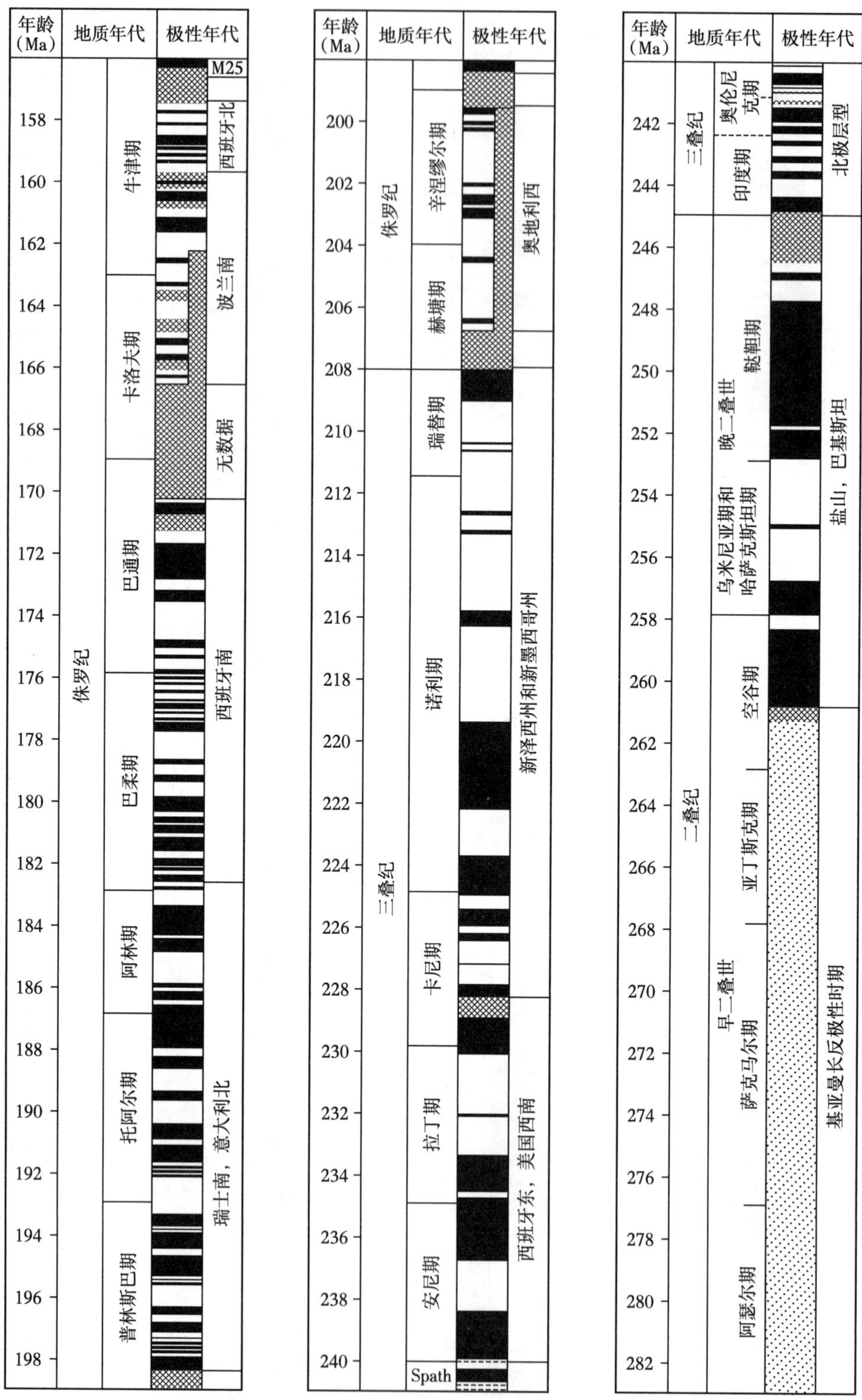


图 13.27　侏罗纪—二叠纪的磁性地层年表

正极性的间隔用黑色表示，反极性的间隔用白色表示。缺乏磁性地层学研究或有效性不确定的层段被交叉划分（据 Ogg，1995）

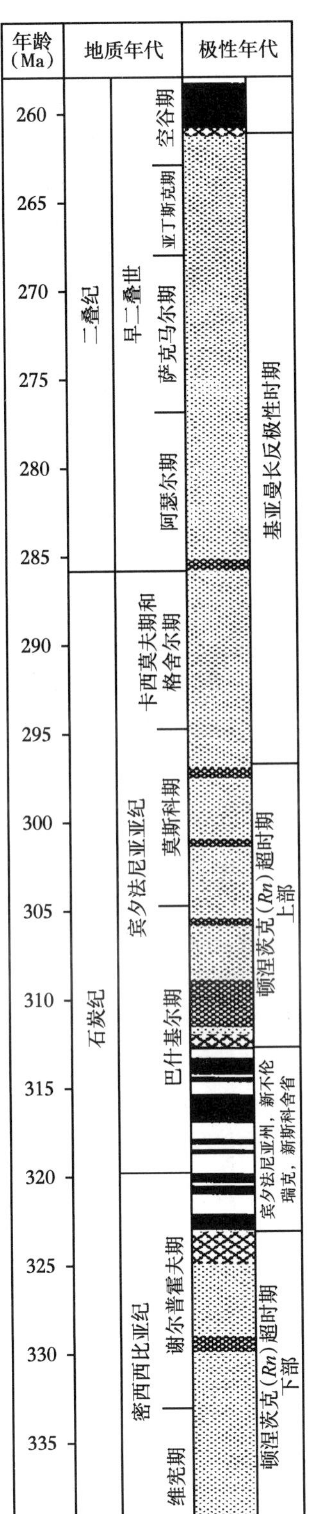


图 13.28　古生代的磁性地层年表

正极性的间隔用黑色表示，反极性的间隔用白色表示。缺乏磁性地层学研究或有效性不确定的层段被交叉划分。未经验证的原苏联标定古生代极性间隔（Khramov 和 Rodionov，1981）显示为灰色阴影（据 Ogg，1995）

### 13.4.5 磁性地层学与古地磁应用

#### 13.4.5.1 相关性

磁性地层学的主要应用在于将其用作海洋地层全球对比的工具，尽管古地磁还有其他应用，如测定成岩事件的年代（Aïssaoui 和 Hurley，1993）。在古生物或岩性对比困难的地方，磁性地层对比尤其重要。由于地磁反转是同时代的、同步的、世界性的现象，因此它对全球地层对比具有特殊意义。由于地球磁场的反转同时影响地球上任何地方的磁场，因此它们具有世界范围的影响。由于极性时间序列可以通过放射学或古生物学进行校准，因此磁极性事件为年代地层（时间）对比提供了精确的工具。磁性地层学技术在岩石对比和年龄测定中的第一个重要应用是将线性洋底磁异常与通过放射测量方法确定年龄的火山地层陆上剖面进行对比。这些对比技术随后扩展到应用于海洋沉积物的岩心。

利用磁极性事件对沉积物岩心进行对比在研究小于 6~7Ma 的海洋沉积物方面有着最大的应用。之前，这种相关性仅限于非常年轻的岩石，因为磁性时间标尺尚未超过约 7Ma，并且海床沉积物的大多数重力和活塞岩心未穿透足够深的位置，无法对较老的沉积物进行取样。如前所述，详细的地磁时间序列随后扩展到 160~170Ma。此外，通过使用液压活塞岩心进行更深的取心，现在可以获得大约中新世中期的未扰动沉积物岩心。深海钻探计划和海洋钻探计划中通过旋转取心方法获得的较长岩心已恢复了约中侏罗统的岩石，然而，这些旋转磁心通常受到严重干扰，无法提供明确的古地磁数据。由于古地磁方法现已扩展到陆上剖面的对比，这一发展为将来更广泛地使用古地磁方法对比陆上地层剖面开辟了可能性。因此，随着磁极性年表进一步延伸到地质时期，磁性地层学成为国际上比较相对较古老陆地地层的重要工具。

图 13.29 提供了年轻海洋沉积物岩心中古地磁对比的一个容易可视化的例子。从岩心顶部的 Brunhes 正常期（极性年代）开始，相关性可以在反极性和正极性模式的基础上向下进行。对于较长的岩心和较老的沉积物，对比变得更加困难，因为磁性地层学记录由许多看起来非常相似的倒转组成（图 13.24 和图 13.26）。这些反转模式的对比可能需要独立的放射性或古生物年龄证据来首先确定地层位置。古地磁反转模式对于跨越生物地理边界的长距离关联特别有用，在生物地理边界，由于不同的生物地理区域以不同的化石组合为标志，通过化石进行关联可能很困难。图 13.29 表明，古地磁对比可以跨越北极、太平洋、印度洋和大西洋盆地，每个盆地的特点是沉积物由不同的岩性和不同的化石组合组成。类似地，图 13.30 说明了如何根据磁极反转地层学对陆地地层剖面进行对比。Butler（1992），Aíssaoui 等（1993）和 Belkaaloul 等（1997）给出了利用磁性地层学进行陆地剖面对比的其他例子。

1）地质年代学

虽然磁性地层层序本身通常不能为地层中保存的地质事件提供明确的年代，但通过放射性测量方法或古生物数据确定了磁性事件年代的区域与地层年代未知或不为人所知的区域之间的磁极性带或异常的对比，提供了一种估算新区域事件年龄的方法。磁性地层地质年代学在确定地层序列的年龄方面可能特别有用，这些地层序列是非化石的，几乎不存在生物地层年龄控制。如 Heller 和 Tungsheng（1984）利用磁性地层学方法计算了中国非化石性黄土（风成）沉积的年代。

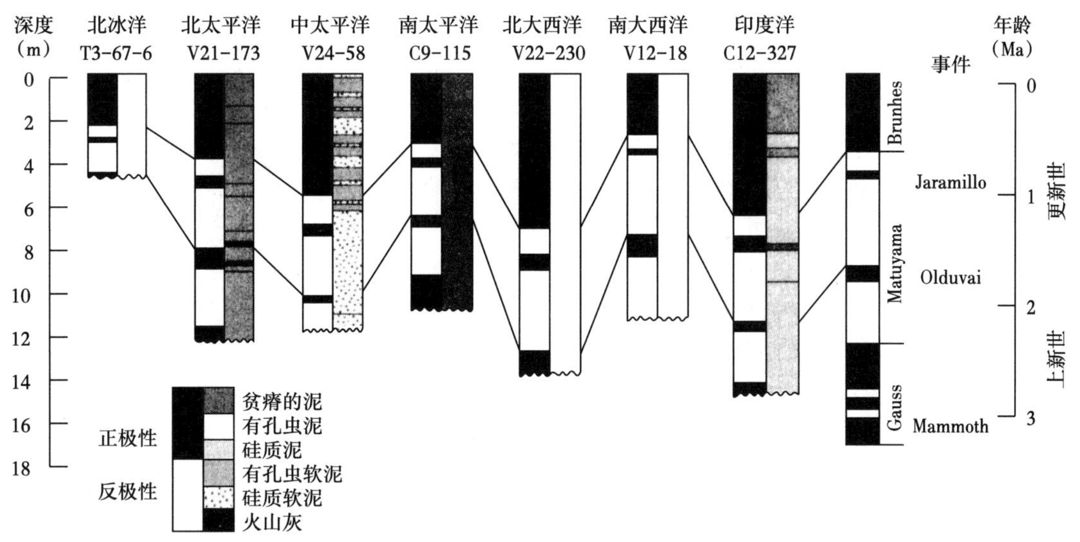


图 13.29　北极、太平洋、印度洋和大西洋岩心古地磁对比图（据 Opdyke，1972）

岩心具有不同的岩性和化石组合

磁性地层计时法还可以提供由化石划分的沉积物的绝对年龄，其年龄由化石数据估算（Hailwood，1989）。例如，MacFadden 和 Hunt（1998）将内斯加州西北部渐新世—中新世 Arikaree 群内的磁极带与磁极时间序列进行对比，建立了重要的陆生哺乳动物带的绝对年龄（图 13.31）。将一个局部的磁极区带与磁极时间序列关联起来，需要具有一个或多个独特的磁极间隔的独特的磁极倒转模式、良好的生物年代数据（第 14 章）和从层间可测年岩石（如火山岩）中测定的高分辨率放射性同位素年龄（第 15 章）。在距今 18~30Ma 的 Arikaree 群中，这种相关性是可靠的，因为在过去 30Ma，地球的地磁历史相对“繁忙”，有无数的磁极转换。因此，相关性是比较容易明确的。

另一个例子是利用沉积物岩心或陆地剖面的磁性数据，作为一种工具来估计发生在陆地或海洋上的火山爆发的年代。这是通过确定火山喷发的火山灰的年龄来完成的，这些火山灰降落或被冲入陆地沉积地点或海洋，并在沉积物中作为灰层保存下来（Shane 等，1996）。通过从岩心或露头剖面的倒转模式建立磁性年代学，地质学家可以参照古地磁年表来确定沉积物中火山灰层的年龄，这种技术被称为地层年代学。

一个相关的应用是测定深海沉积物的沉积速率。深海岩心与陆地岩心的古地磁对比（这些岩心的年龄已用放射性方法确定）允许对岩心中不同地磁事件的边界确定绝对年龄。据此确定年龄的岩心层间沉积物的厚度可用于计算沉积速率。例如，如果假设在 Matuyama 反极性时间从 2.4Ma 到 0.7Ma，时间间隔为 1.7Ma 的岩心中，在给定的海洋区域沉积了厚为 10m 的沉积物，则该区域的沉积速率可以计算为 10m/1.7Ma=5.8m/Ma。

2）古气候学

古地磁法测定的沉积物岩心年龄也被用于研究第四纪至上新世晚期的古气候变化。例如，深海沉积物的磁性地层学提供了一种估算活塞岩心中冰筏碎片年龄的方法。它还提供了一种研究硅质软泥沉积时间的方法，反映了由于海洋上升流的增加和在较冷时期营养物质的增加而增加的生物生产力。微化石组合变化的定量测定，特别是浮游有孔虫组合的变化，也研究了与气候周期的关系。一些微化石物种在变冷的趋势下更加丰富，而另一些则在变暖的趋势下更加丰富。此外，深海沉积物中碳酸盐壳中氧同位素比值的波动与气候变化有关（第 15 章）。利用古地磁方法来估计这些与气候有关的生物振荡的年龄、氧同位素比率的波动及海洋中漂流物质分布的变化，大大增加了我们对陆地上气候波动的认识。它也从根本上改变了我们对第四纪气候循环次数的看法。例如，我们现在知道，与陆地研究假设的四大冰川前进和后退相比，发生了更多的变冷和变暖循环。

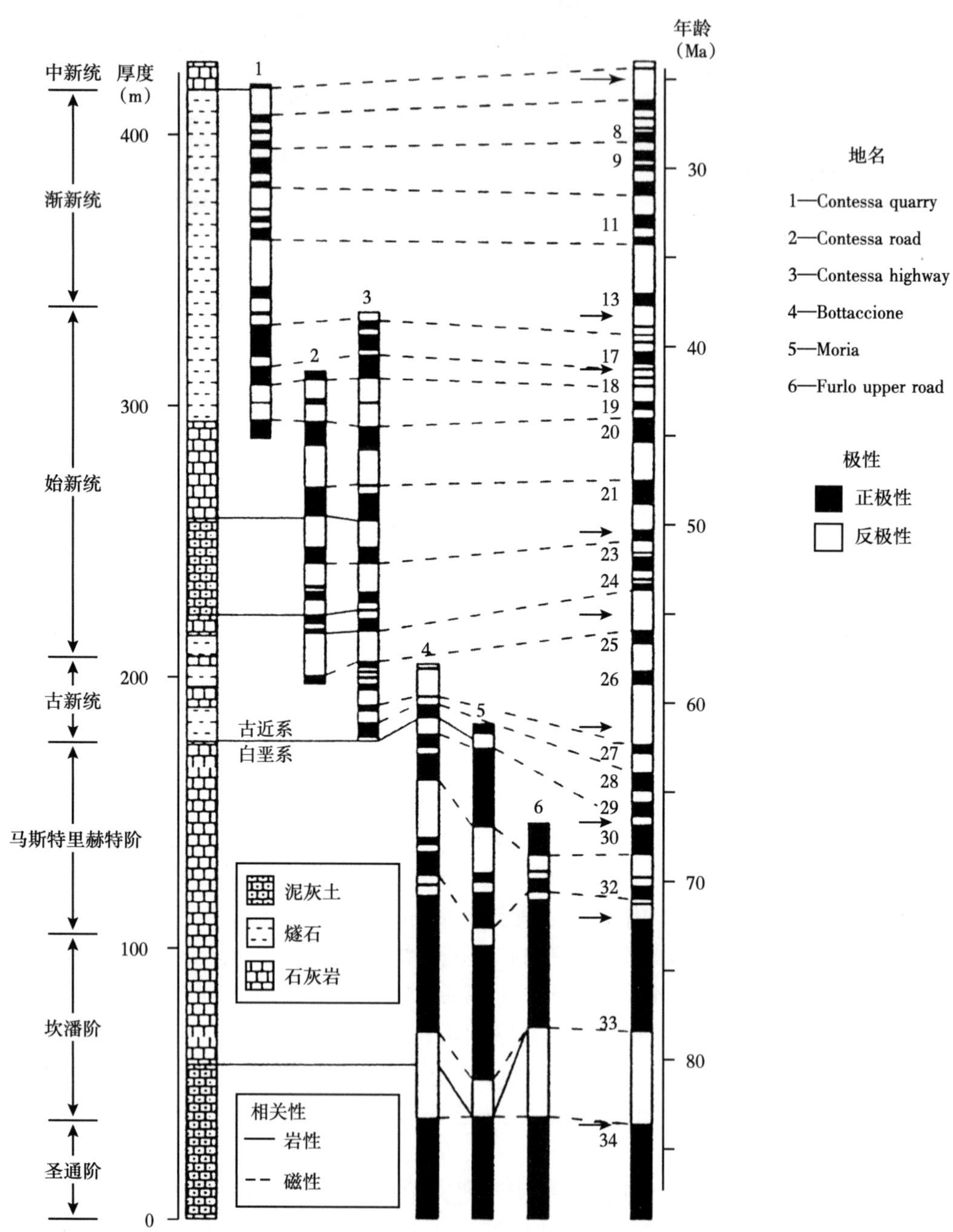


图 13.30　基于磁性地层学的 Umbrian Apennines 地区上白垩统—新生界对比剖面，与海底磁异常序列（右柱）进行了对比。柱的左侧给出了生物地层（有孔虫）分带（圣通阶—中新统）的年龄，显示了主要的岩性。磁异常数和古生物校准点（箭头所示）在海底极性柱的左侧（据 Lowrie 和 Alvarez，1981）

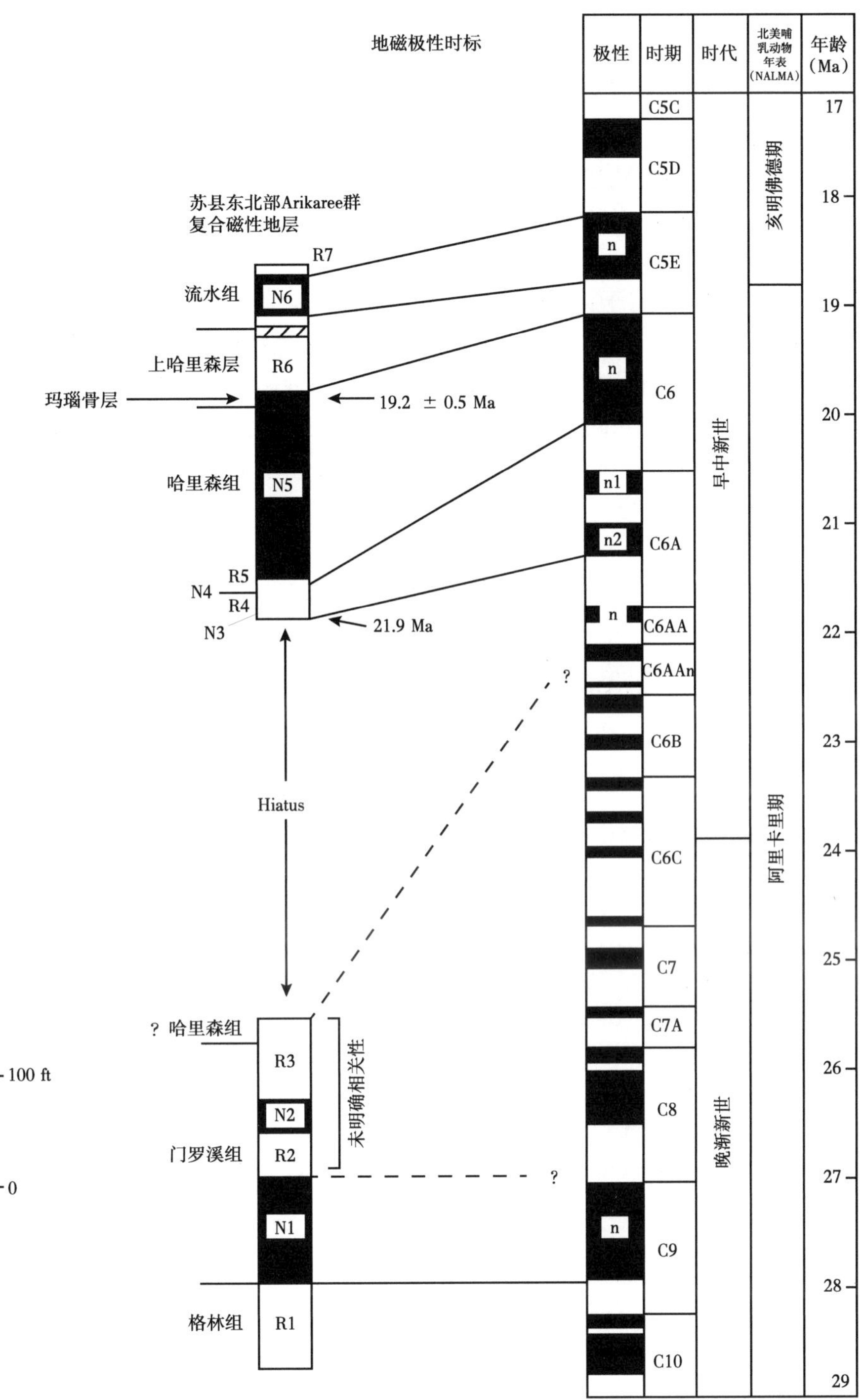


图 13.31 内布拉斯加州西北部 Arikaree 群和流水组底部与 Berggren 等(1995)的磁极时间序列的相关性(据 MacFadden 和 Hunt，1998)

3)岩层运移的研究

古代磁化岩石的磁倾斜现在被广泛地用作一种工具，来检查假定的大陆块体和较小的块体的运动(McElhinny 和 McFadden，2000)。通过测量古岩石中残余的磁倾角和磁偏角，地质学家可以重建这些岩石形成时的原始地理位置。这些研究表明，不仅主要大陆的位置随着时间的推移发生了变化，而且许多较小的岩石块也从原来的位置移动了。也就是说，这些地块现在与它们形成时所在的纬度不同。通常，这些区块的岩性和构造产状与邻近地区不同。这些奇特的地块通常被称为可疑地体，指它们现在不在最初形成的地理位置。越来越多的证据表明，许多大陆边缘的大部分区域由这些可疑地体拼贴而成，这些地体是由来自地球不同地区的海底扩张和俯冲过程长期组合而成的。

4）古地磁的其他应用

古地磁的研究可以应用于许多其他地质问题，严格来说，并非所有的地质问题都是地层学问题。这些应用包括考古材料的年代测定；追踪这些材料的来源或出处；沉积岩中磁性组构的研究（如古水流分析）；研究地球随时间的视极漂移路径及古地理和构造板块重建（Aíssaoui 等，1993；Butler，1992；Khramov，1987；McElhinny 和 McFadden，2000；Piper，1987；Tarling，1983；Tauxe，2002；Van der Voo 等，1984；Van der Voo，1993）。另见 Channell 等（2004）收集的二十多篇关于古地磁的文献。

## 拓展阅读文献


**地震地层学**

Avseth，P.，T. Mukerji，and G. Mavko. 2005. Quantitative seismic interpretation. Cambridge，UK：Cambridge Univ. Press. Bally，A. W.（ed.）. 1987，1988，1989. Atlas of seismic stratigraphy. Am. Assoc. Petroleum Geologists Studies in Geology 27. 3 volumes. Tulsa，OK：AAPG.

Berg，O. R.，and D. G. Woolverton（eds.）. 1985. Seismic stratigraphy Ⅱ：An integrated approach to hydrocarbon exploration. AAPG Memoir 39. Tulsa，OK：AAPG.

Hardage，B. A.（ed.）. 1987. Seismic stratigraphy：Handbook of geophysical exploration. v. 9. London：Geophysical Press.

Lines，L. R.，and R. T. Newrick. 2004. Fundamentals of geophysical interpretation. Geophysical Monograph 13. Tulsa，OK：Soc. of Exploration Geophysicists.

Veeken，P. C. H. 2007. Seismic stratigraphy，basin analysis and reservoir characterisation. Handbook of Geophysical Exploration. v. 37. Amsterdam，Boston：Elsevier.

**层序地层学**

Brink，G. J.，N. J. S. van Wyk，and L. F. Brown，Jr.（eds.）. 1995. Sequence stratigraphy in offshore South African divergent basins. AAPG Studies in Geology 41. Tulsa，OK：AAPG.（Many excellent seismic profiles in this volume.）

Carter，R. M.，T. R. Nash，M. Ito，and B. J. Pillans（eds.）. 1998. Sequence stratigraphy in the Plio-Pleistocene：An evaluation. Sedimentary Geology. v. 122.（Special Issue）.

Catuneanu，O. 2006. Principles of sequence stratigraphy. Amsterdam，Boston：Elsevier.

Coe，A. L.（ed.）. 2003. The Sedimentary record of sea-level change. Cambridge：Cambridge University Press. Emery，D.，and K. J. Meyers（eds.）. 1996. Sequence stratigraphy. Oxford：Blackwell Science Ltd.

Hampson，G. J.，R. J. Steel，P. M. Burgess，and R. W. Dalrymple（eds.）. 2008. Recent advances in models of siliciclastic shallow-marine stratigraphy. Spec. Publ. 90. Soc. for Sedimentary Geol.：Tulsa，OK.

Haq，B. U.（ed.）. 1995. Sequence stratigraphy and depositional response to eustatic，tectonic，and climatic forcing. Dordrecht：Kluwer Academic Publishers. Hunt，D. and R. L. Gawthorpe（eds.）. 2000. Sedimentary responses to forced regressions. Geol. Soc. Spec. Publ. No. 172. London：The Geol. Soc.

Miall，A. D. 1997. The geology of stratigraphic sequences. Berlin：Springer-Verlag. Nittrouner，C. A.，et al. ( eds ) . 2007. Continental margin sedimentation: From sediment transport to sequence stratigraphy. International Assoc. of Sedimentologists Spec. Publ. 37. Malden, MA: Blackwell Publ.

Posamentier, H. W., and G. P. Allen. 1999. Siliciclastic sequence stratigraphy—Concepts and applications. SEPM Concepts in Sedimentology and Paleontology. Tulsa, OK: SEPM.

**磁性地层学**

Aïssaoui, D. M., D. F. McNeill, and N. F. Hurley ( eds. ) . 1993. Applications of paleomagnetism to sedimentary geology. SEPM Spec. Publ. 49. Tulsa, OK: SEPM.

Berggren, W. A., D. V. Kent, M-P. Aubry, and J. Hardenbol. 1995. Geochronology, time scales, and global stratigraphic correlation. SEPM Spec. Pub. 54. Tulsa, OK: SEPM.

Butler, R. F. 1992. Paleomagnetism: Magnetic domains to geologic terranes: Boston: Blackwell.

Channell, J. E. T. 2004. Timescales of the Paleomagnetic field. Geophysical Monograph 145. Washington, D.C.: Am. Geophysical Union.

Hailwood, E. A. 1989. Magnetostratigraphy. Geol. Soc. Spec. Report 19. Oxford: Blackwell .

Jacobs, J. A. 1984. Reversals of earth' s magnetic field. Bristol, UK: Adam Hilger Ltd. Lanza, R., and A. Meloni. 2006. The earth' s magnetism: An introduction for geologists. Berlin: Springer.

Lowes, F. J. 1989. Geomagnetism and Palaeomagnetism. Dordrecht, Netherlands: Kluwer Academic Publ.

McElhinny, M. W., and P. L. McFadden. 2000. Paleomagnetism: continents and oceans. San Diego: Academic Press.

Opdyke, N. D., and J. E. T. Channell. 1996. Magnetic stratigraphy. San Diego: Academic Press.

Salvador, A. ( ed. ) . 1994. International stratigraphic guide: A guide to stratigraphic classification, terminology, and procedure. Trondheim, Norway: International Union of Geological Sciences and Geological Society of America.

Tauxe, L. 2002. Paleomagnetic principles and practice. Dordrecht, Netherlands: Kluwer Academic Publishers.

Tauxe, L. 2010. Essentials of paleomagnetism. Berkeley: University of California Press.

Turner, P., and D. H. Tarling. 1999. Paleomagnetism and diagenesis in sediments. London: Geol. Soc. of London.

## 参考文献

Aïssaoui, D. M., D. F. McNeill, and N. F. Hurley. 1993. Applications of paleomagnetism to sedimentary geology. Special Publ. No. 49. Tulsa, OK: SEPM.

Avseth, P., T. Mukerji, and G. Mavko. 2005. Quantitative seismic interpretation: Applying rock physics tools to reduce interpretation risks. Cambridge, UK: Cambridge University Press.

Belkaaloul, K. N., D. M. Aíssaoui, M. Rebelle, and G. Sambet. 1997. Resolving sedimentological uncertainties using magnetostratigraphic correlation: an example from the Middle Jurassic of Burgundy, France. Jour. of Sedimentary Research. v. 67. 676–685.

Berg, O. R., and D. B. Wolverton ( eds. ) . 1985. Seismic stratigraphy Ⅱ, an integrated approach. Am. Assoc. Petroleum Geologists Mem. 39. Tulsa, OK: AAPG.

Brown, L. F. Jr., and W. L. Fisher. 1980. Seismic stratigraphic interpretation and petroleum exploration: Geophysical principles and techniques. Am. Assoc. Petroleum Geologists Continuing Education Course Notes Ser. 16. Tulsa, OK: AAPG.

Bouisset, P. M., and . M. Augustin. 1993. Borehole magnetostratigrapahy, absolute age dating, and correlation of sedimentary rocks, with examples from the Paris Basin, France. Am. Assoc. Petroleum Geologists Bull. v. 77. 569–587.

Butler, R. F. 1992. Paleomagnetism: Magnetic domains in geologic terranes. Boston: Blackwell Scientific Pub.

Catuneanu, O. 2006. Principles of sequence stratigraphy. Amsterdam, Boston: Elsevier.

Channell, J. E. T. 2004. Timescales of the paleomagnetic field. Geophysical Monograph 145. Washington, D.C.: Am. Geophysical Union.

Christie-Blick, N., G. S. Mountain, and K. G. Miller. 1990. Seismic stratigraphic record of sea-level change. In Revelle, R. R., et al. ( eds. ) . Sea Level Change. National Research Council Studies in Geophysics. Washington, D.C.: National Academy Press. 116–140.

Clement, B. M., D. V. Kent, and N. D. Opdyke. 1982. Brunhes-Matuyama polarity transition in three deep-sea cores. Philosophical Transactions of Royal Society London. v. A306. London: Royal Society. 113–139.

Coe, A. L. ( ed. ) . 2003. The sedimentary record of sea-level change. Cambridge: Cambridge University Press.

Coe, A. L., and K. D. Church. 2003. Sequence stratigraphy. In Coe, A. L. ( ed. ) . The Sedimentary Record of Sea-Level Change. Cambridge, UK: Cambridge University Press. 57–98.

Coe, R. S., and J. M. G. Glen. 2004. The complexity of reversals. In James, E. T., et al. ( eds. ) . Timescales of the Paleomagnetic Field. American Geophysical Union Geophysical Monograph 145. Washington D. C.: AGU. 221–232.

Conde, K. C. 1982. Plate tectonics and crustal evolution. 2nd ed. New York: Pergamon.

Cox, A. 1969. Geomagnetic reversals. Science. v. 163. 237–245.

Cox, A. 1973. Plate tectonics and geomagnetic reversals: introduction and reading list. In Cox, A. ( ed. ) . Plate Tectonics and Geomagnetic Reversals. San Francisco: W.H. Freeman. 138–153.

Cox, A., R. R. Doell, and G. B. Dalrymple. 1963. Geomagnetic polarity epochs and Pleistocene geochronometry. Nature. v. 198. 1049–1051.

Cross, T. A., and M. A. Lessenger. 1988. Seismic stratigraphy. Ann. Rev. Earth and Planetary Science. v. 16. 319–354.

Emery, D., and K. J. Meyers ( eds. ) . 1996. Sequence Stratigraphy. Oxford: Blackwell Science Ltd.

Galloway, W. E. 1989. Clastic facies models, depositional systems, sequences and correlation: a sedimentologist' s view of the dimensional and temporal resolution of lithostratigraphy. In Cross, T. A. ( ed. ). Quantitative Dynamic Stratigraphy: Englewood Cliffs, N. J.: Prentice Hall. 459–477.

Glen, W. 1982. The road to Jaramillo: Critical years of the revolution in the earth sciences. Stanford: Stanford University Press.

Gradstein, F. M., et al. 1995. A Triassic, Jurassic and Cretaceous time scale. In Berggren, W. A., D. V. Kent, M-P. Aubry, and J. Hardenbol ( eds. ) . 1995. Geochronology, Time Scales and Global Stratigraphic Correlation. Soc. for Sedimetary Geology Spec. Pub. 54. 95–126.

Hailwood, E. A. 1989. Magnetostratigraphy. Geological Society Special Report No. 19. Oxford: Blackwell Scientific Pub.

Hallam, A. 1984. Pre-Quaternary sea-level changes. Ann. Rev. Earth and Planetary Sciences. v. 12. 205–243.

Hallam, A. 1998. Interpreting sea level. In Doyle, P. and M. R. Bennett ( eds. ) . Unlocking the Stratigraphical Record: Advances in Modern Stratigraphy. Chichester: John Wiley & Sons, Ltd. 421–439.

Haq, B. U., J. Hardenbol, and P. R. Vail. 1988. Mesozoic and Cenozoic chronostratigraphy and eustatic cycles. In Wilgus, C. K., et al. ( eds. ) . Sea-Level Changes: An Integrated Approach. Soc. Econ. Paleontologists and Mineralogists Spec.Pub. No. 42. 71–108.

Heller, F., and L. Tungsheng. 1984. Magnetism of Chinese loess deposits. Geophys. J. R. Astron. Society. v. 77. 125–141.

Hunt, D. and R. L. Gawthorpe ( eds. ) . 2000. Sedimentary Responses to Forced Regressions. Geol. Soc. Spec. Publ. No. 172. London: The Geol. Soc.

Jacobs, J. A. 1984. Reversals of earth' s magnetic field. Bristol, UK: Adam Hilger Ltd.

Jervey, M. T. 1988. Quantitative geological modelling of siliciclastic rock sequences and their seismic expression. In Wilgus, C. K., et al. ( eds. ) . 1988. Sea-Level Changes: An Integrated Approach. Soc. Econ. Paleontologists and Mineralogists Spec. Pub. 42. Tulsa, OK: SEPM. 47–69.

Kerr, R. A. 1984. Vail' s sea-level curves aren' t going away. Science. v. 226. 677–678.

Khramov, A. N. 1987. Paleomagnetology. Berlin: Springer-Verlag.

McDougall, I. 1977. The present status of the geomagnetic polarity time scale. In McElhinnery, M. W. ( ed. ) . The Earth: Its Origin, Structure, and Evolution ( a volume in honor of J. C. Jaeger and A. L. Hales ) . New York: Academic Press. 543–566.

McElhinny, M. W., and P. L. McFadden. 2000. Paleomagnetism: Continents and Oceans. San Diego: Academic Press.

MacFadden, B. J., and R. M. Hunt, Jr. 1998. Magnetic polarity stratigraphy and correlation of the Arikaree Group, Arikareean ( late Oligocene-early Miocene ) of northwestern Nebraska. In Terry, D. O., H. E. LaGarry, and R. M. Hunt, Jr. ( eds ) . Depositional Environments, Lithostratigraphy and Biostratigraphy of the White River and Arikaree Groups ( late Eocene to early Miocene, North America ) . Geol. Soc. America Spec. Paper 325. 143–165.

Merrill, R. T., M. W. McElhinny, and P. L. McFadden. 1996. The magnetic field of the earth. San Diego: Academic Press.

Miall, A. D. 1986. Eustatic sea-level changes interpreted from seismic stratigraphy: a critique of the methodology with particular reference to the North Sea Jurassic record. American Association Petroleum Geol. Bull. v. 70. 131–137.

Miall, A. D. 1991. Exxon global cycle chart: An event for every occasion? Geology. v. 20. 787–790.

Miall, A. D. 1992. Alluvial deposits. In Walker, R. G., and N. P. James ( eds. ) . Facies Models: Response to Sea Level Changes. St. John' s Newfoundland: Geological Assoc. Canada. 119–142.

Miall, A. D. 1994. Sequence stratigraphy and chronostratigraphy: Problems of definition and precision in correlation, and their implications for global eustasy. Geoscience Canada. v. 21. 1–26.

Miall, A. D. 1997. The Geology of Stratigraphic Sequences. Berlin: Springer Verlag.

Mitchum, R. M., Jr., P. R. Vail, and J. B. Sangree. 1977. Seismic stratigraphy and global change of sea level, Part 6: Stratigraphic interpretation of seismic reflection patterns in depositional sequences. In Payton, C. E. ( ed. ) . Seismic Stratigraphy—Applications to Hydrocarbon Exploration. Am. Assoc. Petroleum Geologists Mem.26. 117–133.

Mitchum, R. M., Jr., P. R. Vail, and .S. Thompson, III. 1977. Seismic stratigraphy and global change in sea level. Part 2. The depositional sequence as a basic unit for stratigraphic analysis. In Payton, C. E. ( ed. ) . Seismic Stratigraphy—Applications to Hydrocarbon Exploration. Am. Assoc. Petroleum Geologists Mem. 26. 53–62.

Nettleton, L. L. 1940. Geophysical Prospecting for Oil. New York: McGraw-Hill.

Nova. 2003. Magnetic Storm: Earth' s Invisible Shield. WGBH Boston Video, 60 minutes.

Ogg, J. G. 1995. Magnetic polarity time scale of the Phanerozoic. In Ahrens, T.J. ( ed. ) . Global Earth Physics—A Handbook of Physical Constants. AGU Reference Shelf 1. Washington, D.C.: Am. Geophy. Union. 240–270.

Payton, C. E. ( ed. ) . 1977. Seismic Stratigraphy—Applications to Hydrocarbon Exploration. Am. Assoc. Petroleum Geologists Mem. 26.

Piper, D. J. A. 1987. Paleomagnetism and the Continental Crust. Milton Keynes, UK: The Open University Press.

Plint, A. G., N. Eyles, C. H. Eyles, and R. G. Walker. 1992. Control of sea level change. In Walker, R. G., and N. P. James ( eds. ) . Facies Models—Response to Sea Level Change. St. John' s, Newfoundland: Geological Association of Canada. 15–25.

Posamentier, H. W., and G. P. Allen. 1999. Siliciclastic sequence stratigraphy—Concepts and applications. Concepts in sedimentology and paleontology. Tulsa, OK: SEPM.

Rich, J. L. 1951. Three critical environments of deposition and criteria for recognition of rocks deposited in each of them. Geol. Soc.America Bull. v. 62. 1–20.

Salvador, A. ( ed. ) . 1994. International Stratigraphic Guide: A Guide to Stratigraphic Classification, Terminology, and Procedure. 2nd ed. Trondheim, Norway: Internat. Union of Geol. Sciences and Geol. Soc. America.

Shane, P. A. R., T. M. Black, B. V. Alloway, and J. A. Westgate. 1996. Early to middle Pleistocene tephrochronology of North Island, New Zealand: Implications for volcanism, tectonism, and paleoenvironments. Geol. Soc. America Bull. v. 108. 915–925.

Shanley, K. W., and P. J. McCabe. 1994. Perspectives on sequence stratigraphy of continental strata. Am. Assoc. Petroleum Geology Bull. v. 78. 544–568.

Sheriff, R. E. 1980. Seismic stratigraphy. Boston: International Human Resources Development Corp.

Sloss, L. L. 1963. Sequences in the Cratonic interior of North America. Geol. Soc. America Bull. 74. 93–114.

Sloss, L. L. 1996. Sequence stratigraphy on the craton: caveat emptor. In Witzke, B. J., G. A. Ludvigson, and J. Day ( eds. ) . 1996. Paleozoic Sequence Stratigraphy: Views From the North American Craton. GSA Special Paper 306. 425–434.

Tarling, D. H. 1983. Paleomagnetism: Principles and applications in geology, geophysics and archaeology. London: Chapman and Hall.

Tauxe, L. 2002. Paleomagnetic principles and practice. Dordrecht, Netherlands: Kluwer Academic Publishers.

Vail, P. R. 1987. Seismic stratigraphy interpretation procedure. In Bally, A. W. ( ed. ), Atlas of Seismic Stratigraphy. Am. Assoc. Petroleum Geology Studies in Geology 27. v. 1. 1–10.

Vail, P. R., et al. 1991. The stratigraphic signatures of tectonics, eustasy, and sedimentology—an overview. In Einsele, G., W. Ricken, and A. Seilacher ( eds. ) . Cycles and Events in Stratigraphy. Berlin: Springer-Verlag. 617–659.

Vail, P. R., J. Hardenbol, and R. G. Todd. 1984. Jurassic unconformities, chronostratigraphy, and sea-level changes from seismic stratigraphy and biostratigraphy. In J. S. Schlee ( ed. ) . Interregional Unconformities and Hydrocarbon Accumulation. Am. Assoc. Petroleum Geologists Mem. 36, Tulsa, Okla., 129–144.

Vail, P. R., R. M. Mitchum, Jr., and S. Thompson, Ⅲ. 1977a. Seismic stratigraphy and global change of sea level. Part 3: Relative changes of sea level from coastal onlap. In Payton, C. E. ( ed. ). Seismic Stratigraphy—Applications to Hydrocarbon Exploration. Am. Assoc. Petroleum Geologists Mem. 26. 63–81.

Vail, P. R., R. M. Mitchum, Jr., and S. Thompson, Ⅲ. 1977b. Seismic stratigraphy and global change of sea level. Part 4: Global cycles of relative changes of sea level. In Payton, C. E. ( ed. ) . Seismic Stratigraphy—Applications to Hydrocarbon Exploration. Am. Assoc. Petroleum Geologists Mem. 26. 83–97.

Van der Voo, R. 1993. Paleomagnetism of the Atlantic, Tethys, and Iapetus Oceans. New York: Cambridge University Press.

Van der Voo, R., C. R. Scotese, and N. Bonhommet ( eds. ) . 1984. Plate reconstruction from Paleozoic Paleomagnetism. Geodynamics Series v. 12. Washington, D.C.: American Geophysical Union.

Van Wagoner, J. C., et al. 1988. An overview of the fundamentals of sequence stratigraphy and key definitions. In Wilgus, C. K., et al. ( eds. ) . Sea-Level Changes: an Integrated Approach. Soc. Econ Paleontologists and Mineralogists Spec. Pub. 42. 39–45.

Van Wagoner, J. C., R. M. Mitchum, K. M. Campion, and V. D. Rahmanian. 1990. Siliciclastic sequence stratigraphy in well logs, cores, and outcrops. AAPG Methods in Exploration Series 7. Tulsa, OK: Am. Assoc. Petroleum Geologists.

Veeken, P. C. H. 2007. Seismic stratigraphy, basin analysis, and reservoir characterization. Handbook of geophysical exploration. v.37. Amsterdam: Elsevier.

Vincent, S. J., D. M. Macdonald, and P. Gutteridge. 1998. Sequence stratigraphy, in Doyle, P. and M. R. Bennett (eds.), Unlocking the Stratigraphical Record: Advances in Modern Stratigraphy. Chichester: John Wiley & Sons, Ltd. 299–350.

Vine, F. H., and D. H. Matthews. 1963. Magnetic anomalies over oceanic ridges. Nature. v. 199. 947–949.

# 14 生物地层学

## 14.1 引言

前两章重点讨论了由沉积岩的物理特征导致的沉积序列中的地层关系，其岩性和物理特征均可以通过地震或磁力仪器进行遥感探测。本章将探讨生物化石在地层中所起的作用。首先，化石提供了一种额外的、有效的方法，可以将沉积岩细分为可识别的地层单位（生物地层单位）。同时，借助化石可以实现对地层的序列、相对年代测定及在大陆（在某些情况下）和全球范围内相互对比。根据化石含量对岩石单位进行表征和对比的方法称为生物地层学。地层古生物学则是基于沉积岩的古生物学特征研究化石及其在各种地质构造中分布的一门学科。

根据化石含量区分岩石单位，有可能产出一种地层单位，其边界与岩石地层单位的边界重合。事实上，岩石地层单位如一个组通常可以根据特殊的化石组合进一步细分为多个更小的生物地层单位。生物地层学的主要目标之一就是将地层分化成小尺度的亚单位或带，这些亚单位或带可在广阔的地理区域内测定年代并进行对比，从而能够在精确的地质时间框架内解释地球历史。另外，部分由生物学定义的地层单位跨越了由岩石定义的地层单位的边界，这是很常见的现象。因此，一些生物地层单位可能包含两个段或组甚至包含两个以上完整的段或组。如图 14.1 中 Naheola 组包含两个生物地层单位，Pr. *pusilla pusilla* I.Z. 和 M. *angulata* I.Z.；浮游有孔虫带即 Pr. *pseudomendardii* R.Z.，横跨了 Nanafalia 组和部分 Tuscahoma 组，且包含了几种不同的岩石类型（砂岩、页岩、泥质灰岩）。

生物地层学认为有机体在整个地质时期经历了连续的变化，因此任何地层单位都可以根据其化石含量来确定年代和特征。换而言之，根据地层单位包含的化石，一个地层单位可以区分为较年轻和较古老的地层单位。很显然，生物地层学与古生物学密切相关，一位专业的生物地层学家同时是一位训练有素的古生物学家。实际上，生物地层学的应用适用于那些对大群有机体及其时空分布有深入了解的专家。生物地层学是一个非常复杂的领域，本章仅介绍一些基本的概念和原则。如果读者想更深入了解生物地层学，建议阅读本章节末列出的参考文献及生物地层学相关专著。

以“化石构成了地层划分的有效依据”作为讨论的出发点，追溯了生物地层分带方法的起源和发展，探讨了目前用于分类、命名和描述生物地层单位的方法。之后又讨论了有机体在时空上的进化和分布，以及生物地层学在地层单位对比中所起的重要作用。使用化石来对比划分地质年代的学科称为生物年代学，该内容将在第 15 章中讨论。

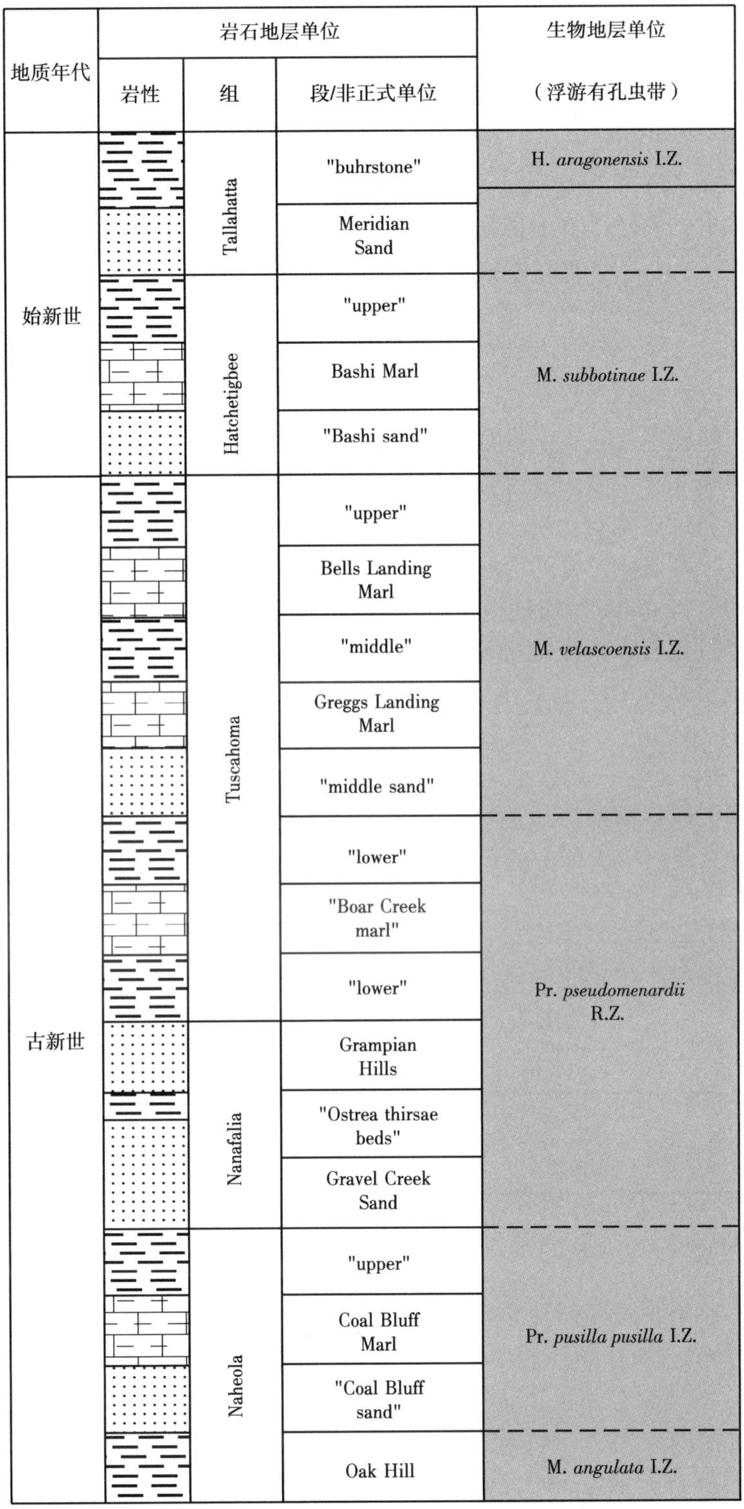

| 地质年代 | 岩石地层单位 | | | 生物地层单位 |
| --- | --- | --- | --- | --- |
| | 岩性 | 组 | 段/非正式单位 | （浮游有孔虫带） |
| 始新世 | | Tallahatta | "buhrstone" | H. *aragonensis* I.Z. |
| | | | Meridian Sand | |
| | | Hatchetigbee | "upper" | M. *subbotinae* I.Z. |
| | | | Bashi Marl | |
| | | | "Bashi sand" | |
| 古新世 | | Tuscahoma | "upper" | M. *velascoensis* I.Z. |
| | | | Bells Landing Marl | |
| | | | "middle" | |
| | | | Greggs Landing Marl | |
| | | | "middle sand" | |
| | | | "lower" | Pr. *pseudomenardii* R.Z. |
| | | | "Boar Creek marl" | |
| | | | "lower" | |
| | | Nanafalia | Grampian Hills | |
| | | | "Ostrea thirsae beds" | |
| | | | Gravel Creek Sand | |
| | | Naheola | "upper" | Pr. *pusilla pusilla* I.Z. |
| | | | Coal Bluff Marl | |
| | | | "Coal Bluff sand" | |
| | | | Oak Hill | M. *angulata* I.Z. |

图 14.1　美国东部海湾海岸平原古新—始新世沉积岩中生物地层单位和岩石地层单位之间的关系（据 Mancini 和 Tew，1995）

## 14.2　地层划分的基础：化石

### 14.2.1　化石层序律原理

18 世纪末，一位名叫 William Smith 的英国测量员兼土木工程师在英格兰和威尔士工作，他被认为是生物地层学基本原理的先驱。先前的研究者已经意识到化石是曾经活着的生物的残留体，而 Smith 是第一个依据岩石中所含的化石对地层进行描述、划分的人，同时他还对不同地区的各种含化石的岩石进行了系统的比较研究。大约在 1796 年，他发现 Somerset 的 Bath 及其周围的地层具有相同的叠加顺序，而且每一层地层都具有独特的化石组合。经过一段时间的潜心研究，他能够通过识别和比较岩石中的化石将该岩石划分到合适的地层中，他发现含化石的地层是以明确的顺序出现的。根据 Smith 的发现，我们认识到可以依据岩石中所含的化石确定其地层的形成时间，这一概念后来被称作化石层序律。即使没有命名这些化石，Smith 还是成功地利用它们建立了地层层序，并结合岩性特征和化石组合将岩石划分为可测绘的单位。

值得一提的是，Smith 最初是根据岩性划分和命名了地层，并研究总结了各个地层的化石特征，而非以化石为依据划分地层。与 Smith 同时代的法国科学家 Georges Cuvier 意识到了化石在地层划分中的重要作用，但他本人并未深入研究。直到 19 世纪 30 年代初，法国的 Deshayes（1830）、德国的 Bronn（1831）和英国的 Lyell（1833）等依据化石划分了第三纪（现在的古近纪—新近纪）地层（Hancock，1977）。其中 Lyell 的成果较为引人注目，他根据岩石中现存物种与灭绝物种的比例，将第三纪划分为四个地质年代（表 14.1）。化石可以作为定义地质年代单位的重要依据，生物地层学可以摆脱岩石学而独立存在。

表 14.1　Lyell 的第三系划分

| 地质年代 | | 岩石中存在的物种（%） |
|---|---|---|
| 上新世（最近） | 较新的上新世 | 90 |
| | 较老的上新世 | 33~50 |
| 中新世 | | 18 |
| 始新世 | | 3.5 |

### 14.2.2　阶的概念

尽管 Smith 的化石层序律奠定了生物地层学的基础，但是他自己关于层序的研究只给出了模糊的时间。Lyell 的地质年代划分同样存在含糊不清的问题，研究范围也局限在了第三纪地层，不具有普适性。而“阶”概念的引入，则极大地促进了化石在地质年代测定和地层对比中的应用。1842 年，法国古生物学家 Alcide d’Orbigny 提出建立地层序列，其中每一层都具有独特的化石组合。和 Smith 一样，d’Orbigny 也认为化石组合的相似性是对比地层的关键，但他进一步提出，以独特的化石组合为特征的地层可能在一个地方包含许多组（岩石地层单位），而在另一个地方只有一个组或组的一部分。他将具有相似化石组合的地层定义为一个阶，他用地理位置名称为这些阶命名，这些地理位置上有一些特殊的岩石剖面，这些剖面上存在该阶的特征化石。据此他将侏罗纪的地层划分为 10 个阶，白垩纪的地层划分为 7 个阶，每个阶都严格按照其化石生物群的特征来划分。

阶之间的界限以某些重要化石的出现或消亡为标志。d' Orbigny 认为阶在全球范围内具有重要意义，是地球上已有生物群遭受灾难性毁灭和新的生物群诞生这一过程循环往复的结果。但他的观点没有获得其他地质学家的支持，之后的研究也表明，他提出的阶的概念及其特有的生物群仅适用于局部地区，而不具有全球范围内的意义。尽管如此，d' Orbigny 提出的根据化石组合将地层划分为阶的方法对发展和建立生物地层学基本原理起到了持久的影响。后来的研究者对阶的概念做出了不同的解释，但 d' Orbigny 的基本概念时至今日仍然有效。

### 14.2.3 带的概念

d' Orbigny 根据化石将地层划分为阶，但是他没有指出如何将地层划分成由小到大、界限清晰的单位。德国的 Friedrich Quenstedt 不赞同 d' Orbigny 的观点，他认为 d' Orbigny 的方法过于粗糙，只是被动地将出露于各地层的特征化石综合在一起，没有考虑他们精确的地层范围（Berry，1987）。Quenstedt 认为，只有对地层进行精细度达到厘米级别的深入研究，才能完全了解化石层序。Quenstedt 在实际研究中未能完全实现他的想法，而是由他的学生 Albert Oppel 继承和发展。Oppel 不仅提炼了 Quenstedt 想法中的精粹部分，更是提出了带的概念。

Oppel 于 1856 年提出了带的概念，就此颠覆了生物地层学的实践研究工作。在研究德国各地的侏罗系岩石时，他想到了用化石物种来划分和定义一个较小的地层单位，而不是参考化石层的岩性。Oppel 指出，一些物种的垂直分布范围短，这说明他们在地质历史中的存活时间较短，而有些物种则较长，大部分物种属于不长不短的中间范围。他还指出地层的特征化石组合是由一些范围重叠的化石组成的。他在界定每个物种的垂直分布范围的基础上定义了带，每个带的特征是联合出现的物种群不能同时在该带的上带或下带出现。因此，一些物种的范围起始于一个生物带的底层（一个物种首次出现），其他物种在该带顶层消失（一个物种最后出现），而还有一些物种则遍及整个带甚至延伸到该带之外。Oppel 发现可以利用物种分布垂直范围来描绘小规模岩石单位之间的界限，并识别出一套特征化石组合。每一套化石组合的底部都有独特的新物种出现，而在其顶部，也就是下一个带的底部，则有其他新物种出现。几个物种范围重叠的地层构成了一个带（图 14.2）。一个带代表了一个物种出现和另一个新物种出现之间的时间，因此在地层中识别出带可以划分出更多界限清晰、范围较小的时间单位。每个生物带的命名都取自一个可以代表物种组合的特征化石物种，称为索引化石或者化石索引。

带将阶划分成了两个或以上更小的可识别和对比的生物地层单位。例如，Oppel 将西欧的侏罗系岩石划分成了 33 个带。值得一提的是 Oppel 并非是在 d' Orbigny 的阶的基础上划分出了带，而是先根据化石物种的范围描绘出了带，再将几个带整合到了阶，因此带跟阶并不完全吻合（Hancock，1977）。

带没有立即应用到地层学的实践中，尤其是在美国，而是在经过一定程度的完善后才成为了生物地层学研究的奠基石。带的应用从侏罗纪拓展到了化石所能记录的所有地质年代还有全世界各个地区。然而现今研究表明带的可应用范围存在一些明确的地理界限，一旦超过这个界限，带就失效。一个地区若位于带可识别区内便称为生物地理省。由于带组成了生物地层分类的基本单位，研究者们投入了大量的精力标准化带的使用。目前使用的带以及其他识别出的带将在下一节进行论述。

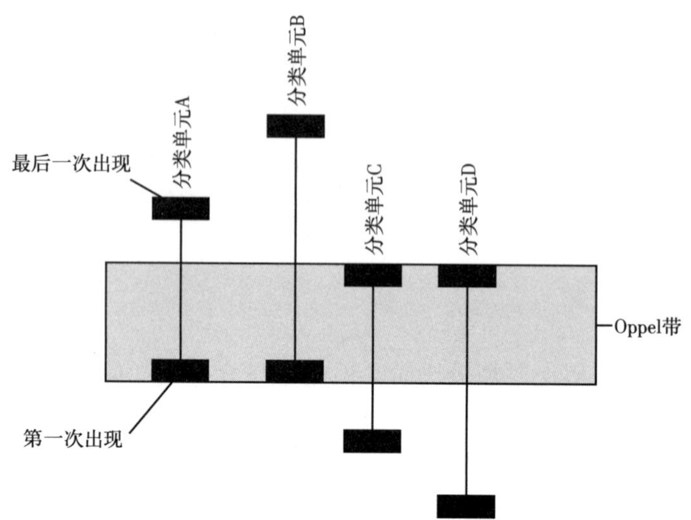


图 14.2　由两个或以上分类单元范围重叠构成带的图解

## 14.3　生物地层单位

如前文所述，生物地层单位是以岩层中所含特征化石作为标志，与其他相邻岩层区分开来的岩层体。带亦或是生物带，是基本的生物地层单位。生物带没有厚度或者地理范围上的限制，它们的厚度可能从几米到数千米，地理范围上可能从局部到全世界各地。国际地层分类小组委员会的《国际地层指南》和北美地层命名委员会 1983 年的《北美地层规范》和后续修订版中对生物带进行了标准化命名和使用。本书基本遵循《北美地层规范》，部分情况下参考《国际地层指南》。

### 14.3.1　生物地层带的分类原则

北美地层委员会对 1983 年《北美地层规范》的修订（Lenz 等，2001）中将生物地层单元划分为五种主要的生物地层带：延限带（两种）、间隔带（两种或两种以上）、谱系带、组合带和富集带（图 14.3）。每个生物带根据不同标准来划分，具体内容如下所述：

分类单元延限带（图 14.3a）指示单个分类单元已知的地层和地理范围。共存延限带（图 14.3b）是指两种共存的特定生物范围重叠的部分。

间隔带或亚带是两个特定的生物地层表面之间的地层体（《国际地层指南》中的生物层位）。生物层通常所依据的特征包括分类群范围底部（图 14.3c）和顶部（图 14.3d）；也包括个别类群的变化，如有孔虫盘绕方向的变化或珊瑚中隔片数量的变化。

谱系带（图 14.3e）是一种包含了进化谱系中一段连续物种的岩石体。

组合带（图 14.3f）是一种由三个或三个以上类群的独特组合所组成的岩石体，这种类群组合使其在生物地理特征上有别于相邻地层。一个组合带不仅可以由单个分类组成，如三叶虫，也可以由一个以上的分类组成，如螨类和几丁虫。

富集带（图 14.3g）是指岩石中特定分类单元或特定类群的丰度显著大于该剖面的相邻部分。图 14.4 进一步说明了根据丰度带划分的地层。请注意，根据分类单元丰度定义的生物带之间可能存在差距。

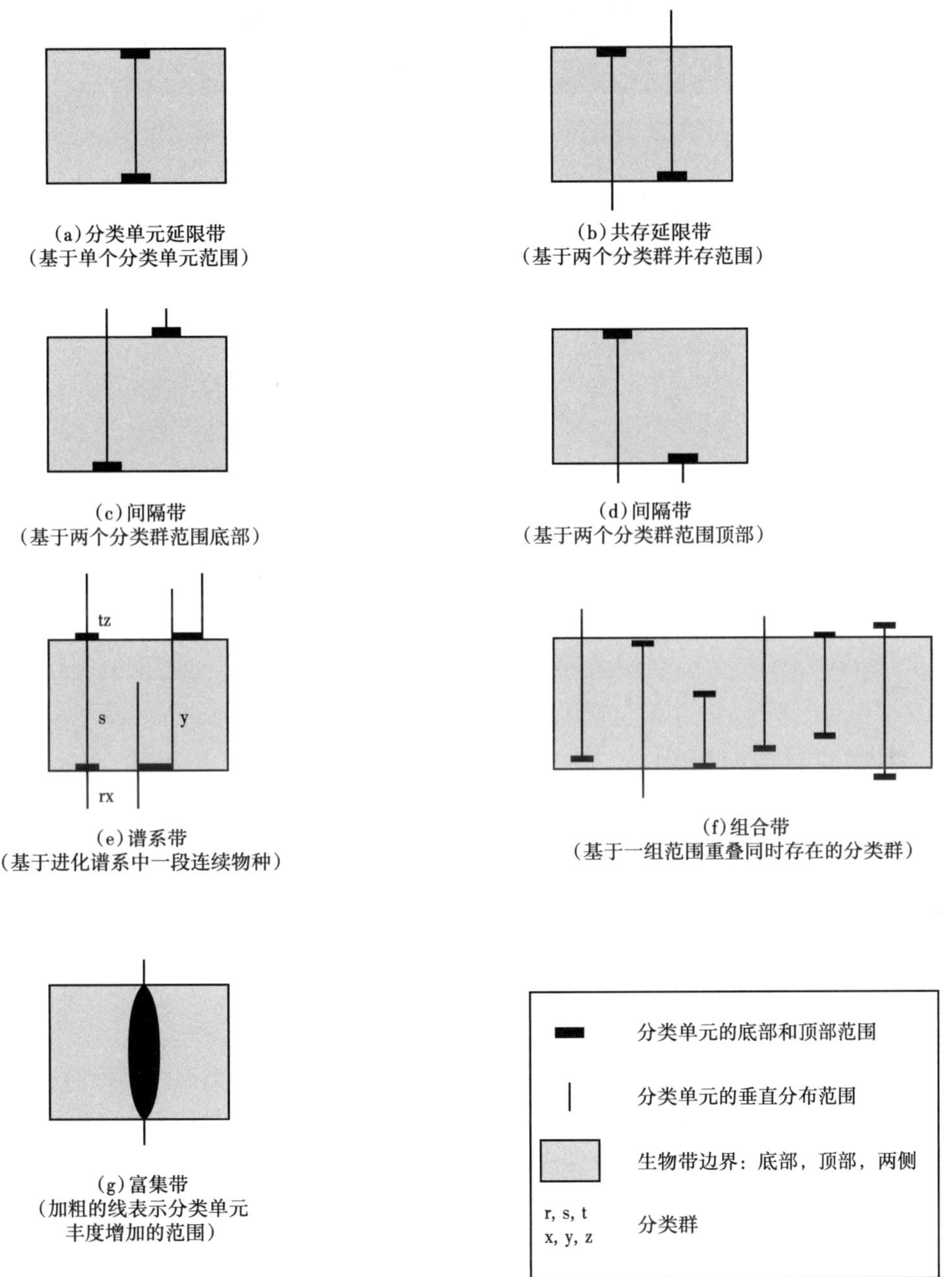


图 14.3　图解说明北美地层委员会注释 64❶ 中定义的生物带的主要种类
（据 Lenz 等，2001）

❶ 注释 64 是 1983 年《北美地层规范》的修订版。

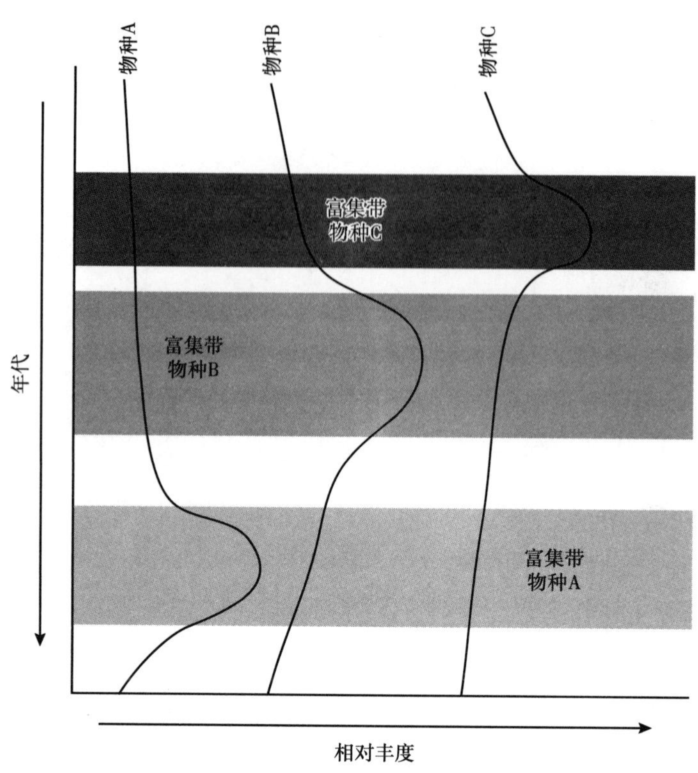


图 14.4　三种假设化石物种的富集带示意图

每个物种在特定时间丰度达到峰值（个体总数）后下降，地层年代向下增加，相对丰度向右增大

### 14.3.2　生物地层单位等级

生物带是生物地层划分的基本单位。其他生物地层单位是通过对生物带进行分组或划分而形成的。《国际地层指南》（Salvador，1994）指出，部分生物带可以再分为生物地层亚带或生物地层超带。《北美地层规范》规定一个生物带可以完全或部分地划分为生物地层亚带。

### 14.3.3　生物地层单位命名

一个生物带的名称由在该生物带中发现的一个或多个特征分类群的名称组成，后跟一个“带”字（例如，*Turborotalia cerroazulensis* 带）。生物带命名时倾向于选择该生物带范围中最底层物种。

## 14.4　生物地层分带的基础：生物随时间的演化

### 14.4.1　进化

到 19 世纪中叶，Smith、d'Orbigny 和 Oppel 等人建立和发展了生物地层学并使其应用于描述和对比地层，但是他们并不完全理解为什么不同的地层具有不同的化石组合。在

Oppel 提出“带”概念的几年后，查尔斯·达尔文（Charles Darwin）于 1859 年发表巨著《物种起源》证明了生物进化，尽管他的想法没有被所有同时代的科学家所接受和认同，但还是极大地改变了之后的地质和哲学思想。

达尔文并不是第一个提出进化论观点的人，但之前的研究人员几乎没有为他们的观点收集到有力的证据。相比之下，达尔文收集了已灭绝生物的化石记录、家畜选择性繁殖的结果、对生态适应性的观察和活生物之间的变异，以及比较解剖学的细节等数据。然后，他将这些数据转化为生物进化的有力论据。达尔文指出，所有的生物都有很高的繁殖率，但这些生物的数量在长期内基本上保持不变。他对这一观察结果的解释是，并不是所有同类（物种）的生物都具有同样的生存能力，因此许多个体在繁殖之前就死亡了。一个物种的每个个体都不同于其他个体，这是一个有机体内部完全偶然产生变异的结果。其中一些偶然的变异可能是有机体在生存斗争中适应环境的一种优势。其他的可能是劣势。成功的变异有助于生物体生存和扩展它们的环境和范围。不成功的变异会导致灭绝。

达尔文把这种淘汰不适合者和适者生存的过程称为自然选择。此外，他提出这些有利的变异是可遗传的，可以从一代传递到下一代。达尔文对理解进化的根本贡献是认识到自然选择是新物种产生的过程。新物种的出现是因为种群的组成随着时间的变化而变化，因为那些经历了有利适应的个体将有更好的机会生存和繁殖。达尔文可能不明白变异是如何产生的，或者这些特征是如何从一代生物体传递到下一代的。虽然奥地利僧侣孟德尔（Mendel）在 1865 年的一篇论文中阐述了遗传学的基本法则，但是在 1859 年达尔文发表《物种起源》时，基因自发变化的概念也就是我们现在所说的基因突变还不为人所知。

### 14.4.2 物种的分类及其重要性

生物可按多种方式分类，包括栖息地（浮游、游泳、底栖）和环境分布（沿海、浅海、半深海等）。而基于形态、发育相似性和假定的亲缘关系的分类方法最适合识别演化和生物地层划分。现在使用的分类学分类的基本系统是由瑞典博物学家林奈（Linnaean）在 1735 年引入的，他根据生物共有的显著特征的数量将生物分为不同类别的层次。最低级或最低包容性类别的生物具有最多的共同特征，而下一个最高类别的生物所具有的共同特征较少，以此类推，直到达到最高或最具包容性的类别。在最后一类中，生物体只有很少的共同特征或特点。经过后续修改补充的林奈系统分类法，如图 14.5 所示。

林奈系统分类法揭示了一个事实，即在不同的分类水平上，生物之间的相似程度是不同的。生物类群之间的差异在界级是最大的，至少在种级是最大的。因此，物种已成为生物地层学的基本实体。生物学家将物种定义为一个繁殖群落，它通过与其他繁殖群落交换基因的能力来保持其遗传特性。换句话说，一个特定物种的所有成员都有杂交繁殖的能力，但它们通常不会与不同物种的成员交配。因此，一个物种构成了一组杂交繁殖的生物体，这些生物体与其他这样的群体分离开来进行繁殖。鉴定生物物种的标准很难适用于化石生物。因此，化石物种的特征通常主要是基于壳或骨骼的形态。因为同一物种的不同成员的骨骼形态可能差别很大，所以化石物种的确立必须由分类学专家来做。这可能需要贝壳参数的定量测量和测量数据的计算机分析，以提供化石物种鉴定的统计准确性。

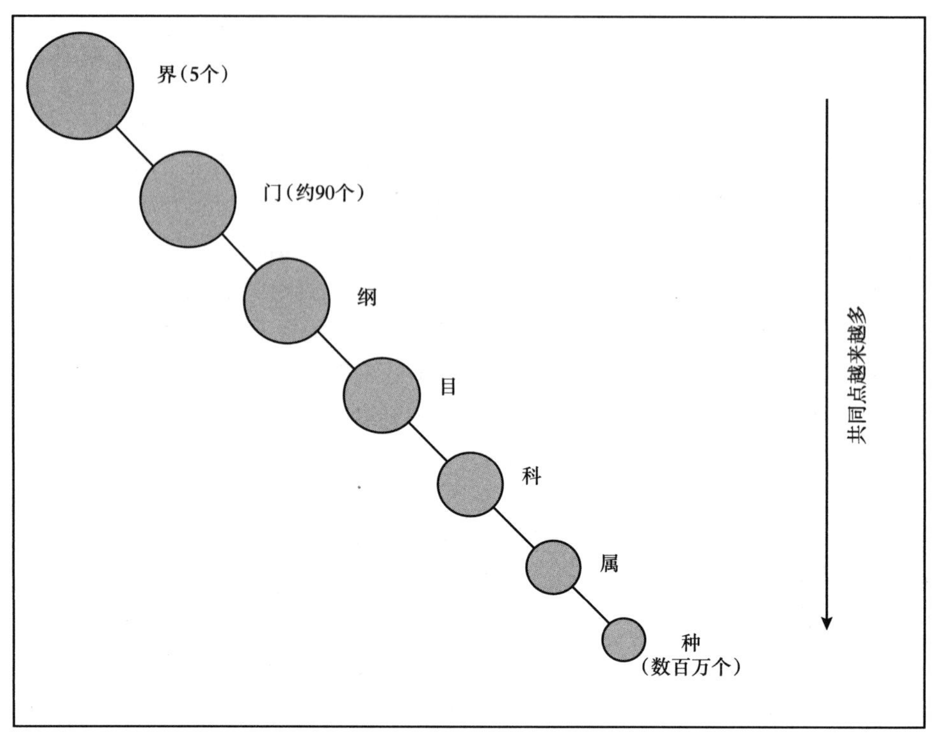


图 14.5 林奈系统分类示意图

所有的生物目前可分为5个界；大约90个门；众多的纲、目、科和属；数以百万计的物种。属于同一种的生物具有很多共同特征，而属于同一个更高等级分类里的生物则具有较少的共同特征

### 14.4.3 物种随时间的进化

因为物种不是一成不变的，因此物种研究在生物地层学中占据重要地位。如果环境条件一直保持绝对不变，也许物种仅发生些许改变。实际上，环境条件会一直改变，物种受此影响也会发生变化，但环境并不能直接导致物种的改变。基因突变，或基因库的组合，以及环境条件的变化，都是物种进化的必要条件。大多数物种都能很好地适应它们的正常环境，但如果一个物种在变得不适应的环境中出现了适当的变异，自然选择的力量可能会保留这种新的变异（Shaw，1964）。因此，随着时间的推移，物种的进化是那些随机的、偶然突变的自然选择的结果，这些突变使物种更好地适应不断变化的环境条件。

所有来自地质记录的迹象都表明物种的变化是单向的和不可逆的。一个物种一旦灭绝，它就不会再出现在化石记录中。当一个新物种的数量不断增加，分布范围越来越大时就会作为全新物种首次出现在地质记录中。当一个物种无法适应不断变化的环境条件，数量逐渐减少至最后消失到灭绝，即最后一次出现。灭绝指的是一个物种或更高分类群体的每个个体均已死亡，从而使该谱系不再存在。古生物学家认识到一个物种可能会经历伪灭绝。伪灭绝（pseudoextinction），又称物种灭绝（phyletic extinction），是指一个物种进化成另一个物种的进化过程。虽然最初的物种灭绝了，但在子物种中延续了其血统。

大部分物种只存在了一个地质时期的一小段时间，有些物种可能会持续更长一段时间。数量丰富，分布广泛，生存时间较短的物种对生物地层研究最有用（图 14.6）。图 14.6 列出了一些对生物地层分带非常有用的大化石群。许多其他化石群，包括微化石组合（如有孔虫），同样很重要（图 11.4）。对生物地层研究特别重要和有用的化石被称为指示化石或标志化石。理想情况下，标志化石应具有以下特征：（1）不受环境影响；（2）快速进化；（3）地理上分布广泛；（4）数量众多；（5）易于保存；（6）容易辨认（Doyle 等，1994）。

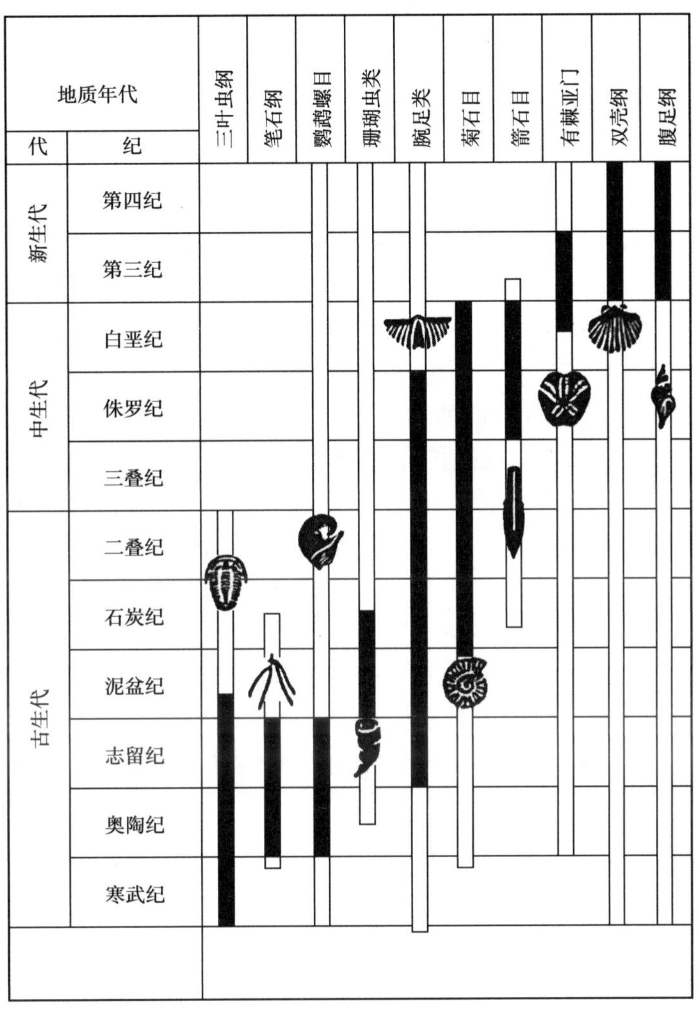


图 14.6　一些重要的用于生物地层分带的海洋无脊椎生物宏观化石群（据 Thenius，1973）

白柱表示分布的时间跨度，黑柱表示生物作为重要指标化石的时间跨度

## 14.5　生物体在空间中的分布：古生物地理学

当 d’ Orbigny 引入“阶”概念时，他认为构成其所定义阶的化石群落具有全球性分布。然而，构成生物地层单位的化石种类和组合并不一定存在于所有具有相应年龄岩石的分布区域。

很少有物种分布能够遍布全球，实际上，大多数物种的地理分布范围是有限的。尽管在地质历史上，一些化石群曾经在整个生态领域内广泛分布，但这并非普遍情况。特定植物或动物群体分布的区域称为生物地理省。生物地理省之间由地理或气候屏障分隔：陆地对于海洋生物来说是屏障；开放的海洋水域则对陆地动植物构成屏障；深水则对浅水和沿岸生物产生影响；冷水会限制暖水生物的存在；淡水则会妨碍适应咸水海洋环境的生物等。某种特定类型的屏障可能对某类生物不可逾越，但对其他生物则可能不是障碍。例如，那些没有长期生存的、幼年处于浮游阶段的底栖生物会发现深水是阻碍它们扩散的障碍。相比之下，生活在海洋表层水域的浮游生物可以广泛分布在浅海和深海之间。

### 14.5.1 进化模型和速率

目前，古生物学家对生物进化的变化方式存在相当大的争议，主要存在两种观点。一种观点认为，进化主要是一种逐渐的变化，通过已经确立世系的缓慢且稳定的转变进行的一种系渐变进化，或渐进主义。渐进主义的概念一直是物种进化的传统观点。第二种观点认为，许多物种与父辈种群隔绝后进化迅速并大量繁殖，当物种形成后变化幅度非常小。第二种观点代表了物种形成或谱系分支的进化，即 Eldredge 和 Gould（1972）提出的间断平衡模型。因此，根据这一理论，化石种群在很长一段时间内处于稳定的平衡状态，很少发生变化（称为停滞），直到有新物种的入侵。这两种进化模式假设之间的差异如图 14.7 所示。在间断模型中，物种形成或物种分支被认为是一个非常快的过程，一个种群从父辈种群中繁殖隔离后，只需要数万年，或者可能只需几百年（Stanley，1979）。虽然物种从首次出现到灭绝的时间可以用数百万年来衡量（表 14.2），但间断平衡模型支持者们认为，物种在最初形成物种后，形态变化很小，而且进化非常缓慢。Eldredge 和 Gould（1972）用朴实简练的语言描述了这这一概念，他们强调物种形成（分裂）的重要性，并声称“两个物种之间的大多数形态差异出现在物种形成过程本身，一个物种的大部分历史几乎不涉及进一步的变化，或者是变化是渐进的变化。”

**表 14.2　各种生物类群的平均物种持续时间估算（据 Stanley，1985）**　单位：Ma

| 生物组 | 平均物种持续时间估算 |
|---|---|
| 海洋硅藻 | 25 |
| 底栖有孔虫 | 20~30 |
| 浮游有孔虫 | ＞20 |
| 苔藓植物 | ＞20 |
| 海洋双壳类 | 11~14 |
| 海洋腹足类 | 10~14 |
| 高等植物 | 8~20 |
| 菊石类 | 约 5（在一些模式下为 1~2Ma） |
| 淡水鱼 | 3 |
| 笔石类 | 2~3 |
| 甲壳虫类 | ＞2 |
| 蛇类 | 1~2 |
| 哺乳动物 | 1~2 |
| 三叶虫 | ＞1 |

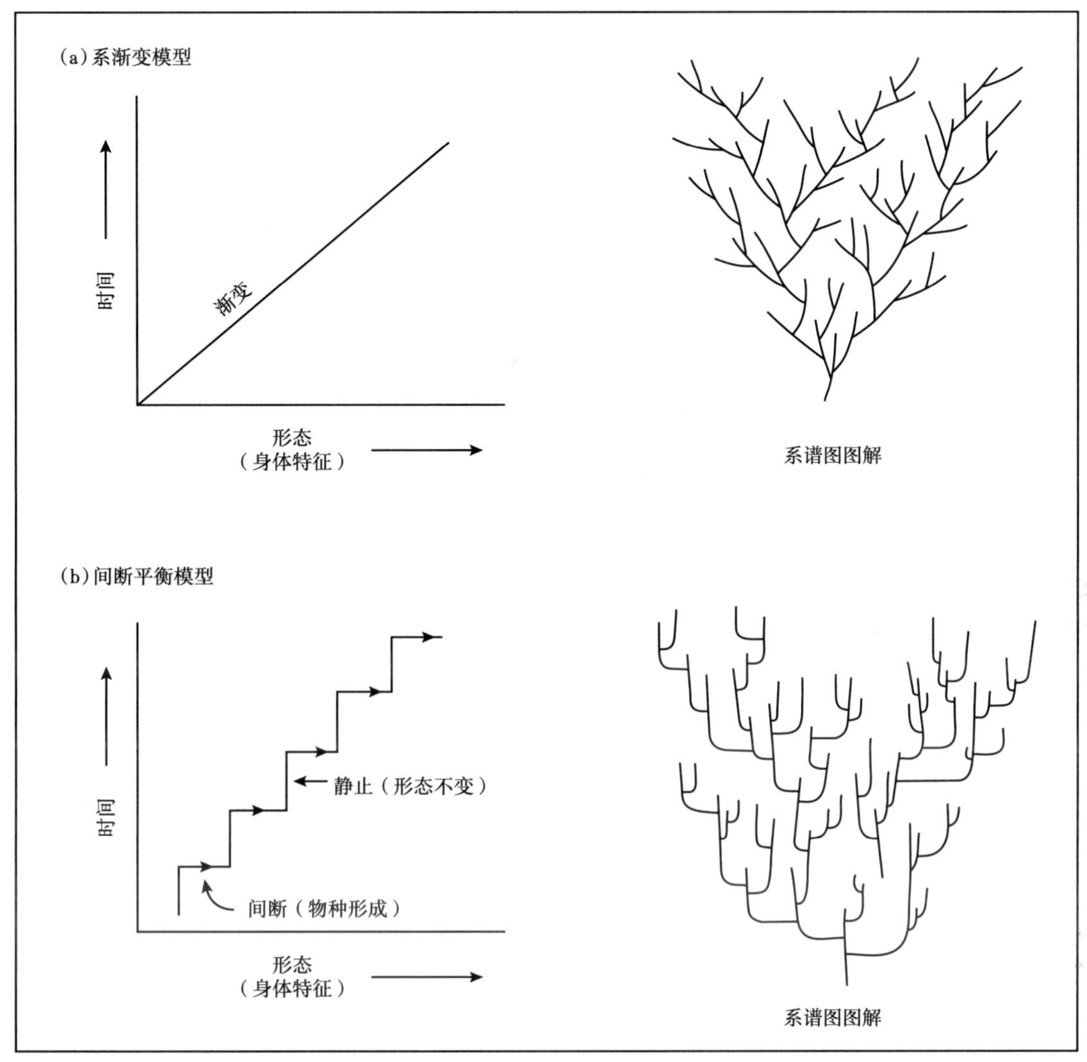


图 14.7 系渐变模型与间断平衡模型比较图解（据 Stanley，1979）

物种进化主要是通过渐进的方式进行的，还是通过间断平衡的方式进行的，或者两者都是，仍然是一个需要讨论的问题（Gould 和 Eldredge，1993；Sheldon，1996）。在古生物学文献中，双方的争论仍在继续。一些研究人员提出，某些生物类群，如哺乳动物，倾向于通过逐渐转变的方式进化，而另一些类群，如许多海洋无脊椎动物，则倾向于通过间断平衡方式进化。Sheldon（1996）认为，热带和深海的陆地生物可能倾向于连续渐进的进化，而温带和浅水的生物则更倾向于停滞和偶尔间断的进化。由于大多数化石记录来自动态的浅海环境，因此许多化石谱系显示出近似的停滞和偶尔的间断。众所周知，不同的物种群体的进化速度有很大的不同。例如，Stanley（1985）指出，海洋双壳类动物的进化速度在 20Ma 中只能产生 3 到 4 个物种。相比之下，哺乳动物家族的进化速度在 20Ma 里产生了大约 80 个物种。从现实观点来看，如果进化是由种系渐进的方式进行的，那么划定物种边界的任务就更加困难，因为地质记录中存在着一个中间物种链，而后续物种之间的边界是任意的。因此，很难在进化序列中挑选出可识别的不同物种边界的点。另外，如果进化是通过物种形成（间断平衡）进行的，那么大多数形态变化可能发生在进化线的分支交叉处（图 14.7b），这代表了时间上的离散点。因此，从理论上讲，如果进化是通过物种形成而不是物种渐进发生的，那么选择物种边界的任务应该更容易，也更不易出错。另外，由于迁移的滞后，新物种在不同省份的首次出现可能会出现时间滞后，使得首次出现物种边界的识别更加困难。

由于涉及以下问题，确定物种界线和建立生物地层带界线的实用性变得更加复杂：（1）采样间隔（要多小才能确保物种能够检测到边界）；（2）化石记录被埋藏或无法完整保存下来；（3）沉降稳定性和速率（沉积物缓慢沉降比快速沉降需要更小的采样间隔）；（4）间断的沉积和侵蚀模式，产生不完整的地层记录，因此出现间断的物种形成。关于间断平衡的观点，见 Gould（2001）和 Kemp（1999）的研究。

### 14.5.2 确定性进化与概率进化

进化控制涉及另一个有趣的问题：适应性辐射和大规模灭绝等进化事件是确定性的还是概率性的。换句话说，进化事件是只能从因果关系角度解释还是可以根据以随机变化或过程为基础的统计学定律和概论来解释。例如，每个人从他或她出生的那一刻就注定了他或她最终会走向死亡。是否每个物种自诞生（最初的物种形成）那一刻就注定了死亡和灭绝？Raup（1991）指出，绝对不能将物种的寿命与人类的寿命等同起来，也没有证据表明物种会老化，也没有任何已知的证据指示一个物种不能永远活下去。尽管如此，在他的书《赌徒破产和其他问题》的后续章节中，Raup 讨论了一个属在数量有限的物种（例如 10 个）下灭绝的可能性。如果灭绝的概率与物种形成的概率相同（50%），那么物种的数量就会像随机漫步一样上下波动，但最终会达到零。因此，概率法则表明该属的最终灭绝是不可避免的（Raup，1991），即便该属的物种数量多，也不能避免灭绝，只能延长灭绝发生所需的时间。

概率进化模型称为随机模型。例如，Van Valen（1973）断言，“存在数据的所有群体的灭绝速度对于一个给定群体来说是恒定的。”这种说法不应被理解为灭绝是无缘无故发生的。一个物种的灭绝可能是由许多具体原因造成的，因此，将个体的死亡归因于偶然是无效的。然而，如果在种群水平上考虑死亡频率，则可能在数学上有效地描述由随机过程控制的死亡频率。换句话说，一个特定的生物群体中的个体可能会因各种特定的原因而死亡。然而，无论个体的具体死亡原因如何，整个种群将以恒定的速度灭绝，这取决于其数量。因此，在随机方法中，进化的模式作为一个整体被认为是一个随机过程，尽管这种模式中的个体波动可以用因果关系来解释。

随机模型可以用来区分进化记录中那些符合确定性解释的特征和那些不需要寻找特定原因的特征。例如，白垩纪末期恐龙的迅速灭绝可能是由于某些特定的环境或灾难性事件，如陨石撞击造成的剧烈气候变化。然而，牙形刺的逐渐减少和它们在三叠纪末期的最终灭绝似乎很难归结为一个或几个具体的原因。概率灭绝可以被认为是一种“背景”灭绝，它贯穿了整个化石记录，几乎但不完全跟上新物种的出现（全球生物多样性随着时间的推移而增加）。然而，有时也会发生被称为物种大灭绝的重大灭绝事件，需要一个具体的因果解释。

### 14.5.3 物种大灭绝

化石记录表明，自前寒武纪末期以来，海洋和大陆生物的多样性呈指数增长（Benton，1995；Miller，2000）。然而，化石记录也表明许多生物群体在特定的时间灭绝或在数量和多样性上急剧减少。在过去的二十年，古生物学家和地质学家对这些大规模灭绝事件非常关注，这可以从大量涌现的关于大规模灭绝的文献可知。五次大灭绝事件具有非常重要的意义，现在普遍称其为五大灭绝事件。这些主要的灭绝事件发生在奥陶纪、泥盆纪、二叠纪、三叠纪和白垩纪的末期（图 14.8），后来的灭绝影响了陆相和海相生物。

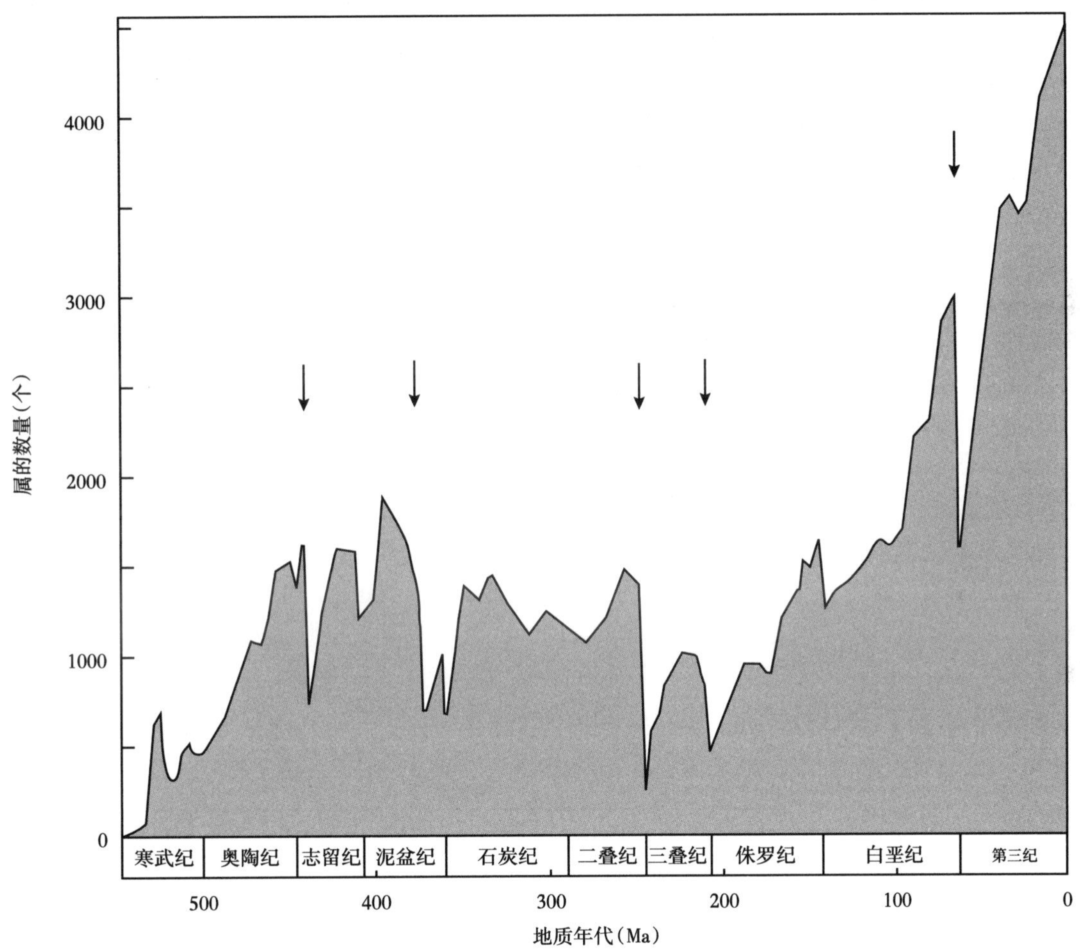


图 14.8　显生宙海洋动物属的多样性（属的数量），箭头指向五大灭绝事件（据 Sepkoski，1995）

如表 14.3 所示，在这五次大灭绝事件中，47%~82% 的现存海洋动物属灭绝，16%~51% 的海洋动物科灭绝。这种大灭绝需要一个与某些特定原因相关的解释。特别重要的灭绝生物群包括三叶虫和蜓类有孔虫（二叠纪晚期），牙形刺（三叠纪晚期），菊石类和恐龙（白垩纪晚期）。许多其他种群也灭绝了，或者数量大大减少了。古生物学家和其他地质学家绞尽脑汁发挥了最大想象力来解释灭绝事件。由于受影响的主要类群的数量和这些类群在晚二叠世末从地质记录中消失的剧烈变化，晚二叠世灭绝阶段受到了特别关注。

表 14.3 与五次大规模灭绝事件有关的海洋动物多样性下降的百分比（据 Sepkoski，1995）

| 大灭绝事件 | 多样性下降的百分比（%） | |
|---|---|---|
| | 属 | 科 |
| 奥陶纪末 | 60 | 26 |
| 晚泥盆世 | 57 | 22 |
| 二叠纪末 | 82 | 51 |
| 侏罗纪末 | 53 | 22 |
| 白垩纪末 | 47 | 16 |

大规模灭绝事件引起了地质学家的极大兴趣，因为它们提出了一些问题，其中包括地球历史上可能重现的灾难性事件。在过去的几十年里，关于物种灭绝的模式、速度、原因和后果的研究呈爆炸式增长，但关于物种灭绝的原因却几乎没有达成一致。灭绝理论分为三大类：灾难性灭绝、逐渐灭绝和逐步灭绝（发生在主要地层边界附近的一系列离散步骤的灭绝，如二叠纪与三叠纪边界）。很多文献阐述了这些复杂的理论，部分已在本章的参考文献列出。

图 14.9 总结了大规模灭绝事件的主要原因。灾难性理论的支持者，尤其是白垩纪与古近纪边界事件的支持者，认为是陨石和彗星等地外天体的撞击造成了剧烈的气候变化（全球冬季），它产生巨大的尘埃云和 / 或产生了酸雨、海啸、森林大火导致了一些物种的灭绝。另外，强烈的火山爆发活动可能通过排放过多的气体云（温室变暖）对气候产生不利影响。其他地质学家认为，大多数灭绝事件并不需要这种外星原因来解释，因为随着气候的逐渐变化（变暖或变冷），海平面的变化足以解释物种灭绝。例如，在主要的退化时期，海平面的降低减少了浅水生物的栖息地，增加了竞争。另外，广泛的海洋入侵似乎与缺氧（低氧）条件的发展有关，这对一些生物产生不利影响并导致灭绝（Hallam 和 Wignall，1997）。海侵阶段缺氧的实际原因还不清楚。一些地质学家认为，有些物种灭绝是通过一系列脉冲逐步发生的：有些发生在主要边界之前，有些发生在主要边界附近，有些发生在主要边界之后。这些灭绝可能是一系列事件的结果，比如短暂的彗星阵叠加在环境恶化的背景下。

| 灭绝事件 | 灭绝原因 | | | | | |
|---|---|---|---|---|---|---|
| | 火流星撞击 | 火山作用 | 降温 | 变暖 | 海退 | 海侵/缺氧 |
| 晚前寒武纪 | | | | | | ● |
| 晚寒武世早期 | | | | | ● | ● |
| 晚寒武世 | | | ○ | | | ● |
| 晚奥陶世 | | | ● | ● | ● | ● |
| 晚泥盆世 | | | ○ | | ○ | ● |
| 泥盆纪—石炭纪 | | | | | | ● |
| 晚二叠世 | | | | | ● | |
| 二叠纪末 | | ● | | ● | ○ | ● |
| 三叠纪末 | | | | | ● | ○ |
| 早侏罗世 | | | | | | ● |
| 晚白垩世 | | | ○ | | | ● |
| 白垩纪末 | ● | ● | ● | | ● | ○ |
| 古新世末 | | ● | | ● | | ● |
| 晚始新世 | | | ● | | | |

● 相关性强　○ 相关性弱

图 14.9 显生宙主要灭绝事件的原因（据 Hallam 和 Wignall，1997）

虽然世界范围内主要生物类群的灭绝非常有趣和重要，但在生物地层学中所起的作用有限，因为这些大规模的物种灭绝能提供的研究视角和资料有限。而局部环境条件的变化与个别物种灭绝息息相关，且个别物种的灭绝是生物地层学研究的最重要基础。

## 14.6 生物时空分布的综合效应

环境记录和时间记录（随时间变化）对地质历史的解释都很重要。如果在整个地质时期，生物分布在世界各地而不局限于特定的生物地理省份和环境，进化是在世界范围内同时进行的，那么基于化石的地层对比研究将会非常简单。然而，在这种条件下，化石对研究古代沉积环境几乎没有帮助，因为在所有的环境中都生活着或多或少相同的生物。相反，如果生物仍分布在与现在一样的生物地理省，且生物从未进化，我们就可以有理有据的解释古地理气候环境，因为古代沉积岩可能包含与现代环境相同的物种。也正因为如此，这些物种在对比和拆解到当地地质年代表没有任何价值，因为相同的物种存在于整个地质时期。

真正的化石记录反映了生物地理分离和有机进化的发生。由于有机演化，我们能够把某一特定年代的地层从一个地区联系到另一个地区，并计算出某一地区地层的相对年代。然而，由于过去许多生物都局限于生物地理省，所以我们不能总是把处于不同环境的时间等效的地层联系起来，因为在同一时期不同生物地理省中存在的生物是不同的。因此，将生物地理省关联起来是非常困难的，更不可能建立世界范围内的联系。另外，由于不同的生物类群局限于不同的生物地理省和环境，古生物是解释古代沉积环境非常有效的工具。

从确定一个物种的总垂直地层范围的角度来看，生物体的局部性造成了一些特殊的问题。一个物种在突破一个特定的障碍并扩散到附近的省之前，可能在一个省存在很长一段时间。迁移到新省后，该物种可能在旧省灭绝，而在新地区继续繁荣一段时间。因此，某一物种在特定省的局部垂直活动范围（有时称为尾叶带）可能比该物种在全球范围内的总活动范围要短得多。古生物学家在使用化石进行时间关联时，必须非常小心地认识到这种可能性。图 14.10 展示了这个问题，它说明了一些可能影响物种范围的因素。这张图显示了一个物种的范围既受到进化变化的影响，也受到障碍的影响，这些障碍可以调节迁移到附近省的时间和首次出现在附近省的时间。

### 14.6.1 分散的生物

古生物学家认为物种是自然界中最基本的生物单位。它们是经历进化的基本单位；物种生态位是生态系统相互作用的基本功能单位；物种是生物地理学、生物地层划分和对比的基本单位。由于它们在生物地层学中的核心重要性，我们必须了解控制物种分散和分布的因素。显然，影响陆地生物和植物传播的因素不同于控制海洋生物传播的因素。此外，与控制海洋脊椎动物种群分布的因素相比，控制海洋无脊椎动物种群分布的因素也不同。由于海洋无脊椎动物在生物地层学研究中具有压倒一切的重要性，此处将讨论的范围局限于海洋环境中的无脊椎动物，海洋环境包括深海域（水体）和底栖域（海底或底部环境）（图 14.11）。

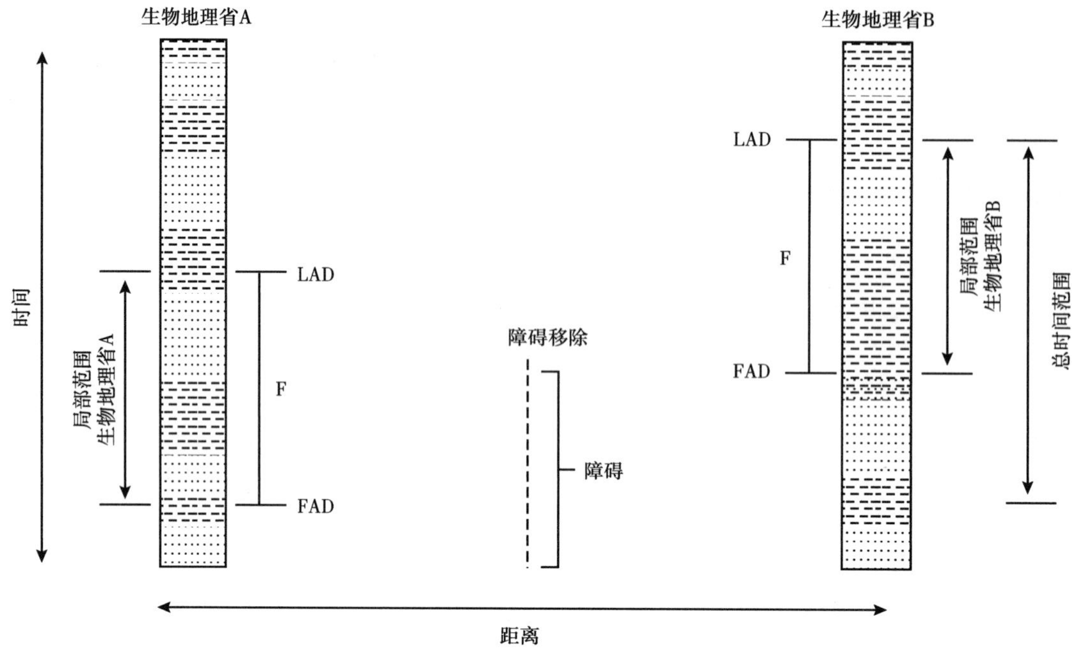


图 14.10　一个假设物种（F）在局部范围和总范围的差异

物种 F 首次出现在生物地理省 A，活动范围因一些障碍受限于生物地理省 A 内。后来障碍移除后可以移民到生物地理省 B，在这里物种 F 可以持续生存一段时间，即便是在生物地理省 A 区域内灭绝后。FAD：首次出现点；LAD：最后一次出现点

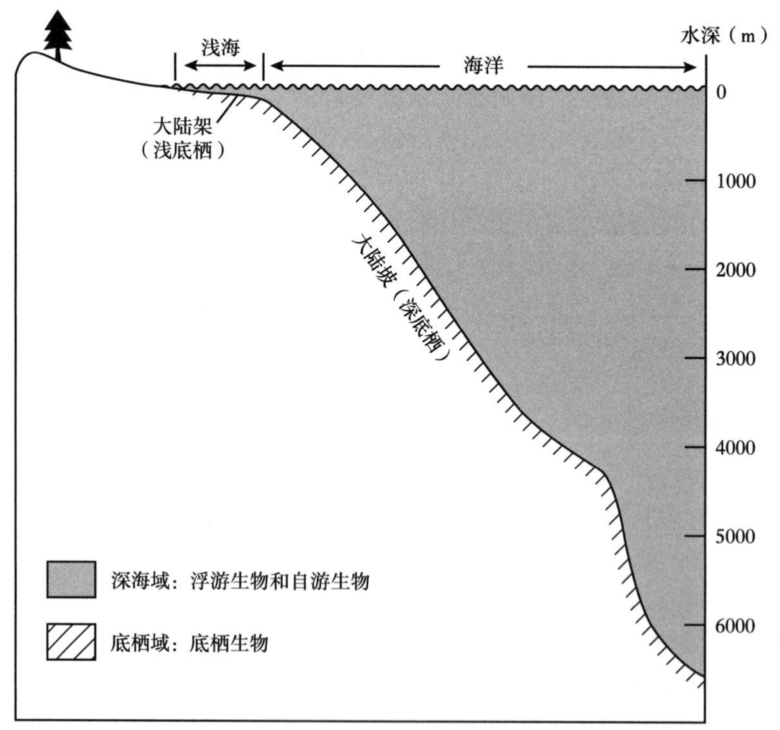


图 14.11　将海洋环境划分为深海域和底栖域

深海域居住着浮游生物和自游生物；底栖生物占据底栖域

海洋无脊椎生物根据栖息地可分为三种基本类型：浮游生物、自游生物和底栖生物（表 14.4）。浮游生物主要是微小的生物，它们生活在深海域的浅部，控制自己运动的能力非常弱或有限。它们在海流和波浪作用下或多或少是被动分布的，并可能广泛分布于各种类型的开放海洋环境中。浮游生物由于分布广泛，是进行生物地层划分和对比非常有用的化石。它们反映的是深海域的栖息地，而不是它们死亡时落入的海底环境；因此，它们在古海相沉积岩中的生存环境解释方面价值有限，尽管它们在一些古海洋学应用中（如用氧同位素解释水的古温度）是有用的。一些浮游生物，如笔石，确实具有指示海底环境的价值，但是它们太脆弱，无法在高能浅水环境中生存，因此主要保存在静水环境中，从而构成“相化石”。

**表 14.4　海洋生物按生存环境或生活方式进行分类**

| 分类 | 描述 | 例子 |
|---|---|---|
| 浮游生物 | 浮游生物悬浮在上层水柱中，控制自身运动的能力非常弱或有限的生物 | |
| 浮游植物 | 有进行光合作用的能力；初级食品生产者或自养生物 | 硅藻；鞭毛藻类；颗石藻类 |
| 浮游动物 | 不进行光合作用，因而不能产生自己的食物（异养生物）；以浮游生物为食 | 有孔虫；放射虫类；笔石类 |
| 季节浮游生物 | 以浮游生物的形式度过幼年期；成年后成为自由游泳或底栖生物 | 大多数底栖生物的幼虫，如软体动物 |
| 假浮游生物 | 附着在漂浮的海藻、浮木上，随波浪和水流分布的生物 | 贻贝类；藤壶类 |
| 底栖生物 | 生活在海底或海底以下的海底生物 | |
| 固着底栖生物 | 附着在底物上的底栖动物（底上动物） | 海百合类；牡蛎；腕足类 |
| 游移底栖生物 | 在海底爬行或游动的底栖动物（上栖动物）或在海底钻洞的底栖动物（内栖动物） | 海星；海胆；蟹类；蛤蚌；蠕虫 |
| 自游生物 | 生物能够自由游泳，因此基本不受海浪和水流影响 | 移动头足类动物；鱼类；鲨鱼 |

自游生物也栖息在深海域，包括所有能够自由游泳的动物。现代自游动物分布在海洋深处，从海平面到数千米深，包括许多高级的动物群体，如鱼类、鲸和其他哺乳动物。自游生物的化石记录不如浮游生物和底栖生物丰富，因此总的来说在生物地层学研究中价值不大。深海生物化石包括一些深海黏土中的鱼、剑石和其他可移动的头足类动物，可能还有牙形刺。牙形刺是一种有趣的化石类型，具有相当大的生物地层学意义，存在于寒武系到三叠系的岩石中。它们是微小的牙齿状的磷酸盐化石，直到 1982 年它的来源都是一个谜。在苏格兰爱丁堡地区的下石炭系岩石中发现了一个完整的牙形刺动物标本（Briggs 等，1983）。该标本是一种长 40mm，宽 1.8mm 的细长软体动物。牙形刺装置出现在头部或身体前部，可能起到牙齿或某种内部支撑的作用。

底栖生物是生活在海底或海底的生物（底栖域）。底栖生物具有可保存的坚硬部分，它们的遗体通常保存在所处的环境中，因此对解释环境起到非常重要的作用。由于大多数底栖动物生活在浅水中，在海底移动的距离有限，它们往往比浮游生物活动范围更小，在生物地层方面的意义也不如浮游生物。尽管如此，由于许多底栖生物都有一个浮游的幼体阶段，在这个阶段它们有可能被洋流驱散，因此它们可以分散到其他环境中。一些研究人员最初质疑幼虫运输对于浅水底栖生物远距离传播的重要性，比如跨越海洋盆地。最初人们认为，幼虫期的持续时间很短，当生物体还在深水上方时，幼虫就会转变为成虫期，导致它们在沉入水底时死亡。然而，后来的研究（Scheltema，1977）表明，有许多浅水或陆架底栖无脊椎动物的幼虫有一个持续六个月至一年以上的浮游阶段。Scheltema指的是“teleplanic（远距离漫游）”这类幼虫。例如，这些长寿的幼虫可以通过主要的表层洋流穿越现代的大西洋。许多研究人员认为这种通过浮游机制分散的能力有利于种群间迁移，从而促进基因流动。Valentine（1997b）总结了长寿幼虫的重要性，具体为：“具有更长寿和更顽强基因的深海幼虫物种在繁殖后有更大的机会广泛传播。因此，具有这些特性的物种通常能够在距离母体范围有一定距离的栖息地定居，并且通常能够保持基因流向这些偏远的种群。具有较短的浮游发育时期，较小的孵卵、或幼虫发育需要更严苛条件的物种，往往只定居在离其母体相当近的地方。如果一个种群与其他种群距离较远，基因交换受到限制，会直接导致外来殖民物种和本种群之间的分化，并降低它们的相关性。”

因此，对于一个特定地点的物种来说，存在一个地理范围，在这个地理范围内，殖民化是必要的，因为该区域位于种群的正常迁移范围内。在某个标准时间内，占领实际上是确定的，这可以称为局部范围。

### 14.6.2 传播障碍

每个物种都有其潜在的地理范围，这是由其栖息地需求决定的。很少有物种在它们的潜在范围内出现。它们的分布受到限制，要么是由于某种类型的障碍阻止它们扩展到所有适宜的栖息地，要么是因为物种可能没有时间扩展到所有适宜的地区，特别是在存在障碍的情况下。在任何给定的时间，世界上都有许多地区可以被物种殖民，前提是它们能够以适当的数量到达这些地区，但它们被阻止进入不适宜居住的地区。许多物种最终找到了突破狭窄障碍的方法，甚至可能及时地跨越更宽的障碍。一旦障碍被跨越，或障碍消失，迁移物种可能会发现自己在新省份与类似物种或类似适应环境的物种竞争环境生态位。面对这种竞争，无论是本地物种还是移民物种都可能灭绝。另外，适应性较差的物种可以进化并适应不同的环境生态位。一旦一个障碍被克服，殖民者通常会在新的位置扩展他们的范围，直到它被其他障碍所限制，填补他们新的本地范围。入侵物种随后可能会打破其他障碍，从一个可居住区域跳跃到另一个可居住区域，跨越不同穿透难度的障碍，并偶尔扩大它们的总物种范围（Valentine，1977a）。

因此，障碍的突破导致物种的生存范围的扩大，尽管在某些情况下，它可能导致新地区物种的灭绝或进化为适应性更强的物种。另外，如果相反的情况出现，一个障碍突然出现，将一个曾经连续的适宜栖息地划分开来，结果是该物种被障碍分隔成不同的种群。分离的种群会逐渐进化成不同的物种，每一个物种的地理范围都比亲本物种更有限（Dodd和Stanton，1981）。

许多生态因素可以作为生物传播的障碍，所有这些因素都可以分为两大类：栖息地的破坏（当大陆架栖息地被深海环境或陆地所取代时）和温度。Hallam（1981）认为，气候和板块运动是影响动物群局部性的主要因素。Dodd和Stanton（1981）指出，控制物种地理分布的主要因素是水深、陆地海拔及温度。

#### 14.6.2.1 温度

温度是物种迁移的主要障碍，通常对幼虫的影响大于成虫。由于全球温度分布受纬度控制，尽管季节甚至昼夜温度变化很重要，但温度障碍在纬度上是最重要的。所有现代生物省的边界在一定程度上是受温度控制的，古代生物省无疑也受到同样的控制。暖水类群主要局限于海洋的赤道区，因为海洋的其他大部分地区，无论是表层还是深层，温度都不足以维持这些热带物种的生存。另外，冷水类群如果能够适应更大的深度，就可以沿着水深梯度迁移到更深更冷的水域，这就是潜水现象，从而把它们的活动范围扩大到更靠近赤道的地区。此外，如果极地物种能够设法突破温度障碍，穿越赤道地区，它就能在另半球高纬度地区或接近地表的地方找到合适的冷水栖息地。

一些生物物种适应的温度范围很广，因此可能比不太耐受的物种分布在更大范围的温度区域。尽管如此，即使是耐受的物种也对温度变化很敏感，并不存在于所有的温度区域。还必须认识到，海洋温度带在整个地质时期都发生了变化，因为世界气候带由于板块运动和冰川作用而发生了变化。因此，世界上某一特定地理区域可能会记录下一系列的冷水或温水动物，以响应这些变化的气候条件。

#### 14.6.2.2 地理障碍

前文提及的栖息地破坏、板块运动、深度及海拔等术语都是表达地理障碍概念的不同方式。这些地理障碍产生于陆地和海洋的分布格局及海洋水深的变化。所有生物的生存水深都是有限的。因此，过深或过浅的水都会对特定的生物物种构成障碍。陆地构成了海洋生物传播的障碍，而开阔的海洋是陆地动物和植物从一个大陆迁移到另一个大陆的障碍。影响地理障碍的最重要因素似乎是海平面的变化，以及由板块运动引起的陆地块和洋底的性质和地理分布的变化。

#### 14.6.2.3 海平面变化

海平面变化主要周期的原因已在第 12 章中讨论。由于大陆架上水深的变化，海平面的波动造成生物地理省的重大中断。在海平面大幅下降期间，水从大陆架中抽出，暴露出大部分内大陆架。浅水的可居住面积大大减少，导致浅水物种间的拥挤和竞争加剧，这些物种无法向海洋方向迁移到更深的水域，并可能导致适应性较差的种群灭绝。在海平面大幅上升期间，由于海洋向大陆边缘的扩张，大陆架外围的水深增加，沿大陆边缘的浅水总面积也大大增加。浅水生物的可利用环境生态位相应地增加，导致物种之间对可利用空间和食物的竞争减少。在这些条件下，随着物种迁移到有利的栖息地，它们在当地的活动范围扩大，同时也可能导致新物种（物种形成）的迅速出现，因为在前一阶段的海平面下降中幸存下来的种群的适应性辐射。另外，如前一节所讨论的，在某些环境中，海侵可伴随着低氧条件的出现。在过去的不同时期，缺氧可能导致了一些无脊椎动物的灭绝。

在被海洋覆盖的大陆面积和特有现象之间似乎存在一种相反的关系。地方性是指物种或其他类群具有非常有限的地理分布范围的倾向，而流行病则是指物种具有世界性分布的倾向。在低海平面和海洋限制时期，动物在大陆架地区之间的迁移变得更加困难，导致基因流动更少。因此，更多的局部物种形成可能发生在占据浅水栖息地的分散生物中（Hallam，1981）。

#### 14.6.2.4 板块运动

构造作用是控制陆块和洋盆分布的主要因素。全球板块构造过程改变了大陆和海洋盆地的地理位置、结构和大小，海洋领域的环境框架发生了重大变化。板块运动通过引起海洋宽度和深度的变化，可以极大地影响地形障碍。如前所述，海底扩张速度的变化可能对海平面产生重大影响。板块运动还可以通过改变大陆的地理位置来改变纬度温度梯度，它们甚至可以影响主要洋流的分布模式。因此，迁移障碍的产生或破坏可能与板块构造事件密切相关。

#### 14.6.2.5 其他障碍

其他障碍不如温度和地理障碍那么重要，但也可能有助于界定生物地理区的边界。盐度差异是淡水地理区和海洋地理区之间的重要分界线，然而在海洋领域内，盐度本身是一个相对不重要的障碍。在一些小的、受限制的、蒸发率高的海洋中，盐度会显著增加。相反，在淡水径流多的一些沿海地区，盐度可能会低于正常水平。这些盐度变化可以控制当地的生物群落，但不能控制省级生物的分布。在开阔的海洋中，盐度往往在赤道地区最高，因为那里的蒸发率最高；在中纬度地区最低，那里由于大陆的淡水径流而发生稀释。即使如此，这些地区的盐度与平均海洋盐度（35‰）的差别仅为千分之几，这种变化不足以严重影响海洋中生物的分布。

洋流有助于浮游物种和底栖物种幼虫的传播，但在海洋的某些地方，它们也有助于维持造成传播障碍的温度梯度。因此，洋流既可以起到阻隔作用，也可以起到促进扩散的作用。洋流的长期模式本身就受到板块运动的影响。

## 14.7 生物地层学的应用

生物地层学的原理有多种方式的应用，以促进对沉积岩的认识（Koutsoukos，2005；Powell 和 Riding，2005）。例如，根据化石资料确定加深和浅滩事件可用于界定沉积旋回边界。然而，也许最基本的应用是利用生物地层学数据，将化石地层的厚切片划分为小尺度的地层单元，然后在局部到区域尺度上进行对比和研究。正如本章前面所讨论的，根据沉积岩的化石含量，可以识别出各种带。此外，生物地层学原理和资料被应用于解释沉积历史和估计沉积速率。由于对比是生物地层学中如此重要的一个方面，本章余下的大部分内容将专门讨论对比技术。

## 14.8 生物地层相关性

生物地层单位是可观察的、客观的地层单位，是根据其化石含量确定的。因此，就像追踪岩石地层单位一样，它们可以从一个地方追踪到另一个地方并进行匹配。生物地层单位可能有也可能没有时间意义。例如，横向追踪时，组合带和富集带可能跨越时间线（是跨时的）。另外，分类延限带和间隔带，特别是那些由类群首次出现所确定的生物带，产量相关线重合于时间线。生物地层单位可以进行对比，不论其时间意义如何，使用的原则与岩石地层单位对比的原则大致相同，例如，根据地层序列中的同一性和位置进行对比。本节首先将组合带和富集带进行对比，它们可以作为生物地层单元进行对比，尽管它们可能没有时间地层意义。然后将讨论基于间隔带和其他产生时间地层对比的带的生物对比方法。

下面的讨论主要针对海洋无脊椎生物的生物相关性。读者应该记住，地层可以根据陆地动物和植物的残留物来划分，在某些情况下，可以根据这些数据进行相关性分析（Flynn 和 Swisher，1995）。

### 14.8.1 组合生物带相关性

组合带是基于三个或三个以上不同分类群组成的，不考虑其范围限制（图 14.3）。它们是由不同的动物群或植物群交替而来的，在一个地层剖面中彼此交替，没有空白或重叠。组合带作为环境指标具有特殊的意义，而环境指标在不同区域存在很大的差异。因此，它们往往在本地相关性方面具有最大价值。尽管如此，部分以海洋浮游生物组合为基础的组合带可用于更广泛的区域对比。组合生物带相关性原理与示例如图 14.12 所示。

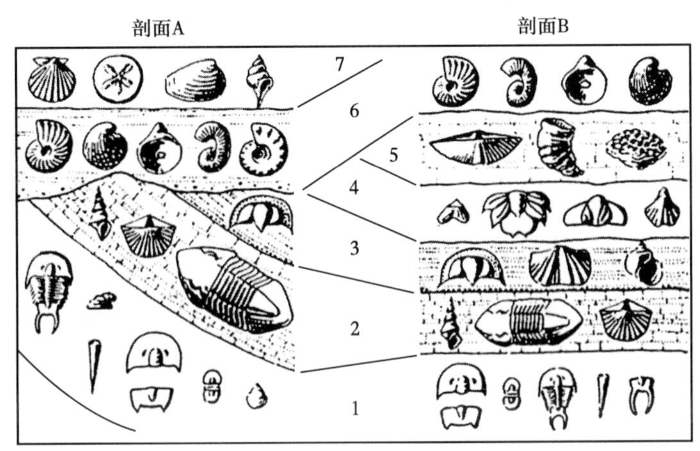


图 14.12 利用化石组合对比生物地层原理图示（据 Moore 等，1952）

然而，Shaw（1964）指出，组合带之间的界限是模糊的，因为在这一带的界限之上和之下是过渡带，在过渡带中特征化石组合的一部分将因尚未出现或已经消失而消失。因此，用组合带关联法所能达到的精度存在实际的限制。按组合带进行对比的问题部分源于这样一个事实，即生物地层学家必须处理的化石类群的数量是如此之多，以至于很难在视觉上同化这些数据并画出有意义的带边界（图 14.13）。为了克服这个问题，早期的研究人员倾向于减少要研究的分类群数量，或者他们试图将样本合成。最近的一种解决方法是应用多元统计分析技术来识别和圈定组合带。这些定量技术为基于大量类群划分区域提供了合理的统计基础，而不需要生物地层学家的决策（Gradstein 等，1985）。

### 14.8.2 生物带丰度的相关性

如前文所述，富集带是由一个或多个物种、属或其他分类单元的相对丰度在数量上的显著最大值来定义的，而不是由分类单元的范围来定义的。就个体数量而言，当一个特定的分类单元在其发展的顶峰，它们就代表了一个或多个时期。一些生物地层学家以前用富集带进行了时间—地层对比，他们假设每个分类单元在历史上都有一段时间达到其最大丰度，而且丰度峰值在任何地方同时出现。目前生物地层学家普遍认为，大多数富集带在时间地层对比方面是不可靠的。这种观点是基于这样一个明显的事实：并不是所有的物种都达到了最大的丰度，或者即使它们达到了这个峰值，标本层也不一定能记录下来。此外，地层记录中记录的丰度峰值可能与当地生态条件有关，这些生态条件可能在不同的地区出现在不同的时间，并且在一个地区持续的时间可能比在另一个地区长得多。因此，最大的丰度可能代表局部的、分散的有利环境，不利环境会突然造成大量的死亡，或生物死后壳的机械聚集。图 14.14 说明了富集带相关的一些问题。简而言之，富集带可用于生物地层对比，但不能提供可靠的时间地层对比手段。生物地层学家更倾向于基于组合带、分类单元延限带或间隔带进行对比。

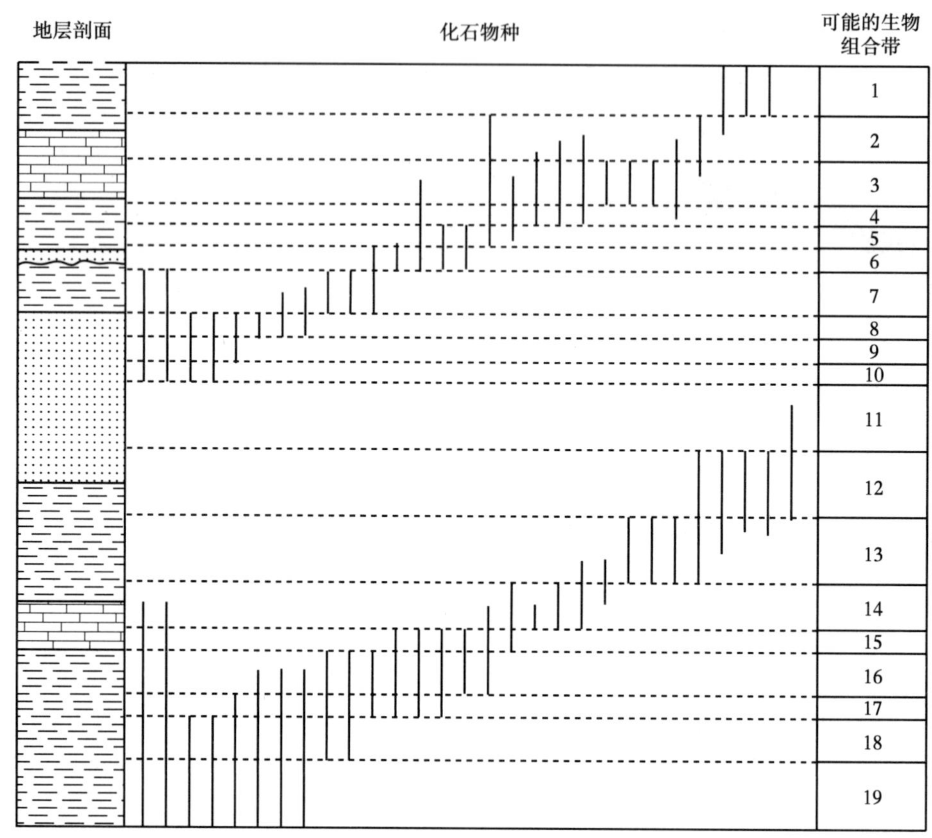


图 14.13　大量化石分类群参与生物带组合对比的假想地层剖面（据 Hazel，1977）

垂直的黑线表示在不同的局部剖面上发现的物种的综合范围；右边的一列显示了从这些化石数据中可以得出的一种解释

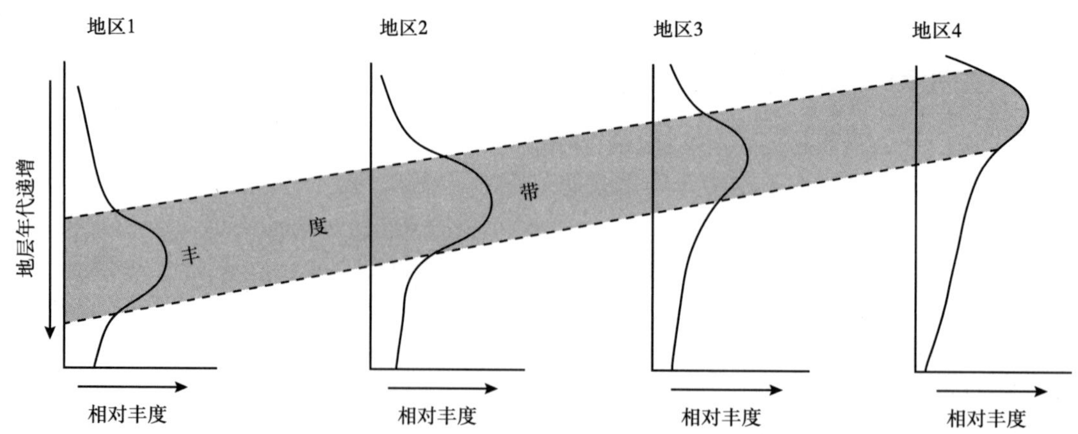


图 14.14　示意图说明了为什么富集带的相关性不能产生真正的时间相关性。同一物种可能在不同时间、不同地点达到最大丰度。相对丰度向右增加

### 14.8.3 化石年代相关性

年代地层对比是在时间等效的基础上对地层单元进行匹配。建立地层的时间等效性是全球地层学的支柱，被大多数地层学家认为是最重要的对比类型。建立时间—地层对比的方法可分为生物和物理 / 化学两大类。如前所述，生物方法的时间地层对比主要是利用同时的山脉带和其他间隔带。生物相关方法还包括范围带数据的统计处理和生物地理丰度带的相关性分析，生物地理丰度带是与气候波动相关的生物事件。第 15 章将讨论各种可用来进行年代地层对比的物理和化学方法。从逻辑上讲，这种用化石进行年代地层对比的讨论也属于第 15 章，然而本书把它包括在这里是为了把所有与化石相关的材料集中呈现。有关更严格的生物相关性的讨论，请参阅 Gradstein 等（1985）和 Guex（1991）。

### 14.8.4 分类单元延限带和间隔带对比

分类单元延限带和间隔带是指构成分类群最高和 / 或最低出现的地层之间的生物带。图 14.3 说明了用分类群的首次和最后出现来定义生物带的几种方法。这些不同的生物带在时间地层对比中有不同程度的作用。

#### 14.8.4.1 分类单元延限带

如果所依据的生物类群的地层范围很小，那么生物类群域生物带对时间对比是非常有用的。如果分类单元的范围跨越了整个地质时期或几个时期，它们就没有什么价值了。按分类单元范围带进行的相关性分析，通常称为按指标化石进行的相关性分析。如前所述，指标化石被认为是地层范围很小、地理分布广泛、丰富到足以在地层记录中出现且易于识别的类群。不幸的是，指标化石这个术语也被用于其他方面，可能有其他含义。因此，当谈到基于一个分类单元的整个范围的相关性时，将其简单地称为分类单元延限带的相关性，就不那么容易混淆了。图 14.15 显示了不同分类域生物带之间的相关性。

#### 14.8.4.2 间隔带

当单个分类域生物带较长时，按分类域生物带进行相关性分析是不合适的，可采用其他类型的间隔带进行更精细的尺度关联。例如，由两个类群第一次（地层最底层）出现所定义的间隔带，在时间—地层对比中特别有用，因为它们是基于沿着系统谱系的进化变化，而这种变化往往发生得非常快。因此，两个类群首次有文献记载的出现之间的间隔可能代表了一个非常短的时间跨度，而在这段时间内的地层年龄可能在整个范围内几乎是同步的。由于类群的灭绝通常不会像物种进化过程中出现新物种那样突然，因此，根据类群最后一次（地层最高）出现而确定的间隔带通常被认为比根据首次出现而确定的间隔带具有更少的时间意义。

图 14.15 说明了在两个地层剖面之间根据分类单元—范围或层间生物带进行对比的一些方法。从这张图中可以看出，间隔带所代表的时间比大多数单个分类单元的分类延限带所代表的时间短得多。地层剖面之间的对比也可以仅仅根据特定类群的首次或最后出现而进行，而不必对整个带进行对比。换句话说，可以从一个特定分类单元首次出现所代表的地层位置（称为首次出现基准面或 FAD），到另一个地层剖面中同一分类单元的 FAD 绘制对比线。同样，在不同地层剖面中，一个分类单元的最后外观基准面（LAD）也可以进行对比。FAD 和 LAD 将在第 15 章中进一步讨论。

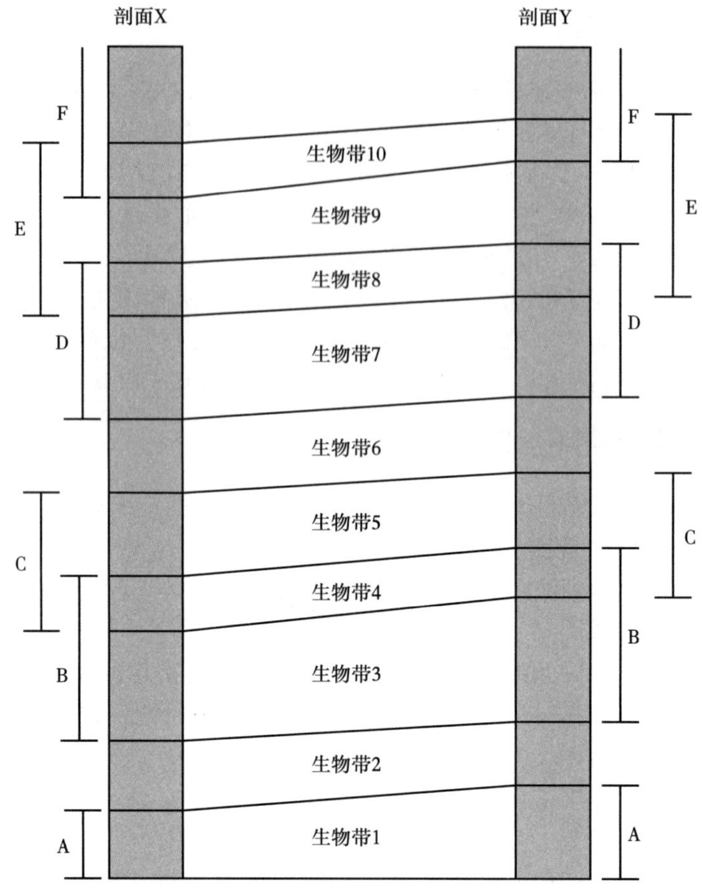


图 14.15　基于分类单元延限带和间隔带的两个假设剖面的相关性

注意，这里使用了几种类型的间隔区域进行对比。例如，生物带 1 由物种 A 的垂直范围（分类单元延限带）定义；生物带 2 是由物种 A 的最后一次出现和物种 B 的第一次出现定义的间隔带；生物带 4 是由物种 B 和物种 C 的重叠范围构成；以此类推

#### 14.8.4.3　分类单元延限带相关关系图解法

虽然间隔带可以用来确定在相对较短的时间内沉积的地层单位，但它们不一定能产生精确的时间—地层对比。生物可能会横向迁移，并在比它们真正首次出现的时间稍晚的时候出现在其他地区（图 14.10），或者最终在其他地区灭绝之前，它们可能会从一个地区迁移出去。这些行为变量使得区间区域之间的边界变得模糊。生物带之间的确切边界永远无法知道，因为这种边界是根据经验确定的。在一个新地区的额外收集总是有可能扩大以前定义的物种或分类单元的已知范围，因为它们可能在新地区出现得更早或存在的时间比在原来定义的地区更长。减少模糊带状边界问题的一种方法是对范围数据进行统计处理，利用地层剖面中所有物种的首次和最后一次出现，而不是仅利用一个或两个物种的范围。Shaw 于 1964 年首先提出了一种图解法，用同一物种在另一剖面上的首次和最后出现来绘制同一物种在同一剖面上的首次和最后出现，从而在两个地层剖面上建立地层的时间等效性。这种方法目前已被地层学家广泛用于地层剖面，特别是局部剖面之间详细的时间地层对比。

Miller（1977）进一步阐述了 Shaw 的方法，首先选择一个单一的地层剖面作为参考剖面，其他剖面可以进行比较和对比。这一参考剖面应该是现有的最厚的剖面，没有断层或其他复杂的构造，并且应该包含大量和多样的化石含量。参考剖面尽可能完整测量和采样，所有物种的第一次和最后一次出现都是根据它们在地层剖面上任意选择的参考点以上的位置来记录，即被测量剖面基础之上的米数（图 14.16）。第一次及最后一次出现在本参考区所记录的物种范围，不一定是所有物种的真实（总数）范围，然而这一事实并不排斥使用它们来帮助建立相关性。然后选择第二个地层剖面与参考剖面进行对比，在这一剖面中确定同一物种和其他物种的首次和最后出现。

从两个这样的地层剖面（图 14.16）中，绘制一个图表，其中在垂直轴上显示到测量剖面（如剖面 A）底部上方的距离，在水平轴上绘制到第二个测量剖面（剖面 B）底部上方的距离（图 14.17）。每个物种在第一个剖面首次和最后一次出现的点都可以与第二个剖面相对应的点连起来。例如，在图 14.16 中，物种 3 首次出现在参考剖面 A 中，位于剖面底部上方 42m 处，并出现在测量剖面 B 中，位于底部上方约 21 m 处。可以在图形上绘制一个点来表示这些值。同样，绘制额外的点来代表这两个部分中所有物种的首次和最后一次出现。图 14.17 中的虚线说明了点的绘制方式。这个过程产生了一系列倾向于围绕直线聚集的点，如图 14.17 中的相关线。这条线可以直观地绘制，以产生“最佳拟合”线，也可以使用统计回归方法绘制。这条线上任意点的 X 和 Y 坐标提供了两个剖面之间精确的时间—地层对比。例如，在图 14.17 中，剖面 A 60m 处的河床与剖面 B 30m 处的河床相关，剖面 A 100m 处的地层与剖面 B 约 49m 处的地层相关。

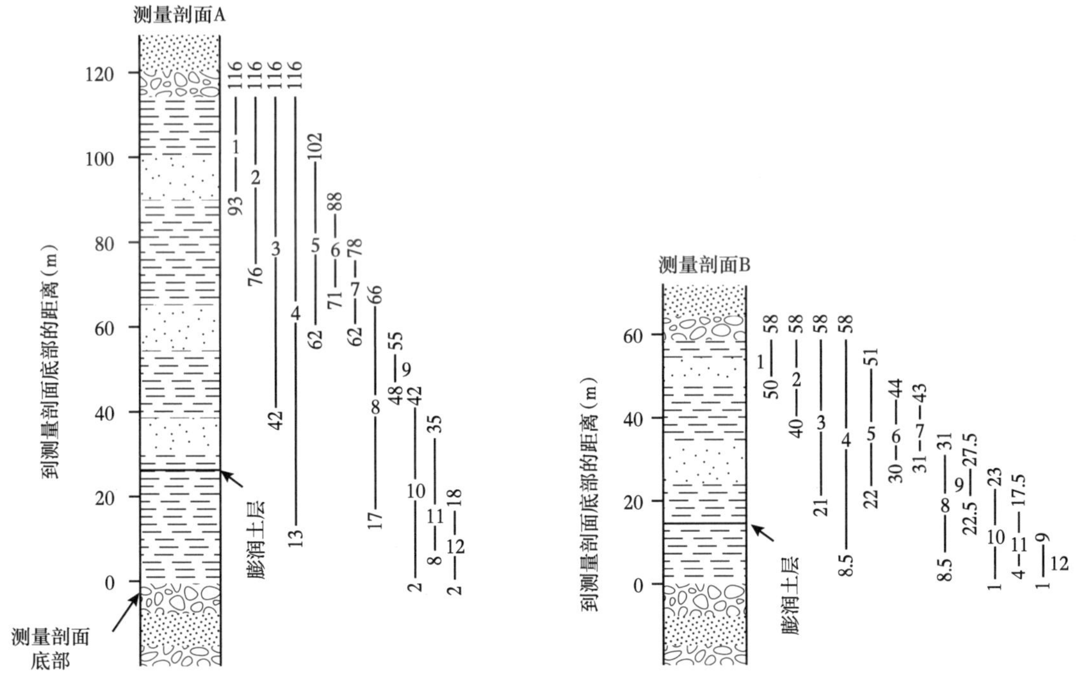


图 14.16　两个标注了化石物种范围（物种 1~12）的地层剖面。剖面 A 和 B 都包含了相同时间跨度的同类化石；然而剖面 B 仅表示一半的沉积速率。Shaw（1964）的图形相关法对这些化石范围的使用如图 14.17 所示（据 Eicher，1968）

在图 14.16 中，由远离最佳拟合线的点所代表的物种的首次和最后一次出现表明，在剖面 A 中出现或消失的物种的时间与在剖面 B 中出现或消失的物种明显不同。这两种物种中的任何一种都受环境控制（取决于相），或者它们在剖面 A 和 B 之间的迁移受到生物地理障碍的阻碍，导致它们在不同的时间出现在这两个段中。

这种图形对比方法可以利用具有时间—地层意义的物理事件（如火山灰降落或稳定同位素事件）来验证最佳拟合线的位置。例如，在广阔的地理区域内，火山灰几乎是瞬间坠落的。它们在两个地层剖面中的存在构成了一个精确的时间标记（可以通过辐射测量方法确定年代），为最佳拟合线提供了一个非常可靠的点，应该几乎准确地落在这条线上。图 14.16 和 14.17 中所示的膨润土层是一个灰烬层，已部分蚀变为黏土矿物。

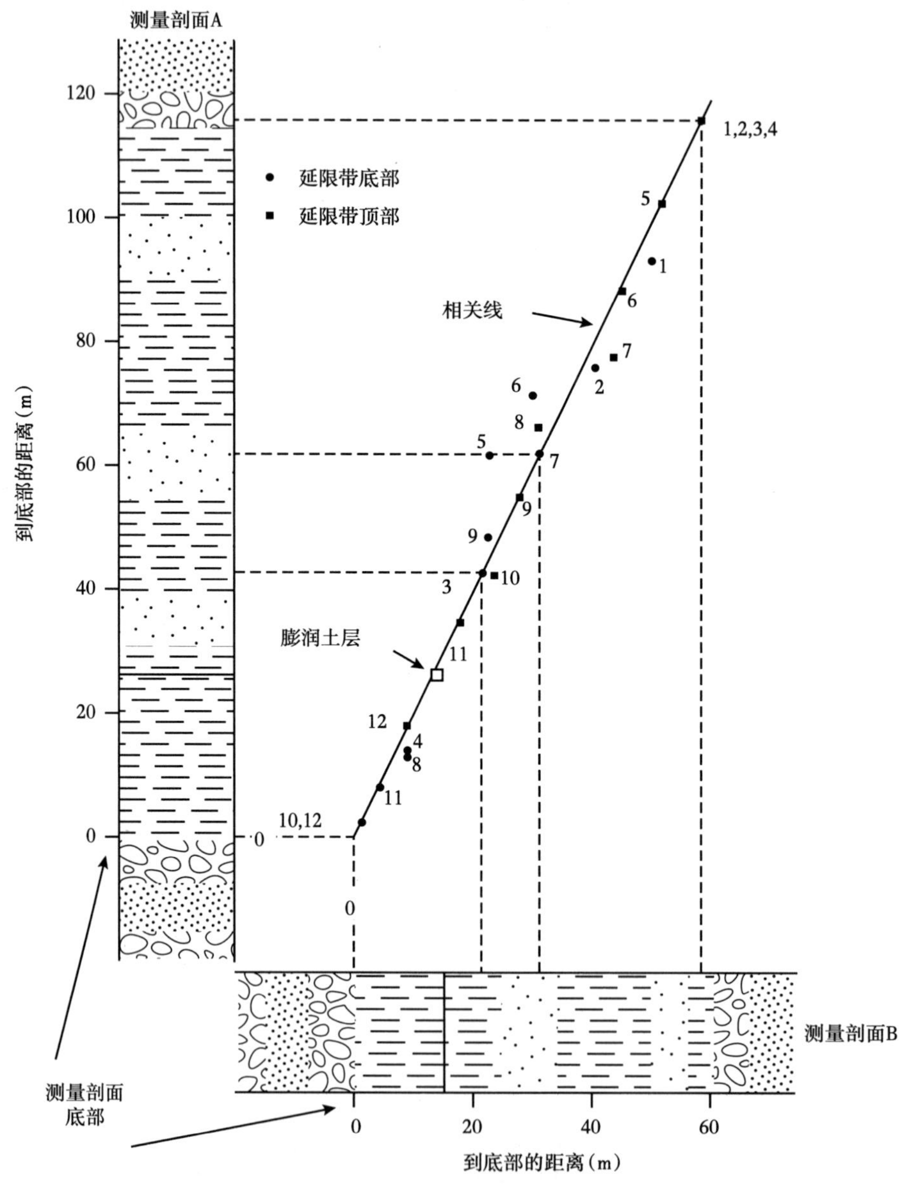


图 14.17　图形相关性方法示意图（使用图 14.16 中的数据）。虚线说明了如何将一个剖面中延限带的底部或顶部与其他剖面中等效的底部或顶部进行连线。一旦相关线画出来，剖面 A 的任何部分都可以与剖面 B 的等效部分相关联

除了在两个地层剖面之间进行对比时有用外，图形对比法还为评估两个剖面之间沉积速率的差异或剖面中是否存在间断提供了一个强大的工具。最佳拟合线的斜率表示区域之间的相对沉积速率（图 14.18）。如果这个斜坡发生了突然的变化，那么这种变化就表明在这一段中沉积速率的相对增加或减少是突然的。例如，图 14.18b 中的坡度变化表明，与剖面 A 相比，剖面 B 的沉积速率降低；图 14.18c 显示了剖面 A 中沉积速率的降低。一个剖面中沉积间断的存在显示为相关线中的水平线段（图 14.18d）。在本例中，沉积在剖面 A 停止一段时间，而在剖面 B 继续，然后，剖面 A 的沉积恢复。或者，裂缝可能是由于不整合或断层作用造成的。

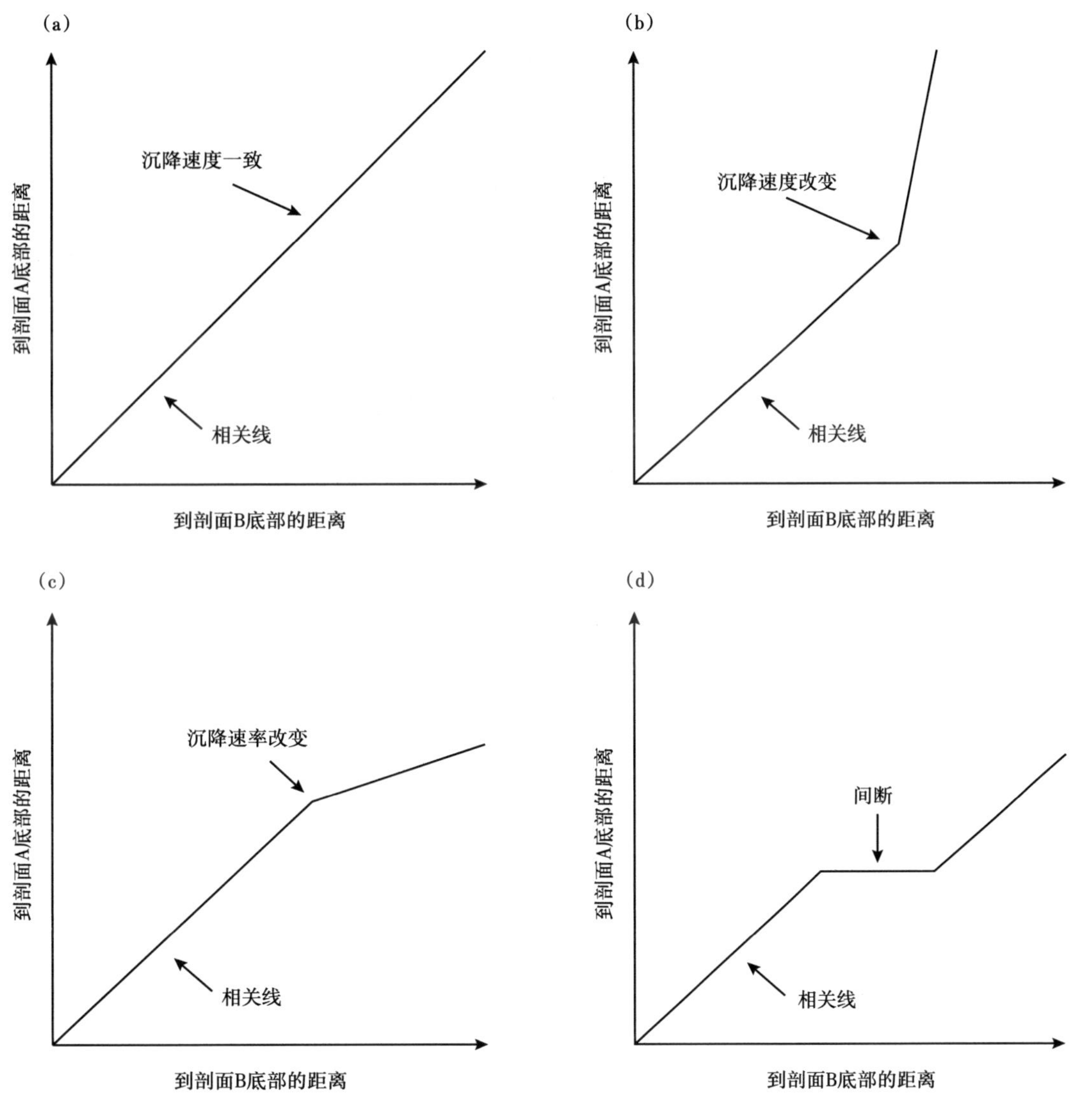


图 14.18　沉积速率的变化对相关线形状的影响

（a）剖面 A 和剖面 B 的沉积速率一致；（b）相关线中的“狗腿”表示剖面 B 沉积速率相对减小；（c）“狗腿”表示剖面 A 的沉降速率相对下降；（d）剖面 A 的沉积间断（由不沉积、不整合或可能的断层作用引起）在相关线上表现为水平段

图形关联方法不仅可以用于关联任意两个局部截面，还可以通过将一个截面关联到另一个截面来扩展，以编制复合截面或复合标准（Shaw，1964；Carney 和 Pierce，1995）。一旦汇编了一个复合化石范围的数据库，该数据库就可以按年代地层（时间）单位进行缩放（第 15 章）。然后，可以按照一个地层剖面与另一个地层剖面对比的相同方式，将特定地层剖面与该复合标准进行对比（Carney 和 Pierce，1995）。通过与以时间单位标度的复合标准进行对比，可以确定地层剖面任何部分的年龄。图形对比现在被用于各种应用，包括层序地层学研究。有关这些不同应用的详细讨论，请参见 Mann 和 Lane（1995）。

### 14.8.5 生物地理丰度与生物带的相关性

在“生物相关性”的标题下，本书讨论了化石富集带的对比，并指出富集带对于时间地层对比是不可靠的，因为它们受到环境条件和其他因素的影响，这些因素可能导致它们具有历时性（发生在不同地区的不同时间）。丰度带使用的另一种方法产生了具有时间—地层意义的对比。这种方法是基于环境敏感化石组合的地理变化导致的分类单元最大丰度的相关性（Haq 和 Worsley，1982）。由于海洋中与纬度相关的温度差异，一些物种或其他分类群仅限于由纬度定义的生物地理区域。因此，低纬度分类群在生态上被排除在高纬度之外，反之亦然。然而，气候的变化可以使这些分类群转移到不同的生物地理区域。例如，在主要冰川期，高纬度分类群可以扩展到低纬度，在主要冰川期之间的变暖趋势期间，低纬度分类群可以扩展到高纬度。从地质年代学的角度来看，某些浮游生物物种对主要气候波动的扩散基本上是等时的。

因此，特定时间浮游生物类群的气候相关变化提供了生物地理丰度事件，可以从一个区域关联到另一个区域。对于研究的每个岩心或露头剖面，气候曲线是根据暖气候与冷气候分类群的百分比或特定分类群的相对丰度构建的。然后，这些曲线可以用来识别从一个部分到另一个部分之间可以相互关联的升温和降温事件。根据此类信息构建的图 14.19 说明了中新世北大西洋钙质超微浮游生物组合中受气候控制的纬度变化如何用于深海钻探计划岩心中的年代地层对比。

一种相关的方法是根据 Eicher（1976）描述的浮游有孔虫的盘绕比率进行时间地层对比。已知一些有孔虫，在温暖水域生活时，其多室壳向一个方向盘绕；在冷水区域生活时向相反方向盘绕。例如，有孔虫球形截齿虫在温水中主要为右旋，在冷水中主要为左旋。图 14.20 显示，在更新世海洋冰川冷却期间，在中低纬度地区，以右旋种群为主的截形球藻被以左旋种群为主的种群取代。有孔虫物种盘绕比率的这些变化提供了一种方法，可以将更新世气候变化的短期波动联系起来，这种短期波动基本上在整个海洋盆地的至少一部分是同步的。

基于对气候波动的生物响应的对比方法，其主要缺点是它们的使用主要局限于对比第四纪和新近纪的沉积物，当时世界海洋发生了几次降温和升温。尽管如此，它们为基于氧同位素的对比方法提供了有用的补充（第 15 章），该方法还涉及新近纪和第四纪的气候波动。

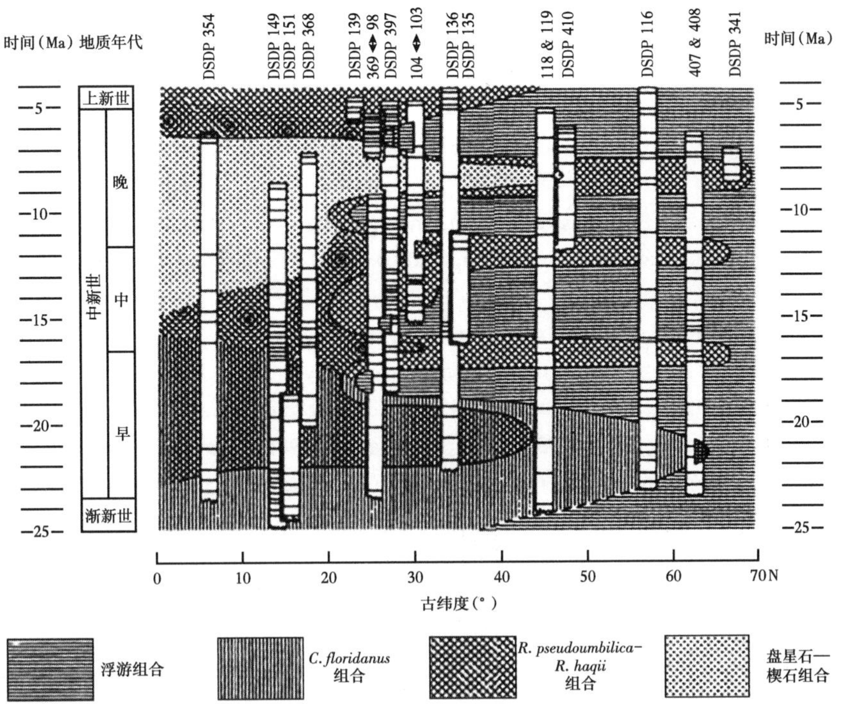


图 14.19 用生物地理丰度带作为时间相关的一种手段。中新世期北大西洋钙质纳米浮游生物组合的纬向移动周期可被解释为对气候重大波动的响应。主要从相对较暖的中纬度组合向高纬度转变，可以用来细化高纬度地区的生物年代标度，而标志物、低纬度分类群通常被排除在外（据 Haq 和 Worsley，1982）

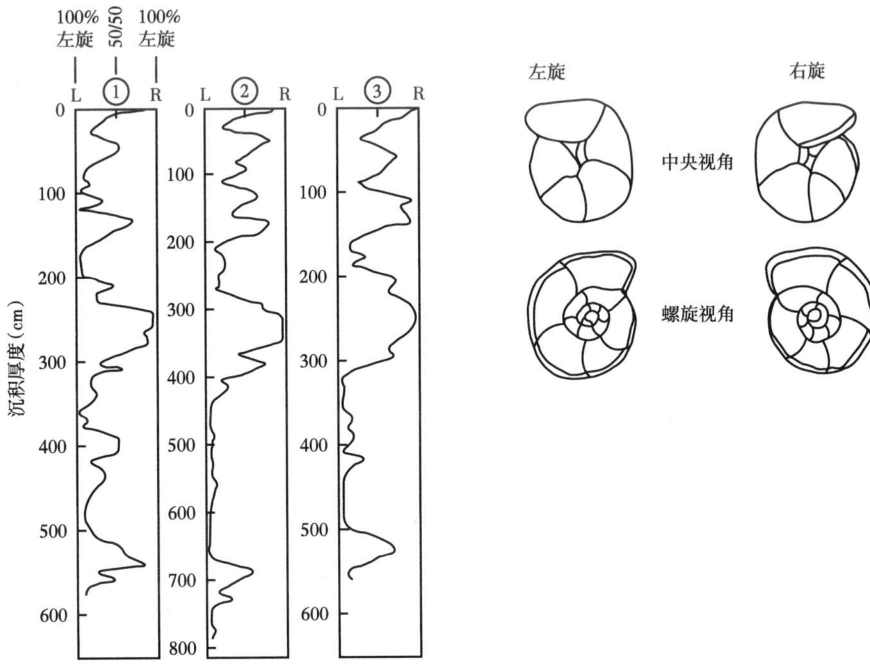


图 14.20 基于有孔虫盘旋率的生物地理丰度带对比。这种相关性是基于三个南大西洋岩心中类截形球藻的卷绕率；①②③为三个岩心的取心站编号。岩心代表的沉积时间约为 1.5Ma（据 Eicher，1976）

## 拓展阅读文献

Erwin, D. H., and S. L. Wing ( eds. ) . 2000. Deep time: Paleobiology's perspective. Lawrence, KS: The Paleontologtical Society.

Glen, W. 1994. Mass-extinction debates: How science works in a crisis. Stanford, CA: Stanford University Press.

Hallam, A., and P. B. Wignall. 1997. Mass extinctions and their aftermath. Oxford Oxford University Press.

Jackson, J. B. C., S. Lidgard, and F. K. McKinney ( eds. ) . 2001. Evolutionary patterns: Growth, form, and tempo in the fossil record.

Kemp, T. S. 1999. Fossils and Evolution. Oxford: Oxford University Press.

Koutsoukos, E. A. M. 2005. Applied stratigraphy. Dordrecht: Springer.

Lawton, J. H., and R. M. May. 1995. Extinction rates. Oxford: Oxford University Press.

Mann, K. O., and H. R. Lane ( eds. ) . 1995. Graphic correlation. SEPM Special Publication 53. McGowan, B. 2005. Biostratigraphy—Microfossils and Geologic Time. Cambridge, UK: Cambridge University Press.

Powell, A. J., and J. B. Riding. 2005. Recent Developments in Applied Biostratigraphy. London: The Geological Society.

Sharpton, V. L., and P. D. Ward ( eds. ) . 1990. Global Catastrophes in Earth History. Geol. Soc. America. Spec. Paper 247.

Sheldon, P. R. 1996. Plus ça change—A model for stasis and evolution in different environments: Palaeogeography, Palaeoclimatology, Palaeoecology. v. 127. 209-227.

Thierry, J. and S. Galeotti. 2008. Biostratigraphy from taxon to biozones and biozonal schemes. In J. Rey and S. Galeotti ( eds. ) . Stratigraphy, Terminology and Practice. Paris: Editions Technip. 65-89.

## 参考文献

Benton, M. J. 1995. Diversification and extinction in the history of life. Science. v. 268. 52–58.

Berry, W. B. N. 1987. Growth of a Prehistoric Time Scale: Based on Organic Evolution. 2nd ed. Palo Alto, CA: Blackwell Scientific Pub.

Briggs, D. E. G., E. N. K. Clarkson, and R. J. Aldridge. 1983. The conodont animal. Lethaia. v. 16. 1–14.

Carney, J. L., and R. W. Pierce. 1995. Graphic correlation and composite standard databases as tools for the exploration biostratigrapher. In Mann, K.O., and H. R. Lane ( eds. ) . Graphic Correlation. SEPM ( Soc. for Sedimetary Geology ) Special Pub. 53. 23–43.

Dodd, J. R., and R. J. Stanton. 1981. Paleoecology, concepts and applications. Hoboken, NJ: John Wiley & Sons.

Doyle, P., R. R. Bennett, and A. N. Baxter. 1994. The key to earth history: An introduction to stratigraphy. Chichester: John Wiley & Sons.

Eicher, D. L. 1976. Geologic time. 2nd ed. Englewood Cliffs, NJ: Prentice-Hall.

Eldredge, N., and S.J. Gould. 1972. Punctuated equilibrium: An alternative to phyletic gradualism. In Schopf, T.J.M. ( ed. ) . Models in Paleobiology. San Francisco: Freeman, Cooper. 82–115.

Eldredge, N., and S. J. Gould. 1977. Evolutionary models and biostratigraphic strategies. In Kauffman, E. G., and J. E. Hazel ( eds. ) . Concepts and Methods of Biostratigraphy. Stroudsburg, PA: Dowden, Hutchinson and Ross. 25–40.

Ericson, D. B., and G. Wollin. 1968. Pleistocene climates and chronology in deep-sea sediments. Science. v. 162. 1227–1234.

Gould, S. J. 2001. The interrelationship of speciation and punctuated equilibrium. In Jackson, J. B. C., S.

Lidgard, and F. K. McKinney ( eds. ) . Evolutionary Patterns: Growth, Form, and Tempo in the Fossil Record. 196–217.

Gould, S. J., and N. Eldredge. 1993. Punctuated equilibrium comes of age. Nature. v. 366. 223–227.

Gradstein, F. M., E. P. Agterberg, J. C. Brower, and W. S. Schwarzacher. 1985. Quantitative stratigraphy. Dordrecht: D. Reidel Pub. Co.

Guex, J. 1991. Biochronological correlations. Berlin: Springer-Verlag.

Hallam, A. 1981. Facies Interpretation and the Stratigraphic Record. San Francisco: W.H. Freeman.

Hallam, A., and P. B. Wignall. 1997. Mass extinctions and their aftermath. Oxford: Oxford University Press.

Hancock, J. M. 1977. The historic development of biostratigrapic correlation. In Kauffman, E.G., and J.E. Hazel ( eds. ) . Concepts and Methods of Biostratigraphy. Stroudsburg, PA: Dowden, Hutchinson and Ross. 3–22.

Haq, B. U., and T. R. Worsley. 1982. Biochronology—Biological events in time resolution, their potential and limitations. In Odin, G. S. ( ed. ) . Numerical Dating in Stratigraphy. Hoboken, NJ: John Wiley & Sons. 19–36.

Hedberg, H. D. ( ed. ) . 1976. International stratigraphic guide: A guide to stratigraphical classification, terminology, and procedure. International Subcommission on Stratigraphic Classification of IUGS Commission on Stratigraphy. Hoboken, NJ: John Wiley & Sons.

Kemp, T.S. 1999. Fossils and Evolution. Oxford: Oxford University Press.

Mann, K. O., and H. R. Lane ( eds. ) . 1995. Graphic Correlation. Soc. for Sedimetary Geology Spec. Pub. 53.

Miller, F. X. 1977. Graphic correlation method in biostratigraphy. In Kauffman, E.G., and E. Hazel ( eds. ) . Concepts and Methods in Biostratigraphy. Stroudsburg, PA: Dowden, Hutchinson and Ross. 165–186.

Miller, A. I. 2000. Conversations about Phanerozoic global diversity. In Erwin, D. H., and S. L. Wing ( eds. ) . Deep Time: Paleobiology' s Perspective. Lawrence, KS: The Paleontologtical Society. 53–73.

North American Commission on Stratigraphic Nomenclature. 1983. North American Stratigraphic Code. Am. Assoc. Petroleum Geologists Bull. v. 67. 841–875.

Powell, A. J., and J. B. Riding. 2005. Recent developments in applied biostratigraphy. London: The Geological Society.

Raup, D. M. 1991. Extinction: Bad genes or bad luck? New York: W.W. Norton and Co.

Salvador, A. ( ed. ) . 1994. International stratigraphic guide: A guide to stratigraphic classification, terminology, and procedure. 2nd ed. Trondheim, Norway: Internat. Union of Geol. Sciences and Geol. Soc. America.

Scheltema, R. S. 1977. Dispersal of marine invertebrate organisms: Paleobiogeographic and biostratigraphic implications. In Kauffman, E. G., and J. E. Hazel ( eds. ) . Concepts and Methods of Biostratigraphy. Stroudsburg, PA: Dowden, Hutchinson and Ross. 73–108.

Shaw, A. B. 1964. Time in stratigraphy. New York: McGraw-Hill.

Sheldon, P. R. 1996. Plus ça change—a model for stasis and evolution in different environments. Palaeogeography, Palaeoclimatology, and Paleoecology. v. 127. 209–227.

Stanley, S. M. 1979. Macroevolution, pattern and process. San Francisco: W.H. Freeman.

Stanley, S. M. 1985. Rates of evolution. Paleobiology. v. 11. 13–26.

Valentine, J. W. 1977a. General patterns of metazoan evolution. In Hallam, A. ( ed. ) . Patterns of Evolution as Illustrated by the Fossil Record. New York: Elsevier. 27–57.

Valentine, J. W. 1977b. Biogeography and biostratigraphy. In Kauffman, E. G., and J. E. Hazel ( eds. ) . Concepts and Methods of Biostratigraphy. Stroudsburg, PA: Dowden, Hutchinson and Ross. 143–162.

# 15　年代地层学和地质年代

## 15.1　引言

前几章中描述的地层单位是根据岩性、磁性特征、地震反射特征或化石含量区分的岩石单位。因此，它们是可观察或可测量的物质参考单位，描述了一个区域的描述性地层特征。这些单元的定义允许识别岩石单元之间的垂直和横向关系，并提供了将单元从一个区域对比到另一个区域的方法。然而，正如 Krumbein 和 Sloss（1963）所指出的，描述性地层单位不适合根据地球历史解释当地地层剖面。解释地球历史要求地层单位与地质时代相联系，也就是说，必须知道岩石单元的年龄。建立岩石单元之间的时间关系称为年代地层学，根据时间定义和圈定的地层单元称为地质时间单位。年代地层学与其他地层学分支之间的关系如图 15.1 所示。

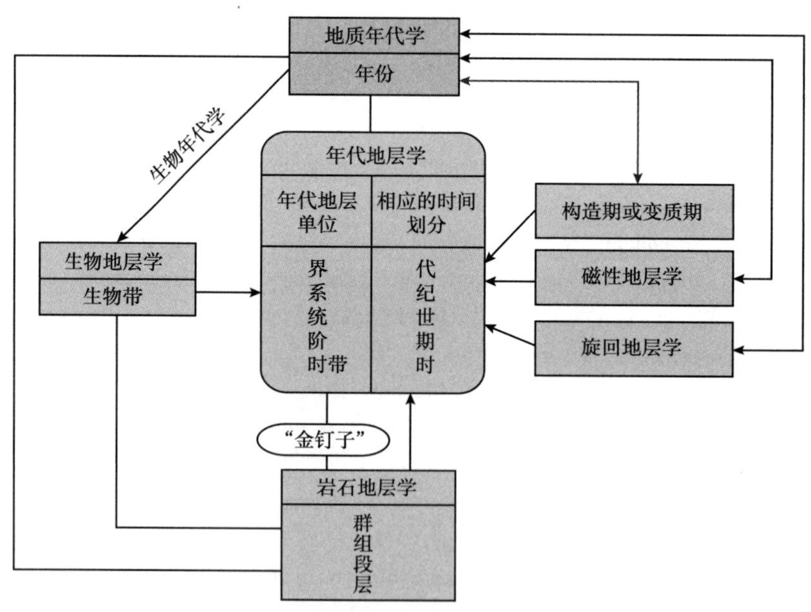


图 15.1　年代地层学与其他地层学分支之间的关系（据 Holland，1998）

本章将考察地质时间单位的概念，并探讨时间单位与其他类型地层单位的关系。另外，还将说明如何使用地质时间单位来创建地质时间尺度，并讨论时间尺度的标定方法。最后将根据岩石单元的年龄检验时间相关的方法。

## 15.2 地质时间单位

地质时间单位是概念单位，而不是实际的岩石单位，尽管大多数地质时间单位是以岩石单位为基础。事实上，我们认识到两种不同类型的正式地层单位，它们可以根据地质年龄进行区分：基于实际岩石剖面称为层型的单位和独立于参考岩石剖面的单位。理想情况下，地质时间单位的参考岩体是等时单位。也就是说，它们是在相同的时间跨度内形成的岩石单元，在任何地方都以同步表面为边界，这些表面上的每个点都具有相同的年龄。

《北美地层规范》和《国际地层指南》（Salvador，1994）确认了两种基本类型的等时地质时间单位：年代地层单位和地质年代单位。年代地层单位（表 15.1）是地质学家选择的有形岩体，用作同一时间间隔内形成的所有岩石的参考剖面或材料参考。换句话说，选择具有已知年龄跨度的沉积岩的特定部分来表示该特定区域地质时间间隔。例如，约 275—250Ma 的时间间隔被称为二叠纪，由位于俄罗斯 Perm 省的二叠系岩石作为代表（表 15.2）。相比之下，地质年代单位是在岩石记录的基础上，以年代地层单位表示的时间划分，它们本身不是地层单位。年代地层单位被比作在特定时期内流过沙漏的沙子。相比之下，相应的地质年代单位可以与沙流的时间间隔进行比较（Hedberg，1976）。沙流的持续时间测量一定的时间间隔，如一小时，但沙子本身不能说是一小时。

**表 15.1 地质时间单位**

<table>
<tr><td colspan="2">年代地层单位：一种等时岩体，用作同一时期形成的所有岩石的物质参考时间跨度；它始终基于物质参考单位或层型，即生物地层学、岩石地层学或磁性地层学单位。<br>宇：最高级别的年代地层单位，公认的有三个：显生宇、元古宇和太古宇，元古宇和太古宇共同构成前寒武系。<br>界：是宇的细分；前寒武系没有；显生宇的名称最初的选择是为了反映地球上生命发展的重大变化，包括古生界（旧生命）、中生界（中间生命）和新生界（最近的生命）。<br>系：世界等级的主要年代地层单位（如二叠系、侏罗系）；可以细分为子系统或分组为超系统，但最常见的是完全划分为下一级（统）单元。<br>统：系的细分；系分为两到六个统（通常为三个）；通常，通过在统名称中添加适当的形容词“下”“中”或“上”（例如，下侏罗统、中侏罗统、上侏罗统）来取统名称；有助于省内年代地层对比；许多是全世界公认的。<br>阶：比统更小的范围和等级；对区域内和陆内分类和对比非常有用，许多阶在世界范围内也得到认可；可细分为子级。<br>时带：最小的年代地层单位；其边界可能独立于分层地层单元的边界</td></tr>
<tr><td colspan="2">地质年代单位：以年代地层单位表示的岩石记录为基础的时间划分；不是实际的岩石单元，但与已建立的年代地层单元沉积或形成的时间间隔相对应；地质年代单位的开始对应它所依据的年代地层单元底部的沉积时间，结束时间对应年代地层单元顶部的沉积时间；地质年代单位及其相应的地质年代地层单位的等级为：</td></tr>
<tr><td>地质年代单位</td><td>相应的地质年代地层单位</td></tr>
<tr><td>宙</td><td>宇</td></tr>
<tr><td>代</td><td>界</td></tr>
<tr><td>纪</td><td>系</td></tr>
<tr><td>世</td><td>统</td></tr>
<tr><td>期</td><td>阶</td></tr>
<tr><td>时</td><td>时带</td></tr>
<tr><td colspan="2">地质年代单位：通过任意选择的年龄边界直接划分地质时间；它们不是基于指定年代地层层型的时间跨度；地质年代时间尺度通常用于前寒武系岩石，不能细分为全球公认的年代地层单元；年龄通常以现在之前的数百万年（Ma）表示，但也可能以数千年（ka）或数十亿年（Ga）表示</td></tr>
</table>

资料来源：1983 年《北美地层规范》和《国际地层指南》（据 Salvadore，1994）。

**表 15.2　显生宇及其类型地区的国际公认地质系统**

| 系名 | 典型位置 | 命名人 | 命名时间 | 标志 |
| --- | --- | --- | --- | --- |
| 第四系 | 法国 | Jules Desnoyers | 1829 | 由岩性定义，包括一些松散沉积物 |
| 第三系 | 意大利 | Giovanni Arduino | 1760 | 最初由岩性定义；根据独特的化石，在法国用类型剖面重新定义 |
| 白垩系 | 巴黎盆地 | Omalius d'Halloy | 1822 | 最初在独特的白垩岩层的基础上定义 |
| 侏罗系 | 瑞士北部 Jura 山脉 | Alexandervon Humboldt | 1795 | 最初根据岩性定义 |
| 三叠系 | 德国南部 | Frederickvon Alberti | 1843 | 根据独特的三重地层划分和化石定义岩性 |
| 二叠系 | 俄罗斯 Perm 省 | Roderick I.Murchison | 1841 | 由独特的化石定义 |
| 宾夕法尼亚亚系 | 美国宾夕法尼亚州 | Henry S. Williams | 1891 | 未在美国境外使用 |
| 密西西比亚系 | 密西西比河谷 | Alexander Winchell | 1870 | 未在美国境外使用 |
| 石炭系 | 英格兰中部 | William Conybeare and William Phillips | 1822 | 以独特的岩性命名，含煤地层，但可通过独特的化石识别 |
| 泥盆系 | 英格兰南部 Devonshire | Roger I. Murchison and Adam Sedgwick | 1840 | 主要基于化石的边界 |
| 志留系 | 威尔士西部 | Roger I. Murchison | 1835 | 由岩性和化石定义 |
| 奥陶系 | 威尔士西部 | Charles Lapworth | 1879 | 寒武系和志留系之间作为中间单位设立，以化石界定的边界来解决边界争端 |
| 寒武系 | 威尔士西部 | Adam Sedgwick | 1835 | 主要由岩性确定 |

注：前寒武系尚未划分为国际公认的体系。

传统的国际公认的年代地层单位以前主要依据岩石地层或生物地层单位的时间跨度。现在也正式确认（作为年代地层单位）极性年代地层单位，这是基于岩石中剩余磁场的地质时间单位（第 13 章）。

表 15.1 简要说明了地质时间单位的特征和等级排序。本表首先讨论年代地层单位，因为它们是时间单位（地质年代）单位所依据的参考地层剖面。如上所述，年代地层单位本身基于指定的生物地层、岩石地层或磁极性单位（表 15.1）。系是最基本的年代地层单位；较高级别的单元是系的分组，较低级别的单元是系的细分。年代地层单位的等级与岩石地层单位或其他地层单位的等级并不直接对应。例如，一组岩石不一定对应于岩石地层群或地层统。一个系可能包括几个组。原则上，年代地层单位具有全球范围，并可在全世界范围内得到认可。实际上，年代地层单位在世界范围内的使用，取决于这些单位的时间判断特征在世界范围内得到认可的程度。

地质年代单位代表一个相对应的年代地层单位沉积的时间间隔。因此，基本的地质年代单位是纪，相当于一个系的时间。每个时代的名字和低等级地质年代单位的名称与其对应的年代地层单位的名称相同。例如，侏罗纪是侏罗系岩石沉积的时期。各个时期分为不同的时代。年代代表一系列沉积的时间。它们的名字来源于这个时期，加上形容词“早”“中”和“晚”（如早侏罗世、中侏罗世、晚侏罗世）。表 15.1 中的注释对统的细分，即“下”“中”和“上”的不同用法，因为统是岩石单位而不是时间单位。大多数宙和代的名称与相应的宇和界的名称相同。

地质年代单位是纯时间单位。它们不是基于指定年代地层层型的时间跨度，而只是在任意选择边界的情况下，以适当的规模或级别进行时间划分。由于目前尚无全球公认和接受的前寒武系岩石年代地层表，因此采用地质年代时间刻度来表示前寒武系岩石的年龄

（图 15.2）。前寒武系岩石尚未被证明普遍易受我们通常用于显生宇岩石的分析和细分，或叠加应用其他岩性或生物学原理的分析，但未来可能会开发前寒武系岩石的年代地层标度。下一节将进一步讨论前寒武系岩石的细分。

| 宇 | 界 | 系和亚系 | | 统 | 年龄（Ma） |
|---|---|---|---|---|---|
| 显生宇 | 新生界 | 第四系 | | 全新统 | 0.1 |
| | | | | 更新统 | 1.8 |
| | | 第三系 | 新近系 | 上新统 | |
| | | | | 中新统 | 23.8 |
| | | | 古近系 | 渐新统 | |
| | | | | 始新统 | |
| | | | | 古新统 | 65.0 |
| | 中生界 | 白垩系 | | 上统 | |
| | | | | 下统 | 144.2 |
| | | 侏罗系 | | 上统 | |
| | | | | 中统 | |
| | | | | 下统 | 206 |
| | | 三叠系 | | 上统 | |
| | | | | 中统 | |
| | | | | 下统 | 248 |
| | 古生界 | 二叠系 | | 上统 | |
| | | | | 下统 | 290 |
| | | 石炭系 | 宾夕法尼亚亚系 | 上统 | 323 |
| | | | 密西西比亚系 | 下统 | 354 |
| | | 二叠系 | | 上统 | |
| | | | | 中统 | |
| | | | | 下统 | 417 |
| | | 志留系 | | 上统 | |
| | | | | 下统 | 443 |
| | | 奥陶系 | | 上统 | |
| | | | | 中统 | |
| | | | | 下统 | 490 |
| | | 寒武系 | | 上统 | |
| | | | | 下统 | 543 |
| 前寒武系 元古宇 | 无正式分界 | | | | 2500 |
| 前寒武系 太古宇 | 无正式分界 | | | | |

注：年代来源为美国地质学会1999年地质年代表。

图 15.2　显生宇的命名及世界各地普遍使用的年代地层单位

前寒武系分为太古宇和元古宇，而元古宇又分为更小的单元

# 15.3　地质年代表

## 15.3.1　目的和范围

根据时间对岩石进行分类，涉及将地层系统组织成命名的单元，每个单元对应特定的

地质时间间隔。这些单位为时间对比提供了基础，也为记录和系统化地球地质历史中的特定事件提供了参考系统。因此，建立标准化地质年代表的最终目的是建立一个国际范围内的年代地层单位等级制度，作为世界各地岩石年龄相关的标准参考。建立地球历史上事件的相对顺序是地质学对我们理解时间的主要贡献。

一个标准的地质年代表应该表示任何地方的任何年龄，并且应该是可以理解的、清晰的和明确的。它也应该独立于各种意见，因此存在一些可能的客观参考意见。最后，它应该是稳定的，即不受频繁变化的影响，它应该得到国际上所有语言的认可和使用（Harland，1978）。

## 15.3.2 地质年代表的发展

### 15.3.2.1 年代地层表

200 多年来，地质学家一直致力于开发一种系统的方案，用于全球岩石单位的时间地层分类。这一缓慢的过程经历了两个基本的发展阶段：

（1）应用叠加原理，辅以化石控制和最近的放射性同位素年龄，从当地的地层剖面确定时间—地层关系；

（2）将这些局部地层剖面作为建立复合年代地层表的基础，为构建标准化国际地质年代表提供参考。

在过去的两个世纪里，国际年代地层表逐渐演变为现在的形式（图 15.2）。图 15.2 显示了世界大部分地区普遍使用的主要年代地层单位的层次结构。多年来，欧洲和世界许多其他地区的地层学工作者将第三系细分为两个亚系，即古近系和新近系，渐新统的顶部作为两者之间的分界线（图 15.2）。北美的地质学家现在也采用了这种做法。他们同样采用了欧洲对石炭系的用法作为系的名称，但在北美细分为密西西比亚系和宾夕法尼亚亚系。其他版本的年代地层表（Cowie 和 Bassett，1989；Harland 等，1990）与该表略有不同，尤其是对统和阶的命名，以及前寒武系部分的细分方面。地质学界尚未实现一个真正为全世界所有地质学家所接受和使用的国际年代地层表。

### 15.3.2.2 地质年代表

图 15.2 是一个年代地层表，单位和边界都是基于岩石记录的物理划分，但它本身不是一个时间表。为了用作表示岩石单元或地质事件年龄的地质时间表，年代地层表必须转换为地质年代表，由代表时间间隔的单元组成，而不是在指定时间间隔内形成的岩体。地质年代表由年代地层表衍生而来，用相应的地质年代单位代替年代地层单位（表 15.1）。因此，地质年代表是以代、纪、世、期和时来表示的，而不是以界系、统、阶和时带来表示的。地质年代表的细分边界以绝对年龄标定。然而，地质年代表与真正的地质年不同，后者纯粹基于时间，不考虑岩石记录。相比之下，显生宙年代表的细分具有不等的长度，因为它们是基于在不相等的时间间隔内沉积的年代地层单位。

地质年代表已经存在了几十年，在这段时间里，它一直在不断发展，特别是在各世和期的细分和各纪、世和期之间界限的绝对年龄校准方面，进行了改进。图 15.3 显示了 2009 年美国地质学会发布的最新版本的地质年代表。该地质年代表根据欧洲阶为基础细分为期，年龄之间的界限以绝对时间校准。绝对年龄以现在（1950 年）之前的数百万年（Ma）为单位。下面讨论地质年代表的绝对年龄校准方法，请注意，最近大约 250Ma 的磁极性表也

**新生代**

| 纪 | | 世 | | 期 | 年龄(Ma) |
|---|---|---|---|---|---|
| 第四纪 | | 全新世 | | | 0.01 |
| | | 更新世 | | 卡拉布里雅期 | 1.8 |
| | | | | 杰拉期 | 2.6 |
| 第三纪 | 新近纪 | 上新世 | | 皮亚琴察期 | 3.6 |
| | | | | 赞克勒期 | 5.3 |
| | | 中新世 | 晚 | 墨西拿期 | 7.2 |
| | | | | 托尔托纳期 | 11.6 |
| | | | 中 | 塞拉瓦莱期 | 13.8 |
| | | | | 兰盖期 | 16.0 |
| | | | 早 | 波尔多期 | 20.4 |
| | | | | 阿基坦期 | 23.0 |
| | 古近纪 | 渐新世 | 晚 | 夏特期 | 28.4 |
| | | | 早 | 吕珀尔期 | 33.9 |
| | | 新新世 | 晚 | 利亚本期 | 37.2 |
| | | | 中 | 巴顿期 | 40.4 |
| | | | | 卢泰特期 | 48.6 |
| | | | 早 | 伊普里斯期 | 55.8 |
| | | 古新世 | 晚 | 坦尼特期 | 58.7 |
| | | | 中 | 塞兰特期 | 61.7 |
| | | | 早 | 丹麦期 | 65.5 |

**中生代**

| 纪 | 世 | 期 | 年龄(Ma) |
|---|---|---|---|
| 白垩纪 | | | 65.5 |
| | 晚 | 马斯特里赫特期 | 70.6 |
| | | 坎潘期 | 83.5 |
| | | 圣通期 | 85.8 |
| | | 康尼亚克期 | 89.3 |
| | | 土伦期 | 93.5 |
| | | 塞诺曼期 | 99.6 |
| | 早 | 阿尔布期 | 112 |
| | | 阿普特期 | 125 |
| | | 巴雷姆期 | 130 |
| | | 欧特里夫期 | 136 |
| | | 瓦兰今期 | 140 |
| | | 贝里阿斯期 | 145.5 |
| 侏罗纪 | 晚 | 提塘期 | 151 |
| | | 钦莫利期 | 156 |
| | | 牛津期 | 161 |
| | 中 | 卡洛夫期 | 165 |
| | | 巴通期 | 168 |
| | | 巴柔期 | 172 |
| | | 阿林期 | 176 |
| | 早 | 托阿尔期 | 183 |
| | | 普林斯巴期 | 190 |
| | | 辛涅缪尔期 | 197 |
| | | 赫塘期 | 201.6 |
| 三叠纪 | 晚 | 瑞替期 | 204 |
| | | 诺利期 | 228 |
| | | 卡尼期 | 235 |
| | 中 | 拉丁期 | 241 |
| | | 安尼期 | 245 |
| | 早 | 奥伦尼克期 | 250 |
| | | 印度期 | 251.0 |

快速极性转换

**古生代**

| 纪 | 世 | 期 | 年龄(Ma) |
|---|---|---|---|
| 二叠纪 | | | 251 |
| | 晚 | 长兴期 | 254 |
| | | 吴家坪期 | 260 |
| | 中 | 卡匹敦期 | 266 |
| | | 沃德期 | 268 |
| | | 罗德期 | 271 |
| | 早 | 空谷期 | 276 |
| | | 亚丁斯克期 | 284 |
| | | 萨克马尔期 | 297 |
| | | 阿瑟尔期 | 299.0 |
| 石炭纪 | 宾夕法尼亚纪 | 格舍尔期 | 304 |
| | | 卡西莫夫期 | 306 |
| | | 莫斯科期 | 312 |
| | | 巴什基尔期 | 318 |
| | 密西西比纪 | 谢尔普霍夫期 | 326 |
| | | 维宪期 | 345 |
| | | 杜内期 | 359 |
| 泥盆纪 | 晚 | 法门期 | 374 |
| | | 弗拉期 | 385 |
| | 中 | 吉维特期 | 392 |
| | | 艾菲尔组 | 398 |
| | 早 | 埃姆斯期 | 407 |
| | | 布拉格期 | 411 |
| | | 洛赫考夫期 | 416 |
| 志留纪 | 晚 | 普里道利期 | 419 |
| | | 卢德福特期 | 421 |
| | | 高斯特期 | 423 |
| | 中 | 候墨期 | 426 |
| | | 申伍德期 | 428 |
| | 早 | 特列奇期 | 436 |
| | | 埃隆期 | 439 |
| | | 鲁丹期 | 444 |
| 奥陶纪 | 晚 | 赫南特期 | 446 |
| | | 凯迪期 | 455 |
| | | 桑比期 | 461 |
| | 中 | 达瑞威尔期 | 468 |
| | | 大坪期 | 472 |
| | 早 | 弗洛期 | 479 |
| | | 特马豆克期 | 488 |
| 寒武纪 | 芙蓉世 | 第十期 | 492 |
| | | 第九期 | 496 |
| | | 排碧期 | 501 |
| | 第三世 | 古丈期 | 503 |
| | | 鼓山期 | 507 |
| | | 第五期 | 510 |
| | 第二世 | 第四期 | 517 |
| | | 第三期 | 521 |
| | 纽芬兰世 | 第二期 | 535 |
| | | 幸运期 | 542 |

**前寒武纪**

| 宙 | 代 | 纪 | 边界年龄(Ma) |
|---|---|---|---|
| | | | 542 |
| 元古宙 | 新元古代 | 埃迪卡拉纪 | 630 |
| | | 成冰纪 | 850 |
| | | 拉伸纪 | 1000 |
| | 中元古代 | 狭带纪 | 1200 |
| | | 延展纪 | 1400 |
| | | 盖层纪 | 1600 |
| | 古元古代 | 固结纪 | 1800 |
| | | 造山纪 | 2050 |
| | | 层侵纪 | 2300 |
| | | 成铁纪 | 2500 |
| 太古宙 | 新太古代 | | 2800 |
| | 中太古代 | | 3200 |
| | 古太古代 | | 3600 |
| | 始太古代 | | 3850 |
| 冥古宙 | | | |

图 15.3 美国地质学会发布的2009年地质年代表

包括在时间表中。还要注意，前寒武纪使用了地质年代表，太古宙和元古宙之间的分界设定为 2500Ma。

### 15.3.3 地质年代表校准

如前所述，地质年代表在很长一段时间内发展缓慢。为了使地质年代表在确定特定岩石单元或地质事件的时间位置方面达到目前的有用水平，地层学家必须掌握两种类型的信息：（1）根据岩石在时间上的相对位置或相对年龄，有序排列岩石的某种方法；（2）根据岩石在时间上相对于某些固定的时间范围（例如现在）的绝对位置，确定岩石单元之间边界年龄的方法。

按地层的相对年龄排列地层一直是地层学家在构建地质年代表时使用的指导原则。在化石的辅助作用下，应用叠加原理确定相对顺序。叠加原理就是在自沉积后未发生构造反转的正常地层序列中，最年轻的地层位于顶部，且地层的年龄随深度增加而增加。目前全球年代地层表中的大多数划分都是基于化石的，在确定绝对年龄的方法出现之前，如果不使用化石，早期努力创建国际年代地层表是不可能实现的。

幸运的是，现在不仅可以用来确定地层的相对年龄，在合理的不确定性范围内还可以用来确定某些地层的绝对年龄。这些绝对年龄估算方法的发展使得在最初由相对年龄测定方法建立的年代地层表的边界上，可以确定近似的绝对年龄。绝对年龄数据也可用于确定化石含量低的前寒武系岩石的年龄，这些岩石无法通过相对年龄测定方法来确定地层顺序。测定岩石绝对年龄的主要方法是基于矿物中元素的放射性同位素衰变。确定地质时间绝对流逝的其他方法包括计算湖泊沉积物变量，这些变量被认为代表年度沉积物累积；一些无脊椎动物外壳中的生长增量；树木的年轮；沉积物中的米兰科维奇（Milankovitch）气候旋回。这些替代方法仅适用于标记局部和区域内短时间的推移，在校准地质年代表方面并不重要，但更新世和上新世的某些部分可能除外。

因此，使用化石（生物年代学）确定相对年龄和基于同位素衰变放射性年代学的绝对年龄估算，是以校准地质时间尺度寻找沉积物年龄的主要工具。这些工具既可用于直接校准年代地层表，也可用于校准地球磁场的反转序列，这种演替构成了第 13 章讨论的磁性地层年代表。现在我们将从生物年代学开始讨论这些方法。

#### 15.3.3.1 利用化石校准地质年代表——生物年代学

生物年代学由地质时间组成，以有机连续体中不可逆的演化过程（第 14 章）为依据。显生宇岩石中有用的化石层位比可以通过放射性年代学估算年龄的层位更广泛、更丰富。此外，生物事件在时间上的相关性通常比除新生代岩石外的所有岩石中的辐射测量数据更精确。由于这些因素，化石通常为显生宇岩石的年代测定和远距离对比提供了最容易获得的工具。然而，有必要明确区分生物年代学和生物地层学。生物地层学（第 14 章）的目的仅仅是在沉积剖面中识别具有已知地层水平特征的特有化石，而不考虑化石固有的时间意义。例如，William Smith 能够非常有效地利用化石来识别和对比地层，尽管他对化石的时间关系或时间意义知之甚少或一无所知。另外，生物年代学关注的认可化石的年龄落在进化时间跨度内已知点上，这是通过参考生物地层学剖面的化石来测量的。因此，通过在基于化石的参考剖面中建立可识别的层位，生物年代学为国际对比和全球年龄确定提供了一种工具。

生物年代学的目的是超越局地地层剖面的限制，使地质记录的对比和年代测定成为可能。为了最有效地做到这一点，地层学家利用了古生物记录中广泛分布、易于识别的特征或发生在短地质时期的特征或事件。这些事件被认为是生物年代学基准事件，因为它们标志着地质历史中的一个特定短时期。最常用的基准事件是化石物种或分类单元的迁移（首次出现）和灭绝（最后出现）。一个物种由于从另一个地区迁徙而首次出现，通常在其最初出现后很快发生，这是由于其从祖先形态进化而来。第一次出现如此迅速，事实上，从地质上讲，物种形成和迁徙基本上是同步事件。一个分类单元的灭绝也可能发生得很快，尽管通常不像物种形成那样快。

地层学家将一个分类单元的第一次和最后一次出现称为第一次出现基准面（FAD）和最后一次出现基准面（LAD）。这些 FAD 和 LAD 并不是完全同步的，由于尽管如前所述，迁移和灭绝可能发生得相当迅速，但它们实际上并不是瞬间事件。据报道，一些浮游生物在 100~1000 年里能够扩散到世界范围内。然而，沉积后的生物扰动作用可能会在几厘米厚的区域内混合化石，保存上的意外及收集和分析方法的偏差可能会共同造成 FAD 和 LAD 年龄的不确定性，这种不确定性可能长达数千年。尽管如此，许多浮游生物的第一次出现基准面可能只有 10000 年，也就是说，一个物种首次出现的年龄在世界不同地区的差异不会超过 10000 年（Berggren 和 Van Couvering，1978）。当应用于估算数百万至数亿年前的岩石年龄时，这种量级的年龄差异造成的误差就变得微不足道。因此，出于生物年代学的实用目的，许多化石物种的 FAD 和 LAD 基本上是同步的。

FAD 和 LAD 是在生物年代学基础上最容易利用和交流的化石信息类型，它们可以在定义的分类群范围内远距离使用。因此，它们已经开始主导全球生物年代学的细分。基于 FAD 和 LAD 建立任何化石群生物年代学的过程包括以下步骤（Haq 和 Worsley，1982），如图 15.4 所示：

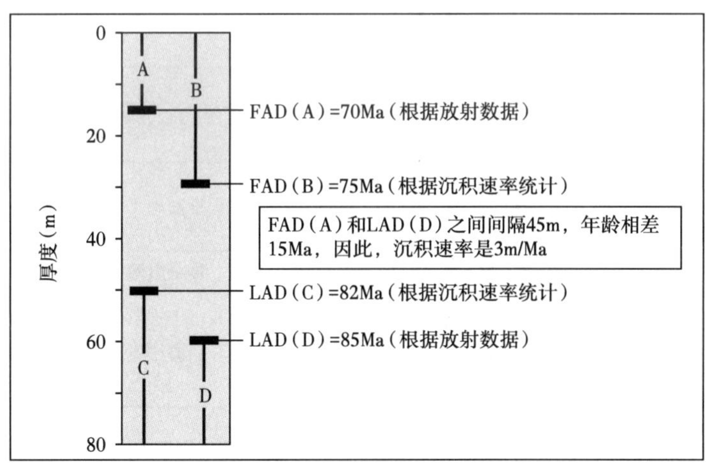


图 15.4　生物年代学在局部地层剖面年龄标定中的应用示意图

物种 A 的 FAD 年龄和物种 D 的 LAD 年龄是通过对一些密切相关的物理特征（如火山灰层）进行辐射定年确定的。物种 B 的 FAD 和物种 C 的 LAD 不能用辐射计测年；然而，可以根据 FAD（A）和 LAD（D）之间确定的沉积速率计算年龄。这个比率（3m/Ma）可用于确定 FAD（A）和 FAD（B）（15m÷3m/Ma=5Ma）之间及 LAD（D）和 LAD（C）（10m÷3m/Ma≈3Ma）之间的年龄差异

（1）在局地生物地层单元中识别并定位具有广泛地理分布的独特化石分类群的 FAD 和 LAD。

（2）如有可能，通过放射年代学或磁性地层学的直接或间接校准，确定这些事件的年龄。如果可以确定任意两个事件的年龄，则可以用将两个事件之间的年龄差除以分隔它们的沉积物厚度来计算这两个事件之间的地层沉积速率。然后，可以使用沉积速率来计算确定时期中每个事件的大致年龄（图 15.4）。

（3）如果无法完成剖面的 FAD 或 LAD 的放射性测量或磁性地层学校准，则必须用另一种方法确定基准面的年龄。在这些条件下，FAD 和 LAD 的年龄是根据其相对于沉积序列中其他化石群校准基准面的地层位置来估计的，这些化石群的年龄是通过对其他地方的一个或多个序列的研究发现的。

图 15.5 说明了一个生物年代学校准的例子，它显示了通过与磁性地层单位直接对比，使用钙质超微浮游生物建立更新世的生物年代学。

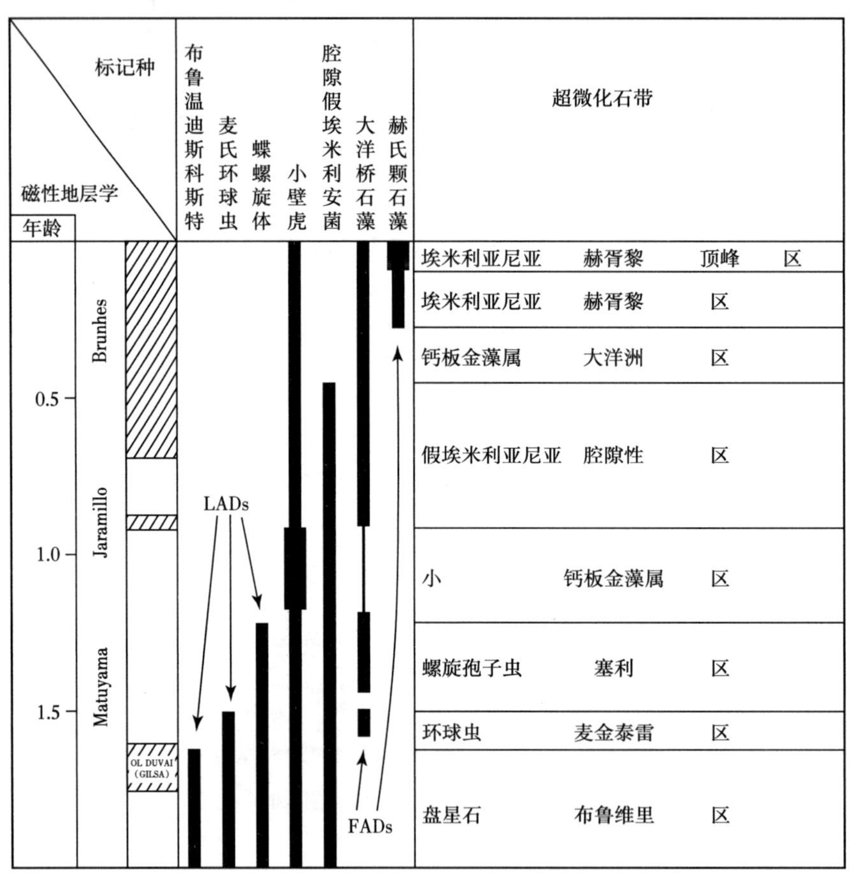


图 15.5 利用与磁极性事件相关的超微化石基准事件进行生物年代学测年的一个例子

#### 15.3.3.2 按绝对年龄校准地质年代表——放射性年代学

1）放射性年代学的基本原理

$^{235}U$ 和 $^{40}K$ 等放射性矿物会以固定速率自发衰变为子产物。因此，放射性矿物的年龄可以通过测量矿物中的母体放射性核素与子代产物的比率，利用已知母体物质的已知衰变率来计算。衰变率通常表示为放射性同位素的半衰期（即一半母体物质衰变为子产物所需的时间）。母体放射性物质和惰性子产物的原子数由质谱仪测量，质谱仪是一种分离和计

数放射性矿物（如锆石）中不同质量或电荷的原子的仪器（表 15.3）。

**表 15.3 放射性测年主要方法的衰变世系**

| 母核素 | 子核素 | 半衰期（年） | 近似有效的测年范围（年，距今） | 常用的测年物质 |
|---|---|---|---|---|
| $^{14}C$ | *$^{14}N$ | 5730 | ** < 40000 | 木材、木炭、碳酸钙壳 |
| $^{231}Pa$（$^{235}U$ 的子核素） | *$^{227}Ac$ | 32480 | < 150000 | 深海沉积物、文石珊瑚 |
| $^{230}Th$（$^{238/234}U$ 的子核素） | *$^{226}Ra$ | 75200 | < 250000 | 深海沉积物、文石珊瑚 |
| $^{238}U$ | $^{206}Pb$ | $4500\times10^6$ | $10\times10^6$~$4500\times10^6$ 或 > $4500\times10^6$ | 锆石、独居石、榍石、铀 / 钍矿物 |
| $^{238}U$ | 自发裂变径迹 | — | ** < $65\times10^6$ | 火山玻璃、锆石、磷灰石、榍石、石榴石 |
| $^{235}U$ | $^{207}Pb$ | $710\times10^6$ | $10\times10^6$~$4500\times10^6$ 或 > $4500\times10^6$ | 锆石、独居石、榍石、铀 / 钍矿物 |
| $^{40}K$ | $^{40}Ar$ | $125\times10^6$ | $1\times10^6$~$4500\times10^6$ 或 > $4500\times10^6$ | 白云母、黑云母、长石、海绿石、火山岩全岩 |
| $^{87}Rb$ | $^{87}Sr$ | $48\times10^9$ | $10\times10^6$~$4500\times10^6$ 或 > $4500\times10^6$ | 云母、钾长石、变质岩全岩、海绿石 |
| $^{147}Sm$ | $^{143}Nd$ | $106\times10^9$ | > $200\times10^6$ | 辉石、斜长石、石榴石、磷灰石、榍石 |
| $^{176}Lu$ | $^{176}Hf$ | $35\times10^9$ | > $200\times10^6$ | 辉石、斜长石，石榴石、磷灰石、榍石 |

注：半衰期的数据来自 Bowen（1998）;

* 不用于计算放射性年龄；

** 可用于在有利条件下测定较老岩石的年代。

计算放射性测量年龄的方程式为

$$t=\frac{1}{\lambda}\ln\left[\frac{D-D_o}{N}+1\right] \tag{15.1}$$

式中，$N$ 为任何给定量的元素（例如 U）的母原子数;ln 为以 e 为底的对数;$D$ 为子原子（例如铅）的总数；$D_o$ 为原始子原子数，是衰变常数。由关系式计算得出

$$\lambda=\frac{0.693}{T_{1/2}} \tag{15.2}$$

式中，$T_{1/2}$ 为放射性元素的半衰期（Faure，1986）。式（15.1）和式（15.2）中，$N$ 和 $D$ 是可测量的；$D_o$ 是一个常数，其值是假设或根据相同年龄的认知样本的数据计算的。

2）放射性测年的方法

（1）主要方法。

表 15.3 列出了一些估算绝对年龄的一些最有用的放射性核素，以及最适合测定年龄的矿物、岩石和有机物质。$^{14}C$ 法被用于非常年轻的沉积物的直接测年。$^{231}Pa$ 和 $^{230}Th$ 方法也可用于直接测定沉积物的年龄，这些沉积物的年龄在 25 万年左右。这些方法对沉积物直接测年的有用性和局限性将在后续章节中进一步讨论。大多数放射性定年方法不能用于

沉积岩的直接测年。它们用于确定火成岩和变质岩的年龄，从而间接提供伴生沉积岩的年龄（待讨论）。K/Ar 法被广泛使用，因为它可以应用于许多火成岩和变质岩中常见的矿物，并且给出了普遍可靠的结果。它可以用于测定深成火成岩、火山岩和变质岩（变质作用重置了放射性时钟）甚至一些沉积矿物（例如海绿石）的年代。K/Ar 法的主要问题是衰变产物 $^{40}$Ar 是一种可以从晶体中泄漏出来的气体。

$^{40}$Ar/$^{39}$Ar 法是一种相关技术，在该技术中，通过在核反应堆中用快中子照射 $^{39}$K 转化为 $^{39}$Ar。$^{39}$K 与 $^{40}$K 的比率是已知的，因此 $^{39}$Ar 可以作为 $^{40}$K 的替代物。这种关系允许 K-Ar 年龄的 K 测定作为 Ar 同位素分析的一部分。换句话说，测量 $^{39}$Ar（$^{40}$K 的代表物）的量无须从矿物中分离 K 并测量 $^{40}$K 的量。Ar 分析过程中同时测量 $^{39}$Ar 和 $^{40}$Ar。一旦 $^{40}$Ar 到 $^{39}$Ar 的转化率已确定（通过照射已知年龄的标准样品和样本），则可根据 $^{40}$Ar/$^{39}$Ar 来确定年龄（Bowen，1998）。该方法非常灵敏，因此可以使用非常小的样品，并且允许校正因泄漏造成的 Ar 损失。由于这些优点，它正被越来越多地应用。

与 K/Ar 法一样，Rb/Sr 法也适用于许多常见矿物，但并不常用。Rb 非常稀有，需要很长的衰变期才能产生可测量的 Sr 量。U/Pb 法使用锆石、榍石、独居石等矿物以及一些不太常见的 U/Th 矿物。这些方法为较老的岩石提供了可靠的年龄数据，并可用于确定一些岩石的年代，最早可达 1000 万年。裂变径迹测年是一种依靠计数锆石等矿物中的裂变径迹的技术（Wagner 和 Van den Haute，1992）。衰变的原子核释放出的带电粒子会破坏晶格，从而形成径迹，这些径迹可以在电子显微镜下看到和计数，矿物越老，径迹就越多。Sm/Nd 和 Lu/Hf 方法是不太常用的年代测定技术，可应用于一些不太适合用常规方法进行年代测定的岩石。Sm 和 Lu 是具有很长半衰期的稀土元素，因此它们可用于测定非常古老的（前寒武纪）岩石的年代。

此外，还有专门的定年方法（如氨基酸消旋法、黑曜石水合法）（Faure，1986；Geyh 和 Schleicher，1990）。放射性年代学方法的详细信息及放射性年龄测定中误差和不确定性的讨论，可在多篇文献中获得（Bowen，1988，1998；Dickin，1995；Easterbrook，1988；Faure，1986；Geyh 和 Schleicher，1990；Mahaney，1984；McDougall 和 Harrison，1988；Odin，1982；Parrish 和 Roddick，1985；Williams 等，1988）。

（2）应用于沉积岩定年。

尽管放射性年代学方法可以应用于各种岩石材料和有机物质（表 15.3），但它们在直接估算沉积岩年龄方面的应用有限。沉积岩中的大多数潜在可用矿物是陆源矿物，分析时会得出母岩的年龄，而不是沉积岩的沉积时间，尽管可以使用海绿石等少数海相矿物用于沉积岩的直接定年。因此，根据沉积岩与火成岩或变质岩的关系，许多地质年代表已通过估算沉积岩年龄的间接方法来校准，而火成岩或变质岩的年龄可通过放射性年代学方法确定。表 15.4 描述了对地质年代表同位素校准最有用的岩石类型。我们现在就来讨论国际年代地层表。当然，这些方法并不局限于确定构成国际年代地层表的沉积岩的年龄，它们一般可用于确定任何沉积岩的年龄。

（3）通过分析“同生”火山岩夹层来确定沉积岩的年龄。

熔岩流和火山碎屑沉积物（如火山灰）可以很快地整合到正在沉积的沉积序列中，而不会显著中断沉积过程。火山物质可能喷发到松软、未固结的沉积物上，然后在随后的持续沉积过程中被掩埋，从而形成一系列互层的沉积岩和火山岩，它们基本是同时代的。因此，对这些伴生火山岩年龄的估计也确定了同时期沉积岩的年龄。

**表 15.4 最有助于地质年代标定的岩石类别时间表**

| 岩石类型 | 地层关系 | 年龄数据的可靠性 |
|---|---|---|
| 火山岩（熔岩流和火山灰流） | 与“同生”沉积岩互层 | 给出火山岩层上下沉积岩的实际年龄 |
| 深成火成岩 | 侵入（横穿）沉积岩 | 给出岩石侵入的最小年龄 |
| | 位于沉积岩不整合面之下 | 给出上覆沉积岩的最大年龄 |
| 变质沉积岩 | 被当作岩石确定的年龄 | 给出变质沉积岩的最小年龄 |
| | 呈不整合接触，位于未变质的沉积岩之下 | 给出上覆未变质沉积岩的最大年龄 |
| 含有当代有机遗迹（化石、木材）的沉积岩 | | 给出沉积岩的实际年龄 |
| 含有海绿石等自生矿物的沉积岩 | | 给出沉积岩的最低年龄 |

整个火山岩的年龄可以相对容易地用 K/Ar 法估算，这些岩石中矿物的年龄也可以用 K/Ar 法或其他方法确定。火山岩与几乎同时期的沉积岩一起出现，沉积岩的年龄可以由化石确定，这为校准提供了非常有用的参考点。事实上，通过与同时期火山流的对比来确定含化石沉积岩的绝对年龄，这些火山流的年龄可以通过放射性方法来估计，这可能是校准地质年代表的唯一最重要的方法。

为了使这种方法发挥作用，必须首先确定火山岩和沉积岩互层的同期性。如果火山碎屑流（如火山灰流或熔岩流）在发生侵蚀或沉积作用不活跃的较老裸露沉积岩表面上喷发，则火山碎屑流与下伏沉积岩不同时发生。对这种流体计算出的年龄仅表明流体下方的岩石比流体更老，而上方的岩石比流体更年轻。地质学家可以通过确定流体上方和下方沉积层中的化石是否属于同一生物地层带，或者沿着流体单元的基底接触面寻找可能表明火山喷发时底层沉积物仍然较软的物理证据，来确定同期性。例如，灰落物质可能通过生物扰动混入下伏沉积物中，软沉积物可能混入海底熔岩流的底部，或者可能存在其他此类关系（图 15.6）。

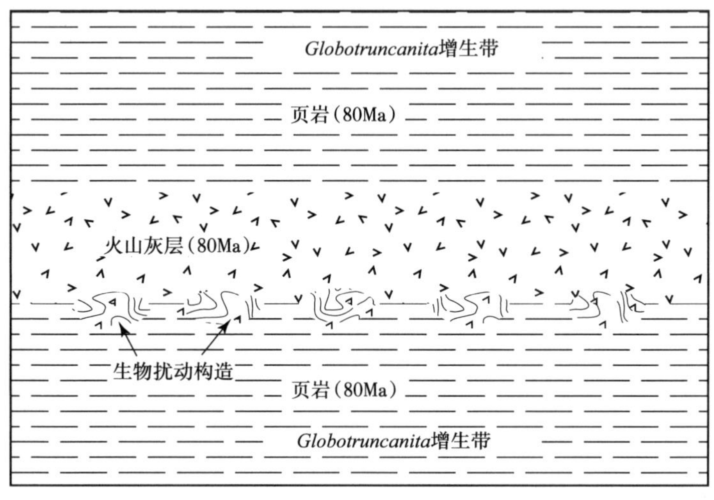


图 15.6 沉积岩与伴生的、可确定年代的火山灰层同时性的说明图解

火山灰层上下的页岩层属于同一个有孔虫生物带，火山灰层底部已经被生物扰动过，这表明火山灰降落时其底部的沉积物仍然是软的。因此，页岩层与火山灰层的年龄大致相同（80Ma）

（4）相关火成岩或变质岩的包裹体年龄。

如果两个或两个以上的火成岩体将沉积单元“包围”起来，则非同时期的火成岩放射性年龄可用于估计伴生沉积岩的年龄。在这种情况下，沉积单元的年龄只能确定为介于包围着的火成岩体之间。沉积单元将比侵入它的火成岩体更古老，但比其不整合所处的火成岩体更年轻（图 15.7a）。例如，沉积在花岗岩岩基侵蚀风化表面上的沉积序列可能随后被岩墙或岩床侵入。沉积单元明显比岩基年轻，但比岩墙或岩床更古老。不幸的是，除非有其他证据，否则无法确定年龄的大小。由于侵蚀和沉积过程相对缓慢，图 15.7 括号内年龄所代表的时间可能很长，因此在校准地质年代表时几乎没有用处。用这种方法只校准了时间刻度上的几个点。

由于区域或接触变质作用而在沉积岩中形成的变质矿物也可以进行研究，以提供一种确定沉积岩年龄的方法（图 15.7b）。变质矿物的放射性年龄给出了变质沉积物的最低年龄，也就是说，变质的沉积岩比变质作用更古老。如果一系列变质岩不整合地被非变质沉积岩覆盖，则非变质岩的年龄明显小于变质作用的年龄。

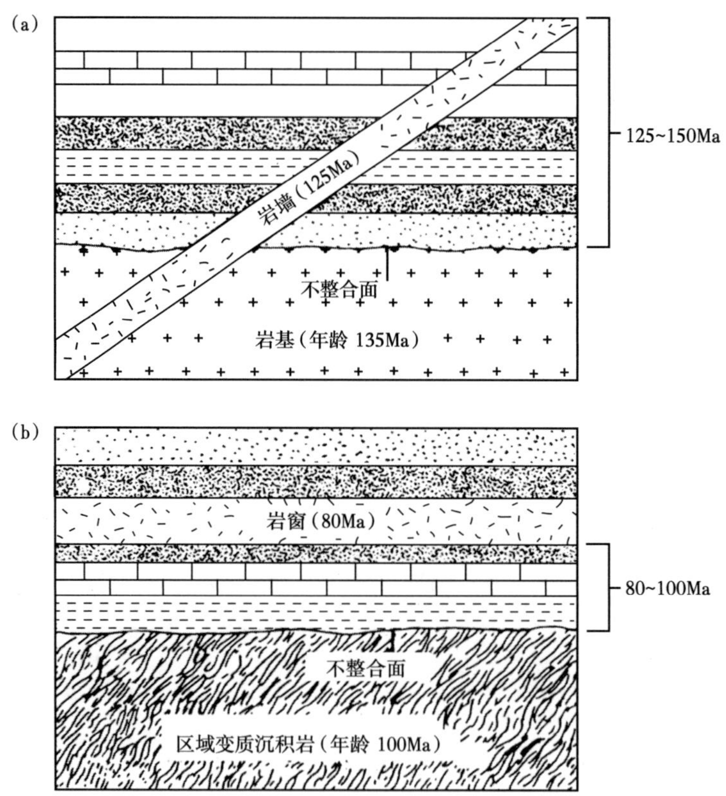


图 15.7　通过（a）两个火成岩体之间的包围和（b）区域变质沉积岩和侵入火成岩体之间的包围，间接确定沉积岩的年龄

#### 15.3.3.3　沉积岩的直接放射性年代学研究

以上讨论的校准方法仅允许通过沉积岩与火成岩或变质岩以某种联系来估算沉积岩的年龄，火成岩或变质岩的年龄可通过放射性方法确定。显然，如果能够直接估计沉积岩的年龄，就可以避免用这些间接方法测定沉积岩年龄所涉及的不确定性。如前所述，沉积岩

中的陆源矿物不适用于放射性年代学，因为它们给出的是母岩的年龄，而不是沉积物的沉积时间。沉积岩中唯一可用于直接放射性年代学的物质是与沉积物中形成的自生矿物一起沉积的有机残留物（木材、碳酸钙化石和其他此类残留物），这些自生矿物是在海底或埋藏后不久形成的。

沉积岩直接放射性年代学的主要方法是：（1）有机物质的 $^{14}C$ 技术；（2）海绿石的 K/Ar 技术和 Rb/Sr 技术；（3）海底沉积物的 $^{230}Th$ 技术；（4）化石和沉积物的 $^{230}Th/^{231}Pa$。下面简要讨论每种方法的优缺点。关于其他可能的直接测年方法的描述，如氨基酸外消旋法和基于 U、Th 和 Pa 的放射性不平衡的其他方法，见 Geyh 和 Schelicher（1990）。

1）$^{14}C$ 法

$^{14}C$ 法可用于放射性材料的测年，如木材、泥炭、木炭、骨骼、树叶和海洋生物的碳酸钙外壳。该方法已被广泛用于估计考古材料的年龄，但由于该方法的有效年龄范围很短，其在地质学中的应用仅限于第四纪地质学。由于宇宙射线中子撞击对普通 $^{14}N$ 原子的影响，$^{14}C$ 在大气中产生。氮原子失去一个质子，从而转化为 $^{14}C$，而 $^{14}C$ 又衰变回 $^{14}N$，半衰期为 5730 年。$^{14}C$ 与二氧化碳（$CO_2$）结合，在植物和动物的生命周期中，二氧化碳被吸收。当生物体死亡时，它们的组织不再吸收新的放射性碳，因此，生物体内的放射性碳含量随着时间的推移而减少。通过测量样品中每克总碳的放射性碳含量，并将该含量与生物体死亡时的初始含量进行比较，来确定样品的年龄。年龄方程式是

$$t = 19.035 \times 10^3 \log\left(\frac{A_o}{A}\right) \qquad (15.3)$$

式中，$A$ 为当前测定的样品活性，单位为每克碳每分钟的分解率（dpm/g）；$A_o$ 为初始活性（Bowen，1998）。在过去的几个世纪里，燃烧树木和化石燃料导致大气中放射性碳的相对减少，而热核炸弹的爆炸则导致放射性碳的略微增加。必须对这些变化进行校正以获得正确的放射性碳年龄。

由于放射性碳的半衰期较短，$^{14}C$ 法通常只用于小于 4 万年的材料；旧材料含有的 $^{14}C$ 太少，无法用标准分析方法测定。利用质谱仪的特殊技术，可以分析少量 $^{14}C$ 或使用具有高计数效率的特殊比例计数器（Bowen，1988），可以在某些情况下将可用年龄延长至 6 万 ~8 万年。这些特殊方法非常昂贵，过去没有得到广泛应用。此外，由于样品受到年轻碳的污染，它们极易受到系统误差的影响。

$^{14}C$ 法已成功应用于估算深海沉积物岩心中非常年轻的沉积物的年龄，以及通过对冰川沉积物中木材的分析。其极短的范围使得该方法在校准地质年代表方面几乎没有价值，但最近的第四纪事件除外。

2）用 $^{40}K/^{40}Ar$ 和 $^{87}Rb/^{87}Sr$ 对海绿石进行放射性年代学测定

放射性 $^{40}K$ 在海绿石颗粒（由复杂的钾铝铁硅酸盐组成的绿色黏土矿物）通过海底的蚀变过程演化而成。当海绿石颗粒完全形成时，理论上它们在钾或氩的获得或损失方面成为封闭系统，也就是说，没有额外的放射性钾被吸收到颗粒中，$^{40}K$ 逐渐衰变形成的 $^{40}Ar$ 仍被困在海绿石颗粒中（Odin 和 Dodson，1982）。因此，通过测量海绿石颗粒中的 $^{40}K/^{40}Ar$ 比率，可以估计颗粒的年龄。$^{40}K$ 的半衰期为 12.5 亿年，因此，理论上可以将 K/Ar 法应用于岩石的放射性年代学，其年龄从大约 100 万年（在某些情况下更短）到地球年龄不等。

一些工作人员报告说，由于氩的损失，测出的海绿石年龄往往年轻 10%~20%。另外，在某些情况下，由于海绿石颗粒形成时沉积物中已经存在遗传的放射性成因氩，计算的海绿石年龄可能太老。此外，海绿石颗粒的形成及其对氩气损失的封闭不会与封闭沉积物的沉积同时发生。因此，海绿石颗粒的年龄必须比其所在沉积物的年龄稍小，即使对继承或丢失氩的不确定性不是问题。Odin 和 Dodson（1982）认为海绿石演化并成为封闭系统的时间可能长达 25000 年或更长。因此，就生物地层分带而言，海绿石 K/Ar 年龄更接近海绿石上方地层的化石年龄，而不是与海绿石一起沉积的化石年龄。海绿石的年龄也可以通过 Rb/Sr 法估算（表 15.3）。放射性铷（$^{87}$Rb）与 $^{40}$K 一起，在海绿石形成时被并入其中。$^{87}$Rb 的长半衰期限制了 Rb/Sr 法在 1000 万年以上岩石的放射性年代学中的应用。Clauer（1982）给出了应用于沉积岩放射性年代学的 Rb/Sr 法的细节。

3）利用其他自生矿物估算沉积岩的年龄

除海绿石外，其他几种自生矿物也已通过 K/Ar 法和 Rb/Sr 法用于沉积岩的直接放射性年代学测定。这些矿物包括黏土矿物，如伊利石、蒙皂石和绿泥石；沸石；碳酸盐矿物；硅质矿物，如燧石和蛋白石。由于其来源（自生或碎屑）及与海水相互作用的结束时间不确定，迄今为止，除海绿石外，没有任何黏土矿物被证明能得出可靠的年龄。沸石、碳酸盐矿物和硅质矿物已被用于沉积岩的直接放射性年代学测定，并取得了一些成功，但基于这些矿物的方法的总体实用性和可靠性尚未充分确立。

4）$^{230}$Th 和 $^{230}$Th/$^{231}$Pa 估算近期沉积物年龄的方法

$^{238}$U 通过几个中间子产物（包括 $^{234}$U）衰变为 $^{230}$Th。$^{238}$U 在海水中相当可溶，并且在海水中存在可检测的量。相比之下，$^{230}$Th 子产物通过吸附在沉积物或某些自生矿物中的包裹体上，从海水中快速沉淀，并融入海底累积的沉积物中。$^{230}$Th 是一种不稳定的同位素，其半衰期为 75000 年，衰变为另一种不稳定的子产物 $^{226}$Ra。从海底迅速采集的沉积物岩心显示，随着岩心深度的增加，$^{230}$Th 含量明显减少。如果假设降水速率和 $^{230}$Th 的沉淀速率随时间保持恒定，则 $^{230}$Th 的浓度应随深度呈指数下降。通过将任意深度的剩余 $^{230}$Th 量与岩心顶层（表层沉积物）的量进行比较，可以计算出岩心中不同深度沉积物的年龄。该方法可用于年龄小于 250000 年的沉积物的测年，这有助于弥合最大 $^{14}$C 年龄和最小 K/Ar 年龄之间的差距。

$^{231}$Pa 是 $^{235}$U 的不稳定子产物，其半衰期约为 34000 年，衰变为 $^{227}$Ac。与 $^{230}$Th 一样，$^{231}$Pa 也会从海水中快速沉淀，并与 $^{230}$Th 一起融入沉积物中。由于 $^{231}$Pa 的衰变速度约为 $^{230}$Th 的两倍，沉积物中的 $^{231}$Pa/$^{230}$Th 比率随时间变化。因此，在沉积物岩心中，该比值在岩心表层最大，并随着岩心深度的增加而逐渐减小。通过比较该深度处的 $^{231}$Pa/$^{230}$Th 比率与表层沉积物中的比率，可以确定岩心任何深度处沉积物的年龄。该方法确定的年龄的可靠性基于这样一个假设，即海洋中的每一处都以恒定速率产生 $^{231}$Pa 和 $^{230}$Th，并且这两种同位素在表层沉积物中的起始比率在整个海洋中是恒定的。（Faure，1986；Bowen，1998。）

基于 $^{231}$Pa 和 $^{230}$Th 计算沉积物年龄的另一种方法是测量珊瑚等海洋无脊椎动物骨骼中这些子产物与其母体同位素的比率。海水中溶解的 $^{238}$U 和 $^{235}$U 在珊瑚生长过程中被吸收进入珊瑚中，而海水中不含明显的 $^{231}$Pa 和 $^{230}$Th，因为这些子产物是快速沉淀的。因此，珊瑚中存在的任何 $^{231}$Pa 或 $^{230}$Th 都是珊瑚中母体铀同位素衰变的结果。母同位素与子产物的比值随着时间的推移而系统地降低，这为珊瑚的年代测定提供了一种方法。随着时间的推移，这些比率接近一个平衡值，这是因为子产物本身继续衰变。$^{230}Th$ 在大约 250000 年后达到稳定状态，而 $^{231}Pa$ 在大约 150000 年后达到稳定状态。因此，这些方法只能用于比这些年龄更小的岩石的放射性年代学测定。由于珊瑚和其他骨骼物质往往会随着埋藏和成岩作用而重结晶，$^{231}Pa$ 和 $^{230}Th$ 方法具有严重的局限性。重结晶可能会打开最初封闭的体系，并允许子同位素或母同位素逸出。因此，该方法不能用于估算发生重结晶骨骼物质的年龄。

#### 15.3.3.4 总结

对于在地层柱中相对位置已经确定的沉积岩，可以用几种方法完成放射性年代学。方法的选择取决于岩石的年龄和其中存在物质的类型。一般来说，通过估计与同时期沉积岩有关的火山岩年龄来校准时间尺度，是最有用和最可靠的方法。沉积型海绿石的放射年代学测定或从伴生的深成侵入岩中对比划分沉积岩的年龄，也可以得出可用的年龄——在某些情况下是唯一可用的年龄。因此，可能必须采用不同的方法来估算每个地质系统中岩石的年龄。Odin（1982）、Snelling（1985a）和 Harland 等（1990）给出了用于估算不同系统之间和内部边界年龄方法的详细信息。

图 15.3 显示了美国地质学会 2009 年版地质年代表的校准，该校准基于从多个不同来源获得的绝对年龄。然而，读者应注意，其他已出版文献中的地质年代表对其中一些边界的值略有不同（Odin 等，1982；Snelling，1985b；Harland 等，1990），这表明了对边界年龄的不同看法。随着放射性年代学方法的改进和更多的绝对年龄的出现，地质年代表的校准多年来一直在稳步变化。虽然现在用于校准地质年代表主要边界的年龄在未来不太可能进行重大修订，但可以肯定的是，这些年龄的改进将持续一段时间。

## 15.4 年代对比

年代地层单位在地层学中极为重要，因为它们构成了基于年龄相等的局部地区到全球地层对比的基础。已经确定，年代地层对比是表示地层单元的年龄和年代地层位置对应的对比。

对许多地质学家来说，基于年龄相等的对比是迄今为止最重要的对比方法，事实上，它通常是唯一可能在真正全球范围内进行对比的方法。我们已经讨论了通过磁性地层学和生物技术建立地层年龄等效的方法（第 13 章和第 14 章）。其他几种时间—地层对比方法也常用，包括短期沉积事件对比、基于海侵—海退事件对比、稳定同位素事件对比和绝对年龄对比。

### 15.4.1 事件对比和事件地层学

事件对比是事件地层学的一部分。事件地层学关注的是形成地层单元或层序的特定事件，而不是该单元的物理或生物特征。例如，海平面上升可能会影响全球的沉积模式。由于这一事件，沉积相在世界各地的各种环境中形成。就物理特征而言，这些岩相可能并不等同。然而它们是等效的，因为它们是由同一事件产生的，是按时间顺序排列的等时地层。

根据事件的持续时间、强度和地质影响，可以认为事件具有不同的规模（图 15.8）。有些剧烈活动事件具有特别强的能量，发生迅速，并具有区域性影响（例如火山爆发、大型地外天体的撞击、大地震、灾难性洪水、大风暴和大海啸）。这些事件可能会产生广泛的影响，包括生物的大规模灭绝。由于其规模，此类事件的沉积物可能构成地质记录的重要部分，事实上，地层记录往往过分强调异常扰动（Seilacher，1992）。另外，某一特定事件的产物在地质记录中可能保存得不够好，无法被识别为事件标志（Clifton，1988），而且从一个区域到另一个区域的事件沉积的同步性可能不容易识别。其他事件发生得更慢，并产生重要的地层层序，这些层序可能在大范围内得到良好保存和识别，例如海平面的上升和下降，从而产生海侵—海退地层层序。

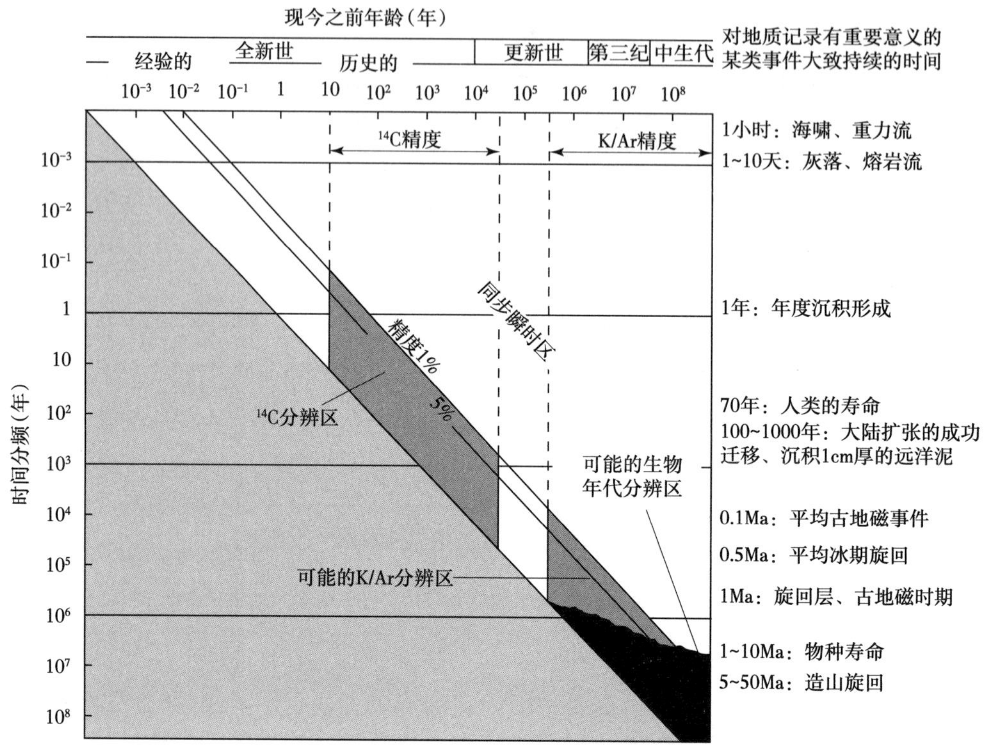


图 15.8　基于 $^{14}$C 和 K/Ar 绝对年龄判别和生物年代学判别的新生代地质年代学系统分辨率

纵轴表示事件的持续时间，横轴表示现今之前的年龄，从几小时到数亿年不等。请注意，$^{14}$C 测年法可以解决年龄范围从几十年至不到 10 万年，以及相隔几年到数万年的事件。K/Ar 测年法可以解决年龄超过 10 万年且间隔至少 1 万年的事件。生物年代学最有效地解决了距今超过 100 万年且间隔至少 100 万年的事件

为了有助时间对比，事件应该相对突然发生，从而产生可识别的岩性、化学、生物和 / 或古地磁的突然变化。符合这一标准的物理事件包括海啸、风暴、洪水、沉积物重力流、火山爆发、陨石和彗星撞击、海平面快速变化及地球磁场的突然反转（Einsele，1998；Shiki 等，1996）。化学事件可能与物理事件有关，包括海洋稳定同位素（如氧、碳）含量的突然变化和海洋缺氧（低氧）条件的发展。生物变化，如新物种的突然出现或物种的突然灭绝也是有用的事件（Walliser，1996）。生物事件可能与相对突然的环境变化有关，例如当前模式的重大变化或其他物理事件（例如陨石撞击）。

图 15.9 总结了这些不同类型的事件。如前所述，物理、化学和生物事件会产生相应的事件沉积（例如，火山喷发会产生火山灰层）。结合多种事件标记识别相关层位已被称为高分辨率事件地层学（Kauffman，1988）。许多活动属于当地或地方级范围，然而，一些事件沉积具有全球可追溯性，从而证明了全球事件地层学的可能性（Barnes 等，1996；Wallister，1996）。除古地磁对比之外，世界范围内的大多数对比都基于生物地层学。

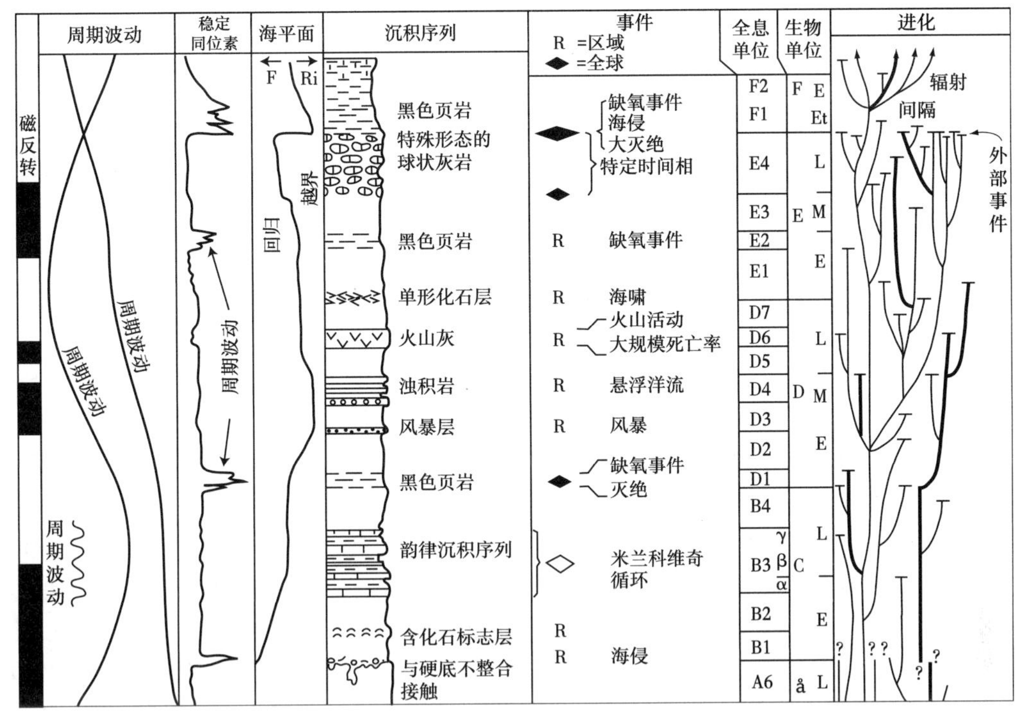


图 15.9 事件和事件沉积年代地层对比的示意图（据 Barnes 等，1995）

大多数活动仅限于地区，然而，造成大规模灭绝或大规模死亡的一些缺氧事件可能是全球性的。结合各种事件，可以识别具有年代地层意义的高分辨率地层单元（全地层单元）和生物地层单元。注：海平面：F= 下降，Ri= 上升。柱状生物地层单位：Et= 最早，E= 早期，M= 中期，L= 晚期。列进化：物种范围的粗线 = 指数物种

#### 15.4.1.1 短期沉积事件的相关性

一些事件产生了关键层或标志层，可以在露头或地下剖面进行长距离追踪。如果这些标志层是由本质上瞬时发生的地质事件而沉积的，则它们可用于时间地层对比和岩石地层对比。最引人注目的短期沉积事件是火山喷发产生的火山灰，可在 1~10 天内发生（图 15.8）。由火山灰落下形成的层称为火山碎屑层、火山灰层、膨润土层（如果火山灰变成膨润土黏土）或凝灰岩层。一次喷发产生的火山灰可能会形成几厘米厚的火山灰层，覆盖数千到数十万平方千米。例如，6500~7000 年前，俄勒冈州东南部马扎马山火山喷发产生的火山灰，随后形成火山口湖火山口，火山灰被风吹向东北方向，最远沉积到加拿大萨斯喀彻温省和马尼托巴省。1980 年 5 月圣海伦斯火山喷发产生的火山灰也蔓延到华盛顿州和爱达荷州圣海伦斯火山以东和以北数千平方千米的地方。历史上其他火山灰广泛分布的例子包括 1932 年智利基扎普火山喷发，火山灰向东扩散了 1500km，横跨南美洲并进入大西洋，以及 1883 年印度尼西亚喀拉喀托岛的佩尔布阿坦火山喷发，该火山喷发将火山灰散布到世界各地。

火山灰层是地层剖面中非常有用的参考点。如果它们具有足够的横向和纵向范围，并且能够被确定为特定火山喷发的产物，则它们提供了可靠的时间—地层对比方法。通常可以根据矿物颗粒、岩屑、玻屑及其他成分类型或微量元素组成的岩石学特征来确定单个火山灰层或膨润土层。这些层的年龄也可以通过放射性测年方法来确定，从而可以通过同时代的年龄来识别和对比这些层。火山灰层在海洋盆地之间的对比中特别有用，甚至可以将

海洋盆地中的火山灰层与年代久远的熔岩流或陆地上的火山灰层进行对比，从而把海洋相关性扩展到陆地上。

浊流构成了另一种瞬时地质事件，可以产生薄而广泛的沉积物（Einsele，1998）。如果某个特定的浊积岩层或一组的浊积岩层能够与其他浊积岩单元区分开来并能横向追踪，则浊积岩可能具有年代地层意义。不幸的是，大多数浊积岩通常由外观非常相似且很难区分的韵律或旋回单元序列组成。因此，在实践中，浊积岩在时间地层对比中的作用相当有限。

其他类型的灾难性短期地质事件包括沙尘暴，沙尘暴会在陆地上形成细粒黄土沉积物，或在海盆中形成粉砂层。海上风暴可以搅动并搬运大陆架上的沉积物，从而产生薄的砂或淤泥风暴层。

在某些沉积条件下，较慢的非灾难性沉积条件也可能产生薄而独特的、广泛分布的地层标志层。这些地层的沉积不一定是瞬间发生的。然而，如果它们是在相对较短的时间内，在基本均匀的沉积条件下，在盆地的大部分区域发生沉积而形成的，则可以用于时间地层对比。例如，海洋环流模式的变化可能造成缺氧条件，导致富含有机物的黑色页岩广泛沉积（图 15.9）。在以页岩或泥岩为主的层序中，一个薄而广泛分布的石灰岩层意味着石灰岩的沉积在整个地质区域内基本上是同时发生的。在一系列非海相碎屑单元内的这种薄石灰岩层可能代表海洋条件对非海相环境的短暂入侵，或淡水的临时淤积，形成一个大型浅水湖泊。厚层海相碎屑沉积物中的薄石灰岩单元可能表明陆棚碳酸盐岩沉积发生在短时间内，此时陆源碎屑暂时滞留在河口或三角洲环境中，因此无法延伸到陆棚。相比之下，厚碳酸盐岩或蒸发岩层序中的砂、黏土或粉砂薄互层可能代表碎屑暂时侵入碳酸盐岩或蒸发岩盆地。此类侵入可能是由于构造事件、陆地周期性洪水、风暴或浊流沉积导致碎屑供应突然增加。

请注意，基于物理事件地层学的时间对比要求可以在露头中识别和横向追踪事件层，或者可以基于不同的岩性（岩石对比）进行对比。因为它们是由于一个快速发生的事件而产生的，所以岩性相关也会导致时间相关。当然，事件层的实际年龄必须通过放射性定年技术确定。

生物事件包括间断进化、大规模灭绝、大规模死亡（例如由大量火山灰落入盆地造成的死亡），以及生物的快速迁入和迁出（Kauffman，1988；Wallister，1996）。

#### 15.4.1.2 基于海侵—海退事件的事件相关性

事件相关的另一种方法由基于海侵—海退序列或旋回内位置的局部对比表示（Ager，1993b）。根据 Ager 的说法，这种情况下的事件对比是基于对称沉积旋回的相应峰值的对比，这些峰值被认为是同步的。这种类型的相关性所代表的事件是海侵和海退的结果，海侵和海退可能代表全球范围内海平面同步上升变化或更多由于抬升、沉降或沉积物供给的波动而引起的局部变化。

基于海侵—海退事件的相关性原理如图 15.10 所示。在任何海侵—海退旋回期间形成的沉积物都包含一个特定的时间面，该时间面代表最大海泛的时间，即任何特定地点水深最大的时间。位于该时间面下方的岩石在海侵期间沉积，而位于该时间面上方的岩石则在海退期间沉积。该时间面可以通过使用化石数据来确定深度分带和不同位置的最大水深，如图 15.10 所示。时间面的位置也可以根据岩性证据确定，方法是在垂向地层剖面上确定每个地点在剖面内所处的位置，相对于目前大多数的盆地相岩石是对称分布的。在每个垂直剖面中，连接最靠近盆地的岩石表面确定了时间面的大致位置，从而确定了剖面之间的时间—地层对比。图 15.11 进一步说明了该方法。从这幅图中可以看出，旋回上的时间等效点是如何相互对比的，在这种对比中，层序东端的海绿石黏土等同于西端的纹理层。正如 Ager（1993b）所说，相关性是用“海洋性”的程度来表示的，以这种方式进行的对比可以被视为层序地层学的一部分（第 13 章）。

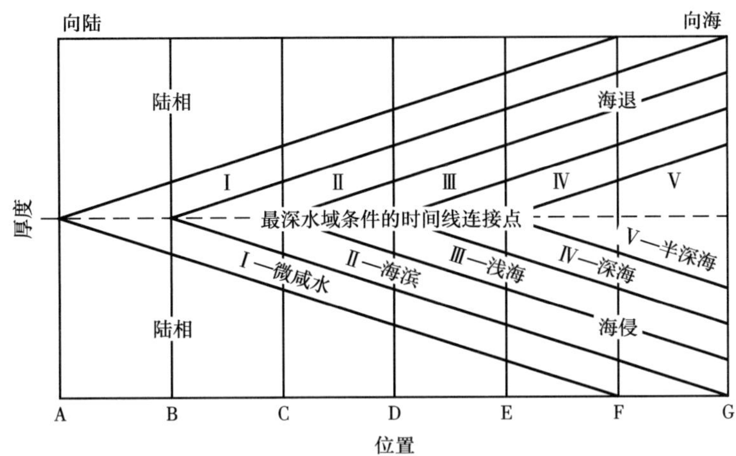


图 15.10 海侵—海退旋回中位置的时间相关性（据 Israelski，1949）

最深水域的连接点是一条时间线

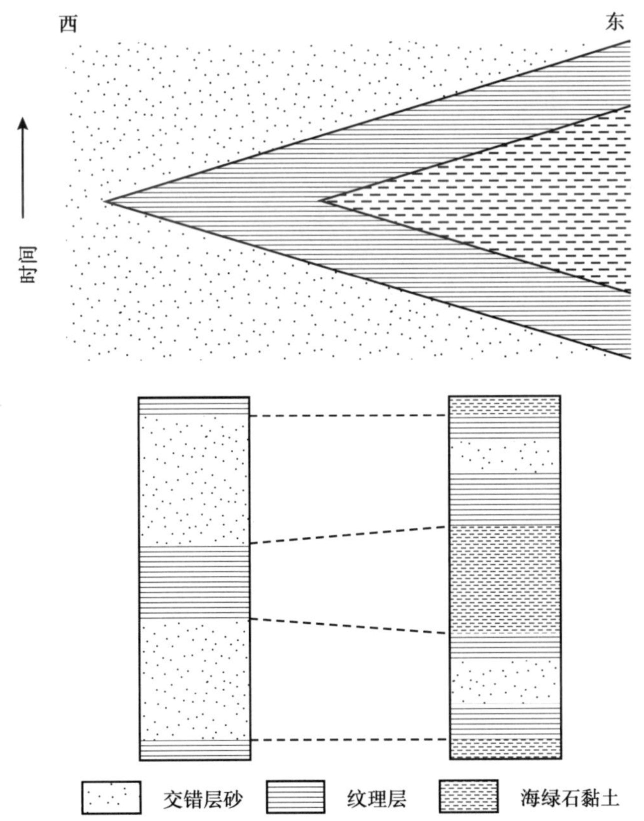


图 15.11 英格兰南部怀特岛始新世海侵—海退旋回沉积和事件对比（据 Ager，1993）

### 15.4.2 稳定同位素事件的相关性

海洋沉积物和化石中某些稳定的非放射性同位素相对丰度的变化，称为稳定同位素地球化学（Valley 和 Cole，2001），可作为海洋沉积物年代地层对比的工具。地球化学证据表明，海洋中氧、碳、硫和锶的同位素组成在由海洋沉积物记录的地质历史中经历了很大的波动或偏移。由于海洋中的混合时间约为 1000 年或更短，因此认为海洋同位素偏移在全世界基本上是等时的。沉积物或化石同位素组成的变化使地球化学家能够构建同位素组成曲线，作为对比目的地层标志。为了有助于对比，同位素组成的波动必须在全球范围内可识别，并且必须是足够短的持续时间，以显示同位素组成曲线上偏移的变化。此外，地层学家必须能够根据生物地层、古地磁或放射性年代表确定这些波动的相对地层位置。在各种可能有用的同位素中，氧同位素似乎最接近于满足这些要求，并已被证明对第四纪和新近纪沉积物的年代地层对比特别有用。碳、硫和锶同位素也可用于对比特定年代的岩石。

#### 15.4.2.1 氧同位素

表 15.5 列出了氧的天然同位素。海洋中的大部分氧以 $^{16}O$ 的形式存在。$^{18}O$ 更为罕见（约占总氧量的 0.2%），但它的量可测量。过去任何时候海洋中 $^{18}O/^{16}O$ 的值都是建立在同时期作为海洋同位素组成的永久记录的海洋碳酸盐矿物和海洋生物的碳酸钙壳中。因此，海洋中氧同位素比值随时间的波动在地质记录中表现为这些海洋碳酸盐和化石的同位素比值的波动。根据钙质海洋生物（特别是有孔虫）外壳中的氧同位素比值对深海沉积物进行分类，为第四纪沉积物提供了一种新的地层学方法。这种地层学方法通常被称为氧同位素地层学。Emiliani（1955）首次使用该方法，他研究了深海岩心中有孔虫的同位素组成，并使用氧同位素比值细分岩心沉积物。氧同位素地层学现已发展成为对比第四纪和新近纪海洋层序的主要工具，如下所述。

**表 15.5 氧、碳、硫和锶等天然稳定同位素的相对丰度**

| 元素 | 原子序数 | 同位素 | 相对同位素丰度（%） |
|---|---|---|---|
| O | 8 | 16 | 99.789 |
| | | 17 | 0.037 |
| | | 18 | 0.204 |
| C | 6 | 12 | 98.89 |
| | | 13 | 1.11 |
| S | 16 | 32 | 95.0 |
| | | 33 | 0.76 |
| | | 34 | 4.22 |
| | | 36 | 0.014 |
| Sr | 38 | 84 | 0.56 |
| | | 86 | 9.86 |
| | | 87 | 7.02 |
| | | 88 | 82.56 |

注：资料来自 CRC 化学和物理手册。

生物成因海相碳酸盐岩中的 $^{18}O/^{16}O$ 比值反映了这些碳酸盐形成的温度和水的 $^{18}O/^{16}O$ 比值。Shackleton（1967）的研究表明，海洋古温度（$T$）与氧同位素组成的关系是

$$T(°C)=16.9-4.38(d_c-d_w)+0.10(d_c-d_w)^2 \tag{15.4}$$

式中，$d_c$ 为方解石的平衡氧同位素组成；$d_w$ 为析出方解石的水的氧同位素组成。

$d_c$ 和 $d_w$ 符号不是指方解石和水中的实际氧同位素丰度，而是指方解石和水中 $^{18}O/^{16}O$ 比值与任意标准的每密耳（千分之一）偏差。过去常用的氧同位素标准是芝加哥大学的PDB 标准，其中 PDB 指的是南卡罗来纳州皮埃迪地层中的一种特殊的钙辉石化石。现在更常见的是，以海水的同位素组成（标准平均海水，或 SMOW）作为标准（Coplen 等，1983）。与标准的每密耳偏差，称为 $\delta^{18}O$，用关系式表示

$$\delta^{18}O=\frac{\left[\left(^{18}O/^{16}O\right)_{样品}-\left(^{18}O/^{16}O\right)_{标准}\right]}{\left(^{18}O/^{16}O\right)_{标准}}\times 1000 \tag{15.5}$$

氧同位素地层学基于这样一个事实，即生物成因海洋碳酸盐中的 $\delta^{18}O$ 值反映了方解石沉淀的水的温度和同位素组成。反过来，这些因素都是气候的函数。当水在海洋表面蒸发时，较轻的 $^{16}O$ 优先从水蒸气中去除，而较重的 $^{18}O$ 则留在海洋中。因此，这种同位素分馏过程导致水蒸气相对于蒸发的海水耗尽 $^{18}O$。当水蒸气凝结成雨或雪时，含重氧的水会首先沉淀，与初始蒸汽相比，剩余蒸汽在 $^{18}O$ 内耗尽。因此，落在海岸附近并迅速返回海洋的降水所含的氧比落在大陆内部或极地地区的降水所含的氧要重，后者返回海洋的速度较慢。沉淀的 $^{18}O/^{16}O$ 比值也与气温有关：空气越冷，雨或雪就越轻（Odin 等，1982）。例如，海水的总平均氧同位素组成是 −0.28‰（每密耳），然而降落在格陵兰冰盖顶部的雨水大约是 −35‰，在南极冰盖相对难以到达的地带，它的值负偏达 −58‰。落在极地地区的 $^{18}O$ 耗尽水分被锁定为陆地上的冰，因此无法迅速返回海洋。由于轻氧水在冰盖中的保留，在冰河期随着 $^{18}O$ 耗尽的冰盖的形成，海洋逐渐变得富含 $^{18}O$。

在冰期沉积在海洋中的海洋碳酸盐，尤其是有孔虫等生物成因碳酸盐，将比在气候变暖、陆地上没有冰盖或冰盖小得多的时候沉淀的碳酸盐富集 $^{18}O$。因此，生物成因海洋方解石 $\delta^{18}O$ 含量的变化反映了陆地上冰体积的变化及海平面的相应变化。也就是说，在冰期海平面随着冰川在陆地堆积而下降，而在间冰期，当大陆冰川融化时，海平面上升。海水的 $\delta^{18}O$ 值跟踪这些变化，当重氧集中在海洋的冰期，$\delta^{18}O$ 值变得更高（更正值），而在间冰期，随着极地冰盖的融化，轻氧水返回海洋，海水的 $\delta^{18}O$ 值变得更低（更负值）。这些原则如图 15.12 所示。

海水温度降低也会导致生物成因方解石中的 $\delta^{18}O$ 值增加。因此，在冰期，由于大陆冰盖的形成和海水温度的降低而引起的海水同位素组成的变化共同增加了生物成因方解石的 $\delta^{18}O$ 含量。相反，极地冰盖的融化，随后轻氧水返回海洋，以及海洋温度的升高，将反映为海洋生物碳酸盐中 $\delta^{18}O$ 值的降低。

如图 15.13 所示不同种类的海洋生物倾向于结合不同比例的氧同位素进入其外壳（不同程度地分馏氧同位素）。因此，为了评估海洋中氧同位素随时间的变化，需要分析不同时代岩石中的同一种化石生物。浮游有孔虫是氧同位素研究中最常见的化石。

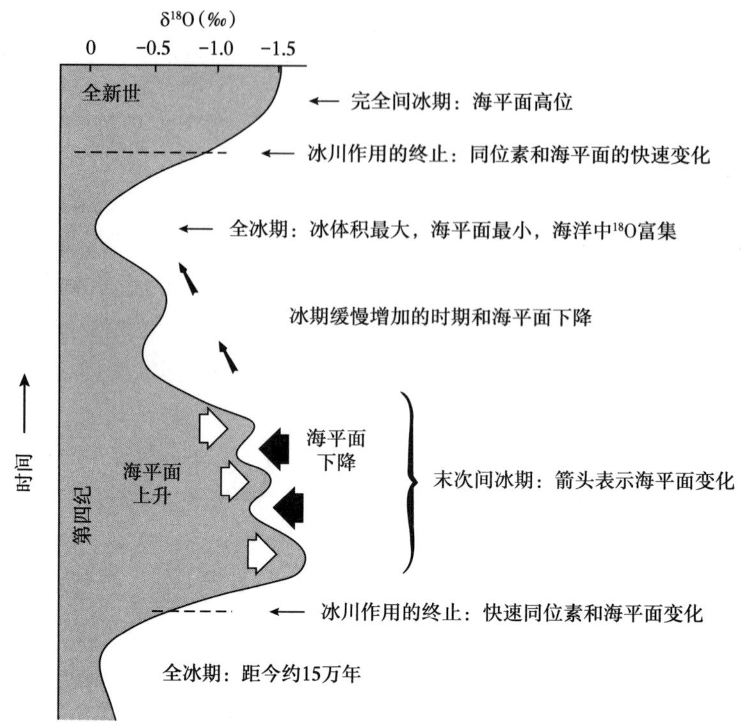


图 15.12　大陆冰川作用与过去 15 万年海水 $\delta^{18}O$ 含量之间关系的示意图

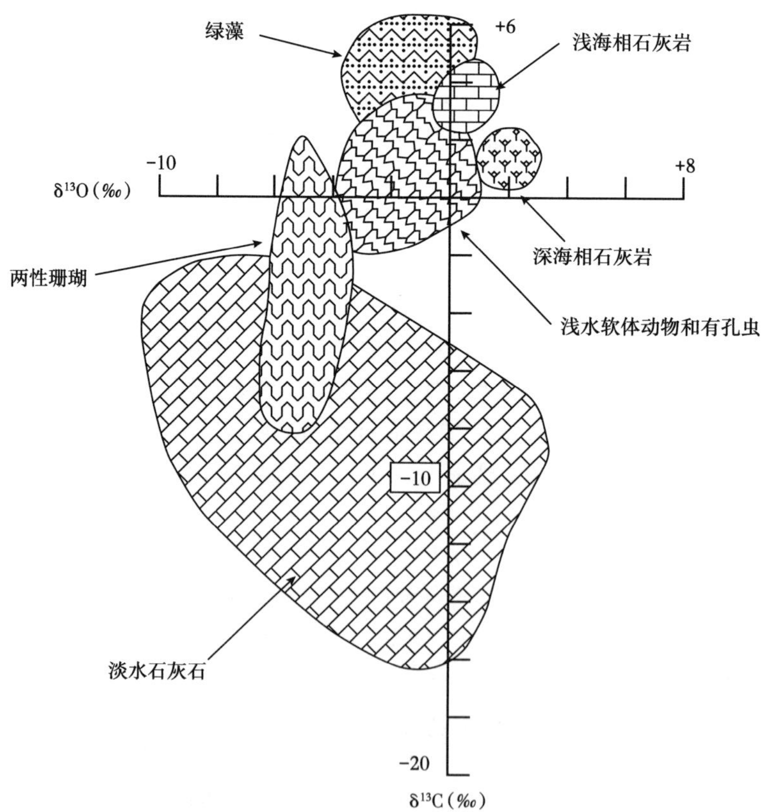


图 15.13　不同类型海相碳酸盐岩中 $\delta^{18}O$ 和 $\delta^{13}C$ 值的分布（据 Milliman，1974）

新近纪至第四纪沉积物岩心中的氧同位素显示出大量 $\delta^{18}O$ 的最大值和最小值。图 15.14 显示了太平洋和大西洋广泛分布的三个更新世岩心的氧同位素值示例（Wei，1993）。同位素曲线上的数字是氧同位素级数（Kennett，1982；Ruddiman 等，1989；Raymo 等，1989）。在可能的情况下，还显示了磁性地层年代表。一旦确定了一个岩心中的同位素级数并编号，它们就可以与世界大洋其他岩心中的相同同位素级数相对比。这些同位素事件似乎与第 12 章讨论的米兰科维奇轨道—气候旋回有关。因此，它们提供了四级和五级旋回的记录，这些周期可能是由与地球轨道参数变化相关的气候变化驱动的。这些轨道变化导致到达地球不同纬度的太阳辐射强度波动，进而导致大陆冰盖交替堆积和融化，造成海平面的升降。

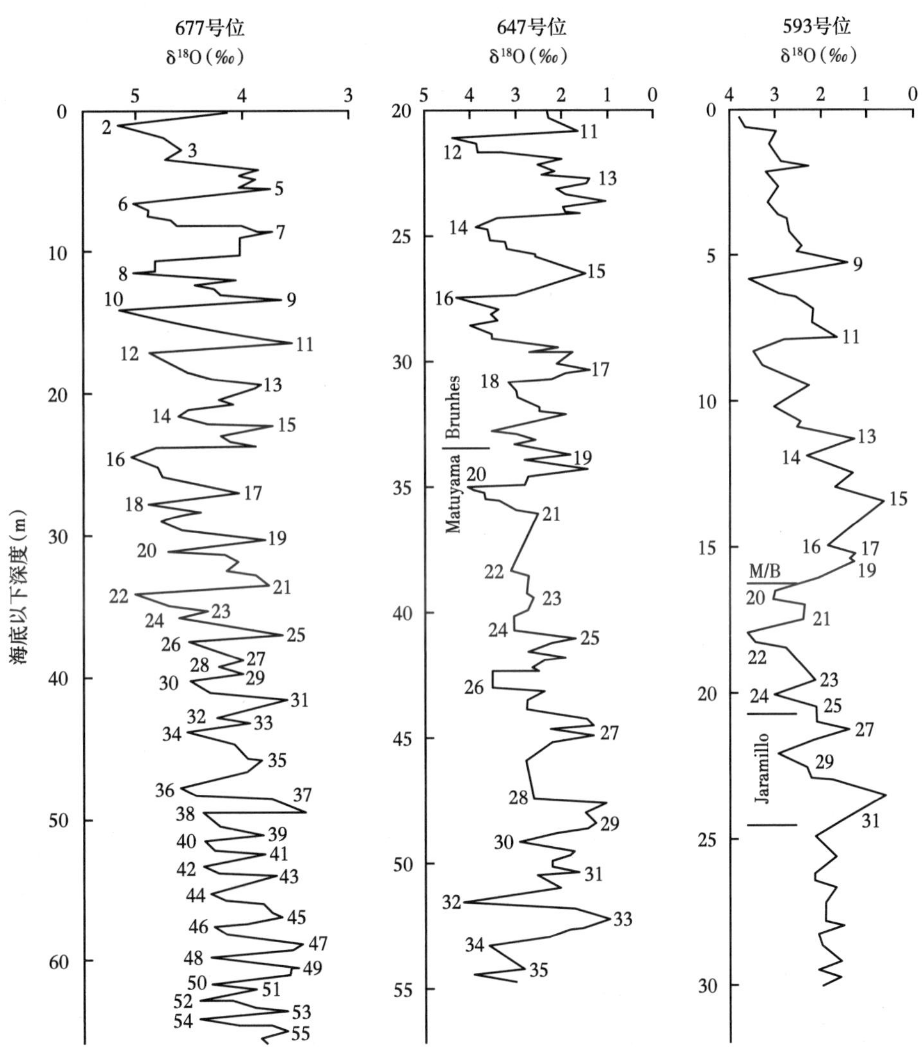


图 15.14　太平洋和大西洋深海钻探项目（DSDP）现场更新世岩心的氧同位素地层学特征（据 Wei，1993）

注意编号的同位素阶段，它可以从一个核心对比到另一个核心。M/B 指的是 Matuyama/Brunhes 极性时钟

### 15.4.2.2　碳同位素

$^{12}C$ 和 $^{13}C$ 是碳的非放射性同位素。$^{12}C$ 比 $^{13}C$ 丰富得多，构成了海水中大部分的碳（表 15.5）。同位素 $^{13}C/^{12}C$ 比值可以用 PDB 标准的每密耳偏差（$\delta^{13}C$）来表示，就像氧同位

素比值一样。海洋碳酸盐中的 $\delta^{13}C$ 值反映了溶解在深海中二氧化碳的 $^{13}C/^{12}C$ 比值，这个比率反过来反映了二氧化碳中碳的来源。二氧化碳通过与大气的交换在海洋中溶解，同时也由起源于海洋和陆地的有机物的腐烂产生。生物体优先吸收轻碳（$^{12}C$），因此，与来自大气的二氧化碳相比，来自腐烂有机物的二氧化碳中的 $^{13}C$ 含量会急剧减少。因此，来自大陆（土壤有机质丰富的地方）的径流将 $^{13}C/^{12}C$ 比值较低的富含有机物的水带入海洋，显著降低了大陆附近表层海水的 $\delta^{13}C$ 值（从图 15.13 中可以看出，湖泊中沉积的淡水碳酸盐 $\delta^{13}C$ 值偏低）。

另一个影响海水中 $\delta^{13}C$ 值，以及生活在这些水域的海洋生物外壳中 $\delta^{13}C$ 值的因素，是深海水团在海洋中的停留时间。由于低 $\delta^{13}C$ 海洋有机物的氧化作用，$^{13}C$ 在深水团中被耗尽，这些水团在海底附近有很长的停留时间。这种低 $\delta^{13}C$ 值有机物的氧化生成低 $\delta^{13}C$ 溶解碳酸氢盐（$HCO_3^-$）。底栖生物的呼吸作用显然也会导致深海 $\delta^{13}C$ 值的降低（Kennett，1982）。如果低 $\delta^{13}C$ 值的底水后来以某种方式循环到地表，分泌碳酸盐的生物会将这种低 $\delta^{13}C$ 同位素比值构建到它们的外壳中。

海水中 $\delta^{13}C$ 的含量也与海洋生物（如硅藻）光合作用的初级生产力有关。在高生产力时期（存在大量生物体），这些生物体对二氧化碳中轻碳（$^{12}C$）的去除速率很高。选择性地去除轻碳会导致表层海水相对富集 $^{13}C$，导致 $\delta^{13}C$ 为正值。当生物死亡时，轻碳被搬运到海底，在那里被再次氧化（Holser 和 Magaritz，1992）。在初级生产力较低的时期，这种趋势发生逆转，地表水的 $\delta^{13}C$ 值趋于负值。例如，有人认为白垩纪—古近纪界线（图 15.15）上 $\delta^{13}C$ 值的急剧下降是灾难性的陨石撞击导致海洋光合作用生物显著减少的结果（Hsu 等，1982）。

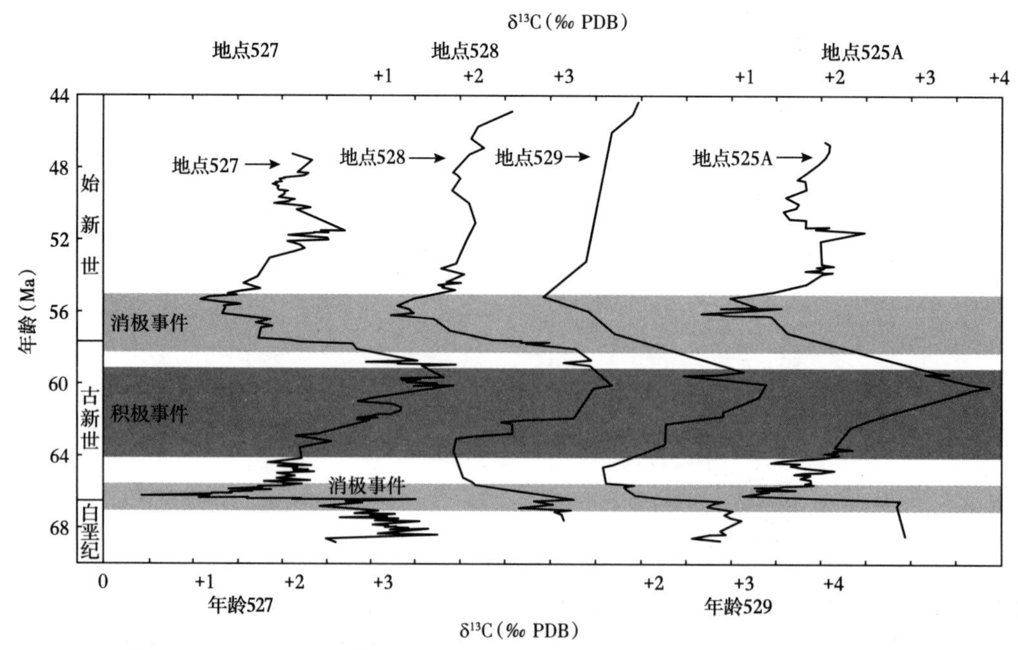


图 15.15　深海钻探项目（DSDP）现场 525A、527、528 和 529 的块状碳酸盐沉积物碳同位素地层学特征

位于距非洲海岸约 800km 的大西洋中，这些地点相距约 40~70km

由于海洋生物钙质外壳中的 $\delta^{13}C$ 值是其生活水域中 $\delta^{13}C$ 值的函数，因此海洋生物化石中 $\delta^{13}C$ 值的变化反映海水质量的变化。海洋钙质生物化石中 $\delta^{13}C$ 值的突然降低可能反映了海洋初级生产力的变化，或者深海古环流和上升流模式的变化，导致低 $\delta^{13}C$ 值深水向上向外扩散到海洋的其他部分。或者这种下降可能反映了地表环流模式的变化，将低 $\delta^{13}C$ 值的表层海水从大陆边缘带入更深的盆地。在任何特定的地质时期间隔内，大陆上产生的总生物量显著增加，可能会导致流向海洋的低 $\delta^{13}C$ 值径流增加，这种增加也可能反映为低 $\delta^{13}C$ 值地表水的出现。陆地上富含有机物的沉积物（如暗色页岩和石灰岩）侵蚀速率的增加，可能会产生与增加低 $\delta^{13}C$ 值有机质流向海洋大致相同的效果。这些环流模式的突变或来自大陆的有机碳径流可能影响了单一海盆的区域，例如太平洋，或者在某些情况下影响了整个海洋。另外，海洋中沉积物埋藏速率的增加可能会产生相反的效果，即从与海水的相互作用中去除含有低 $\delta^{13}C$ 值的精细有机质。这种去除会增加海水中的 $\delta^{13}C$ 值。$\delta^{13}C$ 值在中中新世（12~18Ma）之间的几种增加可能与有机碳的异常快速埋藏和大气二氧化碳水平的降低有关（Woodruff 和 Savin，1991）。

由于海洋中 $\delta^{13}C$ 值的变化反映在海洋钙质生物的 $\delta^{13}C$ 值中，这些同位素事件或偏移可用于对比，而不管其确切原因是什么。例如，古近纪—新近纪 $\delta^{13}C$ 记录中的几个主要变化包括：（1）跨越白垩纪—古近纪边界上的显著负 $\delta^{13}C$ 值事件；（2）从古新世早期到古新世晚期的正 $\delta^{13}C$ 值事件；（3）跨越古新世—始新世边界上的 $\delta^{13}C$ 值大幅下降（图 15.15）。从中新世中期到更新世，$\delta^{13}C$ 值也有逐渐但显著的退化（Williams 等，1988）。古近纪—新近纪 $\delta^{13}C$ 记录中也存在许多小尺度波动。这些碳同位素偏移基本上是同步事件，可以在 DSDP 和 ODP 岩心的大面积海洋中进行对比。例如，碳酸盐碳同位素含量的巨大变化是在前寒武纪—寒武纪界线和二叠纪—三叠纪界线测量到的（Magaritz，1991）。

#### 15.4.2.3 硫同位素

硫有四种稳定同位素（表 15.5），$^{32}S$ 含量最高，其次是 $^{34}S$。在大多数涉及硫同位素的地层学研究中，均使用了 $^{34}S/^{32}S$ 比值，并用 $\delta^{34}S$ 表示，这是相对于来自迪亚布罗峡谷陨石的陨石标准——陨硫铁（一种 FeS 矿物）$^{34}S/^{32}S$ 比值的每密耳偏差。图 15.16 显示了各种物质中相对于迪亚布罗峡谷陨石标准（CDT）的 $\delta^{34}S$ 值。

海洋中硫同位素分馏的主要手段是硫酸盐细菌的还原（$SO_4^{2-}$）作用在海水中形成硫化物。沉积物—海水界面处溶解的海水硫酸盐，细菌的还原作用导致硫酸盐的同位素分馏，从而使 $\delta^{34}S$ 中剩余的海水硫酸盐富集约 +20‰，并使还原的硫化物耗尽约 −9‰（Schopf，1980；Canfield，2001）。从溶解的海洋硫酸盐中沉淀蒸发岩会导致额外的分馏（约 +1.65‰），导致蒸发岩的 $\delta^{34}S$ 值高于溶解的海洋硫酸盐。其他可能影响海水 $\delta^{34}S$ 值的次要因素包括 $H_2S$ 细菌的氧化，产生的硫酸盐中的 $^{34}S$ 相对于原始硫酸盐硫含量少，以及火山活动产生的局部硫酸盐或硫化物。

目前海洋中的海洋硫酸盐的平均 $\delta^{34}S$ 值约为 21‰；然而古海洋蒸发岩的 $\delta^{34}S$ 值为 10‰~30‰（图 15.17）。根据古代蒸发岩矿床中的硫同位素比值，世界海洋表层水中的硫同位素比值似乎在不同时期发生了重大变化或偏移。这些主要偏移的特点是世界海洋表层水中 $\delta^{34}S$ 值急剧上升，随后出现显著下降。早古生代表现出较高的 $\delta^{34}S$ 值水平，表明从海洋到沉积物的硫化物净通量较高；$\delta^{34}S$ 值在二叠纪降到最小值，在中生代恢复到中等水平（Holser 等，1986）。许多硫同位素偏移似乎已经影响到了全世界的海洋。

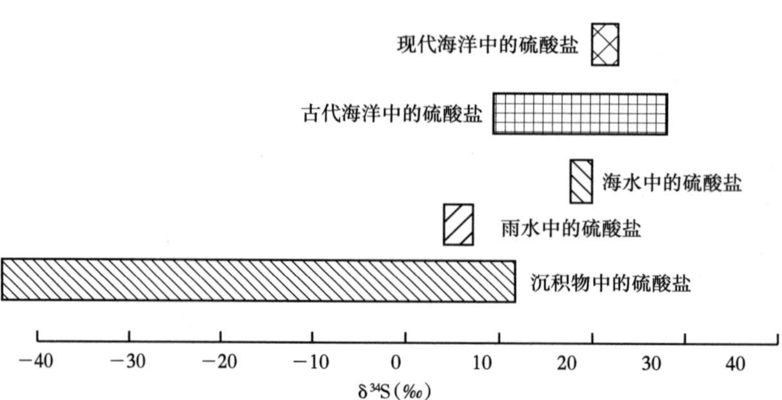


图 15.16 海洋中的硫酸盐相对于迪亚布罗峡谷陨石的 $\delta^{34}S$ 值。显示了海水、雨水和沉积物中硫酸盐值的对比（据 Degens，1965）

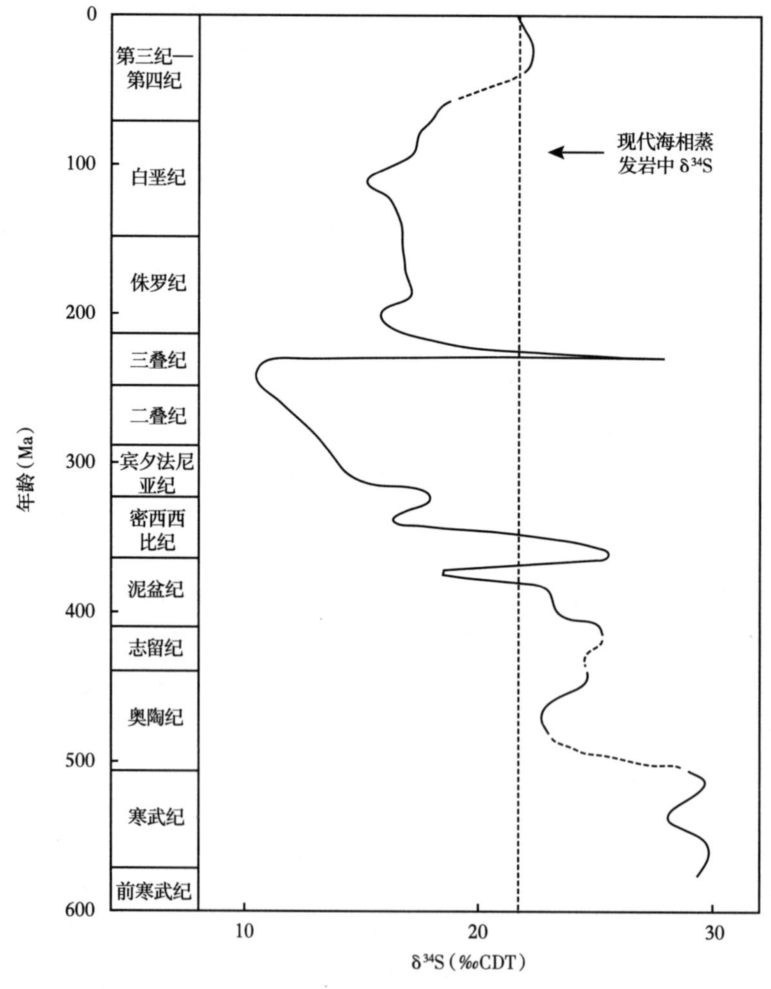


图 15.17 显生宙海相蒸发岩的硫同位素年龄曲线（据 Holser 等，1986）

曲线的虚线部分表示缺少数据；垂直虚线表示现代海相蒸发岩的 $\delta^{34}S$

以 $\delta^{34}S$ 值急剧增加为特征的化学事件可能是由深部富硫卤水与地表水的灾难性混合引起的。蒸发岩沉积产生的卤水储存在深盆中。在盐水下面，细菌将硫酸盐还原形成黄铁矿，形成大量含有 $^{34}S$ 硫酸盐的卤水。由于构造作用对蓄水盆地的破坏，这些 $^{34}S$ 富卤水与地表水的灾难性混合，导致地表海水的 $\delta^{34}S$ 值急剧上升，从而导致这些地表水形成蒸发岩沉积（Holser，1977，1984）。灾难性事件发生后，表层海水的 $\delta^{34}S$ 值随时间逐渐减少，这是由于主要硫化物物质在陆地上侵蚀进入海洋，其量超过了蒸发岩沉积（Claypool 等，1980）。

无论如何，这些硫同位素偏移构成了硫同位素年龄曲线，因为每个灾难性的化学事件都发生在很短的地质时间间隔内。因此，每一次重大事件都代表了一个同步的地层标志，可以在从一个区域到另一个区域的海相蒸发岩中进行对比。一些事件可以在全球范围内相互对比。因此，它们为蒸发岩沉积的国际年代地层对比提供了一种重要方法，蒸发岩通常无法通过其他方法进行对比，因为它们不包含化石或其他可供测年的材料。另外，硫同位素曲线上只有几个明确相关的点。因此，总的来说，硫同位素不像氧和碳同位素在对比中有用。

#### 15.4.2.4 锶同位素

锶有四种主要的同位素（表 15.5），本书关注的是 $^{87}Sr$ 和 $^{86}Sr$。表 15.3 所示的相对丰度有些变化，因为 $^{87}Sr$ 是放射性同位素 $^{87}Rb$ 的子产物。因此，目前 $^{87}Sr$ 的数量是地球中初始 $^{87}Sr$ 量加上 $^{87}Rb$ 随时间衰减产生的放射成因 $^{87}Sr$ 量的函数（Veizer，1989）。

海洋中的锶有三种来源：（1）由于洋中脊的热液循环，从玄武岩中浸出锶（见第 1 章的讨论）；（2）大陆岩石风化并通过河水输送到海洋；（3）埋藏成岩作用期间重结晶引起的碳酸盐沉积物中锶的扩散（McArthur，1998）。由于每个来源中的 $^{87}Sr/^{86}Sr$ 比值不同，因此向海洋提供了不同比值的 $^{87}Sr/^{86}Sr$。河流径流中 $^{87}Sr/^{86}Sr$ 比值最高；热液循环生成的锶含量最低；风化和河流径流提供了最多的锶；洋中脊的热液环流次之。

海水中的锶同位素比值在整个海洋中在任何给定时间都是恒定的，但由于这三个来源所贡献的锶的变化，随着时间的推移而变化。洋中脊火山活动的变化及世界气候变化对风化和河流流量的影响，是最重要的控制因素。锶通过与碳酸钙矿物中的钙共沉淀而从海洋中去除。因此，对不同年代的海相碳酸盐岩进行分析，可以确定海洋随时间变化的锶同位素组成。

图 15.18 显示了显生宙海相碳酸盐岩 $^{87}Sr/^{86}Sr$ 比值的变化，反映了前寒武纪以来海水中该同位素比值的变化，这是由于不同来源的锶的比例发生了变化。请注意，从前寒武纪到侏罗纪，海洋的 $^{87}Sr/^{86}Sr$ 比值普遍下降，并且出现了几次明显的下降趋势（例如奥陶纪、泥盆纪、密西西比亚纪、二叠纪 / 三叠纪）。从图 15.18 中可以明显看出，自侏罗纪以来，该比率普遍增加。

锶同位素数据可以根据标准偏差报告，如氧、碳和硫同位素的案例（McArthur，1998；Veizer，1989），然而许多研究结果似乎仅以 $^{87}Sr/^{86}Sr$ 比值报告。同位素比值可通过在两个不同地层剖面内发现具有相同 $^{87}Sr/^{86}Sr$ 比值的层位来建立对比（图 15.19）。由于锶同位素曲线（图 15.18）上的多个点可能具有相同的 $^{87}Sr/^{86}Sr$ 值，因此必须有独立的证据（例如化石、磁性地层学数据、区域地质年龄关系）来证明这两个层位的年龄大致相等。一旦建立了相关性，就可以从图 15.18 所示同位素年龄曲线中确定相关点的数字年龄（以 Ma 为单位；Faure，1982；McArthur，1994，1998）。

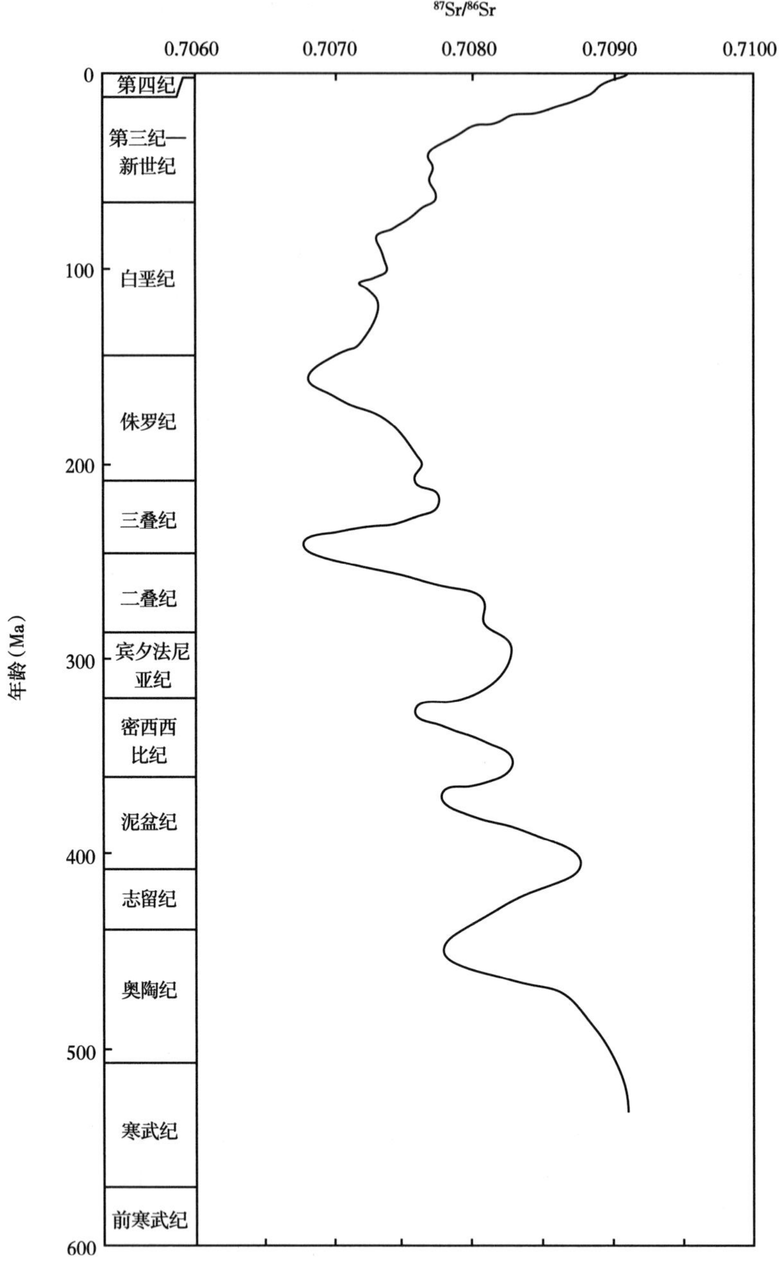


图 15.18　显生宙海水 $^{87}Sr/^{86}Sr$ 比值的变化（据 Veizer，1989）

锶同位素对比在第三系中得到了特别好的应用。例如，Depaolo 和 Finger（1988）使用锶同位素对比加利福尼亚中新统蒙特利组的海洋沉积物，其分辨率与生物地层学方法相当。通过将这些沉积物中的 $^{87}Sr/^{86}Sr$ 比值与来自西南太平洋和中太平洋深海钻探项目（DSDP）取心孔中海水的锶同位素与时间曲线相比较，这些作者确定了年龄，分辨率从小于 0.1Ma 到 2.5Ma 不等。参见 Bralower 等（1997），了解在 DSDP 和海洋钻探计划（ODP）取心过程中回收的白垩纪深海沉积物的应用。

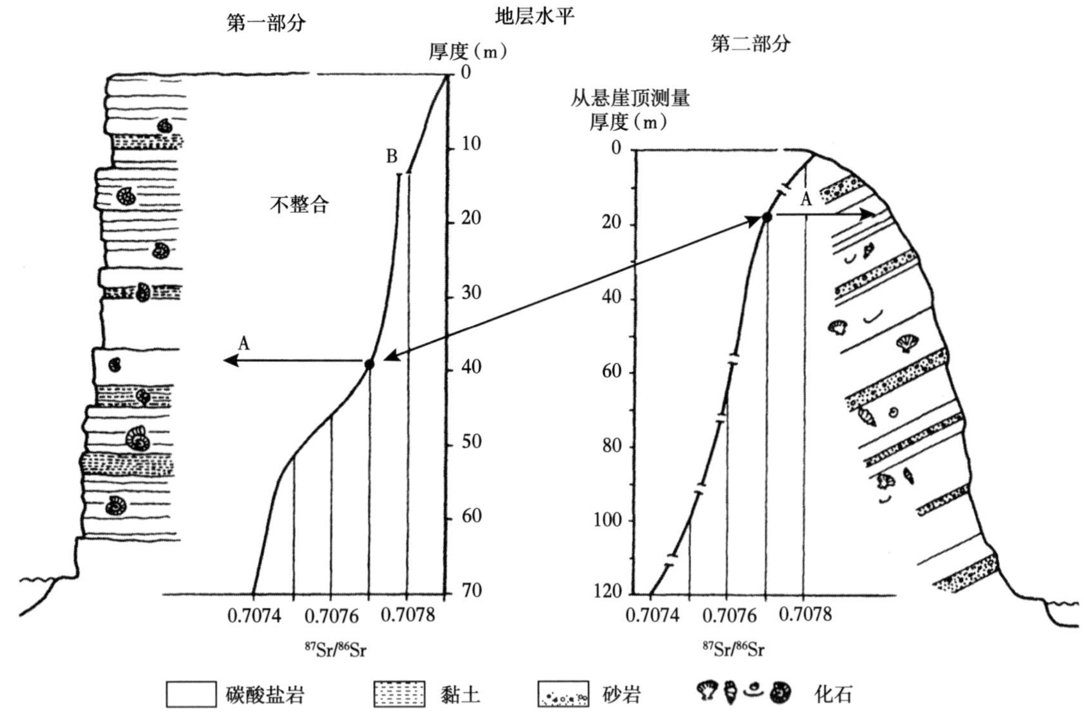


图 15.19 两个相距甚远的假想地层剖面 $^{87}Sr/^{86}Sr$ 比值示意图

如果可以根据化石或其他年龄数据确定剖面具有大致相同的年龄，具有相同 $^{87}Sr/^{86}Sr$ 比值的地层剖面内的水平同时形成，因此相互对比

### 15.4.3 同位素定年的相关问题

稳定同位素地球化学领域非常复杂。关于地质记录中观察到的氧、碳、硫和锶同位素偏移的有效性，以及这些偏移在时间对比中的应用，仍然存在许多问题。关于这些问题以及稳定同位素相关的细节的讨论超出了本书的范围。本章末尾列出的拓展阅读文献中提供了有关这一主题的更多信息。

## 拓展阅读文献

Berggren, W. A., D. V. Kent, M-P. Aubry, and J. Hardenbol ( eds. ) .1995. Geochronology, Time Scales, and Global Stratigraphic Correlation. SEPM Spec. Pub. 54. Tulsa, OK: Society for Sedimentary Geology.

D'Argenio, B. et. al. ( eds. ) . 2004. Cyclostratigraphy: Approaches and Case Histories. Spec. Publ. No. 81. Tulsa, OK: Soc. For Sedimentary Geology.

Doyle, P., and M. R. Bennett. 1998. Unlocking the stratigraphical record: Advances in modern stratigraphy. Chichester: John Wiley & Sons.

Gradstein, F. M., J. G. Ogg, and A. G. Smith. 2004. A geologic time Scale 2004. Cambridge, UK: Cambridge University Press.

Holland, C. H. 1998. Chronostratigraphy ( global standard stratigraphy ): A personal perspective, in Doyle, P. and M. R. Bennett ( eds. ), Unlocking the Stratigraphical Record: Advances in Modern Stratigraphy. Chichester: John Wiley & Sons.383–392.

Koutsoukos, E. A. M. ( ed. ) . 2005. Applied stratigraphy. Dordrecht: Springer.

McGowan, B. ( eds. ) . 2007. Beyond the CSSP: New developments in chronostratigraphy. Penrose Conference Proceedings. New York: Micropaleontology Press.

Prothero, D. R., L. C. Ivany, and E. A. Nesbitt. 2003. From greenhouse to icehouse: The marine Eocene–Oligocene transition. New York: Columbia University Press.

Trumpy, R. ( ed ) . 2007. Stratigraphy, the measurement of time in the 21st century. Swiss Journal of Geosciences, v. 100. no. 3. 325–528.

Valley, J. W., and D. R. Cole ( eds. ) . 2001. Stable isotope geochemistry: Reviews in mineralogy and geochemistry, v. 43. Mineralogical Society of America.

Walker, J. D., and J. W. Geissman. 2009. 2009 Geologic time scale.Boulder, CO: Geological Society of America.

Walliser, O. H. ( ed. ) . 1996. Global events and global event stratigraphy in the Phanerozoic. Berlin: Springer-Verlag.

Williams, D. F., I. Lerche, and W. E. Full. 1988. Isotope chronostratigraphy: Theory and methods. San Diego: Academic Press.

# 16 盆地分析、构造和沉积

## 16.1 引言

本书的前几章介绍了沉积学和地层学的基本原理，回顾了形成沉积岩的基本过程，讨论了这些岩石的物理、化学和生物特性，并描述了它们堆积的各种环境。此外，本书还强调了沉积岩的性质，这些性质可用于根据岩性、地震反射特征、磁极性、化石含量和年龄将地层细分为有意义的地层单位。

地质学家研究沉积岩是为了发展对其地质历史的批判性理解，或者评估其经济潜力。有效的研究需要利用本书中讨论的所有沉积学和地层学原理。因为大多数沉积岩沉积在盆地中，所以通常把这种详细的、综合的研究称为盆地分析。盆地分析的概念可以追溯到 20 世纪 40 年代，由地质学最著名的沉积学家之一的 Francis Pettijohn 提出（Kleinspehn 和 Paola，1988）。盆地分析以不同的方式定义（Potter 和 Pettijohn，1977；Allen 和 Allen，1990；Miall，2000；Klein，1987），然而从所有这些观点中得出的共同主题是，盆地分析是一个综合性研究项目，涉及沉积学、地层学和构造原理，以全面了解沉积盆地中充填的岩石，从而解释其地质历史并评估其经济重要性。

在 1860 年至 1960 年的早期地质研究中，大多数地质学家认为海盆是主要的线状槽，称为地槽，在那里由于地槽的持续沉降使浅海相堆积巨大厚度（Dott，1974）。随着板块构造概念在 20 世纪 50 年代末和 60 年代初的出现，地质思维不再局限于地槽。今天，地质学家认识到盆地有多种类型，盆地形成的机制也多种多样。根据盆地分析的一般准则，地质学家关心的是形成盆地的全球构造控制和控制盆地填充的地质因素（例如海平面变化、沉积物供给、盆地沉降）。

本章特别关注现今认识到的不同类型的盆地，形成这些盆地的过程，导致盆地填充的过程，以及填充的性质，还简要讨论了盆地分析的方法及盆地分析的应用。本章通过提供有关沉积学、环境学和地层学综合性质的总体观点，对全书进行了总结。

## 16.2 盆地形成（沉降）机制

沉积盆地是一种能够捕获沉积物的凹陷，地壳表面的沉降必然会形成这样的凹陷。产生足够沉降以形成盆地的机制包括地壳减薄、地幔—岩石圈增厚、沉积和火山载荷、构造载荷、地壳下载荷、软流圈流动和地壳致密化（Dickinson，1993）。表 16.1 中给出了这些机制的简要说明。

表 16.1　地壳沉降的可能机制（据 Dickinson，1993；Ingersoll 和 Busby，1995）

| 机制 | 解释 |
| --- | --- |
| 地壳减薄 | 伸展拉伸、隆起过程中的侵蚀和岩浆撤退 |
| 地幔岩石圈破裂 | 由于软流圈熔体的绝热熔融或逆熔而停止拉伸，或加热后岩石圈的冷却 |
| 沉积和火山作用 | 沉积和火山作用期间地壳和区域岩石圈挠曲的局部均衡补偿，取决于岩石圈的挠曲刚度 |
| 壳下载荷 | 致密岩石圈俯冲期间的岩石圈挠曲 |
| 构造载荷 | 逆掩和 / 或底推期间地壳和区域岩石圈挠曲的局部均衡补偿，取决于下伏岩石圈的挠曲刚度 |
| 软流圈流动 | 软流圈流动的动力效应，通常由俯冲岩石圈的下降或分层引起 |
| 地壳致密化 | 由于压力 / 温度条件的变化和 / 或高密度熔体侵位到低密度地壳，地壳密度增加 |

均衡补偿是沉积和火山载荷的一个重要方面（表 16.1）。均衡说的概念是假设地壳局部补偿的发生就像地球由一系列自由浮动的活塞组成。不同厚度和 / 或密度结构的相邻地壳块体将具有不同的相对起伏（Angevine 等，1990）。因此，向地壳添加载荷会导致沉降（例如用沉积物填充盆地）；移除荷载会导致隆起（例如地壳侵蚀）。根据这一前提，当盆地逐渐堆积沉积物时，原本充满水的盆地由于沉积物的负荷将会加深。除了载荷效应外，地壳的挠曲也在不同程度上发生，这取决于下伏岩石圈的刚性，致密岩石圈的逆掩和下冲，是受构造力的作用。最后，热效应在盆地形成中也很重要（例如，岩石圈冷却，温度 / 压力条件变化导致地壳密度增加）。

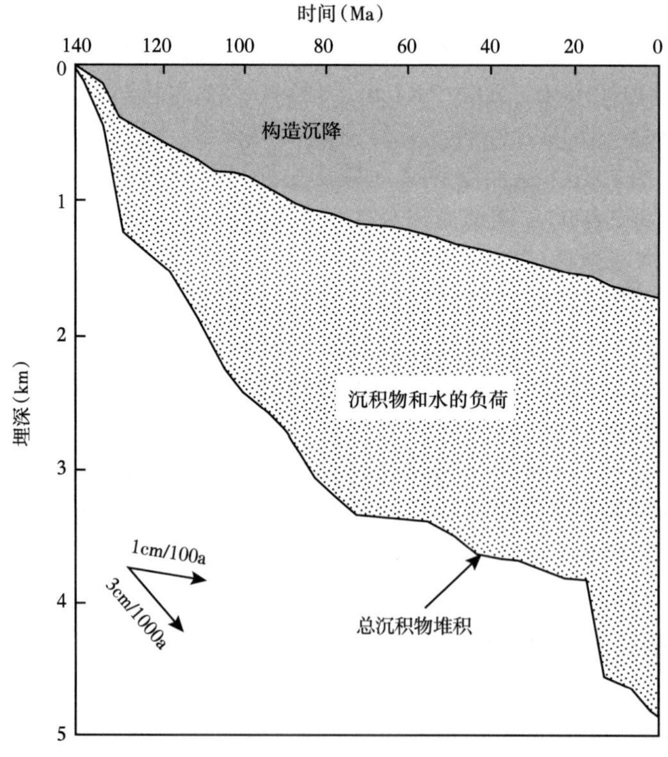


图 16.1　埋藏史示意图

在本例中，显示了美国东部大西洋被动边缘 COST B-2 井中星体层位的埋藏历史。注意，由构造作用引起的沉降与由沉积和水载荷引起的沉降是不同的

地质学家，特别是寻找石油和天然气的石油地质学家，通常对盆地沉降历史的理解感兴趣，以确定各种盆地沉降机制的相对重要性。沉降史通常通过回剥进行研究，该方法试图消除沉积的影响，以便分析如果没有沉积物沉积，盆地会以何种方式沉降（Slingerland 等，1994；Watts，1981）。回剥结果通常显示在埋藏史图中，如图 16.1 所示。这些图表可以将沉积物荷载的影响与由于构造沉降而产生的影响区分开来。进行埋藏史分析所需的数据包括地层柱状图，显示现今地层单元的厚度、岩性、地层层位年龄、沉积时沉积位置的估计水深（古水深）和沉积物孔隙度（Angevine 等，1990）。在绘制埋藏史图时，必须对沉积物压实进行校正。表 16.1 中列出的盆地沉降机制对不同类型沉积盆地形成的相对重要性（在下一节中讨论）如图 16.2 所示。

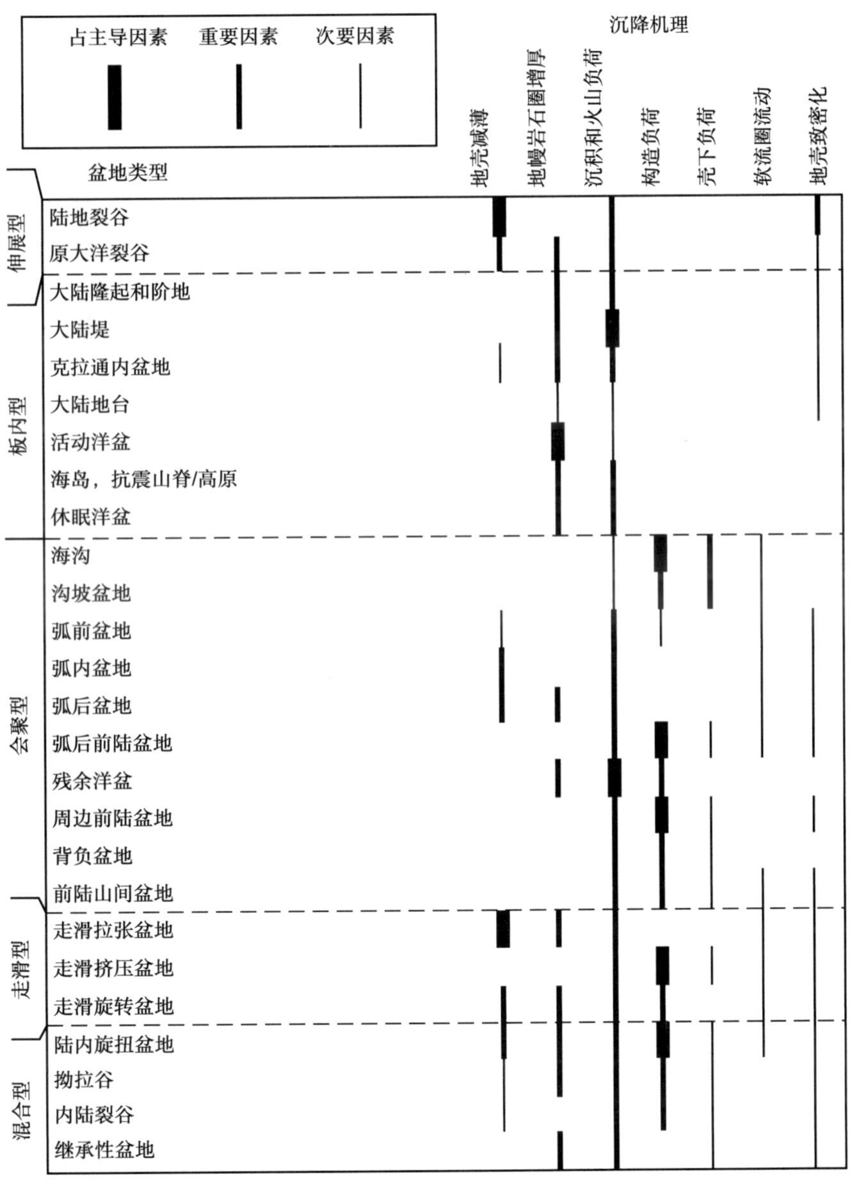


图 16.2　揭示各种沉积盆地的沉降机制（据 Ingersoll 和 Busby，1995）

## 16.3 板块构造和盆地

本书引用了很多关于构造对沉积模式和地层特征影响的文献。板块构造通过对沉积物源区的影响，对沉积起到一级控制作用。沉积盆地类型与构造过程直接相关（Frostick 和 Steel，1993；Ingersoll 和 Busby，1995；Miall，2000）。例如，一些盆地是由于构造作用产生断层形成的；另一些坳陷盆地是由地壳冷却和沉降或其他构造作用形成的。无论如何，构造力控制着盆地的大小、形状和位置。构造过程与沉积物载荷一起，进一步决定了盆地沉降的速率，从而决定了沉积物堆积的可容纳空间。

随着时间的推移，板块构造作用使大陆块体和洋盆发生了重大变化。大陆分裂并漂移，形成了宽为 500km 的洋盆，当海底地壳在海沟中俯冲时，这些洋盆会随后再次闭合。洋盆的开启和关闭被称为威尔逊旋回（Wilson，1966）。威尔逊旋回始于裂谷盆地（以大陆地壳为底）的形成，随后演化为原始洋槽（部分以大洋地壳为底），最终演化为洋盆，以大洋地壳为底，以被动大陆边缘为边界。经过数百万年或更长时间，俯冲带在海洋边缘发展，海洋开始闭合。闭合以大陆碰撞和造山带的形成而告终。盆地形成和破坏的整个过程可能需要 5000 万至 1.5 亿年。地质记录表明，在每个大陆的历史上都有许多威尔逊旋回。因此，除了一些位于大陆边缘克拉通上的盆地，很少有沉积盆地会随着时间的推移而保持不变，或处于固定位置上不变。

在威尔逊旋回的开始阶段，构造板块分离（通过裂谷作用），形成伸展的（被动的）大陆边缘。威尔逊旋回的结束阶段以板块相互移动为特征，因为大洋地壳在海沟中被俯冲（消耗）。在海洋闭合阶段形成的大陆边缘称为会聚（活动）边缘。在海盆打开或关闭的过程中，板块的某些部分可能会彼此滑动而既不发散也不收敛，这种边缘称为转化边缘。在威尔逊旋回期间，各种类型的沉积盆地形成于伸展环境、会聚环境和转换环境及板内环境中。

## 16.4 沉积盆地类型

我们现在认识到，沉积盆地的起源在某种程度上与地壳运动和板块构造作用有关。已经提出了几种盆地的构造分类（Dickinson，1974；Bally 和 Snelson，1980；Kingston 等，1983；Mitchell 和 Reading，1986；Klein，1987；Ingersoll，1988；Ingersoll 和 Busby，1995）。Ingersolland 和 Busby（1995）指出，沉积盆地可以在四种类型的构造背景（伸展型、板内型、会聚型、走滑型）及某些混合复杂环境中形成（表 16.2）。根据盆地所处的地壳类型，盆地相对于板块边缘的位置，以及对于靠近板块边缘的盆地，沉积过程中发生的板块相互作用类型，在这些不同的环境中识别出不同类型的盆地（Dickinson，1974；Miall，2000）。对所有这些类型盆地的详细讨论超出了本书的范围，但图 16.3 示意性地说明了一些更有趣和更重要的盆地类型，并在下文中进一步讨论。有兴趣的读者可以参考 Busby 和 Ingersoll（1995），Einsele（2000），以及 Miall（2000）获得更多见解。

**表 16.2 主要沉积盆地类型及其构造背景**

| 盆地类型 | | 构造背景 |
|---|---|---|
| 伸展型 | 陆地裂谷 | 大陆地壳内通常与双峰火山作用有关的裂谷。现代例子：格兰德河裂谷（新墨西哥州） |
| | 原大洋裂谷 | 早期的洋盆被新的洋壳覆盖，两侧是年轻的裂谷大陆边缘。现代例子：红海 |
| 板内型 | 大陆隆起和阶地 | 大陆—海洋界面板内环境中的成熟裂谷大陆边缘。现代例子：美国东海岸 |
| | 大陆堤 | 在裂谷大陆边缘形成的进积沉积楔体。现代例子：密西西比湾海岸 |
| | 大陆地台 | 稳定的克拉通上覆盖着薄且横向扩展的沉积地层。现代例子：巴伦支海（亚洲） |
| | 活动洋盆 | 由大洋地壳构成的盆地，形成于与弧沟系统无关的扩张板块边界（扩张仍然活跃）。现代例子：太平洋 |
| | 海岛、抗震山脊和高原 | 沉积层和台地形成于非岩浆弧的洋内环境。现代例子：皇蝶—夏威夷海山 |
| | 休眠洋盆 | 盆地由既不扩张也不俯冲的洋壳构成（盆地内或相邻盆地内无活动板块边界）。现代例子：墨西哥湾 |
| 会聚型 | 海沟 | 大洋岩石圈俯冲形成的深槽。现代例子：智利海沟 |
| | 沟坡盆地 | 俯冲杂岩上发育局部构造凹陷。现代例子：中美洲海沟 |
| | 弧前盆地 | 弧沟间隙内的盆地。现代例子：苏门答腊岛 |
| | 弧内盆地 | 弧台地沿线的盆地，包括叠加和重叠的火山。现代例子：尼加拉瓜湖 |
| | 弧后盆地 | 洋内岩浆弧后面的洋盆（包括活动弧和残余弧之间的弧间盆地），以及没有前陆褶皱冲断带的大陆边缘岩浆岩后面的大陆盆地。现代例子：马里亚纳群岛 |
| | 弧后前陆盆地 | 大陆边缘弧沟系统大陆侧的前陆盆地（由俯冲产生的挤压和/或碰撞形成）。现代例子：安第斯山麓 |
| | 残余洋盆 | 收缩的洋盆夹在碰撞大陆边缘和 / 或弧沟系统之间，最终在缝合带内俯冲或变形。现代例子：孟加拉湾 |
| | 周边前陆盆地 | 裂谷大陆边缘上方的前陆盆地，在地壳碰撞期间被拉入俯冲带（碰撞相关前陆的主要类型）。现代例子：波斯湾 |
| | 背负盆地 | 盆地形成并携带在移动的逆冲岩片上。现代例子：白沙瓦盆地（巴基斯坦） |
| | 前陆山间盆地（破碎前陆） | 前陆环境基底岩心隆起之间形成的盆地。现代例子：锡耶拉斯—潘皮纳斯盆地（阿根廷） |
| 走滑型 | 走滑拉张盆地 | 沿走滑断层系伸展形成的盆地。现代例子：索尔顿海（加利福尼亚州） |
| | 走滑挤压盆地 | 沿走滑断层系挤压形成的盆地。现代例子：圣巴巴拉盆地（加利福尼亚州）（前陆） |
| | 走滑旋转盆地 | 走滑断裂体系中，由地壳块体沿垂直轴旋转形成的盆地。现代例子：西阿留申弧前（？） |
| 混合型 | 陆内扭转盆地 | 由于远距离碰撞过程，大陆地壳内部和地表形成了多种盆地。现代例子：中国柴达木盆地 |
| | 拗拉谷 | 以前与大陆边缘呈高角度的断裂，在会聚构造期间重新活化，因此与造山带呈高角度。现代例子：密西西比湾 |
| | 内陆裂谷 | 与造山带成高角度的裂谷，没有前造山历史（与裂陷盆地相反）。现代例子：贝加尔裂谷（西伯利亚）（远端） |
| | 继承性盆地 | 局部造山或造山活动停止后在山间形成的盆地。现代例子：南部盆地和山脉（亚利桑那州） |

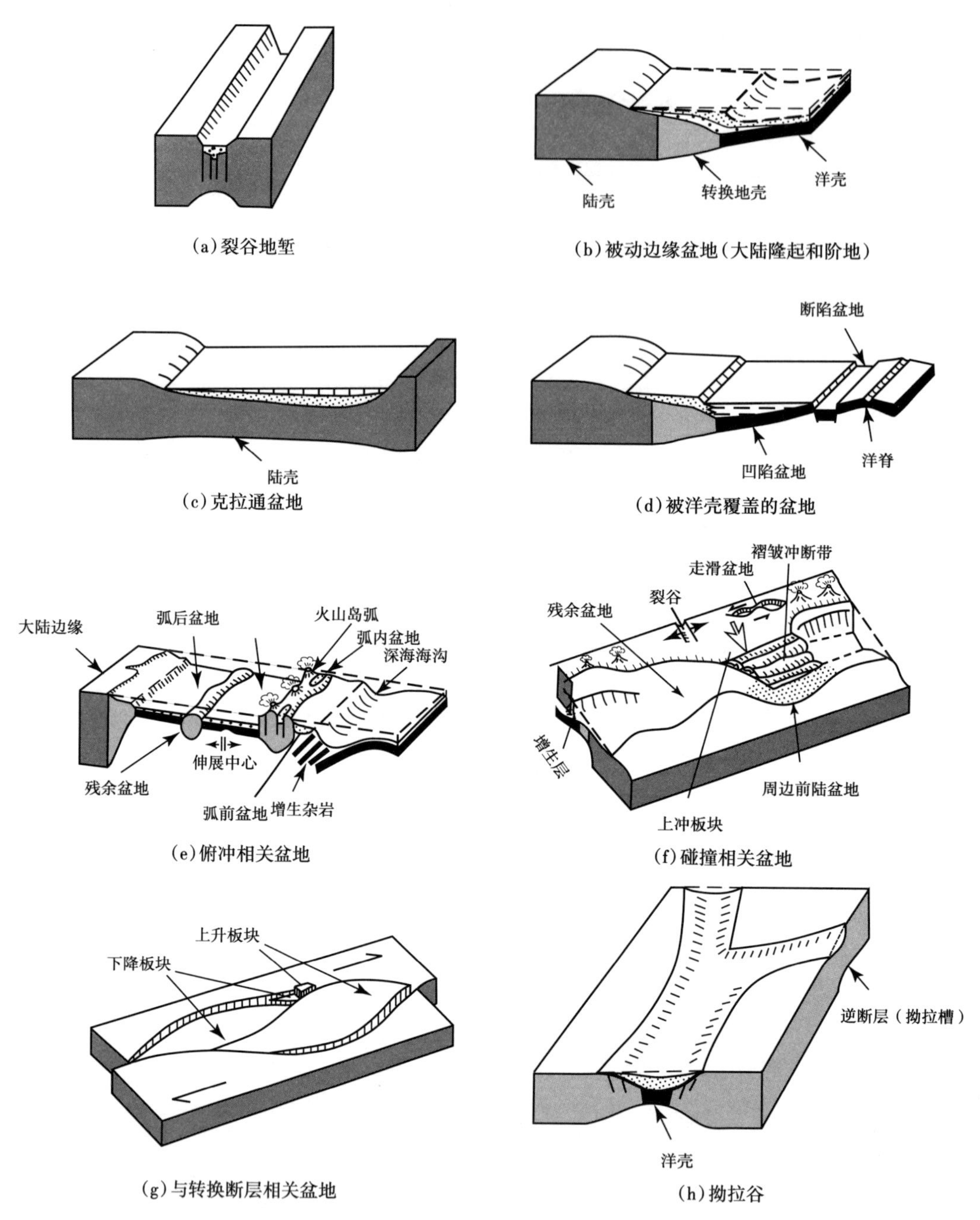


图 16.3　选定类型构造形成盆地的示意图(据 Dickinson 和 Yarborough，1976；Kingston 等，1983；Mitchell 和 Reading，1986；Einsele，1992；Ingersoll 和 Busby，1995)

## 16.4.1　伸展型盆地

地球上各板块分离的区域具有不同的构造环境，这些区域具有伸展(拉伸)的特征。伸展的例子包括海底沿大洋中脊的扩张及大陆地壳伸展和下断作用形成的地堑。由于地壳减薄、沉积和火山载荷及地壳致密化，盆地形成于不同的环境中(图 16.2)。

在裂谷作用的早期阶段，以地壳破裂和下降为特征形成的断陷地堑称为大陆裂谷。裂谷（图 16.3a）是狭窄的、以断层为界的山谷，其大小从几千米宽的地堑到巨大的裂谷，如东非裂谷系，其长近 3000km，宽 30~40km。裂谷是由某种热事件造成的，这种热事件导致大陆地壳内的伸展或扩张。东非裂谷系是一个年轻裂谷带的例子。裂谷发育的不同阶段如图 16.4 所示。东非裂谷主要由火山岩填充，然而裂谷内可能存在多种沉积环境，从非海相（河流、湖泊、沙漠）到边缘海相（三角洲、河口、潮坪）和海相（陆架、海底扇）。因此，裂谷盆地的沉积物可能包括砾岩、砂岩、页岩、浊积岩、煤、蒸发岩和碳酸盐岩。亚洲、欧洲、非洲、澳洲、北美洲和南美洲的许多古代裂谷系都是已知的（Sengör，1995；Leeder，1995；Ravnås 和 Steel，1998）。它们出现在许多构造环境中（Sengör，1995），但在分裂的环境中尤其常见。

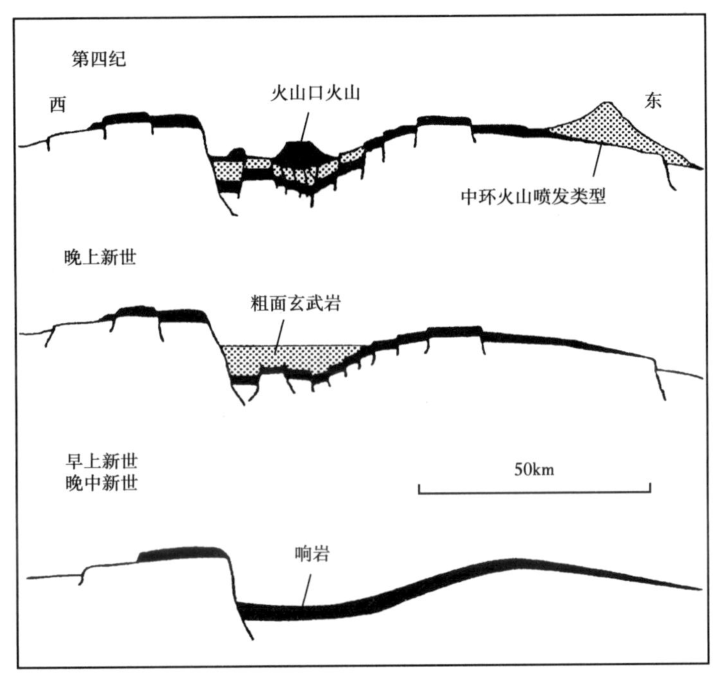


图 16.4　晚中新世—第四纪裂谷的演化阶段（据 Einsele，1992）

随着大洋的打开，大陆地壳内部的持续扩张导致地壳进一步变薄，最终破裂，玄武质岩浆上升到裂谷的轴线上并开始形成新的洋壳。因此，大陆裂谷逐渐演化为原始大洋裂谷。原大洋裂谷的底部（至少部分）是大洋地壳，两侧是年轻的裂谷大陆边缘。红海是现代最佳模拟原始大洋裂谷的地方。红海位于非洲东北部和沙特阿拉伯之间，长 2000km，宽 200 多千米，轴向地带宽约 50km，深度超过 3km。轴向区域是红海南部三分之一处的年轻（小于 5Ma）洋壳。海洋大陆架位于中部伸展的大陆地壳之下，但北部则是海洋—大陆地壳的突然过渡（Leeder，1999）。在南部，红海与缓慢扩张的亚丁湾裂谷相交。红海的伸展始于古近纪—新近纪中期。裂谷作用的早期沉积特征是边缘冲积扇和扇三角洲的发育，以及硅质碎屑和碳酸盐环境中的近岸沉积。在中新世，由于海槽的周期性分离，蒸发岩的厚度显著增加。在上新世，海水恢复正常的盐度。全新世沉积以有孔翼足类（钙质）软泥沉积为特征。

### 16.4.2 板内盆地

一旦一个洋盆在威尔逊旋回期间完全打开，沉积盆地可能存在于沿边缘及大陆和大洋板块内部的各种环境中。在大洋打开期间形成的大陆边缘被称为被动陆缘（缺乏明显的地震活动）。大陆地壳通常在被动边缘减薄，在完全大陆地壳和完全大洋地壳之间存在一个过渡地壳带（图 16.3b）。因此，沉积物可能沉积在完全由大陆地壳、过渡地壳或完全由大洋地壳组成的环境中。

#### 16.4.2.1 大陆—过渡地壳上形成的板内盆地

大陆地台是稳定的克拉通，由薄的、横向扩展的沉积地层覆盖。在这些稳定地台上发育的盆地称为克拉通盆地。它们通常呈碗状（卵形），由在浅水条件下形成的古生代和中生代沉积物填充。沉积物包括浅海相砂岩、石灰岩和页岩，以及三角洲和河流沉积物。沉积物通常向盆地中心变厚，其厚度可能达到 1000m 或更厚。北美克拉通是以众多克拉通盆地为标志的主要大陆地台的一个例子。这些盆地充填了从古生代到中生代的沉积物（Sloss，1982）。

在克拉通环境中可能形成几种不同类型的盆地。克拉通内盆地（图 16.3c）是轴向带以古裂谷为基底构成的宽广盆地。它们是相对较大的、通常呈卵圆形的坳陷，发生在远离板块边缘的大陆内部。克拉通内盆地的沉降可能主要是由于地幔—岩石圈增厚和沉积或是火山荷载（图 16.2），但也提出了一些其他原因，如地壳减薄（Klein，1995）。克拉通内盆地（如密歇根盆地）下存在裂谷化石，表明地壳变薄，可能致密化。一些克拉通间盆地充填了陆表海沉积的海相硅质碎屑岩、碳酸盐岩或蒸发岩，其他的则含有非海相沉积物。古代北美克拉通盆地包括哈德逊湾盆地（加拿大）、密歇根盆地、伊利诺伊盆地和威利斯顿盆地（图 16.5）。其他大陆上的古老克拉通盆地包括澳大利亚的阿马德斯盆地；巴西南部、巴拉圭、阿根廷东北部和乌拉圭的巴拉那盆地；法国的巴黎盆地；澳大利亚的卡彭塔里亚盆地（Klein，1995；Leighton 等，1990）。非洲的乍得盆地是现代克拉通盆地的一个例子。

并非所有在克拉通上形成的盆地都是克拉通内盆地（表 16.2），一些北美盆地是由裂谷作用以外的机制形成的。走滑（挤压）作用形成似非而是的盆地。其他几个盆地（如奥奎尔、丹佛、阿巴拉契亚）是前陆盆地，其起源与碰撞（挤压）事件有关（Klein，2004）。阿纳达科盆地可能是一个裂陷槽。

大陆隆起和阶地是以巨大的沉积楔状体为特征的，这些楔状体在向海一侧被缓倾斜的大陆斜坡和隆起所包围。在正常大陆地壳和变质或过渡地壳之间的阶地—隆起体系之下存在构造不连续性（图 16.3b）。这些隆起和阶地是沿不同板块边界开始的被动边缘内大陆裂陷作用的结果（Bond 等，1995）。沉积物积聚在阶地—隆起体系的几个部分，包括陆棚、斜坡和坡脚的大陆隆起。在此环境中沉积的沉积物可能包括浅海砂岩、泥岩、碳酸盐岩和陆架上的蒸发岩；斜坡上的半深海泥；大陆隆起上的浊积岩。由于地壳深部变质作用（导致下地壳岩石密度增加）、地壳拉伸和减薄及沉积物负载，可能导致长期持续沉降，从而堆积厚棱柱状沉积物。大陆裂谷作用完成后，海底扩张开始形成新的盆地，在大陆阶地和隆起上发生沉积（Bond 等，1995）。盆地被紧闭在裂谷大陆边缘相对稳定的板块间位置。此类盆地的典型例子是位于美国东部和加拿大东南部海岸附近的盆地（布莱克高原盆地、卡罗来纳湾、巴尔的摩峡谷槽、乔治河岸盆地、新斯科舍盆地），这些盆地是在晚三叠世至早侏罗世期间通过伴随泛大陆裂解的裂谷作用形成的（Manspeizer，1988）。其中一些盆地与海洋分隔，堆积了厚的长石碎屑沉积物和湖泊沉积物，并夹有基性火山岩。还有一些与海洋有一定联系，从蒸发岩到三角洲沉积、浊积岩和黑色页岩。图 16.6 显示了巴尔的摩峡谷海槽中的一些沉积物。其他阶地斜坡盆地的示例包括巴西坎波斯盆地；澳大利亚西北大陆架；非洲西海岸加蓬的沉积盆地（Edwards 和 Santogrossi，1990）。一些阶地斜坡盆地是石油和天然气的高产区。

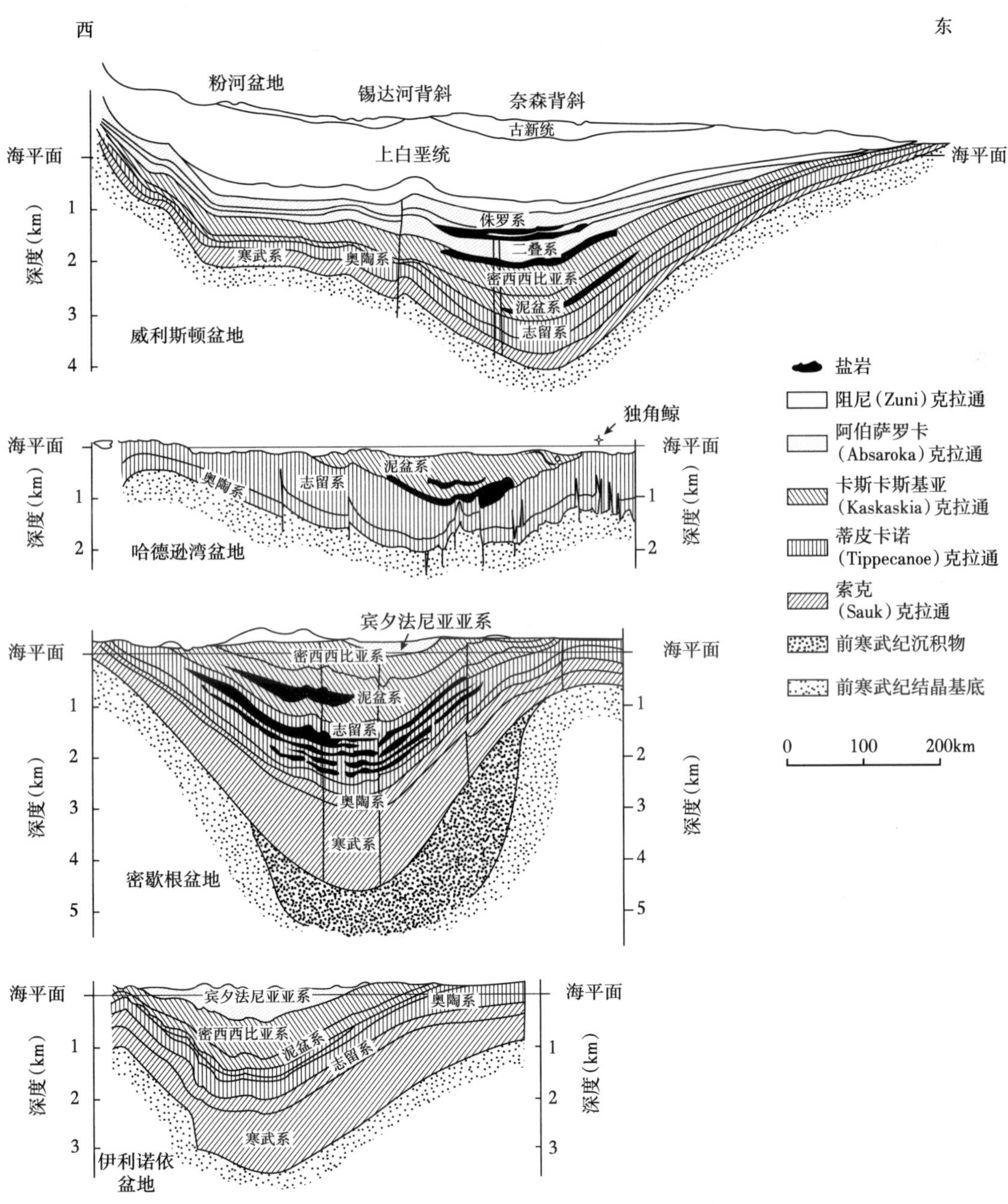

图 16.5　四个北美洲的克拉通盆地横截面示意图

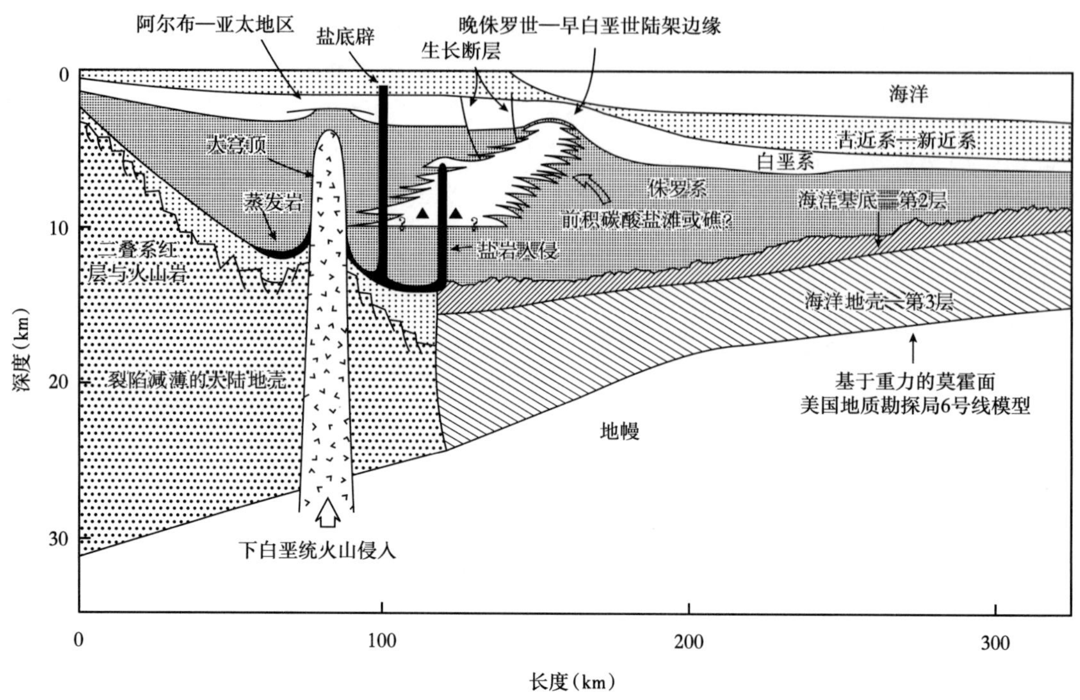


图 16.6　巴尔的摩峡谷海槽附近横跨北美大西洋大陆边缘的解释性地层剖面（据 Grow，1981）

基于地球物理数据和钻孔信息

#### 16.4.2.2　由洋壳构成的板内盆地

此类洋盆（图 16.3d）出现在深海海底的各个部分。它们是由大陆裂谷和沉降形成的，伴随着大陆裂谷导致的海洋扩张。洋盆可能包括洋底坳陷盆地及与洋中脊相关的断层边界盆地。这些盆地中的沉积物主要是远洋黏土、生物软泥和浊积岩。沉积在靠近活动边缘的洋盆中的沉积物最终可能俯冲到海沟中，并在大洋闭合期间被消耗掉。或者它们可能在俯冲期间被剥离，成为俯冲（增生）杂岩的一部分（图 16.3e）。太平洋是一个主要活跃洋盆的现代例子。墨西哥湾是现代休眠洋盆的例子，它被既不扩张也不俯冲的洋壳覆盖。

### 16.4.3　会聚型盆地

#### 16.4.3.1　与俯冲相关的盆地

与俯冲有关的背景（图 16.3e）是地震活跃的大陆边缘的特征，如现代太平洋边缘。这些环境的特点是深海沟、活动火山弧和分隔两者的弧沟间隙。与俯冲有关的环境中最重要的沉积场所是深海沟、弧沟间隙内的弧前盆地（图 16.7）和一些弧沟体系中位于火山弧后的弧后盆地或边缘盆地（Underwood 和 Moore，1995；Dickinson，1995；Marsaglia，1995）。与俯冲有关的环境也可能沿大陆边缘弧（图 16.3 中未显示）而非大洋弧发生。在这些大陆边缘环境中，所谓的弧后盆地（弧造山带内的山间盆地）可能位于褶皱冲断带后面的大陆地壳上（Jordan，1995）。俯冲相关盆地中的沉积物主要是硅质碎屑沉积物，主要来源于火山弧中的火山源。这些沉积物包括沉积在陆架上的砂和泥，以及沉积在斜坡、盆地和海沟环境深水中的泥和浊积岩。海沟中的沉积物可能包括由浊流从陆地搬运的陆源沉积物，以及从俯冲海洋板块刮下的沉积物，这些沉积物共同形成增生杂岩（图 16.3e 和图 16.7）。增生楔状体中最具特征的岩石类型是杂岩，这是一种无序混合的岩石组合，由高剪切基质中的角砾岩块组成。

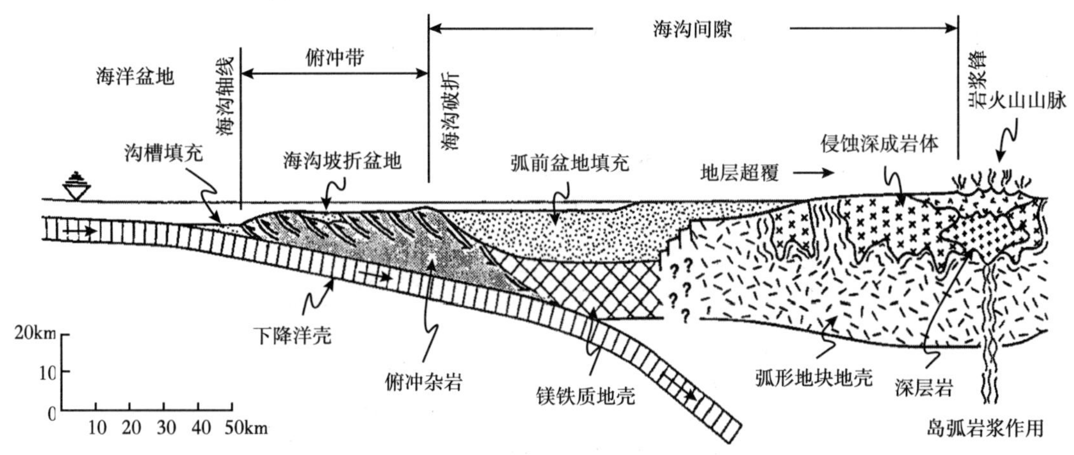

图 16.7 俯冲环境中海沟和弧前带的盆地结构示意图（据 Dickinson，1995）

现代海沟和弧前沉积场所的例子包括巽他群岛、中美洲阿留申群岛和秘鲁—智利弧形海沟体系（Leggett，1982；Dickinson，1995；Underwood 和 Moore，1995）。古弧前盆地的例子包括加利福尼亚州的大峡谷弧前盆地；俄勒冈州海岸山脉；澳大利亚塔姆沃思海槽；英国米德兰谷；中国台湾岛沿海山脉（Dickinson，1995；Ingersoll，1982）。日本海是现代弧后盆地一个很好的例子（图 16.8）；智利最南端安第斯弧后形成的晚侏罗世—早白垩世盆地是一个研究充分的古弧后盆地（Marsaglia，1995）。新西兰的塔拉纳卡盆地和哥伦比亚的马格达莱纳盆地都是活动边缘盆地的例子（Biddle，1991）。有关俯冲相关背景的更多信息，请参见 Busby 和 Ingersoll（1995）。

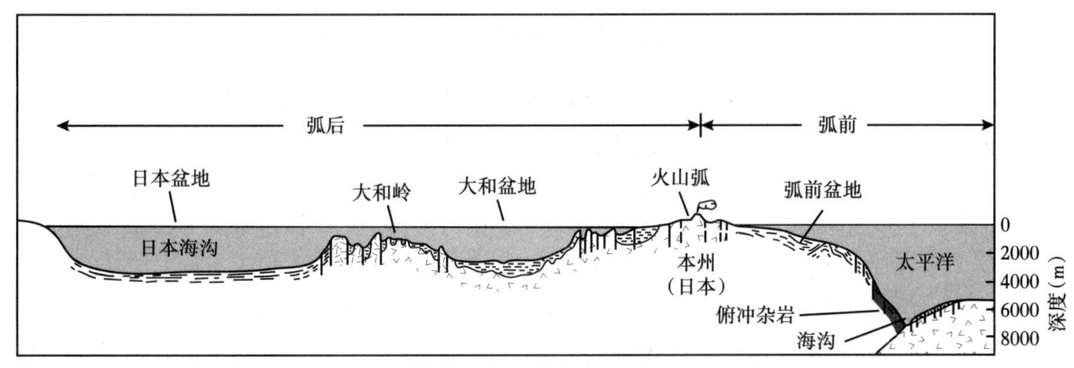

图 16.8 活动大陆边缘（日本）示意图，显示了边缘的弧前和弧后特征（据 Boggs，1984）

### 16.4.3.2 与碰撞相关的盆地

碰撞相关盆地是由于洋盆闭合和大陆或活动弧系之间的碰撞或两者共同作用而形成的。图 16.3f 说明了一些由于板块碰撞而形成的盆地。例如，碰撞可产生挤压力，导致褶皱—冲断带和相关周边前陆盆地沿碰撞缝合带发育，其中裂谷大陆边缘被拉入俯冲带。图 16.9 说明了前陆盆地体系的基本要素。前陆盆地可能与海洋分隔，仅接收非海相砾石、砂和泥沉积，或者可能与海洋相连，并含有碳酸盐岩、蒸发岩和 / 或浊积岩。前陆盆地的例子包括中国台湾岛西部、亚平宁山脉和比利牛斯山脉东部的前陆盆地；南美洲南端的马加兰盆地；喜马拉雅山脉西北部的盆地；阿巴拉契亚山脉、落基山脉和加拿大西部的盆地（Allen 和 Homewood，1986；Macqueen 和 Leckie，1992；Dorobek 和 Ross，1995）。

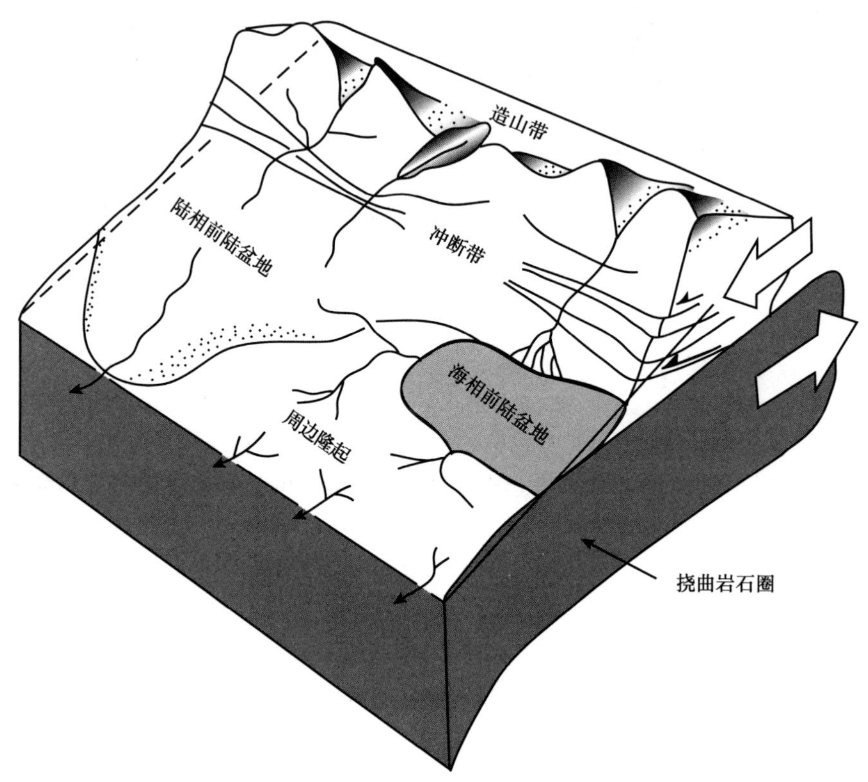


图 16.9　造山带前陆盆地系统的基本构成示意图

由于大陆和岛弧的不规则形状，以及陆块在碰撞过程中倾向于彼此倾斜靠近的事实，在碰撞发生后，部分旧洋盆可能仍然未闭合。这些幸存的海湾被称为残留盆地。现代残留盆地包括地中海、阿曼湾和南海东北部。得克萨斯州马拉松盆地提供了宾夕法尼亚亚纪沉积的实例，它是与弧前盆地相邻的古残留盆地（图 16.10）。该区域在晚前寒武纪—早寒武纪发育了构造弱化，并在晚古生代响应挤压应力作为逆断层重新活化（Wuellner 等，1986）。早期沉积阶段火山碎屑填充部分弧前盆地，随后 Tesnus 组沉积在弧前和残余盆地中。后期 Dimple 石灰岩和 Haymond 组的沉积在盆地中产生了超过 3400m 的宾夕法尼亚亚系。沉积物包括砂岩、页岩和石灰岩，沉积环境从陆架 / 台地到海底扇（浊积岩）。其他古代残余盆地例子包括苏格兰南部高地（志留纪—泥盆纪）；加利福尼亚州内华达造山带（侏罗纪）；伊朗西部（白垩纪—古近纪）；加勒比海东北部（古近纪—新近纪）。Ingersoll 等（1995）讨论了这些盆地和其他例子。

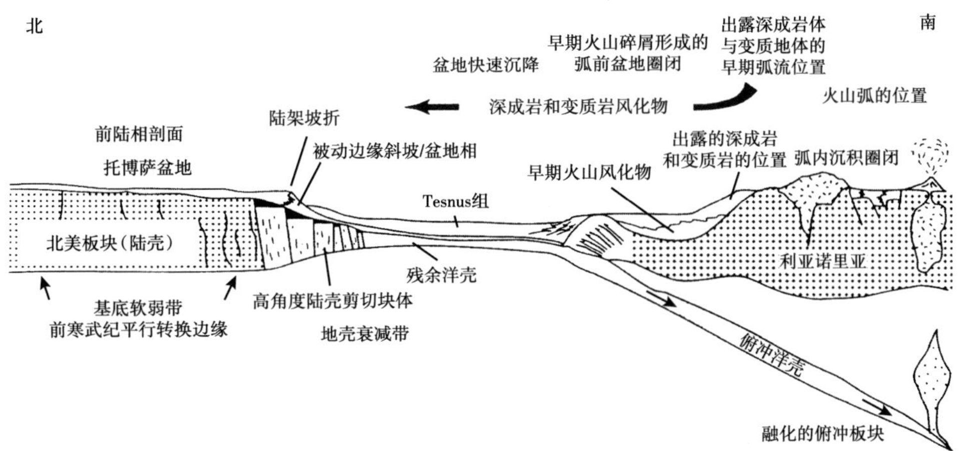


图 16.10　得克萨斯州石炭纪马拉松盆地的残余盆地和相关盆地（据 Wuellner 等，1986）

### 16.4.4　走滑 / 转换断层相关背景下的盆地

与走滑有关的盆地发生在大洋扩张脊、一些主要地壳板块之间的转换边界、大陆边缘和大陆地壳上的大陆内部。沿走滑断层运动可形成各种拉分盆地，图 16.3g 所示为其中一种。定义走滑盆地的断层可能是定义板块边界并穿透地壳的“转换断层”，也可能是局限于板内构造且只穿透上地壳的“横向断层”（Sylvester，1988）。大多数走滑断裂形成的盆地都很小，只有几十公里宽，尽管有些盆地可能宽达 50km（Nilsen 和 Sylvester，1995）。它们可能显示出明显的局部同沉积起伏，如断层侧翼砾岩楔体的存在。由于走滑盆地出现在各种环境中，它们可能被海相或非海相沉积物充填，这取决于环境。由于毗邻高地的快速剥蚀导致了高沉积速率，这些盆地中的许多沉积物往往相当厚，并可能以许多局部相变为标志。如表 16.2 所示，根据盆地是由沿走滑断层体系中地壳块体的伸展、挤压还是旋转形成的，将走滑背景下的盆地称为走滑拉张盆地、走滑挤压盆地或走滑旋转盆地。加利福尼亚山脊盆地（图 16.11）是一个典型的古转换挤压盆地。在上新世—中新世，San Gabriel 断层的走滑运动形成了一个约 15km×40km 的湖盆，其中最终沉积了 9000m 厚的沉积物（Link 和 Osborne，1978）最初，湖盆是开放的（图 16.11a），形成三角洲沉积和浊积岩。由于断层后续的走滑运动，外部排水被破坏向南阻塞，湖盆形成封闭体系。在封闭阶段，冲积扇、河流、三角洲和障壁坝沉积物沿湖泊边缘沉积，盆地中部形成了硅质碎屑泥、沸石泥、白云岩和叠层石（图 16.11b）。关于走滑盆地的其他例子，请参见 Nilsen 和 Sylvester（1995）。

### 16.4.5　混合环境中的盆地

拗拉槽是一种与大陆边缘呈高角度的特殊类型的裂谷，通常被认为是夭折的裂谷，在会聚构造作用下重新活化（图 16.3h）。其他关于拗拉槽成因包括穹隆和裂陷作用，以及与走滑有关的伸展和大陆旋转（Sengör，1995）。构成裂陷拗拉槽的狭长槽从褶皱带以高角度延伸至大陆克拉通。厚沉积物的沉积会在这些拗拉槽中长时间发生。这些沉积物可能包括非海相（如冲积扇）沉积物、海洋陆架沉积物和深水相（如浊积岩）。拗拉槽的例子包括密西西比河流经的晚古生代里尔福特裂谷、亚马孙河流经的亚马孙裂谷、尼日尔河所在的白垩纪贝努海槽，位于俄罗斯平台黑海和里海北部之间的拗拉槽，以及俄克拉何马州安纳达科盆地撞击形成的构造与拗拉槽相似，它们也是在与造山带呈高角度的位置形成，然而它们没有造山前的历史。

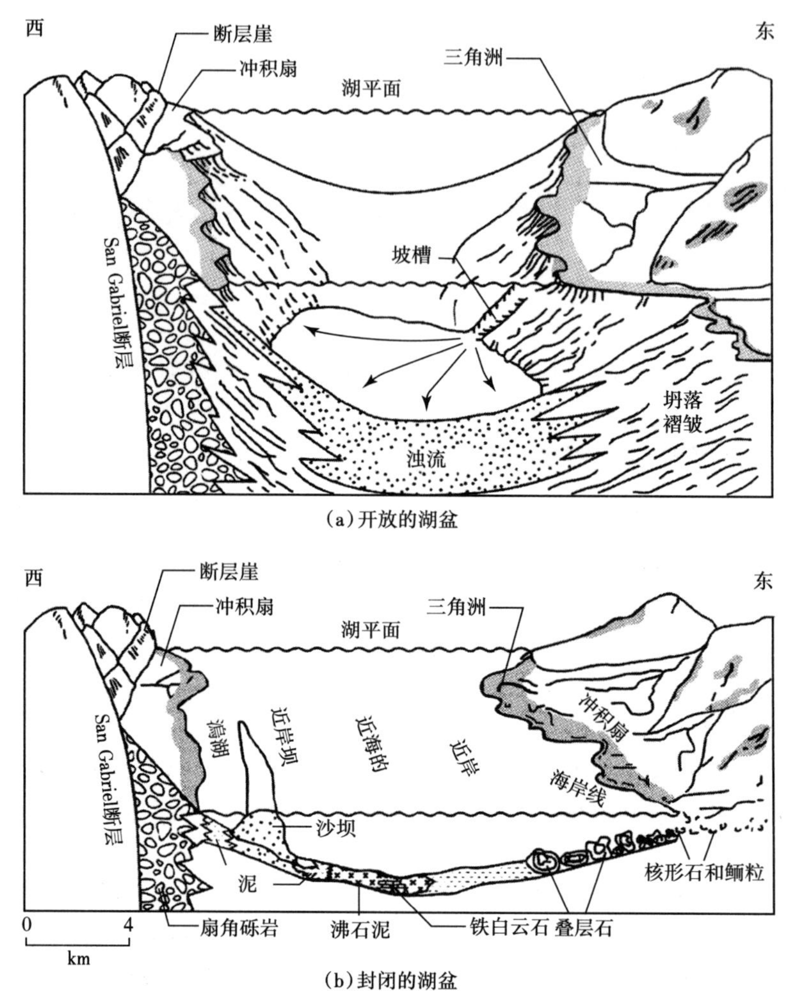


图 16.11 加利福尼亚州中新世—上新世山脊盆地在开阔深水湖泊和 / 或海洋阶段，以及封闭的浅水湖泊阶段的古环境重建（据 Link 和 Osborne，1978）

陆内旋扭盆地是由于远距离碰撞作用在大陆地壳内部形成的混合盆地（例如中国的柴达木盆地）。继承性盆地是局部造山活动停止后在山间环境中形成的盆地（例如亚利桑那州南部盆地和山脉）。详见 Ingersoll 和 Busby（1995），以及 Sengör（1995）。

## 16.5 沉积盆地充填

前面的讨论集中于沉积盆地的构造特征和形成这些盆地的构造过程。然而，盆地分析特别关注的是填充盆地的沉积物。这种关注包括产生填充物的过程、形成的沉积物和沉积岩的特征及这些岩石的成因和经济意义。形成沉积物（风化作用或侵蚀作用）并导致其搬运和沉积的基本过程；这些岩石的物理、化学和生物特性；它们形成的沉积环境；它们的地层学意义已在本书前几章讨论过。控制或影响这些沉积过程和沉积特征的因素，也在本书的适当部分进行了讨论，包括：

（1）沉积物源区母岩（如花岗岩、变质岩）的岩性，控制了这些岩石的沉积物成分；

（2）物源区的地形、坡度和气候，控制了沉积物的剥蚀速率，从而控制沉积物向沉积盆地供给的速率；

（3）盆地沉降速率及海平面上升或下降速率；

（4）盆地的大小和形状。

第 16.2 节简要讨论了可能导致盆地沉降的机制（图 16.2）。盆地沉降速率与海平面波动相结合，控制了沉积物在任何给定时间沉积的可容纳空间，并影响沉积物搬运和沉积。因此，由于持续的沉降，即使在浅水盆地中也可能堆积数千千米厚的沉积物。

盆地分析的目的是解释盆地充填，以更好地了解沉积物来源、古地理和沉积环境，从而揭示地质历史并评估盆地沉积物的经济潜力。盆地分析结合了沉积学（沉积过程）的解释基础；地层学（沉积岩的时空关系）；岩相和沉积体系（沉积产物和沉积过程对同生或同期海侵性质的层序和岩体的响应）；古海洋学、古地理学和古气候学；海平面分析；岩相矿物学作为解释沉积物来源的手段（Klein，1987，1991）。此外，生物地层学提供了一种建立时间框架的方法，以便将时间相同的相和体系联系起来，并限制特定事件的时间，此外，放射性年代学还可以确定特定沉积学事件和地层边界的年代。最近沉积地质学和盆地分析方面的研究主要集中在沉积相、周期性沉降事件、海平面变化、海洋环流模式、古气候和生活史等方面。

沉积模式正越来越多地用于更好地理解盆地充填过程及不同盆地充填参数的影响，如沉积物供给和进入盆地的沉积物通量（Jones 和 Frostick，2002）、粒度、盆地沉降速率和海平面变化（Tetzlaff 和 Harbaugh，1989；Angevine 等，1990；Cross，1990；Slingerland 等，1994；Miall，2000）。模式可以是几何的，也可以是动态的。几何模式首先指定沉积体系的几何形状，而不是将其作为模式的一部分进行计算。动态模式从考虑盆地内沉积物的搬运开始，并使用某种形式的近似控制沉积物搬运和沉积的基本规律。

## 16.6 盆地分析技术

分析填充盆地的沉积物和沉积岩的特征，并根据沉积物和盆地历史解释这些特征，需要各种沉积学和地层学技术。这些技术需要通过露头研究和地下方法获取数据，包括深钻、磁极性研究和地球物理勘探。这些数据通常以地图和地层剖面图的形式显示，以供研究，也可能使用计算机辅助技术。本节将简要介绍盆地分析的常用技术。

### 16.6.1 测量地层剖面

通过对沉积岩的研究来测量地层剖面以解释地球历史，要求对所处理的地层层序的厚度和岩性有详细、准确的信息。为了获得这些信息，必须在露头和 / 或地下岩心和岩屑，以测量和描述适当的地层层序。我们将研究露头的过程称为测量地层剖面，该过程还包括描述岩石的岩性、层理特征和其他相关特征。还可收集用于矿物学或古生物学分析的样品，并在被测量的剖面中定位。因此，测量和描述地层剖面通常是许多地质研究的出发点，测量剖面资料成为研究中不可或缺的一部分。

根据地层层序的性质和研究目的，可采用多种技术测量地层剖面。Kottlowski（1965）详细描述了这些不同的方法及进行测量所需的设备。最常见的方法之一是使用 Jacob 标尺。Jacob 标尺是一种以英尺或米为刻度的轻质金属杆或木杆。它通常被切割到大约眼睛的高度，并与放置在标尺顶部或附近的布伦顿罗盘一起使用。该技术如图 16.12 所示。布伦顿罗盘的测斜仪设置在地层倾角处，使倾斜仪垂直于岩层，以确定地层的真实厚度。通过上山并进行连续测量，可以测量相对较厚的地层剖面。在测量了几米的剖面后，地质学家通常会停止测量一段时间，以描述剖面的岩性和其他相关特征，然后再继续测量。在野外记录簿中记录岩性柱，以及添加适当的描述性注释。

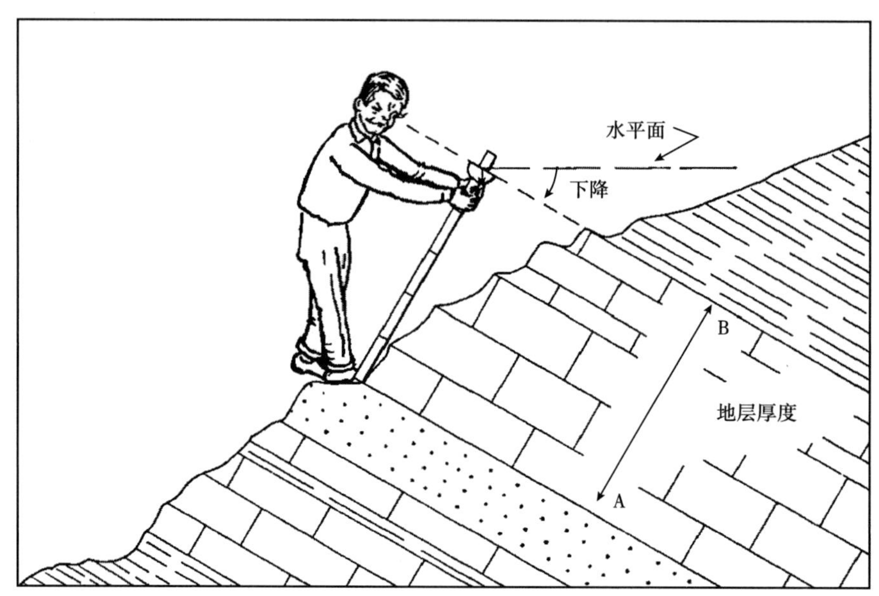


图 16.12　测量地层单位厚度的 Jacob 标尺技术示意图（据 Kottlowski，1965）

通过设置布伦顿罗盘的倾斜仪将 Jacob 标尺与岩层倾角相连，标尺可垂直于层理面，从而得出测量单位的真实地层厚度（AB）

## 16.6.2　地层和剖面图件编制

### 16.6.2.1　地层剖面

一旦测量和描述了地层剖面，就可以用来绘制地层剖面。地层剖面被广泛用于对比目的和构造解释，以及研究可能具有环境或经济意义的相变化细节。可以通过绘制剖面来说明盆地的局部特征，通常与岩相图的编制相结合，它们可以描述整个盆地的主要地层序列。除了测量的露头剖面外，编制地层剖面所需的信息可从地下岩性测井（通过研究岩心和岩屑）和 / 或岩石物理测井获得。大多数地层剖面在二维上描绘了一个或多个特定地理区域地层单元的岩性和 / 或结构特征。地层信息也可用栅栏图表示，这些图表可以给出一个区域的地层三维视图（图 16.13）。因此，它们的优势在于让读者对地层关系有一个更好的区域视角。另外，它们比传统的二维图更难以构建，并且部分剖面被前面的栅栏隐藏。

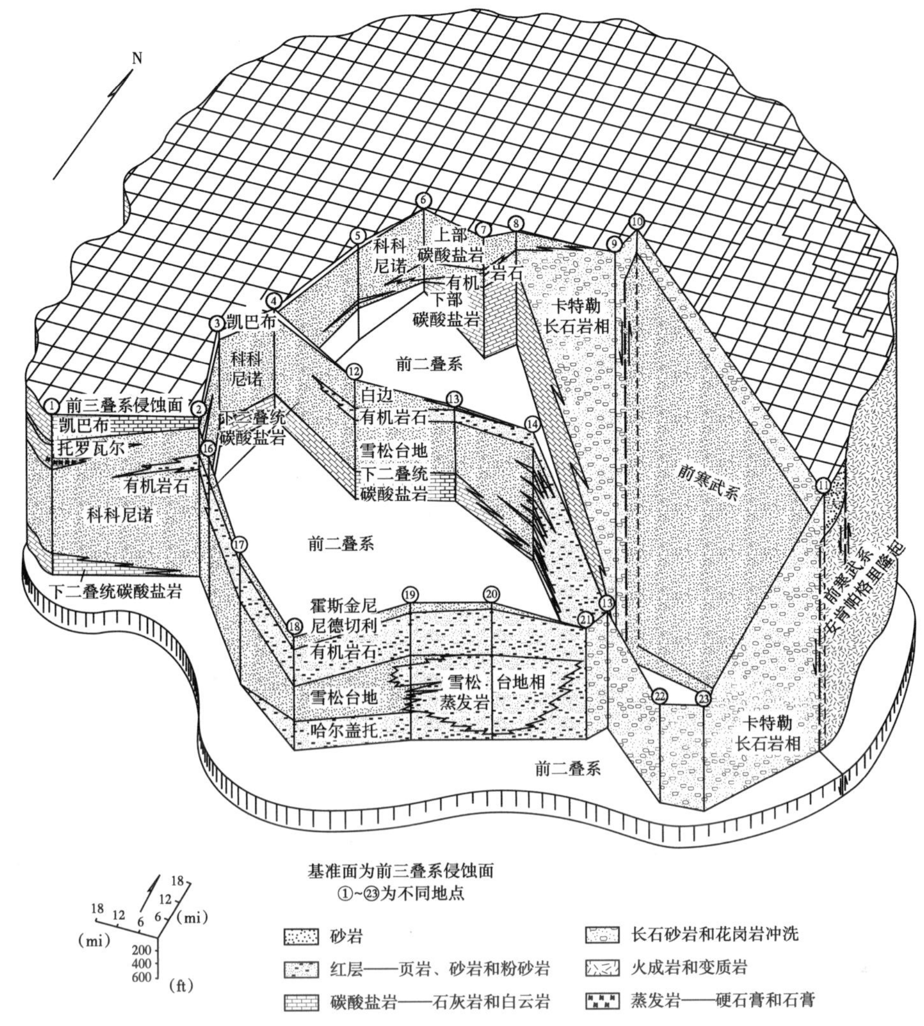


图 16.13　栅栏图的示意图，显示了犹他州和科罗拉多州帕拉杜斯盆地二叠系岩相交错关系（据 Kunkle，1958）

#### 16.6.2.2　构造等高线图

在盆地研究中，通常需要确定岩石的区域构造产状，以及是否存在局部构造特征，如背斜和断层，为此编制构造等高线图。这些图提供了有关盆地形状和方向及盆地填充几何体的信息。构造等高线图是通过在地图上画线，在基准面（通常是平均海平面）以上或以下的等高程点之间绘制。高程通常在特定地层顶部或关键层的若干控制点上确定。高程数据可通过露头研究、物理或岩性测井的地下解释获得。在地图底图上绘制控制点后，选择合适的等高线间隔，并手动或使用计算机绘制结构等高线。图 16.14 显示了一个构造等高线图的示例。

还可以根据地震数据在突出的地下反射体顶部绘制构造等高线。特定反射体的深度最初可绘制为双向旅行时间。因此，初始地图显示等高线的旅行时间相等。如果可以根据井信息确定地震波速度，则可以将旅行时间转换为实际深度，从而可以根据反射层上的实际高程重新绘制地图。构造等高线图可以提示一个大盆地中的次级盆地或沉积中心的位置，以及隆起轴（背斜、穹隆）的位置。构造特征也可能与同沉积地形有关。因此，对这些地图的分析可以为局部古地理和相模式提供线索。构造图在盆地的经济评价（如石油勘探）中也很有用。

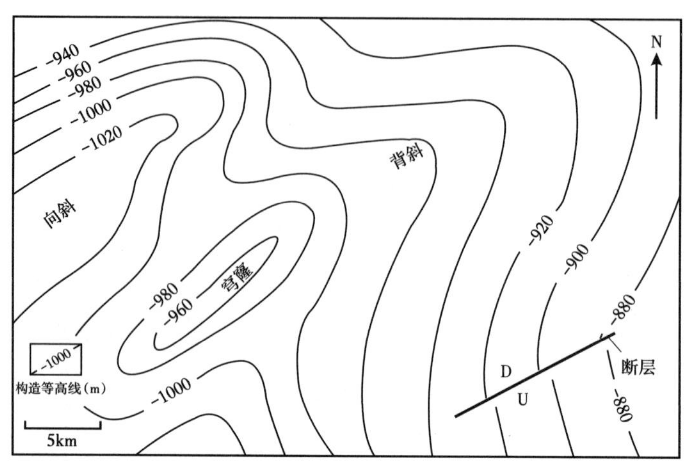


图 16.14　在地层顶部绘制的构造等高线图

等高线间隔为 20m。负等高线值表明地层位于海平面以下，且因此为埋藏（地下）地层。注意存在向斜、穹隆、背斜和断层

#### 16.6.2.3　等厚图

等厚线是等厚的等高线。等厚图是一种通过等高线显示给定地层或岩石单元厚度的地图。显示特定岩石类型（如砂岩）区域变化的地图是等岩性图。盆地中沉积物的厚度由沉积物的供给速率和盆地中的可容纳空间决定，而可容纳空间又是盆地几何形状和盆地沉降速率的函数。地层单元异常厚的部分表明盆地存在主要沉积中心，而该单元异常薄的部分表明沉积前的高点可能是沉积后的侵蚀区域。因此，等厚图提供了沉积前和沉积期间盆地相关的几何信息。此外，对盆地中一系列等厚图的分析可以提供有关盆地结构随时间变化的信息。

要绘制等厚图，必须根据露头测量和 / 或多个控制点的地下测井数据确定地层或其他地层单元的厚度。在底图上输入每个控制点的单元厚度，并以与编制构造等高线图相同的方式绘制（图 16.15）。

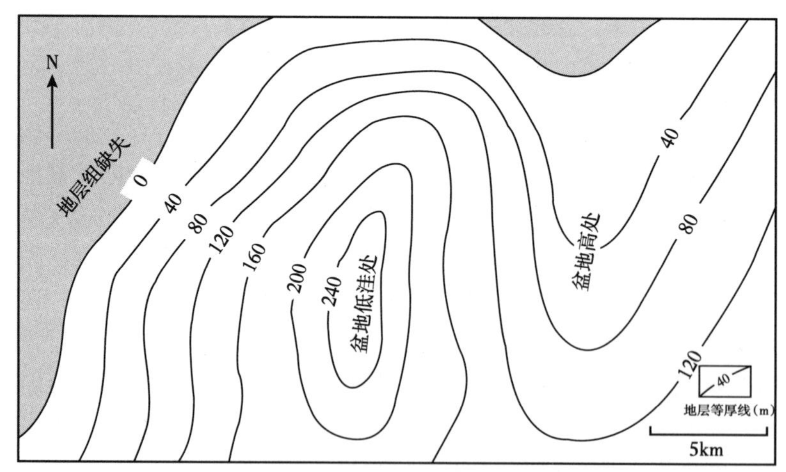


图 16.15　以 40m 等厚线间隔绘制的假设地层的等厚图

请注意，地层在盆地底部（沉积中心）变厚至 240m 以上，在盆地高部变薄，并沿地图的西北侧和北侧变薄至零

#### 16.6.2.4 古地质图

古地质图是显示给定地层单位下方或上方区域地质情况的地图。例如，想象一下，我们可以剥离构成一个特定地层的岩石（以及该地层上方的所有岩石），以揭示地层沉积的岩石下方的岩石，然后可以在这些下伏地层的顶部绘制地质图。这种地图被称为地下古露头图（Krumbein 和 Sloss，1963）。以类似的方式，也可以绘制地层或岩体上方的岩石。从下面看的地图，被称为鸟瞰图或隐覆露头图。鸟瞰图或隐覆露头图通常在不整合面边界处绘制，然而无论是否存在不整合面，它们都可以建在任何独特岩石单元的顶部和底部。这类地图的主要目的是说明古水流模式、盆地充填模式、海岸线移动或先前存在的侵蚀地形的逐渐掩埋（Miall，2000）。要绘制古地质图，需要识别位于多个控制点的给定地层或其他地层单元正下方（或上方）的地层单元。这些数据来自露头或地下测井。

#### 16.6.2.5 岩相图

相图描述地层单元的岩性或生物特征的变化。最常见的相图，也是这里讨论的唯一一种——岩相图，它描述了组成或结构的某些方面。基于动物群特征的地图是生物相图。岩相图的种类很多，一些绘制为特定岩性单元的比率（例如，硅质碎屑与非硅质碎屑组分的比率）或此类单元的等厚线（例如，砂岩等厚图、石灰岩等厚图），其他图则体现三端元组分（如砂岩、页岩、石灰岩）的相对丰度和分布。本文讨论了两种岩相图来说明该方法：碎屑比岩相图和三端元岩相图。Krumbein 和 Sloss（1963），以及 Miall（2000）中给出了其他示例。

碎屑比岩相图是显示等碎屑比率等值线的地图，其定义为硅质碎屑沉积物总累积厚度与非硅质碎屑沉积物厚度的比率，例如：

$$\frac{\text{砾岩厚度}+\text{砂岩厚度}+\text{页岩厚度}}{\text{石灰岩厚度}+\text{白云岩厚度}+\text{蒸发岩厚度}} \tag{16.1}$$

根据露头或地下数据计算若干控制点的值，并绘制在地图上。然后以与等厚图相同的方式绘制，如图 16.16 所示。碎屑比岩相图有助于显示沉积有硅质碎屑和非硅质碎屑沉积物的盆地边缘的岩性单元之间的关系。此类地图也提供了有关硅质碎屑沉积物源位置的有限信息。

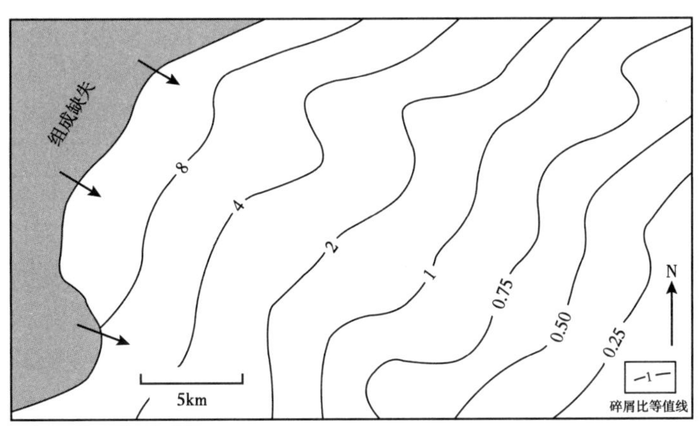


图 16.16 碎屑比（碎屑 / 非碎屑）岩相图示例

地图上从东南方向到西北方向的比率逐渐增加，表明西北方向地层剖面中硅质碎屑成分的百分比逐渐增加。因此，沉积物的来源一定位于西北部的某个地方。短箭头表示可能的泥砂输移方向

三端元（三角形）岩相图通过图案或颜色显示一套地层或其他地层单元内三个主要岩相组分的相对丰度。图 16.17 是基于砂岩、页岩和石灰岩相对厚度的此类地图示例。以三种岩相组分为端元绘制的三端元图，称为标准图（图 16.17 中的插图），三角形细分为多个字段，每个字段由合适的图案或颜色表示。在实际情况下，在露头或地下尽可能多的控制点测量每个端元构成的厚度。每个控制点的相对值（如有必要，标准化为 100%）绘制在三端元图上。计算每个数据点的碎屑比（CR）和砂页比（SSR），并在地图上绘制碎屑比和砂页比的等值线。这些等值线允许将地图划分为与标准三角形中的图案相对应的选定模式区域。在本例中，从地图西北部的以碎屑物质为主到南部以石灰岩为主的剖面，岩相逐渐变化是明显的。

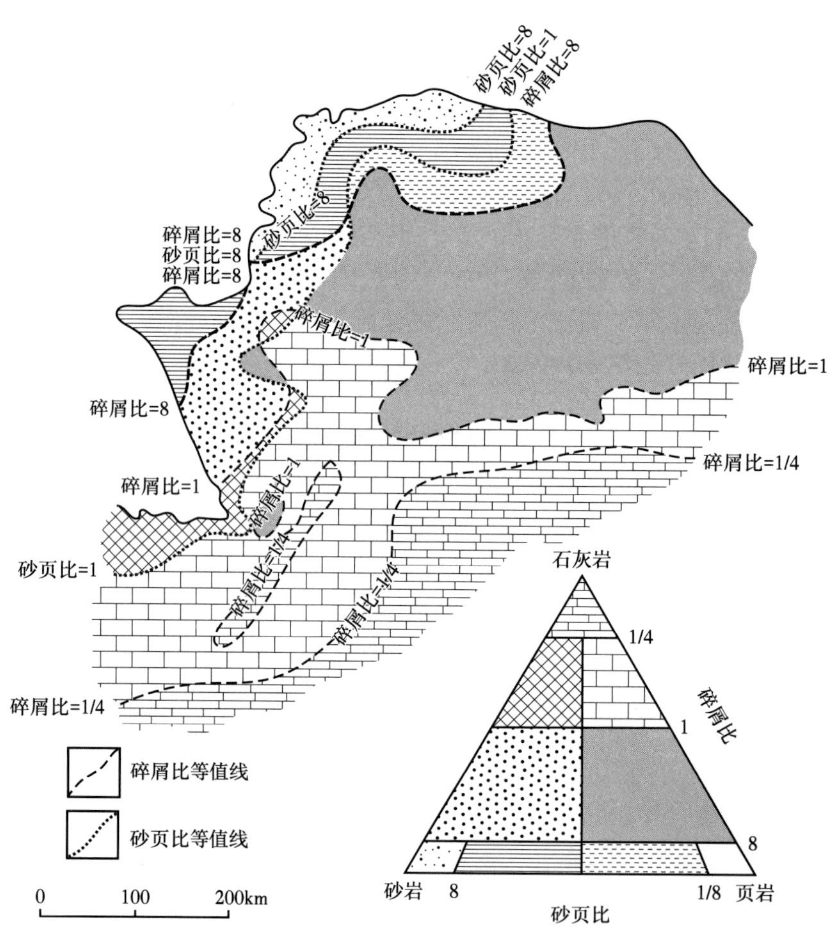


图 16.17 美国南部白垩系 Trinity 群三端元岩相图（据 Forgotson，1960）

请注意，地层剖面从地图西北部的硅质碎屑岩变为南部的石灰岩。并非岩相三角形中显示的所有岩相（例如页岩）都实际存在于地图区域中

地层剖面中三种岩石成分的混合程度可以通过应用一种类似熵的函数进行数学计算。设置该函数的目的是使相等部分的砂岩、页岩和石灰岩的熵值为 100。当一端或另一端部构成的比例增加时，熵值变小，当组分接近单个端部时，熵值接近 0。通过在岩相三角形上使用熵函数的叠加，可以用这些数据制作熵图（Krumbein 和 Sloss，1963；

Forgotson，1960）。

如果一个地层剖面中存在三个以上的岩相，则必须省略额外的岩相（其余三个岩相归一化为 100%），或与其他岩相结合，以产生总共三个岩相。例如，如果存在砾岩相，则可与砂岩相结合，或者蒸发岩相可与石灰岩相结合。三端元岩相图为可视化整个地理区域内每个岩相的相对重要性提供了便利的方法。然而，与碎屑比岩相图一样，它们仅为沉积环境和沉积物源位置提供了非常粗略的指导。

#### 16.6.2.6 计算机生成的地图

上面讨论的所有地图都可以手工绘制，地质学家已经用这种方式绘制了很多年，然而这种地图现在越来越多地由计算机绘制。在石油工业中，计算机应用尤其普遍，盆地分析程序是其中的一个重要组成部分。计算机能够处理大量数据，例如从井记录中获得的地层和构造数据，这些数据可以方便地用于各种统计和绘图目的。将适当的底图存储在计算机中，露头剖面和地下井的位置可以很容易地绘制在这些地图上。从露头和地下剖面研究中获得的岩性、构造和地层数据同样存储在计算机中。可以根据需要检索选定的数据（例如岩性单元厚度、构造高程），并将其添加到基础地图中，然后通过计算机使用适当的软件和专用打印机绘制地图。因此，上述任何地图都可以由计算机生成，以及其他类型的地图，如趋势面地图。趋势面分析将地图数据分成两部分：区域趋势和局部波动。计算机用数学方法减去区域趋势，留下与局部变化相对应的残差。例如，可以从构造等高线图中提取区域构造走向，从而更清晰地揭示局部构造异常的性质。计算机生成的地图不一定比手绘地图更好或更精确，它们的主要优点是绘制起来既方便又迅速。

#### 16.6.2.7 古水流分析和古水流图

古水流分析是一种用于确定将沉积物搬运到沉积盆地内的古水流流向的技术，它反映了局部或区域古斜坡。通过推断，古水流分析还揭示了沉积物源区的方向。此外，它有助于认识岩性单元的几何形状和走向，并有助于解释沉积环境。古水流分析是通过测量定向特征的方向来完成的，如沉积构造（如凹槽、波痕、交错层理）或卵石的长轴方向。必须在给定地层单元内进行多次方位测量，以获得统计学上可靠的古水流趋势。如前所述，粒度趋势、岩性特征和沉积物厚度在绘制地图时也可能具有方向性的意义。图 16.18 显示了主要基于交错层理方向绘制的古水流图示例。请注意，该地图显示的平均（统计）古水流方向是从西北到东南，这表明沉积物源区位于西北的某个地方。

### 16.6.3 硅质碎屑岩相（物源）研究

填充沉积盆地的硅质碎屑沉积物的组分在很大程度上取决于向盆地提供沉积物的源岩的岩性，以及源区的气候和风化条件。因此，分析硅质碎屑矿物组合（和岩屑）的颗粒组成提供了一种反向工作的方法，以了解源区的性质。通常将此类研究称为物源研究，其中物源包括以下内容：（1）烃源岩的岩性；（2）源区的构造背景；（3）源区的气候、地形和坡度。物源研究为讨论有关盆地背景的古气候和古地理提供了重要信息。

根据硅质碎屑岩（特别是砂岩和砾岩）中存在的矿物和岩屑类型解释源岩的岩性。例如，大量碱长石的存在表明其来源于花岗质母岩；丰富的火山岩碎屑表明其来源于火山岩等。硅质碎屑矿物学还提供了有关构造背景的信息（大陆块体、岩浆弧、碰撞造山带）：来自大陆块体环境的沉积物可能富含石英和碱长石；来自岩浆弧的沉积物主要由火山岩碎屑和斜长石组成；沿造山碰撞带从高地剥离的沉积物的特点是含有丰富的沉积岩和变质沉积岩碎屑。源区的气候、地形和坡度很难从硅质碎屑矿物组合方面进行解释，但石英/长石比例和长石风化程度提供了一些线索。第 5 章第 5.6 节详细讨论了物源分析的要点。Zuffa（1985）、Morton 等（1991）及 Johnsson 和 Basu（1993）提供了更广泛、更详细的物源分析观点。

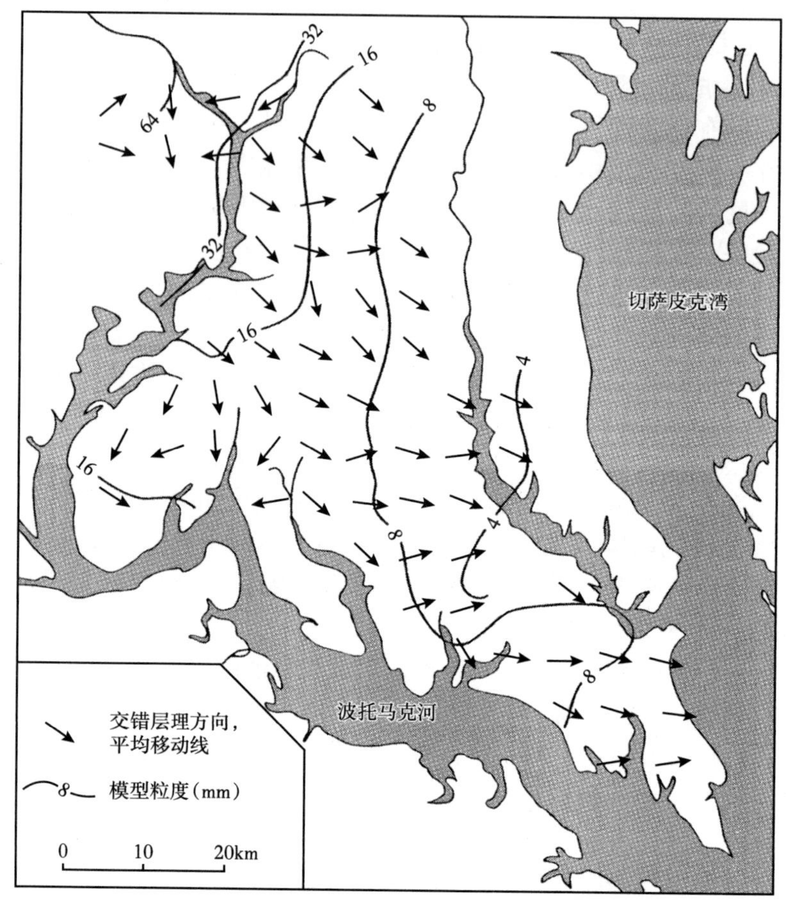


图 16.18 使用古水流数据定位源区的例子（据 Potter 和 Pettijohn，1977）

### 16.6.4 地球物理研究

地球物理调查，包括各种地震和古地磁研究，在盆地分析中发挥着重要作用。地震技术用于记录区域构造趋势和整体盆地几何结构，以及识别可能为油气提供圈闭的背斜和断层等局部构造特征。第 13 章介绍了这些地震技术，还讨论了地震方法在地层解释中的应用，包括地震层序和相的识别及地层反射层的对比。古地磁在盆地分析中最广泛的应用是研究磁极反转，作为对比和其他目的的工具，如第 13 章所述。除了地震数据提供的信息外，还可以进行航空或地面磁力和重力测量，以提供有关盆地结构的信息。重力测量确定重力异常（异常高或低的重力值）的存在，这可能与地下存在致密岩体（如玄武岩）或低密度岩体（如厚沉积物）有关。这些磁力和重力测量提供的数据可用于绘制显示盆地大比例尺特征的地图（例如主要盆地高点和低点），然而这些地图通常没有足够的分辨率来识别小规模的构造特征，即可能构成石油圈闭的小背斜或断层等特征。

## 16.7 盆地分析的应用

### 16.7.1 地质历史解释

如前所述，盆地分析是一个综合的研究项目，涉及应用沉积学、地层学和构造原理，以全面了解沉积盆地中的岩石，并利用这些信息解释地质历史和评价这些岩石的经济价值。因此，盆地分析的一个主要目标就是更好地了解特定沉积盆地中所记录的地球历史。通过分析沉积结构、构造、颗粒和化学成分、化石及沉积岩的地层特征（如物理、生物、古地磁和地震反射特征所揭示的），地质学家能够解释产生和填充特定沉积盆地的重要构造和沉积事件。因此，这些不同类型的盆地研究，通常包括准备适当的地图和地层剖面，以便地质学家能够解释过去的构造、气候，以及沉积事件和条件（包括源区特征和沉积环境解释），并重建特定时期地球的古地理和古地质。

Clifton 等（1988）提供了一个应用盆地分析原理解释特定区域地质历史的好例子。作者研究了加利福尼亚州旧金山附近 Merced 组海平面升降、构造和沉积过程对海侵和海退沉积旋回的影响。Merced 组由大约 2000m 厚的晚新生代浅海相和沿海非海相沉积物组成。为了弄清 Merced 组的历史，Clifton 等人首先通过野外研究和参考前人已发表的文献，确定了Merced组的边界（底部和顶部）。通过结合古生物数据和夹层火山灰层的放射性定年，确定了地层不同部分的年龄。然后，根据所含化石、物理和生物成因沉积构造及纹理特征，对 Merced 组内的各种沉积相进行了表征（表 16.3）。确定了十种相类型，它们代表了十种不同的沉积环境（从地层底部向上）：小湖泊 / 沼泽 / 湿地、冲积扇、风成沙丘、后滨、河口湾、前滨、近岸、内陆架、中陆架和外陆架。

表 16.3 加利福尼亚州旧金山 Merced 组海崖暴露沉积相特征及推测成因（据 Clifton 等，1988）

| 起源推测 | 岩性 | 生物群 | 物理构造 | 生物成因构造 |
|---|---|---|---|---|
| 外陆架 | 砂质粉土 | 软体动物（原地和分散的贝壳） | 无 | 强烈生物扰动 |
| 中陆架 | 砂质粉土 | 软体动物 | 滞留壳、平行层理、丘状交错层理、波纹层理 | 层组之间的尖顶生物扰动层段 |
| 内陆架 | 极细砂，顶部附近散布小卵石 | 软体动物、海胆类 | 滞留壳、平行层理、丘状交错层理 | 局部强生物扰动 |
| 近岸 | 细砂至粗砂砾石 | 软体动物、海胆类 | 透镜状砂砾层、高低角度交错层理、平行层理 | 垂直洞穴、通心粉管迹（近顶部） |
| 前滨 | 细砂至粗砂，砾石向上变细 | 软体动物、海胆类 | 平行层理、靠近顶部的重矿物层 | 通心粉管迹（近底部） |
| 海湾 | 泥、砂、砾石，一些向上变细的旋回 | 软体动物、介形类 | 细砂—粉砂—黏土纹理、波纹和波纹层理（砂）、交错层理（砂和砾石）、滞留壳 | 生物扰动、根—根茎结构 |
| 后滨 | 细砂 | 无 | 平行层理、低角度交错层理、爬升波纹层理、波纹纹理 | 根状茎结构、脊椎动物足迹、垂直管 |
| 风成沙丘 | 细砂 | 无 | 中大型、中高角度交错层理 | 局部斑点、垂直管 |
| 冲积扇 | 砾石和含砾砂 | 无 | 层理不清，透镜状层理、中小型槽状交错层理 | 无 |
| 小湖泊 / 沼泽 / 湿地 | 泥、泥炭或褐煤 | 淡水硅藻、昆虫翅膀、陆生脊椎动物骨骼 | 水平层（泥） | 根系构造、洞穴和层内痕迹 |

在垂直层序中，这些岩相定义了海侵和海退的交替期，可能反映了更新世海平面的升降。海侵—海退波动与根据氧同位素数据确定的更新世海平面曲线相匹配，具有合理的可信度。最后，Clifton 等人计算出 Merced 组是在浅海 / 海岸条件下沉积的，其沉降速度平均为 1m/1000a，这一速度之快肯定受到了构造变形的影响。

这个例子说明了地质学家如何使用一系列不同的沉积学和地层学方法（盆地分析方法）来确定沉积地层的物理和生物特征，从中可以解释地层的沉积过程和构造历史。Kleinspehn 和 Paola（1988）对这种方法的其他几个例子进行了研究。

### 16.7.2 经济应用

盆地分析的第二个目标是利用上述原理和技术评估沉积岩的经济价值，并确定具有经济开采价值的矿物或化石燃料矿床。盆地分析在石油地质学领域有着最大的经济应用，在水文地质学领域也有一定程度的应用。尽管石油地质学家多年来一直试图通过对这些矿床上的地层岩石和土壤进行地球化学分析来确定石油（碳氢化合物）聚集的位置，但尚未开发出直接探测碳氢化合物沉积的成功方法。为了找到石油或天然气矿床，地质学家必须勘探具备适合油气形成和运移条件的盆地，以及找到合适的圈闭，如构造背斜（其中烃类可能聚集）。

烃类化合物形成和运移的条件究竟是什么？大多数石油地质学家认为，石油是沉积物埋藏过程中经过复杂的生物化学过程，由细小的植物或动物有机质形成的。由于有机质优先保存在细粒沉积物中，富含有机质的页岩被认为是石油的主要烃源岩。因此，油气勘探成功的首要条件是找到一个合适的烃源岩盆地。此外，烃源岩的埋藏深度应足以从有机质中裂解（90~125°C）石油和天然气，但不会高到破坏油气的程度。在页岩烃源岩中生成油气后，它们以某种（人们知之甚少）方式从烃源岩运移到伴生的具多孔和渗透性岩石（称为储集岩）中（孔隙度是指孔隙空间占岩石体积的百分比，渗透率是指岩石传输流体的能力）。钻井经验表明，油气的最佳储层是砂岩和石灰岩。世界上大约 55% 的石油和 75% 的天然气储集在砂岩储层中，世界上剩余的大部分储量都在碳酸盐岩储层中。

地下多孔砂岩和碳酸盐岩中的孔隙空间大多数充满了水。当油气从烃源层运移到这些上覆或下伏的储集岩中时，一些孔隙水必须被驱替，以便为油气腾出空间。因为油气的相对密度比水低，所以它们倾向于向上运动到水面上（油浮在水面上）。因此，通过孔隙水的递进驱替，油气将逐渐沿沉积盆地的区域倾斜向上移动。此运移将持续到油气到达一个圈闭，或者如果没有遇到圈闭，直到它作为石油在地面排出。

油气圈闭是一种岩石的构造或地层特征，石油或天然气很容易进入其中，但很难从中逸出。三种最常见的油气圈闭是背斜、断层和地层尖灭。石油或天然气将上升到背斜、断层圈闭或地层尖灭中的最高位置，在那里位于储层上方并封闭圈闭的不透水岩层（如页岩或蒸发岩）阻止其进一步运移。因此，寻找石油矿床需要在含有合适烃源岩和储集岩的盆地中定位和钻探圈闭。在钻探时，圈闭可能含石油，也可能不含石油。在新勘探区域钻探的圈闭中，通常只有 10%~15% 的圈闭能产出商业储量的石油。构造圈闭（例如背斜和断层）主要通过反射地震技术定位（第 13 章）。通过对地层剖面（基于地下岩性测井和测井曲线）和地震剖面研究获得的地层信息进行详细分析，确定地层圈闭。

因此，对石油地质学家来说，盆地分析意味着在沉积盆地中寻找合适的烃源岩、储集岩和圈闭。要成功地做到这一点，需要运用沉积学和地层学的大部分原理，以及本书中讨论的分析沉积层序和呈现数据的各种技术。石油地质学家必须彻底了解沉积岩的物理、化学和生物特征；必须了解沉积环境和沉积体系；必须在地层学的各个方面都有良好的知识基础；必须具备应用地球物理学和构造地质学原理的工作经验；必须对流体流经多孔地下岩石的原理有基本的了解。通常情况下，单个地质学家不能够完成开发大型、成功的石油区块所需的许多复杂研究工作。盆地评价通常由工作小组进行，工作小组可能包括地层学家、沉积学家、沉积岩石学家、古生物学家、地球物理学家和水文学家。这些科学家团队共同努力，对控制该地区油气聚集的沉积、地层和构造因素有更深入的了解，然后，他们将从此类研究中获得的知识扩展到未经测试的盆地中，以进行新油气矿床的勘探工作。Allen 和 Allen（1990）描述了盆地评价技术在开发石油区块中的应用。在未经测试的盆地中钻探新探井（图 16.19）之前，石油地质学家必须首先确定盆地的地层特征，以查看潜在烃源岩和储集岩的类型，以及这些岩石的厚度和特征。然后，他们收集和分析潜在烃源岩（含有机质页岩）的样品，以查看是否存在足够的有机质（干酪根；第 7 章），以及合适的干酪根类型，从而产生具有经济意义的大量石油或天然气。某些干酪根生成液态石油；其他的产生气体。通过露头研究及可能为获取信息而钻小直径孔，确定潜在储集岩具有足够的孔隙度和渗透率，以达到钻井目标。

图 16.19　在加拿大艾伯塔省西加拿大沉积盆地西北角钻探的一口勘探气井（雪佛龙）。该井测试了密西西比亚系和泥盆系碳酸盐岩地层，并在 4000m 以下深度发现了天然气（照片由 Sidney Smith 提供）

如果盆地中存在合适的烃源岩和储集岩，下一步就是找到一个或多个足够大的圈闭，足以容纳商业储量的石油或天然气。如上所述，圈闭主要通过地震勘探和详细的地层分析确定。圈闭的一个重要组成部分是，圈闭中的储集岩必须被某种不渗透岩石（如页岩或蒸发岩）覆盖，以防止储层岩石中的油气向上逸出。最后，地质学家研究了盆地地下岩石中的流体流动模式，以确定流体是否有足够的压力流动，穿透储集岩，从而将石油输送到具有足够压力的井筒中。如果烃源岩、储集岩和圈闭的所有必要条件都具备，则进行钻井工作。关于将盆地分析原理应用于石油勘探的更多见解，见 Cross 等（1995）和 Welte 等（1997）。

# 拓展阅读文献

Allen, P. A., and J. R. Allen. 2005. Basin analysis—Principles and applications. 2nd ed. Oxford: Wiley-Blackwell.

Busby, C. J. and R. V. Ingersoll (eds.). 1995. Tectonics of sedimentary basins. Blackwell Science.

Cross, T. A., R. L. Dodge, J. C. Howard, and E. S. Siraki. 1995. Basin analysis. Boston: International Human Resources Development Corp.

Dorobek, S. L., and G. M. Ross (eds.). 1995. Stratigraphic evolution of foreland basins. SEPM Spec. Pub. 52.

Edwards, J. D., and P. A. Santogrossi (eds.). 1990. Divergent/passive margin basins. Am. Assoc. Petroleum Geologists Mem. 48.AAPG: Tulsa, OK.

Einsele, G. 2000. Sedimentary basins: Evolution, facies, and sediment budget. 2nd ed. Berlin: Springer-Verlag.

Jones, S. J., and L. E. Frostick (eds.). 2002. Sediment flux to basins: Causes, controls and conse- quences. Geological Society Special Publication No. 191. London: The Geological Society.

Leeder, M. R. 1999. Sedimentology and sedimentary basins: From turbulence to tectonics. 2nd ed. Malden, MA: Blackwell.

Lerche, I. 1990. Basin analysis: Quantitative methods. v. 2. San Diego: Academic Press, Inc.

Macqueen, R. W., and D. A. Leckie. 1992. Foreland basins and fold belts. Am. Assoc. Petroleum Geologists Mem. 55. Tulsa, OK: AAPG.

Miall, A. D. 2000. Principles of sedimentary basin analysis. 3rd ed.New York: Springer-Verlag.

Wangen, M. 2010. Physical principles of sedimentary basin analysis.Cambridge: Cambridge University Press.